ENGINEER / INDUSTRIAL ENGINEER FOOD PROCESSING

No.1
식품 기사·산업기사
필기

2021
최신 출제경향에 맞춘
최고의 수험서

윤장호 · 정진경 · 차윤환

예문사

머리말 PREFACE

　21세기 들어와 4차 산업의 발달과 더불어 새로운 외식문화가 발생하는 등 다양하고 분업화된 새로운 식생활 문화가 변화를 이끌고 있으며 마찬가지로 식품에 대한 욕구 또한 다양하게 변화하고 있는 것이 사실이다. 기존의 식품이 가진 영양성, 안전성, 기호성에 독창적이고 창의적인 식품의 구매 매력을 부가하기 위한 노력이 요구되고 있으며 더 나아가 식품산업은 건강만을 생각하는 소극적인 의식에서 세계적인 흐름을 이끌어 나가는 중요한 하나의 아이템으로 자리 잡았다.

　식품기사 및 식품산업기사는 식품산업에서 식품가공과 관련하여 식품기술분야에 대한 전문적인 지식을 바탕으로 하여 식품의 단위조작 및 생물학적·화학적·물리적 위해요소의 이해와 안전한 제품의 공급을 위한 식품재료의 선택에서부터 신제품의 기획·개발, 식품의 분석·검사 등의 업무를 담당하며, 식품제조 및 가공공정, 식품의 보존과 저장 공정에 대한 업무를 수행하는 직무를 담당하고 있다. 이러한 과정에서 많은 소비자로 하여금 공감가는 창의적이고 감동적인 식품생산을 위한 많은 아이디어를 요구하고 있다.

　본교재는 "식품기사", "식품산업기사" 자격 취득을 위한 준비서로, 실시기관인 한국산업인력공단의 출제기준에 맞추어 가장 필수적인 이론을 정리하였으며 중요한 내용을 강조하고 시험에 나올 가능성이 높은 부분을 별도로 정리하였다. 과목별로 전체 내용을 이해하는 포괄적인 요약을 정리하였고 세부적으로 수험자가 기존에 수업에서 배웠던 내용 중 가장 중요한 내용을 정리함으로써 필요 없는 시간낭비를 하지 않고 중요한 요소만을 습득하도록 하였다. 또한 전체적인 흐름을 빠르게 진행하도록 하여 학습하는 데 지치지 않도록 하고 반복적인 학습에 도움이 되도록 모든 문장을 간략하게 간소화하였다.

　또한 최근 5년간 기출문제를 정리, 수록하였으며 문제 풀이는 그 어떤 타 교재에서 볼 수 없는 완벽에 가까운 해설과 문제를 풀어내는 방법을 안내하여 수년간의 문제 유형의 출제 패턴을 읽을 수 있도록 하여 최상의 수험서로서 수험생의 자격 취득에 도움이 되고자 하였다.

　끝으로 이 책이 나오기까지 도움을 주신 예문사 임직원 여러분께 깊은 감사를 드린다.

2021년 7월
윤장호 · 정진경 · 차윤환

출제기준 INFORMATION

■ 식품기사

| • 직무분야 : 식품가공 | • 중직무분야 : 식품 | • 자격종목 : 식품기사 | • 적용기간 : 2020.1.1.~2022.12.31. |

• 직무내용 : 식품기술분야에 대한 전문적인 지식을 바탕으로 하여 식품의 단위조작 및 생물학적, 화학적, 물리적 위해요소의 이해와 안전한 제품의 공급을 위한 식품재료의 선택에서부터 신제품의 기획·개발, 식품의 분석·검사 등의 업무를 담당하며, 식품제조 및 가공공정, 식품의 보존과 저장 공정에 대한 업무를 수행하는 직무

| • 필기검정방법 : 객관식 | • 문제수 : 100 | • 시험시간 : 2시간 30분 |

필기과목명	문제수	주요항목	세부항목	세세항목
식품위생학	20	1. 식중독	1. 세균성 식중독	1. 세균성 식중독의 특징 및 예방법
			2. 화학성 식중독	1. 화학성 식중독의 특징 및 예방법
			3. 자연독 식중독	1. 자연독 식중독의 특징 및 예방법
			4. 곰팡이독 식중독	1. 곰팡이독 식중독의 특징 및 예방법
			5. 바이러스성 식중독	1. 바이러스성 식중독의 특징 및 예방법
			6. 식이 알레르기	1. 식이 알레르기의 특징 및 예방법
		2. 식품과 감염병	1. 경구감염병	1. 경구감염병의 특징과 예방법 2. 인수공통감염병의 특징과 예방법 3. 기생충 4. 위생동물
		3. 식품첨가물	1. 식품첨가물 개요	1. 식품첨가물의 조건 2. 식품첨가물의 분류 및 특징 3. 중요 식품첨가물의 제조기준 및 사용기준
		4. 유해물질	1. 유해물질	1. 식품제조가공 중 생성되는 유해물질 2. 부정유해물질 3. 방사능오염 4. 내분비계장애물질
		5. 식품안전관리 인증기준 (HACCP)	1. 선행요건관리	1. 원·부재료 안전관리 2. 제조환경 위생관리 3. 종사자 위생교육 4. 교차오염 관리 5. 이물 예방관리 6. 제품검사관리 7. 협력업체 평가관리
			2. HACCP의 원칙과 절차	1. 사전단계평가 2. 식품안전 위해 요인 이해 3. 위해분석 및 평가 4. 중요 관리점 및 단계기준 평가 5. 모니터링 및 개선조치 수립 6. 검증 및 문서관리

필기과목명	문제수	주요항목	세부항목	세세항목
식품위생학	20	6. 식품위생검사	1. 안전성 평가시험	1. 안전성 평가시험
			2. 식품위생검사	1. 물리적 검사 2. 화학적 검사 3. 미생물학적 검사
		7. 식품안전법규	1. 법규의 이해	1. 식품위생법령 등
식품화학	20	1. 식품의 일반성분	1. 수분	1. 물분자의 구조 2. 수분의 존재상태 3. 수분활성도 4. 등온흡습곡선과 등온탈습곡선
			2. 탄수화물	1. 탄수화물의 분류와 종류 2. 탄수화물의 특성
			3. 지질	1. 지질의 분류와 종류 2. 유지의 특성 3. 유지의 산패
			4. 단백질	1. 단백질의 분류 2. 단백질의 특성 3. 단백질의 구조 4. 단백질의 변성
			5. 무기질	1. 주요한 무기질의 기능
			6. 비타민	1. 주요한 비타민의 기능
		2. 식품의 특수성분	1. 맛성분	1. 맛의 종류와 특징 2. 맛성분의 변화
			2. 냄새성분	1. 냄새의 분류 2. 냄새성분의 변화
			3. 색소성분	1. 색소의 분류 2. 식물성 색소 3. 동물성 색소 4. 식품의 갈변
		3. 식품의 물성	1. 식품의 물성	1. 식품의 교질성 2. 식품의 레올로지 특성
		4. 저장·가공 중 식품성분의 변화	1. 일반성분의 변화	1. 수분의 변화 2. 탄수화물의 변화 3. 지질의 변화 4. 단백질의 변화 5. 무기질의 변화 6. 비타민의 변화

출제기준 INFORMATION

필기과목명	문제수	주요항목	세부항목	세세항목
식품화학	20	4. 저장·가공 중 식품성분의 변화	2. 특수성분의 변화	1. 맛성분의 변화 2. 냄새성분의 변화 3. 색소성분의 변화 4. 기능성 물질의 변화
		5. 식품의 평가	1. 관능검사	1. 관능검사 2. 기타 식품평가(이화학적 검사 등)
		6. 식품성분분석	1. 일반성분분석	1. 시료준비 2. 시료분석
식품가공학	20	1. 곡류 및 서류 가공	1. 곡류가공	1. 곡류의 분류 및 재료 특성 2. 곡류가공품의 종류 및 가공·저장 방법(도정, 제분, 제면, 제빵 등)
			2. 서류가공	1. 서류의 분류 및 재료 특성 2. 서류가공품의 종류 및 가공·저장 방법(전분 등)
		2. 두류가공	1. 두류가공	1. 두류의 분류 및 재료 특성 2. 두류가공품의 종류 및 가공·저장 방법(두부류, 장류, 기타 가공품)
		3. 과채류가공	1. 과일류가공	1. 과일 분류 및 재료 특성 2. 과일가공식품의 종류 및 가공·저장 방법(통조림, 병조림, 주스, 젤리, 퓨레, 케첩 등)
			2. 채소류가공	1. 채소류 분류 및 재료 특성 2. 채소가공식품의 종류 및 가공·저장 방법
		4. 유지가공	1. 유지가공	1. 유지의 분류 및 재료 특성 2. 유지가공식품의 종류 및 가공·저장 방법
		5. 유가공	1. 유가공	1. 우유의 성분 및 재료 특성 2. 유가공품의 종류 및 가공·저장 방법(시유, 아이스크림, 버터, 발효유, 치즈, 연유, 분유 등)
		6. 육류가공	1. 육류가공	1. 식육의 성분과 근육조직의 구조 특성 2. 근육의 사후경직과 숙성 3. 육류가공품의 종류 및 가공·저장 방법(햄, 베이컨, 소시지 등)
		7. 알가공	1. 알가공	1. 알의 특성 2. 알가공품의 종류 및 가공·저장 방법
		8. 수산물가공	1. 수산물가공	1. 수산물의 특성 2. 수산가공품의 종류 및 가공·저장 방법

필기과목명	문제수	주요항목	세부항목	세세항목
식품가공학	20	9. 식품의 저장	1. 식품저장학 일반	1. 식품저장학 일반
			2. 유통기한 설정방법	1. 유통기한 설정방법
			3. 식품의 포장	1. 식품의 포장재료 및 방법
		10. 식품공학	1. 식품공학의 기초	1. 단위와 차원 2. 물질수지, 에너지수지
			2. 식품공학의 응용	1. 반응속도론 2. 유체역학 3. 열전달 4. 식품의 가열 및 살균 5. 냉동 6. 물질이동 7. 증발 및 건조 8. 흡착 및 추출 9. 기계적 분리 및 막분리 10. 분쇄 및 혼합
식품 미생물학	20	1. 미생물 일반	1. 미생물 일반	1. 미생물의 명명법 및 분류법 2. 미생물 세포의 특징과 생화학적 기능 3. 원핵세포와 진핵세포의 미세구조 4. 미생물의 번식 및 증식 5. 미생물의 영양 6. 영양요구성에 따른 미생물의 분류 7. 미생물 증식과 환경
		2. 식품미생물	1. 곰팡이류	1. 곰팡이의 형태와 특성 2. 곰팡이의 번식, 증식 3. 곰팡이의 분류 4. 곰팡이와 식품
			2. 효모류	1. 효모의 형태와 특성 2. 효모의 번식, 증식 3. 효모의 분류 4. 효모와 식품
			3. 세균류	1. 세균의 형태와 특성 2. 세균의 번식, 증식 3. 세균의 분류 4. 세균과 식품
			4. 기타 미생물	1. 버섯류 2. 조류 3. 파지류 4. 병원성 바이러스 및 기타 미생물과 식품

출제기준 INFORMATION

필기과목명	문제수	주요항목	세부항목	세세항목
식품 미생물학	20	3. 미생물의 분리 보존 및 균주 개량	1. 미생물의 분리보존	1. 유용미생물의 분리와 보존
			2. 미생물의 유전자 조작	1. 세포융합 2. 재조합 DNA 3. 돌연변이
생화학 및 발효학	20	1. 효소	1. 효소	1. 효소반응 2. 효소반응에 영향을 미치는 인자
		2. 탄수화물	1. 탄수화물대사	1. 해당작용 2. TCA 회로 3. 전자전달과 산화적 인산화 4. Cori 회로와 당신생 5. 5탄당 인산경로 6. 글리코겐 대사
		3. 지질	1. 지질대사	1. 지질 분해대사 2. 지질 합성대사
		4. 단백질	1. 아미노산	1. 아미노산의 구조와 종류 등
			2. 아미노산대사	1. 아미노산 분해대사 2. 아미노산 합성대사 3. 요소 회로
			3. 단백질 생합성	1. 단백질 생합성
		5. 핵산	1. Nucleotide 구조와 분류	1. Nucleotide 구조와 분류
			2. Purine과 Pyrimidine 대사	1. Purine과 Pyrimidine 대사
			3. DNA	1. DNA 구조 2. DNA 변성
			4. RNA	1. RNA 구조와 종류
		6. 비타민	1. 비타민	1. 비타민
		7. 발효공학	1. 발효공학 기초	1. 발효공학의 기본원리 2. 발효방법 3. 발효장치 4. 발효생산물의 분리와 정제
		8. 발효공학의 산업 이용	1. 주류 및 발효식품	1. 맥주 2. 와인 및 과실주 3. 약주, 탁주, 청주 4. 증류주 5. 장류, 김치류, 젓갈류 6. 기타 발효공학을 이용한 식품

필기과목명	문제수	주요항목	세부항목	세세항목
생화학 및 발효학	20	8. 발효공학의 산업 이용	2. 대사생성물의 생성	1. 유기산발효 2. 알코올발효 3. 아미노산발효 4. 핵산발효 5. 항생물질 6. 생리활성물질 7. 효소
			3. 균체생산	1. 균체생산
			4. 미생물의 특수한 이용	1. 미생물의 특수한 이용

출제기준 INFORMATION

■ 식품산업기사

- 직무분야 : 식품가공
- 중직무분야 : 식품
- 자격종목 : 식품산업기사
- 적용기간 : 2020.1.1.~2022.12.31.
- 직무내용 : 식품기술분야에 대한 전문적인 지식을 바탕으로 하여 식품의 단위조작 및 생물학적, 화학적, 물리적 위해요소의 이해와 안전한 제품의 공급을 위한 식품재료의 선택에서부터 신제품의 기획·개발, 식품의 분석·검사 등의 업무를 담당하며, 식품제조 및 가공공정, 식품의 보존과 저장 공정에 대한 업무를 수행하는 직무
- 필기검정방법 : 객관식
- 문제수 : 100
- 시험시간 : 2시간 30분

필기과목명	문제수	주요항목	세부항목	세세항목
식품위생학	20	1. 식중독	1. 세균성 식중독	1. 세균성 식중독의 특징 및 예방법
			2. 화학성 식중독	1. 화학성 식중독의 특징 및 예방법
			3. 자연독 식중독	1. 자연독 식중독의 특징 및 예방법
			4. 곰팡이독 식중독	1. 곰팡이독 식중독의 특징 및 예방법
			5. 바이러스성 식중독	1. 바이러스성 식중독의 특징 및 예방법
			6. 식이 알레르기	1. 식이 알레르기의 특징 및 예방법
		2. 식품과 감염병	1. 경구감염병	1. 경구감염병의 특징과 예방법 2. 인수공통감염병의 특징과 예방법 3. 기생충 4. 위생동물
		3. 식품첨가물	1. 식품첨가물 개요	1. 식품첨가물의 조건 2. 식품첨가물의 분류 및 특징 3. 중요 식품첨가물의 제조기준 및 사용기준
		4. 유해물질	1. 유해물질	1. 식품제조가공 중 생성되는 유해물질 2. 부정유해물질 3. 방사능오염 4. 내분비계장애물질
		5. 식품공장의 위생관리	1. 식품공장의 위생관리	1. 식품공장의 위생관리 2. 식품안전관리인증기준(HACCP) / ISO22000
			2. 식품 포장 및 용기의 위생관리	1. 식품 포장 및 용기의 위생관리
			3. 식품공장 폐기물 처리	1. 식품공장 폐기물 처리
		6. 식품위생검사	1. 안전성 평가시험	1. 안전성 평가시험
			2. 식품위생검사	1. 물리적 검사 2. 화학적 검사 3. 미생물학적 검사

필기과목명	문제수	주요항목	세부항목	세세항목
식품위생학	20	7. 식품의 변질과 보존	1. 식품의 변질과 보존	1. 식품의 변질과 보존
		8. 식품안전법규	1. 법규의 이해	1. 식품위생법령 등
식품화학	20	1. 식품의 일반 성분	1. 수분	1. 물분자의 구조 2. 수분의 존재상태 3. 수분활성도 4. 등온흡습곡선과 등온탈습곡선
			2. 탄수화물	1. 탄수화물의 분류와 종류 2. 탄수화물의 특성
			3. 지질	1. 지질의 분류와 종류 2. 유지의 특성 3. 유지의 산패
			4. 단백질	1. 단백질의 분류 2. 단백질의 특성 3. 단백질의 구조 4. 단백질의 변성
			5. 무기질	1. 주요한 무기질의 기능
			6. 비타민	1. 주요한 비타민의 기능
		2. 식품의 특수 성분	1. 맛성분	1. 맛의 종류와 특징 2. 맛성분의 변화
			2. 냄새성분	1. 냄새의 분류 2. 냄새성분의 변화
			3. 색소성분	1. 색소의 분류 2. 식물성 색소 3. 동물성 색소 4. 식품의 갈변
			4. 기능성 물질	1. 기능성 물질의 특징
		3. 식품의 물성	1. 식품의 물성	1. 식품의 교질성 2. 식품의 레올로지 특성
		4. 저장·가공 중 식품성분의 변화	1. 일반성분의 변화	1. 수분의 변화 2. 탄수화물의 변화 3. 지질의 변화 4. 단백질의 변화 5. 무기질의 변화 6. 비타민의 변화

출제기준 INFORMATION

필기과목명	문제수	주요항목	세부항목	세세항목
식품화학	20	4. 저장·가공 중 식품성분의 변화	2. 특수성분의 변화	1. 맛성분의 변화 2. 냄새성분의 변화 3. 색소성분의 변화 4. 기능성 물질의 변화
		5. 식품의 평가	1. 관능검사	1. 관능검사 2. 기타 식품평가(이화학적 검사 등)
		6. 식품성분분석	1. 일반성분분석	1. 시료준비 2. 시료분석
식품가공학	20	1. 곡류 및 서류가공	1. 곡류가공	1. 곡류의 분류 및 재료 특성 2. 곡류가공품의 종류 및 가공·저장 방법(도정, 제분, 제면, 제빵 등)
			2. 서류가공	1. 서류의 분류 및 재료 특성 2. 서류가공품의 종류 및 가공·저장 방법(전분 등)
		2. 두류가공	1. 두류가공	1. 두류의 분류 및 재료 특성 2. 두류가공품의 종류 및 가공·저장 방법(두부류, 장류, 기타 가공품)
		3. 과채류가공	1. 과일류가공	1. 과일 분류 및 재료 특성 2. 과일가공식품의 종류 및 가공·저장 방법(통조림, 병조림, 주스, 젤리, 퓨레, 케찹 등)
			2. 채소류가공	1. 채소류 분류 및 재료 특성 2. 채소가공식품의 종류 및 가공·저장 방법
		4. 유지가공	1. 유지가공	1. 유지의 분류 및 재료 특성 2. 유지가공식품의 종류 및 가공·저장 방법
		5. 유가공	1. 유가공	1. 우유의 성분 및 재료 특성 2. 유가공품의 종류 및 가공·저장 방법(시유, 아이스크림, 버터, 발효유, 치즈, 연유, 분유 등)
		6. 육류가공	1. 육류가공	1. 식육의 성분과 근육조직의 구조 특성 2. 근육의 사후경직과 숙성 3. 육류가공품의 종류 및 가공·저장 방법(햄, 베이컨, 소시지 등)
		7. 알가공	1. 알가공	1. 알의 특성 2. 알가공품의 종류 및 가공·저장 방법
		8. 수산물가공	1. 수산물가공	1. 수산물의 특성 2. 수산가공품의 종류 및 가공·저장 방법
		9. 식품의 저장	1. 식품저장학 일반	1. 식품저장학 일반
			2. 유통기한 설정방법	1. 유통기한 설정방법
			3. 식품의 포장	1. 식품의 포장재료 및 방법

필기과목명	문제수	주요항목	세부항목	세세항목
식품가공학	20	10. 식품공학	1. 식품공학의 기초	1. 단위와 차원 2. 물질수지, 에너지수지
			2. 식품공학의 응용	1. 반응속도론 2. 유체역학 3. 열전달 4. 식품의 가열 및 살균 5. 냉동 6. 물질이동 7. 증발 및 건조 8. 흡착 및 추출 9. 기계적 분리 및 막분리 10. 분쇄 및 혼합
식품 미생물학	20	1. 미생물 일반	1. 미생물 일반	1. 미생물의 명명법 및 분류법 2. 미생물 세포의 특징과 생화학적 기능 3. 원핵세포와 진핵세포의 미세구조 4. 미생물의 번식 및 증식 5. 미생물의 영양 6. 영양요구성에 따른 미생물의 분류 7. 미생물 증식과 환경
		2. 식품미생물	1. 곰팡이류	1. 곰팡이의 형태와 특성 2. 곰팡이의 번식, 증식 3. 곰팡이의 분류 4. 곰팡이와 식품
			2. 효모류	1. 효모의 형태와 특성 2. 효모의 번식, 증식 3. 효모의 분류 4. 효모와 식품
			3. 세균류	1. 세균의 형태와 특성 2. 세균의 번식, 증식 3. 세균의 분류 4. 세균과 식품
			4. 기타 미생물	1. 버섯류 2. 조류 3. 파지류 4. 병원성 바이러스 및 기타 미생물과 식품
		3. 식품미생물 발생	1. 식품저장 중 미생물 발생	1. 식품저장 중 미생물 발생

출제기준 INFORMATION

필기과목명	문제수	주요항목	세부항목	세세항목
식품 미생물학	20	4. 발효식품 관련 미생물	1. 주류	1. 주류
			2. 장류	1. 장류
			3. 김치류	1. 김치류
			4. 젓갈류	1. 젓갈류
			5. 치즈 및 발효유	1. 치즈 및 발효유
		5. 기타 발효	1. 유기산발효 및 아미노산발효	1. 유기산발효 및 아미노산발효
			2. 균체생산	1. 균체생산
			3. 효소생산	1. 효소생산
			4. 미생물 대사	1. 미생물 대사
식품제조 공정	20	1. 선별	1. 무게에 의한 선별	1. 무게 선별기의 종류 및 방법
			2. 크기에 의한 선별	1. 크기 선별기의 종류 및 방법
			3. 모양에 의한 선별	1. 모양 선별기의 종류 및 방법
			4. 광학에 의한 선별	1. 광학 선별기의 종류 및 방법
		2. 세척	1. 건식세척	1. 건식세척의 종류 및 방법
			2. 습식세척	1. 습식세척의 종류 및 방법
		3. 분쇄	1. 조분쇄기	1. 조분쇄
			2. 중간 분쇄기	1. 중간 분쇄
			3. 미분쇄기	1. 미분쇄
			4. 초미분쇄기	1. 초미분쇄
		4. 혼합 및 유화	1. 교반기	1. 교반기의 형태 및 방법
			2. 혼합기	1. 혼합기의 형태 및 방법
			3. 반죽기	1. 반죽기의 형태 및 방법
		5. 성형	1. 압출 성형기	1. 압출 성형기의 특성 및 종류
			2. 압축 성형기	1. 압축 성형기의 특성 및 방법
		6. 원심분리	1. 액체와 액체 원심분리기	1. 관형 원심분리 2. 원판형 원심분리
		7. 여과	1. 중력 여과기	1. 중력 여과
			2. 압축 여과기	1. 압축 여과
			3. 진공 여과기	1. 진공 여과
			4. 원심 여과기	1. 원심 여과
			5. 막분리 여과	1. 막분리 여과

필기과목명	문제수	주요항목	세부항목	세세항목
식품제조공정	20	8. 추출	1. 압착기	1. 압착 추출
			2. 용매추출기	1. 용매 추출
			3. 초임계 가스 추출기	1. 초임계 가스 추출 분리
		9. 이송	1. 기체 이송기	1. 기체 이송
			2. 액체 이송기	1. 액체 이송
			3. 고체 이송기	1. 고체 이송
		10. 건조	1. 자연건조	1. 자연건조
			2. 인공건조	1. 가압건조 2. 상압건조 3. 감압, 동결건조
		11. 농축	1. 증발농축	1. 증발농축
			2. 냉동농축	1. 냉동농축
			3. 막농축	1. 막농축
		12. 살균	1. 가열살균	1. 상업적 살균의 정의 2. 온도 차에 의한 살균법 3. 살균방식 4. 정치식과 동요식 살균법
			2. 비가열 살균	1. 약제 살균 2. 자외선 살균 3. 방사선 살균 4. 전자선 살균

이책의 차례 CONTENTS

PART 01 식품위생학

CHAPTER 01 식중독

1. 식중독의 분류 ·· 2
2. 세균성 식중독(내독소) ··· 2
3. 자연독에 의한 식중독(내인성 위해인자) ································· 7
4. 화학적 식중독(외인성 위해인자) ··· 10
5. 곰팡이독(mycotoxin) 식중독 ··· 15

CHAPTER 02 식품과 감염병

1. 주요한 경구감염병과 예방대책 ·· 17
2. 인수공통감염병과 예방대책 ··· 19
3. 기생충 ·· 21
4. 위생동물 ·· 25

CHAPTER 03 식품첨가물

1. 식품첨가물의 정의 ·· 30
2. 식품첨가물의 구비조건 ··· 30
3. 식품첨가물의 안전성 평가 ·· 30
4. 식품첨가물의 종류 ·· 31

CHAPTER 04 식품 중 유해물질

1. 식품제조가공 중 생성되는 유해물질(유인성 위해인자) ·········· 42
2. 항생물질에 의한 식품오염 ·· 42
3. 식품오염 방사성 물질 ··· 43
4. 내분비계 장애물질 ·· 44

CHAPTER 05 식품공장의 위생관리

1. 식품설비의 위생관리 ·· 45
2. 식품취급자의 개인위생 ··· 47

CHAPTER 06 식품 위해요소 중점관리기준(HACCP) 제도

1. 식품 위해요소 중점관리기준(HACCP) 제도 ···················· 49
2. 기구·용기 및 포장 위생 ··· 50
3. 소독 ·· 52
4. 식품공장 폐기물처리 ·· 53

CHAPTER 07 식품위생검사

1. 안정성 평가시험 ··· 56
2. 미생물학적 검사 ··· 57
3. 이화학적 검사 ·· 59

CHAPTER 08 식품의 변질과 보존

1. 식품의 변질 ·· 60
2. 식품의 부패방지 ··· 62

CHAPTER 09 식품위생 관련 법규

1. 공중위생관리법 ·· 65
2. 감염병의 예방 및 관리에 관한 법률 ······························ 66
3. 식품위생법 ··· 69

이책의 차례 CONTENTS

PART 02 식품화학

CHAPTER 01 식품의 일반성분

1. 수분 ·· 74
2. 탄수화물 ·· 76
3. 단백질 ·· 80
4. 지질 ·· 86
5. 무기질 ·· 91
6. 비타민 ·· 93

CHAPTER 02 식품의 특수성분

1. 식품의 맛 ·· 96
2. 식품의 냄새 ·· 100
3. 색소 ·· 101
4. 식품 중 독성물질 ·· 107

CHAPTER 03 식품 저장, 가공 중 일반성분의 변화

1. 수분의 변화 ·· 109
2. 탄수화물의 변화 ·· 109
3. 단백질의 변화 ·· 111
4. 유지의 변질 ·· 112

CHAPTER 04 식품 저장, 가공 중 특수성분의 변화

1. 갈색화 반응 ·· 117
2. 식품과 효소 ·· 120

CHAPTER 05 식품의 물리성

1. 콜로이드(Colloid : 교질) ··· 123
2. Rheology ··· 125
3. Texture ··· 128

CHAPTER 06 식품의 기능성

1. 식품의 기능 ·· 130
2. 건강기능식품 ·· 130
3. 건강기능식품의 종류 ··· 131

PART 03
식품 미생물학

CHAPTER 01 미생물 일반

1. 미생물 개론 ·· 136
2. 세포의 구조 ·· 137
3. 미생물의 일반생리 ·· 141

CHAPTER 02 곰팡이(mold, mould)

1. 곰팡이의 구조 ··· 147
2. 곰팡이의 포자 ··· 148
3. 조상균류 ·· 150
4. 자낭균류 ·· 152

이책의 차례 CONTENTS

CHAPTER 03 효모(yeast)

1. 효모의 분류와 형태 ····· 160
2. 효모의 세포구조와 기능 ····· 161
3. 효모의 증식 ····· 162
4. 효모의 포자 ····· 163
5. 효모의 발효 ····· 164
6. 효모의 분류 ····· 165
7. 효모의 종류 ····· 167

CHAPTER 04 세균(bacteria)

1. 세균의 특징 ····· 171
2. 주요 세균 ····· 178

CHAPTER 05 기타 미생물

1. 방선균(actinomycetes) ····· 183
2. 버섯류 ····· 184
3. 조류(algae) ····· 186
4. 파지류 ····· 188
5. 병원성 바이러스와 식품 ····· 191

CHAPTER 06 발효식품 관련 미생물

1. 발효주(효모 이용 알코올 발효) ····· 193
2. 증류주 ····· 199
3. 장류 ····· 201
4. 침채류 ····· 205
5. 발효유(fermented milk) ····· 206

CHAPTER 07 유기산 발효

1 산화적 유기산 발효 ·· 208
2 해당(EMP) 경로 및 구연산회로(TCA) 유기산 발효 ····················· 209

CHAPTER 08 생리활성물질

1 비타민 ·· 211
2 스테로이드계 ·· 212

CHAPTER 09 아미노산 발효

1 아미노산 제조 ··· 213

CHAPTER 10 핵산 발효

1 핵산 발효 ··· 214

CHAPTER 11 균체 생산

1 미생물균체 ·· 216
2 빵효모 생산 ·· 217
3 미생물 유지 ·· 217

CHAPTER 12 효소생산

1 효소의 생성 ·· 218
2 효소의 추출 ·· 219

③ 효소의 정제 ·· 219
④ 고정화 효소 ··· 219

CHAPTER 13 미생물 실험

① 미생물 계측 ··· 221
② 미생물량 측정 ·· 222
③ 단일 염색법 ··· 222
④ Gram 염색법 ·· 223
⑤ 배지(culture media) ··· 223
⑥ 미생물 배양 ··· 225
⑦ 미생물의 순수분리 ··· 226
⑧ 균주의 보존 ··· 227
⑨ 효모의 당류 발효성 ··· 227
⑩ 멸균 및 제균법 ·· 228
⑪ 광학현미경(light microscopy, optical microscopy) ············ 229

PART 04 식품가공학

CHAPTER 01 곡류 및 서류 가공

① 곡류 가공 ·· 234
② 서류 가공 ·· 239

CHAPTER 02 두류 가공

① 두부류 ··· 242
② 장류 ·· 243
③ 영양 저해 인자 ·· 246
④ 기타 가공품 ··· 246

CHAPTER 03 과실 및 채소 가공

1. 통조림과 병조림 ·· 247
2. 과실 주스 ·· 252
3. 과일 잼 ·· 253
4. 토마토 퓌레와 토마토 케첩 ·· 255
5. 과실 및 채소 건조 ·· 255

CHAPTER 04 유지 가공

1. 제유 ·· 257
2. 식물유 ·· 259

CHAPTER 05 유가공

1. 시유(city milk, market milk) ···································· 260
2. 아이스크림(ice cream) ·· 263
3. 버터(butter) ·· 265
4. 발효유(fermented milk) ·· 267
5. 치즈(cheese) ··· 268
6. 연유(condensed milk) ·· 270
7. 분유(powder milk) ·· 272

CHAPTER 06 육류 가공

1. 식육 성분 및 구조 특성 ·· 275
2. 햄(ham) 제조 ··· 277
3. 베이컨(bacon) 제조 ·· 278
4. 소시지(sausage) 제조 ··· 279

이책의 차례 CONTENTS

CHAPTER 07 계란 가공

1. 계란의 이화학적 성질 ········· 281
2. 계란 가공 ········· 282

CHAPTER 08 수산물 가공

1. 수산물의 특징 ········· 283
2. 수산 연제품 ········· 283
3. 수산 건제품 ········· 284
4. 젓갈 ········· 285

CHAPTER 09 식품의 저장

1. 식품저장학 일반 ········· 286
2. 식품의 유통기한 설정방법 ········· 293
3. 식품의 포장 ········· 294

CHAPTER 10 식품공학의 기초

1. 단위 조작 ········· 297
2. 단위와 차원 ········· 297
3. 물질수지 ········· 299
4. 에너지 수지 ········· 299

CHAPTER 11 식품공학의 응용

1. 식품 반응속도론 ······· 301
2. 유체(fluid)역학 ······· 301
3. 열전달 및 물질이동 ······· 302
4. 식품의 가열 및 살균 ······· 303
5. 냉동 ······· 303
6. 증발 및 건조 ······· 305
7. 흡착 및 추출 ······· 306
8. 기계적 분리 및 막분리 ······· 307
9. 분쇄 및 혼합 ······· 308

PART 05 생화학 및 발효학

CHAPTER 01 세포

1. 세포의 구조와 기능 ······· 312

CHAPTER 02 당질의 합성과 대사

1. 영양소의 대사 ······· 315
2. 당질의 종류 및 특성 ······· 315
3. 해당(EMP, glycolysis) ······· 319
4. 당신생반응 ······· 322
5. 오탄당인산경로(HMP) – 세포질 ······· 324
6. 글리코겐의 합성과 분해 ······· 326
7. TCA(구연산, Kreb's 회로) : 탄수화물, 지방, 단백질 대사의 공통반응 ······· 328
8. 전자전달계[호흡사슬, electron transport(ET)] ······· 332
9. 대사 위치 ······· 333

이책의 차례 CONTENTS

CHAPTER 03 지방 및 대사

1. 지방의 특징 ··· 334
2. 지방산의 특징 ··· 334
3. 지질의 종류 ··· 335
4. 지질대사 ·· 336

CHAPTER 04 단백질 및 대사

1. 단백질의 성질 ··· 342
2. 단백질 대사 ··· 345
3. 아미노산의 분해 ·· 349
4. 아미노산 대사 ··· 350
5. 아미노산의 합성 ·· 351
6. 효소 ·· 352

CHAPTER 05 핵산 및 대사

1. 핵산 ·· 355
2. Purine 염기의 합성·분해 ······························ 356
3. pyrimidine 염기의 합성·분해 ······················· 357
4. DNA 구조 ·· 358
5. 생리활성을 갖고 있는 nucleotide 화합물 ····· 358
6. DNA 변성 ·· 359
7. RNA의 종류 및 기능 ···································· 359
8. DNA의 복제 ·· 361
9. mRNA 전사(transcription) ··························· 362
10. 단백질 합성(번역) ··· 363

CHAPTER 06 발효식품

1. 발효의 분류 ·· 365
2. 발효주(효모 이용 알코올 발효) ··· 365
3. 증류주 ·· 371
4. 장류 ·· 373
5. 침채류 ·· 377
6. 발효유(fermented milk) ··· 378

CHAPTER 07 주정 발효

1. 당밀 주정제조 ·· 380
2. 녹말질 주정제조 ·· 381
3. 증류 ·· 382
4. Glycerol 발효 ··· 383

CHAPTER 08 유기산 발효

1. 산화적 유기산 발효 ··· 384
2. 해당(EMP) 경로 및 구연산회로(TCA) 유기산 발효 ················ 385

CHAPTER 09 생리활성물질

1. 비타민 ·· 387
2. 스테로이드계 ·· 388

이책의 차례 CONTENTS

CHAPTER 10 아미노산 발효

1 아미노산 제조 ·· 389

CHAPTER 11 핵산 발효

1 핵산 발효 ··· 390

CHAPTER 12 균체 생산

1 미생물균체 ··· 392
2 빵효모 생산 ··· 393
3 미생물 유지 ··· 393

CHAPTER 13 효소 생산

1 효소의 생성 ··· 394
2 효소의 추출 ··· 394
3 효소의 정제 ··· 395
4 고정화 효소 ··· 395

PART 06 식품제조공정

CHAPTER 01 선별

1 무게에 의한 선별 ··································· 398
2 크기에 의한 선별 ··································· 398
3 모양에 의한 선별 ··································· 398
4 광학에 의한 선별 ··································· 398

CHAPTER 02 세척

1. 건식 세척 ·· 399
2. 습식 세척 ·· 399

CHAPTER 03 분쇄

1. 분쇄 ·· 400
2. 분쇄비율 ·· 400
3. 분쇄기 종류 ··· 400
4. 밀제분 공정 ··· 401

CHAPTER 04 혼합

1. 혼합 ·· 402
2. 혼합기의 종류 ··· 402

CHAPTER 05 성형

1. 성형(moulding) ··· 404
2. 성형의 종류 ··· 404

CHAPTER 06 원심분리

1. 침강분리 및 원심분리 ··· 405
2. 액체와 액체 원심분리기 ··· 405

CHAPTER 07 여과

1. 여과 ······ 406
2. 막여과 ······ 406
3. 압착 ······ 407

CHAPTER 08 추출

1. 용매 추출 ······ 408
2. 초임계 유체 추출 ······ 408

CHAPTER 09 건조

1. 식품의 건조 ······ 409

CHAPTER 10 농축

1. 농축 ······ 411
2. 농축 방법 ······ 411

CHAPTER 11 반송기계

······ 412

CHAPTER 12 살균

1. 상업적 살균 ······ 413
2. 증기가압 살균장치(retort) ······ 413

PART 07 기출문제

01 2016년 1회 식품기사 ·· 416
02 2016년 1회 식품산업기사 ······································ 437
03 2016년 2회 식품기사 ·· 457
04 2016년 2회 식품산업기사 ······································ 479
05 2016년 3회 식품기사 ·· 499
06 2016년 3회 식품산업기사 ······································ 520

07 2017년 1회 식품기사 ·· 541
08 2017년 1회 식품산업기사 ······································ 563
09 2017년 2회 식품기사 ·· 582
10 2017년 2회 식품산업기사 ······································ 603
11 2017년 3회 식품기사 ·· 623
12 2017년 3회 식품산업기사 ······································ 644

13 2018년 1회 식품기사 ·· 664
14 2018년 1회 식품산업기사 ······································ 685
15 2018년 2회 식품기사 ·· 705
16 2018년 2회 식품산업기사 ······································ 725
17 2018년 3회 식품기사 ·· 745
18 2018년 3회 식품산업기사 ······································ 764

19 2019년 1회 식품기사 ·· 783
20 2019년 1회 식품산업기사 ······································ 804
21 2019년 2회 식품기사 ·· 822
22 2019년 3회 식품기사 ·· 842

23 2020년 1·2회 식품기사 ·· 861
24 2020년 1·2회 식품산업기사 ···································· 881
25 2020년 3회 식품기사 ·· 900
26 2020년 3회 식품산업기사 ······································ 919
27 2020년 4회 식품기사 ·· 937

28 2021년 1회 식품기사 ·· 957
29 2021년 2회 식품기사 ·· 976

PART 01

식품위생학

CONTENTS

01 식중독
02 식품과 감염병
03 식품첨가물
04 식품 중 유해물질
05 식품공장의 위생관리

06 식품 위해요소 중점관리기준(HACCP) 제도
07 식품위생검사
08 식품의 변질과 보존
09 식품위생 관련 법규

CHAPTER 01 식중독

1 식중독의 분류

식중독	세균성	감염형	살모넬라, 장염비브리오, 병원성대장균
		독소형	황색포도알균, 보툴리늄
		감염독소형(중간형)	퍼프리젠스, 세레우스
	자연독	동물성	복어, 조개류, 독어류
		식물성	독버섯, 감자, 독미나리
	화학적	유해 화학물질	농약, 중금속, 유해첨가물
	바이러스성	바이러스	노로바이러스
	곰팡이독	mycotoxin	아플라톡신, 황변미독, 푸사리움독, 맥각독

2 세균성 식중독(내독소)

세균성 식중독은 세균 또는 바이러스에 의해서 발생하는 식중독을 말하며 식중독 사고 중 **발생률**이 가장 높다.

1. 감염형 식중독

식품과 함께 섭취한 **다량**의 미생물이 체내에서 증식되어 급성장염 증세를 일으키는 것을 말한다.

1) 살모넬라 식중독

① 원인균 : *Salmonella entertidis, Sal. typhimurium, Sal. thomson, Sal. derby* 등
② 특징 : 그람음성, 무포자간균, 주모성으로 잠복기는 보통 12~24시간이며 구토·복통·설사·발열의 일반적 급성장염 증세를 보이나 38℃를 넘는 **고열**이 주 증세이다.
③ 원인 식품 : **육류**, 난류, 우유 및 그 가공품 등이 주 오염 식품이며 쥐 등에 의해서도 전파된다.

④ 예방 : 쥐·파리·바퀴 등 위생해충의 예방, 식품의 가열조리, 급랭, 저온보존 및 손씻기 등 개인 위생을 철저히 한다.

2) 장염 비브리오 식중독

① 원인균 : *Vibrio parahamolyticus*

② 특징 : 그람음성, 무포자간균, 단모균, 활 모양의 **호상균**으로 3~4% 염에서 살 수 있는 **호염균**이다. 잠복기는 평균 10~18시간이며, 주된 증상은 복통·구토·설사·발열 등의 전형적인 급성 위장염 증상이다.

③ 원인 식품 : **어패류**의 생식에 의해 감염될 수 있다.

④ 예방 : **가열살균**하며 저온저장, 손 등의 소독 및 담수세척 등을 한다.

3) 병원성 대장균 식중독

① 원인균
- 장관병원성 대장균(enteropathogenic *E. coli* ; EPEC) : 유아 설사증
- 장관침입성 대장균(enteroinvasive *E. coli* ; EIEC) : 세포침입성
- 장관독소원성 대장균(enterotoxigenic *E. coli* ; ETEC) : 여행자 설사증, 장독소생성
- 장관응집성 대장균(enteroaggregative *E. coli* ; EAEC) : 장점막 부착하여 독소를 생성
- **장관출혈성 대장균**(enterohemorrhagic *E. coli* ; EHEC) : O157 : H7, **verotoxin** 생성, 혈변과 심한 복통

② 특징 : 그람음성, 무포자간균, 통성혐기성, 유당을 분해하여 산과 가스 생성, 잠복기는 평균 10~24시간 **장관출혈성**의 경우 **혈변**과 심한 복통을 동반하나 고열은 발생하지 않는다.

③ 원인 식품 : 오염된 햄, 소시지, 고로케, 채소샐러드 및 **햄버거**와 같은 가공품 등이 있다.

④ 예방 : 사람이나 동물의 분변에 식품이 오염되지 않도록 하고, 개인위생을 철저히 한다.

4) 캠필로박터 식중독

① 원인균 : *Campylobacter jejuni* 및 *Campylobacter coli*

② 특징 : 그람음성, 무포자 **나선균**, **미호기성균**, **고온균**(최적 42~45℃), 잠복기는 2~7일이며 급성장염 증세를 보인다. 최근 하반신 마비를 일으키는 갈랑바레 증후군으로 주목받고 있다.

③ 원인 식품 : 식육·**가금류**·개·고양이 등에 널리 분포하며, 닭같이 체온이 높은 가금류에 많다.

④ 예방 : 가열조리 및 위생관리를 철저히 하고, 소량의 균으로도 발병되므로 칼, 도마로부터의 2차오염 방지에 노력한다.

5) 리스테리아 식중독

① 원인균 : *Listeria monocytogenes*
② 특징 : 그람양성, 무포자간균, **냉장세균**, 잠복기는 확실하지 않다. 위장증상, 수막염, 임산부의 자연유산 및 **사산**을 일으킨다.
③ 원인식품 : 식육제품 · **유제품** · 가금류 및 가공품 등이다.
④ 예방법 : 가열조리, 저온 증식이 가능하므로 냉장고에서 장기보관을 피하며 육제품이나 유제품 가공 시 오염되지 않도록 한다.

6) 여시니아 식중독

① 원인균 : *Yersinia enterocolitica*
② 특징 : 그람음성, 단간균, 저온균으로 잠복기는 2~7일이며 급성장염 증세를 보인다.
③ 원인 식품 : 덜 익은 돼지고기나 쥐의 분변 등으로 오염된 물에 의해 감염된다.
④ 예방 : **돼지보균율**이 높으므로 오염방지가 중요하다. 열에 약하므로 가열조리하고 저온 증식이 가능하므로 장기간 저온보관을 피하며 약수터 등 물의 오염을 예방하는 것이 중요하다.

7) 아리조나 식중독

원인균 : Salmonella 중 독립된 arizona group으로 살모넬라 식중독과 유사하다.

2. 독소형 식중독(외독소)

미생물에 의해 생성된 독소가 식품과 함께 섭취되어 일어나는 식중독이다.

1) 황색포도알균 식중독

① 원인균 : *Staphylococcus aureus*(황색포도알균)
② 독소 : enterotoxin(장 독소)
  • 내열성이 커서 100℃에서 1시간 가열로 활성을 잃지 않으며, 120℃에서 20분 동안 가열

하여도 완전 파괴되지 않는다(고압증기멸균에서 파괴되지 않는다). lard 중에서 218~248℃로 30분 이상 가열하면 파괴된다.
- 균체가 중성에서 증식할 때 독소를 생산하며 **산성하에서는 독소를 생산하지 못한다**.
- 균 자체는 100℃에서 30분이면 사멸된다(균은 비교적 열에 약함).
- **단백질 분해 효소에 의해 파괴되지 않는다**.
- 저온에서는 균이 증식하지 못하므로 독소도 생산하지 못한다.

③ 특징 : 그람양성, 포도알균, 잠복기는 평균 **3시간**(가장 짧다.), 증상은 급성위장염 증상으로 구토가 주 증세이다, **피부상재균**으로 상처에 고름을 형성하여 **화농균**이라고도 한다.
④ 원인 식품 : 손으로 조리한 김밥, 도시락, 초밥 등의 **복합조리식품**이 있다.
⑤ 예방 : 손에 **상처**가 있는 조리자는 조리에 참여하지 말고, 조리된 식품은 **저온보관**한다.

2) 보툴리눔 식중독

① 원인균 : *Clostridium botulinum*
② 독소 : 단백질성 neurotoxin(신경 독소)으로 사망률이 50%로 높으나 열에 약하여 100℃에서 10분, 80℃에서 30분이면 파괴된다.
③ 특징 : 그람양성, **포자(곤봉 모양) 형성**, 혐기성 간균, 토양·하천·호수·바다흙·동물의 분변에 존재, A~G형 7종 중 A, B, E형이 사람에게 중독을 일으킨다. 잠복기는 보통 12~30시간이며 주 증상은 구토, 복통, 설사에 이어 신경증상을 보이며 호흡마비 후 사망에 이른다.
④ 원인 식품 : 육류 및 통조림, 어류 훈제 등이 있다.
⑤ 예방 : 통조림 제조 시에 충분히 살균, 독소는 열에 약하므로 충분히 가열한다.

3. 감염독소형 식중독(중간형 식중독)

식품과 함께 섭취한 다량의 미생물이 장내에서 장독소를 분비하여 식중독이 발생한다.

1) 웰치(Welchii)균 식중독

① 원인균 : *Clostridium perfeingens*
② 특징 : 그람양성, 포자형성간균, 혐기성균, 잠복기는 평균 8~20시간이며 급성장염 증세를 보인다.
③ 원인 식품 : 오염된 육류·조류 식품이나 쥐·가축의 분변에 의해 감염된다.

④ 예방 : 분변 오염 방지, 식품의 가열조리, 급랭, 저온보관 및 손씻기 등 개인위생을 철저히 한다.

2) 세레우스균 식중독

① 원인균 : *Bacillus cereus*
② 특징 : 그람양성, 포자형성간균, 호기성균, 잠복기는 평균 8~16시간이며 **설사형**은 살모넬라균과 비슷하며 **구토형**은 황색포도알균과 비슷한 증세를 보인다.
③ 원인 식품 : 원인균과 포자가 자연계에 널리 분포하여 식품에 오염될 기회가 많다.
④ 예방법 : 식품의 가열조리, 급랭, 저온보관 및 손씻기 등 개인위생을 철저히 한다.

4. 기타 식중독

1) 비브리오패혈증 식중독

① 원인균 : *Vibrio vulnificus*
② 특징 : 장염비브리오균과 유사하지만 간경변 등 기초질환자의 **패혈증**에 의한 사망률(50%)이 매우 높고 피부상처를 통한 **연조직 감염**이 발생된다.
③ 원인 식품 : **어패류**의 생식과 상처 난 부위의 바닷물 감염으로 발생할 수 있다.
④ 예방 : **간질환**, 알코올중독 환자는 어패류 생식을 금하며 상처가 있을 경우 바닷물에 들어가는 것을 주의한다.

2) 알레르기 식중독

① 원인균 : *Morganella morganii*
② 특징 : 그람음성, 무포자간균, 호기성으로 잠복기는 1시간 이내이며 알레르기 증상이다.
③ 원인 식품 : 꽁치, 고등어, 정어리 등의 **등푸른 생선**이 오염되어 히스티딘(histidine)을 탈탄산시켜 **히스타민**(histamine)을 생성함으로써 **알레르기**를 일으킨다.
④ 예방법 : 어류를 충분히 세척하고 가열·살균하여 섭취한다.

3) 사카자키 식중독

① 원인균 : *Chronobacter sakazakii*(*Enterobacter sakazakii* 라고도 함)
② 특징 : 그람음성, 통성혐기성간균, 체외로 분비된 섬유상 바이오 필름으로 건조에 강하다. 증상은 장염, **수막염**으로 신생아 60%, **영아** 20%의 높은 사망률을 보인다.

③ 원인 식품 : 조제분유 및 영유아식품
④ 예방 : 가열살균을 철저히 하며 분유를 70℃ 이상의 물에 타는 것이 중요하다.

4) 바이러스 식중독

겨울철 식중독의 대표이며 발생률이 증가하고 있다.
① 원인균 : 노로 바이러스(*Norwalk virus, Norovirus*)
② 특징 : 바이러스로 **식품에서 증식되지 않고** 생체 내에서 증식하여 분변을 통해 오염된다. 잠복기는 12~48시간 이내이며 구토, 설사, 복통 등 급성장염 증세를 보인다.
③ 원인 식품 : 사람의 분변에 오염된 식품으로 전파되며 우리나라의 경우 겨울철 **생굴** 등 비가열 식품에 의해 많이 발생된다.
④ 예방법 : 굴 등 생식품의 섭취를 피하고 가열 처리한다.

5) 장구균

장구균은 대장균군에 속하며 식중독균은 아니지만 냉동상태 저항성이 강하므로 **냉동식품**에 대한 **분변오염의 지표**가 된다.
① 원인균 : *Enterococcus faecalis*와 *Streptococcus bovis* 등의 두 개 속이 여기에 속한다.
② 특징 : 그람양성, 구균, 분변 중 대장균의 1/10이지만, 동결에 강한 저항성을 보인다.
③ 원인 식품 : 오염된 치즈, 소시지, 분유, 두부 가공품 등이 있다.
④ 예방법 : 분변 오염 방지, 식품의 가열조리, 급랭, 저온보관 및 손씻기 등 개인위생을 철저히 한다.

3 자연독에 의한 식중독(내인성 위해인자)

세균성 식중독에 비해 발생률이 낮고 환자 수는 적으나 사망률이 매우 높다.

1. 버섯 식중독

우리나라 자연독에 의한 식중독 중 가장 발생률이 높으며 사망률도 높다.
muscarine, muscaridine, choline, neurine, phallin, amanitatoxin, agaricic acid, pilztoxin 등의 독성분이 있다. 중독증상은 **위장장애형**(화경, 외대), **콜레라 증상형**(알광대), **신경장애형**(광대, 땀), **혈액독형**(긴대안장), **뇌증형**(미치광이) 등 5가지가 있다.

독버섯의 감별법(절대적인 것은 아니다.)
① 색깔이 진하고 화려한 것은 유독하다.
② 악취가 나는 것은 유독하다.
③ 점액성 유즙을 분비하는 것은 유독하다.
④ 줄기에 턱이 있는 것은 유독하다.
⑤ 끓일 때 은수저를 검게 변화시키는 것은 유독하다.
⑥ 줄기가 세로로 갈라지기 쉬운 것은 무독하다.

2. 동물성 식중독

1) 복어 중독

복어의 난소 > 간 > 창자 > 피부 등의 순서로 있는 tetrodotoxin이라는 독소에 의해 발생되며, 증상으로는 지각이상 · 운동장해 · 호흡장해 · 위장장해 · 혈액장해 · 뇌증 등이 나타난다. 예방법은 복어조리자격증을 취득한 전문 조리사가 만든 요리만을 먹고, 유독 부위는 피하여 식용한다.

2) 마비성 조개중독

조개류 독소에는 마비성(삭시톡신), 신경성(코노톡신), 기억상실성(도모산), 설사성(오카다산) 등이 있으며 수온이 9~15℃가 되는 **봄철 유독플랑크톤**이 번성하는데, 이를 섭취한 조개류에서 발생된다. **섭조개**, 대합, **홍합** 등이 **중장선**에 독소를 축적하여 마비성 중독을 일으킨다.

① 독성분 : **saxitoxin**, gonyautoxin, protogonyautoxin
② 특징 : 잠복기는 식후 30분~3시간이며, 입술 · 혀 · 사지의 마비 · 보행불능, 언어장애 등의 증상이 나타나고 심하면 호흡 마비로 사망할 수 있다.

3) 설사성 조개중독

① 독성분 : 오카다산(okadaic acid)
② 특징 : 바지락, 가리비, 홍합, 민들조개 등에 존재하며 설사, 복통이 주증상이다.

4) 베네루핀 중독

① 독성분 : venerupin
② 특징 : 모시조개, 굴, 바지락의 중장선에 존재하며 간장독으로 잠복기는 1~2일이다. 주증상으로 권태감 · 두통 · 구토 · 미열 · 복통 · 황달 등이 일어난다.

5) 테트라민 중독

독성분은 tetramin으로 소라고둥, 조각 매물고둥이 원인이며 두통, 현기증, 눈 깜박거림 등의 증상을 보인다.

6) 시구아테라 중독

독성분은 ciguatoxin, 열대 독어가 원인으로 설사, 마비를 동반하며 뜨거운 것에 닿으면 차갑게 느껴지는 등의 냉온감각이상 현상인 드라이아이스 감각증세를 보인다.

3. 식물성 식중독

① 감자 : 독성분은 솔라닌(solanine)이라는 배당체이고, 싹이 발아한 부위에 많다. 조리 시에 발아부위나 녹색껍질 부위를 완전히 제거해야 한다. 부패감자의 독성분은 sepsin이다.
② 청산배당체(cyan 배당체)
  - 청매(미숙한 매실)나 복숭아씨, 살구씨 등의 아미그달린(amygdalin)
  - 오색콩의 linamarin
  - 수수의 듀린(dhurrin)
③ 독미나리 : 독성분은 cicutoxin이다.
④ 피마자 : 독성분은 ricinine, ricin 등이다.
⑤ 목화씨 : 독성분은 gossypol이다.
⑥ 독보리 : 독성분은 유독 alkaloid인 temuline이다.
⑦ 꽃무릇 : 독성분은 맹독성 알칼로이드인 lycorin이다.
⑧ 바꽃(부자) : 독성분은 알칼로이드인 aconitine, mesaconitine 등의 맹독 성분이다.
⑨ 가시독말풀 : 독성분은 알칼로이드인 hyoscyamine, scopolamine, atropine 등이다.
⑩ 미치광이풀 : 독성분은 알칼로이드인 hyoscyamine, atropine 등이다.
⑪ 붓순나무 : 독성분은 shikimin, shikimitoxin, hananomin 등이다.

⑫ 고사리 : 독성분은 ptaquiloside 배당체이다.
⑬ 소철 : 독성분은 cycasin 배당체이다.
⑭ 콩류 : 독성분은 트립신 저해물질(trypsin inhibitor)이다.

4 화학적 식중독(외인성 위해인자)

세균성 식중독에 비해 발생률은 적지만 계절에 상관없고 대부분이 만성중독을 일으킨다. 잔류농약, 중금속, 유해 식품첨가물이 문제가 되고 있다.

1. 잔류농약

1) 유기인제

유기인제는 현재 가장 많이 사용되고 있으며, 살충효과는 좋으나 **인체 독성이 높아** 문제가 되고 있다. 작용방식은 **아세틸콜린에스터라아제**(acetylcholinesterase) 효소를 저해하여 마비에 의한 살충효과를 나타낸다. 대표적인 것으로 **파라티온, 말라티온, 나레드, 다이아지논, DDVP** 등이 있고, 주로 신경독을 일으킨다. 중독증상은 식욕부진·구토·전신경련·근력감퇴·동공축소 등이며, 예방법은 살포할 때의 흡입을 주의하고, 수확 전 살포를 금지하며 중독시 아트로핀(atropin)을 주사한다.

2) 카바마이트제

유기인제와 더불어 많이 사용되고 있으며, 유기인제에 비해 **인체 독성이 낮다**. 작용방식은 유기인제와 마찬가지로 **아세틸콜린에스터라아제**(acetylcholinesterase) 효소를 저해하므로 살충효과를 나타낸다. 대표적인 것으로 **카바릴, 프로폭서, 알디카브** 등이 있고, 중독증상 및 예방법은 유기인제와 유사하다.

3) 유기염소제

살충효과가 크고 인체 독성이 낮으며 **잔류성이 길어**(2~5년) 세계적으로 많이 사용하였으나 구조가 매우 안정하여 자연 상태에서 분해가 잘 되지않고 생태계를 파괴하므로 1970년 초 세계적으로 **사용 금지**되었다. 대표적으로 DDT, BHC, 알드린, 엔드린, 헵타클로르 등이 있으며, 직접 신경에 작용하는 살충방식이다. 잔류성이 크고 **지용성**이기 때문에 인체의 지방조직에 축적되며 **환경호르몬**으로 현재도 문제가 되고 있다. 증상은 복통·설사·구토·두통·시력 감퇴·전신권태 등이며 예방은 농약 살포 시 흡입에 주의하는 것이다.

4) 유기수은제

살균제로 **종자소독**, 토양소독, 벼의 도열병 방제 등에 사용된다. 대표적인 것으로는 메틸염화수은·메틸요오드화수은 등이 있으며, 중독이 되면 시야협착, 언어장애, 보행장애, 정신착란 등의 중추신경 증상을 보인다.

5) 기타

① 유기불소제 : 아코니타아제 효소를 억제하여 중독시키며 프라톨, 퓨졸, 니졸 등이 있다.
② 보르도(bordeaux)액 : 살균제로 유산동과 생석회를 반응시켜 유산동칼슘으로 사용한다.

2. 중금속

만성중독이 많으며, 중독 시 기체화된 상태에서의 호흡기를 통한 흡수가 가장 크다.(호흡기 > 피부 > 경구)

1) 납(Pb)

① 특징 : **페인트**, 안료, 도료, **화장품**, **장난감** 등의 안정제로 쓰이며 인쇄 활자와 유약도 문제가 된다. 체내에 유입 시 50%가 흡수되며 그중 90%가 **뼈**에 축적되어 **조혈계**에 영향을 준다.
② 중독증상 : **정상적 혈구 감소**, 염기성 적혈구 증가, **빈혈**, 변비, **연선통**(복부 통증), **연연**(치아 착색), **안면창백** 등이며 급성중독 시 사지마비, 사망한다.

2) 수은(Hg)

① 특징 : 유기수은이 무기수은보다 흡수율이 높아 독성이 더 강하다. **공장폐수**에 많아 1956년 일본 **미나마타병**의 원인이 되기도 하였다.
② 중독증상 : **신경장애**로 보행 곤란, 언어장애, 정신장애 및 급발성 경련을 나타낸다.

3) 카드뮴(Cd)

① 특징 : 각종 **도금**에서 용출되어 문제가 되며 일본에서 폐광에서 흘러나온 **광산폐수**에 의해 오염된 음식에 의해 **이타이이타이병**이 발생하였으며 주로 40대 **다산모**에서 발생하였다.
② 중독증상 : 신장장애로 신장위축과 변형에 따라 **골다공증, 골연화증**이 발생하여 가벼운 충격에도 뼈가 부서지는 고통을 느낀다.

4) 비소(As)

① 특징 : 도자기, 법랑의 **안료**에 이용되며 비소농약에 의해 오염되기도 한다. 1955년 일본에서 실수로 비소가 인산나트륨에 오염이 된 비소 **조제분유사건**이 발생하였다.
② 중독증상 : 피부가 까맣게 변하는 흑피증, 손발바닥이 각질화되는 각화증이 생긴다.

5) 크롬(Cr)

① 특징 : 상온에서 녹이 슬지 않아 **도금**이나 합금에 널리 이용된다. **6가 크롬**이 가장 독성이 크며 환원시켜 **3가 크롬**으로 저독화시킨다.
② 중독증상 : 단백질 궤양성이 높아 **비중격천공**(콧구멍 사이 막의 구멍)이나 피부암을 유발할 수 있다.

6) 구리(Cu)

① 특징 : 구리용기의 녹(녹청)에 의하거나 동클로로필린 등의 착색제 남용으로 유입된다.
② 중독증상 : 인체 필수성분으로 메스꺼움, 구토, 땀흘림의 증세를 보인다.

7) 주석(Sn)

① 특징 : 통조림의 납관으로 이용되며 과일통조림 등 산성 상태에서 용출된다.
② 중독증상 : 독성이 약하며 구역질, 권태로움 등이 나타난다.

8) 안티몬(Sb)

① 특징 : 법랑이나 도자기 안료에 이용된다.
② 중독증상 : 구역질, 복통, 설사, 쇠약, 허탈 등이고, 급성 시 사망할 수 있다.

9) 아연(Zn)
① 특징 : 아연 도금한 기구나 용기에서 용출된다.
② 중독증상 : 약한 독성으로 구역질, 설사 등이 나타난다.

3. 유해 식품첨가물

안정성이 입증되지 않거나 독성이 강하여 사용 금지된 식품첨가물을 말한다.

1) 유해감미료

① 둘신(dulcin) : 설탕의 250배 감미도이며 찬물에 잘 녹지 않는다. 음료수, 절임류에 사용되었으나 **혈액독**, 중추신경장애 등 만성장애를 일으켜 사용 금지되었다.
② 시클라메이트(cyclamate) : 설탕의 50배 감미도이며 결정성 분말로 **발암성**, 방광염으로 사용 금지되었다.
③ p-니트로-o-톨루이딘(p-nitro-o-toluidine) : 설탕의 200배 감미도이며 일본에서 물엿에 첨가되어 사망사고가 발생해 **살인당, 원폭당**이라 불렸다. 구역질, **황달**, 혼수상태, **사망** 등의 증상이 있다.
④ 에틸렌 글리콜(ethylene glycol) : 차량의 **부동액**으로 사용되고 있으며 감주, 팥앙금에 이용되었다. 증세는 호흡곤란, 의식불명, 신경장애 등이다.
⑤ 페릴라틴(perillartine) : 설탕의 2000배 감미도이며 **자소유**에서 만들어진다. 신장염을 일으킨다.

2) 유해착색료

식용 타르 색소는 산성인데 염기성인 것은 불법이다.
① 오라민(auramine) : 염기성 황색 색소로 과자, 단무지, 카레 가루 등에 사용되었으나 간암을 유발시키며 구토, 사지마비, 의식불명의 증상을 보인다.
② 로다민 B(rhodamin B) : **분홍색의 염기성 색소**로 과자, 생선어묵, 생강 등에 사용되었으며 전신착색, 색소뇨, 구토, 설사, 복통의 증상을 보였다.
③ 수단 Ⅲ(sudan Ⅲ) : 붉은 색의 색소로 가짜 **고춧가루**에 이용되었다.
④ p-니트로아닐린(p-nitroaniline) : 황색의 지용성 색소로 과자에 이용되었으며 청색증 및 신경독을 일으켰다.

⑤ 말라카이트 그린(malachite green) : 금속광택의 녹색 색소로 **양식어류**의 물곰팡이와 세균 사멸에 이용되었으며 발암성이 알려졌다.
⑥ 실크 스칼렛(silk scalet) : **붉은 색**의 수용성 색소로 의류에 사용되나 식품에 이용된 예가 있다. 증상은 구토, 복통, 두통, 오한 등이다.

3) 유해보존료

① 붕산(H_3BO_3) : 살균소독제로 이용되며 **베이컨**, 과자 등에 사용되었다. 증상은 식욕감퇴, 장기 출혈, 구토, 설사, 홍반, 사망 등이다.
② 포름알데히드(formaldehyde) : 살균·방부 작용이 강하여 **주류, 장류** 등에 사용되었다. 증상은 소화장애, 구토, 호흡장애 등이다.
③ β-나프톨(β-naphthol) : 간장의 방부제로 사용되어 신장장애, 단백뇨 등을 일으켰다.
④ 승홍($HgCl_2$) : 주류 등에 방부제로 사용되어 신장장애, 구토, 요독증 등을 일으켰다.
⑤ 우로트로핀(urotropin) : 식품에 방부제로 사용되었으나 독성이 있어 금지되었다.

4) 유해표백제

① 롱갈리트(rongalit) : 포름알데히드가 흘러나와 문제가 되었으며 물엿, **연근**, 우엉 등에 표백을 목적으로 사용되었다. 신장에 독성을 나타냈다.
② 3염화질소(nitrogen trichloride(NCl_3)) : **밀가루**의 **표백** 및 숙성에 사용되었으며 개에게서 히스테리적 증상을 보였다.

4. PCB(polychlorinated biphenyl) 중독

1968년에 일본의 카네미사에서 미강유 제조과정 중 열매체로 사용되는 PCB가 **미강유** 탈취공정에서 잘못 새어나와 미강유에 혼입되어 발생한 사건으로 **피부염증**을 동반한 탈모, 신경장애, 내분비교란 등의 **카네미유증**을 일으켰다. PCB는 **지용성**의 매우 안정한 화합물로 자연에서 쉽게 분해되지 않아 체내에 유입되어 **지방조직**에 축적되어 **환경호르몬**으로 작용한다.

5 곰팡이독(mycotoxin) 식중독

곰팡이가 2차 대사산물로 생산하는 물질로 사람이나 온혈동물에게 해를 주는 물질로 mycotoxicosis(곰팡이독 중독증)라고 한다.

1. 곰팡이독(mycotoxin)의 특징

① 곡류 등 탄수화물이 풍부한 농산물을 원인식품으로 하는 경우가 많다.
② Aspergillus 속에 의한 사고는 여름(열대지역)에 많이 발생하며, Fusarium 속에 의한 사고는 한랭기(한대지역)에서 많이 발생한다.
③ 곰팡이는 수확 전후에 오염되는 경우가 많으며 생육에 적합한 조건에 영향을 받는다.
④ 전염성이 없으며 항생물질 등의 효과를 기대하기 어렵다.
⑤ 저분자화합물로 열에 안정하여 가공 중 파괴되지 않는다.
⑥ 만성독성이 많으며 발암성인 것이 많다.

2. Mycotoxin의 분류

① 간장독 : aflatoxin(*Aspergillus flavus*), sterigmatocystin(*Asp. versicolar*), rubratoxin(*Pen. rubrum*), luteoskyrin(*Pen. islandicum* 황변미) ochratoxin(*Asp. ochraceus* 커피콩), islanditoxin(*Pen. islandicum* 황변미)
② 신장독 : citrinin(*Penicillium citrium* 태국황변미), citreomycetin, Kojic acid(*Asp. oryzae*)
③ 신경독 : patulin(*Pen. patulum*, *Pen. expansum*) maltoryzine(*Asp. oryzae* var *microsporus*), citreoviridin(*Pen. citreoviride* 톡시카리움황변미)
④ Fusarium(붉은곰팡이) 속 곰팡이 독소 : zearalenone(발정유발 물질), sporofusariogenin(무백혈구증 – 조혈계 이상)
⑤ 기타 곰팡이 독소 : sporidesmin, psoralen(광과민성 피부염 물질), slaframine(유연증후군 – 침흘림 유발) 등이 알려져 있다.

3. 맥각중독

맥각(ergot)은 자낭균류에 속하는 맥각균(*Claviceps purpurea*)이 맥류(보리, 밀, 호밀, 귀리)의 꽃 주변에 기생하여 발생하는 **균핵**(sclerotium)으로, 이것이 혼입된 곡물을 섭취하면 맥각중독(ergotism)을 일으킨다.

맥각독 성분은 **ergotoxin**, ergotamine, ergometrin 등이며 이것은 수확 전에 가장 심하고 저장기간이 길면 서서히 상실된다.

CHAPTER 02 식품과 감염병

1 주요한 경구감염병과 예방대책

1. 경구감염병의 종류

1) 장티푸스(typhoid fever)

① 원인균 : *Salmonella typhi*
② 특징 : 환자나 보균자의 분변에 오염된 음식이나 물에 의해 직접 감염되며 매개물에 의해 간접 감염되기도 한다. 잠복기는 1~2주이며 권태감, 식욕부진, 오한, 40℃ 전후의 고열이 지속되며 백혈구의 감소, **장미진** 등이 나타난다.
③ 예방 : 환자 · 보균자의 색출 관리, 분뇨 · 물 · 음식물의 위생처리, 매개곤충 차단, 예방접종 등을 실시한다.

2) 파라티푸스(paratyphoid fever)

① 원인균 : *Salmonella parantyphi*
② 특징 : 잠복기는 3~6일이며 증세 등은 장티푸스와 비슷하다.
③ 예방 : 장티푸스와 비슷하다.

3) 콜레라(cholera)

① 원인균 : *Vibrio cholera*
② 특징 : 환자나 보균자의 분변이 배출되어 식수, 식품 특히 **어패류**를 오염시키고 경구로 감염되어 집단적으로 발생할 수 있다. 잠복기는 수 시간~5일이며 주 증상은 **쌀뜨물과 같은 수양성 설사**, 심한 구토, 발열, 복통이 발생하고 맥박이 약하며 체온이 내려가 청색증이 나타나고 심하면 탈수증으로 사망할 수 있다.
③ 예방 : 물과 음식은 반드시 가열 섭취하고 저온저장하며 손씻기 등 개인위생을 철저히 한다. 예방 접종을 한다. 항구나 공항의 검역을 철저히 한다.

4) 세균성 이질(shigellosis)

① 원인균 : *Shigella dysenteriae*

② 특징 : 환자와 보균자의 분변이 식품이나 음료수를 통해 경구감염된다. 잠복기는 2~7일이며 **발열**, 오심, 복통, 설사, **혈변**을 배설한다.

③ 예방 : 물과 음식은 반드시 가열 섭취하고 저온저장하며 손씻기 등 개인위생을 철저히 한다. 예방접종은 아직 없다.

5) 아메바성 이질(amoebic dysentery)

① 원인균 : 원충인 *Entamoeba histolytica*

② 특징 : 환자의 분변 중에 배출된 원충이나 낭포가 물과 음식을 통해 경구감염된다. 잠복기는 3~4주 정도이며 변 중에는 점액이 혈액보다 많은 것이 특징이다.

③ 예방 : 장티푸스와 비슷하고, 면역이 없으므로 예방접종은 필요 없다.

6) 급성 회백수염(소아마비, 폴리오)

① 원인균 : *poliomyelitis virus*

② 특징 : 환자나 보균자의 분비물과 분변에 의해 오염된 음식물을 통해 **경구감염**된다. 잠복기는 7~12일 정도이며 발열·두통·구토 증세 후 목과 등에 운동마비가 나타난다. 감염된 환자 중 증상이 나타나는 환자의 비율이 매우 낮다(1000 대 1).

③ 예방 : 예방접종이 가장 효과적이며 생균 백신(sabin), 사균 백신(salk) 모두 유효하다.

7) 유행성 간염

① 원인균 : *Hepatitis virus A*

② 특징 : 환자의 분변이 음료수나 식품이 오염되어 경구로 감염된다. 잠복기는 3주 정도이며 발열, 두통, 위장장애를 거쳐서 **황달증세**가 나타난다.

③ 예방 : 경구감염되므로 장티푸스 예방법에 따르며, **집단생활**에서 잘 나타나므로 개인위생에 철저하도록 한다.

8) 감염성 설사증

① 원인균 : 감염성 설사증 **바이러스**

② 특징 : 환자의 분변에 오염된 식품이나 음료수를 거쳐서 경구감염된다. 잠복기는 2~3일로 주로 복부 팽만감, 심한 설사 등을 일으킨다.

③ 예방 : 물과 음식은 반드시 가열 섭취하고 저온저장하며 손씻기 등 개인위생을 철저히 한다.

9) 천열(泉熱 : izumi fever)

① 원인균 : *Yersinia pseudotuberculosis*
② 특징 : 산간지역의 오염된 식품이나 음료수에 의해 경구감염된다. 잠복기는 7~9일 정도로 고열, 설사, 복통 등이 나타난다.
③ 예방 : 물과 음식은 반드시 가열 섭취하고 저온저장하며 손씻기 등 개인위생을 철저히 한다. 조리기구에 의한 2차 오염을 차단해야 한다.

2. 경구감염병과 세균성 식중독의 비교

▼ 경구감염병과 세균성 식중독

경구 감염병	세균성 식중독
• 물, 식품이 감염원으로 운반매체이다. • 병원균의 독력이 강하여 식품에 소량의 균이 있어도 발병한다. • 사람에서 사람으로 2차 감염된다. • 잠복기가 길고 격리가 필요하다. • 면역이 있는 경우가 많다. • 감염병 예방법	• 식품이 감염원으로 증식매체이다. • 균의 독력이 약하다. 따라서 식품에 균이 증식하여 대량으로 섭취하여야 발병한다. • 식품에서 사람으로 감염(종말감염)된다. • 잠복기가 **짧고** 격리 불필요하다. • 면역이 **없다**. • 식품위생법

2 인수공통감염병과 예방대책

1. 인수공통전염병의 종류

1) 탄저(anthrax)

① 병원체 : 탄저균(*Bacillus anthracis*)
② 특징 : **포자형성** 세균으로 아포 흡입에 의한 **폐탄저**, 경구감염으로 **장탄저**를 일으키며 주로 피부의 상처로 인한 **피부탄저**가 가장 많다. 4~5일 잠복기 후 고열, 악성 **농포**, 궤양, **폐렴, 임파선염, 패혈증**을 일으킨다.
③ 예방 : 예방접종을 하고 이환 동물을 조기 발견 처리한다.

2) 파상열(brucellosis, 브루셀라병)

① 병원체
- *Brucella melitensis* : 양이나 염소에 감염
- *Brucella abortus* : 소에 감염
- *Brucella suis* : 돼지에 감염

② 특징 : 감염된 소, 양 등의 유제품 또는 고기를 통해 감염된다. 잠복기는 보통 7~14일이며, 가축에게는 유산을 일으키며 사람에게는 **열이 40℃까지 오르다 내리는 것이 반복**되므로 파상열이라 한다.

③ 예방 : 예방접종을 하고, 이환 동물을 조기 발견하며 우유, 유제품을 철저히 살균한다.

3) 결핵(tuberculosis)

① 병원체 : 인형 결핵균(*Mycobacterium tuberculosis*), 우형 결핵균(*Mycobacterium bovis*), 조형 결핵균(*Mycobacterium avium*) 세 가지가 있다.

② 특징 : 감염된 소의 우유로 감염된다. 잠복기는 1~3개월이며 기침이 2주 이상 지속된다. 기침, 흉통, 고열, 피 섞인 가래가 나오고 폐의 석회화가 진행된다.

③ 예방 : 정기적인 tuberculin 검사로 감염된 소를 조기발견하여 적절한 조치를 하고 우유를 완전히 살균한다. BCG 예방접종을 실시한다.

4) 돈단독증(swine erysipeloid)

① 병원체 : *Erysipelothrix rhusiopathiae*

② 특징 : **돼지에 의해 경구적으로 감염된다.** 잠복기는 1~3일로 **단독무늬 발진**이 생기며 종창, 관절염, 패혈증이 나타난다.

③ 예방법 : 예방접종하고 이환 동물은 조기 발견하여 격리, 소독한다.

5) 야토병(tularemia, 튜라레미아증)

① 병원체 : *Francisella tularensis*

② 특징 : 산토끼 고기와 박피로 감염된다. 잠복기는 3~4일이며 **발열, 오한**이 있고 침입된 피부에 농포가 생기며 임파선이 붓는다. 악성 결막염을 유발한다.

③ 예방법 : 응집반응으로 진단하고 산토끼 고기는 가열조리하며 경피감염을 주의하고 **취급업자는 예방접종**을 한다.

6) Q열(Q fever)

    ① 병원체 : 리케차 *Coxiella burnetii*
    ② 특징 : 염소, 소, 양에 감염되며 유즙이나 배설물에 의해 감염된다. 잠복기는 15~20일이며 발열, 오한, 두통, 흉통 등이 발생한다.
    ③ 예방법 : 진드기를 구제하며, 우유살균, 정기진단을 한다.

7) Listeria증

    ① 병원체 : *Listeria monocytogenes*
    ② 특징 : 병에 감염된 동물과 접촉하거나 식육, **유제품** 등을 통해 경구적으로 감염된다. 소·말·양·염소·닭·오리 등에 널리 감염되며 잠복기는 3~7일이고 수막염, 패혈증 등을 일으킨다. 임산부의 자궁내막염 및 유산의 원인이다.
    ③ 예방법 : 식품은 가열살균하고 예방접종을 한다.

2. 인수공통감염병의 예방

① 예방접종하고, 이환 동물을 조기 발견하여 격리 **치료**를 실시한다.
② 이환 동물이 **식품으로 취급되지 않도록** 하며 우유 등의 **살균처리**를 한다.
③ 수입되는 유제품, 가축, 고기 등의 **검역**을 철저히 한다.

3 기생충

- 선충류 : 선 모양으로 회충, 십이지장충, 요충, 동양모선충, 편충, 아니사키스 등
- 엽충류 : 잎사귀 모양으로 간흡충, 폐흡충, 요코가와흡충 등
- 조충류 : 마디로 이루어진 촌충으로 광절열두조충, 유구조충, 무구조충 등

1. 채소류 매개 기생충

중간숙주가 없이 충란 등에 의해 직접 감염된다.

1) 회충(Ascaris lumbricoides)

   선충류 중 가장 크다(30cm 내외).

   ① 감염경로 : 주로 채소를 통하여 경구감염된다. 소장 내 기생하며 하루에 10만여 개의 알을 산란한다.
   ② 증상 : 심할 경우에는 권태, 피로감, 두통, 구토, **장폐색증** 등이 나타난다.
   ③ 예방 : 채소를 흐르는 물에서 5회 이상 세척해야 한다.

2) 십이지장충(구충, Ancylostoma duodenale)

   입에 갈고리 모양 구조를 가지고 있다.

   ① 감염경로 : 채소를 통한 **경구감염**과 자충이 노출된 피부에 **피부감염**되어 주로 공장에서 서식한다.
   ② 증상 : 빈혈, 구토 등 **채독증**을 일으킨다.
   ③ 예방 : 오염된 지역에서 맨발로 다니는 것을 피하며, 채소를 충분히 세척하거나 가열한다.

3) 동양모양선충(Trichostrongylus orientalis)

   ① 감염경로 : 주로 경구감염이다. 소장 상부에서 기생한다.
   ② 증상 : 감염되어도 알지 못하며, 병해는 그다지 크지 않다.
   ③ 예방 : 채소를 충분히 세척하거나 가열한다.

4) 편충(Trichocephalus trichiurus)

   채찍 모양을 하고 있다.

   ① 감염경로 : 채소를 통한 경구감염이다.
   ② 특징 : 열대와 아열대 지역에 많다.

5) 요충(Enterobius vermicularis)

   ① 감염경로 : 성충이 새벽에 항문에 내려와 산란하므로 **항문소양증**이 생기며 긁으면 충란이 손톱에 의해 입으로 옮겨져 **자가 감염**이 될 수 있다. 유치원이나 가족 간의 단체 감염이 많다.
   ② 특징 : 도시에서 단체 감염이 많으며, 항문 근처에 산란하므로 스카치테이프법으로 검사한다.
   ③ 예방 : 가족 전체가 구충하고 손 등을 깨끗이 씻는다.

2. 수육 매개 기생충

하나의 중간숙주를 가진다.

1) 유구조충(Taenia solium)

① 감염경로 : **돼지고기로부터 감염되고**, 입 주위에 갈고리를 가지고 있어서 **갈고리 촌충**이라고 한다. 분변으로 배출된 충란을 중간숙주인 돼지가 섭취하여 유구낭충이 되며 사람이 감염된 돼지고기를 덜 익혀 먹어 감염된다.
② 예방 : 돼지고기의 생식을 금하고, 완전히 익혀 먹도록 한다.

2) 무구조충(Taenia saginata)

① 감염경로 : 입 주위에 갈고리가 없어 **민촌충**이라고 하며, 감염된 **쇠고기를** 불충분하게 가열하여 먹거나 날것으로 먹으면 감염된다.
② 예방 : 쇠고기의 생식을 금하고, 완전히 익혀 먹도록 한다.

3) 선모충(Trichinella spiralis)

① 감염경로 : **돼지·개·고양이** 등 여러 포유동물에 감염된다.
② 예방 : 돼지고기의 생식을 금하고, 완전히 익혀 먹도록 한다.

4) 톡소플라스마(Toxoplasma gondii)

임산부에게 유산, 사산, 기형아 등을 일으킨다.

① 감염경로 : **돼지·개·고양이** 등에 감염되며, 사람은 감염된 돼지고기를 덜 익혀 섭취하여 감염된다. 고양이 배설물 중에 우시스트(Oosyst, 포낭체)로 식품에 오염된다.
② 예방 : 돼지고기의 생식을 금하고 고양이의 배설물에 의한 식품오염을 방지한다.

5) 만손열두조충(스파르가눔증)

① 감염경로 : 감염된 개구리, 뱀 등을 덜 익혀 섭취하여 감염된다. 유충인 스파르가눔에 의한 감염증세로 눈이나 뇌 등에 침범하여 동통, 지각 이상현상 등을 보이기도 한다.
② 예방 : 개구리, 뱀 등의 생식을 금한다.

3. 어패류 매개 기생충

2개의 중간숙주를 가진다.

1) 간디스토마(간흡충, Clonorchis sinensis)

우리나라에서 감염률이 가장 **높은** 기생충으로 **낙동강, 영산강, 금강** 등지에서 지역적 유행으로 발생한다.

① 감염경로 : 물속의 충란에서 부화된 유충 → 제1중간숙주(왜우렁이)에서 포자낭충과 레디유충 상태를 거쳐서 유미유충 → 제2중간숙주(잉어, 붕어 등 담수어)에서 유구낭충으로 기생 → 사람이 생식하여 감염되어 황달, 간경변 등을 일으킨다.
② 예방 : 담수어의 생식을 금한다.

2) 폐디스토마(폐흡충, Paragonimus westermanii)

① 감염경로 : 물속의 충란에서 부화된 유충 → 제1중간숙주(다슬기)에서 유미유충 → 제2중간숙주(민물의 게, 가재)에서 피낭유충 → 사람이 생식하여 감염되어 장 외벽을 뚫고 폐에서 기생한다.
② 예방 : 게나 가재의 생식을 금한다.

3) 요꼬가와흡충(장흡충, Metagonimus yokogawa)

① 감염경로 : 물속의 충란에서 부화된 유충 → 제1중간숙주(다슬기)에서 유미유충 → 제2중간숙주(붕어, 은어 등 담수어)에서 피낭유충 → 사람이 생식하면 감염된다.
② 예방 : 담수어 생식을 금한다.

4) 광절열두조충(긴촌충, Diphyllobothrium latum)

① 감염경로 : 물속의 충란에서 부화된 유충 → 제1중간숙주(물벼룩) → 제2중간숙주(농어, 연어, 숭어 등의 반담수어) → 사람이 생식하여 감염된다.
② 예방 : 반담수어의 생식을 금한다.

5) 유극악구충(Gnathostoma spinigerm)

① 감염경로 : 물속의 충란에서 부화된 유충 → 제1중간숙주(**물벼룩**) → 제2중간숙주(미꾸라지, **가물치**, 뱀장어 등) → 생식으로 감염된다(최종 숙주인 개나 **고양이** 등에 기생).

② 예방 : 담수어의 생식을 금한다.

6) 아니사키스(Anisakis)

고래, 돌고래 등 바다 포유류의 기생충

① 감염경로 : 분변에 의한 충란 → 제1중간숙주 갑각류(크릴새우) → 제2중간숙주(오징어, 갈치, 고등어) → 생식으로 감염된다(→ 고래).

② 예방 : 해산 어류의 생식을 금한다.

4 위생동물

1. 쥐

1) 분류

① 가주성 쥐 : 집 근처에 사는 쥐. **시궁쥐**(Rattus norvegicus), **지붕쥐**(곰쥐, Rattus rattus), 생쥐(Mus musculus)

② 들쥐 : 야생에서 서식하는 쥐. 등줄쥐(Apodemus agrarius)

2) 특징

① 야간 활동성이고 잡식성이며, 문치가 매우 빠르게 자라므로 생후 2주부터 단단한 물질을 갉아 자라는 만큼 마모시킨다.

② 생후 10주 전후로 교미를 하며 임신기간은 22일이다. 평균 8마리 내외의 새끼를 낳고 수명은 1~2년이다.

③ 구토 능력이 없으므로 음식에 대한 경계심이 강하다.

④ 쥐매개 질병 : **흑사병**(페스트, 쥐벼룩), 발진열(벼룩), 쯔쯔가무시(양충병, 털진드기), 리케치아폭스(생쥐진드기), 살모넬라증(쥐 분변), 렙토스피라증(쥐 분뇨), 신증후군출혈열(유행성 출혈열, 등줄쥐)

3) 쥐의 구제

① 개체수가 가장 적은 **겨울철**이 최적기이다.(봄 > 가을 > 여름 > 겨울)
② 물리적 처리 : 서식처나 먹을 것을 제거하는 **환경개선**(가장 영구적이고 이상적)이나 쥐덫 및 쥐틀을 설치한다.
③ 생물학적 처리 : 천적인 고양이, 족제비, 개, 부엉이를 이용한다.
④ 화학적 처리 : 급성살서제(안투, 아비산, 소듐플루오르아세테이트(1080), 인화아연)나 만성살서제(warfarin, 와파린) 등을 이용한다.

2. 모기

1) 분류 : 곤충강 파리목 장각아목 모기과

① 학질모기아과 : **학질모기**(Anopheles sinensis, 말라리아모기 – 중국얼룩날개모기)
② 보통모기아과 : 집모기속, 숲모기속, 늪모기속
  • 집모기속 : 빨간집모기, **작은빨간집모기**(Clux tritaeniorhynchus, 일본뇌염모기)
  • 숲모기속 : **이집트숲모기**(Aedes aegypti), **토고숲모기**(Aedes togoi)

2) 특징

① 흡수형의 긴 구기로 흡혈을 하고 뒷날개는 퇴화하여 평균곤이 되었으며 야간활동성이나 숲모기는 주간활동성이다.
② 수명은 1달로 교미 시 수컷 30~40마리가 지상 1~3m에서 군무를 취하면 암컷이 하나씩 그 속을 내려오며 교미가 이루어진다.
③ 일조시간이 10시간 이내가 되면 월동을 준비하고 성충으로 월동하나 숲모기는 알로 월동한다.
④ 모기 매개 질병 : 학질모기(말라리아), 작은빨간집모기(일본뇌염), 이집트숲모기(황열, 뎅기열), 토고숲모기(사상충증)

3) 모기의 구제

① 가장 이상적이고 영구적인 방법은 **발생원**을 제거하는 것으로 알을 물에 낳으므로 주변에 물이 고인 곳을 제거한다.
② 물리적 구제 : 방충망을 설치하고 유문등, 살문등 등의 트랩을 이용한다.

③ 생물학적 구제 : 성충 천적(거미, 잠자리), 유충 천적(송사리, 히드라, 플라나리아, 잠자리 유충), 선충류, 불임수컷 방산
④ 화학적 구제제 : **살충제**(나레드, 다이아지논, 디크로보스, 디메소에이트, 피레스린), **발육 억제제**(디프루벤즈론), 기피제(벤질 벤조에이트)

3. 파리

1) 분류 : 곤충강 파리목 환봉아목

① 집파리과 : **집파리**, 큰집파리, 아기집파리(딸집파리), 침파리(흡혈성)
② 검정파리과 : 검정파리, 금파리, 띠금파리(구더기증)
③ 쉬파리과 : **쉬파리**(유생생식, 구더기증)
④ 체체파리과 : **체체파리**(아프리카 수면병)

2) 특징

① **기계적 전파자** : 한 장소에서 다른 장소로 병원균을 운반한다.
  - 병원균이 있는 **배설물**이나 분비물을 섭취한다.
  - **토하는 습성**이 있다.
  - 몸과 다리에 **강모**가 많아 체표면에 병원체를 묻힌다.
  - 다리의 **욕반**에 붙여서 전파한다.

② 주간활동성이고 유충은 구더기이며 수명은 1달이다. 흡수형의 구기 끝에 대형의 순판을 가지고 있으며, 순판은 30여 개의 의기관 형태로 스펀지처럼 흡수하는 역할을 한다.
③ 파리 매개 질병 : 세균성 이질, **장티푸스**, **콜레라**, 살모넬라, 아메바성 이질, 결핵

3) 파리의 구제

① 가장 이상적이고 영구적인 방법은 **발생원**을 제거하는 것으로 쓰레기통은 꼭 뚜껑을 덮고 방망충을 설치하며 **수세식 화장실**을 사용하고 **축사** 등을 위생적으로 관리한다.
② 화학적 살충제 : 나레드, 다이아지논, 디크로보스(DDVP), 디메소에이트, 피레스린

4. 바퀴

1) 분류 : 곤충강 바퀴목

① **독일바퀴**(*Blattella germanica*) : 15mm 소형, **전국적 분포**, 전흉배판에 두 개의 흑색 종대
② **이질바퀴**(*Periplaneta americana*) : 40mm 대형, 남부지방, 전흉배판에 **황색윤상무늬**
③ **먹바퀴**(*Periplaneta fliginosa*)) : 38mm 대형, 제주도, 날개 위에 깊은 골 선
④ **집바퀴**(*Periplaneta japonica*) : 25mm 중형, 중부지방, 흑색, 전흉배판이 오목 볼록한 형태로 암컷은 날개가 반만 형성

2) 특징

① **기계적 전파자** : 한 장소에서 다른 장소로 병원균을 운반한다.
② **야행성, 군집성**, 잡식성이고 저작형의 씹는 입을 가지고 있다.
③ 암컷은 **평균 8회 난협**(알주머니)을 산출하여 복부 끝에 붙이고 다니다 부화 시 내려놓는다. 수명은 3개월~1년이다.
④ 바퀴 매개 질병 : 알레르기, 결막염, 수인성 감염병

3) 바퀴의 구제

① 환경적 구제 : 음식물을 관리하고 청소를 철저히 한다.
② 바퀴트랩을 설치하거나 독먹이 및 연무식 살충제(다이아지논, 벤디오카브)를 사용한다.

5. 진드기

1) 분류 : 거미강 진드기목

① **진드기**(tick) : 3mm 내외의 대형 진드기로 후기문 아목에 속하는 **참진드기**와 물렁진드기(공주진드기)가 여기에 속한다.
② **좀진드기**(mite, 응애) : 수 μm 내외의 크기로 전기문, 중기문, 무기문 아목이 여기에 속하며 옴진드기, 집먼지진드기, 털진드기, 모낭진드기(여드름진드기), 생쥐진드기 등이 있다.

2) 특징

① 거미강에 속하므로 4쌍의 다리를 가지며 미세형이라 쉽게 발견할 수 없다.

② 집먼지진드기의 경우 소파, 침구류 등에 서식하며 유기물을 섭취하는데, 피부를 통해 수분이 흡수되므로 습도가 중요 생장인자이다.

③ 진드기 매개 질병 : **참진드기**(Q열, 라임병, 록키산홍반열), **물렁진드기**(진드기 매개 재귀열), **옴진드기**(피부염), **집먼지진드기**(알레르기), **털진드기**(쯔쯔가무시 – 양충병), **모낭진드기**(여드름), **생쥐진드기**(리케치아폭스)

3) 진드기의 구제

① 집먼지진드기 : 가습기 사용을 금하고 침구류 세탁을 자주한다.

② 털진드기 : 집 주변의 잡초를 제거하고, 긴소매, 긴바지 등을 입으며, 기피제를 사용한다.

③ 참진드기, 물렁진드기 : 기피제를 사용하고 산행 후에는 샤워를 한다.

④ 기피제 : 벤질벤조에이트, 디메틸 프탈레이트(DMP), 디메틸 카베이트, 헥사메디올

식품첨가물

1 식품첨가물의 정의

- FAO 및 WHO 합동 식품첨가물 전문위원회(JECFA)
"식품의 외관, 향미, 조직, 저장성을 향상시키기 위한 목적으로 식품에 미량으로 첨가하는 비영양성 물질"이라고 정의하였다.
- 우리나라 식품위생법 제2조 2항
"첨가물이라 함은 식품을 제조·가공 또는 보존하는 과정에서 식품에 넣거나 섞는 물질 또는 식품을 적시는 등에 사용되는 물질로서 이 경우 기구 및 용기·포장의 살균·소독의 목적에 사용되어 간접적으로 식품에 이행될 수 있는 물질도 포함한다." 라고 정의하였다.

2 식품첨가물의 구비조건

- 인체에 무해해야 한다.
- 체내에 축적되지 않아야 한다.
- 미량으로 효과가 있어야 한다.
- 이화학적 변화에 안정해야 한다.
- 저렴해야 한다.
- 영양가를 유지시키고 외관을 좋게 해야 한다.
- 첨가물을 확인할 수 있어야 한다.

3 식품첨가물의 안전성 평가

식품첨가물의 안전성은 일반 독성시험으로 평가한다.

1. 일반 독성시험

1) 급성 독성시험

① 시험하고자 하는 물질을 동물에 1회 투여하여 치사량을 구하는 시험이다.

② 투여한 실험동물의 반수가 사망하는 양을 LD_{50}(lethal dose, **반수치사량**)이라 하며 체중 1kg당 mg으로 표시한다. 수치가 작을수록 독성이 크다.
③ 실험동물은 2개 종 이상으로 한다.

2) 아급성 독성시험

① LD_{50}의 양을 1/2, 1/4, 1/8 식으로 1~3개월간 투여하여 관찰한다.
② 만성 독성시험을 위한 예비시험으로 실시한다.

3) 만성 독성시험

① 6개월 이상 투여하여 독성을 검사하며 투여 용량은 최대내량 및 그 이하 농도를 시험한다. **최대내량**은 대조군과 비교해 10% 이상 체중감소가 없으며 동물의 수명에 어떠한 영향을 미치지 않는 최대용량을 말한다.
② **최대무작용량**을 구하는 것이 목적이다. 최대무작용량이란 대상 동물에 일생 동안 지속적으로 투여하여도 어떠한 독성이 나타나지 않는 양이다.

4) 1일섭취허용량(ADI ; acceptable daily intake)

최대무작용량의 1/100을 체중 1kg당 1일 섭취허용량으로 정한다. 1/100은 안전계수로 동물과 사람의 차이 1/10과 사람 간의 차이 1/10을 적용한 값이다.

4 식품첨가물의 종류

- 변질 방지 : 보존료, 살균제, 산화방지제
- 품질개량 및 품질유지 : 품질개량제, 밀가루 개량제, 증점제(호료), 유화제, 이형제, 피막제
- 식품 제조 : 추출제, 용제, 소포제, 검기초제, 팽창제
- 관능 부가 : 조미료, 감미료, 산미료, 착색료, 착향료, 발색제, 표백제
- 영양 강화 : 강화제

1. 보존료

미생물에 의한 식품의 부패나 변질을 방지하기 위해 사용하는 물질을 말한다.

1) 보존료의 조건

   ① 미생물 생육을 억제한다.
   ② 식품에 나쁜 영향을 주지 않는다.
   ③ 사용이 간단하고 값이 싸다.
   ④ 인체에 무해하고 독성이 없다.
   ⑤ 장기적으로 사용해도 해가 없다.

2) 산형 보존료

   대부분 보존료는 산이나 그 산의 염 형태로 식품의 pH가 낮을수록, 즉 비해리형태로 존재할수록 보존효과가 크다.

   ▼ 허용 보존료 및 사용기준

보존료	사용기준	
디하이드로초산나트륨 (sodium dehydroacetate)	• 치즈, 버터, 마가린	0.5g/kg 이하
소르빈산 (sorbic acid) 소르빈산칼륨 (potassium sorbate)	• 치즈	3g/kg 이하
	• 식육가공품, 경육제품, 어육가공품, 성게젓, 땅콩버터, 모조치즈	2g/kg 이하
	• 젓갈류(식염 8% 이하), 고추장, 된장, 청국장, 혼합장, 어패 건제품, 팥 등 앙금류, 식용 알로에겔 농축액, 알로에겔 가공식품(식용 알로에겔 포함), 절임류(당절임, 식초절임 제외), 잼류, 플라워 페이스트, 마가린, 당류 가공품	1g/kg 이하
	• 건조 과실류, 토마토케첩, 식초절임, 당절임(건조 당절임 제외)	0.5g/kg 이하
	• 과실주	0.2g/kg 이하
	• 발효음료류(살균한 것 제외)	0.05g/kg 이하
안식향산 (benzoic acid) 안식향산나트륨 (sodjum benzoic acid)	• 과실·채소류 음료, 탄산음료류(탄산수 제외), 기타 음료, 인삼·홍삼 음료, 간장	0.6g/kg 이하
	• 식용 알로에겔 농축액 및 알로에겔 가공식품	0.5g/kg 이하
	• 마가린류, 마요네즈 오이초절임, 잼류	1g/kg 이하
	• 망고처트니	0.25g/kg 이하

보존료	사용기준	
파라옥시안식향산에틸 (ethyl p-hydroxybenzoate) 파라옥시안식향산프로필 파라옥시안식향산이소부틸 파라옥시안식향산이소프로필	• 캡슐류	1.0g/kg 이하
	• 간장	0.25g/L 이하
	• 식초	0.1g/L 이하
	• 과실·채소류 음료(비가열제품 제외), 기타 음료, 인삼음료, 홍삼음료	0.1g/kg 이하
	• 소스류	0.2g/kg 이하
	• 과실 및 채소의 표피	0.012g/kg 이하
	• 잼류(병용 시의 합계가 1.0g/kg 이하)	1.0g/kg 이하
	• 망고처트니	0.25g/kg 이하
프로피온산 (propionic acid) 프로피온산 나트륨 (sodium proplonate)	• 빵 및 케이크류	2.5g/kg 이하
	• 치즈	3.0g/kg 이하
	• 잼류	1.0g/kg 이하

2. 살균제

식품 중 미생물을 사멸시키기 위해 첨가한다.

▼ 허용 살균제 및 사용기준

살균제	사용기준
차아염소산나트륨, 고도 표백분	참깨에 사용하지 못함
이염화 이소시아뉼산나트륨	

3. 산화방지제(항산화제)

- **수용성 산화방지제** ; 아스코르브산, 에리소르빈산 – 색소의 항산화
- **지용성 산화방지제** : BHA, BHT, 몰식자산 프로필, 토코페롤 – 유지의 항산화

유지 산패에 의한 식품의 변질 및 변색 등을 방지하기 위하여 사용하는 첨가물이다.
산화방지제는 단독으로 사용하기도 하고 **효력증강제**와 함께 사용한다. 이러한 효력증강제(synergist)로서는 구연산·사과산 등의 **유기산류**나 폴리인산염 등의 **인산염류**가 있다.

▼ 허용 산화방지제 및 사용기준

산화방지제	사용기준	
디부틸하이드록시 톨루엔 (butylated hydroxy toluene ; BHT) 부틸하이드록시 아니솔 (butylated hydroxy anisole ; BHA)	• 식용유지, 식용우지, 식용돈지, 어패 건제품, 어패 염장품, 버터류	0.2g/kg 이하
	• 어패 냉동품(생식용 냉동선어패류 및 생식용 굴은 제외) 및 고래 냉동품(생식용은 제외)의 침지액	1g/kg 이하(부틸히드록시아니솔 및 터셔리부틸히드로퀴논과 병용할 때에는 사용량의 합계가 1g/kg 이하)
	• 껌 및 인삼껌	0.75g/kg 이하
	• 식사대용식품[열수를 가하여 먹을 수 있는 즉석건조식품(곡류가공품) 또는 그대로 섭취가능한 콘플레이크 등의 곡류가공품에 한한다.(이유식류 제외)]	0.05g/kg 이하(부틸히드록시아니솔과 병용할 때에는 사용량의 합계가 0.05g/kg 이하)
	• 마요네즈	0.06g/kg 이하
	• 식육(가금류에 한한다.)	0.1g(지방함량 기준)
몰식자산프로필 (propyl gallate)	• 식용유지, 식용우지, 식용돈지 및 버터류	
에리소르빈산 나트륨 (sodium erythorbate)	• 사용기준 제한 없음	
L-아스코르브산(비타민 C) (L-ascorbic acid)	• 사용기준 없음	
DL-α-토코페롤(비타민 E) (DL-α-tocopherol)	• 사용기준 없음	
EDTA 2나트륨 (disodium ethylenediamine tetraacetate)	• 드레싱 및 소스류	0.075 g/kg(이.디.티.에이.칼슘2)나트륨과 병용할 때는 합계량이 0.075g/kg 이하)
EDTA칼슘2나트륨 (calcium disodium ethylene diamine tetraacetate)	• 통조림 또는 병조림	0.25g/kg 이하(이.디.티.에이.칼슘2)나트륨과 병용할 때에는 합계량이 0.25g/kg 이하)
	• 캔 또는 병포장된 음료	0.035g/kg 이하(이.디.티.에이.칼슘2)나트륨과 병용할 때에는 합계량이 0.035g/kg 이하)
	• 오이초절임 및 양배추초절임	0.22g/kg 이하

4. 표백제

식품의 가공이나 제조 시 갈변 등의 퇴색이나 착색을 막기 위해 발색성 물질을 탈색시켜 무색화한다.

▼ 허용 표백제 및 사용기준

표백제	사용기준(이산화유황으로서 최대 잔존량)	
메타중아황산나트륨 (sodium metabisulfite) 메타중아황산칼륨 (potassmm metabisulfite) 무수아황산(sulfur dioxide) 아황산나트륨 (sodium sulfite) 산성아황산나트륨 (sodium bisulfite) 차아황산나트륨 (sodium hydrosulfite)	• 박고지	5.0g/kg 이하
	• 설탕	0.02g/kg 이하
	• 양조식초	0.17g/kg 이하
	• 당밀, 물엿	0.3g/kg 이하
	• 건조과실류	2g/kg 이하
	• 곤약류	0.9g/kg 이하
	• 과실주	0.35g/kg 이하
	• 새우살	0.1g/kg 이하
	• 기타 식품[참깨, 두류, 서류, 과일류, 채소류 및 단순가공품(탈피, 절단 등) 제외]	0.03g/kg 이하
	• 농축과실즙 및 과·채 가공품(5배 이상 희석하여 음용하는 것), 과실주스	0.15g/kg 이하
	• 엿	0.4g/kg 이하

5. 밀가루 개량제

밀가루의 표백 및 숙성기간을 단축시키고 제빵 저해물질을 파괴시킨다.

▼ 허용 밀가루 개량제 및 사용기준

밀가루 개량제	사용기준	
과산화벤조일(희석) (benzoyl peroxide) 과황산암모늄 (ammonlum persulfate)	• 밀가루 이외에 사용금지	0.3g/kg 이하
스테아릴젖산칼슘 (calcium stearoyl lactylate)	• 빵류 및 이의 제조용 믹스, 난백, 식품성 크림 이외 사용금지	
스테아릴젖산나트륨 (sodium stearoyl lactylate)	• 빵류 및 이의 제조용 믹스, 식물성 크림, 면류, 소스류, 치즈, 건과류(한과류 제외) 이외 사용금지	

6. 호료(증점제)

식품의 점착성을 증가시켜 유화성을 좋게 하고 촉감을 증진시킨다.

▼ 허용 호료 및 사용기준

호료	사용기준	
폴리아크릴산나트륨 (sodium polyacrylate)	• 일반식품	0.2% 이하
알긴산프로필렌글리콜 (propylene glycol algmate)	• 일반식품	1% 이하
메틸셀룰로오스 (methyl cellulose) 카르복시메틸셀룰로오스나트륨 카르복시메틸셀룰로오스칼슘 카르복시메틸스타치나트륨	• 일반식품	2% 이하
알긴산나트륨(sodium alginate) 카제인(casein) 카제인나트륨	• 사용기준 없음	

7. 발색제

착색제가 아니라 식품 중 발색원과 결합하여 색을 안정화하여 선명하게 발색시킨다. 육류의 육색소인 myoglobin 등에 결합하여 nitromyoglobin이 되어 발색 효과를 갖게 된다.

▼ 허용 발색제 및 사용기준

발색제	사용기준	
아질산나트륨(sodium nitrite) 질산나트륨(sodium nitrate) 질산칼륨(potassium nitrate)	• 식육가공품(포장육, 식육추출가공품, 식용유지, 식용돈지 제외) 및 경육제품 • 어육소시지류 및 어육햄류, 치즈 • 대구 염장품	0.07g/kg 0.05g/kg 0.2g/kg
황산제일철	• 사용기준 없음	
황산알루미늄칼륨(소명반)	• 된장에 사용해서는 안 됨	

8. 착색제

식품에 인공적으로 착색시켜 기호성을 높여 가치를 하는 첨가물이다.
① **타르계 색소** : 석유의 콜타르(coal tar)에서 추출한 것으로 수용성이며 산성인 색소만 허용된다.(지용성, 염기성은 독성이 강하므로 사용 금지)
② **타르계 알루미늄레이크** : 타르색소에 알루미늄염을 반응시켜 만든 것으로 내열성, 내광성이 우수하다.
③ **비타르계 색소 및 천연색소** : 동클로로필, 동클로로필나트륨, 삼이산화철, 수용성아나토, 철클로로필린나트륨, β-카로틴, 치자적색소, 코치닐추출색소, 토마토색소, 홍국황색소

▼ 허용 착색제 및 사용기준

착색제	사용기준	
식용색소 녹색 제3호 식용색소 녹색 제3호 알루미늄레이크 식용색소 적색 제2호 식용색소 적색 제2호 알루미늄레이크 식용색소 적색 제3호 식용색소 청색 제1호 식용색소 청색 제1호 알루미늄레이트 식용색소 청색 제2호 식용색소 청색 제2호 알루미늄레이크 식용색소 황색 제4호 식용색소 황색 제4호 알루미늄레이크 식용색소 황색 제5호 식용색소 황색 제5호 알루미늄레이크 식용색소 적색 제40호 식용색소 적색제40호 알루미늄레이크 식용색소 적색 제102호	[다음 식품에 사용 불가] **면류**, 단무지, 특수영양식품, 건강기능식품, **유가공품(아이스크림 제외)**, 두유류, 유산균음료, 과실·채소류음료, 인삼제품류(정제의 제피 또는 캡셀, 인삼과자류 제외), 두부류, 묵류, 젓갈류, **김치류**, 절임류, 조림류, 천연식품, 벌꿀, 버터류, 마가린류, 다류, 식빵, 마요네즈, 카스텔라, 레토르트식품, 장류, 식초, 소스류, 토마토 케첩, 잼류, 고춧가루 및 실고추, 후춧가루, 향신료가공품, 향미유, 카레, 식육가공품, **어육가공품(어육소시지 제외)**, 식용유지류, 버터류, 마요네즈, 즉석건조식품, 복합조미식품, 코코아버터, 땅콩 및 견과류가공품, 수프류, 코코아분말, 조미김, 과·채가공품, 추출가공식품, 알가공품	
삼이산화철	바나나, 곤약 이외 식품에 사용불가	
수용성 안나토 β-카로틴	[다음 식품에 사용금지] 천연식품, 다류, 고춧가루 또는 실고추, 김치류, 고추장, 식초	
철클로로필린나트륨	사용기준 없음	
동클로로필린나트륨	**채소류 및 과실류**의 저장품	0.1g/kg 이하
	다시마(무수물)	0.15g/kg 이하
	껌, 인삼껌 및 캔디류	0.05g/kg 이하
	완두콩 통조림 중의 한천	0.0004g/kg 이하

9. 조미료(향미증진제)

식품의 맛이나 향미를 강화하기 위하여 첨가한다.

① 핵산계 조미료 : IMP(inosine mono phosphate, 가쓰오부시 맛 성분), GMP(guanosine mono phosphate, 표고버섯 맛 성분)
② 아미노산계 조미료 : MSG(mono sodium glutamate, 글루탐산나트륨), 알라닌, 글리신(구수한 맛)
③ 유기산계 조미료 : 주석산, 구연산, 호박산(조개국물 맛), 사과산 등

10. 산미료

① 식품에 신맛을 부여하거나 pH를 낮추는 목적으로 사용한다. 산은 청량감을 주고 소화를 촉진하며 보전성에도 기여한다.
② 초산 및 빙초산, 구연산이 대표적으로 이용되며 주석산, 젖산, 인산, 글루코노-δ-락톤, 사과산, 이산화탄소가 쓰인다.

11. 감미료

식품에 단맛을 부여한다.

▼ 허용 감미료 및 사용기준

감미료	사용기준		
사카린 나트륨 : 물에 잘 녹으며 설탕의 500배	• 단무지·절임식품(김치류 제외)	1.0g/kg 이하	
	• 김치류	0.2g/kg 이하	
	• 음료류(발효음료류 제외)	0.2g/kg 이하(5배 이상 희석하여 사용하는 것은 1.0g/kg 이하)	
	• 어육가공품	1.0g/kg 이하	
	• 영양보충용 식품, 환자용 등 식품, 식사대용식품	1.2g/kg 이하	
	• 뻥튀기	0.5g/kg 이하	
글리실리진산 나트륨 : 감초의 감미성분	된장 및 간장 이외의 식품에 사용 불가		
D-소르비톨	사용기준 없음		

감미료	사용기준	
아스파탐 : Phe + Asn	• 빵류, 과자류 및 제조용 믹스 • 기타식품	0.5% 이하 제한 없음
수크랄로오스 : 합성감미료, 설탕 600배	• 과자 • 음료류, 가공유류 및 발효유류	1.8g/kg 이하 0.40g/kg 이하
아세설팜칼륨 : 설탕의 200배	• 과자 • 빙과류, 아이스크림류	2.5g/kg 이하 1.0g/kg 이하
스테비오사이드(스테비오배당체) : 설탕의 300배	[아래 식품에 사용 불가] 식빵, 조제유류, 영아용 조제식, 기타 영·유아식, 백설탕, 갈색설탕, 포도당, 물엿, 캔디류, 벌꿀, 유가공품(아이스크림, 아이스크림 분말류 제외)	

12. 팽창제

① 빵류나 과자 등을 만들 때 암모니아나 이산화탄소 같은 가스를 발생하여 잘 부풀게 한다.
② **명반**, 소명반, 암모늄명반, **염화암모늄**, DL-주석산수소칼륨, **탄산수소나트륨**, 탄산수소암모늄, 탄산암모늄, 제1인산칼륨, 황산알루미늄암모늄(된장에 사용 불가)

13. 유화제(계면활성제)

① 물과 기름처럼 섞이지 않는 액체에 양친매성 물질을 이용하여 혼합시킨다.
② 소르비탄지방산에스테르, 글리세린지방산에스테르, 자당지방산에스테르, 프로필렌지방산에스테르, 레시틴, 폴리소르베이트 20 등

14. 품질개량제

햄이나 소시지 등의 결착력을 높여 식감을 좋게 하는 것으로 **인산염**이 주로 이용된다.

15. 피막제

과실이나 채소의 표면에 피막을 만들어 호흡작용과 증산작용을 억제시켜 보전성을 높인다. - **유동파라핀**, 몰포린 지방산염, 초산비닐수지

16. 검기초제

① 식품에 점성과 탄력성을 갖게 하는 역할로 쓰인다.
② 에스테르 검(추잉껌 이외 사용금지), 초산비닐수지, 폴리부덴, 폴리이소부틸렌

17. 착향료

① 식품에 향을 부여하는 것으로 본래의 향을 없애거나 강화시켜 기호성을 높인다. 수용성 향료는 휘산이 잘되므로 유화향료로 향을 유지시킨다.
② 천연향료(식물성, 동물성), 합성향료(석유 화합물), 조합향료(천연향료 + 합성향료)

18. 소포제

① 식품 제조 시 발생하는 거품을 제거한다.
② 규소수지

19. 용제

① 여러 영양성분이나 식품첨가물이 식품에 효과적으로 용해되도록 돕는다.
② 글리세린, 프로필렌글리콜

20. 추출제

① 대두유와 같은 식물유 등을 추출하기 위하여 사용한다.
② n-헥산(노르말헥산)

21. 이형제

① 빵을 구울 때 주형틀에서 빵을 쉽게 분리하도록 한다.
② 유동파라핀

22. 강화제

① 식품의 영양강화를 위하여 첨가한다.
② 비타민, 아미노산, 무기질(철염제 및 칼슘제)

CHAPTER 04 식품 중 유해물질

1 식품제조가공 중 생성되는 유해물질(유인성 위해인자)

- 3,4−벤조피렌(3,4−benzopyrene) : 다환 방향족 탄화수소(polycyclic aromatic hydrocarbons : PAH)의 일종으로 강한 발암성을 나타내며 고기를 태울 때 생성되어 검출된다.
- N−니트로사민(N−nitrosoamine) : 발색제로 사용하는 아질산염과 식품성분의 아민류가 반응하여 생성된 발암성 물질이다.
- 과산화물(hydroperoxide) : 불포화지방이 저장이나 가공 중 산소와 결합하여 생성되며 동맥경화, 간장장애, 구토, 설사 등을 일으킨다.
- 트리할로메탄(trihalomethane ; THM) : 수돗물의 소독제로 사용하는 염소와 물속의 유기물이 반응하여 생성되며 발암성이다.
- 메틸알코올(methylalcohol) : 포도주, 사과주 등 과실주 발효 시 펙틴으로부터 생성되며 두통, 구토, 실명 등의 증상이 나타나며 심하면 사망하게 된다.
- 조제분유 비소사건 : 일본에서 분유 안정제로 사용되는 제2인산나트륨에 비소가 잘못 혼입되어 발생한 사건으로 발진, 피부 색소침착, 미열 등의 증상이 나타나며 심하면 사망하였다.

2 항생물질에 의한 식품오염

항생물질은 사료에 동물의 질병 예방 및 치료 목적으로 사용되며 인체에 이행되어 다음과 같은 위생적 문제를 일으킬 수 있다. 이 중에서 가장 큰 문제는 내성균의 출현이다.

- 급성 및 만성 독성
- 균교대증
- 알레르기의 발현
- 내성균의 출현

3 식품오염 방사성 물질

1. 방사선의 종류

방사성 원소가 방출하는 고속도의 입자 또는 방사에너지로서 입자선인 α, β선과 중성자 및 파동선인 γ, X선 등이 있다.

2. 방사선의 생물학적 작용

전리방사선은 세포의 핵에 작용하여 이를 손상시키며, 세포의 손상 정도는 방사선의 투과력, 전리작용, 피폭방법, 피폭선량, 조직의 감수성에 따라 다르다.

① 투과력의 크기 순서는 X선 또는 $\gamma > \beta > \alpha$ 선이고 전리작용은 X선 또는 $\gamma < \beta < \alpha$ 선이다.
② 방사선에 대한 감수성이 큰 순서는 다음과 같다.
   골수, 림프선 > 성선 > 피부 > 근육세포 > 신경세포 > 연골, 뼈

3. 방사성 물질의 식품오염 경로

식물에서 Sr-90은 뿌리로 흡수, Cs-137은 식물체 표면에 흡수되며 가축의 오염은 사료와 음료수로 I-131이 문제가 되고 있다.

| 방사선 조사처리 마크 |

▼ 방사성 원소의 반감기 및 신체 피해 부위

종류	물리적 반감기	생물학적 반감기	유효 반감기	피해 부위
요오드 131	8.04일	138일	7.6일	갑상선, 임파선
스트론튬 90	28.78년	35년	16년	뼈, 골수
세슘 137	30.07년	109일	108일	전신
플루토늄 239	24,300년	200년	198년	뼈, 골수
코발트 60	5.27년	9.5일	9.5일	전신

※ 물리적 반감기 : 자연 대기, 토양 등 몸 밖에 방사성 물질이 방출되었을 때 방사선량이 절반으로 줄어드는 데 걸리는 시간
※ 생물학적 반감기 : 몸에 들어온 방사성 물질의 양이 절반으로 줄어드는 데 걸리는 시간
※ 유효 반감기 : 몸에 흡수된 방사성 물질이 생물학적 영향을 미치는 기간의 반감기

4. 식품조사에 이용하는 방사선

식품조사에 이용하는 방사선은 Co-60의 γ선이며 해충 및 미생물의 식품조사에 대한 감수성은 다음과 같다.

> 해충＞대장균군＞무아포 형성균＞아포 형성균＞아포＞바이러스

4 내분비계 장애물질

1. 내분비계 장애물질의 특성

내분비계 장애물질이란 사람이나 동물의 내분비 **호르몬과 비슷하게 작용하는** 화학물질로 정상적인 내분비계에 영향을 미쳐 생식능력 장애 등을 일으키는 물질을 말하며, 환경으로 배출된 화학물질이 자연상태에서 파괴되지 않고 먹이사슬을 통해 생물농축되어 **환경호르몬**이라고도 부른다. 환경호르몬은 낮은 농도에서 독성을 나타내며 대부분 **지용성**으로 **지방조직**에 축적된다.

2. 내분비계 장애물질 종류

① 비스페놀 A : 캔음료의 내부 코팅제
② 스티렌 단량체 : 컵라면 용기, 요쿠르트 용기
③ 프탈레이트(프탈산) : 플라스틱 가소제
④ 다이옥신 : 쓰레기장의 젖은 플라스틱 소각 시 발생, 고엽제
⑤ DDT : 유기염소계 농약
⑥ PCB : 절연체
⑦ 노닐페놀 : 세제, 섬유유연제, 샴푸

3. 내분비계 장애물질 방지대책

① 캔음료는 가열하지 않는다.
② 컵라면과 같은 1회용 용기의 사용을 자제한다.
③ 플라스틱 용기나 랩의 사용을 자제한다.
④ 쓰레기 태우는 곳 근처에 가지 않는다.
⑤ 육류의 지방부위를 되도록 제거하고 먹는다.
⑥ 천연소재 비누나 샴푸를 사용한다.

CHAPTER 05 식품공장의 위생관리

1 식품설비의 위생관리

1. 건물의 위생조건

① 주변의 공기가 깨끗해야 한다.
② 배수·급수가 잘 되어야 한다,
③ 교통이 편리하고 전력 공급이 잘 되어야 한다.
④ 공업지역이나 먼지 등 식품에 나쁜 영향을 주는 장소는 피해야 한다.
⑤ 건물은 콘크리트나 시멘트로 내구성이 있고 위생상 위해가 없어야 한다.
⑥ 각 작업은 구분되어야 한다.

2. 바닥 및 벽

① 바닥은 콘크리트 등의 내구성 자재로 내수성이 있어야 한다.
② 바닥은 배수가 잘 되도록 길이 1m당 높이 1.5~2.0cm의 기울기를 둔다.
③ 벽은 높이 1m까지 내수성 자재로 하고 바닥과 벽이 닿는 부분은 청소를 위해 지름 5cm 정도로 커빙 처리한다.
④ 창문 하단과 벽은 45° 정도 경사를 만들어 먼지가 쌓이는 것을 막는다.
⑤ 출입문은 여닫이 문으로 하단 30cm가량을 철판으로 방서처리한다.
⑥ 입구에는 신발 소독장치(3% 크레졸)와 에어 커튼을 설치하여 위생해충을 막는다.
⑦ 천장은 2.4m 이상 높아야 하고 응축수가 떨어지지 않도록 방지시설을 한다.

3. 배수

① 배수구는 벽으로부터 15cm 정도 간격을 둔다.
② 폭은 10cm, 최소깊이는 15cm 정도로 하고 철망을 설치한다.

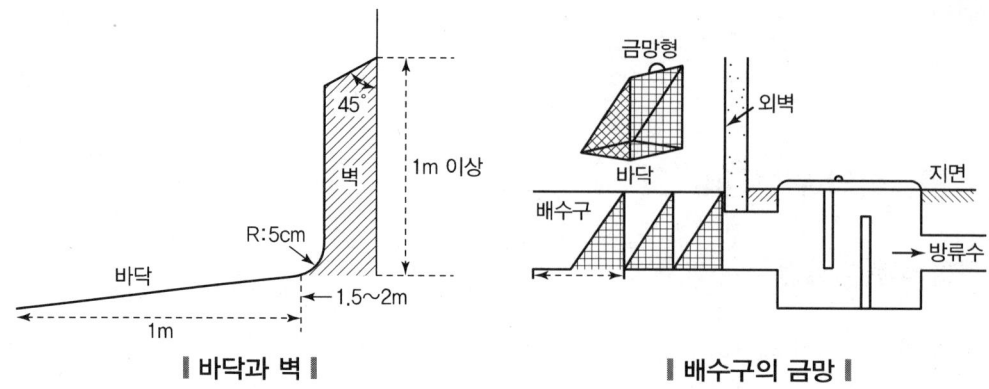

┃ 바닥과 벽 ┃   ┃ 배수구의 금망 ┃

4. 채광 및 조명

① 채광은 자연채광과 인공조명을 병행한다.
② 창의 면적은 바닥의 1/5이 적당하며 방충망을 설치한다.
③ 작업장의 조명은 50~100 Lux 작업대는 200 Lux 이상이 적당하다.
④ 창의 입사각은 27° 이상 개각은 4~5° 이상이 좋다.

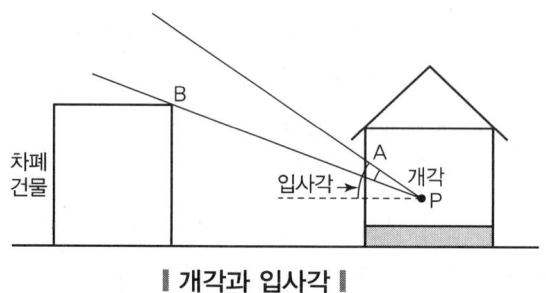

┃ 개각과 입사각 ┃

5. 방서 설비

① L자 방서벽은 지하 60cm 이상으로 한다.
② 출입문과 바닥의 간격은 0.5cm 이하로 한다.

6. 환기

조리하는 장소에는 fume hood를 설치하여 오염된 공기를 외부로 배출해야 한다.

7. 급수 및 세척설비

① 물은 음용이 가능하며 충분한 수압이 있어야 한다.
② 수도전의 끝은 만수면에서 7cm 이상 간격을 둔다.
③ 세척설비는 3단계 유수식 세척대를 설치한다.
④ 손씻는 설비는 별로로 설치하고 역성비누와 페이퍼 타올을 둔다.

8. 갱의실

갱의실은 작업장 밖에 설치하며 작업자에 오염이 되지 않도록 한다.

9. 하수

① 작업장과 화장실의 배수는 따로 설비되어야 한다.
② 조리실의 하수에는 기름제거장치를 둔다.

10. 화장실

① 화장실은 조리실에 영향을 주지 않는 장소에 설치하여야 한다.
② 벽 높이 1m까지 내수성 재질로 설비하며 하루 1회 이상 청소한다.

2 식품취급자의 개인위생

1. 식품취급자의 건강관리

1) 건강진단

① 식품영업 종사자는 1년에 1회 장티푸스 등 소화기계 감염병, 결핵, 감염성 피부질환에 대해 정기 건강진단을 받아야 한다.
② 단체급식 종사자는 6개월에 1회 장티푸스 등 소화기계 감염병, 결핵, 감염성 피부질환, 매독 혈청검사, 간염검사 등에 대해 정기 건강진단을 받아야 한다.

2. 개인위생

1) 종업원의 복장

① 깨끗한 작업복, 편안한 신발, 머리카락을 완전히 감싸는 위생모자, 입을 감싸는 마스크를 착용한다.
② 반지, 팔찌, 시계, 목걸이, 귀걸이를 착용하지 않는다.

2) 위생적 습관

① 머리는 자주 감고 목욕을 자주하며 조리 중 머리나 얼굴을 만지지 않는다.
② 작업 중 화장실 이용 시 옷을 갈아입고 다녀와서 손을 깨끗이 씻는다.
③ 상처나 피부질환이 있을 시 소독을 하고 밴드를 붙인 후 장갑을 끼고 작업한다.

식품 위해요소 중점관리기준(HACCP) 제도

1 식품 위해요소 중점관리기준(HACCP) 제도

1. HACCP 제도의 정의

① 식품의 생산부터 소비자까지 모든 단계에서 식품의 안전성을 확보하기 위하여 모든 식품공정을 체계적으로 관리하는 제도이다.
② HACCP는 Hazard Analysis Critical Control Point(위해요소 중점관리기준)로서 미국의 NASA(미항공우주국)에서 시작되었으며 GMP(Good Manufacturing Practice, 우수제조기준)을 바탕으로 발전하였다.

2. HACCP 제도의 실행단계(HACCP 7원칙)

① 위해요소 분석(원칙 1) : 식품 공정의 각 단계별로 잠재적인 생물학적, 화학적, 물리적 위해요소를 분석한다.
② 중요관리점 설정(원칙 2) : 각 위해요소를 예방, 제거하거나 허용수준 이하로 감소시키는 절차이다.
③ 허용기준 설정(원칙 3) : 안전을 위한 절대적 기준치로 온도, 시간, 무게, 색 등 간단히 확인할 수 있는 기준을 설정한다.
④ 모니터링방법 설정(원칙 4) : 모니터링의 절차는 허용기준에 벗어난 것을 찾아내는 것으로 모니터링하는 자는 단체급식소 등에서는 조리원 중에서 선정한다.
⑤ 시정조치 설정(원칙 5) : 모니터링 결과 허용기준을 벗어났을 때 시정조치를 하는 것으로 허용기준을 벗어난 제품을 식별, 분리하는 즉시적 조치와 동일 사고 방지를 위해 정비, 교체, 교육 등을 하는 예방적 조치가 있다.
⑥ 검증방법 설정(원칙 6) : 효과적으로 시행되는지를 검증하는 것으로 HACCP 계획검증, 중요관리점 검증, 제품검사, 감사 등으로 구성된다.
⑦ 기록보관 및 문서화 방법 설정(원칙 7) : HACCP 시스템을 문서화하기 위한 효과적인 기록 유지 절차를 정한다.

3. HACCP 제도의 용어 정의

① 위해요소 중점관리기준(HACCP) : 식품의 원료나 제조·가공 및 유통의 전 과정에서 위해물질이 해당 식품에 혼입되거나 오염되는 것을 사전에 방지하기 위하여 각 과정을 중점적으로 관리하는 기준
② 위해요소 : 식품위생법 제4조(식품 및 식품첨가물의 위해식품 등의 판매 등 금지)의 규정에서 정하고 있는 인체의 건강을 해할 우려가 있는 생물학적·화학적 또는 물리적 인자
③ 위해요소 분석 : 식품안전에 영향을 줄 수 있는 위해요소와 이를 유발할 수 있는 조건이 존재하는지의 여부를 판별하기 위하여 필요한 정보를 수집하고 평가하는 일련의 과정
④ 중요관리점 : HACCP를 적용하여 식품의 위해를 방지·제거하거나 허용수준 이하로 감소시켜서 당해 식품의 안전성을 확보할 수 있는 단계 또는 공정(관리점(control point)은 위해요소를 관리할 수 있는 중요한 단계·과정 또는 공정)
⑤ 한계기준 : 중요관리점에서의 위해요소관리가 허용범위 이내로 충분히 이루어지고 있는지의 여부를 판단할 수 있는 기준이나 기준치
⑥ 모니터링 : 중요관리점에서 설정된 한계기준을 적절히 관리하고 있는지의 여부를 확인하기 위하여 수행하는 일련의 계획된 관찰이나 측정 행위
⑦ 개선조치 : 모니터링의 결과가 중요관리점의 한계기준을 이탈할 경우에 취하는 일련의 조치
⑧ 검증 : 해당 업소에서의 위해요소 중점관리기준의 계획이 적절한지의 여부를 정기적으로 평가하는 조치
⑨ HACCP 적용업소 : 식품의약품안전청장이 이 기준에 따라 고시하는 HACCP 적용대상 식품을 제조·가공·조리하는 업소 또는 집단급식소

2 기구·용기 및 포장 위생

1. 일반기준 및 규격

① 기구·용기 및 포장은 내용물이 오염되어선 안 된다.
② 납 10%, 안티몬 5% 이상 함유된 기구 및 용기 포장을 제조해선 안 된다.
③ 도금용 주석은 납 5% 이상 함유해선 안 된다.
④ 기구·용기 및 포장에 쓰인 땜납은 납 20% 이상 함유해선 안 된다.
⑤ 기구·용기 및 포장 제조에 착색료를 사용하는 경우 식품위생법상 허용된 착색료 이외의 것을 사용해선 안 된다.

⑥ 기구·용기 및 포장 제조에 디옥틸프탈레이트(dioctyl phthalate ; DOP)를 사용해선 안 된다.

2. 기구, 용기, 포장재에서 용출되는 유독성분

1) 금속 성분의 침출

① 알루미늄 : 산, 알칼리에 부식
② 아연, 주석 : 산성식품에서 용출
③ 구리 : 녹청에 의한 용출

2) 단량체

PVC(염화비닐수지), PS(폴리스티렌)의 단량체가 식품에 이행되면 발암성을 나타낸다.

3) 가소제나 안정제

플라스틱 제품에 쓰이는 가소제인 phthalate(프탈산)계의 DOP나 DBP 등이나 안정제인 납 같은 금속염 등이 PVC, 폴리프로필렌 등에 사용된다.

4) 용제

용제인 toluene, ethylacetate, isopropanol 등이 남아 이취를 만든다.

3. 종이

종이 자체는 안전하나 첨가제인 왁스, 방습제, 착색료, 형광증백제 등이 문제가 된다.

4. 플라스틱류

① 열가소성 수지(열을 가하면 부드럽게 된다.) - 폴리에틸렌, 폴리프로필렌(안정제 용출), 폴리스티렌(단량체 용출), 염화비닐수지(가소제, 단량체, 안정제 용출) 등
② 열경화성 수지(열을 가해도 부드러워지지 않는다.) - 페놀수지, 요소수지, 멜라민수지 등으로 모두 포르말린이 용출된다.

5. 도자기, 법랑

도자기, 법랑 제품은 가열하는 소성온도가 낮거나 산성에서 안료나 유약으로부터 납, 아연, 카드뮴, 비소 등의 유해성분이 나올 수 있다.

③ 소독

1. 소독의 종류

① 멸균 : 살아 있는 미생물인 영양세포와 포자까지 사멸
② 살균 : 모든 영양세포의 사멸 포자는 파괴하지 못함
③ 소독 : 병원성 미생물의 사멸
④ 방부 : 부패미생물의 생육억제

2. 소독제의 조건

① 용해성이 높을 것
② 살균력과 침투력이 강할 것
③ 사용이 간편할 것
④ 인체에 무해할 것
⑤ 부식성과 표백성이 없을 것
⑥ 사용 후에 수세가 가능할 것
⑦ 값이 저렴하고 구하기 쉬울 것

3. 물리적 소독법

① **건열멸균법** : 160~170℃의 건열멸균기에서 1~2시간 가열 – 초자기구
② **화염멸균법** : 알코올램프나 가스 버너 등으로 가열 – 백금이, 시험관 입구
③ **자비소독법** : 끓는 물(100℃)에서 30분 가열 – 식기, 도마, 주사기
④ **증기소독법** : 100℃의 유동 수증기를 사용하는 방법

⑤ 고압증기멸균법 : 고압증기멸균기(autoclave)에서 15 lb, 121℃, 15~20분 처리 – 초자기구, 고무제품, 배지 등 약액
⑥ 간헐멸균법 : 100℃, 30분, 3일에 걸쳐서 처리
⑦ 일광소독법 : 일광에 1~2시간 처리 – 결핵 등 일반 감염병 환자의 **의복, 침구류**
⑧ **자외선살균법** : 260nm로 50cm 내에서 조사 – **공기, 물**, 무균실 등에 사용
⑨ 방사선살균법 : Co–60의 γ선을 이용 – 포장된 통조림에 적용
⑩ 여과제균법 : 여과기를 이용하여 세균 제거 – 비가열 배지 등에 사용

4. 화학적 소독법

① 승홍($HgCl_2$) : 단백질 응고작용으로 살균, 0.1% 이용 – 손소독
② 머큐로크롬 : 단백질 응고작용으로 살균, 2% 이용 – 상처소독
③ 과산화수소(H_2O_2) : 산화작용으로 살균, 3% 이용 – 상처소독, **구내염**
④ 석탄산(phenol)수 : 단백질 응고작용으로 살균, 3% 이용 – 선박, 기차소독
⑤ 크레졸 : 단백질 응고작용으로 살균, 3% 용액 이용 – 배설물소독
⑥ 양성비누 : 세포막 파괴로 살균, 0.1% 이용 – 손소독
⑦ 에틸알코올 : 단백질 응고와 탈수작용에 의한 살균, 70% 이용 – 손소독
⑧ 포르말린 : 단백질 응고작용으로 살균, 0.1% 용액 – 창고 등 훈증소독

4 식품공장 폐기물처리

1. 공장폐수의 종류

1) 유기성 폐수

식품공장, 주정공장, 펄프공장, 낙농산업, 피혁공장 등에서 나오는 유기물이 다량 함유된 폐수이다. 미생물 성장에 필요한 N, P 등이 충분해 **생물학적 폐수처리**가 가능하나 생물화학적 산소요구량(BOD)이 높아 용존산소 소모로 혐기적 분해가 되어 H_2S, CH_4 등이 발생한다.

2) 무기성 폐수

화학공장, 도금공장, 금속공장 등에서 나오는 산업폐수로 중금속, 화학약품이 함유된 폐수로 생물학적 처리가 곤란하여 화학적 처리를 한다.

2. 식품공업의 폐수처리

식품공업의 폐수처리에는 유기물 농도에 따라 **일반적인 호기성균을 이용하여 유기물을 제거시키는 호기성 처리**와 **유기물 농도가 10,000ppm 내외로 높은 경우 용존산소가 적으므로 혐기성균을 이용하는 혐기적 처리**가 있다.

1) 호기성 처리

호기성 처리에는 호기성균의 산소공급방식에 따른 **활성슬러지법, 살수여상법, 산화지법, 회전원판법, 관개법** 등이 있으며 도시하수 처리에는 주로 **활성슬러지법**을 이용하고 있다.

[활성슬러지법(활성오니법)]
활성슬러지법은 폐수를 **포기조**(통 아래에서 동력을 이용해 산소 공급)로 유입시켜 호기성 세균이 유기물을 섭취·분해하도록 하고 성장된 미생물은 침전되어 2차 침전지에 침전시키는 방법이다.

2) 혐기성 처리

BOD 농도가 높은 폐수를 혐기성균인 메탄균을 이용하여 섭취 분해하도록 하는 방법으로 **메탄발효소화조법, 임호프조법, 부패조법** 등이 있으며 주로 메탄발효소화법을 이용하고 있다.

[메탄발효소화법]
메탄발효소화법은 폐수를 두 단계로 나누어 혐기성 분해시키는 것으로 산성발효기에서 유기산균을 이용하여 분해시키고 이때 생성된 유기산을 이용하여 알칼리성 발효기에서 메탄균을 이용하여 메탄과 이산화탄소 등을 생성하므로 메탄발효소화라 한다.

3. 폐수의 오염도 측정

1) 용존산소량(dissolved oxygen ; DO)

   물에 용해된 산소량을 말한다. 온도가 낮을수록, 염농도가 적을수록, 유량이 많을수록, 난류가 클수록, 유속이 빠를수록, 고기압일수록 DO가 높다.

2) 생물화학적 산소요구량(biochemical oxygen demand ; BOD_5)

   BOD는 20℃ 물속의 유기물이 호기성 미생물에 의해 5일간 소모되는 데 필요한 산소의 소비량을 말한다. 따라서 BOD가 높으면 유기물이 많아 오염이 높다는 것이다. 하천의 BOD는 10ppm 이하이어야 한다.

3) 화학적 산소요구량(chemical oxygen demand ; COD)

   COD는 물속의 오염물질을 $KMnO_4$(과망간산칼륨) 같은 **산화제**로 산화 분해 시 필요한 산소량을 말한다. 일반적으로 **염농도**가 높아 DO(용존산소)가 낮아 호기성 미생물에 의한 BOD 측정이 어려운 해수나 호소수의 오염도 측정 시 이용되며 유기물과 무기물 모두 산화 처리하므로 BOD보다 높게 나온다.

CHAPTER 07 식품위생검사

1 안정성 평가시험

안전성 평가시험에는 일반 독성시험과 특수 독성시험이 있다.

1. 일반 독성시험

1) 급성 독성시험

① 시험하고자 하는 물질을 동물에 1회 투여하여 치사량을 구하는 시험
② 투여한 실험동물의 반수가 사망하는 양을 LD_{50}(lethal dose, 반수치사량)이라 하며 체중 1kg당 mg으로 표시한다. 수치가 작을수록 독성이 크다.
③ 실험동물은 2개 종 이상으로 한다.

2) 아급성 독성시험

① LD_{50}의 양을 1/2, 1/4, 1/8 식으로 1~3개월간 투여하여 관찰한다.
② 만성 독성시험을 위한 예비시험으로 실시한다.

3) 만성 독성시험

① 6개월 이상 투여하여 독성을 검사하며 투여 용량은 최대 내량 및 그 이하 농도를 시험한다. **최대 내량**(no observed effect level ; NOEL)은 대조군과 비교해 10% 이상 체중 감소가 없으며 동물의 수명에 어떠한 영향을 미치지 않는 최대 용량을 말한다.
② **최대 무작용량**을 구하는 것이 목적이며 최대 무작용량이란 대상 동물에 일생 동안 지속적으로 투여하여도 어떠한 독성이 나타나지 않는 양이다.

4) 1일 섭취허용량(ADI ; acceptable daily intake)

최대무작용량의 1/100을 체중 1kg당 1일 섭취허용량으로 정한다. 1/100은 안전계수로 동물과 사람의 차이 1/10과 사람 간의 차이 1/10을 적용한 값이다.

2. 특수 독성시험

① 변이원성시험 : 발암성시험의 예비시험으로 히스티딘 요구성 균주의 복귀돌연변이를 확인하는 에임스 테스트(Ames test)가 있다.
② 발암성시험 : 종양 생성 여부 관찰시험이다.
③ 최기형성시험 : 새끼가 자궁 내 성장하는 동안 물질을 투여하여 이상 유무를 관찰한다.
④ 번식시험 : 생식선기능, 발정주기, 교미, 임신, 출산 등에 미치는 영향을 관찰한다.

2 미생물학적 검사

1. 일반세균검사

총균수 검사는 직접검경법인 Breed법을 이용하여 단일 염색을 통해 균수를 현미경으로 확인하는 방법이며, 생균수 검사는 적당 농도로 희석한 표준한천평판배양법을 이용한다.

2. 대장균 정성검사

대장균의 유무를 판정하는 시험이다.

1) 추정시험

시험관에 LB(lactose broth)배지 9mL와 시료 1mL를 접종한 bouillon 발효관을 36℃에서 24±2시간 배양하여 듀람(dhuram) 발효관에 가스가 발생되면 추정시험 양성으로 하고 만일 24시간에 가스가 발생되지 않은 경우 계속하여 48시간까지 관찰한다.

2) 확정시험

추정시험에서 양성 판정이 나오면 평판감별배지인 EMB 배지 또는 Endo 배지에 획선도말하고, 36℃에서 24±2시간 배양하여 EMB 배지의 경우 녹색의 금속광택을 보이는 집락이 생성되거나 Endo배지의 경우 분홍색의 전형적인 집락이 생성되면 확정시험은 양성으로 처리한다.

3) 완전시험

확정시험 양성인 균을 각각 BGLB 배지와 보통 한천평판배지에 접종하고 36℃로 48±3시간 배양한다. 유당을 분해하여 이산화탄소를 생성한 것을 확인하고 고체 배지에서의 자란 균으로 그램 염색과 검경을 통해 그람 음성과 간균 등 일반적 대장균의 특성을 확인한다.

3. 대장균 정량시험

대장균의 양을 측정하는 시험이다.

[최확수법(most probable number ; MPN)]
검사 시료의 희석액 3단계 각 5개(총 15개)를 LB 배지에 10mL씩 36℃ 24시간 배양하여 가스가 형성된 양성 시험관 개수로 검체 100mL 중 이론상 가장 가능한 균수를 최확수표로부터 산출한다.

4. 장구균 검사

냉동식품 오염지표균인 장구균의 검사법으로는 Winter-Sanolholzer 법을 사용하여 검체 100mL 중의 균수를 산출한다.

5. 곰팡이 검사

곰팡이의 검사는 Czabec-Dox 씨 액 곰팡이용 배지를 사용하여 슬라이드 배양 후 현미경으로 형태를 관찰한다.

6. 식중독 세균 검사

살모넬라, 황색포도알균, 장염비브리오균 등을 증균배양, 분리배양 후 확인시험을 통해 확인한다.

7. 감염병균 검사

장티푸스균, 파라티푸스균, 이질균, 병원성 대장균 등은 식중독세균검사법에 따른다.

3 이화학적 검사

- **중금속 검사** : 원자흡광광도법, 고주파유도 결합플라스마 발광분광법을 이용한다.
- **식품첨가물 검사** : 일반 성분분석으로 물질의 특성에 따라 흡광광도법, 종이크로마토그래피, 박층크로마토그래피(TLC), GC, HPLC 등을 이용한다.
- **잔류농약 검사** : 미량성분 분석으로 액체크로마토그래피(HPLC)나 가스크로마토그래피(GC) 등을 이용한다.
- **이물질 검사** : 체분별법, 여과법, 와일드만 플라스크법(Wildman trap flask), 침강법 등을 이용한다.

CHAPTER 08 식품의 변질과 보존

1 식품의 변질

1. 변질의 종류

① 부패(putrefaction) : 단백질이 미생물에 의해 악취와 유해물질을 생성한다.
② 발효(fermentation) : 탄수화물이 효모에 의해 유기산이나 알코올 등을 생성한다.
③ 산패(rancidity) : 지질이 산소와 반응하여 변질되어 이미, 산패취, 과산화물 등을 생성한다.
④ 변패(deterioration) : 미생물에 의해 탄수화물이나 지질이 변질한다.

2. 변질에 영향을 미치는 인자

① 온도 : 미생물의 발육온도에 따라 저온균(10~20℃), 중온균(30~40℃), 고온균(50~60℃)으로 나누며 부패세균은 대부분 중온균이다.
② 수분 : 미생물이 이용할 수 있는 수분은 유리수로서 수분 활성도(water activity ; Aw)로 표시하며, 미생물의 생육에 필요한 최저 Aw 값은 세균 0.91, 효모 0.88, 곰팡이 0.80으로 세균은 Aw가 높을수록 잘 번식하며 곰팡이는 내건성이 강하다.
③ pH : 부패세균은 pH 7 내외의 중성에서 곰팡이는 pH 4~6인 산성에서 최적 생육한다.
④ 산소 : 산소 요구성에 따라 호기성, 미호기성, 혐기성, 통성 혐기성(임의성) 균으로 구분된다.
⑤ 식품성분 : 부패세균은 단백질을 좋아하며, 곰팡이는 주로 탄수화물 식품에서 쉽게 번식한다.
⑥ 잠재적 위해식품 : 단백질 함량이 많고 Aw가 0.96~0.98 정도로 높으며 중성의 pH를 가진 식품이 위험온도대(5℃~60℃)에 장시간 놓이면 세균의 번식이 쉽게 발생할 수 있다.

3. 부패에 따른 변화

1) 저분자 물질 생성

① 단백질 → 아미노산 → 아민, 암모니아, 황화수소, 인돌
② 지질 → 지방산, 글리세롤, 에스테르
③ 탄수화물 → 유기산, 알데히드, 에탄올

2) 관능적 변화

① 조직의 물러짐 : 점질물, 곰팡이 균사
② 악취 성분 : 황화수소(H_2S), 인돌, 메르캅탄, 암모니아, 스케톨, 알코올류, TMA
③ 이미 성분 : 유기산류, 알코올류, 이산화탄소
④ 색소의 변색 : 갈변, 곰팡이 균총, 미생물의 2차생성물

3) 유해성분 생성

아미노산의 탈탄산 반응에 의해 생성된 histamine(알레르기 유발), putresine(부패독), cadaverine(부패독) 등

4. 부패에 따른 어육의 pH 변화

생육(pH 7) → 사후강직(pH 5.5) → 자기소화(pH 12)

5. 초기 부패 판정

1) 관능검사 – 기본적이고 간단한 방법

맛(쓴맛, 신맛 등), 냄새(아민, 암모니아, 알코올, 산패취, 인돌 등), 색(갈변, 퇴색, 변색, 광택 소실), 조직감(탄성감소, 연질화, 점액화 등)의 변화

2) 일반 세균수 – 신선도 판정 지표

식품 1g당 10^5 이하는 안전한계이며, 10^8인 때를 초기 부패로 본다.

3) 휘발성 염기질소(volatile base nitrogen ; VBN)

부패취 성분으로 어육 등의 선도 결정에 이용되며 초기 부패는 30~40mg%이다.

① 신선 어육 : 5~10mg%
② 보통 어육 : 15~25mg%
③ 부패 어육 : 50mg%

4) 트리메틸아민(trimethylamine ; TMA)

신선한 어육의 맛난 성분인 트리메틸아민옥사이드(trimethylamine oxide ; TMAO)가 번식한 세균의 환원성에 의해 생성된 비린내 성분으로 4~6mg%에 이르면 초기 부패이다.

5) pH

사후경직 시 pH5.5에서 자기소화를 거쳐 부패 시 pH는 12.5까지 오른다. pH 6.2 이상이 초기 부패이다.

6) K값 = (IMP+XMP)/ATP

핵산의 분해 정도를 나타낸 것으로 60~80%가 초기 부패이다. 신선한 횟감이 30% 정도이다.

7) 히스타민(histamine) - 알레르기 유발 물질

400mg% 이상이면 초기 부패이다.

2 식품의 부패방지

1. 저온저장법

$Q10=2$(맥킨리 법칙)에서와 같이 온도가 내려가면 화학반응이 떨어지며 미생물의 생육을 억제하게 된다.

① 움저장법 : 감자, 고구마 등을 10℃ 정도의 움 속에 저장하는 방법이다.
② 냉장법 : 식품을 0~10℃로 저장하는 방법으로, 육류나 어패류는 0~5℃, 채소류는 5~10℃, 유지 가공식품은 4~6℃에서 저장한다.
③ 냉동법 : 0℃ 이하로 동결시켜 저장하는 방법으로 냉동고는 -18℃ 이하로 유지한다. 식품의 조직손상을 막기 위해 최대빙결정생성대를 30분 내로 통과하는 급속 동결이 좋다.

2. 건조법

① 수분을 제거하여 화학반응, 효소반응을 저하시키고 미생물 생육을 억제하는 방법이다.

② 세균은 수분함량 15% 이하로 낮추면 생육이 억제되며 곰팡이는 14% 이하까지 낮춰야 생육을 저지할 수 있다.
③ 일광건조, 열풍건조, 감압건조, 동결건조 등이 있다.

3. 가열살균법

① 저온단시간살균(LTLT) : 63℃에서 30분 가열 후 급랭하며 우유, 술, 과즙 등에 이용한다.
② 고온단시간살균(HTST) : 75℃에서 15초 가열 후 급랭하며 우유나 과즙 등에 이용한다.
③ 초고온순간살균(UHT) : 132℃에서 2~3초 가열하며 우유나 과즙 등에 이용한다.

4. 비가열살균(냉온살균)법

① 자외선 살균 : 살균력이 가장 강한 260nm 자외선을 이용하여 공기, 기구, 식품 표면, 투명한 음료수 등에 이용한다.
② 방사선 살균 : Co-60의 γ선을 이용하여 통조림 살균 등에 이용한다.

5. 삼투압을 이용하는 법

1) 염장법

① 10%의 소금을 이용하여 저장하는 방법
② 탈수에 의한 미생물 사멸
③ 염소 자체의 살균력
④ 용존산소 감소효과에 따른 화학반응 억제
⑤ 단백질 변성에 의한 효소의 작용억제 등
⑥ 종류 : 건염법은 10~15%, 염수법은 20~25%를 사용하여 채소류나 어류에 이용

2) 당장법

50%의 설탕을 이용하여 저장하는 방법으로 주로 과실을 이용한 젤리, 잼, 마멀레이드 제조에 사용된다.

3) 산저장법

초산이나 구연산 등 유기산을 이용하여 저장하는 방법으로 pH를 4.5 이하로 낮추어 채소류 저장에 이용된다. 유기산이 효과가 더 좋다(초산 > 젖산 > 구연산 > 염산).

6. CA(controlled atmosphere) 저장법

과채류는 수확 후에도 호흡에 따른 호흡열이 발생하고 품온이 상승하여 추숙과정이 나타나므로 저장 시 CO_2와 O_2를 각각 4~5%로 조절하고 온도를 저온으로 하여 호흡을 억제한다.

7. 식품첨가물

허용된 보존료, 살균제, 항산화제를 첨가하여 저장한다.

8. 훈연법

참나무, 떡갈나무 등을 불완전 연소하여 나온 연기 성분인 알데히드류, 알코올류, 페놀류, 산류 등 살균 성분을 식품에 침투시켜 저장성을 높이는 방법이다. 가열에 의한 건조효과도 있고 독특한 향미를 부여하며 육류나 어류제품에 사용된다. 침엽수는 수지(resin)가 많아 나쁜 냄새가 나므로 사용하지 않는다.

식품위생 관련 법규

1 공중위생관리법

1. 위생사의 업무범위

① 공중위생영업소, 공중이용시설 및 위생용품의 위생관리
② 음료수의 처리 및 위생관리
③ 쓰레기, 분뇨, 하수, 그 밖의 폐기물의 처리
④ 식품, 식품첨가물과 이에 관련된 기구, 용기 및 포장의 제조와 가공에 관한 위생관리
⑤ 유해곤충, 설치류 및 매개체 관리
⑥ 그 밖에 보건위생에 영향을 미치는 것으로서 대통령령으로 정하는 업무(소독업무 및 보건관리업무)

2. 위생사의 결격사유

① 정신질환자, 마약류 중독자
② 공중위생관리법, 감염병 예방관리법, 검역법, 식품위생법, 의료법, 약사법, 마약류관리법, 보건범죄단속법 등을 위반하여 금고 이상의 실형을 받고 집행이 끝나지 아니한 자

3. 위생사 면허취소

① 위의 결격사유에 해당할 경우
② 면허증을 대여한 경우

2 감염병의 예방 및 관리에 관한 법률

1. 목적

① 국민건강에 위해가 되는 감염병의 발생과 유행을 방지
② 예방과 관리를 위한 사항을 규정
③ 국민건강 증진 및 유지에 이바지

2. 법정 감염병

"감염병"이란 제1급 감염병, 제2급 감염병, 제3급 감염병, 제4급 감염병, 기생충 감염병, 세계보건기구 감시대상 감염병, 생물테러감염병, 성매개감염병, 인수(人獸)공통감염병 및 의료 관련 감염병을 말한다.

1) 제1급 감염병

① 생물테러감염병 또는 치명률이 높거나 집단 발생의 우려가 커서 발생 또는 유행 즉시 신고하여야 하고, 음압격리와 같은 높은 수준의 격리가 필요한 감염병으로서 다음 각 목의 감염병을 말한다. 다만, 갑작스러운 국내 유입 또는 유행이 예견되어 긴급한 예방·관리가 필요하여 보건복지부장관이 지정하는 감염병을 포함한다.
② 에볼라바이러스병, 마버그열, 라싸열, 크리미안콩고출혈열, 남아메리카출혈열, 리프트밸리열, 두창, 페스트, 탄저, 보툴리눔독소증, 야토병, 신종감염병증후군, 중증급성호흡기증후군(SARS), 중동호흡기증후군(MERS), 동물인플루엔자 인체감염증, 신종인플루엔자, 디프테리아

2) 제2급 감염병

① 전파 가능성을 고려하여 발생 또는 유행 시 24시간 이내에 신고하여야 하고, 격리가 필요한 다음 각 목의 감염병을 말한다. 다만, 갑작스러운 국내 유입 또는 유행이 예견되어 긴급한 예방·관리가 필요하여 보건복지부장관이 지정하는 감염병을 포함한다.
② 결핵(結核), 수두(水痘), 홍역(紅疫), 콜레라, 장티푸스, 파라티푸스, 세균성이질, 장출혈성대장균감염증, A형간염, 백일해(百日咳), 유행성이하선염(流行性耳下腺炎), 풍진(風疹), 폴리오, 수막구균 감염증, B형헤모필루스인플루엔자, 폐렴구균 감염증, 한센병, 성홍열, 반코마이신내성황색포도알균(VRSA) 감염증, 카바페넴내성장내세균속균종(CRE) 감염증

3) 제3급 감염병

① 그 발생을 계속 감시할 필요가 있어 발생 또는 유행 시 24시간 이내에 신고하여야 하는 다음 각 목의 감염병을 말한다. 다만, 갑작스러운 국내 유입 또는 유행이 예견되어 긴급한 예방·관리가 필요하여 보건복지부장관이 지정하는 감염병을 포함한다.

② 파상풍(破傷風), B형간염, 일본뇌염, C형간염, 말라리아, 레지오넬라증, 비브리오패혈증, 발진티푸스, 발진열(發疹熱), 쯔쯔가무시증, 렙토스피라증, 브루셀라증, 공수병(恐水病), 신증후군출혈열(腎症侯群出血熱), 후천성면역결핍증(AIDS), 크로이츠펠트-야콥병(CJD) 및 변종크로이츠펠트-야콥병(vCJD), 황열, 뎅기열, 큐열(Q熱), 웨스트나일열, 라임병, 진드기매개뇌염, 유비저(類鼻疽), 치쿤구니야열, 중증열성혈소판감소증후군(SFTS), 지카바이러스 감염증

4) 제4급 감염병

① 제1급 감염병부터 제3급 감염병까지의 감염병 외에 유행 여부를 조사하기 위하여 표본 감시 활동이 필요한 감염병을 말한다.

② 인플루엔자, 매독(梅毒), 회충증, 편충증, 요충증, 간흡충증, 폐흡충증, 장흡충증, 수족구병, 임질, 클라미디아감염증, 연성하감, 성기단순포진, 첨규콘딜롬, 반코마이신내성장알균(VRE) 감염증, 메티실린내성황색포도알균(MRSA) 감염증, 다제내성녹농균(MRPA) 감염증, 다제내성아시네토박터바우마니균(MRAB) 감염증, 장관감염증, 급성호흡기감염증, 해외유입기생충감염증, 엔테로바이러스감염증, 사람유두종바이러스 감염증

5) 기생충 감염병

기생충에 감염되어 발생하는 감염병 중 보건복지부장관이 고시하는 감염병을 말한다. 7일 이내에 보고하여야 한다.

6) 생물테러감염병

탄저, 보툴리눔독소증, 페스트, 마버그열, 에볼라열, 라싸열, 두창, 야토병

3. 감염병 예방 및 관리계획의 수립

보건복지부장관은 감염병의 예방 및 관리에 관한 기본계획을 5년마다 수립·시행하여야 한다.

4. 신고 및 보고

1) 의사 등의 신고

① 의사, 한의사는 다음에 해당하는 사실이 있으면 **의료기관의 장**에게 **보고하여야** 하고 의료기관에 소속되지 않은 의사나 한의사는 관할 **보건소장**에게 **신고하여야** 한다.
- 감염병환자를 진단하거나 그 사체를 검안한 경우
- 예방접종 후 이상반응자를 진단한 경우
- 제1~3급에 해당하는 감염병으로 사망한 경우

② 보고받은 의료기관의 장 및 감염병 병원체 확인기관의 장은 제1급 감염병의 경우에는 즉시, 제2급 감염병 및 제3급 감염병의 경우에는 24시간 이내에, 제4급 감염병의 경우에는 7일 이내에 보건복지부장관 또는 관할 보건소장에게 신고하여야 한다.

2) 보건소장 등의 보고

신고를 받은 보건소장은 특별자치도지사 또는 **시장, 군수, 구청장**에게 보고해야 하며 보고받은 특별자치도지사 또는 시장, 군수, 구청장은 이를 **보건복지부장관 및 시·도지사**에게 각각 보고하여야 한다.

3) 인수공통감염병의 통보

신고받은 특별자치도지사 또는 시장, 군수, 구청장 그리고 읍, 면장은 **가축전염병** 중 다음 각 호의 하나에 해당하는 감염병의 경우에는 즉시 **질병관리본부장**에게 **통보하여야** 한다.
① 탄저
② 고병원성 조류인플루엔자
③ 광견병
④ 대통령령으로 정하는 인수공통감염병(동물인플루엔자 – 돼지인플루엔자, 신종인플루엔자)

5. 필수예방접종 대상

디프테리아, 폴리오, 백일해, 홍역, 파상풍, 결핵, B형간염, 유행성이하선염, 풍진, 수두, 일본뇌염, B형헤모필루스인플루엔자, 폐렴구균, 인플루엔자, A형간염, 사람유두종바이러스 감염증, 그 밖에 보건복지부장관이 감염병의 예방을 위하여 필요하다고 인정하여 지정하는 감염병

6. 소독을 해야 하는 시설

① 20실 이상 숙박시설
② 연면적 300제곱미터 이상의 식품접객업소
③ 시내버스, 마을버스, 항공기, 여객선, 철도차량
④ 100명 이상의 식사공급을 하는 집단급식소
⑤ 병원, 대형마트, 백화점, 학교, 기숙사
⑥ 300석 이상 공연장
⑦ 300세대 이상 공동주택

7. 소독의 방법

소각, 증기소독, 끓는 물 소독, 약물소독(3%석탄산수, 3%크레졸수, 0.1%승홍수, 생석회, 5%크롤칼키수, 포르말린), 일광소독

3 식품위생법

1. 정의

① 식품이란 의약을 제외한 모든 음식물이다.
② 식품첨가물이란 제조, 가공, 조리, 보존하는 과정에서 감미, 착색, 표백 또는 산화방지 등의 목적으로 사용하는 물질이다.
③ 화학적 합성품이란 분해 외의 화학반응으로 얻은 물질이다.
④ 식품위생이란 식품, 첨가물, 기구, 용기, 포장을 대상으로 하는 위생을 말한다.
⑤ 집단급식소란 영리를 목적으로 하지 않는 특정다수인에게 1회 50인 이상 음식을 공급하는 것으로 다음에 해당하는 시설이다. (기숙사, 학교, 병원, 사회복지시설, 산업체, 공공기관, 후생기관)

2. 위해식품 판매금지 – 벌금 1억 이하, 징역 10년 이하

① 썩거나 상하거나 설익어 인체에 유해한 것
② 유독성분이나, 병원성 미생물이 있는 것
③ 수입금지식품
④ 질병에 걸린 고기, 뼈, 젖, 장기, 혈액

3. 식중독에 관한 조사 보고

① 식중독 환자를 진단한 의사, 한의사나 환자를 발견한 집단급식소 설치, 운영자는 관할 시장, 군수, 구청장에게 보고해야 한다.
② 보고받은 시장, 군수, 구청장은 지체없이 식품의약품안전처장 및 시·도지사에게 보고해야 한다.

4. 허가를 받아야 하는 영업

식품조사처리업(식품의약품안전처장), 단란주점, 유흥주점 영업(특별자치시장, 특별자치도지사, 시장, 군수, 구청장)

5. 신고를 해야 하는 영업(특별자치시장, 특별자치도지사, 시장, 군수, 구청장)

즉석판매제조가공업, 식품운반업, 식품소분판매업, 식품냉장·냉동업, 용기·포장류제조업, 일반음식점영업, 제과점영업

6. 조리사를 두어야 하는 식품접객업자

복어를 조리, 판매하는 영업이다.

7. 식품안전관리인증기준 대상 식품(HACCP 적용 식품)

① 어묵, 어육소시지
② 냉동수산식품 중 어류, 연체류
③ 냉동식품 중 피자류, 만두류, 면류
④ 과자류 중 과자, 캔디류, 빙과류
⑤ 음료류
⑥ 레토르트식품
⑦ 김치류 중 배추김치
⑧ 빵류, 떡류, 초콜릿류, 국수 유탕면류, 특수용도식품, 즉석섭취식품, 순대

PART 02

식품화학

CONTENTS

01 식품의 일반성분
02 식품의 특수성분
03 식품 저장, 가공 중 일반성분의 변화
04 식품 저장, 가공 중 특수성분의 변화
05 식품의 물리성
06 식품의 기능성

CHAPTER 01 식품의 일반성분

1 수분

1. 물분자의 구조

① 산소원자를 중심으로 2개의 수소원자가 104.5°의 각도를 이루고 있어 전기음성도가 큰 산소에 의해 분극이 되어 산소는 부분 음전하($\delta-$), 두 개의 수소는 부분 양전하($\delta+$)를 띠어 **쌍극자(dipole)** 구조를 가진다.
② 극성인 물분자는 인접한 물분자와 수소결합에 의해 결합하고 있다. −상온에서 액체로 유지, 100℃의 끓는점, 0℃ 어는점을 갖게 되고 높은 비열로 **체온**을 유지시키며, 극성으로 **최고의 용매**가 된다.
③ 물분자는 쌍극자로 이온성 물질, 극성 물질들과 정전기적인 **수소결합**을 하고 있다.

2. 수분의 존재상태

식품 중 물은 자유수(유리수)와 결합수로 존재한다.

1) 자유수의 성질

① 화학반응이 일어날 수 있는 용매로 작용한다.
② 끓는점과 녹는점이 높다.
③ 비열이 크다.
④ 비중은 4℃에서 가장 크다.
⑤ **미생물**이 이용할 수 있다.
⑥ 건조로 쉽게 제거되며 0℃ 이하에서 잘 언다.

2) 결합수의 성질

① **용매**로 작용하지 않는다.
② 100℃ 이상으로 가열하여도 증발되지 않는다.
③ 0℃ 이하에서 **얼지** 않는다.

④ 보통의 물보다 밀도가 크다.
⑤ 압력에 의해서도 제거되지 않는다.
⑥ 식품성분에 이온결합으로 결합되어 **미생물이 이용하지 못한다.**

3. 수분활성도(Activity of water)

식품 중 수분은 주변 환경에 영향을 받으므로 %로 표시하지 않고 상대습도까지 고려한 수분활성도로 표시한다. 수분활성도(Aw)는 어떤 온도에서 식품이 나타내는 수증기압에 대한 순수한 물의 수증기압비로 정의된다.

$$Aw = \frac{P}{P_0}$$

단, 식품의 수증기압은 식품 중 녹아 있는 용질의 종류와 양에 의해 영향을 받으므로 물의 몰수를 Mw, 용질의 몰수를 Ms라고 할 때 $Aw = \frac{Mw}{Mw + Ms}$ 가 된다.

식품의 수분활성도는 항상 1미만으로 어패류나 수육과 같이 수분이 많은 식품의 Aw는 0.98~0.99, 곡물 등 수분이 적은 건조식품의 Aw는 0.60~0.64 정도이다. 미생물의 생육에 필요한 **최저 수분활성도**는 일반적으로 **세균 0.91, 효모 0.88, 곰팡이 0.80**이며 내건성 곰팡이 0.65, 내삼투압성 효모 0.60 등이다.

4. 등온 흡습·탈습 곡선

식품 중 수분은 특정온도에서 상대습도와 평형에 이르게 되는 **평형수분함량**을 갖게 되며 이러한 수분함량을 그래프로 나타낸 것이 등온 흡습·탈습 곡선이다. 그래프에서 동일한 수분활성도에서 흡습곡선과 탈습곡선이 달리 나타나는 것을 **히스테리시스현상**이라 하며 이는 물분자의 수소결합에 따른 결합력 때문으로 항상 탈습곡선이 높게 나타나는 이유이다.

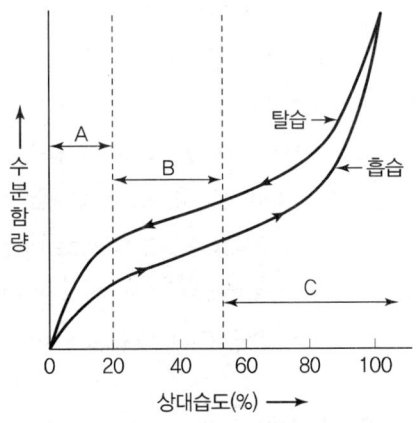

┃ 등온 흡습·탈습 곡선 ┃

그래프상 A영역은 단분자층을 형성하는 결합수로 식품성분과 이온결합하며 Aw 0.1 이하에서 공기에 노출된 지방의 자동산화가 촉진된다.

B영역은 다분자층으로 준결합수이며 식품성분과 수소결합한다. Aw 0.65~0.85의 식품을 중간수분식품이라 하고 잼, 젤리, 곶감, 건포도 등이 있으며 저장성이 좋다. Aw 0.5~0.7 사이에서 높은 비효소적 갈변반응을 보인다.

C영역은 자유수에 해당하며 수분활성도가 높아 미생물 증식, 효소반응, 화학반응이 촉진된다. 최적 생육 Aw는 세균 0.91, 효모 0.88, 곰팡이 0.80이다.

2 탄수화물

탄수화물은 다수의 alcohol(−OH)기와 aldehyde(RCHO)기 또는 ketone(RCOR′)기를 가지고 기본 분자식은 $C_m(H_2O)_n$이다. (R은 알킬기)

1. 탄수화물의 분류

1) 단당류(monosaccharide)

① 분자 내 carbonyl기(>C=O)인 aldehyde기(RCHO)나 ketone기(RCOR′)를 갖고 있어 모두 강한 환원당이다.

② 당은 두 종류로 나누는데 카르보닐기가 aldehyde이면 aldose, ketone이면 ketose이다. 케토오스는 ulose로 끝나는 것이 많다. 단, fructose는 ketohexose(케토오스 6탄당)이다.

- 3탄당[$C_3H_6O_3$(triose)] : glyceraldehyde(이성체 분류의 기본형), dihydroxyacetone
- 4탄당[$C_4H_8O_4$(tetrose)] : erythrose, threose, erythrulose
- 5탄당[$C_5H_{10}O_5$(pentose)] : 효모에 의해 발효되지 않는다. ribose(핵산 구성당), arabinose(gum질 성분), xylose(짚 성분), ribulose
- 6탄당[$C_6H_{12}O_6$(hexose)] : 발효당이다. glucose(대표적 우선당, starch, cellulose, glycogen), mannose(mannan), galactose(galactan), fructose(과일의 당, 대표적 좌선당, inulin)
- 7탄당[$C_7H_{14}O_7$(heptose)] : mannoheptose, sedoheptulose

2) 소당류(oligosaccharides)

① 2당류 : maltose[(α−glc(1→4)glc), 맥아당, 전분 구성당], sucrose[(α−glc(1→2)β−

fru, 자당, 설탕, 비환원당으로 당도 기준 100], lactose[(β-gal(1→4)glc), 젖당 또는 유당], cellobiose(β-glc(1→4)glc, 섬유소 구성당)

② 3당류 : raffinose(gal+glc+fru, 비환원당), gentianose(glc+glc+fru)

③ 4당류 : starchyose(gal+gal+glc+fru)

3) 다당류(polysaccharides)

① 단순다당류 : starch(전분), cellulose(섬유소), inulin(돼지감자), glycogen(동물성 저장 다당류), chitin(갑각류의 골격)

② 복합다당류 : pectin, hemicellulose, chondroitin sulfate, galactan

2. 탄수화물의 특성

① 물에 잘 녹으나 알코올에는 잘 녹지 않는다.
② 단맛을 가지며 결정체를 만든다.
③ 카르보닐탄소를 외부에 갖고 있는 대부분 단당류나 이당류는 환원성을 가지고 있다.(설탕은 카르보닐탄소가 결합에 이용되어 **비환원당이다.**)
④ 6탄당은 발효당(zymohexose)으로 효모에 의해 알코올과 CO_2로 발효된다.
⑤ 고리형태 당의 카르보닐탄소에서 비롯된 아노머성 -OH를 환원에 작용하므로 환원성 -OH라고 하며 다른 물질과 글리코시드 결합을 하여 배당체(glycoside)를 형성하므로 글리코시드성 -OH라고도 한다. 이때 생성된 배당체의 비당성분을 aglycone이라 한다.
⑥ 당은 입체이성질체로 카르보닐탄소에서 가장 멀리 떨어진 부제탄소의 -OH 위치가 우측이면 D형, 좌측이면 L형으로 분류한다. 천연 단당류는 arabinose를 제외하고 D형이다. (부제탄소가 n개이면 이성체 수는 2^n이 된다.)
⑦ 부제탄소(asymetric carbon, 비대칭탄소) : 탄소 4개의 결합손이 모든 다른 원자 혹은 원자단으로 된 탄소 또는 키랄탄소(chiral carbon)라고도 함
  • 포도당의 부제탄소수 : 4개, 광학적 이성체수 : $2^4=16$개
  • 과당의 부제탄소수 : 3개, 광학적 이성체수 : $2^3=8$개
⑧ 에피머(epimer) : 한 특정한 부제탄소원자에 결합된 OH기의 배치가 서로 다른 당 -glucose와 mannose, glucose와 galactose
⑨ 아노머(anomer) : 단당류의 사슬구조가 수용액 상태에서 물과의 관계로 분자 내 축합

(hemiacetal 혹은 hemiketal)반응에 의해 고리구조 형성 시 카르보닐탄소에 새롭게 형성된 OH의 위치에 따라 두 종류로 결정된다.
- OH가 가장 멀리 떨어진 부제탄소의 OH와 같은 방향 : α형(아래 방향)
- OH가 가장 멀리 떨어진 부제탄소의 OH와 반대 방향 : β형(위 방향)

⑩ 사슬구조의 Fischer식에 대해 고리구조는 Haworth 투영식이라 하며 화학구조명을 따서 육각형을 pyranose(glucose 형태), 오각형을 furanose(fructose 형태)라 한다.

⑪ **선광도** : 표준 나트륨 광원(D)을 사용하여 20℃에서 편광을 당용액에 통과시키면 편광이 회전하는데 이것을 선광이라 하고 시계방향(오른쪽)으로 회전하는 것을 **우선당**이라 하며 +값으로 표시하고, 반시계방향(왼쪽)으로 회전하는 것을 **좌선당**이라 하며 -값으로 표시한다. 선광도의 비교는 비선광도로 측정한다.

$$[\alpha]_{D^{20}} = \frac{100 \times \alpha}{l \times c}$$

여기서, α : 선광 각도
l : 시료의 길이
c : 시료의 농도

⑫ **변선광(mutarotation)** : 용액 중에서 **온도와 시간**이 경과함에 따라 아노머형이 빠른 내부전환이 일어나며 선광도가 변하는데, 이를 변선광이라 한다.
- 포도당은 물에 녹이면 α형이 더 달지만 시간이 지나면서 β형으로 전환되며 안정되어 당도가 감소한다.

α-D-glucose ⇔ 〈사슬구조〉 ⇔ β-D-glucose로 상호변환한다.
38%   (상온)   62%

- 과당의 β형은 α형에 비해 3배의 단맛을 가지는데, 0℃에서 α : β 가 3 : 7로서 고온에서의 7 : 3에 비해 훨씬 당도가 높게 된다.
- 자당은 아노머성 -OH가 없으므로 당도는 100으로 당도의 기준이 되며, 과당은 130~180, 포도당은 70~80, 맥아당은 40~50 정도이다.

⑬ **전화당(invert sugar)** : **자당**을 가수분해 하거나 invertase 효소처리 하면 포도당과 과당의 1 : 1 라세미체가 만들어지는데 우선성의 자당이 **좌선성**으로 변하므로 전화당이라 하고 자당(100)보다 당도가 증가하며(130) 환원성을 갖게 된다.

⑭ Amino carbonyl 반응(마이야르 반응) : 식품 저장 및 가공 중 당의 carbonyl기와 단백질의 아미노기가 반응하여 melanoidin 같은 갈색 물질을 생성하여 갈변하는 현상이다.

⑮ Caramel화 : 당류를 190~200℃로 가열하면 탈수, 중합 반응에 의해 갈색 물질을 생성한다.

⑯ 당유도체
- **deoxy ribose**(디옥시당, DNA 구성당, 2번 탄소의 −OH가 −H로 치환)
- **glucuronic acid**(우론산, 해독작용, 6번 탄소의 산화), **galacturonic acid**(펙틴성분)
- **sorbitol**(당알코올, 감미료, 포도당 또는 과당의 카르보닐탄소의 환원), **mannitol**(만노오스, 해조류 및 버섯에 존재), ribitol(리보오스, 비타민 B_2의 성분), inositol(고리형, 근육당)
- **glucosamine**(아미노당, 키틴 구성, 2번 탄소의 −OH가 −NH_2로 치환), **galactosamin**(연골이나 인대의 콘드로이친황산염 구성)
- **gluconic acid**(알돈산, 1번 탄소의 산화, gluconolactone은 두부응고제)
- **thioglucose**(thiosugar, carbonyl기의 O가 S로 치환, 무의 sinigrin 구성당)

3. 다당류

1) 전분

① 곡류나 서류 등의 저장다당류이다.
② 가루형태로 물보다 무겁기 때문에 침전되어 전분이라 한다.
③ 포도당의 α1→4 결합으로 이루어진 amylose(20%)와 포도당 α1→4 결합에 α1→6의 가지가 결합된 나무형태의 amylopectin(80%)으로 구성되어 있으며 찹쌀 전분은 amylopectin만으로 되어 있다.

2) 호정(dextrin)

전분의 가수분해물을 호정이라고 한다. 전분의 요오드 반응은 청색이며 가수분해하면 amylodextrin(청색) → erythrodextrin(적색) → achromodextrin(무색) → maltodextrin(무색) → maltose로 된다.

▼ amylose와 amylopectin 비교

구분	amylose	amylopectin
모양	직선형의 분자구조 6개 포도당이 1회전하는 나선형	가지가 많은 나무 형태
결합	α−1,4 결합	α−1,4 결합, 분지점 α−1,6 결합
요오드반응	청색	적갈색

구분		amylose	amylopectin
내포화합물		형성함	형성 하지 않음
분자량		40,000~340,000	4,000,000~6,000,000
호화반응		쉽다.	어렵다.
노화반응		쉽다.	어렵다.
X선 분석		결정형	무정형
구성	쌀	20%	80%
	찹쌀	0%	100%

4. 탄수화물의 화학반응

① 당류 일반 정성반응 : Molisch 반응, Anthrone 반응 등
② 환원당 반응 : Fehling 반응(적갈색 침전), Benedict 반응(적갈색 침전), Tollens 반응(은경반응), Barfoed 반응 등
③ 기타 정성반응 : Barfoed 반응(단당류와 이당류 구별), seliwanoff 반응(fructose 정성반응), Bial 반응(5탄당 정성반응)
④ 당의 정량법 : Bertrand법, Somogi법

③ 단백질

약 16%의 질소를 함유하고 있어 단백질 정량 시 구한 질소값에 6.25(질소계수, 100/16)를 곱하여 조단백질 양을 구한다.

1. 아미노산의 분류

아미노산은 약 20여 종이며 L형의 입체구조를 이루고 α탄소에 아미노기($-NH_2$)를 갖는 L$-α$$-$Aa이다. 생체 내 중성 pH에서 두 개의 이온($-NH_3^+$, $-COO-$)을 갖는 양쪽성 이온(zwitter ion)이다.

① 중성 아미노산 : Gly, Ala, Val, Leu, Ile, Pro, Asn, Gln
② 산성 아미노산 : Asp, Glu

③ 염기성 아미노산 : Lys, Arg, His
④ 방향족 아미노산 : Trp, Tyr, Phe
⑤ 함 황 아미노산 : Met, Cys
⑥ 함 알코올 아미노산 : Ser, Thr

2. 아미노산의 성질

1) 양성 전해질 및 등전점

아미노산은 양성 전해질(amphoteric)로 알칼리 중에는 산으로, 산성 중에서는 알칼리로 작용한다. 양전하의 수와 음전하의 수가 같아 전하가 0이 되는 pH를 **등전점**(isoelectric point)이라고 하며 물에 녹지 않아 **침전이 최대**가 되며 **용해도는 최소**가 된다.

① pK_a가 2개일 때 : $(pK_{a1} + pK_{a2})/2 =$ 등전점
② pK_a가 3개일 때 : 3개 중 pH 수치가 가까이 있는 두 개를 더해서 2로 나눠준다.

2) 용해성

극성 아미노산은 물이나 염류용액에 잘 녹지만 중성 아미노산은 물에 대한 용해도가 낮아 **염첨**을 해야만 녹는다.

3) 맛

Glu(글루탐산)이 맛난 맛을 내며 여기에 Na(나트륨)을 첨가하여 강한 맛난 맛을 지닌 MSG(monosodium glutamate)가 되어 조미료로 이용한다. 기타 Gly(글리신)과 Ala(알라닌)도 구수한 맛이 있다.

4) 광학적 성질

아미노산은 Gly을 제외하고 부제탄소가 있어 광학적 이성체가 존재한다.

5) 흡광도

280nm의 빛을 흡수하므로 정량에 이용한다. Trp(트립토판)은 가장 흡광도가 커 광분해된다.

6) 아질산반응

아미노산의 α-amino기는 아질산과 반응하여 질소 기체를 발생시키며 van-slyke법에 의한 아미노산 정량에 이용한다. proline은 아미노기가 고리로 형성된 imino acid로 반응하지 않는다.

7) 탈탄산반응

탈탄산반응으로 카르복실기가 떨어져 생리적 활성물질인 amine이 된다.
His(히스티딘)-히스타민(알러지 유발), Lys(리신)-cadaverine(부패독), 오르니틴-putresine(부패독), Tyr(티로신)-tyramine(생리물질)

8) 펩티드 결합

한 아미노산의 -COOH기와 다른 아미노산의 -NH_2기가 탈수 축합하여 peptide 결합한다.
① 인접한 다른 C-N 결합에 비해 짧다.(2중결합의 성격)
② 카르보닐기탄소와 NH-기의 수소원자는 서로 trans 관계이다.
③ C-N 결합은 회전이 불가능하다.
④ 이 4개의 원자는 서로 한 평면에 놓여 있다.

9) 펩티드

펩티드 결합한 것으로 아미노산 2분자가 결합한 것을 dipeptide, 3분자가 결합한 것을 tripeptide, 10 이내를 oligopeptide, 많은 분자가 결합한 것을 polypeptide라 한다.
① dipeptide : carnosine(histidine+β-alanine), anserine(β-alanine+N-methyl histidine)
② tripeptide : **glutathione**(glutamic acid+cysteine+glycine)
③ pentapeptide : gramicidin
④ octapeptide : oxytocin(자궁 수축 호르몬), vasopressin(혈압 상승 물질)

3. 단백질의 분류

1) 단순단백질

아미노산으로 구성된 단백질이다. albumin(물, 묽은 염, 알코올, 산, 알칼리 모두에 녹는다), globulin(물에 녹지 않는다), glutelin, prolamin, albuminoid(모두에 녹지 않는다), histone(핵단백질 구성 Lys, Arg 등 염기성 아미노산이 많다), protamine 등이 있다.

2) 복합단백질

단백질과 단백질 이외의 물질로 구성되며 인단백질, 핵단백질, 당단백질, 색소단백질, 금속단백질 등이 있다.

3) 유도단백질

물리적, 화학적 처리로 3차 구조가 변성된 1차 유도단백질과 proteose, peptone, peptide, 아미노산 등 1차 구조인 펩티드 결합이 분해되어 생성된 2차 유도단백질이 있으며, 1차 유도단백질은 변성 요인이 사라지면 원래대로 복귀된다.

4) 단백질의 형태

① 섬유상 단백질

섬유상 단백질이란 Gly(글리신) – Ala(알라닌) – Pro(프롤린) 등 작은 아미노산으로 구성된 단백질로 체구성에 이용된다. 매우 안정하고 불용성이다.

예 keratin, collagen, myosin, fibroin 등

② 구상 단백질

체내에서 여러 기능적 대사에 관련된 단백질로 효소, 수송단백질, 저장단백질 등에서 볼 수 있는 구상의 단백질이다.

예 효소, 헤모글로빈, 호르몬, transferrin, histon 등

4. 단백질의 성질

1) 투석(dialysis)

단백질은 고분자 화합물로 분자량이 수만~수백만에 이르므로 투석에 의한 반투막을 통과하지 못한다.

2) 등전점

- 양전하 수와 음전하 수가 같아 전하가 0이 되는 pH를 **등전점**(isoelectric point)이라고 하며 물에 녹지 않아 **침전, 흡착력, 기포력**이 최대가 되며 용해도, 점도, 삼투압은 최소가 된다.
- 모든 단백질은 자신의 고유한 등전점 pH값을 가진다.
- 전기영동(electrophoresis)상에서 등전점에 도달한 단백질은 이동하지 않으며 자신의 등전

점보다 높은 pH의 용액에 있는 단백질은 −로 하전되어 +극으로 이동하고, 자신의 등전점보다 낮은 pH의 용액에 있는 단백질은 +로 하전되어 −로 이동하게 된다. 우유에 산을 첨가하여 카제인 단백질의 등전점인 pH 4.6에 도달하면 석출되어 curd를 형성하는데 이것으로 cheese를 만들게 된다.

3) 용해성

단백질은 물, 묽은 염류, 알코올, 산, 알칼리 등에 대한 용해도가 달라 단백질 분류에 이용된다.

4) 염석

소량의 중성염을 정전기적 인력이 변화해 용해도가 증가되는데 이것을 **염용효과**(salting-in)라 하고, 고농도의 염에서는 물과의 결합력이 약해져 단백질은 용해도 감소로 석출되는데 이를 염석효과(salting-out)라 한다. 염석을 이용해 **두부 제조에 이용**하며 단백질 정제에서 처음에 처리하는 조작으로 주로 **황산암모늄염**을 이용한다.

5. 단백질의 구조

1) 1차 구조

아미노산이 peptide 결합으로 **탈수 축합**하여 연결된 아미노산 **잔기의 서열**(순서가 있는 배열)이며 **단백질의 특성**을 결정한다. 좌측에 N말단(아미노기 말단)을 1번으로 하여 우측에 C말단(카르복실기 말단)까지 순서가 주어진다.

2) 2차 구조

단백질에서 자주 발견되는 구조로서 오른나사 방향의 나선구조를 하고 있는 α-helix와 병풍모양의 β-sheet 구조가 있다. α-helix 구조는 1회전에 3.6개의 아미노산 잔기로 구성되었으며 축에 대해 알킬기는 수직의 바깥쪽으로 위치하고 **사슬 내 잔기들 사이의 수소결합**에 의해 나선구조가 안정화되었다. β-sheet 구조는 **사슬 간 수소결합**으로 안정되었으며 사슬 간 방향이 같은 병행식과 반대인 역행식이 있다.

3) 3차 구조

단백질의 3차 구조는 **이온결합**(정전기적 결합), **수소결합, 소수성결합, 이황화결합**(disulfide bond)에 의해 안정화되며 한 개의 폴리펩티드로 구성된다.

4) 4차 구조

3차 구조 단백질 소단위 여러 개가 Van der Waals 힘 등의 분자적 결합에 의해 이루는 구조이며 폴리펩티드가 여러 개 존재한다.

6. 단백질의 평가

1) 생물가

$$생물가 = \frac{보유\,N\,양}{흡수\,N\,양} \times 100$$

흡수된 질소량과 체내에 보유된 질소량의 비율로 구하며 섭취된 단백질의 아미노산 조성이 신체에 필요한 단백질 섭취 시 높은 생물가를 보이며 그렇지 않을 경우 체내에서 배설되는 질소가 증가한다.

2) 단백가

식품 중 단백질 1g당 제한 아미노산 양과 표준단백질 1g당 해당 아미노산의 비를 구해 %로 나타낸 것으로 계란의 단백가를 100으로 할 때에 우유는 78이다.

3) 제한 아미노산

한 개의 아미노산이 필요량보다 적으면 나머지 아미노산이 아무리 많아도 정상 단백질이 만들어지지 않는데 이 아미노산을 제한 아미노산이라 한다.

7. 단백질의 화학반응

1) 단백질의 정성반응

Millon(밀롱반응) − Tyr(티로신), Xanthoprotein − Trp(트립토판), Sakaguchi − Arg(아르기닌)

2) Ninhydrin 반응

아미노산의 α-아미노기와 닌히드린 시약이 결합하여 청자색의 결정체를 만들어 **아미노산, 펩티드, 단백질의 정성반응**에 이용된다. 단 프롤린은 이미노산으로 노출된 α-아미노기가 없어 황색 결정체를 형성한다.

3) Biuret 반응

peptide 결합을 2개 이상 가진 단백질은 뷰렛시약과 반응하여 청자색을 나타내므로 **단백질**이나 펩티드 정성에 이용된다. 아미노산은 반응하지 않는다.

4) 단백질 정량

kjeldahl 시험에서 단백질을 황산으로 산분해 후 중화적정으로 단백질 중 질소량을 측정한다. 질소는 단백질 중 16%를 구성하므로 측정한 질소량에 **질소계수 6.25(100/16)**를 곱하여 조단백질의 양을 구한다.

4 지질

일반적으로 물에 녹지 않고, 유기용매(ether, benzen, chloroform 등)에 녹는 생체물질의 총칭으로 단순지질, 복합지질, 유도지질로 분류한다.

1. 지질의 분류

1) 단순지질

알코올과 지방산의 ester를 말한다.

① **중성지방**(Glyceride, Triglyceride, Triacylglycerol, Neutral fat)
- 자연계에 가장 많은 지질의 형태로, 상온에서 액체의 것을 유(油, oil, 식물성, 대두유, 면실유 등), 고체의 것을 지(脂, lipid, 동물성, 우지, 돈지)라 한다.
- 일반적 지방의 저장형태로 체지방을 구성한다. 탄소수가 적은 지방산(저급 지방산)은 액체로 존재하며 탄소수가 많은 지방산(고급 지방산)은 고체이나, 이중결합이 있는 불포화지방을 가지는 것은 액체이다.

- glycerol에 1개의 지방산이 ester 결합한 것을 mono glyceride, 2개가 결합한 것을 diglyceride, 3개가 결합한 것을 triglyceride라고 한다. 이때 지방산이 같을 경우 단순 triglyceride, 다를 경우 혼합 triglyceride라고 한다.

② 왁스(wax)

고급 지방족 알코올과 고급 지방산 에스테르를 말하며 동식물의 체표면을 보호하는 작용을 한다.

2) 복합지질

지방산과 글리세롤 이외에 인, 당, 단백질 등을 함유하고 있다.

① 인지질(phospholipid)

인산을 함유하고 있는 지질로 생체막의 중요한 구성성분으로 뇌, 신경, 난황, 대두 등에 많이 존재한다. phosphatidic acid(glycerol+2지방산+인산)를 기본형태로 한다.

예) phosphatidyl choline(레시틴, 유화제), phosphatidyl ethanolamine(cephalin), phosphatidyl serine, phosphatidyl inositol, spingomyelin(sphingosine+지방산+인산+choline) 등

② 당지질(cerebroside)

당을 함유하고 있는 지질로 신경, 뇌조직 등에 많다. ceramide(sphingosine+fatty acid)를 기본형태로 한다.

예) glucocerebroside(포도당), galactocerebroside(갈락토오스), ganglioside(올리고당)

3) 유도지질

지질의 분해에 의해 생성된 글리세롤, 지방산과 sterol, terpene 등을 말한다.

① Sterol
- steroid 핵을 갖는 물질로, Sterol은 지방산과 ester를 이루거나 유리형태로서, 동식물체에 널리 분포한다. 동물체에는 콜레스테롤, 담즙산, 7-dehydrocholesterol(비타민 D_3의 전구체), 성호르몬, 비타민 D 등이다.
- 식물계에는 ergosterol은 효모, 버섯 등에 함유되어 있으며 자외선에 의해 비타민 D_2로 전환된다. sitosterol(고등식물유), stigmasterol(대두유) 등이 있다.

② Terpene
- isoprene 구조를 기본으로 한 탄화수소로 지용성 향기나 색소성분을 이룬다.
- carotenoid, limonen, squalene 등

2. 지방산

대부분 짝수의 탄소로 이루어진 탄화수소로 말단에 하나의 카르복실기(-COOH)를 가지며 R-COOH로 표시한다. 탄소수가 적은 지방산(2~10)을 저급 지방산, 많은 수(12 이상)를 고급 지방산이라 한다. 탄소수가 12 이상은 물에 불용이다. 2중결합(C=C)이 없는 것을 포화지방산, 1개의 것을 모노불포화지방산, 2개 이상의 것을 다가불포화지방산이라 한다.

1) 포화지방산

① 알킬기 내에 이중결합이 없는 지방산을 말한다.
② 팔미트산(탄소수16 : 이중결합수0), 스테아르산(18 : 0)

2) 불포화지방산

① 알킬기 내에 이중결합이 있는 지방산을 말한다.
② 올레산(18 : 1), 리놀레산(18 : 2), 리놀렌산(18 : 3), 아라키돈산(20 : 4)

3) 유지의 분류

유지	천연 유지	식물성 유지	식물성유	건성유[a] - 아마인유, 동유, 들기름	
				반건성유[b] - 참기름, 대두유, 면실유	
				불건성유[c] - 올리브유, 땅콩기름, 피마자유	
			식물성지	야자유, 코코아유(저급 포화지방산 구성)	
		동물성 유지	동물성유	해산동물유	어유
					간유
			동물성지	체지방 - 우지, 돈지	
				유지방 - 버터	
	경화유 - 마가린, 쇼트닝				

a) 건성유 : 공기 중 건조하여 피막을 만드는 것으로 요오드가 130 이상, linoleic acid, linolenic acid가 많다.
b) 반건성유 : 요오드가 100~130, oleic acid, linoleic acid가 많다.
c) 불건성유 : 요오드가 100 이하, oleic acid가 많다.

3. 지방의 물리적 성질

1) 용해성

비극성 탄화수소로 이루어져 물에 녹지 않고 유기 용매에 녹는다. 탄소수가 많을수록, 불포화지방산이 적을수록 용해도는 감소한다.

2) 융점(melting point)

탄소수가 증가할수록 융점이 높고, 이중결합이 많을수록 융점이 낮다. 그러므로 불포화지방산이 적고 포화지방산이 많은 동물성 지방은 상온에서 고체로 존재하며, 식물성 유지는 불포화지방산이 상대적으로 많아 상온에서 액체로 존재한다.

3) 비중(specific gravity)

지방산의 비중은 0.92~0.94이다. 저급 지방산이 많을수록, 불포화도가 낮을수록 비중은 증가한다. 그러므로 지방산 산화에 의해 저급 지방산이 생기면 비중은 증가하게 된다.

4) 굴절률(refractive index)

굴절률은 1.45~1.47 정도이며 분자량 및 불포화도의 증가에 따라 증가한다. 산가가 높은 것일수록 굴절률이 낮고 비누화값이 높고 요오드값이 낮은 것도 굴절률이 낮다. 저급 지방산의 버터는 굴절률이 낮고 불포화도가 높은 아마인유는 굴절률이 높다.

5) 발연점, 인화점, 연소점

① 발연점 : 유지를 가열할 때 유지 표면에서 엷은 푸른 연기가 발생할 때의 온도로, 푸른 연기는 식품에 좋지 않은 영향을 미치므로 발연점이 높은 유지를 사용하는 것이 바람직하다. 유리지방산의 함량이 많을수록, 노출된 유지의 표면적이 커질수록, 이물질이 많을수록 발연점은 낮아진다.
② 인화점 : 공기와 섞여 발화하는 온도로, 발연점이 높을수록 인화점이 높다.
③ 연소점 : 인화 후 연소를 지속하는 온도로, 발연점이 높을수록 연소점이 높다.

6) 유화

지방질은 물에 녹지 않지만 분자 내 친수성기와 소수성기를 가진 레시틴 같은 유화제를 첨가하여 교반 분산시킨 것을 유화라 한다.

① 수중 유적형(O/W) : 우유, 아이스크림, 마요네즈
② 유중 수적형(W/O) : 버터, 마가린

4. 지방의 화학적 성질

▼ 지방의 화학적 성질

명칭	목적	정의	비고
① 산가 (acid value)	유지 중 분해된 유리지방산의 양으로 신선도 판정	유지 1g 중 유리지방산을 중화하는 데 소요되는 KOH의 mg 수	신선한 유지는 낮고 산패한 것은 높다. 식용유지 1.0 이하
② 검화가 (비누화가, S.V) (saponification value)	유지를 검화(가수분해)하는 데 필요한 KOH의 양으로 유지의 구성 판정	유지 1g을 검화하는 데 필요한 KOH의 mg 수	유지의 구성 지방산의 분자량이 크면 검화가는 작아서 반비례한다. 채종유 170, butter 220
③ ester value	유지 중 ester 되어 있는 지방산의 양	유지 1g 중 ester를 검화하는 데 필요한 KOH의 mg 수	신선할수록 검화가와 ester가의 차이가 작다. ester가 = 검화가 - 산가
④ 요오드가 (iodine value)	2중결합에 첨가되는 요오드의 양으로 불포화도 측정	100g의 유지가 흡수하는 I_2의 g 수	2중결합의 수에 비례하여 증가한다. 고체지방 50 이하, 불건성유 100 이하, 건성유 130 이상, 반건성유 100~130 정도
⑤ rhodan value (thiocyanogen Value)	불포화지방산의 양	유지 100g에 부가하는 로단(SCN)$_2$의 양을 당량 옥도의 g 수로 환산하여 표시	oleic, linoleic, linolenic acid의 함량을 결정하는 데 사용
⑥ Reichert-Meissl Value	수용성 휘발성 지방산(저급 지방산)의 양	지방 5g을 알칼리로 비누화하여 산성에서 증류하여 얻은 휘발성 수용성 지방산을 중화하는 데 필요한 0.1N KOH의 mL 수	버터의 위조 검정에 이용 보통 23~24로 다른 식용유지보다 높다.
⑦ polenske value	불용성 휘발성 지방산의 양	지방 5g을 알칼리로 검화하여 산성에서 증류하여 얻는 휘발성의 불용성 지방산들을 중화하는데 필요한 0.1N KOH의 mL 수	야자유 검정에 이용 • 버터 : 1.5~3.5 • 야자유 : 6.8~18.2

명칭	목적	정의	비고
⑧ Kirschner value	butyric acid 함량을 표시하는 값	지방 5g을 검화하여 얻는 휘발성의 수용성 지방산 중 butyric acid 양을 중화하는 데 필요한 0.1N-Ba(OH)$_2$의 mL/수	버터의 순도나 위조의 여부, 0.1~0.2 정도가 대부분의 유지이다. 우유 19~26, 코코넛 기름 1.9, 야자유의 경우는 평균 1.0 정도
⑨ Hehner value	(검화 후 형성되는 비누, 즉 지방산의 알칼리염을 무기산으로 분해할 때) 물에서 분리되는 지방산의 양	어떤 유지 속에 물에 녹지 않는 지방산들의 함량 전체 유지의 양에 대한 백분율로 표시한 값	• 보통유지 : 95 내외 • 우유 : 87~90 • 코코넛 기름 : 82~90 • 쇠기름 : 96~97 • 돼지기름 : 97 정도
⑩ acetyl value	유리 OH기의 측정	아세틸화한 유지 1g을 가수분해할 때 얻는 초산을 KOH로 중화하고, 중화하는 데 필요한 KOH의 양을 mg 수로 표시	hydroxy 지방산의 함량을 표시한다. 피마자 기름은 146~150으로 높고 다른 유지는 매우 낮다.

5 무기질

무기질은 체액의 pH, 삼투압 조절, 근육, 신경의 전해질 및 효소 대사의 구성성분이 된다.

1. 무기질의 종류

▼ 무기질의 종류

종류	성질	결핍증 및 필요량(day)	식품
Ca	• 99%가 뼈, 치아 구성, 신경흥분성 억제, 백혈구의 식균작용, 혈액 응고 • 성인의 체내에 1kg, 인체의 1.5% 차지 • 시금치의 oxalic acid, 곡류의 phytic acid는 Ca의 흡수 방해 • 젖산은 Ca 흡수 촉진	곱추병, 신경과민 • 성인 : 450~550mg • 임부, 수유부 : 1.2g	멸치, 김, 콩, 양배추, 우유, 계란, 고구마
P	• 90%가 뼈 성분, 인체 무기질 조성 중 1% 차지 • Ca : P의 비는 유아와 수유부 1 : 1, 성인은 1 : 1.5가 좋다.	성인 : 0.9g	멸치, 새우, 쌀겨, 콩

종류	성질	결핍증 및 필요량(day)	식품
Fe	hemoglobin, myoglobin 형성, 임산부나 생리기의 여성에게 결핍되기 쉽다.	빈혈, 피로, 유아발육부진 성인 : 10mg	조개류, 해조류
Na	• 세포 외 액에 $NaHCO_3$, Na_2PO_4, NaCl로 존재한다. • 혈액의 완충작용을 하여 pH를 유지하고, 삼투압 조절 및 심장의 흥분과 근육을 이완시키며, 침·췌액·장액의 pH 유지에 관여한다.	식욕 감퇴, 현기증, 위산 감소 NaCl로서 5~10g	소금
K	Na와 함께 근육의 수축과 신경의 자극 전달에 관여할 뿐만 아니라 체액의 완충작용과 세포의 삼투압을 조절하는 역할을 한다.	구토, 설사, 식욕부진 1~2g	식물성 식품
Mg	식물의 엽록소로 중요한 구성원소이나 동물에도 중요하며 당질대사에 관여하는 효소의 작용을 촉진시키는 효과가 있다.	신경의 흥분, 혈관의 확장 300mg	식물성 식품, 육류
Cu	조혈작용을 하며 Fe로부터 hemoglobin이 형성될 때 돕는다.	악성 빈혈 성인 : 2mg	간유, 배아류
Mn	동물 체내에서 효소작용을 활성화하는 역할을 한다.	뼈 형성 장애, 4mg	곡류, 두류
Zn	당질대사에 관여하고, insulin의 구성성분이다.		곡류, 두류
I	혈액에서 갑상선 속으로 들어가서 thyroxine 등이 된다.	갑상선종, 비만증 0.15mg	간유, 대구, 굴 및 해조류, 당근, 무, 상추
Co	해산식품에 많으므로 산악지대의 주민에게 결핍되기 쉽다.	빈혈	쌀, 콩
S	cystein, cystine, methionine 등 단백질에 존재한다.	methionine 1.1g	파, 마늘, 무
Cl	NaCl로서 세포 외 액의 삼투압 유지, 혈장 속에 많다.	NaCl로서 5~10g	소금
Al	뼈 및 간장 구성, 독성 없고 식물에 필요하다.	—	명반

2. 산도 및 알칼리도

1) 정의

식품 100g을 연소하여 얻은 회분을 중화하는 데 필요한 0.1N-NaOH(산도) 또는 0.1N-HCl(알칼리도)의 mL 수로 표시한다.

2) 산성 식품

일반적으로 곡류, 육류, 어육, 난류, 버터, 치즈는 산성 식품이며 이들 식품은 P, S, Cl, I 등 산

생성 원소나 탄소원으로 구성되어 체내에서 산성으로 작용한다. 산성 식품 중에서 육류, 어류, 계란 등이 산도가 크다.

3) 알칼리성 식품

채소, 고구마, 과일, 해초, 대두, 우유 등은 알칼리성 식품으로 Ca, Na, Mg, K 등 알칼리 생성원소가 많다. 알칼리성 식품 중에서는 미역이 알칼리도가 제일 크다.

6 비타민

비타민은 체내 생리대사기능을 올바르게 유지하기 위하여 필요한 미량 유기영양소로서, 많은 식품에 들어 있다. 비타민 자체의 용해성에 따라 수용성, 지용성 비타민으로 대별된다. 어느 것이나 많은 유도체가 개발되어 있으며, 소요량은 mg에서 μg에 걸쳐 있다.

1. 지용성 비타민

▼ 지용성 비타민의 종류

종류	성질	결핍증 및 필요량	식품
A (retinol)	• provitamin A(α-carotene, 활성도 : 53, β-carotene : 100, γ-carotene : 27, cryptoxanthine : 57) • 알칼리성에 안정 • 단위 1IU → 0.3γ에 해당	야맹증, 안구건조증, 성장지연, 피부염, 생식불능 • A : 2,000IU • carotenes : 6,000IU	어류의 간유, 버터, 계란 노른자위, 당근, 시금치, 무
D (calciferol)	• 열 안정, 알칼리성 불안정 • D_2(ergostcrol) D_3(7-dihydrocholesterol) • 비타민 D는 Ca와 P의 흡수 촉진	구루병, 골연화증, 골다공증 400IU	우유, 버터, 전란, 닭간유, 육류, 정어리, 청어
E (tocopherol)	열에 안정, 지질의 과산화 방지, 세포막, 생체막의 기능 유지, 적혈구의 안정화(용혈방지), 항산화 작용	불임증 30mg	밀배아유, 상추, 대두유, 계란, 고구마
K (naphthoquinone)	K_1과 K_2가 자연계 혈액 응고 촉진, 빛에 의해 쉽게 분해, 열에 안정, 강한 산 또는 산화에 불안정	저 prothrombin증, 혈액 응고시간 연장	alfalfa, 시금치, 당근 잎, 양배추, 대두, 돼지의 간

2. 수용성 비타민

▼ 수용성 비타민의 종류

종류	성질	결핍증 및 필요량	식품
B_1 (thiamine)	• 100℃ 안정, 산성 안정, 알칼리성 분해, 광선에 안정 • 마늘의 allicin과 결합하여 allithiamine 형성 • 천연식품 중에 유리 thiamine, prophosphoric acid ester, apoenzyme과 결합상태로 존재 • 당질대사 시 조효소 TPP로 작용	각기증상, 식욕부진, 부종, 심장비대, 신경염 1.2~1.5mg	곡류, 두류, 마늘, 돼지고기, 생선, 붉은 살코기, 효모, 파, 과실, 채소, 버섯
B_2 (riboflavin)	• 열 안정, 알칼리나 광선 불안정 • 비타민 C에 의하여 광분해 억제 효과 • 당질대사 시 조효소 FAD, FMN으로 작용 flavin → 산성·중성 → lumichrome / 알칼리성 → lumiflavin	성장률 저하, 피부증상, 구각염 1.2~1.5mg	간, 효모, 맥주, 우유, 된장, 간장, 쌀겨, 밀배아, 생선, 과일, 버섯
B_6 (pyridoxine)	• adermin이라고도 하며, 알코올에 잘 녹음 • 단백질대사 시 조효소 PLP로 작용	피부증상 1~2mg	곡류의 배아, 간, 효모, 육류, 당밀
B_{12} (cobalamin)	항악성 빈혈인자, 동물단백인자로서 분자 중에 Co를 함유하고 있어 cobalamin이라고 부른다.	악성 빈혈 1~3γ	소, 돼지간, 해조
엽산 (folic acid)	괴혈병에 소량 투여하면 효과적, 일종의 provitamin으로 작용한다.	악성 빈혈 0.5~1mg	소, 돼지간, 대두, 낙화생, 양배추
nicotinic acid (niacin)	• 물과 알코올에 용해, 열, 광선, 산, 알칼리, 산화제에 안정 • 트립토판으로부터 생성 • 당질대사 시 조효소 NAD로 작용	pellagra(피부병) 12~15mg	곡류, 종피, 효모, 육류의 간
pantothenic acid	CoA의 성분으로 acctyl CoA와 합성하여 지방산 합성과 탄수화물 대사에 관여	피부증상 10mg	소, 돼지간, 난황, 완두
biotin	carboxylase 조효소	피부증상 30~40γ	간장, 효모, 우유, 난황
C (L-ascorbic acid)	• 무색 결정, 물과 알코올 용해, 중성에서 불안정, 열에 비교적 안정하나 수용액은 가열에 의해 분해 촉진, 가열조리 시 50% 정도 파괴 • 호박, 오이, 당근 등의 효소에 의해 10% 파괴 • 콜라겐 합성, 신경전달물질 합성	괴혈병, 상처회복 지연, 피하 출혈, 빈혈, 면역기능 감소 60~65mg	피망, 감자, 무, 레몬

종류	성질	결핍증 및 필요량	식품
P (citrin)	모세혈관의 침투성을 조절하는 rutin이나 hesperidin은 flavonoid 색소에 속하는 것으로 혈관의 삼투성과 관련이 있으며, 조리와 가공에 의해서 손실이 적으나 저장 중에 변질된다.	출혈 경향 30mg	메밀, 밀감, 차, 채소
L	L_1(anthranilic acid), L_2(adenyl thiomethyl pentose), 젖의 분비를 촉진한다.	유즙 분비 저하(쥐)	간장, 이스트

CHAPTER 02 식품의 특수성분

1 식품의 맛

혀에는 4종류의 돌기형 **유두**가 존재하며 유두에 있는 **미뢰**에 **미각 수용체**가 존재한다. 미각수용체 단백질에 맛의 원인물질이 결합하면 미각신경으로 전달되어 맛을 인지하게 된다.

1. 단맛

① 단맛은 AH, B 이론에 따르며 A와 B는 전기음성도가 큰 산소, 질소, 염소, 황 등으로 AH는 수소결합을 의미한다. 이때 A와 B의 거리가 0.3 nm 정도 되어야 단맛 수용체가 단맛을 감지한다. 결국 $-OH$, $-NH_2$, $-SO_2$, NH_2기 등의 원자단을 가지는 물질을 '**감미발현단**'이라고 하며, 여기에 **조미단**($-H$ 또는 $-CH_2OH$)이 결합하면 단맛을 나타낸다.
② 설탕은 아노머성 OH가 없으므로 당도의 변화가 없어 단맛의 기준이 되는데 설탕 10% 용액을 100으로 정한다.

▼ 식품의 단맛 성분

종류	감미도	특징
sucorse	100	α-glucose와 β-fructose의 카르보닐기가 결합에 참여하여 맛의 변화가 없다.
fructose	110~150	설탕의 1.03~1.73배, β형이 α형의 3배. 벌꿀에 약 35%, Invert sugar의 감미도 120
glucose	70	α형이 β형보다 더 달며, β형의 단맛은 α형의 66% 정도이다.
maltose	50	β형을 물에 타면 α형이 되어 더 달게 된다.
lactose	20	β형이 α형보다 더 달다.
올리고당	30~50	저칼로리 감미료로 건강기능효과가 있다.
당알코올		xylitol(80~110), glycerol(48), sorbitol(50~60), erythritol(60~70), inositol(45), mannitol(45 : 곶감 표면 흰 가루)
amino acid		glycine, alanine 등이 단맛이다.
stevioside	설탕의 150~300배	스테비아 잎에서 추출한 천연물질로 열량을 내지 않아 저열량 식품에 이용되고 있다.

종류	감미도	특징
aspartame (아스파탐)	설탕의 90~200배	Asp+Phe의 디펩티드로 당뇨병 환자식에 이용한다.
acesulfame-K	설탕의 130~200배	단맛을 빨리 느끼나 쓴맛이 있어 수크랄로오스 등과 혼용을 권장한다.
수크랄로오스	설탕의 350~600배	설탕과 가장 가까운 특성을 지녀 많이 이용되며 열이나 산에 안정하다.
Saccharin	설탕의 200~700배	용액 0.5% 이상이 되면 쓴맛을 내게 되므로 보통 사용할 농도는 0.02~0.03%이다. Na-saccharin의 감미도는 설탕의 500배 정도이나 농도가 높으면 감미도가 저하된다. icecream, 청량음료수·강정·과자 등에 사용하며 설탕 99.5%와 Na-saccharin 0.5%를 섞으면 단맛도 높아지고 맛도 좋아진다(상승효과).

2. 짠맛

순수한 짠맛은 **염화나트륨**이지만 무기 및 유기의 알칼리염이 짠맛을 낸다. 이때 양이온이 짠맛을 발현하며 음이온이 조절하는 역할을 한다.

① 짠맛 : NaCl, KCl, NH$_4$Cl, NaBr, NaI
② 짠맛과 쓴맛 : KBr, NH$_4$I
③ 쓴맛 : MgCl$_2$, MgSO$_4$, KI
④ 불쾌한 맛 : CaCl$_2$
⑤ 짠맛의 세기 : Cl > Br > I > CH$_3^-$ > NO$_3^-$

3. 신맛

신맛은 H$^+$의 맛으로 높은 산도를 지닌 무기산 및 산성염 등의 특징이 있으나 해리되지 않은 유기산이 신맛에 더 기여한다. 산미는 -OH, -COOH와 -NH$_2$에 따라 맛이 다른데, 보통 -OH가 있으면 기본 산미이나 -NH$_2$가 있으면 쓴맛이 더해진 산미가 된다.

▼ **신맛의 세기 비교**

> HCl(100) > HNO$_3$ > H$_2$SO$_4$ > HCOOH(85) > citric acid(80) > malic acid(70) > lactic acid(65) > acetic acid(45) > butyric acid(30)

▼ 식품의 신맛 성분

종류	주요 식품
carbonic acid(탄산)	맥주, 탄산음료
acetic acid(초산)	식초, 김치류
oxalic acid(수산)	시금치, 우엉 등의 채소. 열매·잎·대·뿌리에 존재
lactic acid(젖산)	김치류, 유제품, 젖산 발효 식품
butyric acid(부티르산)	김치류, 산패식품
succinic acid(호박산)	청주, 조개류, 사과, 딸기
malic acid(사과산)	사과, 복숭아, 포도
tartaric acid(주석산)	포도
citric acid(구연산)	밀감류, 살구 등 대부분 과일 및 과일주스
gluconic acid(글루콘산)	양조식품, 곶감
ascorbic acid(아스코르브산)	비타민 C로 대부분 과실류

4. 쓴맛

쓴맛을 가진 물질은 분자 내 1개의 **극성** 부위와 1개의 **비극성** 부위가 요구되며, $N\equiv$, $=N\equiv N$, $-SH$, $-S-S-$, $-S$, $=CS$, $-SO_2$, $-NO_2$ 등의 원자단이 있다. 무기질은 Ca, Mg, NH_3 등이 쓴맛을 낸다. 쓴맛의 표준은 alkaloid인 quinine이며 페놀화합물, ketone류 및 무기 염류 등이 있다.

▼ 식품의 쓴맛 성분

종류	물질 및 주요식품
Alkaloid	식물체에 존재하는 **질소를 포함한** 헤테로고리 화합물의 총칭으로서 인체 내에서 특수한 약리작용을 한다. 차나 커피의 caffeine, 코코아나 초콜릿의 theobromine, 니코틴, 아트로핀 등이 있다.
폴리페놀성 배당체	식물계에 널리 분포, 과실, 채소의 쓴맛 성분 • naringin : 감귤류, 자몽 • quercetin : 양파 • cucurbitacin : 오이 • limonene : 감귤류
ketone류	humulon, lupulon : 맥주 원료인 hop에 존재하는 쓴맛 성분
무기염류	$CaCl_2$, $MgCl_2$

5. 매운맛

매운맛은 황화합물과 산아미드류, 방향족 aldehyde 및 ketone류, amine류 등이 있다.

▼ 식품의 매운맛 성분

종류	특징
산아미드	• capsaicine : 고추 • chavicine : 후추 • sanshol : 산초
겨자	• allyl isothiocyanate : 고추냉이, 무(sinigrin의 myrosinase 분해산물)
황화 allyl	• allicIne : 마늘, 파, 양파, 부추 allin $\xrightarrow{allinase}$ allylsulfenic acid $\xrightarrow{축합}$ allicine • dimethly sulfide : 파래, 고사리, 파슬리
방향족 aldehyde 및 ketone	• cinnamic aldehyde : 계피 • zingerone, shogaol, gingero1 : 생강 • curcumin : 울금
amine	• histamine : 썩은 생선 • tyramine : 썩은 생선, 변패간장

6. 감칠맛

감칠맛은 단맛, 신맛, 짠맛, 쓴맛이 어울려 나는 맛이다.

▼ 식품의 감칠맛 성분

종류	특징
M.S.G (monosodium glutamate)	L-글루탐산에 Na 첨가, 간장, 된장, 조미료 등
theanine	L-글루탐산 유도체, 차의 감칠맛
asparagine 및 glutamine	채소류, 어육류
sodium succinate	조개
nucleotides(핵산계)	inosinic acid(IMP, 가쓰오부시), guanylic acid(GMP, 표고버섯) GMP > IMP > XMP
peptide류	camosine, methyl carosine : 어육류 glutathione : 육류
choline	betaine, carnitine

종류	특징
trimethylamine oxide (TMAO)	어류의 맛성분으로 부패 시 세균에 의해 환원되어 비린내성분(TMA)이 된다.
taurine	오징어
arginine purine	죽순
glycine	김
glutathione	가리비, 식품의 전체 풍미를 증진하는 고쿠미 성분

7. 떫은맛

떫은맛(astringent taste)은 단백질 응고에 따른 수렴성 느낌을 맛으로 간주한 것으로, polyphenol성 물질이 여기에 속하며 대표적으로 tannin류가 있다. tannin이 중합, 산화되어 불용성이 되면 떫은맛은 사라진다.

① 차 : catechin
② 밤 : ellagic acid
③ 커피 : chlorogenic acid
④ Tannin류 － gallic acid, catechin, shibuol, choline

2 식품의 냄새

식품의 냄새와 관계가 있는 것은 **저급 지방산의 ester와 방향족화합물**이며, 2중·3중 결합화합물, 저분자알코올, 제3급 알코올, 그 밖에 －OH, －CHO, ester 결합, ＝CO, －C_6H_5, ester류, －NO_2, －NH_2, －COOH, N＝C＝S 등이다.

1. 식물성 식품의 냄새성분

▼ 식물성 냄새성분

분류	식품
에스테르류 (ester류)	amyl formate(사과, 복숭아), isoamyl formate(배), ethyl acetate(파인애플), methyl butyrate(사과), isoamyl acetate(배, 사과), isoamyl isovalerate(바나나), methyl cinnamate(송이버섯), sedanolide(샐러리), apiol(파슬리)

분류	식품
알코올류 (alcohol류)	ethyl alcohol(술), pentanol(감자), $\beta-\gamma$-hexenol(채소), 1-octen-3-ol(송이버섯), 2,6-nonadienol(오이), furfuryl alcohol(커피)
정유류 (terpene류)	limonene(오렌지, 레몬), α-pinene(당근), camphene(생강), geraniol(오렌지, 레몬), menthol(박하), citral(오렌지, 레몬), thujone(쑥)
황화합물	methylmercaptane(무), propylmercaptane(마늘), dimethylmercaptane(단무지), S-methylmercaptopropionate(파인애플), α-methylcaptopropyl alcohol(파, 마늘, 양파), allyl sulfide(고추냉이, 아스파라거스)

2. 동물성 식품의 냄새성분

▼ 동물성 냄새성분

분류	물질명 및 냄새경향
암모니아 및 amine류	• trimethylamine, piperidine, δ-aminovaleric acid : 어류 비린내 • 황화수소, indole, methylmercaptane, skatole : 고기 썩은 내 • 조개, 김 : dimethyl sulfide
carbonyl 화합물 및 지방산류	• 생우유 : acetone, acetaldehyde, propionic acid, butyric acid, caproic acid, methyl sulfide • 버터 : diacetyl, propionic acid, butyric acid, caproic acid • 치즈 : ethyl β-methylmercaptopropionate

3 색소

색을 내는 물질을 **발색단**(chromophore)이라고 하며, $-C=C-$(ethylene기), $>C=O$(carbonyl기), $-N=N-$(azo기), $-N{<}^O_O$(nitro기), $-N=O$(nitroso기), $>C=S$(황 carbonyl기) 등이 있다.

발색단 스스로는 선명한 색을 내지 않고 $-OH$와 $-NH_2$ 등의 조색단이 결합하여 선명한 색이 된다.

1. 색소의 분류

식품의 색소에는 천연색소와 인공색소가 있다.

1) 분류

천연색소	식물성 색소	지용성 색소	chlorophyll, carotenoid – 엽록체에 존재
		수용성 색소	anthocyanin, flavonoid – 액포에 존재
	동물성 색소	hemoglobin – 혈액에 존재	
		myoglobin – 근육에 존재	

2) 화학구조에 의한 분류

① tetrapyrrole(porphyrin) : chlorophyll, heme
② isoprenoid : carotenoid
③ benzopyrene : anthocyanin, flavonoid
④ 기타 : caramel, melanoidine

2. Chlorophyll(엽록소)

1) 종류

녹색식물의 잎에 존재하며 Mg을 함유한 4개의 pyrrol로 구성된 porphyrin 구조로 chlorophyll a(청록색)와 b(황록색)가 있으며 3 : 1로 구성되어 있다.

2) 성질

① 산에 의한 변화 : chlorophyll은 **산성**하에서 porphyrin의 Mg^{2+}이 수소로 치환되어 **갈색**의 **pheophytin**을 형성한다. 계속된 산 처리 시 phytol기가 분해되어 갈색의 pheophorbide가 생성된다.
② 알칼리에 의한 변화 : chlorophyll은 알칼리성에서 phytol기가 분해되어 **녹색**의 **chlorophyllide**가 되며 이어서 methyl기가 분해되면 **짙은 녹색**의 chlorophylline이 된다.
③ Chlorophyllase에 의한 변화 : 효소에 의해 phytol기가 제거되면 녹색의 수용성인 **chlorophyllide**가 생성된다.
④ 금속과의 반응 : chlorophyll을 Cu^{2+}, Fe^{2+} 등의 금속으로 가열 처리하면 Mg^{2+}이 치환되어 **녹색**의 chlorophyll염을 생성한다.
⑤ 조리과정 중의 변화 : 채소를 끓이면 chlorophyll은 pheophytin이 되어 갈색이 된다.

3. Carotenoid

Carotenoid는 **황색**, **적황색** 색소로 비극성이므로 물에 녹지 않고 유지나 유기용매에 잘 녹는다.

1) 종류

식물계, 동물계에 널리 분포되어 있으며 carotene과 xanthophyll로 나눈다.

① **carotene** : α-carotene(등황색, 당근, 오렌지), β-carotene(당근, 고구마, 호박, 오렌지), γ-carotene(살구), lycopene(적색, 토마토, 수박)
② **xanthophyll** : lutein(난황, 옥수수, 호박), cryptoxanthine(감, 귤, 옥수수), capsanthin(적색, 고추), astaxanthin(새우, 게, 연어, 송어)

2) 구조

carotenoid	carotene	isoprene 단위의 탄화수소로 비극성이므로 석유, ether에는 잘 녹으나 ethanol에는 잘 녹지 않는다.
	xanthophyll	carotene 분자 중 수소가 OH로 치환된 형태로 극성이 되어 ethanol에는 녹으나 석유, ether에는 녹지 않는다.

3) 성질

① 이중결합 부위에 산화가 이루어진다.

$$\text{carotenoid} \xrightarrow{\text{산화}} \text{epoxide} \xrightarrow{\text{산화}} \text{ionone}$$

② 식품을 가열처리하면 provitamin A로서의 효과가 없어진다.
③ 자연계에 대부분 trans형으로 존재하나, 가열, 산, 광선 등에 의해 일부가 cis형으로 이성화된다.
④ 산이나 알칼리에 안정하다. 산소 존재 시 광선에 의해 영향을 받는다.
⑤ β-ionone ring을 갖는 것이 비타민 A로 전환이 잘 되며, α-carotene, β-carotene, γ-carotene, cryptoxanthine 등이 있다.

4. Flavonoid(anthoxanthins)

flavonoid계에는 anthoxanthin, anthocyanin, tannin 등이 있으며 수용성으로 식물세포의 액포 중에 존재한다.

1) 구조

anthoxanthin은 2-phenyl chromone(flavone)의 구조를 가지며 flavones, flavonols, isoflavone 등이 있다.

2) 성질

① anthoxanthin은 산에 안정하나 알칼리에 불안정하다. hesperidine은 **알칼리에서 황색 또는 짙은 갈색의 chalcone**이 된다. 알칼리성인 $NaHCO_3$를 넣어 만든 빵이 황색으로 변하는 것, 삶은 감자나 삶은 양파, 양배추 등이 황변하는 것은 이 때문이다.
② 황색의 chalcone을 산성으로 처리하면 원래의 고리구조로 되돌아가 무색이 된다. flavonoid를 가열조리하면 배당체가 가수분해되어 노란색이 사라진다.
③ flavonoid는 금속 복합체를 형성하여 착색되는데 quercetin의 Al염은 황색, Cr염은 적갈색, Fe염은 흑녹색이 된다.

5. Anthocyanin계 색소

anthocyanin계 색소는 꽃, 과일, 채소에 존재하는 적색, 자색, 청색의 수용성 색소로 '화청소'라 하며 가공 중 pH에 따라 변화한다.

1) 구조

anthocyanin은 배당체로 존재하며 가수분해되면 비당체인 anthocyanidin과 당류로 분리된다. anthocyanidin은 phenyl기에 붙어 있는 OH기와 methoxy기의 수에 따라 분류된다.

청색 증가 →

cyanidin계   delphinidin계

cyanidin

peonidin

delphinidin

petunidin

malvidin

↓ 적색 증가

| anthocyanidin 분류 |

2) 성질

① anthocyanin은 pH에 따라 적색(산성) → 자색(중성) → 청색(알칼리성)으로 변색되는 불안정한 색소이다. 또한 아황산가스에 의하여 표백되는 것은 pH의 변화와 강한 환원력에 의해서다.

② anthocyanin은 금속과 복합체를 형성하여 착색되는데 주석염은 회색, Fe나 Al은 청자색을 형성한다.

③ anthocyanin은 ascorbinase를 억제하며 비타민 B_2, 비타민 C와 공존 시 색이 퇴색된다.

6. Tannin

탄닌은 식물에 널리 분포하며, 미숙한 과실과 식물 종자에 다량 함유되어 있다. 탄닌 그 자체는 무색이나 산화시 홍색, 흑색을 나타낸다.

1) 구조

탄닌은 polyphenol성 화합물로 catechin(차), leucoanthocyanin(사과), chlorogenic acid(커피) 등이 있다.

2) 성질

① 탄닌은 금속과 반응하여 착색염을 형성하여 회색, 갈색, 흑청색, 청록색 등을 띤다.

- 차를 경수로 끓이면 2가 양이온에 의해 갈색 침전물이 생긴다.
- 칼로 자른 감의 표면에 탄닌이 철염을 형성하여 흑변한다.

② 과실이 익으면 탄닌은 불용성이 되어 감소된다.
③ 홍차는 녹차의 카테킨류가 polyphenoloxidase 효소에 의해 산화되어 적색의 theaflavin을 생성하여 붉게 된다.

7. Heme계 색소

heme은 porphyrin 구조에 철이온이 중앙의 histidine기와 연결된 구조로 적색을 띠며 혈색소인 hemoglobin과 육색소인 myoglobin을 이루고 있다.

1) Myoglobin

myoglobin은 암적색이나 산소와 결합 시 선홍색의 oxymyoglobin이 되고 공기 중 산소에 의해 철이 산화하면 갈색의 metmyoglobin이 된다. 조리 가열 시 globin 부분이 변성, 이탈되면 hematin 이 된다. 햄, 베이컨과 같이 발색제인 아질산염을 처리하면 안정한 형태의 nitrosomyoglobin 을 형성하여 가열조리 시 선홍색을 유지하는데 이것을 가공육의 색고정화라 한다.

2) Hemoglobin

hemoglobin은 혈액의 붉은 색소로서 4개의 소단위로 구성되었으며 각 소단위는 globin 분자와 heme 1분자로 구성되어 있다. 산소운반 작용을 하며 산소와 결합하여 선홍색의 oxyhemoglobin 을 형성하나 산소가 떨어지면 갈색의 methemoglobin으로 된다.
hemocyanin은 hemoglobin의 철 대신에 구리를 함유하고 녹청색을 띤다.

8. 동물성 carotenoid

새우나 게 등 갑각류에는 carotenoid 색소인 astaxanthin이 암녹색을 띠고 있으나 가열하면 astaxanthin 이 단백질과 분리되고 산화되어 적색의 astacin으로 된다. 계란 난황의 황색은 carotenoids 성분인 lutein이다.
연어, 송어에는 carotenoids에 속하는 astaxanthin, canthaxanthin 등이 들어 있어 적황색을 이루고 있다. 날계란의 흰자에는 황록색 형광을 나타내는 riboflavin이 있으며 이것은 우유에도 함유되어 있다.

4 식품 중 독성물질

1. 식물성 유독성분

▼ 식물성 유독성분

종류	소재 식품	종류	소재 식품
solanin	감자	ricin	아주까리
retrosine, monocrotaline	밀가루	trypsin inhibitor	콩
lycorin	꽃무릇	phallotoxin	독버섯
tomatidine	토마토	amatoxin	독버섯
amygdalin	청매, 복숭아	mimosine	두류
dhurrin	수수	selenoamine	마늘
linamarin, lotaustralin	강낭콩	muscaridin, neurine	독버섯
saponin	대두, 팥	gossypol	면실유

2. 동물성 유독성분

▼ 동물성 유독성분

종류	소재 식품
venerupin	모시조개, 굴
mytilotoxin	담치
saxitoxin	홍합, 섭조개, 대합
tetrodotoxin	복어

3. 미생물 생성 유독성분

▼ 미생물 생성 유독성분

종류	소재 식품
cadaverine	아미노산 탈탄산 반응에 의해 생성된 **부패독** 성분
putrescine	
histamine	
tyramine	
ergotamine	보리, 호밀, 밀
ergotoxin	
aflatoxin	콩, 땅콩, 옥수수 – 간암 유발, 간장독
citrinin	황변미 – 신장독
islanditoxin	황변미 – 간장독
luteoskyrin	황변미 – 신경독

식품 저장, 가공 중 일반성분의 변화

1 수분의 변화

- 식품 중 수분은 환경조건에 영향을 받으며 식품의 함수량은 대기 중 상대습도를 고려한 수분활성도로 표시한다.
- 식품은 저장, 가공 중 일정 온도에서 상대습도에 따라 수분을 흡수하거나 건조과정을 거치게 되는데 주위와 평형상태가 되는 때를 평형수분함량이라 하고 등온 흡습·탈습곡선으로 나타낸다.
- 수분 함량의 변화는 여러 부분에 영향을 미치는데 수분이 많아질수록 화학반응이 빨라지며 효소반응도 활발히 일어난다. 또한 미생물의 생육에 가장 큰 영향을 미치게 되는데 미생물 성장에 대한 최저 수분활성도는 세균 0.91, 효모 0.88, 곰팡이 0.80, 내건성 곰팡이 0.65, 내삼투압성 효모 0.60 등이다.

2 탄수화물의 변화

1. 전분의 호화

1) 전분의 호화(α화)

생전분(β전분)에 물을 가해 가열하면 ① 물이 스며드는 가역적 수화를 거쳐 ② 전분입자의 수소결합이 끊어져 micelle 구조가 파괴되는 팽윤상태가 되며 ③ 전분입자가 붕괴되어 비가역적 투명한 교질용액을 형성하며 효소의 작용이 용이하게 되는데 이것을 호화(α전분)라 한다. 이 상태가 되면 전분은 점성이 높아지고 X선 회절상은 비결정의 불명료한 V도형을 나타낸다.

2) 호화에 미치는 영향

① 수분 : 수분의 함량이 **많을수록** 잘 일어난다.
② Starch 종류 : 전분입자가 작은 쌀(68~78℃), 옥수수(62~70℃) 등 **곡류전분**은 입자가 큰 감자(53~63℃), 고구마(59~66℃) 등 서류전분보다 **호화온도가 높다**.
③ 온도 : 온도가 **높을수록** 호화시간이 빠르다.

④ pH : **알칼리성**에서 팽윤을 촉진하여 **호화가 촉진**되며 산성에서는 전분입자가 분해되어 점도가 감소한다.
⑤ 염류 : 대부분 염류는 팽윤제로 호화를 **촉진**시킨다($OH^- > S^- > Br^- > Cl^-$). 그러나 황산염은 호화를 억제한다.
⑥ 당(탄수화물) : 당을 첨가하면 호화온도가 상승하고 호화속도는 감소한다.

3) X선 회절도

β전분에 X선을 조사하면 뚜렷한 동심원의 회절도를 보이는데 쌀 같은 **곡류전분을 A형**, **감자**나 옥수수 등 아밀로오스 함량이 35~40% 이상인 전분을 B형, **고구마**, **칡**, **콩류** 등 A형과 B형의 중간 상태 전분을 C형이라 한다. 호화전분은 V형으로 α – 전분이다.

2. 전분의 노화

1) 전분의 노화

호화전분(α – 전분)을 실온에 완만 냉각하면 전분입자가 **수소결합**을 다시 형성해 생전분과는 다른 결정을 형성하는데 이 현상을 **노화** 또는 β화라고 한다.
이 β – 전분의 X선 회절도는 종류에 관계없이 항상 B형이 된다. 노화된 전분은 효소의 작용을 받기 힘들게 되어 소화가 잘 되지 않는다.

2) 노화에 미치는 영향

① 온도 : 노화가 가장 잘 발생되는 온도는 0℃ 정도이며 60℃ 이상 −20℃ 이하에서 노화가 발생되지 않는다(밥의 냉동저장).
② 수분함량 : 30~60%의 함수량이 노화되기 쉬우며 30% 이하 60% 이상에서는 어렵다(비스킷, 건빵).
③ pH : 알칼리성은 노화를 억제하고 **산성은 노화를 촉진**한다.
④ 전분종류 : amylose가 많을수록, 전분입자가 작을수록 노화가 **빠르다**. 감자, 고구마 등 서류전분은 노화되기 어려우나 쌀, 옥수수 등 **곡류전분은 노화되기** 쉽다.
⑤ 염류 : 대부분 염류는 호화를 촉진하고 노화를 억제한다. 다만, 황산염은 반대로 노화를 촉진한다.
⑥ 기타 : 당은 탈수제로 노화를 억제하며(양갱) 유화제도 노화를 억제한다.

3. 호정화

전분에 물을 가하지 않고 160℃ 이상으로 가열하면 분해되어 호정(dextrin)으로 변하는 것을 호정화라고 한다. 호화전분보다 물에 잘 녹고 효소작용도 받기 쉬워 소화가 잘 된다.

4. 캐러멜화(caramelization)

당을 녹는점 이상으로 가열하면 점성을 띠는 갈색의 caramel로 변하는 현상을 캐러멜화라고 한다. 과당은 caramel화가 쉽고 포도당은 어려우며 pH 6 정도에서 가장 잘 일어나고 식품가공, 조리 시 풍미에 영향을 준다.

3 단백질의 변화

1. 열변성

육류를 가열하면 collagen 단백질이 **열변성**하여 가용성인 gelatin이 된다.

1) 열변성에 영향을 주는 인자

① 온도 : 단백질은 일반적으로 60~70℃에서 변성이 일어난다. albumin은 온도가 10℃ 올라가면 변성속도가 20배 빨라진다.
② 수분 : 수분이 많으면 낮은 온도에서 변성이 일어나나 수분이 적으면 높은 온도에서 변성한다.
③ 염류 : 단백질에 염을 넣으면 변성온도는 낮아지고 변성속도는 빨라진다.
④ pH : 단백질은 등전점에서 가장 응고가 잘 된다.

2) 변성단백질의 성질

변성단백질은 용해도가 감소되어 침전력이 커지며 점도는 증가한다. polypeptide 사슬이 풀어져 반응기가 노출되면서 소화효소작용을 받기 쉬워 소화가 잘 되며 부패도 빠르다. 효소 단백질은 활성을 잃게 된다.

2. 물리적 요인에 의한 변성

1) 동결

단백질은 −3℃ 부근에서 변성이 잘 일어난다.

2) 표면장력

단백질은 단분자막 상태에서 변성하기 쉽다. 계란의 난백을 휘핑하면 거품 표면이 표면장력에 의해 변성되어 점성을 띠게 된다.

3. 화학적 요인에 의한 변성

① 유산균 발효제품은 젖산발효로 생긴 젖산에 의해 우유 casein이 등전점인 pH 4.6에 이르러 변성된 것이다.
② 설탕 : 단백질에 설탕 등 당을 넣어 가열하면 당이 단백질을 용해시켜 응고 온도가 올라간다.
③ 중성염 : 단백질에 소량의 중성염을 넣으면 단백질 분자 사이의 인력을 약화시켜 용해가 잘 된다.

4. 효소에 의한 변성

우유에 응유효소 rennin을 넣으면 casein이 para casein으로 되어 Ca^{2+}와 결합하며 침전하여 curd를 생성한다.(Cheese)

4 유지의 변질

1. 유지의 산패

유지의 변질을 산패라 하며 불쾌한 맛과 냄새가 난다.

1) 가수분해에 의한 산패

유지가 물, 산, 알칼리, 효소에 의해 지방산과 글리세롤로 분해되면 불쾌한 냄새나 맛을 내는데 대표적으로 butyric acid가 있다.

2) 산화에 의한 산패

유지 중 불포화지방산이 대기 중 산소에 의해 산화되어 과산화물을 형성하는 것으로 lipoxidase와 lipohydroperoxidase 또는 heme 화합물 등에 의해 산화가 촉진되는 생화학적 산패와 자연발생적으로 산소와 결합하는 비생화학적 산패가 있는데 이를 **자동산화**라 한다.

3) 변향

대두유나 채종유 등 식물성 유지는 산패가 일어나기 전 **풋내**나 **비린내** 같은 이취를 발생시키는데 이것을 변향이라 하며 linolenic acid의 산화에 의해 발생한다.

4) 유지의 가열산화

고온에서 유지를 장시간 가열하면 가열분해로 생성된 물질들이 중합하여 점도, 비중, 굴절률이 증가하고 발연점이 낮아지게 된다. 또한 산가, 과산화물가, 카르보닐가 등이 증가하고 요오드가는 감소하게 된다.

2. 자동산화

유지를 공기 중에 두면 처음 어느 기간 동안은 서서히 산소의 흡수량이 증가하는 유도기(induction period)를 거친 후 산소 흡수량이 급격히 증가하고 aldehyde나 ketone이 생성되어 산패취가 나며, 중합체를 형성하여 점도나 비중이 증가하게 된다. 이러한 산화를 자동산화(autoxidation)라고 하며, 화학반응을 간단히 요약하면 다음과 같다.

```
            unsaturated lipids + O₂
    촉매작용  ↓  hydroperoxide 생성반응
              lipidperoxides
    분해    ↓  carbonyl compounds 생성반응
      carbonyl compounds + 악취(aldehydes, ketones)
```

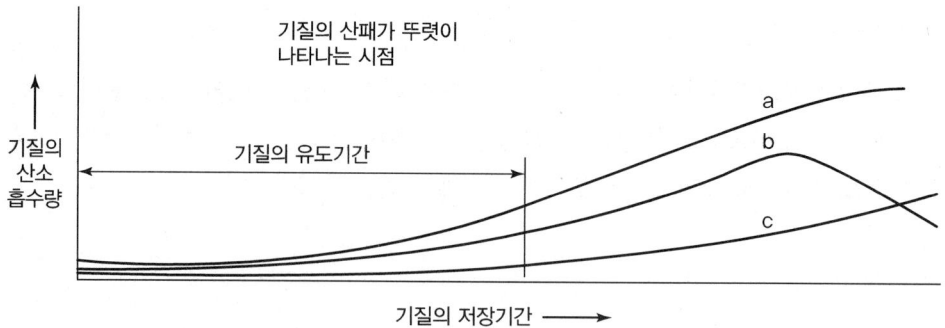

a. 산소의 흡수량
b. hydroperoxide(과산화물)의 생성량
c. carbonyl compounds(최종 산화생성물) 생성량

❙ 유지의 자동산화 과정 ❙

1) 자동산화 mechanism

① 초기반응 : RH → R· + H· (빛, 광선, 금속, 헤마틴 등에 의한 free radical 생성)
② 전파반응(연쇄반응) : 산소와 결합 후 연쇄적으로 다른 유지와 반응하여 과산화물과 또 다른 free radical 생성

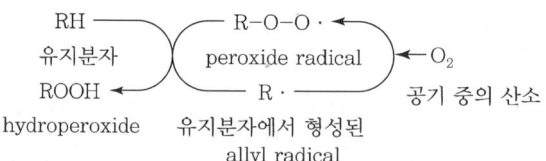

③ Hydroperoxide 분해반응 : ROOH → RO· + ·OH(알코올, 알데히드, 케톤류 생성)
④ 종결반응(중합반응) : 각 free radical이 중합하여 안정한 화합물 생성

R· + R· → RR
R· + ROO· → ROOR
ROO· + ROO· + ROOR + O_2

3. 유지의 산패에 영향을 미치는 인자

1) 지방산의 불포화도

불포화도가 클수록 반응속도가 커진다.

2) 온도

① 온도가 높아질수록 반응속도가 커진다.
② 불포화지방산 자동산화의 hydroperoxide 생성은 주로 실온에서 일어난다.
③ 식품을 0℃ 이하에서 저장했을 경우에는 0℃ 이상에서보다 속도가 빠르다.

3) 금속

① 미량으로도 현저한 촉매작용을 한다.
② 산화촉진 순서 : Cu > Fe > Ni > Sn

4) 광선

자외선 같은 단파장일수록 촉진한다.

5) 산소

산소가 많을수록 촉진되나 150mmHg 이상에서는 무관하다.

6) 수분

수분이 많을수록 촉진된다.

7) 생화학적 물질

① hemoglobin, cytochrome 등의 hematin류는 산화를 촉진한다.
② Lipase, Lipoxidase, Lipohydroperoxidase 등 효소는 산화를 촉진한다.
③ tocopherol류나 flavonoid 등 항산화제는 radical과 반응하여 연쇄 반응을 중단한다.

4. 항산화제

항산화제는 미량으로 유지의 자동산화를 억제하는 물질로 초기반응에서 생성된 free radical을 환원시켜 연쇄반응을 중단한다.

1) 사용조건

① 저농도에서 유효할 것
② 무해할 것

③ 식품에 나쁜 영향을 주지 않을 것
④ 용해가 잘 될 것
⑤ 가격이 저렴할 것

2) 항산화제의 종류

▼ 항산화제의 종류

명칭	소재	비고
tocopherol	대두유, 식물유	비타민 E(지용성)
ascorbic acid	과실, 채소	비타민 C(수용성)
sesamol	참기름	
quercetin	양파	flavonoid계 색소
gallic acid	차잎, 감	tannin
lecithin	난황, 대두	인지질
BHA(butylated hydroxy anisol)	합성 항산화제	우지, 돈지, 버터 등
BHT(butylated hydroxy toluene)	합성 항산화제	우지, 돈지, 버터 등
propyl gallate	합성 항산화제	색소에 이용

3) 상승제(Synergist, 협력제)

항산화제는 아니지만 함께 사용 시 항산화제의 효과를 증가시키는 물질로 **구연산**, **주석산**, 인산, phytic acid, ascorbic acid 등의 유기산이 있다.

식품 저장, 가공 중 특수성분의 변화

1 갈색화 반응

1. 효소적 갈변반응

1) 효소적 갈변

▼ 효소적 갈변

종류	특성
polyphenol oxidase	사과, 배, 고구마 등에 있는 catechin, gallic acid, chlorogenic acid 등을 산화하는 효소 O-diphenol $\xrightarrow{\text{poyphenol oxidase}}$ O-quinone $\xrightarrow{\text{중합}}$ melanin
tyrosinase	감자의 절단면은 tyrosinase에 의해 melanin 색소 생성 tyrosine $\xrightarrow{\text{tyrosinase}}$ DOPA $\longrightarrow$ DOPA quinone $\xrightarrow{\text{비효소적}}$ melanin

2) 갈변 억제

① Blanching(데치기) : 물에 2/3 정도 잠기게 하고 83℃ 정도로 2~3분 **열처리**하면 효소가 불활성화된다.
② 아황산염 : 아황산염의 환원성에 의해 pH 6.0에서 갈변 억제
③ 산소의 제거 : 진공처리, 탈기 등으로 산화 억제
④ 유기산 처리 : **구연산**, 사과산, ascorbic acid 등으로 pH를 낮추어 효소 활성 억제
⑤ 식염수 처리 : Cl⁻에 의해 효소 작용 억제
⑥ 물에 **침지** : tyrosinase는 수용성으로 감자를 물에 넣어 두면 갈변이 일어나지 않는다.

2. 비효소적 갈변반응

효소가 관여하지 않는 갈변반응으로 마이야르 반응, 캐러멜화 반응, 아스코르브산 산화반응 등이 있다.

1) Maillard 반응의 메커니즘

▼ Maillard 반응과정

Maillard 반응 기전	
환원당의 carbonyl기와 아미노화합물의 결합에서 amino carbonyl 반응이라고 하며 생성물에 의해 melanoidine 반응이라고도 한다. 초기 단계, 중간 단계, 최종 단계로 나뉜다.	
초기 단계	
① 환원당과 아미노 화합물의 축합반응	환원당과 아미노화합물이 축합하여 schiff 염기를 거쳐 질소 배당체인 glycosylamine이 형성된다.
② amadori 전위	글리코실아민은 약산의 촉매에 의해 아마도리 전위가 일어나 케토오스 아민이 되며 색깔의 변화는 없다.
중간 단계	
① osones 형성	케토오스아민은 산화, 탈수에 의하여 amino 화합물은 떨어지고 반응성이 활발한 3-deoxyosones을 형성한다.
② 불포화 3,4- dideoxyosone 형성	3-deoxyosones은 더욱 산화하여 반응성이 강한 갈색 중간체인 unsaturated 3,4-dideoxyosones을 형성한다.
③ HMF 및 reductone 생성	unsaturated, 3·4-dideoxyosone은 반응성이 커 5각형의 hydroxymethyl-furfural(HMF) 등 각종 고리화합물과 환원성, 반응성이 큰 reductone을 생성한다.
④ 산화생성물 분해	고리구조 화합물과 reductone이 분해하여 분자량이 적고 휘발성이 큰 알데히드류, 아세톤류, 알코올류 등의 분해산물을 형성하여 식품의 풍미에 영향을 미치고 최종 단계 반응에서 갈변에 관여한다.
최종 단계	
① aldol 축합반응	중간 단계에서 형성된 carbonyl 화합물은 **알돌축합**이 일어나서 점차 분자량이 큰 불포화 축합생성물을 형성한다.
② strecker 반응	3·4-dideoxyosone과 아미노산이 반응하여 enaminol, CO_2, 알데히드 등이 생성되어 향미에도 영향을 미친다.
③ melanoidine 색소 형성	HMF, reductone류, 알돌축합생성물, strecker 반응 생성물과 이들의 아미노화합물은 활성이 큰 물질이므로 상호 반응을 일으켜 질소를 포함하고 불포화도가 큰 형광성을 띤 melanoidine **색소 중합체**를 형성한다.

2) Maillard 반응에 영향을 주는 요인

① 온도 : Q10=3으로 온도가 10℃ 상승할 때 반응속도가 3배 정도 증가한다. 10℃ 이하에서 갈변은 억제되며 100℃ 이상에서 가열취가 발생한다.
② pH : 알칼리성일수록 속도가 빨라지며 산성일수록 갈변속도는 느려진다.
③ 당의 종류 : 5탄당 > 6탄당 > 이당류 순서이며 6탄당은 과당 > 포도당이다.
④ Carbonyl 화합물 : aldehyde류와 furfural 유도체는 갈변이 쉽고 ketone류는 갈변이 어렵다.
⑤ 아미노산의 종류 : Lys, Arg 같은 염기성 아미노산이 반응이 빠르며 당과 아미노산 비율이 1 : 1일 때 갈변속도가 빠르다.
⑥ 수분활성도 : Aw 0.6~0.8의 중간 수분활성도에서 반응이 빠르다.
⑦ 금속 ion의 영향 : Fe나 Cu는 reductone의 산화에 촉매제로 갈변을 촉진한다.

3) 캐러멜화 반응

당류를 160~170℃로 가열하면 분해, 탈수되어 hydroxymethylfurfural(HMF)을 생성하고 이것이 중합하여 갈색의 착색물질이 생기는데 이것을 캐러멜화 반응이라 한다. glucose는 fructose에 비하여 탈수가 어려워서 캐러멜화가 잘 되지 않고 빵이나 과자류 제조 시 색과 풍미를 높인다. 당류의 캐러멜화에 필요한 최적 pH는 6.5~8.2이다.

캐러멜화 반응의 기작	① Lobry de bruyn — alberda van eckenstein 전위 : aldose가 ketose로 전위 ② 산화생성물 및 HMF 생성 : ketose가 HMF 등 furfural 유도체 생성 ③ reducton, furan, levulinic acid, lactone 생성 : 산화생성물, furfural 유도체 산화 ④ 산화생성물 분해 : ketose의 산화생성물, furfural 유도체, reductones이 분해되어 휘발성 화합물을 형성하여 식품의 향미에 영향 ⑤ Humin 물질 생성 : 중합반응으로 흑갈색의 humin 물질을 형성하여 빵이나 비스킷에 영향

4) Ascorbic acid 산화반응

Ascorbic acid → dehydroascorbic acid → 2, 3 — diketogluconic acid → furfural로 산화되어 갈변을 보이고 산성에서 잘 발생되며 알카리성에서는 잘 일어나지 않는다. 감귤류나 과실 주스의 갈변에 영향을 미친다.

2 식품과 효소

- 효소는 생체 촉매물질로 전이상태까지 오르는 **활성화 에너지**를 낮춰 생체 내 대사반응을 촉매한다. 그러나 전체 반응의 자유에너지 차이(ΔG)는 변하지 않는다.
- 효소는 단백질로 구성되었으며 단백질로만 작용하는 것이 대부분이나 복합단백질로 된 효소를 **전효소**(holoenzyme), 단백질 부분을 **아포효소**(apoenzyme), 비단백질 부분을 보조인자라 하는데, 보조인자에는 가역적으로 작용하는 **조효소**(coenzyme)와 비가역적으로 결합되어 있는 보결분자단(prosthetic group)이 있다. 조효소는 대부분 비타민이 전구체로 작용한다.
- 효소는 특정한 기질에만 작용하는 기질 특이성이 있다.
- 조절효소의 경우 반응을 촉매하는 활성부위와 반응을 촉진 또는 억제하는 조절부위를 가진다.

1. 효소 군의 분류

① 1군[산화·환원효소(oxidoreductase)] : 산화·환원 반응에 관여하는 효소로 **탈수소효소**(dehydrogenase), oxidase, reductase 등이 있다.

② 2군[전이효소(transferase)] : 한 기질에서 다른 기질로(분자 간) 기능기 등을 옮기는 반응에 관여하며 인산기를 전이하는 kinase나 transferase 등이 있다.

③ 3군[가수분해효소(hydrolase)] : 탄수화물, 단백질, 지방, 핵산의 결합을 가수분해하는 효소군으로 peptidase, glycosidase, lipase, esterase, nuclease 등이 있다.

④ 4군[탈리효소(lyase)] : 기질에서 기능기를 분리하거나 부가하는 효소로 carboxylase, decarboxylase, synthetase 등이 있다.

⑤ 5군[이성화효소(isomerase)] : 기질(분자) 내 기능기의 이동에 의해 이성화반응을 촉매하며 isomerase, mutase 등이 있다.

⑥ 6군[연결효소(ligase)] : ATP를 소모하여 두 분자를 결합시키는 반응을 촉매하며 DNA ligase가 있다.

2. 효소반응에 영향을 미치는 인자

1) 온도

효소는 단백질로 고온에서 불활성화된다. 대부분 효소는 생체 온도인 30~40℃에서 최적 활성을 나타낸다.

2) pH

대부분 생체와 유사한 중성 pH에서 최적 활성을 보이나 위장에서 작용하는 pepsin은 위산에 따른 pH 2가 최적조건이다.

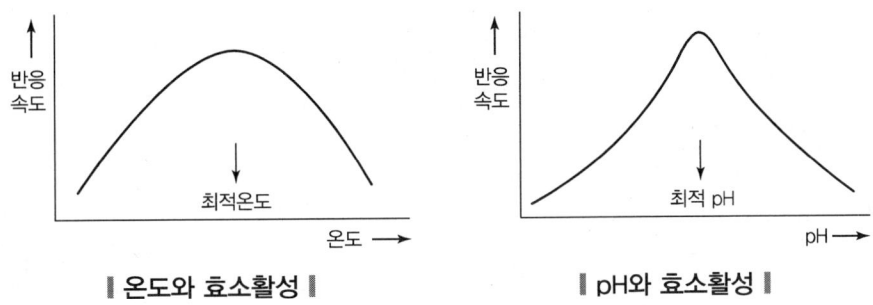

| 온도와 효소활성 | | pH와 효소활성 |

3) 효소농도 및 기질농도

효소농도는 일정하며 재활용되므로 기질농도에 따라 반응속도가 결정된다. 미카엘리스-멘텐(Michaelis-Menten) 효소반응 속도 그래프에서 반응 초기에 기질 농도에 따라 반응속도가 비례적으로 증가한다(1차 방정식). 그러나 반응 후기에 들어서면 기질을 증가해도 더 이상 증가하지 않는다(0차 방정식).

4) 저해제 및 촉진제

비가역적 저해제는 효소를 불활성화시키며 가역적 저해제는 활성부위에 결합하는 **경쟁적 저해제**, 조절부위에 결합하는 **비경쟁적 저해제**, 효소기질 복합체에 결합하는 **무경쟁적 저해제**가 있다. 조절효소에서 저해제가 있으면 S자 형의 반응속도 곡선이 오른쪽으로 이동해 반응이 느려지며 촉진제가 작용하면 반응곡선이 왼쪽으로 이동하여 반응은 빨라진다.

3. 식품효소의 종류

1) 가수분해효소

▼ 가수분해효소의 종류

효소	작용	분포
탄수화물		
α-amylase	전분, glycogen 등 amylose의 α-1,4 결합을 무작위로 절단, 포도당+α 한계 덱스트린 생성	

효소	작용	분포
β-amylase	전분, 글리코겐 등의 비환원성 말단에서 maltose 단위로 α-1,4 결합 절단, 맥아당+β limit dextrin 생성	엿기름, 대두, 고구마
maltase	맥아당 → 포도당	맥아, 곰팡이, 효모
inulase	inulin → 과당	곰팡이
cellulase	섬유소 β-1,4 결합 절단 → 포도당	곰팡이, 세균
pectinase	pectin → 갈락토오스	곰팡이, 세균
zymase	과당 → ethanol	효모
glucose isomerase	glucose → frutose	
lactase	유당 → 포도당+galactose	곰팡이, 세균, 효모
invertase	설탕 → 포도당+과당	곰팡이, 효모
단백질		
pepsin	단백질 → polypeptide+아미노산	발아종자, 세균, 위액
trypsin	단백질 → polypeptide+아미노산	췌액
rennin	casein → paracasein+peptide	위액
peptidase	peptide → polypeptide+아미노산	췌액, 장액
papain	단백질 → polypeptide+아미노산	papaya 열매
지방		
lipase	지방 → 지방산+glycerol	종자, 곰팡이, 췌장
lecithase A	lecithin → lysolecithin+지방산	종자, 췌액
lecithase B	lysolecithin → glycero 인산+choline+지방산	췌액, 장액, 세균
chlorophyllase	엽록소 → phytol	식물체

2) 산화효소

▼ 산화효소의 종류

효소	작용	분포
alcohol oxidase	ethyl alcohol → 초산	효모
polyphenol oxidase	polyphenol → 갈색 색소	동식물체
tyrosinase	tyrosine → melanine 색소	동식물체
peroxidase	H_2O_2로 과산화물 생성	곡류, 동식물체
catalase	H_2O_2 → H_2O+O_2	세균, 동물
ascorbic acid oxidase(ascorbinase)	ascorbic acid → dehydroascorbic acid	당근

식품의 물리성

1 콜로이드(Colloid : 교질)

1. 진용액

용매에 용질이 분자나 이온상태로 고르게 녹아 투명한 상태로 용액이라 하며 설탕이나 소금 수용액 등이 속한다.

2. 콜로이드(교질) 용액

① 콜로이드 용액은 지름이 $1\mu m \sim 100\mu m$ 정도인 미립자가 공기나 액체에서 응집되거나 침전되지 않고 균일하게 분산되어 있는 입자들로 진용액보다 상당히 크기 때문에 빛을 산란시키기도 한다.
② 전분이나 분유를 물에 넣어 교반하면 녹지 않고 흐린 상태가 되는데 이것을 콜로이드 상태라 한다.
③ 콜로이드는 전자현미경으로 볼 수 있으며 반투막은 투과하지 못하지만 여과지는 투과한다.
④ 분산된 물질을 분산질이라 하며 분산시키는 매개체를 분산매라 한다.

▼ 분산계

분산매	분산질	분산계	예
기체	액체	액체 에어로졸	안개, 연무, 헤어스프레이
	고체	고체 에어로졸	연기, 미세먼지
액체	기체	거품	맥주 거품, 생크림
	액체	유탁액	우유, 마요네즈, 핸드크림
	고체	sol(졸)	된장국, 잉크, 혈액
고체	기체	고체 거품	냉동건조식품, 에어로겔, 스티로폼
	액체	gel(겔)	버터, 초콜릿, 마가린, 젤라틴, 젤리
	고체	고체 gel(겔)	유리, 루비

3. 콜로이드의 상태

1) Sol

액체 분산매에 액체 또는 고체의 분산질로 된 콜로이드 상태로 전체가 **액상**을 이룬다(우유, 전분액, 된장국, 한천 및 젤라틴을 물을 넣고 가열한 액상).

① 친수 sol : 분산매와 분산질의 친화력이 커 전해질을 넣어도 콜로이드상태가 유지된다 (예 전분, 젤라틴 수용액).
② 소수 sol : 분산매와 분산질의 친화력이 적어 전해질을 넣으면 침전이 생긴다(예 염화은 sol).

2) Gel

친수 sol을 가열한 후 냉각시키거나 물을 증발시키면 반고체 상태가 되는데 이것을 gel(겔)이라 한다(예 한천, 젤라틴, 젤리, 잼, 도토리묵, 삶은 계란).

① syneresis(이액현상) : 장기간 방치된 gel이 수축하여 분산매가 분리된 상태
② xerogel(건조겔) : gel이 건조된 상태(예 분말 한천, 판상 젤라틴)

4. 콜로이드의 성질

1) 반투성(dialysis)

반투성은 생체막과 같은 막이 이온이나 저분자 물질은 투과시키나 콜로이드 이상 고분자 물질은 통과시키지 않는 성질을 말한다. 생체막이 조리 가공 중 파괴되어 반투성을 잃게 되면 생체 내 콜로이드 물질이 녹아 나온다.

2) 브라운 운동(brownian motion)

sol 상태에서 불규칙적으로 운동하는 분산매에 따라 충돌하는 분산질도 불규칙 운동을 하며 지속적으로 분산하게 되는데 이것을 브라운 운동이라 한다.

3) 응결(coagulation)

소수성 sol에 전해질을 가해 침전되는 것을 응결이라 하며 친수성 sol은 분산질과 결합이 안정되어 침전되지 않으나 분산질과 물분자의 결합을 떨어뜨릴 정도로 많은 양의 전해질을 첨가하면 침전하게 되며 이것을 염석(salting-out)이라 하고 두부 제조에 이용한다.

4) 흡착(adsorption)

콜로이드 입자는 표면적이 넓어 흡착이 용이하며 조리과정 중 음식재료가 염류를 쉽게 흡착하는 것을 볼 수 있다.

5) 유화(emulsification)

분산질과 분산매가 액체인 콜로이드 상태를 유탁액(emulsion)이라 하며 이러한 작용을 유화라 한다. 물과 기름처럼 섞이지 않는 물질이 유탁액을 이루기 위해서는 유화제가 필요한데 양친매성인 유화제는 한 분자 내에 친수성인 $-OH, CHO, -COOH, -NH_2$ 등의 기능기와 alkyl기(탄화수소) 같은 소수성 기능기를 가지고 있어 물과 기름의 계면장력을 저하시켜 유탁액을 안정화시킨다.

① 유화액의 형태
- 수중 유적형(O/W형) : 우유, 마요네즈, 아이스크림
- 유중 수적형(W/O형) : 버터, 마가린

② 유화제의 종류 : lecithin, monoglyceride, diglyceride, sucrose fatty acid ester 등이 있다.

2 Rheology

1. Rheology의 개념

식품의 기호성은 맛, 색, 향기 및 씹을 때 느끼는 질감에 관계되며 이때 식품의 경도, 탄성, 점성 등 질감에 관련된 식품의 변형과 유동성 등의 물리적 성질을 리올로지라 한다.

2. Rheology의 종류

1) 점성(viscosity) 및 점조성(consistency)

유체의 흐름에 대한 저항성을 나타내며 점성은 균일한 형태와 크기를 가진 단일물질 Newton 유체(물, 시럽 등)에 적용되며 점조성은 다른 형태와 크기를 가진 혼합물질인 비 Newton 유체(토마토 케첩, 마요네즈 등)에 적용된다.

2) 탄성(elasticity)

외부 힘에 의해 변형된 후 외부 힘을 제거 시 원상태로 되돌아가려는 성질(예 고무줄, 젤리)

3) 소성(plasticity)

외부 힘에 의해 변형된 후 외부 힘을 제거해도 원상태로 되돌아가지 않는 성질(버터, 마가린, 생크림)을 말한다. 생크림처럼 작은 힘에는 탄성을 보이다 더 큰 힘을 가하면 소성을 보이는 것을 항복치라 하며 이러한 소성을 Bingham 소성이라 한다.

4) 점탄성(viscoelasticity)

외부 힘이 작용 시 점성유동과 탄성변형이 동시에 발생하는 성질(예 chewing gum, 빵 반죽)

[점탄성체의 성질]
① 예사성(spinability) : 청국장, 계란 흰자 등에 막대 등을 넣고 당겨 올리면 실처럼 가늘게 따라 올라오는 성질
② Weissenberg 효과 : 연유 중에 막대 등을 세워 회전시키면 탄성에 의해 연유가 막대를 따라 올라오는 성질
③ 경점성(consistency) : 점탄성을 나타내는 식품의 경도(밀가루 반죽 경점성은 farinograph로 측정)
④ 신전성(extensibility) : 반죽이 국수같이 길게 늘어나는 성질(밀가루 반죽 신전성은 extensograph로 측정)

3. 유체 및 반고체 Rheology

1) Newton 유체

전단력에 대하여 속도가 비례적으로 증감하는 것을 Newton 유체라 하며 단일물질, 저분자로 구성된 물, 청량음료, 식용유 등의 묽은 용액이 Newton 유체의 성질을 갖는다.
다음 그림 (a)는 Newton 유체의 곡선을 나타내며, 그림 (b)는 전단속도 변화에 점도가 일정함을 나타낸다.

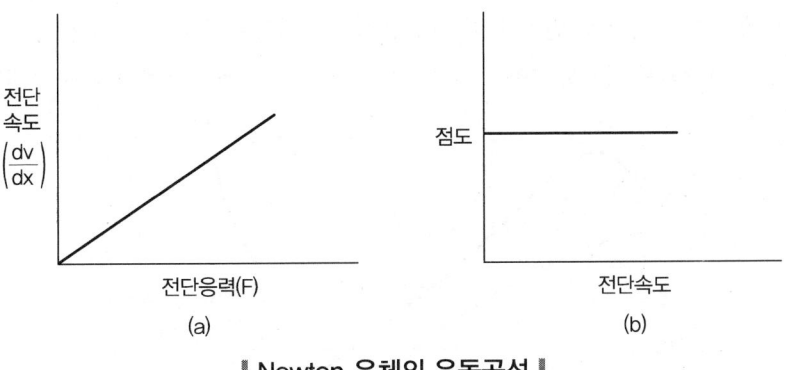

‖ Newton 유체의 유동곡선 ‖

2) 비 Newton 유체

① Colloid 용액, 토마토 케첩, 버터 등의 혼합물질로 구성된 반고체 식품은 Newton 유체 성질이 없어 전단력과 전단속도 사이의 유동곡선이 곡선을 나타내며 이 유체를 비 Newton 유체라 한다.

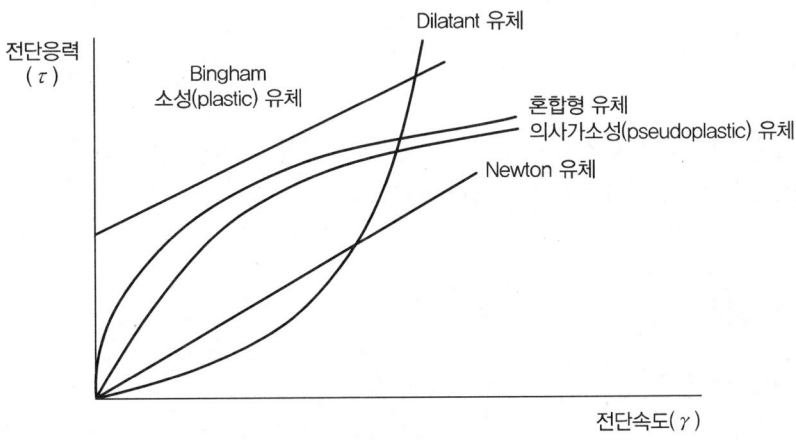

‖ 비 Newton 유체의 유동곡선 ‖

② 전단속도 증가에 따라 전단력의 증가폭이 감소하는 유체를 의사가소성(pseudoplastic) 유체라 하고 전단속도 증가에 따라 전단력의 증가폭이 증가하는 유체를 Dilatant 유체라 한다.
③ 생크림과 같이 반고체 식품에서 약한 전단력에 탄성을 보이다 좀 더 강한 전단력에 소성을 보일 때 이 힘을 항복치(yield value)라 하며 전단속도 증가에 따라 전단력의 증가폭이 일정한 유체를 Bingham 소성 유체라 하고 항복치를 가지면서 의사가소성 또는 Dilatant 성질을 나타내는 것을 혼합형 유체라 한다.

④ 시간에 따른 유동특성 변화에 따라 전단력이 작용할수록 점조도가 감소하는 thixotropic 유체와 전단력이 작용할수록 점조도가 증가하는 rheopectic 유체로 구분된다.

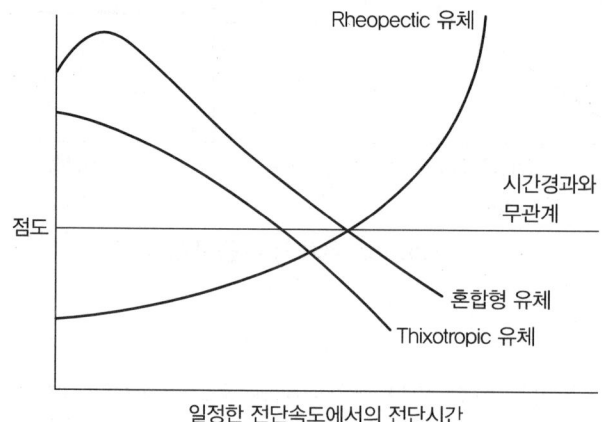

∥ 전단시간에 따른 유체의 유동곡선 ∥

③ Texture

식품을 먹었을 때 물리적 감각으로 씹거나 삼킬 때의 식감, 조직감, 질감에 관계된 성질로 texture의 측정은 관능적인 방법과 기계적인 방법으로 한다.

1. 관능적 측정

1) 기계적 특성

① 견고성 : 부드럽다, 단단하다, 딱딱하다 등

② 응집성
- 파쇄성 : 부서지다, 깨지다 등
- 저작성 : 연하다, 질기다 등
- 점착성 : 바삭하다, 풀 같다 등

③ 점성 : 묽다, 되다 등
④ 탄성 : 딴딴하다, 물렁하다 등
⑤ 부착성 : 미끌하다, 끈적하다 등

2) 기하학적 특성

　① 입자크기 및 형태 : 거칠다, 곱다 등
　② 입자의 결합상태 : 무르다, 뻣뻣하다 등

3) 기타 특성

　① 수분 함량 : 마르다, 촉촉하다 등
　② 지방 함량 : 기름지다, 미끈하다 등

2. 기계적 측정

치아의 씹는 작용을 기계로 만든 texturometer로 2회 반복의 씹는 동작에서 얻은 시간과 힘의 관계 곡선으로부터 견고성, 응집성, 탄력성 등 각종 물리적 특성을 얻는다.

CHAPTER 06 식품의 기능성

1 식품의 기능

1. 1차적 기능

① 영양적 기능
② 탄수화물, 단백질, 지질, 비타민, 무기질 등 5대 영양소와 물로 기본적인 생명 유지에 필수

2. 2차적 기능

① 기호적 기능
② 식품의 맛, 향, 색, 조직감 등 관능적인 기능으로 식품의 가치 상승 부여

3. 3차적 기능

① 생리활성 기능
② 인체의 정상적인 기능을 유지하기 위한 생리활성화를 이용해 건강 유지 개선

2 건강기능식품

1. 정의

① 식품의약품 안전처에서 정의한 건강기능식품이란 일상 식사에서 결핍된 영양소나 인체에 유용한 기능성 성분을 사용하여 제조한 식품으로 건강 유지에 도움을 주는 식품을 말한다.
② 관련법으로는 식품위생법이 아닌 **건강기능식품에 관한 법률**로 정하고 있다.
③ 질병을 치료하거나 예방하는 의약품이 아닌 인체 정상기능을 유지, 개선하는 것으로 영양소 기능, 생리활성 기능, 질병 위험 감소 기능 등이 있다.

2. 기능성 원료

1) 고시된 원료

① 식품의약품안전처 건강기능식품공전에 기준과 규격을 고시하여 누구나 사용할 수 있는 원료
② 비타민, 무기질, 식이섬유 등 95종

2) 개별 인정 원료

① 개별적으로 식품의약품안전처의 심사를 거쳐 인정받은 영업자만이 사용할 수 있는 원료
② 263여 종의 기능성 원료

3) 고시형으로 전환

다음 사항에 해당 시 전환
① 식약처로부터 인증 후 6년이 경과된 경우
② 인정받은 날로부터 6년이 경과하고 품목제조신고가 50건 이상(생산실적이 있는 경우)인 경우

3 건강기능식품의 종류

1. 당 및 탄수화물류

1) 글루코사민

① 연골 구성성분으로 아미노산과 당의 결합물
② 글루코사민 염산염이나 글루코사민 황산염으로 제조
③ 관절 및 연골 건강 도움

2) 영지버섯 자실체 추출물

① 영지버섯을 열수로 추출한 후 여과, 농축하여 제조
② β-glucan이 1% 이상 함유되어야 하며 혈행 개선을 도움

3) fructo 올리고당

① 바나나, 아스파라거스, 벌꿀, 돼지감자 등에 있는 천연물질로 설탕이나 이눌린을 가수분해하여 제조
② 하루 2.5~15g 섭취로 유익한 균을 증식하고 유해한 균을 억제하는 정장작용과 장기능을 개선하여 배변활동을 원활하게 하며 칼슘 흡수를 증진시킨다.

2. 지방산 및 지질류

1) phytosterol(PS, 식물스테롤)

① 식물성 기름, 곡류, 과채류에 널리 존재
② 대두유, 옥수수유, 채종유로부터 생산하며 콜레스테롤 개선 효과

2) phosphatidylserine(포스파티딜세린)

① 동물과 세균의 세포막성분으로 인간의 뇌에 다량 존재
② 대두 레시틴으로부터 추출하며 매일 300mg으로 노화로 인한 인지력 개선, 자외선으로부터 피부 보호, 피부 보습 효과

3) 오메가-3 지방산

① linolenic acid, DHA, EPA 등
② 혈행개선 및 혈중 중성지질 개선

4) alkoxyglycerol(알콕시글리세롤)

① 알킬글리세롤이라고도 하며 triglyceride(중성지방)의 1번에 지방산이 에테르 결합
② 상어간유에서 추출하며 면역력 증진 효과

5) octacosanol(옥타코사놀)

① 밀의 눈, 사탕수수, 포도껍질 등에 존재하는 왁스류
② 미강, 사탕수수로부터 추출하며 지구력 증진 효과

6) 공액리놀레산(CLA ; Conjugated Linoleic Acid)

① 리놀레산에 미생물작용으로 합성되며 육류나 유제품에 존재
② 홍화유로부터 추출 제조하며 체지방 감소 효과

3. 단백질 및 아미노산류

1) theanine(테아닌)

① 녹차잎에 존재하는 아미노산으로 글루탐산의 에틸아마이드 유도체
② L-글루타민과 에틸아민으로 효소처리하여 제조하며 스트레스성 긴장 완화

4. 식물 추출물

1) 프로폴리스

① 꿀벌이 식물에서 채취한 수지에 자신의 분비물을 혼합하여 만듦
② 1일 16~17mg 섭취, 항산화 작용

2) 은행잎 추출물

① flavonoid계 terpene 화합물
② 기억력 개선, 혈소판 응집 억제, 혈행 개선

3) 쏘팔메토 열매 추출물

① saw palmetto 열매를 주정이나 이산화탄소로 추출, 여과, 농축하여 제조
② 전립선 건강 효과

4) 대두 이소플라본

① 대두의 페놀성 화합물로 여성호르몬과 유사
② 심혈관계 질환, 항암 효과, 골다공증 치료 및 예방 효과

5) 녹차 추출물

① 녹차의 카테킨이 주성분으로 하루 5~10잔으로 효과
② 항산화 작용 및 체지방 감소 효과

6) 밀크시슬 추출물

① 엉겅퀴의 열매와 씨에서 식용으로 silymarine을 추출하여 사용
② 간세포 보호, 항산화 작용

PART 03

식품미생물학

CONTENTS

01 미생물 일반
02 곰팡이(mold, mould)
03 효모(yeast)
04 세균(bacteria)
05 기타 미생물
06 발효식품 관련 미생물
07 유기산 발효
08 생리활성물질
09 아미노산 발효
10 핵산 발효
11 균체 생산
12 효소생산
13 미생물 실험

CHAPTER 01 미생물 일반

1 미생물 개론

1. 미생물의 분류

초기 생물의 분류는 형태적 유사성에 의한 것이었으나 DNA 염기서열 등 유전학적 유사성이 추가되면서 현재에는 진화상 유연관계에 의해 3역 6계로 분류하고 있다.

미생물은 육안으로 식별할 수 없는 생물로 세균, 균계의 곰팡이, 원생생물, 바이러스 등이 있으며 현미경 관찰 시 크기는 nm~μm 단위이다.

1) 분류학상 위치

▼ 미생물의 분류학적 위치

영역(domain)	계(kingdom)	종류	
진정세균역	진정세균계	세균, 방선균	
고세균역	고세균계	고세균	
진핵생물역	원생생물계	유글레나, 아메바	
	균계	조상균류(접합균류, 난균류)	*Mucor, Rhizopus, Absidia*
		자낭균류	*Aspergillus, Penicillium*, 효모
		담자균류	버섯, 효모
		불완전균류	*Aspergillus, Penicillium*, 효모
	식물계	식물	
	동물계	동물	

2) 명명법(nomenclature)

계(kingdom) - 문(Phyla) - 강(class) - 목(order) - 과(family) - 속(genus) - 종(species)

① 모든 학명은 2명법(속명+종명)을 사용한다.
② 속명의 첫 알파벳은 대문자로 시작하며 나머지는 모두 소문자로 한다.
③ 라틴어를 사용하고 이탤릭체로 쓴다.

속명 + 종명 + 변종 + 발견자
Genus + species + variety + Founder
└─────── 대문자 ───────┘

▼ 각종 미생물의 크기

미생물명	직경(μm)	길이(μm)
원생동물	20	500
곰팡이	3~10	—
효모	6	8
세균	0.5	1~5
리케차(rickettsia)	0.3	0.8
바이러스(virus)	0.017	0.4

2 세포의 구조

모든 생명체는 세포로 구성되어 있는데, 하나의 세포로 이루어진 것도 있고 다수의 분화된 세포로 이루어진 것도 있다. 세포는 기본적으로 DNA가 핵막에 싸여있는 진핵세포와 원형질에 핵양체 형태로 모여 있는 원핵세포로 나눈다.

▼ 원핵세포와 진핵세포

구분	원핵세포	진핵세포
크기	1~10μm	10~100μm
핵	핵양체	핵막으로 싸여 있는 핵이 존재
유사분열	없다.	있다.
감수분열	없다.	있다.
조직	단세포	단세포 및 다세포
호흡계	mesosome	mitochondria
소기관	리보솜	리보솜, 골지체, 소포체 등 다수
세포벽	peptidoglycan 구성	식물 cellulose 구성
리보솜	70S(30S + 50S)	80S(40S + 60S)
종류	세균, 고세균, 방선균, 남조류	고등 동식물, 원생동물, 조류(남조류 제외), 균류(곰팡이, 효모, 버섯)

1. 원핵세포(procaryotic cell)

1) 구성 및 형태

① 인지질 이중층으로 된 세포막(cell membrane), 단백질을 합성하는 ribosome, 유전정보를 갖고 있는 핵양체(DNA), 세포벽(cell wall), 호흡에 관여하는 mesosome, 운동기관인 편모(flagellum, 9+2 구조), 세균 간 물질 이동에 관여하는 선모(pilus), 다당류로 이루어진 협막(capsule), 점질층(slime layer), 내성이 강한 내생포자(endospore) 등으로 이루어져 있다.
② 세균은 원형의 알균과 막대기 모양의 간균이 있다.
- 알균 : 쌍구균(diplococci), 4연구균(tetracocci), 연쇄알균(streptococci), 포도알균(staphylococci)
- 간균 : 단간균, 장간균, 콤마형, 나선형

2) 세포벽

① 세균류의 독특한 구조로 peptidoglycan으로 구성되었으며 그람염색의 차이에 의해 그람양성균과 그람음성균으로 나뉜다.
② 그람양성균(G+)은 20여 개 층의 peptidoglycan과 teichoic acid로 단단하게 구성된 세포벽이 그람염색 시 crystal violet에 의해 보라색 염색
③ 그람음성균(G−)은 2~3개 층의 peptidoglycan과 lipopolysaccharide로 구성된 세포벽이 그람염색 시 알코올 탈색 후 SafraninO에 의해 붉은색 염색

3) 핵양체

① 세균의 DNA는 핵막이 없이 세포질에 뭉쳐 모여 있는 형태로 존재하는데 이를 핵양체라 한다.
② DNA는 한 개의 고리 형태이다.
③ 일부 세균은 작은 원형의 보조 DNA를 가지는데 이를 plasmid라고 하고 유전자 재조합에 이용하고 있다.

4) 리보솜(ribosome)

단백질 합성장소인 리보솜은 rRNA와 결합된 핵단백질로 70S(30S+50S)로 구성되어 있다.

5) 내생포자

① *Bacillus* 속, *Clostridium* 속에서 볼 수 있는 포자는 세균의 일부 속에서 나타나는 독특한 형태의 휴면 상태로 환경이 좋아지면 발아한다.

② 환경이 열악해지면 세포를 양분하여 외피를 형성하고 디피콜린산과 칼슘이 결합하여 저항력이 매우 큰 상태가 된다.
③ 내생포자는 100℃ 가열, 산, 알칼리, 건조, 방사선 등에 매우 강한 내성을 보인다.
④ 형태 변화가 없는 Bacillus형, 가운데가 부푼 방추형의 Clostridium형, 한쪽 부분이 부푼 Plectridium형이 있다.

6) 편모(flagellum)

세균의 편모는 운동기관이다. 한쪽으로 한 개의 편모를 가지는 단극모, 양쪽으로 하나씩의 편모를 가지는 양극모, 한쪽에 많은 편모를 가지는 속극모, 양쪽으로 많은 수의 편모를 가지는 양속극모, 표면 전체에 편모가 존재하는 주모가 있다.

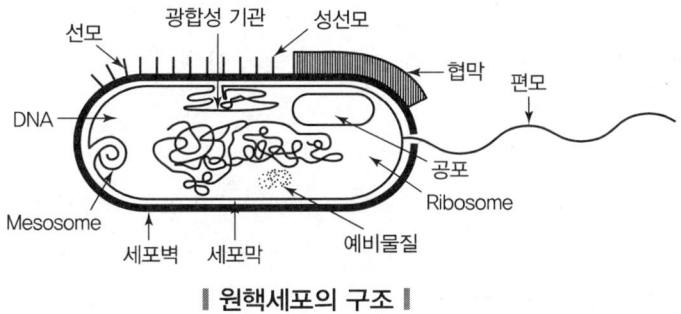

┃ 원핵세포의 구조 ┃

2. 진핵세포(eucaryotic cell)

1) 구성

진핵세포는 구조가 복잡하다. 인지질 이중층으로 된 세포막(cell membrane), 단백질을 합성하는 ribosome, DNA가 핵막으로 둘러싸인 핵, 에너지를 생산하는 mitochondria, 광합성을 하는 엽록체, 단백질과 지방 합성에 관계된 소포체, 물질의 가수분해효소가 있는 lysosome, 생성된 단백질의 변형과 운송에 관련된 골지체, 그 밖에 색소체와 액포 등으로 구성되어 있으며 세포분열과 유성생식도 원핵세포에 비하여 복잡하다.

2) 핵

진핵세포의 핵은 핵막으로 싸여 있으며 안쪽에는 다수의 DNA가 히스톤 핵단백질에 결합하여 존재하며 핵공을 통해서 RNA나 물질이 이동한다.

3) 미토콘드리아

에너지를 생산하는 기관으로 엽록체와 마찬가지로 2중막으로 구성되어 있다. 내막은 크리스타로 굴곡이 심하여 넓은 표면적을 가지고 있으며 내부는 매트릭스라 한다. 엽록체와 마찬가지로 자체 DNA를 가지고 있으며 매트릭스의 TCA 회로와 내막의 전자전달계를 통해 에너지를 생산한다.

4) 엽록체

식물이 가지고 있는 광합성 기관으로 미토콘드리아와 더불어 자체 DNA와 2중막으로 구성되어 있다.

5) 리보솜

진핵세포의 리보솜은 80S(40S+60S)로 구성되어 있다.

6) 소포체

조면소포체는 핵 주변에 존재하며 리보솜이 달라붙어 있어 핵에서 전사된 mRNA를 번역하고 생성된 단백질을 골지체로 이동시키는 데 도움을 준다. 핵으로부터 다소 떨어져 있는 활면소포체는 지방의 합성에 관여한다.

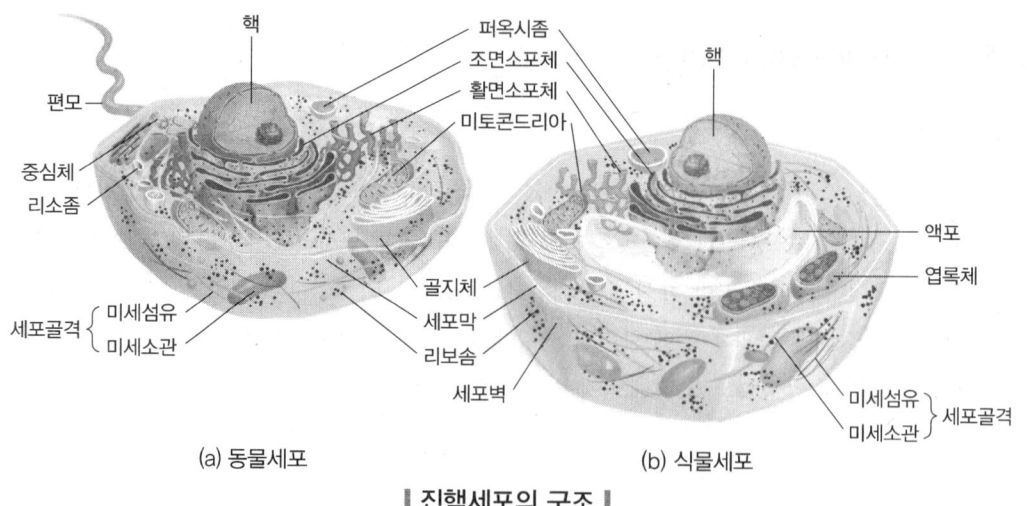

(a) 동물세포 (b) 식물세포

‖ 진핵세포의 구조 ‖

3 미생물의 일반생리

1. 영양요구성에 의한 미생물 분류

생명 유지에 필요한 영양성분은 탄소원, 질소원, 무기염류 및 생육인자 등이다.

① 종속 영양균 : 외부에서 유기물을 섭취, 분해하여 발생하는 에너지를 이용
② 독립 영양균 : 광합성 등을 통해 스스로 유기물을 합성하여 에너지로 이용
③ 기생 영양균 : 바이러스와 같이 숙주의 대사계를 이용하여 번식에 이용

2. 미생물의 균체 성분

미생물의 균체 성분은 미생물의 종류, 배양조건(시간, 영양, 온도, pH) 등에 따라 다르다.

1) 수분

① 생체 중 70~85%의 구성
② 영양세포는 주로 자유수로 구성
③ 포자는 결합수로 구성되어 가열, 건조에 내성이 크다.

2) 유기성분(organic matter)

단백질, 탄수화물, 지질, 핵산 등으로 구성

▼ **미생물의 균체 성분** (건조 중 %)

미생물명	단백질	탄수화물	지질	핵산	회분
세균	40~80	15~30	5~40	1.5~25	5~15
효모	35~70	25~40	2~60	5~10	3~9
곰팡이	15~45	30~60	1~50	1~3	3~7
버섯	43.5	44.7	2.5	–	9.4
클로렐라	40~50	10~25	10~30	1~5	6~7

3) 무기성분(minerals)

회분에 해당하며 약 30여 종의 무기질로 구성

3. 미생물의 증식곡선(growth curve)

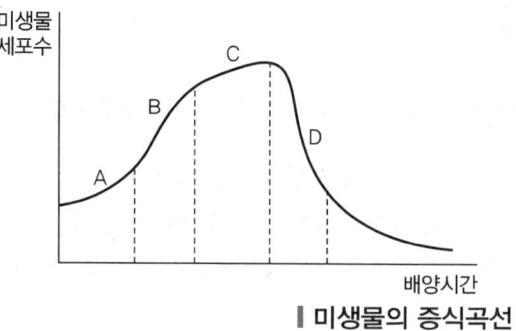

여기서, A : 유도기(잠복기)
B : 대수기(증식기)
C : 정지기(정상기)
D : 사멸기(감수기)

▮ 미생물의 증식곡선 ▮

1) 유도기(lag phase, induction period)

   ① 미생물이 증식을 준비하는 시기
   ② 효소, RNA는 증가, DNA는 일정
   ③ 초기 접종균수를 증가하거나 대수 증식기 균을 접종하면 기간이 단축

2) 대수기(logarithmic phase)

   ① 대수적으로 증식하는 시기
   ② RNA 일정, DNA 증가
   ③ 세포질 합성속도와 세포수 증가 속도가 비례
   ④ 세대시간, 세포의 크기 일정
   ⑤ 생리적 활성이 크고 예민
   ⑥ 증식속도는 영양, 온도, pH, 산소 등에 따라 변화

   [참고]
   • 수학적 증가 : 1, 2, 3, 4, …
   • 기하학적 증가 : 1, 2, 4, 8, 16, …
   • 대수적 증가 : 1, 2, 4, 16, 16^2, …

3) 정지기(stationary phase)

   ① 영양물질의 고갈로 증식 수와 사멸 수가 같다.
   ② 세포수 최대
   ③ 포자 형성 시기

4) 사멸기(death phase)

　① 생균 수보다 사멸균 수가 많아짐

　② 자기소화(autolysis)로 균체 분해

4. 세대시간(generation time)

1) 특징

　① 하나의 세포가 분열하여 2개 세포로 증식하는 시간(세균은 분열법으로 번식)

　② 일반적으로 15~30분

2) 계산

　① 총균수 = 초기균수 × 2^n, n = 세대수

　② n세대까지 소요시간을 t라 하면, 세대시간 $g = \dfrac{t}{n}$

> **예제**
>
> - 세대시간이 20분인 미생물 100마리를 2시간 동안 배양한 후의 총균수는?
>
>   세대수(n) = 2시간(t)/20분(g) = 6, 총균수 = 100(초기균수) × 2^6 = 6,400
>
> - 어떤 세균이 5시간 동안 20회 분열했다면 세대시간은?
>
>   세대시간(g) = 300분/20회 = 15분
>
> - 세대시간 30분인 세균을 2시간 30분 배양했더니 6만 4천 마리가 되었다면 처음 균수는?
>
>   n = 150분/30분 = 5, 64,000 = 초기균수 × 2^5, 초기균수 = 64,000/32 = 2,000

5. 증식도 측정

1) 균체 질소량

　① 생체 성분 중 단백질량을 킬달(kjeldahl) 분석으로 측정하며 얻어진 질소량에 질소계수 6.25를 곱해 구한다.

② 세균, 곰팡이, 효모 등 균 종에 따라, 배양조건에 따라 다르므로 **동일 배양조건에서 배양한 동일 균 종의 증식도 비교 시** 이용한다.

2) 건조균체량(dry weight)

① 일정량의 균배양액을 여과하거나 3,000rpm으로 원심분리한다.
② 분리된 균체를 물로 세척하여 2~3회 반복하여 균체 외의 성분을 제거한다.
③ 건조기(dry oven)에서 105℃로 항량, 건조하여 정량한다.
  ※ 항량 : 건조 후 데시케이터 방랭 측정 시 0.3mg 이내 오차범위(흡습제 : 실리카겔, H_2SO_4)

3) 원심침전법(packed volume)

① 균배양액을 모세 원심분리기에 넣고서 3,000rpm으로 10~15분간 원심분리한다.
② 분리된 균체를 물로 세척하여 2~3회 반복 원심분리하여 눈금을 읽는다.
③ 간편하고 빠르나 정확한 측정을 위해 비탁법과 병행한다.

4) 비탁법(turbidimetry)

① 균체 현탁액을 광전비색계(spectrophotometer)를 이용하여 탁도를 측정한다.
② 600nm의 가시광선에 흡수된 균체량을 광학적 밀도(optical density : OD)로 측정하며 Abs로 표시한다. Abs(Absorbance)는 1보다 작게 나타나며 1.0 Abs는 8×10^8 CFU/mL을 의미한다.

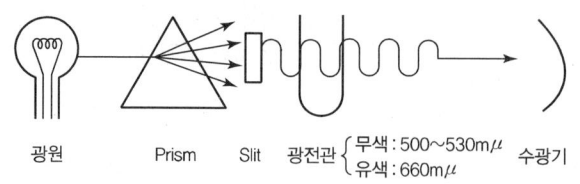

| 광전비색계 |

5) 총균계수법

염기성 염색시약으로 **단일 염색**하고 **혈구계수기**(haematometer)로 직접 계수하여 희석배수와 눈금 칸을 곱해 구한다.

6) 생균계수법

① **평판도말법** : 균배양액을 희석하여 고체평판배지에 균락 15~300개 정도로 유의성 있도록 배양하여 집락계수기(colony counter)로 직접 계수하여 희석배수를 곱해 균량을 측정한다.

② 최확수법(MPN ; Most Probable Number) : 대장균 정량에 쓰이며 세 종류의 희석 시료 각 5개씩을 듀람발효관이 있는 LB배지에서 배양하여 생성되는 가스 유무로 양성 판정을 한다. 양성 개수로 최확수 표에서 시료 100mL에 있을 수 있는 대장균 수를 구한다.

6. 미생물의 생육에 영향을 미치는 인자

1) 온도

▼ 미생물의 생육 온도

분류	최저(℃)	최적(℃)	최고(℃)	종류
저온균	0~5	10~20	25~30	*Pseudomonas, Achromobacter, Flavobacterium, Vibrio* 등 수생세균
중온균	15~20	30~40	40~45	대부분 **병원성** 세균, 곰팡이, 효모
고온균	40~45	50~60	70~80	*Bacillus coagulance*, 퇴비균, 메탄균

① 미생물은 생육 최적 온도에서 가장 활발하게 생육한다.
② 건열보다 습열에서 살균효과가 크다.(고압증기멸균 > 건열멸균)
③ 보통 영양세포는 60℃, 30분으로 살균된다.(저온살균)

2) pH

산성에서 살균 효과가 크다.

3) 광선

260nm 자외선(DNA 흡수파장) 파장에서 살균력이 가장 크다.

4) 삼투압

① 단당류가 삼투압 효과가 크다.
② 당보다 염이 삼투압 효과가 크다.
③ 2% 식염에 견디는 균을 내염성균이라 한다.(*Pseudomonas, Achromobacter, Flavobacterium, Vibrio* 등)

5) 수분

일반적으로 수분 13% 이하에서는 미생물이 생육할 수 없다.

▼ 미생물의 최저 수분활성도(Aw)

분류	최저 Aw	분류	최저 Aw
세균	0.91	호염세균	0.75
효모	0.88	내건성 곰팡이	0.65
곰팡이	0.80	내압효모	0.60

6) 산소

① 편성호기성균
- 반드시 산소가 있어야만 생육하는 균
- *Bacillus, Pseudomonas* 등, 곰팡이, 산막효모

② 미호기성균
- 생육에 적은 양의 산소(5% 내외)만을 필요로 하는 균
- 대부분 **젖산균**, *Campylobacter*

③ 통성혐기성균(임의성균)
- 대장균(*E. coli*)처럼 산소가 있든, 없든 상관없이 잘 자라는 균으로 산소가 있으면 더 잘 자란다.
- 대장균군, 효모

④ 편성혐기성균
- 산소가 없어야만 생육할 수 있는 균
- 보툴리눔균, 파상풍균 등, *Clostridium*

곰팡이(mold, mould)

1 곰팡이의 구조

1. 균사(hyphae)

곰팡이에서 보이는 실 모양의 영양체

① 영양섭취와 발육을 담당한다.
② 균사의 **격벽**(septum) 여부가 분류에 이용된다.
- 격벽 없음 : **조상균류** – 접합균류, 난균류
- 격벽 있음 : **순정균류** – 자낭균류, 담자균류, 불완전균류

③ 균사 분류
- 기중균사(submerged hyphae) : 기질 내부로 자라는 균사
- 영양균사(vegetative hyphae) : 기질 표면 위에 자라는 균사
- 기균사(aerial hyphae) : 기질 위의 공기 중으로 자라는 균사

④ 균사체(mycelium) : 균사의 집단

2. 자실체(fruiting body)

포자를 형성하는 기관

① 균사체와 자실체를 합쳐 집락(colony)이라 한다.
② 곰팡이의 색은 자실체 색에 의해 결정된다.

3. 포자(spore)

① 곰팡이의 번식과 생식을 담당한다.
② 고등식물의 씨앗에 해당한다.
③ 곰팡이의 종류가 다르면 포자의 종류도 다르다.

2 곰팡이의 포자

곰팡이는 포자로 번식하며 무성생식과 유성생식을 한다.

- 무성포자 : 내생포자, 외생포자, 후막포자, 분열자
- 유성포자 : 접합포자, 난포자, 자낭포자, 담자포자

1. 무성포자(asexual spore)

무성포자 시기를 불완전시대라 하고 유성생식인 완전시대 없이 **무성포자만**으로 이루어진 균류를 **불완전균류**라 한다.

1) 내생포자(endospore)

① 포자낭 안에 포자를 형성하여 포자낭 포자라 한다.
② 털곰팡이 등의 무성생식 형태이다.
③ 내생포자의 생활사

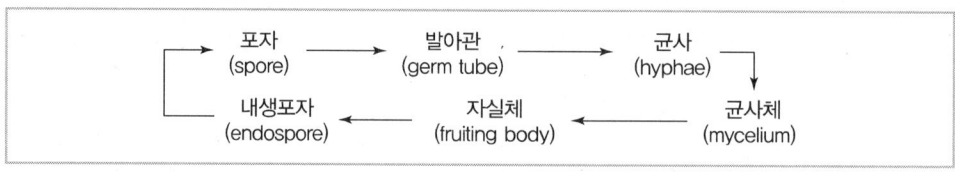

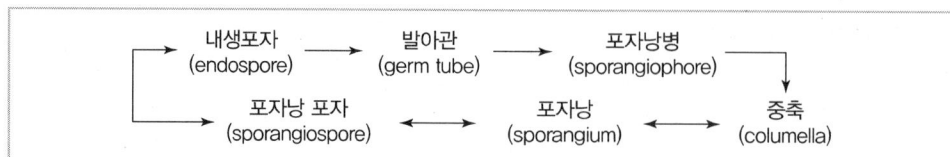

④ 내생포자를 형성하는 곰팡이는 격막이 없는 조상균류(phycomycetes)이다.
⑤ 조상균류 : *Mucor*(털곰팡이), *Rhizopus*(거미줄곰팡이), *Absidia*(활털곰팡이)

2) 외생포자(exospore)

① 정낭이나 경자 바깥에 **분생포자**를 형성한다.
② 누룩 곰팡이 등의 무성생식 시기이다.

③ 외생포자의 생활사

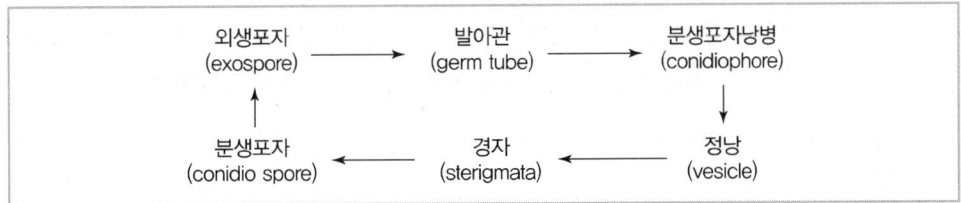

④ 격막을 가지는 순정균류중 자낭균류(Ascomycetes)의 무성생식에 속한다.
⑤ 자낭균류 : *Aspergillus*(누룩곰팡이), *Penicillium*(푸른곰팡이), *Monascus*(홍국곰팡이), *Neurospora*(붉은곰팡이)

▼ 조상균류와 자낭균류 비교

구분	조상균류(Phycomycetes)	자낭균류(Ascomycetes)
격막	없음	있음
균사 자루	포자낭병(sporangiophore)	분생포자낭병(conidiophore)
균사 선단	중축(columella)	정낭(vesicle), 경자(sterigmata)
포자	포자낭포자(sporangiospore)	분생포자(conidiospore)
종류	*Mucor, Rhizopus, Absidia*	*Aspergillus, Penicillium, Monascus, Neurospora*

3) 후막포자(chlamydospore)

균사나 분생자 끝이나 중간에 물질이 축적하여 형태가 크고 세포벽이 보통 2겹으로 두터워져 내구성이 있는 무성포자

4) 분열포자(oidiospore)

분열자(oidium)라고도 하며 균사가 짧은 조각으로 분열하여 증식한다.

2. 유성포자(sexualspore)

유성포자 시기를 완전시대라 한다. 균류의 계통분류상 생활사를 완성하는 시기이다.

1) 접합포자(zygospore, 접합균류)

① 포자낭 포자를 갖는 시기는 불완전시대이고, 조상균류가 균사에 접합자(zygote)를 형성하여 2n의 복수 핵을 갖는 접합포자를 형성하는 시기가 완전시대이다.

② 접합포자의 생활사

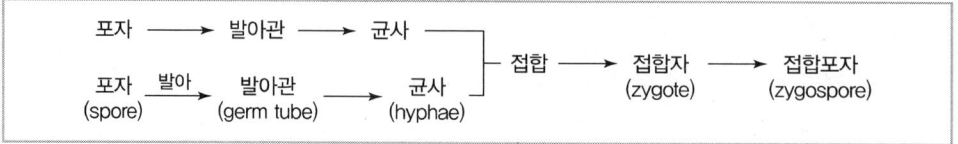

2) 자낭포자(ascospore, 자낭균류)

① 분생포자 2개에서 발아한 균사 2개가 열악한 환경에서 접합하여 2n의 균사를 만든다.
② 원기둥 모양의 자낭(ascus) 속에 감수분열, 체세포분열을 하여 8개의 **자낭포자**를 내생시킨다.
③ 자낭균의 자실체를 자낭과(ascocarp)라 한다. 자낭이 구형 안에 덮여있는 폐자기(cleistothecium), 플라스크형에 들어가 있는 피자기(perithecium), 바깥으로 드러나 있는 나자기(apothecium)가 있다.

3) 담자포자(basidiospore, 담자균류)

① 담자기(Basidium)를 형성하고 그 끝에 4개의 **담자포자**를 형성한다.
② 담자균류는 거의 유성생식만 하며 환경이 좋을 때 **버섯**으로 빠르게 자라 포자를 퍼트린다.

4) 난포자(oospore, 난균류)

두 균사가 접합하여 조란기, 조정기를 만들고 이 둘이 융합하여 형성된 접합포자이다.

③ 조상균류

1. 조상균류의 특징

① 균사에 격막이 없다.
② 무성생식 – 포자낭포자, 유성생식 – 접합포자

③ 포자낭병 끝의 중축에 포자낭을 형성하여 포자낭 포자 내생
④ *Mucor, Rhizopus, Absidia* 등

2. 조상균류의 분류

① *Mucor*는 가근과 포복지가 없다.
② *Rhizopus*와 *Absidia*는 가근과 포복지가 있다.
③ *Rhizopus*는 가근에서 *Absidia*는 포복지 중간에서 포자낭병이 나온다.
④ 포자 형태가 다르다.

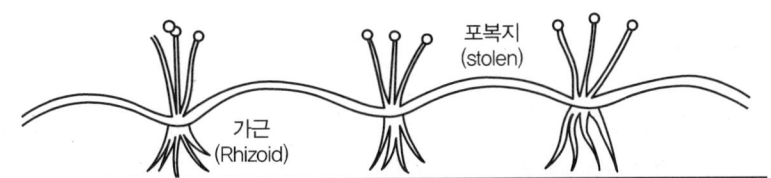

3. 주요 조상균

1) *Mucor* 속(털곰팡이)

솜털 모양의 집락, 가근과 포복지가 없으며 포자낭병에 따라 분류한다.

```
              ┌ monomucor : 가지모양으로 분기한 것
     Mucor  ─┼ racemomucor : 포도상으로 분기한 것
              └ cymomucor : 가축상으로 분기한 것
```

① *Monomucor* : *Mocor mucedo*(과일, 채소, 마분곰팡이), *Mucor himalis*
② *Racemomucor* : *Mucor racemosus*, *Mucor pusillus*(응유효소인 rennet 생산)
③ *Cymomucor* : *Mucor rouxii*

2) *Rhizopus* 속(거미줄곰팡이)

가근과 포복지가 있으며 포자낭병이 가근에서 나온다.

① *Rhizopus nigricans*(빵곰팡이) : 집락은 회흑색, 접합포자 형성, 고구마 연부병
② *Rhizopus japonicus* : Amylo균, 전분당화력 강함
③ *Rhizopus delemar* : 당화효소(glucoamylase) 생산

3) *Absidia* 속(활털곰팡이)

- *Rhizopus*와 유사하지만 포복지 중간에서 포자낭병이 나온다.
- *Absidia corymbifera* : 누룩, 고량주 곡자에서 분리, 전분 분해력 강함

4) *Thamnidium* 속(가지곰팡이)

4 자낭균류

1. 자낭균류의 특징

① 균사에 격막이 있는 순정균류이다.
② 무성생식 – 분생포자, 유성생식 – 자낭포자
③ 무성생식 시 분생포자병 끝에 정낭 또는 경자를 형성하여 분생포자를 외생한다.
④ 유성생식 시 자낭 속에 보통 8개의 자낭포자를 내생한다.
⑤ 무성세대(불완전균류) : *Aspergillus, Penicillium, Monascus, Neurospora*
 유성세대 : *Saccharomyces, Schizosaccharomyces*와 같은 효모는 4개의 자낭포자 형성

2. 자낭균류의 분류

① 집락 색깔 : *Aspergillus* – 황록색, *Penicillium* – 청록색, *Monascus* – 적홍색, *Neurospora* – 오렌지색
② 포자 형태가 다르다.

3. 주요 자낭균

1) *Aspergillus* 속(누룩곰팡이)

- 병족세포(foot cell) 위로 분생자병이 자라며 끝에 있는 정낭에서 분생포자가 외생한다.
- amylase, protease 생산 능력이 강해 탁주, 간장, 된장 발효에 이용한다.

① *Aspergillus oryzae*(황국균) : 전분 당화력, 단백질 분해력이 강해 **청주, 된장, 간장** 제조에 이용
② *Aspergillus niger*(흑국균) : 집락은 흑색, 전분당화력(β-amylase)이 강하고 당액을 발효하여 구연산 등 유기산 발효공업에 이용
③ *Aspergillus sojae* : 집락은 녹색 또는 황갈색, 단백질 분해력 강하여 간장 양조에 이용
④ *Aspergillus tamari* : 일본식 된장 제조, Kojic acid 생성
⑤ *Aspergillus kawachii*(백국균) : 집락은 백색 또는 담황색, 탁주 제조에 이용
⑥ *Aspergillus flavus* : 곡물, 땅콩 등에 번식하여 Aflatoxin이라는 발암물질 생성

2) *Penicillium* 속(푸른곰팡이)

- 집락은 청록색, 분생자병 끝에 정낭이 없이 기저경자에 분생포자가 외생한다.
- Penicillin, 치즈 제조 등에 유용한 곰팡이와 황변미 곰팡이 등 유해한 것이 있다.
- 경자의 추상체(penicillus)에 따라 분류한다.

penicillus	symmetrica	monoverticillata(단윤생)
		biverticillata(쌍윤생)
	Asymmetrica	polyverticillata(다윤생)

① *Penicillium chrysogenum* : 항생제 penicillin 생산(포자 : 타원형)
② *Penicillium notatum* : 항생제 penicillin 생산(포자 : 구형)
③ *Penicillium roqueforti* : Roqueforti 치즈 숙성과 향미에 관여
④ *Penicillium camemberti* : 까망베르 치즈의 숙성에 관여
⑤ *Penicillium citrinum* : 황변미 원인균, 신장독소 citrinin 생성
⑥ *Penicillium expansum* – 사과 부패균
   Penicillium italicum, *Penicillium digitatum* – 감귤류 부패균
⑦ *Penicillium glaucum* : 사과산, 주석산, 구연산 등 유기산 생산

3) *Monascus* 속(홍국곰팡이)

① *Monascus purpureus* : 쌀로 홍국을 만들어 **홍주** 제조
② *Monascus anka*
  - 홍국, 홍유부 제조
  - 과즙 청징제 제조

4) *Neurospora* 속(붉은곰팡이)

① *Neurospora sitophila* : 무성포자, 비타민 A 원료로 이용
② *Neurospora crassa* : 미생물 유전학 연구재료

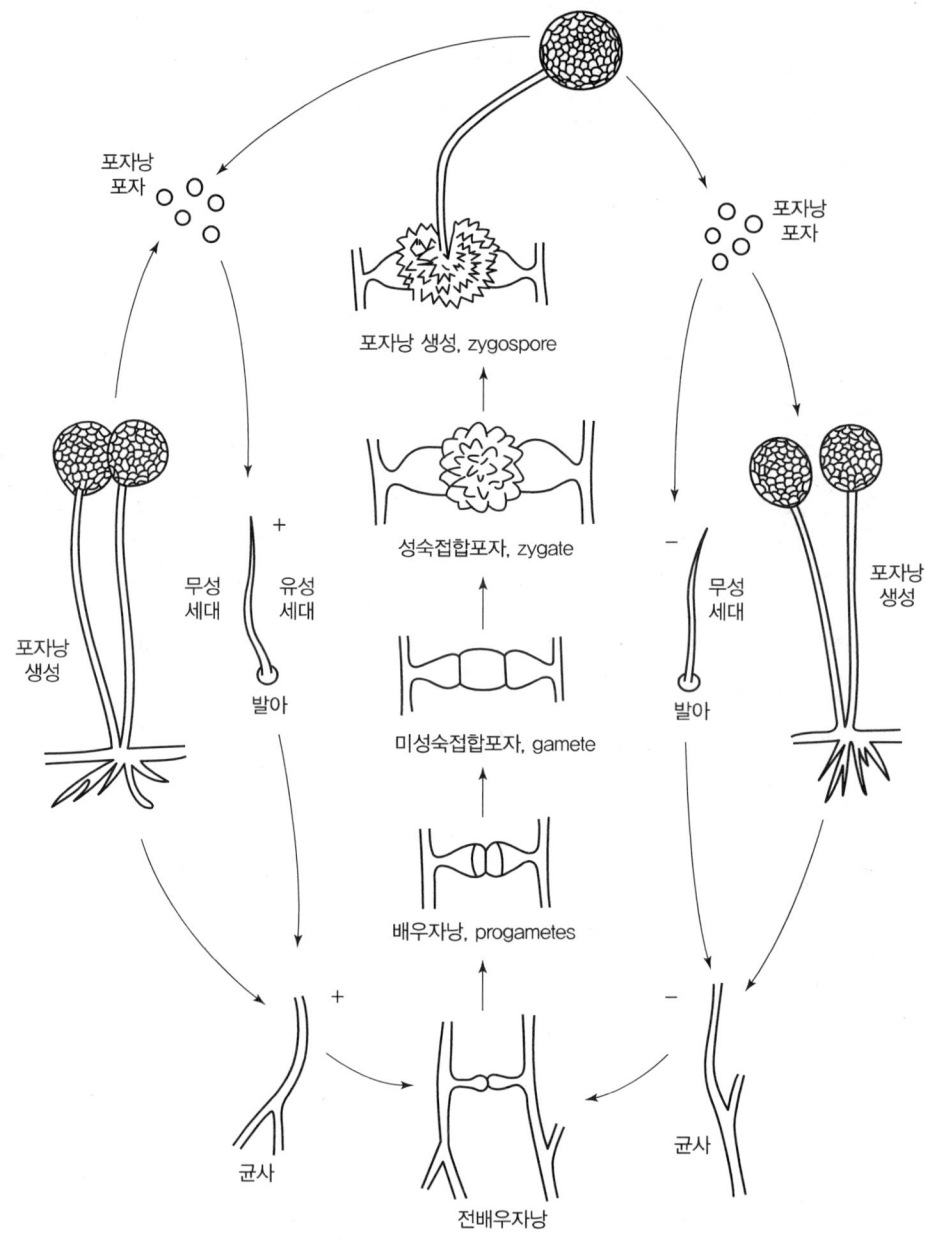

| *Rhizopus* 속 생활환 |

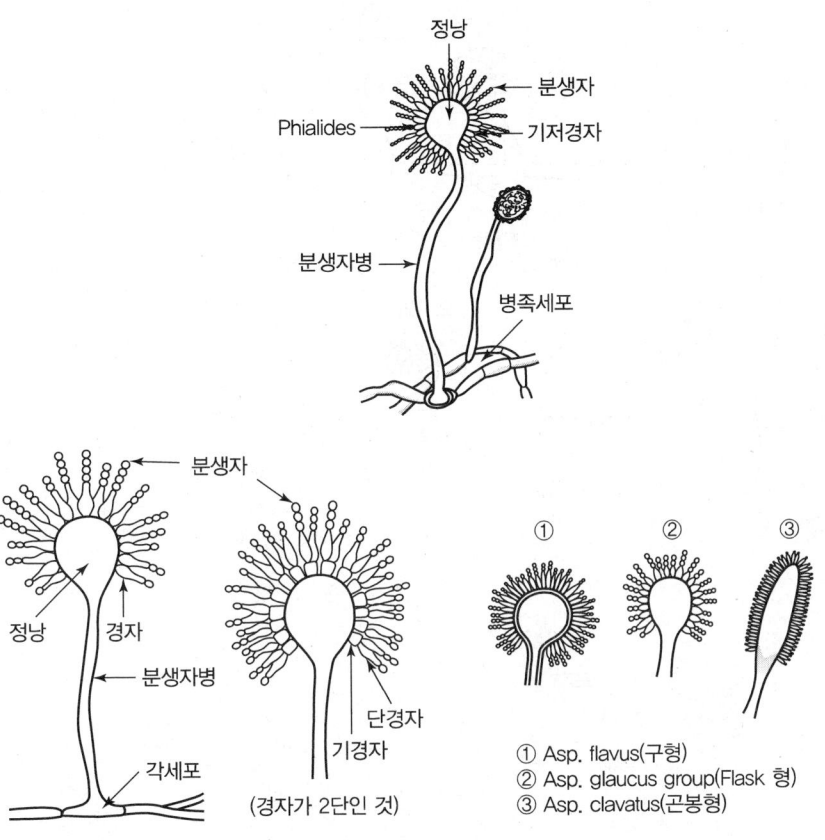

Aspergillus 속

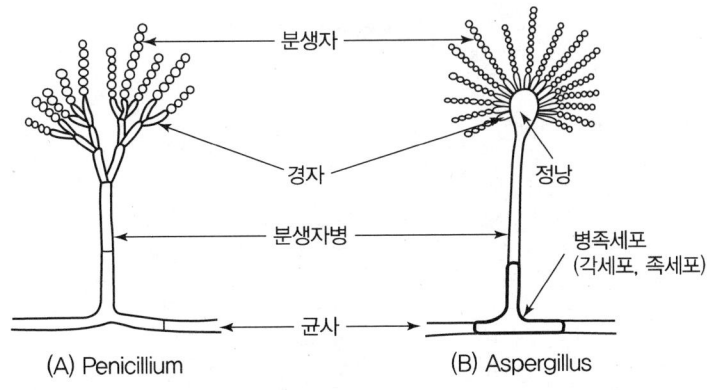

*Penicillium*과 *Aspergillus* 속 비교

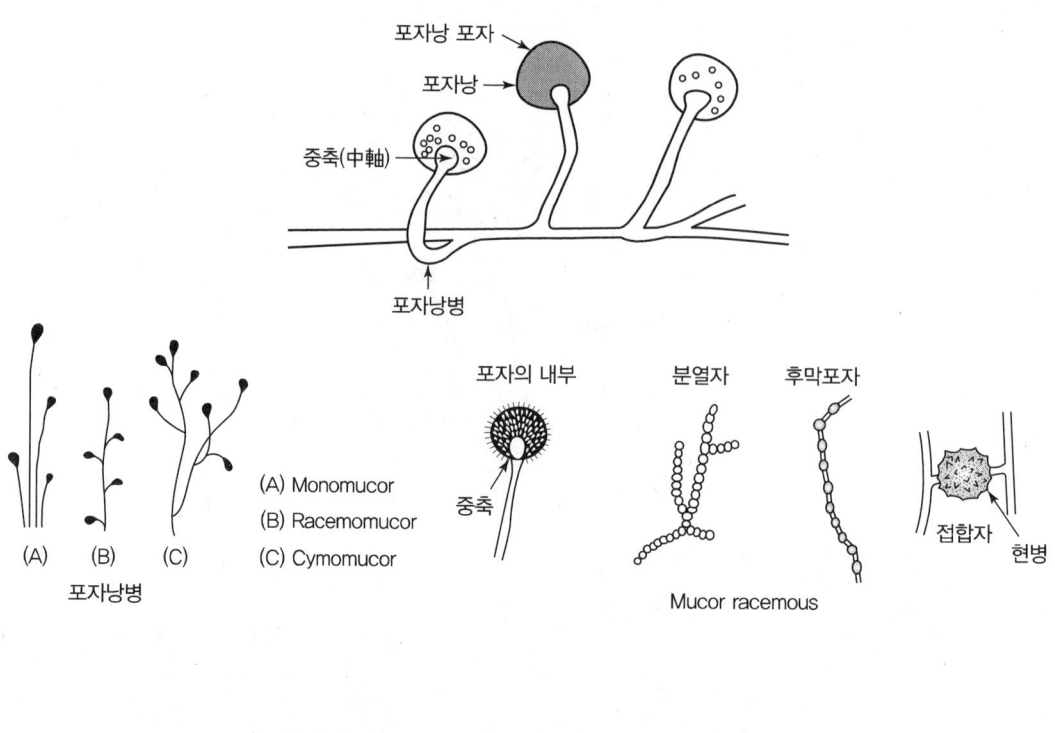

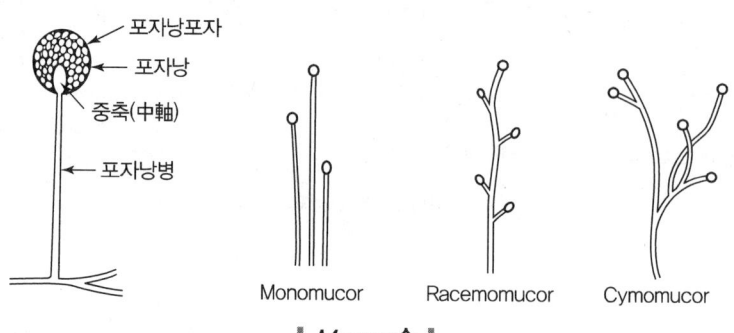

| Mucor 속 |

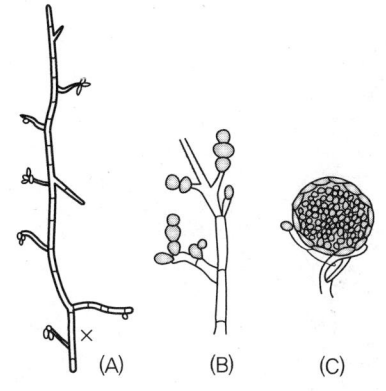

(A) 분생자에서 생성된 어린균사 측지 끝에 폐자기 착생 (B) 분생자를 생성하는 균사 (C) 폐자기

‖ *Monascus*(홍국곰팡이) 속 ‖

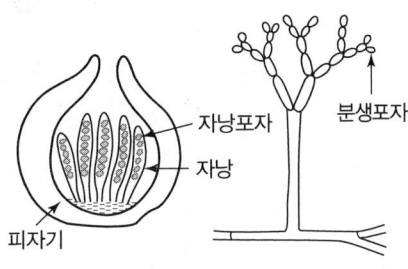

‖ *Neurospora*(붉은곰팡이) 속 ‖

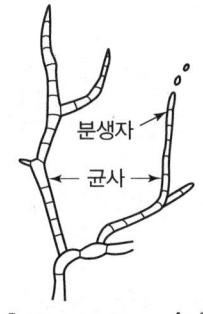

‖ *Geotrichum* 속 ‖

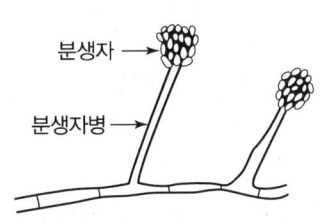

‖ *Cephalosporium* 속 ‖

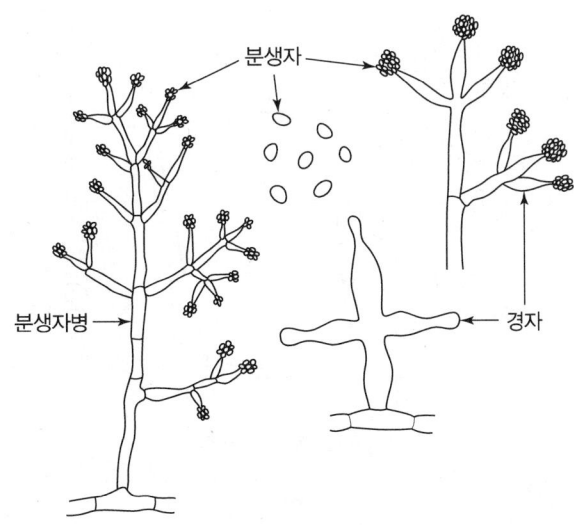

‖ *Trichoderma* 속 ‖

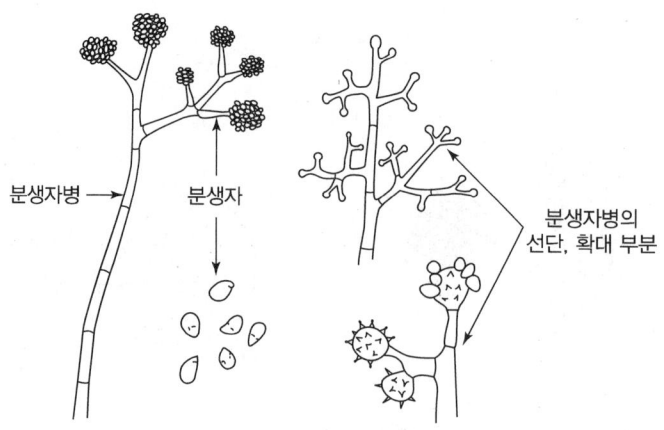

| Botrytis 속 |

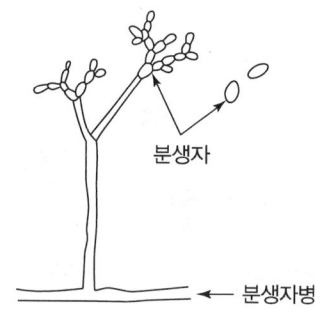

| Cladosporium 속 |

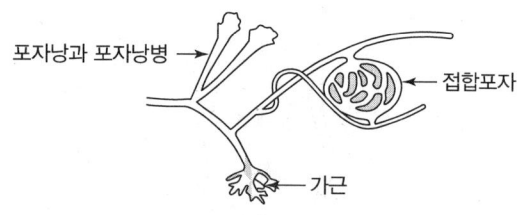

| Absidia(활털곰팡이) 속 |

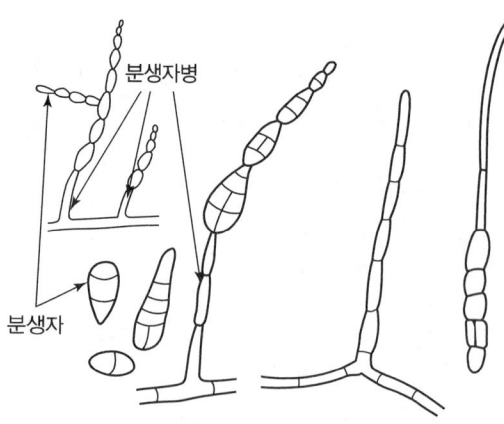

| Alternaria 속 |

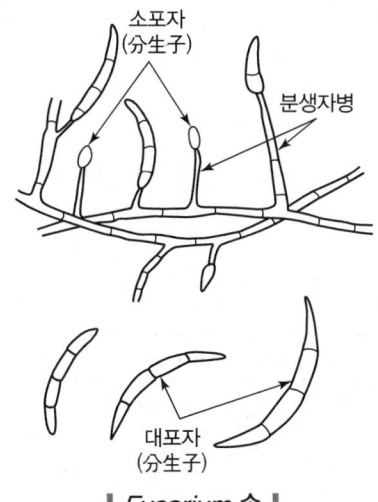

| Fusarium 속 |

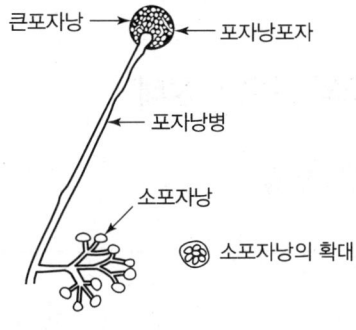

| Thamnidium 속 |

CHAPTER 03 효모(yeast)

1 효모의 분류와 형태

1. 효모의 분류

효모	유포자 효모	자낭포자효모(ascosporogenous yeast)
		담자포자효모(basidiosporogenous yeast)
		사출포자효모(ballistosporogenous yeast)
	무포자 효모	

① 효모의 무성생식
- 출아법, 분열법, 무성포자(단위생식, 위접합, 사출포자, 분절포자, 후막포자)

② 효모의 유성생식
- 동태접합, 이태접합

2. 효모의 형태

① 난형(cerevisiae type) : *Saccharomyces cerevisiae* (맥주효모)
② 타원형(ellipsoideus type) : *Saccharomyces ellipsoideus* (포도주효모)
③ 구형(torula type) : *Torulopsis colliculosa*
④ 레몬형(apiculatus type)
⑤ 소시지형(pastorianus type)
⑥ 삼각형(trigonopsis type)
⑦ 위균사형 : *pseudomycelium*

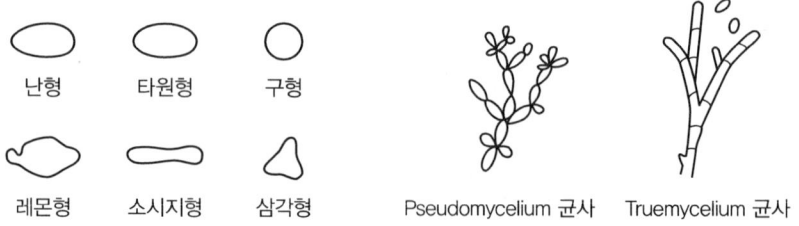

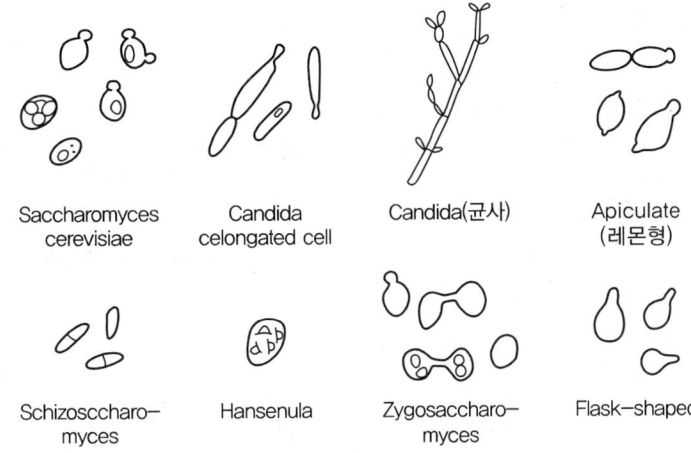

| 효모의 형태 |

2 효모의 세포구조와 기능

① 세포벽 : 두께 0.1~0.4μm
② 세포막 : 반투막으로 되어 있으며 물질의 이동에 관여
③ 세포질 : 단백질을 함유
④ 세포핵 : 핵산(nucleic acid)
⑤ 미토콘드리아 : 에너지 생산
⑥ 저장립 : 영양분 저장기관
⑦ 액포 : 노폐물 저장

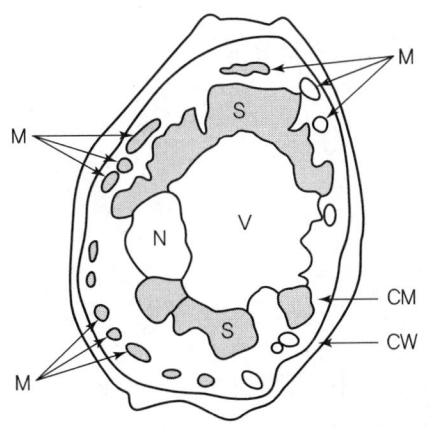

N : 핵(核, Nucleus)
V : 액포(液胞, Vacuole)
S : 저장립(貯藏粒, Granule)
M : Mitochondria
CM : 세포막(細胞膜, cytoplasmic membrane)
CW : 세포벽(細胞膜, cell wall)

| 효모의 구조 |

3 효모의 증식

대부분의 효모는 출아법(budding)에 의하여 증식

효모 증식	출아법(budding)	양극출아-*Nadsonia* 속, *Kloeckera* 속, *Hanseniaspora* 속
		다극출아-*Saccharomyces* 속
	분열(fission)-*Schizosaccharomyces* 속	
	출아분열(budding-fission)-*Sacchromycodes* 속	

1. 출아법(budding)

효모가 성숙되면 싹(bud)이 발생하여 한 개의 효모세포가 되어 떨어진다. 출아의 위치에 따라 두 가지로 나뉜다.

① 양극출아(bipolar budding) : 양쪽 끝에서 출아

낭세포(Daughter Cell)
모세포(Mother Cell)

② 다극출아(multilateral budding) : 효모세포의 여러 곳에서 출아

2. 분열법(fission)

① 세포 중앙에 격막이 생겨 두 개의 세포로 분열하는 방법
② 분열효모(fission yeast)라 한다.
③ *Schizosaccharomyces*

3. 출아분열법(budding-fission)

① 출아와 분열을 동시에 하는 효모
② 출아 후 모세포와 딸세포 사이에 격막이 생겨서 분열되는 효모이다.
③ 분열법이나 출아분열법 모두 출아법에 해당된다.

4. 균사가 있는 경우

① 위균사(Pseudomycelium) : 출아된 세포가 길게 자라 균사 모양이 됨
② 진균사(truemycelium) : 가늘고 긴 효모세포에 격막이 생겨 진균사로 구별됨
③ 효모 균사는 곰팡이 균사와 다르다.

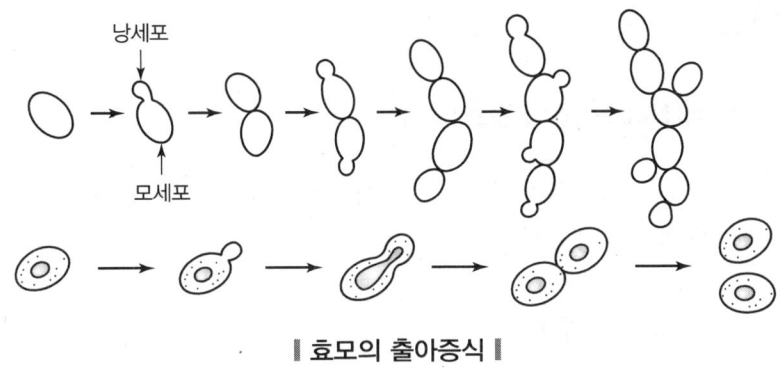

∥ 효모의 출아증식 ∥

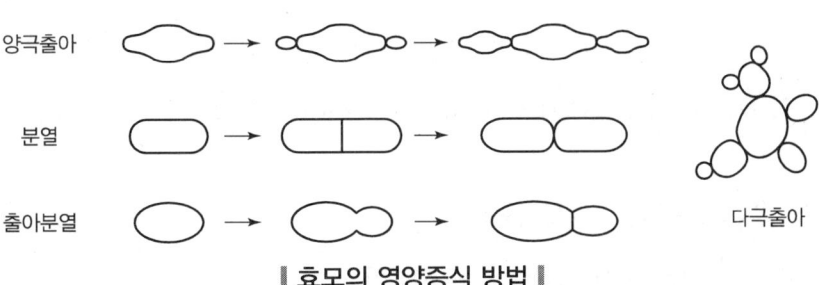

∥ 효모의 영양증식 방법 ∥

4 효모의 포자

효모는 포자를 형성하는 유포자 효모와 효모를 형성하지 않는 무포자 효모로 크게 나눈다.

1. 1배체 효모(haploid yeast)

① 모세포와 딸세포가 접합하여 포자 형성
② *Schizosaccharomyces, Debaryomyces, Nadsonia*

2. 2배체 효모(diploid yeast)

① 접합하여 포자를 형성하고 감수분열로 2배체 포자를 형성
② 세포 속 접합(*Saccharomycodes*), 세포 밖 접합(*Saccharomyces*)

5 효모의 발효

1. 효모의 발효형식(Neuberg의 발효형식)

효모는 같은 효모라도 산소의 유무에 따라 발효형식이 달라지는데 이를 Neuberg의 발효형식이라고 하며, 다음 세 가지 형식이 있다.

1) 혐기적 발효(alcohol 발효)

   ① 주류 생산에 이용
   ② 1 포도당이 2 ethyl alcohol, 2 이산화탄소, 58cal, 2 ATP 생성

   $$C_6H_{12}O_6 \xrightarrow[\text{혐기적}]{\text{효모}} 2C_2H_5OH + 2CO_2 + 58cal + 2ATP$$

2) 호기적 발효(호흡작용, 산화작용)

   ① 1 포도당이 6 CO_2, 6 H_2O, 686cal, 38 ATP 생성

   $$C_6H_{12}O_6 + 6O_2 \xrightarrow[\text{호기적}]{\text{효모}} 6H_2O + 6CO_2 + 686cal + 38ATP$$

   ② 혐기적 발효, 호기적 발효를 Neuberg의 **제1발효형식**이라고 한다.

3) Neuberg의 제2발효형식 및 제3발효형식

   ① 혐기적 발효 시 알칼리를 첨가하면 알코올 생성이 줄고 glycerol 생성
   ② 첨가 알칼리 종류에 따라 glycerol 이외의 생성 물질이 달라진다.
   ③ 일반적으로 효모에 의한 혐기적 알코올 발효 시 약간의 glycerol이 부생(副生)된다.
   ④ glycerol을 대량 생산하기 위해서는 알칼리를 첨가하여 배지의 액성을 알칼리성으로 만들어야 한다.

⑤ 제2발효형식 : 중탄산나트륨, 제2인산나트륨 첨가

⑥ 제3발효형식 : 아황산나트륨 첨가

$$2C_6H_{12}O_6 \xrightarrow[Na_2HPO_4]{\text{효모}\atop NaHCO_3} 2C_3H_5(OH)_3 + CH_3COOH + C_2H_5OH + 2CO_2$$
$$\text{(glycerol)} \quad \text{(acetic acid)}$$

$$C_6H_{12}O_6 \xrightarrow[H_2O,\ Na_2SO_3]{\text{효모}} C_3H_5(OH)_3 + CH_3CHO + CO_2$$
$$\text{(acetaldehyde)}$$

6 효모의 분류

1. 용도에 따른 분류

① 맥주효모(brewer's yeast)
- 상면발효효모(top yeast) : 독일, 영국
- 하면발효효모(bottom yeast) : 독일, 일본, 한국

② 청주효모(sake yeast) : 청주

③ 포도주효모(wine yeast)
- 백포도주(white wine) : 껍질을 제거한 상태로 발효
- 적포도주(red wine, sweet wine) : 껍질이 있는 상태로 발효

④ 알코올효모(alcohol yeast)

⑤ 빵효모(baker's yeast)

⑥ 간장효모(soysauce yeast)

⑦ 사료효모(fodder yeast)

⑧ 석유효모(petroleum yeast)

▼ 효모의 분류학상 위치

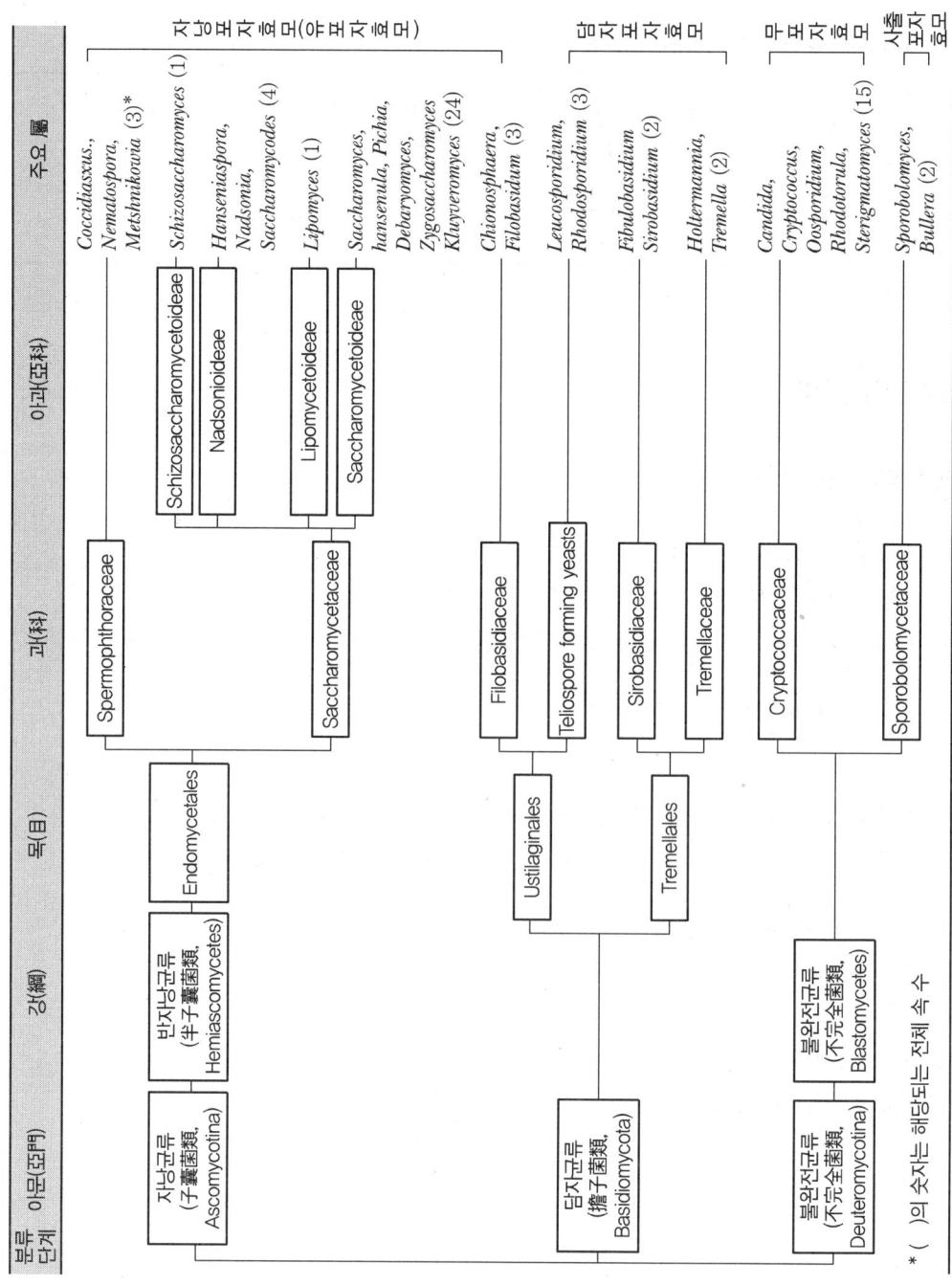

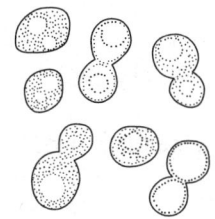
| *Saccharomyces cerevisiae* |

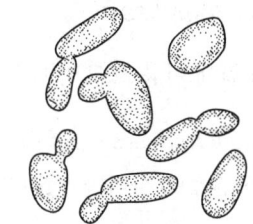
| *Saccharomyces ellipsoideus* |

2. 특징에 따른 분류

① 적색효모(red yeast) : *Rhodotorula, Sporobolomyces*
② 산막효모(film yeast) : *Candida, Hansenula, Debaryomyces, Pichia*
③ 유지효모(liquid yeast) : *Lipomyces, Rhodotorula*(60% 유지분)
④ 석유효모(petroleum yeast) : *Candida*
⑤ 병원성 효모(pathogenic yeast) : *Cryptococcus*-중추신경, *Candida*-피부병

7 효모의 종류

1. 유포자효모(Ascosporogenous yeasts)

1) *Schizosaccharomyces* 속

분열증식

[*Schizosaccharomyces pombe*]
① 아프리카 pombe 술, 알코올 발효능이 크다.
② glucose · sucrose · maltose 발효, mannose는 발효하지 못 함
③ gelatin을 용해. 상면효모

2) *Saccharomycodes* 속

[*Saccharomycodes ludwigii*]
① 떡갈나무 수액에서 분리, glucose · sucrose 발효, maltose는 발효하지 못 함
② 질산염을 동화하지 않는다.

3) *Saccharomyces* 속

발효공업에 이용 효모의 대부분, 세포는 구형·난형·타원형, 다극출아

① *Saccharomyces cerevisiae* : 영국 맥주 상면효모, thiamine 합성 약용효모
- 맥주효모(상면발효효모)
- 포도주효모(*Saccharomyces ellipsoideus*)
- 청주효모(*Saccharomyces sake*)
- 주정효모(당밀의 주정발효, *Saccharomyces formosensis*)
- 빵효모

② *Saccharomyces carlsbergensis* : 맥주 하면발효, *Saccharomyces uvarm*에 통합
③ *Saccharomyces pastorianus* : 난형 또는 소지형, 혼탁 유해효모
④ *Saccharomyces diastaticus* : 녹말을 분해하는 효모, 맛을 싱겁게 하는 유해효모
⑤ *Saccharomyces coreanus* : 우리나라 약주에서 분리된 효모, gelatin을 용해하지 않음
⑥ *Saccharomyces maliduclaux* : 사과주에서 분리한 상면효모
⑦ *Saccharomyces ragilis*와 *Saccharomyces lactis* : Lactose 발효, Kefir·마유주에서 분리
⑧ *Saccharomyces rouxii*와 *Saccharomyces mellis* : 내삼투압성 효모, 간장의 주 발효효모

4) *Zygosaccharomyces* 속

내염성, 내당성이 크다.

① *Zygosaccharomyces major*와 *Zygosaccharomyces soyae* : 간장 제조 하면효모, 내염성
② *Zygosaccharomyces salsus* 와 *Zygosaccharomyces joponicus* : 간장곰팡이, 유해효모

5) *Kluyveromyces* 속

젖당발효효모

6) *Pichia* 속

① 산막효모, 유해균, 구형, 모자형, 방추형
② *Pichia membranaefaciens* : 맥주, 포도주 유해균, 알코올 분해

7) *Hansenula* 속

① 알코올에서 에스테르 생성
② *Hansenula anomala* : 모자형 포자, 일본 청주의 방향성에 관여하는 청주 후숙 효모

8) *Debaryomyces* 속

① 표면 돌기 포자, 내염성 산막효모, 내당성
② *Debaryomyces hansenii* : 치즈, 소시지 등에서 분리

9) *Lipomyces* 속

Lipomyces starkeyi : 유지 생성균

2. 무포자효모(asporogenous yeasts)

1) *Cryptococcus* 속

구형, 난형, 출아 증식

① *Cryptococcus neoformans* — 병원성 효모
② *Cryptococcus laurentii* — Carotenoid 색소 생성
③ *Cryptococcus albidus* — pectinase 생성

2) *Candida* 속

구형, 난형, 원통형, 산막효모

① *Candida utils* — 사료효모, inosinic acid의 원료
② *Candida tropicalis* — 사료효모, 단백질 제조용 석유효모
③ *Candida lipolytica* — 강한 탄화수소 자화성, 석유효모

3) *Rhodotorula* 속

Carotenoid 색소 생성, 적색 효모, 발효능 없음

[*Rhodotorula glutinis*]
50% 지방 축적, *Lipomyces* 속과 함께 유지 생산균

4) *Torulopsis* 속

　난형, 구형, 식품 변패 원인

　[*Torulopsis versatilis*와 *Torulopsis etchellsi*]
　호염성, 간장 방향성 관련 후숙효모

3. 담자균류 효모

Rhodsporium, Leucosporium

세균(bacteria)

1 세균의 특징

원핵세포이며 분열법으로 증식한다.

1. 세균의 형태

보통 수 μm~수십 μm의 크기, 형태는 구균(coccus), 간균(bacillus), 나선균(spirillum)

1) 구균(coccus, cocci)

단구균(monococcus)	
쌍구균(diplococcus)	
4연구균(tetracoccus pediococcus)	
8연구균(octacoccus, sarcina)	
연쇄알균(streptococcus)	
포도알균(staphylococcus)	

2) 간균(bacillus)

단간균(short rod bacteria)	길이가 폭의 2배 이하
장간균(long rod bacteria)	길이가 폭의 2배 이상
방추형(clostridium)	
주걱형(plectridjum)	
호상형(vibrio)	

3) 나선균(spirillum)

spring type	
spirillum type	

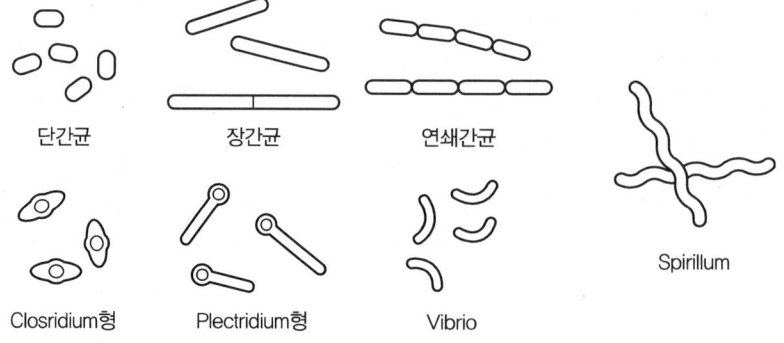

❚ 구균의 분열형태 ❚

❚ 간균 및 나선균의 형태 ❚

2. 세균의 구조

▼ 세균 세포구조의 특징

형태	기능	구성
편모	운동	단백질(flagellin), 9+2 구조
선모	DNA 등의 물질 이동과 부착	단백질(pilin)
협막(또는 점질층)	건조 등 유해 인자로부터 세포 보호	다당류나 폴리펩타이드
세포벽	세포의 기계적 보호	peptidoglycan, teichoic acid, lipopolysaccharide 등
세포막	투과 및 수송능	인지질 이중층
메소솜(mesosome)	호흡기관	단백질과 지질
리보솜(ribosome)	단백질 합성	RNA와 단백질
핵양체	유전물질	대부분 DNA

1) 편모(flagellum, flagella)

세균의 운동기관, 중앙에 2개 바깥쪽에 9개의 단백질 구조

2) 선모(pillus, pili)

DNA 등 물질 이동 역할과 부착기능

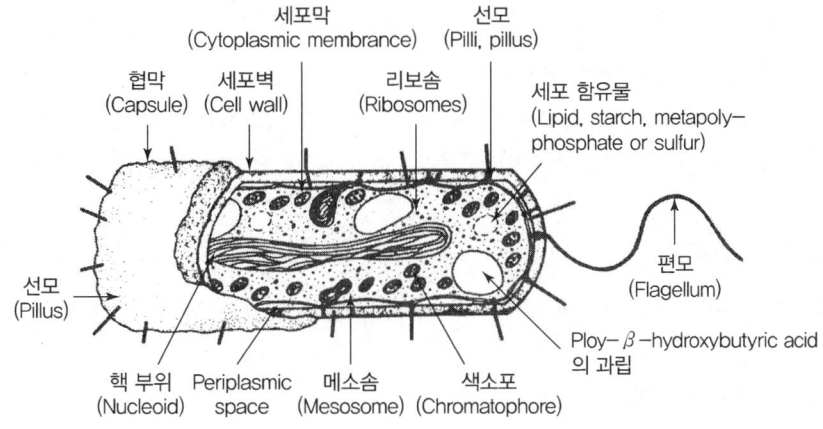

| 세균의 세포구조 |

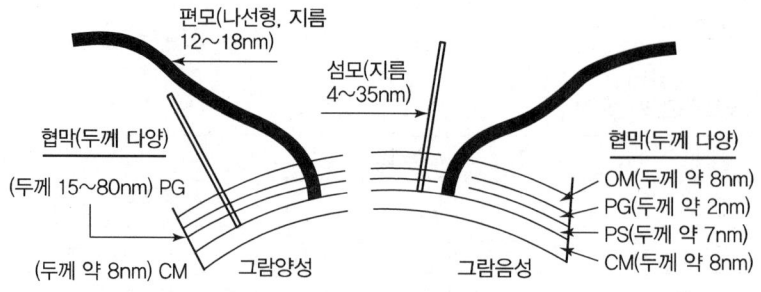

그람양성균과 그람음성균의 구조

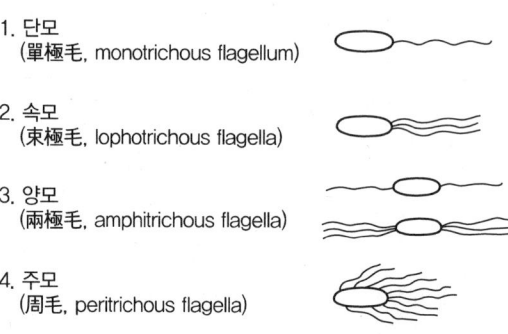

편모의 종류와 형태

3) 세포벽(cell wall)

① 세균의 특징적 구조로 외부의 강도를 부여

② 주성분인 **peptidoglycan**, teichoic acid, lipopolysaccharide 등으로 구성

③ 그람양성균(G+)은 20여 층의 peptidoglycan과 teichoic acid 등으로 구성되어 크리스탈 바이올렛에 의해 **보라색으로 염색**

④ 그람음성균(G-)은 2~3층의 peptidoglycan과 lipopolysaccharide로 구성 그람염색 시 95%알코올에 탈색되어 대비 염색인 SafraninO에 의해 **붉은색으로 염색**

4) 협막(capsule)

세포벽을 싸고 있는 점질물질(slime), 성분은 주로 다당류(polysaccharide)

5) 세포막(cell membrance)

① 인지질 이중층 구성

② 반투과성 막으로 삼투압에 영향을 미친다.

③ 물질 이동에 관여한다.

6) 리보솜(Ribosome)

① 단백질 합성기관
② rRNA와 단백질로 구성
③ 30S + 50S로 구성(S는 원심분리 침강계수)

7) 핵양체

① 원형으로 되어 있는 하나의 DNA로 유전정보를 가진다.
② 핵이 없어 덩어리 형태로 모여 있다.

3. 세균의 포자

① 3가지 형태가 있다.
- Bacillus형 : 간균의 형태 변화가 없는 것
- Clostridium형 : 방추형으로 중간이 부푼 형태
- Plectridium형 : 주걱형으로 한쪽이 부푼 형태

② 내생포자로 DPA(dipicolinic acid)와 Ca^{2+}에 의해 내열성을 가진다.
③ 세균 포자는 진균류 포자(곰팡이, 효모)보다 저항성이 크다.

4. Gram 염색(Gram stain)

① crystal violet(1분) − Lugol 액 매염 − 95% 알코올 탈색(30초) − SafraninO(1분) 대비염색
② 보라색으로 염색된 세균 : Gram 양성, 붉은색으로 염색된 세균 : Gram 음성

5. 세균의 분류기준

① Gram 염색
② 편모의 유무와 종류
③ 포자 형성 유무
④ 산소요구성
⑤ 형태(모양, 크기, 색깔)

▼ 그람 양성균과 그람 음성균의 종류

그람염색	형태	산소 요구성	특성	종류
그람 양성균 G(+)	구균	미호기성	젖산균	Streptococcus
				Leuconostoc
		호기성	당 분해능 약함	Micrococcus
				Staphylococcus
				Planococcus
			포자 형성	Sporosarcina
	간균	미호기성	젖산균	Lactobacillus
			propionic acid 발효	Propionibacterium
		호기성		Corynebacterium
				Arthrobacter
			포자 형성	Bacillus
		혐기성	포자 형성	Clostridium
그람 음성균 G(−)	구균	호기성		Neisseria
		혐기성		Veilonclla
	간균	통성 혐기성	당을 분해하여 산과 가스 생성	Escherichia
				Erwinia
				Enterobacter
				Serratia
		호기성	질소 고정	Azotobacter
				Rhizobium
				Agrobacterium
				Achromobacter
				Alcaligenes
				Flavobacterium
			알코올 산화 산 생성	Acetobacter
	나선균	호기성	콤마형, 내염성	Vibrio
		혐기성	나선형	Spirillum

▼ 그람 양성균과 그람 음성균의 세균

세균	G(+)	구균	편모 없음		포도상 구균, 연쇄상 구균
					폐렴 구균(협막)
		간균	편모 없음		디프테리아균, 젖산균, 결핵균, 나균
			포자 형성균	편모 있음	호기성 – 고초균
					혐기성 – 파상풍균, *Botulinus* 균
				편모 없음	호기성 – 탄저균
					혐기성 – *Welchii* 균
	G(−)	구균	편모 없음		임균, 골수염균
		간균	편모 있음		주모 – 대장균, *Salmonella* 균
					단모 – 녹농균
			편모 없음		이질균, 백일해균, 페스트균, 연성하감균
		나선균	콜레라, 장염비브리오		
		스피로헤타	매독, 트레포네마		

▼ 주요 식품세균의 분류

포자 형성균	간균		호기성		*Bacillus* 속
		혐기성	그람 양성		*Clostridium* 속
			그람 음성		*Desulfotomaculum* 속
	구균	*Sporosarcina* 속			
포자 비형성균	그람 양성	간균 운동성	Catalase 양성		*Arthrobacter* 속
					Corynebacterium 속
			Catalase 음성		*Lactobacillus* 속(당 발효)
		구균 비운동성	Catalase 음성 당 발효	가스 형성균	*Leuconostoc* 속
				가스 비형성균	*Steptococcus* 속
					Pediococcus 속
			Catalase 양성	당 발효	*Staphylococcus* 속
				당 비발효	*Micrococcus* 속

포자 비형성균	그람 음성	색소 생성	당 비발효	*Flavobacterium* 속 황·갈·적색 색소	
			당 발효	*Serratia* 속, oxidase 음성 적색 색소	
				Chromobacterium 속, 자색 색소	
		색소 비생성	비운동성	당 비발효	oxidase 양성, *Moraxella* 속
					oxidase 음성, *Acinetobacter* 속
			운동성	당 발효	*Vibrionaceae* 속, 단모, oxidase 양성, 호염성
					Enterobacteriaceae 속, 주모, oxidase 양성
				당 비발효 oxidase 양성	*Pseudomonas* 속, 단모
					Alcaligenes 속, 주모

2 주요 세균

1. 젖산균(lactic acid bacteria)

당을 발효하여 젖산을 생성하는 세균, G(+), 간균 또는 구균, 통성혐기성 또는 미호기성

1) Homo형

① 당을 발효하여 젖산만 생성

② 주요 균 : *Streptococcus* 속, *,Pediococcus* 속, *Lactobacillus* 속

  Lactobacillus acidophilus, Lactobacillus bulgaricus, Lactobacillus delbruekii, Lactobacillus casei, Streptococcus thermophilus, Lactobacillus homohiochii

---

젖산 : $CH_3CHOHCOOH$, $C_3H_6O_3$ 분자량 $\Rightarrow 12 \times 3 + 6 + 16 \times 3 = 90$

$$\begin{array}{c} H \quad H \\ | \quad\ | \\ H-C-C-COOH \\ | \quad\ | \\ H \quad OH \end{array}$$

Homo형 $\underset{\text{Glucose}}{C_6H_{12}O_6} \rightarrow \underset{\text{Latic acid}}{2CH_3 \cdot CHOH \cdot COOH}$

2) Hetero형

① 당을 발효하여 젖산 이외에 초산, 에탄올, CO_2 등 생산

② 주요 균 : *Leuconostoc* 속, *Lactobacillus* 속

Lactobacillus brevis, Leuconostoc mesenteroides, Lactobacillus heterohiochii

$$\text{Hetero형} \quad \underset{\text{Glucose}}{C_6H_{12}O_6} \rightarrow \underset{\text{Lactic acid}}{2CH_3 \cdot CHOH \cdot COOH} + \underset{\text{Ethanol}}{C_2H_5OH} + CO_2$$

$$2C_6H_{12}O_6 \rightarrow \underset{\text{Lactic acid}}{2CH_3 \cdot CHOH \cdot COOH} + \underset{\text{Ethanol}}{C_2H_5OH} + \underset{\text{Acetic acid}}{CH_3COOH} + 2CO_2 + 2H_2$$

2. 초산균(acetic acid bacteria)

① 알코올을 산화하여 초산 생성, G(−), 호기성, 간균, 운동성 있는 것 또는 없는 것

② 주요 균 : *Acetobacter* 속, *Gluconobacter* 속

Acetobacter aceti(식초 제조), *Gluconobacter roseus*(글루콘산, 피막 형성)

$$C_2H_5OH + \frac{1}{2}O_2 \rightarrow CH_3COOH$$

$$C_2H_5OH + O_2 \rightarrow CH_3COOH + H_2O$$

③ 초산(acetic acid)

$$\begin{array}{c} H \\ | \\ H-C-COOH \\ | \\ H \end{array} \text{(분자량=60)}$$

④ 초산의 생성

$$\begin{array}{c} H \\ | \\ H-C-OH \\ | \\ H \end{array} \begin{cases} \text{Alcohol} \underset{\text{환원}}{\overset{\text{산화}}{\rightleftharpoons}} \text{Aldehyde} \underset{\text{환원}}{\overset{\text{산화}}{\rightleftharpoons}} \text{Acid} \\ \text{R-OH} \quad\quad \text{R-CHO} \quad\quad \text{R-COOH} \\ \\ \underset{\text{methyl alcohol}}{CH_3OH} \longrightarrow \underset{\substack{\text{formic aldehyde} \\ \text{알코올에 녹인 것} \\ \text{formalin}}}{\text{H-CHO(기체)}} \quad \underset{\text{formic acid}}{\text{H-COOH}} \\ \text{methanol} \end{cases}$$

$$\text{H}-\underset{\underset{\text{H}}{|}}{\overset{\overset{\text{H}}{|}}{\text{C}}}-\underset{\underset{\text{H}}{|}}{\overset{\overset{\text{H}}{|}}{\text{C}}}-\text{OH} \quad : \quad \underset{\text{ethanol}}{\text{C}_2\text{H}_5\text{OH}} \longrightarrow \underset{\text{acet aldehyde}}{\text{CH}_3-\text{CHO}} \longrightarrow \underset{\text{acetic acid}}{\text{CH}_3-\text{COOH}}$$

3. 프로피온산균(propionic acid bacteria)

① 당류를 젖산 발효하여 프로피온산 생성, G(+), 혐기성, 무편모, 단간균 또는 구균

② 주요 균 : *propionibacterium sheramanii*(건성 치즈), *propionibacterium freudenreichii*(비타민 B$_{12}$)

$$\text{H}-\underset{\underset{\text{H}}{|}}{\overset{\overset{\text{H}}{|}}{\text{C}}}-\underset{\underset{\text{H}}{|}}{\overset{\overset{\text{H}}{|}}{\text{C}}}-\underset{\underset{\text{O}}{\|}}{\text{C}}-\text{O}-\text{H}$$
propionic acid

4. 포자형성균

내생포자를 형성, 내구성이 강하여 고압증기 멸균 등으로 사멸

Bacillus, Clostridium, Desulfotomaculum, Sporolactobacillus, Sporosarcina

1) *Bacillus* 속

호기성 간균, 내생포자 형성, G(+), 탄수화물 분해능이 크다. 식품 오염의 주요 종

① *Bacillus subtilis*(고초균) : amylase와 protease 생산, 항생물질 subtilin 생산
② *Bacillus natto*(납두균) : 청국장 제조
③ *Bacillus coagulans* : 어육 · 소시지 부패균, 통조림 **평면산패**(flat sour) 원인균
④ *Bacillus mesentericus* : 감자, 고구마 부패균
⑤ *Bacillus stearothermophilus* : 고온균으로 병조림, 햄 부패균
⑥ *Bacillus anthracis* : 탄저병의 원인균
⑦ *Bacillus cereus* : 설사성 또는 구토성 식중독균

2) *Clostridium* 속

G(+), 편성혐기성, 무편모, 간균, 방추형 내생포자 형성

① *Clostridium botulinum* : 신경독소를 만드는 독소형 식중독균
② *Clostridium perfrigens* : 웰치균으로 알려진 감염독소형 식중독균

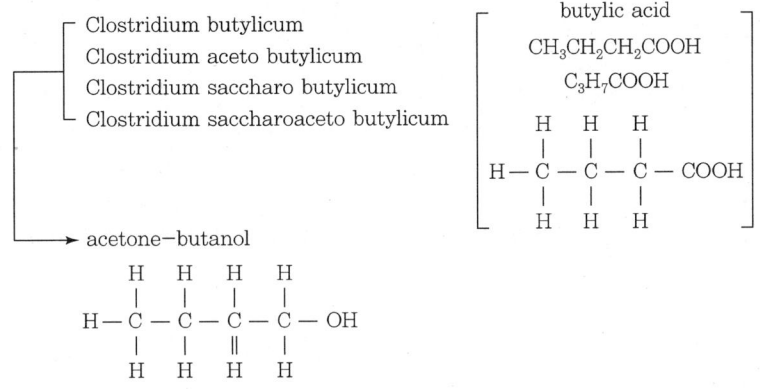

5. 부패세균

단백질 부패세균

1) 대장균군(coli form bacteria)

① 온혈동물 장내에 상재하는 세균
② 대표적인 대장균 *Escherichia coli*
③ G(−), 통성혐기성, 주모성 편모, 무포자 간균
④ lactose를 분해하여 산과 가스를 생성
⑤ 자체로 비병원성이나 검출 용이하고 자연에서 오래 생존하므로 분변오염지표균임
⑥ 대장균 검출로 **병원성 미생물**의 감염을 의심함

2) *Pseudomonas* 속

① G(−), 간균, 수생세균의 우점종, 저온균
② *Pseudomonas fluorescens* : 녹색 형광 색소 생산, 고미(쓴맛)유 원인
③ *Pseudomonas aeruginas* : 녹농균, 우유 청변의 원인

3) *Proteus* 속

① G(−), 간균, 부패물이나 토양에 존재, 주모성 편모, 강력한 단백질 부패균
② *Proteus morganii* : histamine 생성, 알레르기 유발, *Morganella morganii*로 명칭 변경

4) *Micrococcus* 속

① G(+), 구균, 호기성, 카로티노이드 색소 생성
② *Micrococcus halophiles* 호염성 균

5) *Serratia* 속

G(−), 간균, 운동성, 적색 색소 생성, 크기가 작아 세균여과기 검정 지표

CHAPTER 05 기타 미생물

1 방선균(actinomycetes)

1) 방선균의 성질
① 흙냄새의 원인, 토양 1g당 $10^4 \sim 10^6$개체 존재
② 항생물질 생산

2) 방선균의 형태
① 균사를 이용해 분생포자(conidiospore) 형성
② 종류에 따라 갈색, 분홍색, 청색, 회색 등의 집락 형성

3) 항생물질
방선균이 대사 중 2차 생산물로 생성, 세균의 세포벽 용해하여 사멸

┃ 방선균의 형태 ┃

▼ 항생물질

균주	항생물질
Streptomyces antibioticus	actinomycin
Streptomyces aureofaciens	chlorotetramycin, tetracycline
Streptomyces erythreus	erythromycin
Streptomyces fradiae	neomycin
Streptomyces griseus	streptomycin, cycloheximide, candicidin
Streptomyces kanamyceticus	kanamycin
Streptomyces nodosus	amphotericin B

균주	항생물질
Streptomyces noursei	nystatin
Streptomyces rimosus	oxytetracycline
Streptomyces venezuelae	chloramphenicol
Micromonospora echinospora	gentamicin
Micromonospora purpurea	

2 버섯류

1. 버섯의 분류와 형태

1) 버섯의 분류

① 자낭균류 버섯(사발버섯, 안장버섯)과 담자균류 버섯으로 분류하는데, 대부분 담자균류임
② 식용버섯, 약용버섯, 독버섯으로 분류

2) 버섯의 형태

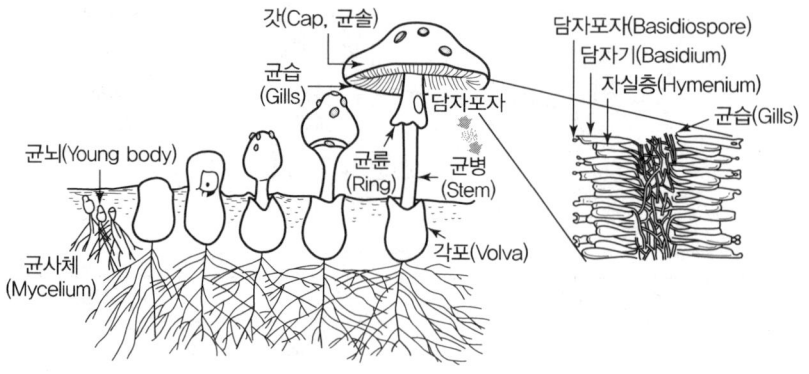

3) 버섯의 생활사

버섯은 2개의 다른 균사가 유성생식으로 결합하여 생성

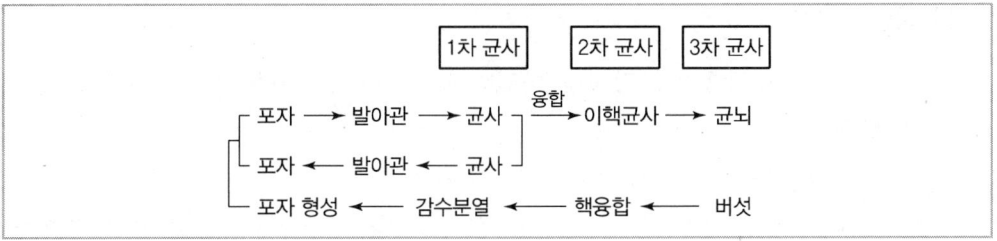

4) 버섯의 균사세대

① 1차 균사(haploid mycelium 또는 primary mycelium)
  1핵균사(무성세대) : 한 개의 균사 속에 한 개의 핵

② 2차 균사(diploid mycelium 또는 secondary mycelium)
  2핵균사 : 2개의 균사가 결합, 하나의 균사 속에 융합하지 않은 2개의 핵

③ 3차 균사(triploid mycelium)
  버섯 : 2차 균사가 버섯으로 발육, 식용버섯 채취 시기는 핵융합 전(핵융합 후 목질화)

2. 식용버섯

표고버섯, 송이버섯, 양송이버섯, 느타리버섯, 싸리버섯, 목이버섯, 팽이버섯 등

3. 독버섯

1) 독버섯 식별법(절대적인 기준은 아님)

① 색이 아름답고 선명한 것은 유독하다.
② 악취가 나는 것은 유독하다.
③ 줄기가 세로로 갈라지는 것은 무독하다.
④ 줄기에 턱이 있으면 유독하다.
⑤ 쓴맛, 신맛을 내고 즙이 나오면 유독하다.

⑥ 은수저를 검게 하면 유독하다.

※ 알광대버섯은 악취가 없고 세로로 갈라지지만 맹독성이다.

2) 독버섯 성분

① muscarine : 광대버섯, 땀버섯, 마귀광대버섯 – 신경장애형, 침흘림, 땀흘림, 환각, 경련, 심장마비
② neurine : 독버섯 – 설사, 경련, 마비, 호흡곤란
③ muscaridine : 광대버섯, 웃음버섯 – 신경장애형, 동공확대, 땀흘림, 환각, 경련, 혼수상태
④ phaline : 알광대버섯, 독우산광대버섯 – 구토·설사 등 콜레라형, 맹독성 용혈작용
⑤ amanitatoxin : 알광대버섯, 독우산광대버섯 – 구토·설사 등 콜레라형, 맹독성 용혈작용
⑥ psilocybin : 웃음버섯, 미치광이버섯 – 뇌증상형, 환각, 땀흘림, 갈증
⑦ pilztoxin : 광대버섯, 마귀버섯 – 뇌증상, 현기증, 경련
⑧ agaricic acid : 말굽잔나비버섯 – 위장염, 설사, 구토, 두통

3) 주요 독버섯 분류

① 콜레라형 : 알광대버섯, 마귀곰보버섯, 독우산광대버섯, 파리버섯
② 위장장애형 : 외대버섯, 화경버섯, 무당버섯, 붉은젖버섯
③ 신경장애형 : 광대버섯, 마귀광대버섯, 땀버섯
④ 혈액독형 : 마귀곰보버섯, 긴대안장버섯
⑤ 뇌증상 : 미치광이버섯, 외대버섯

3 조류(algae)

1. 조류의 특징

① 대부분 담수나 해수에서 생육하며 광합성으로 독립 영양 생활을 하는 하등식물의 총칭
② 잎, 줄기, 뿌리, 관상체가 없으며 유성생식, 무성생식을 한다.
③ 최근 화석연료의 대체 연료로 이용한다.

2. 조류의 분류

① 남조류는 원핵세포에 속한다.
② 해조류에 속하는 갈조류, 홍조류, 녹조류 등은 진핵세포인 원생생물이다.

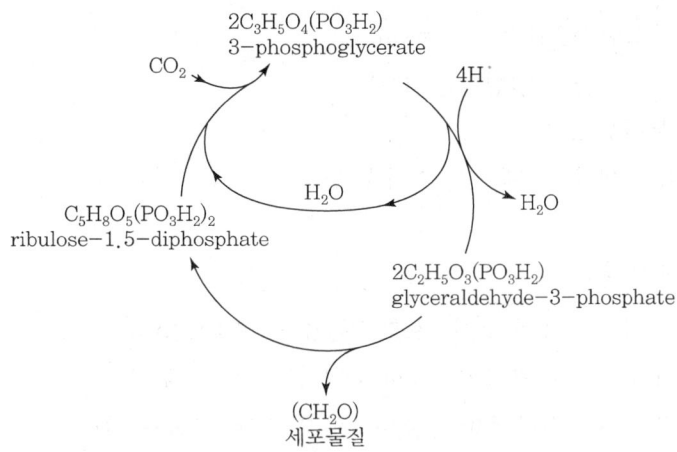

| 광합성 cycle |

▼ 주요 조류

분류	특징	종류
남조류(bule green algae)	고세균 같은 단세포형, 무성생식, 담수, 토양, 맛과 냄새 유발	Nostoc, Anabaena
규조류(diatoms)	단세포형, 규조토 생산, 무성생식, 유성생식, 담수, 염수, 토양	규조
녹조류(green algae)	무성생식, 유성생식, 담수, 토양	클로렐라, ellipsoidea, Chlamydomonas,
갈조류(brown algae)	단세포형, 무성생식, 유성생식, 염수	다시마, 미역, 톳
홍조류(red algae)	다세포형, 한천 생산, 무성생식, 유성생식, 염수	김, 우뭇가사리

4 파지류

1. Bacteriophage(phage)

1) phage의 특징

   ① 세균에 특이적으로 기생하는 virus
   ② 생물과 무생물 중간(번식만 가능)
   ③ 숙주 특이성 있음
   ④ 생체에 기생하며 식품에는 증식 못 함

2) Phage의 구조

   ① 단백질 외피와 그 안의 핵산으로 구성(DNA 또는 RNA)
   ② 꼬리의 spike로 세균의 세포벽에 결합하여 DNA를 주입
   ③ 주입된 DNA는 상황에 따라 숙주 DNA와 함께 동화(용원화)되거나
   ④ 증식 복제되어 세균을 용해시키고 탈출(용균화)

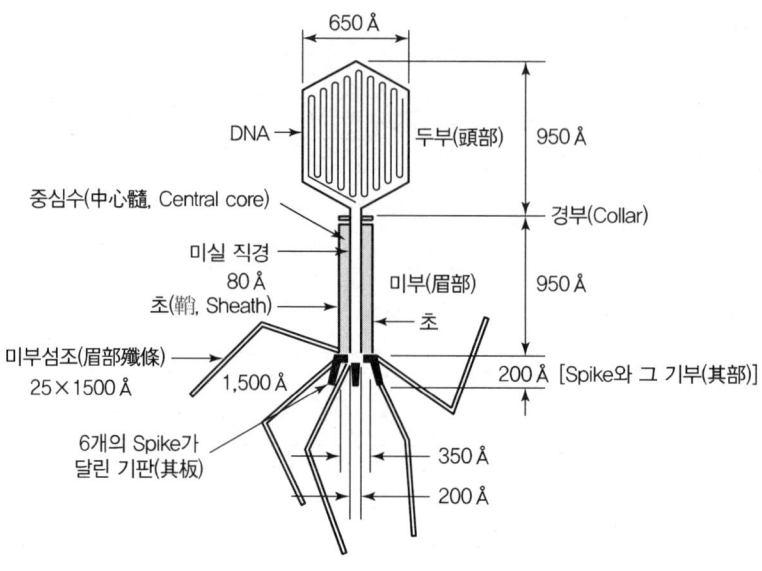

▌T-even phage(T짝수) 형태 ▌

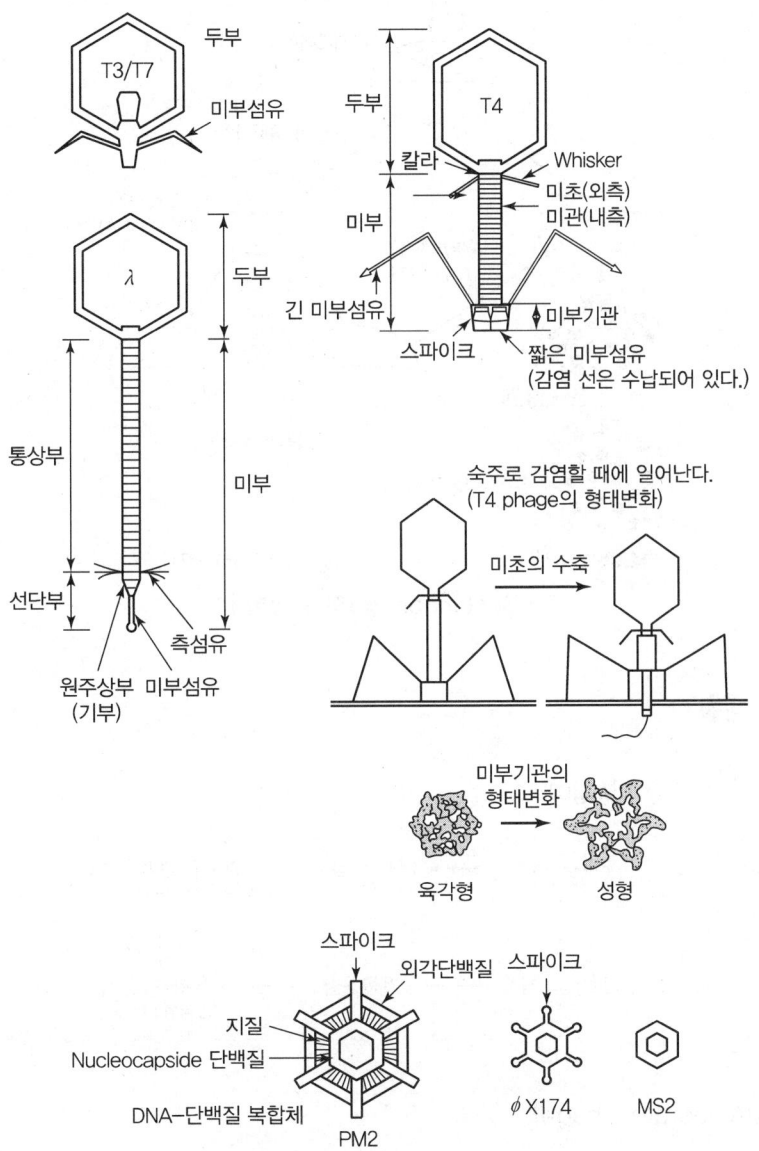

Bacteriophage의 형태

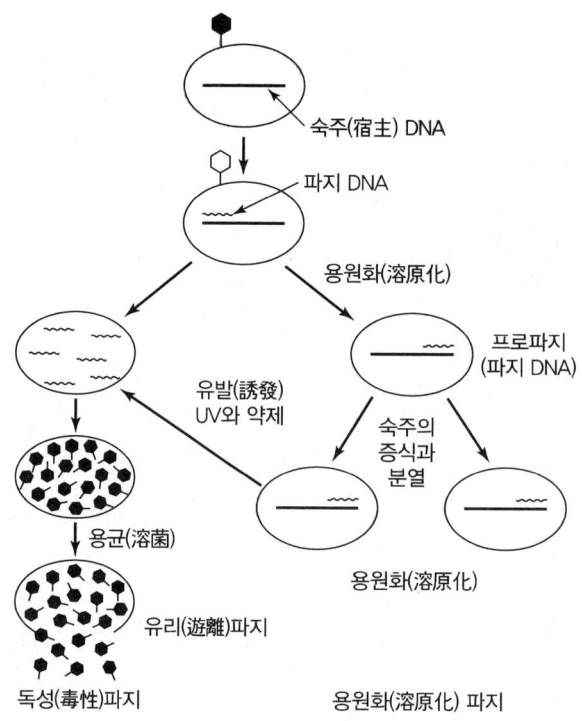

Bacteriophage의 용원화

2. Phage의 생활사

1) 용균화(virulento phage)

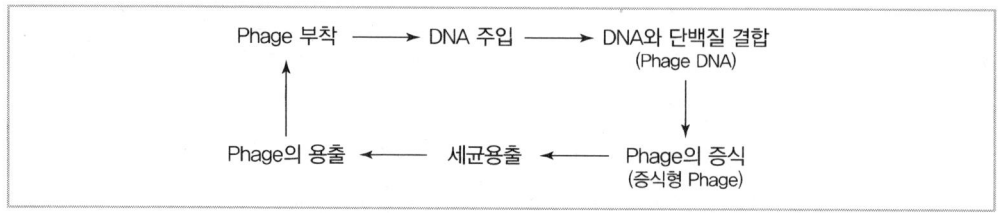

2) 용원화(temperate phage)

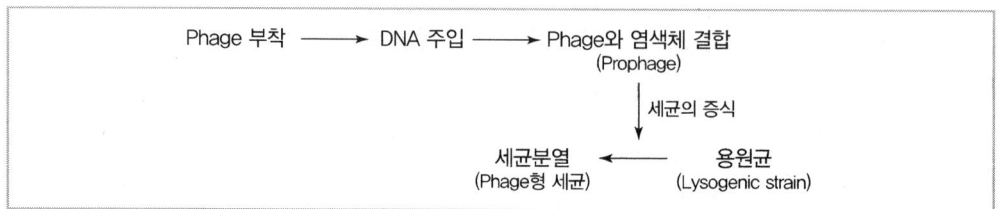

3. Phage의 피해 및 대책

1) Phage의 피해

세균을 이용하는 발효공업(초산발효, aceton-butanol 발효, Inocinic acid 발효 등)에서 오염 시 생산력 저하

2) Phage의 대책

① 살균철저
② 내성균 이용
③ rotation system 이용

5 병원성 바이러스와 식품

1. 병원성 바이러스

① 사람이나 동물을 감염시켜 질병을 유발하는 바이러스
② 바이러스는 핵산(DNA 또는 RNA)과 단백질 외피로 구성
③ 20~250nm 크기로 세균 여과막 통과
④ 섭취, 에너지 생산, 발육, 배설 등 생물적 특징이 없으며 숙주 생체에서 오로지 증식만 하여 생물과 무생물의 중간으로 평가

2. 핵산에 따른 분류

① DNA 바이러스 : 아데노바이러스, 폴리오바이러스, 헤르페스바이러스
② RNA 바이러스 : 로타바이러스, C형 간염바이러스, 황열바이러스, 풍진바이러스, 에볼라바이러스, 사스바이러스
③ RNA-RT 바이러스(역전사 효소를 이용해 RNA에서 DNA를 만들어 증식) : 레트로바이러스

3. 형태별 분류

① 나선형 바이러스 : 광견병바이러스, 홍역바이러스, 담배모자이크병 바이러스
② 정이십면체형 바이러스 : 소아마비바이러스(폴리오바이러스), 헤르페스바이러스
③ 복합바이러스 : 박테리오파지, 천연두 바이러스, 인플루엔자 바이러스

4. 감염경로별 분류

① 소화기계 : 노로바이러스(겨울철 식중독, 생굴), 로타바이러스, 아데노바이러스, 폴리오바이러스
② 호흡기계 : 풍진, 이하선염, 홍역, 사스, 천연두, 인플루엔자 바이러스
③ 접촉성 : 에볼라, 황열, 헤르페스, 광견병 바이러스

CHAPTER 06 발효식품 관련 미생물

1 발효주(효모 이용 알코올 발효)

단발효주	당질에서 발효(포도주, 과실주)
복발효주	전분을 효소 당화시킨 후 알코올 발효 • 단행 복발효주 : 당화공정과 발효공정을 분리 진행(맥주) • 병행 복발효주 : 당화와 동시에 발효 진행(청주, 탁주)

1. 포도주

포도과즙을 효모로 알코올 발효

1) 포도주 종류

① 적포도주 : 포도 과즙, 과피를 함께 발효, 과피 중 안토시아닌 색소 용출
② 백포도주 : 포도 과피를 제거하거나 청포도 원료로 발효
③ 생포도주 : 잔여 당분을 1% 이하로 발효
④ 감미 포도주 : 감미도를 높게 한 포도주
⑤ 발포성 포도주 : 포도주에 CO_2 용해, 거품 발생
⑥ 식탁용 포도주 : 14% 이하 알코올 함유, 생포도주로 식사 중 음용
⑦ 식후 포도주 : 14~20% 알코올, 높은 감미도, 식후 음용

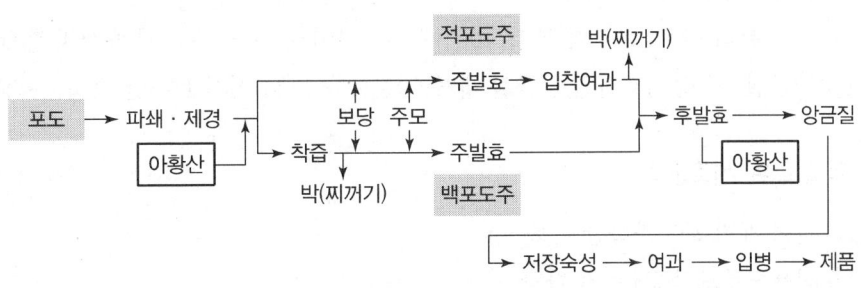

‖ 포도주 제조공정 ‖

2) 원료

   ① 포도 품종
   - 유럽계 : Cabernet sauvignon, Merlot, Semillon, Gamay, Pinot noir, Riesling
   - 미국계 : Adirondack, Concord, Campbell early, Niagam, Delaware

   ② 포도 성분 : 동량의 포도당과 과당 함유, pH 3, 주석산, 비타민, 과피 중 안토시아닌 등
   ③ 포도주 효모 : *Saccharomyces ellipsoideus*

3) 적포도주 제조공정

   ① 파쇄 · 제경

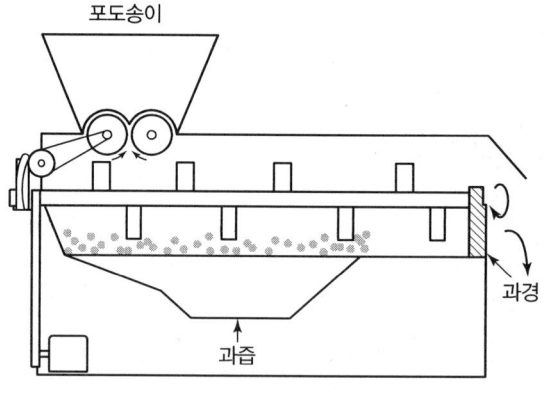

   ‖ 파쇄 · 제경기 ‖

   ② 아황산 첨가 : 메타중아황산칼륨($K_2S_2O_5$) 200~300ppm첨가, 유해균 억제, 산화효소 억제
   ③ 효모 첨가 : 1시간 활성화시켜 첨가, 1~3%
   ④ 설탕 첨가 : 24~25%
   ⑤ 발효(주발효) : 20~25℃에서 7~10일, 15℃에서 3~4주
   ⑥ 박의 분리 · 후발효 : 박 분리, 10℃에서 잔당이 0.2% 이하로 될 때까지 후발효
   ⑦ 앙금질 · 숙성 : 침전된 앙금질 제거, 적온(13~15℃)에서 1~5년 숙성 · 저장

4) 백포도주 제조공정

   ① 과피 제거 포도과즙만 이용
   ② 적포도주보다 2% 추가 가당
   ③ 15~20℃에서 10일 발효
   ④ 10~13℃, 1~2년 숙성 저장

2. 사과주

1) 원료

① 품종 : 홍옥, 국광, Delicious, Jonathan, Newton, Stayman winesap, Rome beauty
② 성분 : 과당, pH 3, 사과산, 비타민 등
③ 효모 : *Saccharomyces ellipsoideus*, *Kloeckera apiculata* 등

2) 제조공정

① 과즙조제 : 과즙파쇄 조제 후 당농도 24~25%로 보당
② 발효 : 실온 10~14일, 주발효, 알코올 함량 2.0~2.5%
③ 앙금질·후발효 : 앙금 제거, 실온 8~10℃, 2~3개월, 후발효
④ 저장 : 8℃ 이하, 2~3개월

3. 맥주(단행 복발효주)

맥아로 전분을 당화시킨 당액 발효

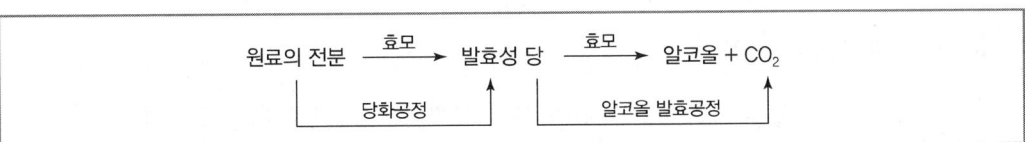

1) 맥주 종류

① 상면발효맥주 : *Saccharomyces cerevisiae*, 상온발효(Ale, Stout, Porter, Lambic)
② 하면발효맥주 : *Saccharomyces carlsbegensis*, 저온발효(Munchen, Pilsen, Wien)
③ 흑맥주 : Muchener, Porter, Stout
④ 담색맥주 : Pilsener, Dortmund, Ale

2) 맥주 제조공정

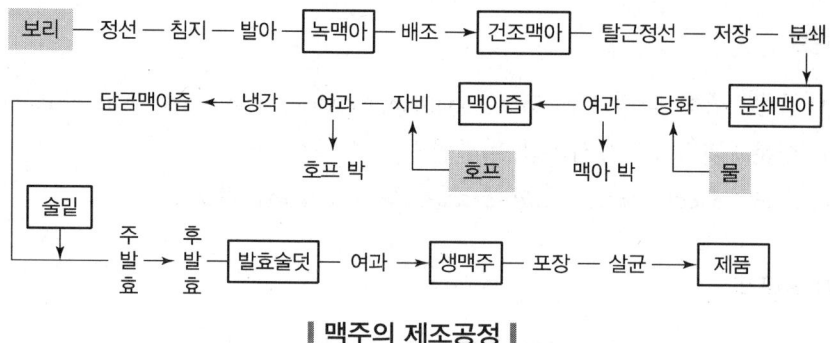

┃ 맥주의 제조공정 ┃

3) 원료

① 보리의 종류
- 두 줄 보리 : Golden melon이 입자 크고 전분량이 많고 단백질이 적어 양조에 적합
- 여섯 줄 보리 : 미국에서 주로 사용

② 호프(Hop) : humulon이 고미 부여, 정유가 향미 부여, 탄닌이 청징효과, 거품 지속성, 항균성 등

4) 맥아 제조(malting)

당화효소, 단백질 분해효소 등 활성화, 특유 향미와 색소 생성, 저장성 부여

① 보리의 정선 및 선별
② 침맥(steeping) : 침맥흡수량 42~44%, 12~14℃, 40~50시간 물에 침지
③ 발아(germination, sprouting) : 발아상에 10~15cm의 두께로 12~17℃ 통기하며 7~8일 발아(녹맥아, green malt 분상상태)
④ 배조(Kilning) : 수분 8~10% 건조 후 1.5~3.5% 배초(curing) 병행

5) 담금공정

① 맥아 분쇄
② 담금(mashing) : 분쇄 맥아 가온하여 필요 성분 추출
③ 담금액 여과 : 여과기로 박과 맥아즙(wort) 분리
④ 맥아즙 가열 및 호프 첨가
⑤ 맥아즙 5℃ 냉각

6) 발효공정

① 맥주효모 : 상면효모(*Sacch. cerevisiae*), 하면효모(*Sacch. carlsbegensis*)
② 주발효 : 냉각한 맥아즙에 효모(200 : 1 비율)를 첨가하여 18~20시간 정치 후 발효조에 옮겨 10~20일 발효
③ 후발효 : -1~0℃에서 60~90일, 탄산 용해 및 방출, 석출물 침강
④ 여과 및 살균 : 60℃, 20분

7) 맥주 성분

탄수화물 2~8%, 단백질 0.1~0.7%, 알코올 2~5%, 탄산가스 0.3~0.5%이고 pH는 4.2~4.7이다.

4. 청주(병행 복발효주)

쌀을 주원료로 국균, 젖산균, 효모 등 이용하여 당화·발효하여 만든 일본 대표술

1) 청주 제조

① 원료 : 쌀은 연질미, 70~75% 도정미
② 제국 : 전분에 Koji균(*Aspergillus oryzae, Rhizopus, Absidia*)을 배양하여 당화효소 생산
③ 술밑 : 술덧 발효 위한 효모(*Saccharomyces cerevisiae, Sacch. sake*) 배양액
④ 술덧 : 술밑에 증자한 쌀, Koji, 물 혼합물을 4일간 나누어 담금(대량 첨가 시 산도와 알코올 농도가 급격히 저하되어 유해균 증식)
⑤ 조합 : 주질 일정 위해 조미성 알코올 첨가
⑥ 압착 : 알코올 첨가 2~5일 후 청주, 박 분리
⑦ 살균 : 50~60℃, 20분

2) 청주 변패

① 청주의 저장, 출하 후 화락균 번식
② 백탁, 산미 증가, 화락향 발생
③ 살균 부족

3) 청주 성분

알코올 15~16%, 단백질 1~2%, 당 2~5%, pH 4.0~4.4

5. 탁주(병행 복발효주)

쌀, 밀가루를 원료로 누룩과 밑술로 당화·발효한 것, 탁주를 거른 것이 약주

1) 원료

물, 쌀, 밀가루(박력분), 옥수수 전분 등

2) 발효제 : 국과 술밑

① 국(Koji) : 전분질에 곰팡이류(*Aspergillus kawachii, Asp. sirousami*)를 증식시킨 것
- 누룩(곡자) : 분쇄한 원료에 물을 뿌리고 곡자실에서 보온하고 배양한 것
- 입국 : 원료 증자 후 종국을 넣어 제국
- 분국 : 밀기울에 밀가루와 수분을 조절하여 배양한 것

② 술밑(주모) : 배양효모(*Saccharomyces coreanus*)와 산 함유
- 수국술밑 : 물과 입국 혼합하여 효모 배양, 주로 사용
- 곡자술밑 : 곡자, 덧밥, 젖산 사용 제조

3) 술덧

물에 입국, 누룩, 기타 발효제 및 덧밥과 주모를 첨가·제조한 전체 원료

4) 제성

숙성 전 주박 분리, 여과
① 탁주 : 알코올 도수 6~8%, 각종 아미노산, 유기산, 비타민 함유, 특유 향미
② 약주 : 알코올 도수 10~13%, 감미와 산미가 강함

2 증류주

발효주를 증류하여 알코올 농도를 높인 것
① 단발효주 원료 : 브랜디, 럼
② 단행 복발효주 원료 : 위스키, 진, 보드카
③ 병행 복발효주 원료 : 소주, 고량주

1. 소주

전분 등 당질을 발효시켜 증류하여 만든 무색투명한 술, 20~35% 알코올 함유

1) 재래식 소주

① 흑국균(*Aspergillus awamori*, *Aspergillus usamii*) 사용
② 원료 : 쌀, 고구마, 보리 등 곡류와 설탕 사용
③ 담금 : 술밑(*Sacch. cerevisiae*)에 술덧(원료, 국균) 담금 30℃ 발효
④ 저장 : 박에서 거른 소주는 2~6개월 저장
⑤ 증류 : 단식 증류기로 증류하여 알코올 이외 포함

2) 희석식 소주

① 원료 : 곡류, 감자류, 당밀
② 증류 : 연속식 증류기, fusel oil, ester 등 불순물 제거, 물로 규정 농도로 희석

2. 위스키(whisky)

1) 위스키 종류

① 영국(Scotch whisky, Irish whisky), 캐나다, 미국을 중심으로 발달한 증류주
② 원료에 의한 분류
- malt whisky : 맥아만으로 제조
- grain whisky : 보리, 호밀, 밀, 옥수수 등 곡류에 맥아 첨가 제조

2) 위스키 제조

① 제맥 : 맥아 제조
② 담금공정 : 맥아 이용 당화
③ 발효공정 : *Sacch. cerevisiae* 이용 발효
④ 증류공정 : 발효 술덧을 단식 증류기로 2회 증류
⑤ 저장 및 숙성 : 알코올 농도 60% 조절, 떡갈나무 통에 넣어 저장 숙성, 저장 중 fusel oil, aldehyde 등 산화되고 특유의 풍미 생성
⑥ 조합(blending) : 균일한 품질 위한 조작

3) 위스키 성분

알코올(40~50%), 산류, 알데히드, 에스테르, 피롤류, 페놀류 등

3. 브랜디(brandy)

① 과실주를 증류한 술의 총칭
② 알코올 농도 40~50%
③ 일반적 브랜디는 포도브랜디, 프랑스(코냑)

4. 럼(rum)

① 고구마, 당밀을 발효시켜 나무의 잎, 껍질로 향을 내며 증류, 참나무 통에 숙성
② heavy rum(향미 농후, *Schizosaccharomyces*), light rum(*Saccharomyces*)

5. 진(gin)

① grain whisky에 노간주열매(juniper berry) 등의 정유성분(α-piene)을 첨가하여 증류한 술
② 알코올 농도 38~50%
③ 영국(dry gin), 네덜란드(Dutch형, 향미 농후) 제조

6. 보드카(vodka)

① grain whisky를 백화탄으로 여과시켜 특유한 향미를 가진 술
② 알코올 농도 40~60%
③ 러시아, 폴란드 제조

7. 고량주

① 수수 주원료로 만든 증류주
② 누룩(*Aspergillus, Rhizopus, Mucor*) 혼합 후 땅속에 묻어 밀봉하고 당화 발효(*Saccharomyces mandschuricus*)
③ 중국 제조

8. 기타 주

① 홍주 : *Monascus purpureus*(monascorbin – 적색 색소 생산), *Monascus anka*
② pulque : 멕시코, *Zymomonas mobilis*
③ pombe : 아프리카, *Schizosaccharomyces pombe*

3 장류

- 간장, 고추장, 된장, 청국장 등 콩 발효식품
- 세균, 효모의 발효 숙성을 거쳐 만든 조미식품
- 아미노산 급원으로 독특한 풍미와 K, Ca, Na, Fe 등 염류 함유

1. 간장

- 콩, 곡류에 식염을 첨가 발효하거나 산 분해, 효소 분해한 여액을 가공한 것
- 개량식 간장, 재래식 간장(한식 간장), 산(효소) 분해 간장
- 재래식 간장은 콩(메주)만 이용해 간장과 된장 제조
- 개량식 간장은 콩과 밀로 간장만 제조

- 개량식, 재래식 간장은 양조간장, 산(효소) 분해 간장은 화학간장, 혼합간장은 양조간장과 화학간장 혼합

1) 재래식 양조간장

① 대두, 소금, 물을 주원료로 전통방식 간장, 색 연하고 짠맛 강함
② 삶은 콩을 찧어 덩어리 성형 후 따뜻한 방에 띄워 메주 제조
③ *Bacillus subtilis* 생육, protease, amylase 생성
④ 염수에 1~2개월 숙성 후 걸러낸 여액 가열 살균, 청징
⑤ 햇간장(청장, 담근 지 1년 이내), 중간장(2~4년), 진간장(5년 이상)

2) 개량식 양조간장

① 탈지대두 : 탈지대두를 이용하면 원료비 절감, 원료 이용률 향상, 간장덧 숙성기간 단축
② 밀 : 팽창이 잘 되는 연질 밀 이용, 향과 색을 좋게 하는 오탄당이 많은 밀기울은 Koji의 효소력 증가에도 필요
③ 소금 : 착색에 좋지 않은 Fe, Cu 등을 적게 함유한 정제염 사용

3) 균주

① 곰팡이 : *Aspergillus oryzae*, *Aspergillus sojae*(protease, amylase 생성)
② 세균 : *Pediococcus halophilus*(내염성균, 젖산균, 유기산, 알코올, 에스테르 생성)
③ 효모 : *Saccharomyces rouxii*(내염성 효모, 알코올 생성)

4) 제조공정

① 탈지대두에 12~13% 물을 가해 1~2시간 증자 후 식힘
② 밀 볶아서 분쇄
③ 탈지대두와 밀을 혼합하고 종균(종국) 접종하여 제국실에서 코지 제조
④ 발효조에 23% 식염수로 혼합 후 1년 숙성
⑤ 압착 여과한 생간장을 80℃ 가열 살균 후 제품화

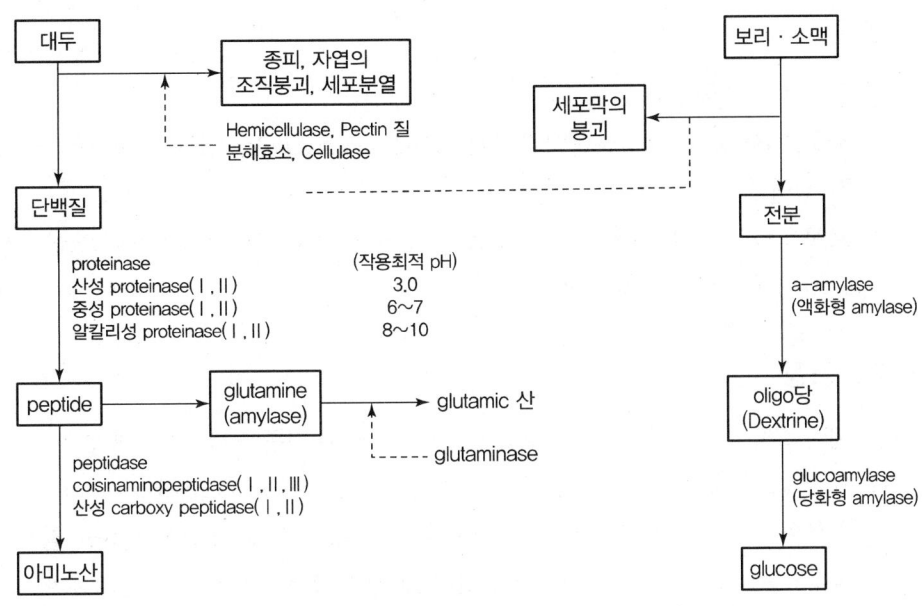

‖ 간장, 된장 제조 관여 효소 ‖

5) 간장 숙성 관여 미생물

① Koji : *Aspergillus oryzae, Aspergillus sojae, Bacillus, Lactobacillus, Streptococcus*
② 간장덧 : pH 5.5, *Pediococcus sojae*(간장 향미 관여), *Torulopsis famatask, Candida polymorpha* 등, pH 5, *Saccharomyces rouxii*(간장 향미 관여)
③ 후숙 : *Torulopsis versatilis*(간장 향기 관여)

2. 된장

① 콩, 곡류에 식염, 종국 첨가해 발효 가공한 것
② 된장, 재래식 된장(한식 된장)
③ 재래식 된장은 콩으로 메주를 만들고 발효하여 간장을 분리하여 제조

1) 원료

① 쌀된장, 보리된장 : 쌀, 보리를 증자해 국을 제조하고 증자한 대두 및 염수를 섞어 발효 숙성
② 콩된장 : 원료인 대두를 전부 증자해 국을 제조하고 염수를 섞어 발효 숙성

2) 균주

① 곰팡이 : *Aspergillus oryzae*
② 세균 : *Bacillus subtilis*(단백질 분해), *Pediococcus halophilus*, *Streptococcus faecalis*(젖산 생성)
③ 효모 : 숙성 중 알코올 생성, *Saccharomyces*, *Zygosaccharomyces*, *Pichia*, *Hansenula*, *Debaryomyces*, *Torulopsis*

3) 제조공정

① 제국 : 쌀이나 보리 증자, 0.1% *Aspergillus oryzae* 접종, 38℃, 3일 배양
② 담금 : 소금물을 혼합하여 담금, 된장 수분 50%, *Candida*, *Zygosaccharomyces rouxii* 등의 효모나 *Pediococcus halophilus*, *Streptococcus faecalis* 등 내염성 젖산균 첨가
③ 숙성 : 효소 분해된 당(감미), 글루탐산(감칠맛), 발효에 의한 알코올, 유기산, 에스테르(향기)

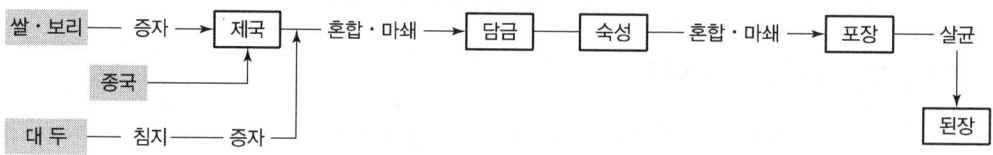

| 된장 제조공정 |

3. 청국장

① 콩을 증자해 *Bacillus natto*로 40~50℃, 18~20시간 배양
② 당단백질로 끈적끈적한 점질물 형성, 독특한 풍미 형성

4. 고추장

① 된장에 고춧가루를 혼합 발효한 우리나라 고유 조미식품
② 전분 분해된 단맛, 메주콩 단백질 분해된 구수한 맛, 소금의 짠맛, 고춧가루의 매운맛이 잘 어울려 특유의 맛을 낸다.

1) 고추장 제조

① 찹쌀을 분쇄 증자하고 엿기름을 첨가 후 방랭
② 고추장용 메주는 멥쌀과 대두를 1 : 1.5로 각각 증자 혼합 제국하여 사용
③ 메줏가루, 고춧가루, 소금을 담근 후 발효 숙성

2) 고추장 제조 관여 미생물

곰팡이는 *Aspergillus oryzae*, 숙성 중 효모는 *Saccharomyces, Debaryomyces, Hansenula, Torulopsis, Candida* 속, 숙성 관여 세균은 *Bacillus subtilis*

4 침채류

- 채소에 식염을 첨가하고 양념한 저장형 절임식품
- 염분 공급원, 증식 젖산균 정장작용, 소화 촉진

1. 김치

한국의 전통 침채류

1) 발효 초기

① 절인 배추, 무, 고추, 마늘, 생강, 젓갈 첨가, 저온 젖산 숙성한 발효식품
② *Leuconostoc mesenteroids*, 생성 젖산, 탄산가스에 의해 산성화 호기성 세균 억제

2) 발효 후기

① *Lactobacillus plantarum, Lactobacillus brevis*, 내산성
② 발효온도가 낮을수록, 식염농도가 높을수록 *Lactobacillus, Pediococcus* 증식 유리

2. 피클

① 유럽, 미주 지역의 채소발효식품
② 채소나 과일에 소금, 식초, 향신료를 첨가한 절임식품

③ 담금 초기 : *Pseudomonas, Flavobacterium, Alcalgenes, Bacillus*
④ 담금 중기 : *Leuconostoc mesenteroids, Enterococcus faecalis*, pH 3
⑤ 담금 후기 : *Hansenula, Pichia, Candida* 등 효모 증식 피막 형성

3. 사우어크라우트(sauerkraut)

① '신맛 나는 양배추'란 뜻으로 양배추를 잘게 썰어 2~3% 소금을 뿌린 발효식품
② *Leuconostoc mesenteroids, Lactobacillus plantarum* 관여

5 발효유(fermented milk)

- 우유, 산양유 등 포유류 젖이나 가공품 원료로 유산균, 효모를 이용 발효
- 발효유에 당이나 향을 첨가한 호상 또는 액상 제품

1. 발효유 종류

① 물리적 성상에 따라 호상, 액상 요구르트 구분
② 최종 발효산물에 따라 유산균 발효유, 유산균 알코올 발효유로 구분

1) 호상 요구르트

Streptococcus thermophilus, Lactococcus thermophilus, Bifidobacterium lactis 혼합 이용

원료 → mix 배합 → 균질화 → 살균 → 냉각 → 스타터 첨가(향료 첨가) → 소형용기 충전 → 배양 → 냉각 → 제품

2) 액상 요구르트

Lactobacillus casei, Lactobacillus bulgaricus, Lactobacillus acidophilus 등 간균 이용

원료 → mix 배합 → 균질화 → 살균 → 냉각 − 스타터 첨가 → 탱크 배양 → 커드 분쇄 → 냉각 → 과즙, 향료 첨가 → 살균(순간) → 소형용기 충전 → 액상 제품

2. 발효유 제조

① 원료유 : 신선도 검사에 합격한 원료 사용, 항생물질 검사 실시
② mix의 배합 : 탈지분유, 설탕, 안정제를 일정량씩 평량하여 혼합, 용해
③ 균질화 : mix 온도 55~80℃, 균질압력 80~250kg/cm²
④ 살균 : 95℃, 15분
⑤ 냉각 및 스타터 첨가 : 40~45℃ 냉각 후 중간 배양체를 mix의 용량 2~3% 첨가, 혼합, 호상의 경우 향료 혼합
⑥ 충전 : 용기에 넣고 37~45℃에서 목표산도까지 발효, 액상 요구르트의 경우 커드 균질화, 냉각 후 향료나 과즙 등을 넣고 80℃, 5분 살균 후 냉각 포장

3. 젖산균 스타터 제조

종균 → 모배양체 스타터 → 중간배양체 스타터 → 본배양체 스타터

CHAPTER 07 유기산 발효

1 산화적 유기산 발효

1. 초산 발효

1) 초산균

Acetobacter aceti, Acet. acetosum, Acet. oxydans, Acet. rancens, Acet. schutzenbachii

2) 초산 생성

① 알코올 → acetaldehyde → 초산
② 산소공급 중단 시 아세트알데히드 축적
③ 직접산화 발효

3) 초산발효 조건

① 전배양(종초) : 우량균주 배양(산 생성 빠르며, 산 생성량 많고, 산 내성 크며, 향미 좋고, 생성 초산을 재분해하지 않는 것)
② 충분한 산소공급
③ 발효온도 : 27~30℃

4) 생산방법

① 정치법(orleans process) : 발효통(대패밥, 코르크 등 사용, 낮은 수율, 장기간)
② 속양법(generator process) : 발효탑(Frings 속초법, 대패밥 탱크 최상부까지 채움)
③ 심부배양법(submerged aeration process) : Frings의 acetator(공기 송입 교반)

2. gluconic acid 발효

[생산균]

① *Acetobacter gluconicum* : 15% glucose, 48~66시간, 90% 수율
② *Pseudomonas fluorescens* : 15% glucose, 32시간, 94~95% 수율

3. 5-keto-gluconic acid 발효

생산균 : *Acet. suboxydans, Acet. gluconicum, Acet. suboxydans*

4. tartaric acid 발효

① 생산균 : *Gluconobacter suboxydans*
② 10% 포도당, 30% 수율

② 해당(EMP) 경로 및 구연산회로(TCA) 유기산 발효

1. 젖산 발효

① 젖산균 : *Rhizopus oryzae, Lactobacillus delbrueckii*(포도당), *L. bulgaricus, L. casei*(우유)
② L-형 인체 이용
③ 10%당, pH 5.5~6.0, 45~50℃, 80~90% 수율
④ 동형 젖산 발효
- $C_6H_{12}O_6 \rightarrow 2CH_3 \cdot CHOH \cdot COOH$
  Glucose   Latic acid
  이론상으로는 분자량이 동일하므로 100% 수율
- 젖산균 : *Lactobacillus acidophilus, Lactobacillus delbrueckii*(포도당), *L. bulgaricus, L. casei*(우유)

⑤ 이형발효 젖산균 : 당을 발효하여 젖산 이외에 초산, 에탄올, CO_2 등 생성 – *Leuconostoc*속, *Lactobacillus*속(*Lactobacillus brevis, Leuconostoc mesenteroides, Lactobacillus heterohiochii*)
- $C_6H_{12}O_6 \rightarrow CH_3 \cdot CHOH \cdot COOH + C_2H_5OH + CO_2$

2. 구연산 발효

① 생산균 : *Aspergillus niger, Asp. awamori, Candida lipolytica*

② 생산기작

$$C_6H_{12}O_6 \text{(glucose)} \longrightarrow CH_3COCOOH \text{(pyruvic acid)} \begin{cases} -CO_2 \\ +CO_2 \end{cases} \begin{cases} CH_3CO-CoA \text{ (acetyl CoA)} \\ \\ CO-COOH \\ | \\ CH_2-COOH \text{ (oxaloacetic acid)} \end{cases} \longrightarrow \begin{matrix} CH_2-COOH \\ | \\ HO-C-COOH \\ | \\ CH_2-COOH \end{matrix} \text{citric acid}$$

③ 수율 : 포도당 원료 110%, 탄화수소 원료 230%
④ 당농도 10~20%, 26~35℃, pH 3.5

3. succinic acid 발효

① 생산균 : *Saccharomyces sake*(주정발효), *Brevibacterium divaricatum*(포도당), *Candida brumptii* (n-paraffin)
② 수율 : 포도당 원료 30%, n-paraffin 원료 65%

4. fumaric acid 발효

① 생산균 : *Rhizopus nigricans*
② 30℃, 3일, 60% 수율

5. malic acid 발효

① 생산균 : *Asp. flavus*(당), *Lac. brevis*(fumaric acid), *Candida membranaefacience*, *Candida utilis*(n-paraffin)
② 생산 : fumaric acid 100%, 탄화수소 70%

6. propionic acid 발효

① 생산균 : *Propionibacterium technicum*
② 전분질, pH 7.0, 30℃, 7~10일

생리활성물질

🔢 비타민

1. 비타민 B₂(riboflavin)

① 생산균 : *Ashbya gossypii*(7g/L), *Eremothecium ashbyii*(3g/L), *Candida flareri*, *Mycocandida riboflavina*
② 포도당, 설탕, 맥아당, 28℃, 7일
③ pH 4.5 조절, 121℃, 1시간, 추출후 원심분리 정제

2. 비타민 B₁₂

① 생산균 : *Pseudomonas denitrificans*(60mg/L), *Propionibacterium shermanii*(40mg/L), *Propionibacterium freudenreichi*, *Nocardia rugosa*
② 사탕무 당밀, 포도당, 30℃, 7일, pH 7
③ 80~120℃, pH 6.5~8.5, 30분 가열
④ 질산나트륨 존재하 KCN 처리

3. β-Carotene

① 생산균 : *Blakeslea trispora*(3g/L), *Streptomyces chrestomyceticus*(0.5g/L)
② 옥수수 전분, (+), (-) 주의 혼합 배양, 통기 교반, 26℃, 48시간

4. 비타민 C

① 생산균 : *Acetobacter suboxydans*, *Gluconbacter roseus*(sorbose 발효), *Pen. notatum*, *Psudomonas fluorescens*, *Serratia marcescens*
② D-sorbitol, 30℃, 통기 교반, 30시간, 95% 수율

2 스테로이드계

[코르티손(cortisone)]

① 생산균 : *Rhizopus nigricans*
② progesterone의 수산화반응(hydroxylation)

아미노산 발효

1 아미노산 제조

- 콩 등 단백질 원료 가수분해
- 화학적 합성
- 미생물 발효

1. glutamic acid 발효

① 생산균 : *Corynebacterium glutamicum*, *Brevibacterium flavum*, *Brev. lactofementum*, *Microb. ammoniaphilum*, *Brev. thiogentalis*
② 비오틴 필요($2\sim5\gamma/L$)
③ 포도당, pH 7.0~8.0, 통기 교반, 30~35℃
④ 비오틴 과잉 시 Penicillin을 첨가하면 발효 정상 회복

2. lysin 발효

① 생산균 : *Corynebacterium glutamicum*, *Brevibacterium flavum*
② 야생균주, 생합성 전구물질, 변이주 이용

3. aspartic acid 발효

① 생산균 : *Corynebacterium* amagasakii(전구체 첨가), aspartase(*E. coli* 효소)
② 생합성 전구물질, 대장균의 효소 이용

CHAPTER 10 핵산 발효

1 핵산 발효

1. 핵산 정미성 조건

① mononucleotide, purine계(염기의 6′ －OH), ribose의 5′ 위치에 인산기
② 5′－inosinic acid(5′－IMP, 가쓰오부시), 5′－guanilic acid(5′－GMP, 표고버섯), 5′－xanthylic acid(5′－XMP)
③ GMP > IMP > XMP

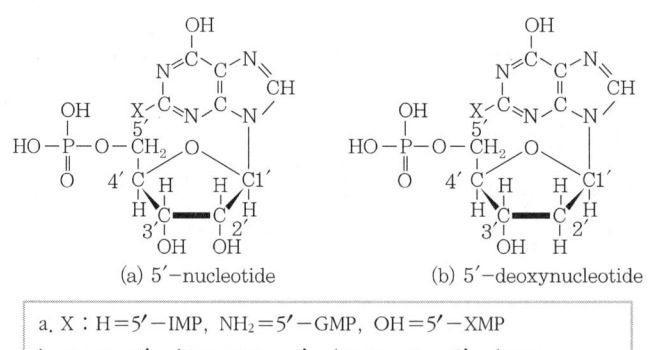

a. X : H＝5′－IMP, NH₂＝5′－GMP, OH＝5′－XMP
b. X : H＝5′－dIMP, NH₂＝5′－dGMP, OH＝5′－dXMP

정미성 nucleotide의 구조

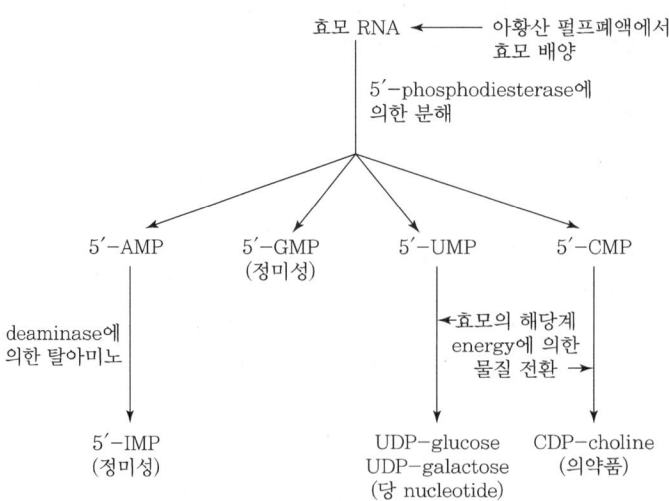

효모 RNA에서 각종 nucleotide 유도체 제조

2. 정미성 핵산 제조

- RNA 분해
- 발효와 합성의 결합
- de novo 합성

1) RNA 분해법

① 효모에서 미생물 효소로 RNA 분해
② 효모의 대수증식기 선택(RNA > DNA)
③ RNA 0.5~10%, *Penicillium citrinum*(pH 5, 65℃), *Streptomyces aureus*(pH 8, 42℃)
④ 수시간 분해 후 AMP는 탈아미효소(deaminase)로 IMP 전환
⑤ 분해액에서 5′-nucleotide 분리 및 정제

‖ RNA의 구조와 5′-phosphodiesterase 작용부위 ‖

CHAPTER 11 균체 생산

1 미생물균체

1. 미생물균체 성분

▼ 미생물세포의 조성

(건물 중의 %)

미생물의 종류	탄수화물	단백질	핵산	지질	화분
효모	25~40	35~60	5~10	2~50	3~9
곰팡이	30~60	15~50	1~3	2~50	3~7
세균	15~30	40~80	15~25	5~30	5~10
단세포조류	10~25	40~60	1~5	10~30	—

2. 효모 단백질 생산

1) 아황산 펄프폐액 원료

① 생산균 : *Candida utilis, Can. major, Can. tropicalis*
② 질소원은 암모니아, 요소 이용, waldhof형 발효조 배양
③ 분리 : 원심분리기 분리 후 회전건조기, 분무건조기 건조

2) 석유계 탄화수소 원료

① 생산균 : *Candida tropicalis, Can. lipolytica, Can. intermedia, Nocardia, Pseudomonas, Corynebacterium*
② 등유나 경유 이용

3. 녹조류 단백질 생산

① 생산균 : *Chlorella pyrenoidosa, Chlorella vulgaris*
② 독립영양균, 광합성 위한 CO_2, 태양광선 이용
③ 클로렐라 성분 : 단백질 40~50%, 지질 및 탄수화물 10~30%, 비타민 A, B_1, B_2, C 등

2 빵효모 생산

- 생산균 : *Saccharomyces cerevisiae*
- 사탕수수 당밀, 황산암모늄, 암모니아수, 요소 첨가
- 충분한 산소 공급, 지수적 증식
- 배양액 효모농도 10%, 원심분리 농축
- 5℃ 냉각, filter press 압착, 압착효모 수분 65~70%

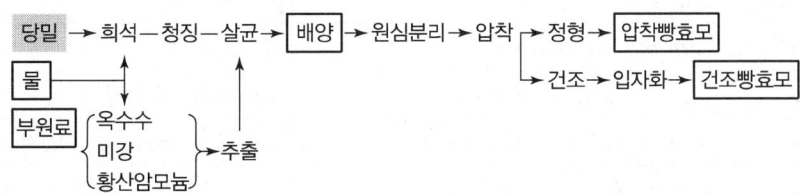

┃ 빵효모의 제조공정 ┃

3 미생물 유지

[유지 미생물]

① 생산균 : *Nocardia, Pseudomonas aeruginosa, Penicillium spinulosum, Aspergillus nidulans, Geotricum candidum*

② 보통 2~3% 유지 함유

③ 온도 25℃, pH는 Nocardia 속 중성, 효모 3.4~6.0, 곰팡이 중성

CHAPTER 12 효소생산

▼ 미생물 생산 효소

효소	균주	용도
amylase	*Asp. oryzae, B. subtilis, B. stearothermophilus* 등	glucose 제조, 식품가공, 소화제
glucoamylase	*Rhizopus delemar*	glucose 제조
glucose isomerase	*Streptomyces albus*	과당시럽 제조
lactase	*Saccharomyces fragilis*	Ice cream 결정 방지
invertase	*Saccharomyces cerevisiae*	전화당, sucrose 결정 방지
cellulase	*Trichoderma viride*	채소, 과일가공, 소화제, 사료
protease	*Asp. oryzae, Asp. saitoi, B. subtilis, Str. griseus*	소화제, 제빵, 맥주·청주 혼탁 제거, 식육 연화제, 조미액 제조
rennet	*Mucor pusillus*	치즈 제조
lipase	*C. cylindracea, C. paralipolytica, Rhizopus oryzae*	소화제, 우유향미, 지방산 제조
pectinase	*Asp. niger, Pen. sclerotinia, Conithyrium dipolidiella*	과일 음료 청징
tannase	*Pen. glaucum*	맥주 청징
naringinase	*Asp. niger*	감귤류 고미 제거
hesperidinase	*Asp. niger*	감귤류 통조림 백탁 방지

1 효소의 생성

액체배양이나 고체배양으로 균체 증식

2 효소의 추출

① 기계적 마쇄법 : mortar, ball mill 등
② 초음파 파쇄법 : 10~60 kHz 초음파 이용
③ 자기 소화법 : ethyl acetate 등 첨가, 20~30℃ 자가 소화
④ Lysozyme 처리법 : 세포벽 용해
⑤ 동결 융해법 : dry ice 동결 융해 후 원심 분리

3 효소의 정제

단백질 정제법에 따른다.

1. 염석(salting out), 투석(dialysis)

① 염석 : 고농도 염으로 효소단백질 석출
② 투석 : 반투막을 이용하여 저분자물질과 염을 제거하면 고분자인 단백질만 남는다.

2. 친화성 크로마토그래피(affinity chromatography)

기질을 이용한 효소 분리

4 고정화 효소

효소를 담체(carrier)에 부착시켜 지속적으로 촉매 활성을 하도록 만든 것

1. 담체결합법

1) 공유결합법

불용성 담체와 효소를 공유 결합한다.

① Diazo법 : p-aminobenzyl cellulose, polyamino, polystyrene 등 아미노기를 가지는 담체와 효소를 diazo 결합시킨다.
② Peptide법 : CM-cellulose azide, carboxy chloride 수지, isocyanate 유도체 등과 효소를 peptide 결합시킨다.
③ Alkyl화법 : cyanurylcellulose, bromoacetyl cellulose, methacrylic acid, methacrylic acidn-fluoranilide 등의 할로겐과 효소를 결합시킨다.

2) 이온결합법

DEAD-cellulose, CM-cellulose, Sephadex 등의 이온교환 수지에 효소를 결합시킨다.

3) 물리적 흡착법

활성탄, 산성백토, Kaolinite 등에 효소를 흡착시킨다.

2. 가교법(cross linking method)

효소를 담체에 부착할 수 있는 기능기를 가진 가교로 연결하는 방법이다.

3. 포괄법(entrapping method)

효소를 담체겔 속에 고정시키거나 반투과성 피막으로 감싸도록 하는 방법이다.

미생물 실험

1 미생물 계측

1. 미생물 크기 측정

① Micrometer 사용
② 접안 마이크로미터(ocular micrometer) : 한 눈금이 100μm(0.1mm)인 눈금이 있는 5mm 선
③ 대물 마이크로미터(stage micrometer) : 한 눈금이 10μm(0.01mm)인 눈금이 있는 2cm 선

2. 계산방법

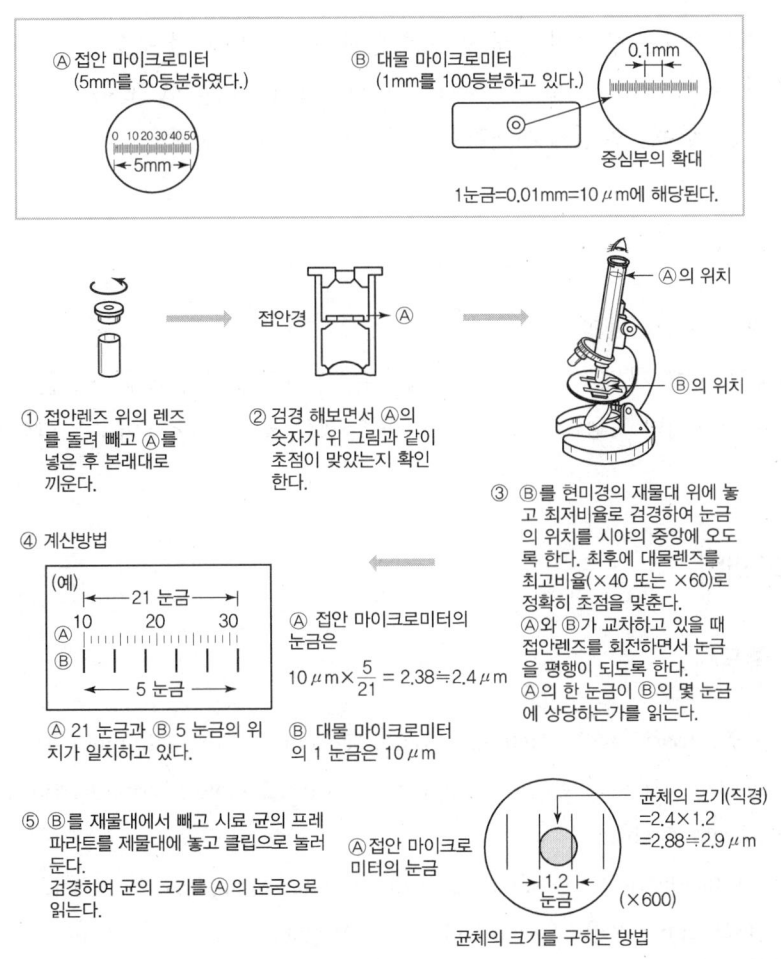

| 현미경의 계산방법 |

2 미생물량 측정

1. 총균수 측정

1) 세균
Petroff-Hausser 계수기 또는 Helber 계수기

2) 효모, 원생동물
Thoma의 혈구계수기(haematometer) 사용

3) 혈구계수기법
① 계수기 격자는 큰 구획 25개, 큰 구획 안에 작은 구역 16칸 구성
② 격자 크기는 가로, 세로 각각 1mm, 깊이 0.02mm(계수기에 표시)
③ 균수를 계수한 후 전체 25구획 균수로 1mL당 균수 환산

2. 생균수 측정
① 고체 평판 배양법 이용
② 균배양액 희석(1개 배지당 30~300개 집락 유효) → 평판배지 조제 → 멸균, 분주 → [35±1]℃, 48h 배양 → 집락 측정(집락계수기) → 균수 계산(균수/mL = 집락수 × 희석배수)

3 단일 염색법

1. 염료의 종류

① 염기성 염료(basic dye) : Methylene blue, Malachite green, SafraninO, Thionin, Rosaniline, Paraosaniline, Gentian violet, Methyl violet, Crystal violet, Bismarck brown, AuramineO, Hematoxylin, Fuchsin
② 산성 염료(acidic dye) : Eosin, Erythrosin, Aurantia, Orange G, Picric acid, Nigrosin
③ 중성 염료(neutral dye) : Sudan Ⅲ, Giemsa, Wright, Leishman
④ 매염제(Mordant) : Ferrous slufate, Iodine, Phenol, Tannic acid

2. 단일 염색시약

① Methylene blue 염색시약 : methylene blue + 알코올, 염기성 염색약
② Loffler's methylene blue 염색시약 : methylene blue 원액 + KOH
③ Fuchsin 염색시약 : Fuchsin 알코올액
④ Gentian violet 염색시약 : Gentian violet + 알코올

3. 순서

도말(smearing) → 건조(drying) → 고정(fixing) → 염색(staining)(1분) → 수세(washing) → 건조(drying) → 검경

4 Gram 염색법

1. 시약

① Crystal violet 염색시약 : crystal violet + 알코올
② Lugol 매염제 : I_2 + KI
③ SafraninO 대비염색시약 : SafraninO alcohol액

2. 순서

Crystal violet 염색(1분) → 수세 → 건조 → Lugol 매염(1분) → 수세 → 건조 → 95% ethanol 탈색(30초) → 수세 → 건조 → SafraninO 대비염색(1분) → 수세 → 건조 → 검경(gram 양성균 – 보라색, gram 음성균 – 적색)

5 배지(culture media)

- 미생물 성장에 필요한 탄소원, 질소원, 무기질 영양소에 삼투압과 pH를 조절한 배양액
- 121℃, 20분, 15lb 고압증기로 멸균(autoclave)하여 사용

1. 물리적 성상에 따른 분류

1) 액체배지(Liquid media)

부용(broth, buillon)이라 하며 미생물의 증식, 생리 관찰 등에 이용

2) 고체배지(Solid media)

액체배지에 한천(agar) 1.2~1.5% 첨가하여 제조
① 평판배지(plate media) : petri dish에 배지를 4mm 두께 정도로 넣어 굳힌 것, 분리배양, 집락 관찰, 용혈능 및 항생제 감수성 시험 등에 사용
② 고층배지(butt media) : 시험관에 배지를 세운 상태로 굳힌 것, 혐기성균 배양에 사용
③ 사면배지(slant media) : 시험관에 배지를 약 45° 경사로 굳힌 것, 호기성 미생물의 증식 및 보존 등에 사용

2. 배지 성분에 따른 분류

① 천연배지(natural media) : 배지의 영양분을 육즙(meat extract), 효모추출액(yeast extract), 감자, 우유, 펩톤 등 천연물로 만든 배지(성분 불확실)
② 합성배지(synthetic media) : 배지의 영양분을 화학적 성분이 분명한 시약으로 만든 배지(최소 영양배지)

3. 사용 목적에 따른 분류

1) 선택배지(Selective media)

여러 균 중 원하는 균만 선택적으로 분리하고자 사용하는 배지(다른 균 억제성분, 지시약 포함)
① 장내세균 선택배지 : MacConkey agar(적색), EMB agar(금속광택 녹색), Endo agar(핑크), SS agar
② 황색포도알균 선택배지 : Potassium tellurite blood agar, Mannitol salt agar

2) 증식배지(Growth media)

여러 미생물 모두 증식시키기 위한 보통증식배지와 한 종류 미생물만 증식시키는 특수증식배지가 있다.

① 세균 : nutrient agar, peptone agar

② 곰팡이 및 효모 : malt extract agar(효모), potato dextrose agar, Czapek-Dox 배지(곰팡이)

3) 감별배지(Defferential media)

① 순수 배양된 균의 특정 효소반응을 확인하여 균의 감별과 동정에 이용

② Mannitol salt agar(*Staphylococcus aureus*), Bismuth sulfate agar(대장균군), Triple sugar iron agar(TSIA, 대장균군), Urea agar(대장균군), Selenite broth(*Salmonella*)

4) 강화배지(Enrichment media)

① 특정 균종만 다른 균보다 빨리 증식시켜 분리 배양하는 배지

② Dubos broth, Bordet-Gengou agar, Gram-negative broth

5) 수송배지(Transport media) 또는 보존배지(Preservative media)

① 분리 배양 전 실험 재료를 그대로 보존하여 수송 시 사용하는 배지

② Buffered glycerol saline, Amie's transport media, Stuat's transport media

6 미생물 배양

1. 고체 배양법

순수 배양, 생리·보존·집락 등 관찰

1) 사면배양(slant culture)

① 사면배지의 호기성 세균, 곰팡이, 효모 등의 보존, 관찰

② 세균, 효모-백금이, 곰팡이-백금구

③ 균 보존 시 6개월마다 계대배양

2) 천자배양법(stab culture)

① 고층배지의 혐기성균, 젖산균, 대장균 등의 배양 관찰

② 백금선으로 배지 중앙을 찌르며 접종

2. 액체 배양법

균의 증식, 생리, 생태 관찰에 이용

1) 진탕배양법(shaking culture)

① 호기성균을 균일하게 배양
② 회전 진탕 배양기(rotary shaker)를 이용

2) 정치 배양법(stationary culture)

호기성 효모의 생태 관찰

7 미생물의 순수분리

1. 평판배양법(plate culture method)

- Petri dish에 균 농도를 단계적으로 희석, 배양, 분리
- 획선평판배양, 주입평판배양, 희석평판배양, 도말평판배양 등이 있다.
- 고체한천배지 사용, [35±1]℃, 48h, 뒤집어 도치배양

① 획선평판배양 : 백금이로 획선을 이용해 단계적으로 희석하며 접종
② 주입평판배양 : 시료 1mL를 페트리디시에 넣고 50℃ 이하로 식은 멸균 배지 15mL를 넣어 섞고 굳힌 후 확산집락을 방지하기 위해 굳은 배지 위에 멸균 배지 5mL를 중층한다.
③ 검체를 1/10씩 희석하여 한 개 페트리디시당 15~300개 집락이 되도록 배양
④ 도말평판배양 : 시료 1mL를 넣고 spreader(도말봉)나 bead를 이용해 넓게 도말 배양

2. Lindner의 소적배양법(drop culture method)

① 맥주효모 등의 순수분리에 이용
② 맥아즙과 효모 혼탁액 → hollow slide glass에 효모 희석액 점적 → cover glass → 25~30℃, 48h 배양 → 검경

3. Burri 관 순수분리법

① 혐기성균 순수분리에 이용
② bouillon agar, glucose bouillon agar 사용

8 균주의 보존

1. 계대배양

① 사면 배양하여 냉장 보관
② 균의 변이 방지를 위해 6개월마다 새로운 사면배지에 이식해 배양

2. 동결보존법

① 효모, 곰팡이, 세균 등 장기 보존
② −90℃ 급속냉동 보관 또는 진공동결 보관

3. 기름 속에 보존

곰팡이를 mineral oil에 넣어 보존

4. 당액 속에 보존

효모를 10% 설탕액에 넣어 냉암소 보존

9 효모의 당류 발효성

1. Einhorn 발효관

Hayduck 배양액 이용 당류 발효 관찰

2. Lindner의 소적시험법

맥아즙 이용 효모배양 관찰

3. 알코올 발효력 시험

① Meissel 발효관 이용
② Hayduck 액이나 맥아즙 사용
③ 생성된 CO_2의 양으로 알코올 발효력 측정

10 멸균 및 제균법

1. 화염 멸균

① 백금이, 시험관 입구 등의 멸균
② 분젠버너, 알코올 램프 이용

2. 건열 멸균

① 초자기구 멸균에 이용 단, 메스실린더 등 측정기구는 세척 후 뒤집어 자연건조
② 건열멸균기(dry oven) 이용, 160~170℃, 60~120분

3. 고압증기 멸균

① 초자기구, 배지, 고무 등
② Autoclave 이용, 121℃, 20분, 15lb(psi)

4. 간헐 멸균

① 주사기, 금속기구, 고무마개 등
② 100℃, 30분, 3일 가열

5. 여과 제균

① 가열이 어려운 액체의 제균
② Chamberland 여과기, Berkefeld 여과기, membrane filter

6. 소독제

① 손, 무균실, 공기 등 살균
② 승홍수($HgCl_2$ 0.1%, 금속부식성), 포르말린(3%), 알코올(70%), 크레졸(3%), 양성비누(0.1%) 등

7. 자외선 살균

① 무균실, 수술실의 공기, 물, 표면 살균
② 250~260nm에서 살균력 최대
③ 50cm 내에서 효과적이며 그늘에서는 효과가 없다.

11 광학현미경(light microscopy, optical microscopy)

1. 광학현미경의 기본구조

가장 기본적인 현미경인 광학현미경의 기본 구조는 다음과 같다.

1) 렌즈

① 접안렌즈(ocular lens, eye piece) : 배율 ×5, ×10, ×15
② 대물렌즈 : 회전판에 부착, 배율 ×10, ×20(저배율), ×40(고배율), ×100(유침렌즈)

2) 조명

① 광원(light source, lamp) : 집중 조명 광원으로 백색광인 탄소아크등, 수은증기등, 제논증기등 사용

② 반사경(mirror) : 한쪽은 평면, 다른 한쪽은 오목면 구성, 강력한 광선 때문에 보통 오목면 사용, 태양광선 시 평면 사용
③ 조리개(diaphragm lever) : 광량을 조절하는 역할을 한다.(홍채조리개(iris diaphragm) 이용)
④ 집광기(condenser) : 대물렌즈에 적절한 밝기 제공
⑤ 광선여과판(light filter) : 현미경사진 촬영 시, 눈의 피로를 막기 위해 사용

3) 구조

① 경각 또는 경대(base) : 현미경 전체 지지대
② 손잡이(arm) : 경각 뒷부분에서 수직으로 현미경 여러 부분을 연결 고정
③ 재물대(stage) : slide glass를 올려놓는 판
④ 경통(body tube) : 접안렌즈와 대물렌즈의 연결 원통
⑤ 조준장치(focusing adjustment) : 선명한 상을 얻기 위해 대략 조절하는 조동나사(coarse adjustment screw)와 정밀 조절하는 미동나사(fine adjustment screw)로 구성
⑥ 슬라이드 고정판(mechanical stage) : slide 고정
⑦ 대물렌즈 회전판(focusable nosepiece) : 다른 배율로 렌즈 교환 시 사용하는 대물렌즈 회전장치

2. 광학현미경 사용법

① 현미경 수평 고정
② 광원 조절
③ 검체가 올려진 슬라이드 글라스를 재물대 중앙에 고정
④ 대물렌즈 저배율(×10) 조정 후 대물렌즈 끝이 슬라이드 글라스에 닿을 정도로 조정
⑤ 접안렌즈 조동나사를 서서히 돌려 물체 확인
⑥ 대물렌즈 고배율(×40) 전환 후 미동나사로 초점 조절 후 관찰
⑦ 유침검경(oil lens) 시
  • 초점 확인 후 mineral oil을 검체에 한 방울 점적
  • 대물렌즈 oil lens(×100) 전환 후 oil이 렌즈와 검체에 접촉되게 조정
  • 미동나사로 초점 조절 후 관찰

3. 광학현미경 취급 시 주의사항

① 습도 40 ± 5%, 온도 20 ± 2℃에서 보관
② 렌즈는 lens paper로 세정
③ immersion oil 사용 → xylene 세정 → lens paper 세정
④ 운반 시 오른손으로 손잡이(arm)를 잡고 왼손으로 받침대(경각)를 받친다.

PART 04

식품가공학

CONTENTS

01 곡류 및 서류 가공
02 두류 가공
03 과실 및 채소 가공
04 유지 가공
05 유가공
06 육류 가공
07 계란 가공
08 수산물 가공
09 식품의 저장
10 식품공학의 기초
11 식품공학의 응용

CHAPTER 01 곡류 및 서류 가공

1 곡류 가공

1. 쌀 도정

- 쌀 형태에 따라 단립종(japonica종), 장립종(indica종), 구성에 따라 멥쌀, 찹쌀 구분
- 현미의 배아(3%)와 겨층(5%, 과피, 종피, 호분층)을 제거하여 배유부(92%)만을 얻는 조작
- 소화율을 높이고 기호성 증대
- 제거된 배아와 겨는 도감, 도정된 쌀은 정미
- 도정률에 따라 백미, 7분도미, 5분도미로 구분
- 도정률이 클수록 단백질, 지방, 회분, 비타민 감소, 탄수화물 증가

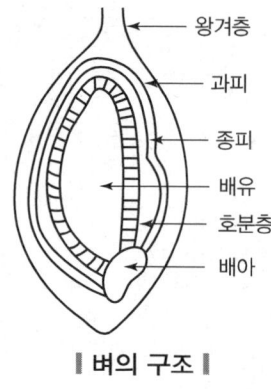

┃ 벼의 구조 ┃

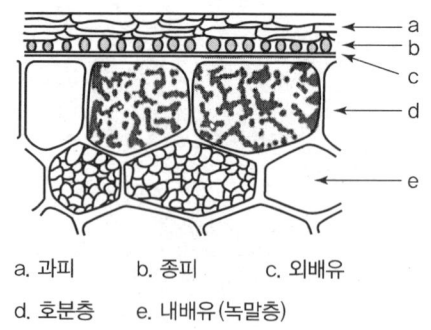

a. 과피   b. 종피   c. 외배유
d. 호분층   e. 내배유(녹말층)

┃ 쌀의 겨층 단면도 ┃

▼ 쌀의 도정에 따른 분류

종류	특성	도정률(%)	도감률(%)	소화율(%)
현미	벼의 왕겨층 제거, 벼중량 80%, 벼용적 1/2	100	0	95.3
5분도미	겨층, 배아의 50% 제거	96	4	97.2
7분도미	겨층, 배아의 70% 제거	94	6	97.7
백미	겨층, 배아 100% 제거	92	8	98.4
배아미	배아가 떨어지지 않도록 도정			
주조미	술의 제조에 이용, 순수 배유만 남음	75 이하		

1) 도정 원리

① **마찰** : 도정기와 곡물 사이를 비빔
② **찰리** : 강한 마찰작용으로 표면을 벗김
③ **절삭** : 금강사로 곡물 조직을 깎아냄(연삭 – 강한 절삭, 연마 – 약한 절삭)
④ **충격** : 도정기와 곡물을 충돌시킴

2) 곡물 가공품

① **보리가공** : 보리 소화율·식미성을 좋게 하기 위해 압맥, 할맥 등으로 가공
② **팽화곡물** : 곡물을 고온·고압 가열 후 상온·상압으로 급격히 감압시켜 전분을 dextrin 으로 팽화시킴으로써 소화율을 높인 것, 팽화미, 팽화보리, 팝콘 등
③ **강화미** : 비타민, 무기질 등을 백미에 첨가
④ **알파(α)미** : 쌀을 α화시킨 후 수분 15% 이하로 탈수 건조한 것, 즉석미
⑤ **파보일드 쌀(Parboiled rice)** : 벼를 물에 하루 동안 침지한 후, 100℃에 30분 쪄서 건조 도정한 것, 배아와 쌀겨의 비타민 B_1 등 영양분이 배유로 이동하여 영양분을 강화한 쌀

2. 제분

- 밀, 옥수수 등 곡류를 부수어 가루로 만든 것
- 밀은 외피가 단단하고 배유가 부드러워 도정할 수 없으므로 제분하여 이용
- 밀 단백질인 글루테닌(탄성)과 글라이딘(점성)은 반죽에 의해 글루텐(gluten) 생성

1) 밀 제분공정

원료 밀 → 정선 → 수분 조절(조질) → 배합 → 파쇄 → 체질 → 분쇄 → 체질 → 밀가루 → 숙성 → 영양 강화 → 포장 → 제품

① **조질(tempering)** : 밀에 수분을 조절(15~17%)하여 45℃ 이하로 가열하는 공정, 밀의 외피(섬유질 결착)와 배유(유연해짐)의 분리 용이 목적, 밀기울의 혼입 방지
② **숙성**
  - 표백과 제빵 적성을 위해 밀가루의 색소나 환원성 물질을 1~2개월 공기 중에 산화시켜 숙성
  - 시간, 비용 절감 목적으로 **과산화벤조일**, 이산화염소 등 표백제 사용(밀가루 개량제)
③ **영양 강화** : 비타민, 무기질 등 영양소 첨가

2) 밀가루의 품질과 용도

▼ 밀가루의 품질과 용도

종류	건부량	습부량	원료밀	용도
강력분	13% 이상	40% 이상	유리질 밀	식빵
중력분	10~13%	30~40%	중간질 밀	면류
박력분	10% 이하	30% 이하	분상질 밀	과자

3) 밀가루 반죽의 물리성 측정

① farinograph : 점탄성 측정
② extensograph : 신장도와 인장항력 측정
③ amylograph : α-amylase 활성 측정

3. 제면

- 중력분 밀가루에 물과 소금을 넣어서 반죽을 한 다음에 국수를 뽑은 것
- 생면 : 30~35% 정도의 수분 함유
- 건면 : 수분함량 14~15% 이하로 건조

1) 제면 시 소금 첨가

① 반죽 점탄성 증가
② 소금의 흡습성을 이용하여 건조속도 조절
③ 미생물 번식 및 발효 억제

2) 면류의 분류

① 신연면 : 반죽을 길게 늘어뜨려 뽑아내는 국수(예 우동, 중화면, 소면 등)
② 선절면 : 반죽을 넓게 면대로 만들어 가늘게 절단한 국수(예 생면, 건면 등)
③ 압출면 : 반죽을 압출기의 작은 구멍으로 뽑아낸 국수(예 당면, 마카로니 등)

4. 제빵

- 밀가루를 반죽하여 이산화탄소로 팽창시켜 구운 것
- 발효빵 : 효모로 팽창시킨 것(식빵)
- 무발효빵 : 팽창제로 팽창시킨 것(비스킷, 카스텔라, 케이크)

1) 원료

빵의 원료는 기본적으로 밀가루, 효모, 소금, 물 네 가지이다.

① 제빵용 밀가루의 조건
- 수분 15% 이하
- 회분이 적은 것
- 글루텐 함량(건부량)이 13% 이상인 강력분
- 냄새 없고 흰 것
- 숙성기간이 지난 것

② 효모 : *Saccharomyces cerevisia*

③ 소금의 역할
- 풍미 향상
- 글루텐 탄력성 증가
- 효모 발효 조절
- 젖산균, 유해균 생육 억제

④ 설탕의 역할
- 효모 발효 활성화
- 캐러멜화로 독특한 색 부여
- 향기 부여
- 반죽의 점탄성·안정성 향상
- 단맛 부여
- 노화 방지

⑤ 지방의 역할
- 빵 부드러움 부여
- 노화 방지
- 풍미, 색 향상

⑥ 이스트 푸드 : 효모 영양 성분(황산암모늄, 인산수소칼슘), gluten 개량제(염화칼슘, 취소산칼리)

2) 빵 만드는 법

① 직접 반죽법 : 효모, 밀가루 등을 한번에 배합·반죽·발효하는 방법, 단기간 발효

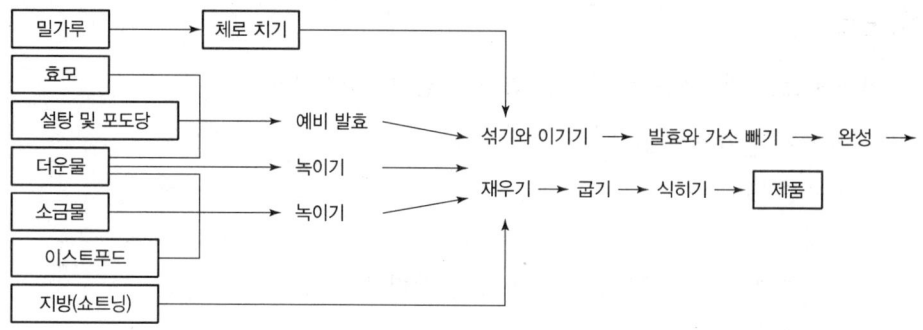

| 직접 반죽법의 제조공정 |

② 스펀지법
- 소량 효모와 밀가루를 절반 섞어 효모 증식 후 나머지 밀가루를 섞어 반죽하는 방법
- 장시간 발효, 효모 양 절약, 향기·맛·조직감 좋은 빵 제조

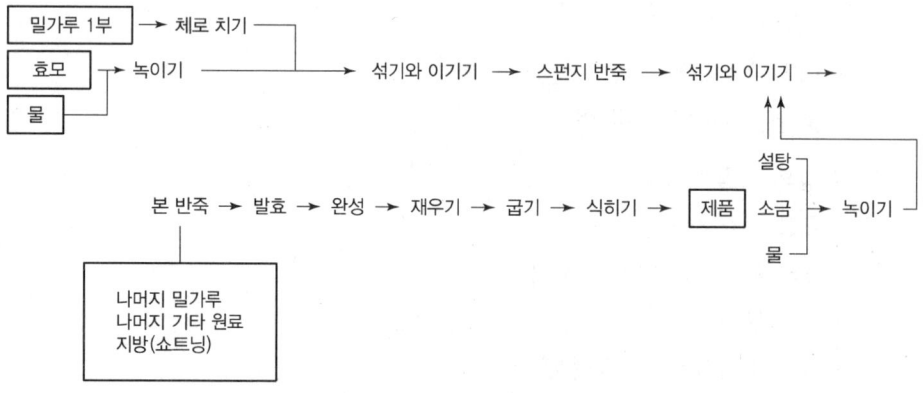

| 스펀지법 |

3) 빵의 노화 방지법

① 고급 지방산의 모노글리세리드 사용
② -18℃에서 냉동 저장하거나 21~35℃에서 보관
③ 방습 포장지 사용

4) 주요 팽창제

① **중조**(NaHCO$_3$) : 쓴맛이 나며 혼합 부족 시 황색 반점 생성
② **탄산암모니아** : 중조와 함께 사용
③ **주석산 팽창제** : 중탄산소다와 주석산을 섞은 것, 불안정하여 사용 직전 섞어 사용
④ **주석산칼륨 팽창제** : 중조와 주석산칼륨을 섞어 만든 것, 안정하여 널리 사용

2 서류 가공

1. 전분 제조

① 옥수수 전분 : 전분 생산의 90% 이상 차지, 식료품, 호료, 의약품 이용
② 고구마 전분 : 거의 당면으로 이용
③ 감자 전분 : 감자 스낵 등
④ 전분을 가열, 분해하면 전분 분해물인 호정(dextrin)이 된다.

▼ 덱스트린의 종류

종류	요오드 반응
Soluble starch(수용성 전분)	청색
Amylodextrin	청색
Erythrodextrin	적색
Achromodextrin	무색
Maltodextrin	무색

1) 전분 분리법

① **정치법** : 소규모 분리에 이용, 중력에 의한 자연 침전으로 침전 분리시간이 길다.
② **테이블(table)법** : 폐액의 연속 제거 가능, 침전거리가 짧아 시간이 단축되나 넓은 면적 필요
③ **원심분리법** : 원심력 이용, 단시간 분리 가능, 오염이 적다.

2) 전분 제조 시 소석회 효과

① 침전에 장애가 되는 전분 펙틴과 결합하여 펙틴산 석회가 되어 침전분리가 빨라진다.
② 알칼리성 pH에서 단백질이 응고되어 전분에 혼입을 방지한다.
③ 고구마 전분의 착색물질인 폴리페놀을 제거하여 **전분의 백색 향상**

2. 절간 서류 제조

1) 생절간
① 생고구마를 썰어 건조한 것
② 제조과정 : 고구마 선별 → 수세 → 절단 → 건조 → 생절간

2) 증절간
① 찐고구마를 썰어 건조한 것
② 표면 흰가루는 엿당
③ 제조과정 : 고구마 선별 → 수세 → 찌기 → 박피 → 절단 → 건조 → 재우기 → 완성 → 증절간

3. 전분 이용

식품, 물엿, 포도당, 접착제, 의약품 등에 이용

1) 당화율(DE ; Dextrose equivalent)

전분 가수분해 정도 표시

$$DE = \frac{포도당}{고형분} \times 100$$

2) 전분 분해도 증가 시 특징
① 포도당 증가, 단맛과 결정성 증가
② 덱스트린 평균분자량 감소, 흡습성 및 점도 감소
③ 빙점이 내려가고 삼투압 및 방부효과 증가

4. 전분의 당화

주로 산이나 효소 이용

1) 산 당화

전분과 묽은 산을 가열하여 가수분해

① 당화제 : 염산, 황산
② 탈색제 : 활성탄
③ 분해도 : D.E 92~93
④ 당화점 : 알코올 검사(전분은 침전, 포도당은 불침전)
⑤ 100g 전분으로 약 110g D-glucose 생산

2) 효소 당화

① 당화 효소 균 : *Rhizopus delemar*(D.E 100), *Aspergillus niger*(D.E 80~90)
② 장점
- 정제, 내산성 용기, 중화 불필요, 쓴맛이나 착색 미생성
- 분해율 증가(고순도), 분말액 식용 가능

5. 물엿

전분당, 산당화엿(dextrin+glucose)과 맥아엿(dextrin+maltose)이 있다.

1) 산당화엿

제조는 산당화 포도당 제조공정 중 정제 농축 이후 과정 생략

2) 맥아엿

① 맥아 당화 효소 이용
② 아밀라제 생산이 좋은 6조대맥아, 14~18℃ 발아 이용
③ 생맥아 : 맥아를 발아시킨 것, 당화력이 강함
④ 건조맥아 : 발아시켜 건조한 것, 저장성이 좋음
⑤ 엿기름 : 발아상자에서 여름철 10~13cm, 겨울철 15~20cm 두께로 발아

CHAPTER 02 두류 가공

1 두부류

- 콩을 침지, 마쇄하여 가용성분으로 두유를 만들고 간수로 단백질을 응고시켜 두부 제조
- 생두부 : 보통 두부, 전두부, 자루두부
- 가공두부 : 얼림두부(동결두부), 튀김두부(유부)

1. 원료

1) 콩

단백질 함량 높은 콩 이용

2) 두부응고제

① 간수 : 염화마그네슘($MgCl_2$), 황산마그네슘($MgSO_4$)
② 황산칼슘 응고제 : 응고반응이 염화물에 비해 느려 보수성, 탄력성이 좋은 두부 생산
③ 염화칼슘 응고제 : 칼슘 첨가로 영양 보강, 응고작용 좋음
④ Glucono$-\delta-$lactone 응고제

2. 제품

1) 보통 두부

원료콩에 10배 내외 물을 넣고 마쇄, 응고시켜 성형 후 탈수한 것

콩 → 수침 → 마쇄 → 두미 → 증자 → 여과(비지) → 두유 → 응고(응고제) → 탈수 → 성형 → 절단 → 수침 → 두부

2) 전두부

원료콩에 5~5.5배 물을 넣어 진한 두유 전체를 응고시켜 성형한 것

3) 자루두부

전두부 같은 진한 두유를 냉각시켜 자루에 응고제와 함께 넣고 가열, 응고시킨 것

4) 얼림두부(동결두부)

두부를 썰어 얼린 후 수분 10% 내외로 말려 풍미와 저장성을 좋게 한 것

5) 튀김두부(유부)

두부를 썰어 말린 후 기름에 튀긴 것, 수송과 보존성이 좋다.

2 장류

- 두류, 곡류, 소금을 이용해 분해, 발효시킨 전통 조미식품
- 콩을 발효해 단백질 풍부, 감칠맛 성분인 글루타민산이나 무기질이 많아 영양적으로 우수한 식품

1. 원료

① 된장 : 쌀, 보리 등(전분질), 콩(대두), 소금을 발효·숙성하여 그 여과박을 가공한 것
② 간장 : 쌀, 밀 등(전분질), 콩, 소금을 발효·숙성하여 그 여액을 가공한 것
③ 고추장 : 쌀, 밀가루, 보리 등(전분질), 콩, 소금, 고춧가루 등을 발효·당화시킨 것
④ 청국장 : 콩, 소금, 향신료를 넣어 3일 정도 발효시킨 것

2. 코지(Koji, 麴)

원료인 곡류 및 두류에 코지균(*Aspergillus* 속 등)을 번식시킨 것

1) 코지의 제조 원리

① 코지균을 쌀 또는 보리 등의 배지에 접종시켜 코지균을 발아 및 발육시키는 조작

② 코지 중 amylase, protease 등 효소가 전분 또는 단백질 분해

2) 종국(種麴)

순수하게 배양한 코지균을 쌀 등에 번식시킨 것으로, 코지를 만들 때 찐 원료에 섞어 사용

[코지균의 종류]
① *Aspergillus oryzae* : 청주, 간장, 된장 제조
② *Aspergillus sojae* : 간장, 개량식 메주, 발효사료 제조
③ *Aspergillus niger* : 구연산, 글루콘산, 소주 제조
④ *Aspergillus awamori, Aspergillus usami* : 일본 소주 제조
⑤ *Aspergillus kawachii* : 약주, 탁주 제조

3. 된장

1) 원료 배합에 따른 품질 변화

① 쌀 등 **전분 배합량이 많으면 숙성이 빠르고** 단맛이 강하며 색이 희게 된다.
② 콩 배합량이 많으면 단백질의 분해량이 많아 **구수한 맛은 강해지나** 코지 양은 적어 숙성이 늦고 단맛이 적으며 적갈색 내지 흑갈색이 된다.
③ 소금 배합량이 많으면 저장성은 높아지나 숙성이 늦다.

2) 된장 숙성 중의 변화

① 전분이 코지균의 아밀라아제에 의해 당으로 분해되어 단맛 형성
② 당은 알코올 발효에 의해 알코올, 유기산을 생성하여 된장의 향 형성
③ 콩 단백질은 코지균의 프로테아제에 의하여 분해되어 구수한 맛 형성

4. 간장

1) 원료배합에 따른 품질 변화

① 밀 배합량이 많으면 발효가 잘 일어나 단맛과 향기가 높아지나 구수한 맛이 덜하다.
② 콩 배합량이 많으면 구수한 맛이 강해 풍미가 진하나 향기가 약하다.
③ 소금 배합량이 많으면 간장덧의 발효가 억제되어 질소 용해가 좋지 않다. 소금의 배합량이 적으면 숙성이 빨라 발효는 잘 일어나나 신맛이 많다.

2) 간장덧 교반 목적

① 간장덧을 잘 섞어서 숙성이 고르게 발생하도록 한다.
② 코지 중 효소 용출을 촉진시켜 분해를 빠르게 한다.
③ 간장덧에 발생한 이산화탄소를 제거하여 효모 및 세균의 발효를 돕는다.

3) 간장 달이는 목적

잡균을 살균하고 분해되지 않은 단백질을 응고시켜 청징 효과를 낸다.

4) 간장 저장 중의 피막

피막은 효모의 일종인 산막효모로 다음과 같은 조건에서 발생한다.

① 간장의 농도가 묽을 때
② 숙성이 불충분할 때
③ 당이 많을 때
④ 소금 함량이 적을 때
⑤ 달이는 온도가 낮을 때
⑥ 기구 및 용기가 오염되었을 때

5. 고추장

① 호화된 전분질에 코지로 발효시켜 당화 및 단백질을 분해하고 조미료 및 향신료를 넣어 숙성시킨 것
② 쌀고추장, 보리고추장, 밀가루고추장 등

6. 청국장

찐 콩을 고초균(*Bacillus subtilis*)으로 증식시켜 발효 숙성시킨 것

3 영양 저해 인자

- 트립신 저해제 : 단백질 분해효소인 트립신의 작용을 억제하여 소화작용 방해, 열에 의해 불활성화
- phytate : Ca, Mg, P, Fe 등과 복합체 형성 흡수 방해
- 혈구응집소(hemagglutinin) : 적혈구와 결합하여 응고 작용, 열처리나 위장 내 산에 의해 파괴

4 기타 가공품

1. 콩나물

① 계절에 관계없이 생산, 재배법이 간단하고 비타민류가 많아 겨울철 영양상 좋은 식품
② 원료콩에 거의 없는 비타민 C가 발아 시 생성
③ 숙취해소 효과가 있는 아스파라긴산 다량 함유

2. 두유

① 콩 중의 수용 성분 추출, 콩 단백질을 물에 분산시켜 우유와 외관상 비슷하게 만든 것
② 콩 비린내 원인인 lipoxygenase는 가열로 불활성화

3. 분리대두단백

소시지 등 단백식품의 일부 대체 사용

4. 콩기름

콩의 20% 기름에는 올레산, 리놀레산, 리놀렌산 등 불포화지방산이 많아 식용유로 이용, 마가린 등의 경화유, 유화용 물감 제조에 이용

CHAPTER 03 과실 및 채소 가공

- 과실, 채소는 신선식품으로 비타민류와 무기질류의 중요 공급원
- 통조림, 주스, 잼, 젤리, 마멀레이드, 토마토 케첩, 건조품, 과실주, 절임류 등 이용

1 통조림과 병조림

1. 통조림 용기

통조림 용기로 가장 널리 쓰이는 것은 함석관과 유리병이다.

1) 유리병

① 내용물 확인 가능
② 식품과 화학반응하지 않음
③ 파손 우려 및 무거움

2) 금속관

① 주석 도금 양철관이 많다.
② 몸통에 위아래의 스리 피스 캔, 밑바닥 몸통일체형에 위 덮개의 투 피스 캔 등
③ 주름이 많은 것은 멸균 공정 및 유통 중 충격을 완화하기 위한 것이다.
④ 물리적 충격에 강하나 무겁다.

3) 레토르트 파우치

① 여러 플라스틱 필름을 겹쳐 만든 유연용기(불투명, 투명 가능)
② 열전달이 좋아 가공시간 단축
③ 가볍고 작은 공간 저장 가능, 유연해 개봉이 편리
④ 날카로운 것에 파손 가능

2. 통조림 제조

원료 → 조리 → 담기 → 주입액 넣기 → 탈기 → 밀봉 → 살균 → 냉각 → 제품

1) 원료

완숙 전 수확, 맑은 날 아침 수확

① 채소 : 수확 후 5~6시간 후 가공
② 과일 : 완숙 이전의 것
③ 수산물 : 휘발성 염기질소(VBN) 20mg% 이하
④ 축산물 : 사후 경직된 것

2) 전처리

① 세척 : 침지법, 교반, 분무법 등
② 선별 및 등급 : 크기, 색, 숙도, 모양, 품종, 불량품 제거 등
③ 데치기 또는 조리 : 80~90℃에서 2~3분 데친다. 효소 불활성, 박피 용이, 공기 제거, 혼탁 방지, 충진 용이
④ 박피 : 칼, 열탕법, 증기법, 알칼리법(1~3%, NaOH), 산처리법(1~3%, HCl), 기계법

3) 담기(충진)

① 식품과 주입액(식염수 1~2%, 당액 60~65brix, 조미액)을 용기에 넣는 것
② 조미액은 맛와 방향을 주며 내용물 형상 유지 및 손상 방지
③ 내부에 공기를 남지 않게 하여 가열살균 시 열 전달이 잘 되게 한다.
④ 헤드 스페이스(상부공극) : 멸균 시 부피팽창에 대한 안전성을 위해 윗부분에 남겨둔 공간

4) 당액 조제

$$w_1 x + w_2 y = w_3 z$$

$$y = \frac{w_3 z - w_1 x}{w_2}$$

$$w_3 - w_1 = w_2$$

여기서, w_1 : 담는 과실의 무게(g)
w_2 : 주입 당액의 무게(g)
w_3 : 통 속의 당액 및 과실의 전체 무게(g)
x : 과육의 당도(%)
y : 주입액의 농도(%)
z : 제품 규격 당도(%)

5) 탈기(exhausting)

① 헤드스페이스 및 식품 중 산소 제거
② 가열살균 시 열 전달을 균일하게 하고 내압을 낮춰 파손 방지
③ 호기성 미생물 생육 억제
④ 식품의 화학 변화 억제, 용기의 부식 및 주석 용출 방지(산성 통조림)
⑤ 탈기방법
- **가열탈기법** : 가밀봉 한 채 가열 탈기 후 밀봉
- **열간충진법** : 뜨거운 식품을 담고 즉시 밀봉
- **진공탈기법** : 진공하에서 밀봉
- **치환탈기법** : 질소 등 불활성 가스로 공기 치환

6) 밀봉(seaming)

① 용기 속 미생물과 공기 유입 방지, 진공도 유지
② 통조림 **이중 밀봉**(double seaming) : 아래서 받쳐주는 **리프터**(lifter), 위 덮개를 누르는 **척**(chuck), 뚜껑과 본체를 한겹 말리게 하는 **제1롤**(roll)과 이중 밀봉하는 **제2롤**로 구성된 seamer 이용

7) 살균(sterilization)

① 가열 살균은 유해미생물 사멸을 위한 것으로, 최소로 하여 상품가치 손실을 최소화 해야 한다.
② **상업적 살균** : 70℃~100℃에서 10~20분 가열 후 30℃에서 급랭
③ 미생물 수가 **많을수록** 높은 온도, 긴 시간
④ 내용물 pH가 **낮은** 산성일수록 낮은 온도, 살균시간 단축

8) 냉각

① 가능한 한 급속 냉각하여 내용물 과열에 의한 연화 방지
② 단백질로부터 황화수소 발생을 적게 하여 변색(흑변) 방지
③ 연어, 게, 오징어 통조림 등의 유리조각 모양 결정체인 struvite 생성 최소(30~50℃)

3. 각종 통조림 제조

1) 복숭아 통조림

[제조과정]

원료 → 선별 → 추숙 → 절단 → 제핵 → 박피 → 조정 → 선별 → 담기 → 탈기 → 밀봉 → 살균 → 냉각 → 제품

2) 감귤 통조림

[제조과정]

원료 → 선별 → 열처리 → 외피 벗기기 → 건조 → 쪼개기 → 속껍질 벗기기(산·알칼리박피법) → 담그기 → 선별 → 담기 → 탈기 → 밀봉 → 살균 → 냉각 → 제품

[감귤 통조림 백탁현상]

감귤의 배당체인 hesperidin의 용출과 pectin의 석출이 원인

① 헤스페리딘 함량이 적은 품종 선택, 완숙된 원료 사용
② 과피 제거 후 충분히 세척
③ 농도가 높은 당액 이용
④ 영양이 파괴되지 않을 정도로 장시간 가열
⑤ CMC(Carboxyl Methyl Cellulose) 및 gelatin 등 첨가로 청징
⑥ hesperidinase 효소 처리

3) 죽순 통조림

[제조과정]

원료 → 조제 → 열처리 → 냉각 → 조정 → 담그기 → 선별 → 담기 → 탈기 → 밀봉 → 살균 → 냉각 → 제품

[죽순 통조림 백탁현상]

① 용출된 tyrosine이 원인이므로 제거하기 위하여 15시간 정도 물에 담근다.
② 너무 오래 두면 상품가치가 떨어지므로 24시간을 넘지 않을 것

4) 양송이 통조림

① 원료 채취 후 30분~1시간 이내 처리, 가공하는 것이 가장 좋다.
② 24시간 이상 경과 시 갈변을 방지하기 위해 아황산염 0.01% 용액 처리

[제조과정]

```
원료 → 자루 절단 → 선별 → 씻기 → 열처리 → 냉각 → 선별 → 슬라이스 → 담기 →
탈기 → 밀봉 → 살균 → 냉각 → 제품
```

4. 통조림 변패

1) 평면 산패

① 가스 비형성 세균의 산생성으로 발생
② 주로 *Bacillus* 속 호열성 세균의 살균 부족으로 발생
③ 통조림 외관은 이상 없으나 산에 의해 신맛 생성

2) 황화수소 흑변(sulfide spoilage)

육류 가열로 발생된 −SH기가 환원되어 H_2S생성, 통조림 금속재질과 결합하여 흑변

3) 주석의 용출

① 산이나 산소 존재 시 주석 용출
② 통조림 개봉 시 산소에 의해 다량 용출되므로 먹고 남은 것은 다른 용기에 보관

4) 통조림 외관상 변패

① Flipper : 한쪽 면이 부풀어 누르면 소리 내고 원상태로 복귀 − 충진 과다, 탈기 부족
② Springer : 한쪽 면이 심하게 부풀어 누르면 반대편이 튀어나옴 − 가스 형성 세균, 충진 과다 등
③ Swell : 관의 상하면이 부풀어 있는 것 − 살균 부족, 밀봉 불량에 의한 세균 오염
④ Buckled can : 관 내압이 외압보다 커 일부 접합 부분이 돌출한 변형관 − 가열 살균 후 급격한 감압 시
⑤ Panelled can : 관 내압이 외압보다 낮아 찌그러진 위축변형관 − 가압 냉각 시
⑥ Pin hole : 관에 작은 구멍이 생겨 내용물이 유출된 것

2 과실 주스

1. 과실 주스의 종류 및 성분

1) 과실 주스의 종류

① 천연 과실 주스(natural fruit juice) : 과실 착즙 그대로 제품화
② 농축 과실 주스(concentrated juice) : 과즙을 1/2 이상 농축
③ 가루 주스(juice powder) : 농축 과실 주스를 수분 1~3% 가루로 건조
④ 과즙 함유 음료(soft drink) : 천연 과실 주스에 당류, 산류, 향료, 착색료 등을 첨가한 것
⑤ 넥타(nectar) : 복숭아, 살구 등 핵과류 퓌레를 당액으로 희석한 것
⑥ 스쿼시(squash) : 과즙 주스에 과육조각이 들어간 것
⑦ 탄산 주스 : 과실 주스에 이산화탄소를 녹인 것

2) 과실 주스 성분

① 비중 약 1.05 내외, 추출물(extract) 10~15%
② 당류와 산의 비, 비타민 C, 색소, 향기에 의해 품질 결정

3) 과실 주스 청징

① 난백, 카제인, 젤라틴, 탄닌, 규조토 이용
② pectinase, polygalacturonase 등 효소 이용

4) 과실 주스 제조 중 품질 변화

① 갈변 : polyphenol 화합물이 polyphenol oxidase에 의해 산화되어 갈변(산화방지제 처리)
② 금속이온에 의한 변화 : 가공 중 구리 및 철 혼입 시 아스코르브산 산화 촉진

5) 포도 주스 주석 제거

① 포도의 주석산이 석출, 침전되면 상품가치 저하
② 자연침전법, 이산화탄소법, 동결법, 농축여과법 등 주석 제거

3 과일 잼

1. 정의

① 잼 : 과일을 설탕과 함께 가열해 농축 · 응고시킨 것, pulp 함유로 불투명
② 젤리 : 과일 과즙에 설탕을 넣어 가열 · 농축 · 응고시킨 것, 투명
③ 마멀레이드 : 젤리에 과피나 과육 조각을 넣어 만든 것

2. 젤리화

과실 중 펙틴(1~1.5%), 유기산(0.3%, pH 2.8~3.3), 당(60~65%)에 의해 형성

1) 유기산

① pH가 높으면 응고하지 않고 낮으면 저장 중 펙틴 분해로 젤리화력 저하
② pH 2.8~3.3이 적당, 대부분 과일 자체 유기산으로 충분

2) 펙틴

① 갈락투론산 구성, 프로토펙틴, 펙틴, 펙틴산 분류
② 덜 익은 과실 – 프로토펙틴(불용), 숙성과실 – 펙틴(가용성), 완숙과실 – 펙틴산(불용성)
③ 프로토펙틴과 펙틴이 젤리화되고 펙틴산은 젤리화되지 않는다.
④ 메톡실기(methoxyl) 함량
  • 7% 이상 – 고 메톡실펙틴 : 유기산과 수소결합형 겔(gel) 형성
  • 7% 이하 – 저 메톡실펙틴 : 칼슘 등 다가이온이 산기와 결합하여 망상구조 형성
⑤ 펙틴 1.0~1.5% 적당

3) 당분

① 젤리화 60~65% 당농도 필요, 당농도가 높으면 당 결정 석출, 낮으면 젤리질 저하
② 과일당 10~20%이므로 설탕 첨가, 제품 향과 색 향상

4) 산, 펙틴, 당분의 비율

① 펙틴양이 일정할 때 산이 많을수록 당이 적어도 젤리화되나 산이 적으면 당이 다량 필요

② 산이 일정할 때 펙틴이 많으면 설탕이 적어도 젤리화되나 펙틴이 적으면 당이 다량 필요
③ 펙틴 0.75% 이하 시 설탕을 많이 넣어도 젤리화되지 않는다.

3. 잼류 제조

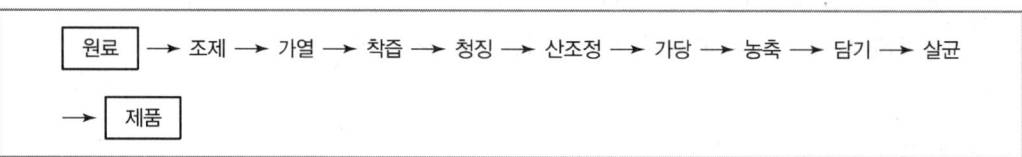

1) 알코올 test에 의한 가당량 결정

   알코올 테스트법 : 시험관에 과즙을 소량 넣고 동량의 96% 알코올을 첨가하여 응고 펙틴으로 정량

   ▼ 펙틴 함량 검정 및 가당량

alcohol test 결과	pectin 함량	가당량
전체가 jelly 모양으로 응고하거나 큰 덩어리 형성	많다.	과즙의 1/2~1/3
여러 개 jelly 모양 덩어리 형성	적당하다.	과즙과 같은 양
작은 덩어리가 생기거나 전혀 생기지 않는다.	적다.	농축하거나 pectin이 많은 과즙 사용

2) 잼류 완성점(Jelly point) 결정법

   ① 스푼 시험 : 나무 주걱으로 잼을 떠서 기울여 액이 시럽상태가 되어 떨어지면 불충분한 것, 주걱에 일부 붙어 떨어지면 적당
   ② 컵 시험 : 물 컵에 소량 떨어뜨려 바닥까지 굳은 채로 떨어지면 적당, 도중에 풀어지면 불충분
   ③ 온도법 : 잼에 온도계를 넣어 104~106℃가 되면 적당
   ④ 당도계법 : 굴절당도계 이용, 잼 당도가 65% 정도 적당

4 토마토 퓨레와 토마토 케첩

1. 토마토 가공품의 종류

1) 토마토 솔리드 팩(tomato solid pack)

    토마토의 껍질과 꼭지를 제거하고 소량의 토마토 퓨레와 함께 통조림으로 만든 것

2) 토마토 주스(tomato juice)

    토마토의 씨앗과 과피 제거 후 갈아서 소금으로 조미한 과즙

3) 토마토 퓨레(tomato pureé, tomato sauce)

    ① 토마토를 파쇄하고 체로 거른 펄프를 조미하지 않고 농축한 것
    ② 고형물 양에 따라 light(6.3%), medium(8.37%), heavy(12.0%)로 분류

4) 토마토 페이스트(tomato paste)

    ① tomato purée를 농축하여 전체 고형물 25% 이상으로 한 것
    ② 고형물 양에 따라 light(29%), heavy(33%)

5) 토마토 케첩(tomato ketchup)

    토마토를 갈아 거른 즙에 설탕, 소금, 향신료, 식초 등으로 조미한 것

5 과실 및 채소 건조

1. 건조과실

1) 곶감

    ① 감 껍질을 제거하고 천일건조
    ② 낮은 온도로 천천히 건조해야 속까지 건조된다.

2) 탈삽

감의 떫은맛을 없애는 방법으로 가용성 탄닌이 불용성 탄닌으로 변화하는 것

① 열탕법 : 감을 35~40℃의 물속에 12~24시간 유지
② 알코올법 : 감을 알코올과 함께 밀폐용기에 넣어서 탈삽
③ 탄산법 : 밀폐된 용기에 공기를 CO_2로 치환시켜 탈삽

3) 건포도

포도의 수분을 15~17%로 건조한 것

2. 건조채소

1) 무말랭이

① 무를 작게 썰어 표면적을 크게 하여 빠르게 자연건조시킨 것(두꺼우면 갈변)
② 수분 10~12%로 약한 탄력을 가질 정도로 건조

2) 절간고구마

생고구마나 익힌 고구마를 얇게 썰어 건조한 것

CHAPTER 04 유지 가공

- 식용유지는 식물성 유지와 동물성 유지
- 실온에서 액체 – 유(oil), 고체 – 지(fat), 화학적으로 트리글리세리드(triglyceride)
- 동물성 유지 : 소기름, 돼지기름, 어유 등
- 식물성 유지 : 쌀겨, 유채, 참깨, 콩 등

1 제유

1. 식용유지 제법

압착법, 추출법은 식물유지 채취, 용출법은 동물유지 채취 이용

1) 용출법(melting process)

   동물성 원료를 가열시켜서 유지 제조

2) 압착법(expression process)

   식물질 원료에 기계적인 압력을 가하여 유지 제조

3) 추출법(extraction process)

   ① 식물성 원료를 유기용매로 녹여서 제조
   ② 추출용매는 벤젠, 에틸알코올, 노말 핵산, 아세톤, CS_2 등 사용

2. 유지의 정제

불순물을 물리 · 화학적 방법으로 제거

1) 탈검공정(Degumming process)

   ① 인지질 등 제거
   ② 무수 상태에서 기름에 녹으므로 물이나 수증기를 넣어 수화시켜 분리

2) 탈산공정(Deaciding process)

① 유리지방산 등 제거
② NaOH로 유리지방산을 중화(비누화) 제거하는 **알칼리 정제법** 사용

3) 탈색공정(Decoloring process)

① carotenoid, 엽록소 등 제거
② 가열탈색법이나 활성백토를 이용하는 흡착탈색법 사용

4) 탈취공정(Deodoring process)

① 알데히드, 케톤, 탄화수소 등 냄새 제거
② 활성탄 등 흡착제를 이용한 탈취

5) 탈납공정(Winterization)

① 샐러드유 제조 시 지방결정체 제거
② 냉각시켜 발생되는 고체 결정체를 제거하는 **탈납(dewaxing)** 이용

3. 식용유지

1) 튀김용

콩기름, 유채유, 미강유 등
① 열에 안정하여 거품이 나지 않을 것
② 연기나 자극취가 발생하지 않을 것
③ 점도변화가 적을 것

2) 샐러드유

table oil이나 마요네즈 등 생식용 이용
① 색깔이 엷고 냄새가 없을 것
② 산패가 없을 것
③ 저온에서 굳어지거나 탁해지지 않을 것

3) 제과용

쇼트닝유(shortening oil) 같은 경화유 이용

4. 식용유지 가공품

1) 경화유

① 불포화지방산이 많은 액체유에 Ni 존재하에서 H를 첨가하여 고체지로 제조
② 녹는점이 높아지고 안정성 증가, 산패가 적고 냄새 감소
③ 어유, 콩기름, 면실유, 채종유 등에 이용

2) 마가린(margarin)

기름(식물성 기름, 동물성 기름, 경화유 등) 80%, 소금 3~5%, 수분 15%, 비타민, 착색재, 착향료, 유화제로 유중 수적형으로 유화시킨 가공품

3) 쇼트닝(shortening)

① 라드(lard) 대용품으로 이용
② 경화유에 동, 식물성 유지를 배합하여 질소가스 10~20%로 처리한 가공품
③ 마가린과 다른 점은 유화작용이 없고 부원료 혼합이 없다.

4) 마요네즈(mayonnaise)

식물유, 식초, 난황, 조미료, 향신료 등을 혼합하여 수중 유적형으로 유화한 제품

2 식물유

① 미강유(쌀겨) : 지방 17~20%, 압착법, 추출법
② 면실유 : 지방 15~25%, 압착법
③ 유채유 : 지방 37~44%, 압착법, 추출법
④ 참기름(참깨) : 지방 45~50%, 압착법
⑤ 대두유(콩) : 지방 16~25%(17%), 추출법
⑥ 땅콩유(40~45%), 옥수수유(33~40%), 들기름(들깨, 55%) : 압착법

CHAPTER 05 유가공

1 시유(city milk, market milk)

생유(raw milk)를 처리하여 소비자가 마실 수 있도록 상품화한 것

1. 제조공정

> 수유 → 냉각 → 청징화 → 표준화 → 살균(멸균) → 충전 → 냉장 수송 → 소비자

1) 수유검사(platform test)

　질 좋은 원유를 선별하는 것

　① 수유검사항목 : 관능검사, 알코올검사, 적정산도검사, 비중검사, 지방검사, 세균검사, 항생물질검사, 유방염유검사, phosphatase 시험 등

▼ 원유의 체세포수와 세균수에 따른 등급

등급기준 세균수(1mL당)		등급기준 체세포수(1mL당)	
1등급	3만 초과 10만 미만	1급	25만 미만
2등급	25만 미만	2급	50만 미만
3등급	50만 미만	3급	75만 미만
4등급	100만 미만	등외	75만 초과
등외	100만 초과		

　② 평량, 저유 : 평량기로 중량 측정, 5℃ 이하 냉각 저장
　③ 여과, 청징화 : 원유를 여과포로 여과 후 미생물 등은 청징기(clarifier)로 원심분리

2) 표준화(standardization)

　시유 규격에 맞춰 유지방, 무지고형분, 비타민, 무기질 등 강화
　① 원유 지방률 검사
　② 목표 지방률 설정

③ 탈지유와 크림 지방률 검사

④ 첨가량 계산

⑤ 표준화 확인 및 보정

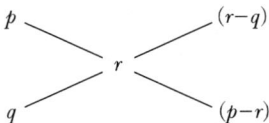

원유 지방률 > 목표 지방률 : 탈지유 첨가

$$y = \frac{x(p-r)}{(r-q)}$$

여기서, p : 원유 지방률(%), q : 탈지유 지방률(%)
r : 목표 지방률(%), x : 원유 중량(kg)
y : 탈지유 첨가량(kg)

예제

지방 3.5%인 원유 3,000kg을 0.1% 지방 탈지유에 혼합시켜 지방 3% 표준화 우유로 만들고자 할 때 첨가할 탈지유량을 계산하시오.

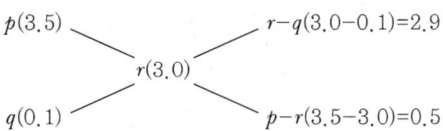

탈지유 첨가량(kg) = $\dfrac{3{,}000 \times 0.5}{2.9} ≒ 517\text{kg}$

원유 지방률 < 목표 지방률 : 크림 첨가

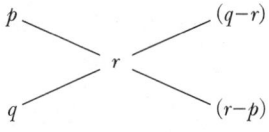

여기서, p : 원유 지방률(%)
q : 크림 지방률(%)
r : 목표 지방률(%)
x : 원유 중량(kg)
y : 크림 첨가량(kg)

$$y = \frac{x(r-p)}{(q-r)}$$

> **예제**
>
> 지방 2.5%인 원유 5,000kg을 지방 30% 크림을 혼합하여 지방 3.0%인 표준화 우유로 만들고자 할 때 첨가할 크림양을 계산하시오.
>
>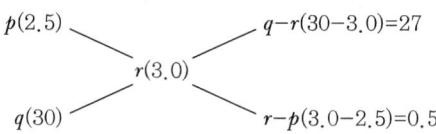
>
> 크림 첨가량(kg) = $\dfrac{5,000 \times 0.5}{27} ≒ 92\text{kg}$

3) 균질화(homogenization)

① 크림층 생성 방지, 점도 향상, 조직 연성화, 소화 향상

② 균질기(homogenizer)의 미세한 구멍(1/100mm)을 2,000psi 압력으로 통과시킬 때 받는 전단력에 의해 우유지방구를 0.1~2μm로 형성

4) 살균과 멸균(pasteurization and sterilization)

우결핵균(*Mycobacterium bovis*), 브루셀라균(*Brucella abortus*), Q열(*Coxiella burnetti*) 대상 61℃, 30분간 상업적 살균(영양분 파괴 최소)

① 저온 장시간 살균법(LTLT ; Low Temperature Long Time pasteurization) : 61~63℃, 30분, 우유, 크림, 주스

② 고온 단시간 살균법(HTST ; High Temperature Short Time pasteurization) : 72~75℃, 15~17초

③ 초고온 순간 멸균법(UHT ; Ultra High Temperature sterilization) : 132~135℃, 2~3초, UHT 멸균우유

2 아이스크림(ice cream)

우유, 설탕, 향료, 유화제, 안정제(젤라틴, 알긴산나트륨) 등을 혼합하여 냉동 경화시킨 유제품

1. 아이스크림의 종류

① plain ice cream : 유지방 10% 이상, 향료(바닐라, 박하, 커피, 초코향) 첨가
② nut ice cream : 유지방 8%, plain ice cream에 견과류(밤, 호두, 아몬드) 첨가
③ fruit ice cream : 유지방 8%, plain ice cream에 과즙(사과, 딸기, 바나나, 파인애플) 첨가
④ custard ice cream : 유지방 10% 이상, 계란 또는 난황 첨가[french ice cream(난황고형분 15~30% 첨가), neopolitan ice cream]
⑤ mouse ice cream : 유지방 30% 정도, 휘핑 크림으로 제조
⑥ ice milk : 유지방 3~6%
⑦ sherbet : 유고형분 3~5%, 설탕(30%), 산미와 감미
⑧ mellorine : 유지방 대신 식물성 지방 첨가

2. 제조공정

> 배합표 작성·혼합 → 여과 → 균질 → 살균 → 냉각 → 숙성 → 1차 냉각(soft ice cream) → 담기·포장 → 동결(-15℃ 이하, hard ice cream)

1) 표준화

원료 지방, 무지고형분, 전고형분 등 표시된 조성표 배합량 계산
- 유지방분 6% 이상, 유고형분 16% 이상, 안정제, 유화제, 설탕, 향료, 색소

2) 혼합

탱크 온도 50~60℃ 유지, 혼합 순서

① 낮은 점도 액체원료(우유, 물 등)
② 높은 점도 액체원료(연유, 크림, 액당)

③ 쉽게 용해되는 고체원료(설탕)
④ 분산성이 있는 고체원료(전지분유, 탈지분유)

3) 여과

여과포나 금속체로 여과

4) 균질

① 기포성을 높여 중용량 증가, 유연성 증가
② 숙성시간 단축, 동결 중 지방 응고 방지, 안정제, 유화제 사용량 절감

5) 살균

① 저온 장시간 살균(LTLT, 63℃, 30분), 고온 단시간 살균(HTST, 75℃, 15초)
② 원료 용해, 유해균 사멸, 지방 분해효소 불활성화로 산패취 억제, 풍미 개량

6) 숙성과 향료 첨가

① 지방성분 고형화, 안정제에 의해 젤화 촉진, 점성 증가, 조직이나 기포성 개량
② 0~4℃, 4~25시간 숙성 시 색소, 향료, 과즙 첨가

7) 동결 및 증용

공기 균일 혼입, 동결(−3~−7℃, soft ice cream)

3. 증용률(over run, %)

동결기 내 교반에 의한 기포 형성으로 용적이 증가하는 것(80~100% 증용률이 최적)

$$\text{over run}(\%) = \frac{\text{아이스크림의 용적} - \text{mix의 용적}}{\text{mix의 용적}} \times 100$$

3 버터(butter)

유지방(cream) 80% 이상과 물 15%의 유중 수적형 유화상 유가공품

1. 버터의 종류

① 가염버터(Salted butter) : 식염 1.5~2.0% 첨가
② 무염버터(unsalted butter) : 식염을 첨가하지 않은 것
③ 발효버터(sour cream butter) : 유산균을 넣어 발효시킨 것
④ 감성버터(sweet butter) : 발효시키지 않은 것

2. 크림

1) 원심 분리에 의한 크림 분리

① 32~35℃ 우유를 크림분리기(cream separator)에 넣고 800~1,000rpm으로 원심 분리
② 살균, 냉각제품, 유지방분 18% 이상 함유

2) 크림의 종류

① half and half cream : 우유와 cream 혼합, 지방 10~12%
② coffee cream(light cream) : 지방 18~20% 함유, table cream
③ whipping cream(light) : 지방 30~36% 함유, 케이크 디저트용
④ whipping cream(heavy) : 지방 36% 이상 함유
⑤ 발효 크림(sour cream) : 지방 18% 이상 크림을 80℃, 30분 살균 후 젖산균을 발효시킨 제품
⑥ plastic cream : 지방 80% 이상 함유, 아이스크림, 버터 원료

3. 제조공정

크림 분리 → 크림 중화 → 살균 → 냉각 → 숙성 → 색소 첨가 → 교동 → 버터밀크 배출 → 가염 및 연압 → 포장 → 저장

1) 크림 분리

　우유에서 크림분리기로 분리하거나 크림 제품 사용

2) 중화

　① 크림 산도가 높으면 지방 손실 및 풍미와 보존성 감소
　② 산도 0.1~0.14%를 유지하도록 Na_2CO_3, $NaHCO_3$ 등을 사용하여 중화

3) 살균

　65~70℃, 30분

4) 냉각

　여름 3~5℃, 겨울 6~8℃

5) 발효(발효버터 제조 시)

　크림양의 3~6% 스타터를 첨가하여 산도 0.3%가 되도록 20~22℃, 4~6시간 발효

6) 숙성

　2~4℃, 12시간 보존하여 액상의 유지방 고형화(crystallization), 유지방 유실 방지, 수분함량 감소

7) 교동(churning)

　크림을 교반하여 기계적 충격으로 지방구가 뭉쳐 버터 입자 형성되고 버터밀크와 분리

8) 버터밀크 배출

　금속망을 사용하여 아래층 버터밀크 제거

9) 수세

　① 버터 입자에 냉수로 교반 세척
　② 저장성 향상, 수분 조절, 연압온도 조절

10) 가염

풍미와 보존성 향상, 1.0~2.5% 첨가

11) 연압(working)

① 버터입자를 방망이로 밀거나 천천히 교반, 조직 균일화, 유중 수적형 버터 형성
② 수분을 유화 분산하여 균일한 유중 수적형 버터 형성, 소금 용해, 색소 분산, 기포 억제

12) 충전 및 포장

무염버터(제과용)는 나무나 주석캔, 가염버터(시판용)는 내포장-황산지, 중포장-알루미늄 호일, 외포장-비닐이나 플라스틱 용기 포장

4 발효유(fermented milk)

- 우유, 산양유 등 포유류 젖이나 가공품 원료로 유산균, 효모를 이용하여 발효
- 발효유에 당이나 향을 첨가한 호상 또는 액상 제품

1. 발효유 종류

① 물리적 성상에 따라 호상, 액상 요구르트 구분
② 최종 발효산물에 따라 유산균 발효유, 유산균 알코올 발효유로 구분

1) 호상 요구르트

원료 → mix 배합 → 균질화 → 살균 → 냉각 → 스타터 첨가(향료 첨가) → 소형용기 충전 → 배양 → 냉각 → 제품

2) 액상 요구르트

원료 → mix 배합 → 균질화 → 살균 → 냉각 → 스타터 첨가 → 탱크 배양 → 커드 분쇄 → 냉각 → 과즙, 향료첨가 → 살균(순간) → 소형용기 충전 → 액상 제품

2. 발효유 제조

① 원료유 : 신선도검사에 합격한 원료를 사용하여 항생물질 검사 실시
② mix의 배합 : 탈지분유, 설탕, 안정제를 일정량씩 평량하여 혼합, 용해
③ 균질화 : mix 온도 55~80℃, 균질압력 80~250kg/cm²
④ 살균 : 95℃/15분
⑤ 냉각 및 스타터 첨가 : 40~45℃ 냉각 후 중간배양체를 mix의 용량 2~3% 첨가, 혼합, 호상의 경우 향료 혼합
⑥ 충전 : 용기에 넣고 37~45℃에서 목표산도까지 발효, 액상 요구르트의 경우 커드 균질화, 냉각 후 향료나 과즙 등을 넣고 80℃에서 5분 살균 후 냉각 포장

3. 젖산균 스타터 제조

종균 → 모배양체 스타터 → 중간배양체 스타터 → 본배양체 스타터

5 치즈(cheese)

- 자연 치즈 : 원유에 유산균, 단백질 응유효소, 유기산 등으로 응고 후 유청을 제거한 것
- 가공 치즈 : 자연 치즈에 식품 또는 첨가물을 가한 후 유화 제조한 것

1. 분류(수분, 미생물)

① 초경질 치즈 : 수분 함량 25% 이하, 세균 숙성(예 Romano, Parmesan, Sapsago)
② 경질 치즈 : 수분 함량 25~36%, 세균 숙성(예 Cheddar, Gouda)
③ 반경질 치즈 : 수분 함량 36~40%, 세균 숙성(예 Brick, Munster, Limburger), 푸른곰팡이 숙성(예 Roqueforti, Gorgonzola)
④ 연질 치즈 : 수분 함량 40% 이상, 숙성(예 Bel Paese, Camembert, Brie), 비숙성(예 Cottage, Bakers, Mysost)

2. 치즈 제조

> 원료유(지방률 2.8~3.0%) → 청징 → 살균(73~78℃,15초) → 냉각(29~32℃) → 스타터 첨가(0.5~1.5%) → 염화칼슘 첨가(0.01~0.02%) → 레닛 첨가(0.002~0.004%) → 커드 절단(작은 콩~큰 콩 크기 정도) → 교반(5~10분 정도) → 유청 제거(1/2~1/3양의 유청) → 가온(37~40℃) → 교반 → 유청 빼기(유청산도 0.11~0.13%) → 퇴적 → 틀에 넣기 → 예비압착 → 반전 → 본압착 → 가염(습염법) → 숙성(7~14℃, 2~14개월)

1) 원료유

신선 우유(이화학적 시험 통과)

2) 치즈 유산균 스타터

젖산 생성, 커드 형성 촉진, 유해미생물 억제, 풍미 생성

3) 염화칼슘 첨가

커드 응고성 촉진(Ca-paracaseinate)

4) 레닛 첨가

우유 응고, 원유 1,000kg당 20~30g 첨가

5) 커드 절단

0.3~1.5cm 간격으로 절단

6) 가온 및 유청 제거

경질치즈 38℃, 연질치즈 31℃, whey 제거

7) 성형 압착

성형틀 성형, 천천히 가압

8) 가염

① 건염법 : 커드층 직접 살포(예 Cheddar, Blue, Camembert)
② 습염법 : 치즈를 소금용액에 넣는 방법(예 Camembert, Brie, Limburger)
③ 염수온도 12~15℃, pH 5.2~5.5, 침지시간 48~72시간, 농도 18~24°Bé

9) 숙성

Camembert(12~13℃, 14개월), Limburger(15~20℃, 2개월), Gouda(13~15℃, 4~5개월), Cheddar(13~15℃, 6개월)

3. 가공 치즈

자연 치즈 선택 → 세척 → 분쇄(chopper, roller) → 용융제 첨가(인산염, 구연산염) → 균질화 → 충전·포장 → 냉각 → 포장(알루미늄박, 왁스, 셀로판)

① 자연 치즈에 용융제를 넣어 나트륨염 생성
② 기포성, 저장성, 경제성, 소화성이 좋음

6 연유(condensed milk)

우유를 그대로 농축하거나 설탕을 가하여 농축한 것

1. 연유의 종류

무당연유	전지무당연유	원유 농축
	탈지무당연유	원유지방 0.5% 이하로 조정·농축
가당연유	전지가당연유	원유에 설탕 첨가·농축
	탈지가당연유	원유지방 0.5% 이하로 조정 후 설탕 첨가·농축

2. 가당연유 제조

원유(수유검사) → 저유 → 표준화(탈지유, 크림 첨가) → 예비 가열(plate식 열교환기 사용) → 가당(설탕 첨가) → 살균(batch type, PHE, THE 살균장치) → 농축(batch evaporator, contunous evaporator 사용) → 냉각 → 담기 → 권체 → 포장 → 제품

1) 원료유검사

    신선도검사(관능검사, 산도, methylene blue 시험), 유방염유검사, 알코올 시험, 지방검사, 세균검사 등

2) 표준화

    기준에 맞게 탈지유, 크림 첨가

3) 예비 가열

    110~120℃ 가열, 미생물 살균, 효소 실활, 증발속도 촉진, 농후화 억제

4) 설탕 첨가

    ① 16~17% 설탕 첨가, 단맛 부여, 세균번식 억제, 제품의 보존성 부여
    ② 농축도 1/2.5~1/3, 제품당 함량 50~60%
    ③ 설탕농축도(sugar water concentration)는 연유 중 수분($100-TS$)에 대한 설탕 % 표시
     (TS : 고형분, SNF : 무지고형분)

    - 설탕농축도 $= \dfrac{설탕\%}{100-TS} \times 100$

    - 농축비 $= \dfrac{제품\ 중의\ SNF}{원유\ 중의\ SNF}$

    - 설탕 함량(%) $= \dfrac{(100-TS) \times 설탕농축도}{100}$

    - 설탕 첨가량(%) $= \dfrac{제품\ 중\ 설탕\%}{농축비}$

    - 탈지유 $SNF = \dfrac{원유\ SNF\%}{100-유지방\%} \times 100$

5) 농축

    ① 농축기로 수분 제거 고형분율(TS) 증가
    ② 51~56℃, 10~20분, 진공도 635~660mmHg
    ③ 일반비중계 1.250~1.350, 연유 보메 비중계 30~40°Bé
    ④ 비중측정 시기 : 끓는 정도 약화, 점도 상승, 표면 광택, 거품 모양 변화

6) 냉각

유당결정 10μ 이하, 20℃ 냉각 교반, 유당접종(seeding) 농축유량 0.04~0.05%

7) 충전, 포장

12시간 방치, 관 밀봉 제품

8) 불량

가스 발효(팽창), 과립 생성(살균 부족), 모래현상(유당결정 15μ 이상), 당침현상(유당결정 20μ 이상)

3. 무당연유 제조

원유(수유검사) → 표준화 → 예비 가열 → 농축 → 균질화(2단 균질기 사용) → 재표준화 파일럿 시험(파일럿용 멸균기 사용) → 충전 → 담기 → 멸균 처리 → 냉각 → 제품

① 균질 : 압력 150~170kg/cm²(1단), 50kg/cm²(2단), 50~60℃
② 파일럿 시험 : 시료를 소량 만들어 실제 멸균조건 설정, 안정제 첨가 유무 결정
③ 멸균 : 115.5℃/15분, 121.1℃/1분, 126.5℃/1분, 릴 회전수 6~10rpm

7 분유(powder milk)

원유 또는 탈지유를 그대로 분말로 제조하거나 이에 첨가물을 넣어 분말로 제조한 것

1. 종류

① 전지분유 : 원유를 분말화
② 탈지분유 : 원유의 유지방을 제거하여 분말화
③ 가당분유 : 원유에 설탕을 첨가하여 분말화
④ 혼합분유 : 원유에 식품이나 첨가물 등을 첨가하여 분말화(조제분유, 영양강화분유 등)

⑤ 조제분유 : 원유를 모유 성분과 유사하게 제조, 수분 50% 이하, 유성분 60% 이상, 유지방분 23.0% 이상, 세균수 4만 이하(g당), 대장균 음성

2. 성분규격

구분		전지분유	탈지분유	가당분유	혼합분유
수분(%)		5.0 이하			
유고형분(%)		95.0 이상	95.0 이상	70.0 이상	50.0 이상
유지방분(%)		25.0 이상	1.3 이하	18.0 이상	12.5 이상
당분(%)		–	–	25.0 이하 (유당 제외)	–
세균수(g당)		4만 이하	4만 이하	4만 이하	4만 이하
대장균군(g당)		2 이하	2 이하	2 이하	2 이하
권장 유통기한	암소	12개월			
	실온	6개월			

3. 제조공정(전지분유)

원료유 → 표준화 → 중화 → 청징·살균 → 여과 → 농축 → 예비 가열 → 건조 → 냉각 → 사별 → 계량 충전(질소가스 치환) → 포장 → 저장

1) 원료유검사

신선도검사(관능검사, 알코올검사, 산도, methylene blue 시험), 지방검사, 세균검사 등

① 탈지유 첨가량

$$S = \frac{F - R \times SNF}{R \times SNF_1 - F_1} \times M$$

여기서, S : 첨가하는 탈지유량(kg)
M : 원료유량
F : 원료유의 지방률(%)
F_1 : 탈지유의 지방률(%)
SNF_1 : 탈지유의 무지고형분(%)
R : 지방계수(지방과 무지고형분의 소요비율)

② 크림 첨가량

$$C = \frac{R_2 \times SNF - F}{F_2 - R_2 \times SNF_2} \times M$$

여기서, C : 첨가하는 크림양(kg)
M : 원료유량(kg)
F : 원료유의 지방률(%)
F_2 : 크림의 지방률(%)
SNF : 원료유의 무지고형분(%)
SNF_2 : 크림의 무지고형분(%)
R_2 : 지방계수(지방분과 무지고형분의 소요비율)

2) 중화

산 중화제 $NaHCO_3$, Na_2CO_3, CaO, $Ca(OH)_2$

3) 청징

여과기·청징기(5,000~7,000rpm), 이물질 제거

4) 살균

고온 단시간 살균법(75℃/15초), 초고온 멸균법(135℃/2~3초)

5) 농축

진공농축기(온도 50~60℃·진공도 635~660mmHg)로 40~50%까지 농축

6) 건조

원통식·분무식 등, 수분 5.0% 이하

7) 포장

빛, 공기, 습기를 차단하여 포장

육류 가공

1 식육 성분 및 구조 특성

1. 식육 구성

1) 식육(meat)

식육 생산 목적으로 사육된 동물의 가식부(지육, 정육, 내장 및 기타 부분)

① 지육 : 머리, 꼬리, 다리 및 내장을 제거한 도체(carcass)

$$도체율(\%) = \frac{도체\ 무게(지육\ 중량)}{생체\ 무게} \times 100$$

② 정육 : 지육으로부터 뼈를 분리한 고기

$$정육률(\%) = \frac{도체\ 무게(지육\ 중량)}{도체\ 무게(생체\ 무게)} \times 100$$

③ 내장 : 식용목적 간, 폐, 심장, 위장, 췌장, 비장, 콩팥, 창자 등
④ 기타 : 식용목적 머리, 꼬리, 다리, 뼈, 껍질, 혈액 등

2) 식육가공품

소, 돼지, 양, 닭 등 고기와 가식부를 주원료로 제조·가공한 햄, 소시지, 베이컨 등

2. 성분규격

① 아질산이온 : 0.07g/kg 이하(포장육 제외)
② 타르색소 : 불검출(소시지류 제외)
③ 대장균군 : 음성(베이컨 및 비가열제품 제외)
④ 휘발성 염기질소 : 20mg% 이하(원료육, 포장육)
⑤ 보존료 : 소브산 및 소브산칼륨이 2.0g/kg 이하

3. 식육 부위별 명칭

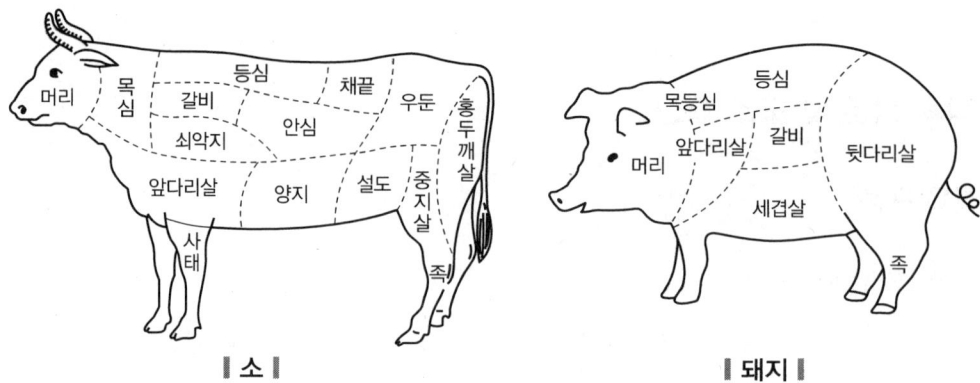

| 소 | 돼지 |

4. 가축의 도축

1) 도축

① 도축 전 12~24시간 휴식 안정, 절식, 물은 허용
② 타격법, 충격법, 전살법, 자격법, 이산화탄소 가스법 등
③ 도축 직후 방혈(오염 방지), 박피, 해체
④ 검사 시행 합격은 보라색 검인 후 2℃ 냉각실 저장

2) 혈액

혈액은 교반(응고 방지) 후 소시지와 순대 조리용으로 이용

3) 사후경직

① 근육 글리코겐 분해에 따라 젖산·ATP 생성, 근육 경직 발생(액토미오신 형성)
② 생선 1~4시간, 닭 6~12시간, 쇠고기 24~48시간, 돼지 70시간 후 최대 사후경직
③ 경직 해제 후 **자가소화 효소**에 의한 숙성
④ 쇠고기 숙성 : 0℃에서 10일간, 8~10℃에서 4일간

5. 식육의 성분

① 수분함량 70~75%, 보수성에 따라 풍미에 영향
② 단백질 16~20%, 구조단백질, 근장단백질, 결체조직단백질 구성
③ 수분이 많으면 지방이 적다(쇠고기 2.8%, 돼지고기 8.5%).
④ 무기질 1% 내외, 탄수화물 0.7% 내외, 비타민류 A, B_1, B_2, C 등

2 햄(ham) 제조

- 돼지고기 여러 부위를 정형한 후 염지, 훈연, 열처리한 것
- 수분 72% 이하, 조지방 10% 이하

1. 종류

① regular(bone in) ham : 돼지 뒷다리 사용, 뼈가 있는 채로 제조
② boneless ham : regular 햄에서 뼈를 제거하고 원통형으로 말아서 제조
③ press ham : 여러 남은 고기를 절단, 혼합 밀착하여 햄과 같이 제조
④ 기타 햄 : 등심햄(loin 부위), 어깨햄(boston butt 부위), shoulder ham(어깨 부위), belly ham (아랫배 부위)

2. 햄 제조(boneless ham, press ham)

원료육의 선정·골발 → 정형 → 염지(예비 염지, 본염지) → 수침 → 정형(두루마리) → 예비 건조·훈연 → 가열·냉각 → 포장·표시 → 제품

① 원료육 선정 : press ham 원료육은 boneless ham, 베이컨 제조 후 남은 고기 이용
② 정형 : boneless ham은 지방층 두께 3~5mm, press ham은 3×3×3cm 정형
③ 염지 : NaCl, $NaNO_3$(NaN_2), 설탕, 복합인산염, sodium ascorbic acid 등을 염지통에 쌓아 3~4℃에서 kg당 2~3일 염지
④ 혼합 : 마늘, 생강, 양파, 백후추, 조미료, 분리대두 단백질, 전분 등 meat mixer, 혼합제 8~9분 저속 혼합

⑤ 충전 : 본레스 햄은 두루마리 상태로 묶어 주고, 프레스 햄은 리테이너(retainer)에 셀로판을 넣고 채워 넣는다.

⑥ 예비 건조 · 훈연
- 예비 건조 : 40~45℃, 30~60분
- 냉훈법 : 15~25℃, 5~7일
- 열훈법 : 60~65℃, 2~3시간

⑦ 가열 : 가열탱크에서 실시하되, 물의 온도와 햄의 중심온도를 잘 점검하여야 한다.

⑧ 냉각 : 햄 표면 주름 방지, 호열성 세균 생육 억제 위해 10℃ 이하 냉각

⑨ 외관검사 · 포장 : 외관, 색깔, 포장 상태, air pocket 여부, 탄력성 검사 후 내포장재 cellophane 제거, 비통기성, 방습성, 차광성 film 진공 포장

⑩ 표시 및 저장 : 표시기준, 습도 70~80%, 온도 0~10℃, 30일 저장

3 베이컨(bacon) 제조

- 돼지 복부(belly) 염지 후 훈연 또는 열처리
- 수분 60% 이하, 조지방 45% 이하
- 복부 베이컨, 등심육 loin bacon, 어깨육 shoulder bacon

1. 베이컨 제조

원료육의 선정 → 골발 → 혈교 → 염지 → 정형 → 수침 → 건조 · 훈연 → 냉각 → slice → 포장 → 냉각 → 제품

1) 원료육 선정

   돼지 배 부위 선정

2) 혈교 · 염지

   ① 염지하는 동시에 혈교하는 방법을 많이 쓴다.
   ② 베이컨육 중량 10kg당 소금 250~300g, 질산칼륨(아질산칼륨) 10g, 질산나트륨(아질산나트륨) 0.2g 배합, 12~24시간, 냉장 혈교(피 빼기)

3) 수침 · 정형

과도한 염분 제거 목적, 5℃ 물(bacon 양의 10배) 1~2시간 수침, 정형

4) 건조 · 훈연

① 건조 : 65℃, 50분
② 훈연 : 70℃, 50~60분

5) 냉각 · 포장

2~3℃ 냉각, 두께 2~3mm 절편, 진공포장, 10℃ 유통

4 소시지(sausage) 제조

- 각종 고기를 주원료로 한 분쇄육에 염지, 조미, 향신료를 첨가한 후 케이싱 충전 제조
- 케이싱 충전 냉동, 냉장, 훈연, 열처리한 것, 수분 70% 이하, 조지방 35% 이하

1. 종류

1) domestic sausage

수분 70% 이하, fresh sausage, smoked sausage 등

2) dry sausage

① 미훈연건조 소시지(hard형) : 수분 35% 이하
② 훈연건조 소시지(hard형) : 수분 35% 이하
③ 반건조 소시지(soft형) ; 수분 55% 내외

3) 기타

pork sausage, frankfurt sausage, bologna sausage, winner sausage, mortadela sausage

2. 소시지 제조(domestic sausage)

> 원료육의 선정 · 처리 → 염지 → 세절 → 유화 및 혼합 → 충전 → 건조 · 훈연 →
> 가열 · 냉각 → 포장 및 표시

1) 원료육 선정 처리

햄, 베이컨 가공 후 남은 고기 세절

2) 염지

염지제, 소금, $NaNO_3(NaNO_2)$, 설탕, 인산염 혼합, 3~4℃, 2~3일 염지

3) 세절

초퍼(chopper)를 이용하여 6mm 크기로 세절

4) 유화 및 혼합

① silent cutter에 고기, 지방, 전분, 분리 대두단백질, 화학조미료, 향신료 혼합 · 유화
② 얼음 20% 첨가, silent cutter 작동 5~8분, 온도 9℃ 유지

5) 충전

반죽을 stuffer로 천연 케이싱(돼지창자, 양창자), 합성 케이싱에 충전

6) 건조 및 훈연

40~50℃에서 1시간 표면건조, 50~55℃에서 2~3시간 훈연

7) 가열 및 냉각

70℃ 온수로 1시간 이상 가열, 25~30℃, 6% 염수로 침지 · 냉각

8) 포장 및 표시

외포장재 밀착 포장, 표시기준 표시

CHAPTER 07. 계란 가공

1 계란의 이화학적 성질

1. 계란의 성질

① 난각, 난각막, 난백, 난황으로 구성
② 난백 기포성이 커서 제과, 제빵 기포제와 아이스크림 안정제로 이용
③ 저장 중 수분 증발로 기실이 커져 비중 감소
④ 수분 65.6%, 조단백질 12.1%, 지방 10.5%, 탄수화물 0.9%, 회분 0.9%로 구성
⑤ 전란 74.2℃, 난백 63℃, 난황 69℃에서 열 응고
⑥ 소화율
  - 생란 : 단백질 96.9%, 지방 95.9%
  - 삶은 란 : 단백질 96.2%, 지방 93.7%
⑦ 난백은 Ca 부족, 비타민 C 결핍, 난백장애(avidin)

2. 계란의 선도검사

1) 외부적인 검사

① **비중법** : 신선란은 1.0784~1.0914, 11% 식염수에서 가라앉고, 부패란은 뜬다.
② **진음법** : 신선란은 소리가 나지 않고 묵은 알은 소리가 난다.
③ 설감법 : 신선란은 따뜻한 느낌이고 묵은 알은 차가운 느낌이다.

2) 내부적인 검사

① 투시검사 : 검란기를 사용하며 오래될수록 기실이 크다.
② 할란검사
  - 난백계수 : albumin index = $\dfrac{\text{농후난백의 높이}(h)}{\text{농후난백의 직경}(d)}$ (신선란 난백계수 : 0.06 정도)
  - 난황계수 = $\dfrac{\text{난황의 높이}}{\text{난황의 직경}}$ (신선란의 난황계수 : 0.3~0.4)

2 계란 가공

1. 동결란

① 계란껍질 제거 후 동결, 흰자와 노른자를 분리하여 동결
② 노른자 동결 시 마요네즈, 샐러드 드레싱용 소금 5~10% 추가, 빵, 아이스크림용 설탕 10% 첨가, 동결은 −20~−30℃ 급속동결

2. 건조란

계란껍질 제거 후 탈수건조, 흰자와 노른자를 분리하여 건조

3. 마요네즈

① 난황, 샐러드유, 소금, 식초, 겨자, 후추, 설탕 등을 혼합한 조미료
② 기타 올리브유, 면실유, 콩기름, 옥수수기름 등 이용

4. 피단

① **중국**에서 오리알에 소금과 알칼리성 염류를 첨가하여 응고 · 숙성시킨 조미계란
② 숙성 흰자는 투명한 적갈색으로 굳고, 노른자 외부는 굳은 흑녹색, 내부는 황갈색이 된다.

수산물 가공

1 수산물의 특징

① 수분이 많고 조직이 연해 부패하기 쉬워 식중독 위험이 있음
② 생선의 경우 아가미, 비늘에 세균이 많아 빙장 보관
③ 위생적 가공으로 안전성, 저장성 부여

2 수산 연제품

어체 정육에 소금과 부재료 첨가 후 갈아 고기풀 제조 후 성형 가열한 제품

1. 연제품의 제조원리

- 어육 단백질은 수용성 미오겐, 염용성 액틴, 미오신, 불용성 콜라겐, 엘라스틴으로 구성
- 2~3% 염첨, 미오신과 액틴 용출, 액토미오신 형성, 점성 강한 고기풀 형성
- 가열 응고로 망상구조 형성, 탄력성 있는 젤 형성

1) 고기풀 제조

어육, 소금 2~3%, pH 6.5~7, 중합인산염(결착제), 탄력성 있는 젤 형성

2) 망상구조 형성

① 온도가 높고 가열속도가 빠를수록 탄력성 증가
② 저온에서 장시간 가열 시 탄력성 감소
③ 60℃에서 빠르게 통과, 중심온도가 75℃가 되도록 가열

3) 탄력 증강제

5~20% 전분, 브롬산칼륨 0.35g/kg, 염기성 아미노산 0.5%, 0.3% 염화칼슘 등

2. 연제품의 종류

1) 어묵 제조

원료육 검사 → 다듬기 → 세정 → 채육 → 수세·탈수 → 재료 혼합 → 고기 갈기 → 성형 → 가열 → 냉각 → 포장 → 제품

① 원료육 : 조기류, 갈치, 전갱이, 상어류 등
② 채육 : 생선 머리, 내장, 지느러미 제거·수세 후 롤식 채육기로 정육 채육
③ 물에 담고 교반 : 혈액·색소 제거, 염용성 단백질 용출
④ 사일런트 커터 : 세절, 결체조직 및 작은 뼈 제거
⑤ 고기풀 : 소금, 부재료 혼합 후 성형
⑥ 가열·냉각 : 1차 가열로 젤 형성, 2차 가열로 안정화, 냉수 냉각

2) 어묵 종류

① 판붙이어묵 : 고기풀을 나무판에 반원통상 성형 후 찐 것
② 부들어묵 : 꼬치에 고기풀을 원통상 말아 구운 것
③ 튀김어묵
  - 어육 고기풀을 기름에 튀긴 것, 급속 가열로 탄성이 강함
  - 원료육에 전분 15%, 1차 가열 120~140℃, 2차 가열 180℃

3) 어육소시지

① 붉은 살 어육(다랑어류), 고래고기 원료로 소시지처럼 제조
② 통기성 없는 열수축 포장재로 케이싱
③ 고온에서 장시간 가열·살균하여 저장성 부여

3 수산 건제품

① 수산물 건조로 저장성을 향상시킨 제품, 수분 함량 10~14%
② 수산물 그대로 일광 건조[예] 마른 오징어(백분, 타우린), 과메기(꽁치), 명태, 미역, 김]

③ 염지 후 건조, 굴비 1주일, 17~25% 염장 후 건조
④ 끓는 소금물(5~10%)에 찐 후 건조(예 마른 멸치, 마른 새우)

4 젓갈

- 어패류 근육이나 내장을 염장하여 부패균 생육 억제
- 자가소화효소, 미생물 효소 작용으로 육질 분해, 숙성
- 젓갈 제조 공정

원료 → 수세 → 탈수 → 전처리 → 소금, 간장 혼합 → 숙성·발효 → 포장 → 제품

1. 멸치젓

① 신선한 멸치를 수세·탈수 후 소금(20~30%, 정제염)에 절임
② 밀봉 후 그늘에 2~3개월 숙성
③ 춘젓(봄에 담근 것), 추젓(가을에 담근 것)

2. 새우젓

① 껍질이 있어 소금 흡수가 느리고, 내장효소로 부패하기 쉬움
② 여름에는 35~40%, 겨울에는 30% 정제염 이용
③ 동백젓, 오젓, 육젓, 추젓

CHAPTER 09 식품의 저장

1 식품저장학 일반

식품의 열화 요인을 억제함으로써 식품 생산에서 소비까지의 식품 수명 연장

1. 식품 저장 중 열화 요인

1) 수분함량 및 수분활성도

① 저장에 관련된 자유수는 화학반응과 미생물이 이용하므로 제한 필요
② A_w 0.65~0.8 사이의 중간 수분 식품(잼, 곶감, 건포도 등)은 우수한 저장 안정성
③ 곡물 저장 시 수분함량 15%(A_w 0.70) 이하 유지

2) 미생물

① 수분활성도와 미생물 : 건조법(열풍, 감압, 동결)
② 온도와 미생물 : 냉장, 냉동법
③ pH와 미생물 : 산장법
④ 산소와 미생물 : 통조림, Controlled Atmosphere(CA) 저장
⑤ 삼투압과 미생물 : 당장법, 염장법(마른간법, 물간법, 개량물간법, 개량마른간법, 변압염장법, 염수주사법, 압착염장법)
⑥ 훈연법(온훈법 : 30~50℃에서 5~10시간, 냉훈법 : 10~20℃에서 1~3주간, 열훈법 : 50~80℃에서 몇 시간)
⑦ 살균 : 가열, 살균제(염소 50~1,100ppm)

3) 효소

① 온도와 효소활성 : 냉장, 냉동법, 가열
② pH와 효소활성 : 산장법
③ 수분활성도와 효소활성 : 건조법(열풍, 감압, 동결)

4) 산소

산소와 화학반응 : 통조림, Controlled Atmosphere(CA) 저장

5) pH : 산장법

6) 온도

① Q_{10} = 2~3, 온도가 10℃ 상승하면 화학반응이 2~3배 증가, 10℃ 낮아지면 화학반응이 1/2~1/3로 낮아진다.
② 냉장법(5℃)
③ 냉동법(−25~30℃ 급속동결, −18℃ 이하로 저장)

7) 광선

① 300~450nm 자외선에서 화학반응 촉진 : 통조림, 포장
② 방사선 조사(^{60}Co의 γ선 조사) 살균

2. 식품의 건조

① 수분을 감소시켜 수분활성도 감소, 미생물이나 효소작용 억제
② 성분 농축에 따른 새로운 풍미, 색 향상
③ 중량 감소에 따른 수송과 포장 간편성
④ 탈수식품 : 특성은 손상시키지 않고 수분만 제거, 복원 가능(인스턴트 커피)
⑤ 건조식품 : 수분 제거로 농축되어 새로운 특성 생성(건조오징어, 곶감, 육포)
⑥ **표면 피막 경화 현상** : 두께가 두껍고 내부 확산이 느린 식품을 급격히 건조 시 발생(겉은 딱딱, 속은 촉촉)

1) 식품의 건조곡선

① 건조 시작 시 온도 상승 등 수분 증발에 적합한 상태로 조절(조절기간)
② 항률건조기간 : 건조속도가 일정한 건조기간, 수분이 많은 식품에서 표면수분 증발속도보다 내부에서 표면으로 수분이 확산되는 속도가 빠르거나 같을 때(표면 증발 ≤ 내부 확산)

③ 감률건조기간 : 내부에서 표면으로의 확산속도보다 표면수분 증발속도가 빨라 건조속도가 감소하는 기간(표면 증발 > 내부 확산)

2) 건조 장치

① 열풍 건조기 : 가열된 공기로 식품 건조(빈 건조기, 캐비닛 건조기, 터널건조기, 컨베이어 건조기, 유동층 건조기, 분무 건조기 등)
② 드럼 건조기 : 가열된 회전 원통 표면에 건조할 제품을 묻혀 전도에 의한 건조
③ 동결 건조기 : 수분을 얼려 승화시켜 건조, 고비용 제품에 이용(형태 유지, 다공성)

3. 저온저장

① $Q_{10}=2\sim3$, 온도가 10℃ 상승하면 화학반응이 2~3배 증가, 반대로 10℃ 낮아지면 화학반응이 1/2~1/3로 낮아진다.
② 냉장법(0~10℃)
③ 냉동법(-25~30℃ 급속동결, -18℃ 이하로 저장)
④ 빙장법 : 쇄빙 · 각빙 이용, 어패류 냉각 선도 유지, 단기적 냉장

1) 냉장법

① 장점 : 미생물 증식 억제, 대사 억제, 효소 등 화학반응 억제효과로 식품의 수명 연장
② 단점 : 수분 손실, 풍미 저하, 전분 노화 촉진, 저온장애 등
③ 저온장애(cold injury) : 열대 과채류는 냉장에서 대사 장애 발생(바나나 흑갈색 변색, 레몬 갈변 등)
④ 예랭(precooling) : 생산 직후 단시간 내 냉장온도까지 급격히 냉각하는 것, 기존 냉장 식품 피해 감소, 설비적 · 경제적 유리(냉풍냉각, 진공냉각 등)
⑤ 품온완화(tempering) : 냉장 식품을 꺼낼 때 표면의 물방울 생성 방지를 위해 외부온도 가까이 온도를 서서히 올리는 것(미생물 증식 억제)

2) 냉동법

① 암모니아, 프레온 등 **냉매제**를 증발시켜 기화잠열에 의해 열을 빼앗아 냉동에 이용
② **빙결점**(freezing point) : 식품이 얼기 시작하는 온도, 라울의 법칙에 따라 용질이 많을수록 빙결점은 낮아진다.(일반식품 빙결점 : -1~-2℃)

③ 공정점(공융점, eutectic point) : 식품의 자유수가 모두 어는점, -50~-60℃
④ 과냉각(super cooling) : 빙결점에 도달하여도 농도가 높아져 빙결하지 않는 현상
⑤ 냉동화상(프리저번, freezer burn) : 냉동저장 중 얼음이 승화하여 노출된 지방성분이 공기 중 산소에 의해 변질, 변색되어 색이 갈변된 현상(산화방지제나 밀착포장 필요)
⑥ 최대 빙결정 생성대 : 대부분 식품에서 빙결점인 -1℃에서 -5℃ 사이에 약 85%의 얼음결정이 생성되는 구간으로, 냉동곡선에서 식품의 온도는 응고잠열로 평탄하다.
⑦ 빙결률 : 식품의 함유 수분에 대한 석출된 빙결 수분의 비율, 식품 품온이 낮을수록 빙결률이 커짐

$$빙결률 = (1 - \frac{T_f}{T}) \times 100$$

T_f : 식품의 빙결점
T : 현재 품온(℃)

3) 완만동결

① 최대 빙결정 생성대 통과시간이 35분 이상(60~90분)
② 빙결정의 크기 70μm 이상, 큰 얼음결정 소수
③ 수분이동으로 **빙결정이 성장**하여 **세포 파괴**

4) 급속동결

① 최대 빙결정 생성대 통과시간이 35분 이내(25~35분)
② 빙결정의 크기 70μm 이하, 작은 얼음결정 다수
③ 수분이동으로 빙결정이 성장하지 않아 **세포 원형 유지**

5) 냉동식품의 해동

① 해동 시 수분유출(drip)은 빙결정이 큰 완만동결 제품이 많다.
② 드립에는 단백질, 비타민 등 수용성 영양성분이 있으므로 적을수록 좋다.
③ 동결에 필요한 시간보다 해동에 필요한 시간이 더 길다.(물이 얼음보다 전도율이 낮다)

4. 통조림 및 병조림 저장

① 통조림 : 영국의 피터 듀란드(Peter Durand, 1810)가 제조법을 개발하였다. 양철관, 위생적으로 안전하고 보전성이 좋으며 운송에 안전하나 무겁다.
② 병조림 : 프랑스의 니콜라스 아빼르(Nicolas Appert, 1804)가 처음으로 발명하였다. 내용물을 볼 수 있고 위생적으로 안전하며 보전성이 좋으나 무겁고 파손의 우려가 있으며 운송에 제한이 따른다.
③ 레토르트 파우치(retort pouch) : 슈라이버(Shriver, 1874)가 개발하였으며 운송에 편리하나 날카로운 것에 찢어질 수 있다.

1) 통조림관

양철관(3조각 구성), 알루미늄관(2조각 구성), 무도석 강관(TFS : Tin Free Steel can)
① 양철관의 이중밀봉

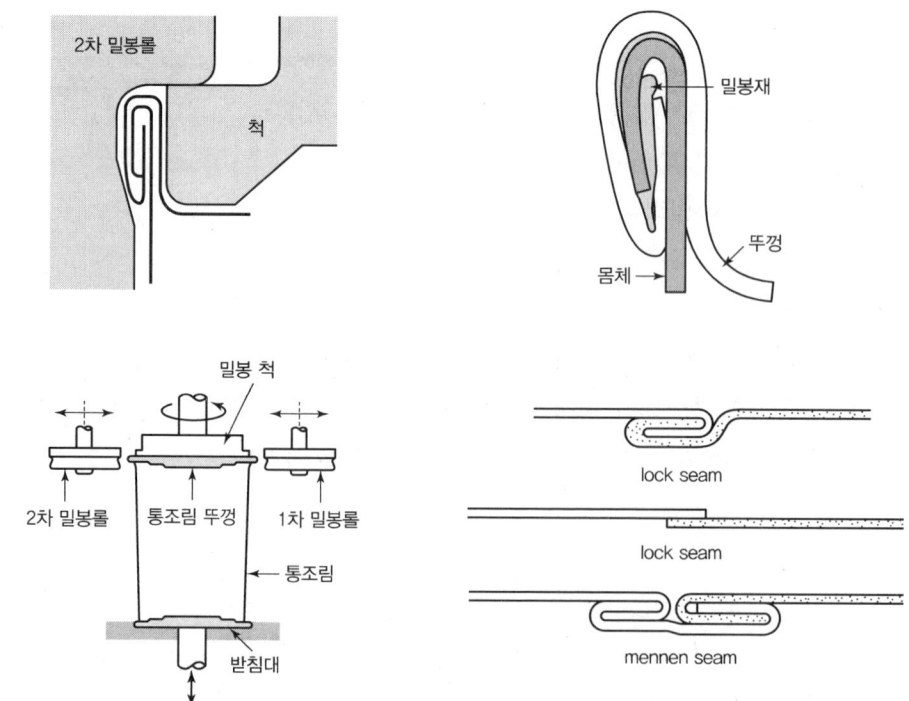

② 통조림 표시
- 상단 : 원료의 품종, 조리법, 크기, 형태
- 중단 : 공장명

- 하단 : 제조연월일(10월, 11월, 12월은 영어의 첫 자로 표시, O, N, D)

③ 밀봉기 구성 : Chuck, Roll(lst, 2nd), Lifter

2) 통조림 특징

① 탈기 : 통 안의 산소 제거로 산화 부식 방지, 열처리 시 파손 방지, 호기성균 억제(가열탈기법, 열간충진법, 진공밀봉법, 가스치환법 등)
② 밀봉 : 밀봉은 밀봉기의 척, 롤, 리프터의 작용으로 2중 밀봉
③ 살균 : 비산성 통조림의 살균 목표는 *Clostridium botulinum*, 가압멸균기(retort)에서 금속제 통조림은 수증기, 병조림이나 레토르트 파우치는 압력에 약하므로 뜨거운 물로 가열 (thermocouple : 살균온도 및 살균시간 측정)
④ 냉각 : 호열성균 발아억제, 변색방지, struvite 방지(냉각수법, 가압냉각법, 압축공기법)
⑤ struvite : 게, 새우 등 제품에 유리형 결정이 생기는 현상, $Mg(NG_4)PO_46H_2O$ 원인, 냉각 시 30~50℃ 사이에서 형성, 급랭 필요

3) 통조림 검사

① 외관검사 : 밀봉상태, 용접상태, 녹슬거나 찌그러짐, 부푼 상태, 뚜껑 및 바닥 결함 등
② 타검검사 : 타검으로 두들겨 맑은 소리가 나면 정상, 둔탁한 소리는 탈기 불충분, 충진과다 등
③ 개관검사 : 진공도 검사 후 개봉, 헤드스페이스 높이, 내용량 등 확인, 관능검사 실시
④ 세균검사(가온보존검사) : 산성 통조림 25~30℃에서 2~3주, 비산성통조림 36℃에서 2주 보존 후 상온 1주일 추가 방치 후 관찰

4) 통조림 가공 시 레토르트(retort)

① 고압증기 멸균방식으로 습열에 의한 열 침투력이 건열보다 큰 원리를 이용한 것
② autoclave의 큰 버전이다.
③ 121℃, 15~20분, 15lb의 기본조건에 통조림 내용물의 pH, 충진 정도, 용기의 열전달계수 등이 살균에 영향을 미친다.
④ 공기를 최대한 제거하고 수증기만으로 레토르트 내부를 채워야 살균 성능이 극대화된다.

5) 통조림 변패

① 평면산패(flat sour) : 겉모양은 정상이나 가스 비형성 산성세균이 원인(살균 부족)
② flipper : 한쪽이 팽창한 상태, 누르면 소리가 나며 들어감(탈기 부족)

③ springer : 한쪽이 팽창한 상태, 한쪽을 누르면 반대쪽으로 튀어나온다.(수소 생성)
④ swell : 양쪽이 불룩한 상태(살균 부족, 수소 생성, 과다 충진)
⑤ panelled can : 위축변형관, 레토르트 내 압력 > 캔 압력(살균 시 압력 과다)
⑥ buckled can : 돌출변형관, 레토르트 내 압력 < 캔 압력(살균 시 급냉각)
⑦ curd : 수용성 단백질 미오신(myosin), 미오겐(myogen) 등이 두부같이 응고
⑧ adhesion : 단백질 일부가 통 내부에 부착됨

5. 삼투압을 이용한 저장

1) 염장

① 10% 이상 소금 농도에서 미생물 생육 억제
② 산소분압 저하, 자유수 감소 A_w 저하, 소금 자체의 살균력, 효소의 불활성화
③ 마른간법, 물간법, 개량물간법, 개량마른간법, 염수주사법, 압착염장법

2) 당장

50% 이상 당 농도에서 미생물 생육 억제

6. pH를 이용한 저장

1) 산장

① 초산, 젖산, 구연산 이용으로 pH를 낮추어 미생물 생육 억제
② pH가 낮을수록 가열에 의한 미생물 사멸효과가 크다.
③ 살균력 : 초산 > 구연산 > 젖산

7. 훈증법

① 목재를 불완전 연소시킨 연기로 식품에 접촉시켜 저장
② 200여 종 화합물 중 포름알데히드, 아세트알데히드, 폴리페놀류, 알코올, 포름산 등
③ 침엽수는 수지가 많아 불쾌취가 발생하므로 떡갈나무, 참나무 등 사용

④ 훈증법 종류
- 온훈법 : 30~50℃에서 5~10시간
- 냉훈법 : 20~30℃에서 2~3주간
- 열훈법 : 50~80℃에서 몇 시간
- 액훈법 : 목초액 사용
- 전훈법 : 전기를 가해 연기 성분 흡착

8. 방사선을 이용한 저장

① 방사선으로 식품의 발아를 억제(감자, 양파)하거나 살균하여 저장에 이용
② 식품조사선 : γ선(^{60}Co)

9. 가스 조절 저장

① 수확 후 농산물은 지속적 호흡작용으로 호흡열이 발생하여 품온이 상승하면 대사가 촉진되어 빠르게 익어간다.
② 추숙작용(climateric rise) : 일부 과채류는 수확 후 어느 일정 기간에 호흡량이 증가하여 과숙하게 된다.
③ 농산물의 호흡을 조정하여 숙도를 조절하므로 저장성을 향상시킬 수 있다.
④ 밀폐된 공간, 산소 농도 4~5%, 이산화탄소 농도 4~5% 유지, 냉장 설비로 조정
⑤ 산소는 넣어주고 이산화탄소는 scurubber로 제거

2 식품의 유통기한 설정방법

1. 식품의 품질유지

① 원료의 상태, 동결 전후의 처리 및 포장, 생산에서 소비까지의 냉장, 수송, 판매 동안의 품온과 저장기간의 조건에 의해 결정
② 시간온도허용한도(TTT : Time Temperature Tolerance) : 어느 시점 그 식품에 허용되는 경과시간과 온도의 관계를 나타낸 것
③ 품질유지 특성곡선 : 식품의 TTT 관계를 직선으로 나타낸 것

④ 어떤 식품의 초기 품질량을 1.0, 상품가치가 없어졌을 때를 0이라 할 때 1.0만큼 감소에 소요되는 일수가 품질보존기간, 1일 **품질저하량**은 초기품질 1.0을 품질보존일수로 나눈 값
⑤ 각 유통 단계에서 1일당 품질저하량에 저장일수를 곱하여 나온 값의 총계가 1.0을 넘으면 품질저하, 1.0 이하면 우수로 판정

> **예제**
>
> 냉동 쇠고기 저장기간이 −20℃에서 150일, −10℃에서 200일이었다면 소비자가 소비할 때 품질변화량은 얼마인가?
>
> 쇠고기 1일당 품질저하량이 0.002(−20℃), 0.01(−10℃)이라면
> 0.002×150일=0.3
> 0.01×200일=0.2
> 0.3+0.2=0.5의 품질변화량으로 품질이 우수하다고 평가한다.

2. 저온 유통 체제(cold chain system)

① 저온, 냉동식품을 생산에서 소비까지 전 유통과정에서 저온으로 유지하는 체제
② 보냉차 : 냉각장치 및 단열재로 적재함 구성, 냉장 상태 유지, 단거리 수송 이용(축산물, 수산물, 유가공품 등)

3 식품의 포장

① 취급, 유통, 운송, 저장 중 품질 저하에 영향을 줄 수 있는 위해요소(미생물, 수분, 공기 등)로부터 제품을 보호하는 것
② 종이류, 플라스틱류, 유리, 금속, 직물, 목재 등

1. 포장재료의 구비조건

① 위생성 : 무해, 무독, 물리적 강도
② 보호성 : 방습, 방수성, 산소차단성, 단열성, 내유성, 내산성
③ 편리성 : 취급 용이, 휴대 편리, 개봉 용이
④ 경제성 : 가격 저렴, 생산성, 수송 및 보관 용이

⑤ 환경성 : 재사용 및 재활용, 분해 용이

2. 식품포장 재료의 특성

① 광선, 기체(산소, 이산화탄소, 질소, 에틸렌 등) 및 휘발성 성분, 수분 등의 투과성, 물리적 강도, 내유성, 온도, 곤충에 대한 보호성 고려
② 종이류의 착색료 및 형광 표백제가 식품에 이행되지 않을 것
③ 플라스틱 및 유연포장 필름 등의 가소제, 안정제, 유연제, 단량체, 색소 등 합성품의 유해성이 식품에 영향을 미치지 않을 것
④ 플라스틱은 투과성이 우수하지만 유지산화, 영양성분 및 색소 파괴 영향
⑤ 과실, 채소 및 육류의 포장에는 수분 투과도가 낮고 산소의 투과도가 높은 재료 사용
⑥ 건조식품 포장에는 수분과 산소의 투과도가 낮은 재료 사용
⑦ 동결식품 포장에는 저온에서 유연성을 유지하고 열수축이 일어나며, 수분과 산소의 투과도가 낮은 플라스틱 재료 사용

3. 포장 재료 및 방법

1) 식품포장 재료

식품포장 재료로는 종이(크라프트지, 황산지, 내유지, 코팅지 등) 및 판지(골판지), 유리, 금속(통, 포일), 금속코팅필름(라미네이트), 셀로판(셀룰로오스), 플라스틱 제품(폴리에틸렌, 염화비닐리덴, 폴리에스테르, 폴리프로필렌, 염화비닐, 폴리스틸렌, 폴리카보네이트) 등 사용

2) 포장방법

① 종이, 판지, 나무 용기 : 광선 차단, 완충작용, 기계적 강도, 외포장 이용
② 필름을 이용한 포장 : 유연성을 지닌 필름류는 라미네이트나 코팅 처리되어 전기가열접착기, 고주파순간접착기, 밴드접착기 이용[파우치 형성(form) – 내용물 충진(fill) – 접착(seal) 절단 포장방식, 필로우 포장(pillow pack), 봉지(sachet) 방식]
③ 금속재 용기 : 알루미늄, 양철판, 크롬코팅철판으로 대부분 무색무취 재질이지만 산, 염분에 부식되므로 에나멜 코팅을 하며 용접이나 폴리아마이드 접착제로 측면을 밀봉하고 뚜껑 등은 이중밀봉기로 밀봉한다.

④ 공기성분 조절(MAP : Modified Atmosphere Packaging) 포장 : 포장 내 공기조성을 일정 기준 성분으로 조절하여 밀봉한 것(5~50% 이산화탄소로 세균억제효과, 질소는 MAP 포장 시 수축 방지, 산소는 적색육의 색소 유지에 사용, 이산화황은 곰팡이 증식 억제 사용)
⑤ 무균 포장 : 금속용기, 유리용기 및 플라스틱 용기는 260℃ 과열 증기 무균작업, 테트라팩 종이용기는 35% 과산화수소를 90℃ 처리, 기타 자외선, 방사선 이용)
⑥ active 포장 : 포장 내 특정 첨가제를 첨가하여 산소, 이산화탄소, 수분, 에틸렌, 냄새흡착제, 방부제 방출기능 등 수행(산소흡착제, 에틸렌흡착제, 에탄올방출제, 보존제방출, 수분흡착제, 방향성분 흡착제)

CHAPTER 10 식품공학의 기초

1 단위 조작

① 식품 가공 공정의 기계적 또는 물리적 원리가 동일한 일련의 단계
② 유체의 흐름, 열전달, 건조, 살균, 증발, 증류, 추출, 결정화, 기계적 분리(여과, 원심분리, 침강, 체질), 분쇄, 혼합, 막분리, 압출가공 등

2 단위와 차원

- SI(Le Systeme International d'Unites) 단위계 사용
- 공학의 물리량 : 길이, 질량, 속도 등으로 단위와 숫자로 표시
- 단위(unit) : 측정의 기준이 되는 표준량의 표시
- 숫자 : 물리량이 얼마인지 표시

1. 차원(Dimensions)

① 질량, 길이, 시간, 온도가 기본 차원
② 길이$[L]$, 질량$[M]$, 시간$[t]$이 기본량
③ 면적 $=[L]^2$, 체적 $=[L]^3$, 속도 $=[L]/[t]$, 가속도 $=[L]/[t]^2$, 밀도 $=[M]/[L]^3$이 유도량
④ 차원은 단위로 측정, 단위는 기준 물리량으로 정의

2. 단위계(Unit Systems)

① 단위계는 SI 단위, cgs 단위 및 fps 단위
② 단위계는 질량$[M]$, 길이$[L]$, 시간$[t]$의 기본 차원으로 구성

▼ 주요 단위계의 기본단위

Dimension	SI unit	cgs unit	fps unit
Mass	kilogram(kg)	gram(g)	pound(lb)
Length	meter(m)	centimeter(cm)	foot(ft)
Time	second(s)	second(s)	second(s)
Temperature	Kelvin(K) or ℃	Kelvin(K) or ℃	Rankine(R) or ℉

3. 힘(Force, SI 단위)

표준단위는 Newton(N), 1N은 1kg의 질량에 1m/s²의 가속도를 주는 힘

4. 압력 단위(Pressure Units)

① 단위면적에 수직으로 작용하는 힘
② 압력은 Pa(pascal), 1bar = 1 × 10⁵Pa , 1bar = 1atm(기압)

5. 일, 에너지, 동력의 단위

① 일은 힘이 작용하는 방향으로 움직인 거리의 곱
② 에너지는 일을 할 수 있는 능력, 일과 같은 단위[joule(J), kilojoule(kJ)]
③ 열(heat)은 에너지 한 형태, 열과 일은 상호 변환
④ SI 단위의 일, 에너지, 열 표준단위는 J
⑤ cgs 열 단위는 cal(calorie), 1cal는 물 1g을 1℃ 올리는 데 필요한 열량(1cal = 4.18J)

6. 온도(Temperature)

① SI 단위의 표준온도 Kelvin은 물의 3중점(triple point)인 273K
② 물의 어는점은 273K(0℃)
③ $℃ = \frac{5}{9}(℉-32)$, $K = ℃ + 273.15$

7. 밀도(Density)

SI 단위의 밀도는 kg/m³, 4℃ 물의 밀도는 1,000kg/m³로 가장 크다.

8. 농도 단위(Concentration Units)

① mole(mol) : 1mole은 그 물질 분자량과 같은 질량
② 몰분율(mole fraction) : 그 물질의 몰수를 총몰수로 나눈 것
③ 몰농도(molarity) : 용액 중 용질의 몰수(mol/m³ 또는 mol/L)
④ Brix : 당농도, 설탕용액 100kg 중 설탕의 kg

3 물질수지

- 단위 공정 시 들어가는 물질과 나오는 물질의 양적 관계
- 장치의 설계, 조건의 결정. 가공 후 제품의 조성, 수율의 평가 등에 이용

1. 질량 보존의 법칙(Law of Conservation of Mass)

① 어떤 공정에 들어간 물질의 질량은 공정 중 축적된 질량과 배출된 질량의 합과 같다.
② 정상상태(steady state) : 연속공정에서 공정 중 물질이 축적되지 않고 들어가는 양과 나오는 양이 같은 상태(들어가고 나오는 물질의 모든 질량유속이 일정)

4 에너지 수지

① 살균, 증발, 냉동, 건조 등 공정에서 출입하는 에너지 관계
② 공정장치의 설계, 에너지 효율의 결정 등에 이용

1. 에너지와 열(Energy and Heat)

1) 엔탈피(H, enthalpy, J/kg)

① 내부에너지(internal energy)에 압력과 부피의 곱을 더한 것

$$H = U + PV$$

여기서, U : 내부에너지(J/kg)
P : 압력(Pa)
V : 부피(m^3)

② 가열과 냉각 시 엔탈피 변화는 중요(일정한 압력상태에서 가한 열량은 물체의 내부에너지 증가와 부피 팽창에 의한 일로 소모)

2) 열용량(비열, J/kg · K)

단위질량의 물체를 단위온도만큼 올리는 데 필요한 열

3) 현열과 잠열

① 현열 : 물체의 상은 변하지 않고 온도만 변화하는 데 사용되는 열량
② 잠열 : 온도는 변하지 않고 물체의 상이 변화하는 데 사용되는 열량

2. 에너지 보존의 법칙(Law of Conservation of Energy)

① 어떤 공정에 들어간 물질의 에너지는 공정 중 축적된 에너지와 배출된 에너지의 합과 같다.
② 에너지는 열, 일, 내부에너지, 운동에너지, 위치에너지, 전기에너지가 있다.
③ 식품가공 공정에서는 열수지(heat balance), 엔탈피수지(enthalpy balance)만 고려

CHAPTER 11 식품공학의 응용

1 식품 반응속도론

① 식품원료는 여러 공정을 거쳐 최종 제품 생산, 공정 제어가 필수
② 공정과정 중 화학적, 물리적, 생물학적 변화가 초래되므로 변화의 시작, 속도 등 조절
③ 반응속도는 식품 원료의 농도, 온도 등에 의해 결정

2 유체(fluid)역학

① 유체는 압력을 가해도 분해되지 않고 흐르는 물질
② 가스(공기, 질소 등), 액체 및 고체(물, 우유, 시럽, 술, 마요네즈, 곡류 등)
③ 유체 성질을 이해하고 정량적 표시, 식품재료의 수송, 혼합, 가열 등을 최적 수행, 조절
④ 겉보기 점도 : 비뉴턴 유체에서 전단응력과 전단속도의 비(전단속도가 증가하면 겉보기 점도 감소)
⑤ 항복응력 : 물체에 전달된 응력이 일정 크기 이상이 되어 원래로 돌아가지 않고 변형된 것

1) 유체 종류

① **뉴턴 유체(Newtonian fluid)** : 전단속도에 상관없이 일정한 점성을 보이는 유체, 전단속도와 전단응력은 비례적으로 직선그래프 표시
② **비뉴턴 유체(non-Newtonian fluid)** : 전단속도에 따라 점성이 변하는 유체, 전단속도와 전단응력은 비례하지 않다.
③ **층류(laminar flow)** : 유체가 평행한 층을 이루며 규칙적으로 일정하게 흐르는 것, 레이놀즈수(Reynold number)가 2,100 이하
④ **난류(turbulent flow)** : 유체가 불규칙 운동을 하며 비정상성을 나타냄, 레이놀즈수 4,000 이상

2) 유체 역학 종류

① 유체 정역학 : 정지된 상태의 운동량 전달에 관한 역학
② 유체 동역학 : 유체 식품의 흐름에 대한 저항과 유체 장치의 응용을 다루는 분야
③ 유체 변형학(rheology) : 외부 힘에 대한 물질의 변형과 흐름에 대한 정량적 표현

3) 유체 밸브

① 체크 밸브 : 유체 역류 방지
② 앵글 밸브 : 유체 흐름 방향을 바꾸는 밸브
③ 글로브 밸브 : 유체의 개폐 조절

3 열전달 및 물질이동

① 농도 기울기가 있는 유체 시스템에서 물질의 이동(확산, 한외여과, 역삼투 등)
② 열은 한 물체에서 다른 물체로 온도가 이동하는 에너지의 형태
③ 열전달은 가공식품의 물리적·화학적 변화나 저장성 향상에 이용
④ 정상상태 : 열축적이 없어 열전달 속도가 시간에 따라 일정하게 유지되는 상태
⑤ 비정상상태 : 열전달 속도가 시간에 따라 변화할 경우, 대부분 식품공정(건조, 증발, 농축, 살균, 냉동 등)의 가열과 냉각 시 열전달과 물질전달에 적용
⑥ 잠열 : 물체가 증발, 융해, 응축 등 상태가 변할 때 온도가 변하지 않을 것, 이때 상태 전환에 흡수되거나 방출되는 열
⑦ 냉동부하 : 냉동 시 냉동온도까지 내리는 데 필요한 제거열량(잠열, 작업자, 전등열 등)

1) 열전달 기작

① 전도 : 고체의 열전달 형태, 분자 간에 열전달(냉점은 식품의 중앙)
② 대류 : 액체와 기체의 열전달 형태, 밀도 변화로 순환(냉점은 용기의 중앙선 하단)
③ 복사 : 적외선과 같이 파장이 물체에 닿아 열로 전환되어 전달되는 형태. 난로, 태양 등

4 식품의 가열 및 살균

① **상업적 살균** : 완전멸균에 따른 식품 영양가 파손을 방지하고자 필요한 미생물만 사멸시키는 멸균으로 주로 *Clostridium botulinum*의 포자수를 $\frac{1}{10^{12}}$ 이하로 감소시키는 것
② 병조림, 통조림, 레토르트 식품 멸균은 중심온도 120℃, 4분 처리
③ 가열살균 시 온도와 시간이 가장 중요하므로 최적화하여 품질저하 최소화
④ 포자가 영양세포보다 내열성이 크다. 세균포자 > 곰팡이 · 효모포자 > 영양세포
⑤ 산성일수록 내열성이 작아져 pH 3.7 이하에서는 100℃ 이하에서 멸균
⑥ **D(Decimal reduction time)값** : 사멸곡선에서 가열 전 미생물 수의 10%로 감소시키는 데 필요한 시간, 온도 지정이 없으면 121℃, 온도 증가 시 D값 감소
  예 $D_{121}=10$은 10분만에 90% 미생물 사멸
⑦ **Z값** : TDT 곡선에서 D값이 10배로 증가하는 데 필요한 온도차이, 10배의 살균속도를 위한 온도 상승폭
  예 Z=5는 가열온도 5℃ 상승으로 균수가 1/10로 감소
⑧ **F값** : 일정온도에서 일정 농도 미생물을 완전 사멸하는 데 필요한 시간
  예 $F_{160}=15$는 160℃, 15분으로 미생물 전체 사멸

5 냉동

1. 냉동원리

① 암모니아, 프레온 등 **냉매제**를 증발시켜 기화잠열에 의해 열을 빼앗아 냉동에 이용
② **빙결점(freezing point)** : 식품이 얼기 시작하는 온도, 라울의 법칙에 따라 용질이 많을수록 빙결점은 낮아진다.(일반식품 빙결점 : -1~-2℃)
③ **공정점(공융점, eutectic point)** : 식품의 자유수가 모두 어는점, -50~-60℃
④ **과냉각(super cooling)** : 빙결점에 도달하여도 농도가 높아져 빙결하지 않는 현상
⑤ **냉동화상(프리저번, freezer burn)** : 냉동저장 중 얼음이 승화하여 노출된 지방성분이 공기 중 산소에 의해 변질, 변색되어 색이 갈변된 현상(산화방지제나 밀착포장 필요)

2. 냉동곡선

① 냉동곡선 : 식품 동결 시 시간 경과에 따른 식품 내부 온도 변화를 나타낸 것
② 최대 빙결정 생성대 : 대부분 식품에서 빙결점인 −1℃에서 −5℃ 사이에 약 85%의 얼음 결정이 생성되는 구간으로, 냉동곡선에서 식품의 온도는 응고잠열로 평탄하다.

1) 완만동결

① 최대 빙결정 생성대 통과시간이 35분 이상(60~90분)
② 빙결정의 크기 70μm 이상, 큰 얼음결정 소수
③ 수분이동으로 빙결정이 성장하여 세포 파괴

2) 급속동결

① 최대 빙결정 생성대 통과시간이 35분 이내(25~35분)
② 빙결정 크기 70μm 이하, 작은 얼음결정 다수
③ 수분이동으로 빙결정이 성장하지 않아 세포 원형 유지

3. 냉동방법

1) 공기동결법

① 정지식 공기동결법(sharp freezing) : −20~−30℃ 공기 냉각, 간단하지만 건조가 심하다.(완만동결)
② 송풍동결법(air blast freezing) : −20~−40℃ 송풍으로 급속동결, 동시에 여러 종류 제품을 동결할 수 있다.(컨베이어식, 터널식)

2) 침지동결법(immersion freezing)

① −15~−95℃ 부동액이나 brine(염수, 염화나트륨)에 포장된 식품 침지 급속동결
② 오염 우려가 있으므로 내수성 포장 필요

3) 심온동결법(cryogenic freezing)

① 액체질소나 드라이아이스로 분무하거나 침지로 순간 급속동결

② 외형 유지, 영양손실 및 수분손실 최소, 제품 중 산소 제거
③ 시설 간단, 연속작업 가능

4) 접촉동결법(contact plate freezing)
① −25~−40℃ 냉각된 금속판 사이에 제품을 접촉시켜 급속동결
② 균일한 포장제품에 이용(아이스크림, 수산물)

4. 냉동식품의 해동

① 해동 시 수분유출(drip)은 빙결정이 큰 완만동결 제품에 많다.
② 드립에는 단백질, 비타민 등 수용성 영양성분이 있으므로 적을수록 좋다.
③ 동결에 필요한 시간보다 해동에 필요한 시간이 더 길다.(물이 얼음보다 전도율이 낮다)

5. 해동 방법

① 송풍해동 : 20℃ 공기로 해동, 간편하고 경제적이나 변색, 표면건조, 미생물 번식의 우려가 있으므로 냉장고에서 냉장해동(5℃)하는 것이 좋다.
② 접촉해동 : 25℃ 금속판 사이에 동결식품을 넣어 해동, 포장이 균일할 것
③ 전기해동 : 전자오븐 이용, 가열과 급속해동 동시 가능
④ 전기해동 : 10~15℃의 흐르는 물에 담가 해동, 포장 필요

6 증발 및 건조

1. 식품의 건조곡선

① 건조 시작 시 온도 상승 등 수분 증발에 적합한 상태로 조절(조절기간)
② 항률건조기간 : 건조속도가 일정한 건조기간, 수분이 많은 식품에서 표면수분 증발속도보다 내부에서 표면으로 수분이 확산되는 속도가 빠르거나 같을 때(표면 증발 ≦ 내부 확산)
③ 감률건조기간 : 내부에서 표면으로의 확산속도보다 표면수분 증발속도가 빨라 건조속도가 감소하는 기간(표면 증발 > 내부 확산)

2. 증발 건조장치

1) 열풍 건조기

① 가열된 공기를 대류나 강제 순환으로 식품 건조
② 회분식 : 빈 건조기, 캐비닛 건조기 등
③ 연속식 : 터널 건조기, 컨베이어 건조기, 유동층 건조기, 분무 건조기 등
④ 병행식 : 공기 흐름과 식품 이동이 같은 방향, 초기 건조가 좋으나 최종 건조가 좋지 않아 내부 건조가 잘 되지 않거나 미생물이 번식할 수 있다.
⑤ 향류식 : 공기 흐름과 식품 이동이 반대 방향, 초기 건조는 좋지 않으나 최종 건조가 높아 과열 우려가 있다.

2) 분무 건조기

① 열에 약한 제품에 이용, 분유, 주스분말, 커피, 차 등
② 액상 식품을 분무장치로 열풍에 분무하여 건조
③ 대부분 건조가 항률건조

3) 드럼 건조기

① 가열된 회전 원통 표면에 건조할 제품을 묻혀 전도에 의한 건조
② 긁기용 칼날로 연속식 제품 회수

4) 동결 건조기

① 수분을 얼려 승화시켜 건조, 고비용 제품에 이용
② 냉각기 온도 $-40℃$, 압력 $0.098mmHg$
③ 형태가 유지되고 다공성이므로 복원력이 좋다.
④ 향미 보존, 식품 성분 변화가 적다.

7 흡착 및 추출

1) 흡착

① 흡착 : 기체나 액체 성분을 다공성이나 친화성을 가진 물질로 접합시켜 분리

② 활성탄 : 다공성 물질로 색, 냄새와 맛 성분 등 제거에 이용
③ 산성백토 : 염화알루미늄으로 유지의 탈색, 탈취에 이용
④ 실리카겔 : 다공성으로 수분 제거에 이용

2) 추출

① 특정 용매로 용해도 차이에 의해 용해된 물질 분리
② 농도차가 클수록, 온도가 높을수록, 표면적이 클수록 잘된다.
③ 물, benzene, n-hexane, 에탄올 등
④ 대두, 옥수수 등에서 식물 유지 추출, 사탕수수, 사탕무 등에서 설탕 추출

8 기계적 분리 및 막분리

1) 침강분리 및 원심분리

① 침강분리 : 중력에 의해 자연 침강으로 분리(전분, 과즙, 양조)
② 원심분리 : 밀도차에 의해 원심력을 이용하여 분리(우유 크림층, 주스)

2) 여과

① 액체 중 고형물을 여재를 이용하여 분리
② 중력여과기, 감압여과기, 가압여과기(필터프레스) 등

3) 막여과

① 정밀여과 : 세균이나 색소 제거에 이용, 바이러스나 단백질은 통과
② 한외여과 : 바이러스나 단백질 같은 고분자 물질 제거, 당과 같은 저분자 물질 통과
③ 역삼투 : 반투막을 이용하여 물 같은 용매에서 당이나 염 같은 용질 분리

4) 압착

① 고체에 압력을 가해 고체 중 액체 분리
② 식물성 유지 분리, 치즈 제조, 주스 착즙에 이용
③ 스크루식 압착기, 롤러압착기, 엑스펠러, 케이지프레스 등

9 분쇄 및 혼합

1. 분쇄

① 고체 식품을 기계적으로 작게 만드는 공정
② 절단 : 과채류, 육류 등을 일정 크기로 자르는 것(절단기)
③ 파쇄 : 충격에 의해 작은 크기로 부수는 조작(파쇄기)
④ 마쇄 : 전단력에 의해 파쇄보다 더 작은 상태로 만드는 것(미트초퍼, 마쇄기)
⑤ 분쇄비율 = 원료입자/분쇄입자, 클수록 분쇄능력이 크다.

2. 분쇄기 종류

① 해머밀(hammer mill) : 회전축에 해머가 장착되어 분쇄, 막대, 칼날, T장형 해머 등(임팩트밀, 다목적밀, 설탕, 식염, 곡류, 마른 채소, 옥수수 전분 등에 사용)
② 볼밀(ball mill) : 회전 원통 속에 금속, 돌 등과 원료를 함께 회전하여 분쇄(곡류, 향신료 등 수분 3~4% 이하 재료에 적당)
③ 핀밀(pin mill) : 고정판과 회전원판 사이에 막대모양 핀이 있어 고속 회전으로 분쇄(설탕, 전분, 곡류 등 건식과 콩, 감자, 고구마의 습식이 있다)
④ 롤밀(roll mill) : 두 개의 회전 금속롤 사이에 원료를 넣어 분쇄(밀가루 제분, 옥수수, 쌀가루 제분에 이용)
⑤ 디스크밀(disc mill) : 홈이 파인 두 개의 원판 사이에 원료를 넣어 분쇄(옥수수, 쌀의 분쇄에 이용)
⑥ 습식분쇄 : 고구마・감자의 녹말제조, 과일・채소의 분쇄, 생선이나 육류 가공 시 이용(맷돌, 절구나 고기를 가는 chopper 등)

3. 혼합

① 두 가지 이상의 다른 원료를 섞어 균일한 물질을 얻는 것
② 혼합, 교반, 유화, 반죽 등

1) 고체 혼합

① 유사한 크기, 밀도, 모양을 가진 것이 잘 혼합됨
② 크기 차이가 $75\mu m$ 이상이면 혼합이 안 되고 쉽게 분리, $10\mu m$ 이하이면 잘 혼합됨

2) 액체 혼합

① 교반은 액체 간, 액체와 고체 간, 액체와 기체 간 혼합, 유화는 섞이지 않는 두 액체의 혼합
② 점도가 큰 액체의 혼합에는 큰 동력 필요
③ 아이스크림 제조, 밀가루 반죽, 음료 제조, 초콜릿 제조 등에 교반기 이용

4. 혼합기의 종류

1) 고체-고체 혼합기

① 고체 간 혼합에는 회전이나 뒤집기 이용
② 텀블러(곡류), 리본혼합기(라면수프), 스크루혼합기 등

2) 고체-액체 혼합기(반죽 교반기)

① S자형 반죽기, 제과 제빵용 밀가루 반죽에 이용
② 페달형 팬혼합기는 달걀, 크림, 쇼트닝 등 과자 원료 혼합에 이용

3) 액체-액체 혼합기

① 용기 속 임펠러로 액체 혼합(패들 교반기, 터빈 교반기, 프로펠러 교반기 등)
② 혼합효과를 높이기 위해 방해판 설치, 경사 등 이용

4) 유화기

① 교반형 유화기(균질기) : 액체에 강한 전단력을 작용하여 혼합 균질화
② 가압형 유화기 : 좁은 구멍을 높은 압력으로 통과 시 분쇄 혼합

PART 05

생화학 및 발효학

CONTENTS

01 세포
02 당질의 합성과 대사
03 지방 및 대사
04 단백질 및 대사
05 핵산 및 대사

06 발효식품
07 주정 발효
08 유기산 발효
09 생리활성물질
10 아미노산 발효

11 핵산 발효
12 균체 생산
13 효소 생산

CHAPTER 01 세포

1 세포의 구조와 기능

1. 원핵세포 구조

1) 세포벽

① 세포 지지 구조, 기계적 손상 보호 역할
② 단백질과 탄수화물 중합체인 펩티도글리칸(peptidoglycan) 구성
③ 그람 양성(G+)은 그람 염색(gram stain)에서 crystal violet에 의해 보라색으로 염색
④ 그람 음성(G−)은 safranin O에 의해 붉은색으로 염색

2) 원형질막(plasma membrane)

① 인지질 이중층으로 외부는 친수성 인, 내부는 소수성인 지질로 구성
② 수용체 단백질과 수송 단백질을 갖고 있다.

3) 세포질

① 염색체(chromosome, DNA)는 핵양체(nucleoid)로 구성
② 일부 세균은 숙주 염색체 이외에 플라스미드(plasmid)라는 작은 환상 DNA 존재(환경에 대한 내성 물질생산, 유전자 재조합에 이용)
③ 기타 봉입체(inclusion body), 리보솜(ribosome) 존재

4) 리보솜(ribosome)

① rRNA/단백질 복합체, 단백질 생합성 장소
② 두 개의 소단위(subunit)로 구성, 70S(30S+50S)(S : 원심분리 시 침강계수)

5) 선모와 편모

① 선모(pili)는 세포가 숙주조직에 부착하는 기관, 가는 긴 관 구조, 성선모는 유전물질을 다른 세포에 전달하는 접합(conjugation)을 한다.
② 편모(flagella)는 운동 기관으로 회전하여 이동

2. 진핵세포 구조

1) 원형질막

① 모양 유지, 기계적 강도 제공
② 이온과 분자를 수송하는 채널 복합체와 신호물질을 결합하는 수용체(receptor)로 작용

2) 핵(nucleus)

① 핵은 핵막으로 싸인 핵질로 구성, 핵공으로 외부로 물질 이동
② DNA와 히스톤(histone)으로 구성된 염색질 섬유(chromatin fiber)로 구성
③ 핵을 염색하면 보이는 인은 rRNA 합성 부위

3) 소포체(ER ; Endoplasmic Reticulum)

① 막소관, 소낭, 납작한 주머니로 구성, 세포 전체 막의 1/2 이상
② 조면 소포체는 단백질 합성에 주로 관여, 표면에 리보솜으로 구성
③ 활면 소포체는 지방 합성에 관여

4) 리보솜(ribosome)

① rRNA/단백질 복합체, 단백질 생합성 장소
② 두 개의 소단위(subunit)로 구성, 80S(40S+60S)(S : 원심분리 시 침강계수)

5) 골지체(golgi apparatus)

① 납작한 주머니 모양의 막소낭
② 리보솜 등에서 생성된 세포생성물을 포장, 변형, 수송

6) 리소좀(lysosome)

① 구형 주머니 모양을 한 세포소기관
② 가수분해효소의 집합체로 대부분 수명이 다한 생체분자 분해

7) 페록시좀(peroxisome)

① 산화효소를 갖고 있는 구형의 기관
② 과산화물 분해에 관여

8) 미토콘드리아

① 산화적 ATP 합성 장소, 자체 DNA 구성
② 이중막으로 구성, 외막은 대부분 물질 이동 가능, 내막은 크리스타(cristae)라 하는 접힌 구조로 이온 등 극성물질 이동 제한
③ ATP 합성에 관여하는 전자전달계 복합체가 내막에 존재
④ 자체 DNA와 이중막은 외부에서 혼입된 증거

9) 색소체(plastid)

① 식물, 조류(algae) 등에 존재, 이중막 구성
② 전분이나 단백질을 저장하는 백색체(leucoplast)
③ 잎, 꽃잎, 열매의 색소를 축적시키는 잡색체(chromoplast)
④ 엽록체(chloroplast)는 빛에너지를 화학에너지로 전환시키는 광합성을 하며 미토콘드리아와 마찬가지로 자체 DNA와 이중막으로 구성되어 외부에서 혼입

10) 세포골격

① 단백질 섬유와 필라멘트의 망상조직
② 미세소관(microtubule), 미세섬유(microfilament), 중간섬유(intermediate fiber)로 구성

당질의 합성과 대사

1 영양소의 대사

① 다당류 : 단당류(소장) → 세포질(포도당 → 피루브산 → Acetyl−CoA → TCA → 전자전달계(O_2)
　　　　　　　　　　　　Glycolysis(EMP)　　　　　　　　　　　　CO_2　　　　　H_2O
　　　　　　　　　　　　　　　　　　　　　　　　　　　　　　　　NADH
　　　　　　　　　　　　　　　　　　　　　　　　　　　　　　　　$FADH_2$

② 지방 : 글리세롤, 지방산 → Acetyl−CoA → TCA 이하 동일
③ 단백질 : 아미노산(N−C) → NH_3(간에서 요소 생성→소변) + 알파 케토산 → TCA 이하 동일
　　　　　탈아미노화반응(deamination)

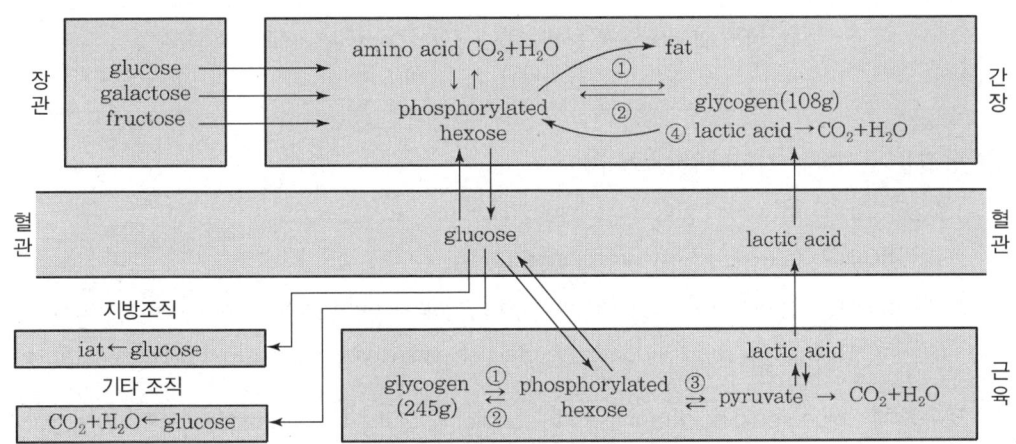

┃ 탄수화물의 흡수와 체내 이동 ┃

2 당질의 종류 및 특성

1. 단당류(monosaccharide)

① 분자 내 carbonyl기(>C=O)를 갖고 있는 것 → 환원성을 띰
② RCHO aldehyde기 → aldose, RC=OR′ketone기 → ketose
③ 당의 D계열, L계열 분류 시 기준 물질 : glyceraldehyde

④ 부제탄소원자(asymmetric carbon atom) : 키랄탄소원자(chiral carbon atom)라고도 하며, 탄소 4개의 결합이 모두 다른 원자 혹은 원자단으로 된 탄소
⑤ 포도당(glucose) : 부제탄소수 – 4개, 광학적 이성체수 – 16개
⑥ 과당(fructose) : 부제탄소수 – 3개, 광학적 이성체수 – 8개
⑦ 에피머(epimer) : 한 특정한 부제탄소원자에 결합된 OH기의 배치가 서로 다른 당, glucose와 mannose(2 – epimer), glucose와 galactose(4 – epimer)
⑧ 단당류 분자 내 축합(hemiacetal 혹은 hemiketal 반응) → 고리상구조 → 2종의 광학적 이성체 (anomer)
  • 카르보닐 탄소의 OH가 가장 먼 키랄탄소의 OH와 같은 방향 : α형
  • 카르보닐 탄소의 OH가 가장 먼 키랄탄소의 OH와 반대 방향 : β형
⑨ 변선광(mutarotation)
아노머형의 당과 같이 용액 중 온도, 시간에 따라 내부전환 발생

> α – D – glucose ↔ 〈사슬상〉 ↔ β – D – glucose로 상호 변환
>   33%   (미량)   67%

⑩ 당질을 구성하는 기본단위(탄소 수)
  • 3탄당[$C_3H_6O_3$(triose)] : glyceraldehyde, dihydroxyacetone
  • 4탄당[$C_4H_8O_4$(tetrose)] : erythrose, erythrulose
  • 5탄당[$C_5H_{10}O_5$(pentose)] : ribose, arabinose, xylose, deoxyribose, ribulose, xylulose
  • 6탄당[$C_6H_{12}O_6$(hexose)] : aldohexose(glucose, galactose, mannose), Ketohexose(fructose)
⑪ 당유도체 : **glucuronic acid**(uronic acid), **sorbitol**(당알코올), **glucosamine**(아미노당), **glucose – 6 – phosphate**(당인산에스테르) 등
⑫ 환원당 반응 : Fehling 반응, Benedict 반응(적갈색 침전), Tollens 반응(은경반응)

2. 소당류(oligosaccharide)

1) 2당류[$C_{12}H_{22}O_{11}$(disaccharide)]

① sucrose(설탕, α – D – glucose + β – D – fructose, α – 1, β – 2 결합, 비환원성) : 전화당은 sucrose의 가수분해로 생성된 포도당과 과당의 등량 혼합물

② maltose(엿당, α-D-glucose + α-D-glucose, α-1,4 결합, 환원성) : 전분의 기본 단위

③ lactose(유당, β-D-glucose + β-D-galactose, β-1,4 결합, 환원성)

④ isomaltose(α-D-glucose + α-D-glucose, α-1,6 결합, 환원성) : 전분의 가지 연결 단위

⑤ cellobiose(α-D-glucose + α-D-glucose, β-1,4 결합, 환원성) : 섬유소(cellulose)의 기본단위

2) 3당류[$C_{18}H_{32}O_{16}$(trisaccharide)]

raffinose(galactose + glucose + fructose, 비환원성)

3) 4당류[$C_{24}H_{42}O_{21}$(tetrasaccharide)]

stachyose(2galactose + glucose, fructose, 비환원성)

3. 다당류(polysaccharide)

1) 단순다당류(simple polysaccharide)

① starch(amylose(glucose, α-1,4 결합) + amylopectin(glucose, α-1,4 and α-1,6)

② glycogen(glucose, α-1,4 and α-1,6)

③ cellulose(glucose, β-1,4 결합)

④ inulin(fructose, β-1,2 결합), dextran(glucose, α-1,6), limit dextrin(glucose α-1,4 and α-1,6) 등

2) 복합다당류(compound polysaccharide)

① pectin(galacturonic acid + D-galactose + D-arabinose)

② hemicellulose(hexose + pentose + uronic acid)

③ gum(L-arabionose, L-rhamnose, D-galactose, D-glucuronic acid)

④ agar(agarose + agaropectin), alginic acid(mannuronic acid, β-1,4 결합, glucuronic acid), 당지질(glycosphingolipid, glucose 또는 galactose 함유)

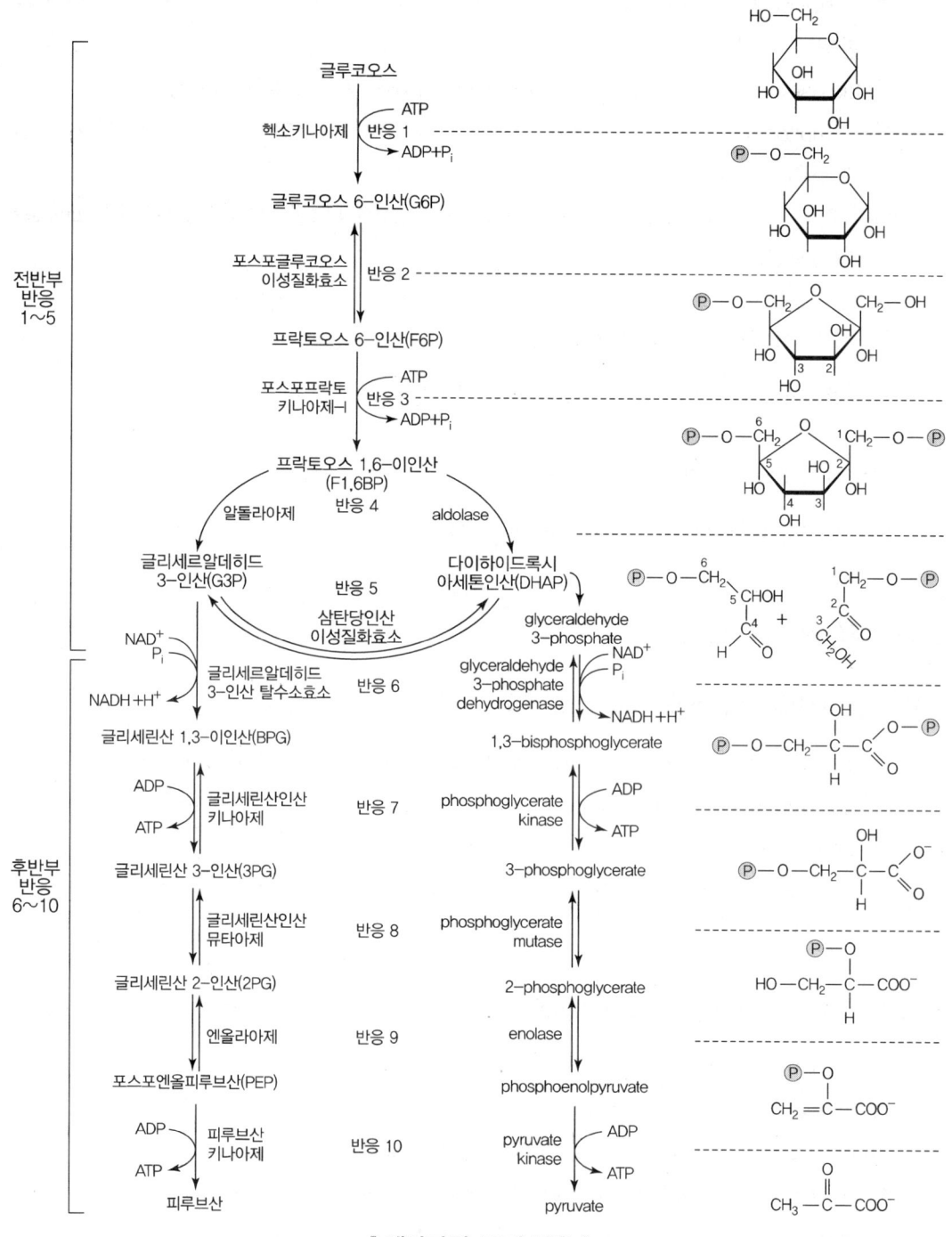

해당과정 10개 반응

3 해당(EMP, glycolysis)

① 생물 전체 존재, 적혈구 ATP 생성은 해당에 의존
② 포유류는 특히 근육에서 활발히 진행(혐기적 해당 시 젖산은 근육 통증 원인)
③ 탄소 6개의 포도당이 탄소 3개의 피루브산(pyruvate) 2분자로 분해
④ 혐기적 해당(anaerobic glycolysis) : 포도당 → 2 피루브산 → 2 젖산(2분자의 ATP 생성)
⑤ 호기적 해당(aerobic glycolysis) : 포도당 → 2 피루브산, 5분자(근육, 뇌 등) 혹은 7분자(간, 신장, 심장 등) ATP 생성
⑥ 알코올 발효 : 포도당 → 2x피루브산 → 2x아세트알데히드 → 2x에탄올(2ATP 분자 생성)
Pyruvate decarboxylase(효모) alcohol dehydrogenase

1. 해당과정(10개 반응)

1) (1)번 반응

glucose + ATP → glucose − 6 − phosphate(G6P) + ADP

① hexokinase는 간에서 작용하는 glucokinase와 동위효소
② 비가역반응, 1ATP 소모 시 인산화하여 포도당이 세포 밖으로 다시 나가지 못 함
③ 생성물인 G6P에 의해 되먹임 저해 − G6P는 오탄당인산경로, 글리코겐 대사와 연결됨

2) (2)번 반응

glucose − 6 − phosphate ↔ fructose − 6 − phosphate : glucose phosphate isomerase 이성화 반응

3) (3)번 반응

fructose − 6 − phosphate → fructose − 1,6 − diphosphate

① phosphofmctokinase − 1(PFK − 1) 인산화반응
② 비가역반응, 1ATP 소모, 해당 전체 속도조절 단계
③ (+)조절제 : AMP, fructose − 2,6 − diphosphate, (−)조절제 : ATP, citrate, NADH

4) (4)번 반응

   fructose-1,6-diphosphate ↔ dihydroxyacetone phosphate(DHAP) + glyceraldehyde-3-Ⓟ : aldolase, 절단반응

5) (5)번 반응

   dihydroxyacetone phosphate ↔ glyceraldehyde-3-Ⓟ : triose phosphate isomerase, 이성화반응

6) (6)번 반응

   2(glyceraldehyde-3-Ⓟ) ↔ 2(1,3-diphosphoglycerate, 고에너지 화합물)

   ① glyceraldehyde-3 phosphate dehydrogenase, 산화환원반응, 무기인산 첨가
   ② 혐기적 해당 시 lactate dehydrogenase(LDH)의 조효소로 이용
   ③ 호기적 해당 시
   - 간 : malate-aspartate 셔틀을 이용하여 미토콘드리아로 이동, NADH×2=5ATP
   - 근육 : glycerol 셔틀을 이용하여 미토콘드리아로 이동, FADH2×2=3ATP

7) (7)번 반응

   2(1,3-diphosphoglycerate, DPG) ↔ 2(3-phosphoglycerate)
   phosphoglycerate kinase 기질수준인산화, 2ATP 생성, 가역반응

8) (8)번 반응

   (3-phosphoglycerate) ↔ 2(2-phosphoglycerate) : phosphoglyceromutase, 이성화반응

9) (9)번 반응

   2(2-phosphoglycerate) ↔ 2(phosphoenolpyruvate) : enolase

10) (10)번 반응

    2(phosphoenolpyruvate, PEP) → 2(pyruvate)

① pyruvate kinase, 기질수준인산화, 2ATP 생성
② 생체 내 가장 큰 고 에너지 화합물

2. 해당의 특징

① 비가역반응 : (1), (3), (10)번 반응, 다른자리입체성 조절효소(allosteric enzyme)
② ATP 소모 단계 : (1), (3)번 반응
③ 기질수준인산화 단계 : (7), (10)번 반응
④ 생체 내 고에너지 화합물 : PEP(해당 10번 반응 기질), DPG(해당 7번 반응 기질), succinyl-coA(TCA 5번 반응 기질, 기질수준인산화), creatine phosphate(근육형), ATP 등
⑤ 생체 내 인산화반응 : 산화적 인산화(전자전달계), 기질수준 인산화
⑥ 포도당 이외 단당류(과당, 갈락토오스)는 간에서 포도당으로 전환

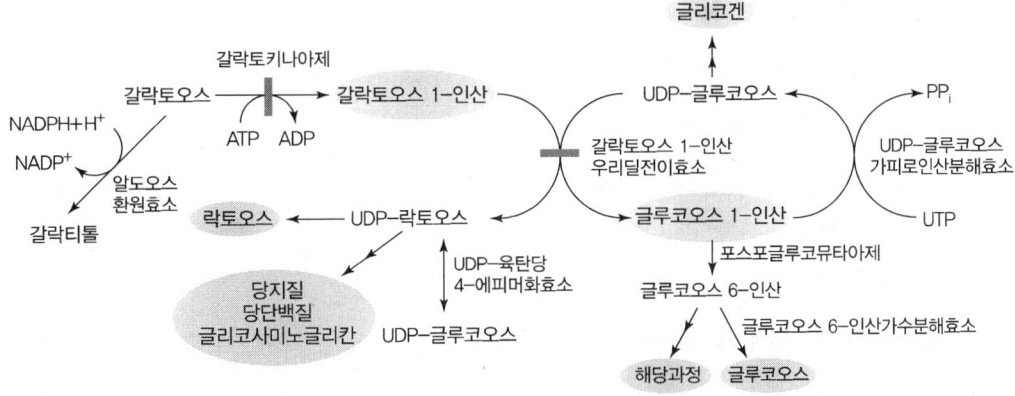

┃ 갈락토오스의 대사 ┃

⑦ 갈락토오스 혈증(galactosemia) : galactose 1-phosphate uridyltransferase의 유전적 결함으로 갈락토오스가 축적되는 질병
⑧ 당뇨병(인슐린 결핍), 유당불내증(lactase 결핍), 글리코겐 축적증(Von Gierke병, glucose-6 phosphatase 결핍), 과당불내증(fru-1,6 diphosphatase 결핍), 저혈당증(insulin 과다증) 등
⑨ Lactate dehydrogenase : 혐기적 해당 시 피루브산에서 젖산 생성
  • Tryptophan → Niacin → NAD(조효소), NADH(조효소, 6번 반응 생성) 필요
  • 동위효소(isoenzyme)로 5종(M_4, M_3H_1, M_2H_2, M_1H_3, H_4)(M : 근육형, H : 심장형)

4 당신생반응

1. Cori 회로

근육에서 혐기적 해당 결과 생성된 **젖산**이 **혈류**를 통해 간으로 이동하여 다시 당신생반응을 거쳐 근육으로 돌아오는 관계를 나타낸 회로

2. 당신생반응(gluconeogenesis)

① 간에서 발생, 해당 역반응으로 해당 비가역반응(1, 3, 10번 반응)만 다름
② 2분자 피루브산으로부터 1분자 포도당 생성시 6분자 고에너지 인산화합물(4ATP+2GTP) 필요
③ 당신생 기질
- 젖산(lactate)
- 피루브산(pyruvate)
- alanine 같은 당원성 아미노산
- 글리세롤
- 해당 및 TCA 회로 중간산물
- 프로피온산

④ Acetyl-CoA, leucine, lysine(케톤원성 아미노산)은 당신생 기질이 될 수 없음

3. 당신생반응 과정

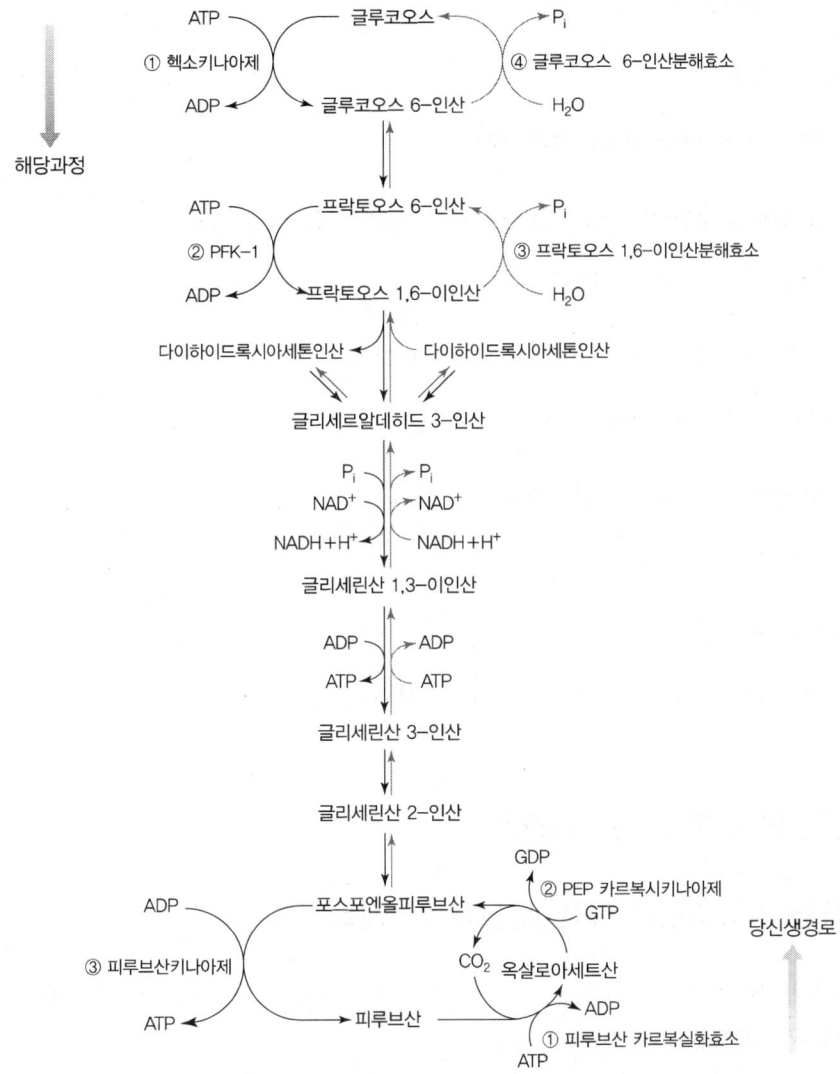

┃해당과정과 당신생경로의 비가역반응들┃

1번 반응은 미토콘드리아 나머지는 세포질

1) pyruvate → oxaloacetate(OAA)

　① pyruvate carboxylase(조효소, biotin)
　② 1ATP 소모, 미토콘드리아 기질

2) OAA → malate → 세포질 이동 → malate → OAA

   malate dehydrogenase

3) OAA → PEP

   PEP carboxykinase, 1GTP 소모, 세포질

4) 3-phosphoglycerate ↔ 1,3-diphosphoglycerate(DPG)

   phosphoglycerate kinase, 1ATP 소모

5) fru-1,6-diphosphate → fru-6-phosphate

   fructose-1,6-diphosphatase

6) glu-6-phosphate → glucose

   glucose-6-phosphatase

7) 당신생의 조절효소

   pyruvate Carboxylase와 Fru-1, 6-diphosphatase

5 오탄당인산경로(HMP) – 세포질

1. 오탄당인산경로 과정(산화적 · 비산화적 단계로 분류)

① 산화적 단계 : Glucose-6-ⓟ → 6-phosphogluconate → ribulose-5-ⓟ : NADPH 생성(지방산 생합성에 이용)

② 비산화적 단계 : ribulose-5-ⓟ → xylulose-5-ⓟ → ribose-5-ⓟ(핵산합성에 이용)

③ 상호변환 : glyceraldehyde-3-ⓟ, sedoheptulose-7-ⓟ, erythrose-4-ⓟ, fructose-6-ⓟ : transaldolase(TA), transketolase(TK) 관여

2. 특징

① 간, 뇌, 유선, 지방조직, 성선, 부신피질, 적혈구 등에서 왕성하게 일어나며 근육에서는 거의 일어나지 않음

② NADPH를 생성하여 지방산 합성, 스테로이드 합성, 산화형 glutathion 환원
③ 3탄당, 4탄당, 5탄당, 6탄당, 7탄당 등 상호변환 작용
④ 핵산 합성에 필요한 ribose-5-phosphate 생성
⑤ Glu-6-p dehydrogenase, 6-phosphogluconate dehydrogenase(보효소 NADP)

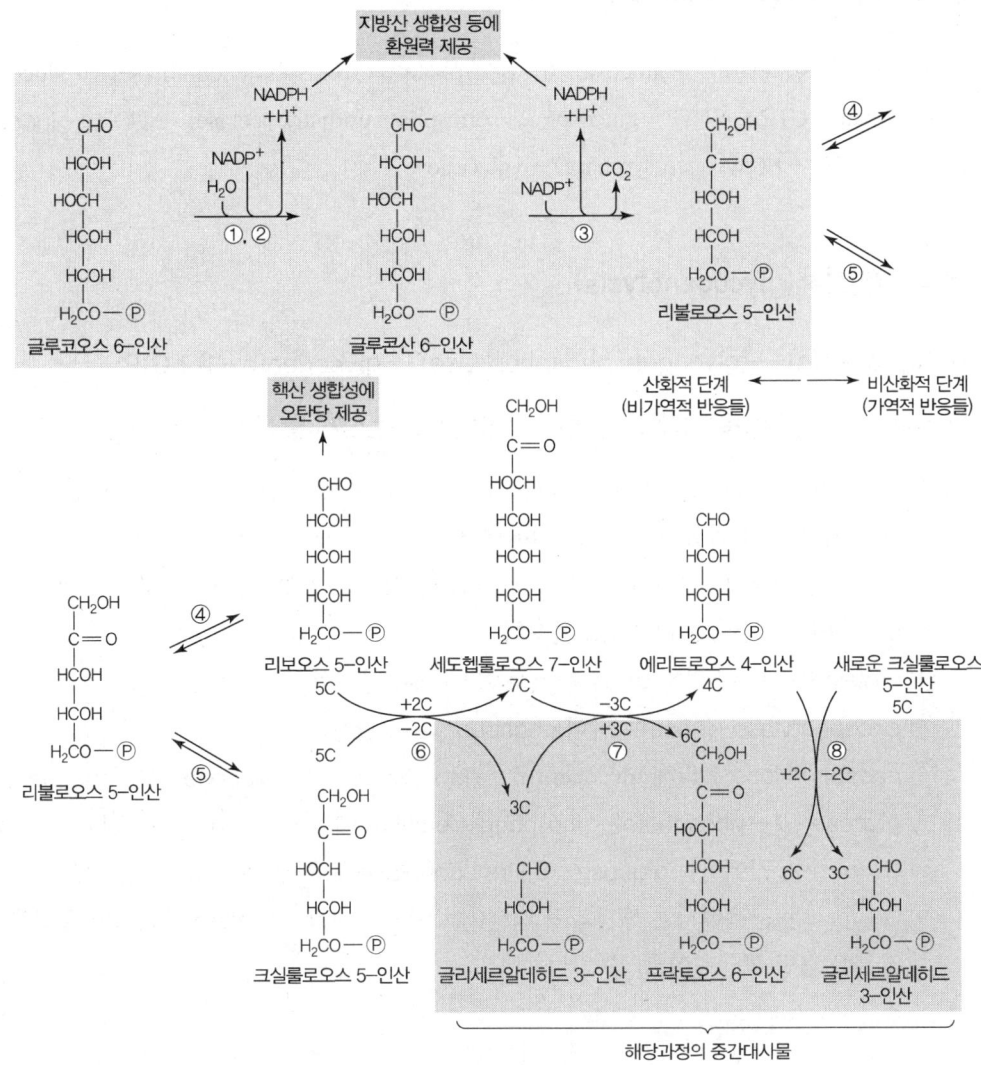

①,② 글루코오스 6-인산 탈수소효소 ② 글루콘락톤효소 ③ 글루콘산 6-인산 탈수소효소 ④ 리보오스 5-인산 이성질화효소
⑤ 오탄당인산 에피머화효소   ⑥,⑧ 케톨전이효소   ⑦ 알돌전이효소
⑥~⑧ 가역적 반응이지만, 2C와 3C의 이동 표시를 위해 화살표를 한 방향으로 표시함

｜오탄당인산경로｜

6 글리코겐의 합성과 분해

간에 100g, 근육에 200~300g 저장

1. 글리코겐 합성(glycogenesis)

glucose → (hexokinase) → glucose-6-phosphate → (phosphoglucomutase) → glucose-1-phosphate + UTP → (UTP-glucose-1-phosphate uridyltransferase) → UDP-glucose(포도당의 활성형) → (glycogen synthase) → glycogen

2. 글리코겐 분해(glycogenolysis)

1) Glycogen(n) → (glycogen phosphorylase) → glycogen(n-1) + G1P
2) cascade 증폭반응 : 1개의 신호에 1억가량의 효소가 활성화

① epinephrine(adrenaline), norepinephrine(noradrenaline), glucagon, thyroxine 등 호르몬(1차 메신저)이 세포(β-receptor)에 부착
② β-receptor 세포 안쪽의 Adenylate cyclase 활성화 → ATP로부터 cAMP(2차 메신저) 생성
③ cAMP에 의해 protein kinase 활성화
④ protein kinase에 의해 phosphorylase kinase 활성화
⑤ phosphorylase kinase에 의해 phosphorylase 활성화
⑥ phosphorylase에 의해 glycogen(n) → glycogen(n-1) + glucose-1-phosphate
⑦ glucose-1-phosphate는 phosphoglucomutase에 의해 glucose-6-phosphate 전환
⑧ G-6-P는 간에서는 glucose-6-phosphatase에 의해 glucose가 되어 혈당 공급
⑨ G-6-P는 근육에서는 해당과정 진행(glucose-6-phosphatase가 없으므로 근육 글리코겐은 혈당 공급원이 될 수 없다)

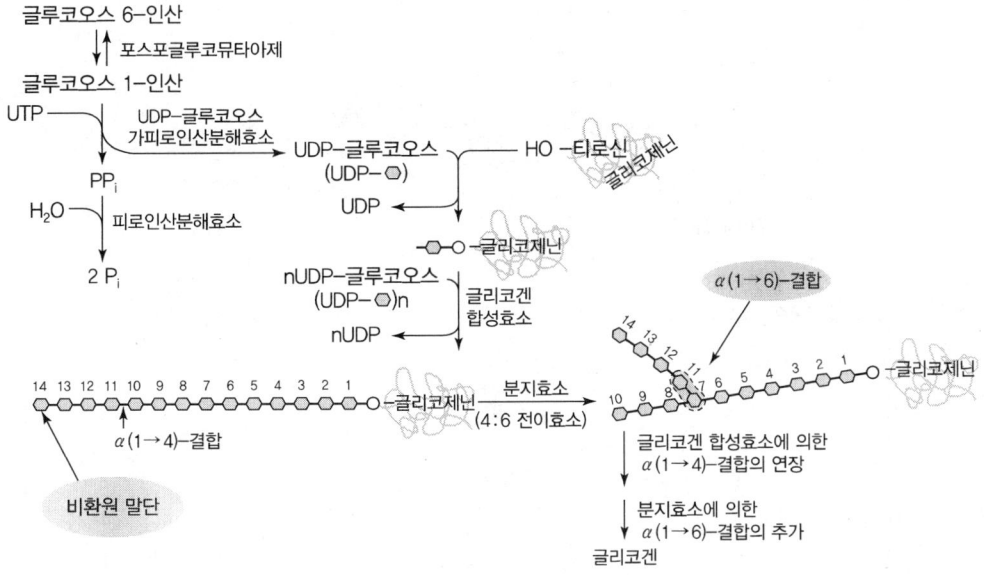

｜글리코겐 합성｜

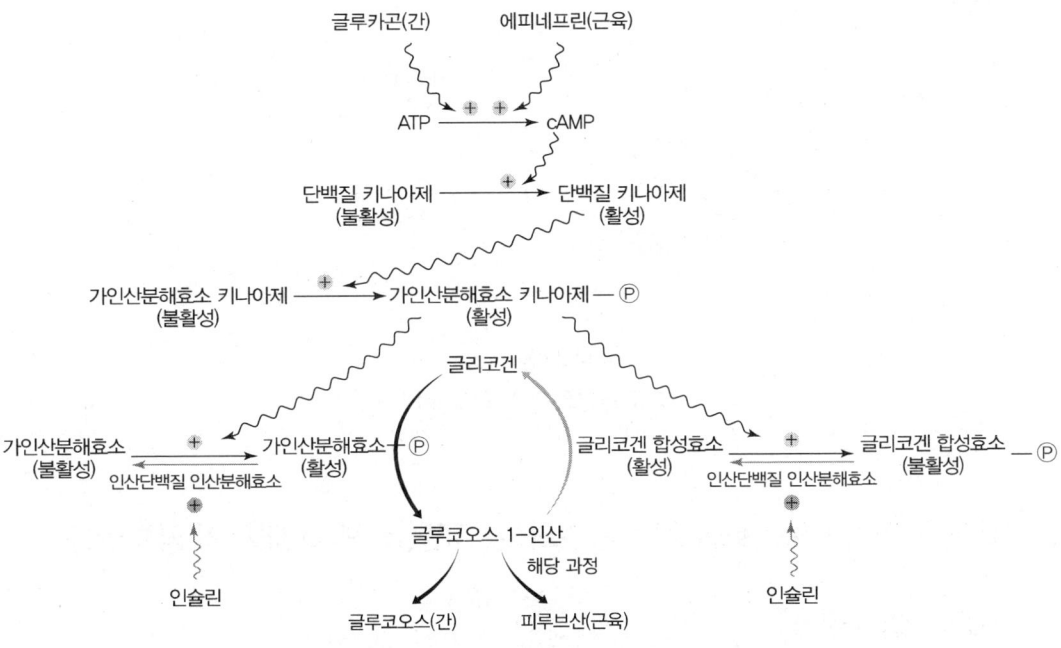

**｜글리코겐 합성과 분해를 조절하는 호르몬,
cAMP와 단백질인산화 및 탈인산화의 비교｜**

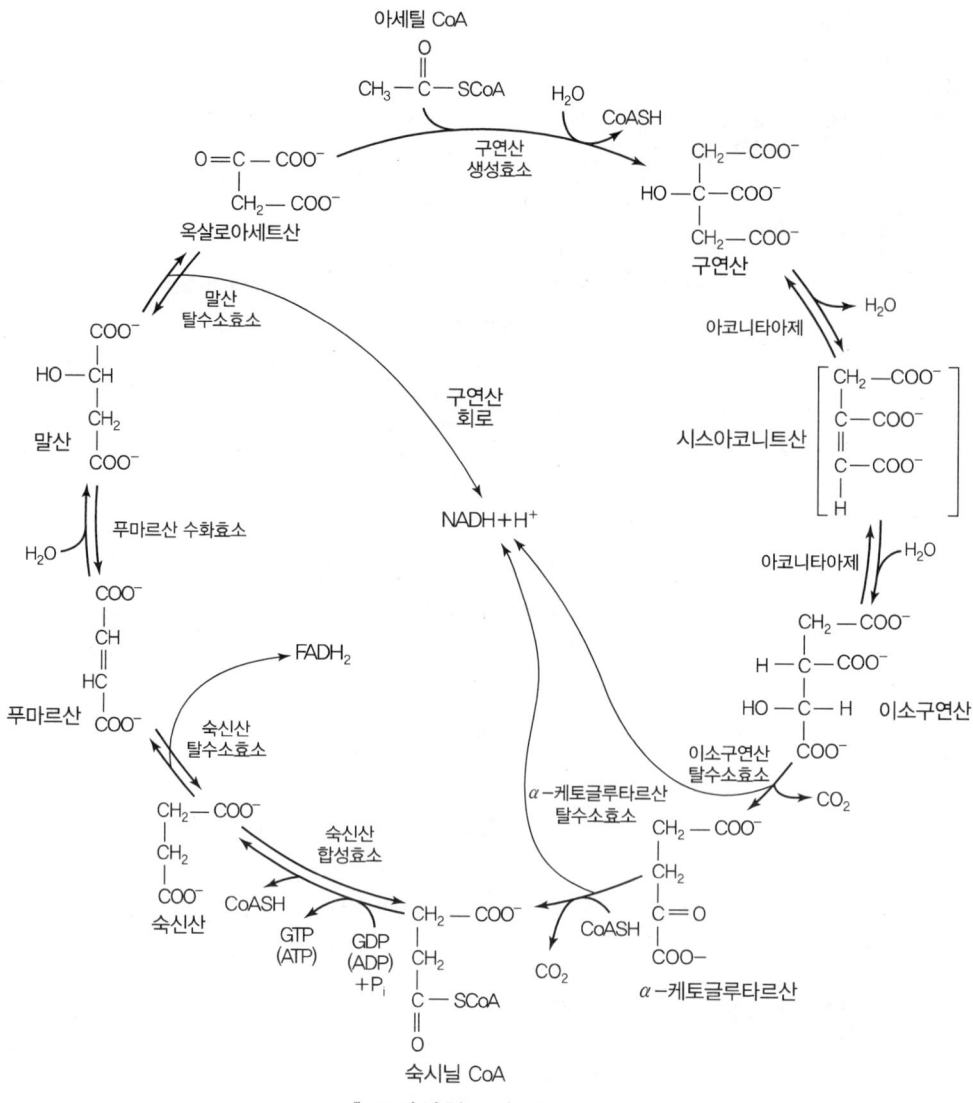

∥ 구연산회로의 각 과정 ∥

7 TCA(구연산, Kreb's 회로) : 탄수화물, 지방, 단백질 대사의 공통반응

1. 아세틸-CoA 생성

① 호기적 조건에서 해당계 생성 피루브산이 미토콘드리아(진핵세포)로 이동
② 피루브산은 탈탄산(CO_2 제거)되고 CoA와 결합하여 아세틸-CoA로 TCA 회로 진입

2. pyruvate → Acetyl-CoA

산화적 탈탄산반응 : oxidative decarboxylation

1) 효소

pyruvate dehydrogenase complex(3개 효소 복합체 : pyruvate dehydrogenase, dihydrolipoyl transacetylase, dihydrolipoyl dehydrogenase)

2) 6개 조효소

① TPP(전구체 : thiamin, 비타민 B_1)

② lipoic acid

③ CoA(pantothenic acid)

④ FAD(riboflavin, 비타민 B_2)

⑤ NAD(niacin)

⑥ Mg^{++}

3. TCA 회로 과정

Acetyl-CoA + oxaloacetate → citric acid → cis-aconitate → isocitrate → oxalosuccinate → α-ketoglutarate → succinyl-CoA → succinate → fumarate → malate → oxaloacetate

4. TCA 관여 효소

citrate synthase, aconitase, isocitrate dehydrogenase, α-ketoglutarate dehydrogenase complex

[6개 조효소]

① TPP

② lipoic acid

③ CoA

④ FAD

⑤ NAD

⑥ Mg^{++}, succinyl-CoA synthetase, succinate dehydrogenase, fumarase, malate dehydrogenase

5. 조절효소(allosteric enzyme)

① citrate synthase(TCA 속도조절효소)
② isocitrate dehydrogenase
③ α-ketoglutarate dehydrogenase complex(ATP·NADH → 저해, ADP·AMP → 촉진)

6. CO_2가 생성되는 반응

① pyruvate → Acetyl-CoA
② isocitrate → [oxalosuccinate] → α-ketoglutarate
③ α-ketoglutarate → succinyl-CoA

7. 탈수소반응(NADH 생성)

① pyruvate → Acetyl-CoA
② isocitrate → [oxalosuccinate] → α-ketoglutarate
③ α-ketoglutarate → succinyl-CoA
④ malate → oxaloacetate

8. 탈수소반응($FADH_2$ 생성)

succinate → fumarate
succinate dehydrogenase의 경쟁적 저해제 : malonate

9. 기질수준인산화반응

succinyl-CoA → succinate(1GTP 생성)

10. 포도당 1분자가 완전 산화 시 ATP 생성

해당의 6번 반응인 glyceraldehyde $-3-$ phosphate $\rightarrow$ 1,3 $-$ diphosphoglycerate에서 생성된 2분자의 NADH가 미토콘드리아의 내막에서 일어나는 전자전달계에서 산화되어 ATP 생성

① 간장, 심장, 신장 등의 조직 : Malate $-$ aspatate shuttle : 2NADH(세포질) $\rightarrow$ 2NADH(미토콘드리아) ∴ 호기적 해당 시 ATP 생성 수 $=$ 32ATP(∵ NADH $=$ ATP 2.5몰 생성)
② 근육, 뇌 등의 조직 : Glycerol $-$ phosphate shuttle : 2NADH(세포질) $\rightarrow$ 2FADH(미토콘드리아) ∴ 호기적 해당 시 ATP 생성 수 $=$ 30ATP(∵ FADH $=$ ATP 1.5몰 생성)
③ 당, 지방산, 아미노산 등 생체로부터 생성된 아세틸 $-$ CoA는 oxaloacetate와 축합되어 **구연산**이 생성되는데, 여기서부터 TCA 회로가 시작된다.

11. 글리옥실산 회로(glyoxylate cycle)의 특징

[TCA 회로의 대체경로(세균, 식물 등)]
① CO_2가 생성되지 않는다.
② 2mole의 acetyl $-$ CoA가 필요하다.
③ 시트르산 회로와 효소가 일부 다르다.
④ isocitrate가 isocitrate lyase에 의해 glyoxylate가 된다.
⑤ glyoxylate가 acetyl $-$ CoA와 반응하여 malate를 생성한다.

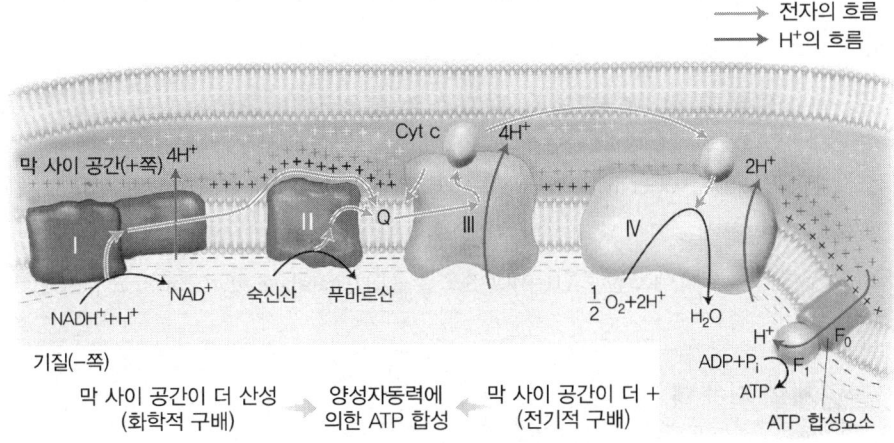

‖ 화학삼투설과 ATP 생성효소의 구조 ‖

8 전자전달계[호흡사슬, electron transport(ET)]

- 미토콘드리아 내막(inner membrane)에 존재
- 해당계와 TCA 회로 등에서 생성된 NADH와 $FADH_2$가 전자전달계로 들어가 수소이온을 기질에서 막간공간으로 이동시키고 산소(최종 전자수용체)를 환원하여 물 생성
- 막간공간으로 이동된 수소이온은 화학적 농도구배와 전하적 차이로 발생한 동력을 이용해(화학삼투설) 주변의 ATP 합성효소를 통해 매트릭스로 되돌아오며 ATP 생성(산화적 인산화, oxidative phosphorylation)
- NADH → 2.5ATP, $FADH_2$ → 1.5ATP 생성

1. 전자전달 과정

1) NADH

   NAD → FMN → FeS(1복합체) → CoQ(조효소, Ubiquinone) → Cyt b → FeS → Cyt c_1(3복합체) → Cyt c → Cyt aa_3(4복합체, cytochrome oxydase, 금속이온 Fe와 Cu 구성) → O_2(최종전자수용체) → H_2O

2) $FADH_2$

   FAD → FeS(2복합체) → CoQ(조효소, Ubiquinone) → Cyt b → FeS → Cyt c_1(3복합체) → Cyt c → Cyt aa_3(4복합체, cytochrome oxydase) → O_2(최종전자수용체) → H_2O

2. 산소의 불완전한 환원 : CoQ에서 전자수송 불완전

① 전자 한 개 : $2O_2^-$(superoxide radical) + $2H^+$ → $H_2O_2 + O_2$(superoxide dismutase)
② 전자를 2개 받을시 : $2H_2O_2$(과산화수소) → $2H_2O + O_2$(catalase)
③ Heme 단백질 : Hb(헤모글로빈), Mb(미오글로빈), catalase, cytochrome, peroxydase

3. 전자전달계의 저해제

1복합체 - Rotenone, 3복합체 - Antimycin A, 4복합체 - CN, CO

4. 짝풀림약제(uncoupling agents)

2,4-dinitrophenol, 내막에 통로를 형성해 막간공간의 수소이온이 ATP 합성 없이 매트릭스로 이동

5. 짝풀림단백질(uncoupling protein, thermogenin)

갈색지방조직(brown fat)은 짝풀림단백질을 갖고 있어 전자전달계의 산화적 인산화 단계에서 ATP를 생성하지 않고 짝풀림단백질을 통과하면서 열(heat) 에너지만 생성한다. 이 갈색지방은 주로 포유동물 중 겨울나기 동물이나 사람의 경우 신생아 때 많으나 자라면서 점점 줄어든다.

9 대사 위치

① 미토콘드리아 대사 : TCA 회로, 전자전달계, 산화적 인산화, 지방 베타산화 등
② 세포질 대사 : 해당, 지방산 생합성, 핵산합성 등
③ 미토콘드리아, 세포질 대사 : 당신생반응, 요소회로

CHAPTER 03 지방 및 대사

1 지방의 특징

- 미토콘드리아막, 세포막(단백질, 인지질, 콜레스테롤) 등의 구성성분이다.
- 유기용매(벤젠, 에테르, 클로로포름 등)에 잘 녹으며 물에는 녹지 않는다.
- 지방은 글리세롤과 지방산의 에스테르화합물이다.
- 천연에 존재하는 지방은 주로 짝수의 지방산으로 구성되어 있다.
- 피하지방은 외부환경과 체온의 절연체로 작용한다.
- 비타민, 호르몬, 신경전달물질, 신경조직, 뇌세포 등을 구성한다.

2 지방산의 특징

- 지방산의 불포화도는 융점을 낮춘다.
- 지방산은 일반적으로 짝수의 탄소원자로 구성되어 있다.
- 지방산은 일반적으로 직쇄상의 monocarboxylic acid이다.
- 불포화지방산은 사슬 내 cis-형의 2중결합을 하고 있다.

1. 포화지방산의 종류

lauric(12 : 0), myristic(14 : 0), palmitic(16 : 0), stearic(18 : 0), arachidic(20 : 0)

2. 불포화지방산(오메가, ω)의 종류

지방산의 −COOH기로부터 마지막 위치의 메틸기 탄소를 ω 탄소(오메가)라 하며, 이 탄소를 기준으로 하여 첫 번째 이중결합이 나타나는 탄소의 위치에 따라 분류

① ω−3계 지방산 : α−linolenic acid−$C_{18:3}$, EPA−$C_{20:5}$, 등 푸른 생선, DHA−$C_{22:6}$ 어유

② ω-6계 지방산 : linoleic acid-$C_{18:2}$, arachidonic acid $C_{20:4}$, γ-linolenic acid-$C_{18:3}$
③ ω-9계 지방산 : oleic acid-$C_{18:1}$

3 지질의 종류

1. 단순지질

① 중성지방(체저장지방)
② 왁스(wax : 고급 포화지방산+고급 알코올)

2. 복합지질

인지질(세포막 구성 : 극성과 비극성), 당지질, 유도지질 등

1) 인지질

① 세포막의 구성성분, 특히 뇌의 신경세포막의 주요 성분
② 인지질 모체화합물(Phosphatidic acid) : Glycerol, phosphoric acid, 2fatty acid으로 구성
③ 포스파티드산에 결합하여 인지질을 형성하는 물질 : Serine, Glycerol, inositol, choline, ethanolamine, phosphatidylglycerol(cardiolipin)

2) 당지질

① cerebroside : ceramide(sphingosine+fatty acid)+당(Gal 혹은 glucose)
② ganglioside : ceramide(sphingosine+fatty acid)+올리고당
ceramide(sphingosine+fatty acid)-D-glucose-D-galactose+N-acetylgalactosamine
Hexosaminidase A 결핍(Tay-Sachs 질환) : ↓
N-acetyl-neuraminic acid(sialic acid)

3. 유도지질

스테롤, terpene류, 글리세롤, 지방산 등

1) Sterol

① steroid 핵을 갖는 물질로, 동물성은 콜레스테롤, 7-dehydrocholesterol(비타민 D_3의 전구체), 식물성은 ergosterol, phytosterol 등
② steroid 화합물 : 부신피질 호르몬, 성호르몬, 비타민 D, 담즙산 등

4. Eicosanoids

아라키돈산을 전구체로 탄소 20개로 이루어진 생리활성물질 총칭

linoleic acid → **arachidonic acid**(cyclooxygenase) → prostaglandin(PG), thromboxane(TX), prostcyclin(PGI), leukotrienes(LT) 등

4 지질대사

지방산은 -COOH기 방향에서 탄소 2개씩 아세틸-CoA로 TCA 회로 진입

1. 지질의 흡수와 운반

① 유미관 → 임파관 → 흉관 → 쇄골하정맥 → 혈액순환계 → Chylomicron(식이성 지질의 운반체) → 에너지가 필요한 말초조직이나 지단백질의 합성을 위하여 간으로 운반
② 식이 중의 중성지방(TG)은 췌장 lipase, 혈중 지단백질은 lipoprotein lipase(LPL), 지방조직 중 중성지방(TG)은 호르몬 감수성 lipase(HSL)의 작용으로 유리지방산과 글리세롤로 가수분해 된다. 이 lipase는 모두 esterase이다.

2. 혈장 지단백질의 분류 및 기능

지단백질은 지질의 체내에서 이동 역할

분류	밀도	직경(nm)	단백질	TG	인지질	CE	기능
킬로마이크론	<0.95	80~500	2	85	9	5	식이성 지질의 수송(공복 시 없음)
초저밀도 (VLDL)	0.95~1.006	30~80	10	56	18	15	간에서 합성된 TG를 지방조직, 말초조직으로 수송
중밀도(IDL)	1.006~1.019	25~35					대사되어 LDL로 전환
저밀도(LDL)	1.019~1.063	18~28	25	10	20	60	혈액에서 생성된 CE를 조직으로 운반, VLDL의 최종 분해산물
고밀도(HDL)	1.063~1.210	5~20	50	1~5	24	20	간에서 생성, 아포 B가 없으며 혈관 내층으로부터 CE 제거

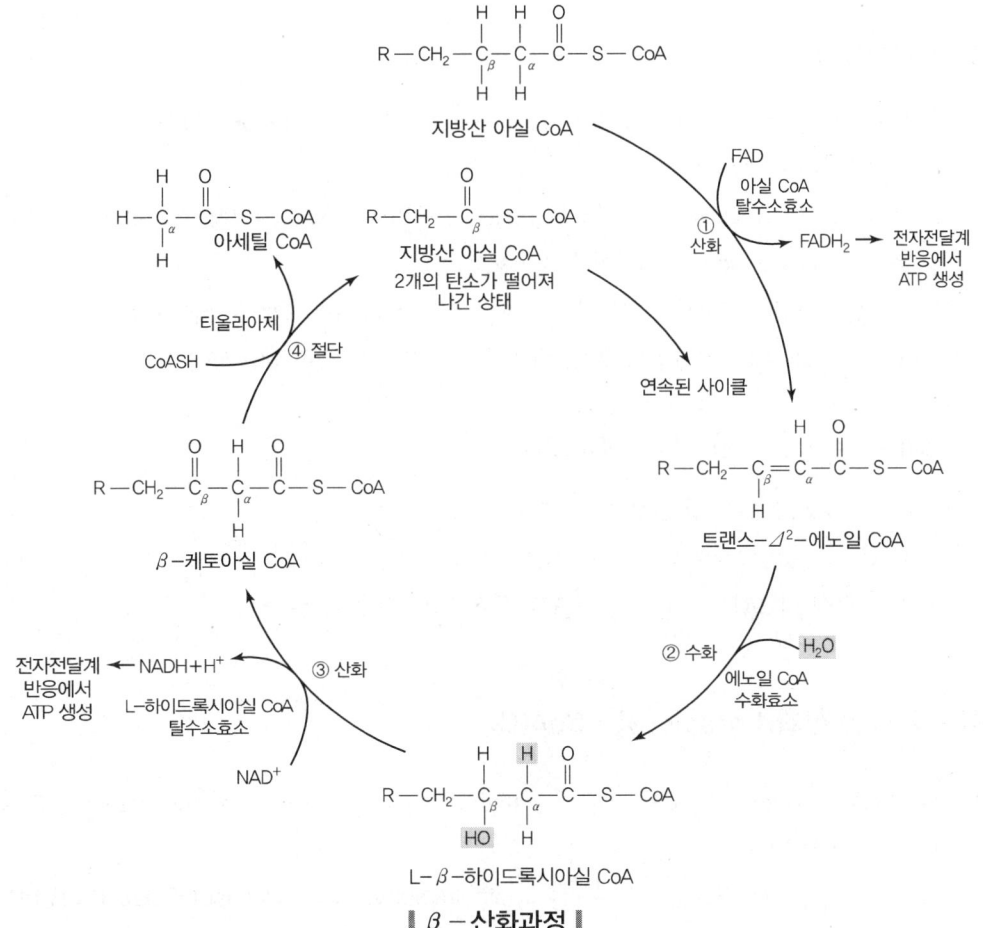

∥ β – 산화과정 ∥

3. β-산화

① 지방조직의 중성지방이 HSL(hormone sensitive lipase, 호르몬 민감성 리파아제)에 의해 분해되어 알부민 도움으로 세포로 이동
② 지방산은 미토콘드리아 기질에서 β-산화과정으로 산화

1) 활성화 단계

R−COO−(지방산)+ATP+CoA → (fatty acyl−CoA synthetase) → 지방 아실−CoA(Fatty−acyl−CoA)+AMP+PPi(2ATP 소모)

2) 운반 단계

세포질(fatty−acyl−CoA) → (carnithine 이용) → 미토콘드리아 matrix로 운반

3) β-산화과정

① 산화 : fatty acyl−CoA dehydrogenase−보조효소 FAD, 1FADH$_2$ 생성
② 수화 : cnoyl−CoA hydratase
③ 산화 : hydroxyacyl−CoA dehydrogenase−보조효소 NAD, 1NADH 생성
④ 분해 : thiolase, acyl−CoA 한 분자 생성
⑤ 지방산 β-산화 1회 시 생성물 : Fatty acyl−CoA(탄소수가 2개 짧아짐)+acetyl−CoA(TCA, 10ATP)+1FADH$_2$(전자전달계 1.5ATP) +1NADH(전자전달계 2.5ATP)

4) Palmitic acid($C_{16:0}$) 산화 시(16/2=8)

① β-산화 회전수=7회전으로 4×7=28ATP
② 8acyl−CoA×10=80ATP
③ 최초 활성 시 2ATP 소모. ∴ 순 ATP 생성수는 106몰이 된다.

4. 홀수 지방산 산화 : propionyl−CoA(C_3)

Acetyl−CoA+propionyl−CoA → D−methylmalonyl−CoA ↔ L−methylmalonyl−CoA ↔ succinyl−CoA → TCA
　　　　　　　　　　　　　　　　　　　　　　　　↓
　　　　　　　　　　　　methylmalonyl−CoA mutase(조효소 비타민 B$_{12}$)

5. 불포화지방산 산화

- 이성화효소(isomerase), 에피머효소(epimerase) — 포화지방산 산화에는 없음
- 이중결합 부분에서 처음 산화반응 생략(1FADH$_2$ 생성 생략)

1) linoleic acid(18 : 2)의 β-산화

① β-산화 회전수=8회전으로 $4 \times 8 = 32$ATP
② 9아세틸 $-$CoA$\times 10 = 90$ATP
③ 최초 활성 시 2ATP 소모
④ 2중결합수 $= 2 \times (-1.5) = -3$
⑤ 순 ATP 생성수$= 122 - 2$(최초 활성 시)$- 3$(이중결합수$\times 1.5$)$= 117$몰

6. 지방산의 생합성

1) 지방산 합성 준비 단계

① 미토콘드리아 내 acetyl$-$CoA가 citrate synthase에 의해 citrate로 되어 세포질 이동, citrate lyase(구연산 분해효소)에 의해 Acetyl$-$CoA로 분해되어 지방산 합성에 이용
② acetyl$-$CoA가 acetyl$-$CoA carboxylase(조효소, biotin)에 의해 malonyl$-$CoA(지방 합성 시 2탄소 공급형태) 생성(1ATP 소모)
$CH_3CO-S-CoA + ATP + CO_2(HCO_3-) \rightarrow HOOC-CH_2-CO-S-CoA$

2) 지방산 생합성 과정

① acetyl$-$CoA가 acyl trans acylase에 의해 지방산 합성효소계 복합체의 acyl carrier protein(ACP)과 결합 acetyl$-$S$-$ACP 생성
② malonyl$-$CoA는 malonyl trans acylase에 의해 malonyl$-$S$-$ACP 생성
③ 축합 : Acetyl$-$S$-$ACP + malonyl$-$S$-$ACP $\rightarrow$ acetoacetyl$-$S$-$ACP + CO$_2$($\beta$$-$ketoacyl$-$ACP synthetase
④ 환원 : acetoacetyl$-$S$-$ACP $\rightarrow$ $\beta$$-$hydroxy butyryl$-S-$ACP($\beta$$-$ketoacyl$-$ACP reductase), 1NADPH 소모
⑤ 탈수 : $\beta$$-$hydroxy butyryl$-S-$ACP $\rightarrow$ Crotonyl$-$S$-$ACP + H$_2$O($\beta$$-$hydroxy butyryl$-S-$ACP hydratase

⑥ 환원 : Crotonyl−S−ACP → butyryl−S−ACP(β−enoyl−ACP reductase), 1NADPH 소모
⑦ 환원단계 조효소 NADPH는 오탄당인산경로에서 생성

3) Palmitic acid 생합성

Acetyl−CoA + 7 malonyl−CoA + 14 NADPH → palmitic acid + 7CO_2 + 6H_2O + 8 CoA + 14NADP

4) 동물 체내에서 지방산이 합성될 때 이중결합의 생성이 불가능한 곳

이미 존재하는 이중결합과 맨 끝의 메틸기(CH_3−) 탄소 사이

7. 인지질의 생합성

① CTP와 choline이 결합하여 CDP−choline 생성
② Diglyceride + CDP−choline → CMP + Phosphatidylcholine

8. 콜레스테롤 대사

세포막 구성성분, 비타민 D, 담즙산, 남성호르몬, 여성호르몬, 부신피질호르몬 등 전구체

1) 콜레스테롤 합성

① Acetyl−CoA(출발물질) → Acetoacetyl CoA → HMG−CoA → Mevalonic acid → Squalene → Lanosterol[최초 스테로이드(steroid) 고리구조 형성] → Cholesterol
② HMG−CoA reductase(조효소, NADPH)는 **속도조절효소**(rate limited step), 콜레스테롤이 되먹임 저해(feedback inhibition)

2) 콜레스테롤 배설

① 장간순환 : 콜레스테롤의 85~90%는 간에서 **담즙산**(cholic acid)이 되어 장관으로 배설(분변형으로 약 1%, 0.5g/d)되고, 나머지(90~95%)는 다시 간으로 재흡수
② 담즙산은 glycine, taurine 등 결합하여 분비, 지질의 유화, 장의 운동 활성, 위액 중화, 약물 및 독소등 배설작용

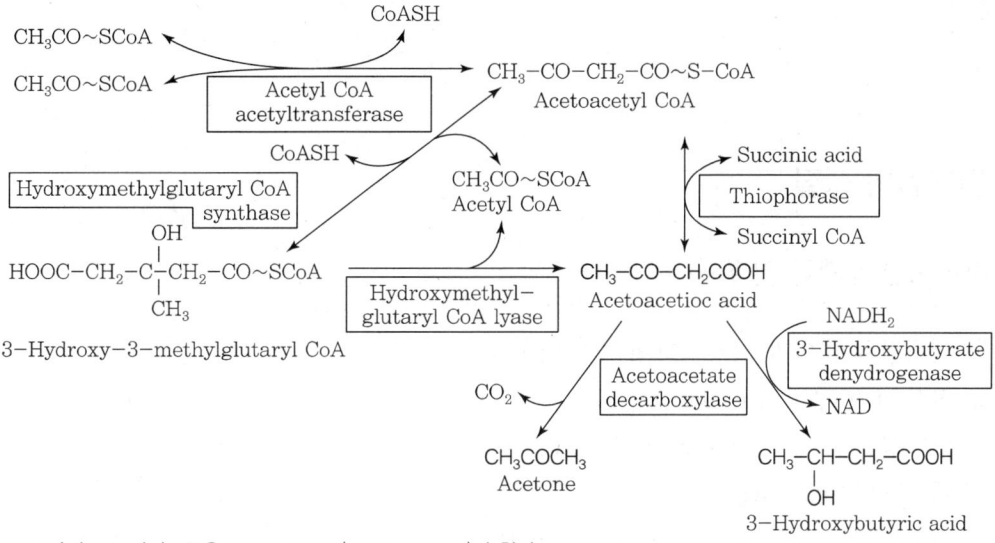

※ 고딕체로 표기된 3종을 Ketone body(acetone body)라 한다.

❚ Ketone체 생성과정 ❚

9. 케톤체의 생성

- 지속적인 당질의 섭취부족 상태(기아, 당뇨병, 단식, 다이어트 등)
- 케톤체 : acetoacetate, acetone, β-hydroxybutyric acid
- 간에서 합성, 뇌, 신장, 심근 및 골격근 등에서 분해하여 에너지 생성, 뇌조직은 포도당 부족 시 케톤체를 에너지로 이용
- acetone 호기로 배출, acetoacetate, β-hydroxybutyric acid 등 혈액 내 pH를 낮춰 산독증(acidosis) 유발

① β-hydroxybutyric acid + NAD ↔ acetoacetate + NADH
② acetoacetate + succinyl-CoA ↔ succinate + acetoacetyl-CoA
③ acetoacetyl-CoA + CoA ↔ 2 acetyl-CoA → TCA 회로로 진입, 에너지 생성

CHAPTER 04 단백질 및 대사

1 단백질의 성질

1. 아미노산의 종류 및 특징

① 단백질 구성 아미노산 : L형(α)-아미노산
② 산성 아미노산 : Asp, Glu
③ 염기성 아미노산 : His(imidazole), Arg, Lys
④ 이미노산 : Pro, Hypro
⑤ 황함유 아미노산 : Met, Cys(S-S 결합 아미노산, cystine)
⑥ 방향족 아미노산 : Phe(벤젠), Tyr(phenol), Trp(indole)-단백질이 자외선(280nm)에서 특이적인 흡광도를 나타내는 이유는 방향족 아미노산 때문(DNA는 260nm 흡수)
⑦ 히드록시(OH) 아미노산 : Ser, Thr
⑧ 부제탄소가 없는 아미노산 : Gly(거울이성체가 없음)

2. 등전점(pI)

① 아미노산의 양이온, 음이온의 수가 같아 하전이 제로가 되는 때 용액의 pH
② 수화도, 용해도, 팽윤, 점도 모두 최소 / 흡착력, 기포력 최대
③ 등전점$(pI) = (pK_1 + pK_2)/2$
  단, 산성, 염기성 아미노산의 pK값 중 차이가 많은 것은 버림

3. 단백질 정성반응

① Ninhydrin 반응 : 아미노산·펩티드·단백질 확인 → 보라색, Pro·Hypro은 황색
② Biuret 반응 : peptide bond와 반응, 펩티드, 단백질 확인, 아미노산은 반응하지 않음

4. 단백질의 영양가

1) 필수 아미노산(체내 합성이 되지 않으므로 음식으로 섭취)

threonine, valine, tryptophan, isoleucine, leucine, lysine, phenylalanine, methionine(성장기 어린이는 histidine, arginine 추가)

2) 비필수 아미노산(체내 합성)

alanine, aspartic acid, asparagine, glutamic acid, glutamine, cysteine, glycine, serine, proline, tyrosine

5. 단백질의 구조

1) 1차 구조(primary structure)

아미노산의 배열 순서(peptide 결합), 단백질 특성 결정

2) 2차 구조(secondary structure)

α-나선(α-helix)과 β-병풍(β-sheet)구조, α-나선구조는 3.6개 잔기/1회전 구성, 2차 구조 안정은 사슬 내 수소 결합(hydrogen bond)

3) 3차 구조(tertiary structure)

peptide 사슬이 이온 결합, 수소 결합, 정전기적 결합, disulfide 결합, 소수성 결합 등으로 안정화된 공간 구조

4) 4차 구조(quaternary structure)

3차 구조의 소단위(subunit) 단백질이 모여 배치된 구조로, 전체적으로 단백질의 형상에 따라 구상단백질, 섬유상 단백질 대별

5) 구상 단백질

소수성 아미노산은 내부, 친수성 아미노산은 외부 구성, 효소 호르몬 등

6) 섬유상 단백질

3중 나선구조로 이루어진 Collagen(Gly, Pro 풍부) 등

6. 단백질 분석

1) 단백질의 분리, 정제

염석(황산암모늄), **투석**(반투막 이용, 단백질은 고분자이므로 반투막을 빠져나가지 못 하고 저분자인 무기염만 빠져나감), 등전점 침전, 전기영동, 원심분리, 컬럼 크로마토그라피 등

2) 컬럼 크로마토그래피

① 종이 크로마토그래피 : 용해도 차이(속도 높인 것이 TLC – 박층 크로마토그래피)
② 이온교환 크로마토그래피 : 양이온, 음이온의 크기 차이
③ 친화성 크로마토그래피(affinity) : 순도가 가장 높음(효소와 기질, 항원과 항체 등)
④ 겔여과 크로마토그래피 : 크기 차이(크기가 큰 단백질이 먼저 내려옴)

3) 단백질의 1차 구조 결정법

① 아미노말단(N – 말단) 결정법 : Sanger법(FDNB), 염화단실법(Dansyl chloride), Edman 분해법(phenylisothiocyanate, PITC)
② 카르복시말단(C – 말단) 결정법 : carboxylpeptidase법, Hydrazine 분해법, 환원법

7. Peptide 결합(한 아미노산의 NH_2와 다른 아미노산의 COOH의 결합) 특징

① 평면적 단위
② 부분적 2중결합(공명구조)
③ 인접 C – C결합보다 길이가 짧음
④ CO기와 NH기가 서로 trans 관계

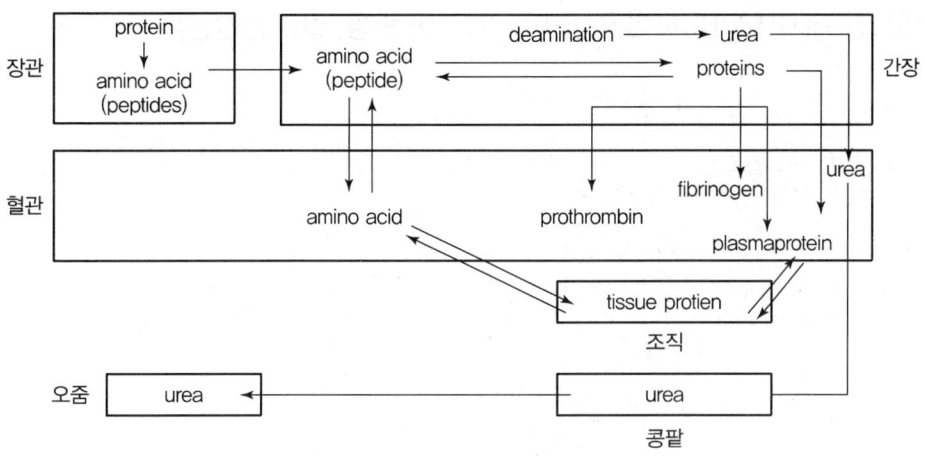

┃ 단백질의 흡수와 체내 이동 ┃

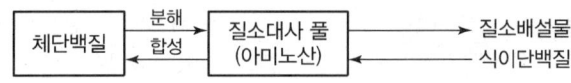

┃ 질소대사 pool과 체단백질의 합성 분해 ┃

2 단백질 대사

1. 아미노산 풀(amino acid pool)

식이 섭취와 단백질 분해 등으로 세포 내 유입·유출되는 아미노산의 양

① 단백질 합성 대사(아미노산 풀의 크기가 지나치게 클 경우) : 과잉 아미노산들이 에너지, 포도당, 지방 생성에 사용됨
② 단백질 분해 대사(단백질 섭취 부족으로 아미노산 풀이 감소할 경우) : 부족한 아미노산은 세포 내 단백질을 분해하여 사용한다. 성인은 단백질의 합성과 분해가 지속적으로 일어나서 동적인 평형상태에 있으므로 하루에 섭취하는 단백질량과 체외로 배설되는 양이 같다.

2. 세포 외부에서 내부로 아미노산 운반

Glutathione(glu+cys+gly)

3. 아미노산 대사(탈아미노반응, 아미노기전이 반응, 탈탄산반응)

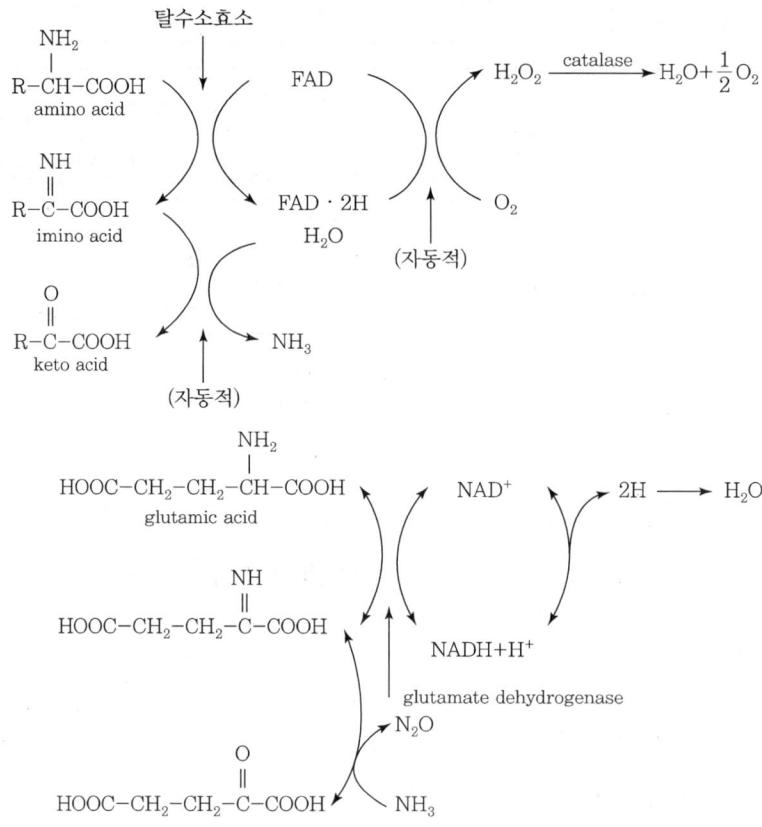

1) 탈아미노반응

① 아미노산에서 아미노기가 떨어져 나가 α-keto acid와 암모니아 생성
② amino acid oxidase, glutamate dehydrogenase 등에 의한 산화적 탈아미노화

2) α-keto 산의 이용

① 아미노산의 합성(재생)
② 저급 화합물로 분해(TCA로 진입)
③ 당신생 합성에 이용
④ 지질 합성에 이용

3) 암모니아(NH_3)의 이용

① 산아미드 생성(예 Glu + NH_3 → Gln)
② 요소 생성(간에서)
③ α-keto 산과 반응하여 아미노산 생성(예 pyruvate → alanine, 필수아미노산 합성 불가능)
④ creatine 생성
⑤ 신장 등에서 직접 배설

4) 아미노기 전이반응

① 한 아미노산으로부터 탄소골격에 아미노기를 전달하여 새로운 아미노산을 형성하는 과정, PLP(pyridoxal phosphate, 전구체 - 비타민B_6) 조효소
② Asp + α-ketoglutarate ↔ Oxaloacetate + Glu(AST, GOT)
③ Ala + α-ketoglutarate ↔ Pyruvate + Glu(ALT, GPT)
④ AST - Asp transaminase, GOT - glutamate oxaloacetate transaminase,
ALT - Ala transaminase, GPT - glutamate pyruvate transaminase
⑤ PLP를 조효소로 하는 효소 : transaminase, decarboxylase, transsulfurase, deaminase, racemase, thiokinase, dehyrase 등

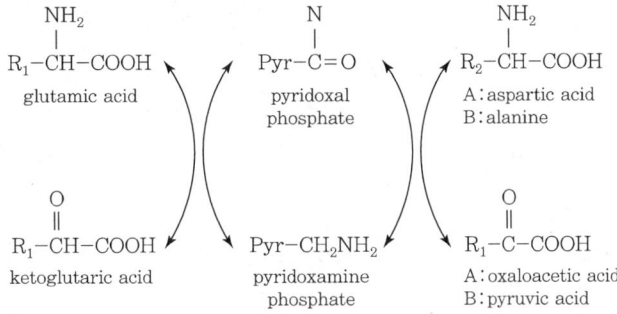

5) 탈탄산반응

아미노산에서 CO_2를 방출시켜 아민 생성, decarboxylase 관여

아미노산	탈탄산 생성물(아민)	아미노산	탈탄산 생성물(아민)
histidine	histamine	tyrosine	tyramine
glutamic acid	γ-aminobutyric acid	asprtic acid	β-alanine
tryptophan	tryptamine	serine	ethanolamine
lysine	cadaverine	ornithine	putrescine
DOPA	dopamine		

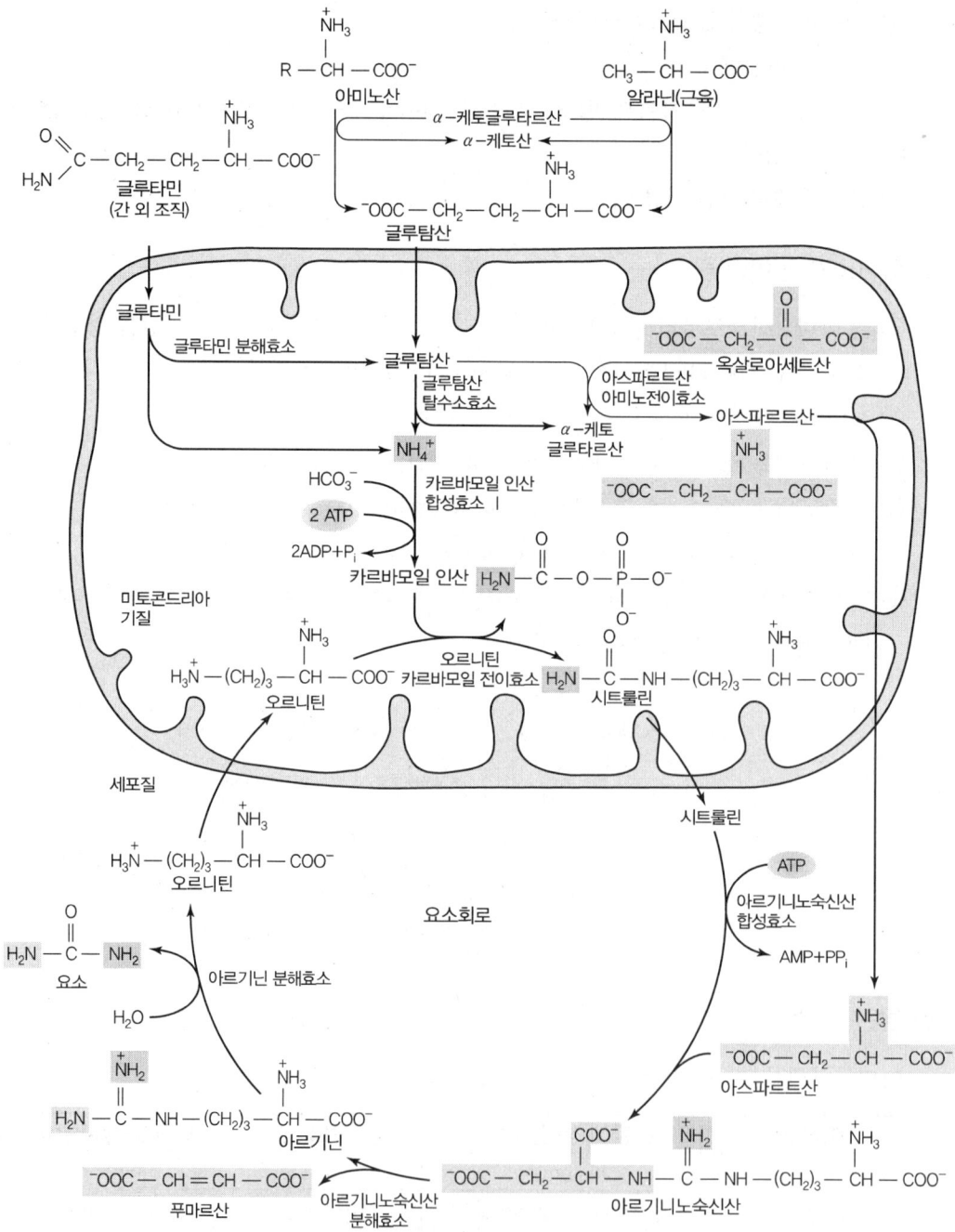

| 요소 회로 |

4. 요소회로

1) 뇌조직 등 암모니아 처리

glutamic acid + NH_3 → Glutamine 형태로 혈액을 통해 간으로 이동

2) 근육 등 암모니아 처리

alanine(glucose − alanine 회로) 형태로 혈액을 통해 간으로 이동

3) 요소회로 순서

①, ②는 미토콘드리아, ③, ④, ⑤는 세포질에서 각각 일어남

① NH_4 + CO_2 + 2ATP → (carbamoyl phosphate synthetase) → carbamoyl phosphate
② carbamoyl − phosphate + ornithine → citrulline
③ citrulline + **aspartate**(요소의 2번째 질소 공급) + ATP(AMP로 분해) → argininosuccinate
④ argininosuccinate → **arginine**(단백질성 아미노산) + fumarate
⑤ arginine → (argininase) → ornithine(비단백질성 아미노산) + **urea**(최종배설형태)
⑥ 요소 1분자 생성 시 : 고에너지 인산화합물 4분자 소모(−4ATP)

③ 아미노산의 분해

1. 분해 경로에 따른 아미노산 분류

1) glucogenic amino acid

포도당을 합성할 수 있는 아미노산(Leu, Lys을 제외한 모든 아미노산)

2) ketogenic amino acid

케톤체(지방산)를 합성할 수 있는 아미노산(Leu, Lys)

3) glucogenic amino acid 및 ketogenic amino acid

포도당과 동시에 케톤체를 만들 수 있는 아미노산(Ile, Phe, Trp, Tyr)

2. 아미노산의 탄소골격의 TCA 진입

1) acetyl-CoA 또는 acetoacetyl-CoA로만 진입하는 아미노산

   Leu, Lys

2) acetyl-CoA(acetoacetyl-CoA) 또는 다른 TCA 중간 산물로 진입하는 아미노산

   Ile, Phe, Trp, Tyr

3) acetyl-CoA 또는 acetoacetyl-CoA가 아닌 TCA 중간 산물로 진입하는 아미노산

   ① Pyruvate로 진입 : Ala, Gly, CysH, Ser, Trp
   ② α-ketoglutarate로 진입 : Glu, Gln, His, Pro, Arg
   ③ Succinyl-CoA로 진입 : Ile, Met, Val, Thr
   ④ Fumarate로 진입 : Tyr, Phe, Asp
   ⑤ Oxaloacetate로 진입 : Asp, Asn

4 아미노산 대사

1. phenylalanine ① → Tyrosine → Homogentisate ② → 4-Maleylacetoacetate → Fumarate → TCA

   1) **phenylketonuria(PKU)증** : Phenylpyruvate 등 축적, 정신지체아

      ① Phe 4-monooxygenase(Phehydroxylase) 유전적 결핍

   2) alkaptonuria증 : 검은색 오줌

      ② Homogentisate 1,2dioxygenase 유전적 결핍

   3) Phe, Tyr 생성 : dopamine, epinephrine(adrenaline), thyroxine, melanin 등

2. Tryptophan → → Serotonin → → melatonin
   ↓   (장, 뇌, 비만세포)   (송과체)
   Kynurenine → → quinolinate → Niacin → → NAD

   　　　　　　　　　　　　Serine(Cys 합성 시 탄소공급원)
3. Methionine → ① S-adenosylmethionine(SAM) → homocysteine → → cysteine

   　① Methyl기(CH$_3$-) 전이에 중요한 역할

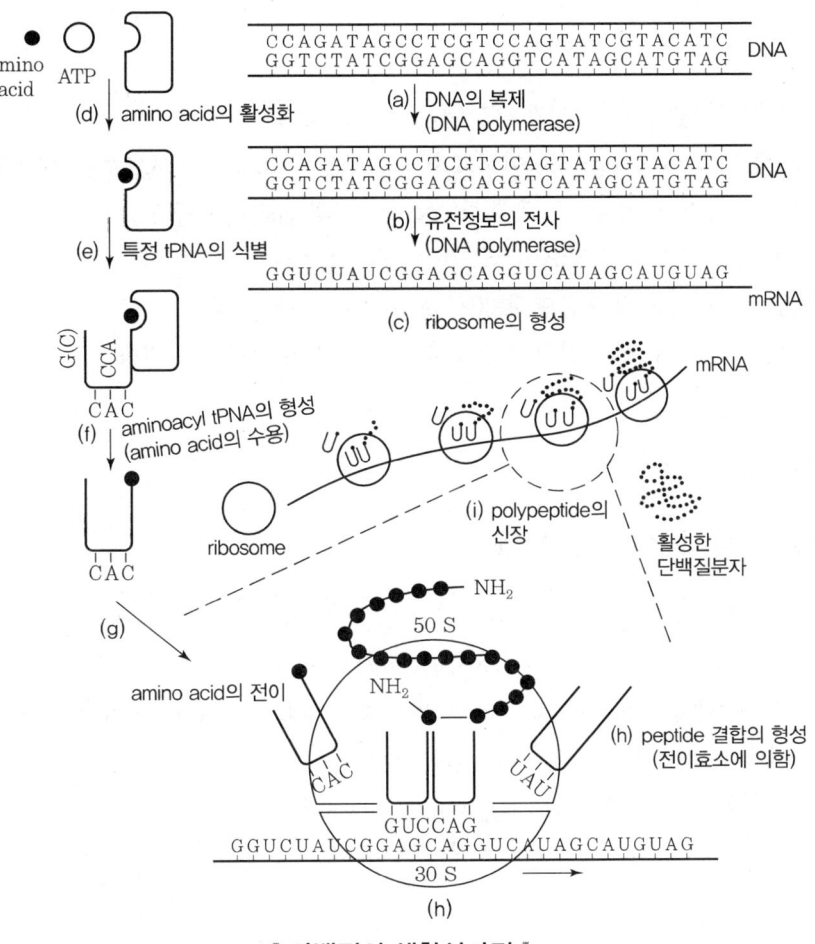

┃ 단백질의 생합성과정 ┃

5 아미노산의 합성

① 3-phosphoglycerate 계열 → Serine
　　　　　　　　　　　　　↙　↘
　　　　　　　　　　　Cysteine　Glycine

② Oxaloacetate 계열 → Aspartate → Aspargine
　　　　　　　　　　→ Methionine
　　　　　　　　　　→ Threonine → Isoleucine
　　　　　　　　　　→ Lysine

③ glycine 생성물질 : creatine(Gly, Arg, Met), porphyrin, glutathione, purine 등

6 효소

- 생체촉매 단백질로 활성화에너지를 낮추어 반응속도 촉매
- holoenzyme(전효소) = apoenzyme(아포효소) + 보조인자(cofactor), 보효소는 비단백질 성분이며 비가역적인 보결분자단, 가역적인 조효소(coenzyme)와 금속이온 구성
- 단백질만으로 구성된 효소도 있으며 조효소는 대부분 비타민
- 기질 특이성이 있으며 기질과 유도적합(induced fit)에 의해 반응
- 효소는 재활용 가능하며 거의 일정수준 유지, 기질에 따라 반응속도 변화

1. 효소의 분류

계통명(국제 생화학 연합 효소위원회, E.C)

① 1군 – 산화환원 효소(oxidoreductase) : dehydrogenase, oxidase, reductase 등
② 2군 – 전이효소(transferase) : AST(GOT), ALT(GPT), kinase 등
③ 3군 – 가수분해효소(hydrolase) : peptidase, glycosidase, amylase, esterase 등
④ 4군 – 탈이효소(lyase) : synthase, decarboxylase 등
⑤ 5군 – 이성화효소(isomerase) : isomerase, mutase 등
⑥ 6군 – 연결효소(ligase) : DNA ligase 등

2. 효소의 반응에 미치는 인자

온도, pH, 기질농도, 효소농도, 활성제, 저해제 등

3. 효소반응속도

① Michaelis–Menten 식에서 최대반응속도 V_{max}의 1/2의 반응속도를 나타내는 기질농도를 Km(Michaelis 상수)라 함(효소농도는 일정, 기질농도는 증가)
② 효소–기질 친화성이 클수록 K_m값은 작아짐
③ Michaelis–Menten 식 $V_o = V_{max}[S]/K_m + [S]$
④ Michaelis–Menten 식의 역수를 취한 Lineweaver Burk 식(V_{max}를 구할 수 있음)
Linewever Burk 식 $1/V_o = K_m/V_{max}[S] + 1/V_{max}$, 기울기 = K_m/V_{max}

4. 효소 활성 촉진물질과 저해물질

- 효소활성을 촉진하는 물질 촉진제(activator)
- 효소활성을 저해하는 물질 저해제(inhibitor)

1) 경쟁적 저해제(competitive inhibitor)
① 구조가 기질과 유사한 물질로 효소 활성부위에 기질과 경쟁적으로 결합하여 저해
② succinate dehydrogenase의 malonate는 경쟁적 저해제
③ K_m 값 = 증가, V_{max} = 불변

2) 비경쟁적 저해제(uncompetitive inhibitor)
① 효소 조절부위에 저해제가 결합하여 저해
② K_m 값 = 불변, V_{max} = 감소

3) 무경쟁적 저해제(noncompetitive inhibitor)
① 효소-기질 복합체에 저해제가 결합하여 저해
② K_m 값, V_{max} 모두 감소

4) 다른자리입체성 조절효소(Allosteric enzyme)
① Michaelis-Menten 식을 따르지 않으며 활성부위와 조절부위를 갖고 있음
② 조절물질에는 촉진물질(+)과 저해물질(−)이 있음
③ S(sigmoid)자형 곡선으로 촉진제(+)가 있으면 좌측으로, 저해제(−)가 있으면 우측으로 이동
④ 되먹임 저해(feedback inhibition) : 일련의 연속된 반응에서 최종생성물이 초기반응의 조절효소에 결합하여 저해

5. 효소의 활성 조절

① 조절효소에 의한 조절(Allosteric enzyme) : 촉진제, 저해제
② 공유결합형 변형 조절효소에 의한 조절(covalently regulated enzyme) : 효소의 인산화에 의한 공유결합형 변형에 의해 활성과 비활성 조절(protein kinase, phosphorylase kinase 등)

③ 지모겐(zymogen)에 의한 조절 : 폴리펩티드 일부 절단에 의한 활성화 조절(펩시노겐, 트립시노겐, 프로카르복시라제 등 단백질 분해효소)
④ DNA에 의한 효소 합성 조절

6. 동위효소(isoenzyme)

효소의 구조는 다르나 같은 반응을 촉매하는 효소[hexokinase, glucokinase, lactate dehydrogenase (LDH) 5종 등]

핵산 및 대사

1 핵산

- DNA(유전정보), RNA(단백질 합성) → nucleotide의 중합체
- nucleotide = 인산 + 당 + 염기, nucleoside = 당 + 염기

1. 염기(base) = purine 염기, pyrimidine 염기

① purine 염기 = adenine(A), guanine(G)
② pyrimidine 염기 = cytosine(C), thymine(T), Uracil(U)
③ DNA 구성 염기 = A, G, C, T, RNA 구성염기 = A, G, C, U

2. 당

DNA = D-2-deoxyribose, RNA = ribose

3. nucleoside와 nucleotide의 명칭

염기	ribonucleoside	ribonucleotide	deoxyribonucleoside	deoxyribonucleotide
Adenine(A)	Adenosine	Adenylate(AMP)	Deoxyadenosine	Deoxyadenylate(dAMP)
Guanine(G)	Guanosine	Guanylate(GMP)	Deoxyguanosine	Deoxyguanylate(dGMP)
Uracil(U)	Uridine	Uridylate(UMP)	Deoxythymidine	Deoxythymidylate(dTMP)
Cytosine(C)	Cytidine	Cytidylate(CMP)	Deoxycytidine	Deoxycytidylate(dCMP)

2 Purine 염기의 합성·분해

1. Purine 염기의 합성

① ribose-5-인산 → 5phophoribosyl-1-α-pyrophosphate(PRPP) → IMP → AMP, GMP
② 엽산(folate)은 THF 형태로 퓨린고리 합성 시 1탄소원자(C_2, C_8) 운반

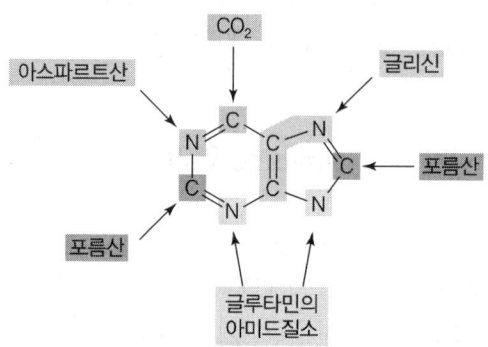

∥ 퓨린고리를 구성하는 원자의 근원 ∥

2. purine 염기의 분해

① 간에서 adenine, guanine → 요산(uric acid)으로 신장에서 배설
② 요산은 물에 난용성으로 과잉 축적하면 요결석 원인이 된다.
③ 요산을 생성할 수 있는 nucleotide : IMP, AMP, GMP

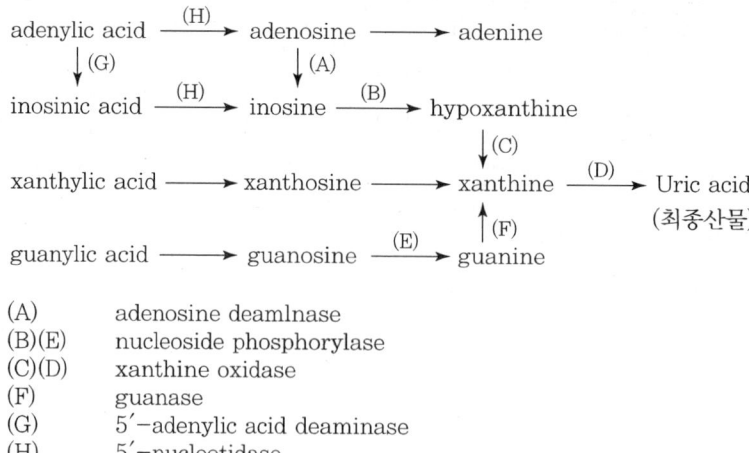

(A)　　adenosine deamlnase
(B)(E)　nucleoside phosphorylase
(C)(D)　xanthine oxidase
(F)　　guanase
(G)　　5′-adenylic acid deaminase
(H)　　5′-nucleotidase

3 pyrimidine 염기의 합성·분해

1. pyrimidine 염기의 합성

① glutamin(NH_4) + CO_2 + ATP → (carbamoylphosphate synthetase II) → carbamoylphosphate + aspartate → orotic acid + PRPP → uridine-5-monophosphate(UMP) 생성, 이로부터 CTP, TMP 등 생성

② carbamoylphosphate synthetase II는 요소회로와 달리 세포질에서 작용

2. pyrimidine 염기의 분해

① CMP → UMP → uracil → NH_3 + β-alanine + CO_2
② TMP → thimine → β-aminoisobutyric acid

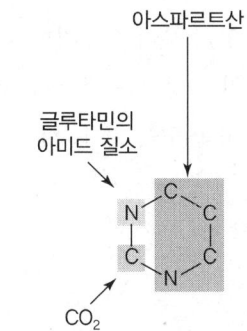

∥ 피리미딘고리를 구성하는 원자의 근원 ∥

4 DNA 구조

① DNA는 세포핵의 염색체(DNA+Histone, 핵단백질)로 존재
② 세포핵 1개당 DNA의 함량은 일정
③ DNA 대사는 핵분열이 왕성한 세포에서 진행, 정지핵에서는 진행되지 않으며, 환경 변화 등에 의해 변화되지 않는다.
④ RNA 대사는 정지핵, 분열핵 구분 없이 왕성

1. Watson과 Crick의 DNA구조의 특징

① DNA는 3′, 5′ phosphodiester 결합
② 두 가닥 사슬은 서로 역평행(antiparallel), 5′ → 3′ 방향성
③ 오른손 2중나선구조(right handed double helix)
④ 두 가닥은 서로 상보적(complementary)(5′−ATG−3′의 상보적 가닥은 5′−CAT−3′)
⑤ 두 가닥은 purine과 pyrimidine 염기 사이 수소결합 Adenine=Thymine, Guanine≡Cytosine
⑥ purine 염기와 pyrimidine 염기의 구성비는 생물에 관계없이 1에 가깝다(샤가프법칙).
⑦ 2중나선구조의 1회전 시 Nucleotide 수는 약 10개
⑧ 나사선의 반복거리는 3.4nm
⑨ 염기쌍은 축에 대해 안쪽으로 수직

5 생리활성을 갖고 있는 nucleotide 화합물

ATP, cAMP, NAD, NADP, FMN, FAD, CoA

6 DNA 변성

- 2중나선 DNA를 가열하면 사슬 사이 수소결합이 절단되어 단일나선이 되는 것
- 농색효과 : DNA가 변성하면 점도가 저하하고, 260nm에서 흡광도 증가
- 담색효과 : 온도를 낮추면 재결합(annealing)하고 염기가 안쪽으로 겹쳐 흡광도 감소
- 보통 260nm에서의 흡광도 증가가 최댓값의 1/2에 도달했을 때의 변성온도를 DNA의 융해온도 (melting temperature, Tm)라 한다.
- G≡C 함량이 많을수록 Tm은 높다.

7 RNA의 종류 및 기능

1. rRNA(리보솜 RNA)

세포 내에서 가장 많으며 리보솜의 구성성분

2. mRNA(메신저 RNA)

DNA의 정보 전달, RNA 중 반감기(수명)가 가장 짧다.

3. tRNA(운반 RNA)

soluble RNA라고도 하며, 단백질 합성 시 아미노산 운반

4. DNA와 RNA의 차이

① 당의 차이
② 염기의 차이
③ 가닥의 차이

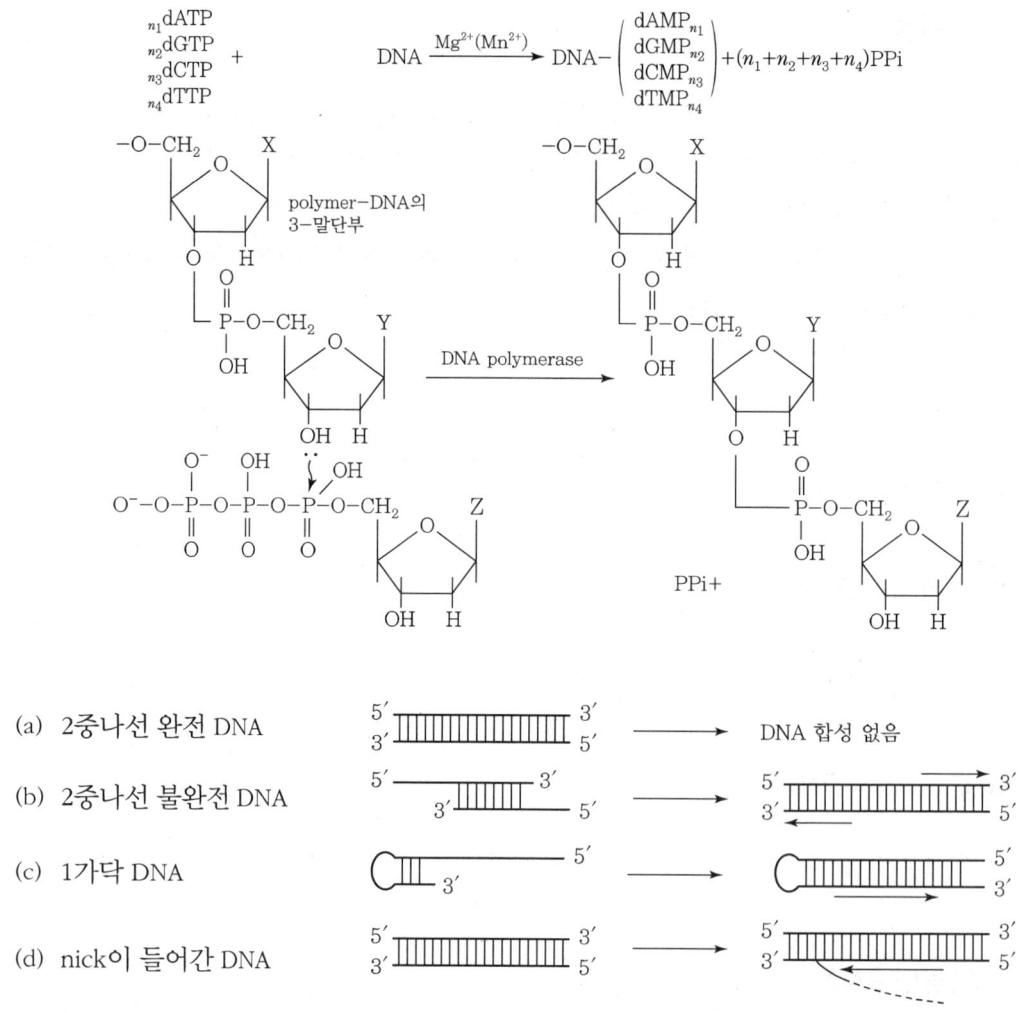

┃ DNA polymerase에 의한 DNA 합성효소 ┃

8 DNA의 복제

1. 유전정보의 전달

DNA → DNA → mRNA → 단백질
　복제　전사　　번역

2. 원래의 모가닥은 복제 시 주형(template)으로 작용하는 반보존형 복제(semiconservative replication)이고, 반드시 복제방향은 5′ → 3′ 방향이다.

3. 일반반응

dATP, dGTP, dCTP, dTTP + DNA polymerase(I, III), DNA 주형, Mg^{2+}, RNA primer → 새로운 DNA 사슬 합성

4. 불연속적 DNA 복제(Okazaki 단편 합성)에 관여하는 효소(뒤처짐 가닥)

① helicase
② primase
③ DNA Polymerase III
④ DNA Polymerase I
⑤ DNA ligase

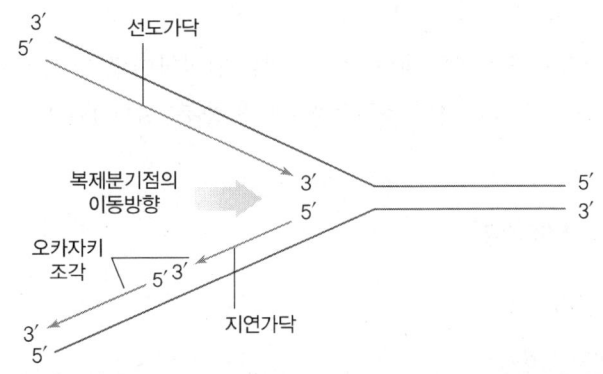

복제분기점에서 선도가닥은 5′→3′ 방향으로 계속 복제되고 지연가닥은 오카자키조각으로 복제된 후 서로 연결된다.

∥ 불연속적 DNA 복제 ∥

5. 복제원점

① 원핵세포 : 1곳
② 진핵세포 : 여러 곳

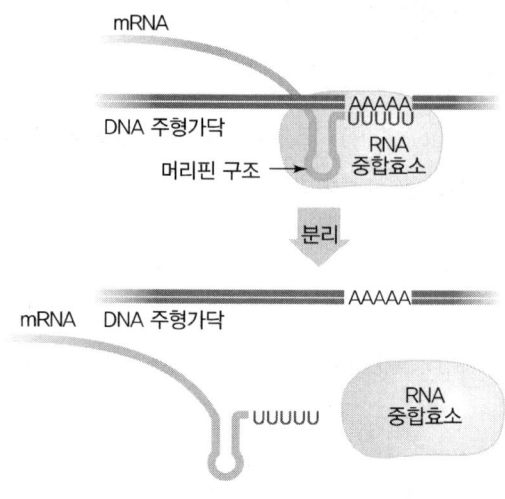

┃ DNA 주형으로 mRNA 합성 ┃

9 mRNA 전사(transcription)

1. 전사(transcription)

① RNA의 합성은 2중나선 DNA 중 한쪽 사슬만 주형
② RNA polymerase가 주형가닥의 promoter 부위를 인식하여 전사 시작(A, G, C, U 이용)
③ 전사방향은 5′ → 3′, Promoter의 특징은 A=T 쌍 풍부(TATA box)

2. 전사 후 가공(processing)

① RNA 전구체의 절단
② 3′-말단의 poly(A) 첨가
③ 5′-말단의 모자(cap) 형성
④ 각 염기, 당 단위의 변형

10 단백질 합성(번역)

1. 암호단위(codon)

3개의 염기배열(triplet), A, G, C, U로부터 암호단위 64개가 가능함

2. 암호단위의 특징

① 모든 암호는 공통적(universal)
② 동요(wobble) : 암호단위 중 3번째 염기가 달라도 단백질 합성에 변화가 없는 것
③ 암호단위는 중복되지 않는다.
④ 암호단위는 쉼표(coma)가 없다.
⑤ AUG는 개시암호 또는 methionine에 대한 암호
⑥ UAA, UAG, UGA 종결암호

3. tRNA의 구조

① 클로버잎 모양의 평면구조(2차 구조)
② 1가닥의 구조로 아미노산 결합부위는 3′ 말단 C−C−A
③ mRNA와 결합하는 역암호단위(anticodon)를 갖고 있다.
④ 보통 RNA에 없는 특수한 염기 있다.
⑤ L−형을 엎어 놓은 입체구조(3차 구조)
⑥ 최소한 20개의 서로 다른 tRNA 존재

4. 단백질 합성장소 : 리보솜(ribosome)

핵단백질, 원핵세포 70S(30S, 50S), 진핵세포 80S(40S, 60S)

5. 단백질 합성 5단계

① 활성화 단계(activation) : amino acyl−tRNA 형성, tRNA의 5탄당 ribose 3′ OH에 유리 아미노산 결합, 2ATP 소모

② 개시 단계(initiation) : 30S 개시복합체(mRNA, 30S, fMET-tRNA, GTP, 개시인자) 형성 후 50S 결합하여 70S 개시복합체 형성
③ 연장 단계(elongation) : P위치에서 A위치 이동, amino acyl-tRNA, 2GTP 소모
④ 종결 단계(termination) : UAA, UAG, UGA 종결암호
⑤ 변형 단계(modification) : 접힘 등 안정된 3차 구조 완성, 샤프론의 도움

6. 단백질 합성 시 필요한 인자

① mRNA(주형)
② 리보솜(장소)
③ tRNA(아미노산 운반)
④ ATP(활성화 단계), GTP(개시, 연장, 종결 시)

7. 원핵생물의 유전자 발현 조절 : 대장균의 Lac operon

① 포도당 존재 시 : 억제제(repressor)에 의해 평소 유당분해 관련효소 DNA 전사 억제
② 유당만 존재 시 : 억제제(repressor)에 유당이 결합하여 억제제가 DNA 조절 부위에서 떨어지므로 유당분해 관련 효소가 전사하여 유당을 분해 이용
③ 전사를 유도하는 유도체(inducer)는 유당이다.

발효식품

1 발효의 분류

① 동형발효 : 한 가지 대사산물 형성
② 이형발효 : 두 가지 이상 최종대사산물 형성

2 발효주(효모 이용 알코올 발효)

① 단발효주 : 당질에서 발효(포도주, 과실주)
② 복발효주 : 전분을 효소 당화시킨 후 알코올 발효
  - 단행 복발효주 : 당화공정과 발효공정을 분리 진행(맥주)
  - 병행 복발효주 : 당화와 동시에 발효 진행(청주, 탁주)

1. 포도주

포도과즙을 효모로 알코올 발효

1) 포도주 종류

① 적포도주 : 포도 과즙, 과피를 함께 발효, 과피 중 안토시아닌 색소 용출
② 백포도주 : 포도 과피를 제거하거나 청포도 원료로 발효
③ 생포도주 : 잔여 당분을 1% 이하로 발효
④ 감미 포도주 : 감미도를 높게 한 포도주
⑤ 발포성 포도주 : 포도주에 CO_2 용해, 거품 발생
⑥ 식탁용 포도주 : 14% 이하 알코올 함유, 생포도주로 식사 중 음용
⑦ 식후 포도주 : 14~20% 알코올, 높은 감미도, 식후 음용

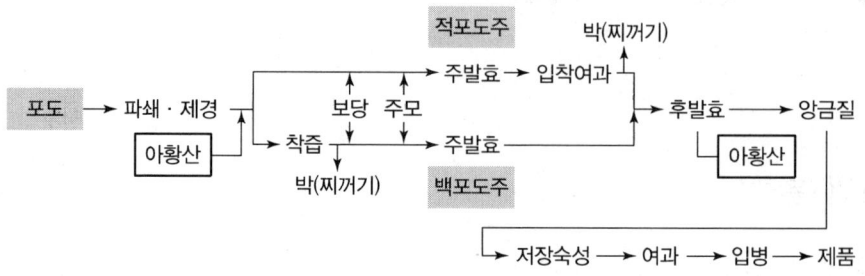

┃포도주 제조공정┃

2) 원료

① 포도 품종
- 유럽계 : Cabernet sauvignon, Merlot, Semillon, Gamay, Pinot noir, Riesling
- 미국계 : Adirondack, Concord, Campbell early, Niagam, Delaware

② 포도 성분 : 동량의 포도당과 과당 함유, pH 3, 주석산, 비타민, 과피 중 안토시아닌 등
③ 포도주 효모 : *Saccharomyces cerevisiae var. ellipsoideus*

3) 적포도주 제조공정

① 파쇄·제경

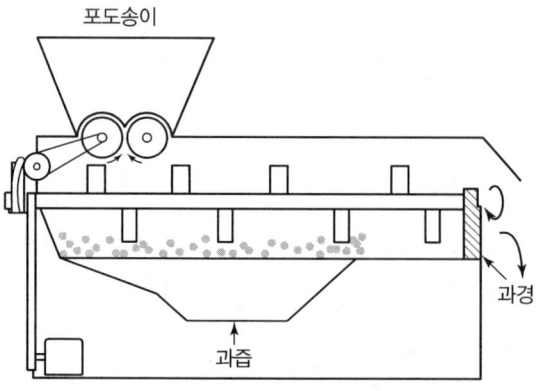

┃파쇄·제경기┃

② 아황산 첨가 : 메타중아황산칼륨($K_2S_2O_5$) 200~300ppm첨가, 유해균 억제, 산화효소 억제
③ 효모 첨가 : 1시간 활성화시켜 첨가, 1~3%
④ 설탕 첨가 : 24~25%
⑤ 발효(주발효) : 20~25℃에서 7~10일, 15℃에서 3~4주

⑥ 박의 분리·후발효 : 박 분리, 10℃에서 잔당이 0.2% 이하로 될 때까지 후발효
⑦ 앙금질·숙성 : 침전된 앙금질 제거, 적온(13~15℃)에서 1~5년 숙성·저장

4) 백포도주 제조공정

① 과피 제거 포도과즙만 이용
② 적포도주보다 2% 추가 가당
③ 15~20℃에서 10일 발효
④ 10~13℃, 1~2년 숙성 저장

2. 사과주

1) 원료

① 품종 : 홍옥, 국광, Delicious, Jonathan, Newton, Stayman winesap, Rome beauty
② 성분 : 과당, pH 3, 사과산, 비타민 등
③ 효모 : *Saccharomyces cerevisiae var. ellipsoideus, Kloeckera apiculata* 등

2) 제조공정

① 과즙조제 : 과즙파쇄 조제 후 당농도 24~25%로 보당
② 발효 : 실온 10~14일, 주발효, 알코올 함량 2.0~2.5%
③ 앙금질·후발효 : 앙금 제거, 실온 8~10℃, 2~3개월, 후발효
④ 저장 : 8℃ 이하, 2~3개월

3. 맥주(단행 복발효주)

맥아로 전분을 당화시킨 당액 발효

원료의 전분 →(효모) 발효성 당 →(효모) 알코올 + CO_2
          당화공정   알코올 발효공정

1) 맥주 종류

① 상면발효맥주 : *Saccharomyces cerevisiae*, 상온발효(Ale, Stout, Porter, Lambic)

② 하면발효맥주 : *Saccharomyces carlsbegensis*, 저온발효(Munchen, Pilsen, Wien)
③ 흑맥주 : Muchener, Porter, Stout
④ 담색맥주 : Pilsener, Dortmund, Ale

2) 맥주 제조공정

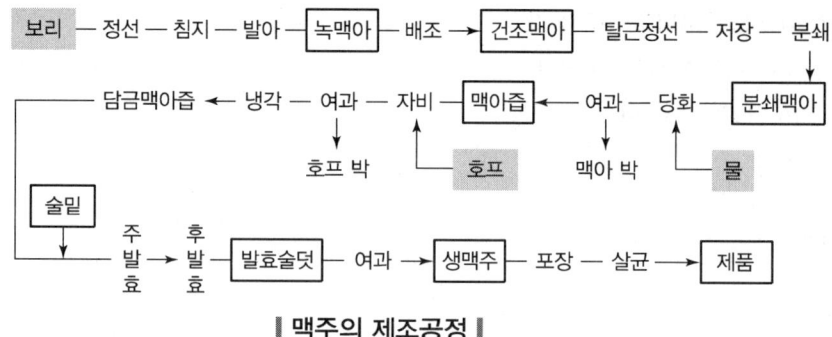

∥ 맥주의 제조공정 ∥

3) 원료

① 보리의 종류
- 두 줄 보리 : Golden melon이 입자가 크고 전분량이 많고 단백질이 적어 양조에 적합
- 여섯 줄 보리 : 미국에서 주로 사용

② 호프(Hop) : humulon이 고미 부여, 정유가 향미 부여, 탄닌이 청징효과, 거품 지속성, 항균성 등

4) 맥아 제조(malting)

당화효소, 단백질 분해효소 등 활성화, 특유 향미와 색소 생성, 저장성 부여

① 보리의 정선 및 선별
② 침맥(steeping) : 침맥흡수량 42~44%, 12~14℃, 40~50시간 물에 침지
③ 발아(germination, sprouting) : 발아상에 10~15cm의 두께로 12~17℃ 통기하며 7~8일 발아(녹맥아, green malt 분상상태)
④ 배조(Kilning) : 수분 8~10% 건조 후 1.5~3.5% 배초(curing) 병행

5) 담금공정

① 맥아 분쇄
② 담금(mashing) : 분쇄 맥아 가온하여 필요 성분 추출
③ 담금액 여과 : 여과기로 박과 맥아즙(wort) 분리
④ 맥아즙 가열 및 호프 첨가
⑤ 맥아즙 5℃ 냉각

6) 발효공정

① 맥주효모 : 상면효모(*Sacch. cerevisiae*), 하면효모(*Sacch. carlsbegensis*)
② 주발효 : 냉각한 맥아즙에 효모(200 : 1 비율)를 첨가하여 18~20시간 정치 후 발효조에 옮겨 10~20일 발효
③ 후발효 : -1~0℃에서 60~90일, 탄산 용해 및 방출, 석출물 침강
④ 여과 및 살균 : 60℃, 20분

7) 맥주 성분

탄수화물 2~8%, 단백질 0.1~0.7%, 알코올 2~5%, 탄산가스 0.3~0.5%이고 pH는 4.2~4.7이다.

4. 청주(병행 복발효주)

쌀을 주원료로 국균, 젖산균, 효모 등 이용하여 당화·발효하여 만든 일본 대표술

1) 청주 제조

① 원료 : 쌀은 연질미, 70~75% 도정미
② 제국 : 전분에 Koji균(*Aspergillus oryzae, Rhizopus, Absidia*)을 배양하여 당화효소 생산
③ 술밑 : 술덧 발효 위한 효모(*Saccharomyces cerevisiae, Sacch. sake*) 배양액
④ 술덧 : 술밑에 증자한 쌀, Koji, 물 혼합물을 4일간 나누어 담금(대량 첨가 시 산도와 알코올 농도가 급격히 저하되어 유해균 증식)
⑤ 조합 : 주질 일정 위해 조미성 알코올 첨가
⑥ 압착 : 알코올 첨가 2~5일 후 청주, 박 분리
⑦ 살균 : 50~60℃, 20분

2) 청주 변패

① 청주의 저장, 출하 후 화락균 번식
② 백탁, 산미 증가, 화락향 발생
③ 살균 부족

3) 청주 성분

알코올 15~16%, 단백질 1~2%, 당 2~5%, pH 4.0~4.4

5. 탁주(병행 복발효주)

쌀, 밀가루를 원료로 누룩과 밑술로 당화·발효한 것, 탁주를 거른 것이 약주

1) 원료

물, 쌀, 밀가루(박력분), 옥수수 전분 등

2) 발효제 : 국과 술밑

① 국(Koji) : 전분질에 곰팡이류(*Aspergillus kawachii, Asp. sirousami*)를 증식시킨 것
  - 누룩(곡자) : 분쇄한 원료에 물을 뿌리고 곡자실에서 보온하고 배양한 것
  - 입국 : 원료 증자 후 종국을 넣어 제국
  - 분국 : 밀기울에 밀가루와 수분을 조절하여 배양한 것

② 술밑(주모) : 배양효모(*Saccharomyces coreanus*)와 산 함유
  - 수국술밑 : 물과 입국 혼합하여 효모 배양, 주로 사용
  - 곡자술밑 : 곡자, 덧밥, 젖산 사용 제조

3) 술덧

물에 입국, 누룩, 기타 발효제 및 덧밥과 주모를 첨가·제조한 전체 원료

4) 제성

숙성 전 주박 분리, 여과

① 탁주 : 알코올 도수 6~8%, 각종 아미노산, 유기산, 비타민 함유, 특유 향미
② 약주 : 알코올 도수 10~13%, 감미와 산미가 강함

3 증류주

발효주를 증류하여 알코올 농도를 높인 것

① 단발효주 원료 : 브랜디, 럼
② 단행 복발효주 원료 : 위스키, 진, 보드카
③ 병행 복발효주 원료 : 소주, 고량주

1. 소주

전분 등 당질을 발효시켜 증류하여 만든 무색투명한 술, 20~35% 알코올 함유

1) 재래식 소주

① 흑국균(*Aspergillus awamori, Aspergillus usamii*) 사용
② 원료 : 쌀, 고구마, 보리 등 곡류와 설탕 사용
③ 담금 : 술밑(*Sacch. cerevisiae*)에 술덧(원료, 국균) 담금 30℃ 발효
④ 저장 : 박에서 거른 소주는 2~6개월 저장
⑤ 증류 : 단식 증류기로 증류하여 알코올 이외 포함

2) 희석식 소주

① 원료 : 곡류, 감자류, 당밀
② 증류 : 연속식 증류기, fusel oil, ester 등 불순물 제거, 물로 규정 농도로 희석

2. 위스키(whisky)

1) 위스키 종류

① 영국(Scotch whisky, Irish whisky), 캐나다, 미국을 중심으로 발달한 증류주

② 원료에 의한 분류
- malt whisky : 맥아만으로 제조
- grain whisky : 보리, 호밀, 밀, 옥수수 등 곡류에 맥아 첨가 제조

2) 위스키 제조

① 제맥 : 맥아 제조
② 담금공정 : 맥아 이용 당화
③ 발효공정 : *Sacch. cerevisiae* 이용 발효
④ 증류공정 : 발효 술덧을 단식 증류기로 2회 증류
⑤ 저장 및 숙성 : 알코올 농도 60% 조절, 떡갈나무 통에 넣어 저장 숙성, 저장 중 fusel oil, aldehyde 등 산화되고 특유의 풍미 생성
⑥ 조합(blending) : 균일한 품질 위한 조작

3) 위스키 성분

알코올(40~50%), 산류, 알데히드, 에스테르, 피롤류, 페놀류 등

3. 브랜디(brandy)

① 과실주를 증류한 술의 총칭
② 알코올 농도 40~50%
③ 일반적 브랜디는 포도브랜디, 프랑스(코냑)

4. 럼(rum)

① 고구마, 당밀을 발효시켜 나무의 잎, 껍질로 향을 내며 증류, 참나무 통에 숙성
② heavy rum(향미 농후, *Schizosaccharomyces*), light rum(*Saccharomyces*)

5. 진(gin)

① grain whisky에 노간주열매(juniper berry) 등의 정유성분(α-piene)을 첨가하여 증류한 술
② 알코올 농도 38~50%
③ 영국(dry gin), 네덜란드(Dutch형, 향미 농후) 제조

6. 보드카(vodka)

① grain whisky를 백화탄으로 여과시켜 특유한 향미를 가진 술
② 알코올 농도 40~60%
③ 러시아, 폴란드 제조

7. 고량주

① 수수 주원료로 만든 증류주
② 누룩(*Aspergillus, Rhizopus, Mucor*) 혼합 후 땅속에 묻어 밀봉하고 당화 발효(*Saccharomyces mandschuricus*)
③ 중국 제조

8. 기타 주

① 홍주 : *Monascus purpureus*(monascorbin – 적색 색소 생산), *Monascus anka*
② pulque : 멕시코, *Zymomonas mobilis*
③ pombe : 아프리카, *Schizosaccharomyces pombe*

4 장류

- 간장, 고추장, 된장, 청국장 등 콩 발효식품
- 세균, 효모의 발효 숙성을 거쳐 만든 조미식품
- 아미노산 급원으로 독특한 풍미와 K, Ca, Na, Fe 등 염류 함유

1. 간장

- 콩, 곡류에 식염을 첨가 발효하거나 산 분해, 효소 분해한 여액을 가공한 것
- 개량식 간장, 재래식 간장(한식 간장), 산(효소) 분해 간장
- 재래식 간장은 콩(메주)만 이용해 간장과 된장 제조
- 개량식 간장은 콩과 밀로 간장만 제조

- 개량식, 재래식 간장은 양조간장, 산(효소) 분해 간장은 화학간장, 혼합간장은 양조간장과 화학간장 혼합

1) 재래식 양조간장

    ① 대두, 소금, 물을 주원료로 전통방식 간장, 색 연하고 짠맛 강함
    ② 삶은 콩을 찧어 덩어리 성형 후 따뜻한 방에 띄워 메주 제조
    ③ *Bacillus subtilis* 생육, protease, amylase 생성
    ④ 염수에 1~2개월 숙성 후 걸러낸 여액 가열 살균, 청징
    ⑤ 햇간장(청장, 담근 지 1년 이내), 중간장(2~4년), 진간장(5년 이상)

2) 개량식 양조간장

    ① 탈지대두 : 탈지대두를 이용하면 원료비 절감, 원료 이용률 향상, 간장덧 숙성기간 단축
    ② 밀 : 팽창이 잘 되는 연질 밀 이용, 향과 색을 좋게 하는 오탄당이 많은 밀기울은 Koji의 효소력 증가에도 필요
    ③ 소금 : 착색에 좋지 않은 Fe, Cu 등을 적게 함유한 정제염 사용

3) 균주

    ① 곰팡이 : *Aspergillus oryzae, Aspergillus sojae*(protease, amylase 생성)
    ② 세균 : *Pediococcus halophilus*(내염성균, 젖산균, 유기산, 알코올, 에스테르 생성)
    ③ 효모 : *Saccharomyces rouxii*(내염성 효모, 알코올 생성)

4) 제조공정

    ① 탈지대두에 12~13% 물을 가해 1~2시간 증자 후 식힘
    ② 밀 볶아서 분쇄
    ③ 탈지대두와 밀을 혼합하고 종균(종국) 접종하여 제국실에서 코지 제조
    ④ 발효조에 23% 식염수로 혼합 후 1년 숙성
    ⑤ 압착 여과한 생간장을 80℃ 가열 살균 후 제품화

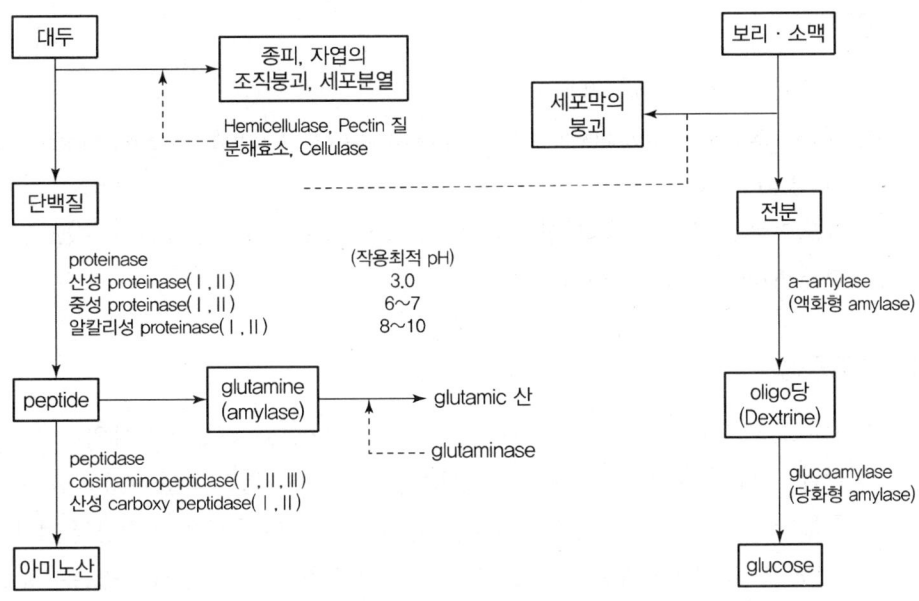

∥ 간장, 된장 제조 관여 효소 ∥

5) 간장 숙성 관여 미생물

① Koji : *Aspergillus oryzae, Aspergillus sojae, Bacillus, Lactobacillus, Streptococcus*

② 간장덧 : pH 5.5, *Pediococcus sojae*(간장 향미 관여), *Torulopsis famatask, Candida polymorpha* 등, pH 5, *Saccharomyces rouxii*(간장 향미 관여)

③ 후숙 : *Torulopsis versatilis*(간장 향기 관여)

2. 된장

- 콩, 곡류에 식염, 종국 첨가해 발효 가공한 것
- 된장, 재래식 된장(한식 된장)
- 재래식 된장은 콩으로 메주를 만들고 발효하여 간장을 분리하여 제조

1) 원료

① 쌀된장, 보리된장 : 쌀, 보리를 증자해 국을 제조하고 증자한 대두 및 염수를 섞어 발효 숙성

② 콩된장 : 원료인 대두를 전부 증자해 국을 제조하고 염수를 섞어 발효 숙성

2) 균주

① 곰팡이 : *Aspergillus oryzae*
② 세균 : *Bacillus subtilis*(단백질 분해), *Pediococcus halophilus*, *Streptococcus faecalis*(젖산 생성)
③ 효모 : 숙성 중 알코올 생성, *Saccharomyces*, *Zygosaccharomyces*, *Pichia*, *Hansenula*, *Debaryomyces*, *Torulopsis*

3) 제조공정

① 제국 : 쌀이나 보리 증자, 0.1% *Aspergillus oryzae* 접종, 38℃, 3일 배양
② 담금 : 소금물을 혼합하여 담금, 된장 수분 50%, *Candida, Zygosaccharomyces rouxii* 등의 효모나 *Pediococcus halophilus, Streptococcus faecalis* 등 내염성 젖산균 첨가
③ 숙성 : 효소 분해된 당(감미), 글루탐산(감칠맛), 발효에 의한 알코올, 유기산, 에스테르(향기)

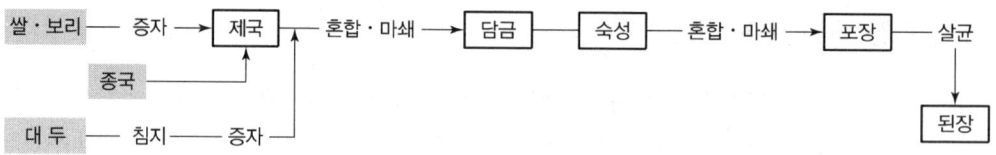

| 된장 제조공정 |

3. 청국장

- 콩을 증자해 *Bacillus natto*로 40~50℃, 18~20시간 배양
- 당단백질로 끈적끈적한 점질물 형성, 독특한 풍미 형성

4. 고추장

- 된장에 고춧가루를 혼합 발효한 우리나라 고유 조미식품
- 전분 분해된 단맛, 메주콩 단백질 분해된 구수한 맛, 소금의 짠맛, 고춧가루의 매운맛이 잘 어울려 특유의 맛을 낸다.

1) 고추장 제조

① 찹쌀을 분쇄 증자하고 엿기름을 첨가 후 방랭
② 고추장용 메주는 멥쌀과 대두를 1 : 1.5로 각각 증자 혼합 제국하여 사용
③ 메줏가루, 고춧가루, 소금을 담근 후 발효 숙성

2) 고추장 제조 관여 미생물

곰팡이는 *Aspergillus oryzae*, 숙성 중 효모는 *Saccharomyces, Debaryomyces, Hansenula, Torulopsis, Candida* 속, 숙성 관여 세균은 *Bacillus subtilis*

5 침채류

- 채소에 식염을 첨가하고 양념한 저장형 절임식품
- 염분 공급원, 증식 젖산균 정장작용, 소화 촉진

1. 김치

한국의 전통 침채류

1) 발효 초기

① 절인 배추, 무, 고추, 마늘, 생강, 젓갈 첨가, 저온 젖산 숙성한 발효식품
② *Leuconostoc mesenteroids*, 생성 젖산, 탄산가스에 의해 산성화 호기성 세균 억제

2) 발효 후기

① *Lactobacillus plantarum, Lactobacillus brevis*, 내산성
② 발효온도가 낮을수록, 식염농도가 높을수록 *Lactobacillus, Pediococcus* 증식 유리

2. 피클

① 유럽, 미주 지역의 채소발효식품
② 채소나 과일에 소금, 식초, 향신료를 첨가한 절임식품

③ 담금 초기 : *Pseudomonas, Flavobacterium, Alcalgenes, Bacillus*
④ 담금 중기 : *Leuconostoc mesenteroids, Enterococcus faecalis*, pH 3
⑤ 담금 후기 : *Hansenula, Pichia, Candida* 등 효모 증식 피막 형성

3. 사우어크라우트(sauerkraut)

① '신맛 나는 양배추'란 뜻으로 양배추를 잘게 썰어 2~3% 소금을 뿌린 발효식품
② *Leuconostoc mesenteroids, Lactobacillus plantarum* 관여

6 발효유(fermented milk)

- 우유, 산양유 등 포유류 젖이나 가공품 원료로 유산균, 효모를 이용 발효
- 발효유에 당이나 향을 첨가한 호상 또는 액상 제품

1. 발효유 종류

- 물리적 성상에 따라 호상, 액상 요구르트 구분
- 최종 발효산물에 따라 유산균 발효유, 유산균 알코올 발효유로 구분

1) 호상 요구르트

Streptococcus thermophilus, Lactococcus thermophilus, Bifidobacterium lactis 혼합 이용

```
원료 → mix 배합 → 균질화 → 살균 → 냉각 → 스타터 첨가(향료 첨가) → 소형용기 충전 →
배양 → 냉각 → 제품
```

2) 액상 요구르트

Lactobacillus casei, Lactobacillus bulgaricus, Lactobacillus acidophilus 등 간균 이용

```
원료 → mix 배합 → 균질화 → 살균 → 냉각 → 스타터 첨가 → 탱크 배양 → 커드 분쇄 →
냉각 → 과즙, 향료첨가 → 살균(순간) → 소형용기 충전 → 액상 제품
```

2. 발효유 제조

① 원료유 : 신선도 검사에 합격한 원료 사용, 항생물질 검사 실시
② mix의 배합 : 탈지분유, 설탕, 안정제를 일정량씩 평량하여 혼합, 용해
③ 균질화 : mix 온도 55~80℃, 균질압력 80~250kg/cm^2
④ 살균 : 95℃, 15분
⑤ 냉각 및 스타터 첨가 : 40~45℃ 냉각 후 중간 배양체를 mix의 용량 2~3% 첨가, 혼합, 호상의 경우 향료 혼합
⑥ 충전 : 용기에 넣고 37~45℃에서 목표산도까지 발효, 액상 요구르트의 경우 커드 균질화, 냉각 후 향료나 과즙 등 넣고 80℃, 5분 살균 후 냉각 포장

3. 젖산균 스타터 제조

종균 → 모배양체 스타터 → 중간배양체 스타터 → 본배양체 스타터

CHAPTER 07 주정 발효

1 당밀 주정제조

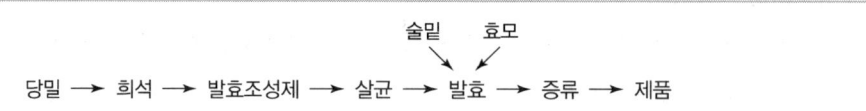

- 단발효주를 증류한 것
- Brix 20°(녹말질 당으로 10~20%) 희석
- 100℃, 30분 살균
- 살균 시 발효조성제(황산암모늄 1% 또는 쌀겨 3%) 첨가
- 폐액환원(Slopping back) : 증류 폐액 20% 첨가로 폐액 재활용
- 밀폐식 발효가 개방식 발효보다 수율이 좋다.
- 효모 : *Saccharomyces formosensis, Sacch. robustus*

1. 특수 발효법

1) Reuse법(Urises de Melle법)

   ① 효모균 재사용으로 당 절약 효과(증식에 따른 소모 감소)
   ② 고농도 담금 가능
   ③ 발효시간 단축, 원심분리 시 잡균 제거
   ④ 폐액 60%로 당밀 희석 재이용

2) Two Stage(Hildebrandt Erb법)

   ① 증류폐액 중의 비발효성 물질을 이용하여 효모 증식
   ② 효모 증식에 필요한 당 절약
   ③ 폐액 BOD 저하

3) 고농도 술덧발효법

알코올 농도가 높은 술덧으로 효율적, 경제적 증류

4) 연속발효법

술덧의 담금, 살균 생략으로 발효과정 단축, 발효 균일 진행, 장치 기계적 제어 용이

2 녹말질 주정제조

1. 국법

```
                                            효모    술밑
                                             ↓      ↓
원료 → 분쇄 → 증자 → 당화 (Amylo 법/국법 등) → 발효 → 증류 → 제품
```

① 병행 복발효주를 증류한 것
② 옥수수, 고구마 등 이용
③ 분쇄 : roll mill(곡류), impact grinder(곡류), hammer형(섬유질 원료)
④ 증자
 • 고구마 : pH 4.8~5.4, 점도 감소로 증자 용이(증자조건 : 2.0~2.5kg/cm² · 30~40분)
 • 옥수수(곡류) : 산(염산, 황산) 첨가, pH 4.6 조절(증자조건 : 3.0kg/cm² · 40~60분)
⑤ 당화 균주 : *Asp. oryzae, Asp. usamii, Asp. awamori*
⑥ 술밑 젖산균 : *Lactobacillus delbruecki*
⑦ 발효 : 30~36℃, 20~30시간

2. 아밀로(Amylo)법

① 아밀로균(*Mucor rouxii, Rhizopus delemer, Rh. Javanicus, Rh. Japonicus, Rh. tonkinensis*) 사용
② Koji를 사용하지 않고 아밀로균 담금처리, 효모는 *Saccharomyces anamensis, Sacch. peka*
③ 밀폐발효로 발효율 높음
④ 소량 종균으로 공업화
⑤ 잡균오염 방지

3. 절충법

대규모 생산에 적합, 술밑(amylo법)과 당화(국법) 절충

③ 증류

1. 증류이론

1) 10% 알코올액 가열 시 증기의 알코올 농도

   51%

2) 증발계수

$$k_a = \frac{a}{A}$$

여기서, k_a : 증발계수
A : 원액 중 알코올(%)
a : 증기 중 알코올(%)

3) 공비점(K점)

① 더 이상 증류해도 알코올 농도가 높아지지 않는 상태
② K점 알코올 농도 97.2%(v/v), 비점 78.15℃
③ K점 혼합액, 공비혼합물(azotropic mixture)

4) 정류계수

① k_n : 알데히드, 에스테르, 고급 알코올 등 증발계수(불순물 증발계수)

② 정류계수 : 불순물 증발계수 k_n과 주정 증발계수 k_a의 비, 즉 $\frac{k_n}{k_a}$

($\frac{k_n}{k_a} = 1$: 품질 불변, $\frac{k_n}{k_a} < 1$: 불순물 많음, $\frac{k_n}{k_a} > 1$: 증류액이 원액보다 불순물 적음)

2. 증류기 종류

1) 단식 증류기(pot still)

알데히드, 에스테르, 퓨젤유, 휘발산 등 제거 불가(품질과 맛 결정, 고량주, 소주(증류식), 위스키, 브랜디 등 특유 향미 결정)

2) 연속식 증류기(patent still)

단식 증류기의 결점 보완, 주정 · 알데히드 · 퓨젤유 분리 등

3. 퓨젤유(Fusel oil)

① 퓨젤유 조성 : 아밀 알코올(50% 이상 isoamyl alcohol), 부틸 알코올 등
② 제품주정 0.3%, 유상 황갈색
③ 술덧의 단백질 분해물 유래 프로필 알코올, 부틸 알코올, 아밀 알코올 등

4 Glycerol 발효

- 알코올 발효 시 글리세롤 생성
- 아황산염 첨가 시(Neuberg 제2발효식), 알칼리성 배양 시(Neuberg 제3발효식) 생산량 증가

1. Glycerol 생성균주

① 효모 : *Zygosaccharomyces acidifaiens*, *Saccharomyces cerevisiae*, *Candida utilis*
② 세균 : *Bacillus subtilis*

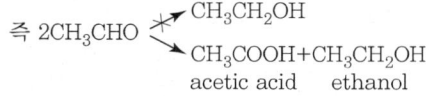

즉 $2CH_3CHO$ ⇸ CH_3CH_2OH / $CH_3COOH + CH_3CH_2OH$
acetic acid   ethanol

CHAPTER 08 유기산 발효

1 산화적 유기산 발효

1. 초산 발효

1) 초산균

   Acetobacter aceti, Acet. acetosum, Acet. oxydans, Acet. rancens, Acet. schutzenbachii

2) 초산 생성

   ① 알코올 → acetaldehyde → 초산
   ② 산소공급 중단 시 아세트알데히드 축적
   ③ 직접 산화 발효

3) 초산발효 조건

   ① 전배양(종초) : 우량균주 배양(산 생성 빠르며, 산 생성량 많고, 산 내성 크며, 향미 좋고, 생성 초산을 재분해하지 않는 것)
   ② 충분한 산소공급
   ③ 발효온도 : 27~30℃

4) 생산방법

   ① 정치법(orleans process) : 발효통(대패밥, 코르크 등 사용, 낮은 수율, 장기간)
   ② 속양법(generator process) : 발효탑(Frings 속초법, 대패밥 탱크 최상부까지 채움)
   ③ 심부배양법(submerged aeration process) : Frings의 acetator(공기 송입 교반)

2. gluconic acid 발효

[생산균]

① *Acetobacter gluconicum* : 15% glucose, 48~66시간, 90% 수율
② *Pseudomonas fluorescens* : 15% glucose, 32시간, 94~95% 수율

3. 5-keto-gluconic acid 발효

생산균 : *Acet. suboxydans, Acet. gluconicum*

4. tartaric acid 발효

① 생산균 : *Gluconobacter suboxydans*
② 10% 포도당, 30% 수율

2 해당(EMP) 경로 및 구연산회로(TCA) 유기산 발효

1. 젖산 발효

① 젖산균 : *Rhizopus oryzae, Lactobacillus delbrueckii*(포도당), *L. bulgaricus, L. casei*(우유)
② L-형 인체 이용
③ 10%당, pH 5.5~6.0, 45~50℃, 80~90% 수율

2. 구연산 발효

① 생산균 : *Aspergillus niger, Asp. awamori, Candida lipolytica*
② 생산기작

$$C_6H_{12}O_6 \text{ (glucose)} \longrightarrow CH_3COCOOH \text{ (pyruvic acid)} \underset{+CO_2}{\overset{-CO_2}{<}} \begin{matrix} CH_3CO-CoA \text{ (acetyl CoA)} \\ CO-COOH \\ | \\ CH_2-COOH \\ \text{oxaloacetic acid} \end{matrix} > \begin{matrix} CH_2-COOH \\ | \\ HO-C-COOH \\ | \\ CH_2-COOH \\ \text{citric acid} \end{matrix}$$

③ 수율 : 포도당 원료 110%, 탄화수소 원료 230%
④ 당농도 10~20%, 26~35℃, pH 3.5

3. succinic acid 발효

① 생산균 : *Saccharomyces sake*(주정발효), *Brevibacterium divaricatum*(포도당), *Candida brumptii* (n-paraffin)
② 수율 : 포도당 원료 30%, n-paraffin 원료 65%

4. fumaric acid 발효

① 생산균 : *Rhizopus nigricans*
② 30℃, 3일, 60% 수율

5. malic acid 발효

① 생산균 : *Asp. flavus*(당), *Lac. brevis*(fumaric acid), *Candida membranaefacience*, *Candida utilis*(n-paraffin)
② 생산 : fumaric acid 100%, 탄화수소 70%

6. propionic acid 발효

① 생산균 : *Propionibacterium technicum*
② 전분질, pH 7.0, 30℃, 7~10일

생리활성물질

1 비타민

1. 비타민 B$_2$(riboflavin)

① 생산균 : *Ashbya gossypii*(7g/L), *Eremothecium ashbyii*(3g/L), *Candida flareri*, *Mycocandida riboflavina*
② 포도당, 설탕, 맥아당, 28℃, 7일
③ pH 4.5 조절, 121℃, 1시간, 추출 후 원심분리 정제

2. 비타민 B$_{12}$

① 생산균 : *Pseudomonas denitrificans*(60mg/L), *Propionibacterium shermanii*(40mg/L), *Propionibacterium freudenreichi*, *Nocardia rugosa*
② 사탕무 당밀, 포도당, 30℃, 7일, pH 7
③ 80~120℃, pH 6.5~8.5, 30분 가열
④ 질산나트륨 존재하 KCN 처리

3. β-Carotene

① 생산균 : *Blakeslea trispora*(3g/L), *Streptomyces chrestomyceticus*(0.5g/L)
② 옥수수 전분, (+), (−) 주의 혼합 배양, 통기 교반, 26℃, 48시간

4. 비타민 C

① 생산균 : *Acetobacter suboxydans*, *Gluconbacter roseus*(sorbose 발효), *Pen. notatum*, *Psudomonas fluorescens*, *Serratia marcescens*
② D-sorbitol, 30℃, 통기 교반, 30시간, 95% 수율

2 스테로이드계

1. 코르티손(cortisone)

① 생산균 : *Rhizopus nigricans*
② progesterone의 수산화반응(hydroxylation)

아미노산 발효

1 아미노산 제조

- 콩 등 단백질 원료 가수분해
- 화학적 합성
- 미생물 발효

1. glutamic acid 발효

① 생산균 : *Corynebacterium glutamicum*, *Brevibacterium flavum*, *Brev. lactofementum*, *Microb. ammoniaphilum*, *Brev. thiogentalis*
② 비오틴 필요(2~5γ/L)
③ 포도당, pH 7.0~8.0, 통기 교반, 30~35℃
④ 비오틴 과잉 시 Penicillin을 첨가하면 발효 정상 회복

2. lysin 발효

① 생산균 : *Corynebacterium glutamicum*, *Brevibacterium flavum*
② 야생균주, 생합성 전구물질, 변이주 이용

3. aspartic acid 발효

① 생산균 : *Corynebacterium* amagasakii(전구체 첨가), aspartase(*E. coli* 효소)
② 생합성 전구물질, 대장균의 효소 이용

CHAPTER 11 핵산 발효

1 핵산 발효

1. 핵산 정미성 조건

① mononucleotide, purine계(6위치 탄소 −OH)
② 5′−inosinic acid(5′−IMP, 가쓰오부시), 5′−guanilic acid(5′−GMP, 표고버섯), 5′−xanthylic acid(5′−XMP)
③ GMP > IMP > XMP

(a) 5′−nucleotide (b) 5′−deoxynucleotide

(a) X : H=5′−IMP, NH$_2$=5′−GMP, OH=5′−XMP
(b) X : H=5′−dIMP, NH$_2$=5′−dGMP, OH=5′−dXMP

∥ 정미성 nucleotide의 구조 ∥

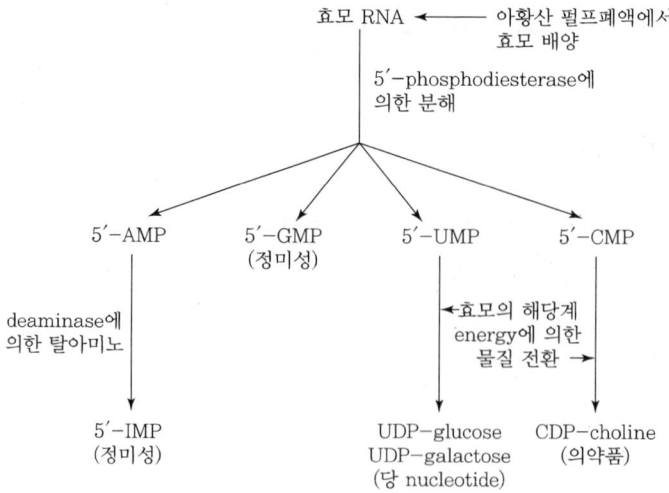

∥ 효모 RNA에서 각종 nucleotide 유도체 제조 ∥

2. 정미성 핵산 제조

- RNA 분해
- 발효와 합성의 결합
- de novo 합성

1) RNA 분해법

① 효모에서 미생물 효소로 RNA 분해
② 효모의 대수증식기 선택(RNA > DNA)
③ RNA 0.5~10%, *Penicillium citrinum*(pH 5, 65℃), *Streptomyces aureus*(pH 8, 42℃)
④ 수시간 분해 후 AMP는 탈아미효소(deaminase)로 IMP 전환
⑤ 분해액에서 5′-nucleotide 분리 및 정제

┃ RNA의 구조와 5′-phosphodiesterase 작용부위 ┃

CHAPTER 12 균체 생산

1 미생물균체

1. 미생물균체 성분

▼ 미생물세포의 조성 (건물 중의 %)

미생물의 종류	탄수화물	단백질	핵산	지질	회분
효모	25~40	35~60	5~10	2~50	3~9
곰팡이	30~60	15~50	1~3	2~50	3~7
세균	15~30	40~80	15~25	5~30	5~10
단세포조류	10~25	40~60	1~5	10~30	—

2. 효모 단백질 생산

1) 아황산 펄프폐액 원료

① 생산균 : *Candida utilis, Can. major, Can. tropicalis*
② 질소원은 암모니아, 요소 이용, waldhof형 발효조 배양
③ 분리 : 원심분리기 분리 후 회전건조기, 분무건조기 건조

2) 석유계 탄화수소 원료

① 생산균 : *Candida tropicalis, Can. lipolytica, Can. intermedia, Nocardia, Pseudomonas, Corynebacterium*
② 등유나 경유 이용

3. 녹조류 단백질 생산

① 생산균 : *Chlorella pyrenoidosa, Chlorella vulgaris*
② 독립영양균, 광합성 위한 CO_2, 태양광선 이용
③ 클로렐라 성분 : 단백질 40~50%, 지질 및 탄수화물 10~30%, 비타민 A, B_1, B_2, C 등

2 빵효모 생산

① 생산균 : *Saccharomyces cerevisiae*
② 사탕수수 당밀, 황산암모늄, 암모니아수, 요소 첨가
③ 충분한 산소 공급, 지수적 증식
④ 배양액 효모농도 10%, 원심분리 농축
⑤ 5℃ 냉각, filter press 압착, 압착효모 수분 65~70%

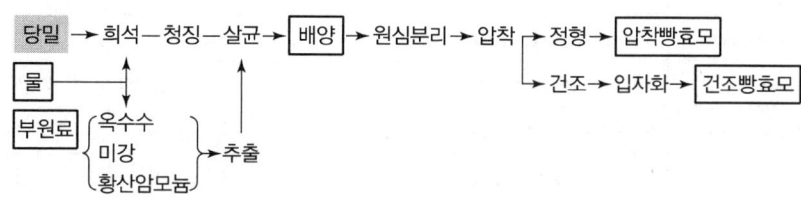

▌빵효모의 제조공정 ▌

3 미생물 유지

1. 유지 미생물

① 생산균 : *Nocardia, Pseudomonas aeruginosa, Penicillium spinulosum, Aspergillus nidulans, Geotricum candidum*
② 보통 2~3% 유지 함유
③ 온도 25℃, pH는 Nocardia 속 중성, 효모 3.4~6.0, 곰팡이 중성

CHAPTER 13 효소 생산

▼ 미생물 생산 효소

효소	균주	용도
amylase	*Asp. oryzae, B. subtilis, B. stearothermophilus* 등	glucose 제조, 식품가공, 소화제
glucoamylase	*Rhizopus delemar*	glucose 제조
glucose isomerase	*Streptomyces albus*	과당시럽 제조
lactase	*Saccharomyces fragilis*	Ice cream 결정 방지
invertase	*Saccharomyces cerevisiae*	전화당, sucrose 결정 방지
cellulase	*Trichoderma viride*	채소, 과일가공, 소화제, 사료
protease	*Asp. oryzae, Asp. saitoi, B. subtilis, Str. griseus*	소화제, 제빵, 맥주·청주 혼탁 제거, 식육 연화제, 조미액 제조
rennet	*Mucor pusillus*	치즈 제조
lipase	*C. cylindracea, C. paralipolytica, Rhizopus oryzae*	소화제, 우유향미, 지방산 제조
pectinase	*Asp. niger, Pen. sclerotinia, Conithyrium dipolidiella*	과일 음료 청징
tannase	*Pen. glaucum*	맥주 청징
naringinase	*Asp. niger*	감귤류 고미 제거
hesperidinase	*Asp. niger*	감귤류 통조림 백탁 방지

1 효소의 생성

액체배양이나 고체배양으로 균체 증식

2 효소의 추출

① 기계적 마쇄법 : mortar, ball mill 등
② 초음파 파쇄법 : 10~60 kHz 초음파 이용

③ 자기 소화법 : ethyl acetate 등 첨가, 20~30℃ 자가 소화
④ Lysozyme 처리법 : 세포벽 용해
⑤ 동결 융해법 : dry ice 동결 융해 후 원심 분리

3 효소의 정제

단백질 정제법에 따른다.

1. 염석(salting out), 투석(dialysis)

① 염석 : 고농도 염으로 효소단백질 석출
② 투석 : 반투막을 이용하여 저분자물질과 염을 제거하면 고분자인 단백질만 남는다.

2. 친화성 크로마토그래피(affinity chromatography)

기질을 이용한 효소 분리

4 고정화 효소

효소를 담체(carrier)에 부착시켜 지속적으로 촉매 활성을 하도록 만든 것

1. 담체결합법

1) 공유결합법

불용성 담체와 효소를 공유 결합한다.

① Diazo법 : p-aminobenzyl cellulose, polyamino, polystyrene 등 아미노기를 가지는 담체와 효소를 diazo 결합시킨다.
② Peptide법 : CM-cellulose azide, carboxy chloride 수지, isocyanate 유도체 등과 효소를 peptide 결합시킨다.

③ Alkyl화법 : cyanurylcellulose, bromoacetyl cellulose, methacrylic acid, methacrylic acidn
-fluoranilide 등의 할로겐과 효소를 결합시킨다.

2) 이온결합법

DEAD-cellulose, CM-cellulose, Sephadex 등의 이온교환 수지에 효소를 결합시킨다.

3) 물리적 흡착법

활성탄, 산성백토, Kaolinite 등에 효소를 흡착시킨다.

2. 가교법(cross linking method)

효소를 담체에 부착할 수 있는 기능기를 가진 가교로 연결하는 방법이다.

3. 포괄법(entrapping method)

효소를 담체겔 속에 고정시키거나 반투과성 피막으로 감싸도록 하는 방법이다.

PART 06

식품제조공정

CONTENTS

01 선별
02 세척
03 분쇄
04 혼합
05 성형
06 원심분리
07 여과
08 추출
09 건조
10 농축
11 반송기계
12 살균

CHAPTER 01 선별

① 수확한 원료를 크기, 무게, 모양, 비중, 색깔 등에 따라 분리하고 이물질 제거
② 가공 시 조작공정(살균, 탈수, 냉동)을 표준화, 작업능률 향상, 원가 절감 효과

1 무게에 의한 선별

과일(사과, 배, 오렌지 등), 채소(무, 당근, 감자 등), 달걀, 육류, 생선 등 선별

2 크기에 의한 선별

① 체(sieve) 분리 : 크기 선별에 많이 이용, 체의 단위인 1mesh는 가로, 세로 1인치(2.54cm)에 들어 있는 눈금의 수로 나타내며 mesh가 클수록 가는 체(평판체 : 곡류, 밀가루, 소금 선별)
② 회전원통체, 롤러선별기 등(과일, 채소 선별)
③ 사별 공정
 - 정선, 조질된 원료를 가루와 기울로 분리하는 공정
 - 원료의 공급속도, 입자의 크기, 수분 등에 의해 효율 결정

3 모양에 의한 선별

① 작업의 효율을 위해 폭과 길이에 따라 선별(감자, 오이, 곡류)
② 디스크형, 실린더형

4 광학에 의한 선별

① 전자기적 스펙트럼을 이용, **반사**(복사, 산란, 반사)와 **투과**에 의해 선별
② 채소의 숙성, 중심부의 결함, 외부물질 혼입 선별(채소, 과일, 곡류)

세척

원료표면의 오염물질 및 위해성분을 분리, 제거하는 조작

1 건식 세척

① 크기가 작고 기계적 강도가 있으며 수분 함량이 적은 곡류, 견과류 세척에 이용
② 시설비, 운영비가 적고 폐기물처리가 간단하지만, 재오염 가능성이 크다.
③ 송풍분류기(air classifier) : 송풍 속에 원료를 넣어 부력과 공기 마찰로 세척
④ 마찰세척(abrasion cleaning) : 식품 재료 간 상호 마찰에 의해 분리
⑤ 자석세척(magnetic cleaning) : 원료를 강한 자기장에 통과시켜 금속 이물질 제거
⑥ 정전기적 세척(electrostatic cleaning) : 원료를 함유한 미세먼지를 방전시켜 음전하로 만든 후 제거, 차세척(tea cleaning)에 이용

2 습식 세척

① 원료의 먼지, 토양 농약 제거에 이용
② 건식 세척보다 효과적이며 손상을 감소하나 비용이 많이 들고 수분으로 부패 용이
③ 침지세척(soaking cleaning) : 물에 담가 오염물질 제거, 분무세척 전처리로 이용
④ 분무세척(spray cleaning) : 컨베이어 위 원료에 물을 뿌려 세척
⑤ 부유세척(flotation cleaning) : 밀도와 부력 차이로 세척, 상승류에 밀려 이물질 제거(완두콩, 강낭콩 등)
⑥ 초음파세척(ultrasonic washing) : 수중에 초음파를 사용하여 세척(달걀, 과일, 채소류)

CHAPTER 03 분쇄

1 분쇄

① 고체 원료를 충격력, 압축력, 전단력을 이용해 작게 만드는 공정
② 절단 : 과채류·육류 등을 일정 크기로 자르는 것(절단기)
③ 파쇄 : 충격에 의해 작은 크기로 부수는 조작(파쇄기)
④ 마쇄 : 전단력에 의해 파쇄보다 더 작은 상태로 만드는 것(미트초퍼, 마쇄기)
⑤ 유효 성분의 추출효율 증대
⑥ 건조, 추출, 용해력 향상
⑦ 혼합능력과 가공효율 증대
⑧ 원료의 경도와 마모성, 열에 대한 안정성, 원료의 구조, 수분함량 등을 고려하여 분쇄기 선정

2 분쇄비율

① 분쇄기의 분쇄능력이나 성능 결정, 클수록 분쇄능력이 크다.
② 분쇄비율 = $\dfrac{\text{원료입자 평균크기}}{\text{분쇄입자 평균크기}}$
③ 조분쇄기(coarse crusher)는 8 이하, 미세분쇄기(fine grinder)는 100 이상

3 분쇄기 종류

① 해머밀(hammer mill) : 회전축에 해머가 장착되어 분쇄, 막대, 칼날, T자형 해머 등(임팩트밀, 다목적밀, 설탕, 식염, 곡류, 마른 채소, 옥수수 전분 등에 사용)
② 볼밀(ball mill) : 회전 원통 속에 금속, 돌 등과 원료를 함께 회전하여 분쇄(곡류, 향신료 등 수분 3~4% 이하 재료에 적당)
③ 핀밀(pin mill) : 고정판과 회전원판 사이에 막대모양 핀이 있어 고속 회전으로 분쇄(설탕, 전분, 곡류 등 건식과 콩, 감자, 고구마의 습식이 있다)

④ 롤밀(roll mill) : 두 개의 회전 금속롤 사이에 원료를 넣어 분쇄(밀가루 제분, 옥수수, 쌀가루 제분에 이용)
⑤ 디스크밀(disc mill) : 홈이 파인 두 개의 원판 사이에 원료를 넣어 분쇄(옥수수, 쌀의 분쇄에 이용)
⑥ 습식분쇄 : 고구마·감자의 녹말제조, 과일·채소의 분쇄, 생선이나 육류 가공 시 이용(맷돌, 절구나 고기를 가는 chopper 등)

4 밀제분 공정

① 정선 : 밀 이외의 다른 물질 분리
② 가수 : 물 첨가, 밀껍질은 질겨지고, 배유는 부서지기 쉽게 되며, 배아는 롤러(roller)에서 쉽게 얇게 조각화(flake화)되어 분리 용이
③ 브레이크 롤러(break roller) : 밀껍질은 벗겨지고 배유 부분을 거친 입자로 만드는 조쇄공정, 미들링과 세몰리나 산물
④ 분쇄롤(reduction roll)을 거치며 파텐트분 산물
⑤ smooth roller : 다시 잘 분쇄하고 체로 분류
⑥ 블렌딩 시프터(blending sifter) : 용도에 알맞은 가루만 모아서 균일하게 혼합된 밀가루 분류
⑦ 클리어분은 껍질과 배아가 많은 것

CHAPTER 04 혼합

1 혼합

① 두 가지 이상의 다른 원료를 섞어 균일한 물질을 얻는 것
② 혼합, 교반, 유화, 반죽 등

1) 고체 혼합

① 유사한 크기, 밀도, 모양을 가진 것이 잘 혼합됨
② 크기 차이가 $75\mu m$ 이상이면 혼합이 안 되고 쉽게 분리, $10\mu m$ 이하이면 잘 혼합됨

2) 액체 혼합

① 교반은 액체 간, 액체와 고체 간, 액체와 기체 간 혼합, 유화는 섞이지 않는 두 액체의 혼합
② 점도가 큰 액체의 혼합에는 큰 동력 필요
③ 아이스크림 제조, 밀가루 반죽, 음료 제조, 초콜릿 제조 등에 교반기 이용

2 혼합기의 종류

1) 고체-고체 혼합기

① 고체 간 혼합에는 회전이나 뒤집기 이용
② 텀블러(곡류), 리본혼합기(라면수프), 스크루혼합기 등

2) 고체-액체 혼합기(반죽 교반기)

① S자형 반죽기, 제과 제빵용 밀가루 반죽에 이용
② 페달형 팬혼합기는 달걀, 크림, 쇼트닝 등 과자 원료 혼합에 이용

3) 액체-액체 혼합기

① 용기 속 임펠러로 액체 혼합(패들 교반기, 터빈 교반기, 프로펠러 교반기 등)
② 혼합효과를 높이기 위해 방해판 설치, 경사, 원심력, 상승류 등 이용

4) 유화기

① 교반형 유화기(균질기) : 액체에 강한 전단력을 작용하여 혼합 균질화
② 가압형 유화기 : 좁은 구멍을 높은 압력으로 통과 시 분쇄 혼합
③ 고압 균질기
- 지방구를 $0.1 \sim 2\mu m$로 작게 형성한다.
- 크림층 생성 방지, 점도 향상, 조직 연성화, 소화 향상 효과
- 믹스의 기포성을 좋게 하여 overrun 증가
- 아이스크림의 조직을 부드럽게 한다.
- 숙성(aging)시간을 단축한다.

CHAPTER 05 성형

1 성형(moulding)

① 반죽과 같이 점도가 높은 식품을 여러 모양과 크기로 만드는 것
② 제과, 제빵, 과자류에 이용
③ 여러 가지 모양의 die(찍어내는 틀)를 가진 압출기가 있다.
④ 압출 가공(extrusion)공정의 특성 : 수행될 수 있는 단위공정은 열처리, 혼합, 압착, 배열, 팽화, 성형 과정을 거친다.

2 성형의 종류

1) 주조성형

일정한 모양의 틀에 원료를 넣고 가열 또는 냉각하여 성형(빙과, 빵, 쿠키)

2) 압연성형

반죽을 회전 롤 사이로 통과시켜 면대를 만들어 세절하거나 압절 성형(국수, 비스킷 등)

3) 압출성형

① 반죽 등 반고체 원료를 노즐 또는 die를 통해 강한 압력으로 밀어내어 성형(스낵, 마카로니 등)
② 압출면 : 반죽을 압출기의 작은 구멍으로 뽑아낸 국수(당면, 마카로니 등)

4) 응괴성형

건조분말을 수증기로 뭉치게 하고 건조하여 응괴 성형, 물에 쉽게 용해(인스턴트 커피, 분말 주스, 조제분유 등)

5) 과립성형

젖은 상태의 분체 원료를 회전 틀에서 당액이나 코팅제를 뿌려 과립 성형(초콜릿 볼, 과립형 껌 등)

원심분리

1 침강분리 및 원심분리

① 침강분리 : 밀도차가 클 때 중력에 의해 자연 침강으로 분리(전분, 과즙, 양조)
② 원심분리 : 밀도차가 비슷할 때 원심력을 이용하여 분리(우유 크림층, 주스)

2 액체와 액체 원심분리기

① 2가지 이상의 밀도가 다른 액체를 원심력을 이용하여 분리
② **수직축을 회전시켜** 밀도가 무거운 물질은 바깥쪽, 가벼운 물질은 안쪽으로 이동 분리
③ 원심침강기, 원심탈수기, 원심여과기
④ 회전수는 rpm(rotation per minute, **분당회전수**)으로 표시, 시료를 넣을 때는 대칭이 되도록 넣고, 고속원심분리기는 냉각장치, 진공장치 필요
⑤ 디스크형 원심 분리기(disc-bowl centrifuge) : 우유의 크림 분리, 유지 정제 시 비누 물질 제거, 과일주스의 청징 및 효소의 분리 등에 널리 이용된다.
⑥ 교동(churning)기 : 우유의 크림을 교반하여 기계적 충격으로 지방구가 뭉쳐 버터입자가 형성되고 버터밀크와 분리된다.

CHAPTER 07 여과

1 여과

① 액체 중 고형물을 여재를 이용하여 분리
② 중력여과기 : 중력을 이용한 일반 여과
③ 감압여과기 : 감압장치(모터, aspirator)를 이용하여 빠르게 여과, 막여과에 이용
④ 가압여과기 : 압력을 가해 대량의 여과에 이용(필터프레스 등)
⑤ 여과조제
  - 여재의 기능을 도와 속도 등을 유지시키는 재료로 흡착성이 뛰어나다.
  - 규조토, 활성탄, 실리카겔, 셀룰로오스 등

2 막여과

① 정밀여과 : 세균이나 색소 제거에 이용, 바이러스나 단백질은 통과
② 한외여과 : 바이러스나 단백질 같은 고분자 물질 제거, 당과 같은 저분자 물질 통과
③ 역삼투
  - 반투막을 이용하여 물 같은 용매에서 당이나 염 같은 용질 분리
  - 아세트산 셀룰로오스, 폴리설폰 등 이용
  - 자연스런 삼투압에 대해 반대로 용질을 남기고 이동해야 하므로 농도가 짙은 쪽에 압력을 가한다.
  - 바닷물의 담수화 등에 이용
  - 염과 같은 저분자 물질의 분리에 이용
④ 투석법 : 염이나 당 같은 저분자는 통과하지만 단백질 같은 고분자는 통과하지 못하는 반투막을 이용하여 분리

3 압착

① 고체에 압력을 가해 고체 중 액체를 분리
② 식물성 유지 분리, 치즈 제조, 주스 착즙에 이용
③ 스크루식 압착기, 롤러압착기, 엑스펠러, 케이지프레스 등

CHAPTER 08 추출

1 용매 추출

① 특정 용매를 이용하여 용해도 차이에 의해 용해된 물질을 분리
② 농도차가 클수록, 온도가 높을수록, 표면적이 클수록 잘된다.
③ 추출제 : 물, benzene, n-hexane, 에탄올 등
④ 대두, 옥수수 등에서 **식물 유지 추출**, 사탕수수, 사탕무 등에서 **설탕 추출**
⑤ 용출 : 동물성 유지를 가열하여 분리하는 것

2 초임계 유체 추출

① 유기용매 대신 초임계 가스를 용매로 사용
② 초임계 유체는 **기체상**과 **액체상**이 공존하는 임계 부근의 유체
③ 기체성질로 침투율과 추출효율이 높고 액체밀도가 높아 용해도 증가
④ 에탄, 프로판, 에틸렌, 이산화탄소 등 이용

1) 장점

① 낮은 온도 조작으로 고온 변성, 분해가 없다.
② 추출유체는 기체가 되어 잔류하지 않는다.
③ 용매의 순환 재이용 가능
④ 이산화탄소의 경우 초임계 온도 31℃, 압력 93bar로 상온조작이 가능

2) 단점

① 300kg$_f$/cm² 이상의 고압을 사용하므로 장치나 구조에 제약, 연속조작 불가
② 무카페인 커피, 향신료 추출, EPA 등 고도불포화 지방산 추출 등 특정 고부가가치 상품에만 적용
③ 압착 또는 초임계 추출로 얻은 원유에 자연정치, 여과 등의 추가 공정을 실시하는 주된 이유는 침전물 등의 이물질을 제거하려는 것

CHAPTER 09 건조

1 식품의 건조

① 수분을 감소하여 수분활성도 감소, 미생물이나 효소작용 억제
② 성분 농축에 따른 새로운 풍미, 색 향상
③ 중량 감소에 따른 수송과 포장 간편성
④ 탈수식품 : 특성은 손상하지 않고 수분만 제거, 복원 가능(인스턴트 커피)
⑤ 건조식품 : 수분 제거로 농축되어 새로운 특성 생성(건조오징어, 곶감, 육포)
⑥ 표면 피막 경화 현상 : 두께가 두껍고 내부확산이 느린 식품을 급격히 건조 시 발생(겉은 딱딱, 속은 촉촉)

1) 식품의 건조곡선

① 건조 시작 시 온도 상승 등 수분 증발에 적합한 상태로 조절(조절기간)
② 항률건조기간 : 건조속도가 일정한 건조기간, 수분이 많은 식품에서 표면수분 증발속도보다 내부에서 표면으로 수분이 확산되는 속도가 빠르거나 같을 때(표면 증발 ≤ 내부 확산)
③ 감률건조기간 : 내부에서 표면으로 확산속도보다 표면수분 증발속도가 빨라 건조속도가 감소하는 기간(표면 증발 > 내부 확산)

2) 건조 장치

① 열풍 건조기
- 가열된 공기를 대류나 강제 순환에 의해 트레이에 제품을 올려서 건조
- 회분식 : 빈 건조기, 캐비닛 건조기 등
- 연속식 : 터널건조기, 컨베이어 건조기, 유동층 건조기, 분무 건조기 등
- 병행식 : 공기 흐름과 식품 이동이 같은 방향, 초기 건조가 좋으나 최종 건조가 좋지 않아 내부 건조가 잘 되지 않거나 미생물이 번식할 수 있다.
- 향류식 : 공기 흐름과 식품 이동이 반대 방향, 초기 건조는 좋지 않으나 최종 건조가 높아 과열 우려가 있다.

② 분무 건조기
- 열에 약한 제품에 이용, 분유, 주스분말, 커피, 차 등
- 액상 식품을 분무장치로 열품에 분무하여 건조
- 대부분 건조가 항률건조
- 원심 분무건조기 : 액체 속의 고형분 마모의 위험성이 가장 낮고 원료 유량을 독립적으로 변화시킬 수 있는 분무장치이다.

③ 드럼 건조기
- 가열된 회전 원통 표면에 건조할 제품을 묻혀 전도에 의한 건조
- 긁기용 칼날로 연속식 제품 회수

④ 동결 건조기
- 수분을 얼려 승화시켜 건조, 고비용 제품에 이용
- 냉각기 온도 −40℃, 압력 0.098mmHg
- 형태가 유지되고 다공성이므로 복원력이 좋다.
- 향미 보존, 식품 성분 변화가 적다.

CHAPTER 10 농축

1 농축

① 식품 중 수분을 제거하여 용액의 농도를 높이는 조작
② 결정, 건조 제품을 만들기 위한 예비 단계로 이용
③ 잼과 같이 농축에 의한 새로운 풍미 제공
④ 저장성, 보존성 향상, 수송비 절약 효과
⑤ 잼, 엿, 캔디, 천일염, 연유 등
⑥ 점도 상승, 거품 발생, 비점 상승, 관석 발생

2 농축 방법

1) 증발 농축

① 식품을 가열하여 용매를 증발시켜 농축
② 이중솥, 표준 증발관, 진공 감압증발관 등
③ 고열에 의한 착색을 방지하기 위해 저압, 저온을 이용한 감압농축법을 주로 이용
④ 판형 열교환기는 과일주스나 연유처럼 열에 민감하고 점도가 낮은 식품을 가열할 때 사용하며, 식품공업에서 가장 널리 사용되고 있다.
⑤ 진공 증발기
열에 의한 영양소 파괴를 최소화하기 위해 가능한 한 낮은 온도에서 농축하기 위한 장치

2) 냉동 농축

수용액의 수분을 얼리고 얼음결정을 제거하여 농축하는 방법, 열에 민감한 제품에 이용

3) 막농축

한외여과나 역삼투압을 이용하여 농축, 열을 가하지 않으므로 에너지 절약, 성분의 농축 및 분리

CHAPTER 11 반송기계

- 벨트컨베이어(belt conveyer) : 벨트 위에서 제품 운반
- 스크루컨베이어(screw conveyer, 나선형 컨베이어) : 스크루의 회전운동으로 분체, 입체, 습기가 있는 재료나 화학적 활성을 지니고 있는 고온물질을 트로프(trough) 또는 파이프(pope) 내에서 회전시켜 운반
- 버킷엘리베이터(bucket elevator) : 버킷에 제품을 실어 아래위로 연결된 컨베이어로 운반
- 드로우어(thrower) : 단단한 고체 제품을 높은 곳에서 드로우어를 이용해 굴려서 운반

CHAPTER 12 살균

■ 상업적 살균

① 완전 멸균에 따른 식품 영양가 파손을 방지하고자 필요한 미생물만 사멸시키는 것으로 주로 *Clostridium botulinum*의 포자수를 $1/10^{12}$ 이하로 감소시키는 것이다.
② 초기 미생물 오염도, 미생물의 내열성, pH에 따라 살균조건을 설정한다.

1) 저온 살균법

① 저온 단시간 살균(LTLT) : 63℃에서 30분 가열 후 급랭하며 우유, 술, 과즙 등에 이용한다.
② 고온 단시간 살균(HTST) : 75℃에서 15초 가열 후 급랭하며 우유나 과즙 등에 이용한다.
③ 초고온 순간 살균(UHT) : 132℃에서 2~3초 가열하며 우유나 과즙 등에 이용한다.

2) 비가열 살균(냉온 살균)법

① 자외선 살균 : 살균력이 가장 강한 260nm 자외선을 이용하여 공기, 기구, 식품표면, 투명한 음료수 등에 이용한다.
② 방사선 살균 : ^{60}Co의 γ선을 이용하여 통조림 살균 등에 이용한다.

■ 증기가압 살균장치(retort)

121℃, 15lb, 15~20분을 기본으로 대량 식품의 멸균에 이용되며 온도와 압력이 고온·고압이므로 온도계, 압력계, 안전판 등이 필요하다.

PART 07

기출문제

CONTENTS

01 2016년 1회 식품기사
02 2016년 1회 식품산업기사
03 2016년 2회 식품기사
04 2016년 2회 식품산업기사
05 2016년 3회 식품기사
06 2016년 3회 식품산업기사
07 2017년 1회 식품기사
08 2017년 1회 식품산업기사
09 2017년 2회 식품기사
10 2017년 2회 식품산업기사
11 2017년 3회 식품기사
12 2017년 3회 식품산업기사
13 2018년 1회 식품기사
14 2018년 1회 식품산업기사
15 2018년 2회 식품기사
16 2018년 2회 식품산업기사
17 2018년 3회 식품기사
18 2018년 3회 식품산업기사
19 2019년 1회 식품기사
20 2019년 1회 식품산업기사
21 2019년 2회 식품기사
22 2019년 3회 식품기사
23 2020년 1·2회 식품기사
24 2020년 1·2회 식품산업기사
25 2020년 3회 식품기사
26 2020년 3회 식품산업기사
27 2020년 4회 식품기사
28 2021년 1회 식품기사
29 2021년 2회 식품기사

CHAPTER 01 2016년 1회 식품기사

1과목 식품위생학

01 미생물에 의한 부패에 대한 설명으로 틀린 것은?

① 미생물에 의하여 식품의 변색, 가스발생, 점액생성, 조직연화 등 부패 현상이 나타난다.
② 식품의 부패를 예방하기 위하여 보존료를 사용할 수 있다.
③ 냉동처리를 하면 식품의 표면건조를 통해 미생물의 생육을 정지시키며, 사멸을 유도할 수 있다.
④ 부패균은 식품의 종류에 따라서 다르다.

해설
냉동처리 시 미생물은 사멸되지 않고 생육이 일시 정지 상태가 된다.

02 식품의 기준 및 규격 고시 총칙으로 틀린 것은?

① 따로 규정이 없는 한 찬물은 15℃ 이하, 온탕 60~70℃, 열탕은 약 100℃의 물이다.
② 상온은 20℃, 표준온도는 15~25℃, 실온은 1~30℃, 미온은 35~40℃로 한다.
③ 차고 어두운 곳(냉암소)이라 함은 따로 규정이 없는 한 0~15℃의 빛이 차단된 장소를 말한다.
④ 감압은 따로 규정이 없는 한 15mmHg 이하로 한다.

해설
표준온도는 20℃, 상온은 15~25℃, 실온은 1~35℃, 미온은 30~40℃로 한다.

03 공장폐수에 의한 식품오염에 대한 설명으로 옳은 것은?

① 도금공장의 폐수는 주로 유기성 폐수로서 유해물질이 농수산물 등에 직접적인 피해를 줄 수 있다.
② 식품공장의 폐수는 주로 무기성 폐수로서 BOD가 높고 부유물질을 다량 함유하며, 용수를 오염시켜 2차적인 피해를 주는 경우가 있다.
③ BOD란 물속에 있는 오염물질이 생물학적으로 산화되어 유기성 산화물과 가스가 되기 위해 소비되는 산소량을 ppm으로 표시한 것이다.
④ 미나마타병은 공장폐수 중 메틸수은 화합물에 오염된 어패류를 장기간 섭취하여 발생한 것이다.

해설
공장폐수에 의한 식품오염
- 도금공장 폐수에는 수은, 카드뮴, 크롬 등의 무기성 폐수가 많다.
- 식품공장 폐수에는 주로 유기성 폐수가 많아 BOD가 높다.
※ BOD : 생물화학적 산소 요구량으로, 물속에 있는 유기물질이 호기성 미생물에 의해 생물학적으로 산화되어 무기성 산화물과 가스가 되기 위해 소비되는 산소량을 ppm으로 표시한 것이다.

04 PCB(Poly Chloride Biphenyls)가 동물 체내에서 가장 많이 축적되는 부위는?

① 근육
② 뼈
③ 혈액
④ 지방층

해설
PCB(Poly Chlorinated Biphenyl) 중독
- 1968년 일본의 카네미사에서 미강유 제조과정 중 열매체로 사용되는 PCB가 미강유 탈취공정에서 잘못 새어나와 미강유에 혼입되어 발생한 사건
- 피부염증을 동반한 탈모, 신경장애, 내분비교란 등의 카네미 유증을 일으켰다.
※ PCB : 지용성으로 인체의 지방조직에 축적되며 매우 안정한 화합물로 자연에서 쉽게 분해되지 않아 체내에 유입되어 환경호르몬으로 작용한다.

정답 01 ③ 02 ② 03 ④ 04 ④

05 식품의 신선도 측정 시 실시하는 검사가 아닌 것은?

① 휘발성 염기질소(VBN) 측정
② 당도 측정
③ 트리메틸아민(TMA) 측정
④ 생균수 측정

[해설]
식품의 신선도 측정(초기 부패 측정)
- 관능검사 : 기본적이고 간단한 방법 – 맛, 냄새, 색, 조직감 관찰
- 생물학적 검사 : 생균수 측정(신선도 판정 지표) – 1g당 10^5 이하면 신선
- 화학적 검사 : 휘발성 염기질소 측정(30~40mg%), 트리메틸아민 측정(4mg%), pH 측정(pH 6.2), 히스타민 측정(400mg%), K값 측정(60~80%)

06 산화방지제의 중요 메커니즘은?

① 지방산 생성 억제
② 히드로퍼옥시드(hydroperoxide) 생성 억제
③ 아미노산(amino acid) 생성 억제
④ 유기산 생성 억제

[해설]
산화방지제
- 항산화제는 미량으로 유지의 자동산화를 억제하는 물질로 초기반응에서 생성된 free radical을 환원시켜 연쇄반응을 중단시킨다.
- 유지의 자동산화는 초기반응(free radical 생성), 연쇄반응(과산화물 생성), 분해반응(과산화물 분해), 종결반응(중합반응)으로 이루어진다.
- tocopherol류나 flavonoid 등 항산화제는 radical과 반응하여 연쇄반응을 중단한다.

07 인수공통감염병을 일으키는 병명과 병원균의 연결이 틀린 것은?

① 결핵 : *Mycobacterium tuberculosis*
② 파상열 : *Brucella*
③ 야토병 : *Pasteurella tularensis*
④ 광우병 : *Listeria monocytogenes*

[해설]
인수공통감염병
- 결핵 : 인형 결핵균(*Mycobacterium tuberculosis*), 우형 결핵균(*Mycobacterium bovis*), 조형 결핵균(*Mycobacterium avium*)
- 파상열 : *Brucella melitensis*(양, 염소), *Brucella abortus*(소), *Brucella suis*(돼지)
- 야토병 : *Pasteurella tularensis*, *Francisella tularensis*
- 리스테리아증 : *Listeria monocytogenes*
- 광우병(BSE ; Bovine Spongiform Encephalopathy, 소해면상뇌증) : 원인물질은 prion 단백질로 1980년 초 영국에서 소에게 동물사료를 먹이면서 발생하였다. 인간의 변종 크로이펠츠 야콥병과 유사한 단백질 구조이며 뇌에 해면상(스폰지 모양)의 다공성 형태가 진행되어 퇴행성 신경질환(치매, 이상행동, 폭력성)을 나타내며 사망하는 감염성 뇌질환이다.

08 유전자 재조합 식품의 안전성에 대한 평가 시험평가항목이 아닌 것은?

① 항생제 내성
② 해충저항성과 독성
③ 알레르기성
④ 미생물 오염수준

[해설]
유전자 재조합 식품의 안전성 평가 시험평가항목
신규성, 알레르기성, 항생제 내성, 해충 저항성과 독성

09 황색포도상구균 검사방법에 대한 설명으로 틀린 것은?

① 증균배양 : 35~37℃에서 18~24시간 증균배양
② 분리배양 : 35~37℃에서 18~24시간 배양(황색 불투명 집락 확인)
③ 확인시험 : 35~37℃에서 18~24시간 배양
④ 혈청형시험 : 35~37℃에서 18~24시간 배양

[해설]
황색포도상구균 정성 시험법
- 증균배양 : TSB 배지를 35~37℃에서 18~24시간 배양
- 분리배양 : 만니톨 한천배지 또는 baird-parker 한천배지를 35~37℃에서 18~24시간 배양, 황색 불투명 집락 또는 투명한 띠로 둘러싸인 광택 있는 검은색 집락(배지 중에 있는 단백질이 가수분해)
- 확인시험 : 보통 한천배지를 35~37℃에서 18~24시간 배양 후 그람염색, coagulase 시험 실시

정답 05 ② 06 ② 07 ④ 08 ④ 09 ④

10 버섯류의 독성분이 아닌 것은?

① 무스카린(muscarine)
② 팔린(phaline)
③ 아미그달린(amygdalin)
④ 아마니타톡신(amanitatoxin)

해설

버섯류 독성분
- muscarine, muscaridine, choline, neurine, phallne, amanitatoxin, agaricic acid, pilztoxin 등
- 아미그달린(amygdalin) : 청매의 독성분으로 청산(HCN)이 있다.

11 식품공장에서의 미생물 오염 원인과 그에 대한 대책의 연결이 잘못된 것은?

① 작업복 – 에어 샤워(air shower)
② 작업자의 손 – 자외선 등
③ 공중낙하균 – 클린 룸(clean room) 도입
④ 포장지 – 무균포장장치

해설

- 양성비누 : 친수성 부분이 양성이온으로 구성되어 살균력은 좋으나 세정력은 떨어진다.
  ※ 작업자의 손 오염 시 양성비누(역성비누) 등을 이용한다.
- 자외선 : 260nm의 자외선으로 살균, 냉살균, 투과력이 없어 물, 공기, 조리대 등 표면살균

12 구운 육류의 가열·분해에 의해 생성되기도 하고, 마이야르(Maillard) 반응에 의해서도 생성되는 유독성분은?

① 휘발성 아민류(volatile amines)
② 이환방향족 아민류(heterocyclic amines)
③ 아질산염(N-nitrosoamine)
④ 메틸알코올(methyl alcohol)

해설

이환방향족 아민류(heterocyclic amines)
- 육류의 가열분해로 PAH(다환 방향족탄화수소, 3,4-벤조피렌류)와 더불어 생성된다.
- 마이야르(Maillard) 반응에 의해 저장 중 탄수화물과 단백질에 의해서 생성된다.
- PAH와 함께 강력한 발암성 물질이다.
- 휘발성 아민은 육류의 부패에 의해 생성된다.
- 아질산염은 발색제로 사용 시 니트로사민을 발생시킨다.
- 메틸알코올은 과실주 발효 시 생성된다.

13 식품첨가물 공전에 의거한 "미산성"의 pH 범위는?

① 약 3 이하
② 약 3~약 5
③ 약 7.5~약 9
④ 약 5~약 6.5

해설

pH 범위
- pH 3 이하 – 강산성, pH 3~5 – 약산성, pH 5~6.5 – 미산성
- pH 6.5~7.5 – 중성
- pH 7.5~9 – 미알칼리성, pH 9~11 – 약알칼리성, pH 11 이상 – 강알칼리성

14 식품공전에서 멸균식품의 세균 발육유무를 확인하기 위하여 세균시험하기 전에 실시하는 가온보존시험을 할 때 보존온도와 기간은?

① 25~27℃, 5일
② 25~27℃, 10일
③ 35~37℃, 5일
④ 35~37℃, 10일

해설

가온보존시험
- 시료 5개를 개봉하지 않은 용기·포장 그대로 배양기에서 35~37℃에서 10일간 보존한 후, 상온에서 1일간 추가로 방치한 후 관찰하여 용기·포장이 팽창 또는 새는 것은 세균발육 양성으로 한다.
- 주로 통조림등 멸균식품 시험에 사용한다.

15 식품 중 미생물 오염여부를 신속하게 검출하는 등에 활용되며, 검출을 원하는 특정 표적 유전물질을 증폭하는 방법은?

① ICP(Inductively Coupled Plasma)
② HPLC(High Performance Liquid Chromato-graphy)

정답 10 ③ 11 ② 12 ② 13 ④ 14 ④ 15 ④

③ GC(Gas Chromatography)
④ PCR(Polymerase Chain Reaction)

해설
- ICP : 중금속 농도 측정에 이용
- HPLC, GC : 유기물 정성, 정량 분석에 이용
- PCR : DNA 증폭에 이용

16 식품공전상 세균수 측정법이 아닌 것은?

① 직접 현미경법
② 건조필름법
③ 저온 세균수 측정법
④ 호기성 세균수 측정법

해설
- 일반 세균수 : 표준평판법
- 저온 세균수 : 직접현미경법(Breed method)
- 대장균군 정량시험 : 최확수법, 건조필름법

17 경구 감염병의 특징에 대한 설명 중 틀린 것은?

① 감염은 미량의 균으로도 가능하다.
② 대부분 예방접종이 가능하다.
③ 잠복기가 비교적 식중독보다 길다.
④ 2차 감염이 어렵다.

해설

경구 감염병과 세균성 식중독 비교

경구 감염병	세균성 식중독
• 물, 식품이 감염원으로 운반매체이다.	• 식품이 감염원으로 증식매체이다.
• 병원균의 독력이 강해서 식품에 소량의 균이 있어도 발병한다.	• 균의 독력이 약하다. 따라서 식품에 균이 증식하여 대량으로 섭취하여야만 발병한다.
• 사람에서 사람으로 2차 감염된다.	• 식품에서 사람에게로 감염된다.(종말감염)
• 잠복기가 길고 격리가 필요하다.	• 잠복기가 짧고 격리가 불필요하다.
• 면역이 있는 경우가 많다.	• 면역이 없다.
• 감염병 예방법	• 식품위생법

18 식품 등의 표시기준으로 틀린 것은?

① 유통기한 : 제품의 제조일로부터 소비자에게 판매가 허용되는 기한
② 트랜스지방 : 트랜스구조를 1개 이상 가지고 있는 비공액형의 모든 불포화지방산
③ 품질유지기한 : 식품의 특성에 맞는 적절한 보존방법이나 기준에 따라 보관할 경우 해당 식품 고유의 품질이 유지될 수 있는 기한
④ 당류 : 식품 내에 존재하는 모든 단당류와 이당류, 다당류의 합

해설

식품 등 의무표시 영양소
- 열량, 단백질, 탄수화물, 당류, 지방, 포화지방, 트랜스지방, 콜레스테롤, 나트륨
- 당류 : 식품 내에 존재하는 모든 단당류와 이당류의 합

19 방사선 조사(food irradiation)에 대한 설명으로 틀린 것은?

① 어떤 원재료가 방사선 조사처리 되었는지 확인하기 어려운 경우에는 "방사선 조사 처리된 원재료 일부 함유" 또는 "일부 원재료 방사선 조사처리" 등의 내용으로 표시할 수 있다.
② ^{60}Co 감마선으로 식품의 특성과 목적에 따라 정해진 방사선량을 식품에 쪼이는 것이다.
③ 식품이 흡수한 에너지는 free radical을 형성하여 미생물을 죽이거나 다른 식품분자와 반응을 한다.
④ 식품에는 100kGy의 에너지를 주로 사용한다.

해설

방사선 조사 식품
- 방사선 조사는 주로 Co-60의 감마선을 이용해 포장된 상태의 제품을 처리할 수 있으며 비열 처리하므로 냉살균이라 한다.
- 비타민 B_1은 감마선에 비교적 민감한 반면 비타민 B_2는 그렇지 않다.
- 방사선 처리 시 formic acid, acetaldehyde 등의 분해산물이 생성된다.
- 방사선량의 단위는 Gy이며 1Gy는 1J/kg에 해당한다.

- 1kGy 이하의 저선량 방사선 조사를 통해 감자, 양파 등의 발아 억제, 기생충 사멸, 숙도 지연 등의 효과를 얻을 수 있다.
- 바이러스의 사멸을 위해서는 발아 억제를 위한 조사보다 높은 선량이 필요하다.
- 10kGy 이하의 방사선 조사로는 모든 병원균을 완전히 사멸시키지는 못한다.
- 식품에는 10kGy 이하의 에너지를 주로 사용한다.
- 완제품의 경우 조사처리된 식품임을 나타내는 문구 및 조사도안을 표시하여야 한다.

20 감염병 중 바이러스에 의해 감염되지 않는 것은?

① 장티푸스 ② 폴리오
③ 인플루엔자 ④ 유행성 간염

[해설]
장티푸스(*Salmonella typhi*)는 세균이다.

2과목 | 식품화학

21 밀가루의 레올로지 특성을 분석하는 장치가 아닌 것은?

① 패리노그래프(farinograph)
② 엑스텐소그래프(extensograph)
③ 텍스처 측정기(texture analyzer)
④ 시차주사열량분석기(differential scanning calorimetry)

[해설]
밀가루 레올로지 특성 분석
- 패리노그래프(farinograph) : 점탄성 측정
- 엑스텐소그래프(extensograph) : 신장성, 인장도 측정
- 텍스처 측정기(texture analyzer) : 물성 측정
- 아밀로그래프(amylograph) : 호화도 측정
※ 시차주사열량분석기(differential scanning calorimetry) : 물성의 변화에 의한 엔탈피 변화 측정장치

22 효소에 의한 과실 및 채소의 갈변을 억제하는 방법으로 가장 관계가 먼 것은?

① 데치기(blanching) ② 2% 소금물에 담금
③ $NaHCO_2$ 용액에 처리 ④ 설탕으로 처리

[해설]
효소적 갈변 억제
- 효소는 단백질이며 갈변작용은 산화에 의해 발생
- 열처리 효소변성 : 데치기
- 활성 억제 : -10℃ 이하 보존, pH 조절
- 산화 억제 : 염류 및 당류 처리, 금속 접촉 방지, 산소 제거
- 환원제 처리 : 아황산염 처리

23 곡류의 지방에 대한 설명으로 옳은 것은?

① 배아부보다 배유부에 더 많이 분포되어 있다.
② 주요 지방산은 올레산(oleic acid)과 리놀레산(linoleic acid)이다.
③ 포화지방산이 많아 산패가 쉽게 일어나지 않는다.
④ 소량의 콜레스테롤이 들어 있다.

[해설]
곡류의 지방
- 배아부에 지방, 효소 등이 많다.
- 곡류에는 불포화지방이 많다.
- 콜레스테롤은 동물성 스테롤이다.

24 양파를 가열 조리할 경우 자극적인 방향과 맛이 사라지고 단맛이 나는 원인은?

① propyl allyl disulfide가 가열로 분해되어 propyl mercaptan으로 변했기 때문이다.
② quercetin이 가열에 의해 mercaptan으로 변했기 때문이다.
③ 섬유질이 amylase 효소에 분해를 받아 포도당을 생성했기 때문이다.
④ carotene이 가열에 의해 단맛을 내는 lycopene으로 변했기 때문이다.

정답 20 ① 21 ④ 22 ④ 23 ② 24 ①

> [해설]
>
> **인경채류의 단맛 성분**
> 파, 양파, 마늘 등 인경채류는 황화합물인 allicin, allyl disulfide, diallyl sulfate 등이 있으며 가열 시 분해되어 단맛 성분인 propyl mercaptan이 생성된다.

25 유화제 분자 내의 친수기와 소수기의 균형을 나타내는 것은?

① HLB
② HPLC
③ acetyl value
④ Hener value

> [해설]
>
> **HLB(Hydrophilic Lipophilic Balance)**
> - hydrophilic(친수성) / lipophilic(친유성, 소수성)의 비
> - 수치가 높으면 친수성, 낮으면 소수성

26 나트륨(Na)에 대한 설명으로 틀린 것은?

① 칼슘과 함께 뼈의 주요 구성성분이다.
② 혈액의 완충작용을 하여 pH를 유지한다.
③ 근육 수축 및 신경 흥분과 관련이 있다.
④ 담즙, 췌액, 장액 등의 알칼리성 소화액의 성분이며, 대부분 재흡수된다.

> [해설]
>
> **나트륨**
> - 생체 다량 무기질로 70g 정도 존재
> - 세포 내 전해질로 작용하여 근육의 수축, 이완과 삼투압 등 조절
> - 뼈의 구성은 칼슘, 마그네슘, 인 등이다.

27 과일주스 제조 공정 중 "살균온도, 살균시간, 살균 pH" 변화에 의한 제품의 맛을 관능 검사하였다. 그 결과 위의 3가지 요인들을 이용하여 제품 맛에 대한 함수식을 만들었다. 이와 같이 여러 개의 독립변수들로 하나의 종속변수를 설명하는 함수식을 만들 때 사용되는 통계 분석법은?

① 주성분분석
② 분산분석
③ 요인분석
④ 회귀분석

> [해설]
>
> **회귀분석**
> - 독립변수와 종속변수의 상관 관계를 나타낸 것
> - 단순회귀분석 : 한 개의 독립변수로 하나의 종속변수를 설명하는 함수식
> - 다중회귀분석 : 여러 개의 독립변수들로 하나의 종속변수를 설명하는 함수식

28 과일에 함유된 펙틴 성분을 가공처리할 때 펙틴 성분의 특성과 변화를 잘못 설명하고 있는 것은?

① 불용성 프로토펙틴은 끓는 물에서 가열처리에 의하여 수용성 펙틴으로 변한다.
② 펙틴 분자 속의 카르복실기 일부가 카르복실메틸기로 변한 상태에서 설탕과 유기산이 있다면 겔을 형성할 수 있다.
③ 저메톡실펙틴(low methoxyl pectin)의 경우 나트륨 이온이 존재한다면 펙틴겔이 잘 만들어진다.
④ 고메톡실펙틴(high methoxyl pectin)의 겔에 영향을 주는 인자는 pH, 설탕 등이다.

> [해설]
>
> **펙틴**
> - 고메톡실펙틴(메톡실기 7% 이상) : 60% 이상의 당, pH 3 이하에서 겔 형성
> - 저메톡실펙틴(메톡실기 7% 이하) : 당 농도가 낮아도 칼슘 등 다가 양이온 존재 시 겔 형성

29 효소반응을 위한 buffer를 제조하고자 한다. 최종 buffer는 A, B, C 용액성분이 각각 0.1, 0.05, 0.5mM이 함유되어 있다. A, B, C 용액이 각각 1.0M 있다면 buffer 1L 제조 시 각각 어떻게 준비해야 하는가?

① A 용액 : 0.1L, B 용액 : 0.2L, C 용액 : 0.45L, 물 : 0.35L
② A 용액 : 0.1L, B 용액 : 0.05L, C 용액 : 0.5L, 물 : 0.35L

정답 25 ① 26 ① 27 ④ 28 ③ 29 ②

③ A 용액 : 0.2L, B 용액 : 0.1L, C 용액 : 0.5L, 물 : 0.2L
④ A 용액 : 0.2L, B 용액 : 0.4L, C 용액 : 0.1L, 물 : 0.3L

해설

완충용액 조제
- 1몰은 1L 용액에 용해된 용질의 분자량
- A, B, C 용액 모두 1몰 용액이므로 동일 비율로 계산
- 1L buffer 제조 시 A, B, C 용액을 각각 0.1, 0.05, 0.5L를 넣고 증류수로 1L까지 채운다.

30 밀가루의 단백질에 대한 설명으로 옳은 것은?

① 필수아미노산 중 트립토판 함량이 가장 적다.
② 글리아딘(gliadin)은 글루텔린(glutelin)에 속하며 글루텐(gluten)에 견고성을 부여한다.
③ 글루테닌(glutenin)은 프롤라민에 속하며 글루텐(gluten)에 점착성을 부여한다.
④ 반죽을 하면 프롤라민 단백질인 글루텐(gluten)이 형성된다.

해설

밀가루 단백질
- 글리아딘(gliadin)은 프롤라민에 속하며 글루텐(gluten)에 점착성을 부여한다.
- 글루테닌(glutenin)은 글루텔린(glutelin)에 속하며 글루텐(gluten)에 탄성을 부여한다.
- 반죽을 하면 글리아딘과 글루테닌이 결합하여 망상구조의 글루텐(gluten)이 형성된다.

31 식품첨가물 지정 절차의 기본원칙에서 사용의 기술적 필요성 및 정당성에 해당하지 않는 것은?

① 기타 의료효과를 목적으로 하는 경우 포함
② 식품의 품질 유지, 안정성 향상 또는 관능적 특성 개선
③ 식품의 영양가 유지
④ 식품 제조, 가공, 저장, 처리의 보조적 역할

해설

식품첨가물 지정 절차 기본원칙
㉠ 첨가물 : 식품을 제조·기공 또는 보존하는 과정에서 식품에 넣거나 섞는 물질 또는 식품을 적시는 등에 사용되는 물질을 말하며 기구 및 용기·포장의 살균·소독의 목적에 사용되어 간접적으로 식품에 이행될 수 있는 물질도 포함한다.
㉡ 사용목적은 다음에 부합해야 한다.
- 안전성 : 안전성 입증 또는 확인
- 사용의 기술적 필요성 및 정당성
- 식품의 품질 유지, 안정성 또는 관능적 특성 개선
- 식품의 영양가 유지
- 특정 식사가 필요한 소비자를 위해 제조하는 식품에 필요한 원료 또는 성분 공급(다만, 질병치료 및 기타 의료효과를 목적으로 하는 경우는 제외)
- 식품의 제조, 가공, 저장, 처리의 보조적 역할

32 섬유상 단백질이 아닌 것은?

① 콜라겐
② 엘라스틴
③ 케라틴
④ 헤모글로빈

해설

섬유상 단백질
형태적으로 섬유상은 실모양으로 구조단백질 구성(콜라겐, 케라틴, 엘라스틴 등)
※ 구상 단백질 : 상대적으로 둥근 모양의 단백질로 헤모글로빈, 효소, 호르몬 등 구성

33 적색을 가진 카로티노이드에 속하지 않는 색소는?

① lycopene
② trans-β-carotene
③ capsanthin
④ astaxanthin

해설

카로티노이드
- 카로틴류 : lycopene(토마토, 수박의 적색), trans-β-carotene(당근의 황색)
- 크산토필류 : capsanthin(고추의 적색), astaxanthin(게, 새우의 적색)

34 콩에 대한 설명으로 틀린 것은?

① 콩에 가장 많은 지방산은 리놀레산(linolein acid)이다.
② 콩에 가장 많은 단백질은 글로불린(globulin)이다.
③ 콩에는 쌀에 비해 트립토판과 메티오닌이 많이 들어 있다.
④ 콩에는 무기질 중에서 K와 P가 많이 들어 있다.

해설

콩에는 쌀에 비해 트립토판과 메티오닌이 적게 들어 있지만 일반적으로 곡류에 부족한 리신을 비롯해 다양한 아미노산이 많이 들어 있다.

35 식품의 관능검사에서 종합적 차이검사에 해당하는 것은?

① 이점비교검사
② 일-이점검사
③ 순위법
④ 평점법

해설

식품의 관능검사

㉠ 차이식별검사
- 종합적 차이검사 : 단순검사(두 시료의 차이 유무 판정), 일-이점검사(기준시료와 동일한 것 선택), 삼점검사(3개 중 다른 하나 선택), 확장삼점검사
- 특성 차이검사 : 이점비교검사(두 개의 차이), 순위법(강도비교순서), 평점법(0~9점), 다시료 비교검사(기준시료와 비교)

㉡ 묘사분석 : 훈련된 검사 요원에 의한 관능적 특성의 질적, 양적 묘사, 향미 프로필(맛, 냄새, 향미), 텍스처 프로필(물리적특성), 정량적 묘사(향미, 텍스처, 색 등 전반적인 관능 특성), 스펙트럼 묘사분석(특성과 강도에 대한 모든 정보), 시간-강도 묘사분석

㉢ 소비자 기호도검사 : 가장 주관적 검사, 새로운 식품 개발이나 품질 개선에 이용, 이점기호검사, 기호 척도법, 순위 기호검사, 적합성 판정법
- 선호도검사 : 여러 개 중 좋아하는 것을 선택하고 좋아하는 순서 정하기
- 기호도검사 : 좋아하는 정도 측정(평점법 이용)

36 감자를 절단한 후 공기 중에 방치하여 표면의 색이 흑갈색으로 변하는 것은 어떤 기작에 의한 것인가?

① Maillard reaction에 의한 갈변
② tyrosinase에 의한 갈변
③ NADH oxidase에 의한 갈변
④ ascorbic acid oxidation에 의한 갈변

해설

효소적 갈변
- 주로 과일(사과, 배)이나 채소(감자, 고구마) 등의 식품에 절단된 부위에서 일어남
- catechin, gallic acid, chlorogenic acid, tyrosine 등이 Polyphenol oxidase, tyrosinase 등 효소에 의해 갈색 물질인 melanin 생성

37 식품공전의 시약·시액·표준용액 및 용량분석용 규정용액에서 시약이 잘못된 것은?

① 과망간산칼륨 - $KMnO_4$
② 붕산 - H_3BO 99.5%
③ 염화암모늄 - NH_2Cl
④ 질산 - HNO_2

해설

염화암모늄 - NH_4Cl

38 전분의 가수분해 과정으로 옳은 것은?

① starch - oligosaccharide - maltose - dextrin - glucose
② starch - dextrin - oligosaccharide - maltose - glucose
③ starch - dextrin - glucose - maltose - oligosaccharide
④ starch - maltose - oligosaccharide - glucose - dextrin

정답 34 ③ 35 ② 36 ② 37 ③ 38 ②

해설

전분의 가수분해
starch-amylodextrin-erythrodextrin-achromodextrin-oligosaccharide-maltose-glucose

39 표면장력과 관련된 성질에 대한 설명으로 틀린 것은?

① 공기-액체 계면에 자리 잡은 분자들은 불균형한 인력을 받아 액체 내부 쪽으로 끌리게 된다.
② 여러 분자들이 액체의 표면을 떠나 내부 쪽으로 향하려는 경향이 있어 표면을 수축하려고 한다.
③ 표면에 작용하는 인력을 표면 장력이라고 하며 단위는 N/m^2으로 표시한다.
④ 표면 활성제는 극성 부분과 비극성 부분을 함께 가진 양쪽 친매성 분자이다.

해설

표면장력
- 표면장력 단위는 N/m 또는 J/m^2
- 표면 활성제를 계면 활성제, 유화제라고도 한다.

40 관능검사에서 사용되는 정량적 평가방법 중 3개 이상 시료의 독특한 특성 강도를 순서대로 배열하는 방법은?

① 분류　　② 등급
③ 순위　　④ 척도

해설

관능검사에 사용되는 정량적 평가방법
- 분류 : 제품의 특성별로 나누는 방법
- 등급 : 숙련된 전문가가 여러 등급으로 제품 평가
- 순위 : 3개 이상 시료의 독특한 특성 강도를 순서대로 배열하는 방법
- 척도 : 구획척도, 비구획척도로 나누며 각 척도별로 명목척도 (nominal scale), 서수척도(서열척도, ordinal scale), 등간척도(interval scale), 비율척도(ratio scale)가 있음

3과목　식품가공학

41 지름 5cm인 원통관을 통해 밀도 $1,015kg/m^3$, 점도 $5.25Pa \cdot s$인 시럽이 $0.15m^3/s$의 속도로 흐르고 있다. 이 조건에서 Reynolds 수는 약 얼마인가?

① 740　　② 1,070
③ 2,140　　④ 4,280

해설

Reynolds 수 측정
- Reynolds 수 $Re = Dv\rho/\mu$ (지름×속도×밀도)/점도
- 관의 단면적 $= (\pi/4) \times D^2 = (3.14/4) \times (0.05m)^2$
　　　　$= 1.96 \times 10^{-3} m^2$
- 속도 = 유속/관의 단면적이므로,
　　$= 0.15m^3/s \times 1/(1.96 \times 10^{-3} m^2)$
　　$= 76.53 m/s$
- $\therefore Re = (0.05m \times 76.53m/s \times 1,015kg/m^3) / 5.25Pa \cdot s$
　　$= 740$
- $Re < 2,100$: 층류
- $2,100 < Re < 4,000$: 중간류
- $Re > 4,000$: 난류

42 C.A 저장에 가장 유리한 식품은?

① 곡류　　② 과채류
③ 어육류　　④ 우유류

해설

C.A 저장(Controled Atmosphere 저장)
밀폐된 공간에 산소 3~4%, 이산화탄소 4~5%로 조절하여 호흡을 억제하여 냉장설비와 함께 저장기간을 연장하는 방법이다.
- 과채류는 수확 후 호흡을 유지해 호흡열에 의한 품온이 상승
- 품온 상승에 따른 숙성도 증가-식품의 열화 작용
- 과채류를 밀폐된 공간에 90% 이상 넣어 호흡을 유도한 후 목표 농도에 이르면 적정산소를 공급하고 이산화탄소는 스크러버를 이용하여 제거하며 숙도 조절

43 밀가루의 물리적 시험법에 대한 설명으로 틀린 것은?

① 아밀로그래프로 아밀라아제의 역가를 알 수 있다.
② 아밀로그래프로 최고점도와 호화개시 온도를 알 수 있다.
③ 익스텐소그래프로 반죽의 신장도와 항력을 알 수 있다.
④ 익스텐소그래프로 강력분과 중력분을 구별할 수 있다.

해설

밀가루 레올로지 특성 분석
- 패리노그래프(farinograph) : 점탄성, 흡수율 측정, 반죽의 경도 및 형성시간 측정
- 엑스텐소그래프(extensograph) : 신장성, 인장항력 측정
- 텍스처 측정기(texture analyzer) : 물성 측정
- 아밀로그래프(amylograph) : 호화도, 점도 측정, 강력분과 중력분 구별에 이용

44 아이스크림의 제조 시 균질효과가 아닌 것은?

① 믹스의 기포성을 좋게 하여 overrun을 증가한다.
② 아이스크림의 조직을 부드럽게 한다.
③ 믹스의 동결공정으로 교동(churning)에 의해 일어나는 응고된 덩어리의 생성을 촉진시킨다.
④ 숙성(aging)시간을 단축한다.

해설

아이스크림의 제조 시 균질의 목적
- 지방구를 $0.1 \sim 2\mu m$로 작게 형성한다.
- 크림층 생성 방지, 점도 향상, 조직 연성화, 소화 향상 효과
- 믹스의 기포성을 좋게 하여 overrun 증가
- 아이스크림의 조직을 부드럽게 한다.
- 숙성(aging)시간을 단축한다.
※ 교동(churning)에 의해 일어나는 응고된 덩어리의 생성을 촉진하는 것은 버터이다.

45 젤리화에 대한 설명으로 틀린 것은?

① 펙틴, 산, 당분의 양이 일정 비율이 될 때 젤리화가 일어난다.
② 펙틴 양이 일정할 때 산의 양이 적어질수록 당분의 양이 적어도 젤리화가 일어난다.
③ 산의 양이 일정할 때 펙틴 양이 증가할수록 당분의 양이 적어도 젤리화가 일어난다.
④ 펙트산은 젤리 형성에 직접 작용하지 않는다.

해설

젤리화
㉠ 과실 중 펙틴(1~1.5%), 유기산(0.3%, pH 2.8~3.3), 당(60~65%)에 의해 형성
㉡ 젤리(jelly)의 강도는 pectin의 농도, pectin의 ester화 정도, pectin의 결합도에 의해 결정
㉢ 펙틴 : 갈락투론산 구성, 프로토펙틴, 펙틴, 펙틴산 분류
- 덜 익은 과실 – 프로토펙틴(불용), 숙성과실 – 펙틴(가용성), 완숙과일 – 펙틴산(불용성)
- 프로토펙틴과 펙틴이 젤리화되고 펙틴산은 젤리화되지 않는다.
- 메톡실기(methoxyl) 7% 이상 – 고 메톡실펙틴 : 유기산과 수소결합형 젤(gel) 형성
- 메톡실기(methoxyl) 7% 이하 – 저 메톡실펙틴 : 칼슘 등 다가 이온이 산기와 결합하여 망상구조 형성
- 펙틴 1.0~1.5%가 적당
㉣ 펙틴 양이 일정할 때 산의 양이 적어질수록 당분의 양이 많아야 젤리화가 일어난다.
㉤ 산의 양이 일정할 때 펙틴 양이 증가할수록 당분의 양이 적어도 젤리화가 일어난다.

46 두부 제조 시 두유를 응고시키는 가장 적합한 온도는?

① 30~40℃
② 50~60℃
③ 70~80℃
④ 90~100℃

해설

두부 제조
- 원료콩에 10배 내외 물을 넣고 마쇄
- 응고제를 첨가하고 70~80℃로 가열, 응고시켜 성형 후 탈수
- 두부 응고제 처리

정답 43 ④ 44 ③ 45 ② 46 ③

47 소시지 가공제품 제조 시 염지의 효과가 아닌 것은?

① 근육단백질의 용해성을 증가시킨다.
② 보수성과 결착성을 증진시킨다.
③ 방부성과 독특한 맛을 갖게 한다.
④ 단백질을 변성시키고 살균한다.

해설

소시지 제조 시 염지 효과
- 염지제(소금, 아질산염, 질산염, 설탕) 등을 염지통에 첨가 후 3~4℃, kg당 2~3일 염지
- 소금에 의한 용해도 증가(염첨효과)
- 아질산염 등에 의한 색소고정
- 소금에 의한 방부성 및 특유의 향미 부여, 보수성, 결착성 부여로 조직 형태 유지

48 과일, 채소류를 블랜칭(blanching)하는 목적이 아닌 것은?

① 향미성분을 보호한다.
② 박피를 용이하게 한다.
③ 변색을 방지한다.
④ 산화효소를 불활성화시킨다.

해설

데치기(blanching)
- 식품 원료에 들어 있는 산화 효소 불활성화
- 식품 조직 중의 가스 방출
- 예열함으로써 원료 중에 들어 있는 산소농도 감소
- 식품의 색을 고정시키고 박피 용이
- 조직을 유연화하여 충진 용이

49 스테비오사이드(stevioside)의 특성이 아닌 것은?

① 설탕에 비하여 약 200배의 감미를 가지고 있다.
② pH 변화와 열에 안정하다.
③ 장시간 가열 시 산성에서는 안정하나 알칼리성에서는 침전이 형성된다.
④ 비발효성이다.

해설

스테비오사이드(stevioside)
- 스테비아 꽃에서 추출한 배당체
- 열과 pH에 안정
- 설탕에 비하여 약 200배의 감미
- 비발효성으로 영, 유아식에 사용할 수 없다.

50 유통기한 설정 시 품질변화의 지표물질이 갖추어야 할 사항이 아닌 것은?

① 이화학적인 지표로 객관적이어야 하며 관능적인 지표는 제외한다.
② 측정이 용이하고 재현성이 있어야 한다.
③ 위생적인 특성이 고려되어야 한다.
④ 영양적인 특성이 고려되어야 한다.

해설

유통기한 설정 시 품질변화의 지표
- 이화학적, 미생물학적, 관능적 지표를 설정할 것
- 위생적, 영양적 특성을 고려할 것
- 측정이 용이하고 재현성이 있을 것
- 관능적 평가와 일치할 것

51 장맥아에 대한 설명 중 틀린 것은?

① 10~15℃에서 14~17일간 발아한다.
② 유아의 길이가 보리알의 길이와 동일하다.
③ 단맥아보다 amylase의 역가가 크다.
④ 맥주용으로 적합하지 않다.

해설

맥아(보리의 싹)
㉠ 맥아 제조 : 당화효소, 단백질 분해효소 등 활성화, 특유 향미와 색소 생성, 저장성 부여
㉡ 단맥아
  - 길이가 보리보다 짧다.
  - 고온에서 발아
  - amylase 활성이 약하고 전분이 많아 맥주 제조에 이용
㉢ 장맥아
  - 싹의 길이가 보리길이의 1.5~2배로 길다.
  - 발아 온도는 10~15℃에서 14~17일간 발아
  - amylase 활성이 강해 식혜, 엿기름 제조에 이용

정답　47 ④　48 ①　49 ③　50 ①　51 ②

52 유지의 경화에 대한 설명으로 틀린 것은?

① 불포화지방산을 포화지방산으로 만드는 것이다.
② 쇼트닝, 마가린 등이 대표적인 제품이다.
③ 산화와 풍미변패에 대한 저항력을 높여 준다.
④ 질소첨가반응으로 융점을 낮추어준다.

[해설]
유지의 경화
- 불포화지방산이 많은 액체유에 Ni 존재하에서 H를 첨가하여 고체지(포화지방산)로 제조
- 녹는점이 높아지고 안정성 증가, 산패가 적고 냄새 감소
- 어유, 콩기름, 면실유. 채종유 등에 이용
- 쇼트닝, 마가린 등이 대표적인 제품

53 발효유 제품 제조 시 젖산균스타터 사용에 대한 설명으로 틀린 것은?

① 우리가 원하는 절대적 다수의 미생물을 발효시키고자 하는 기질 또는 식품에 접종시켜 성장하도록 하므로 원하는 발효가 일어나도록 해 준다.
② 원하지 않는 미생물의 오염과 성장의 기회를 극소화한다.
③ 균일한 성능의 발효미생물을 사용함으로써 자연발효법에 의하여 제조되는 제품보다 품질이 균일하고, 우수한 제품을 많이 생산할 수 있다.
④ 발효미생물의 성장속도를 조정할 수 없어서 공장에서 제조계획에 맞출 수 없다.

[해설]
젖산균스타터
- 발효유제품 제조에 이용하기 위해 배양한 미생물
- 젖산균스타터를 사용하면 발효미생물의 성장속도를 조정할 수 있어 공장에서 제조계획에 맞출 수 있다.

54 라면의 일반적인 제조공정에 대한 설명으로 틀린 것은?

① 전분의 α화는 100~105℃ 정도의 증기를 불어 넣어 2~5분간 찐다.
② 전분의 α화 고정은 열풍건조한 면을 튀김용의 용기에 일정량 넣어 130~150℃의 온도에서 2~3분간 튀긴다.
③ 튀긴 후의 면을 충분히 냉각하지 않고 포장하면 포장지 내면에 응축수가 생겨 유지의 산패가 촉진된다.
④ 반죽은 밀가루의 50%에 해당하는 물에 원료를 넣고 혼합, 반죽하여 수분함량을 20%로 조절한다.

[해설]
라면 제조공정
- 배합 : 밀가루, 소금, 물(밀가루의 30%) 등을 혼합하여 수분 10% 이하로 반죽
- 제면 : 압연기, 제면기로 라면 형태 형성
- 증자 : 100℃에서 2~5분간 증기로 증자
- 성형 : 라면의 일정 모양 성형
- 유탕 : 130~150℃에서 2~3분간 팜유 등으로 튀겨 α화 고정
- 냉각 : 상온 냉각
- 포장 : 수프와 포장

55 건조방법 중에서 건조시간이 대단히 짧고, 제품의 온도를 비교적 낮게 유지할 수 있으며 액상식품을 분말로 건조하는 데 가장 적합한 건조법은?

① rotary drying
② drum drying
③ freeze drying
④ spray drying

[해설]
분무 건조법(Spray drying)
- 열에 약한 제품에 이용, 분유, 주스분말, 커피, 차 등
- 액상 식품을 분무장치로 열풍에 분무하여 빠르게 건조
- 대부분 건조가 항률건조

56 도관을 통하여 흐르는 뉴턴액체(Newtonian fluid)의 Reynolds 수를 측정한 결과 2,500이었다. 이 액체의 흐름의 형태는?

① 유선형(streamline)
② 전이형(transition region)
③ 교류형(turbulent)
④ 정치형(static state)

정답 52 ④ 53 ④ 54 ④ 55 ④ 56 ②

[해설]
Reynolds 수
- $Re = Dv\rho/\mu$ (지름×속도×밀도)/점도
- $Re < 2,100$: 층류, 유선형(streamline)
- $2,100 < Re < 4,000$: 중간류, 전이형(transition region)
- $Re > 4,000$: 난류, 교류형(turbulent)

57 수산화나트륨을 가하여 유리되는 지방산을 비누화하여 제거하는 유지정제법은?

① 알칼리법 ② 흡착법
③ 황산법   ④ 여과법

[해설]
유지의 정제
불순물을 물리·화학적 방법으로 제거한다.
㉠ 탈검공정(Degumming process)
　• 인지질 등 제거
　• 무수 상태에서 기름에 녹으므로 물이나 수증기를 넣어 수화시켜 분리
㉡ 탈산공정(Deaciding process)
　• 유리지방산 등 제거
　• NaOH로 유리지방산을 중화(비누화) 제거하는 알칼리 정제법 사용
㉢ 탈색공정(Decoloring process)
　• carotenoid, 엽록소 등 제거
　• 가열탈색법이나 활성백토를 이용하는 흡착탈색법 사용
㉣ 탈취공정(Deodoring process)
　• 알데히드, 케톤, 탄화수소 등 냄새 제거
　• 활성탄 등 흡착제를 이용한 탈취
㉤ 탈납공정(Winterization)
　• 샐러드유 제조 시 지방결정체 제거
　• 냉각시켜 발생되는 고체 결정체를 제거하는 탈납(dewaxing) 이용

58 훈연의 목적이 아닌 것은?

① 향기의 부여
② 제품의 색 향상
③ 보존성 향상
④ 조직의 연화

[해설]
훈연의 목적
- 염지육색이 가열에 의하여 안정되어 제품의 색 향상
- 훈연 연기 중 페놀(phenol), 유기산, formaldehyde, acetaldehyde의 살균작용
- 훈연취에 의한 독특한 풍미 부여
- 건조, 살균, 항산화작용에 의한 저장성 향상
- 건조에 의한 수분 감소로 수분활성도 감소
- 온훈법 : 30~50℃에서 5~10시간, 냉훈법 : 10~20℃에서 1~3주간, 열훈법 : 50~80℃에서 수 시간, 훈연액법 등

59 42% 전분유 1L를 산분해시켜 DE 값이 42가 되는 물엿을 만들었을 때 생성된 환원당의 양은?

① 420.0g   ② 176.4g
③ 100.8g   ④ 84.0g

[해설]
당화율(DE ; Dextrose Equivalent) : 전분 가수분해 정도 표시
- $DE = \dfrac{\text{포도당(환원당)}}{\text{고형분}} \times 100$
- 1L 고형분 $= \dfrac{42}{100} \times 1,000 = 420$
- $42 = \dfrac{\text{환원당}}{420} \times 100$
∴ 환원당 = 176.4

60 밀감을 통조림으로 가공할 때 속껍질 제거 방법으로 적합한 것은?

① 산처리   ② 알칼리처리
③ 열탕처리   ④ 산, 알칼리 병용처리

[해설]
박피법(peeling)
- 칼, 열탕법, 증기법, 알칼리법(1~3%, NaOH), 산처리법(1~3%, HCl), 기계법
- 감귤 통조림
　원료 → 선별 → 열처리 → 외피 벗기기 → 건조 → 쪼개기 → 속껍질 벗기기(산·알칼리 박피법) → 담그기 → 선별 → 담기 → 탈기 → 밀봉 → 살균 → 냉각 → 제품
- 산, 알칼리 박피법 : 20℃, 30~60분 산처리(1~3%, HCl) → 물로 세척 → 30초, 알칼리처리(1~3%, NaOH) → 물로 세척

정답 57 ① 58 ④ 59 ② 60 ④

4과목 식품미생물학

61 bacteriophage에 대한 오염방지 대책으로 틀린 것은?

① 발효공정을 rotation system으로 이용한다.
② 훈증 또는 장치가열·살균을 철저히 행한다.
③ 혐기적으로 발효를 행한다.
④ 공정에 대해 약제살균을 하거나 내성균을 이용한다.

해설
bacteriophage의 대책
- 박테리오파지(bacteriophage) : 세균을 숙주세포로 하는 바이러스
- 훈증 또는 장치가열·살균 철저
- 약제살균을 하거나 내성균 이용
- 발효공정 시 rotation system 이용

62 리스테리아의 세균 특성에 대한 설명으로 틀린 것은?

① 건조한 환경에서도 비교적 잘 견딘다.
② 일반미생물보다 냉동조건에 강하다.
③ 식중독 발생 시 감염형 특성을 나타낸다.
④ 최적온도가 25℃ 정도이다.

해설
Listeria monocytogenes
- 그람양성, 무포자, 간균, 중온균으로 최적온도는 30~37℃이나 냉장고에서 활발히 생육하는 세균
- 감염형 식중독균으로 잠복기는 확실하지 않고 위장증상, 수막염, 임산부의 자연유산 및 사산 유발
- 건조한 환경에 강해 분유 등 유제품 및 육류를 통해 감염

63 단백질의 생합성에 대한 설명 중 틀린 것은?

① DNA의 염기 배열순에 따라 단백질의 아미노산 배열순위가 결정된다.
② 단백질 생합성에서 RNA는 m-RNA → r-RNA → t-RNA 순으로 관여한다.
③ RNA에는 H$_2$PO$_4$, D-ribose가 있다.
④ RNA에는 adenine, guanine, cytosine, thymine 이 있다.

해설
단백질 생합성
- 활성화 단계(activation) : amino acyl-tRNA 형성, tRNA의 5탄당 ribose 3'OH에 유리 아미노산 결합, 2ATP 소모
- 개시단계(initiation) : 30S 개시복합체(mRNA, 30S, fMET-tRNA, GTP, 개시인자) 형성 후 50S를 결합하여 70S 개시복합체 형성
- 연장단계(elongation) : P위치에서 A위치 이동, amino acyl-tRNA, 2GTP 소모
- 종결단계(termination) : UAA, UAG, UGA 종결암호
- 변형단계(modification) : 접힘 등 안정된 3차 구조 완성, 샤프론의 도움
- 단백질 합성 시 필요한 인자 : ① mRNA(주형) ② 리보솜(장소, rRNA) ③ tRNA(아미노산 운반) ④ ATP(활성화 단계), GTP(개시, 연장, 종결 시)
- mRNA는 DNA를 주형으로 전사되므로 DNA의 염기 배열순에 따라 단백질의 아미노산 배열순위가 결정된다.
- DNA에는 H$_3$PO$_4$, D-deoxyribose가 있으며 RNA에는 H$_3$PO$_4$, D-ribose가 있다.
- DNA에는 adenine(A), guanine(G), cytosine(C), thymine(T)이 있으며 RNA에는 adenine, guanine, cytosine, uracil(U)이 있다.

64 대장균(E.coli)에 대한 설명으로 틀린 것은?

① 장내에 서식하며 그람음성, 통성혐기성균이다.
② 유당을 분해한다.
③ 대장균군에 속해 있으며 대부분이 매우 유해한 식중독균이다.
④ 식품위생 지표로 사용된다.

해설
대장균(E.coli)
- 장내에 서식하며 그람음성, 운동성, 간균, 통성혐기성균
- 유당을 분해하여 CO$_2$와 H$_2$가스 생산
- 대부분이 매우 무해하나 변종 중에는 식중독균이 있다.
- 식품위생 지표 세균

정답 61 ③ 62 ④ 63 ④ 64 ③

65 killer yeast가 자신이 분비하는 독소에 영향을 받지 않는 이유는?

① 항독소를 생산하기 때문이다.
② 독소 수용체를 변형시키기 때문이다.
③ 독소를 분해하기 때문이다.
④ 독소를 급속히 방출시키기 때문이다.

해설
killer yeast
- 알코올 발효 시 킬러 효모를 이용하면 다른 효모를 사멸시켜 제어가 용이
- killer yeast는 자신의 독소 수용체 단백질을 변형시켜 영향을 받지 않는다.

66 치즈 숙성에 관련된 균이 아닌 것은?

① *Penicillium camemberti*
② *Aspergillus oryzae*
③ *Penicillium roqueforti*
④ *Propionibacterium freudenreichii*

해설
치즈 숙성 균
- 카망베르 치즈 – *Penicillium camemberti*
- 로크포르 치즈 – *Penicillium roqueforti*
- 스위스 에멘탈 치즈 – *Propionibacterium freudenreichii*
- 황국균 – *Aspergillus oryzae*

67 일반적으로 그람염색에서 사용되지 않는 화학물질은?

① 말라카이트 그린(malachite green)
② 크리스털 바이올렛(crystal violet)
③ 에틸알코올(ethyl alcohol)
④ 사프라닌(safranin)

해설
Gram 염색(Gram stain)
㉠ crystal violet(1분) 염색 – Lugol액 매염 – 95% 에틸알코올 탈색(30초) – SafraninO(1분) 대비염색
㉡ 보라색 – Gram 양성, 붉은색 – Gram 음성
㉢ 세균 세포벽을 구성하는 peptidoglycan 차이에 의해 그람 양성균과 그람 음성균으로 분류
- 그람 양성균(G+) : 20여 개 층 peptidoglycan과 teichoic acid가 crystal violet에 의해 보라색으로 염색
- 그람 음성균(G−) : 2~3개 층 peptidoglycan과 lipopoly-saccharide로 구성된 세포벽이 알코올 탈색 후 SafraninO에 의해 붉은색으로 염색

68 전분의 비환원성 말단으로부터 포도당 단위로 가수분해하는 효소는?

① cellulase
② glucoamylase
③ β-galactosidase
④ glucose isomerase

해설
전분 가수분해 효소
- α-amylase : 전분의 α-1,4 글리코시드 결합을 무작위로 가수분해
- β-amylase : 전분의 비환원성 말단으로부터 말토오스 단위로 가수분해
- glucoamylase : 전분의 비환원성 말단으로부터 포도당 단위로 가수분해
- cellulase : 섬유소 가수분해효소
- β-galactosidase : 갈락토오스 가수분해효소
- glucose isomerase : 포도당 이성화효소

69 haematometer는 미생물 실험 시 어떤 용도인가?

① 총균수 측정
② 효소활성 측정
③ 흡광도 측정
④ 균체의 크기 측정

해설
미생물 총균수 계수법
염기성 염색시약으로 단일 염색하고 혈구계수기(haematometer)로 직접 계수하여 희석배수와 눈금칸을 곱해 구한다.

정답 65 ② 66 ② 67 ① 68 ② 69 ①

70 버섯에 대한 설명 중 틀린 것은?

① 포자가 착생하는 자실체가 육안으로 볼 수 있을 정도로 크게 발달한 대형 자실체를 형성하는 것을 버섯이라고 한다.
② 분류학적으로 담자균류와 자낭균류에 속하지만 대부분 담자균류에 속한다.
③ 담자균류에는 동담자균류와 이담자균류가 있다.
④ 담자균류에서 무성 생식포자는 드물게 나타나며, 유성 생식포자로는 핵융합과 감수분열을 거쳐 담자기에 보통 4개의 자낭포자가 형성된다.

[해설]
담자균류에서 무성 생식포자는 드물게 나타나며, 유성 생식포자로는 핵융합과 감수분열을 거쳐 담자기에 보통 4개의 담자포자가 형성된다.

71 세균의 생육곡선 중 생균수가 일정하게 유지되고 최대의 세포수를 나타내는 시기는?

① 유도기(lag phase)
② 정지기(stationary phase)
③ 산화기(oxidation phase)
④ 대수기(logarithmic phase)

[해설]
미생물의 생육곡선(growth curve)
㉠ 유도기(lag phase, induction period)
 • 미생물이 증식을 준비하는 시기
 • 효소·RNA는 증가, DNA는 일정
 • 초기 접종균수를 증가시키거나 대수 증식기 균을 접종하면 기간 단축
㉡ 대수기(logarithmic phase)
 • 대수적으로 증식하는 시기
 • RNA는 일정, DNA는 증가
 • 세포질 합성속도와 세포수 증가 비례
 • 세대시간, 세포의 크기 일정
 • 생리적 활성이 크고 예민
 • 증식속도는 영양, 온도, pH, 산소 등에 따라 변화
㉢ 정지기(stationary phase)
 • 영양물질의 고갈로 증식수와 사멸수가 같다.
 • 세포수 최대
 • 포자 형성 시기
㉣ 사멸기(death phase)
 • 생균수보다 사멸균 수가 증가
 • 자기소화(autolysis)로 균체 분해

72 식염(NaCl)이 미생물 생육을 저해하는 원인이 아닌 것은?

① 삼투압에 의해 원형질 분리가 일어난다.
② 탈수작용으로 세포 내 수분을 뺏는다.
③ 산소용해도가 증가한다.
④ 세포의 탄산가스 감수성을 높인다.

[해설]
식염(NaCl)의 미생물 생육 저해
• 삼투압에 의해 원형질 분리
• 탈수에 의한 미생물 사멸
• 염소 자체의 살균력
• 용존산소 감소 효과에 따른 화학반응 억제
• 단백질 변성에 의한 효소의 작용 억제

73 다음 미생물 중 원핵생물에 속하는 것은?

① yeast
② bacteria
③ protozoa
④ algae

[해설]
yeast, protozoa, algae는 진핵생물이다.

74 효모 미토콘드리아(mitochondria)의 주요 작용은?

① 호흡작용
② 단백질 생합성 작용
③ 효소 생합성 작용
④ 지방질 생합성 작용

[해설]
미토콘드리아는 호흡작용하며 단백질 생합성은 리보솜에서 한다.

정답 70 ④ 71 ② 72 ③ 73 ② 74 ①

75 *Brevibacterium ammoniagenes*를 변이시켜 adenine 요구 균주를 분리하였다. adenine 요구 균주의 성질에 대한 설명으로 틀린 것은?

① 완전 배지에 잘 자란다.
② 최소배지에 adenine을 첨가한 배지에서 자란다.
③ 최소배지에 adenine을 첨가하거나 하지 않았거나 관계없이 자란다.
④ 최소배지에 adenine과 guanine을 첨가한 배지에서 자란다.

[해설]
adenine 요구 변이주란 균의 생육에 반드시 adenine을 필요로 하는 균주를 뜻한다.

76 세포융합의 단계에 해당하지 않는 것은?

① 세포의 protoplast화 ② 융합체의 재생
③ 세포분열   ④ protoplast의 융합

[해설]
유전자 재조합
㉠ 세포융합(cell fusion) : 두 종류의 세포를 융합시켜 양쪽의 성질을 모두 갖는 새로운 세포 생성
㉡ 세포융합 순서
 • protoplast화 – 세포벽을 효소 등을 이용하여 제거
 • protoplast의 융합 – 두 세포의 결합
 • 세포 재생
 • 배양, 선발 – 적당한 유전자 표시로 주세포에서 융합세포 선발(영양 요구성, 항생 물질 내성, 당 분해성, 색소 등)

77 DNA를 bacteriophage를 매개체로 하여 옮기는 유전적 재조합 현상은?

① 형질 전환(transformation)
② 세포 융합(cell fusion)
③ 형질 도입(transduction)
④ 접합(conjugation)

[해설]
유전자 재조합
• 형질 전환(transformation) : 공여세포의 유전자를 제한효소를 이용하여 벡터로 사용할 플라스미드에 유전자를 삽입하여 수용세포에 넣어서 유전자 재조합
• 형질 도입(transduction) : 벡터로서 플라스미드 대신 용원성 박테리오파지를 이용하여 수용세포에 넣어 재조합
• 접합(conjugation) : 원핵세포에 있어서 일시적인 접촉에 의해 두 개의 개체간 DNA가 이동하는 방법으로 성공률이 낮다.
• 세포 융합(cell fusion) : 두 종류의 세포를 융합시켜 양쪽의 성질을 모두 갖는 새로운 세포 생성

78 *Bacillus subtilis*(1개)가 30분마다 분열한다면 5시간 후에는 몇 개가 되는가?

① 10   ② 512
③ 1,024   ④ 2,048

[해설]
세대시간(generation time)
㉠ 하나의 세포가 분열하여 2개 세포로 증식하는 시간
㉡ 세균은 분열법으로 번식하며 일반적으로 15분~30분이다.
㉢ 세대시간 계산
 • 총균수 = 초기균수 $\times 2^n$, n = 세대수
 • n세대까지 소요시간을 t, 분열시간을 g라 하면,
  세대수 $n = \dfrac{t}{g}$
 • $n = 300/30 = 10$
 ∴ 총균수 $= 1 \times 2^{10} = 1,024$

79 다음 포자 중 무성포자가 아닌 것은?

① 난포자   ② 분생포자
③ 포자낭포자 ④ 후막포자

[해설]
곰팡이의 포자
곰팡이는 포자로 번식하며 무성생식과 유성생식이 있다.
• 무성포자 : 내생포자(포자낭포자), 외생포자(분생포자), 후막포자, 분열자
• 유성포자 : 접합포자, 난포자, 자낭포자, 담자포자

80 그람 양성균에 존재하지 않는 세포성분은?

① peptidoglycan ② lipopolysaccharide
③ teichoic acid ④ phospholipid

해설

세균 세포벽
세균 세포벽을 구성하는 peptidoglycan 차이에 의해 그람 양성균과 그람 음성균으로 분류
- 그람 양성균(G+) : 20여 개 층 peptidoglycan과 teichoic acid가 crystal violet에 의해 보라색으로 염색
- 그람 음성균(G−) : 2~3개 층 peptidoglycan과 lipopoly−saccharide로 구성된 세포벽이 알코올 탈색 후 SafraninO에 의해 붉은색으로 염색

5과목 생화학 및 발효학

81 제빵 발효 시 어떤 아밀라아제를 사용하는 것이 적합한가?

① 효모의 아밀라아제 ② 곰팡이의 아밀라아제
③ 세균의 아밀라아제 ④ 식물 아밀라아제

해설

제빵 발효 시 이용하는 효모인 *Saccharomyces cerevisia*의 아밀라아제가 사용된다.

82 gluconeogenesis(당신생경로)에서 젖산으로부터 glucose를 재합성할 때 조직세포의 미토콘드리아로부터 세포질로 운반되는 중간물질은?

① pyruvate ② oxaloacetate
③ malate ④ phosphoenolpyruvate

해설

당신생반응 과정
첫 번째 반응은 미토콘드리아 나머지는 세포질
ⓐ pyruvate → oxaloacetate(OAA)
  - pyruvate carboxylase(조효소, biotin)
  - 1ATP 소모, 미토콘드리아 기질
ⓑ OAA → malate → 세포질 이동 → malate → OAA : malate dehydrogenase
ⓒ OAA → PEP : PEP carboxykinase, 1GTP 소모, 세포질
ⓓ 3−phosphoglycerate ↔ 1,3−diphosphoglycerate(DPG) : phosphoglycerate kinase, 1ATP 소모
ⓔ fru−1,6−diphosphate → fru−6−phosphate : fructose−1,6−diphosphatase
ⓕ glu−6−phosphate → glucose : glucose−6−phosphatase
ⓖ 당신생의 조절효소 : pyruvate Carboxylase와 Fru−1, 6−diphosphatase

83 활성오니법에 의한 폐수처리공정의 순서는?

① 스크린−침전지−폭기조−제1침전조−제2침전조
② 스크린−침전지−제1침전조−폭기조−제2침전조
③ 스크린−폭기조−침전지−제1침전조−제2침전조
④ 스크린−폭기조−제1침전조−제2침전조−침전지

해설

활성슬러지법(활성오니법)
- 하수처리 시 호기성 미생물을 이용한 도시하수의 2차 처리
- 스크린−침전지−제1침전조−폭기조−제2침전조−소독−방류

84 DNA 염기쌍의 연결이 옳은 것은?

① adenine−thymine ② adenine−guanine
③ thymine−guanine ④ thymine−cytosine

해설

Watson과 Crick의 DNA 구조의 특징
- DNA는 3′, 5′ phosphodiester 결합
- 두 가닥 사슬은 서로 역평행(antiparallel), 5′→3′ 방향성
- 오른손 2중나선구조(right handed double helix)
- 두 가닥은 서로 상보적(complementary)(5′−ATG−3′의 상보적 가닥은 5′−CAT−3′)
- 두 가닥은 purine과 pyrimidine 염기 사이 수소 결합 Adenine=Thymine, Guanine≡Cytosine
- purine 염기와 pyrimidine 염기의 구성비는 생물에 관계없이 1에 가깝다(샤가프법칙).
- 2중나선구조의 1회전 시 Nucleotide 수는 약 10개
- 나선의 반복거리는 3.4nm
- 염기쌍은 축에 대해 안쪽으로 수직

85 알코올 증류에 대한 설명으로 틀린 것은?

① 공비(共沸) 혼합물의 알코올 농도는 97.2%(v/v) 또는 96%(w/w)이다.
② 공비점 78.15℃에서는 용액의 조성과 증기의 조성이 일치한다.
③ 99%의 알코올을 끓이면 이때 발생하는 증기의 농도는 낮아진다.
④ 공비 혼합물을 만드는 용액에서는 분류에 의해서 성분을 완전히 분리할 수 있다.

해설

알코올의 공비점(78.15℃)
- 일정 압력하에서 알코올과 물 혼합물의 비점(b.p)과 융점(m.p)이 같아지는 온도
- 알코올의 농도가 97.2%로 가열하여도 농도는 더 이상 오르지 않는 온도
- 99% 알코올 제조는 탈수법 이용
- 99% 알코올 가열 시 농도는 낮아짐
- 공비 혼합물을 만드는 용액에서는 분류에 의해서 성분을 완전히 분리할 수 없음

86 세포벽 합성(cell wall synthesis)에 영향을 주는 항생물질은?

① streptomycin
② oxytetracycline
③ mitomycin
④ penicillin G

해설

penicillin G는 세균의 세포벽 합성을 저해하여 세균을 사멸시킨다.

87 알코올 발효 시 당화방법이 아닌 것은?

① 국법
② 맥아법
③ amylo법
④ yeast법

해설

알코올 발효 시 전분으로부터 당화공정
㉠ 국법
  - 병행 복발효주를 증류한 것
  - 옥수수, 고구마 등 이용
  - 당화 균주 : *Asp. oryzae, Asp. usamii, Asp. awamori*
㉡ 아밀로(Amylo)법
  - 아밀로균(*Mucor rouxii, Rhizopus delemer, Rh. Javanicus, Rh. Japonicus, Rh. tonkinensis*) 사용
  - 밀폐발효로 발효이 높음
㉢ 맥아법

88 비오틴의 결핍증이 잘 나타나지 않는 이유는?

① 지용성 비타민으로 인체 내에 저장되므로
② 일상생활 중 자외선에 의해 합성되므로
③ 아비딘 등의 당단백질의 분해산물이므로
④ 장내세균에 의해서 합성되므로

해설

비오틴
- 주로 카르복실라아제의 조효소
- 1탄소 공여체로 작용
- 계란 난백의 아비딘과 복합체 형성
- 장내 세균에 의해 합성

89 고체배양의 일반적인 특징이 아닌 것은?

① 곰팡이의 오염을 방지할 수 있다.
② 공정에서 나오는 폐수가 적다.
③ 시설비가 적게 들어 소규모 생산에 유리하다.
④ 배지조성이 단순하다.

해설

고체배양의 특징
- 배지조성이 단순하며 값싼 원료 이용 가능
- 곰팡이 배양에 주로 이용하며 세균에 의한 오염 방지 가능
- 공장에서 나오는 폐수가 적음
- 시설비가 적게 들어 소규모 생산에 유리
- 대기 중 산소가 쉽게 공급되므로 동력이 불필요
- 생산물의 회수가 용이
- 환경조건 측정 및 제어가 어려움

정답 85 ④ 86 ④ 87 ④ 88 ④ 89 ①

90 세균 세포벽의 성분은?

① 펩티도글리칸(peptidoglycan)
② 히알루론산(hyaluronic acid)
③ 키틴(chitin)
④ 콘드로이틴(chondroitin)

[해설]

세균 세포벽
세균 세포벽을 구성하는 peptidoglycan 차이에 의해 그람 양성균과 그람 음성균으로 분류
- 그람 양성균(G+) : 20여 개 층 peptidoglycan과 teichoic acid가 crystal violet에 의해 보라색으로 염색
- 그람 음성균(G−) : 2~3개 층 peptidoglycan과 lipopolysaccharide로 구성된 세포벽이 알코올 탈색 후 SafraninO에 의해 붉은색으로 염색

91 다음 중 지용성 비타민이 아닌 것은?

① 비타민 A   ② 비타민 B_1
③ 비타민 D   ④ 비타민 E

[해설]

지용성 비타민
A, D, E, K

92 α-amylase의 성질이 아닌 것은?

① 전분의 α-1, 4 및 α-1, 6 결합을 임의의 위치에서 분해한다.
② 전분의 점도를 급격히 저하시킨다.
③ 최종 분해생성물은 dextrin, 맥아당, 소량의 포도당이다.
④ 액화형 amylase이다.

[해설]

전분 가수분해 효소
㉠ α-amylase
- 전분의 α-1,4 글리코시드 결합을 무작위로 가수분해
- 전분의 점도를 급격히 저하
- 최종 분해생성물은 dextrin, 맥아당, 소량의 포도당
- 액화형 amylase

㉡ β-amylase : 전분의 비환원성 말단으로부터 말토오스 단위로 가수분해
㉢ glucoamylase : 전분의 비환원성 말단으로부터 포도당 단위로 가수분해

93 다음 중 전자수송사슬(ETC)에서 전자를 획득하는 경향이 가장 큰 것은?

① 산소
② 보조효소 Q
③ 사이토크롬 c
④ 니코틴아마이드 아데닌 다이뉴클레오타이드

[해설]

전자전달계(호흡사슬, ETC ; Electron Transport Chain)
- 미토콘드리아 내막(inner membrane)에 존재
- 해당계와 TCA 회로 등에서 생성된 NADH와 $FADH_2$가 전자전달계로 들어가 수소이온을 기질에서 막간공간으로 이동시키고 산소(최종 전자수용체)를 환원하여 물 생성
- FMN → FeS(1복합체) → FAD → FeS(2복합체) → CoQ(조효소, Ubiquinone) → Cyt b → FeS → Cyt c_1(3복합체) → Cyt c → Cyt aa_3(4복합체, cytochrome oxydase, 금속이온 Fe와 Cu 구성) → O_2(최종전자수용체) → H_2O

94 대장균에서 단백질 합성에 직접적으로 관여하는 인자가 아닌 것은?

① rRNA   ② tRNA
③ mRNA   ④ DNA

[해설]

단백질 생합성
- 활성화 단계(activation) : amino acyl-tRNA 형성, tRNA의 5탄당 ribose 3'OH에 유리 아미노산 결합, 2ATP 소모
- 개시 단계(initiation) : 30S 개시복합체(mRNA, 30S, fMET-tRNA, GTP, 개시인자) 형성 후 50S를 결합하여 70S 개시복합체 형성
- 연장 단계(elongation) : P위치에서 A위치 이동, amino acyl-tRNA, 2GTP 소모
- 종결 단계(termination) : UAA, UAG, UGA 종결암호
- 변형 단계(modification) : 접힘 등 안정된 3차 구조 완성, 샤프론의 도움

- 단백질 합성 시 필요한 인자 : ① mRNA(주형), ② 리보솜(장소, rRNA), ③ tRNA(아미노산 운반), ④ ATP(활성화 단계), GTP(개시, 연장, 종결 시)

95 효소의 반응속도 및 활성에 영향을 미치는 요소와 가장 거리가 먼 것은?

① 온도
② 수소이온 농도
③ 기질의 농도
④ 반응액의 용량

해설
효소의 반응속도 및 활성에 영향을 미치는 요소
온도, pH, 기질의 농도(효소 농도가 일정하다는 가정)

96 균체 단백질 생산 미생물의 구비조건이 아닌 것은?

① 미생물과 미생물 균체가 유해하지 않아야 한다.
② 회수가 쉬워야 한다.
③ 생육최적온도가 낮아야 한다.
④ 영양가가 높고 소화성이 좋아야 한다.

해설
생육최적온도에 맞아야 한다.

97 구연산 발효에 대한 설명으로 틀린 것은?

① *Aspergillus niger*를 사용한다.
② 배지의 pH 2.0~4.0에서 구연산의 생산이 좋다.
③ 배지의 pH가 비교적 높은 곳에서는 gluconic acid와 수산의 생산량이 증가한다.
④ 발효할 때 산소의 존재 여부와 관계가 없다.

해설
구연산 발효
- 생산균 : *Aspergillus niger, Asp. awamori, Candida lipolytica*
- 수율 : 포도당 원료 110%, 탄화수소 원료 230%
- 당농도 10~20%, 26~35℃, pH 3.5
- 호기적 상태 유지

98 분자량(MW)이 75,000인 단백질을 암호화하는 mRNA의 분자량은 얼마인가?

① 600,000
② 75,000
③ 25,000
④ 225,000

해설
핵산의 분자량
- 단백질의 아미노산 잔기의 평균 분자량이 110달톤이므로 75,000/110 = 681
- 아미노산 1분자에 대한 코돈은 3개 염기로 구성되므로 681×3 = 2,043
- 핵산의 평균 분자량은 300달톤
∴ 2,043×300 = 612,900

99 단백질의 생합성이 이루어지는 장소는?

① 미토콘드리아(mitochondria)
② 리보솜(ribosome)
③ 핵(nucleus)
④ 액포(vacuole)

해설
미토콘드리아는 호흡작용하며 단백질 생합성은 리보솜에서 한다.

100 DNA에는 함유되어 있으나 RNA에는 함유되어 있지 않은 성분은?

① 아데닌(adenine)
② 티민(thymine)
③ 구아닌(guanine)
④ 시토신(cytosine)

해설
핵산
- DNA에는 H_3PO_4, D-deoxyribose가 있으며 RNA에는 H_3PO_4, D-ribose가 있다.
- DNA에는 adenine(A), guanine(G), cytosine(C), thymine(T)이 있으며 RNA에는 adenine, guanine, cytosine, uracil(U)이 있다.

정답 95 ④ 96 ③ 97 ④ 98 ① 99 ② 100 ②

2016년 1회 식품산업기사

1과목 식품위생학

01 장염 비브리오균 식중독을 주로 발생시키는 식품은?

① 어패류 가공품   ② 육류 가공품
③ 어육 연제품   ④ 우유제품

해설
장염 비브리오 식중독
- 원인균 : *Vibrio parahaemolyticus*
- 그람 음성, 무포자간균, 단모균, 호상균, 3~4% 호염균
- 잠복기 평균 10~18시간, 주 증상은 복통·구토·설사·발열 등
- 원인 식품 : 어패류의 생식

02 발생 즉시 환자를 격리시키고 발생 또는 유행 즉시 방역대책을 수립하여야 하는 법정 감염병이 아닌 것은?

① 폴리오   ② 장티푸스
③ 콜레라   ④ 세균성이질

해설
제1군 감염병
- 물 또는 식품을 매개로 발생하고 집단적 발생 우려가 커 발생 즉시 방역대책 수립, 즉시 보고, 격리조치
- A형 간염, 콜레라, 장티푸스, 파라티푸스, 세균성이질, 장출혈성 대장균감염증

03 우유에 70% ethyl alcohol을 넣고 그에 다른 응고물 생성 여부를 통해 알 수 있는 것은?

① 산도   ② 지방량
③ Lactase 유무 ④ 신선도

해설
우유의 신선도 측정
- Resazurin reduction test : 세균의 환원성으로 시약의 색이 청색 → 홍색 → 무색
- Methylene blue reduction test : 세균의 환원성으로 시약의 색이 청색 → 무색으로 변하는 시간이 짧을수록 균이 많다는 의미, 37℃에서 8시간 이상이면 1등급, 6시간 이내면 3등급
- 자비 test : 우유를 가열 시 미생물, 산도가 0.25% 이상 높으면 카제인이 응결 침전
- 70% ethyl alcohol test : 알코올 처리 시 산도가 높으면 탈수에 의한 카제인 응고물 형성
- 산도 측정 : 0.14~0.16 신선, 0.19~0.2 초기 부패, 0.25 이상 부패

04 유해성 포름알데히드와 관계없는 물질은?

① 요소수지   ② urotropin
③ rongalite   ④ nitrogen trichloride

해설
유해성 포름알데히드
- 요소수지 : 경화성 플라스틱으로 포름알데히드가 용출
- urotropin : 식품의 방부제였으나 포름알데히드 용출로 독성이 있어 사용 금지
- rongalite : 유해표백제로 포름알데히드가 흘러나와 사용 금지, 연근·우엉에 사용
- nitrogen trichloride : 3염화질소, 밀가루의 표백 및 숙성에 사용되었으며 개 실험에서 히스테리 증상을 보였다.

05 PVC에 대한 설명으로 틀린 것은?

① 내수성이 좋다.   ② 내산성이 좋다.
③ 가격이 저렴하다. ④ 열접착이 어렵다.

해설
PVC는 열접착이 쉽다.

정답 01 ① 02 ① 03 ④ 04 ④ 05 ④

06 주로 와인과 같은 주류 발효 과정에서 생성되는 부산물로 아르기닌 등이 효모의 작용에 의해 형성된 요소(UREA)가 에탄올과의 반응으로 생성되며 발암성 물질이기도 한 이것은?

① 아크릴아마이드
② 벤조피렌
③ 에틸카바메이트
④ 바이오제닉아민

해설
에틸카바메이트
주로 와인과 같은 주류나 양조간장 발효 과정에서 생성되는 부산물로 아르기닌 등이 효모의 작용에 의해 형성된 요소(UREA)가 에탄올과의 반응으로 생성되며 발암성 물질이다.

07 실험물질을 사육동물에게 2년 정도 투여하는 독성시험방법은?

① LD_{50}
② 급성 독성시험
③ 아급성 독성시험
④ 만성 독성시험

해설
일반 독성시험
㉠ 급성 독성시험
 • 시험하고자 하는 물질을 동물에게 1회 투여하여 치사량을 구하는 시험
 • 투여한 실험동물의 반수가 사망하는 양을 LD_{50}(lethal dose, 반수치사량)이라 하며 체중 1kg당 mg으로 표시한다. 수치가 작을수록 독성이 크다.
 • 실험동물 2개 종 이상
㉡ 아급성 독성시험
 • LD_{50}의 양을 1/2, 1/4, 1/8 식으로 1~3개월간 투여하여 관찰
 • 만성 독성시험을 위한 예비시험으로 실시
㉢ 만성 독성시험
 6개월 이상 2년 정도 투여하여 독성을 검사하며 투여 용량은 최대내량 및 그 이하 농도를 시험
 ※ 최대내량 : 대조군과 비교해 10% 이상 체중 감소가 없으며 동물의 수명에 어떠한 영향을 미치지 않는 최대용량

08 곤충 및 동물의 털과 같이 물에 잘 젖지 아니하는 가벼운 이물검출에 적용하는 이물검사는?

① 여과법
② 체분별법
③ 와일드만 플라스크법
④ 침강법

해설
이물질 검사
체분별법, 여과법, 와일드만 플라스크법(Wildman trap flask), 침강법 등을 이용

09 농약의 잔류성에 대한 설명으로 틀린 것은?

① 농약의 분해속도는 구성성분의 화학구조의 특성에 따라 각각 다르다.
② 잔류기간에 따라 비잔류성, 보통 잔류성, 잔류성, 영구 잔류성으로 구분한다.
③ 대부분은 물로 씻으면 제거가 되지만, 일부 경우 가열 조리 시 농축되어 제거되지 않고 인체 흡수율이 높아진다.
④ 중금속과 결합한 농약들은 중금속이 거의 영구 적으로 분해되지 않아 영구잔류성으로 분류한다.

해설
잔류농약
• 유기인제 : 인체 독성, 작용방식은 콜린에스테라아제(acetyl-choline esterase) 효소 저해, 대표적인 것으로 파라티온, 말라티온, 나레드, 다이아지논, DDVP 등
 예방법은 살포할 때의 흡입을 주의하고, 수확 전 살포를 금지하며 중독 시 아트로핀(atropin) 주사
• 카바마이트제 : 유기인제에 비해 인체 독성이 낮다. 작용방식은 유기인제와 같으며 대표적인 것으로 카바릴, 프로폭서, 알디카브 등
• 유기염소제 : 살충효과가 크고 인체 독성이 낮으며 잔류성이 길어(2~5년) 세계적으로 많이 사용, 구조가 매우 안정하여 자연 상태에서 분해가 잘 되지 않아 생태계를 파괴하는 문제가 발생되어 1970년 초 세계적으로 사용 금지, 대표적으로 DDT, BHC, aldrin, 엔드린, 헵타크로 등
• 유기수은제 : 살균제로 종자소독, 토양소독, 벼의 도열병 방제 등에 사용, 대표적인 것으로는 메틸염화수은·메틸요드화수은 등, 중독이 되면 시야협착, 언어장애, 보행장애, 정신착란 등의 중추신경 증상

- 유기불소제 : 아코니타아제 효소를 억제하여 중독시키며 프라톨, 퓨졸, 니졸 등이 있다.
- 보르도액(bordeaux) : 살균제로 유산동과 생석회를 반응시켜 유산동칼슘으로 사용
※ 잔류농약 검사는 미량성분 분석으로 액체크로마토그래피(HPLC)나 가스크로마토그래피(GC) 등 이용

10 HACCP에 대한 설명 중 틀린 것은?

① 위해분석(HA)과 중요관리점(CCP)으로 구성되어 있다.
② 유통 중의 상품만을 대상으로 하여 상품을 수거하여 위생상태를 관리하는 제도이다.
③ 식품의 원재료에서부터 가공공정, 유통 단계 등 모든 과정을 위생 관리한다.
④ CCP는 해당 위해요소를 조사하여 방지, 제거한다.

해설

HACCP

㉠ 정의
식품의 생산부터 소비자까지 모든 단계에서 식품의 안전성을 확보하기 위하여 모든 식품공정을 체계적으로 관리하는 제도

㉡ 실행단계(HACCP 7 원칙)
- 위해요소 분석(HA ; Hazard Analysis, 원칙 1) : 식품공정의 각 단계별로 잠재적인 생물학적, 화학적, 물리적 위해요소를 분석
- 중요관리점 설정(CCP ; Critical Control Point, 원칙 2) : 각 위해요소를 예방, 제거하거나 허용수준 이하로 감소시키는 절차
- 허용기준 설정(Critical Limit, 원칙 3) : 안전을 위한 절대적 기준치로 온도, 시간, 무게, 색 등 간단히 확인할 수 있는 기준 설정
- 모니터링방법 설정(원칙 4) : 모니터링의 절차는 허용 기준에 벗어난 것을 찾아내는 것으로 모니터링하는 자를 단체급식소 등에서는 조리원 중에서 선정
- 시정조치 설정(원칙 5) : 모니터링 결과 허용기준을 벗어났을 때 시정조치를 하는 것으로 허용기준을 벗어난 제품을 식별, 분리하는 즉시적 조치와 동일 사고 방지를 위해 정비, 교체, 교육 등을 하는 예방적 조치가 있음
- 검증방법 설정(원칙 6) : 효과적으로 시행되는지 검증하는 것으로 HACCP 계획검증, 중요관리점 검증, 제품검사, 감사 등으로 구성
- 기록보관 및 문서화방법 설정(원칙 7) : HACCP 시스템을 문서화하기 위한 효과적인 기록 유지 절차 설정

11 식용동물에서 동물용 의약품이 동물의 체내 대사과정을 거쳐 잔류허용기준 이하의 안전수준까지 배설되는 기간으로 반드시 지켜야 할 지침기간은?

① 기준기간   ② 유효기간
③ 휴약기간   ④ 유지기한

해설

휴약기간
식용동물에서 동물용 의약품이 동물의 체내대사과정을 거쳐 잔류허용기준 이하의 안전수준까지 배설되는 기간을 말한다.

12 식품첨가물공전에서 삭제된 화학적 합성품이 아닌 것은?

① 브롬산칼륨   ② 규소수지
③ 표백분   ④ 데히드로초산

해설

지정 취소 품목
브롬산칼륨(1996, 독성 우려), 표백분(2010, 거의 사용하지 않음), 데히드로초산(2010, 거의 사용하지 않음), 글리실리진산삼나트륨(2010, 거의 사용하지 않음) 등

13 농약에 의한 식품오염에 대한 설명으로 틀린 것은?

① 농약은 물이나 토양을 오염시키고 식품원료로 사용되는 어패류 등의 생물체에 축적될 수 있다.
② 오염된 농작물이나 어패류를 섭취하면 만성 중독 증상이 나타날 수 있다.
③ 유기염소제는 분해되기 어렵다.
④ 농약의 잔류기간은 살포장소에서 농약잔류물이 50% 손실되는 데 걸리는 기간을 말한다.

정답 10 ②   11 ③   12 ②   13 ④

해설

잔류농약
- 유기염소제 : 살충효과가 크고 인체 독성이 낮으며 잔류성이 길어(2~5년) 세계적으로 많이 사용된다. 구조가 매우 안정하여 자연 상태에서 분해가 잘 되지 않아 생태계를 파괴하는 문제가 발생되어 1970년 초 세계적으로 사용이 금지되었다. 대표적으로 DDT, BHC, aldrin, 엔드린, 헵타크로 등
- 농약의 잔류기간 : 살포장소에서 농약잔류물이 100% 손실되는 데 걸리는 기간

14 세균에 의한 경구감염병은?

① 유행성 간염 ② 콜레라
③ 폴리오 ④ 전염성 설사증

해설
콜레라는 세균성이고 나머지는 바이러스다.

15 고등어와 같은 적색 어류에 특히 많이 함유된 물질은?

① glycogen ② purine
③ mercaptan ④ histidine

해설
고등어와 같은 등푸른 생선은 표층어로 적색 어류이며 혈합육이 높고 히스티딘 단백질이 많아 부패 시 탈탄산 반응에 의해 히스타민을 만들어 알러지의 원인이 되기도 한다.

16 식품에 사용이 허용된 감미료는?

① sodium saccharin
② cyclamate
③ nitrotoluidine
④ ethylene glycol

해설
사카린염을 제외한 나머지는 유해 감미료로 사용이 금지되었다.

17 산화방지제에 대한 설명으로 틀린 것은?

① 에리소르빈산, 몰식자산 프로필 등이 이들 종류에 속한다.
② 수용성인 것은 주로 색소 산화방지제로, 지용성인 것은 유지류의 산화방지제로 사용된다.
③ 구연산, 사과산 등의 유기산류와 병용하면 효력이 더욱 증가된다.
④ 천연첨가물로 에리스리톨, 시클로덱스트린시럽 등이 있다.

해설

산화방지제(항산화제)
- 수용성 산화방지제 : 아스코르브산, 에리소르빈산-색소의 항산화
- 지용성 산화방지제 : BHA, BHT, 몰식자산 프로필, 토코페롤(비타민 E)-유지의 항산화
- 유기산과 함께 사용하면 상승효과가 있다.
- 에리스리톨은 감미료, 시클로덱스트린은 증점제, 결착제

18 다음 중 인수공통감염병이 아닌 것은?

① 야토병 ② 탄저병
③ 급성회백수염 ④ 파상열

해설
급성회백수염(소아마비)은 폴리오바이러스에 의해 감염되는 인간의 감염병이다.

19 과량의 방사선 물질에 오염된 식품을 먹을 때 나타나는 급성방사선 증후군은 일반적으로 전신이 얼마 이상의 용량에 노출된 이후에 나타날 수 있는가?

① 1mSv ② 10mSv
③ 100mSv ④ 1Sv

해설
과량의 방사선 물질에 오염된 식품을 먹을 때 나타나는 급성방사선 증후군은 내부방사선에 의한 방사능의 전리성이 문제가 되는 것으로 감마선보다 알파선이 문제가 되며 약 1Sv(시버트) 이상의 방사선에 노출되었을 때 나타나고 심하면 사망하게 된다.

정답 14 ② 15 ④ 16 ① 17 ④ 18 ③ 19 ④

20 미생물의 영양세포 및 포자를 사멸시키는 것으로 정의되는 용어는?

① 간헐 ② 가열
③ 살균 ④ 멸균

해설
소독의 종류
- 멸균 : 살아 있는 미생물인 영양세포와 포자까지 사멸
- 살균 : 모든 영양세포의 사멸 포자는 파괴하지 못함
- 소독 : 병원성 미생물의 사멸
- 방부 : 부패미생물의 생육 억제

2과목 식품화학

21 단순 단백질의 구조와 관계없는 결합은?

① 수소 결합
② 글리코사이드(glycoside)
③ 펩티드 결합
④ 소수성 결합

해설
글리코사이드는 당의 알코올기가 서로 탈수 축합으로 만들어진 당의 결합형태이다.

---

22 유화에 대한 설명으로 틀린 것은?

① 수중 유적형 유화에는 우유와 아이스크림이 대표적이다.
② 유화제는 친수성과 소수성을 동시에 갖고 있다.
③ HLB 값이 8~18인 유화제의 경우 수중 유적형 유화에 알맞다.
④ 유화제는 기름과 물의 계면장력을 증가시킨다.

해설
유화제는 기름과 물의 경계면 장력을 감소시켜 혼합하도록 하는 것이다.

---

23 다음 중 다른 조건이 동일할 때 전분의 노화가 가장 잘 일어나는 조건은?

① 온도 : $-30℃$ ② 온도 : $90℃$
③ 수분 : $30~60\%$ ④ 수분 : $90~95\%$

해설
전분의 노화
- 호화전분(α-전분)을 실온에서 완만 냉각하면 전분입자가 수소결합을 다시 형성해 생전분과는 다른 결정을 형성하는데 이 현상을 노화 또는 β화라고 한다.
- β-전분의 X선 회절도는 종류에 관계없이 항상 B형이 된다.
- 노화된 전분은 효소의 작용을 받기 힘들게 되어 소화가 잘 안 된다.
- 노화가 가장 잘 발생되는 온도는 $0℃$ 정도이며 $60℃$ 이상, $-20℃$ 이하에서 노화는 발생되지 않는다.(예 밥의 냉동저장)
- $30~60\%$의 함수량이 노화되기 쉬우며 30% 이하, 60% 이상에서는 어렵다.(비스킷, 건빵)
- 알칼리성은 노화가 억제되고 산성은 노화를 촉진한다.
- amylose가 많을수록 노화가 빨리 일어나며 전분입자가 작을수록 노화가 빠르다. 감자, 고구마 등 서류 전분은 노화되기 어려우나 쌀, 옥수수 등 곡류는 노화되기 쉽다.
- 대부분 염류는 호화를 촉진하고 노화를 억제한다. 다만, 황산염은 반대로 노화를 촉진한다.
- 당은 탈수제로 노화를 억제하며(양갱) 유화제도 노화를 억제한다.

---

24 점탄성체가 가지는 성질이 아닌 것은?

① 예사성 ② 유화성
③ 경점성 ④ 신전성

해설
점탄성체의 성질
- 예사성(spinability) : 청국장, 계란 흰자 등에 막대 등을 넣고 당겨 올리면 실처럼 가늘게 따라 올라오는 성질
- Weissenberg 효과 : 연유 중에 막대 등을 세워 회전시키면 탄성에 의해 연유가 막대를 따라 올라오는 성질
- 경점성(consistency) : 점탄성을 나타내는 식품의 경도(밀가루 반죽 경점성은 farinograph로 측정)
- 신전성(extensibility) : 반죽이 국수같이 길게 늘어나는 성질(밀가루 반죽 신전성은 extensograph로 측정)

25 무기질 중 체내에서 알칼리 생성원소인 것은?

① Na
② S
③ P
④ Cl

해설
Na는 체내에서 수산기와 결합하여 NaOH를 형성하는 알칼리 생성원소이며 나머지는 황산, 인산, 염산을 형성하는 산성 생성원소이다.

26 딸기, 포도, 가지 등의 붉은색이나 보라색이 가공, 저장 중 불안정하여 쉽게 갈색으로 변하는 색소는?

① 엽록소
② 카로티노이드계
③ 플라보노이드계
④ 안토시아닌계

해설
딸기, 포도, 가지의 안토시아닌계 색소는 pH에 민감하여 가공 저장 중 갈색으로 변한다.

27 식물성 식품의 떫은맛과 관계가 깊은 것은?

① 아미노산
② 탄닌
③ 포도당
④ 비타민

해설
탄닌의 단백질 수렴성이 떫은맛을 갖게 한다.

28 전분의 호화에 영향을 주는 요인과 거리가 먼 것은?

① 전분의 종류
② 산소
③ 전분입자의 수분 함량
④ pH

해설
전분의 호화(α화)
㉠ 생전분(β전분)에 물을 가해 가열하면
 • 물이 스며드는 가역적 수화를 거쳐
 • 전분입자의 수소결합이 끊어져 micelle 구조가 파괴되는 팽윤 상태가 되며
 • 전분입자가 붕괴되어 비가역적 투명한 교질용액을 형성하며 효소의 작용이 용이롭게 되는데 이것을 호화(α전분)라 한다.
㉡ 점성이 높아지고 X선 회절상은 비결정의 불명료한 V도형을 나타낸다.
㉢ 수분의 함량이 많을수록 잘 일어난다.
㉣ 전분 입자가 작은 쌀(68~78℃), 옥수수(62~70℃) 등 곡류 전분은 입자가 큰 감자(53~63℃), 고구마(59~66℃) 등 서류 전분보다 호화온도가 높다.
㉤ 온도가 높을수록 호화시간이 빠르다.
㉥ 알칼리성에서 팽윤을 촉진하여 호화가 촉진되며 산성에서는 전분입자가 분해되어 점도가 감소한다.
㉦ 대부분 염류는 팽윤제로 호화를 촉진시킨다.($OH^- > S^- > Br^- > Cl^-$) 그러나 황산염은 호화를 억제한다.
㉧ 당을 첨가하면 호화온도가 상승하고 호화속도는 감소한다.

29 관능검사의 사용 목적과 거리가 먼 것은?

① 신제품 개발
② 제품 비합비 결정 및 최적화
③ 품질 평가방법 개발
④ 제품의 화학적 성질 평가

해설
식품의 관능검사
㉠ 차이식별검사
 • 종합적 차이검사 : 단순검사(두 시료의 차이 유무 판정), 일-이점검사(기준시료와 동일한 것 선택), 삼점검사(3개 중 다른 하나 선택), 확장삼점검사
 • 특성 차이검사 : 이점비교검사(두 개의 차이), 순위법(강도비교순서), 평점법(0~9점), 다시료 비교검사(기준시료와 비교)
㉡ 묘사분석 : 훈련된 검사 요원에 의한 관능적 특성의 질적·양적 묘사, 향미 프로필(맛, 냄새, 향미), 텍스처 프로필(물리적 특성), 정량적 묘사(향미, 텍스처, 색 등 전반적인 관능 특성), 스펙트럼 묘사분석(특성과 강도에 대한 모든 정보), 시간-강도 묘사분석
㉢ 소비자 기호도검사 : 가장 주관적 검사, 새로운 식품 개발이나 품질 개선에 이용, 이점기호검사, 기호 척도법, 순위 기호검사, 적합성 판정법
 • 선호도검사 : 여러 개 중 좋아하는 것을 선택하고 좋아하는 순서 정하기
 • 기호도검사 : 좋아하는 정도 측정(평점법 이용)

30 특성 차이 검사방법이 아닌 것은?

① 삼점검사
② 다중비교 검사
③ 순위법
④ 평점법

해설
문제 29번 해설 참고

31 관능검사의 묘사분석 방법 중 하나로 제품의 특성과 강도에 대한 모든 정보를 얻기 위하여 사용하는 방법은?

① 텍스처 프로필
② 향미 프로필
③ 정량적 묘사분석
④ 스펙트럼 묘사분석

해설
관능검사 중 묘사분석
훈련된 검사 요원에 의한 관능적 특성의 질적 · 양적 묘사, 향미 프로필(맛, 냄새, 향미), 텍스처 프로필(물리적 특성), 정량적 묘사(향미, 텍스처, 색 등 전반적인 관능 특성), 스펙트럼 묘사분석(특성과 강도에 대한 모든 정보), 시간-강도 묘사분석

32 수용성 비타민으로서 동식물성 식품에 널리 분포하며 산화환원 반응에 관여하는 여러 효소의 조효소가 되고 결핍되면 구각염, 피부염 등의 증상을 나타내는 것은?

① 티아민(B_1)
② 리보프라빈(B_2)
③ Pyridoxin(B_3)
④ 비오틴(비타민 H)

해설
리보프라빈(B_2)
산화환원 반응에 관여하는 조효소 FAD의 전구체이며 결핍되면 구각염, 피부염 등의 증상을 일으킨다.

33 전분에 대한 설명으로 틀린 것은?

① 전분 분자량은 전분의 호화에 영향을 미치지 않는다.
② 전분을 가수분해할 때 lactose는 생성되지 않는다.
③ 호화전분의 노화를 막기 위해서 수분함량을 15% 이하로 급격히 줄인다.
④ 수분이 많으면 전분호화가 잘 일어나지 않는다.

해설
수분이 많으면 호화가 잘 일어난다.

34 유화제(emulsifying agent)의 설명 중 틀린 것은?

① 구조 내 친수기와 소수기가 있다.
② 천연유화제는 복합 지질들이 많다.
③ 유화액의 형태에 영향을 준다.
④ 가공식품의 산화를 방지하는 식품첨가물이다.

해설
가공식품의 산화를 방지하는 식품첨가물은 산화방지제(항산화제)이다.

35 새우, 게 등 갑각류가 가열이나 산 처리 시에 적색으로 변하는 이유는?

① myoglobin이 nitrosomyoglobin으로 변화하였으므로
② astaxanthin이 astacin으로 변화하였으므로
③ chlorophyll이 pheophytin으로 변화하였으므로
④ anthocyan이 anthocyanidin으로 변화하였으므로

해설
carotenoid계의 astaxanthin이 astacin으로 변화한 것이다.

36 감자를 자른 단면의 효소적 갈변 시 생기는 화합물은?

① 캐러멜
② 베타시아닌
③ 멜라닌
④ 탄닌

[해설]
효소적 갈변
- 주로 과일(사과, 배)이나 채소(감자, 고구마) 등의 식품에 절단된 부위에서 일어남
- catechin, gallic acid, chlorogenic acid, tyrosine 등이 Polyphenol oxidase, tyrosinase 등 효소에 의해 갈색 물질인 melanin 생성

37 식품의 주 단백질이 잘못 연결된 것은?

① 계란 – ovalbumin
② 밀가루 – gluten
③ 콩 – myoglobin
④ 우유 – casein

[해설]
콩단백질은 glycinin이며, myoglobin은 근육의 육색소이다.

38 밀감 병조림의 백탁 원인과 가장 관계가 깊은 성분은?

① 헤스페리딘(hesperidin)
② 트리틴(tritin)
③ 루틴(rutin)
④ 다이진(daidzin)

[해설]
밀감 병조림의 백탁 원인은 헤스페리딘(hesperidin) 때문이다.

39 무기질의 기능이 아닌 것은?

① 근육 수축 및 신경 흥분, 전달에 관여한다.
② 체액의 pH 및 삼투압을 조절한다.
③ 효소, 호르몬 및 항체를 구성한다.
④ 뼈와 치아 등의 조직을 구성한다.

[해설]
효소, 호르몬 및 항체를 구성하는 것은 단백질이다.

40 육류의 저장 중 시간이 지남에 따라 갈색을 띠는 물질은?

① oxymyoglobin　② metmyoglobin
③ nitrosomyoglobin　④ sulfmyoglobin

[해설]
Myoglobin
- myoglobin은 암적색이나 산소와 결합 시 선홍색의 oxy-myoglobin이 되고 공기 중 산소에 의해 철이 산화하면 갈색의 metmyoglobin이 된다.
- 조리 가열 시 globin 부분이 변성·이탈되면 hematin이 된다.
- 가공육의 색 고정화 : 햄, 베이컨과 같이 발색제인 아질산염을 처리하면 안정한 형태의 nitrosomyoglobin을 형성하여 가열조리 시 선홍색을 유지하는 것을 말한다.

3과목　식품가공학

41 통조림의 진공도에 관여하는 요소와 가장 거리가 먼 것은?

① 탈기시간 및 온도
② 통조림 원료의 종류
③ 내용물의 선도
④ 기온 및 기압

[해설]
통조림 원료의 종류와 진공도는 상관이 없다.

42 유지 채유과정에서 열처리를 하는 근본적인 이유가 아닌 것은?

① 유리지방산 생성 촉진
② 원료의 수분함량 조절
③ 산화효소의 불활성화
④ 착유 후 미생물의 오염 방지

[해설]
열처리로 지방산이 분해되어 유리되지 않는다.

정답　37 ③　38 ①　39 ③　40 ②　41 ②　42 ①

43 계란의 특성에 대한 설명으로 틀린 것은?

① 양질의 단백질, 지방, 각종 비타민류가 많이 포함되어 있다.
② 난각, 난황, 난백 등 크게 3부분으로 이루어져 있다.
③ 기포성, 유화성, 보수성을 지니고 있어 식품가공에 많이 이용된다.
④ 계란 중에 있는 avidin은 biotin의 흡수를 촉진시킨다.

> 해설
>
> **계란의 특성**
> - 난각, 난황, 난백 등 크게 3부분으로 이루어져 있다.
> - 기포성, 유화성, 보수성을 지니고 있어 식품가공에 많이 이용된다.
> - 수분 65.6%, 조단백질 12.1%, 지방 10.5%, 탄수화물 0.9%, 회분 0.9%로 구성되어 있다.
> - 단백질 함량이 높고 탄수화물은 적으며 무기질은 껍질에 많다.
> - 난황단백질은 지방, 인 등과 결합된 구조이며 Ca, K, 비타민 A, B_1, B_2, B_6, E가 많다.
> - 난백은 Ca 부족, 비타민 C 결핍, 난백장애물질인 avidin은 생체 내 biotin과 결합하여 비타민 결핍을 유발할 수 있다.

44 버터에 대한 설명으로 맞는 것은?

① 원유, 우유류 등에서 유지방분을 분리한 것이나 발효시킨 것을 그대로 또는 이에 식품이나 식품첨가물을 가하고 교반하여 연압 등 가공한 것이다.
② 식용유지에 식품첨가물을 가하여 가소성, 유화성 등의 가공성을 부여한 고체상이다.
③ 우유의 크림에서 치즈를 제조하고 남은 것을 살균 또는 멸균 처리한 것이다.
④ 원유 또는 유가공품에 유산균, 단백질 응유효소, 유기산 등을 가하여 응고시킨 후 유청을 제거하여 제조한 것이다.

> 해설
>
> **버터**
> 원유, 우유류 등에서 유지방분을 분리한 것이나 발효시킨 것을 그대로 또는 이에 식품이나 식품첨가물을 가하고 교반하여 연압 등 가공한 것, 유지방(cream) 80% 이상과 물 15%의 유중 수적형 유화상 유가공품

※ 연압 : 버터 고형분에 염분과 수분을 고르게 섞어 버터입자를 방망이로 밀거나 천천히 교반, 조직 균일화, 유중 수적형 버터 형성, 버터의 질을 높이는 조작

45 팥으로 양갱을 제조할 때 중조($NaHCO_3$)를 넣는 이유가 아닌 것은?

① 팥의 팽화를 촉진한다.
② 껍질 파괴를 용이하게 한다.
③ 팥의 갈변화를 방지한다.
④ 소의 착색을 돕는다.

> 해설
>
> 양갱 제조 시 당은 탈수제로 노화를 억제하며 중조는 팥의 팽화를 촉진하고 안토시아닌 색의 착색을 돕는다.

46 잼을 제조할 때 젤리점을 결정하는 방법으로 잘못된 것은?

① 나무주걱으로 시럽을 떠서 흘러내리게 하여 주걱 끝에 젤리모양으로 굳은 채로 떨어지는 것을 시험하는 스푼법
② 끓는 시럽의 온도가 104~105℃가 되었는지 온도계로 측정
③ 당도계로 당도가 55% 정도가 되는 점을 측정
④ 농축액을 찬물이 든 유리컵에 소량 떨어지게 하여 밑바닥까지 굳은 채로 떨어지는지를 조사하는 컵법

> 해설
>
> **잼류 완성점(Jelly point) 결정법**
> - 스푼 시험 : 나무 주걱으로 잼을 떠서 기울여 액이 시럽상태가 되어 떨어지면 불충분한 것, 주걱에 일부 붙어 떨어지면 적당
> - 컵 시험 : 물컵에 소량 떨어뜨려 바닥까지 굳은 채로 떨어지면 적당, 도중에 풀어지면 불충분
> - 온도법 : 잼에 온도계를 넣어 104~106℃가 되면 적당
> - 당도계법 : 굴절당도계를 이용, 잼 당도가 65% 정도가 되면 적당

정답 43 ④ 44 ① 45 ③ 46 ③

47 축산물의 표시기준상 영양성분 함량산출의 기준으로 옳은 것은?

① 직접 섭취하지 않는 동물의 뼈를 포함한 부위를 기준으로 산출한다.
② 한번에 먹을 수 있도록 포장, 판매되는 제품은 총내용량을 1회 제공량으로 하지 않고 100g당, 100mL당의 기준을 준수한다.
③ 1회 제공량당, 100g당, 100mL당 또는 1포장당 함유된 값으로 표시한다.
④ 단위 내용량이 1회 제공량 범위 미만에 해당하는 경우라도 2단위 이상을 1회 제공량으로 하지 않는다.

해설
축산물의 표시기준상 영양성분 함량산출의 기준
1회 제공량당, 100g당, 100mL당 또는 1포장당 함유된 값으로 표시

48 인스턴트 커피의 제조공정에 대한 설명 중 틀린 것은?

① 원료 커피콩을 배초기에서 볶아 즉시 분쇄한다.
② 분쇄한 커피콩을 추출기에 넣고 뜨거운 물을 부어 가압·가열하여 추출한다.
③ 추출액은 뒤섞여 있는 미세분말을 제거하기 위해 원심 분리를 한다.
④ 추출액은 분무건조 또는 진공건조시킨다.

해설
인스턴트 커피 제조 공정
- 원료 선별, 혼합 후 배건기에서 볶아 냉각 후 분쇄
- 분쇄한 커피콩을 추출기에 넣고 뜨거운 물을 부어 가압·가열하여 추출
- 추출액은 뒤섞여 있는 미세분말을 제거하기 위해 원심 분리
- 추출액은 분무건조 또는 동결진공건조

49 사과의 CA 저장 최적조건은?

① 온도 5℃, 산소 10%, 탄산가스 10~15%, 습도 85~95%
② 온도 5℃, 산소 10%, 탄산가스 10~15%, 습도 50~60%
③ 온도 2℃, 산소 5%, 탄산가스 0.5%, 습도 85~95%
④ 온도 5℃, 산소 5%, 탄산가스 0~10%, 습도 85~95%

해설
사과의 CA 저장 최적조건은 온도 5℃, 산소 10%, 탄산가스 10~15%, 습도 85~95%이다.

50 육류 단백질의 냉동변성을 일으키는 요인이 아닌 것은?

① 염석　　② 응집
③ 빙결정　　④ 유화

해설
육류 단백질의 냉동변성
- 빙결정 : 완만 냉동(최대 빙결정 생성대를 60분 이상 통과)으로 빙결정 생성, 수용성 영양성분 탈리
- 염석(salting out) : 수분 제거로 염류 농도의 상승에 따른 단백질 석출
- 응집 : 단백질의 침전 석출에 따른 결착으로 응집

51 다음 중 식물성 지방산이 아닌 것은?

① oleic acid　　② linoleic acid
③ palmitic acid　　④ citric acid

해설
citric acid(구연산)는 유기산이다.

52 아질산나트륨을 사용할 수 없는 식품은?

① 식육가공품　　② 어육소시지
③ 명란젓　　④ 가공치즈

해설
가공육의 색고정화
햄, 베이컨, 소시지 등 식육가공품에 발색제인 아질산염을 처리하면 안정한 형태인 nitrosomyoglobin을 형성하여 가열조리 시 선홍색을 유지하는 것을 말한다.

정답　47 ③　48 ①　49 ①　50 ④　51 ④　52 ④

53 양면이 팽창한 상태인 변패통조림의 팽창면을 손가락으로 누르면 조금은 원상태로 되돌아가나 정상의 위치까지는 되돌아가지 않는 형상을 무엇이라고 하는가?

① flipper ② soft swell
③ springer ④ hard swell

해설

통조림 외관상 변패
- Flipper : 한쪽 면이 부풀어 누르면 소리가 나고 원상태로 복귀 – 충진 과다, 탈기 부족
- Springer : 한쪽 면이 심하게 부풀어 누르면 반대편이 튀어 나옴 – 가스형성세균, 충진 과다
- Swell : 관의 상하면이 부풀어 있는 것 – 살균 부족, 밀봉 불량에 의한 세균 오염
- Buckled can : 관 내압이 외압보다 커 일부 접합 부분이 돌출한 변형관 – 가열 살균 후 급격한 감압 시
- Panelled can : 관 내압이 외압보다 낮아 찌그러진 위축변형관 – 가압 냉각 시
- Pin hole : 관에 작은 구멍이 생겨 내용물이 유출된 것

54 물의 밀도로 1g/cm³(cgs 단위계)를 SI 단위계로 환산하면?

① 1kg/m³ ② 10kg/m³
③ 100kg/m³ ④ 1,000kg/m³

해설

국제 단위계(SI system)
- 물리량의 국제 표준 단위는 MKS(m, kg, s) 단위계와 CGS(cm, g, s) 단위계가 있다.
- dyne은 힘의 단위인 뉴턴(N)의 CGS 단위이다.
- 1N = 질량 1kg의 물체에 작용하여 1m/s²의 가속도가 생기게 하는 힘
- 1dyne = 질량 1g의 물체에 작용하여 1cm/s²의 가속도가 생기게 하는 힘
- 1N = 100,000dyne
- 기본단위 : 길이(m, 미터), 질량(kg, 킬로그램), 시간(s, 초), 전류(A, 암페어), 온도(K, 켈빈), 물질량(mol, 몰), 광도(cd, 칸델라)
- 유도단위 : 힘(N, 뉴턴), 에너지 또는 일(J, 줄), 전도율(S, 지멘스), 주파수(Hz, 헤르츠), 전압(V, 볼트), 방사선 흡수선량(Gy, 그레이), 방사선 생물학적 흡수선량(Sv, 시버트)
- 1g/cm³ = 1,000kg/m³

55 자연치즈 제조 시 커드의 가온 효과가 아닌 것은?

① 유청의 배출이 빨라진다.
② 젖산 발효가 촉진된다.
③ 커드가 수축되어 탄력성 있는 입자로 된다.
④ 고온성균의 증식을 방지한다.

해설

자연치즈
- 원유에 유산균, 단백질 응유효소, 유기산 등으로 응고(커드) 후 유청을 제거한 것
- 가온 및 유청 제거 : 경질치즈 38℃, 연질치즈 31℃에서 가온, whey 제거
- 치즈 제조 시 온도를 높이면 유청의 배출이 빨라지며 젖산 발효가 촉진되고 커드가 수축되어 탄력성 있는 입자를 형성한다.

56 플라스틱 포장재의 제조과정에서 첨가되는 물질이 아닌 것은?

① 소르빈산과 같은 보존제
② BHA, BHT 등과 같은 산화방지제
③ 프탈레이트와 같은 가소제
④ 벤조페논과 같은 자외선 흡수제

해설

플라스틱 포장재
- 폴리에틸렌, 염화비닐리덴, 폴리에스테르, 폴리프로필렌, 염화비닐, 폴리스티렌, 폴리카보네이트 등 사용
- 플라스틱 및 유연포장 필름 등의 가소제, 안정제, 유연제, 단량체, 색소 등 합성품의 유해성이 식품에 영향을 미치지 않아야 한다.
- 투과성이 우수하지만 유지산화, 영양성분 및 색소 파괴 등 영향을 미치므로 산화방지제(BHA, BHT), 가소제(프탈레이트), 자외선 흡수제(벤조페논) 등 첨가

57 자연치즈의 숙성도와 관련이 깊은 성분은?

① 수용성 질소 ② 유리 지방산
③ 유당 ④ 카르보닐 화합물

[해설]
자연치즈
- 원유에 유산균, 단백질 응유효소, 유기산 등으로 응고(커드) 후 유청을 제거한 것
- 가온 및 유청 제거 : 경질치즈 38℃, 연질치즈 31℃에서 가온, whey 제거
- 치즈 제조 시 온도를 높이면 유청의 배출이 빨라지며 젖산 발효가 촉진되고 커드가 수축되어 탄력성 있는 입자를 형성한다.
- 숙성 : Camembert(12~13℃, 14개월), Limburger(15~20℃, 2개월), Gouda(13~15℃, 4~5개월), Cheddar(13~15℃, 6개월) 등 여러 균주가 생산하는 단백질 분해효소에 의해 분해되어 맛과 풍미를 결정한다.

58 동결 건조의 장점이 아닌 것은?

① 위축변형이 거의 없으므로 외관이 양호하다.
② 제품의 조직이 다공질이므로 복원성이 좋다.
③ 품질 손상 없이 2~3%의 저수분 상태로 건조할 수 있다.
④ 표면적이 작고 잘 부서지지 않아 포장이나 수송이 편리하다.

[해설]
동결 건조
- 수분을 얼려 승화시켜 건조, 고비용 제품에 이용
- 품질 손상 없이 2~3%의 저수분 상태로 건조할 수 있다.
- 냉각기 온도 : -40℃, 압력 : 0.098mmHg
- 형태가 유지되고 다공성이므로 복원력이 좋다.
- 향미 보존, 식품 성분 변화가 적다.
- 쉽게 흡습하고 잘 부서져 포장이나 수송이 곤란하다.

59 유지의 정제방법에 대한 설명으로 틀린 것은?

① 탈산은 중화에 의한다.
② 탈색은 가열 및 흡착에 의한다.
③ 탈납은 가열에 의한다.
④ 탈취는 감압하여 가열한다.

[해설]
유지의 정제
불순물을 물리·화학적 방법으로 제거한다.
㉠ 탈검공정(Degumming process)
  - 인지질 등 제거
  - 무수 상태에서 기름에 녹으므로 물이나 수증기를 넣어 수화시켜 분리
㉡ 탈산공정(Deaciding process)
  - 유리지방산 등 제거
  - NaOH로 유리지방산을 중화(비누화) 제거하는 알칼리 정제법 사용
㉢ 탈색공정(Decoloring process)
  - carotenoid, 엽록소 등 제거
  - 가열탈색법이나 활성백토를 이용하는 흡착탈색법 사용
㉣ 탈취공정(Deodoring process)
  - 알데히드, 케톤, 탄화수소 등 냄새 제거
  - 활성탄 등 흡착제를 이용한 감압 탈취
㉤ 탈납공정(Winterization)
  - 샐러드유 제조 시 지방결정체 제거
  - 냉각시켜 발생되는 고체 결정체를 제거하는 탈납(dewaxing) 이용

60 수분함량이 10%인 밀가루 10kg을 수분함량 20%로 맞추기 위해 첨가해야 하는 물의 양은?

① 1kg ② 1.25kg
③ 1.5kg ④ 1.75kg

[해설]
수분함량
- 습량기준 수분함량이 10%일 때 수분의 무게(x)
  $(x/10,000) \times 100 = 10$, $x = 1,000$
- 건조 후 제품무게
  $10,000 \times 0.9 = y \times 0.8$, $y = 11,250$
- 건조 후 수분무게
  $11,250 \times 0.2 = 2,250$
- ∴ 첨가해야 하는 수분량
  $2,250 - 1,000 = 1,250 = 1.25$kg

정답 58 ④ 59 ③ 60 ②

4과목 식품미생물학

61 포자를 생성하지 못하는 효모는?

① *Saccharomyces cerevisiae*
② *Saccharomyces sake*
③ *Debaryomyces hansenii*
④ *Torulopsis utilis*

해설
Torulopsis 속
- 난형, 구형, 식품 변패원인, 무포자 효모
- *Torulopsis versatilis*와 *Torulopsis etchellsii*
- 호염성, 간장 방향성 관련 후숙효모

62 위상차 현미경에 대한 설명으로 옳은 것은?

① 표본에 대하여 condenser와 렌즈의 위치가 반대로 되어 있는 현미경이다.
② 무색의 투명한 물체를 관찰하는 데 이용된다.
③ 미생물과 친화성이 높은 형광성 물질을 결합시켜 검출한다.
④ 전자선을 이용하여 관찰한다.

해설
위상차 현미경
살아 있는 세포나 투명한 물체를 염색하지 않고 물체를 통과한 빛의 굴절률 차이를 명암 효과로 바꿔 관찰할 수 있도록 만든 현미경을 말한다.

63 통조림 flat sour 변패 원인세균으로서 극히 내열성이 강한 포자를 형성하는 세균인 것은?

① *Bacillus coagulans*
② *Bacillus anthracis*
③ *Bacillus polymyxa*
④ *Bacillus cereus*

해설
Bacillus coagulans
어육, 소시지 부패균, 통조림 평면산패(flat sour)의 원인균

64 고온성 포자 형성균에 의한 통조림 변패 요인이 아닌 것은?

① *Bacillus coagulans*
② *Bacillus stearothermophilus*
③ *Clostridium thermosaccharolyticum*
④ *clostridium butyricum*

해설
고온성 포자 형성균
- *Bacillus coagulans* : 어육, 소시지 부패균, 통조림 평면산패 (flat sour) 원인 고온균
- 포자 형성 고온균 : *Bacillus stearothermophilus*, *Clostridium thermosaccharolyticum*

65 요구르트 발효에 사용되는 스타터는?

① *Leuconostoc mesenteroides*
② *Lactobacillus bulgaricus*
③ *Aspergillus oryaze*
④ *Succharomyces cerevisiae*

해설
요구르트 스타터
- 호상 요구르트 : *Streptococcus thermophilus*, *Lactococcus thermophilus*, *Bifidobacterium lactis* 등 혼합 이용
- 액상 요구르트 : *Lactobacillus casei*, *Lactobacillus bulgaricus*, *Lactobacillus acidophilus* 등 간균 이용

66 동결 보존법에 대한 설명으로 옳은 것은?

① glycerol, 탈지유, 혈청 등을 첨가하여 보존한다.
② 배지를 선택 배양하여 저온실에 보관하고 정기적으로 이식하여 보존한다.
③ 시험관을 진공상태에서 불로 녹여 봉해서 보존한다.
④ 멸균한 유동 파라핀을 첨가하여 저온 또는 실온에서 보관한다.

정답 61 ④ 62 ② 63 ① 64 ④ 65 ② 66 ①

> [해설]
> 동결 보존법
> - 효모, 곰팡이, 세균 등 장기 보존
> - −90℃ 급속 냉동보관 또는 진공동결 보관
> - glycerol, 탈지유, 혈청 등을 첨가하여 보존

67 식품과 관련 미생물의 연결이 틀린 것은?

① 간장 — *Aspergillus oryzae*
② 포도주 — *Saccharomyces cerevisiae*
③ 식빵 — *Aspergillus cerevisiae*
④ 치즈 — *Aspergillus niger*

> [해설]
> *Aspergillus niger*(흑국균)
> 집락은 흑색, 전분당화력(β−amylase)이 강하고 당액을 발효하여 구연산, 글루콘산 등 유기산 발효공업 이용, 소주 제조

68 치즈 제조와 관련된 미생물과 거리가 먼 것은?

① *Streptococcus lactis*
② *Lactobacillus bulgaricus*
③ *Penicillium chrysogenum*
④ *propionibacterium shermanii*

> [해설]
> *Penicillium chrysogenum*은 항생제 페니실린 생산 균주이다.

69 포도당 500g을 초산발효시켜 얻을 수 있는 이론적인 최대 초산량은 약 얼마인가?

① 166.7g
② 333.3g
③ 500g
④ 652.1g

> [해설]
> 포도당(분자량 : 180)이 분해되어 피루브산 2분자가 되고 피루브산이 아세트알데히드를 거쳐 2개의 초산(분자량 : 60)이 만들어지므로
> $180 : 60 \times 2 = 500 : x$, $x = 333.3$

70 식품제조 공장에서 낙하 오염에 주로 관여하는 미생물은?

① 세균
② 곰팡이
③ 바이러스
④ 효모

> [해설]
> 낙하 오염
> - 낙하 오염 미생물로는 낙하세균, 낙하진균(곰팡이 효모 포자), 생산기기의 부착균 등이며 주로 문제가 되는 것은 곰팡이 포자
> - 식품제조 공장 내의 미생물과 작업자의 의복이나 원료 등과 같이 외부에서 들어온 미생물이 작업 중 식품에 오염될 수 있음
> - 제어대책으로는 실내증식 억제(저온화), 먼지 제거(필터), 적절한 실내압 및 기류
> - 실내공기를 순환시켜 부유 먼지를 필터로 포집
> - 작업이 없는 야간에는 자외선램프 등에 의한 살균

71 냉동식품에서 잘 검출되지 않는 세균은?

① *Flavobacterium* 속
② *Pseudomonas* 속
③ *Listeria* 속
④ *Escherichia* 속

> [해설]
> 토양세균에서 비롯된 *Flavobacterium* 속(수생세균), *Pseudomonas* 속(수생세균 우점종), *Listeria* 속(대표적 냉장세균)은 저온에서 생육이 활발하다.
> ※ *Escherichia* 속은 중온균으로 장내 서식하는 대장균이다.

72 식품에서 일반세균의 수를 정량하기 위한 실험을 할 때 필요 없는 단계는?

① 시료와 멸균희석액을 이용해 현탁액을 제조하는 단계
② 액상 선택배지에서 증균하는 단계
③ 표준한천배지에 접종해서 배양하는 단계
④ 한천배지에서 생성된 집락을 계수하는 단계

> [해설]
> 일반세균의 수를 정량하기 위한 실험이므로 증균은 불필요하다.

정답 67 ④ 68 ③ 69 ② 70 ② 71 ④ 72 ②

73 초산균(Acetobacter)을 사용하여 주정초를 만들 때 이용되는 주원료는?

① 쌀
② 당밀
③ 에틸알코올
④ 빙초산

해설
초산 발효
- 초산균 : *Acetobacter aceti, Acet. acetosum, Acet. oxydans, Acet. rancens, Acet. schutzenbachii*
- 알코올 → acetaldehyde → 초산
- 산소공급 중단 시 아세트알데히드 축적, 직접 산화 발효

74 돌연변이주의 농축에서 여과법에 대한 설명으로 틀린 것은?

① 균사상으로 생육하는 곰팡이에 유용한다.
② 변이원처리를 한 포자를 최소배지에 접종한다.
③ 수회 반복하여 10% 이상의 변이주를 얻을 수 있다.
④ 멸균 필터로 여과하면 돌연변이된 포자가 여과액 중에서 제거된다.

해설
멸균 필터로 돌연변이된 포자를 여과할 수 없다.

75 미생물의 유전인자에 거의 영향을 주지 못하는 것은?

① α-선, β-선
② γ-선, δ-선
③ 가시광선, 적외선
④ 자외선, 중성자

해설
가시광선과 적외선(열선)은 침투력이 없어 유전인자에 거의 영향을 주지 못한다.

76 일반적으로 곰팡이가 분비하는 효소가 아닌 것은?

① amylase
② pectinase
③ zymase
④ protease

해설
zymase는 효모가 생산하는 효소이다.

77 세균의 그람 염색과 직접 관계되는 것은?

① 세포막
② 세포벽
③ 원형질막
④ 핵

해설
Gram 염색(Gram stain)
㉠ crystal violet(1분) 염색 – Lugol액 매염 – 95% 에틸알코올 탈색(30초) – SafraninO(1분) 대비염색
㉡ 보라색 – Gram 양성, 붉은색 – Gram 음성
㉢ 세균 세포벽을 구성하는 peptidoglycan 차이에 의해 그람 양성균과 그람 음성균으로 분류
  - 그람 양성균(G+) : 20여 개 층 peptidoglycan과 teichoic acid이 crystal violet에 의해 보라색으로 염색
  - 그람 음성균(G−) : 2~3개 층 peptidoglycan과 lipopoly-saccharide로 구성된 세포벽이 알코올 탈색 후 SafraninO에 의해 붉은색으로 염색

78 김치발효의 말기에 표면에 피막을 생성하는 효모가 아닌 것은?

① *Hansenula* 속
② *Cacdida* 속
③ *pichia* 속
④ *Aspergillus* 속

해설
김치
- 한국의 전통 침채류로 절인 배추에 무, 고추, 마늘, 생강, 젓갈 첨가, 저온 젖산 숙성시킨 발효식품
- 발효 초기 : *Leuconostoc mesenteroids*, 젖산, 탄산가스(CO_2)에 의해 산성화하여 호기성 세균 억제
- 발효 후기 : *Lactobacillus plantarum, Lactobacillus brevis*, 내산성
- 발효온도가 낮을수록, 식염농도가 높을수록 *Lactobacillus, Pediococcus* 증식 유리
- 피막효모(산막효모, film yeast) : *Candida, Hansenula, Debaryomyces, Pichia*

정답 73 ③ 74 ④ 75 ③ 76 ③ 77 ② 78 ④

79 일반적으로 통조림 살균 시에 가장 주의하여야 하는 부패 세균은?

① *pediococcus halophilus*
② *Bacillus subtilis*
③ *Clostridium sporogenes*
④ *streptococcus lactis*

해설
*Clostridium sporogenes*은 포자 형성 혐기성 제균으로 통조림 살균 시 생육할 수 있으므로 주의하여야 한다.

80 개량 메주를 만드는 데 사용되는 곰팡이는?

① *Saccharomyces cerevisiae*
② *Aspergilus oryzae*
③ *Saccharomyces sake*
④ *Aspergillus niger*

해설
전분 당화
- *Aspergillus oryzae*(황국균) : 전분 당화력(α-amylase), 단백질 분해력이 강해 청주, 된장, 간장 제조에 이용, 개량 메주 제조 시 인공 접종하여 이용
- *Aspergillus niger*(흑국균) : 집락은 흑색, 전분당화력(β-amylase)이 강하고 당액을 발효하여 구연산 등 유기산 발효 공업에 이용
- *Rhizopus delemar* : 당화효소(glucoamylase) 생산

5과목 식품제조공정

81 유체의 압력이 높을 때 장치나 배관의 파손을 방지하는 밸브는?

① 안전 밸브
② 체크 밸브
③ 앵글 밸브
④ 글로브 밸브

해설
유체 밸브
- 체크 밸브 : 유체 역류 방지
- 앵글 밸브 : 유체 흐름 방향을 바꾸는 밸브
- 글로브 밸브 : 유체의 개폐 조절

82 다음 추출방법을 식품에 적용할 때 용매로 주로 사용하는 물질은?

> 이는 물질의 기체상과 액체상의 상경계지점인 임계점 이상의 압력과 온도를 설정해줌으로써 액체상의 용해력과 기체상의 확산계수와 점도의 특성을 지니게 하여 신속한 추출과 선택적 추출이 가능하게 하는 추출방법이다.

① 산소
② 이산화탄소
③ 질소가스
④ 아르곤 가스

해설
초임계유체 추출
- 유기용매 대신 초임계가스를 용매로 사용
- 초임계유체는 기체상과 액체상이 공존하는 임계부근의 유체
- 기체성질로 침투율과 추출효율이 높고 액체밀도가 높아 용해도 증가
- 에탄, 프로판, 에틸렌, 이산화탄소 등 이용

83 상업적 살균조건 설정 시 고려해야 할 요소가 아닌 것은?

① 초기 미생물 오염도
② 미생물의 내열성
③ 원산지
④ pH

해설
상업적 살균
- 완전멸균에 따른 식품 영양가 파손을 방지하고자 필요한 미생물만 사멸시키는 멸균으로 주로 *Clostridium botulinum*의 포자수를 $1/10^{12}$ 이하로 감소시키는 것
- 초기 미생물 오염도, 미생물의 내열성, pH에 따라 살균조건 설정

84 사별 공정의 효율에 영향을 주는 요인으로 거리가 먼 것은?

① 원료의 공급속도
② 입자의 크기
③ 수분
④ 원료의 pH

정답 79 ③ 80 ② 81 ① 82 ② 83 ③ 84 ④

해설

사별 공정
- 정선, 조질된 원료를 가루와 기울로 분리하는 공정
- 원료의 공급속도, 입자의 크기, 수분 등에 의해 효율 결정

85 원심분리에서 원심력을 나타내는 단위가 아닌 것은?

① 1,000×g   ② 100N
③ 1,000rpm   ④ 1,000회전/분

해설

국제 단위계(SI system)
- 물리량의 국제 표준 단위에는 MKS(m, kg, s) 단위계와 CGS (cm, g, s) 단위계가 있다.
- dyne은 힘의 단위인 뉴턴(N)의 CGS 단위이다.
- 1N = 질량 1kg의 물체에 작용하여 $1m/s^2$의 가속도가 생기게 하는 힘
- 1dyne = 질량 1g의 물체에 작용하여 $1cm/s^2$의 가속도가 생기게 하는 힘
- 1N = 100,000dyne
- 기본단위 : 길이(m, 미터), 질량(kg, 킬로그램), 시간(s, 초), 전류(A, 암페어), 온도(K, 켈빈), 물질량(mol, 몰), 광도(cd, 칸델라)
- 유도단위 : 힘(N, 뉴턴), 에너지 또는 일(J, 줄), 전도율(S, 지멘스), 주파수(Hz, 헤르츠), 전압(V, 볼트), 방사선 흡수선량 (Gy, 그레이), 방사선 생물학적 흡수선량(Sv, 시버트)
- 원심력 단위 : 1,000rpm(1분당 1,000회전수), 1,000회전/분, 1,000×g

86 일반적으로 여과조제(filter aid)로 사용되지 않는 것은?

① 규조토   ② 실리카겔
③ 활성탄   ④ 한천

해설

여과조제
- 여재의 기능을 도와 속도 등을 유지시키는 재료로 흡착성이 뛰어나다.
- 규조토, 활성탄, 실리카겔, 셀룰로오스 등

87 습식 세척 방법에 해당하는 것은?

① 분무 세척   ② 마찰 세척
③ 풍력 세척   ④ 자석 세척

해설

습식 세척
- 원료의 먼지, 토양 농약 제거에 이용
- 건조 세척보다 효과적이며 손상을 감소하나 비용이 많이 들고 수분으로 부패 용이
- 침지 세척(soaking cleaning) : 물에 담가 오염물질 제거, 분무 세척 전처리로 이용
- 분무 세척(spray cleaning) : 컨베이어 위 원료에 물을 뿌려 세척
- 부유 세척(flotation cleaning) : 밀도와 부력 차이로 세척, 상승류에 밀려 이물질 제거(완두콩, 강낭콩 등)

88 가공재료를 분쇄하는 일반적인 목적이 아닌 것은?

① 유효 성분의 추출효율 증대
② 용해력 향상
③ 위해물질 및 오염물질 제거
④ 혼합능력과 가공효율 증대

해설

분쇄
- 고체 원료를 충격력, 압축력, 전단력을 이용해 작게 만드는 공정
- 유효 성분의 추출효율 증대
- 건조, 추출, 용해력 향상
- 혼합능력과 가공효율 증대
- 원료의 경도와 마모성, 열에 대한 안정성, 원료의 구조, 수분 함량 등을 고려하여 분쇄기 선정

89 비가열 살균에 해당하지 않는 것은?

① 자외선 살균   ② 저온 살균
③ 방사선 살균   ④ 전자선 살균

해설

저온 살균은 63℃에서 30분간 가열 처리하는 살균방법이다.

90 식품원료를 두께, 크기, 모양, 색깔 등 여러 가지 물리적 성질의 차이를 이용하여 분리하는 조작은?

① 선별 ② 교반
③ 교질 ④ 추출

해설

선별
- 수확한 원료를 크기, 무게, 모양, 비중, 색깔 등에 따라 분리하고 이물질 제거
- 가공 시 조작공정(살균, 탈수, 냉동) 표준화, 작업능률 향상, 원가 절감 효과

91 효소의 정제법에 해당되지 않는 것은?

① 염석 및 투석
② 무기용매 침전
③ 흡착
④ 이온교환 크로마토그래피

해설

효소 정제법
- 염석(salting out), 투석(dialysis) : 염석-고농도 염으로 효소단백질 석출, 투석-반투막을 이용해 저분자 물질과 염 제거, 고분자인 단백질만 정제
- 친화성 크로마토그래피(affinity chromatography) : 기질 이용 효소 분리, 흡착
- 이온 교환 크로마토그래피 : 전하 차이에 의한 분리
- 겔 여과 크로마토그래피 : 단백질의 크기에 따른 분리

92 농축 공정 중 발생하는 현상과 거리가 먼 것은?

① 점도 상승 ② 거품 발생
③ 비점 하강 ④ 관석(scaling) 발생

해설

농축
- 식품 중 수분을 제거하여 용액의 농도를 높이는 조작
- 점도 상승, 거품 발생, 비점 상승, 관석 발생
- 결정, 건조 제품을 만들기 위한 예비 단계로 이용
- 잼과 같이 농축에 의한 새로운 풍미 제공
- 저장성, 보존성 향상, 수송비 절약 효과
- 잼, 엿, 캔디, 천일염, 연유 등

93 대규모 밀제분에서 가장 먼저 쓰는 roller는?

① smooth roller ② break roller
③ midding roller ④ reduction roller

해설

밀제분 공정
- 정선 : 밀 이외의 다른 물질 분리
- 가수 : 물 첨가, 밀껍질은 질겨지고, 배유는 부서지기 쉽게 되며, 배아는 롤러(Roller)에서 쉽게 얇게 조각화(Flake화)되어 분리 용이
- 브레이크 롤러(Break roller) : 밀껍질은 벗기고 배유 부분을 거친 입자로 만드는 조쇄공정
- Smooth roller : 다시 잘 분쇄하고 체로 분류
- 블렌딩 시프터(Blending sifter) : 용도에 알맞는 가루만 모아서 균일하게 혼합된 밀가루 분류

94 시판우유 제조공정에서 지방구를 미세화시킬 목적으로 응용되는 유화기는?

① 터빈 교반기 ② 팬 혼합기
③ 리본 혼합기 ④ 고압 균질기

해설

고압 균질기
- 지방구를 0.1~2μm로 작게 형성한다.
- 크림층 생성 방지, 점도 향상, 조직 연성화, 소화 향상 효과
- 믹스의 기포성을 좋게 하여 overrun 증가
- 아이스크림의 조직을 부드럽게 한다.
- 숙성(aging)시간을 단축한다.

95 건조기 중 전도형 건조기가 아닌 것은?

① 드럼 건조기 ② 진공 건조기
③ 팽화 건조기 ④ 트레이 건조기

해설

열풍 건조기
- 가열된 공기로 대류에 의해 식품 건조
- 빈 건조기, 캐비닛 건조기, 터널 건조기는 트레이에 제품을 올려서 건조, 기타 컨베이어 건조기, 유동층 건조기, 분무 건조기 등

정답 90 ① 91 ② 92 ③ 93 ② 94 ④ 95 ④

96 *Cl. botulinum*($D_{121.1}$=0.25분)의 포자가 오염되어 있는 통조림을 121.1℃에서 가열하여 미생물 수를 10대수 cycle만큼 감소시키는 데 걸리는 시간은?

① 2.5분 ② 25분
③ 5분 ④ 10분

해설
상업적 살균
- D(decimal reduction time)값 : 사멸곡선에서 가열 전 미생물 수의 10%로 감소시키는 데 필요한 시간, 온도 지정이 없을 시 121℃, 온도 증가 시 D값 감소
- Z값 : TDT 곡선에서 D값이 10배로 증가하는 데 필요한 온도 차이, 10배의 살균속도를 위한 온도 상승폭
- F값 : 일정 온도에서 일정 농도 미생물을 완전 사멸시키는 데 필요한 시간
- $D_{121.1}$=0.25분 : 121.1℃에서 가열하여 미생물 수를 1/10로 감소시키는 데 필요한 시간

97 과일주스를 가열 농축할 때 향미성분, 색소, 비타민 등 열에 의한 파괴를 최소화하기 위해 가능한 한 낮은 온도에서 농축하기 위한 장치는?

① 진공 증발기 ② 동결 건조기
③ 순간 살균기 ④ 고압 살균기

해설
진공 증발기
열에 의한 영양소 파괴를 최소화하기 위해 가능한 한 낮은 온도에서 농축하기 위한 장치

98 압출성형 스낵이 압출성형기에서 압출온도와 압력에 따라 연속적으로 공정이 수행될 때 압출성형기 내부에서 이루어지는 공정이 아닌 것은?

① 분리 ② 팽화
③ 성형 ④ 압출

해설
압출 가공(Extrusion)공정의 특성
수행될 수 있는 단위공정은 열처리, 혼합, 압착, 배열, 팽화, 성형 과정을 거친다.

99 어느 식품의 건물기준(Dry basis) 수분함량이 25%일 때, 이 식품의 습량기준(Wet basis) 수분함량은 몇 %인가?

① 15% ② 20%
③ 25% ④ 30%

해설
수분함량
- 건물기준 수분함량이 25%일 때 수분의 무게(x)
  {x/수분을 뺀 무게($100-x$)}×100=25, $x=20$
- 습량기준 수분함량
  {20/수분을 포함한 무게(100)}×100=20%

100 식품의 혼합에 대한 설명으로 틀린 것은?

① 건조된 가루 상태의 고체를 혼합하는 조작을 고체혼합이라 하며, 좁은 의미에서 혼합은 대체로 이 경우를 말한다.
② 점도가 비교적 낮은 액체의 혼합에는 일반적으로 임펠러(impeller) 교반기를 사용하는데, 임펠러의 기본 형태에는 패들(paddle), 터빈(turbin), 프로펠러(propeller) 등이 있다.
③ 혼합기 내에서 고체입자의 운동은 혼합기의 종류 및 형태에 따라 대류혼합(convective mixing), 확산혼합(diffusive mixing), 전단혼합(shearmixing)으로 분류된다.
④ 점도가 아주 높은 액체 또는 가소성 고체를 섞는 조작, 고체에 약간의 액체를 섞는 조작을 교반(agitation)이라 한다.

정답 96 ① 97 ① 98 ① 99 ② 100 ④

[해설]

혼합

㉠ 두 가지 이상의 다른 원료를 섞어 균일한 물질을 얻는 것
㉡ 혼합, 교반, 유화, 반죽 등
㉢ 고체 혼합
- 유사한 크기, 밀도, 모양을 가진 것이 잘 혼합됨
- 크기 차이가 $75\mu m$ 이상이면 혼합이 안 되고 쉽게 분리되며 $10\mu m$ 이하이면 잘 혼합됨

㉣ 액체 혼합
- 교반은 액체 간, 액체와 고체 간, 액체와 기체 간 혼합, 유화는 섞이지 않는 두 액체의 혼합
- 점도가 큰 액체의 혼합에는 큰 동력 필요
- 아이스크림 제조, 밀가루 반죽, 음료 제조, 초콜릿 제조 등에 교반기 이용

㉤ 고체-고체 혼합기
- 고체 간 혼합에는 회전이나 뒤집기 이용
- 텀블러(곡류), 리본 혼합기(라면수프), 스크루 혼합기 등

㉥ 고체-액체 혼합기(반죽 교반기)
- S자형 반죽기 제과 제빵용 밀가루 반죽에 이용
- 페달형 팬 혼합기는 계란, 크림, 쇼트닝 등 과자 원료 혼합에 이용

㉦ 액체-액체 혼합기
- 용기 속 임펠러로 액체를 혼합(패들 교반기, 터빈 교반기, 프로펠러 교반기 등)
- 혼합효과를 높이기 위해 방해판 설치, 경사 등 이용

CHAPTER 03 2016년 2회 식품기사

1과목 식품위생학

01 GMO 식품의 항생제 내성 유전자가 체내, 혹은 체내 미생물로 전이되는 것이 어려운 이유는?

① 기존 식품에 혼입되어 오랜 시간 동안 다량 노출로 인해 인체가 적응을 하였기 때문
② 유전자변형식품에 인체 및 미생물에 영향을 미치는 유전자가 함유되지 않기 때문
③ 식품 중에 포함된 유전자가 체내의 분해효소와 강산성의 위액에 의해 분해되기 때문
④ 안전성평가에 의해 인체에 전이되지 않는 GMO만을 허가하여 유통되기 때문

해설
GMO 식품의 항생제 내성 유전자는 변형된 유전자로 생체 내에서 이물질로 여겨져 분해효소에 의해 쉽게 분해되며 산에 약해 위의 염산에 의해 분해된다.

02 식용유지의 연결이 잘못된 것은?

① 콩기름 – 대두유
② 잇꽃유 – 낙화생유
③ 채종유 – 유채유 또는 카놀라유
④ 목화씨기름 – 면실유

해설
잇꽃유는 홍화유이며 낙화생유는 땅콩유이다.

03 식품의 총균수 검사를 통하여 알 수 있는 것은?

① 신선도
② 가공 전의 원료 오염상태
③ 부패도
④ 대장균의 존재

해설
총균수 검사는 직접 검경법인 Breed법을 이용하여 단일염색을 통해 균수를 현미경으로 확인하는 방법으로 가공 전 원료의 오염상태 판별에 이용된다.

04 플라스틱의 감별을 위한 방법으로 이용할 수 있는 물리적인 특성이 아닌 것은?

① 비중
② 경도
③ 용해성
④ 연소성

해설
플라스틱류
• 열가소성 수지(열을 가하면 부드럽게 된다) : 폴리에틸렌, 폴리프로필렌(안정제 용출), 폴리스티렌(단량체 용출), 염화비닐수지(가소제, 단량체, 안정제 용출) 등
• 열경화성 수지(열을 가해도 부드러워지지 않는다) : 페놀수지, 요소수지, 멜라민수지 등으로 포르말린 용출
• 물리적 특성 : 비중, 경도, 용해성

05 수인성 전염병에 속하지 않는 것은?

① 장티푸스
② 이질
③ 콜레라
④ 파상풍

해설
수인성 감염병 : 장티푸스, 파라티푸스, 콜레라, 이질 등이 있다.
※ 파상풍은 흙이나 금속류에 존재하는 파상풍균의 포자가 상처를 통해 감염되어 발생한다.

06 식중독의 역학조사에 대한 설명으로 옳은 것은?

① 검병조사 전에 원인분석을 실시한다.
② 원인식품은 통계적인 방법으로 추정한다.
③ 원인물질을 검사하기 위해서는 보존식만 검사한다.
④ 검병조사를 통하여 원인물질 추정이 가능하다.

정답 01 ③ 02 ② 03 ② 04 ④ 05 ④ 06 ②

> **해설**
>
> 역학조사 단계
> - 검병조사 : 각종 정보 수집 및 추정(인적, 지리적, 시간적 관련식품 조사)
> - 원인식품 추구 : 신속·정확한 분석, 통계적인 방법으로 원인식품 추정
> - 병인물질 검사 : 검사재료 수거, 화학적·미생물학적 분석 및 실험동물 등을 이용하여 원인물질 규명

07 식중독 발생 시 취해야 할 조치로 적절하지 않은 것은?

① 의심되는 모든 식품을 채취하여 역학조사를 실시한다.
② 환자와 상세하게 인터뷰를 하여 섭취한 음식과 증상에 대해서 조사한다.
③ 식중독균은 항생제에 대한 내성이 없으므로 환자에게 신속하게 항생제를 투여한다.
④ 관련 식품의 유통을 금지하여 확산을 방지한다.

> **해설**
>
> 식중독균은 항생제에 대한 내성이 있다.

08 식중독 역학조사 시 설문조사 분석을 통하여 질병의 유형을 분류하고 가설을 설정·검증하는 단계는?

① 현장조사 단계 ② 정리 단계
③ 준비 단계 ④ 조치 단계

> **해설**
>
> 식중독 역학조사 순서
> - 준비 단계 : 원인조사반 구성, 검체 채취 기구 준비
> - 현장조사 단계 : 검체 채취, 설문조사 분석으로 질병 유형 분류, 가설 설정
> - 정리 단계 : 자료 분석을 통해 발생오염원 및 경로 추정
> - 조치 단계 : 원인식품 사용금지 및 폐기조치

09 HACCP에 관한 설명으로 틀린 것은?

① 위해분석(hazard analysis)은 위해가능성이 있는 요소를 찾아 분석·평가하는 작업이다.
② 중요관리점(critical control point) 설정이란 관리가 안 될 경우 안전하지 못한 식품이 제조될 가능성이 있는 공정의 결정을 의미한다.
③ 관리기준(critical limit)이란 위해분석 시 정확한 위해도 평가를 위한 지침을 말한다.
④ HACCP의 7개 원칙에 따르면 중요관리점이 관리기준 내에서 관리되고 있는지를 확인하기 위한 모니터링 방법이 설정되어야 한다.

> **해설**
>
> HACCP 실행단계(HACCP 7 원칙)
> - 위해요소 분석(Hazard Analysis, 원칙 1) : 식품 공정의 각 단계별로 잠재적인 생물학적, 화학적, 물리적 위해요소 분석
> - 중요관리점 설정(Critical Control Point, 원칙 2) : 각 위해요소를 예방, 제거하거나, 허용수준 이하로 감소시키는 절차
> - 허용기준 설정(Critical Limit, 원칙 3) : 안전을 위한 절대적 기준치로 온도, 시간, 무게, 색 등 간단히 확인할 수 있는 기준 설정
> - 모니터링방법 설정(원칙 4) : 모니터링의 절차는 허용 기준에 벗어난 것을 찾아내는 것으로 모니터링하는 자를 단체급식소 등에서는 조리원 중에서 선정
> - 시정조치 설정(원칙 5) : 모니터링 결과 허용기준을 벗어났을 때 시정조치를 하는 것으로 허용기준을 벗어난 제품을 식별, 분리하는 즉시적 조치와 동일 사고 방지를 위해 정비, 교체, 교육 등을 하는 예방적 조치가 있음
> - 검증방법 설정(원칙 6) : 효과적으로 시행되는지 검증하는 것으로 HACCP 계획검증, 중요관리점 검증, 제품검사, 감사 등으로 구성
> - 기록보관 및 문서화방법 설정(원칙 7) : HACCP 시스템을 문서화하기 위한 효과적인 기록 유지 절차를 정한다.

10 불연속 멸균법(간헐 멸균법)의 설명으로 옳은 것은?

① 100℃에서 3회에 걸쳐 시행하는 것이 보통이다.
② 항온기는 필요하지 않다.
③ 고압멸균기가 있어야 실행할 수 있다.
④ 포자 형성균에는 적합하지 않다.

정답 07 ③ 08 ① 09 ③ 10 ①

[해설]
간헐 멸균법
포자까지 사멸시키는 멸균법으로 100℃에서 3회(24시간 간격)에 걸쳐 시행한다.

11 BOD가 높아지는 것과 가장 관계가 깊은 것은?

① 식품공장의 세척수
② 매연에 의한 공기오염
③ 플라스틱 재생공장의 배기수
④ 철강공장의 냉각수

[해설]
생물화학적 산소요구량(Biochemical Oxygen Demand ; BOD_5)
- BOD는 20℃ 물속의 유기물이 호기성 미생물에 의해 5일간 무기물로 분해되는 데 필요한 산소의 소비량
- BOD가 높으면 유기물이 많아 오염이 높다는 의미
- 높은 BOD 폐수 : 식품공장, 주정공장, 피혁공장, 섬유공장, 낙농공장 등
- 하천의 BOD 기준은 10ppm 이하

12 치즈에 대한 가공기준 및 성분규격으로 틀린 것은?

① 자연치즈는 원유 또는 유가공품에 유산균, 단백질 응유효소, 유기산 등을 가하여 응고시킨 후 유청을 제거하여 제조한 것이다.
② 자연치즈에는 경성치즈, 반경성치즈, 연성치즈, 생치즈 등이 있다.
③ 가공치즈는 모조치즈에 식품첨가물을 가해 유화시켜 가공한 것이나 모조치즈에서 유래한 유고형분이 50% 이상인 것이다.
④ 모조치즈는 식용유지와 식물성 단백 또는 이들의 가공품을 주원료로 하여 이에 식품 또는 식품첨가물을 가하여 유화시켜 제조한 것이다.

[해설]
가공치즈는 자연치즈에 식품 또는 첨가물을 가해 유화시켜 가공한 것으로 유고형분이 40% 이상인 것을 말한다.

13 트리할로메탄에 대한 설명으로 틀린 것은?

① 수도용 원수의 염소 처리 시에 생성되며 발암성 물질로 알려져 있다.
② 생성량은 물속에 있는 총유기성 탄소량에는 반비례하나 화학적 산소요구량과는 무관하다.
③ 메탄의 4개 수소 중 3개가 할로겐 원자로 치환된 것이다.
④ 전구물질을 제거하거나 생성된 것을 활성탄 등으로 처리하여 제거할 수 있다.

[해설]
트리할로메탄
생성량은 물속에 있는 총유기성 탄소량 및 화학적 산소요구량에 비례한다.

14 LD_{50}으로 독성을 표현하는 것은?

① 급성 독성
② 만성 독성
③ 발암성
④ 변이원성

[해설]
일반 독성시험
㉠ 급성 독성시험
- 시험하고자 하는 물질을 동물에게 1회 투여하여 치사량을 구하는 시험
- 투여한 실험동물의 반수가 사망하는 양을 LD_{50}(lethal dose, 반수치사량)이라 하며 체중 1kg당 mg으로 표시한다. 수치가 작을수록 독성이 크다.
- 실험동물 2개 종 이상

㉡ 아급성 독성시험
- LD_{50}양을 1/2, 1/4, 1/8 식으로 1~3개월간 투여하여 관찰
- 만성 독성시험을 위한 예비시험으로 실시

㉢ 만성 독성시험
6개월 이상 투여하여 독성을 검사하며 투여 용량은 최대내량 및 그 이하 농도를 시험
※ 최대내량 : 대조군과 비교해 10% 이상 체중감소가 없으며 동물의 수명에 어떠한 영향을 미치지 않는 최대용량

정답 11 ① 12 ③ 13 ② 14 ①

15 다음 중 반감기가 가장 짧으면서도 생성량이 많아서 식품위생상 문제가 되는 방사능은?

① 스트론튬 90
② 세슘 137
③ 요오드 131
④ 우라늄 238

해설
방사능
- 방사능 반감기 : 스트론튬 90-28.8년, 세슘 137-30.17년, 요오드 131-8일
- 핵분열 생성물의 일부가 직접 또는 간접적으로 농작물에 이행될 수 있다.
- 생성률이 비교적 크고, 반감기가 긴 ^{90}Sr과 ^{137}Cs이 식품에서 문제가 된다.
- 방사능 오염 물질이 농작물에 축적되는 비율은 지역별 생육 토양의 성질에 영향을 받는다.
- ^{131}I는 반감기가 짧으나 비교적 양이 많아서 문제가 된다.

16 Sodium L-ascorbate는 주로 어떤 목적에 이용되는가?

① 살균작용은 약하나 정균작용이 있으므로 보존료로 이용된다.
② 산화방지력이 있으므로 식용유의 산화방지 목적으로 사용된다.
③ 수용성이므로 색소의 산화방지에 이용된다.
④ 영양 강화의 목적에 적합하다.

해설
산화방지제(항산화제)
- 수용성 산화방지제 : 아스코르브산, 에리소르빈산-색소의 항산화
- 지용성 산화방지제 : BHA, BHT, 몰식자산 프로필, 토코페롤-유지의 항산화

17 경구 감염병의 특성에 대한 설명으로 틀린 것은?

① 경구 감염병은 병원성 미생물이 음식물, 손, 기구 등에 의해 입을 통하여 체내 침입·증식하여 주로 소화기계통에 질병을 일으켜 소화기계 감염병이라고도 한다.
② 경구 감염병은 감염원, 감염경로, 감수성숙주가 있어야 하나, 일반 식중독은 종말감염이다.
③ 세균성 이질은 여름철에 어린이들이 많이 걸리는 경구 감염병으로 병원체는 *Salmonella typhi*, *Salmonella paratyphi*이다.
④ 대표적인 수인성 감염병으로는 콜레라가 있으며 병원체는 *Vibrio cholerae*이다.

해설
경구 감염병과 세균성 식중독 비교

경구 감염병	세균성 식중독
물, 식품이 감염원으로 운반매체이다.	식품이 감염원으로 증식매체이다.
병원균의 독력이 강해서 식품에 소량의 균이 있어도 발병한다.	균의 독력이 약하다. 따라서 식품에 균이 증식하여 대량으로 섭취하여야만 발병한다.
사람에서 사람으로 2차 감염된다.	식품에서 사람에게로 감염된다.(종말감염)
잠복기가 길고 격리가 필요하다.	잠복기가 짧고 격리가 불필요하다.
면역이 있는 경우가 많다	면역이 없다.
감염병 예방법	식품위생법

- 세균성 이질균 : *Shigella dysenteriae*
- 장티푸스균 : *Salmonella typhi*
- 파라티푸스균 : *Salmonella paratyphi*

18 사람의 1일 섭취허용량(*ADI*)을 계산하는 일반적인 식은?

① $ADI = MNFL \times \dfrac{1}{100} \times$ 국민의 평균체중
② $ADI = MNFL \times \dfrac{1}{10} \times$ 성인남자 평균체중
③ $ADI = MNFL \times \dfrac{1}{10} \times$ 국민의 평균체중
④ $ADI = MNFL \times \dfrac{1}{100} \times$ 성인남자 평균체중

해설
1일 섭취허용량(*ADI*)
최대무작용량(*MNFL*)에 안전계수 100(동물과 사람의 차이 10, 사람과 사람의 차이 10)으로 나누고 국민의 평균체중을 곱한 값이 *ADI*

정답 15 ③ 16 ③ 17 ③ 18 ①

※ 최대무작용량 : 실험 대상 동물에게 평생 먹여도 어떠한 이상이 없는 용량

19 알레르기(allergy) 식중독의 원인 물질은?

① arginine ② histamine
③ alanine   ④ lysine

해설

식품의 신선도 측정(초기 부패 측정)
- 관능검사 : 기본적이고 간단한 방법 – 맛, 냄새, 색, 조직감 관찰
- 생물학적 검사 : 생균수 측정(신선도 판정 지표) – 1g당 10^5 이하면 신선
- 화학적 검사 : 휘발성 염기질소 측정(30~40mg%), 트리메틸아민 측정(4mg%), pH 측정(pH 6.2), 히스타민 측정(400mg%), K 값 측정(60~80%)
- 등 푸른 생선에 많은 histidine이 부패 시 세균(Morganella morganii)에 의해 탈탄산 반응을 일으켜 히스타민을 생성하여 알러지 유발

20 동물성 식품의 부패로 생성되는 것과 거리가 먼 것은?

① 암모니아   ② 아민
③ 저급 지방산 ④ 스카톨

해설

단백질의 부패 생성물
아민류, 암모니아, 인돌, 스카톨, 황화수소, 메르캅탄 등

2과목 식품화학

21 다음의 고구마 가공 공정에서 박편으로 자른 후 갈변현상이 나타났을 때 그 원인은?

> 고구마 껍질을 벗기고 박편으로 자른 후 증자(steaming) 공정을 거쳐 열판 위에서 건조시킨다.

① 마이야르반응에 의한 갈변
② 캐러멜화에 의한 갈변
③ 효소에 의한 갈변
④ 아스코르브산 산화반응에 의한 갈변

해설

효소적 갈변
- 주로 과일(사과, 배)이나 채소(감자, 고구마) 등의 식품에 절단된 부위에서 일어남
- catechin, gallic acid, chlorogenic acid, tyrosine 등이 Polyphenol oxidase, tyrosinase 등 효소에 의해 갈색 물질인 melanin 생성

22 식품과 그 식품이 함유하고 있는 단백질이 서로 잘못 연결된 것은?

① 소맥 – 프롤라민   ② 난백 – 알부민
③ 우유 – 글루텔린   ④ 옥수수 – 제인

해설

우유 – 카제인, 소맥(밀) – 글루텔린, 프롤라민

23 안토시아닌(anthocyanin)계 색소가 적색을 띠는 경우는?

① 산성에서   ② 중성에서
③ 알칼리성에서   ④ pH에 관계없이 항상

해설

안토시아닌계 색소
산성 – 적색, 알칼리성 – 청색

24 다음 중 열변성이 일어날 때 수용성이 증가되는 대표적인 단백질은?

① 알부민   ② 글로불린
③ 글루텐   ④ 콜라겐

해설

콜라겐은 불용성이나 열에 의해 젤라틴으로 변성되어 수용성 잔기의 노출로 수용성이 된다.

정답 19 ② 20 ③ 21 ③ 22 ③ 23 ① 24 ④

25 수분 함량(분자량 18) 60%, 소금 함량(분자량 58.45) 15.5%, 설탕 함량(분자량 342) 4.5%, 비타민A(분자량 286.46)가 200mg% 함유된 식품의 수분활성도는?

① 약 0.94　　② 약 0.92
③ 약 0.90　　④ 약 0.88

해설

수분활성도(A_w)

- 어떤 온도에서 식품이 나타내는 수증기압에 대한 순수한 물의 수증기압비로 정의된다.

  $A_w = \dfrac{P}{P_0}$, P : 식품의 수증기압, P_0 : 물의 수증기압

- 단, 식품의 수증기압은 식품 중 녹아 있는 용질의 종류와 양에 의해 영향을 받으므로 물의 몰수를 M_w, 용질의 몰수를 M_s라고 할 때 $A_w = \dfrac{M_w}{M_w + M_s}$ 가 된다.

- 식품의 수분활성도는 항상 1 미만
- 어패류나 수육과 같이 수분이 많은 식품의 A_w는 0.98~0.99, 곡물 등 수분이 적은 건조식품의 A_w는 0.60~0.64 정도
- 미생물 생육 최저 수분활성도 : 세균 0.91, 효모 0.88, 곰팡이 0.80, 내건성 곰팡이 0.65, 내삼투압성 효모 0.60 등

$\therefore A_w = \dfrac{M_w}{M_w + M_s}$

$= \dfrac{60/18}{60/18 + 15.5/58.45 + 4.5/342 + 0.2/286.46} = 0.92$

26 효소에 의한 식품의 변색현상은?

① 김이 저장 중 고유한 색깔을 잃는 것
② 새우나 게를 가열하면 붉은색으로 변하는 것
③ 사과를 잘라 공기 중에 두었을 때 갈변하는 것
④ 안토시아닌을 가진 채소나 과일을 통조림에 담으면 회색을 나타내는 것

해설

효소적 갈변
- 주로 과일(사과, 배)이나 채소(감자, 고구마) 등의 식품에 절단된 부위에서 일어남
- catechin, gallic acid, chlorogenic acid, tyrosine 등이 Polyphenol oxidase, tyrosinase 등 효소에 의해 갈색 물질인 melanin 생성

27 지방산화 중 발생하는 휘발성분에 대한 설명으로 틀린 것은?

① 오메가-6 지방산인 리놀레산으로부터 유래된 전형적인 휘발성분은 hexanal이다.
② 유지의 자동산화과정 중 휘발성분은 hydroperoxide 생성 전 단계에서 생성된다.
③ propanal은 오메가-3 지방산인 리놀렌산으로부터 유래된 산화휘발성분이다.
④ hexanal 함량 비교를 통해 산화 정도를 측정할 수 있다.

해설

자동산화
- 유지가 저장 중 어느 기간 동안은 서서히 산소의 흡수량이 증가(유도기) 후에는 산소 흡수량이 급격히 증가하고 aldehyde나 ketone이 생성되어 산패취가 나며, 중합체를 형성하여 점도나 비중이 증가한다.
- 초기반응(free radical 생성) : RH → R· + H·(빛, 광선, 금속, 헤마틴 등 촉매)
- 연쇄반응(과산화물 생성) : 산소와 결합 후 연쇄적으로 다른 유지와 반응하여 과산화물과 또 다른 free radical 생성
- 분해반응(과산화물 분해) : ROOH → RO· + ·OH(알코올, 알데히드, 케톤류 생성)
- 종결반응(중합반응) : 각 free radical이 중합하여 안정한 화합물 생성
- tocopherol류나 flavonoid 등 항산화제는 radical과 반응하여 연쇄반응 중단
- 이중결합에서 산화되어 분해되므로 생성된 알데히드는 오메가-6 지방산으로부터 메틸기에서 6개의 hexanal, 오메가-3 지방산으로부터 메틸기에서 3개인 propanal이 생성된다.

28 탄수화물 다당류에 대한 설명으로 옳은 것은?

① 키틴은 갑각류의 껍질에서 발견되는 다당류로 키토산 제조에 사용된다.
② 이눌린은 갈락토오스의 주요공급처이다.
③ 셀룰로오스는 α-글루코오스의 결합체이다.
④ β-글루칸은 α-글루코오스의 결합체로 버섯 등에서 발견된다.

해설

키틴은 단순다당류로 N-아세틸 글루코사민 다당류이다.

정답 25 ② 26 ③ 27 ② 28 ①

29 소비자의 선호도를 평가하는 방법으로서 새로운 제품의 개발과 개선을 위해 주로 이용되는 관능 검사법은?

① 묘사 분석 ② 특성차이 검사
③ 기호도 검사 ④ 차이식별 검사

해설
식품의 관능검사
㉠ 차이식별검사
- 종합적 차이검사 : 단순검사(두 시료의 차이 유무 판정), 일-이점검사(기준시료와 동일한 것 선택), 삼점검사(3개 중 다른 하나 선택), 확장삼점검사
- 특성 차이검사 : 이점비교검사(두 개의 차이), 순위법(강도비교순서), 평점법(0~9점), 다시료 비교검사(기준시료와 비교)
㉡ 묘사분석 : 훈련된 검사 요원에 의한 관능적 특성의 질적, 양적 묘사, 향미 프로필(맛, 냄새, 향미), 텍스처 프로필(물리적특성), 정량적 묘사(향미, 텍스처, 색 등 전반적인 관능 특성), 스펙트럼 묘사분석(특성과 강도에 대한 모든 정보), 시간-강도 묘사분석
㉢ 소비자 기호도검사 : 가장 주관적 검사, 새로운 식품 개발이나 품질 개선에 이용, 이점기호검사, 기호 척도법, 순위 기호 검사, 적합성 판정법
- 선호도검사 : 여러 개 중 좋아하는 것을 선택하고 좋아하는 순서 정하기
- 기호도검사 : 좋아하는 정도 측정(평점법 이용)

30 콜로이드(colloid)의 설명으로 옳은 것은?

① sol 상태는 소량의 분산상 입자들 사이에 다량의 분산매가 있어 유동성이 있는 것이다.
② gel 상태는 소량의 분산상 입자들 사이에 다량의 분산매가 있어 유동성이 있는 것이다.
③ gel 입자가 응집하여 침전된 것이 sol이다.
④ gel이 건조 상태가 된 것을 xerogel이다.

해설
콜로이드 상태
㉠ Sol : 액체 분산매에 액체 또는 고체의 분산질로 된 콜로이드 상태(우유, 전분액, 된장국, 한천 및 젤라틴을 물을 넣고 가열한 액상)
- 친수 sol : 분산매와 분산질의 친화력이 커 전해질을 넣어도 콜로이드상태 유지(전분, 젤라틴 수용액)
- 소수 sol : 분산매와 분산질의 친화력이 작아 전해질을 넣으면 침전(염화은 sol)
㉡ Gel : 친수 sol을 가열한 후 냉각시키거나 물을 증발시키면 반고체 상태(한천, 젤라틴, 젤리, 잼, 도토리묵, 삶은 계란)
- syneresis(이액현상) : 장기간 방치된 gel이 수축하여 분산매가 분리된 상태
- xerogel(건조겔) : gel이 건조된 상태(분말한천, 판상젤라틴)

31 TBA 시험은 무엇을 측정하고자 하는 것인가?

① 필수지방산의 함량 ② 지방의 함량
③ 유지의 불포화도 ④ 유지의 산패도

해설
TBA 시험
유지 산패 생성물인 알데히드류를 검출하여 적색 복합체 형성

32 가당연유 속에 젓가락을 세워서 회전시키면 연유가 젓가락을 타고 올라간다. 이와 같은 현상을 무엇이라 하는가?

① 예사성 ② Tyndall 현상
③ Weissenberg 효과 ④ Brown 운동

해설
점탄성체의 성질
- Weissenberg 효과 : 연유 중에 막대 등을 세워 회전시키면 탄성에 의해 연유가 막대를 따라 올라오는 성질
- 예사성(spinability) : 청국장, 계란 흰자 등에 막대 등을 넣고 당겨 올리면 실처럼 가늘게 따라 올라오는 성질
- 경점성(consistency) : 점탄성을 나타내는 식품의 경도(밀가루 반죽 경점성은 farinograph로 측정)
- 신전성(extensibility) : 반죽이 국수같이 길게 늘어나는 성질(밀가루 반죽 신전성은 extensograph로 측정)

33 검화될 수 없는 지방질에 속하는 것은?

① 트리스테아린 ② 토코페롤
③ 세레브로사이드 ④ 레시틴

해설

검화 : 알칼리성 물질로 에스터 결합을 가수분해하는 것으로 단순지질인 트리스테아린, 복합지질인 세레브로사이드, 레시틴이 가능하며 토코페롤은 유도지질로 검화될 수 없다.

34 포도당이 아글리콘(aglycone)과 에테르 결합을 한 화합물의 명칭은?

① glucoside ② glycoside
③ galactoside ④ riboside

해설

배당체(glycoside)
- 당이 아글리콘(aglycone)과 에테르 결합을 한 화합물
- 당이 포도당이면 glucoside, 당이 갈락토오스면 galactoside 등

35 감자전분용액을 가열하였더니 더 이상 저을 수 없을 정도로 부풀어 올랐다. 이러한 유체의 상태는?

① 가소성 ② 의사가소성
③ 딜레이턴트 ④ 의액성

해설

- 비 Newton 유체 : Colloid 용액, 토마토 케첩, 버터 등의 혼합물질로 구성된 반고체 식품들은 Newton 유체 성질이 없어 전단력과 전단속도 사이의 유동곡선이 곡선을 나타내는 유체
- 의사가소성(pseudoplastic) 유체 : 전단속도 증가에 따라 전단력의 증가폭이 감소하는 유체
- Dilatant 유체 : 전단속도 증가에 따라 전단력의 증가폭이 증가하는 유체
- 항복치(yield value) : 생크림과 같이 반고체 식품에서 약한 전단력에 탄성을 보이다 좀 더 강한 전단력에 소성을 보일 때의 힘
- Bingham 소성 유체 : 전단속도 증가에 따라 전단력의 증가폭이 일정한 유체
- 혼합형 유체 : 항복치를 가지면서 의사가소성 또는 Dilatant 성질을 나타내는 것
- 시간에 따른 유동특성 변화에 따라 전단력이 작용할수록 점조도가 감소하는 thixotropic 유체와 전단력이 작용할수록 점조도가 증가하는 rheopectic 유체로 구분

36 β-fructofuranose가 주성분인 다당류는?

① 한천 ② 알긴산
③ 이눌린 ④ 글리코겐

해설

이눌린은 β-fructofuranose로 이루어진 과당 다당류로 체내에서 소화되지 않으며 돼지감자나 달리아 뿌리에 존재한다.

37 상어의 간유 속에 들어 있는 탄화수소인 스쿠알렌은 그 구조 중에 아이소프렌 단위가 몇 개 들어 있는가?

① 14개 ② 10개
③ 6개 ④ 2개

해설

스쿠알렌은 탄소 30개로 이루어진 유도지질로 탄소 5개의 아이소프렌(isoprene) 기본구조가 6개 결합된 사슬형태이다.

38 식품에 사용되는 효소에 대한 설명 중 틀린 것은?

① invertase는 이당인 lactose를 구성단당으로 분해하는 효소이다.
② glucoamylase는 녹말의 비환원성 말단에서 포도당 단위로 절단하는 효소이다.
③ 유당불내증을 억제 가능한 효소는 β-galactosidase 이다.
④ 펙틴 분해효소는 과일주스나 포도주를 맑게 하고 과일펄프의 마쇄를 촉진시키는 역할을 한다.

해설

invertase는 전화효소로 자당(sucrose)을 분해하여 포도당, 과당의 1 : 1 혼합체인 전화당을 생성한다.

39 카로티노이드계 색소는 어느 것인가?

① 크산토필 ② 클로로필
③ 탄닌 ④ 안토시아닌

정답 34 ① 35 ③ 36 ③ 37 ③ 38 ① 39 ①

해설

카로티노이드
- 카로틴류 : lycopene(토마토, 수박의 적색), trans-β-carotene(당근의 황색)
- 크산토필류 : capsanthin(고추의 적색), astaxanthin(게, 새우의 적색)

40 식품의 텍스처를 측정하는 texturometer에 의한 texture profile로부터 알 수 없는 특성은?

① 탄성 ② 저작성
③ 부착성 ④ 안정성

해설

texturometer에 의한 texture profile
경도, 탄성, 부착성, 파쇄성, 저작성, 점착성, 복원성 등

3과목 식품가공학

41 주용도가 두부 응고제가 아닌 것은?

① 글루코노-δ-락톤
② 알루미늄인산나트륨
③ 황산마그네슘
④ 조제해수염화마그네슘

해설

두부 응고제
- 간수 : 염화마그네슘($MgCl_2$), 황산마그네슘($MgSO_4$)
- 황산칼슘 응고제 : 응고반응이 염화물에 비해 느려 보수성, 탄력성이 좋은 두부 생산
- 염화칼슘 응고제 : 칼슘 첨가로 영양 보강, 응고작용 좋음
- Glucono-δ-lactone(GDL ; Glucono Delta Lactone) 응고제 : 연두부나 순두부 또는 보다 부드러운 두부를 만들 때 사용, 과거 산미료로 사용하였으며 과량 사용 시 신맛이 난다.
- 알루미늄인산나트륨 - 밀가루 개량제, 유화제, 산제, 표백제, 발효조성제로 이용

42 밀가루의 품질시험방법이 잘못 짝지어진 것은?

① 색도 - 밀기울의 혼입도
② 입도 - 체눈 크기와 사별 정도
③ 패리노그래프 - 점탄성
④ 아밀로그래프 - 인장항력

해설

- 아밀로그래프 - 점도 측정
- 엑스텐소그래프 - 인장항력

43 무당연유의 제조공정에 대한 설명으로 틀린 것은?

① 당을 넣지 않는다.
② 예열공정을 하지 않는다.
③ 균질화를 한다.
④ 가열멸균을 한다.

해설

무당연유 제조공정
원유-표준화-예열-농축-균질화-냉각-충전-멸균-냉각-제품

44 병조림의 파손형태에 대한 그림 중 내부 충격에 의해 파손된 형태는?

①  ②
③  ④

해설

내부 충격 시 병조림 내용물에 의해 힘의 전달이 분산되어 원형의 파손형태를 가진다.

정답 40 ④ 41 ② 42 ④ 43 ② 44 ③

45 유지를 정제한 다음 정제유에 수소를 첨가하면 유지는 어떻게 변하는가?

① 융점이 저하된다.
② 융점이 상승한다.
③ 성상이나 융점은 변하지 않는다.
④ 이중 결합에 변화가 없다.

해설
정제유에 수소를 첨가하면 융점이 상승하여 산화 안정성이 이루어지고 냄새가 개량된다.

46 다음 중 고융점 glyceride 함량이 가장 높은 기름은?

① 대두유　　　② 면실유
③ 옥배유　　　④ 미강유

해설
샐러드유로 사용되는 면실유는 혼탁물질인 고융점 glyceride(stearic acid, wax 등)가 12~25%가량 함유되어 저온 저장 시 유지 혼탁의 원인이 되므로 탈납(winterization, 동결화)과정으로 5~7℃에서 약 50시간을 거쳐 여과, 제거하여야 한다.

47 압출 가공공정이 식품에 미치는 영향에 대한 설명으로 틀린 것은?

① 마이야르 갈색화반응이 발생하면 단백질의 품질이 저하될 수 있다.
② 식품의 색과 향기가 현저히 저하되므로 적용 가능한 식품의 종류가 한정적이다.
③ 향의 기화를 방지하기 위해 향료를 제품 표면에 에멀션 또는 점성현탁액의 형태로 코팅한다.
④ cold extrusion의 경우 비타민 손실이 적다.

해설
압출 가공공정(Extrusion)의 특성
㉠ 수행될 수 있는 단위공정은 열처리, 혼합, 분리, 압착, 배열, 팽화, 성형과정을 거친다.
㉡ 주요 기능
　• 전분의 노화, 팽윤, 호화, 무정형화 및 분해
　• 단백질의 변성, 분자 간의 결합 및 조직화
　• 효소의 불활성화
　• 미생물의 살균 및 사멸
　• 독성 물질의 파괴
　• 냄새의 제거
　• 조직의 팽창 및 밀도 조직
　• 갈색화 반응
㉢ 압출 가공공정의 장점
　• 다용성 : 여러 가지 공정과 제품을 얻음
　• 고생산성 : 연속적인 대량 생산 가능
　• 비용절감 : 노동력, 면적 감소
　• 특수 성형, 품질 향상, 신제품 개발, 에너지 효율, 폐수 억제 등

48 건강기능식품의 기능성 등급분류에서 질병 발생위험 감소 기능으로 인정되는 질병과 성분의 연결이 옳은 것은?

① 항산화에 도움을 줄 수 있으나 관련 인체적용시험이 미흡함 – 비타민 E, 비타민 C
② 골다공증 발생 위험 감소에 도움을 줌(질병 발생 위험 감소기능) – 칼슘, 비타민 D
③ 전립선 건강에 도움을 줌 – 셀레늄, 아연
④ 콜레스테롤 개선에 도움을 줄 수 있음 – 리놀레산, 리놀렌산

해설
건강기능식품의 기능성 등급분류
• 질병 발생 위험 감소(특정 질병 발생 위험 감소에 도움을 줌) : 자일리톨(충치 예방), 비타민 D(골다공증 예방), 칼슘(골다공증 예방)(3개)
• 생리활성기능 1등급(다수의 임상시험이 있으며 신뢰할 수 있음) : 루테인(눈 건강), 지아잔틴(눈 건강), 가르시니아 캄보지아(체지방 감소), 폴리코사놀(혈관 건강)(4개)
• 생리활성기능 2등급(소수의 임상시험이 있으나 그 수가 적어 과학적으로 입증되었다고 할 수 없음) : 오메가3, 프로폴리스, 유산균, 인삼, 홍삼, 백수오, 글루코사민 등(대다수 건강기능식품)
• 생리활성기능 3등급(임상시험 결과 없음) : 계피추출분말, 피나톨분말, 갈락토올리고당 등
• 영양소 기능(체내에서의 기능에 필요함 또는 그러한 영양소를 보충) : 비타민 A, 베타카로틴, 비타민 D(질병 발생 위험 감소 기능 포함), 비타민 E, 비타민 K, 비타민 B 복합체, 비타민 C, 칼슘(질병 발생 위험 감소 기능 포함), 마그네슘, 철, 아연, 구리, 셀레늄(또는 셀렌), 요오드, 망간, 몰리브덴, 칼륨, 크롬, 식이섬유, 단백질, 필수지방산(28개)

정답　45 ②　46 ②　47 ②　48 ②

49 과일주스(비열 3.92kJ/kg·K)를 0.5kg/s의 속도로 이중관 열교환기에 투입하여 20℃에서 55℃로 가열한다. 이때 가열매체로는 90℃의 열수(비열 4.18kJ/kg·K)를 유속 1kg/s로 투입하며 향류방식으로 조업한다. 정상상태조건으로 가정한다고 할 때 열수의 출구온도는 약 몇 도인가?

① 36.8℃ ② 45.6℃
③ 68.9℃ ④ 73.6℃

> [해설]
> 열량 구하는 공식
> $Q = cmT$ (c : 비열, m : 질량, T : 온도차)
> 과일주스에 향류로 주입되는 열수와 혼합되므로
> $3.92 \times 0.5 \times (55-20) = 4.18 \times 1 \times (90-x)$
> $\therefore x = 73.58$

50 튀김유의 품질 조건이 아닌 것은?

① 거품이 일지 않을 것
② 열에 대하여 안정할 것
③ 튀길 때 발생하는 연기가 적을 것
④ 가열에 대한 점도 변화가 클 것

> [해설]
> 튀김유의 품질 조건
> • 발연점이 높을 것
> • 불순물이 적을 것
> • 점도 변화가 적을 것
> • 열에 안정하며 거품이 일지 않을 것

51 다음은 어떤 가공 제품에 대한 설명인가?

• 원료 : 가죽, 뼈, 인대, 힘살 등
• 주공정 : 석회액처리 → 중화 → 수세 → 가열처리 → 여과/원심분리 → 응고 → 건조 → 분쇄

① 라드 ② 건조육
③ 젤라틴 ④ 골분

> [해설]
> 젤라틴
> 동물의 가죽, 힘줄, 인대 등을 구성하는 섬유상 조직 단백질인 콜라겐을 열처리하여 생성된 겔 형태의 열변성 단백질이다.

52 국제 단위계(SI system)에서 힘의 단위는?

① dyne ② lb(pound force)
③ kgf(kg force) ④ N(Newton)

> [해설]
> 국제 단위계(SI system)
> • 물리량의 국제 표준 단위는 MKS(m, kg, s) 단위계와 CGS(cm, g, s) 단위계가 있다.
> • dyne은 힘의 단위인 뉴턴(N)의 CGS 단위이다.
> • 1N = 질량 1kg의 물체에 작용하여 $1m/s^2$의 가속도가 생기게 하는 힘
> • 1dyne = 질량 1g의 물체에 작용하여 $1cm/s^2$의 가속도가 생기게 하는 힘
> • 1N = 100,000dyne
> • 기본단위 : 길이(m, 미터), 질량(kg, 킬로그램), 시간(s, 초), 전류(A, 암페어), 온도(K, 켈빈), 물질량(mol, 몰), 광도(cd, 칸델라)
> • 유도단위 : 힘(N, 뉴턴), 에너지 또는 일(J, 줄), 전도율(S, 지멘스), 주파수(Hz, 헤르츠), 전압(V, 볼트), 방사선 흡수선량(Gy, 그레이), 방사선 생물학적 흡수선량(Sv, 시버트)

53 마요네즈에 대한 설명으로 틀린 것은?

① 마요네즈는 유백색이며, 기포가 없고, 내용물이 균질하여야 한다.
② 식용유의 입자가 큰 것일수록 점도가 높고 안정도도 크다.
③ 유탁의 조직 점도와 함께 조미료와 향신료의 배합에 의한 풍미는 마요네즈의 품질을 좌우한다.
④ 마요네즈는 oil in water(O/W)의 유탁액이다.

> [해설]
> 마요네즈(mayonnaise)
> • 식물유 75%, 식초 10%, 난황 10%, 조미료 3.5%, 향신료 1.5% 등을 혼합하여 수중 유적형으로 유화한 제품(난백은 사용하지 않음)
> • 식용유의 입자가 작은 것일수록 점도가 높고 안정도도 크다.

정답 49 ④ 50 ④ 51 ③ 52 ④ 53 ②

54 냉동고의 크기가 가로 3m, 세로 5m, 높이가 2m이고 냉동고벽의 총괄 전열계수가 0.25kcal/m²·h·℃일 때 벽면을 통과하는 열손실은?(다만, 전체 전열면적 중 지면에 접하고 있는 부분도 공기 중에 노출된 것으로 간주하고 계산하며 이 냉동고의 온도는 -20℃이고 공기의 온도는 25℃ 이다.)

① 34.72kcal/h ② 372.5kcal/h
③ 566.3kcal/h ④ 697.5kcal/h

해설
열유체 공학의 열교환
- 열량은 1g의 물에 열을 가하여 1℃만큼 올리는 데 필요한 양을 1cal로 표시한다.
- 열손실(Q공기 - Q냉동고)(kcal/h) = 공기의 열량 Q(kcal) - 냉동고의 열량 Q(kcal)
- 열손실은 온도차, 면적 그리고 열전달 계수에 비례한다.
- 열전달 계수는 단위 시간에 단위 온도차일 때 단위 표면적으로 이루어지는 열전달량
- (Q, kcal/h) = (U, 열전달계수, kcal/m²·h·℃) × (A, 전열면적, m²) × ($\triangle t$, 온도차)
- ∴ $Q = 0.25 \times 62 \times 45 = 697.5$

55 식품 저장 시 방사선 조사에 의한 효과가 아닌 것은?

① 곡류 식품의 살충
② 과실, 채소, 육류 식품의 살균
③ 감자, 양파 등의 발아 촉진
④ 과실, 채소 등의 숙도 조절

해설
식품에 방사선을 조사하면 감자, 양파 등의 발아 및 발근을 억제한다.

56 간장을 달이는 주요 목적이 아닌 것은?

① 탈색 ② 저장성 부여
③ 미생물의 살균 ④ 효소의 파괴

해설
간장을 달이는 목적
- 80℃ 이상으로 가열하여 미생물 살균 및 효소를 파괴한다.
- 농축에 의한 후숙으로 색을 짙게 하고 향미를 좋게 한다.

57 과실 또는 채소류의 가공에서 열처리 목적이 아닌 것은?

① 산화효소를 파괴하여 가공 중에 일어나는 변색과 변질 방지
② 원료 중 특수성분이 용출되도록 하여 외관, 맛의 변화 및 부피 증가 유도
③ 원료 조직을 부드럽게 변화
④ 미생물의 번식 억제 유도

해설
열처리 목적
- 미생물의 번식 억제 유도
- 산화효소를 파괴하여 가공 중에 일어나는 변색과 변질 방지
- 원료 조직을 부드럽게 변화시켜 충진 조작을 쉽게 하고 부피가 줄어드는 것 방지
- 껍질 벗기기 조작 용이

58 계란의 성분에 대한 설명으로 옳은 것은?

① 계란의 난황단백질은 지방, 인 등과 결합된 구조로 되어 있다.
② 다른 동물성 식품과는 달리 탄수화물의 함량이 높다.
③ 계란의 무기질은 알 껍질보다는 난황에 많이 함유되어 있다.
④ 계란은 비타민 A, B_1, B_2, C, D, E를 많이 함유하고 있으며, 대부분 난백에 함유되어 있다.

해설
계란의 성분
- 수분 65.6%, 조단백질 12.1%, 지방 10.5%, 탄수화물 0.9%, 회분 0.9% 구성
- 단백질 함량이 높고 탄수화물은 적으며 무기질은 껍질에 많다.
- 난황단백질은 지방, 인 등과 결합된 구조이며 Ca, K, 비타민 A, B_1, B_2, B_6, E가 많다.
- 난백은 Ca 부족, 비타민 C 결핍, 난백장애물질인 avidin이 있다.

59 경화유 제조에 사용되는 수소 첨가용 촉매는?

① Cu ② Ni
③ Mg ④ Fe

해설

경화유
- 불포화지방산이 많은 액체유에 Ni 존재하에서 H를 첨가하여 고체지로 제조
- 녹는점이 높아지고 안정성 증가, 산패가 적고 냄새 감소
- 어유, 콩기름, 면실유. 채종유 등에 사용

60 균질의 주목적이 아닌 것은?

① 우유 중의 지방구의 분리를 방지한다.
② 우유 중의 지방구의 크기를 작게 분쇄한다.
③ 소화가 잘 된다.
④ 살균을 용이하게 한다.

해설

균질의 목적
- 지방구를 $0.1 \sim 2\mu m$로 작게 형성한다.
- 크림층 생성 방지, 점도 향상, 조직 연성화, 소화 향상 효과
- 믹스의 기포성을 좋게 하여 overrun 증가
- 아이스크림의 조직을 부드럽게 한다.
- 숙성(aging)시간을 단축한다.

4과목 식품미생물학

61 다음 중 가장 광범위하게 거의 모든 미생물에 대하여 비선택적으로 유사한 정도의 항균작용을 가지는 것은?

① sorbic acid ② propionic acid
③ dehydroacetic acid ④ benzoic acid

해설

산형 보존제
㉠ 안식향산(benzoic acid), 안식향산나트륨(sodium benzoic acid)
- 세균, 효모, 곰팡이 등 모든 미생물에 대해 비선택적 항균 작용
- 과실·채소류음료, 탄산음료, 기타음료, 인삼 및 홍삼음료, 간장 : 0.6g/kg 이하
- 식용 알로에겔 농축액 및 알로에겔 가공식품 : 0.5g/kg 이하
- 마가린류, 마요네즈, 오이초절임, 잼류 : 1g/kg 이하

㉡ 프로피온산 : 빵류, 소금절임 식품 대상, 주로 세균류에 대한 강한 항균성
㉢ 소르빈산 : 식육가공품, 된장, 고추장 대상, 곰팡이, 효모 등에 작용하나 강하지 않음
㉣ 디히드로초산나트륨 : 버터, 치즈, 마가린 대상, 모든 미생물에 항균성

62 변이는 일으키지 않고 미생물을 보존하는 방법은?

① 토양 보존법 ② 동결 건조법
③ 유중 보존법 ④ 모래 보존법

해설

미생물 보존법
- 토양 보존법 : 수분 25%를 함유한 토양을 121℃로 멸균 처리 후 균을 접종하여 실온 보존
- 동결 건조법 : 균체를 동결 후 감압 건조하여 −90℃ 냉동고에 보존, 변이 발생 없음
- 유중 보존법 : 고체 평판 배지에 균 배양 후 살균한 미네랄 오일로 1cm 깊이로 덮어 보존
- 모래 보존법 : 모래를 건열멸균하고 균체를 접종하여 보존

63 단시간 내에 특정 DNA 부위를 기하급수적으로 증폭시키는 중합효소연쇄반응(PCR)이 반복되는 단계는?

① DNA 이중나선의 변성 → RNA 합성 → DNA 합성
② RNA 합성 → DNA 이중나선의 변성 → DNA 합성
③ DNA 이중나선의 변성 → 프라이머 결합 → DNA 합성
④ 프라이머 결합 → DNA 이중나선의 변성 → DNA 합성

해설

PCR법(중합효소 연쇄반응, Polymerase Chain Reaction)
단시간 내에 특정 DNA 부위를 기하급수적으로 증폭시키는 중합효소연쇄반응
- 변성(denaturation) : 90℃ 이상으로 올려 DNA 2중 나선 변성하여 단일 나선 형성
- 결합(annealing) : 70℃ 이하로 낮추어 프라이머 결합
- 중합(polymerization) : 프라이머 아래로 첨가된 상보적 dNTP가 새로운 이중나선 합성
- 반복 : 위 과정 반복

64 박테리오파지에 대한 설명 중 틀린 것은?

① 세균을 감염시키는 바이러스의 한 종류이다.
② DNA 혹은 RNA가 박테리오파지 유전물질을 구성한다.
③ 숙주 세균에 대한 감염 특이성이 존재한다.
④ 용원성(lysogenic) 파지는 세균을 파괴하거나 용해하는 것을 특징으로 한다.

해설

박테리오파지(bacteriophage)
세균을 숙주 세포로 하는 바이러스, 세균을 먹는다는 뜻이다.
- 용균성 파지(virulent phage) : 감염 후 숙주 세포 내에서 새로운 DNA나 단백질을 합성하여 세균 파괴
- 용원성 파지(lysogenic phage) : 감염 후 세균의 숙주 DNA에 삽입되어 prophage가 되고 함께 증식하며 유전된다. 환경이 안 좋을 경우 다시 용균성이 되기도 한다.
- 온건성 파지 : 용균성, 용원성을 둘 다 하는 바이러스

65 미생물의 표면 구조물 중에서 이동에 관여하는 것은?

① 편모 ② 섬모
③ 필리 ④ 핌브리아

해설

미생물의 표면 구조물
- 편모 : 원핵세포과 진핵세포에 있어서 운동기관, 구조와 기능이 다르지만 원핵세포의 경우 9+2 구조로 회전 운동을 하며 이동에 관여
- 섬모 : 진핵세포에 있어서 운동기관으로 부착에 관여

- 필리(선모) : 원핵세포에 있어 선모로 짧은 털 모양의 핌브리아와 성선모로 분류하며 성선모의 경우 조금 길고 접합에 의한 물질의 이동(플라스미드 등)에 관여
- 핌브리아 : 원핵세포에 있어 선모로 짧은 털 모양으로 부착에 관여

66 Photoautotrophs가 탄소원으로 이용하는 것은?

① C_2H_5OH ② $C_6H_{12}O_6$
③ CO_2 ④ CH_4

해설

에너지 요구성에 따른 생물 분류
㉠ 독립영양생물(autotroph)
 - 에너지를 무기질로부터 얻는 1차 생산자
 - 광독립영양생물(photoautotroph) : 주로 엽록소를 함유하여 광합성을 통해 무기물인 CO_2로부터 복잡한 유기물 합성(식물, 남세균 등)
 - 화학독립영양생물(chemoautotroph) : 단순한 무기물을 통해 에너지를 얻는 생물(황산화균, 질산화균 등 고세균)
㉡ 종속영양생물(heteroautotroph)
 - 스스로 유기물을 합성할 수 없어 외부로부터 유기물을 섭취하는 소비자
 - 대부분의 동물, 진균류(버섯, 곰팡이), 세균 등

67 다음 물질 중 변이유기체가 아닌 것은?

① H_2S ② HNO_2
③ X선 ④ nitrosoguanidine

해설

변이유기체(mutagen)
㉠ 돌연변이 유발물질로 돌연변이 발생 비율을 높이는 물리적 또는 화학적 작용제
㉡ 우주선, X선 및 자외선과 같은 전자기 방사선은 돌연변이 유발
㉢ 인위적 돌연변이 유발 5종류 물질
 - DNA염기 analog : DNA로 티민(T) 대신 브로모우라실(5-bromouracil)을 넣거나 아데닌(A) 대신 2-aminopurine을 넣음
 - 아질산(nitrous acid) : 아데닌을 하이포산틴(hypoxanthine)으로 변환, 시토신(C)을 우라실(uracil)로 변환
 - 하이드록실아민(hydroxylamine)류 : GC를 AT로 변환

정답 64 ④ 65 ① 66 ③ 67 ①

- 알킬화제(alkylating agent) : 아데닌과 구아닌의 질소를 에틸화 혹은 메틸화
- 아크리딘(acridine) 화합물 : 프로플라빈(proflavin) 등이 DNA 해독구조 이동(frameshift)

68 *Mucor* 속 중 cymomucor형에 해당하는 것은?

① *Mucor rouxii*
② *Mucor mucedo*
③ *Mucor himalis*
④ *Mucor racemosus*

해설

Mucor 속
- monomucor : *Mocur mucedo*(과일, 채소, 마분곰팡이), *Mucor himalis*
- racemomucor : *Mucor racemosus*, *Mucor pusillus*(응유효소인 rennet 생산)
- cymomucor : *Mucor rouxii*
※ *Mucor rouxii* : 전분 당화력이 강하고 알코올 발효력이 큰 곰팡이로 알코올 제조에 이용되며 포자낭병의 형태는 cymomucor형에 속한다.

69 느타리버섯을 재배할 때 일반적으로 사용하지 않는 배지 원료는?

① 흙
② 미루나무
③ 톱밥
④ 볏짚

해설

느타리버섯 재배
- 원목 재배 : 미루나무 등 활엽수를 1m 이하로 절단하고 그 위에 버섯 재배
- 균상 재배 : 볏짚 등을 발효시켜 균상을 만들고 그 위에 버섯 재배
- 봉지 재배 : 내열성 봉지형태의 용기에 톱밥 등을 넣고 그 위에 버섯 재배
- 병 재배 : 내열성 플라스틱 용기에 톱밥 등을 넣고 그 안에 버섯 재배

70 *Pichia* 속의 특징이 아닌 것은?

① 산소를 요구한다.
② 액의 내부에서 생육한다.
③ 산화력이 강하다.
④ 산막효모이다.

해설

Pichia 속
- 발효 액면에 피막을 형성하는 유해 산막효모
- 구형, 모자형, 방추형
- 호기성으로 산화력이 큼
- *Pichia membranaefaciens* - 맥주, 포도주 유해균, 알코올 분해

71 그람 양성균의 세포벽 성분은?

① peptidoglycan, teichoic acid
② lipopolysaccharide, protein
③ polyphosphate, calcium dipicolinate
④ lipoprotein, phospholipid

해설

세균 세포벽 성분
- 그람 양성균 : peptidoglycan, teichoic acid
- 그람 음성균 : peptidoglycan, lipopolysaccharide
- 포자형성균 포자의 세포벽 : calcium dipicolinate

72 조류(algae)에 대한 설명으로 틀린 것은?

① 대부분 수중에서 생활한다.
② 남조류, 녹조류는 육안으로 볼 수 있는 다세포형이다.
③ 남조류, 규조류, 갈조류, 홍조류 등이 있다.
④ 조류는 세포 내에 엽록체나 엽록소를 갖는다.

해설

조류(algae)
- 대부분 담수나 해수에서 생육하며 광합성으로 독립 영양생활 하는 하등식물의 총칭
- 잎, 줄기, 뿌리, 관상체가 없으며 유성생식, 무성생식을 한다.
- 규조류는 최근 화석연료 대체 연료로 이용
- 남조류는 원핵세포에 속한다.
- 해조류에 속하는 갈조류, 홍조류, 녹조류 등은 진핵세포인 원생생물이다.

정답 68 ① 69 ① 70 ② 71 ① 72 ②

73 불완전 균류에 대한 설명으로 옳은 것은?

① 유성생식 시대가 불명한 균이다.
② 형태가 완전하지 못한 균류이다.
③ 포자를 형성하지 않는 균들이다.
④ 변이를 일으킨 균들이다.

해설

불완전 균류
- 무성세대(불완전 균류) : *Aspergillus, Penicillium, Monascus, Neurospora*
- 유성생식 시대가 명확하지 않아 무성생식으로만 번식

74 다음 중 공기 중의 질소를 고정할 수 있는 미생물이 아닌 것은?

① *Achromobacter sp.*
② *Aerobacter aerogenes*
③ *Acetobacter aceti*
④ *Azotobacter vinelandii*

해설

질소 고정 미생물
공기 중 질소를 고정하여 암모니아 등으로 바꾸는 미생물로 단독형과 공생형이 있다.
- 단생질소고정균 : 자유생활, 단독으로 질소고정, 토양이나 수중에 서식하는 광합성 세균 Azotobacter, Achromobacter, Aerobacter, 남세균의 Anabaena, Nostoc
- 공생질소고정균 : 식물의 뿌리에 서식하며 식물에 질소원 공급, 식물과 공생, 콩과식물의 뿌리혹박테리아(leguminous bacteria, *Rhizobium sp.*), 참마과식물의 엽류균 등
※ *Acetobacter aceti* : 알코올을 산화하여 초산 생성하는 초산균

75 자외선이 살균효과를 갖는 주된 이유는?

① 단백질 변성을 초래하기 때문이다.
② RNA 변이를 일으키기 때문이다.
③ DNA 변이를 일으키기 때문이다.
④ 세포 내 ATP를 고갈시키기 때문이다.

해설

자외선 살균
- 260nm의 자외선으로 살균, 냉살균, 투과력이 없어 물, 공기, 조리대 등 표면 살균
- 자외선은 DNA의 연속된 thymine(T) 배열에 작용하여 T dimer를 생성하여 살균

76 청주, 장류 등의 양조에 쓰이며 황록색이나 황갈색의 균총을 형성하는 균은?

① *Mucor pusillus*
② *Aspergillus oryzae*
③ *Monascus anka*
④ *Rhizopus delemar*

해설

Aspergillus oryzae
- 황국균으로 전분 당화력, 단백질 분해력이 강해 청주, 된장, 간장 제조에 이용
- *Monascus anka*(홍국균, 홍주, 홍유부 제조), *Mucor pusillus* (rennet 생산, 치즈 제조), *Rhizopus delemar*(당화효소 생산)

77 Glucose Saccharomyces cerevisiae를 접종하여 호기적으로 배양하였을 경우의 결과물은?

① $6CO_2 + 6H_2O$
② CH_3CH_2OH
③ CO_2
④ $2CH_3CH_2OH + 2CO_2$

해설

효모의 발효형식(Neuberg의 발효형식)
- 효모는 산소의 유무에 따라 발효형식이 다르다.
- 혐기적 발효(alcohol 발효) : 주류 생산에 이용, 1포도당이 2에탄올(C_2H_5OH), 2이산화탄소(CO_2), 58cal 에너지, 2ATP 생성
- 호기적 발효(호흡작용, 산화작용) : 1포도당이 $6CO_2$, $6H_2O$, 686cal, 32ATP 생성
- 혐기적 발효, 호기적 발효가 Neuberg의 제1발효형식
- 혐기적 발효 시 넣는 알칼리염에 따라 제2발효형식(중탄산나트륨), 제3발효형식(아황산나트륨)으로 나누며 알코올을 줄이고 glycerol과 부산물 생성

정답 73 ① 74 ③ 75 ③ 76 ② 77 ①

78 공여세포로부터 유리된 DNA가 바이러스를 매개로 수용세포 내로 들어가 일어나는 DNA 재조합 방법은?

① 형질 전환(transformation)
② 형질 도입(transduction)
③ 결합(conjugation)
④ 세포 융합(cell fusion)

[해설]
유전자 재조합
㉠ 형질 전환(transformation) : 공여세포의 유전자를 제한효소를 이용하여 벡터로 사용할 플라스미드에 유전자를 삽입하여 수용세포에 넣어서 유전자 재조합
㉡ 형질 도입(transduction) : 벡터로서 플라스미드 대신 용원성 박테리오파지를 이용하여 수용세포에 넣어 재조합
㉢ 접합(conjugation) : 원핵세포에 있어서 일시적인 접촉에 의해 두 개의 개체 간 DNA가 이동하는 방법으로 성공률이 낮다.
㉣ 세포 융합(cell fusion) : 두 종류의 세포를 융합시켜 양쪽의 성질을 모두 갖는 새로운 세포 생성
㉤ 세포 융합 순서
 • protoplast화 – 세포벽을 효소 등을 이용하여 제거
 • 융합 – 두 세포의 결합
 • 세포 재생
 • 배양, 선발 – 적당한 유전자 표시로 주세포에서 융합세포 선발(영양 요구성, 항생 물질 내성, 당 분해성, 색소 등)

79 유전자 재조합 기술에서 벡터로 사용될 수 있는 것은?

① 용원성 파지
② 용균성 파지
③ 탐침
④ 프라이머

[해설]
벡터(운반체)
• 유전자 재조합 시 유전체를 이동시키는 도구
• 플라스미드, 용원성 파지 등

80 Catalase와 enterotoxin을 생성하며 coagulase 양성반응을 특징으로 하는 식중독균은?

① *Listeria monocytogenes*
② *Salmonella spp.*
③ *Vibrio parahaemolyticus*
④ *Staphylococcus aureus*

[해설]
Staphylococcus aureus(황색 포도알균)
• 그람 양성, catalase 양성, coagulase 양성
• 5종의 혈청형 식중독균, 피부상재균
• 상처의 화농균(고름)으로 손에 상처 시 조리 금지
• 잠복기 3시간, 구토
• enterotoxin(장 독소) 분비 : 내열성이 커 100℃에서 1시간 가열로 파괴되지 않으며 218~248℃에서 30분 이상 가열로 파괴
• 중성에서 증식 시 독소 생산, 산성하에서 독소를 생산하지 못함
• 균 자체는 100℃에서 30분 사멸

5과목 생화학 및 발효학

81 핵산의 소화에 대한 설명으로 틀린 것은?

① 췌액 중의 nuclease에 의해 분해되어 mononucleotide가 생성된다.
② 위액 중의 DNAase에 의해 인산과 nucleoside로 분해된다.
③ nucleosidase는 글리코시드 결합을 가수분해한다.
④ pentose는 다시 인산과 결합하여 pentose phosphate로 전환된다.

[해설]
핵산의 소화
• 핵산은 췌액의 nuclease(핵산가수분해효소)에 의해 분해되어 mononucleotide가 생성
• mononucleotide는 nucleosidase에 의해 염기와 당으로 분해
• 당은 인산과 결합하여 pentose phosphate로 전환되고 이어서 PRPP로 핵산합성에 이용

정답 78 ② 79 ① 80 ④ 81 ②

82 효소의 작용에 의한 분류 중 lyase의 설명으로 옳은 것은?

① 이중결합을 형성하는 과정에서 작용기의 제거를 촉매
② 결합 사이에 물분자의 첨가를 촉매
③ ATP 분해를 수반하는 화학결합의 생성반응을 촉매
④ 관능기의 전이를 촉매

해설

효소의 분류 : 효소 분류명에서 첫 번호에 해당
- 1군 – 산화환원효소(oxidoreductase) : 산화 환원 반응에 관여하는 효소
- 2군 – 전이효소(transferase) : 한 기질에서 다른 기질로 기능기 등을 운반하는 반응에 관여
- 3군 – 가수분해효소(hydrolase) : 탄수화물, 단백질, 지방. 핵산의 결합을 가수분해하는 효소
- 4군 – 탈리효소(lyase) : 기질에서 기능기를 분리하거나 부가하는 효소
- 5군 – 이성화효소(isomerase) : 기질 내 기능기의 이동에 의해 이성화반응을 촉매
- 6군 – 연결효소(ligase) : ATP를 소모하여 두 분자를 결합시키는 반응을 촉매

83 대사산물 제어 조절계(feedback control)에 관한 설명으로 틀린 것은?

① 합동피드백제어(concerted feedback control)는 과잉으로 생산된 1개 이상의 최종산물이 대사계의 첫 단계 반응의 효소를 제어하는 경우를 말한다.
② 협동피드백제어(cooperative feedback)는 과잉으로 생산된 다수의 최종산물이 합동제어에서와 마찬가지로 협동적으로 첫 단계 반응의 효소를 제어함과 동시에 각각의 최종산물 사이에도 약한 제어반응이 존재하는 경우를 말한다.
③ 순차적 피드백제어(sequential feedback control)는 그 계에 존재하는 모든 대사기구의 갈림반응이 그 계의 뒤쪽의 생산물에 의해 제어되는 경우를 말한다.
④ 동위효소제어(isozyme control)는 각각의 최종산물이 서로 관계없이 독립적으로 그 생합성계의 첫 번째 반응의 어떤 백분율로 제어하는 경우이다.

해설

대사산물 제어 조절계(feedback control)
㉠ 동위효소제어(isozyme control)
 - isozyme : 동일한 반응을 촉매하지만 구조가 다른 효소
 - 각각 구조가 다르므로 다른 최종산물에 의하여 저해
㉡ 합동되먹임저해(concerted feedback inhibition)
 - 1개 이상의 최종산물이 각각 일정한 농도 이상이 되어 초기 조절효소 저해
 - 효소가 2개 이상의 조절 부위를 가지며 각각에 저해제가 작용
㉢ 협력되먹임저해(cooperative feedback inhibition)
 - 다수의 최종산물이 일정한 농도 이상이 되어야만 초기단계 조절효소를 저해
 - 효소가 2개 이상의 조절부위를 가지며 모든 조절부위에 저해제가 작용 시 저해
㉣ 순차적 되먹임저해(sequential feedback inhibition)
 연속된 생화학 반응에서 순차적으로 생산되는 생성물이 바로 앞 반응의 효소 저해

84 발효산업에서 고체배양의 일반적인 장점이 아닌 것은?

① 값싼 원료를 이용할 수 있다.
② 생산물의 회수가 쉽다.
③ 산소공급이 쉽다.
④ 환경조건의 측정 및 제어가 쉽다.

해설

고체배양의 특징
- 배지조성이 단순하며 값싼 원료 이용 가능
- 곰팡이 배양에 주로 이용하며 세균에 의한 오염 방지 가능
- 공장에서 나오는 폐수가 적음
- 시설비가 적게 들어 소규모 생산에 유리
- 대기 중 산소가 쉽게 공급되므로 동력이 불필요
- 생산물의 회수가 용이
- 심부배양 시 환경조건 측정 및 제어가 어려움

정답 82 ① 83 ④ 84 ④

85 알코올 증류에서 공비점(K점)에 대한 설명으로 틀린 것은?

① 알코올 농도는 97.2%이다.
② 99% 알코올을 비등 냉각하면 알코올 농도는 더욱 높아진다.
③ 97.2%의 알코올 용액을 비등 냉각해도 알코올 농도는 불변이다.
④ 공비점의 혼합물을 공비 혼합물이라 한다.

[해설]
알코올의 공비점(78.15℃)
- 일정 압력하에서 알코올과 물 혼합물의 비점(b.p)과 융점(m.p)이 같아지는 온도
- 알코올의 농도가 97.2로 가열하여도 농도는 더 이상 오르지 않는 온도
- 99% 알코올 제조는 탈수법 이용
- 99% 알코올 가열 시 농도는 낮아짐

86 핵단백질의 가수분해 순서는?

① 핵산 → nucleotide → nucleoside → base
② 핵산 → nucleoside → nucleotide → base
③ 핵산 → nucleotide → base → nucleoside
④ 핵산 → base → nucleoside → nucleotide

[해설]
핵단백질의 가수분해
- 핵단백질(histon 등) 분해 시 단백질 부분 분해
- 핵산(DNA, RNA)의 이중나선 또는 부분 수소결합 등 절단
- nucleotide(염기+당+인산)의 인산이 절단되어 nucleoside 분리
- nucleoside(염기+당)의 당이 절단되어 base(염기) 분리
- 염기는 분해되어 암모니아, 이산화탄소, 요산 등 생성

87 지방산의 생합성 속도를 결정하는 효소는?

① 시트르산 분해효소
② 아세틸-CoA 카르복실화효소
③ ACP-아세틸기 전이효소
④ ACP-말로닐기 전이효소

[해설]
지방산의 생합성
- 미토콘드리아에서 세포질 이동 : acetyl-CoA가 citrate synthase에 의해 citrate로 되어 세포질 이동 후 citrate lyase(구연산 분해효소)에 의해 Acetyl-CoA로 분해
- acetyl-CoA가 acetyl-CoA carboxylase(조효소, biotin)에 의해 malonyl-CoA 생성(속도조절 단계)
- acetyl-CoA가 acyl transacylase에 의해 지방산 합성효소계 복합체의 acyl carrier protein(ACP)과 결합 acetyl-S-ACP 생성
- malonyl-CoA는 malonyl transacylase에 의해 malonyl-S-ACP 생성
- 축합-환원-탈수-환원 반응을 반복하며 지방산 생합성(NADPH 조효소 이용)

88 맥주의 종류 중 라거(lager)류에 대한 설명으로 틀린 것은?

① 독일, 미국, 일본, 우리나라 등에서 주로 생산되고 있다.
② 발효온도가 낮다.
③ 저온, 장기 저장공정을 특징으로 한다.
④ *Saccharomyces cerevisiae*를 사용한다.

[해설]
맥주의 종류
- 상면발효맥주 : *Saccharomyces cerevisiae*-영국 맥주, 상면발효, 상온발효(Ale, Stout, Porter, Lambic)
- 하면발효맥주 : *Saccharomyces carlsbergensis*-독일, 미국, 일본, 우리나라에서 주로 생산, 하면발효, *Saccharomyces uvarum*에 통합, 저온발효(Lager, Munchen, Pilsen, Wien), 장기저장 시 독특한 향미 부여

89 혐기적 분해의 2단계는?

① 소화발효 → 가스발효
② 가스발효 → 소화발효
③ 흡착 → 소화발효
④ 가스발효 → 활성오니법

정답 85 ② 86 ① 87 ② 88 ④ 89 ①

해설

유기물의 혐기적 분해
㉠ 일반 유기물-호기적 분해처리, 10,000ppm 내외 고농도 유기물-혐기적 분해처리
㉡ 혐기적 처리 방법 : 메탄발효소화법, 임호프법, 부패법
㉢ 혐기적 분해과정
- 1단계(산성 발효기) : 유기물을 미호기성인 유기산발효균을 이용하여 소화(유기산, 지방산 등 산성물질 생성, pH 5.5)
- 2단계(알칼리성 발효기) : 1단계 생성물을 메탄균을 이용해 가스화(메탄 70%, 이산화탄소 30%, 암모니아, 황화수소, 메르캅탄 등 생성, pH 7.2)
※ 활성오니법은 호기적 분해처리

90 케톤체에 대한 설명으로 옳은 것은?

① 간은 케톤체 분해 기능이 강하다.
② 케톤체는 근육에서 생성되어 간에서 산화된다.
③ 과잉의 탄수화물은 케톤체로 전환되어 축적된다.
④ 케톤체는 간에서 생성되어 뇌와 심장, 뼈대, 근육, 콩팥 등의 말초조직에서 산화된다.

해설

케톤체의 생성
- 지속적인 당질의 섭취부족 상태(기아, 당뇨병, 단식, 다이어트 등)
- 케톤체 : acetoacetate, acetone, β-hydroxybutyric acid
- 간에서 합성, 뇌, 신장, 심근 및 골격근 등에서 분해하여 에너지 생성, 뇌조직은 포도당 부족 시 케톤체를 에너지로 이용
- acetone 호기로 배출, acetoacetate, β-hydroxybutyric acid 등 혈액 내 pH를 낮춰 산독증(acidosis) 유발

91 에너지 획득에 관한 중요한 반응에 관여하는 효소계가 함유되어 있으며 내외 두 장의 단위막으로 구성된 세포 내 소기관은?

① 리보솜
② 소포체
③ 미토콘드리아
④ 핵

해설

미토콘드리아
- 에너지 생산 기관
- 엽록체와 마찬가지로 2중막으로 구성, 내막은 크리스타로 굴곡이 심하여 높은 표면적을 가지고 내부는 매트릭스(기질)로 구성
- 엽록체와 마찬가지로 자체 DNA로 복제
- 매트릭스의 TCA 회로와 내막의 전자전달계를 통해 에너지 생산

92 효소생산에서 효소와 생산미생물이 잘못 짝지어진 것은?

① α-amylase : *Aspergillus oryzae*
② α-amylase : *Bacillus amyloliquefaciens*
③ alkaline protease : *Bacillus amyloliquefaciens*
④ alkaline protease : *Alcaligenes faecalis*

해설

Alcaligenes faecalis : 패혈증 유발 세균

93 정미성 핵산 관련 물질이 정미성을 갖기 위한 구조에 대한 설명으로 옳은 것은?

① 정미성 nucleotide는 ribose의 3'위치에 인산기를 가져야 한다.
② 정미성을 가지려면 염기 ring 구조의 2'위치가 OH로 치환되어야 한다.
③ 정미성 nucleotide는 염기가 pyrimidine계이어야 한다.
④ 핵산 관련 물질 중 인산기를 1개 가진 nucleotide가 정미성이 우수하다.

해설

핵산계 조미료
- 핵산 관련 물질 중 인산기를 1개 가진 nucleotide가 정미성이 우수-IMP(Inosine Mono Phosphate, 가쓰오부시 맛 성분), GMP(Guanosine Mono Phosphate, 표고버섯 맛 성분)
- 정미성 nucleotide는 염기가 purine계(아데닌, 구아닌, 이노신, 크산틴)
- 정미성을 위해 ribose의 5'위치에 인산기, 염기 ring 구조의 2'위치가 OH로 치환

94 이중나선 DNA의 이차 구조가 아닌 것은?

① B-DNA ② A-DNA
③ C-DNA ④ Z-DNA

해설

이중나선 DNA 이차구조
- B형 DNA : 2중나선구조의 1회전 시 Nucleotide 수는 약 10개
- A형 DNA : 수분 75%가량의 건조상태에서 생성 1회전 구성 핵산은 약 11개
- Z형 DNA : 드물게 생성된 좌회전성 DNA, 1회전에 13개 핵산으로 구성

95 설탕용액에서 생장할 때 dextran을 생산하는 균주는?

① *Leuconostoc mesenteroides*
② *Aspergillus oryzae*
③ *Lactobacillus delbrueckii*
④ *Rhizopus oryzae*

해설

Leuconostoc mesenteroides
- G(+), 쌍구균
- 김치 발효에 관여
- dextran은 대체 혈장액으로 이용

96 단백질 자원으로서 미생물균체의 단점으로 작용하는 특징은?

① 단백질의 함량이 높다.
② 필수 아미노산을 골고루 함유하고 있다.
③ 지질의 함량이 높다.
④ 핵산의 함량이 높다.

해설

균체에 비해 상대적으로 핵산의 함량이 높아 분해 시 생성되는 요산의 양이 많아져 통풍의 위험도를 높일 수 있다.

97 fusel oil의 고급 알코올은 무엇으로부터 생성되는가?

① 포도당 ② 에틸 알코올
③ 아미노산 ④ 지방

해설

퓨젤유(fusel oil)
- 아미노산으로부터 알코올 발효 시 부산물로 생성
- 퓨젤유 조성 : 아밀 알코올(50% 이상 isoamyl alcohol), 부틸 알코올 등
- 제품주정 0.3%, 유상 황갈색
- 술덧의 단백질분해물 유래 프로필 알코올, 부틸 알코올, 아밀 알코올 등

98 DNA 단편구조의 염기배열이 다음과 같다면 상보적인(complementary) 염기배열은?

5-C-A-G-T-T-A-G-C-3

① 5′-G-T-C-A-A-T-C-G-3′
② 5′-G-C-T-A-A-C-T-G-3′
③ 5′-C-G-A-T-T-G-A-C-3′
④ 5′-T-A-G-C-C-A-G-T-3′

해설

Watson과 Crick의 DNA구조의 특징
- DNA는 3′, 5′ phosphodiester 결합
- 두 가닥 사슬은 서로 역평행(antiparallel), 5′ → 3′ 방향성
- 오른손 2중나선구조(right handed double helix)
- 두 가닥은 서로 상보적(complementary)(5′-ATG-3′의 상보적 가닥은 5′-CAT-3′)
- 두 가닥은 purine과 pyrimidine 염기 사이 수소 결합 Adenine=Thymine, Guanine≡Cytosine
- purine 염기와 pyrimidine 염기의 구성비는 생물에 관계없이 1에 가깝다(샤가프법칙).
- 2중나선구조의 1회전 시 Nucleotide 수는 약 10개
- 나사선의 반복거리는 3.4nm
- 염기쌍은 축에 대해 안쪽으로 수직

정답 94 ③ 95 ① 96 ④ 97 ③ 98 ②

99 리보솜에서 단백질이 합성될 때 아미노산이 ATP에 의하여 일단 활성화된 후에 한 종류의 핵산에 특이적으로 결합된다. 이 활성화된 아미노산이 결합되는 핵산 수용체는?

① m-RNA   ② r-RNA
③ t-RNA   ④ DNA

> 해설

단백질 생합성
- 활성화 단계(activation) : amino acyl-tRNA 형성, tRNA의 5탄당 ribose 3'OH에 유리 아미노산 결합, 2ATP 소모
- 개시 단계(initiation) : 30S 개시복합체(mRNA, 30S, fMET-tRNA, GTP, 개시인자) 형성 후 50S를 결합하여 70S 개시복합체 형성
- 연장 단계(elongation) : P위치에서 A위치 이동, amino acyl-tRNA, 2GTP 소모
- 종결단계(termination) : UAA, UAG, UGA 종결암호
- 변형단계(modification) : 접힘 등 안정된 3차 구조 완성, 샤프론의 도움
- 단백질 합성 시 필요한 인자 : ① mRNA(주형) ② 리보솜(장소, rRNA) ③ tRNA(아미노산 운반) ④ ATP(활성화 단계), GTP(개시, 연장, 종결 시)

100 A에서 B로 전환하는 속도가 100이고 B에서 A로 전환하는 속도가 90이다. 어떠한 ligand가 A에서 B의 반응을 20% 증가시키고 상반적으로 B에서 A의 반응을 20% 감소시켰을 경우 알짜흐름은 몇 % 증가하였는가?

① 180%   ② 280%
③ 380%   ④ 480%

> 해설

효소 기질 반응속도론(단백질과 ligand)
- 평형상태 A → B, 속도 100, B → A, 속도 90
- 기질에 의한 저해와 촉진
- A → B, 속도 $100+(100\times 20/100)$,
  B → A, 속도 $90-(90\times 20/100)$
- ∴ 알짜흐름 $=\left(\dfrac{20+18}{100-90}\right)\times 100 = 380\%$ 증가

2016년 2회 식품산업기사

1과목 식품위생학

01 방사선 조사에 의한 식품 보존의 특징에 대한 설명으로 옳은 것은?

① 대상식품의 온도 상승을 초래하는 단점이 있다.
② 대량 처리가 불가능하다.
③ 상업적 살균을 목적으로 사용된다.
④ 침투성이 강하므로 용기 속에 밀봉된 식품을 조사시킬 수 있다.

해설
방사선 조사 식품
- 방사선 조사는 주로 Co-60의 감마선을 이용해 포장된 상태의 제품을 처리할 수 있으며 비열 처리하므로 냉살균이라 한다.
- 비타민 B_1은 감마선에 비교적 민감한 반면 비타민 B_2는 그렇지 않다.
- 방사선 처리 시 formic acid, acetaldehyde 등의 분해산물이 생성된다.
- 방사선량의 단위는 Gy이며 1Gy는 1J/kg에 해당한다.
- 1kGy 이하의 저선량 방사선 조사를 통해 감자, 양파 등의 발아 억제, 기생충 사멸, 숙도 지연 등의 효과를 얻을 수 있다.
- 바이러스의 사멸을 위해서는 발아 억제를 위한 조사보다 높은 선량이 필요하다.
- 10kGy 이하의 방사선 조사로는 모든 병원균을 완전히 사멸시키지는 못한다.
- 식품에는 10kGy 이하의 에너지를 주로 사용한다.
- 완제품의 경우 조사처리된 식품임을 나타내는 문구 및 조사도안을 표시하여야 한다.

02 살모넬라균 식중독에 대한 설명으로 틀린 것은?

① 계란, 어육, 연제품 등 광범위한 식품이 오염원이 된다.
② 조리·가공 단계에서 오염이 증폭되어 대규모 사건이 발생하기도 한다.
③ 애완동물에 의한 2차 오염은 발생하지 않으므로 식품에 대한 위생 관리로 예방할 수 있다.
④ 보균자에 의한 식품오염도 주의를 하여야 한다.

해설
애완동물은 오염원으로 2차 오염이 발생하지 않도록 주의해야 한다.

03 그람 음성의 무아포간균으로서 유당을 분해하여 산과 가스를 생산하며, 식품위생검사와 가장 밀접한 관계가 있는 것은?

① 대장균 ② 젖산균
③ 초산균 ④ 발효균

해설
대장균(E. coli)
- 장내에 서식하며 그람 음성, 운동성, 간균, 통성혐기성균
- 유당을 분해하여 CO_2와 H_2 가스 생산
- 대부분이 매우 무해하나 변종 중에는 식중독균이 있다.
- 식품위생 지표 세균

04 중요관리점(CCP)의 결정도에 대한 설명으로 옳은 것은?

① 확인된 위해요소를 관리하기 위한 선행요건이 있으며 잘 관리되고 있는가 - (예) - CCP 맞음
② 확인된 위해요소의 오염이 허용수준을 초과하는가 또는 허용할 수 없는 수준으로 증가하는가 - (아니요) - CCP 맞음
③ 확인된 위해요소를 제거하거나 또는 그 발생을 허용수준으로 감소시킬 수 있는 이후의 공정이 있는가 - (예) - CCP 맞음
④ 해당 공정(단계)에서 안전성을 위한 관리가 필요한가 - (아니요) - CCP 아님

정답 01 ④ 02 ③ 03 ① 04 ③

해설

HACCP 실행 단계(HACCP 7 원칙)
- 위해요소 분석(HA ; Hhazard Analysis, 원칙 1) : 식품 공정의 각 단계별로 잠재적인 생물학적, 화학적, 물리적 위해요소 분석
- 중요관리점 설정(CCP ; Critical Control Point, 원칙 2) : 각 위해요소를 예방, 제거하거나, 허용수준 이하로 감소시키는 절차
- 허용기준 설정(Critical Limit, 원칙 3) : 안전을 위한 절대적 기준치로 온도, 시간, 무게, 색 등 간단히 확인할 수 있는 기준 설정
- 모니터링방법 설정(원칙 4) : 모니터링의 절차는 허용 기준에 벗어난 것을 찾아내는 것으로 모니터링하는 자를 단체급식소 등에서는 조리원 중에서 선정
- 시정조치 설정(원칙 5) : 모니터링 결과 허용기준을 벗어났을 때 시정조치를 하는 것으로 허용기준을 벗어난 제품을 식별, 분리하는 즉시적 조치와 동일 사고 방지를 위해 정비, 교체, 교육 등을 하는 예방적 조치가 있음
- 검증방법 설정(원칙 6) : 효과적으로 시행되는지 검증하는 것으로 HACCP 계획검증, 중요관리점 검증, 제품검사, 감사 등으로 구성
- 기록보관 및 문서화방법 설정(원칙 7) : HACCP 시스템을 문서화하기 위한 효과적인 기록 유지 절차를 정한다.

05 다음 중 나머지 셋과 식중독 발생 기작이 다른 미생물은?

① *Salmonella enteritidis* ② *Staphylococcus aureus*
③ *Bacillus cereus* ④ *Clostridium botulinum*

해설

식중독
- 감염형 : *Salmonella enteritidis, Sal. typhimurium, Vibrio parahaemolyticus, Campylobacter jejuni, Listeria monocytogenes, Yersinia enterocolitica*
- 독소형 : *Staphylococcus aureus, Bacillus cereus, Clostridium botulinum, Clostridium perfeingens*

06 다음 통조림 식품 중 납과 주석이 용출되어 내용 식품을 오염시킬 우려가 가장 큰 것은?

① 어육 ② 식육
③ 과실 ④ 연유

해설

과실통조림 식품은 산성이므로 통조림관의 납과 주석이 용출되어 내용 식품을 오염시킬 우려가 가장 크다.

07 배지의 멸균 방법으로 가장 적합한 것은?

① 화염 멸균법 ② 간헐 멸균법
③ 고압증기 멸균법 ④ 열탕 소독법

해설

배지는 고압증기 멸균법으로 멸균 사용한다.

08 식품의 변질을 방지하기 위한 방법 중 상압건조가 아닌 것은?

① 열풍 건조법 ② 배건법
③ 진공 동결 건조법 ④ 분무 건조법

해설

진공 동결 건조
- 수분을 얼려 승화시켜 건조, 고비용 제품에 이용
- 품질 손상 없이 2~3%의 저수분 상태로 건조할 수 있다.
- 냉각기 온도 : $-40°C$, 압력 : $0.098mmHg$
- 형태가 유지되고 다공성이므로 복원력이 좋다.
- 향미 보존, 식품 성분 변화가 적다.
- 쉽게 흡습하고 잘 부서져 포장이나 수송이 곤란하다.

09 인수공통감염병으로서 동물에게는 유산을 일으키며, 사람에게는 열성질환을 일으키는 것은?

① 돈단독 ② Q열
③ 파상열 ④ 탄저

해설

파상열(brucellosis, 브루셀라병)
- 병원체 : *Brucella melitensis*—양이나 염소에 감염, *Brucella abortus*—소에 감염, *Brucella suis*—돼지에 감염
- 감염된 소, 양 등의 유제품 또는 고기를 통해 감염, 잠복기는 보통 7~14일이고, 가축에게는 유산을 일으키며 사람에게는 열이 40℃까지 오르다 내리는 것이 반복되므로 파상열이라 한다.

정답 05 ① 06 ③ 07 ③ 08 ③ 09 ③

10 식품위생검사 시 생균수를 측정하는 데 사용되는 것은?

① 표준한천평판배양기 ② 젖당부용발효관
③ BGLB 발효관 ④ SS 한천배양기

해설

일반세균 검사
- 총균수 검사는 직접 검경법인 Breed법을 이용하여 단일염색을 통해 균수를 현미경으로 확인하는 방법
- 세균 : Petroff-Hauser 계수기 또는 Helber 계수기 사용
- 효모, 원생동물 : Thoma의 혈구계수기(haematometer) 사용
- 생균수 검사는 적당 농도로 희석한 표준한천평판배양법이나 LB(Lactose Broth)를 이용한 최확수법 이용

11 포르말린이 용출될 우려가 없는 플라스틱은?

① 멜라민수지 ② 염화비닐수지
③ 요소수지 ④ 페놀수지

해설

플라스틱류
- 열가소성 수지(열을 가하면 부드럽게 된다) - 폴리에틸렌, 폴리프로필렌(안정제 용출), 폴리스티렌(단량체 용출), 염화비닐수지(가소제, 단량체, 안정제 용출) 등
- 열경화성 수지(열을 가해도 부드러워지지 않는다) - 페놀수지, 요소수지, 멜라민수지 등으로 포르말린 용출
- 물리적 특성 : 비중, 경도, 용해성

12 *Cl. botulinum*에 의해 생성되는 독소의 특성과 가장 거리가 먼 것은?

① 단순단백질 ② 강한 열저항성
③ 수용성 ④ 신경독소

해설

보툴리눔 식중독
- 원인균 : *Clostridium botulinum*
- 독소 : 단백질성 neurotoxin(신경 독소)으로 사망률이 50%로 높으나 열에 약하여 100℃에서 10분, 80℃에서 30분이면 파괴된다.
- 그람 양성, 포자(곤봉 모양) 형성, 혐기성 간균, 토양·하천·호수·바다 흙·동물의 분변에 존재, A~G형 7종 중 A, B, E형이 사람에게 중독을 일으킨다. 잠복기는 보통 12~30시간

이며 주 증상은 구토, 복통, 설사에 이어 신경증상을 보이며 호흡 마비 후 사망에 이른다.
- 원인식품은 육류 및 통조림, 어류 훈제 등

13 식품의 기준 및 규격에 의거한 멜라민 불검출 대상식품이 아닌 것은?

① 영, 유아용 곡류조제식
② 조제우유
③ 특수의료용도 등의 식품
④ 체중조절용 조제식품

해설

멜라민 불검출 대상식품
영, 유아용 곡류조제식, 성장기용 조제식, 특수의료용도 식품, 조제우유

14 일본에서 발생한 미강유 오염사고의 원인물질로 피부발진, 관절통 등의 증상을 수반하는 것은?

① PCB ② 페놀
③ 다이옥신 ④ 메탄올

해설

PCB(Poly Chlorinated Biphenyl) 중독
- 1968년 일본의 카네미사에서 미강유 제조과정 중 열매체로 사용되는 PCB가 미강유 탈취공정에서 잘못 새어나와 미강유에 혼입되어 발생한 사건
- 피부염증을 동반한 탈모, 신경장애, 내분비교란 등의 카네미 유증을 일으켰다.
※ PCB : 지용성으로 인체의 지방조직에 축적되며 매우 안정한 화합물로 자연에서 쉽게 분해되지 않아 체내에 유입되어 환경호르몬으로 작용한다.

15 작물의 재배 수확 후 27℃, 습도 82%, 기질의 수분함량 15% 정도로 보관하였더니 곰팡이가 발생되었다. 의심되는 곰팡이 속과 발생 가능한 독소를 바르게 나열한 것은?

① *Fusarium* 속 Patulin
② *Penicillium* 속, T-2 Toxin

정답 10 ① 11 ② 12 ② 13 ④ 14 ① 15 ④

③ *Aspergillus* 속, Zearalenone
④ *Aspergillus* 속, Aflatoxin

해설

아플라톡신
- *Aspergillus flavus*가 aflatoxin 생산
- 온도 25~30℃, 상대습도 : 80% 이상, 기질의 수분 16% 이상
- 주요 기질은 옥수수 등 곡류나 땅콩
- B_1, G_1, G_2, M 형
- 간장독으로 간암 유발

16 아니사키스(Anisakis) 기생충에 대한 설명으로 틀린 것은?

① 새우, 대구, 고래 등이 숙주이다.
② 유충은 내열성이 약하여 열처리로 예방할 수 있다.
③ 냉동 처리 및 보관으로는 예방이 불가능하다.
④ 주로 소화관에 궤양, 조양, 봉와직염을 일으킨다.

해설

아니사키스(Anisakis)
- 고래, 돌고래 등 바다 포유류의 기생충
- 분변에 의한 충란 → 제1중간숙주[갑각류(크릴새우)] → 제2중간숙주(오징어, 갈치, 고등어) → 사람이 생식하여 감염(→ 고래)
- 주로 소화관에 궤양, 조양, 봉와직염

17 유통기한 설정실험 지표의 연결이 틀린 것은?

① 빵 또는 떡류 – 산가(유탕처리 식품)
② 잼류 – 세균수
③ 시리얼류 – 수분
④ 엿류 – TBA가

해설

유통기한 설정 시 품질변화의 지표
- 이화학적, 미생물학적, 관능적 지표를 설정할 것
- 위생적, 영양적 특성을 고려할 것
- 측정이 용이하고 재현성이 있을 것
- 관능적 평가와 일치할 것
※ TBA가는 유지의 산패도 측정

18 완전히 익히지 않은 닭고기 섭취로 감염될 수 있는 기생충은?

① 구충
② Mansoni 열두조충
③ 선모충
④ 횡천흡충

해설

만손열두조충(스파르가눔증)
- 감염된 개구리, 뱀 등을 덜 익혀 섭취하여 감염된다. 유충인 스파르가눔에 의한 감염증세로 눈이나 뇌 등에 침범하여 동통, 지각 이상현상 등을 보이기도 한다.
- 완전히 익혀서 섭취한다.

19 다음 중 채소매개 기생충이 아닌 것은?

① 동양모양선충
② 편충
③ 톡소플라스마
④ 요충

해설

기생충
- 선충류 : 선 모양, 회충, 십이지장충(구충), 요충, 동양모선충, 편충, 아니사키스 등
- 엽충류 : 잎사귀 모양, 간흡충, 폐흡충, 요코가와흡충 등
- 조충류 : 마디로 이루어진 촌충, 광절열두조충, 유구조충, 무구조충 등
- 채소매개 기생충 : 회충, 십이지장충, 요충, 동양모선충, 편충
- 수육매개 기생충 : 유구조충, 무구조충, 선모충, 톡소플라스마
- 어패류매개 기생충 : 간흡충, 폐흡충, 요코가와흡충, 광절열두조충, 아니사키스

20 단백질 식품의 부패생성물이 아닌 것은?

① 황화수소
② 암모니아
③ 글리코겐
④ 메탄

해설

글리코겐은 탄수화물 다당류이다.

2과목 식품화학

21 식품의 텍스처(texture)를 나타내는 변수와 가장 관계가 적은 것은?

① 경도 ② 굴절률
③ 탄성 ④ 부착성

해설
texturometer에 의한 texure profile
경도, 탄성, 부착성, 파쇄성, 저작성, 점착성, 복원성 등

22 다음 중 불포화 지방산은?

① oleic acid ② lauric acid
③ stearic acid ④ palmitic acid

해설
②, ③, ④는 포화지방산이다.

23 계란의 난황 색소가 아닌 것은?

① lutein ② astacin
③ zeaxanthin ④ cryptoxanthin

해설
Carotenoid
- Carotenoid는 황색, 적황색 색소로 비극성으로 물에 녹지 않고 유지나 유기용매에 녹음
- carotene : α-carotene(등황색, 당근, 오렌지), β-carotene (당근, 고구마, 호박, 오렌지), γ-carotene(살구), lycopene (적색, 토마토, 수박)
- xanthophyll : lutein(난황, 옥수수, 호박), cryptoxanthine (난황, 감, 귤, 옥수수), capsanthin(적색, 고추), astaxanthin (astacin, 새우, 게, 연어, 송어), zeaxanthin(난황)

24 전분질 식품을 볶거나 구울 때 일어나는 현상은?

① 호화현상 ② 호정화 현상
③ 노화현상 ④ 유화현상

해설
호정화
전분에 물을 가하지 않고 160℃ 이상으로 가열하면 분해되어 호정(dextrin)으로 변하는 것을 호정화라고 한다. 호화전분보다 물에 녹기 쉽고 효소작용도 받기 쉬워 소화가 잘된다.

25 젤(gel)화된 콜로이드 식품은?

① 전분액 ② 우유
③ 삶은 계란(반고체) ④ 된장국

해설
콜로이드 상태
㉠ Sol : 액체 분산매에 액체 또는 고체의 분산질로 된 콜로이드 상태(우유, 전분액, 된장국, 한천 및 젤라틴을 물을 넣고 가열한 액상)
- 친수 sol : 분산매와 분산질의 친화력이 커 전해질을 넣어도 콜로이드상태 유지(전분, 젤라틴 수용액)
- 소수 sol : 분산매와 분산질의 친화력이 작아 전해질을 넣으면 침전(염화은 sol)
㉡ Gel : 친수 sol을 가열한 후 냉각시키거나 물을 증발시키면 반고체 상태(한천, 젤라틴, 젤리, 잼, 도토리묵, 삶은 계란)
- syneresis(이액현상) : 장기간 방치된 gel이 수축하여 분산매가 분리된 상태
- xerogel(건조젤) : gel이 건조된 상태(분말한천, 판상젤라틴)

26 우유가 알칼리성 식품에 속하는 것은 무슨 영양소 때문인가?

① 지방 ② 단백질
③ 칼슘 ④ 비타민 A

해설
식품의 액성
- 알칼리성 식품은 식품 중 알칼리 금속족에 속하는 원소(Na, K, Ca, Mg 등)가 물과 결합하여 강한 알칼리성(NaOH, KOH, $Ca(OH)_2$ 등)을 나타낸다.
- S, C, Cl, P 등의 원소는 황산, 인산, 염산을 형성하는 산성 생성원소이다.

정답 21 ② 22 ① 23 ② 24 ② 25 ③ 26 ③

27 비뉴턴 유체 중 전단응력이 증가함에 따라 전단속도가 급증하는 현상을 보이는 유체는?

① 가소성 유체
② 의사가소성 유체
③ 딜레이턴트 유체
④ 의액성

[해설]
- 비 Newton 유체 : Colloid 용액, 토마토 케첩, 버터 등의 혼합물질로 구성된 반고체 식품들은 Newton 유체 성질이 없어 전단력과 전단속도 사이의 유동곡선이 곡선을 나타내는 유체
- 가소성(plasticity) : 외부 힘에 의해 변형된 후 외부 힘을 제거해도 원상태로 되돌아가지 않는 성질(버터, 마가린, 생크림)
- 의사가소성(pseudoplastic) 유체 : 전단속도 증가에 따라 전단력의 증가폭이 감소하는 유체
- Dilatant 유체 : 전단속도 증가에 따라 전단력의 증가폭이 증가하는 유체
- 항복치(yield value) : 생크림과 같이 반고체 식품에서 약한 전단력에 탄성을 보이다 좀 더 강한 전단력에 소성을 보일 때의 힘
- Bingham 소성 유체 : 전단속도 증가에 따라 전단력의 증가폭이 일정한 유체
- 혼합형 유체 : 항복치를 가지면서 의사가소성 또는 Dilatant 성질을 나타내는 것
- 시간에 따른 유동특성 변화에 따라 전단력이 작용할수록 점조도가 감소하는 thixotropic 유체와 전단력이 작용할수록 점조도가 증가하는 rheopectic 유체로 구분

28 클로로필 색소는 산과 반응하게 되면 어떻게 변하는가?

① 갈색의 Pheophytin을 생성한다.
② 청록색의 chlorophyllide를 생성한다.
③ 녹색의 chlorophylline을 생성한다.
④ 갈색의 phytol을 생성한다.

[해설]
클로로필 색소는 포르피린 구조에 Mg를 함유한 녹색 색소로 산에서 Mg가 분리되어 페오피틴이라는 갈색이 된다.

29 천연계 색소 중 당근, 토마토, 새우 등에 주로 들어 있는 것은?

① 카로티노이드(carotenoids)
② 플라보노이드(flavonoids)
③ 엽록소(chlorophylls)
④ 베타레인(betalain)

[해설]
문제 23번 해설 참고

30 토마토 적색 색소의 주성분은?

① 라이코펜(lycopene)
② 베타-카로틴(β-carotene)
③ 아스타크산틴(astaxanthin)
④ 안토시아닌(anthocyanin)

[해설]
카로티노이드
- 카로틴류 : lycopene(토마토, 수박의 적색), β-carotene(당근의 황색)
- 크산토필류 : capsanthin(고추의 적색), astaxanthin(게, 새우의 적색)

31 빵이나 비스킷 등을 가열 시 갈변이 되는 원인은?

① 마이야르 반응이 단독으로 일어났기 때문이다.
② 효소에 의한 갈색화 반응 때문이다.
③ 마이야르 반응과 캐러멜화 반응이 동시에 일어났기 때문이다.
④ 아스코르브산의 산화반응 때문이다.

[해설]
빵이나 비스킷 등을 가열 시 갈변은 마이야르 반응과 캐러멜화 반응이 동시에 일어나서 발생한다.

32 과채류의 절단 시 갈변되는 현상과 가장 관련이 적은 것은?

① polyphenol류의 산화 ② tyrosine의 산화
③ 탄닌 성분의 변화   ④ 유기산의 변화

> **해설**
> **효소적 갈변**
> - 주로 과일(사과, 배)이나 채소(감자, 고구마) 등의 식품에 절단된 부위에서 일어남
> - 탄닌, catechin, gallic acid, chlorogenic acid 등의 폴리페놀 화합물이나 tyrosine 등이 Polyphenol oxidase, tyrosinase 등 효소에 의해 갈색 물질인 melanin 생성

33 H_2SO_4 9.8을 물에 녹여 최종 부피는 250mL로 적용하였다면 이 용액의 노르말 농도는?

① 0.6N   ② 0.8N
③ 1.0N   ④ 1.2N

> **해설**
> **노르말 농도(N)**
> - 1N은 1L 용액에 있는 용질의 당량, H_2SO_4는 2당량
> - 1M은 1L 용액에 있는 용질의 분자량, 황산의 분자량 98
> - $9.8 : 250 = x : 1,000$, $x = 39.2$
> - 이 용액은 0.4몰이므로 0.8N이다.

34 관능적 특성의 측정 요소들 중 반응척도가 갖추어야 할 요건이 아닌 것은?

① 단순해야 한다.
② 편파적이지 않고, 공평해야 한다.
③ 관련성이 있어야 한다.
④ 차이를 감지할 수 없어야 한다.

> **해설**
> **관능검사에 사용되는 정량적 평가방법**
> - 척도 : 구획척도, 비구획척도로 나누며 각 척도별로 명목척도(nominal scale), 서수척도(서열척도, ordinal scale), 등간척도(interval scale), 비율척도(ratio scale)가 있다.
> - 차이를 감지할 수 있어야 한다.

35 복합지질이 아닌 것은?

① 인지질   ② 당지질
③ 유도지질 ④ 스핑고지질

> **해설**
> **복합지질**
> - 포스파티드산을 기본으로 하는 인지질 : 레시틴(포스파티딜콜린), 세팔린(포스파티딜세린), 카르디올리핀, 포스파티딜글리세롤, 포스파티딜 에탄올아민 등
> - 세라마이드를 기본으로 하는 인지질 : 스핑고미엘린
> - 세라마이드를 기본으로 하는 당지질 : 세레브로시드(cerebrosides), 강글리오시드
> - 스핑고지질 : 스핑고미엘린, 세레브로시드(cerebrosides), 강글리오시드
> - 유도지질 : 스테롤, 테르펜(terpene)

36 고춧가루의 붉은색을 오랫동안 선명하게 유지하는 방법이 아닌 것은?

① 비타민 C와 같은 항산화제를 첨가한다.
② 진공포장하여 저장한다.
③ 밀봉하여 냉장고의 냉동실에 보관한다.
④ 햇빛을 이용하여 건조시킨다.

> **해설**
> 고춧가루의 capsanthin 색소는 지용성이므로 유지의 보관과 동일하게 처리한다.

37 다음 중 필수 아미노산이 아닌 것은?

① lysine   ② phenylalanine
③ valine   ④ alanine

> **해설**
> **필수 아미노산**
> threonine, valine, tryptophan, isoleucine, leucine, lysine, phenylalanine, methionine(성장기 어린이는 histidine, arginine 추가)

정답 32 ④ 33 ② 34 ④ 35 ③ 36 ④ 37 ④

38 해초에서 추출되는 검(gum)질이 아닌 것은?

① 한천   ② 알긴산
③ 리그닌   ④ 카라기난

해설
리그닌은 섬유소 다음으로 많은 목재의 비소화성 올리고당으로 비만 예방과 장내 개선에 효과적이다.

39 맛에 대한 설명 중 옳은 것은?

① 글루타민산 소다에 소량의 핵산계 조미료를 가하면 감칠맛이 강해진다.
② 설탕용액에 소금을 약간 가하면 단맛이 약해진다.
③ 커피의 쓴맛은 설탕을 가하면 강해진다.
④ 오렌지주스에 설탕을 가하면 신맛이 강해진다.

해설
글루타민산 소다(MSG, monosodium glutamate)에 소량의 핵산계 조미료를 가하면 맛의 상승효과가 생겨 감칠맛이 강해진다.

40 다음 관능검사 중 가장 주관적인 검사는?

① 차이검사   ② 묘사검사
③ 기호도 검사 ④ 삼점검사

해설
식품의 관능검사
㉠ 차이식별검사
- 종합적 차이검사 : 단순검사(두 시료의 차이 유무 판정), 일-이점검사(기준시료와 동일한 것 선택), 삼점검사(3개 중 다른 하나 선택), 확장삼점검사
- 특성 차이검사 : 이점비교검사(두 개의 차이), 순위법(강도비교순서), 평점법(0~9점), 다시료 비교검사(기준시료와 비교)

㉡ 묘사분석 : 훈련된 검사 요원에 의한 관능적 특성의 질적, 양적 묘사, 향미 프로필(맛, 냄새, 향미), 텍스처 프로필(물리적특성), 정량적 묘사(향미, 텍스처, 색 등 전반적인 관능특성), 스펙트럼 묘사분석(특성과 강도에 대한 모든 정보), 시간-강도 묘사분석

㉢ 소비자 기호도검사 : 가장 주관적 검사, 새로운 식품 개발이나 품질 개선에 이용, 이점기호검사, 기호 척도법, 순위 기호검사, 적합성 판정법
- 선호도검사 : 여러 개 중 좋아하는 것을 선택하고 좋아하는 순서 정하기
- 기호도검사 : 좋아하는 정도 측정(평점법 이용)

3과목 식품가공학

41 추숙과정 중 호흡 상승을 보이지 않는 것은?

① 사과   ② 바나나
③ 토마토 ④ 밀감

해설
추숙(climatic raise)
- 일부 과일 중 수확 후 호흡속도가 급격히 증가하는 현상으로 호흡열에 의해 과숙하게 된다.
- 바나나, 사과, 토마토, 복숭아 등

42 건강기능식품과 관련하여 건강문제와 기능성 원료의 연결이 틀린 것은?

① 눈 건강 저하 - 녹차 추출물
② 뼈 관절 약화 - 글루코사민
③ 칼슘 흡수 저하 - 액상프락토올리고당
④ 피부 노화 - 히알루론산나트륨

해설
건강기능식품의 종류
- 글루코사민 : 관절 및 연골 건강에 도움
- fructo 올리고당 : 유익한 균을 증식하고 유해한 균을 억제하는 정장작용과 장기능을 개선하여 배변활동을 원활하게 하며 칼슘 흡수 증진
- 녹차 추출물 : 항산화작용 및 체지방 감소 효과
- 히알루론산나트륨 : 피부 노화 예방, 눈 건강, 어깨관절 보호

43 두부의 종류에 대한 설명으로 옳은 것은?

① 전두부 – 10배 정도의 물을 사용하며 응고제를 넣고 단백질을 엉기게 한 다음 탈수, 성형하여 만든다.
② 자루두부 – 보통 두부와 동일한 제조공정을 거치며 응고제를 첨가하지 않고 자루에 넣어서 만든다.
③ 인스턴트 두부 – 분말두유로 만들며, 물을 첨가하지 않고 바로 먹을 수 있다.
④ 유부 – 진한 두유를 가열하면 막이 형성되는데, 계속 가열하여 두꺼워진 막을 걷어 내어 건조한 것이다.

해설
두부의 종류
- 보통 두부 : 원료콩에 10배 내외 물을 넣고 마쇄, 응고시켜 성형 후 탈수한 것
- 전두부 : 원료콩에 5~5.5배 물을 넣어 진한 두유 전체를 응고시켜 성형한 것
- 자루두부 : 전두부 같은 진한 두유를 냉각시켜 자루에 응고제와 함께 넣고 가열, 응고시킨 것
- 얼림두부(동결두부) : 두부를 썰어 얼린 후 수분 10% 내외로 말려 풍미와 저장성을 좋게 한 것
- 튀김두부(유부) : 두부를 썰어 말린 후 기름에 튀긴 것, 수송과 보존성이 좋다.

44 버터 제조 시 크림의 중화작업에서 산도 0.30%인 크림 100kg을 산도 0.20%로 만들고자 할 때 필요한 소석회의 양은?(단, 젖산의 분자량 90, 소석회의 분자량은 74, 소석회 1분자량은 젖산 2분자량과 중화 반응한다.)

① 약 71g ② 약 62g
③ 약 52g ④ 약 41g

해설
산도 0.3%에서 0.2%로 전환 시 필요한 소석회의 양
- 크림 산도가 0.3%일 때 젖산의 무게(x)
  $(x/100) \times 100 = 0.3$, $x = 0.3$kg, 젖산의 분자량 90
  $300/90 = 3.33$
- 크림 산도가 0.2%일 때 젖산의 무게(y)
  $(y/100) \times 100 = 0.2$, $y = 0.2$kg, $200/90 = 2.22$
- $100/90 : z/74 = 2 : 1$(젖산과 소석회 중화반응비)
- 필요 소석회 양(z) = 41.11g

45 밀가루 3kg을 사용하여 건조글루텐(건부량) 410g을 제조할 때 건조글루텐 함량, 밀가루의 종류, 주요 용도의 연결이 옳은 것은?

① 7.3% – 중력분 – 스파게티
② 7.3% – 중력분 – 국수
③ 13.7% – 강력분 – 식빵
④ 13.7% – 강력분 – 비스킷

해설
밀가루의 품질과 용도

종류	건부량	습부량	원료밀	용도
강력분	13% 이상	40% 이상	유리질 밀	식빵
중력분	10~13%	30~40%	중간질 밀	면류
박력분	10% 이하	30% 이하	분상질 밀	과자

∴ 410/3,000 = 13.7%, 강력분

46 우리나라에서 이용하는 식물성 유지 자원과 거리가 먼 것은?

① 밀겨 ② 쌀겨
③ 유채 ④ 참깨

해설
우리나라에서 이용하는 식물성 유지 자원에는 쌀겨, 유채, 참깨, 콩 등이 있다.

47 청국장 발효와 가장 관계 깊은 미생물은?

① *Aspergillus oryzae*
② *Lactobacillus bulgaricus*
③ *Saccharomyces cerevisiae*
④ *Bacillus subtilis*

해설
청국장 발효
찐콩에 고초균(*Bacillus subtilis*)으로 증식시켜 발효 숙성시킨 것
※ *Bacillus subtilis*(고초균) : amylase와 protease 생산, 항생 물질인 subtilin 생산

정답 43 ④ 44 ④ 45 ③ 46 ① 47 ④

48 자연치즈의 가공기준이 잘못된 것은?(단, 개별 인정 치즈는 예외)

① 유산균 접종 시 이종 미생물에 2차 오염이 되지 않도록 하고, 산도 및 시간 관리를 철저히 하여야 한다.
② 발효 또는 숙성 시에는 표면에 유해미생물이 오염되지 않도록 숙성실의 온도 및 습도관리를 철저히 하여야 한다.
③ 치즈용 원유 및 유가공품은 63~65℃에서 30분간, 72~75℃에서 15초간 이상 또는 이와 동등 이상의 효력을 가지는 방법으로 살균하여야 한다.
④ 데히드로초산, 소르빈산, 소르빈산칼륨, 소르빈산칼슘, 프로피온산, 프로피온산칼슘, 프로피온산나트륨 이외의 보존료가 검출되어서는 아니 된다.

[해설]
자연치즈
- 원유에 유산균, 단백질 응유효소, 유기산 등으로 응고(커드) 후 유청을 제거한 것
- 가온 및 유청 제거 : 경질치즈 38℃, 연질치즈 31℃에서 가온, whey 제거
- 치즈 제조 시 온도를 높이면 유청의 배출이 빨라지며 젖산 발효가 촉진되고 커드가 수축되어 탄력성 있는 입자를 형성한다.
- 숙성 : Camembert(12~13℃, 14개월), Limburger(15~20℃, 2개월), Gouda(13~15℃, 4~5개월), Cheddar(13~15℃, 6개월) 등 여러 균주가 생산하는 단백질 분해효소에 의해 분해되어 맛과 풍미를 결정한다.
- 자연치즈, 가공치즈 : 3.0g/kg 이하(프로피온산, 프로피온산나트륨 또는 프로피온산칼슘과 병용할 때에는 소르빈산으로서 사용량과 프로피온산으로서 사용량의 합계가 3.0g/kg 이하)

49 마요네즈 제조 시 사용되는 난황의 역할은?

① 발표제　　② 유화제
③ 응고제　　④ 팽창제

[해설]
난황의 레시틴이 유화제로 작용한다.

50 다음 식용유지 중 대표적인 경화유는?

① 참기름　　② 대두유
③ 면실유　　④ 쇼트닝

[해설]
경화유
- 불포화지방산이 많은 액체유에 Ni 존재하에서 H를 첨가하여 고체지(포화지방산)로 제조
- 녹는점이 높아지고 안정성 증가, 산패가 적고 냄새 감소
- 어유, 콩기름, 면실유, 채종유 등에 이용
- 쇼트닝, 마가린 등이 대표적인 제품

51 신선란의 특징이 아닌 것은?

① 까슬까슬한 표면 감촉을 느낄수록 신선한 편이다.
② 8%(4% W/V) 식염수에 넣었을 때 위로 떠오른다.
③ 난황계수가 0.36~0.44 정도이다.
④ 보통 HU값이 85 이상이다.

[해설]
계란의 선도검사
㉠ 외부적인 검사
  - 비중법 : 신선란은 비중이 1.0784~1.0914이고 11% 식염수에서 가라앉으며 부패란은 뜬다.
  - 진음법 : 신선란은 소리가 나지 않고 묵은 알은 소리가 난다.
  - 설감법 : 신선란은 따뜻한 느낌, 묵은 알은 차가운 느낌
㉡ 내부적인 검사
  - 투시검사 : 검란기 사용, 오래될수록 기실이 크다.
  - 할란검사 : 신선란 난백계수-0.06 정도, 신선란의 난황계수-0.3~0.4
㉢ 보통 HU(Haugh Unit)값이 85 이상이다.

52 시유 제조 공정 중 크림층의 형성을 방지하고, 지방구를 세분화시켜 소화율을 높이고, 우유 단백질을 연성화하는 목적으로 하는 공정은?

① 표준화　　② 연압
③ 균질화　　④ 살균

정답　48 ④　49 ②　50 ④　51 ②　52 ③

> **해설**
> 균질의 목적
> - 지방구를 0.1~2µm로 작게 형성한다.
> - 크림층 생성 방지, 점도 향상, 조직 연성화, 소화 향상 효과
> - 믹스의 기포성을 좋게 하여 overrun 증가
> - 아이스크림의 조직을 부드럽게 한다.
> - 숙성(aging)시간을 단축한다.

53 배아미에 대한 설명으로 틀린 것은?

① 단백질, 비타민이 비교적 많다.
② 원통마찰식 도정기를 사용한다.
③ 맛이 있는 정미를 얻을 수 있다.
④ 저장성이 높다.

> **해설**
> 배아미는 배아가 떨어지지 않도록 도정한 것으로 저장성은 좋지 않으나 영양분이 많다.

54 두부 제조에 사용되는 응고제로 사용하는 물질이 아닌 것은?

① 글루코노델타락톤   ② 탄산칼슘
③ 염화칼슘   ④ 황산칼슘

> **해설**
> 두부 제조
> ㉠ 원료콩에 10배 내외 물을 넣고 마쇄
> ㉡ 응고제를 첨가하고 70~80℃로 가열, 응고시켜 성형 후 탈수
> ㉢ 두부 응고제
>   - 간수 : 염화마그네슘($MgCl_2$), 황산마그네슘($MgSO_4$)
>   - 황산칼슘 응고제 : 응고반응이 염화물에 비해 느려 보수성, 탄력성이 좋은 두부 생산
>   - 염화칼슘 응고제 : 칼슘 첨가로 영양 보강, 응고작용 좋음
>   - Glucono-δ-lactone(GDL ; Glucono Delta Lactone) 응고제 : 연두부나 순두부 또는 보다 부드러운 두부를 만들 때 사용, 과거 산미료로 사용하였으며 과량 사용 시 신맛이 난다.

55 피클 발효에 관여하는 유해 미생물 중 산막 효모에 대한 설명이 아닌 것은?

① 표면에 피막을 형성한다.
② 이산화탄소를 생산하여 부품을 초래한다.
③ 호기성 효모이다.
④ 젖산을 소비하여 부패 세균이 증식할 수 있는 환경을 만든다.

> **해설**
> 산막효모(피막효모, film yeast) : *Candida*, *Hansenula*, *Debaryomyces*, *Pichia*
> - 이산화탄소를 생산하지 않는다.
> - 발효 액면에 피막을 형성하는 유해 산막효모
> - 구형, 모자형, 방추형, 위균사나 진균사를 형성한다.
> - 호기성으로 산화력이 큼
> - 맥주, 포도주 유해균, 알코올 분해

56 침채류의 제조원리가 아닌 것은?

① 담금 직후 가장 많은 미생물은 그람 음성 호기성 세균들로 김치가 익어가며 증가한다.
② 젖산균과 효모가 증식할 정도의 소금을 가한다.
③ 채소류 중의 당을 유기산, 에틸알코올, 이산화탄소 등으로 전환한다.
④ 향신료의 향미가 조화롭게 된다.

> **해설**
> 김치
> - 한국의 전통 침채류로 절인 배추에 무, 고추, 마늘, 생강, 젓갈 첨가, 저온 젖산 숙성시킨 발효식품
> - 발효 초기 : *Leuconostoc mesenteroids*, 젖산, 이산화탄소 가스에 의해 산성화하여 호기성 세균 억제
> - 발효 후기 : *Lactobacillus plantarum*, *Lactobacillus brevis*, 내산성
> - 발효온도가 낮을수록, 식염농도가 높을수록 *Lactobacillus*, *Pediococcus* 증식 유리

57 유통기한의 설정을 위한 고려사항과 거리가 먼 것은?

① 포장재질   ② 보존조건
③ 원료의 생산지   ④ 유통실정

[해설]
유통기한 설정 시 고려사항
- 이화학적, 미생물학적, 관능적 지표를 설정할 것
- 위생적, 영양적 특성을 고려할 것
- 측정이 용이하고 재현성이 있을 것
- 관능적 평가와 일치할 것
- 포장재질, 보존조건, 유통실정 등

58 육가공에서 훈연의 기능이 아닌 것은?

① 독특한 풍미를 부여한다.
② 저장성이 향상된다.
③ 수분을 감소시킨다.
④ 미생물의 생육을 향상시킨다.

[해설]
훈연의 목적
- 염지육색이 가열에 의하여 안정되어 제품의 색 향상
- 훈연 연기 중 페놀(phenol), 유기산, formaldehyde, acetaldehyde의 살균작용
- 훈연취에 의한 독특한 풍미 부여
- 건조, 살균, 항산화작용에 의한 저장성 향상
- 건조에 의한 수분 감소로 수분활성도 감소
- 온훈법 : 30~50℃에서 5~10시간, 냉훈법 : 10~20℃에서 1~3주간, 열훈법 : 50~80℃에서 수 시간, 훈연액법 등

59 가축의 사후경직 현상에 해당되지 않는 것은?

① 근육이 굳어져 수축, 경화된다.
② 고기의 pH가 낮아진다.
③ 젖산이 생성된다.
④ 단백질의 가수분해 현상인 자가소화가 나타난다.

[해설]
사후경직
- 근육 글리코겐 분해에 따라 젖산 생성, ATP 생성, 근육 경직 발생(액토미오신 형성)
- 생선 1~4시간, 닭 6~12시간, 쇠고기 24~48시간, 돼지 70시간 후 최대 사후경직
- 경직 해제 후 자가소화 효소에 의한 단백질이 분해되어 숙성
- 쇠고기 숙성은 0℃에서 10일간, 8~10℃에서 4일간
- 육류(pH 7.0) – 사후강직(pH 5.0) – 자가소화(autolysis, pH 6.2) – 부패(pH 12)
- 육류를 숙성시키면 신장성과 보수성이 증가한다.

60 우유의 균질화 목적이 아닌 것은?

① 지방의 분리 방지   ② 커드의 연화
③ 미생물의 발육 억제   ④ 지방구의 미세화

[해설]
균질의 목적
- 지방구를 $0.1~2\mu m$로 작게 형성한다.
- 크림층 생성 방지, 점도 향상, 조직 연성화, 소화 향상 효과
- 믹스의 기포성을 좋게 하여 overrun 증가
- 아이스크림의 조직을 부드럽게 한다.
- 숙성(aging)시간을 단축한다.

4과목   식품미생물학

61 우유 중의 세균 오염도를 간접적으로 측정하는 데 주로 사용하는 방법으로 생균수가 많을수록 탈수소능력이 강해지는 성질을 이용하는 것은?

① 산도 시험
② 알코올 침전 시험
③ 포스포타아제 시험
④ 메틸렌블루 환원 시험

[해설]
우유의 신선도 측정
- Resazurin reduction test : 세균의 환원성으로 시약의 색이 청색 → 홍색 → 무색으로 변함
- Methylene blue reduction test : 세균의 환원성으로 시약의 색이 청색 → 무색으로 변하는시간이 짧을수록 균이 많다는 의미이며 37℃, 8시간 이상이면 1등급, 6시간 이내면 3등급

정답   57 ③   58 ④   59 ④   60 ③   61 ④

- 자비 test : 우유를 가열 시 미생물, 산도가 0.25% 이상 높으면 카제인이 응결 침전
- 70% ethyl alcohol test : 알코올 처리 시 산도가 높으면 탈수에 의한 카제인 응고물 형성
- 산도 측정 : 0.14~0.16 신선, 0.19~0.2 초기부패, 0.25 이상 부패

62 리파아제 생성력이 있어서 버터와 마가린의 부패에 관여하는 것은?

① Candida tropicalis ② Candida albicans
③ Candida utilis ④ Candida lipolytica

해설

Candida lipolytica는 리파아제 생성력이 있어서 버터와 마가린의 부패에 관여한다.

63 그람염색에 사용되지 않는 물질은?

① crystal violet ② methylene blue
③ safranine ④ lugol 용액

해설

Gram 염색(Gram stain)
- crystal violet(1분) 염색 - Lugol액 매염 - 95% 에틸알코올 탈색(30초) - SafraninO(1분) 대비염색
- 보라색 - Gram 양성, 붉은색 - Gram 음성
- 세균 세포벽을 구성하는 peptidoglycan 차이에 의해 그람 양성균과 그람 음성균으로 분류
- 그람 양성균(G+) : 20여 개 층 peptidoglycan과 teichoic acid이 crystal violet에 의해 보라색으로 염색
- 그람 음성균(G−) : 2~3개 층 peptidoglycan과 lipopolysaccharide로 구성된 세포벽이 알코올 탈색 후 SafraninO에 의해 붉은색으로 염색

64 식초 제조에 이용될 종초의 필요조건이 아닌 것은?

① 알코올에 대한 내성이 작을 것
② 산생성력이 크고, 산을 산화시키지 않을 것
③ 방향성 ester류를 합성할 것
④ 산에 대한 내성이 클 것

해설

초산균(acetic acid bacteria)
- 알코올을 산화하여 초산 생성, G(−), 호기성, 간균, 운동성 있는 것 또는 없는 것
- 주요 균 : Acetobacter 속, Gluconobacter 속
- Acetobacter aceti(식초제조), Gluconobacter roseus(글루콘산, 피막형성)
- 알코올에 대한 내성이 작고 산에 대한 내성이 클 것
- 산생성력이 크고, 산을 산화시키지 않을 것
- 풍미를 해치는 방향성 ester류를 합성하지 말 것

65 우유의 변색 또는 변패를 일으키는 균과 색의 연결이 서로 틀린 것은?

① Pseudomonas syncyanea - 청색
② Serratia marcescens - 황색
③ Pseudomonas fluorescens - 녹색
④ Brevibacterium erythrogenes - 적색

해설

우유의 변색
- Pseudomonas syncyanea : 청색
- Pseudomonas fluorescens : 녹색 형광 색소 생산, 고미유 원인
- Pseudomonas aeruginosa : 녹농균, 우유 청변의 원인
- Serratia marcescens : 빵, 우유 등의 적변
- Brevibacterium erythrogenes : 적색

66 탄수화물 대사에 관한 설명 중 틀린 것은?

① EMP는 산소가 관여하지 않는다.
② 호기적 분해는 HMP 경로이다.
③ TCA 회로는 피루브산이 완전히 산화하여 CO_2와 H_2O 및 에너지를 생성한다.
④ HMP 경로에서는 EMP와 같이 NADP와 ATP를 필요로 한다.

해설

오탄당 인산경로(pentose phosphate pathway)
- 해당과정의 곁사슬 반응, glucose-6-phosphate에서 시작
- 산화적 단계와 비산화적 단계로 나눔

- 간, 뇌, 유선, 지방조직, 성선, 부신피질, 적혈구 등에서 왕성하게 일어남. 근육에서는 거의 일어나지 않음
- NADPH를 생성하여 지방산 합성, 스테로이드 합성, 산화형 glutathion 환원
- 3탄당, 4탄당, 5탄당, 6탄당, 7탄당 등 상호변환 작용
- 핵산 합성에 필요한 ribose-5-phosphate 생성(전환 시 CO_2 생성)
- HMP 경로에서는 ATP를 필요로 하지 않는다.

67 곰팡이의 분류에 대한 설명으로 틀린 것은?

① 진균류는 조상균류와 순정균류로 분류된다.
② 순정균류는 자낭균류, 담자균류, 불완전균류로 분류된다.
③ 균사에 격막(격벽, septa)이 없는 것을 순정균류, 격막을 가진 것을 조상균류라 한다.
④ 조상균류는 호상균류, 접합균류, 난균류로 분류된다.

해설
곰팡이(진균류)
㉠ 균사(hyphae)로 영양 섭취와 발육 담당
㉡ 진균류는 조상균류와 순정균류로 분류
- 조상균류(격막 없음) : 접합균류, 난균류, 호상균류
- 순정균류(격막 있음) : 자낭균류, 담자균류, 불완전균류
㉢ 무성포자 : 내생포자, 외생포자, 후막포자, 분열자
㉣ 유성포자 : 접합포자, 난포자, 자낭포자, 담자포자

68 고정화 효소를 공업에 이용하는 목적이 아닌 것은?

① 효소를 오랜 시간 재사용할 수 있다.
② 연속반응이 가능하여 안정성이 크며 효소의 손실도 막을 수 있다.
③ 기질의 용해도가 높아 장기간 사용이 가능하다.
④ 반응생성물의 정제가 쉽다.

해설
고정화 효소
- 효소를 담체(carrier)에 부착시켜 지속적으로 촉매 활성하도록 만든 것
- 연속반응이 가능하여 안정성이 크며 효소의 손실도 막을 수 있다.
- 반응생성물의 정제가 쉽다.

69 여러 가지 선택배지를 이용하여 미생물 검사를 하였더니 다음과 같은 결과가 나왔다. 다음 중 검출 양성이 예상되는 미생물은?

a : EMB Agar 배지 - 진자주색 집락
b : XLD Agar 배지 - 금속성 녹색 집락
c : MSA 배지 - 황색 불투명 집락
d : TCBS Agar 배지 - 분홍색 불투명 집락

① 장염비브리오균
② 살모넬라균
③ 대장균
④ 황색포도상구균

해설
황색포도상구균
- 그람 양성, 포도상알균, 피부상재균, 포자비형성균, A~E 5가지형
- coagulase 양성이고 mannitol 분해
- 균은 열에 약하나 내열성 독소인 enterotoxin 생성(120℃, 20분에도 파괴되지 않음)
- 증균배양 : TSB 배지를 35~37℃에서 18~24시간 배양
- 분리배양 : 만니톨 한천배지 또는 baird-parker 한천배지를 35~37℃에서 18~24시간 배양, 황색 불투명 집락 또는 투명한 띠로 둘러싸인 광택 있는 검은색 집락(배지 중에 있는 단백질이 가수분해)
- 확인시험 : 보통 한천배지를 35~37℃에서 18~24시간 배양 후 그람염색, coagulase 시험 실시
- EMB Agar 배지 - 진자주색 집락, XLD Agar 배지 - 금속성 녹색 집락, MSA 배지 - 황색 불투명 집락, TCBS Agar 배지 - 분홍색 불투명 집락

70 젖당을 분해하여 CO_2와 H_2 가스를 생성하는 세균은?

① 대장균
② 초산균
③ 젖산균
④ 프로피온산균

해설

대장균(E. coli)
- 장내에 서식하며 그람 음성, 운동성, 간균, 통성혐기성균
- 유당을 분해하여 CO_2와 H_2가스 생산
- 대부분이 매우 무해하나 변종 중에는 식중독균이 있다.
- 식품위생 지표 세균

71 효모에 의한 ethyl alcohol 발효는 어느 대사 경로를 거치는가?

① EMP ② TCA
③ HMP ④ ED

해설

해당과정(EMP)을 거치고 생성된 피루브산이 피루브산 탈탄산 효소에 의해 알코올 발효가 시작된다.

72 발효소시지 제조에 관여하는 주요 질산염 환원균은?

① *Lactobacillus* 속 ② *Pediococcus* 속
③ *Micrococcus* 속 ④ *Streptococcus* 속

해설

발효소시지 제조에 관여하는 주요 질산염 환원균은 *Micrococcus* 속이다.

73 *Clstridium* 속 세균 중 단백질 분해력보다 탄수화물 발효능이 더 큰 것은?

① *Clostridium perfringens*
② *Clostridium botulinum*
③ *Clostridium acetobutylicum*
④ *Clostridium sporogenes*

해설

*Clostridium acetobutylicum*은 탄수화물 발효능이 뛰어나 전분으로부터 아세톤, 부탄올을 생산하는 균주로 이용

74 맥주 제조용 보리에서 발아 시 생성되는 효소는?

① cytase ② cellulase
③ amylase ④ lipase

해설

맥주 제조용 보리에서 발아 시 amylase를 생성하여 당화시킨다.

75 박테리오파지가 문제가 되지 않는 발효는?

① 젖산균 요구르트 발효
② 항생물질 발효
③ 맥주 발효
④ glutamic acid 발효

해설

박테리오파지는 세균에 번식하므로 효모를 사용하는 맥주 발효는 문제가 되지 않는다.

76 미생물의 명명에서 종의 학명이란?

① 과명과 종명 ② 속명과 종명
③ 과명과 속명 ④ 목명과 과명

해설

학명의 명명법
- 학명은 속명과 종명을 함께 쓰는 이명법을 사용한다.
- 속명의 첫 자는 대문자를 사용하고 나머지는 소문자 사용
- 이탤릭체를 쓰고 어원은 모두 라틴어 사용

77 다음 중 글루타민산을 생산하는 우수한 생산 균주가 아닌 것은?

① *Pseudomonas* 속
② *Brevibacterium* 속
③ *Corynebacterium* 속
④ *Microbacterium* 속

정답 71 ① 72 ③ 73 ③ 74 ③ 75 ③ 76 ② 77 ①

> **해설**

glutamic acid 발효
- 생산균 : *Corynebacterium glutamicum, Brevibacterium flavum, Brevibacterium lactofermentum, Microbacterium ammoniaphilum, Brev. thiogentalis*
- 비오틴 필요(2~5γ/L)
- 포도당, pH7.0~8.0, 통기교반, 30~35℃
- 비오틴 과잉 시 Penicillin을 첨가하면 발효 정상 회복

78 빵효모 발효 시 발효 1시간 후($t_1=1$)의 효모량이 10^2g, 발효 11시간 후($t_2=11$)의 효모량이 10^3g이라면, 지수계수 M은?

① 0.1303 ② 0.2303
③ 0.3101 ④ 0.4101

> **해설**

효모 증식
- $X_2 = X_2 \, e \, V(t_1 - t_2)$
- $2.303\log(X_2/X_1)/(t_2-t_1) = 0.2303$

79 청주 제조용 종국제조에 있어 재를 섞는 목적이 아닌 것은?

① Koji 균에 무기성분 공급
② 유해균의 발육 저지
③ 특유한 색깔 조절
④ 적당한 pH 조절

> **해설**

청주 제조용 종국제조 시 재를 섞는 목적
- 재에는 Na, K, Ca 등 무기질이 많아 Koji 균에 무기성분 공급
- pH를 상승시키며 유해균의 생육 억제

80 발효 효모의 가장 주된 영양원이 될 수 있는 식품은?

① 밥 ② 우유
③ 쇠고기 ④ 포도즙

> **해설**

효모의 주 영양원은 발효를 위한 당이므로 당이 많은 포도즙이 가장 좋은 식품이다.

5과목 식품제조공정

81 10% 고형분을 함유한 사과주스를 농축장치를 사용하여 50% 고형분을 함유한 농축사과주스로 제조하고자 한다. 원료주스를 100kg/h 속도로 투입하면 농축주스의 몇 kg/h인가?

① 500 ② 400
③ 200 ④ 800

> **해설**

수분함량
- 습량기준 수분 함량이 90%일 때 수분의 무게(x)는
  $(x/100) \times 100 = 90$, $x=90$
- 농축 후 제품무게
  $100 \times 0.1 = y \times 0.15$, $y=20$
- 농축 후 수분무게
  $20 \times 0.5 = 10$
- 증발해야 하는 수분량은
  $90-10 = 80$kg
- 100kg/h 투입 시 20kg가 생성되므로 $100/20=5$
  100kg/h $\times 5 = 500$kg/h 필요

82 다음 중 입자가 가장 작은 가루는?

① 10메시 체를 통과한 가루
② 30메시 체를 통과한 가루
③ 50메시 체를 통과한 가루
④ 100메시 체를 통과한 가루

> **해설**

체 분리
체의 단위인 mesh는 가로세로 1인치(2.54cm) 안에 있는 구멍의 수로 나타내며, 수치가 클수록 작은 구멍을 가진다.

정답 78 ② 79 ③ 80 ④ 81 ① 82 ④

83 24%(습량기준)의 수분을 함유하는 곡물 20ton을 14%(습량기준)까지 건조하기 위해서 제거해야 하는 수분량은 얼마인가?

① 2,325kg ② 4,650kg
③ 6,975kg ④ 9,300kg

해설

수분함량
- 습량기준 수분함량이 24%일 때 수분의 무게(x)
  $(x/20,000) \times 100 = 24, \ x = 4,800$
- 건조 후 제품무게(y)
  $20,000 \times 0.76 = y \times 0.86, \ y = 17,674$
- 건조 후 수분무게
  $17,674 \times 0.14 = 2,474$
- ∴ 제거해야 하는 수분량
  $4,800 - 2,474 = 2,325$

84 분쇄에 사용되는 힘의 성질 중 충격력을 이용하여 여러 종류의 식품을 거칠게 또는 곱게 분쇄하는데 사용되며, 회전자(rotor)가 포함된 설비는?

① 해머밀 ② 디스크밀
③ 볼밀   ④ 롤밀

해설

분쇄기의 종류
- 해머밀(hammer mill) : 회전축에 해머가 장착되어 분쇄, 막대, 칼날, T자형 해머 등(임팩트밀, 다목적밀, 설탕, 식염, 곡류, 마른 채소, 옥수수 전분 등에 사용)
- 볼밀(ball mill) : 회전 원통 속에 금속, 돌 등과 원료를 함께 회전하여 분쇄(곡류, 향신료 등 수분 3~4% 이하 재료에 적당)
- 핀밀(pin mill) : 고정판과 회전원판 사이에 막대모양 핀이 있어 고속 회전으로 분쇄(설탕, 전분, 곡류 등 건식과 콩, 감자, 고구마의 습식이 있다.)
- 롤밀(roll mill) : 두 개의 회전 금속 롤 사이에 원료를 넣어 분쇄(밀가루 제분, 옥수수, 쌀가루 제분에 이용)
- 디스크밀(disc mill) : 홈이 파여 있는 두 개의 원판 사이에 원료를 넣어 분쇄(옥수수, 쌀의 분쇄에 이용)
- 습식분쇄 : 고구마, 감자의 녹말 제조, 과일, 채소의 분쇄, 생선이나 육류 가공 시 이용(맷돌, 절구나 고기를 가는 chopper 등)

85 물을 통과하지만 소금은 통과하지 않는 정밀한 아세트산 셀룰로오스, 폴리설폰 등으로 바닷물을 밀어내어 소금은 남기고, 물만 통과시키는 막분리 여과는?

① 한외 여과법 ② 역삼투법
③ 투석법   ④ 정밀 여과법

해설

막여과의 종류
- 정밀여과 : 세균이나 색소 제거에 이용, 바이러스나 단백질은 통과
- 한외여과 : 바이러스나 단백질 같은 고분자 물질 제거, 당과 같은 저분자 물질 통과
- 역삼투 : 반투막을 이용하여 물 같은 용매에서 당이나 염 같은 용질 분리, 아세트산 셀룰로오스, 폴리설폰 등 이용, 바닷물의 담수화
- 투석법 : 염이나 당 같은 저분자는 통과하지만 단백질 같은 고분자는 통과하지 못하는 반투막을 이용 분리

86 열에 민감하고 점도가 낮은 식품을 가열할 때 사용하며, 식품 공업에서 가장 널리 사용되는 열교환기는?

① 판형 열교환기   ② 회전식 열교환기
③ 통관식 열교환기 ④ 이중관식 열교환기

해설

판형 열교환기는 과일주스나 연유처럼 열에 민감하고 점도가 낮은 식품을 가열할 때 사용하며, 식품 공업에서 가장 널리 사용되고 있다.

87 식품의 여과를 위한 역삼투에 대한 설명으로 틀린 것은?

① 높은 압력이 요구된다.
② 가열하지 않고 고농축액을 만들 수 있다.
③ 막은 삼투압보다 높은 압력에 견딜 수 있다.
④ 고분자량 물질의 분리 정제에 이용된다.

> [해설]
>
> **역삼투**
> - 반투막을 이용하여 물 같은 용매에서 당이나 염 같은 용질 분리
> - 아세트산 셀룰로오스, 폴리설폰 등 이용
> - 자연스런 삼투압에 대해 반대로 용질을 남기고 이동해야 하므로 압력을 농도가 짙은 쪽에 가한다.
> - 바닷물의 담수화 등에 이용
> - 염과 같은 저분자 물질의 분리에 이용

88 살균 후 위생상 문제가 되는 미생물이 생존할 수 없는 수준으로 살균하는 방법을 의미하는 용어는?

① 저온 살균법 ② 포장 살균법
③ 상업적 살균법 ④ 열탕 살균법

> [해설]
>
> **상업적 살균**
> - 완전 멸균에 따른 식품 영양가 파손을 방지하고자 필요한 미생물만 사멸시키는 멸균으로 주로 *Clostridium botulinum*의 포자수를 $1/10^{12}$ 이하로 감소시키는 것
> - 병조림, 통조림, 레토르트 식품 멸균은 중심온도 120℃에서 4분간 처리
> - 포자가 영양세포보다 내열이 크다. 세균포자 > 곰팡이, 효모 포자 > 영양세포
> - 산성일수록 내열성이 작아져 pH 3.7 이하에서는 100℃ 이하에서 멸균

89 식품의 분쇄기 선정 시 고려할 사항이 아닌 것은?

① 원료의 경도와 마모성
② 원료의 미생물학적 안전성
③ 원료의 열에 대한 안정성
④ 원료의 구조

> [해설]
>
> **분쇄**
> - 고체 원료를 충격력, 압축력, 전단력을 이용해 작게 만드는 공정
> - 유효 성분의 추출효율 증대
> - 건조, 추출, 용해력 향상
> - 혼합능력과 가공효율 증대
> - 원료의 경도와 마모성, 열에 대한 안정성, 원료의 구조, 수분함량 등을 고려하여 분쇄기 선정

90 분무건조기의 분무장치 중 액체 속의 고형분 마모의 위험성이 가장 낮고 원료 유량을 독립적으로 변화시킬 수 있는 것은?

① 압력 노즐 ② 원심 분무기
③ 2류체 노즐 ④ 사이클론

> [해설]
>
> **원심 분무기**
> 액체 속의 고형분 마모의 위험성이 가장 낮고 원료 유량을 독립적으로 변화시킬 수 있는 분무장치이다.

91 식품 공업에서 적용하고 있는 식품의 가열살균에 대한 설명으로 옳은 것은?

① 효소의 활성을 촉진시킨다.
② 미생물의 완전 사멸이 주목적이다.
③ 품질손상보다 보존성 향상이 최우선이다.
④ 미생물을 최대로 사멸시키면서 품질 저하를 최소화하는 조건에서 살균한다.

> [해설]
>
> **상업적 살균**
> - 완전 멸균에 따른 식품 영양가 파손을 방지하고자 필요한 미생물만 사멸시키는 멸균으로 주로 *Clostridium botulinum*의 포자수를 $1/10^{12}$ 이하로 감소시키는 것
> - 미생물을 최대로 사멸시키면서 품질 저하를 최소화하는 조건에서 살균한다.

92 저온의 금속판 사이에 식품을 끼워서 동결하는 방법은?

① 담금동결법 ② 접촉동결법
③ 공기동결법 ④ 이상동결법

[해설]
냉동방법
㉠ 공기동결법
- 정지식 공기동결법(sharp freezing) : −20∼−30℃ 공기 냉각, 간단하지만 건조가 심하다.(완만동결)
- 송풍동결법(air blast freezing) : −20∼−40℃ 송풍으로 급속동결, 여러 종류의 제품을 동시에 동결할 수 있음 (컨베이어식, 터널식)

㉡ 침지동결법(immersion freezing)
- −15∼−95℃ 부동액이나 brine(염수, 염화나트륨)에 포장된 식품 침지 급속동결
- 오염될 우려가 있으므로 내수성 포장 필요

㉢ 심온동결법(cryogenic freezing)
- 액체질소나 드라이아이스로 분무하거나 침지로 순간 급속동결
- 외형 유지, 영양손실 최소, 수분손실 최소, 제품 중 산소 제거
- 시설 간단, 연속작업 가능

㉣ 접촉동결법(contact plate freezing)
- −25∼−40℃ 냉각된 금속판 사이에 제품을 접촉시켜 급속동결
- 균일한 포장제품에 이용(아이스크림, 수산물)

93 식품성분의 초임계유체 추출에 주로 사용되는 물질은?

① 질소
② 산소
③ 암모니아
④ 이산화탄소

[해설]
초임계 유체 추출
- 유기용매 대신 초임계가스를 용매로 사용
- 초임계유체는 기체상과 액체상이 공존하는 임계부근의 유체
- 기체성질로 침투율과 추출효율이 높고 액체밀도가 높아 용해도 증가
- 에탄, 프로판, 에틸렌, 이산화탄소 등 이용

94 육류, 신선한 과실 등 섬유조직을 가진 제품을 분쇄(절단 포함)할 때 사용되는 설비가 아닌 것은?

① 슬라이싱
② 다이싱
③ 펄핑
④ 소프트닝

[해설]
소프트닝은 연화장치이다.

95 식용유지류 제조 시 압착 또는 초임계 추출로 얻은 원유에 자연정치, 여과 등의 추가 공정을 실시하는 주된 이유는?

① 냄새를 제거하기 위하여
② 미생물의 오염 방지를 위하여
③ 유통기한을 연장시키기 위하여
④ 침전물을 제거하기 위하여

[해설]
압착 또는 초임계 추출로 얻은 원유에 자연정치, 여과 등의 추가 공정을 실시하는 주된 이유는 침전물 등의 이물질을 제거하려는 것이다.

96 다음 중 효과적인 액체 혼합에 적합하지 않은 것은?

① 장애판
② 원심력
③ 상승류
④ 와류

[해설]
액체 혼합에는 장애판, 원심력, 상승류 등을 이용한다.

97 방사선 조사에 대한 설명 중 틀린 것은?

① 방사선 조사 시 식품의 온도 상승은 거의 없다.
② 처리시간이 짧아 전 공정을 연속적으로 작업할 수 있다.
③ 10kGy 이상의 고 선량조사에도 식품성분에 아무런 영향을 미치지 않는다.
④ 방사선에너지가 식품에 조사되면 식품 중의 일부 원자는 이온이 된다.

정답 93 ④ 94 ④ 95 ④ 96 ④ 97 ③

해설

방사선 조사 식품
- 방사선 조사는 주로 Co-60의 감마선을 이용해 포장된 상태의 제품을 처리할 수 있으며 비열 처리하므로 냉살균이라 한다.
- 비타민 B_1은 감마선에 비교적 민감한 반면 비타민 B_2는 그렇지 않다.
- 방사선 처리 시 formic acid, acetaldehyde 등의 분해산물이 생성된다.
- 방사선량의 단위는 Gy이며 1Gy는 1J/kg에 해당한다.
- 1kGy 이하의 저선량 방사선조사를 통해 감자, 양파 등의 발아 억제, 기생충 사멸, 숙도 지연 등의 효과를 얻을 수 있다.
- 바이러스의 사멸을 위해서는 발아 억제를 위한 조사보다 높은 선량이 필요하다.
- 10kGy 이하의 방사선 조사로는 모든 병원균을 완전히 사멸시키지는 못한다.
- 식품에는 10kGy 이하의 에너지를 주로 사용한다.
- 완제품의 경우 조사처리된 식품임을 나타내는 문구 및 조사도안을 표시하여야 한다.

98 다음 가공식품 중 주로 압출 성형 방법으로 제조된 것은?

① 식빵 ② 마카로니
③ 젤리 ④ 빙과류 아이스크림

해설

성형
- 주조 성형 : 일정한 모양의 틀에 원료를 넣고 가열 또는 냉각시켜 성형(빙과, 빵, 쿠키)
- 압연 성형 : 반죽을 회전롤 사이로 통과시켜 면대를 만들어 세절하거나 압절 성형(국수, 비스킷 등)
- 압출 성형 : 반죽 등 반고체 원료를 노즐 또는 die를 통해 강한 압력으로 밀어내어 성형(스낵, 마카로니 등)
- 응괴 성형 : 건조분말을 수증기로 뭉치게 하고 건조하여 응괴 성형, 물에 쉽게 용해(인스턴트 커피, 분말주스, 조제분유 등)
- 과립 성형 : 젖은 상태의 분체 원료를 회전틀에서 당액이나 코팅제를 뿌려 과립 성형(초콜릿 볼, 과립형 껌 등)
- 압출면 : 반죽을 압출기의 작은 구멍으로 뽑아낸 국수(당면, 마카로니 등)

99 증기가압 살균장치(retort)에 필요하지 않은 것은?

① 유량계 ② 안전판
③ 자동기록 온도계 ④ 압력계

해설

증기가압 살균장치(retort)
121℃, 15lb, 15~20분을 기본으로 대량 식품의 멸균에 이용되며 온도와 압력이 고온, 고압이므로 온도계, 압력계, 안전판 등이 필요하다.

100 식품원료의 크기, 모양, 무게, 색깔 등의 물리적 성질 차를 이용하여 분리하는 조작은?

① 추출 ② 여과
③ 원심 분리 ④ 선별

해설

선별
- 수확한 원료를 크기, 무게, 모양, 비중, 색깔 등에 따라 분리하고 이물질 제거
- 가공 시 조작공정(살균, 탈수, 냉동) 표준화, 작업능률 향상, 원가 절감 효과가 있음

정답 98 ② 99 ① 100 ④

CHAPTER 05 2016년 3회 식품기사

1과목 식품위생학

01 방사선 조사식품에 대한 설명으로 틀린 것은?

① 식품을 일정 시간 동안 이온화에너지에 노출시킨다.
② 발아 억제, 숙도 지연, 보존성 향상, 기생충 및 해충 사멸 등의 효과가 있다.
③ 일반적으로 식품을 포장하기 전에 조사처리를 하고 그 후 건조 또는 탈기한다.
④ 한번 조사처리한 식품은 다시 조사하여서는 아니 된다.

〔해설〕
^{60}Co의 γ선을 이용하여 통조림 등 포장된 상태에서 투과하여 처리한다.

02 식품첨가물이 갖추어야 할 조건이 아닌 것은?

① 식품의 영양가를 유지할 것
② 식품의 상품가치를 향상시킬 것
③ 화학명과 제조방법이 명확할 것
④ 식품목적에 따라 다량의 첨가가 가능할 것

〔해설〕
식품첨가물 정의[FAO 및 WHO 합동 식품첨가물 전문위원회(JECFA)]
식품의 외관, 향미, 조직, 저장성을 향상시키기 위한 목적으로 식품에 미량으로 첨가하는 비영양성 물질을 말한다.

03 식품위생감시원의 직무가 아닌 것은?

① 행정처분의 이행 여부 확인
② 식품 등의 신고의 수리 및 검사 시행
③ 식품 등의 압류 · 폐기
④ 시설기준의 적합 여부의 확인 검사

〔해설〕
식품위생감시원의 직무
- 식품 등의 위생적인 취급에 관한 기준의 이행 지도
- 수입, 판매 또는 사용 등이 금지된 식품 등의 취급 여부에 관한 단속
- 표시기준 또는 과대광고 금지의 위반 여부에 관한 단속
- 출입 검사 및 검사에 필요한 식품 등의 수거
- 시설기준의 적합 여부의 확인 검사
- 영업자 및 종업원의 건강진단 및 위생교육의 이행 여부의 확인 지도
- 행정처분의 이행 여부 확인
- 식품 등의 압류 · 폐기

04 수크랄로스(sucralose)의 특징과 사용실태에 대한 설명으로 틀린 것은?

① 같은 중량의 설탕에 비해 600배의 단맛이 난다.
② 설탕을 원료로 하여 제조되어 설탕과 유사한 단맛을 나타낸다.
③ 열량이 거의 없고 소량으로도 단맛을 낼 수 있어 설탕 대체 용도로 식품의 제조 · 가공에 사용된다.
④ 과자, 추잉껌에는 사용할 수 있으나 잼류, 음료수에는 사용할 수 없다.

〔해설〕
수크랄로스(Sucralose)
합성 감미료의 일종으로 미국에서 Splenda라는 상품명으로 알려져 있다. 국내에서도 2000년 식약청의 고시로 식품첨가물로 지정된 이후 빵이나 과자, 껌, 음료 등에 널리 이용되고 있다.

05 각 위생처리제와 그 특징이 바르게 연결된 것은?

① Hypochlorite – 사용범위가 넓지 않음
② Quats – Gram 음성균에 효과적임
③ Iodophors – 부식성이고 피부자극이 적음
④ Acid anionics – 증식세포에 넓게 작용함

정답 01 ③ 02 ④ 03 ② 04 ④ 05 ④

해설

위생처리제
- Hypochlorite : 차아염소산염으로 세균, 바이러스, 곰팡이 등 널리 사용하는 염소계 소독제, 온도가 높거나 알칼리에서 효력이 떨어짐
- Quats : 4급 암모늄화합물로 일명 역성비누(양성비누)로 알려짐, 식품공장이나 병원에서 주로 이용, 세균, 바이러스, 원충류, 조류 등에 널리 사용
- Iodophors : 할로겐족 화합물로 강한 산화작용으로 살균하며 대부분 미생물에 적용됨

06 3,4-benzopyrene에 대한 설명 중 틀린 것은?

① 식품 중에는 불로 구운 고기에만 존재한다.
② 다핵 방향족 탄화수소이다.
③ 발암성 물질이다.
④ 대기오염 물질 중 하나이다.

해설
벤조피렌은 식품 중 불로 구운 고기뿐 아니라 참기름이나 들기름에서도 검출된다.

07 동물용의약품의 잠정기준 적용 시 식용동물 등에 대해 「식품의 기준 및 규격」에 별도로 잔류허용기준이 정해지지 아니한 경우 최우선 순위의 적용 기준은?

① CODEX 기준
② 유사 식용동물의 잔류허용기준 중 해당 부위의 최대 기준
③ 일괄적으로 0.03mg/kg 이하 기준
④ MRLs 기준

해설
동물용의약품의 잠정기준 적용 시 식용동물 등에 대해 「식품의 기준 및 규격」에 별도로 잔류허용기준이 정해지지 아니한 경우 CODEX(국제 식품규격위원회) 기준을 최우선 순위로 적용한다.

08 멜라민의 기준에 대한 다음 표에서 ( ) 안에 알맞은 것은?

대상식품	기준
• 특수용도식품 중 영아용 조제식, 성장기용 조제식, 영·유아용 곡류조제식, 기타 영·유아식, 특수의료용도 등 식품 • 「축산물의 가공기준 및 성분규격」에 따른 조제분유, 조제우유, 성장기용 조제분유, 성장기용 조제우유, 기타조제분유, 기타조제우유	불검출
상기 이외의 모든 식품 및 식품첨가물	( )mg/kg 이하

① 0.5
② 1.0
③ 1.5
④ 2.5

해설
멜라민 허용 기준은 2.5mg/kg 이하

09 식품의 관능개선을 위한 식품첨가물과 거리가 먼 것은?

① 착향료
② 산미료
③ 유화제
④ 감미료

해설
식품의 관능개선은 색, 맛, 냄새, 질감 등에 관련하여 고려한다.

10 원유검사 방법과 거리가 먼 것은?

① Babcock test
② Resazurin reduction test
③ Methylene blue reduction test
④ Gutzeit method

해설

원유검사
- Babcock test : 우유의 유지방 측정
- Resazurin reduction test, Methylene blue reduction test : 우유의 신선도 측정
- ※ Gutzeit method : 비소 정량법

정답 06 ① 07 ① 08 ④ 09 ③ 10 ④

11 미생물, 식물과 동물에서 합성되어 이들 세포에서 흔히 발견되며 단백질을 함유한 식품을 저장하거나 발효와 숙성과정에서 미생물의 작용으로 생성되는 유해물질은?

① 바이오제닉아민(biogenic amines)
② 퓨란(furan)
③ 헤테로사이클릭아민(HCAs)
④ 아크릴아마이드(acrylamide)

> 해설
>
> 바이오제닉아민류(BAs ; Biogenic Amines)
> - 아미노산의 탈탄산작용, 알데하이드와 케톤의 아미노화와 아미노기 전이반응에 의해 주로 생성되는 질소화합물로 미생물, 식물과 동물의 대사과정에서 생성
> - 식품과 음료 중 원재료의 효소작용과 미생물의 작용 등으로 치즈, 육제품, 포도주, 침채류 등 발효 식품에서 발견된다.
> - 바이오제닉아민류 중 가장 널리 알려진 물질은 histamine으로 고등어, 꽁치, 정어리, 참치 등의 어종을 비위생적으로 처리하여 발생한다.
> - 인체에는 이들 바이오제닉아민류를 분해하는 monoamine oxide, diamine oxidase가 소장에 존재하여 무독화하는 체계를 갖추고 있다.
> - 대표적인 물질로는 histamine, tyramine, agmatine, putre-scine, cadaverine, spermine 등이 있다.

12 실험동물군의 50%를 사망시키는 독성물질의 양을 나타내는 것은?

① LD_{50} ② LC_{50}
③ TD_{50} ④ ADI

> 해설
>
> 급성 독성시험
> - 시험하고자 하는 물질을 동물에게 1회 투여하여 치사량을 구하는 시험
> - 투여한 실험동물의 반수가 사망하는 양을 LD_{50}(lethal dose, 반수치사량)이라 하며 체중 1kg당 mg으로 표시한다. 수치가 작을수록 독성이 크다.
> - 실험동물 2개 종 이상

13 식품 검체로부터 미생물을 신속하게 검출하는 방법에 해당하는 것은?

① PCR을 이용하는 방법
② stomacher를 이용하는 방법
③ HPLC를 이용하는 방법
④ ICP를 이용하는 방법

> 해설
>
> - ICP : 중금속 농도 측정
> - HPLC, HPLC : 유기물 정성, 정량 분석에 이용
> - PCR(Polymerase Chain Reaction) : DNA 증폭으로 식품 내 미생물 검출에 이용

14 마이크로톡신류를 산출하는 곰팡이는 어떤 식품에 가장 번식하기 쉬운가?

① 곡류, 두류 등 탄수화물이 많고 건조가 불충분한 식품
② 어육, 식물종자 등 불포화지방산이 많은 식품
③ 치즈, 건육 등 단백질이 풍부한 식품
④ 염분과 수분이 다량 함유된 식품

> 해설
>
> 곰팡이류는 탄수화물이 많고 수분이 15% 이상이며 pH 4~6 정도의 식품에서 쉽게 번식한다.

15 저온 유통 시스템(cold chain system)에 의한 어패류 유통과정 중 신선도 유지기간이 짧았다면 그 원인균으로 가장 가능성이 높은 것은?

① 호기성세균   ② 호냉세균
③ 호염세균   ④ 혐기성세균

> 해설
>
> 저온 유통 체제(cold chain system)
> - 저온, 냉동식품을 생산에서 소비까지 전 유통과정에서 저온으로 유지하는 체제
> - 보냉차 : 냉각장치 및 단열재로 적재함 구성, 냉장 상태 유지, 단거리 수송 이용(축산물, 수산물, 유가공품 등)
> - 저온 상태임에도 신선도 유지가 힘들었다는 것은 호냉세균의 오염이 의심된다.

정답   11 ①   12 ①   13 ①   14 ①   15 ②

16 다이옥신과 관계없는 것은?

① 제초제 등 농약 중 불순물로 존재
② 생활쓰레기 소각장
③ 발암성 물질
④ 중금속

[해설]
다이옥신은 쓰레기 소각장에서 젖은 플라스틱류의 소각 시 주로 발생되며, 과거 베트남전에서 고엽제로 사용되었고 발암성 물질이다.

17 채소류로부터 감염되는 기생충은?

① 폐흡충　　② 회충
③ 무구조충　④ 선모충

[해설]
기생충
- 선충류 : 선 모양, 회충, 십이지장충(구충), 요충, 동양모선충, 편충, 아니사키스 등
- 엽충류 : 잎사귀 모양, 간흡충, 폐흡충, 요코가와흡충 등
- 조충류 : 마디로 이루어진 촌충, 광절열두조충, 유구조충, 무구조충 등
- 채소매개 기생충 : 회충, 십이지장충, 요충, 동양모선충, 편충
- 수육매개 기생충 : 유구조충, 무구조충, 선모충, 톡소플라스마
- 어패류매개 기생충 : 간흡충, 폐흡충, 요코가와흡충, 광절열두조충, 아니사키스

18 황색포도상구균에 대한 설명으로 틀린 것은?

① 건강인은 이 균을 보균하고 있지 않으므로 보통의 가공과정에 의해 식품에 혼입되는 경우는 드물다.
② 소금농도가 높은 곳에서 증식한다.
③ 건조 상태에서 저항성이 강하다.
④ 식품이나 가검물 등에서 장기간(수개월) 생존하여 식중독을 유발한다.

[해설]
황색포도상구균은 피부상재균으로 항상 피부에 존재하며, 상처가 날 때 감염되어 고름을 형성하므로 화농균이라고도 한다.

19 식품에서 생성되는 아크릴아마이드(acrylamide)에 의한 위험을 낮추기 위한 방법으로 잘못된 것은?

① 감자는 8℃ 이상의 음지에서 보관하고 냉장고에 보관하지 않는다.
② 튀김의 온도는 160℃ 이상으로 하고, 오븐의 경우는 200℃ 이상으로 조절한다.
③ 빵이나 시리얼 등의 곡류 제품은 갈색으로 변하지 않도록 조리하고, 조리 후 갈색으로 변한 부분은 제거한다.
④ 가정에서 생감자를 튀길 경우 물과 식초의 혼합물(1 : 1 비율)에 15분간 침지한다.

[해설]
아크릴아마이드
- 아미노산과 당이 120℃ 열에 의해 결합하는 마이야르 반응을 통하여 생성되는 물질로 아미노산 중 아스파라긴산이 주원인 물질이다.
- 감자, 빵, 시리얼 등의 곡류 제품이 조리, 가공 중 자연적으로 생성되는 발암물질이다.
- 120℃ 이하에서 조리하거나 삶은 제품에서는 검출되지 않는다.

20 훈연 중 살균효과를 내는 주요 물질은?

① cresol, ammonia
② formaldehyde, acetaldehyde
③ skatol, phenol
④ citric acid, histamine

[해설]
훈연의 목적
- 염지육색이 가열에 의하여 안정되어 제품의 색 향상
- 훈연 연기 중 페놀(phenol), 유기산, formaldehyde, acetaldehyde의 살균작용
- 훈연취에 의한 독특한 풍미 부여
- 건조, 살균, 항산화작용에 의한 저장성 향상
- 건조에 의한 수분 감소로 수분활성도 감소
- 온훈법 : 30~50℃에서 5~10시간, 냉훈법 : 10~20℃에서 1~3주간, 열훈법 : 50~80℃에서 수 시간, 훈연액법 등

정답　16 ④　17 ②　18 ①　19 ②　20 ②

2과목 식품화학

21 포도껍질의 주요 색은 어느 성분인가?

① 안토시아닌(anthocyanin)
② 플라보노이드(flavonoid)
③ 클로로필(chlorophyll)
④ 탄닌(tannin)

해설
포도의 색은 딸기, 가지의 색과 마찬가지로 안토시아닌 색소로 pH에 따라 산성에서는 적색, 알칼리성에서는 파란색으로 변한다.

22 다음과 같이 구성된 식품을 먹었을 때 몇 kcal를 섭취하였다고 볼 수 있는가?

> 아밀로펙틴 20g, 아밀로스 30g, 오리제닌(oryzenin) 5g, 글라이시닌(glycinin) 5g, 인지질 3g, DHA 1g, 트리리놀레인(trilinolein) 3g, 비타민 C 1g, 플라보노이드(flavonoid) 0.001g, 안토시아닌(anthocyanin) 0.05g

① 256kcal ② 294kcal
③ 214kcal ④ 303kcal

해설
탄수화물, 단백질은 1g당 4kcal의 열량을 내고, 지방은 1g당 9kcal의 열량을 내므로
- 탄수화물(아밀로펙틴, 아밀로스) : 50×4=200
- 단백질(오리제닌, 글라이시닌) : 10×4=40
- 지방(인지질, DHA, 트리리놀레인) : 7×9=63
∴ 200+40+63=303kcal

23 뉴턴 유체에 대한 설명 중 옳은 것은?

① 전단속도에 따라 전단응력이 비례적으로 감소한다.
② 알코올 등의 저분자성 액체는 뉴턴 유체의 흐름을 나타낸다.
③ 뉴턴 유체의 점도는 온도에 따라 일정하다.
④ 유동곡선의 중축 절편에 따라 여러 종류로 분류된다.

해설
Newton 유체
전단력에 대하여 속도가 비례적으로 증감하는 것을 Newton 유체라 하며 단일물질, 저분자로 구성된 물, 청량음료, 알코올, 식용유 등의 묽은 용액이 Newton 유체의 성질을 갖는다.

24 지용성 비타민의 특성에 대한 설명 중 옳은 것은?

① 프로비타민 A로서 동일 함량 β-카로틴의 비타민 A 활성은 α-카로틴 활성보다 크다.
② 프로비타민 D인 ergosterol은 자외선 조사보다는 가시광선 조사에 의해 비타민 D_2로 더 잘 전환된다.
③ 토코페롤 이성질체의 비타민 E 활성 순서는 $\alpha < \beta < \gamma < \delta$이다.
④ 토코페롤의 일중항산소 소거기능은 $\alpha < \beta < \gamma < \delta$ 순이다.

해설
지용성 비타민
- 물에 녹지 않고 기름과 유기용매에 녹는다.
- 결핍증세가 서서히 나타나며 과다 섭취 시 체내에 축적되어 부작용이 발생한다.
- 프로비타민 A로서 동일 함량 β-카로틴(100)의 비타민 A활성은 α-카로틴(58)보다 크다.
- 프로비타민 D인 ergosterol은 자외선 조사에 의해 비타민 D_2로 잘 전환된다.
- 토코페롤 이성질체의 비타민 E 활성 순서는 $\alpha(100) > \beta(33) > \gamma(1) > \delta(1)$이다.
- 토코페롤의 일중항산소 소거기능은 $\alpha(1) > \beta(0.5) > \gamma(0.26) > \delta(0.1)$순이다.

25 점탄성체의 성질에 해당되지 않는 것은?

① 예사성 ② 바이센베르크의 효과
③ 경직성 ④ 신전성

해설
점탄성체의 성질
- 예사성(spinability) : 청국장, 계란 흰자 등에 막대 등을 넣고 당겨 올리면 실처럼 가늘게 따라 올라오는 성질

정답 21 ① 22 ④ 23 ② 24 ① 25 ③

- Weissenberg 효과 : 연유 중에 막대 등을 세워 회전시키면 탄성에 의해 연유가 막대를 따라 올라오는 성질
- 경점성(consistency) : 점탄성을 나타내는 식품의 경도(밀가루 반죽 경점성은 farinograph로 측정)
- 신전성(extensibility) : 반죽이 국수같이 길게 늘어나는 성질(밀가루 반죽 신전성은 extensograph로 측정)

26 유지의 산패도를 나타내는 것은?

① 헤네르값(Hener value)
② 과산화물값(peroxide value)
③ 아세틸값(acetyl value)
④ 라이헤르트-마이슬값(Reichert-Meissl value)

해설

지방의 화학적 성질
- 유지 산패도 측정 : 유지의 산소흡수도, 과산화물 생성량, carbonyl 화합물의 생성량 등 측정-과산화물값, oven법, TBA(Thiobarbituric acid value)법, 아니시딘가, 카르보닐가, Kreis test, AOM(Active Oxygen Method)법 등
- 유지의 불포화도 : 요오드가(이중결합수), 로단가(불포화지방산 함량)
- 유지의 조성 : 검화가, 에스터가(ester value), 헤네르값(Hener value)
- 버터의 위조 검정 : 라이헤르트-마이슬값(Reichert-Meissl value)
- 유리 OH기 측정 : 아세틸값(acetyl value)

27 겔상의 식품 중 분산질의 성분이 나머지 식품과 다른 하나는?

① 족편 ② 삶은 계란
③ 묵   ④ 두부

해설

묵은 전분의 탄수화물이며 나머지는 단백질이다.

28 혈중 콜레스테롤을 낮출 수 있는 성분이 아닌 것은?

① HDL   ② 리그닌(lignin)
③ 필수지방산   ④ 시토스테롤(sitosterol)

해설

혈중 콜레스테롤
- HDL(고밀도지단백질) : 혈중 콜레스테롤을 간으로 운반, 좋은 콜레스테롤
- 리놀렌산 : 필수지방산인 리놀렌산은 혈중 콜레스테롤 수치를 낮추어 심혈관계질환의 발생을 줄인다.
- 시토스테롤(sitosterol) : 식물성 스테롤로 흡수 시 혈중 콜레스테롤 수치를 낮추어 고지혈증 등에 효과가 있다.
- 리그닌 : 섬유소 다음으로 많은 목재의 비소화성 올리고당으로 비만 예방과 장내 개선에 효과적이다.

29 전통방식으로 제조되는 식혜의 주요 감미성분은?

① 갈락토오스(galactose)
② 락토오스(lactose)
③ 전분(starch)
④ 말토오스(maltose)

해설

식혜
쌀전분에 엿기름의 효소인 아밀라아제에 의해 말토오스(맥아당)가 생성되어 단맛을 지닌다.

30 식품의 갈변을 억제하는 방법으로 적합하지 않은 것은?

① 레몬즙에 담근다.
② 수분함량을 10~15%로 조절한다.
③ 설탕물에 담근다.
④ 저온 저장한다.

해설

효소적 갈변 억제
- 효소는 단백질이며 갈변작용은 산화에 의해 발생
- 열처리 효소변성 : 데치기
- 활성억제 : -10℃ 이하 보존, pH 조절
- 산화억제 : 염류 및 당류 처리, 금속 접촉 방지, 산소 제거
- 환원제 처리 : 아황산염 처리

정답 26 ② 27 ③ 28 ② 29 ④ 30 ②

31 교질용액(colloidal solution)의 특징으로 옳은 것은?

① 오래 방치하면 입자가 중력에 의해 가라앉는다.
② 빛을 산란시킨다.
③ 입자의 직경이 1~10 μm 이다.
④ 일반 현미경으로 입자를 관찰할 수 있다.

해설

콜로이드 상태
㉠ 콜로이드 용액은 지름이 1 μm~100 μm 정도의 미립자가 공기나 액체에서 응집되거나 침전되지 않고 균일하게 분산되어 있는 것
㉡ Sol : 액체 분산매에 액체 또는 고체의 분산질로 된 콜로이드 상태(우유, 전분액, 된장국, 한천 및 젤라틴을 물을 넣고 가열한 액상)
  - 친수 sol : 분산매와 분산질의 친화력이 커 전해질을 넣어도 콜로이드상태 유지(전분, 젤라틴 수용액)
  - 소수 sol : 분산매와 분산질의 친화력이 작아 전해질을 넣으면 침전(염화은 sol)
㉢ Gel : 친수 sol을 가열한 후 냉각시키거나 물을 증발시키면 반고체 상태(한천, 젤라틴, 젤리, 잼, 도토리묵, 삶은 계란)
  - syneresis(이액현상) : 장기간 방치된 gel이 수축하여 분산매가 분리된 상태
  - xerogel(건조젤) : gel이 건조된 상태(분말한천, 판상젤라틴)

32 육류의 사후경직과 숙성에 대한 내용으로 틀린 것은?

① 육류를 숙성시키면 신장성이 감소되고 보수성은 증가한다.
② 사후경직 시 액토미오신(actomyosin)이 생성된다.
③ 숙성 시 육질이 연해지고 풍미가 증가한다.
④ 사후경직 시 글리코겐(glycogen) 함량과 pH가 낮아진다.

해설

사후경직
- 근육 글리코겐 분해에 따라 젖산 생성, ATP 생성, 근육 경직 발생(액토미오신 형성)
- 생선 1~4시간, 닭 6~12시간, 쇠고기 24~48시간, 돼지 70시간 후 최대 사후경직
- 경직 해제 후 자가소화 효소에 의한 숙성
- 쇠고기 숙성은 0℃에서 10일간, 8~10℃에서 4일간
- 육류(pH 7.0) – 사후강직(pH 5.0) – 자가소화(autolysis, pH 6.2) – 부패(pH 12)
- 육류를 숙성시키면 신장성과 보수성이 증가한다.

33 쌀이나 옥수수를 이용하여 뻥튀기를 제조할 때 전분의 주요 변화에 대한 설명으로 옳은 것은?

① 고열에 의해 녹말전분의 규칙상이 사라지는 호화현상(gelatinization)이 주로 발생한다.
② 고열에 의해 호화된 전분의 재결정화인 노화(retro-gradation) 현상이 주로 발생한다.
③ 고열에 의해 알파전분이 베타전분으로 변화한다.
④ 고열에 의해 녹말전분의 일부 글루코시드(glucoside) 결합이 절단되는 덱스트린이 주로 발생한다.

해설

팽화곡물
곡물을 고온, 고압 가열 후 상온, 상압으로 급격히 감압시켜 전분을 dextrin으로 팽화시킴으로써 소화율을 높인 것, 팽화미, 팽화보리, 팝콘 등

34 인지질이 아닌 것은?

① 레시틴(lecithin)
② 세팔린(cephalin)
③ 세레브로시드(cerebrosides)
④ 카르디올리핀(cardiolipin)

해설

복합지질
- 포스파티드산을 기본으로 하는 인지질 : 레시틴(포스파티딜콜린), 세팔린(포스파티딜세린), 카르디올리핀, 포스파티딜글리세롤, 포스파티딜 에탄올아민 등
- 세라마이드를 기본으로 하는 인지질 : 스핑고 미엘린
- 세라마이드를 기본으로 하는 당지질 : 세레브로시드(cerebrosides), 강글리오시드
- 스핑고지질 : 스핑고미엘린, 세레브로시드(cerebrosides), 강글리오시드
- 유도지질 : 스테롤, 테르펜(terpene)

35 유지 산패 측정법에 대한 설명으로 옳은 것은?

① 과산화물값(peroxide value)과 공액 이중산값(conjugated dienoic acid)은 유지 일차 산화생성물을 측정하는 방법들이다.
② 아니시딘값(anisidine value)은 유지 일차산화 생성물인 2-alkenal을 측정하는 방법이다.
③ 휘발성분 중 헥산알(hexanal)은 리놀렌산(linolenic acid)이 산화 시 발생하는 성분으로 이차산화 정도를 측정하는 데 활용된다.
④ TBA값(thiobarbituric acid value)은 유지 일차산화 생성물인 말론알데하이드(malonaldehyde)를 측정하는 방법이다.

해설

유지 산패 측정법
㉠ 유지의 산소흡수도, 과산화물 생성량, carbonyl 화합물의 생성량 등 측정
㉡ 과산화물가, oven법, TBA(thiobarbituric acid value)법, 아니시딘가, 카르보닐가, Kreis test, AOM(Active Oxygen Method)법 등
 • oven법(schaal 오븐시험법) : 오븐에 유지를 넣고 65℃에 저장하면서 정기적으로 관능검사나 과산화물가를 측정하여 유지의 산패도를 측정하는 방법
 • 과산화물값(peroxide value)과 공액 이중산값(conjugated dienoic acid) : 유지 1차 산화생성물을 측정하는 방법
 • 아니시딘값(anisidine value) : 유지 2차 산화생성물인 2-alkenal을 측정하는 방법
 • 휘발성분 중 헥산알(hexanal)은 리놀레산(linoleic acid)으로부터, propanal은 리놀렌산(linolenic acid)으로부터 산화 시 발생하는 성분으로 1차 산화 정도를 측정하는 데 활용
 • TBA값(thiobarbituric acid value) : 유지 1차 산화생성물인 말론알데하이드(malonaldehyde)를 측정하는 방법

36 트랜스지방에 대한 설명으로 옳은 것은?

① 트랜스지방은 100g당 0.5g 미만일 때 "0"으로 표시할 수 있다.
② 트랜스지방 섭취는 LDL(저밀도 지방단백질) 콜레스테롤 수치를 감소시킨다.
③ 불포화지방에 수소첨가 공정에 의해 주로 생성된다.
④ 자연계에서는 트랜스지방이 검출되지 않는다.

해설

트랜스지방은 불포화지방에 수소를 첨가하는 경화유 제조 공정에 의해 주로 생성된다.

37 물, 청량음료, 식용유 등 묽은 용액은 어떤 유체의 특성을 나타내는가?

① Newton 유체
② Pseudoplastic 유체
③ Bingham plastic 유체
④ Dilatant 유체

해설

Newton 유체
전단력에 대하여 속도가 비례적으로 증감하는 것을 Newton 유체라 하며 단일물질, 저분자로 구성된 물, 청량음료, 알코올, 식용유 등의 묽은 용액이 Newton 유체의 성질을 갖는다.

38 알돌 축합반응(aldol condensation)은 마이야르(Maillard) 반응의 어느 단계에서 일어나는가?

① 초기 단계
② 중간 단계
③ 최종 단계
④ 반응 후 단계

해설

마이야르(Maillard) 반응
• 환원당의 carbonyl기와 아미노화합물의 결합에서 amino carbonyl 반응이라고 하며 생성물에 의해 melanoidine 반응이라고도 한다.
• 초기 단계 : 환원당과 아미노화합물의 축합반응, amadori 전위
• 중간 단계 : osones의 형성, 불포화 3,4-dideoxyosone의 형성, HMF 및 reductone 생성, 산화생성물의 분해
• 최종 단계 : aldol 축합반응, strecker 반응, melanoidine 색소의 형성

39 다음 중 빛에 가장 민감하게 분해되는 비타민은?

① 비오틴(biotin)
② 판토텐산(pantothenic acid)
③ 나이아신(niacin)
④ 리보플라빈(riboflavin)

해설
수용성 비타민
- 티아민((thiamine, B_1) : 열, 산, 광선에 안정, 알칼리에 분해
- 리보플라빈(riboflavin, B_2) : 열, 산에 안정, 알칼리, 광선에 불안정
- 나이아신(niacin) : 열, 광선, 산, 알칼리, 산화제에 안정
- 판토텐산(pantothenic acid) : 열, 광선에 안정
- 비오틴(biotin) : 열, 광선에 안정, 산, 알칼리에 분해

40 α-전분이 노화(Retrogradation)되면 X선 간섭도는?

① A 도형을 나타낸다.
② B 도형을 나타낸다.
③ C 도형을 나타낸다.
④ V 도형을 나타낸다.

해설
X선 회절도
- β전분에 X선을 조사하면 뚜렷한 동심원의 회절도를 보임
- A형은 쌀 같은 곡류 전분
- 감자나 옥수수 등 아밀로오스 함량이 35~40% 이상인 전분은 B형
- 고구마, 칡, 콩류 등 A형과 B형의 중간 상태 전분은 C형
- 호화전분은 V형으로 α-전분
- α-전분이 노화되어 형성된 β-전분의 X선 회절도는 종류에 관계없이 항상 B형

3과목 식품가공학

41 통조림의 가열 살균을 위하여 살균 솥에 원료를 삽입할 때 그 통조림의 초기온도를 중요시하는 주요 이유는?

① 통조림의 내용물의 조리 상태가 변화되는 것을 막기 위해
② 유해 미생물의 계속적인 번식을 방지하기 위해
③ 작업의 진도를 쉽게 알아보기 위해
④ 통조림의 관내 중심온도가 살균온도로 유지되는 시간을 일정하게 하기 위해

해설
통조림의 가열 살균
- 통조림의 냉점은 가장 늦게 온도가 도달하는 점으로 고체의 경우 전도에 의한 열전달이므로 시간이 많이 소요된다.
- 통조림의 관내 중심온도가 살균온도로 유지되는 시간을 일정하게 하기 위해 통조림의 초기온도를 올려두는 것이 중요하다.

42 다음 중 키틴(chitin)이 많이 함유된 식품은?

① 고등어   ② 마른 새우
③ 조갯살   ④ 대구

해설
단순 다당류
- 한 가지 당으로 구성된 다당류
- 전분, 글리코겐, 섬유소 : 포도당으로 구성
- 키틴(갑각류의 껍질성분) : N-아세틸 글루코사민 구성

43 소금 절임 방법에 대한 설명 중 틀린 것은?

① 소금농도가 15% 정도가 되면 보통 일반세균은 발육이 억제된다.
② 일반적으로 소형어는 마른 간법으로, 대형어는 물간법으로 절인다.
③ 마른 간법과 물간법의 단점을 보완한 것이 개량 물간법이다.
④ 개량 마른 간법의 경우는 물간으로 가염지를 한다.

정답 39 ④ 40 ② 41 ④ 42 ② 43 ②

해설

염장
- 10% 이상 소금 농도에서 미생물 생육 억제
- 산소분압 저하, 자유수 감소 A_w 저하, 소금자체의 살균력, 효소의 불활성화
- 마른 간법 : 염장할 대상에 소금을 뿌려서 염장, 소금을 절약할 수 있으나 부분적으로 농도가 달라 고른 제품을 얻기 힘들며 형태를 변형시킬 수 있다. 대형어에 사용한다.
- 물간법 : 농도를 맞춘 소금용액에 넣어 염장, 소금의 양이 많이 필요하나 고른 제품을 얻을 수 있으며 부분적으로 농도가 흐려질 수 있다. 일반적으로 소형어 절임에 이용한다.
- 개량 물간법 : 마른 간법과 물간법의 단점을 보완한 것으로 마른 간으로 염지 후 물간한다.
- 개량 마른 간법 : 물간으로 가염지 후 소금을 뿌려 염장한다.
- 기타 염수주사법, 압착염장법 등이 있다.

44 난황이나 대두로부터 분리한 레시틴이 식품가공에 가장 많이 이용되는 용도는?

① 유화제　　② 팽창제
③ 삼투제　　④ 습윤제

해설

레시틴(포스파티딜콜린)은 대표적인 인지질로 친수성인 인부분과 소수성인 지질을 가진 양친매성 물질로 식품가공에서 유화제로 이용된다.

45 식품에 방사선을 처리하는 공정에 대한 설명으로 틀린 것은?

① 방사선을 조사하면 온도가 상승하므로 냉동식품살균은 불가능하다.
② 비타민 B_1은 감마선에 비교적 민감한 반면 비타민 B_2는 그렇지 않다.
③ 방사선 처리 시 formic acid, acetaldehyde 등의 분해산물이 생성된다.
④ 방사선량의 단위는 Gy이며 1Gy는 1J/kg에 해당한다.

해설

방사선 조사 식품
- 방사선 조사는 주로 ^{60}Co의 감마선을 이용해 포장된 상태의 제품을 처리할 수 있으며 비열 처리하므로 냉살균이라 한다.
- 비타민 B_1은 감마선에 비교적 민감한 반면 비타민 B_2는 그렇지 않다.
- 방사선 처리 시 formic acid, acetaldehyde 등의 분해산물이 생성된다.
- 방사선량의 단위는 Gy이며 1Gy는 1J/kg에 해당한다.
- 1kGy 이하의 저선량 방사선 조사를 통해 감자, 양파 등의 발아 억제, 기생충 사멸, 숙도 지연 등의 효과를 얻을 수 있다.
- 바이러스의 사멸을 위해서는 발아 억제를 위한 조사보다 높은 선량이 필요하다.
- 10kGy 이하의 방사선 조사로는 모든 병원균을 완전히 사멸시키지는 못한다.
- 식품에는 10kGy 이하의 에너지를 주로 사용한다.
- 완제품의 경우 조사처리된 식품임을 나타내는 문구 및 조사도안을 표시하여야 한다.

46 두유를 제조할 때 불쾌한 냄새나 맛이 나고 두유의 수율이 낮은 문제를 개선하는 방법으로 틀린 것은?

① 끓는 물(80~100℃)로 콩을 마쇄하여 지방 산패나 콩 비린내를 발생시키는 lipoxygenase를 불활성시키는 방법
② 콩을 $NaHCO_3$ 용액에 침지시켜 불린 뒤, 마쇄 전과 후에 가열처리해서 콩 비린내를 없애는 방법
③ 데치기 전에 콩을 수세하고 껍질을 벗겨 사용하는 방법
④ 낮은 온도에서 장시간 가열하여 염에 대한 노출을 증가시키는 방법

해설

낮은 온도로 가열하면 비린내가 증가한다.

47 활성글루텐을 만드는 데 가장 적합한 건조기는?

① 플래시 건조기(flash dryer)
② 킬른 건조기(kiln dryer)
③ 터널 건조기(tunnel dryer)
④ 유동층 건조기(fluidized bed dryer)

해설

활성글루텐
- 밀가루 반죽으로부터 수용성 성분을 제거하여 단백질함량 75% 이상, 수분함량 6% 이하로 건조하여 가루형태로 제조한 것
- 글루텐 단백질은 열에 의해 쉽게 변성되거나 활성을 잃기 쉬워 가능한 한 높은 열에 장시간 노출되지 않게 플래시 건조기를 이용하는데, 일반적으로 고도의 진공상태에서 가능한 한 저온으로 건조하는 분무 건조기나 127℃에서 순간 건조하는 drum 건조기를 사용한다.

48 토마토 퓌레의 졸이기 공정 중 비중을 잴 때 방해가 되는 것은?

① 토마토의 색
② 토마토의 거품
③ 토마토의 숙성 정도
④ 토마토의 풍미

해설

비중은 특정 물질의 질량과 동일한 부피의 표준물질의 질량비이며 토마토 퓌레의 졸이는 과정에서 발생되는 거품은 부피에 영향을 미치므로 방해가 된다.

49 가공유지 중 마가린보다 가소성이 더 우수한 제품은?

① 샐러드유
② 드레싱
③ 쇼트닝
④ 어유

해설

가소성(plasticity)
외부 힘에 의해 변형된 후 외부 힘을 제거해도 원상태로 되돌아가지 않는 성질(쇼트닝 > 마가린 > 생크림)

50 각종 치즈에 대한 설명 중 틀린 것은?

① Cheddar cheese : American cheese 또는 Canadian cheese라고 부르며 원산지는 영국 Cheddar 마을이다.
② Parmesan cheese : 이탈리아의 Parma시가 원산이고 수분은 30% 정도이며 12~15℃에서 2~3년간 숙성시켜 제조한다.
③ Romano cheese : 원산은 이탈리아로 수분이 34% 이하이고 2~3년간 숙성시켜 제조한다.
④ Edam cheese : 네델란드가 원산이며 커드를 발효시키지 않는 점이 특징이다.

해설

Romano cheese
원산은 이탈리아로 수분 34% 이하이며 5~8개월간 숙성시켜 제조한다.

51 수확한 과일 및 채소에 대한 설명으로 틀린 것은?

① 산소를 섭취하여 효소적으로 산화되므로 이산화탄소를 내보내는 호흡작용을 하여 성분이 변화한다.
② 증산작용이 일어나 신선도와 무게가 변한다.
③ 호흡작용은 수확 직후에 가장 저조하고 시간이 경과함에 따라 점차 강해진다.
④ 고온성 과일 및 채소를 제외하고, 미생물이 번식하기 어려운 1~6℃ 정도가 저장을 위한 온도이다.

해설

수확 후 농산물은 지속적 호흡작용으로 호흡열이 발생하여 품온이 상승하면 대사가 촉진되어 빠르게 익어가는데, 호흡작용은 수확 직후에 가장 강하고 시간이 경과함에 따라 점차 약해진다.

52 분유 및 계란분을 제조하는데 가장 알맞은 건조기는?

① 분무 건조기(spray dryer)
② 킬른 건조기(Kiln dryer)
③ 터널 건조기(tunnel dryer)
④ 냉동 건조기(freeze dryer)

정답 47 ① 48 ② 49 ③ 50 ③ 51 ③ 52 ①

해설

분무 건조기
- 열에 약한 제품에 이용, 분유, 주스분말, 커피, 차, 계란분 등
- 액상 식품을 열품에 분무하여 건조
- 대부분 건조가 항률건조

53 유지에 수소를 첨가하는 주요 목적이 아닌 것은?

① 안정성을 높이기 위해서
② 불포화지방산에 기인한 냄새를 제거하기 위해서
③ 융점을 높이기 위해서
④ 유리지방산을 제거하기 위해서

해설

경화유
- 불포화지방산이 많은 액체유에 Ni 존재하에서 H를 첨가하여 고체지(포화지방산)로 제조
- 녹는점이 높아지고 안정성 증가, 산패가 적고 냄새 감소
- 어유, 콩기름, 면실유, 채종유 등에 이용
- 쇼트닝, 마가린 등이 대표적인 제품

54 일반적인 CA 저장에 대한 설명으로 옳은 것은?

① 초기에 가스를 주입하거나 내용물 자체에 의해 발생하는 가스를 조절하지 않고 방치하는 방법이다.
② 저장수명에 저해되는 에틸렌이 발생하는 문제가 있다.
③ 산소, 이산화탄소, 질소 등의 비율을 계속 측정하여 부족한 성분을 공급하는 장치가 필요하다.
④ 플라스틱 필름이나 저장상자 등 20kg 이하의 소포장 단위에 매우 적합하다.

해설

CA(Controled Atmosphere) 저장
- 과채류는 수확 후 호흡을 유지해 호흡열에 의한 품온 상승
- 품온 상승에 따른 숙성도 증가 – 식품의 열화 작용
- CA 저장은 밀폐된 공간에 산소 3~4%, 이산화탄소 4~5%로 조절하여 호흡을 억제하여 냉장설비와 함께 저장기간을 연장하는 방법이다.
- 과채류를 밀폐된 공간에 90% 이상 넣어 호흡을 유도 후 목표 농도에 이르면 적정산소를 공급하고 이산화탄소는 스크러버를 이용하여 제거하며 숙도 조절

55 근육의 사후변화 중 pH에 대한 설명으로 틀린 것은?

① pH 변화는 젖산의 축적에 기인한다.
② 도체의 체온이 아직 높은 상태에서 pH가 급속히 떨어지면 육단백질의 변성이 많이 일어나 단백질의 용해도가 저하된다.
③ 사후 pH가 높을 때에는 보수력이 높고 미생물의 번식이 억제된다.
④ 사후 pH가 높을 때에는 육색이 어두워 늙은 가축의 고기나 부패육으로 오해를 받기 쉬워 신선육으로서 가치가 떨어진다.

해설

사후경직
- 근육 글리코겐 분해에 따라 젖산 생성, ATP 생성, 근육 경직 발생(액토미오신 형성)
- 생선 1~4시간, 닭 6~12시간, 쇠고기 24~48시간, 돼지 70시간 후 최대 사후경직
- 경직해제후 자가소화 효소에 의한 숙성
- 쇠고기 숙성 0℃, 10일간, 8~10℃, 4일간
- 육류(pH 7.0) – 사후강직(pH 5.0) – 자가소화(autolysis, pH 6.2) – 부패(pH 12)
- 육류를 숙성시키면 신장성과 보수성이 증가한다.
- 사후 pH가 높을 때에는 육색이 어두워 늙은 가축의 고기나 부패육으로 오해를 받기 쉬워 신선육으로서 가치가 떨어진다.

56 식육 연화제로서 공업적으로 이용하는 효소가 아닌 것은?

① 파파인(papain)
② 피신(ficin)
③ 트립신(trypsin)
④ 브로멜린(bromelin)

해설

식육 연화제
- 단백질 분해효소로 육류를 분해하여 부드럽게 한다.
- 파파인(papain) – 파파야, 피신(ficin) – 무화과, 브로멜린(bromelin) – 파인애플, 액티니딘 – 키위

정답 53 ④ 54 ③ 55 ③ 56 ③

57 미국에서 생산된 냉동감자 1container 분량의 무게(weight)가 355,856N일 때, 냉동감자의 질량(1container 분량)을 kg 단위로 계산하면 약 몇 kg인가?[단, 이 지역에서의 중력가속도(g)는 9.8024 m/s²이고 중력환산계수(g_c)는 1kg · m/N · s²이다.]

① 3,488,243kg ② 36,303kg
③ 355,856kg ④ 35,586kg

해설
355,856/9.8024 = 36,303kg

58 유지 정제에서 탈산 공정은 다음 중 무엇을 제거하기 위한 것인가?

① 왁스 ② 글리세린
③ 스테롤 ④ 유리지방산

해설
유지의 정제
불순물을 물리 · 화학적 방법으로 제거한다.
㉠ 탈검공정(Degumming process)
  • 인지질 등 제거
  • 무수 상태에서 기름에 녹으므로 물이나 수증기를 넣어 수화시켜 분리
㉡ 탈산공정(Deaciding process)
  • 유리지방산 등 제거
  • NaOH로 유리지방산을 중화(비누화) 제거하는 알칼리 정제법 사용
㉢ 탈색공정(Decoloring process)
  • carotenoid, 엽록소 등 제거
  • 가열탈색법이나 활성백토를 이용하는 흡착탈색법 사용
㉣ 탈취공정(Deodoring process)
  • 알데히드, 케톤, 탄화수소 등 냄새 제거
  • 활성탄 등 흡착제를 이용한 감압 탈취
㉤ 탈납공정(Winterization)
  • 샐러드유 제조 시 지방결정체 제거
  • 냉각시켜 발생되는 고체 결정체를 제거하는 탈납(dewax-ing) 이용

59 두부 응고제로서 물에 잘 녹으며, 많은 양을 사용 시 신맛을 낼 수 있는 것은?

① 황산칼슘($CaSO_4$)
② 염화칼슘($CaCl_2$)
③ 글루코노델타락톤(glucono-δ-lactone)
④ 염화마그네슘($MgCl_2$)

해설
두부 응고제
• 간수 : 염화마그네슘($MgCl_2$), 황산마그네슘($MgSO_4$)
• 황산칼슘 응고제 : 응고반응이 염화물에 비해 느려 보수성, 탄력성이 좋은 두부 생산
• 염화칼슘 응고제 : 칼슘 첨가로 영양 보강, 응고작용 좋음
• Glucono-δ-lactone(GDL ; Glucono Delta Lactone) 응고제 : 연두부나 순두부 또는 보다 부드러운 두부를 만들 때에 사용, 과거 산미료로 사용하였으며 과량 사용 시 신맛이 난다.

60 70%의 수분을 함유한 식품을 건조하여 80%를 제거하였다. 식품의 kg당 제거된 수분의 양은 얼마인가?

① 0.14kg ② 0.56kg
③ 0.7kg ④ 0.8kg

해설
식품 1kg당 수분 70% 함유량은 1×0.7=0.7kg, 이 중 80%를 제거하였으므로 제거된 수분의 양은 0.7×0.8=0.56kg

4과목 식품미생물학

61 자외선 조사에 의한 살균에 대한 설명으로 틀린 것은?

① 동일한 DNA 사슬상의 서로 이웃한 purine 염기 사이에 공유결합이 형성됨
② 260nm의 자외선이 살균력이 높음
③ 불투명 물체를 통과한 자외선은 살균력이 약해짐

④ 자외선 처리한 세균을 즉시 300~400nm의 가시광선으로 조사하면 변이율이나 살균율이 감소

해설

자외선 살균
- 260nm의 자외선으로 살균, 냉살균, 투과력이 없어 물, 공기, 조리대 등 표면살균
- 자외선은 DNA의 연속된 thymine(T) 배열에 작용하여 T dimer를 생성하여 살균

62 식품과 주요 변패 관련 미생물이 잘못 연결된 것은?

① 시판 냉동식품 – *Aspergillus* 속
② 감자전분 – *Bacillus* 속
③ 통조림 식품 – *Clostridium* 속
④ 고구마의 연부현상 – *Rhizopus* 속

해설

- *Bacillus* 속 : 토양세균의 대표균으로 식품오염의 주오염균이다.
- *Clostridium* 속 : 통조림 살균지표균
- ※ 냉동식품의 오염 지표균은 장구균(*Enterococcus*)이다.

63 단백질 합성 과정에서 DNA를 주형으로 하여 mRNA를 합성하는 것을 무엇이라 하는가?

① 전사(transcription) ② 번역(translation)
③ 복제(replication)   ④ 생합성(biosynthesis)

해설

생명중심설(central dogma)
- DNA → (전사) → RNA → (번역) → 단백질
- DNA 두 가닥 중 한 가닥을 주형으로 mRNA를 전사하고 리보솜의 rRNA와 tRNA로 번역하여 단백질을 합성한다.
- 복제 : DNA 두 가닥을 주형으로 반보존복제를 한다.

64 미생물의 균수측정법 중 생균수 측정법에 해당되지 않는 것은?

① 현미경 직접 계수법 ② 표면평판법
③ 주입평판법   ④ 최확수(MPN)법

해설

일반세균 검사
- 총균수 검사는 직접 검경법인 Breed법을 이용하여 단일염색을 통해 균수를 현미경으로 확인하는 방법
- 세균 : Petroff–Hauser 계수기 또는 Helber 계수기 사용
- 효모, 원생동물 : Thoma의 혈구계수기(haematometer) 사용
- 생균수 검사는 적당 농도로 희석한 표준한천평판배양법이나 LB(Lactose Broth)를 이용한 최확수법 이용

65 미생물의 변이를 유도하기 위한 돌연변이원으로 이용되지 않는 것은?

① acriflavine   ② 페니실린
③ 자외선   ④ 5–bromouracil

해설

변이유기체(mutagen)
㉠ 돌연변이 유발물질로 돌연변이 발생 비율을 높이는 물리적 또는 화학적 작용제
㉡ 우주선, X선 및 자외선과 같은 전자기 방사선은 돌연변이 유발
㉢ 인위적 돌연변이 유발 5종류 물질
  - DNA염기 analog : DNA로 티민(T) 대신 브로모우라실(5–bromouracil)을 넣거나 아데닌(A) 대신 2–aminopurine을 넣음
  - 아질산(nitrous acid) : 아데닌을 하이포크산틴(hypoxanthine)으로 변환, 시토신(C)를 우라실(uracil)로 변환
  - 하이드록실아민(hydroxylamine)류 : GC를 AT로 변환
  - 알킬화제(alkylating agent) : 아데닌과 구아닌의 질소를 에틸화 혹은 메틸화
  - 아크리딘(acridine) 화합물 : 프로플라빈(proflavin) 등이 DNA 해독구조 이동(frameshift)

66 주어진 온도조건에서 미생물 수를 90% 감소시키는 데 소요되는 시간(분)을 나타내는 값은?

① Z값   ② D값
③ R값   ④ S값

해설

상업적 살균
- 완전 멸균에 따른 식품 영양가 파손을 방지하고자 필요한 미생물만 사멸시키는 멸균으로 주로 *Clostridium botulinum*의 포자수를 $1/10^{12}$ 이하로 감소시키는 것

정답 62 ① 63 ① 64 ① 65 ② 66 ②

- 병조림, 통조림, 레토르트 식품 멸균은 중심온도 120℃에서 4분간 처리
- 포자가 영양세포보다 내열성이 크다.(세균포자 > 곰팡이, 효모포자 > 영양세포)
- 산성일수록 내열성이 작아져 pH 3.7 이하에서는 100℃ 이하에서 멸균
- D(decimal reduction time)값 : 사멸곡선에서 가열 전 미생물 수의 10%로 감소시키는 데 필요한 시간, 온도 지정이 없을 시는 121℃, 온도 증가 시 D값 감소
- Z값 : TDT곡선에서 D값이 10배로 증가하는 데 필요한 온도 차이, 10배의 살균속도를 위한 온도 상승폭
- F값 : 일정온도에서 일정 농도 미생물을 완전 사멸시키는 데 필요한 시간

67 송이버섯목, 백목이균목 등과 같은 대부분의 버섯은 미생물 분류학상 어디에 속하는가?

① 담자균류 ② 자낭균류
③ 편모균류 ④ 접합균류

해설

곰팡이(진균류)

포자가 착생하는 자실체가 육안으로 볼 수 있을 정도로 크게 발달한 대형 자실체를 형성하는 것을 버섯이라 하며 담자균류와 자낭균류에 속하지만 대부분 담자균류이다.

68 일반적으로 미생물의 생육 최저 수분활성도가 높은 것부터 순서대로 나타낸 것은?

① 곰팡이 > 효모 > 세균
② 효모 > 곰팡이 > 세균
③ 세균 > 효모 > 곰팡이
④ 세균 > 곰팡이 > 효모

해설

수분활성도(A_w)

미생물 생육 최저 수분활성도 : 세균 0.91, 효모 0.88, 곰팡이 0.80, 내건성 곰팡이 0.65, 내삼투압성 효모 0.60 등

69 자연발생적 돌연변이가 일어나는 방법과 거리가 먼 것은?

① 염기 전이(transition)
② 틀 변환(frameshift)
③ 삽입(intercalation)
④ 염기 전환(transversion)

해설

자연발생적 돌연변이

- 자연발생적 돌연변이는 하루에 염기 30만 개당 1개 정도 발생하고, 염기 전이(transition), 틀 변환(frameshift), 염기 전환(transversion) 등이며 생체 내 유전자 회복기작에 의해 원상태로 회복된다.
- 삽입(intercalation)이나 결실(deletion)은 전체 유전정보의 변화로 회복이 어려우며 외부의 여러 작용에 의해 발생된다.

70 녹조류로서 균체단백질(SCP)로 이용되며 CO_2를 이용하고 O_2를 방출하는 것은?

① 효모(yeast)   ② 지의류(lichens)
③ 클로렐라(chlorella) ④ 곰팡이(molds)

해설

녹조류 단백질 생산

- 생산균 : *Chlorella pyrenoidosa, Chlorella vulgaris*
- 독립영양균, 광합성 위한 CO_2, 태양광선 이용 O_2 방출
- 클로렐라 성분 : 단백질 40~50%, 지질 및 탄수화물 10~30%, 비타민 A, B_1, B_2, C 등

71 박테리오파지(Bacteriophage)가 감염하여 증식할 수 없는 균은?

① *Bacillus subtilis*   ② *Aspergillus oryzae*
③ *Escherichia coli*   ④ *Clostrium perfringens*

해설

박테리오파지(bacteriophage) : 세균을 숙주세포로 하는 바이러스, 세균을 먹는다는 뜻이다.
※ *Aspergillus oryzae* : 곰팡이

정답 67 ① 68 ③ 69 ③ 70 ③ 71 ②

72 미생물 돌연변이원 중 하나인 NTG에 대한 설명으로 틀린 것은?

① DNA의 guanine 잔기를 methyl화하는 것이 주요 변이 기구이다.
② 염기를 alkyl화하여 염기짝의 변화를 초래한다.
③ 변이 처리액의 pH와 온도가 변이율에 커다란 영향을 준다.
④ 일반적으로 틀 변환 돌연변이(frame shift)형 변이를 유발한다.

해설

자연발생적 돌연변이
- 자연발생적 돌연변이는 하루에 염기 30만 개당 1개 정도 발생하고, 염기 전이(transition), 틀 변환(frameshift), 염기 전환(transversion) 등이며 생체 내 유전자 회복기작에 의해 원상태로 회복된다.
- 삽입(intercalation)이나 결실(deletion)은 전체 유전정보의 변화로 회복이 어려우며 방사능이나 자외선 등 물리적 변이원 작용에 의해 발생된다.
- 화학적 변이원으로 EMS, NTG(N-메틸-N-니트로-니트로구아니딘)가 있으며 NTG는 구아니딘의 7번을 메틸화시키는 알킬화제로 삼중 수소결합을 이중결합으로 바꾼다.

73 Acetobacter 속이 주요 미생물로 작용하는 발효식품은?

① 고추장   ② 청주
③ 식초   ④ 김치

해설

초산균(acetic acid bacteria)
- 알코올을 산화하여 초산 생성, G(-), 호기성, 간균, 운동성 있는 것 또는 없는 것
- 주요 균 : Acetobacter 속, Gluconobacter 속
- Acetobacter aceti(식초 제조), Gluconobacter roseus(글루콘산, 피막 형성)

74 전분을 효소로 분해하여 포도당을 제조할 때 사용하는 미생물 효소는?

① Aspergillus의 α-amylase와 acid protease
② Aspergillus의 glucoamylase와 transglucosidase
③ Bacillus의 protease와 α-amylase
④ Aspergillus의 α-amylase와 Rhizopus의 glucoamylase

해설

전분 당화
- Aspergillus oryzae(황국균) - 전분 당화력(α-amylase), 단백질 분해력이 강해 청주, 된장, 간장 제조에 이용
- Aspergillus niger(흑국균) - 집락은 흑색, 전분당화력(β-amylase)이 강하고 당액을 발효하여 구연산 등 유기산 발효공업에 이용
- Rhizopus delemar - 당화효소(glucoamylase) 생산
- α-amylase : 전분의 α-1,4 글리코시드 결합을 무작위로 가수분해
- β-amylase : 전분의 비환원성 말단으로부터 말토오스 단위로 가수분해
- glucoamylase : 전분의 비환원성 말단으로부터 포도당 단위로 가수분해

75 Saccharomyces cerevisiae를 포도 착즙액에 접종하고 혐기적으로 배양할 때 주로 생성되는 물질은?

① 초산, 물   ② 젖산, 이산화탄소
③ 에탄올, 젖산   ④ 이산화탄소, 에탄올

해설

효모의 발효형식(Neuberg의 발효형식)
- 효모는 산소의 유무에 따라 발효형식이 다르다.
- 혐기적 발효(alcohol 발효) : 주류 생산에 이용, 1포도당이 2에탄올(C_2H_5OH), 2이산화탄소(CO_2), 58cal 에너지, 2ATP 생성
- 호기적 발효(호흡작용, 산화작용) : 1포도당이 $6CO_2$, $6H_2O$, 686cal, 32ATP 생성
- 혐기적 발효, 호기적 발효가 Neuberg의 제1발효형식
- 혐기적 발효 시 넣는 알칼리염에 따라 제2발효형식(중탄산나트륨), 제3발효형식(아황산나트륨)으로 나뉘며 알코올을 줄이고 glycerol과 부산물 생성

정답 72 ④ 73 ③ 74 ④ 75 ④

76 세균에서 일어나는 유전물질 전달(gene-transfer) 방법이 아닌 것은?

① 형질 전환(transformation)
② 형질 도입(transduction)
③ 전사(transcription)
④ 접합(conjugation)

해설
유전자 재조합
- 형질 전환(transformation) : 공여세포의 유전자를 제한효소를 이용하여 벡터로 사용할 플라스미드에 유전자를 삽입하여 수용세포에 넣어서 유전자 재조합
- 형질 도입(transduction) : 벡터로서 플라스미드 대신 용원성 박테리오파지를 이용하여 수용세포에 넣어 재조합
- 접합(conjugation) : 원핵세포에 있어서 일시적인 접촉에 의해 두 개의 개체 간 DNA가 이동하는 방법으로 성공률이 낮다.
- 세포 융합(cell fusion) : 두 종류의 세포를 융합시켜 양쪽의 성질을 모두 갖는 새로운 세포 생성

77 세균이 그람 염색에서 그람 양성과 그람 음성의 차이를 보이는 것은 다음 중 무엇의 차이 때문인가?

① 세포벽(cell wall)
② 세포막(cell membrane)
③ 핵(nucleus)
④ 플라스미드(plasmid)

해설
Gram 염색(Gram stain)
- crystal violet(1분) 염색 – Lugol액 매염 – 95% 에틸알코올 탈색(30초) – SafraninO(1분) 대비염색
- 보라색 – Gram 양성, 붉은색 – Gram 음성
- 세균 세포벽을 구성하는 peptidoglycan 차이에 의해 그람 양성균과 그람 음성균으로 분류
- 그람 양성균(G+) : 20여 개 층 peptidoglycan과 teichoic acid가 crystal violet에 의해 보라색으로 염색
- 그람 음성균(G−) : 2~3개 층 peptidoglycan과 lipopolysaccharide로 구성된 세포벽이 알코올 탈색 후 SafraninO에 의해 붉은색으로 염색

78 Baird-Parker 배지는 coagulase 양성인 포도상구균의 선택배지이다. 만약 어떤 균을 이 배지에 증식시켰더니 집락주위에 투명환이 생겼다면 이는 무엇을 의미하는가?

① 배지 중에 있는 단백질이 가수분해되었다는 것이다.
② 배지 중에 있는 지방질이 분해되었다는 것이다.
③ 배지 중에 있는 적혈구가 파괴된 것이다.
④ 배지 중에 있는 탄수화물이 분해된 것이다.

해설
황색포도상구균 정성 시험법
- 증균배양 : TSB 배지를 35~37℃에서 18~24시간 배양
- 분리배양 : 만니톨 한천배지 또는 baird-parker 한천배지를 35~37℃에서 18~24시간 배양, 황색 불투명 집락 또는 투명한 띠로 둘러싸인 광택 있는 검은색 집락(배지 중에 있는 단백질이 가수분해)
- 확인시험 : 보통 한천배지를 35~37℃에서 18~24시간 배양 후 그람염색, coagulase 시험 실시

79 그람 음성의 포자를 형성하지 않는 간균으로, 대개 주모에 의한 운동성이 있고 유당으로부터 산과 가스를 형성하는 균은?

① *Salmonella typhi*
② *Shigella dysenteriae*
③ *Proteus vulgaris*
④ *Escherichia coli*

해설
대장균(*E. coli*)
- 장내에 서식하며 그람 음성, 운동성, 간균, 통성혐기성균
- 유당을 분해하여 CO_2와 H_2가스 생산
- 대부분이 매우 무해하나 변종 중에는 식중독균이 있다.
- 식품위생 지표 세균

80 미생물 세포 내에서 단백질 합성이 이루어지는 곳은?

① 미토콘드리아
② 핵
③ 리보솜
④ 엽록체

정답 76 ③ 77 ① 78 ① 79 ④ 80 ③

[해설]

단백질 합성 시 필요한 인자 : ① mRNA(주형) ② 리보솜(장소, rRNA) ③ tRNA(아미노산 운반) ④ ATP(활성화 단계), GTP(개시, 연장, 종결 시)

5과목 생화학 및 발효학

81 의약용 인체 당단백질을 미생물을 이용하여 대량 생산하고자 할 때 가장 적절한 균주는?

① *Saccharomyces cerevisiae*
② *Eschrichia coli*
③ *Bacillus subtilis*
④ *Corynebacterium glutamicum*

[해설]

의약용 인체 당단백질을 대량 생산하고자 할 때 세균에 비해 상대적으로 크기가 큰 효모를 이용하는 것이 좋다.

82 주정 발효 시 술덧에 존재하는 성분으로 불순물인 fusel oil의 성분이 아닌 것은?

① methyl alcohol
② n-propyl alcohol
③ isobutyl alcohol
④ isoamyl alcohol

[해설]

퓨젤유(fusel oil)
- 아미노산으로부터 알코올 발효 시 부산물로 생성
- 퓨젤유 조성 : 아밀 알코올(50% 이상 isoamyl alcohol), 부틸 알코올 등
- 제품주정 0.3%, 유상 황갈색
- 술덧의 단백질 분해물 유래 프로필 알코올, 부틸 알코올, 아밀 알코올 등

83 다음 중 β-lactam 계열의 항생물질인 것은?

① penicillin
② tetracycline
③ chloramphenicol
④ kanamycin

[해설]

penicillin
- β-lactam 계열의 항생물질로 세균의 세포벽 합성을 저해하여 살균
- *Penicillium chrysogenum*, *Penicillium notatum* 생산균주

84 항산화작용을 하여 산소로부터 세포막을 보호하는 비타민은?

① 비타민 A
② 비타민 B
③ 비타민 C
④ 비타민 E

[해설]

비타민 E는 천연항산화제이다.

85 오탄당 인산경로(pentose phosphate pathway)의 생산물이 아닌 것은?

① NADPH
② CO_2
③ Ribose
④ H_2O

[해설]

오탄당 인산경로(pentose phosphate pathway)
- 해당과정의 곁사슬 반응, glucose-6-phosphate에서 시작
- 산화적 단계와 비산화적 단계로 나눔
- 간, 뇌, 유선, 지방조직, 성선, 부신피질, 적혈구 등에서 왕성하게 일어나며 근육에서는 거의 일어나지 않음
- NADPH를 생성하여 지방산 합성, 스테로이드 합성, 산화형 glutathion 환원
- 3탄당, 4탄당, 5탄당, 6탄당, 7탄당 등 상호변환 작용
- 핵산 합성에 필요한 ribose-5-phosphate 생성(전환 시 CO_2 생성)

정답 81 ① 82 ① 83 ① 84 ④ 85 ④

86 일반적으로 사용되는 생산균주의 보관방법이 아닌 것은?

① 저온(냉장)보관 ② 상온보관
③ 냉동보관 ④ 동결건조

해설
일반적으로 생육을 억제하기 위해서 저온 보관(냉장, 냉동, 동결건조)한다.

87 에너지 이용률이 가장 낮은 반응은?

① 당의 호기적 대사 ② 당의 혐기적 대사
③ 알코올 발효 ④ 지방 대사

해설
에너지 이용률
- 포도당 1분자 호기적 대사 시 : 30 또는 32ATP 생성
- 포도당 1분자 혐기적 대사 시 : 혐기적 해당 +2, 간에서 젖산의 당신생 −6, 근육에서 에너지 생산 +30ATP이므로 전체 2−6+30=26ATP 생성
- 알코올 발효 : 효모가 피루브산 생성에 +2ATP 생성
- 지방 대사 : 1개의 스테아르산(18 : 0) β 산화 시 120ATP 생성

88 연속배양의 장점에 대한 설명 중 틀린 것은?

① 발효장치의 용량을 줄일 수 있다.
② 발효시간이 단축된다.
③ 생산비를 절약할 수 있다.
④ 잡균의 오염을 막을 수 있다.

해설
연속 배양 시 회분식 배양에 비해 수득률이 낮고 잡균의 오염 가능성이 높아진다.

89 산업적으로 미생물에 의해 생산되는 중요한 발효 산물과 거리가 먼 것은?

① 미생물 균체(microbial cell)
② 합성항생제(synthetic antibiotic)
③ 변형 화합물(transformed compound)
④ 대사산물(metabolite)

해설
합성항생제는 화학적으로 미생물의 세포벽 형성을 저지하거나 대사를 저해하는 저해제 등을 합성한 항생제이다.

90 활성물질과 균주의 연결이 잘못된 것은?

① Vitamin B_2 – *Eremothecium ashbyii*
② Ascorbic acid – *Acetobacter suboxydans*
③ Isovitamin C – *Pseudomonas fluorescens*
④ Carotenoid – *Gluconobacter roseus*

해설
- Carotenoid – *Blakeslea trispora*
- Ascorbic acid – *Gluconobacter roseus, Acetobacter suboxydans*

91 DNA에 대한 설명으로 틀린 것은?

① DNA는 이중나선 구조로 되어 있다.
② DNA 염기 간의 결합에서 A와 T는 수소 삼중 결합, G와 C는 수소 이중 결합으로 되어 있다.
③ DNA에는 유전정보가 저장되어 있다.
④ DNA 분자는 중성 pH에서 음(−)전하를 나타낸다.

해설
DNA
- 염기 간의 결합에서 A와 T는 수소 이중 결합, G와 C는 수소 삼중 결합으로 되어 있다.
  그러므로 항상 피리미딘기(C+T)/퓨린기(G+A)=1이 된다. (샤가프의 법칙)
- G, C 간에 3중 결합을 하므로 함량이 많을수록 T_m(변성온도)이 높다.
- 분자 내에 인산기를 함유하므로 중성 pH에서 음(−)전하를 나타낸다.
- DNA는 이중나선구조, RNA는 tRNA가 부분 이중나선을 가지고 나머지는 단일나선구조이다.

정답 86 ② 87 ③ 88 ④ 89 ② 90 ④ 91 ②

92 효모 배양 시 효모의 최고 수득량을 얻는 당의 공급 방식은?

① 효모의 당 동화비율보다 낮은 비율로 공급한다.
② 효모의 당 동화비율보다 높은 비율로 공급한다.
③ 효모의 당 동화비율과 관계없이 배양초기에 많이 공급한다.
④ 효모의 당 동화비율과 같은 비율로 공급한다.

해설
효모 배양
- 당이 높으면 알코올 발효로 전환되어 효모 수득률이 떨어짐
- 당이 낮으면 자가소화 발생
- 당 동화비율과 같은 0.5~1% 정도로 공급

93 탁·약주 제조 시 올바른 주모관리의 방법이 아닌 것은?

① 담금품온은 22℃ 내외로 낮게 유지하여 오염균의 증식을 억제한다.
② 효모 증식에 필요한 산소 공급을 위해 교반한다.
③ 담금배합은 술덧에 비해 발효제 사용비율을 높게 한다.
④ 급수비율을 높게 하여 조기 발효를 유도한다.

해설
급수비율을 낮추어 조기 발효를 억제한다.

94 보효소로서의 유리 nucleotide와 그 작용의 연결이 옳은 것은?

① ADP/ATP : 인산기 전달
② UDP-glucose : α-ketoglutarate 산화의 에너지 공급
③ GDP/GTP : phospholipid 합성
④ IDP/ITP : 산화-환원 반응 시 산소의 공여체

해설
보효소 작용
- ADP/ATP : 고에너지화합물의 인산기 전달
- UDP-glucose/UTP : 글리코겐에 1포도당 전달
- GDP/GTP : 고에너지화합물 succinyl-CoA 분해 시 인산기 전달
- IDP/ITP : 퓨린계 핵산 합성 시 중간체로 인산기 전달

95 DNA 분자의 purine과 pyrimidine 염기쌍 사이를 연결하는 결합은?

① 공유 결합
② 수소 결합
③ 이온 결합
④ 인산 결합

해설
DNA
- 염기 간 결합은 수소 결합으로 A와 T는 이중 결합, G와 C는 삼중 결합으로 되어 있다.
  그러므로 항상 피리미딘기(C+T)/퓨린기(G+A)=1이 된다. (샤가프의 법칙)
- G, C 간에 3중 결합을 하므로 G, C 함량이 많을수록 T_m(변성온도)이 높다.

96 *Brevibacterium flavum*의 homoserine 영양 요구변이주에 의한 lysine 발효에 해당되지 않는 것은?

① 외부에서 첨가한 소량의 homoserine 양에 상당하는 threonine밖에 생합성되지 않는다.
② lysine이 아무리 다량 축적되어도 저해작용이 성립되지 않는다.
③ boitin 첨가량이 충분하여야 한다.
④ lysine과 threonine의 공존에 의해서는 저해작용이 성립되지 않는다.

해설
lysine 발효
- 생산균 : *Corynebacterium glutamicum*, *Brevibacterium flavum*
- 야생균주, 생합성 전구물질, 변이주 이용
- homoserine 영양요구변이주 이용 시 lysine과 threonine의 공존에 의해 저해작용

정답 92 ④ 93 ④ 94 ① 95 ② 96 ④

97 지방보다 탄수화물 함량이 더 많은 음식을 섭취하였을 때 더 많이 섭취하여야 할 비타민은?

① 비타민 B_1
② 비타민 C
③ 비타민 D
④ 토코페롤(tocopherol)

[해설]

탄수화물 대사
- 탄수화물 대사의 주요 작용인 해당작용에서 생성된 피루브산이 미토콘드리아로 이동하여 아세틸 CoA로 전환 시 주요 보조효소로 TPP 요구
- 다음 반응으로 TCA 회로에서도 4번째 반응에 주요 보조효소로 TPP 요구
- TPP의 전구체가 비타민 B_1인 티아민이며 탄수화물 에너지 대사에 필수적인 비타민으로 근육활동을 하는 사람에게 특히 필요함

98 글리코겐(glycogen)의 합성에 이용되는 nucleotide는?

① NAD
② NADP
③ UTP
④ FAD

[해설]

글리코겐 합성(glycogenesis)

glucose → (hexokinase) → glucose-6-phosphate → (phosphoglucomutase) → glucose-1-phosphate + UTP → (UTP-glucose-1-phosphate uridyltransferase) → UDP-glucose(포도당의 활성형) → (glycogen synthase) → glycogen

※ UDP-glucose : 글리코겐에 1포도당 전달체

99 젖산 생성으로 호기적인 L-젖산만 생산하는 곰팡이는?

① *Rhizopus* 속
② *Lactobacillus* 속
③ *Streptococcus* 속
④ *Pediococcus* 속

[해설]

젖산 발효
- 젖산균 : *Rhizopus oryzae*, *Lactobacillus delbrueckii*(포도당), *L. bulgaricus*, *L. casei*(우유)
- L-형 젖산은 인체에 이용
- 10%당, pH 5.5~6.0, 45~50℃, 80~90% 수율

100 DNA 중합효소는 $15s^{-1}$의 turnover number를 갖는다. 이 효소가 1분간 반응하였을 때 중합되는 뉴클레오티드(nucleotide)의 개수는?

① 15
② 150
③ 900
④ 1,500

[해설]

DNA 중합효소

$15s^{-1}$의 turnover number는 15/1초이므로 1분 뒤에 900개 핵산이 중합된다.

CHAPTER 06 2016년 3회 식품산업기사

1과목 식품위생학

01 농약잔류허용기준 설정 시 안전수준 평가는 ADI 대비 TMDI값이 몇 %를 넘지 않아야 안전한 수치인가?

① 10% ② 20%
③ 40% ④ 80%

해설
농약잔류허용기준 설정 시 안전수준 평가는 ADI 대비 TMDI값이 80%를 넘지 않아야 안전한 수치이다.

02 식품가공 중 생성되는 유해물질이 아닌 것은?

① 벤조피렌 ② 아크릴아마이드
③ 에틸카바메이트 ④ 옥소홍데나필

해설
식품가공 중 유해물질
- 에틸카바메이트 : 주로 와인과 같은 주류나 양조간장 발효과정에서 생성되는 부산물로, 아르기닌 등이 효모의 작용에 의해 형성된 요소(UREA)가 에탄올과의 반응으로 생성되며 발암성 물질이다.
- 벤조피렌 : 식품 중 불로 구운 고기뿐 아니라 참기름이나 들기름에서도 검출되며 발암성이다.
- 아크릴아마이드 : 탄수화물과 아미노산의 식품을 120℃ 이상 가열 조리 시 생기는 발암성 물질
- ※ 옥소홍데나필 : 불법 사용하고 있는 발기부전 치료제

03 작업위생관리로 적절하지 않은 것은?

① 조리된 식품에 대하여 배식하기 직전에 음식의 맛, 온도, 이물, 이취, 조리 상태 등을 확인하기 위한 검식을 실시하여야 한다.
② 냉장식품과 온장식품에 대한 배식온도관리기준을 설정, 관리하여야 한다.
③ 위생장갑 및 청결한 도구(집게, 국자 등)를 사용하여야 하며, 배식 중인 음식과 조리 완료된 음식을 혼합하여 배식하여서는 아니 된다.
④ 해동된 식품은 즉시 사용하고 즉시 사용하지 못 할 경우 조리 시까지 냉장 보관하여야 하며, 사용 후 남은 부분을 재동결하여 보관한다.

해설
해동된 식품은 사용 후 남은 부분을 재동결하지 않는다.

04 쌀의 건조 저장에 대한 설명으로 틀린 것은?

① 미생물의 발육을 억제시키기 위하여 수분활성도를 0.7 이하로 하여야 한다.
② 쌀의 건조 시 미생물과 벌레의 피해를 막을 수 있다.
③ 쌀을 과건조 시 쇄미가 되기 쉽고 묵은 쌀로 빨리 된다.
④ 여름철에는 저온 저장을 함께 하는 것이 좋다.

해설
수분함량 및 수분활성도
- 저장에 관련된 자유수는 화학반응과 미생물이 이용하므로 제한 필요
- A_w 0.65~0.8 사이의 중간수분 식품(잼, 곶감, 건포도 등)은 우수한 저장 안정성
- 곡물 저장 시 수분함량 15%(A_w 0.70) 이하 유지

05 대장균의 시험법이 아닌 것은?

① 동시시험법 ② 최확수법
③ 건조필름법 ④ 한도시험법

해설
대장균 시험법
- 대장균 정성반응 : 건조필름법(푸른색 콜로니와 근처 기포), 한도시험법, LB 배지법
- 대장균 정량반응 : 최확수법

정답 01 ④ 02 ④ 03 ④ 04 ② 05 ①

06 식중독 역학조사에 대한 설명으로 틀린 것은?

① 오염된 식품의 섭취와 질병의 초기증상이 보인 시점 사이의 간격(잠복기)을 계산하여 추정 중인 질병이 감염성인지 독소형인지 판단한다.
② 발병률은 "(환자수 / 섭취자수)×100"으로 산출한다.
③ 역학의 3대 요인으로 병인적 인자, 화학적 인자, 환경적 인자가 있다.
④ 식중독 원인으로 추정되는 식품의 출처를 파악하기 위하여 역추적 조사를 실시한다.

해설
역학의 3대 요인으로 병인적 인자, 숙주적 인자, 환경적 인자가 있다.

07 HACCP 시스템 적용단계의 7원칙 중 첫 번째 원칙은?

① 위해요소 분석 ② 공정흐름도 작성
③ HACCP팀 구성 ④ 중요관리점(CCP) 결정

해설
HACCP 실행 단계(HACCP 7 원칙)
- 위해요소 분석(HA ; Hazard Analysis, 원칙 1) : 식품 공정의 각 단계별로 잠재적인 생물학적, 화학적, 물리적 위해요소 분석
- 중요관리점 설정(CCP ; Critical Control Point, 원칙 2) : 각 위해요소를 예방, 제거하거나, 허용수준 이하로 감소시키는 절차
- 허용기준 설정(Critical Limit, 원칙 3) : 안전을 위한 절대적 기준치로 온도, 시간, 무게, 색 등을 간단히 확인할 수 있는 기준 설정
- 모니터링방법 설정(원칙 4) : 모니터링의 절차는 허용 기준에 벗어난 것을 찾아내는 것으로 모니터링하는 자를 단체급식소 등에서는 조리원 중에서 선정
- 시정조치 설정(원칙 5) : 모니터링 결과 허용기준을 벗어났을 때 시정조치를 하는 것으로 허용기준을 벗어난 제품을 식별, 분리하는 즉시적 조치와 동일 사고 방지를 위해 정비, 교체, 교육 등을 하는 예방적 조치가 있음
- 검증방법 설정(원칙 6) : 효과적으로 시행되는지 검증하는 것으로 HACCP 계획검증, 중요관리점 검증, 제품검사, 감사 등으로 구성
- 기록보관 및 문서화방법 설정(원칙 7) : HACCP 시스템을 문서화하기 위한 효과적인 기록 유지 절차를 정한다.

08 *Vibrio parahaemolyticus*에 의한 식중독에 대한 설명으로 틀린 것은?

① 융모 선단에서 Na과 Cl의 흡수 저해로 수분을 다량 유출하여 설사를 야기한다.
② 대부분 Kanakawa 반응 시험에서 양성을 나타낸다.
③ 그람 음성균으로 민물에서는 살지 못한다.
④ 혈청형으로는 O1 균주와 non-O1 균주로 분류하는 것이 일반적이다.

해설
혈청형으로는 O 균주와 K 균주로 분류한다.

09 건강기능식품의 기준 및 규격상 홍삼의 기능성 내용이 아닌 것은?

① 면역력 증진에 도움을 줄 수 있음
② 피로 개선에 도움을 줄 수 있음
③ 혈소판 응집 억제를 통한 혈액 흐름에 도움을 줄 수 있음
④ 자양 강장에 도움을 줄 수 있음

해설
혈소판 응집 억제를 통한 혈액 흐름에 도움을 줄 수 있는 것은 은행잎 추출물이다.

10 다음 중 납의 시험법과 관계가 없는 것은?

① 황산-질산법
② 피크린산시험지법
③ 마이크로웨이브법
④ 유도결합플라스마법

해설
납 시험법
습식분해법인 황산-질산법, 마이크로웨이브법과 건식회화법, 용매추출법, 원자흡광광도법, 유도결합플라스마(ICP)법이 있다.

정답 06 ③ 07 ① 08 ④ 09 ③ 10 ②

11 식품 중 방사능 오염 허용기준치의 설정 기준은?

① 해당 식품을 1년간 지속적으로 먹어도 건강에 지장이 없는 수준으로 설정
② 해당 식품을 1회 일시적으로 먹어도 건강에 지장이 없는 수준으로 설정
③ 해당 식품을 1년간 섭취하여 급성방사선 증후군이 나타나는 수준으로 설정
④ 해당 식품을 1년간 일시적으로 섭취하여 일상생활에서 접하는 자연방사선량을 초과하지 않는 수준으로 설정

해설
식품 중 방사능 오염 허용기준치의 설정 기준은 해당 식품을 1년간 지속적으로 먹어도 건강에 지장이 없는 수준으로 설정

12 식중독 안전관리를 위한 시설 설비의 위생관리로 잘못된 것은?

① 수증기열 및 냄새 등을 배기시키고 조리장의 적정 온도를 유지시킬 수 있는 환기시설이 갖추어져 있어야 한다.
② 내벽은 내수처리를 하여야 하며, 미생물이 번식하지 아니하도록 청결하게 관리하여야 한다.
③ 바닥은 내수처리가 되어 있고 가급적 미끄러지지 않는 재질이어야 한다.
④ 경사가 지면 미끄러짐 등의 안전 위험이 있으므로 경사가 없도록 한다.

해설
1m당 1.5~2cm 정도의 기울기로 경사를 만들어 물이 고이지 않도록 한다.

13 방사능물질에 의한 식품 오염 중 식물체에서 문제가 되는 핵종은?

① ^{65}Zn, ^{131}I
② ^{60}Co, ^{137}Cr
③ ^{90}Sr, ^{137}Cs
④ ^{55}Fe, ^{131}Cd

해설
방사능
• 방사능 반감기 : 스트론튬 90-28.8년, 세슘 137-30.17년, 요오드 131-8일
• 핵분열 생성물의 일부가 직접 또는 간접적으로 농작물에 이행될 수 있다.
• 생성률이 비교적 크고, 반감기가 긴 ^{90}Sr과 ^{137}Cs이 식품에서 문제가 된다.
• 방사능 오염 물질이 농작물에 축적되는 비율은 지역별 생육 토양의 성질에 영향을 받는다.
• ^{131}I는 반감기가 짧으나 비교적 양이 많아서 문제가 된다.

14 각 위생동물과 관련된 식품, 위해의 연결이 틀린 것은?

① 진드기 : 설탕, 화학조미료-진드기뇨증
② 바퀴 : 냉동 건조된 곡류-디프테리아
③ 쥐 : 저장식품-장티푸스
④ 파리 : 조리식품-콜레라

해설
바퀴는 20℃ 이하에서 생육을 못하며 기계적 전파자로 수인성 감염병을 전파한다.

15 식품 등의 표시기준상 1회 제공량은 몇 세 이상 소비계층이 통상적으로 섭취하기에 적당한 양인가?

① 4세
② 7세
③ 10세
④ 13세

해설
식품 등의 표시기준상 1회 제공량은 4세 이상 소비계층이 통상적으로 섭취하기에 적당한 양

16 맥각에 의한 식중독을 일으키는 곰팡이는?

① *Penicillium islandicum*
② *Mucor mucedo*
③ *Rhizopus oryzae*
④ *Claviceps purpurea*

정답 11 ① 12 ④ 13 ③ 14 ② 15 ① 16 ④

해설

맥각 중독
- 맥각(ergot)은 자낭균류에 속하는 맥각균(*Claviceps purpurea*)이 맥류(보리, 밀, 호밀, 귀리)의 꽃 주변에 기생하여 발생하는 균핵(sclerotium)
- 맥각독 성분은 ergotoxin, ergotamine, ergometrin 등이며 이것은 수확 전에 가장 심하고 저장기간이 길면 서서히 상실된다.

17 식품 및 축산물 안전관리인증기준의 작업위생관리에서 다음 ( ) 안에 알맞은 것은?

- 칼과 도마 등의 조리기구나 용기, 앞치마, 고무장갑 등은 원료나 조리과정에서의 (   )을(를) 방지하기 위하여 식재료 특성 또는 구역별로 구분하여 사용하여야 한다.
- 식품 취급 등의 작업은 바닥으로부터 (   )cm 이상의 높이에서 실시하여 바닥으로부터의 (   )을(를) 방지하여야 한다.

① 오염물질 유입 – 60 – 곰팡이 포자 날림
② 교차오염 – 60 – 오염
③ 공정 간 오염 – 30 – 접촉
④ 미생물 오염 – 30 – 해충·설치류의 유입

해설

교차오염
- 칼과 도마 등의 조리기구나 용기, 앞치마, 고무장갑 등은 원료나 조리과정에서의 교차오염을 방지하기 위하여 식재료 특성 또는 구역별로 구분하여 사용하여야 한다.
- 식품 취급 등의 작업은 바닥으로부터 60cm 이상의 높이에서 실시하여 바닥으로부터의 오염을 방지하여야 한다.

18 병에 걸린 동물의 고기를 섭취하거나 병에 걸린 동물을 처리, 가공할 때 감염될 수 있는 인수공통감염병은?

① 디프테리아
② 폴리오
③ 유행성 간염
④ 브루셀라병

해설

인수공통감염병
- 결핵 : 인형 결핵균(*Mycobacterium tuberculosis*), 우형 결핵균(*Mycobacterium bovis*), 조형 결핵균(*Mycobacterium avium*)
- 파상열(브루셀라병) : *Brucella melitensis*(양, 염소), *Brucella abortus*(소), *Brucella suis*(돼지)
- 야토병 : *Pasteurella tularensis*, *Francisella tularensis*
- 리스테리아증 : *Listeria monocytogenes*
- 광우병(BSE ; Bovine Spongiform Encephalopathy, 소해면상뇌증) : 원인물질은 prion 단백질

19 통조림식품의 변패과정에서 관의 팽창을 유발시키는 가스로, 식품 중에 존재하는 산이 관의 철과 반응하여 방출되는 것은?

① 메탄가스
② 탄산가스
③ 수소가스
④ 일산화탄소가스

해설

통조림식품의 변패과정에서 관의 팽창을 유발시키는 가스로, 식품 중에 존재하는 산이나 산생성 세균에 의해 관의 철과 반응하여 방출되는 것은 수소가스다.

20 최확수(MPN)법의 검사와 관련된 용어 또는 설명이 아닌 것은?

① 비연속된 시험용액 2단계 이상을 각각 5개씩 또는 3개씩 발효관에 가하여 배양
② 확률론적인 대장균군의 수치를 산출하여 최확수로 표시
③ 가스발생 양성관수
④ 대장균군의 존재 여부 시험

해설

최확수법(MPN)
- 대장균 정량법으로 많이 이용한다.
- 비연속된 시험용액 3단계 이상을 각각 5개씩 또는 3개씩 발효관에 가하여 배양
- 가스가 발생한 양성관수로 확률론적인 대장균군의 수치를 산출하여 최확수로 표시
- 검체 100mL 중 있을 수 있는 대장균군수

2과목 식품화학

21 쌀 1g을 취하여 질소를 정량한 결과, 전질소가 1.5%일 때 쌀 중의 조단백질 함량은?(단, 질소계수는 6.25로 가정한다.)

① 약 8.4% ② 약 9.4%
③ 약 10.4% ④ 약 11.4%

해설

조단백질 함량
단백질 중 질소 함량은 16%, 100/16 = 6.25
∴ 질소 1.5 × 6.25 = 9.4%

22 액체의 외부에 힘을 가하면 액체는 유동하며 액체 내부의 흐름에 대한 저항성이 생기는데, 이 저항성은?

① 점성 ② 탄성
③ 소성 ④ 가소성

해설

Rheology의 종류
- 점성(viscosity) 및 점조성(consistency) : 유체의 흐름에 대한 저항성을 나타내며 점성은 균일한 형태와 크기를 가진 단일물질인 Newton 유체(물, 시럽 등)에 적용되며, 점조성은 다른 형태와 크기를 가진 혼합물질인 비 Newton 유체(토마토 케첩, 마요네즈 등)에 적용된다.
- 탄성(elasticity) : 외부 힘에 의해 변형된 후 외부 힘을 제거 시 원상태로 되돌아가려는 성질(고무줄, 젤리)
- 소성(plasticity) : 외부 힘에 의해 변형된 후 외부 힘을 제거해도 원상태로 되돌아가지 않는 성질이다.(버터, 마가린, 생크림) 생크림처럼 작은 힘에는 탄성을 보이다 더 큰 힘을 가하면 소성을 보이는 것을 항복치라 하며 이러한 소성을 Bingham 소성이라 한다.
- 점탄성(viscoelasticity) : 외부 힘이 작용 시 점성유동과 탄성변형이 동시에 발생하는 성질(chewing gum, 빵반죽)

23 안토시아닌 색소의 특징이 아닌 것은?

① 수용성이다.
② 한 개 또는 두 개의 단당류와 결합되어 있는 배당체이다.
③ 금속이온에 의해 색이 변한다.
④ pH에 따라 색이 변하지 않는다.

해설

안토시아닌계 색소
- pH에 따라 산성 – 적색, 알칼리성 – 청색
- 수용성이며 한 개 또는 두 개의 단당류와 결합되어 있는 배당체이다.
- 금속이온에 의해 색이 변한다.

24 전단응력이 오래 작용할수록 점조도가 감소하는 젤(gel)의 특성이 나타내는 유체는?

① 뉴턴(Newton) 유체 ② 딜레이턴트 유체
③ 의사가소성 ④ 직소트로픽 유체

해설

- 비 Newton 유체 : Colloid 용액, 토마토 케첩, 버터 등의 혼합물질로 구성된 반고체 식품들은 Newton 유체 성질이 없어 전단력과 전단속도 사이의 유동곡선이 곡선을 나타내는 유체
- 가소성(plasticity) : 외부 힘에 의해 변형된 후 외부 힘을 제거해도 원상태로 되돌아가지 않는 성질(버터, 마가린, 생크림)
- 의사가소성(pseudoplastic) 유체 : 전단속도 증가에 따라 전단력의 증가폭이 감소하는 유체
- Dilatant 유체 : 전단속도 증가에 따라 전단력의 증가폭이 증가하는 유체
- 항복치(yield value) : 생크림과 같이 반고체 식품에서 약한 전단력에 탄성을 보이다 좀 더 강한 전단력에 소성을 보일 때의 힘
- Bingham 소성 유체 : 전단속도 증가에 따라 전단력의 증가폭이 일정한 유체
- 혼합형 유체 : 항복치를 가지면서 의사가소성 또는 Dilatant 성질을 나타내는 것
- 시간에 따른 유동특성 변화에 따라 전단력이 작용할수록 점조도가 감소하는 thixotropic 유체와 전단력이 작용할수록 점조도가 증가하는 rheopectic 유체로 구분

정답 21 ② 22 ① 23 ④ 24 ④

25 마이야르 반응에 관여하지 않는 물질은?

① 라이신 ② 글리신
③ 포도당 ④ 레시틴

해설

마이야르(Maillard) 반응
- 환원당의 carbonyl기와 아미노화합물의 결합에서 amino carbonyl 반응이라고 하며 생성물에 의해 melanoidine 반응이라고도 한다.
- 초기 단계 : 환원당과 아미노화합물의 축합반응, amadori 전위
- 중간 단계 : osone의 형성, 불포화 3,4-dideoxyosone의 형성, HMF 및 reductone생성, 산화생성물의 분해
- 최종 단계 : aldol 축합반응, strecker 반응, melanoidine 색소의 형성
※ 레시틴은 인지질이며 유화제로 쓰인다.

26 다음 중 환원당 정량 방법은?

① Kjeldahl법 ② Bertrand법
③ Karl Fischer법 ④ Soxhlet법

해설

탄수화물의 화학반응
- 당류 일반 정성반응 : Molisch 반응, Anthrone 반응 등
- 환원당 반응 : Fehling 반응(적갈색 침전), Benedict 반응(적갈색 침전), Tollens 반응(은경반응), Barfoed 반응 등
- Barfoed 반응(단당류와 이당류 구별), seliwanoff 반응(fructose 정성반응), Bial 반응(5탄당 정성반응)
- 당의 정량법 : Bertrand법, Somogi법
- Kjeldahl법(단백질 정량), Karl Fischer법(수분 정량), Soxhlet법(지방 정량)

27 액체 속에 기체가 분산되어 있는 콜로이드 식품이 아닌 것은?

① 맥주 ② 수프
③ 사이다 ④ 콜라

해설

콜로이드 식품

분산매	분산질	분산계	예
기체	액체	액체 에어로졸	안개, 연무, 헤어스프레이
	고체	고체 에어로졸	연기, 미세먼지
액체	기체	거품	맥주 거품, 생크림, 사이다, 콜라
	액체	유탁액	우유, 마요네즈, 핸드크림
	고체	sol(졸)	된장국, 잉크, 혈액, 수프
고체	기체	고체 거품	냉동건조식품, 에어로겔, 스티로폼
	액체	gel(젤)	버터, 초콜릿, 마가린, 젤라틴, 젤리
	고체	고체 gel(젤)	유리, 루비

28 단백질 SDS(Sodium Dodecyl Sulfate) 젤 전기영동을 할 때 단백질의 이동거리에 가장 크게 영향을 주는 것은?

① 단백질 용해도 ② 단백질 유화성
③ 단백질 분자량 ④ 단백질 구조

해설

SDS(Sodium Dodecyl Sulfate) 젤 전기영동
단백질의 모든 전하를 (−)전하로 처리한 뒤 전류가 흐르는 전류장에 단백질 혼합물을 넣어 (+)전하로 단백질의 분자량에 따라 이동하여 분리한다.

29 핵산의 구성 성분이며 보조효소 성분으로 생리상 중요한 것은?

① glucose ② ribose
③ fructose ④ xylose

해설

핵산은 염기, 리보오스, 인산으로 구성된다.

정답 25 ④ 26 ② 27 ② 28 ③ 29 ②

30 식품의 조리 가공 시 맛 성분에 대한 설명 중 틀린 것은?

① 김치의 신맛은 숙성 시 탄수화물이 분해하여 생긴 젖산과 초산 때문이다.
② 간장과 된장의 감칠맛은 탄수화물이나 단백질이 분해하여 생긴 아미노산 당분 유기산 등이 혼합된 맛이다.
③ 무, 양파를 삶으면 단맛이 나는 것은 매운맛 성분인 allylsulfide류가 alkylmercaptan으로 변화하기 때문이다.
④ 감귤과즙을 저장하거나 가공처리를 하면 쓴맛이 나는 것은 비타민 E 성분 때문이다.

해설
감귤과즙을 저장하거나 가공처리를 하면 쓴맛이 나는 것은 리모닌

31 식품에 존재하는 자연 독성물질이 아닌 것은?

① melamine   ② solanine
③ gossypol   ④ trypsin inhibitor

해설
melamine
- 멜라민은 유기화합물로 합성되어 플라스틱 등으로 이용
- 특수용도식품 중 영아용 조제식, 성장기용 조제식, 영·유아용 곡류조제식, 기타 영·유아식, 특수의료용도 등 불검출
- 조제분유, 조제우유, 성장기용 조제분유, 성장기용 조제우유, 기타조제분유, 기타조제우유 등에서 검출되어서는 안 된다.
- 이 외의 모든 식품 및 식품첨가물 2.5mg/kg 이하

32 식품과 주요 물성의 연결이 틀린 것은?

① 물엿 – 점성   ② 스펀지케이크 – 소성
③ 젤리 – 탄성   ④ 밀가루 – 점탄성

해설
Rheology의 종류
- 점성(viscosity) 및 점조성(consistency) : 유체의 흐름에 대한 저항성을 나타내며 점성은 균일한 형태와 크기를 가진 단일물질인 Newton 유체(물, 시럽 등)에 적용되며, 점조성은 다른 형태와 크기를 가진 혼합물질인 비 Newton 유체(토마토 케첩, 마요네즈 등)에 적용된다
- 탄성(elasticity) : 외부 힘에 의해 변형된 후 외부 힘을 제거 시 원상태로 되돌아가려는 성질(고무줄, 젤리)
- 소성(plasticity) : 외부 힘에 의해 변형된 후 외부 힘을 제거해도 원상태로 되돌아가지 않는 성질(버터, 마가린, 생크림) 생크림처럼 작은 힘에는 탄성을 보이다 더 큰 힘을 가하면 소성을 보이는 것을 항복치라 하며 이러한 소성을 Bingham 소성이라 한다.
- 점탄성(viscoelasticity) : 외부 힘이 작용 시 점성유동과 탄성변형이 동시에 발생하는 성질(chewing gum, 빵반죽)

33 casein에 작용하여 paracasein과 peptide로 분해시켜 치즈 제조 시 커드(curd)를 형성시키는 역할을 하는 효소는?

① pepsin   ② trypsin
③ carboxypeptidase   ④ rennin

해설
자연치즈
- 원유에 유산균, 단백질 응유효소(rennin), 유기산 등으로 응고(커드) 후 유청 제거 한 것
- 가온 및 유청 제거 : 경질치즈 38℃, 연질치즈 31℃에서 가온, whey 제거
- 치즈 제조 시 온도를 높이면 유청의 배출이 빨라지며 젖산 발효가 촉진되고 커드가 수축되어 탄력성 있는 입자를 형성한다.
- 숙성 : Camembert(12~13℃, 14개월), Limburger(15~20℃, 2개월), Gouda(13~15℃, 4~5개월), Cheddar(13~15℃, 6개월) 등 여러 균주가 생산하는 단백질 분해효소에 의해 분해되어 맛과 풍미를 결정한다.

34 다음 중 쌀에 함유된 주 단백질은?

① gluten   ② hordein
③ zein   ④ oryzenin

해설
주 단백질
쌀 – oryzenin, 보리 – hordein, 옥수수 – zein, 계란 – ovalbumin, 밀가루 – gluten, 콩 – glycinin, 우유 – casein

정답 30 ④ 31 ① 32 ② 33 ④ 34 ④

35 다음 중 유지를 가열했을 때 일어나는 변화가 아닌 것은?

① 요오드가의 증가
② 발연점의 저하
③ 점도의 증가
④ 산가의 증가

해설

유지의 가열산화
- 고온에서 유지를 장시간 가열하면 가열분해로 생성된 물질들이 중합하여 점도, 비중, 굴절률이 증가하고 발연점이 낮아지게 된다.
- 산가, 과산화물가, 카르보닐가 등이 증가하고 요오드가는 감소하게 된다.

36 생선의 신선도 측정에 이용되는 성분은?

① 아세트알데히드
② 트리메틸아민
③ 포름알데하이드
④ 디아세틸

해설

식품의 신선도 측정(초기 부패 측정)
- 관능검사 : 기본적이고 간단한 방법 – 맛, 냄새, 색, 조직감 관찰
- 생물학적 검사 : 생균수 측정(신선도 판정 지표) – 1g당 10^5 이하면 신선
- 화학적 검사 : 휘발성 염기질소 측정(30~40mg%), 트리메틸아민 측정(4mg%), pH 측정(pH 6.2), 히스타민 측정(400mg%), K값 측정(60~80%)
- TMAO(trimethyl amine oxide)은 생선의 맛난맛 성분이나 세균이 많이 번식하면 세균의 환원성으로 TMA(trimethyl amine)가 되는데, 이것은 생선의 비린내 성분이다.

37 요오드 정색반응에 청색을 나타내는 덱스트린은?

① 아밀로덱스트린
② 에리트로덱스트린
③ 아크로모덱스트린
④ 말토덱스트린

해설

전분의 가수분해에 따른 정색반응 변화
starch(청색) – amylodextrin(청색) – erythrodextrin(적색) – achromodextrin(무색) – oligosaccharide – maltodextrin – glucose(무색)

38 다당류인 이눌린(inulin)의 구성당은?

① maltose
② glucose
③ frutose
④ galactose

해설

이눌린은 과당 다당류로 돼지감자, 달리아 뿌리 등에 있다.

39 유지의 산패 정도를 나타내는 값이 아닌 것은?

① TBA가
② 과산화물가
③ 카르보닐가
④ polenske

해설

유지 산패 측정법
㉠ 유지의 산소흡수도, 과산화물 생성량, carbonyl 화합물의 생성량 등 측정
㉡ 과산화물가, oven법, TBA(thiobarbituric acid value)법, 아니시딘가, 카르보닐가, Kreis test, AOM(Active Oxygen Method)법 등
- 과산화물값(peroxide value)과 공액 이중산값(conjugated dienoic acid) : 유지 1차 산화생성물을 측정하는 방법
- 아니시딘값(anisidine value) : 유지 2차 산화생성물인 2-alkenal을 측정하는 방법
- 휘발성분 중 헥산알(hexanal)은 리놀레산(linoleic acid)으로부터, propanal은 리놀렌산(linolenic acid)으로부터 산화 시 발생하는 성분으로 1차 산화 정도를 측정하는 데 활용
- TBA값(thiobarbituric acid value) : 유지 1차 산화생성물인 말론알데하이드(malonaldehyde)를 측정하는 방법

40 aflatoxin의 특징 중 틀린 것은?

① 산에 강하다.
② 알칼리에 강하다.
③ 쌀, 보리 등의 주요 곡류에서 번식한다.
④ 조리 과정 중 쉽게 제거된다.

해설

아플라톡신
- *Aspergillus flavus*가 aflatoxin 생산
- 온도 25~30℃, 상대습도 80% 이상, 기질의 수분 16% 이상
- 주요 기질은 쌀, 보리, 옥수수 등 곡류나 땅콩

정답 35 ① 36 ② 37 ① 38 ③ 39 ④ 40 ④

- 산과 알칼리 및 열에 강하다.
- B_1, G_1, G_2, M형
- 간장독으로 간암 유발

3과목 식품가공학

41 우유의 신선도 시험법은?

① 알코올법 ② 유고형분 정량법
③ Glycogen 검사법 ④ 한천겔확산법

[해설]
우유의 신선도 측정
- Resazurin reduction test : 세균의 환원성으로 시약의 색이 청색 → 홍색 → 무색으로 변함
- Methylene blue reduction test : 세균의 환원성으로 시약의 색이 청색 → 무색으로 변하는 시간이 짧을수록 균이 많다는 의미이며 37℃, 8시간 이상이면 1등급, 6시간 이내면 3등급
- 자비 test : 우유를 가열 시 미생물, 산도가 0.25% 이상 높으면 카제인이 응결 침전
- 70% ethyl alcohol test : 알코올 처리 시 산도가 높으면 탈수에 의한 카제인 응고물 형성
- 산도 측정 : 0.14~0.16 신선, 0.19~0.2 초기부패, 0.25 이상 부패

42 식품의 조리 및 가공에서 튀김용으로 쓰이는 기름의 특성에 대한 설명으로 옳은 것은?

① 인화점이 높고 발연점도 높은 것이 좋다.
② 인화점이 높고 발연점이 낮은 것이 좋다.
③ 인화점이 낮고 발연점이 높은 것이 좋다.
④ 연소점이 낮고 발연점도 낮은 것이 좋다.

[해설]
튀김유의 품질 조건
- 발연점, 인화점이 높을 것
- 불순물이 적을 것
- 점도 변화가 적을 것
- 열에 안정하며 거품이 일지 않을 것

43 수분함량이 10%인 초자질 밀 2,000kg을 수분함량이 15.5%가 되도록 하기 위해 첨가하여야 할 물의 양은?

① 약 109kg ② 약 117kg
③ 약 130kg ④ 약 146kg

[해설]
수분함량
- 습량기준 수분함량이 10%일 때 수분의 무게(x)
  $(x/2,000) \times 100 = 10$, $x = 200$
- 첨가 후 제품무게(y)
  $2,000 \times 0.9 = y \times 0.845$, $y = 2,128.9$
- 건조 후 수분무게
  $2,128.9 \times 0.155 = 330$
∴ 제거해야 하는 수분량
  $330 - 200 = 130$ kg

44 신선한 액란을 제당과정 없이 건조했을 때 생기는 변화에 해당되지 않는 것은?

① 용해도의 감소 ② 품질 저하
③ 변색 ④ 점도의 감소

[해설]
신선한 액란을 제당과정 없이 건조하면 용해도의 감소, 품질 저하, 변색, 이취 등이 발생한다.

45 김치의 발효에 중요한 역할을 하는 미생물은?

① 효모 ② 곰팡이
③ 대장균 ④ 젖산균

[해설]
김치
- 한국의 전통 침채류로 절인 배추에 무, 고추, 마늘, 생강, 젓갈 첨가, 저온 젖산 숙성시킨 발효식품
- 발효 초기 : Leuconostoc mesenteroids, 젖산, 탄산가스(CO_2)에 의해 산성화 호기성 세균 억제
- 발효 후기 : Lactobacillus plantarum, Lactobacillus brevis, 내산성
- 발효온도가 낮을수록, 식염농도가 높을수록 Lactobacillus, Pediococcus 증식 유리

정답 41 ① 42 ① 43 ③ 44 ④ 45 ④

46 식물의 유지 채유법 중 추출법에 사용하는 용제의 구비조건으로 틀린 것은?

① 유지는 잘 추출되나 유지 이외의 물질은 잘 녹지 않을 것
② 유지 및 착유박에 나쁜 냄새를 남기지 않을 것
③ 기화열 및 비열이 커서 회수하기 쉬울 것
④ 인화 및 폭발의 위험성이 적을 것

해설

식용유지 제법
- 압착법, 추출법은 식물유지 채취, 용출법은 동물유지 채취 이용
- 용출법(melting process) : 동물성 원료를 가열시켜서 유지 제조
- 압착법(expression process) : 식물질 원료에 기계적인 압력을 가하여 유지 제조
- 추출법(extraction process) : 식물성 원료를 유기용매로 녹여서 제조, 추출용매는 벤젠, 에틸알코올, 노멀 헥산, 아세톤, CS_2 등 사용
- 추출용매는 가격이 저렴하고, 유지 이외 물질은 추출하지 말아야 하며 기화열과 비열이 낮아 회수가 쉬워야 한다.

47 김치의 일반적인 특성이 아닌 것은?

① 섬유질이 풍부하여 정장작용에 유익하다.
② 유산균 등의 유익균이 많이 존재한다.
③ 에너지원 및 단백질원으로서 가치가 높다.
④ 발효과정 중 생성되는 유기산 등이 미각을 자극시켜 식욕을 돋운다.

해설

문제 45번 해설 참고

48 햄이나 베이컨을 만들 때 염지액 처리 시 첨가되는 질산염과 아질산염의 기능으로 가장 적합한 것은?

① 수율 증진
② 멸균작용
③ 독특한 향기 생성
④ 고기색의 고정

해설

발색제
- 가공육의 색 고정화 : 햄, 베이컨, 소시지 등 식육가공품에 발색제인 아질산염을 처리하면 안정한 형태의 nitrosomyoglobin을 형성하여 가열조리 시 선홍색을 유지하는 것을 말한다.
- 염지 시 사용되는 식품첨가물
- 발색뿐만 아니라 육제품의 보존성이나 특유의 향미를 부여하는 효과를 나타낸다.

49 유통기한을 생략할 수 없는 것은?

① 설탕
② 빙과류
③ 껌류
④ 탁주

해설

유통기한 생략이 가능한 식품
- 자연상태 농, 수, 축산물
- 권장유통기한 이내 설정, 품질유지기한 표시 식품
- 설탕, 식염, 빙과류, 껌류, 주류(맥주, 탁주 제외)

50 5분 도미의 도정률은?

① 92%
② 94%
③ 96%
④ 98%

해설

쌀 도정

종류	특성	도정률(%)	도감률(%)	소화율(%)
현미	벼의 왕겨층 제거, 벼중량 80%, 벼용적 1/2	100	0	95.3
5분 도미	겨층, 배아의 50% 제거	96	4	97.2
7분 도미	겨층, 배아의 70% 제거	94	6	97.7
백미	겨층, 배아 100% 제거	92	8	98.4
배아미	배아가 떨어지지 않도록 도정			
주조미	술의 제조에 이용, 순수 배유만 남음	75 이하		

정답 46 ③ 47 ③ 48 ④ 49 ④ 50 ③

51 빙과류 등에 사용되는 안정제가 아닌 것은?

① sodium alginate ② gelatin
③ CMC ④ glycerin

해설

아이스크림(ice cream)
- 우유, 설탕, 향료, 유화제, 안정제 등을 혼합하여 냉동 경화시킨 유제품
- 안정제 : 젤라틴, 알긴산나트륨, CMC, 카라기난 등

52 두유에서 콩 비린내를 없애는 공정이 아닌 것은?

① 증자법 ② 열수침지법
③ 알칼리침지법 ④ 냉수침지법

해설

두유
- 콩 중의 수용 성분 추출, 콩 단백질을 물에 분산시켜 우유와 외관상 비슷하게 만든 것
- 콩 비린내 원인인 lipoxygenase는 가열로 불활성화(증자법, 열수침지법)하거나 알칼리침지법을 사용한다.

53 마요네즈(mayonnaise)의 제조 방법의 설명 중 틀린 것은?

① 난황을 분리하여 원료로 사용한다.
② 난황과 난백을 분리하여 일정비율로 혼합하여 식초와 식용유를 넣어서 만든다.
③ 난황을 분리하여 식초와 혼합하고 식용유와 나머지 식초를 넣으면서 유화, 균질화한다.
④ 마요네즈의 배합비는 대체적으로 난황 10%, 조미료 3.5%, 향신료 1.5%, 식초 10%, 식용유 75% 정도이다.

해설

마요네즈(mayonnaise)
식물유 75%, 식초 10%, 난황 10%, 조미료 3.5%, 향신료 1.5% 등을 혼합하여 수중 유적형으로 유화한 제품(난백은 사용하지 않음)

54 재래식 간장(ㄱ)과 개량식 간장(ㄴ)에 가장 많이 함유된 휘발성 유기산은 각각 무엇인가?

① (ㄱ) acetic acid, (ㄴ) lactic acid
② (ㄱ) lactic acid, (ㄴ) acetic acid
③ (ㄱ) formic acid, (ㄴ) acetic acid
④ (ㄱ) acetic acid, (ㄴ) formic acid

해설

간장 제조
㉠ 재래식 양조간장
- 대두, 소금, 물을 주원료로 전통방식 간장, 색이 연하고 짠맛이 강함
- 삶은 콩을 찧어 덩어리로 성형 후 따뜻한 방에 띄워 메주 제조
- *Bacillus subtilis* 생육, protease, amylase 생성, formic acid 생성
㉡ 개량식 양조간장
- 탈지대두 : 탈지대두를 이용하면 원료비 절감, 원료 이용률 향상, 간장덧 숙성기간 단축
- 밀 : 팽창이 잘 되는 연질 밀 이용, 향과 색을 좋게 하는 오탄당이 많은 밀기울은 Koji의 효소력 증가에도 필요, acetic acid 생성

55 DFD육의 설명으로 틀린 것은?

① 육색이 검고 조직이 단단하며 외관이 건조하다.
② 소고기에서 주로 발생하며 약 3% 정도이다.
③ 도살 전의 피로, 운동, 절식, 흥분 등의 스트레스가 원인이다.
④ 수분손실이 많아 가공육 제조 시 결착력이 낮다.

해설

DFD육
- 육색이 검고(dark) 조직이 단단하며(firm) 외관이 건조한(dry) 고기
- 쇠고기에 주로 발생하며 약 3% 정도이다.
- 도살 전의 피로, 운동, 절식, 흥분 등의 스트레스가 원인으로 글리코겐이 감소하여 발생
- pH가 6.0~6.5 정도로 표면이 건조하여 결착력이 높다.

정답 51 ④ 52 ④ 53 ② 54 ③ 55 ④

56 계란을 깨지 않고 품질 검사하는 방법으로 틀린 것은?

① 빛을 비춘 후 반대쪽에서 관찰하면 기실의 크기, 난황의 위치 등을 확인할 수 있다.
② 신선한 것은 난황이 보이지 않으나 오래 지난 것은 뚜렷이 보인다.
③ 식염수(40g 소금, 1L 물)에 넣었을 때 위로 뜨는 것은 오래된 것이다.
④ 껍질 표면이 까슬까슬할수록 오래된 것이다.

해설

계란의 선도검사
㉠ 외부적인 검사
  - 비중법 : 신선란은 비중 1.0784~1.0914, 11% 식염수에서 가라앉고 부패란은 뜬다.
  - 진음법 : 신선란은 소리가 나지 않고 묵은 알은 소리가 난다.
  - 설감법 : 신선란은 따뜻한 느낌, 묵은 알은 차가운 느낌
㉡ 내부적인 검사
  - 투시검사 : 검란기 사용, 오래될수록 기실이 크다.
  - 할란검사 : 신선란 난백계수 : 0.06 정도, 신선란의 난황계수 : 0.3~0.4
㉢ 보통 HU(Haugh Unit)값이 85 이상이다.
㉣ 표면이 거칠수록 신선한 것이다.

57 청국장의 제조 과정 중에 소금을 첨가할 때 나타나는 현상은?

① 청국장의 단백질 당화효소의 활성이 강해져 소화율이 낮아진다.
② 제조기간이 짧아져 고형물의 양이 적어진다.
③ 순수 배양한 Bacillus natto 활성이 없어져 에틸렌 함량이 높아진다.
④ 유산균과 효모의 발육이 억제된다.

해설

청국장의 제조 과정 중에 소금을 첨가하면 유산균과 효모의 발육이 억제된다.

58 냉장의 효과가 아닌 것은?

① 밥의 노화 억제
② 미생물의 증식 억제
③ 수확 후 식물조직의 대사적용 억제
④ 효소에 의한 지질의 산화와 갈변, 퇴색 반응 억제

해설

노화가 가장 잘 발생되는 온도는 0℃ 정도이며, 60℃ 이상 −20℃ 이하에서 노화는 발생되지 않는다.(밥의 냉동저장)

59 탄산음료류의 탄산가스압(kg/cm^2) 규격으로 옳은 것은?

① 탄산수 : 0.5 이상
② 탄산수 : 1.0 이상
③ 탄산음료 : 0.1 이상
④ 탄산음료 : 1.0 이상

해설

탄산음료류의 탄산가스압(kg/cm^2) 규격
탄산수 : 1.0 이상, 탄산음료 : 0.5 이상

60 우유의 저온 장시간 살균에 적당한 온도와 시간은?

① 60~65℃, 5분
② 60~65℃, 30분
③ 121℃, 15분
④ 121℃, 30분

해설

우유 살균법
- 저온 장시간 살균(LTLT) : 63℃에서 30분 가열 후 급랭하며 우유, 술, 과즙 등에 이용
- 고온 단시간 살균(HTST) : 75℃에서 15초 가열 후 급랭하며 우유나 과즙 등에 이용
- 초고온 순간 살균(UHT) : 132℃에서 2~3초 가열하며 우유나 과즙 등에 이용

정답 56 ④ 57 ④ 58 ① 59 ② 60 ②

4과목 식품미생물학

61 탄산음료의 미생물에 의한 변패에 관한 설명 중 틀린 것은?

① 물의 살균에는 염소 또는 자외선이 이용된다.
② 원료, 용기 및 물의 살균과 여과를 철저히 하여야 한다.
③ 낮은 산도의 음료는 산도가 높은 것에 비해서 변패되기 어렵다.
④ 탄산음료의 변패의 대부분은 효모오염에 기인한다.

해설
높은 산도의 음료는 산도가 낮은 것에 비해서 변패되기 어렵다.

62 일반적으로 치즈 숙성에 사용되는 균은?

① penicillium roqueforti
② penicillium citrinum
③ penicillium chrysogenum
④ penicillium notatum

해설
치즈 숙성 균
- 카망베르 치즈 – Penicillium camemberti
- 로크포르 치즈 – Penicillium roqueforti
- 스위스 에멘탈 치즈 – Propionibacterium freudenreichii

63 미생물의 성장에 많이 필요한 무기원소이며 메티오닌, 시스테인 등의 구성성분인 것은?

① S   ② Mo
③ Zn   ④ Fe

해설
황은 미생물의 성장에 많이 필요한 무기원소이며 메티오닌, 시스테인 등의 구성성분이다.

64 흑국균으로서 펙틴(pectin) 분해력이 가장 강한 균주는?

① Aspergillus niger
② Aspergillus usami
③ Aspergillus oryzae
④ Aspergillus awamori

해설
Aspergillus niger(흑국균)
- 집락은 흑색, 전분당화력(β–amylase)이 강하고 당액을 발효시켜 구연산, 글루콘산 등 유기산 발효공업, 소주 제조에 이용
- 펙틴 분해력이 강함

65 CO_2가 고농도로 함유된 청량음료수가 미생물의 증식을 억제할 수 있는 이유가 아닌 것은?

① pH의 저하
② 혐기적 영향
③ 미생물의 CO_2 방출 대사계의 저해
④ CO_2가 당을 비발효성 당으로 변환

해설
CO_2가 고농도로 함유된 청량음료수의 미생물 증식 억제 이유
- pH의 저하 효소 활성 억제
- 혐기적 상태로 호기성 미생물 생육 억제
- 미생물의 CO_2 방출 대사계의 저해

66 포도당으로부터 과당을 제조할 때 쓰이는 효소는?

① amylase
② glucose isomerase
③ glucose oxidase
④ pecinase

해설
포도당으로부터 과당을 제조할 때 쓰이는 효소는 glucose isomerase이다.

정답 61 ③ 62 ① 63 ① 64 ① 65 ④ 66 ②

67 일반적인 미생물의 영양세포에서 건조에 대한 내성이 강한 것부터 낮은 순으로 나열된 것은?

① 곰팡이 – 효모 – 세균
② 세균 – 효모 – 곰팡이
③ 효모 – 세균 – 곰팡이
④ 세균 – 곰팡이 – 효모

해설
미생물의 내성
- 미생물 생육 최저 수분활성도 : 세균 0.91, 효모 0.88, 곰팡이 0.80, 내건성 곰팡이 0.65
- 포자가 영양세포보다 내열성이 크다. (세균포자 > 곰팡이, 효모포자 > 영양세포)
- 산성일수록 내열성이 작아져 pH 3.7 이하에서는 100℃ 이하에서 멸균

68 밥에서 쉰내를 내게 하고 산성화시키는 세균은?

① *Clostridium perfringens*
② *Bacillus subtilis*
③ *Staphylococcus aureus*
④ *Lactobacillus bulgaricus*

해설
고초균(*Bacillus subtilis*)
- 호기성간균, 내생포자 형성, G(+), 탄수화물 분해능이 크다. 식품오염의 주요 종
- amylase와 protease 생산, 항생물질 subtilin 생산
- 밥에서 쉰내를 내게 하고 산성화

69 빵효모 생산균주로 적합한 것은?

① *Saccharomyces rouxii*
② *Saccharomyces cerevisiae*
③ *Saccharomyces pastorianus*
④ *Saccharomyces servazzii*

해설
빵효모 생산
- 생산균 : *Saccharomyces cerevisiae*
- 사탕수수 당밀, 황산암모늄, 암모니아수, 요소 첨가
- 충분한 산소 공급, 지수적 증식
- 배양액 효모농도 10%, 원심분리 농축
- 5℃ 냉각, filter press 압착, 압착효모 수분 65~70%

70 고정화 효소제법 설명으로 틀린 것은?

① 미생물 오염의 위험성이 배제된다.
② 담체와 효소의 결합법이다.
③ 안정성의 증가가 있다.
④ 재사용이 가능하다.

해설
고정화 효소
㉠ 효소를 담체(carrier)에 부착시켜 지속적으로 촉매 활성하도록 만든 것
㉡ 담체결합법(공유결합법) : 불용성 담체와 효소를 공유 결합한다.
- Diazo법 : p–aminobenzyl cellulose, polyamino polystyrene 등 아미노기를 가지는 담체와 효소를 diazo 결합시킨다.
- Peptide법 : CM–cellulose azide, carboxy chloride 수지, isocyanate 유도체 등과 효소를 peptide 결합시킨다.
- Alkyl 화법 : cyanuryl cellulose, bromoacetyl cellulose, methacrylic acid, n–fluoroanilide 등의 할로겐과 효소를 결합시킨다.
- 이온결합법 : DEAD–cellulose, CM–cellulose, Sepha–dex 등의 이온교환 수지에 효소를 결합시킨다.
- 물리적 흡착법 : 활성탄, 산성백토, Kaolinite 등에 효소를 흡착시킨다.
㉢ 가교법(cross linking method) : 효소를 담체에 부착할 수 있는 기능기를 가진 가교로 연결하는 방법이다.
㉣ 포괄법(entrapping method) : 효소를 담체겔 속에 고정시키거나 반투과성 피막으로 감싸도록 하는 방법이다.

71 다음 중 병행 복발효주에 해당하는 것은?

① 맥주 ② 포도주
③ 청주 ④ 보드카

해설

발효주(효모 이용 알코올 발효)
㉠ 단발효주 : 당질에서 발효(포도주, 과실주)
㉡ 복발효주 : 전분을 효소 당화시킨 후 알코올 발효
  • 단행 복발효주 : 당화공정과 발효공정을 분리 진행(맥주)
  • 병행 복발효주 : 당화와 동시에 발효 진행(청주, 탁주)

72 녹농균이라고도 하며, 우유를 청색으로 변색시키는 부패균은?

① *Pseudomonas aeruginosa*
② *Micrococcus varians*
③ *Serratia marcescens*
④ *Proteus vulgaris*

해설

우유의 변색
• *Pseudomonas syncyanea* : 청색
• *Pseudomonas fluorescens* : 녹색 형광 색소 생산, 고미유 원인
• *Pseudomonas aeruginosa* : 녹농균, 우유 청변의 원인
• *Serratia marcescens* : 빵, 우유 등의 적변
• *Brevibacterium erythrogenes* : 적색

73 저장 중인 곡류의 수분 함량이 13.5%일 경우 곰팡이가 발생하였다면 다음 중 어느 곰팡이에 의한 것인가?

① *Aspergillus restrictus*
② *Aspergillus flavus*
③ *Penicilium funiculosum*
④ *Mucor rouxii*

해설

대부분 곰팡이가 수분 15% 이상인 곡류에서 번식하는데 *Aspergillus restrictus*는 저장 중인 곡류의 수분 함량이 13.5% 정도의 건조한 환경에서도 잘 생육한다.

74 초산 발효 시 종균이 갖추어야 할 조건에 해당되지 않는 것은?

① 내산성이 좋아야 한다.
② 산의 생성속도와 양이 좋아야 한다.
③ 초산을 산화 분해해야 한다.
④ 방향성 에스테르와 불휘발산을 생성해야 한다.

해설

초산 발효
• 초산균 : *Acetobacter aceti*, *Acet. acetosum*, *Acet. oxydans*, *Acet. rancens*, *Acet. schutzenbachii*
• 초산 생성 : 알코올 → acetaldehyde → 초산, 산소공급 중단 시 아세트알데히드 축적, 직접 산화 발효
• 종균의 조건 : 산 생성이 빠르며, 산 생성량이 많고, 산 내성이 크며, 향미가 좋고, 생성 초산을 재분해하지 않는 것, 방향성 에스테르와 불휘발산을 생성하는 것
• 충분한 산소 공급
• 발효온도 : 27~30℃

75 요구르트 제조에 주로 사용하는 젖산균은?

① *Lactobacillus bulgaricus*
② *Lactobacillus plantarum*
③ *Lactobacillus casei*
④ *Lactobacillus brevis*

해설

요구르트 스타터
• 호상 요구르트 : *Streptococcus thermophilus*, *Lactococcus thermophilus*, *Bifidobacterium lactis* 등 혼합 이용
• 액상 요구르트 : *Lactobacillus bulgaricus*, *Lactobacillus acidophilus* 등 간균 이용

76 발효공업에서 파지의 오염 방지대책으로 적당하지 않은 것은?

① 장치살균 등을 통한 철저한 살균을 행한다.
② 혐기적인 발효를 이용한다.
③ 파지에 대한 내성이 강한 균주를 이용한다.
④ rotation system을 이용한다.

정답 71 ③ 72 ① 73 ① 74 ③ 75 ① 76 ②

> **해설**
>
> **bacteriophage의 대책**
> - 박테리오파지(bacteriophage) : 세균을 숙주세포로 하는 바이러스
> - 훈증 또는 장치가열·살균 철저
> - 약제살균을 하거나 내성균 이용
> - 발효공정 시 rotation system 이용

77 곰팡이의 형태적 특징을 바르게 설명한 것은?

① *Aspergillus* 속 – 정낭 위에 분생자를 착생한다.
② *Penicilium* 속 – 병족세포를 갖고 있다.
③ *Mucor* 속 – 가근과 포복지를 갖는다.
④ *Rhizopus* 속 – 유성생식 결과 자낭 안에 8개 정도의 자낭포자를 형성한다.

> **해설**
>
> **곰팡이(진균류)**
> ㉠ 균사(hyphae)로 영양섭취와 발육 담당
> ㉡ 진균류는 조상균류와 순정균류로 분류
>   - 조상균류(격막 없음) : 접합균류, 난균류, 호상균류
>   - 순정균류(격막 있음) : 자낭균류, 담자균류, 불완전균류
> ㉢ 무성포자 : 내생포자, 외생포자, 후막포자, 분열자
> ㉣ 유성포자 : 접합포자, 난포자, 자낭포자(8개 포자), 담자포자(4개 포자)
> ㉤ 조상균류 : *Mucor*(털곰팡이), *Rhizopus*(거미줄곰팡이, 가근, 포복지), *Absidia*(활털곰팡이, 가근, 포복지)
> ㉥ 자낭균류 : *Aspergillus*(누룩곰팡이, 정낭, 병족세포), *Penicillium*(푸른곰팡이, 기저경자), *Monascus*(홍국곰팡이), *Neurospora*(붉은곰팡이)

78 일본 청주 Koji 제조에 이용되는 곰팡이의 속은?

① *Aspergillus*
② *Mucor*
③ *Rhizopus*
④ *Penicilium*

> **해설**
>
> **종국(코지균)**
> - *Aspergillus oryzae* : 청주, 간장, 된장 제조
> - *Aspergillus sojae* : 간장, 개량식 메주, 발효사료 제조
> - *Aspergillus niger* : 구연산, 글루콘산, 소주 제조
> - *Aspergillus awamori*, *Aspergillus usami* : 일본 소주 제조
> - *Aspergillus kawachii* : 약주, 탁주 제조

79 포도당 1kg에서 얻는 이론적인 초산생성량은 약 몇 g인가?

① 537g
② 557g
③ 600g
④ 667g

> **해설**
>
> 포도당(분자량 : 180)이 분해되어 피루브산 2분자가 되고 피루브산이 아세트알데히드를 거쳐 2개의 초산(분자량 : 60)이 만들어지므로
> $180 : 60 \times 2 = 1,000 : x$, $x = 666.6$

80 공업적으로 lipase를 생산하는 미생물이 아닌 것은?

① *Aspergillus niger*
② *Rhizopus delemar*
③ *Candida cylindrica*
④ *Aspergillus oryzae*

> **해설**
>
> **미생물 생산 효소**
> - amylase : *Asp. oryzae*, *B. subtilis*, *B. stearothermophilus* 등
> - glucoamyloase : *Rhizoups delemar*
> - protease : *Asp. oryzae*, *Asp. saitoi*, *B. subtilis*, *Str. griseus*
> - lipase : *Candida cylindrica*, *Candida paralipolytica*, *Aspergillus niger*, *Rhizopus delemar*
> - pectinase : *Asp. niger*, *Pen. sclerotinia*, *Conithyrium dipolidiella*

5과목 식품제조공정

81 두부제조 공정 중 주의해야 할 사항으로 적합하지 않은 것은?

① 불린 콩을 최대한 곱게 갈아야 두부수율이 높아진다.
② 콩의 침지시간이 부족하면 팽윤상태가 불량하여 단백질 추출이 어려워진다.
③ 마쇄가 충분하지 못하면 비지가 많이 나와 두부수율이 감소한다.
④ 콩의 침지시간이 너무 길면 콩 단백질이 변성되어 응고상태가 불량해진다.

[해설]
두부 제조 시 주의사항
- 원료콩에 10배 내외 물을 넣고 마쇄
- 응고제를 첨가하고 70~80℃로 가열, 응고시켜 성형 후 탈수
- 불린 콩을 마쇄하여 가용성분은 두유를 만들고 간수로 단백질을 응고시켜 두부 제조
- 너무 많이 갈면 두유를 많이 만들 수 있으나 두부수율이 낮아진다.

82 농산물 통조림을 제조할 때 데치기의 목적이 아닌 것은?

① 식품 원료에 들어 있는 효소를 불활성화시킨다.
② 식품 조직 중의 가스를 방출시킨다.
③ 예열함으로써 원료 중에 들어 있는 산소농도를 감소시킨다.
④ 식품의 갈변화를 일으킨다.

[해설]
데치기(blanching)
- 식품 원료에 들어 있는 산화 효소 불활성화
- 식품 조직 중의 가스 방출
- 예열함으로써 원료 중에 들어 있는 산소농도 감소
- 식품의 색을 고정시키고 박피 용이
- 조직을 유연화하여 충진 용이

83 밀가루의 제분공정에서 1차 조쇄롤(break roll) 또는 분쇄롤(reduction roll)을 거치는 동안 얻는 산물이 아닌 것은?

① 미들링(moddling)
② 세몰리나(semolina)
③ 파텐트분(patent flour)
④ 클리어분(clear flour)

[해설]
밀제분 공정
- 정선 : 밀 이외의 다른 물질 분리
- 가수 : 물 첨가, 밀껍질은 질겨지고, 배유는 부서지기 쉽게 되며, 배아는 롤러(Roller)에서 쉽게 얇게 조각화(Flake화)되어 분리 용이
- 브레이크 롤러(Break roller) : 밀껍질은 벗겨지고 배유 부분을 거친 입자로 만드는 조쇄공정, 미들링과 세몰리나 산물
- 분쇄롤(reduction roll)을 거치며 파텐트분 산물
- Smooth roller : 다시 잘 분쇄하고 체로 분류
- 블렌딩 시프터(Blending sifter) : 용도에 알맞는 가루만 모아서 균일하게 혼합된 밀가루 분류
- 클리어분은 껍질과 배아가 많은 것

84 다음 중 분쇄의 목적이 아닌 것은?

① 유용 성분의 추출 용이
② 흡수성의 안정화
③ 건조, 추출, 용해능력 향상
④ 혼합 능력 개선

[해설]
분쇄
- 고체 원료를 충격력, 압축력, 전단력을 이용해 작게 만드는 공정
- 유효 성분의 추출효율 증대
- 건조, 추출, 용해력 향상
- 혼합능력과 가공효율 증대
- 원료의 경도와 마모성, 열에 대한 안정성, 원료의 구조, 수분 함량 등을 고려하여 분쇄기 선정

정답 81 ① 82 ④ 83 ④ 84 ②

85 식품의 세척에 대한 설명으로 옳은 내용은?

① 건식 세척이 습식 세척에 비해 세척비용이 많이 든다.
② 초음파 세척을 위해서는 가청주파수를 사용해야 효과가 크다.
③ 부유 세척 시 저어줄 경우 와류로 인해 세척의 효과가 떨어진다.
④ 분무 세척 시에는 세척물의 종류 및 상태에 따라 수압, 노즐 등을 조절하면 세척효과를 높일 수 있다.

해설

습식 세척
- 원료의 먼지, 토양 농약 제거에 이용
- 건조 세척보다 효과적이며 손상을 감소하나 비용이 많이 들고 수분으로 부패 용이
- 침지 세척(soaking cleaning) : 물에 담가 오염물질 제거, 분무 세척 전처리로 이용
- 분무 세척(spray cleaning) : 컨베이어 위 원료에 물을 뿌려 세척
- 부유 세척(flotation cleaning) : 밀도와 부력 차이로 세척, 상승류에 밀려 이물질 제거(완두콩, 강낭콩 등)

86 분쇄기의 선정 시 고려할 사항이 아닌 것은?

① 원료의 경도   ② 원료의 수분 함량
③ 원료의 구조   ④ 원료의 색상

해설

분쇄
- 고체 원료를 충격력, 압축력, 전단력을 이용해 작게 만드는 공정
- 유효 성분의 추출효율 증대
- 건조, 추출, 용해력 향상
- 혼합능력과 가공효율 증대
- 원료의 경도와 마모성, 열에 대한 안정성, 원료의 구조, 수분 함량 등을 고려하여 분쇄기 선정

87 3%의 소금물 10kg을 증발농축기로 농축하여 15%의 소금물로 농축시키려면 얼마의 수분을 증발시켜야 하는가?

① 8.0kg   ② 6.5kg
③ 6.0kg   ④ 5.0kg

해설

수분함량
- 습량기준 수분 함량이 3%일 때 수분의 무게(x)
  $(x/10{,}000) \times 100 = 97$, $x = 9{,}700$
- 건조 후 제품무게(y)
  $10{,}000 \times 0.03 = y \times 0.15$, $y = 2{,}000$
- 건조 후 수분무게
  $2{,}000 \times 0.85 = 1{,}700$
- ∴ 증발해야 하는 수분량
  $9{,}700 - 1{,}700 = 8{,}000 = 8kg$

88 크림 분리, 유지 정제 시 비누 물질 제거, 과일 주스의 청징 및 효소의 분리 등에 널리 이용되는 원심 분리기는?

① Tubular-bowl 원심 분리기
② Disc-bowl 원심 분리기
③ Cylinder-bowl 원심 분리기
④ Filtering 원심 분리기

해설

디스크형 원심 분리기(Disc-bowl centrifuge)
우유의 크림 분리, 유지 정제 시 비누 물질 제거, 과일 주스의 청징 및 효소의 분리 등에 널리 이용된다.

89 농산물 가공에서 분체, 입체, 습기가 있는 재료나 화학적 활성을 지니고 있는 고온물질을 트로프(trough) 또는 파이프(pope) 내에서 회전시켜 운반하는 반송기계는?

① 벨트컨베이어(belt conveyer)
② 스크루컨베이어(screw conveyer)
③ 버킷엘리베이터(bucket elevator)
④ 드로우어(thrower)

해설

반송기계
- 벨트컨베이어(belt conveyer) : 벨트 위에서 제품 운반
- 스크루컨베이어(screw conveyer, 나선형 컨베이어) : 스크루의 회전운동으로 분체, 입체, 습기가 있는 재료나 화학적 활

정답 85 ④ 86 ④ 87 ① 88 ② 89 ②

성을 지니고 있는 고온물질을 트로프(trough) 또는 파이프(pope) 내에서 회전시켜 운반
- 버킷엘리베이터(bucket elevator) : 버킷에 제품을 실어 아래 위로 연결된 컨베이어로 운반
- 드로우어(thrower) : 단단한 고체 제품을 높은 곳에서 드로우어를 이용해 굴려서 운반

90 식품의 고온살균에서 가열조건에 영향을 주는 요인이 아닌 것은?

① 식품의 pH
② 공기 중 CO_2 함량
③ 용기 또는 내용물의 열전달 특성
④ 식품의 충진 조건

해설

㉠ 가열 살균(sterilization)
- 가열 살균은 유해미생물을 사멸시키며 상품가치 손실 최소화
- 70℃~100℃, 10~20분 후 30℃ 급랭 상업적 살균
- 미생물 수가 많을수록 높은 온도, 긴 시간
- 내용물 pH가 낮은 산성일수록 낮은 온도, 살균시간 단축
- 용기 또는 내용물의 열전달이 잘될수록 살균시간 단축
- 식품의 내용물 중에 가스가 없고 충진이 꽉 찰수록 살균 용이

㉡ 상업적 살균
- 완전 멸균에 따른 식품 영양가 파손을 방지하고자 필요한 미생물만 사멸시키는 멸균으로 주로 *Clostridium botulinum*의 포자수를 $1/10^{12}$ 이하로 감소시키는 것
- 초기 미생물 오염도, 미생물의 내열성, pH에 따라 살균조건 설정

91 농축공정 시 용액의 농축효과를 저해시킬 수 있는 요인이 아닌 것은?

① 압력의 감소
② 끓는점 상승
③ 점도의 증가
④ 거품의 생성

해설

농축
식품 중 수분을 제거하여 용액의 농도를 높이는 조작
- 점도 상승, 거품 발생, 비점 상승, 관석 발생
- 결정, 건조 제품을 만들기 위한 예비 단계로 이용
- 잼과 같이 농축에 의한 새로운 풍미 제공
- 저장성, 보존성 향상, 수송비 절약 효과
- 잼, 엿, 캔디, 천일염, 연유 등

92 통조림 가공 시 레토르트(retort)를 동작할 때 살균 성능의 극대화를 위한 레토르트 공기와 수증기의 조성에 관한 설명으로 옳은 것은?

① 공기를 최대한 제거하고 수증기만으로 레토르트 내부를 채워야 살균 성능이 극대화된다.
② 건조공기만으로 레토르트 내부를 채워야 살균 성능이 극대화된다.
③ 수증기와 공기를 동일한 비율로 레토르트 내부를 채워야 살균 성능이 극대화된다.
④ 공기와 수증기의 조성과 레토르트의 살균 성능과의 상관관계는 미미하다.

해설

통조림 가공 시 레토르트(retort)
- 고압증기 멸균방식으로 습열에 의한 열 침투력이 건열보다 큰 원리를 이용한 것
- autoclave의 큰 버전이다.
- 121℃, 15~20분, 15lb의 기본조건에 통조림 내용물의 pH, 충진 정도, 용기의 열전달계수 등이 살균에 영향을 미친다.
- 공기를 최대한 제거하고 수증기만으로 레토르트 내부를 채워야 살균 성능이 극대화된다.

93 토마토의 대표적인 적색 색소로 철과 구리의 접촉 및 가열에 의하여 갈색으로 변화하는 색소는?

① 라이코펜(lycopene)
② 안토시아닌(anthocyan)
③ 코치닐(cochineal)
④ 클로로필(chlorophyll)

정답 90 ② 91 ① 92 ① 93 ①

해설

카로티노이드
- 카로틴류 : lycopene(토마토, 수박의 적색), β-carotene (당근의 황색)
- 크산토필류 : capsanthin(고추의 적색), astaxanthin(게, 새우의 적색)

94 액체-액체-기체(물-기름-공기)의 혼합 장치로 가용되는 것은?

① 열교환기　　　② 버터 교동기
③ 콜로이드 밀　　④ 니더(kneader)

해설

교동(churning)기
우유의 크림을 교반하여 기계적 충격으로 지방구가 뭉쳐 버터 입자가 형성되고 버터밀크와 분리된다.

95 동결 건조기의 주요 부분이 아닌 것은?

① 가열판　　　　② 진공장치
③ 진공건조실　　④ 원심분리판

해설

동결 건조기
- 수분을 얼려 승화시켜 건조, 고비용 제품에 이용
- 품질 손상 없이 2~3%의 저수분 상태로 건조할 수 있다.
- 냉각기 온도 -40℃, 압력 0.098mmHg
- 형태가 유지되고 다공성이므로 복원력이 좋다.
- 향미 보존, 식품 성분 변화가 적다.
- 쉽게 흡습하고 잘 부서져 포장이나 수송이 곤란하다.
- 승화열을 공급하는 가열판, 승화할 때 생긴 수증기를 얼음으로 응축하는 응축기, 진공실 및 진공 펌프로 구성된다.

96 다음 건조방법 중 일반적으로 공정비용이 가장 많이 드는 것은?

① 연속식 진공건조법(continuous vacuum drying)
② 유동층 건조법(fluidized-bed drying)
③ 동결 건조법(freeze drying)
④ 드럼 건조법(drum drying)

해설

문제 95번 해설 참고

97 알코올 발효 후 효모를 제거하는 데 가장 적합한 여과 방법은?

① 역삼투　　　② 한외여과
③ 정밀여과　　④ 투석

해설

막여과
- 정밀여과 : 세균이나 색소 제거에 이용, 바이러스나 단백질은 통과
- 한외여과 : 바이러스나 단백질 같은 고분자 물질 제거, 당과 같은 저분자 물질 통과
- 역삼투 : 반투막을 이용하여 물 같은 용매에서 당이나 염 같은 용질 분리, 아세트산 셀룰로오스, 폴리설폰 등 이용, 바닷물의 담수화, 높은 압력 요구
- 투석법 : 염이나 당 같은 저분자는 통과하지만 단백질 같은 고분자는 통과하지 못하는 반투막을 이용하여 분리

98 다음 중 고체-액체 혼합과 관련이 있는 것은?

① 텀블러 혼합기　　② 리본, 스크루 혼합기
③ 팬 믹서　　　　　④ 교반

해설

혼합기의 종류
㉠ 고체-고체 혼합기
  - 고체 간 혼합에는 회전이나 뒤집기 이용
  - 텀블러(곡류), 리본혼합기(라면수프), 스크루 혼합기 등
㉡ 고체-액체 혼합기(반죽 교반기)
  - S자형 반죽기 : 제과 제빵용 밀가루 반죽에 이용
  - 페달형 팬 혼합기 : 계란, 크림, 쇼트닝 등 과자 원료 혼합에 이용
㉢ 액체-액체 혼합기
  - 용기 속 임펠러로 액체 혼합(패들 교반기, 터빈 교반기, 프로펠러 교반기 등)
  - 혼합효과를 높이기 위해 방해판 설치, 경사 등 이용

정답　94 ②　95 ④　96 ③　97 ③　98 ③

99 압출성형기에 공급되는 원료의 수분함량을 18%(습량기준)로 맞추고자 한다. 물을 첨가하기 전에 분말의 수분함량이 10%라 하면 분말 5kg에 추가해야 하는 물의 양은 몇 약 kg인가?

① 1.05
② 1.24
③ 0.49
④ 0.17

해설

수분함량
- 습량기준 수분함량이 10%일 때 수분의 무게(x)
  $(x/5,000) \times 100 = 10$, $x = 500$
- 건조 후 제품무게(y)
  $5,000 \times 0.9 = y \times 0.82$, $y = 5,488$
- 건조 후 수분무게
  $5,488 \times 0.18 = 988$
- ∴ 제거해야 하는 수분량
  $988 - 500 = 488g = 0.49kg$

100 바닷물에서 소금 성분 등은 남기고 물 성분만 통과시키는 막분리 여과법은?

① 한외여과법
② 역삼투압법
③ 투석
④ 정밀여과법

해설

문제 97번 해설 참고

CHAPTER 07 2017년 1회 식품기사

1과목 식품위생학

01 식품 등의 표시 기준상의 트랜스지방 정의를 나타낸 것으로 ( ) 안에 들어갈 용어를 순서대로 알맞게 나열한 것은?

"트랜스지방"이라 함은 트랜스구조를 ( )개 이상 가지고 있는 ( )의 모든 ( )을 말한다.

① 1 – 비공액형 – 불포화지방
② 1 – 비공액형 – 포화지방
③ 2 – 공액형 – 불포화지방
④ 2 – 공액형 – 포화지방

해설
트랜스지방
- 불포화지방에 Ni 존재하에 수소를 첨가하는 경화유 제조 공정에 의해 주로 생성된다.
- 트랜스지방이라 함은 트랜스구조를 1개 이상 가지고 있는 비공액형의 모든 불포화지방산을 말한다.
- 경화유인 쇼트닝과 마가린에 많이 존재한다.

02 합성수지제 식기를 60℃의 더운 물로 처리해서 용출시험을 한 결과, 아세틸아세톤 시약에 의해 녹황색이 나타났을 때 추정할 수 있는 함유물질은?

① methanol   ② formaldehyde
③ Ag   ④ phenol

해설
플라스틱류
- 열가소성 수지(열을 가하면 부드럽게 된다) – 폴리에틸렌, 폴리프로필렌(안정제 용출), 폴리스티렌(단량체 용출), 염화비닐수지(가소제, 단량체, 안정제 용출) 등
- 열경화성 수지(열을 가해도 부드러워지지 않는다) – 페놀수지, 요소수지, 멜라민수지 등으로 포르말린(포름알데히드) 용출

- 물리적 특성 : 비중, 경도, 용해성
- 포름알데히드 용출시험 : 합성수지제 식기를 60℃의 더운 물로 처리해서 용출하여 아세틸아세톤 시약 처리 후 425nm로 흡광도 측정

03 식품첨가물 사용방법에 대한 설명으로 틀린 것은?

① 식품의 성질과 제조방법을 고려하여 적합한 첨가물을 선택한다.
② 어떤 식품이나 관계없이 첨가물의 사용은 법정허용량만큼을 사용한다.
③ 식품첨가물공전 총칙에 의해 도량형은 미터법을 따른다.
④ 식품의 유통조건(온도, 빛 등)을 고려하여 첨가물의 효과를 과신하지 말아야 한다.

해설
식품첨가물 사용방법
- 식품의 성질과 제조방법을 고려하여 적합한 첨가물을 선택한다.
- 식품의 특성에 적합한 첨가물을 법정허용량만큼 사용한다.
- 식품첨가물공전 총칙에 의해 도량형은 미터법을 따른다.
- 식품의 유통조건(온도, 빛 등)을 고려하여 첨가물의 효과를 과신하지 말아야 한다.

04 식빵의 부패 현상인 점조현상(ropiness) 원인균으로 다음 중 어느 것이 가장 많이 나타나는가?

① Asp. glaucus   ② Asp. niger
③ Bac. cereus   ④ Bac. mesentericus

해설
식품 부패 시 관능적 변화
- 점조현상(ropiness)(조직의 물러짐) – 점질물(Bac. mesentericus → Bac. licheniformis로 명칭 변경) 형성, 곰팡이 균사

정답 01 ① 02 ② 03 ② 04 ④

- 악취 성분 – 황화수소(H_2S), 인돌, 메르캅탄, 암모니아, 스케톨, 알코올류, TMA
- 이미 성분 – 유기산류, 알코올류, 이산화탄소
- 색소의 변색 – 갈변, 곰팡이 균총, 미생물의 2차 생성물

05 주요 용도가 산도조절제가 아닌 것은?

① sorbic acid   ② lactic acid
③ acetic acid   ④ citric acid

> **해설**
> sorbic acid는 보존료이다.

06 기구 및 용기, 포장의 일반 기준으로 옳은 것은?

① 전분, 글리세린, 왁스 등 식용 물질이 식품과 접촉하는 면에 접착되어 있는 용기, 포장에 대해서는 총용출량의 규격 적용을 아니할 수 있다.
② 기구 및 용기, 포장의 식품과 접촉하는 부분에 사용하는 도금용 주석은 납을 1% 이상 함유하여서는 아니 된다.
③ 식품의 용기, 포장을 회수하여 재사용하고자 할 때에는 먹는 물 관리법의 수질 기준에 적합한 물로 깨끗이 세척하고 즉시 사용한다.
④ 검체 채취 시 상자 등에 넣어 유통되는 기구 및 용기, 포장은 반드시 개봉하여 채취한다.

> **해설**
> 기구 및 용기, 포장의 일반 기준
> - 전분, 글리세린, 왁스 등 식용 물질이 식품과 접촉하는 면에 접착되어 있는 용기, 포장에 대해서는 총용출량의 규격 적용을 아니할 수 있다.
> - 기구 및 용기, 포장의 식품과 접촉하는 부분에 사용하는 도금용 주석은 납을 0.1% 이상 함유하여서는 아니 된다.
> - 식품의 용기, 포장을 회수하여 재사용하고자 할 때에는 먹는 물 관리법의 수질 기준에 적합한 물로 깨끗이 세척하고 일체의 불순물 등이 잔류하지 않았음을 확인한 후 사용한다.
> - 검체 채취 시 상자 등에 넣어 유통되는 기구 및 용기, 포장은 가능한 한 개봉하지 않고 그대로 채취한다.

07 석탄산계수에 대한 설명으로 옳은 것은?

① 소독제의 무게를 석탄산 분자량으로 나눈 값이다.
② 소독제의 독성을 석탄산의 독성 1,000으로 하여 비교한 값이다.
③ 각종 미생물을 사멸시키는 데 필요한 석탄산의 농도 값이다.
④ 석탄산과 동일한 살균력을 보이는 소독제의 희석도를 석탄산의 희석도로 나눈 값이다.

> **해설**
> 석탄산 계수
> - 석탄산과 동일한 살균력을 보이는 소독제의 희석도를 석탄산의 희석도로 나눈 값이다.
> - 살균제의 살균력을 나타내는 값으로 수치가 높을수록 살균력이 크다.
> - 살균 대상균을 5분~10분 사이에 살균할 수 있는 농도이다.
> - 살균 지표균은 장티푸스와 황색포도알균이다.

08 바이러스성 식중독의 병원체가 아닌 것은?

① EHEC 바이러스   ② 로타바이러스 A군
③ 아스트로바이러스   ④ 장관 아데노바이러스

> **해설**
> 세균성 식중독
> - 감염형 : *Salmonella enteritidis, Sal. typhimurium, Vibrio parahaemolyticus, Campylobacter jejuni, Listeria monocytogenes, Yersinia enterocolitica, E. coli*(EHEC) O157 : H7
> - 독소형 : *Staphylococcus aureus, Bacillus cereus, Clostridium botulinum, Clostridium perfringens*
> - 바이러스성 식중독 : 로타바이러스 A군, 노로바이러스, 아스트로바이러스, 장관 아데노바이러스

09 구제역에 대한 설명으로 틀린 것은?

① 병인체는 작은 RNA 바이러스이다.
② 공기를 통한 전파는 이루어지지 않는다.
③ 바이러스의 생존 기간은 온도, 습도, pH, 자외선 등에 영향을 받는다.

④ 감염은 일반적으로 감염된 동물의 이동에 의해 이루어진다.

> **[해설]**
> **구제역**
> - 소, 돼지, 양 등 발이 둘로 갈라진 우제류에 의한 감염병
> - 병인체는 작은 RNA 바이러스로 7개 혈청형이 있다.
> - 바이러스의 생존 기간은 온도, 습도, pH, 자외선 등에 영향을 받는다.
> - 잠복기 3~8일, 물집, 고열 증세
> - 감염은 접촉성 및 공기 감염으로 일반적으로 감염된 동물의 이동에 의해 이루어진다.

10 다음 중 식품 영업에 종사할 수 있는 질병은?

① A형 감염
② 피부병 또는 그 밖의 화농성 질환
③ 장티푸스
④ B형 간염

> **[해설]**
> **식품 영업에 종사할 수 없는 질병**
> - 제1군 감염병 : 장티푸스, 파라티푸스, 이질, 콜레라, 병원성 대장균, A형 간염
> - 결핵, 화농성질환, AIDS

11 식품의 안전성과 수분활성도(A_w)에 관한 설명으로 틀린 것은?

① 비효소적 갈변 : 다분자수분층보다 낮은 A_w에서는 발생하기 어렵다.
② 효소 활성 : A_w가 높을 때가 낮을 때보다 활발하다.
③ 미생물의 성장 : 보통 세균 증식에 필요한 A_w는 0.91 정도이다.
④ 유지의 산화 반응 : A_w가 0.5~0.7이면 반응이 일어나지 않는다.

> **[해설]**
> **수분활성도(A_w)**
> - 어떤 온도에서 식품이 나타내는 수증기압에 대한 순수한 물의 수증기압비로 정의된다.

$A_w = \dfrac{P}{P_0}$, P : 식품의 수증기압, P_0 : 물의 수증기압

> - 식품의 수분활성도는 항상 1 미만
> - 어패류나 수육과 같이 수분이 많은 식품의 A_w는 0.98~0.99, 곡물 등 수분이 적은 건조식품의 A_w는 0.60~0.64 정도
> - 미생물 생육 최저 수분활성도 : 세균 0.91, 효모 0.88, 곰팡이 0.80, 내건성 곰팡이 0.65, 내삼투압성 효모 0.60 등
> - 단분자층 : 결합수, A_w 0.1 이하는 지방의 자동산화 촉진
> - 다분자층 : 준결합수, A_w 0.65~0.85 중간수분식품(잼, 젤리, 곶감, 건포도 등)은 높은 저장성, A_w 0.5~0.7 사이는 높은 비효소적 갈변반응
> - 다분자수분층 : 자유수, 수분활성도가 높아 미생물 증식, 효소반응, 화학반응 촉진

12 다음 중 허용 살균제 또는 표백제가 아닌 것은?

① 고도표백분
② 차아염소산나트륨
③ 무수아황산
④ 옥시스테아린

> **[해설]**
> **식품 첨가물**
> - 살균제 : 고도표백분, 차아염소산나트륨
> - 표백제 : 무수아황산

13 일반적으로 독성이 강해 급성 독성을 일으키며 식물체의 표면에서 광선이나 자외선에 의해 분해되기 쉽고, 식물체 내에서도 효소적으로 분해되며 비교적 잔류기간이 짧은 유기 농약은?

① 유기염소제
② 유기수은제
③ 유기인제
④ 유기비소제

> **[해설]**
> **유기인제**
> 일반적으로 독성이 강해 급성 독성을 일으키며 식물체의 표면에서 광선이나 자외선에 의해 분해되기 쉽고, 식물체 내에서도 효소적으로 분해되며 비교적 잔류기간이 짧다.

정답 10 ④ 11 ④ 12 ④ 13 ③

14 유전자변형식품 등의 표시 기준에 의하여 농산물을 생산, 수입, 유통 등 취급 과정에서 구분하여 관리한 경우에도 그 속에 유전자변형농산물이 비의도적으로 혼입될 수 있는 비율을 의미하는 용어와 그 허용 비율의 연결이 옳은 것은?

① 비의도적 혼입치 – 5%
② 비의도적 혼입치 – 3%
③ 관리 이탈 혼입치 – 5%
④ 관리 이탈 혼입치 – 3%

해설
유전자변형식품 등의 표시 기준
- 비의도적 혼입치 : 농산물을 생산, 수입, 유통 등 취급 과정에서 구분하여 관리한 경우에도 그 속에 유전자변형농산물이 비의도적으로 혼입될 수 있는 비율
- 유전자변형 농산물이 비의도적으로 3% 이하인 농산물과 이를 원재료로 사용하여 제조 가공한 식품 또는 식품첨가물. 다만, 이 경우에는 구분유통증명서 또는 정부증명서를 갖추어야 한다.

15 카드뮴에 의하여 발생되는 병은?

① 브루셀라병 ② 미나마타병
③ 이타이이타이병 ④ 탄저병

해설
카드뮴은 신장장애에 의한 질환으로 이타이이타이병을 유발한다.

16 안전성에 문제가 될 가능성이 있는 식품 중 기준(국내 및 국제)이 설정되어 있는 방사선 핵종이 아닌 것은?

① ^{90}Sr ② ^{131}I
③ ^{12}C ④ ^{137}Cs

해설
방사능
- 방사능 반감기 : 스트론튬 90 – 28.8년, 세슘 137 – 30.17년, 요오드 131 – 8일
- 핵분열 생성물의 일부가 직접 또는 간접적으로 농작물에 이행될 수 있다.
- 생성율이 비교적 크고, 반감기가 긴 ^{90}Sr과 ^{137}Cs이 식품에서 문제가 된다.
- 방사능 오염 물질이 농작물에 축적되는 비율은 지역별 생육 토양의 성질에 영향을 받는다.
- ^{131}I는 반감기가 짧으나 비교적 양이 많아서 문제가 된다.

17 페놀수지, 요소수지, 멜라닌수지와 같은 열경화성 합성수지의 제조 시 가열, 가압조건이 부족할 때 반응이 되지 않고 유리되어 용출될 수 있는 것은?

① 착색제 ② 가소제
③ 산화방지제 ④ 포름알데히드

해설
플라스틱류
- 열가소성 수지(열을 가하면 부드럽게 된다) – 폴리에틸렌, 폴리프로필렌(안정제 용출), 폴리스티렌(단량체 용출), 염화비닐수지(가소제, 단량체, 안정제 용출) 등
- 열경화성 수지(열을 가해도 부드러워지지 않는다) – 페놀수지, 요소수지, 멜라민수지 등으로 포르말린(포름알데히드) 용출
- 물리적 특성 : 비중, 경도, 용해성

18 식품의 현실적인 위해 요인과 잠재 위해 요인을 발굴하고 평가하는 일련의 과정으로, HACCP 수립의 7원칙 중 제1원칙에 해당하는 단계는?

① 위해요소 분석 ② 중요관리점 설정
③ 허용기준 설정 ④ 모니터링방법 결정

해설
HACCP 실행 단계(HACCP 7 원칙)
- 위해요소 분석(HA ; Hazard Analysis, 원칙 1) : 식품 공정의 각 단계별로 잠재적인 생물학적, 화학적, 물리적 위해요소 분석
- 중요관리점 설정(CCP ; Critical Control Point, 원칙 2) : 각 위해요소를 예방, 제거하거나, 허용수준 이하로 감소시키는 절차
- 허용기준 설정(Critical Limit, 원칙 3) : 안전을 위한 절대적 기준치로 온도, 시간, 무게, 색 등 간단히 확인할 수 있는 기준 설정
- 모니터링방법 설정(원칙 4) : 모니터링의 절차는 허용 기준에 벗어난 것을 찾아내는 것으로 모니터링하는 자를 단체급식소 등에서는 조리원 중에서 선정

정답 14 ② 15 ③ 16 ③ 17 ④ 18 ①

- 시정조치 설정(원칙 5) : 모니터링 결과 허용기준을 벗어났을 때 시정조치를 하는 것으로 허용기준을 벗어난 제품 식별, 분리하는 즉시적 조치와 동일 사고 방지를 위해 정비, 교체, 교육 등을 하는 예방적 조치가 있음
- 검증방법 설정(원칙 6) : 효과적으로 시행되는지 검증하는 것으로 HACCP 계획검증, 중요관리점 검증, 제품검사, 감사 등으로 구성
- 기록보관 및 문서화방법 설정(원칙 7) : HACCP 시스템을 문서화하기 위한 효과적인 기록 유지 절차를 정한다.

19 식품별 회수, 판매중지 사유가 아닌 것은?

① 과실주 : potassium aluminium silicate 사용
② 떡 제조용 팥 앙금 : 소브산칼슘 0.5g/kg 검출
③ 냉동닭고기 : 니트로푸란계 대사물질 SEM 10ug/kg 검출
④ 오이피클 : 세균발육 양성

해설

식품별 회수, 판매중지 사유
- 과실주 : 소르빈산 0.2g/kg 이하
- 떡 제조용 팥 앙금 : 소브산칼슘 1.0g/kg 이하
- 냉동닭고기 : 니트로푸란계 대사물질 SEM 불검출
- 오이피클 : 세균 불검출

20 파상열에 대한 설명으로 틀린 것은?

① 건조 시 저항력이 강하다.
② 특이한 발열이 주기적으로 반복된다.
③ *Brucella* 속이 원인균이다.
④ 원인균은 열에 대한 저항성이 강하다.

해설

파상열(brucellosis, 브루셀라병)
- 병원체 : *Brucella melitensis* : 양이나 염소에 감염, *Brucella abortus* : 소에 감염, *Brucella suis* : 돼지에 감염
- 감염된 소, 양 등의 유제품 또는 고기를 통해 감염, 잠복기는 보통 7~14일이며, 가축에게는 유산을 일으키며 사람에게는 열이 40℃까지 오르다 내리는 것이 반복되므로 파상열이라 한다.
- 건조 시 저항력이 강하다.

2과목 식품화학

21 35%의 HCl을 희석하여 10% HCl 500mL를 제조하고자 할 때 필요한 증류수의 양은 약 얼마인가??

① 143mL   ② 234mL
③ 187mL   ④ 357mL

해설

농도 변경

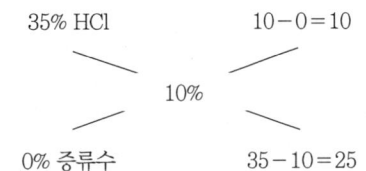

- 35% HCl = 10/(10+25)×500 = 143mL 첨가
- 0% 증류수 = 25/(10+25)×500 = 357mL 첨가

22 메밀전분을 갈아서 만든 유동성이 있는 액체성 물질을 가열하고 난 뒤 냉각하였더니 반고체 상태(묵)가 되었다. 이 묵의 교질상태는?

① gel   ② sol
③ 염석   ④ 유화

해설

콜로이드 상태
㉠ Sol : 액체 분산매에 액체 또는 고체의 분산질로 된 콜로이드 상태(우유, 전분액, 된장국, 한천 및 젤라틴을 물에 넣고 가열한 액상)
- 친수 sol : 분산매와 분산질의 친화력이 커 전해질을 넣어도 콜로이드상태 유지(전분, 젤라틴 수용액)
- 소수 sol : 분산매와 분산질의 친화력이 작아 전해질을 넣으면 침전(염화은 sol)

㉡ Gel : 친수 sol을 가열한 후 냉각시키거나 물을 증발시키면 반고체 상태(한천, 젤라틴, 젤리, 잼, 도토리묵, 삶은 계란)
- syneresis(이액현상) : 장기간 방치된 gel이 수축하여 분산매가 분리된 상태
- xerogel(건조젤) : gel이 건조된 상태(분말한천, 판상젤라틴)

23 1M NaCl, 0.5M KCl, 0.25M HCl이 준비되어 있다. 최종 농도 0.1M NaCl, 0.1M KCl, 0.1M HCl 혼합수용액 1,000mL로 제조하고자 할 때 각각 첨가되어야 할 시약의 부피는 얼마인가?

① 1M NaCl 용액 50mL, 0.5M KCl 용액 100mL, 0.25M HCl 용액 200mL 첨가 후 물 650mL를 첨가한다.
② 1M NaCl 용액 75mL, 0.5M KCl 용액 150mL, 0.25M HCl 용액 300mL 첨가 후 물 475mL를 첨가한다.
③ 1M NaCl 용액 100mL, 0.5M KCl 용액 200mL, 0.25M HCl 용액 400mL 첨가 후 물 300mL를 첨가한다.
④ 1M NaCl 용액 125mL, 0.5M KCl 용액 250mL, 0.25M HCl 용액 500mL 첨가 후 물 120mL를 첨가한다.

해설

첨가되어야 할 시약부피
㉠ M 농도 : 1L 용액에 녹아 있는 용질의 분자량
㉡ 1M NaCl, 0.5M KCl, 0.25M HCl로 최종 농도 0.1M NaCl, 0.1M KCl, 0.1M HCl 혼합수용액 1,000mL로 제조하려면
  • 1M NaCl은 $1,000 \times (0.1/1) = 100$mL 첨가
  • 0.5M KCl은 $1,000 \times (0.1/0.5) = 200$mL 첨가
  • 0.25M HCl은 $1,000 \times (0.1/0.25) = 400$mL 첨가 후 나머지 300mL를 채워서 1,000mL 용액 제조

24 유지 산패 측정 방법 중 시료를 65℃에 저장하면서 정기적으로 관능검사나 과산화물가를 측정하여 유지의 산패도를 측정하는 방법은?

① 샬오븐시험법 ② 랜시매트법
③ 활성산소법   ④ 카보닐 화합물의 측정

해설

유지 산패 측정법
㉠ 유지의 산소흡수도, 과산화물 생성량, carbonyl 화합물의 생성량 등 측정
㉡ 과산화물가, oven법, TBA(thiobarbituric acid value)법, 아니시딘가, 카르보닐가, Kreis test, AOM(Active Oxygen Method)법 등
  • oven법(schaal 오븐시험법) : 오븐에 유지를 넣고 65℃에 저장하면서 정기적으로 관능검사나 과산화물가를 측정하여 유지의 산패도를 측정하는 방법
  • 과산화물값(peroxide value)과 공액 이중산값(conjugated dienoic acid) : 유지 1차 산화생성물을 측정하는 방법
  • 아니시딘값(anisidine value) : 유지 2차 산화생성물인 2-alkenal을 측정하는 방법
  • 휘발성분 중 헥산알(hexanal)은 리놀레산(linoleic acid)으로부터, propanal은 리놀렌산(linolenic acid)으로부터 산화 시 발생하는 성분으로 1차 산화 정도를 측정하는 데 활용
  • TBA값(thiobarbituric acid value) : 유지 1차 산화생성물인 말론알데하이드(malonaldehyde)를 측정하는 방법

25 단백질을 물에 녹일 때 사용하는 염의 농도가 일정 수준 이상인 경우 단백질이 침전되는 현상은?

① 염용(salting in)   ② syneresis 현상
③ 염석(salting out)   ④ hysteresis 현상

해설

단백질 정제법
• 염석(salting out) : 고농도 염으로 단백질 석출(두부 제조에 이용)
• 투석(dialysis) : 반투막을 이용해 저분자 물질과 염 제거, 고분자인 단백질만 정제
• 친화성 크로마토그래피(affinity chromatography) : 기질을 이용하여 효소 분리, 흡착
• 이온교환 크로마토그래피 : 전하 차이에 의한 분리
• 겔여과 크로마토그래피 : 단백질의 크기에 따른 분리

26 다음 중 우리 몸에 흡수된 단백질을 분해하는 효소의 작용순서로 옳은 것은?

① endopeptidase-exopeptidase-dipeptidase
② exopeptidase-endopeptidase-dipeptidase
③ endopeptidase-dipeptidase-exopeptidase
④ exopeptidase-dipeptidase-endopeptidase

정답 23 ③ 24 ① 25 ③ 26 ①

해설

단백질 분해효소
- endopeptidase : 단백질의 안쪽(endo)을 분해 - 위장의 펩신, 췌장의 트립신, 카이모트립신 등
- exopeptidase : 단백질의 바깥쪽(exo)을 분해 - 소장의 carboxypeptidase, elastase 등
- dipeptidase : 디펩티드 분해
- 펩신이나 트립신 등 endopeptidase로 3차 구조가 분해되고 짧아진 폴리펩타드의 말단을 exopeptidase에 의해 절단 후 남은 올리고펩티드를 디펩티드 등으로 분해한다.

27 다음 중 겔(gel) 상태의 식품이 아닌 것은?

① 양갱 ② 치즈
③ 두부 ④ 마요네즈

해설

콜로이드 식품

분산매	분산질	분산계	예
기체	액체	액체 에어로졸	안개, 연무, 헤어스프레이
	고체	고체 에어로졸	연기, 미세먼지
액체	기체	거품	맥주 거품, 생크림, 사이다, 콜라
	액체	유탁액	우유, 마요네즈, 핸드크림
	고체	sol(졸)	된장국, 잉크, 혈액, 수프
고체	기체	고체 거품	냉동건조식품, 에어로겔, 스티로폼
	액체	gel(겔)	버터, 초콜릿, 마가린, 젤라틴, 젤리
	고체	고체 gel(겔)	유리, 루비

28 선식 제품과 같은 분말 제품의 경우 용해도가 낮아서 소비자들이 식용하고자 녹일 때 잘 용해되지 않는다. 이를 개선하고자 할 때 어떤 방법이 가장 바람직한가?

① 분무 건조를 시켜 용해도를 증가시킨다.
② 분무 건조기를 이용하여 엉김현상(agglomeration)을 유도한다.
③ 유화제 및 물성 개량제를 첨가한다.
④ 습윤 조절제 및 연화 방지제를 첨가한다.

해설

분말 제품의 용해도를 높이기 위해 분무 건조기로 엉김현상(agglomeration)을 유도하여 입자화하고 이를 재건조시키면 흡수력이 상승한다.(그래뉼 커피)

29 셀러리의 독특한 주요 향기성분은?

① limonene ② sedanolide
③ methyl cinnamate ④ 2,6-nonadienal

해설

식물성 향기성분
- 에스테르류 : sedanolide(셀러리), methyl cinnamate(송이버섯), amyl formate(사과, 복숭아), isoamyl formate(배)
- 알코올류 : 2,6-nonadienal(오이), furfuryl alcohol(커피)
- 테르핀류 : limonene(레몬, 오렌지), camphene(생강), geraniol(오렌지, 레몬), menthol(박하), citral(오렌지, 레몬)
- 황화합물 : methylmercaptane(무), propylmercaptane(마늘), dimethylmercaptane(단무지)

30 관능검사에 대한 설명 중 틀린 것은?

① 관능검사는 식품의 특성이 시각, 후각, 미각, 촉각 및 청각으로 감지되는 반응을 측정, 분석, 해석한다.
② 관능검사 패널의 종류는 차이식별 패널, 특성 묘사 패널, 기호조사 패널 등으로 나뉜다.
③ 특성묘사 패널은 재현성 있는 측정 결과를 발생시키도록 적절히 훈련되어야 한다.
④ 보통 특성묘사 패널의 수가 가장 많고 기호조사 패널의 수가 가장 적게 필요하다.

해설

식품의 관능검사
㉠ 차이식별검사
- 종합적 차이검사 : 단순검사(두 시료의 차이 유무 판정), 일-이점검사(기준시료와 동일한 것 선택), 삼점검사(3개 중 다른 하나 선택), 확장삼점검사

- 특성 차이검사 : 이점비교검사(두 개의 차이), 순위법(강도비교순서), 평점법(0~9점), 다시료 비교검사(기준시료와 비교)
ⓒ 묘사분석 : 훈련된 검사 요원에 의한 관능적 특성의 질적, 양적 묘사하여 재현성, 향미 프로필(맛, 냄새, 향미), 텍스처 프로필(물리적 특성), 정량적 묘사(향미, 텍스처, 색 등 전반적인 관능 특성), 스펙트럼 묘사분석(특성과 강도에 대한 모든 정보), 시간-강도 묘사분석
ⓒ 소비자 기호도검사 : 가장 주관적 검사, 새로운 식품 개발이나 품질 개선에 이용, 많은 패널 필요, 이점기호검사, 기호척도법, 순위 기호검사, 적합성 판정법
  - 선호도검사 : 여러 개 중 좋아하는 것을 선택하고 좋아하는 순서 정하기
  - 기호도검사 : 좋아하는 정도 측정(평점법 이용)

31 당근에서 카로티노이드를 분석하는 방법에 대한 설명으로 틀린 것은?

① 카로티노이드는 빛에 의해 쉽게 분해되므로 암소에서 실험을 진행한다.
② 당근 시료에서 카로티노이드를 분리하기 위해 수용액상에서 끓여 용출시킨다.
③ 카로티노이드는 산소에 의해 쉽게 산화되므로 질소가스를 공급한다.
④ 분리된 카로티노이드는 보통 역상 HPLC 또는 분광광도계를 활용하여 정량한다.

[해설]
카로티노이드는 지용성 색소로 유기용매로 추출한다.

32 유지의 굴절률에 대한 설명으로 옳은 것은?

① 불포화도와 굴절률은 상관관계가 없다.
② 불포화도가 클수록 굴절률은 감소한다.
③ 분자량과 굴절률은 상관관계가 없다.
④ 분자량이 클수록 굴절률은 증가한다.

[해설]
굴절률(refractive index)
- 굴절률은 1.45~1.47 정도이다.
- 분자량 및 불포화도의 증가에 따라 증가한다.

- 산가가 높은 것일수록 굴절률이 낮다.
- 비누화값이 높고 요오드값이 낮은 것은 굴절률이 낮다.
- 저급 지방산의 버터는 굴절률이 낮고 불포화도가 높은 아마인유는 굴절률이 높다.

33 관능검사 중 묘사분석법의 종류가 아닌 것은?

① 향미 프로필 ② 텍스처 프로필
③ 질적 묘사분석 ④ 정량 묘사분석

[해설]
문제 30번 해설 참고

34 우유의 응고에 관계하는 금속 이온은?

① Mg^{2+} ② Mn^{2+}
③ Ca^{2+} ④ Cu^{2+}

[해설]
치즈 제조 시 염화칼슘을 첨가하여 커드 응고성을 촉진한다. (Ca-paracaseinate)

35 삶은 계란의 난황 주위가 청록색으로 변색되는 주요 원인은?

① 비타민 C가 산화되어 노른자의 철(Fe)과 결합하기 때문
② 열에 의하여 탄닌(tannin)이 분해되어 철(Fe)이 형성되기 때문
③ 계란 흰자의 황화수소(H_2S)가 노른자의 철(Fe)과 결합하여 황화철(FeS)을 생성하기 때문
④ 단백질의 구성성분인 질소가 산화되기 때문

[해설]
삶은 계란의 난황 주위가 청록색으로 변색되는 주요 원인은 계란 흰자의 황화수소(H_2S)가 노른자의 철(Fe)과 결합하여 황화철(FeS)을 생성하기 때문이다.

정답 31 ② 32 ④ 33 ③ 34 ③ 35 ③

36 단백질 중 계란 단백질이 아닌 것은?

① 오발부민(ovalbumin)과 콘알부민(conalbumin)
② 콘알부민(conalbumin)과 라이조자임(lysozyme)
③ 라이조자임(lysozyme)과 아비딘(avidin)
④ 글라이시닌(glycinin)과 락토페린(lactoferrin)

해설
glycinin은 콩 단백질이며 lactoferrin은 우유 단백질이다.

37 *Aspergillus* 속 배양물에서 얻을 수 있는 효소로, 식물세포막 구성 성분 사이의 결합을 분리 또는 약화시켜 식물조직을 연화시키는 작용을 하는 것은?

① pepsin
② pectinase
③ isoamylase
④ a-amylase

해설
Aspergillus niger(흑국균)
- 집락은 흑색, 전분당화력(β-amylase)이 강하고 당액을 발효시켜 구연산, 글루콘산 등 유기산 발효공업, 소주 제조에 이용
- pectinase에 의한 펙틴 분해력이 강함

38 단당류의 수산기(-OH기) 1개에서 산소가 제거된 당유도체 형태는?

① 당알코올
② 데옥시당
③ 아미노당
④ 우론산

해설
데옥시당
당의 수산기 하나가 수소로 환원된 당 - deoxyribose

39 다음과 같은 배합비를 가진 식품의 수분활성도는 약 얼마인가?

- 포도당(분자량 180) : 18%
- 비타민 C(분자량 176) : 1.7%
- 비타민 A(분자량 286) : 2.8%
- 수분 : 77.5%

① 0.89
② 0.91
③ 0.93
④ 0.98

해설
수분활성도(A_w)
- 어떤 온도에서 식품이 나타내는 수증기압에 대한 순수한 물의 수증기압비로 정의된다.
  $Aw = \frac{P}{P_0}$, P : 식품의 수증기압, P_0 : 물의 수증기압
- 단, 식품의 수증기압은 식품 중 녹아 있는 용질의 종류와 양에 의해 영향을 받으므로 물의 몰수를 M_w, 용질의 몰수를 M_s라고 할 때 $A_w = \frac{M_w}{M_w + M_s}$가 된다.
- 식품의 수분활성도는 항상 1 미만
- 어패류나 수육과 같이 수분이 많은 식품의 A_w는 0.98~0.99, 곡물 등 수분이 적은 건조식품의 A_w는 0.60~0.64 정도
- 미생물 생육 최저 수분활성도 : 세균 0.91, 효모 0.88, 곰팡이 0.80, 내건성 곰팡이 0.65, 내삼투압성 효모 0.60 등

$$\therefore A_w = \frac{M_w}{M_w + M_s} = \frac{77.5/18}{77.5/18 + 18/180 + 1.7/176 + 2.8/286}$$
$$= \frac{4.3}{4.3 + 0.1 + 0.02} = 0.98$$

40 변향의 발생이 가장 적은 식용유는?

① 옥수수기름
② 대두유
③ 해바라기기름
④ 아마인유

해설
변향
- 대두유나 채종유 등 식물성 유지는 산패가 일어나기 전 풋내나 비린내 같은 이취를 발생시키는데 이것을 변향이라 하며 linolenic acid의 산화에 의해 발생한다.
- 옥수수기름은 리놀렌산이 적다.

정답 36 ④ 37 ② 38 ② 39 ④ 40 ①

3과목 식품가공학

41 소시지, 햄 등의 가공품이 가열 처리 후에도 갈색으로 잘 변하지 않는 주된 이유는?

① 축산 가공품 제조 시 사용되는 인산염의 작용에 의해 nitrosometmyoglobin으로 전환되기 때문이다.
② myoglobin 등의 성분이 아질산염 또는 질산염과 반응하여 nitrosomyoglobin으로 전환되기 때문이다.
③ 훈연과정 중에 훈연성분과 반응하여 선홍색이 생성되기 때문이다.
④ 근육성분인 myoglobin이 가열과정 중에 변색하여 melanoidin 색소를 만들기 때문이다.

해설

Myoglobin
- myoglobin은 암적색이나 산소와 결합 시 선홍색의 oxy-myoglobin이 되고 공기 중 산소에 의해 철이 산화하면 갈색의 metmyoglobin이 된다.
- 조리 가열 시 globin 부분이 변성, 이탈되면 hematin이 된다.
- 가공육의 색 고정화 : 햄, 베이컨에 발색제인 아질산염을 처리하면 안정한 형태의 nitrosomyoglobin을 형성하여 가열조리 시 선홍색을 유지하는 것을 말한다.

42 D값의 설명으로 옳은 것은?

① 주어진 미생물을 일정 온도에서 100% 사멸시키는데 필요한 가열시간이다.
② 주어진 미생물을 일정 온도에서 90% 사멸시키는데 필요한 가열시간이다.
③ 주어진 미생물을 일정 온도에서 50% 사멸시키는데 필요한 가열시간이다.
④ 주어진 미생물을 일정 온도에서 10% 사멸시키는데 필요한 가열시간이다.

해설

상업적 살균
- 완전 멸균에 따른 식품 영양가 파손을 방지하고자 필요한 미생물만 사멸시키는 멸균으로 주로 *Clostridium botulinum*의 포자수를 $1/10^{12}$ 이하로 감소시키는 것
- 병조림, 통조림, 레토르트 식품 멸균은 중심온도 120℃, 4분 처리
- 포자가 영양세포보다 내열성이 크다.(세균포자>곰팡이, 효모포자>영양세포)
- 산성일수록 내열성이 작아져 pH 3.7 이하에서는 100℃ 이하에서 멸균
- D(decimal reduction time) 값 : 사멸곡선에서 가열 전 미생물 수의 10%로 감소시키는 데(90% 사멸) 필요한 시간, 온도 지정이 없을 시는 121℃, 온도 증가 시 D값 감소
- Z값 : TDT곡선에서 D값이 10배로 증가하는 데 필요한 온도차이, 10배의 살균속도를 위한 온도 상승폭
- F값 : 일정온도에서 일정 농도 미생물을 완전 사멸시키는 데 필요한 시간

43 제면 제로에서 소금을 사용하는 목적이 아닌 것은?

① 미생물에 의한 발효를 촉진하기 위해서
② 밀가루의 점탄성을 높이기 위해서
③ 수분이 내부 확산하는 것을 촉진하기 위해서
④ 제품의 품질을 안정시키기 위해서

해설

제면 시 소금의 용도
- 밀가루의 점탄성을 높이기 위해서
- 수분이 내부 확산하는 것을 촉진하기 위해서
- 제품의 품질을 안정시키기 위해서
- 미생물의 살균을 위해서

44 금속평판으로부터의 열플럭스 속도는 $1,000 \text{W/m}^2$이다. 평판의 표면온도는 120℃이며, 주위 온도는 20℃이다. 대류열전달계수는?

① 50W/m^2 ② 30W/m^2
③ 10W/m^2 ④ 5W/m^2

해설

대류열전달계수(h)
열전달방식 $q' = h(T_s - T_\infty)$, $1,000\text{W/m}^2 = h(120-20)$, $h = 10\text{W/m}^2℃$

여기서, q' : 대류열속도, h : 대류열전달계수
T_s : 표면온도, T_∞ : 유체온도

정답 41 ② 42 ② 43 ① 44 ③

45 버터 제조 시 가장 적당한 churning의 온도와 시간은?

① 10~15℃, 60분   ② 15~20℃, 40분
③ 25~30℃, 20분   ④ 30~35℃, 10분

해설
- 버터 : 원유, 우유류 등에서 유지방분을 분리한 것이나 발효시킨 것을 그대로 또는 이에 식품이나 식품첨가물을 가하고 교반하여 연압 등 가공한 것, 유지방(cream) 80% 이상과 물 15%의 유중 수적형 유화상 유가공품
- 연압 : 버터 고형분에 염분과 수분을 고르게 섞어 버터입자를 방망이로 밀거나 천천히 교반, 조직 균일화, 유중 수적형 버터 형성, 버터의 질을 높이는 조작
- 교동(churning)기 : 우유의 크림을 10~15℃, 60분 교반하여 기계적 충격으로 지방구가 뭉쳐 버터 입자가 형성되고 버터밀크와 분리

46 템페(tempeh)에 대한 설명으로 틀린 것은?

① *Bacillus natto*에 의하여 만들어진다.
② 인도네시아의 전통 발효식품으로 시작되었다.
③ 전통적인 방법으로는 증자한 콩을 바나나 잎에 포장하여 2~3일 발효시켜 얻는다.
④ *Rhizopus* 속의 곰팡이에 의하여 만들어진다.

해설
*Rhizopus oligosporus*에 의해 만들어진다.

47 유지제조 공정 중 윈터링(wintering)의 주된 목적은?

① 유리 지방산 제거   ② 탈색
③ 왁스(wax)분 제거   ④ 탈취

해설
유지의 정제 중 탈납공정(Winterization)
- 샐러드유 제조 시 지방결정체 제거
- 냉각시켜 발생되는 고체 결정체를 제거하는 탈납(dewaxing) 이용

48 미강유의 정제 방법과 관계없는 것은?

① 탈산   ② 탈납
③ 탈취   ④ 탈수

해설
유지의 정제
불순물을 물리·화학적 방법으로 제거한다.
㉠ 탈검공정(Degumming process)
- 인지질 등 제거
- 무수 상태에서 기름에 녹으므로 물이나 수증기를 넣어 수화시켜 분리
㉡ 탈산공정(Deaciding process)
- 유리지방산 등 제거
- NaOH로 유리지방산을 중화(비누화) 제거하는 알칼리 정제법 사용
㉢ 탈색공정(Decoloring process)
- carotenoid, 엽록소 등 제거
- 가열탈색법이나 활성백토를 이용하는 흡착탈색법 사용
㉣ 탈취공정(Deodoring process)
- 알데히드, 케톤, 탄화수소 등 냄새 제거
- 활성탄 등 흡착제 이용한 탈취
㉤ 탈납공정(Winterization)
- 샐러드유 제조 시 지방결정체 제거
- 냉각시켜 발생되는 고체 결정체를 제거하는 탈납(dewax-ing) 이용

49 유청(Whey)의 주성분은?

① 유당(Lactose)
② 지방(Fat)
③ 젖산(Lactic acid)
④ 탈수(Protein)

해설
유청
치즈 제조 시 카제인을 응고 침전 시킨 후의 상등액을 말하며 주성분은 유당이고 기타 락토알부민, 락토글로불린 등이다.

정답 45 ① 46 ① 47 ③ 48 ④ 49 ①

50 다음 패리노그래프 중 강력분을 나타내는 것은?

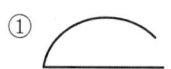
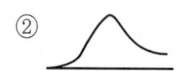

[해설]
① 준강력분, ② 중력분, ③ 강력분, ④ 박력분

51 통조림의 뚜껑에 있는 익스팬션 링의 주 역할은?

① 상하의 구별을 쉽게 한다.
② 충격에 견딜 수 있게 한다.
③ 밀봉 시 관통과의 결합을 쉽게 한다.
④ 내압의 완충 작용을 한다.

[해설]
통조림의 뚜껑에 있는 익스팬션 링은 살균 냉각 시 팽창과 수축에 의한 내부 압력의 변화로부터 관의 파손을 방지하기 위한 완충 작용을 한다.

52 피단(pidan)의 설명으로 옳은 것은?

① 계란을 삶아서 난각을 제거하고 조미액에 담가서 맛이 든 다음 훈연시켜 저장성이 우수하고 풍미가 양호한 제품이다.
② 계란을 껍질째로 NaOH, 식염의 수용액에 넣어 알칼리 성분을 계란 속으로 서서히 침입시켜 난단백을 응고시킨 제품이다.
③ 계란을 물에 끓여 두부를 깨어 스푼이 들어갈 만큼 난각을 벗기고 식염, 후추를 뿌려 만든다.
④ 계란을 염지액에 담근 후 한 번 끓이고 냉각시켜 만든다.

[해설]
피단
• 중국에서 오리알에 소금과 알칼리성 염류를 첨가하여 응고, 숙성시킨 조미계란
• 숙성 흰자는 투명한 적갈색으로 굳고 노른자 외부는 굳은 흑록색, 내부는 황갈색이 된다.
• 계란을 껍질째로 NaOH, 식염의 수용액에 넣어 알칼리 성분을 계란 속으로 서서히 침입시켜 난단백을 응고시킨 제품이다.

53 다음 중 수산발효식품이 아닌 것은?

① 젓갈
② 어간장
③ 수리미(surimi)
④ 가자미식해

[해설]
수산발효식품에는 젓갈, 어간장, 가자미식해 등이 있다.
※ 수리미는 냉동 어육 살코기 식품이다.

54 유연포장재료를 사용하며 135℃ 정도에서 가열하여도 견뎌 내는 포장방법으로 통조림 포장을 대신하여 사용되는 유연포장 살균식품은?

① 병조림 식품
② 레토르트 파우치 식품
③ 플라스틱포장 식품
④ 종이팩포장 식품

[해설]
레토르트 파우치
• 필름을 이용한 포장 : 유연성을 지닌 필름류는 라미네이트나 코팅 처리되어 전기가열접착기, 고주파순간접착기, 밴드접착기 이용[파우치 형성(form)－내용물 충진(fill)－접착(seal) 절단 포장방식, 필로우(pillow pack) 포장, 봉지(sachet) 방식]
• 135℃ 정도에서 가열하여도 견뎌 내는 포장방법으로 통조림 포장을 대신하여 사용
• 플라스틱 및 유연포장 필름 등의 가소제, 안정제, 유연제, 단량체, 색소 등 합성품의 유해성이 식품에 영향을 미치지 않아야 한다.

55 된장 숙성에 대한 설명으로 틀린 것은?

① 탄수화물은 아밀라아제의 당화작용으로 단맛이 생성된다.
② 당분은 효모의 알코올 발효로 알코올 등의 방향 물질이 생성된다.
③ 단백질은 프로테아제에 의하여 아미노산으로 분해되어 구수한 맛이 생성된다.
④ 적정 숙성조건은 60~65℃에서 3~5시간이다.

> **해설**
> **된장의 숙성**
> - 효소 분해된 당(감미), 글루탐산(맛난맛), 발효 의한 알코올, 유기산, 에스테르(향기) 생성
> - 적정 숙성조건은 30~40℃, 3일 배양

56 Flat sour 현상에 대한 설명으로 틀린 것은?

① 채소 통조림에 흔히 볼 수 있다.
② 내용물이 팽창되지 않아 외관상으로는 변패의 구분이 어렵다.
③ 내용물에서 신맛이 난다.
④ 미생물 번식에 의한 것이 아니다.

> **해설**
> **통조림 변패**
> ㉠ 평면산패(flat sour)
>   - 가스 비형성 세균의 산 생성으로 발생
>   - 주로 *Bacillus* 속 호열성 세균의 살균 부족으로 발생
>   - 통조림 외관은 이상 없으나 산에 의해 신맛 생성
> ㉡ 황화수소 흑변(sulfide spoilage) : 육류 가열로 발생된 -SH기가 환원되어 H_2S 생성, 통조림 금속재질과 결합하여 흑변
> ㉢ 주석의 용출
>   - 산이나 산소 존재 시 주석 용출
>   - 통조림 개관 시 산소에 의해 다량 용출되므로 먹고 남은 것은 다른 용기에 보관
> ㉣ 통조림 외관상 변패
>   - Flipper : 한쪽 면이 부풀어 누르면 소리가 나고 원상태로 복귀-충진 과다, 탈기 부족
>   - Springer : 한쪽 면이 심하게 부풀어 누르면 반대편이 튀어나옴-가스형성세균, 충진 과다 등
>   - Swell : 관의 상하면이 부풀어 있는 것-살균 부족, 밀봉 불량에 의한 세균 오염
>   - Buckled can : 관 내압이 외압보다 커 일부 접합 부분이 돌출한 변형관-가열 살균 후 급격한 감압 시
>   - Panelled can : 관 내압이 외압보다 낮아 찌그러진 위축 변형관-가압 냉각 시
>   - Pin hole : 관에 작은 구멍이 생겨 내용물이 유출된 것

57 식육의 사후경직과 숙성에 대한 설명으로 틀린 것은?

① 사후 경직-도살 후 시간이 경과함에 따라 근육이 굳어지는 현상
② 식육 냉동-사후 경직 억제
③ 식육 숙성-육의 연화과정, 보수력 증가
④ 숙성 속도-온도가 높으면 신속

> **해설**
> **사후경직**
> - 근육 글리코겐 분해에 따라 젖산 생성, ATP 생성, 근육 경직 발생(액토미오신 형성)
> - 생선 1~4시간, 닭 6~12시간, 쇠고기 24~48시간, 돼지 70시간 후 최대 사후경직
> - 경직 해제 후 자가소화 효소에 의한 숙성
> - 쇠고기 숙성은 0℃에서 10일간, 8~10℃에서 4일간
> - 육류(pH 7.0)-사후강직(pH 5.0)-자가소화(autolysis, pH 6.2)-부패(pH 12)
> - 육류를 숙성시키면 신장성과 보수성이 증가한다.

58 젤리(jelly)의 강도에 영향을 미치는 요인이 아닌 것은?

① pectin의 농도   ② pectin의 분자량
③ pectin의 ester화 정도 ④ pectin의 결합도

> **해설**
> **젤리화**
> ㉠ 과실 중 펙틴(1~1.5%), 유기산(0.3%, pH 2.8~3.3), 당(60~65%)에 의해 형성
> ㉡ 젤리(jelly)의 강도는 pectin의 농도, pectin의 ester화 정도, pectin의 결합도에 의해 결정
> ㉢ 펙틴 : 갈락투론산 구성, 프로토펙틴, 펙틴, 펙틴산 분류
>   - 덜 익은 과실-프로토펙틴(불용), 숙성과실-펙틴(가용성), 완숙과일-펙틴산(불용성)

정답 55 ④ 56 ④ 57 ② 58 ②

- 프로토펙틴과 펙틴이 젤리화되고 펙틴산은 젤리화되지 않는다.
- 메톡실기(methoxyl) 7% 이상 – 고 메톡실펙틴 : 유기산과 수소결합형 겔(gel) 형성, 메톡실기(methoxyl) 7% 이하 – 저 메톡실펙틴 : 칼슘 등 다가 이온이 산기와 결합하여 망상구조 형성
- 펙틴 1.0~1.5%가 적당

59 다음 구분에 해당하는 식품 원료는?

- 향신료, 침출차, 주류 등 특정 식품에만 제한적 사용근거가 있는 것
- 독성이나 부작용 원인 물질을 완전히 제거하고 사용해야 하는 것
- 독성이나 부작용 원인 물질의 잔류 기준이 필요한 것

① 느타리버섯 ② 헛개나무(줄기)
③ 은행나무(잎) ④ 가시여지(열매)

해설

은행잎 추출물
- flavonoid계 terpene 화합물
- 기억력 개선, 혈소판 응집 억제, 혈행 개선

60 밀가루의 제빵 특성에 영향을 주는 가장 중요한 품질 요인은?

① 회분 함량 ② 색깔
③ 단백질 함량 ④ 당 함량

해설

밀가루 단백질
- 글리아딘(gliadin)은 프로라민에 속하며 글루텐(gluten)에 점착성을 부여한다.
- 글루테닌(glutenin)은 글루텔린(glutelin)에 속하며 글루텐(gluten)에 탄성을 부여한다.
- 반죽을 하면 글리아딘과 글루테닌이 결합하여 망상구조의 글루텐(gluten)이 형성된다.

4과목 식품미생물학

61 EMB(Eosin Methylene Blue) 한천 배지에서 배양한 대장균 집락의 형상은?

① 황색 불투명 집락
② 금속성 광택을 가진 흑녹색 집락
③ 흑색 환을 가진 녹회색 집락
④ 불투명 환을 가진 검은색 집락

해설

대장균 정성검사
- 추정시험 : LB(Lactose Broth) 배지, 36℃, 24±2시간 배양, 듀람(Durham) 발효관 가스 유무
- 확정시험 : EMB 배지의 경우 녹색의 금속광택을 보이는 집락, Endo 배지의 경우 분홍색의 전형적인 집락
- 완전시험 : BGLB 배지와 보통한천평판, 간균 등 일반적 대장균의 특성 확인

62 미생물 증식과 pH에 관한 설명으로 옳은 것은?

① 일반적으로 곰팡이는 알칼리성에서 잘 증식한다.
② 일반적으로 효모는 약산성에서 증식이 억제된다.
③ 일반적으로 세균은 중성 또는 약알칼리성에서 잘 증식한다.
④ 미생물 증식은 pH에 의해 영향을 받지 않는다.

해설

미생물 증식과 pH
- 일반적으로 곰팡이는 pH 4~6 정도의 산성에서 잘 증식한다.
- 일반적으로 효모는 약산성에서 잘 증식한다.
- 일반적으로 세균은 중성 또는 약알칼리성에서 잘 증식한다.

63 포도 과피에 존재하여 포도주의 자연 발효 시 이용되는 균주는?

① *Saccharomyces coreanus*
② *Zygosaccharomyces rouxii*
③ *Saccharomyces carlsbergensis*
④ *Saccharomyces cerevisiae var. ellipsoideus*

정답 59 ③ 60 ③ 61 ② 62 ③ 63 ④

해설
발효에 이용하는 효모
- *Saccharomyces cerevisiae var. ellipsoideus* : 포도주
- *Saccharomyces coreanus* : 막걸리 효모
- *Zygosaccharomyces rouxii* : 된장의 주효모
- *Saccharomyces carlsbergensis* : 맥주의 하면발효 효모

64 효모의 Neuberg 제1발효 형식에서 에틸알코올 이외에 생성하는 물질은?

① CO_2
② H_2O
③ $C_3H_5(OH)_3$
④ CH_3CHO

해설
효모의 발효형식(Neuberg의 발효형식)
- 효모는 산소의 유무에 따라 발효형식이 다르다.
- 혐기적 발효(alcohol 발효) : 주류 생산에 이용, 1포도당이 2에탄올(C_2H_5OH), 2이산화탄소(CO_2), 58cal 에너지, 2ATP 생성
- 혐기적 발효, 호기적 발효가 Neuberg의 제1발효형식
- 혐기적 발효 시 넣는 알칼리염에 따라 제2발효형식(중탄산나트륨), 제3발효형식(아황산나트륨)으로 나누며 알코올을 줄이고 glycerol과 부산물 생성

65 효모의 형태에 관한 설명으로 옳은 것은?

① 효모는 배지 조성, pH, 배양 방법 등과는 관계없이 항상 일정한 형태로 나타난다.
② 효모의 영양번식 방법으로는 출아법, 분열법 및 출아 분열법이 있다.
③ 일반적으로 효모 세포의 크기는 구균 형태의 세균보다 작다.
④ 효모는 곰팡이와는 달리 위균사나 진균사를 형성하지 않는다.

해설
효모(yeast)
- 효모는 배지 조성, pH, 배양 방법 등에 따라 다양한 형태로 나타난다.
- 효모의 영양번식 방법으로는 출아법, 분열법 및 출아 분열법이 있다.
- 일반적으로 효모 세포의 크기는 구균 형태의 세균보다 크다.
- 효모는 곰팡이와는 다른 위균사나 진균사를 형성한다.

66 진핵세포의 소기관 중 호흡작용과 산화적 인산화에 의해 에너지를 생산하는 역할을 하는 기관은?

① 미토콘드리아
② 골지체
③ 편모
④ 리보솜

해설
미토콘드리아
- 에너지 생산 기관
- 엽록체와 마찬가지로 2중막으로 구성, 내막은 크리스타로 굴곡이 심하여 높은 표면적을 가지고 내부는 매트릭스(기질)로 구성
- 엽록체와 마찬가지로 자체 DNA로 복제
- 매트릭스의 TCA회로와 내막의 전자전달계를 통해 에너지 생산

67 다음 알코올 발효과정의 일부 반응에서 ㉠, ㉡에 관여되는 보효소를 순서대로 나열한 것은?

Pyruvic acid ㉠ → Acetaldehyde ㉡ → Alcohol

① TPP, NAD
② NADP, NAD
③ TPP, FAD
④ NADP, FAD

해설
알코올 발효
- 피루브산 탈탄산효소 : 조효소 TPP, 피루브산 → 아세트알데히드
- 알코올 탈수소효소 : 조효소 NAD, 아세트알데히드 → 알코올

68 광합성 무기영양균(photolithotroph)의 특성이 아닌 것은?

① 에너지원을 빛에서 얻는다.
② 탄소원을 이산화탄소로부터 얻는다.
③ 녹색황세균과 홍색황세균이 이에 속한다.
④ 모두 호기성균이다.

> [해설]
>
> 에너지 요구성에 따른 생물 분류
> ㉠ 독립영양생물(autotroph)
> • 에너지를 무기질로부터 얻는 1차 생산자
> • 광독립영양생물(photoautotroph) : 주로 엽록소를 함유하여 광합성을 통해 무기물인 CO_2로부터 복잡한 유기물 합성(식물, 남세균 등)
> • 화학독립영양생물(chemoautotroph) : 단순한 무기물을 통해 에너지를 얻는 생물(황산화균, 질산화균 등 고세균)
> • 광합성 무기영양균(photolithotroph) : 탄소원을 이산화탄소로 하여 광합성, 녹색황세균과 홍색황세균, 혐기성균
> ㉡ 종속영양생물(heteroautotroph)
> • 스스로 유기물을 합성할 수 없어 외부로부터 유기물을 섭취하는 소비자
> • 대부분의 동물, 진균류(버섯, 곰팡이), 세균 등

69 원핵세포에 있는 구조는?

① 핵 ② 리보솜
③ 미토콘드리아 ④ 엽록체

> [해설]
>
> 핵, 미토콘드리아, 엽록체는 진핵세포의 소기관이며 리보솜은 원핵세포와 진핵세포에 모두 존재한다.

70 세균의 증식에 대한 설명으로 틀린 것은?

① 세균을 액체배지에 접종하여 배양시간에 따른 세포수의 변화를 그래프로 나타내면 S자형으로 나타난다.
② 유도기에는 세포수의 증가는 거의 없고 세포의 대사활동이 활발하게 일어나는 시기이다.
③ 세포수 및 2차 대사산물의 생산량이 최대로 나타나는 시기는 대수기이다.
④ 세포의 생리적 활성이 가장 강한 시기는 대수기이다.

> [해설]
>
> 미생물의 생육곡선(growth curve)
> ㉠ 유도기(lag phase, induction period)
> • 미생물이 증식을 준비하는 시기
> • 효소, RNA는 증가, DNA는 일정
> • 초기 접종균수를 증가하거나 대수 증식기 균을 접종하면 기간이 단축
> ㉡ 대수기(logarithmic phase)
> • 대수적으로 증식하는 시기
> • RNA는 일정, DNA는 증가
> • 세포질 합성속도와 세포수 증가 비례
> • 세대시간, 세포의 크기 일정
> • 생리적 활성이 크고 예민
> • 증식속도는 영양, 온도, pH, 산소 등에 따라 변화
> ㉢ 정지기(stationary phase)
> • 영양물질의 고갈로 증식수와 사멸수가 같다.
> • 세포수 최대
> • 포자 형성 시기
> ㉣ 사멸기(death phase)
> • 생균수보다 사멸균 수가 증가
> • 자가소화(autolysis)로 균체 분해

71 일반적인 간장이나 된장의 숙성에 관여하는 내삼투압성 효모의 증식 가능한 최저 수분활성도는?

① 0.95 ② 0.88
③ 0.80 ④ 0.60

> [해설]
>
> 수분활성도(A_w)
> • 어떤 온도에서 식품이 나타내는 수증기압에 대한 순수한 물의 수증기압비로 정의된다.
> $A_w = \dfrac{P}{P_0}$, P : 식품의 수증기압, P_0 : 물의 수증기압
> • 단, 식품의 수증기압은 식품 중 녹아 있는 용질의 종류와 양에 의해 영향을 받으므로 물의 몰수를 M_w, 용질의 몰수를 M_s라고 할 때 $A_w = \dfrac{M_w}{M_w + M_s}$가 된다.
> • 식품의 수분활성도는 항상 1 미만
> • 어패류나 수육과 같이 수분이 많은 식품의 A_w는 0.98~0.99, 곡물 등 수분이 적은 건조식품의 A_w는 0.60~0.64 정도
> • 미생물 생육 최저 수분활성도 : 세균 0.91, 효모 0.88, 곰팡이 0.80, 내건성 곰팡이 0.65, 내삼투압성 효모 0.60 등

72 미생물의 세포막을 구성하는 주요 물질은?

① 인지질 ② 지질다당류
③ 다당류 ④ 펩티도글리칸

정답 69 ② 70 ③ 71 ④ 72 ①

[해설]

세포막(원형질막)
- 주로 인지질 이중층 구성, 단백질과 콜레스테롤 등 구성
- 반투과성 막으로 삼투압에 영향을 미친다.
- 물질 이동(수송)에 관여
※ 펩티도글리칸은 세균의 세포벽성분

73 조류(Algae)에 대한 설명으로 옳은 것은?

① 홍조류는 엽록체가 있어 광합성 작용을 한다.
② 남조류는 진핵생물에 속한다.
③ 클로렐라(chlorella)는 단세포 갈조류의 일종이다.
④ 우뭇가사리, 김은 갈조류에 속한다.

[해설]

조류(algae)
- 대부분 담수나 해수에서 생육하며 광합성으로 독립 영양생활 하는 하등식물의 총칭
- 잎, 줄기, 뿌리, 관상체가 없으며 유성생식, 무성생식을 한다.
- 규조류는 최근 화석연료 대체연료로 이용
- 남조류는 원핵세포에 속한다.
- 해조류에 속하는 갈조류(미역, 다시마), 홍조류(김, 우뭇가사리), 녹조류(클로렐라, 파래) 등은 진핵세포인 원생생물이다.

74 남조류에 대한 설명으로 틀린 것은?

① 이분열에 의한 무성생식으로만 증식한다.
② 다시마, 미역, 톳 등이 이에 속한다.
③ 담수나 토양 중에 분포하고 특징적인 활주운동을 한다.
④ 단세포 조류로서 세포 안에 핵과 액포가 없다.

[해설]

남조류
- 남조류는 원핵세포에 속하는 단세포 조류로서 세포 안에 핵과 액포가 없다.
- 해조류에 속하는 갈조류(미역, 다시마), 홍조류(김, 우뭇가사리), 녹조류(클로렐라, 파래) 등은 진핵세포인 원생생물이다.
- 고세균 같은 단세포, 무성생식, 담수나 토양에 서식, 맛과 냄새 유발
- 이분열에 의한 무성생식으로만 증식한다.
- 담수나 토양 중에 분포하고 특징적인 활주운동을 한다.

75 균사에 격벽(격막)이 있는 곰팡이는?

① *Mucor mucedo*
② *Rhizopus delemar*
③ *Absidia lichtheimi*
④ *Aspergillus oryzae*

[해설]

곰팡이(진균류)
㉠ 균사(hyphae)로 영양섭취와 발육 담당
㉡ 진균류는 조상균류와 순정균류로 분류
  - 조상균류(격막 없음) : 접합균류, 난균류, 호상균류
  - 순정균류(격막 있음) : 자낭균류, 담자균류, 불완전균류
㉢ 무성포자 : 내생포자, 외생포자, 후막포자, 분열자
㉣ 유성포자 : 접합포자, 난포자, 자낭포자, 담자포자
㉤ 조상균류 : *Mucor*(털곰팡이), *Rhizopus*(거미줄곰팡이, 가근, 포복지), *Absidia*(활털곰팡이, 가근, 포복지)
㉥ 자낭균류 : *Aspergillus*(누룩곰팡이, 정낭, 병족세포), *Penicillium*(푸른곰팡이, 기저경자), *Monascus*(홍국곰팡이), *Neurospora*(붉은곰팡이)

76 산막효모의 특징이 아닌 것은?

① 산소를 요구한다.
② 산화력이 강하다.
③ 발효액의 내부에서 발육한다.
④ 피막을 형성한다.

[해설]

산막효모(피막효모, film yeast)
- *Candida, Hansenula, Debaryomyces, Pichia*
- 이산화탄소를 생산하지 않는다.
- 발효 액면에 피막을 형성하는 유해 산막효모
- 구형, 모자형, 방추형, 위균사나 진균사를 형성한다.
- 호기성으로 산화력이 큼
- 맥주, 포도주 유해균, 알코올 분해

77 하면발효 효모의 특징으로 옳은 것은?

① 소적배양으로 효모를 발효시키며 액 중에 쉽게 분산된다.
② 균체가 균막을 형성한다.
③ 발효작용이 빠르다.
④ Raffinose, melibiose를 발효시킨다.

정답 73 ① 74 ② 75 ④ 76 ③ 77 ④

해설

맥주 효모의 종류
- 상면발효 효모 : *Saccharomyces cerevisiae* — 영국 맥주, 상면발효, 상온발효(Ale, Stout, Porter, Lambic)로 빠르게 발효되어 상면에 균막 형성, 최적 10~25℃
- 하면발효 효모 : *Saccharomyces carlsbergensis* — 독일, 미국, 일본, 우리나라에서 주로 생산, 하면발효, *Saccharomyces uvarm*에 통합, 저온 장기발효(Lager, Munchen, Pilsen, Wien), 장기 저장 시 독특한 향미 부여, 최적 5~10℃, Raffinose, melibiose 발효

78 최초 세균수는 a이고 한번 분열하는 데 3시간이 걸리는 세균이 있다. 최적의 증식조건에서 30시간 배양 후 총균수는?

① $a \times 3^{30}$ ② $a \times 2^{10}$
③ $a \times 5^{30}$ ④ $a \times 2^5$

해설

세대시간(generation time)
㉠ 하나의 세포가 분열하여 2개 세포로 증식하는 시간
㉡ 세균은 분열법으로 번식하며 일반적으로 15분~30분이다.
㉢ 세대시간 계산
- 총균수 = 초기균수 $\times 2^n$, n = 세대수
- n세대까지 소요시간을 t, 분열시간을 g라 하면,
  세대수 $n = \dfrac{t}{g}$
㉣ $n = 30/3 = 10$, 총균수 = $a \times 2^{10}$

79 다음 중 진균류의 무성포자인 것은?

① 접합포자(zygospore)
② 포자낭포자(sporangiospore)
③ 자낭포자(ascospore)
④ 담자포자(basidiospore)

해설

곰팡이의 포자
- 곰팡이는 포자로 번식하며 무성생식과 유성생식이 있다.
- 무성포자 : 내생포자(포자낭포자), 외생포자(분생포자), 후막포자, 분열자
- 유성포자 : 접합포자, 난포자, 자낭포자, 담자포자

80 미생물과 그 이용에 대한 설명의 연결이 잘못된 것은?

① *Bacillus subtilis* — 단백분해력이 강하여 메주에서 번식한다.
② *Aspergillus oryzae* — amylase와 protease 활성이 강하여 코지(Koji)균으로 사용된다.
③ *Propionibacterium shermanii* — 치즈 눈을 형성시키고, 독특한 풍미를 내기 위하여 스위스 치즈에 사용된다.
④ *Kluyveromyces lactis* — 내염성이 강한 효모로 간장의 후숙에 중요하다.

해설

전분 당화
- *Aspergillus oryzae*(황국균) — 전분 당화력(α-amylase), 단백질 분해력이 강해 청주, 된장, 간장 제조에 이용
- *Aspergillus niger*(흑국균) — 집락은 흑색, 전분당화력(β-amylase)이 강하고 당액을 발효하여 구연산 등 유기산 발효 공업에 이용
- *Rhizopus delemar* — 당화효소(glucoamylase) 생산
- *Bacillus subtilis* — 단백질 분해력이 강하여 메주 생산에 이용
- *Propionibacterium shermanii* — 치즈 눈을 형성시키고, 독특한 풍미를 내기 위하여 스위스 치즈에 사용
- *Kluyveromyces lactis* — 유당발효 효모
- *Saccharomyces rouxii* — 간장의 주 발효 효모
- *Torulopsis versatilis* — 호염성, 간장 방향성 관련 후숙효모

5과목   생화학 및 발효학

81 등전점보다 낮은 pH에서 아미노산이 갖는 전하량은 무엇인가?

① (+) 전하   ② (−) 전하
③ (0) 전하   ④ 양쪽성 전하

해설

등전점
- 단백질의 등전점은 어느 pH에서 그 단백질의 순전하량이 0인 점이다.

정답 78 ② 79 ② 80 ④ 81 ①

- 등전점 아래 pH에서 그 단백질의 카르복실기 이온은 수소로 채워지므로 순 전하는 (+)
- 등전점 위의 pH에서 그 단백질의 아미노기 이온은 수산기로 제거되므로 순 전하는 (−)
- 이러한 성질을 이용하여 전기영동에 의해 단백질 분리에 이용한다.

82 퓨린계 뉴클레오티드(purine nucleotide)의 대사 이상으로 인하여 관절이나 신장 등의 조직에 침범하여 통풍(gout)을 일으키는 원인 물질로 알려진 것은?

① Allopurinol
② Colchicine
③ Uric acid
④ Guanosine monophosphate

【해설】

purine 염기 분해
- 간에서 adenine, guanine → 요산(uric acid)으로 신장에서 배설
- 요산은 물에 난용성으로 대사 이상으로 과잉 축적되면 통풍(gout), 요결석 원인이 된다.
- 요산을 생성할 수 있는 nucleotide : IMP, AMP, GMP

83 간에서 프로트롬빈을 비롯한 여러 가지 혈액 응고인자를 합성하고 정상수준을 유지하기 위해 필요한 비타민은?

① 비타민 A
② 비타민 D
③ 비타민 E
④ 비타민 K

【해설】

비타민 K
- K_1과 K_2가 자연계 혈액응고 촉진, 빛에 의해 쉽게 분해, 열에 안정, 강한 산 또는 산화에 불안정
- 결핍 시 저 prothrombin증, 혈액응고시간 연장
- 사람이나 가축의 장내 미생물에 의해 합성

84 DNA를 구성하는 염기가 아닌 것은?

① 아데닌
② 우라실
③ 구아닌
④ 시토신

【해설】

핵산 구성
- DNA에는 H_3PO_4, D−deoxyribose가 있으며 RNA에는 H_3PO_4, D−ribose가 있다.
- DNA에는 adenine(A), guanine(G), cytosine(C), thymine(T)이 있으며 RNA에는 adenine, guanine, cytosine, uracil(U)이 있다.

85 발효장치로 미생물 배양 중 생성되는 거품을 제거하기 위한 가장 효과적인 방법은?

① 소포제 첨가 장치만으로 충분히 제거한다.
② Foam breaker를 상부에 부착하여 발생 시 파쇄시킨다.
③ 다공성 물질인 활성탄소나 규조토를 즉시 살포한다.
④ 소포제 첨가 장치와 foam breaker를 병행하여 사용한다.

【해설】

발효장치로 미생물 배양 중 생성되는 거품을 제거하기 위한 가장 효과적인 방법은 소포제 첨가 장치와 foam breaker를 병행하여 사용하는 것이다.

86 산화에 의한 생체막의 손상을 억제하며, 대표적인 항산화제로 이용되는 비타민은?

① 비타민 A
② 비타민 B
③ 비타민 D
④ 비타민 E

【해설】

산화방지제(항산화제)
- 수용성 산화방지제 : 아스코르브산, 에리소르빈산−색소의 항산화
- 지용성 산화방지제 : BHA, BHT, 몰식자산 프로필, 토코페롤(비타민 E)−유지의 항산화

87 Neuberg의 제2발효형식은?

① $C_6H_{12}O_6 \rightarrow 2ethanol + 2CO_2$
② $C_6H_{12}O_6 \rightarrow glycerol + acetaldehyde + CO_2$
③ $2C_6H_{12}O_6 \rightarrow 2glycerol + acetic acid + ethanol + 2CO_2$
④ $C_6H_{12}O_6 \rightarrow 2lactic acid$

해설

효모의 발효형식(Neuberg의 발효형식)
- 효모는 산소의 유무에 따라 발효형식이 다르다.
- 혐기적 발효(alcohol 발효) : 주류 생산에 이용, 1포도당이 2에탄올(C_2H_5OH), 2이산화탄소(CO_2), 58cal 에너지, 2ATP 생성
- 호기적 발효(호흡작용, 산화작용) : 1포도당이 $6CO_2$, $6H_2O$, 686cal, 32ATP 생성
- 혐기적 발효, 호기적 발효가 Neuberg의 제1발효형식
- 혐기적 발효 시 넣는 알칼리염에 따라 제2발효형식(중탄산나트륨), 제3발효형식(아황산나트륨)으로 나누며 알코올을 줄이고 glycerol과 부산물 생성
- 제1발효형식 : $C_6H_{12}O_6 \rightarrow 2ethanol + 2CO_2$
- 제2발효형식 : $C_6H_{12}O_6 \rightarrow glycerol + acetaldehyde + CO_2$
- 제3발효형식 : $2C_6H_{12}O_6 \rightarrow 2glycerol + acetic acid + ethanol + 2CO_2$

88 미생물 배양방법에 관한 설명으로 틀린 것은?

① 장류 등의 코지(Koji) 생산에는 주로 고체배양(soild culture)을 한다.
② 심부배양(submerged culture)은 일종의 고체배양이다.
③ 유가배양(fed-batch culture)은 기질의 용해도가 낮을 때 사용한다.
④ 표면배양(surface culture)은 산소를 미생물에 용이하게 공급하는 호기적 정치배양의 한 방법이다.

해설

고체배양의 특징
- 배지조성이 단순하며 값싼 원료 이용 가능
- 곰팡이 배양에 주로 이용하며 세균에 의한 오염 방지 가능
- 공장에서 나오는 폐수가 적음
- 시설비가 적게 들어 소규모 생산에 유리
- 대기 중 산소가 쉽게 공급되므로 동력이 불필요
- 생산물의 회수가 용이
※ 심부배양 시 환경조건 측정 및 제어가 어려움

89 오탄당 인산경로(pentose phosphate pathway)의 중요한 생리적 의미는?

① 알코올 대사를 촉진시킨다.
② 저혈당과 피로 회복 시에 도움을 준다.
③ 조직 내로 혈당 침투를 촉진시킨다.
④ 지방산과 스테로이드 합성에 이용되는 NADPH를 생산한다.

해설

오탄당 인산경로(pentose phosphate pathway)
- 해당과정의 곁사슬 반응, glucose-6-phosphate에서 시작
- 산화적 단계와 비산화적 단계로 나눔
- 간, 뇌, 유선, 지방조직, 성선, 부신피질, 적혈구 등에서 왕성하게 일어남. 근육에서는 거의 일어나지 않음
- NADPH를 생성하여 지방산 합성, 스테로이드 합성, 산화형 glutathion 환원
- 3탄당, 4탄당, 5탄당, 6탄당, 7탄당 등 상호변환 작용
- 핵산 합성에 필요한 ribose-5-phosphate 생성(전환 시 CO_2 생성)

90 원핵세포에 해당하는 생물은?

① 식물   ② 곰팡이
③ 효모   ④ 세균

해설

세균은 대표적인 원핵세포이다.

91 DNA의 재조합 과정을 위해 사용되는 제한효소인 endonuclease가 아닌 것은?

① EcoRI   ② HindII
③ HindIII   ④ SalPIV

> [해설]

제한효소(restriction enzyme)
- DNA 재조합 과정을 위해 사용하며 DNA 이중 나선의 특정 인식 부위를 절단하는 endonuclease이다.
- EcoRI, HindII, HindIII 등이 주로 사용된다.

92 Cyclic AMP의 생리적 기능으로 옳은 것은?

① 조효소
② 핵산의 구성성분
③ 고에너지 화합물
④ 호르몬 작용의 전달물질

> [해설]

cAMP
- 세포 외부로부터 1차 메신저(호르몬)에 의한 신호를 세포 내부로 전달해주는 2차 메신저로 작용한다.
- 세포막에 있는 내재성 단백질에 연결된 adenylate cyclase 에 의해 형성
- 글리코겐의 분해, 중성지방의 분해 등에 나타난다.

93 맥주 제조 시 맥아의 효소에 의해 전분과 단백질이 분해되는 공정은?

① 맥아즙 제조공정
② 주발효 공정
③ 녹맥아 제조공정
④ 후발효 공정

> [해설]

맥아(보리의 싹)
㉠ 맥아즙 제조 : 당화효소, 단백질 분해효소 등 활성화, 특유 향미와 색소 생성, 저장성 부여
㉡ 단맥아
  - 길이가 보리보다 짧다.
  - 고온에서 발아
  - amylase 활성이 약하고 전분이 많아 맥주 제조에 이용

94 탄화수소를 탄소원으로 한 균체생산의 특징이 아닌 것은?

① 높은 통기조건이 필요하다.
② 발효열을 냉각하기 위한 냉각 장치가 필요하다.
③ 당질에 비해 균체 생산 속도가 빠르다.
④ 높은 교반조건이 필요하다.

> [해설]

미생물을 이용한 균체 생산
- 균체 생산의 경우 수율은 포도당 원료 110%, 탄화수소 원료 230%
- 높은 통기를 위한 교반 필요
- 당질에 비해 균체 생산 속도는 느리지만 수율이 좋다.
- 발효열을 냉각하기 위한 냉각 장치 필요

95 코리회로(Cori cycle)를 통해 혈액으로 이동되는 물질은 무엇인가?

① Lactate
② Pyruvate
③ Citrate
④ Acetate

> [해설]

코리회로
근육에서 혐기적 해당의 결과 생성된 젖산(lactate)이 혈류를 따라 간으로 이동해 간에서 당신생반응으로 포도당을 형성한 후 다시 근육으로 되돌아가는 순환이다.

96 Sucrose가 가수분해될 때 생성되는 단당류는?

① 포도당과 포도당
② 과당과 과당
③ 포도당과 과당
④ 포도당과 갈락토오스

> [해설]

서당은 포도당과 과당이 $\alpha-1,2$ 글리코시드 결합된 이당류로 sucrase나 invertase에 의해 포도당과 과당의 1 : 1 등량 혼합물로 분해된다.

97 진핵세포에 대한 설명으로 틀린 것은?

① 내부에는 막으로 둘러싸인 소기관이 존재한다.
② 세포분열이 일어날 때 유사분열과 감수분열이 관찰된다.
③ DNA는 히스톤(histone)과 복합체를 만들지 않고 존재한다.
④ 전자전달계 등의 호흡효소계가 미토콘드리아에 존재한다.

정답 92 ④　93 ①　94 ③　95 ①　96 ③　97 ③

> **[해설]**
> DNA 핵산은 염기성 단백질로 구성된 히스톤과 안정되게 결합하고 있다.

98 TCA 회로에 관여하는 조절효소가 아닌 것은?

① Citrate synthase
② Isocitrate dehydrogenase
③ a-Ketoglutarate dehydrogenase
④ Phosphoglucomutase

> **[해설]**
> **Phosphoglucomutase**
> 해당의 포도당 6인산이 글리코겐 합성을 위해 포도당 1인산으로 전환되는 이성화 반응에 관여하는 효소이다.

99 어떤 DNA 사슬 단편의 질소염기별 농도가 A=991개, G=456개일 때, G+C에 해당되는 질소염기의 개수는?

① 912
② 1,447
③ 1,535
④ 1,982

> **[해설]**
> **DNA**
> • 염기 간의 결합에서 A와 T는 수소 이중 결합, G와 C는 수소 삼중결합으로 되어 있다.
>   그러므로 항상 피리미딘기(C+T)/퓨린기(G+A)=1이 된다. (샤가프의 법칙)
> • A=991개이면 T=991개, G=456개이면 C=456개이므로 G+C=912개

100 곰팡이 protease의 성질에 관한 설명으로 틀린 것은?

① *Aspergillus oryzae*에서는 배지의 pH에 따라 산성 protease나 알칼리성 protease를 생성한다.
② *Aspergillus niger*에 주로 알칼리성 protease를 생성한다.
③ *Aspergillus oryzae*의 쌀 Koji에서는 산성 protease를 생성한다.
④ *Aspergillus oryzae*의 밀기울 Koji 또는 콩 Koji에서는 중성 및 알칼리성 protease를 생성한다.

> **[해설]**
> **곰팡이 protease의 성질**
> • *Aspergillus oryzae*(황국균) – 단백질 분해력이 강해 청주, 된장, 간장 제조에 이용, 배지의 pH에 따라 산성 protease나 알칼리성 protease 생성
> • *Aspergillus oryzae*의 쌀 Koji에서는 산성 protease 생성
> • *Aspergillus oryzae*의 밀기울 Koji 또는 콩 Koji에서는 중성 및 알칼리성 protease 생성
> • *Aspergillus niger*(흑국균) – 집락은 흑색, 전분당화력(β-amylase)이 강하고 당액을 발효하여 구연산 등 유기산 발효공업에 이용

2017년 1회 식품산업기사

1과목 식품위생학

01 우리나라 남해안의 항구와 어항 주변의 소라 고동 등에서 암컷에 수컷의 생식기가 생겨 불임이 되는 임포섹스 현상이 나타나게 된 원인 물질은?

① 트리부틸주석(tributyltin)
② 폴리클로로비페닐(polychrolobiphenyl)
③ 트리할로메탄(trihalomethane)
④ 디메틸프탈레이트(dimethyl phthalate)

해설
선박 하부에 녹 발생을 방지하기 위해 칠하는 선박용 페인트의 방청제 성분인 트리부틸주석(TBT)이 바닷물에 녹아들어가 환경호르몬으로 작용하여 암컷 고둥의 체내 호르몬에 교란이 일어나 수컷 성기와 수정관이 생기게 되어 알이 방출되는 것을 억제시킨다.

02 경구감염병의 특징이라고 할 수 없는 것은?

① 소량 섭취하여도 발병한다.
② 지역적인 특성이 인정된다.
③ 환자 발생과 계절과의 관계가 인정된다.
④ 잠복기가 짧다.

해설
경구감염병의 특징
• 물, 식품이 감염원으로 운반매체이다.
• 병원균의 독력이 강하여서 식품에 소량의 균이 있어도 발병한다.
• 사람에서 사람으로 2차 감염된다.
• 잠복기가 길고 격리가 필요하다.
• 면역이 있는 경우가 많다.
• 지역적으로 급수지역에 한정된다.
• 환자 발생에 계절이 영향을 미친다.

03 다음 중 *Aspergillus flavus* 의 생육에 가장 적당한 조건은?

① 25~30℃, 상대습도 80%
② 10~15℃, 상대습도 60%
③ 0~5℃, 상대습도 60%
④ -5~0℃, 상대습도 70%

해설
아플라톡신
• *Aspergillus flavus*가 aflatoxin 생산
• 온도 25~30℃, 상대습도 80% 이상, 기질의 수분 16% 이상
• 주요 기질은 쌀, 보리, 옥수수 등 곡류나 땅콩
• 산과 알칼리 및 열에 강하다.
• B_1, G_1, G_2, M 형
• 간장독으로 간암 유발

04 도자기 또는 항아리 등에 사용되는 유약에서 특히 문제가 되는 유해금속은?

① 철   ② 구리
③ 납   ④ 주석

해설
도자기의 유약에는 납, 카드뮴, 수은 등의 유해성분이 함유되어 있다.

05 유해물질에 관련된 사항이 바르게 연결된 것은?

① Hg - 이타이이타이병 유발
② DDT - 유기인제
③ Parathion - Cholinesterase 작용 억제
④ Dioxin - 유해성 무기화합물

정답   01 ①   02 ④   03 ①   04 ③   05 ③

해설
- Hg : 미나마타병
- DDT : 유기염소제
- Dioxin : 쓰레기장에서 소각 시 발생되는 유해성 유기화합물이다.

06 자가품질검사 기준에서 자가품질검사 주기의 적용 시점은?

① 제품 제조일을 기준으로 산정한다.
② 유통기한 만료일을 기준으로 산정한다.
③ 판매 개시일을 기준으로 산정한다.
④ 품질유지기한 만료일을 기준으로 산정한다.

해설
자가품질검사
- 자가품질검사 주기의 적용시점은 제품 제조일을 기준으로 산정한다.
- 자가품질검사에 관한 기록서는 2년간 보관하여야 한다.

07 식품을 자외선으로 살균할 때의 특징이 아닌 것은?

① 유기물, 특히 단백질 식품에 효과적이다.
② 조사 후 조사 대상물에 거의 변화를 주지 않는다.
③ 비열을 살균한다.
④ 살균효과는 대상물의 자외선 투과율과 관계있다.

해설
자외선 살균
- 260nm의 자외선으로 살균, 냉살균, 투과력이 없어 물, 공기, 조리대 등 표면살균
- 자외선은 DNA의 연속된 thymine(T) 배열에 작용하여 T dimer를 생성하여 살균

08 기타 영·유아식에 사용할 수 있는 첨가물이 아닌 것은 ?

① L-시스틴
② 젤라틴
③ 스테비오사이드
④ 뮤신

해설
스테비오사이드(stevioside)
- 스테비아 꽃에서 추출한 배당체로 감미료로 이용
- 열과 pH에 안정
- 설탕에 비하여 약 200배의 감미
- 비발효성으로 영·유아식에 사용할 수 없다.

09 착색료로서 갖추어야 할 조건이 아닌 것은?

① 인체에 독성이 없을 것
② 식품의 소화흡수율을 높일 것
③ 물리화학적 변화에 안정할 것
④ 사용하기 간편할 것

해설
착색료
- 식품에 인공적으로 착색시켜 기호성을 높여 가치를 높이는 첨가물
- 타르계 : 식용색소녹색 제3호, 적색 2호, 3호, 청색 1호, 2호, 황색 4호, 5호, 적색 40호 등
- 비타르계 : 삼이산화철, 수용성 안나토, 동클로로필린나트륨, 카르민 등
- 타르계 색소는 수용성이며 산성인 색소만 허용
- 지용성, 염기성 타르 색소는 독성이 있어 사용을 금한다.

10 식품의 원재료부터 제조-가공-보존-유통-조리단계를 거쳐 최종 소비자가 섭취하기 전까지의 각 단계에서 발생할 우려가 있는 위해요소를 규명하고 중점적으로 관리하는 것은?

① GMP 제도
② 식품안전관리인증기준
③ 위해식품 자진 회수 제도
④ 방사살균(Radappertization) 기준

해설
식품안전관리인증기준
안전한 식품 생산과 관리에 대한 표준을 제시하고, 이를 인증하여 식품에 의한 위해요소를 사전에 예방하는 제도로 대표적인 식품안전 관련 인증으로는 HACCP가 있다.
※ HACCP : 식품의 원재료부터 제조-가공-보존-유통-조리단계를 거쳐 최종 소비자가 섭취하기 전까지의 각 단계에서 발생할 우려가 있는 위해요소를 규명하고 중점적으로 관리하는 것

정답 06 ① 07 ① 08 ③ 09 ② 10 ②

11 식중독의 역학조사 시 원인규명이 어려운 이유가 아닌 것은?

① 조사 전에 치료가 되어 환자에게서 원인 물질이 검출되지 않는 경우가 발생하므로
② 식품의 냉동 냉장보관으로 인해 원인물질(미생물, 화학물질)의 검출이 불가능하므로
③ 식중독을 일으키는 균이나 독소가 식품에 극미량 존재하므로
④ 식품이 여러 가지 성분으로 복잡하게 구성되어 있으므로

해설

식품을 냉동, 냉장보관하면 원인물질(미생물, 화학물질)이 그대로 있으므로 확인이 가능하다.

12 식품의 방사선 조사 처리에 대한 설명 중 틀린 것은?

① 외관상 비조사식품과 조사식품의 구별이 어렵다.
② 화학적 변화가 매우 적은 편이다.
③ 저온 가열, 진공 포장 등을 병용하여 방사선 조사량을 최소화할 수 있다.
④ 투과력이 약해 식품 내부의 살균은 불가능하다.

해설

방사선 조사 식품
- 방사선 조사는 주로 ^{60}Co의 감마선을 이용해 포장된 상태의 제품을 처리할 수 있으며 비열 처리하므로 냉살균이라 한다.
- 비타민 B_1은 감마선에 비교적 민감한 반면 비타민 B_2는 그렇지 않다.
- 방사선 처리 시 formic acid, acetaldehyde 등의 분해산물이 생성된다.
- 방사선량의 단위는 Gy이며 1Gy는 1J/kg에 해당한다.
- 1kGy 이하의 저선량 방사선 조사를 통해 감자, 양파 등의 발아 억제, 기생충 사멸, 숙도 지연 등의 효과를 얻을 수 있다.
- 바이러스의 사멸을 위해서는 발아 억제를 위한 조사보다 높은 선량이 필요하다.
- 10kGy 이하의 방사선 조사로는 모든 병원균을 완전히 사멸시키지는 못한다.
- 식품에는 10kGy 이하의 에너지를 주로 사용한다.
- 완제품의 경우 조사처리된 식품임을 나타내는 문구 및 조사도안을 표시하여야 한다.

13 굴, 모시조개 등이 원인이 되는 동물성 중독 성분은?

① 테트로도 톡신 ② 삭시톡신
③ 리코핀 ④ 베네루핀

해설

베네루핀
- 굴, 모시조개, 바지락의 중장선에 존재하는 간장독
- 잠복기는 1~2일, 증상은 권태감·두통·구토·미열·복통·황달 등

14 식중독균인 황색 포도상구균(Staphylococcus aureus)과 이 균이 생산하는 독소인 enterotoxin에 대한 설명 중 옳은 것은?

① 이 구균은 coagulase 양성이고 mannitol을 분해한다.
② 포자를 형성하는 내열성균이다.
③ 독소 중 A형만 중독 증상을 일으킨다.
④ 일반적인 조리 방법으로 독소가 쉽게 파괴된다.

해설

황색포도상구균
- 그람 양성, 포도상알균, 피부상재균, 포자비형성균, A~E 5가지형
- coagulase 양성이고 mannitol을 분해, 내열성 독소인 enterotoxin 생성
- 증균배양: TSB 배지를 35~37℃에서 18~24시간 배양
- 분리배양: 만니톨 한천배지 또는 baird-parker 한천배지를 35~37℃에서 18~24시간 배양, 황색 불투명 집락 또는 투명한 띠로 둘러싸인 광택 있는 검은색 집락(배지 중에 있는 단백질이 가수분해)
- 확인시험: 보통 한천배지를 35~37℃에서 18~24시간 배양 후 그람염색, coagulase 시험 실시

15 Aspergillus 속 곰팡이 독소가 아닌 것은?

① 아플라톡신(Aflatoxion)
② 스테리그마토시스틴류(sterigmatocystin)
③ 제랄레논(Zearalenone)
④ 오크라톡신(Ochratoxin)

정답 11 ② 12 ④ 13 ④ 14 ① 15 ③

[해설]

Mycotoxin의 분류
- 간장독 : aflatoxin(*Aspergillus flavus*), sterigmato-cystin(*Asp. versicolar*), rubratoxin(*Pen. rubrum*), luteos-kyrin(*Pen. islandicum* 황변미) ochratoxin(*Asp. ochraceus* 커피콩), islanditoxin(*Pen. islandicum* 황변미)
- 신장독 : citrinin(*Penicillium citrinum* 태국황변미), citreo-mycetin, Kojic acid(*Asp. oryzae*)
- 신경독 : patulin(*Pen. patulum*, *Pen. expansum*) maltoryzine(*Asp. oryzae* var *microsporus*), citreoviridin(*Pen. citreoviride* 톡시카리움황변미)
- *Fusarium*(붉은곰팡이) 속 곰팡이 독소 : zearalenone(발정유발 물질), sporofusariogenin(무백혈구증-조혈계 이상)

16 수인성 감염병의 특징이 아닌 것은?

① 단시간에 다수의 환자가 발생한다.
② 동일 수원의 급수지역에 환자가 편재된다.
③ 잠복기가 수 시간으로 비교적 짧다.
④ 원인 제거 시 발병이 종식될 수 있다.

[해설]
수인성 감염병
- 장티푸스, 파라티푸스, 콜레라, 이질 등
- 물이 감염원으로 운반매체이다.
- 병원균의 독력이 강하여서 식품에 소량의 균이 있어도 발병한다.
- 단시간에 다수의 환자가 발생한다.
- 사람에서 사람으로 2차 감염된다.
- 잠복기가 길고 격리가 필요하다.
- 면역이 있는 경우가 많다.
- 급수지역에 한정되어 있다.

17 멜라민 수지로 만든 식기에서 위생상 문제가 될 수 있는 주요 성분은?

① 비소
② 게르마늄
③ 포름알데히드
④ 단량체

[해설]
플라스틱류
- 열가소성 수지(열을 가하면 부드럽게 된다) - 폴리에틸렌, 폴리프로필렌(안정제 용출), 폴리스티렌(단량체 용출), 염화비닐수지(가소제, 단량체, 안정제 용출) 등
- 열경화성 수지(열을 가해도 부드러지지 않는다) - 페놀수지, 요소수지, 멜라민수지 등으로 포르말린(포름알데히드) 용출
- 물리적 특성 : 비중, 경도, 용해성

18 보존료의 사용 목적과 거리가 먼 것은?

① 수분감소의 방지
② 신선도 유지
③ 식품의 영양가 보존
④ 변질 및 부패 방지

[해설]
보존료
미생물에 의한 식품의 부패나 변질을 방지하여 신선도를 유지하고 식품의 영양가를 보존하기 위해 사용하는 물질을 말한다.

19 가공식품에 잔류한 농약에 대하여 식품의 기준 및 규격에 별도로 잔류허용기준을 정하지 않은 경우 무엇을 우선적으로 적용하는가?

① WHO
② FDA 기준
③ CODEX 기준
④ FCC/CER

[해설]
가공식품에 잔류한 농약에 대하여 식품의 기준 및 규격에 별도로 잔류허용기준을 정하지 않은 경우 국제 규격위원회(CODEX)의 기준을 따른다.

20 식품의 제고 가공 공정에서 일반적인 HACCP의 한계기준으로 부적합한 것은?

① 미생물 수
② A_w와 같은 제품 특성
③ 온도 및 시간
④ 금속검출기 감도

[해설]
HACCP
- 허용기준 설정(critical limit, 원칙 3) : 안전을 위한 절대적 기준치로 온도, 시간, 무게, 색, 소독, 세척, pH, 수분활성도, 금속검출 등 현장에서 간단히 확인할 수 있는 기준 설정
- 설정절차 : 법적인 기준 및 규격 확인 - 한계기준을 자체적으로 설정 - 한계기준 근거자료를 유지 보관

정답 16 ③ 17 ③ 18 ① 19 ③ 20 ①

2과목 식품화학

21 유지를 가열하면 점도가 커지는 것은 다음 중 어느 반응에 의한 것인가?

① 산화반응　　② 가수분해
③ 중합반응　　④ 열분해반응

> 해설
> 유지의 가열산화
> • 고온에서 유지를 장시간 가열하면 가열분해로 생성된 물질들이 중합하여 점도, 비중, 굴절률이 증가하고 발연점이 낮아지게 된다.
> • 산가, 과산화물가, 카르보닐가 등이 증가하고 요오드가는 감소하게 된다.

22 감귤류에 특히 많은 유기산은?

① tartaric acid　　② citric acid
③ succinic acid　　④ acetic acid

> 해설
> 감귤류에는 특히 구연산(citrate)이 많다.

23 유화액의 수중 유적형과 유중 수적형을 결정하는 조건으로 가장 거리가 먼 것은?

① 유화제의 성질　　② 물과 기름의 비율
③ 유화액의 방치시간　　④ 물과 기름의 첨가 순서

> 해설
> 유화액의 수중 유적형과 유중 수적형을 결정하는 조건은 유화제의 성질, 물과 기름의 비율, 물과 기름의 첨가 순서에 의해 결정된다.

24 비타민 A의 산화를 방지할 수 있는 것은?

① 비타민 B　　② 비타민 D
③ 비타민 E　　④ 비타민 K

> 해설
> 비타민 E는 천연 항산화제이다.

25 식품의 조직감(texture) 특성에서 견고성(hardness)이란?

① 반고체식품을 삼킬 수 있는 정도까지 씹는 데 필요한 힘
② 식품을 파쇄하는 데 필요한 힘
③ 식품의 형태를 구성하는 내부적 결합에 필요한 힘
④ 식품의 형태를 변형하는 데 필요한 힘

> 해설
> 식품의 조직감
> • 견고성(경도) : 일정 변형을 일으키는 데 필요한 힘의 크기
> • 응집성 : 식품의 형태를 구성하는 내부적 결합에 필요한 힘
> • 저작성 : 반고체식품을 삼킬 수 있는 정도까지 씹는 데 필요한 힘
> • 점성 : 흐름에 대한 저항의 크기
> • 접착성 : 식품 표면이 다른 물질의 표면에 부착되어 있는 것을 떼어내는 데 필요한 힘

26 15%의 설탕용액에 0.15%의 소금 용액을 동량 가하면 용액의 맛은?

① 짠맛이 증가한다.　　② 단맛이 증가한다.
③ 단맛이 감소한다.　　④ 맛의 변화가 없다.

> 해설
> 설탕용액에 약간의 소금을 첨가하면 맛의 강화작용으로 단맛이 강해진다.

27 적색의 양배추를 식초를 넣은 물에 담글 때 나타나는 현상은?

① 녹색으로 변한다.　　② 흰색으로 변한다.
③ 적색이 보존된다.　　④ 청색으로 변한다.

> 해설
> 양배추의 색소는 안토시아닌으로 알칼리에서 청색, 산성에서 적색이 유지된다.

정답　21 ③　22 ②　23 ③　24 ③　25 ④　26 ②　27 ③

28 우유 단백질 중 치즈 제조에 사용되는 것은?

① 락토글로불린(lactoglobulin)
② 락트알부민(lactalbumin)
③ 카세인(casein)
④ 글루텐(gluten)

해설

자연치즈
- 원유에 유산균, 단백질 응유효소(rennin), 유기산 등으로 우유 단백질인 카세인(casein) 응고(커드) 후 유청을 제거한 것
- 가온 및 유청 제거 : 경질치즈 38℃, 연질치즈 31℃에서 가온, whey 제거
- 치즈 제조 시 온도를 높이면 유청의 배출이 빨라지며 젖산 발효가 촉진되고 커드가 수축되어 탄력성 있는 입자를 형성한다.
- 숙성 : Camembert(12~13℃, 14개월), Limburger(15~20℃, 2개월), Gouda(13~15℃, 4~5개월), Cheddar(13~15℃, 6개월) 등 여러 균주가 생산하는 단백질 분해효소에 의해 분해되어 맛과 풍미를 결정한다.

29 단백질의 변성인자가 아닌 것은?

① 산
② 염류
③ 아미노산
④ 표면장력

해설

단백질은 산, 알칼리의 pH, 고농도의 염, 표면장력, 가열 등에 의해 변성되며 아미노산은 구성성분이다.

30 녹색채소(시금치 등)를 살짝 데칠 경우에 그 녹색이 더욱 선명해지는 이유는?

① 데치기에 의하여 클로로필 색소의 Mg이 Cu로 치환되었기 때문이다.
② 데치기에 의하여 식물조직에 존재하는 chlorophyllase가 불활성화되었기 때문이다.
③ 데치기에 의하여 식물조직에 산이 생성되었기 때문이다.
④ 데치기에 의하여 식물조직에 알칼리가 생성되었기 때문이다.

해설

데치기(blanching)
- 식품 원료에 들어 있는 산화 효소(chlorophyllase)를 불활성화
- 식품 조직 중의 가스 방출
- 예열함으로써 원료 중에 들어 있는 산소농도 감소
- 식품의 색을 고정시키고 박피 용이
- 조직을 유연화하여 충진 용이

31 선도가 저하된 해산어류의 특유한 비린 냄새의 원인은?

① piperidine
② trimethylamine
③ methyl mercaptan
④ actin

해설

향기성분
- 에스테르류 : sedanolide(셀러리), methyl cinnamate(송이버섯), amyl formate(사과, 복숭아), isoamyl formate(배)
- 알코올류 : 2,6-nonadienal(오이), furfuryl alcohol(커피)
- 테르펜류 : limonene(레몬, 오렌지), camphene(생강), geraniol(오렌지, 레몬), menthol(박하), citral(오렌지, 레몬)
- 황화합물 : methylmercaptane(무), propylmercaptane(마늘), dimethylmercaptane(단무지)
- 알데히드류(aldehyde) 및 유기산 : 식물의 풋내, 유지 식품의 기름진 풍미 및 산패취, 생우유(acetone, acetaldehyde, propionic acid, butyric acid, caproic acid, methyl sulfide), 버터(diacetyl, propionic acid, butyric acid, caproic acid), 치즈(ethyl β-methylmercaptopropionate)
- 피라진류(pyrazines) : 질소를 함유한 화합물로, 고기향, 땅콩향, 볶음향 등의 특성을 나타내는 성분, trimethylamine, piperidine, δ-aminovaleric acid-어류 비린내

32 다음 중 소수기에 속하는 것은?

① $-OH$
② $-CH_2-CH_3$
③ $-NH_2$
④ $-CHO$

해설

탄소와 수소는 전기음성도가 2.5, 2.4로 비슷하여 비극성이므로 소수성이다.

33 1M NaOH 용액 1L에 녹아 있는 NaOH의 중량은?

① 30g　　② 35g
③ 40g　　④ 50g

> **해설**
> 1M은 용액 1L 안에 들어 있는 용질의 분자량
> NaOH(23+16+1)의 분자량은 40

34 유지를 튀김에 사용하였을 때 나타나는 화학적인 현상은?

① 산가가 감소한다.
② 산가가 변화하지 않는다.
③ 요오드가가 감소한다.
④ 요오드가가 변화하지 않는다.

> **해설**
> 유지의 가열산화
> - 고온에서 유지를 장시간 가열하면 가열분해로 생성된 물질들이 중합하여 점도, 비중, 굴절률이 증가하고 발연점이 낮아지게 된다.
> - 산가, 과산화물가, 카르보닐가 등이 증가하고 요오드가는 감소하게 된다.

35 아미노산의 중성용액 혹은 약산성 용액을 시약을 가하여 같이 가열했을 때 CO_2를 발생시키면서 청색을 나타내는 반응으로 아미노산이나 펩티드 검출 및 정량에 이용되는 것은?

① 밀롱 반응　　② 크산토프로테인 반응
③ 닌히드린 반응　　④ 뷰렛 반응

> **해설**
> 단백질의 화학반응
> - 정성반응 : Millon(밀롱 반응)-Tyr(티로신), Xanthoprotein-Trp(트립토판), Sakaguchi-Arg(아르기닌)
> - Ninhydrin 반응 : 아미노산의 α-아미노기와 닌히드린 시약이 결합하여 청자색의 결정체를 만들어 아미노산, 펩티드, 단백질의 정성반응에 이용(프롤린은 이미노산으로 노출된 α-아미노기가 없어 황색 결정체 형성)
> - Biuret 반응 : peptide 결합을 2개 이상 가진 단백질은 뷰렛 시약과 반응하여 청자색을 나타내므로 단백질이나 펩티드 정성에 이용된다. 아미노산은 반응하지 않는다.
> - 단백질 정량 : kjeldahl 시험에서 단백질을 황산으로 산분해 후 중화적정으로 단백질 중 질소량을 측정한다. 질소는 단백질 중 16%를 구성하므로 측정한 질소량에 질소계수 6.25(100/16)를 곱하여 조단백질의 양을 구한다.

36 식품의 기본 맛 4가지 중 해리된 수소이온(H^+)과 해리되지 않은 산의 염에 기인하는 것은?

① 단맛　　② 짠맛
③ 신맛　　④ 쓴맛

> **해설**
> 식품의 기본 맛 4가지 중 해리된 수소이온(H^+)과 해리되지 않은 산의 염에 기인하는 것은 신맛이다.

37 다음 중 인지질로 구성된 것은?

① lecithin, cephalin
② sterol, squalene
③ triglyceride, glycerol
④ wax, tocopherol

> **해설**
> 복합지질
> - 포스파티드산을 기본으로 하는 인지질 : 레시틴(포스파티딜콜린), 세팔린(포스파티딜세린), 카르디올리핀, 포스파티딜글리세롤, 포스파티딜 에탄올아민 등
> - 세라마이드를 기본으로 하는 인지질 : 스핑고 미엘린
> - 세라마이드를 기본으로 하는 당지질 : 세레브로시드(cerebrosides), 강글리오시드
> - 스핑고지질 : 스핑고 미엘린, 세레브로시드(cerebrosides), 강글리오시드
> - 유도지질 : 스테롤, 테르펜(terpene), 글리세롤, 지방산

38 다음 중 Vitamin A를 가장 많이 함유하는 식품은?

① 우유　　② 버터
③ 간유　　④ 고등어

정답 33 ③　34 ③　35 ③　36 ③　37 ①　38 ③

[해설]

비타민 A
- provitamin A(α-carotene, 활성도 : 53, β-carotene : 100, γ-carotene : 27, cryptoxanthine : 57)
- 알칼리성에 안정, 단위 1IU → 0.3γ에 해당
- 어류의 간유가 가장 많으며 버터, 계란 노른자, 당근, 시금치 등

39 다음 중 식물성 식품 성분 가운데 자외선을 쪼이면 비타민 D로 전환되는 것은?

① cholesterol ② sitosterol
③ ergosterol ④ stigmasterol

[해설]

비타민 D
- 프로비타민 D인 ergosterol은 자외선 조사에 의해 비타민 D_2로 잘 전환된다.
- 뼈의 석회화를 도와주는 역할로 부족 시 골다공증이나 골연화증 유발
- 인(P)의 흡수 및 침착

40 수분활성도에 대한 설명 중 틀린 것은?

① 일반적으로 수분활성도가 0.3 정도로 낮으면 식품내의 효소반응은 거의 정지된다.
② 일반적으로 수분활성도가 0.85 이하이면 미생물 중 세균의 생장은 거의 정지된다.
③ 일반적으로 수분활성도가 0.7 이상이 되면 비효소적 갈변반응의 속도는 감소하기 시작한다.
④ 일반적으로 수분활성도가 0.2 이하에서는 지질산화의 반응속도가 최저가 된다.

[해설]

수분활성도(A_w)
- 어떤 온도에서 식품이 나타내는 수증기압에 대한 순수한 물의 수증기압비로 정의된다.
  $Aw = \dfrac{P}{P_0}$, P : 식품의 수증기압, P_0 : 물의 수증기압
- 단, 식품의 수증기압은 식품 중 녹아 있는 용질의 종류와 양에 의해 영향을 받으므로 물의 몰수를 M_w, 용질의 몰수를 M_s라고 할 때 $A_w = \dfrac{M_w}{M_w + M_s}$가 된다.

- 식품의 수분활성도는 항상 1 미만
- 어패류나 수육과 같이 수분이 많은 식품의 A_w는 0.98~0.99, 곡물 등 수분이 적은 건조식품의 A_w는 0.60~0.64 정도
- 미생물 생육 최저 수분활성도 : 세균 0.91, 효모 0.88, 곰팡이 0.80, 내건성 곰팡이 0.65, 내삼투압성 효모 0.60 등
- 단분자층 : 결합수, A_w 0.1 이하 지방 자동산화 촉진
- 다분자층 : 준결합수, A_w 0.65~0.85 중간수분식품(잼, 젤리, 곶감, 건포도 등)은 높은 저장성, A_w 0.5~0.7 사이 높은 비효소적 갈변반응
- 다분자수분층 : 자유수, 수분활성도가 높아 미생물 증식, 효소반응, 화학반응 촉진

3과목 식품가공학

41 어패육이 식육류에 비하여 쉽게 부패하는 이유가 아닌 것은?

① 수분과 지방이 적어 세균 번식이 쉽다.
② 어체 중의 세균은 단백질분해효소의 생산력이 크다.
③ 자기소화작용이 커서 육질의 분해가 쉽게 일어난다.
④ 조직이 연약하여 외부로부터 세균의 침입이 쉽다.

[해설]

어패육은 수분이 많아 세균의 번식이 용이하다.

42 수산물이 화학적 선도판정의 지표가 되지 않는 것은?

① pH
② 휘발성 염기질소
③ 트리메틸아민옥시드(trimethylamine oxide)
④ K value

[해설]

식품의 신선도 측정(초기 부패 측정)
- 관능검사 : 기본적이고 간단한 방법 - 맛, 냄새, 색, 조직감 관찰
- 생물학적 검사 : 생균수 측정(신선도 판정 지표) - 1g당 10^5 이하이면 신선
- 화학적 검사 : 휘발성 염기질소 측정(30~40mg%), 트리메틸아

민 측정(4mg%), pH 측정(pH 6.2), 히스타민 측정(400mg%), K값 측정(60~80%)
※ 트리메틸아민은 생선의 비린내 성분이다.

43 과일 및 채소의 수확 후 생리현상으로 중량감소를 일으키는 가장 주된 작용은?

① 휴면작용 ② 증산작용
③ 발아발근작용 ④ 후숙작용

[해설]
과일 및 채소의 수확 후 생리현상으로 중량감소를 일으키는 가장 주된 작용은 호흡에 의한 호흡열이 증산작용을 빠르게 일으켜 수분을 증발시킨다.

44 육질의 연화를 위한 숙성과정에서 일어나는 현상에 대한 설명으로 틀린 것은?

① pepsin, trypsin, cathepsin 등의 효소작용에 의한 단백질 가수분해작용이 일어난다.
② actomyosin의 해리현상이 일어난다.
③ 혈색소인 hemoglobin이나 myoglobin은 Fe^{2+}가 Fe^{3+}로 된다.
④ 숙성과정에서 도살 전과 비교하여 pH의 변화는 없다.

[해설]
육류의 숙성
• 경직 해제 후 자가소화 효소에 의한 숙성
• 쇠고기 숙성은 0℃에서 10일간, 8~10℃에서 4일간
• 육류(pH 7.0) - 사후강직(pH 5.0) - 자가소화(autolysis, pH 6.2) - 부패(pH 12)
• 육류를 숙성시키면 신장성과 보수성이 증가한다.

45 냉동포장재로 가장 적합한 것은?

① 염화비닐리덴 ② 염산고무
③ 염화비닐 ④ 폴리에스테르

[해설]
플라스틱 포장재
• 폴리에틸렌, 염화비닐리덴, 폴리에스테르, 폴리프로필렌, 염화비닐, 폴리스티렌, 폴리카보네이트 등 사용
• 폴리에틸렌 : 무색의 반투명한 열가소성 플라스틱. 내약품성, 전기 절연성, 방습성, 내한성, 가공성이 높아 절연 재료, 용기, 패킹 등에 쓰임
• 폴리프로필렌 : 내열성, 내약품성, 고결정성이나 내충격성에서는 약함
• 염화폴리비닐(PVC) : 비닐이라는 이름으로 오래 전부터 애용되어 오던 플라스틱으로 투명하고 착색하기 쉬우며, 가공하기 쉽고 잘 타지 않으며 값이 쌈
• 폴리에스테르 : 강도가 높으며 물에 젖어도 강도의 변함이 없고 흡습성이 낮다. 전기 절연성, 방습성, 내한성이 좋아 냉동포장재로 이용된다.

46 밀가루를 점탄성이 강한 반죽으로 만들기 위한 방법으로 옳은 것은?

① 혼합을 과도하게 한다.
② 밀가루를 숙성, 산화시킨다.
③ 회분함량이 많은 전분을 사용한다.
④ 글루텐 함량이 적은 박력분을 사용한다.

[해설]
밀가루를 점탄성이 강한 반죽으로 만드는 방법
• 밀가루를 숙성, 산화시킨다.
• 글루텐 함량이 많은 강력분을 사용하여 반죽을 충분히 한다.

47 우유가 단맛을 약간 가진 것은 어떤 성분 때문인가?

① 나이아신 ② 리파아제
③ 포도당 ④ 유당

[해설]
우유의 당은 유당으로 당도가 30 정도이다.

48 유지의 탈색공정 방법으로 사용되지 않는 것은?

① 수증기 증류법 ② 활성백토법
③ 산성백토법 ④ 활성탄법

정답 43 ② 44 ④ 45 ④ 46 ② 47 ④ 48 ①

> **[해설]**
> 유지의 탈색공정(Decoloring process)
> - carotenoid, 엽록소 등 제거
> - 가열탈색법이나 활성백토, 산성백토, 활성탄을 이용하는 흡착탈색법 사용

49 다음 중 유화제가 아닌 것은?

① lecithin ② monoglyceride
③ cephalin ④ arginine

> **[해설]**
> 아르기닌은 아미노산이므로 유화제로 사용할 수 없다.

50 아이스크림 품질 평가 중 큰 유당결정이 생겨 사상 조직이 나타나는 현상은?

① buttery body ② crumbly body
③ fluffy body   ④ sandiness

> **[해설]**
> 아이스크림 품질 평가 불량
> 가스 발효(팽창), 과립 생성(살균 부족), 모래현상(sandiness, 유당 결정 15μ 이상), 당침현상(유당 결정 20μ 이상)

51 고기의 신선도를 유지하기 위하여 냉동법으로 저장한 경우 얼음결정에 의하여 발생할 수 있는 변화가 아닌 것은?

① 근육조직 손상 ② 탈수
③ 산패   ④ 부피 감소

> **[해설]**
> 고기 냉동 시 얼음결정에 의한 변화
> - 빙결 생성 후 세포 밖으로 이동하여 탈수되고 빙결정이 모여 성장하면서 세포가 파괴된다.
> - 냉동화상(프리저번, freezer burn) : 냉동저장 중 얼음이 승화하여 노출된 지방성분이 공기 중 산소에 의해 변질, 변색되어 색이 갈변된 현상(산화방지제나 밀착포장 필요)

52 사과통조림을 최종당도 20°Bx로 하고자 한다. 이때 고형량은 250g, 고형분 중 당은 6%, 내용총량 430g으로 하고자 할 때 주입액의 당도는 얼마인가?

① 20°Bx   ② 28.6°Bx
③ 39.4°Bx ④ 61.2°Bx

> **[해설]**
> 당액조제
> - $w_1 x + w_2 y = w_3 z$, $y = \dfrac{w_3 - w_1 x}{w_2}$, $w_3 - w_1 = w_2$
>   여기서, w_1 : 담는 과실의 무게(g), w_2 : 주입당액의 무게(g), w_3 : 통 속의 당액 및 과실의 전체 무게(g), x : 과육의 당도(%), y : 주입액의 농도(%), z : 제품 규격 당도(%)
> - $430 - 250 = 180$(주입액)
> ∴ $250 \times 6 + 180 \times x = 430 \times 20$, $x = 39.4$

53 청국장에 대한 설명으로 틀린 것은?

① 타르색소가 검출되어서는 아니 된다.
② 된장보다 고형물 덩어리가 많다.
③ 콩은 황백색 종자가 좋다.
④ 제조에 사용되는 natto균은 *Aspergillus* 속이다.

> **[해설]**
> 청국장
> - 콩을 증자해 *Bacillus natto*로 40~50℃에서 18~20시간 배양
> - 당단백질로 끈적끈적한 점질물(fructan) 형성, 독특한 풍미 형성

54 식품의 기준 및 규격에서 사용하는 단위가 아닌 것은?

① 길이 : m, cm, mm
② 용량 : L, mL
③ 압착강도 : N
④ 열량 : W, kW

정답 49 ④ 50 ④ 51 ④ 52 ③ 53 ④ 54 ④

해설
국제 단위계(SI system)
- 물리량의 국제 표준 단위는 MKS(m, kg, s) 단위계와 CGS (cm, g, s) 단위계가 있다.
- dyne은 힘의 단위인 뉴턴(N)의 CGS 단위이다.
- 1N = 질량 1kg의 물체에 작용하여 $1m/s^2$의 가속도가 생기게 하는 힘
- 1dyne = 질량 1g의 물체에 작용하여 $1cm/s^2$의 가속도가 생기게 하는 힘
- 1N = 100,000dyne
- 기본단위 : 길이(m, 미터), 질량(kg, 킬로그램), 시간(s, 초), 전류(A, 암페어), 온도(K, 켈빈), 물질량(mol, 몰), 광도(cd, 칸델라)
- 유도단위 : 힘(N, 뉴턴), 에너지 또는 일(J, 줄), 전도율(S, 지멘스), 주파수(Hz, 헤르츠), 전압(V, 볼트), 방사선 흡수선량(Gy, 그레이), 방사선 생물학적 흡수선량(Sv, 시버트)
- 열량(kcal) : 열은 에너지의 일종으로 물체의 온도차로 인하여 생기는 열의 이동량을 열량이라 한다.

해설
상업적 살균
- 완전 멸균에 따른 식품 영양가 파손을 방지하고자 필요한 미생물만 사멸시키는 멸균으로 주로 *Clostridium botulinum*의 포자수를 $1/10^{12}$ 이하로 감소시키는 것
- 병조림, 통조림, 레토르트 식품 멸균은 중심온도 120℃에서 4분간 처리
- 포자가 영양세포보다 내열성이 크다.(세균포자 > 곰팡이, 효모포자 > 영양세포)
- 산성일수록 내열성 작아져 pH 3.7 이하에서는 100℃ 이하에서 멸균
- D(decimal reduction time)값 : 사멸곡선에서 가열 전 미생물 수의 10%로 감소시키는 데 필요한 시간, 온도 지정이 없을 시는 121℃, 온도 증가 시 D값 감소
- Z값 : TDT 곡선에서 D값이 10배로 증가하는 데 필요한 온도 차이, 10배의 살균속도를 위한 온도 상승폭
- F값 : 일정온도에서 일정 농도 미생물을 완전 사멸시키는 데 필요한 시간

55 효소 당화법에 의한 포도당 제조에 대한 설명으로 틀린 것은?

① 분말액은 식용이 가능하다.
② 산 당화법에 비해 당화 시간이 길다.
③ 원료는 완전히 정제할 필요가 없다.
④ 당화액은 고미가 강하고 착색물질이 많다.

해설
효소 당화법
- 당화 효소 균 : *Rhizopus delemar*(D.E 100), *Aspergillus niger* (D.E 80~90)
- 장점 : 정제, 내산성 용기, 중화 불필요, 쓴맛이나 착색 미생성, 분해율 증가(고순도), 분말액 식용 가능

56 가열치사 시간을 1/10로 감소시키기 위하여 처리하는 가열온도의 변화를 나타내는 값은?

① D값
② Z값
③ F값
④ L값

57 간장 코지 제조 중 시간이 지남에 따라 역가가 가장 높아지는 효소는?

① α-amylase
② β-amylase
③ protease
④ lipase

해설
간장 코지 제조
- 코지균을 쌀 또는 보리 등의 배지에 접종시켜 발아 및 발육시키는 조작
- 코지 중 amylase, protease 등 효소가 전분 또는 단백질 분해
- *Aspergillus oryzae*, *Aspergillus sojae* 등을 이용하므로 시간이 지남에 따라 protease의 역가가 높아진다.

58 전단속도 $25s^{-1}$에서 토마토 케첩($K=1.5$ Pa·$s^{0.5}$, $n=0.5$)의 겉보기 점도를 계산하면 얼마인가?(단, 토마토 케첩의 항복응력은 없다.)

① 0.3Pa·s
② 0.5Pa·s
③ 1.0Pa·s
④ 1.5Pa·s

정답 55 ④ 56 ② 57 ③ 58 ①

> **해설**

겉보기 점도
비뉴턴 유체에서 전단응력과 전단속도의 비(전단속도 증가하면 겉보기 점도 감소)
- 겉보기 점도 = 전단응력 ÷ 전단속도
- 전단응력 = 1.5 × 0.5 = 0.75
- ∴ 겉보기 점도 = 0.75/2.5 = 0.3 Pa·s

59 전분 200kg을 산당화법으로 분해시켜 포도당을 제조하면 그 생산량은 약 얼마인가?

① 111kg ② 222kg
③ 333kg ④ 55kg

> **해설**

산 당화
- 전분과 묽은 산을 가열하여 가수분해
- 당화제 : 염산, 황산
- 탈색제 : 활성탄
- 분해도 : D.E 92~93
- 당화점 : 알코올 검사(전분은 침전, 포도당은 불침전)
- 100g 전분으로 약 110g D-glucose 생산

60 소금의 방부력과 관계가 없는 것은?

① 원형질의 분리
② 펩타이드 결합의 분해
③ 염소이온의 살균작용
④ 산소의 용해도 감소

> **해설**

소금의 방부력
- 삼투압에 의해 원형질 분리
- 탈수에 의한 미생물 사멸
- 염소 자체의 살균력
- 용존산소 감소 효과에 따른 화학반응 억제
- 단백질 변성에 의한 효소의 작용억제 등의 효과

4과목 식품미생물학

61 곰팡이에서 포복지(stolon)와 가근(rhizoid)을 가진 속은?

① *Penicillium* 속   ② *Mucor* 속
③ *Aspergillus* 속   ④ *Rhizopus* 속

> **해설**

곰팡이(진균류)
- 조상균류 : *Mucor*(털곰팡이), *Rhizopus*(거미줄곰팡이, 가근, 포복지), *Absidia*(활털곰팡이, 가근, 포복지)
- 자낭균류 : *Aspergillus*(누룩곰팡이, 정낭, 병족세포), *Penicillium*(푸른곰팡이, 기저경자), *Monascus*(홍국곰팡이), *Neurospora*(붉은곰팡이)

62 다음 설명에 가장 적합한 균종은?

- 코지 곰팡이의 대표적인 균종이다.
- 청주, 된장, 간장, 감주 등의 제품에 이용된다.
- 처음에는 백색이나 분생자가 생기면서부터 황색에서 황록색으로 되고 더 오래되면 갈색을 띤다.

① *Aspergillus usami*
② *Aspergillus flauus*
③ *Aspergillus niger*
④ *Aspergillus oryzae*

> **해설**

Aspergillus oryzae(황국균)
- 황색의 균총 형성
- 전분 당화력, 단백질 분해력이 강해 청주, 된장, 간장 제조에 이용

63 세균을 분류하는 기준으로 볼 수 없는 것은?

① 편모의 유무 및 착생부위
② 격벽(septum)의 유무
③ 그람 염색성
④ 포자의 형성 유무

정답 59 ② 60 ② 61 ④ 62 ④ 63 ②

> [해설]

격벽은 곰팡이 분류에 쓰인다.
- 조상균류(격막 없음) : 접합균류, 난균류, 호상균류
- 순정균류(격막 있음) : 자낭균류, 담자균류, 불완전균류

64 혈구계수기를 이용하는 총균수 측정법에서 말하는 총균수(total count)란?

① 살아 있는 미생물의 수
② 고체 배지상에 나타난 미생물 수
③ 사멸된 미생물을 제외한 수
④ 현미경하에서 셀 수 있는 미생물 수

> [해설]

미생물 총균수 계수법
염기성 염색시약으로 단일염색하고 현미경에서 혈구계수기(haematometer)로 직접 셀 수 있는 미생물 수를 계수하여 희석배수와 눈금칸을 곱해 구한다.

65 효모에 의한 발효성 당류가 아닌 것은?

① 과당   ② 전분
③ 설탕   ④ 포도당

> [해설]

효모가 이용할 수 있는 발효당은 과당, 포도당, 설탕, 유당, 맥아당 등으로, 전분은 효소에 의해 분해되어 당화가 이루어져야만 발효할 수 있다.

66 맥주 제조용 양조 용수의 경도(hardness)를 저하시키는 방법으로 부적당한 것은?

① 염소 첨가   ② 가열
③ 석회수 첨가   ④ 이온교환수지 사용

> [해설]

경도는 물속에 존재하는 Ca, Mg 같은 2가 양이온을 말하며 경도를 제거하는 방법에는 가열, 석회수 첨가(석회소다법), 이온교환수지(제올라이트법) 등이 있다.

67 *penicillium roqueforti*와 가장 관계 깊은 것은?

① 치즈   ② 버터
③ 유산균음료   ④ 절임류

> [해설]

치즈 숙성 균
- 카망베르 치즈 – *Penicillium camemberti*
- 로크포르 치즈 – *Penicillium roqueforti*
- 스위스 에멘탈 치즈 – *Propionibacterium freudenreichii*

68 클로렐라에 대한 설명으로 틀린 것은?

① 단세포의 녹조류이다.
② 엽록소를 갖고 있다.
③ 형태는 나선형이다.
④ 양질의 단백질을 다량 함유한다.

> [해설]

조류(algae)
- 대부분 담수나 해수에서 생육하며 광합성으로 독립 영양생활하는 하등식물의 총칭
- 잎, 줄기, 뿌리, 관상체가 없으며 유성생식, 무성생식을 한다.
- 규조류는 최근 화석연료 대체연료로 이용
- 남조류는 원핵세포에 속한다.
- 해조류에 속하는 갈조류(미역, 다시마), 홍조류(김, 우뭇가사리), 녹조류(클로렐라, 파래) 등은 진핵세포인 원생생물이다.
- 클로렐라 : 단백질 함량(40~50%)이 높고 비타민 A, B_1, B_2, C 등, 광합성, 단세포

69 세균의 포자에만 존재하는 저분자 화합물은?

① peptidoglycan
② dipicolinic acid
③ lipopoly saccharide(LPS)
④ muraminic acid

> [해설]

세균의 포자에는 dipicolinic acid와 Ca^{2+}가 결합하여 강한 내열성을 가진다.

70 원핵세포생물에 대한 설명 중 틀린 것은?

① 핵막과 미토콘드리아가 없다.
② 호흡효소는 대부분 mesosome에 존재한다.
③ 진화 발달된 세포이다.
④ 일반적으로 sterol이 없다.

> 해설
> 세균과 같은 원핵세포는 하등한 미생물로 스테롤이 있는 세포막이나 펩티도 글리칸으로 구성된 세포벽으로 싸여 있으며 리보솜은 있으나 핵막과 미토콘드리아는 없다.

71 미생물의 영양상 특징이 아닌 것은?

① 미생물의 영양은 탄소원 또는 에너지원의 이용이 다양하다.
② 증식은 첨가영양원의 농도에 대응해서 증가하고 어느 농도 이상에서는 일정하게 된다.
③ 증식에 필요한 모든 영양원이 충족되어야 하며 필수영양원이 조금 부족해도 증식할 수 있다.
④ 같은 화합물이라도 농도에 따라 미생물에 대한 영향은 다르다.

> 해설
> 어떠한 생물체라도 필수영양원이 부족하면 제한요소가 되어 증식할 수 없다.

72 박테리오파지에 대한 설명으로 틀린 것은?

① 광학현미경으로 관찰할 수 없다.
② 세균의 용균현상을 일으키기도 한다.
③ 독자적으로 증식할 수 없다.
④ 기생성이기 때문에 자체의 유전물질이 없다.

> 해설
> 박테리오파지(bacteriophage)
> 세균을 숙주 세포로 하는 바이러스, 세균을 먹는다는 뜻이다.
> • 단백질 껍질과 내부에 핵산(DNA나 RNA)을 가지고 있으며 살아 있는 생물체 내에서만 번식할 수 있다.
> • 용균성 파지(virulent phage) : 감염 후 숙주 세포 내에서 새로운 DNA나 단백질을 합성하여 세균 파괴
> • 용원성 파지(lysogenic phage) : 감염 후 세균의 숙주 DNA에 삽입되어 prophage가 되고 함께 증식하며 유전된다, 환경이 안 좋을 경우 다시 용균성이 되기도 한다.
> • 온건성 파지 : 용균성, 용원성 둘 다 하는 바이러스
> • 세균 여과막을 통과하며 광학현미경으로 관찰할 수 없다.

73 포도당 100g을 정상형(homofermentative) 젖산균을 사용하여 젖산 발효를 시킬 때 얻는 젖산의 이론치는?

① 80g   ② 86g
③ 92g   ④ 100g

> 해설
> 동형 젖산 발효
> • $C_6H_{12}O_6 \rightarrow 2CH_3 \cdot CHOH \cdot COOH$
>   Glucose   Latic acid
>   이론상으로 분자량이 동일하므로 100% 수율
> • 젖산균 : Lactobacillus acidophilus, Lactobacillus delbrueckii (포도당), L. bulgaricus, L. casei(우유)
> • L-형 젖산 인체 이용
> • 10%당, pH 5.5~6.0, 45~50℃, 80~90% 수율

74 버섯에 대한 설명 중 틀린 것은?

① 대부분은 담자균류에 속한다.
② 담자균류는 균사에 격막이 있다.
③ 2차 균사는 단핵 균사이다.
④ 동담자균류와 이담자균류가 있다.

> 해설
> 버섯(담자균류)
> • 포자가 착생하는 자실체가 육안으로 볼 수 있을 정도로 크게 발달한 대형 자실체를 형성하는 것을 버섯이라 하며 담자균류와 자낭균류에 속하지만 대부분 담자균류이다.
> • 담자균류에는 동담자균류와 이담자균류가 있다.
> • 담자균류에서 무성생식포자는 드물게 나타나며, 유성생식포자로는 핵융합과 감수분열을 거쳐 담자기에 보통 4개의 담자포자가 형성된다.

정답 70 ③ 71 ③ 72 ④ 73 ④ 74 ③

75 한식(재래식)된장 제조 시 메주에 생육하는 세균은?

① *Bacillus subtilis*
② *Acetobacter aceti*
③ *Lactobacillus breuis*
④ *Clostridium botulinum*

해설

재래식 된장 제조
- 대두, 소금, 물을 주원료로 하는 전통방식 간장, 색이 연하고 짠맛이 강함
- 삶은 콩을 찧어 덩어리 성형 후 따뜻한 방에 띄워 메주 제조
- *Bacillus subtilis* 생육, protease, amylase 생성, formic acid 생성

76 세균이 식품에 오염되어 증식하면서 생성한 독소를 사람이 섭취하여 중독증을 유발하는 식중독균에 속하는 것은?

① 황색포도상구균(*Staphylococcus aureus*)
② 장염비브리오균(*Vibrio parahaemolyticus*)
③ 장출혈성대장균
④ 살모넬라균(*salmonella*)

해설

식중독
- 감염형 : *Salmonella enteritidis, Sal. typhimurium, Vibrio para-haemolyticus, Campylobacter jejuni, Listeria monocytogenes, Yersinia enterocolitica, E. coli*(EHEC) O157 : H7
- 독소형 : *Staphylococcus aureus, Bacillus cereus, Clostridium botulinum, Clostridium perfringens*

77 다음 반응과 관계 깊은 것은?

$$C_6H_{12}O_6 + 6O_2 \rightarrow 6CO_2 + 6H_2O + 688kcal$$

① 발효작용
② 호흡작용
③ 증식작용
④ 증산작용

해설

포도당을 분해하여 물과 이산화탄소를 생산하고 에너지를 얻는 호흡작용이다.

78 Invertase를 생성하는 미생물은?

① *Saccharomyces carsbergensis*
② *Saccharomyces ellipsoideus*
③ *Saccharomyces coreanus*
④ *Saccharomyces cerevisiae*

해설

invertase 생산
Saccharomyces cerevisiae : 전화당, surose 결정 방지

79 다음 중 세균이 아닌 것은?

① *Micrococcus* 속
② *Sarcina* 속
③ *Bacillus* 속
④ *Pichia* 속

해설

Pichia 속
- 발효 액면에 피막을 형성하는 유해 산막효모
- 구형, 모자형, 방추형
- 호기성으로 산화력이 큼
- *Pichia membranaefaciens* - 맥주, 포도주 유해균, 알코올 분해

80 항생물질 제조에 이용되며, 황변미 독소 생성과 관계있는 자낭균류의 누룩곰팡이과 미생물은?

① *Rhizopus* 속
② *Penicillium* 속
③ *Aspergillus* 속
④ *Mucor* 속

해설

곰팡이(진균류)
- 조상균류 : *Mucor*(털곰팡이), *Rhizopus*(거미줄곰팡이, 가근, 포복지), *Absidia*(활털곰팡이, 가근, 포복지)
- 자낭균류 : *Aspergillus*(누룩곰팡이, 정낭, 병족세포), *Penicillium*(푸른곰팡이, 기저경자), *Monascus*(홍국곰팡이), *Neurospora*(붉은곰팡이)

정답 75 ① 76 ① 77 ② 78 ④ 79 ④ 80 ②

5과목 식품제조공정

81 수직 스크루 혼합기의 용도로 가장 적합한 것은?

① 점도가 매우 높은 물체를 골고루 섞어준다.
② 서로가 섞이지 않는 두 액체를 균일하게 분산시킨다.
③ 고체분말과 소량의 액체를 혼합하여 반죽상태로 만든다.
④ 많은 양의 고체에 소량의 다른 고체를 효과적으로 혼합시킨다.

해설

혼합기의 종류
㉠ 고체-고체 혼합기
  • 고체 간 혼합에는 회전이나 뒤집기 이용
  • 텀블러(곡류), 리본혼합기(라면수프), 스크루혼합기 등
㉡ 고체-액체 혼합기(반죽 교반기)
  • S자형 반죽기 : 제과 제빵용 밀가루 반죽에 이용
  • 페달형 팬 혼합기 : 계란, 크림, 쇼트닝 등 과자 원료 혼합에 이용
㉢ 액체-액체 혼합기
  • 용기 속 임펠러로 액체 혼합(패들 교반기, 터빈 교반기, 프로펠러 교반기 등)
  • 혼합효과를 높이기 위해 방해판 설치, 경사 등 이용

82 사각형의 여과틀에 여과포를 씌우고 여과판과 세척판을 교대로 배열해서 만든 대표적인 가압 여과기는?

① 중력 여과기
② 필터 프레스
③ 진공 여과기
④ 원심 여과기

해설

필터 프레스
사각형의 여과틀에 여과포를 씌우고 여과판과 세척판을 교대로 배열해서 만든 대표적인 가압 여과기

83 일반적으로 액체식품의 건조에 가장 효율적인 건조방법은?

① 진공건조
② 가압건조
③ 냉동건조
④ 분무건조

해설

분무건조기
• 열에 약한 제품에 이용, 분유, 주스분말, 커피, 차 등
• 액상 식품을 분무장치로 열품에 분무하여 빠르게 건조
• 대부분 건조가 항률건조

84 농도 5%(wt)의 식염수 1톤을 50%(wt)로 농축시키려면 몇 kg의 수분증발이 필요한가?

① 120kg
② 250kg
③ 630kg
④ 900kg

해설

수분함량
• 습량기준 식염수 함량이 5%일 때 수분의 무게(x)
  $(x/1,000) \times 100 = 95$, $x = 950$
• 농축 후 제품무게(y)
  $1,000 \times 0.05 = y \times 0.5$, $y = 100$
• 농축 후 수분무게
  $100 \times 0.5 = 50$
∴ 증발해야 하는 수분량
  $950 - 50 = 900$kg

85 초임계유체 추출방법이 효과적으로 쓰이는 식품균이 아닌 것은?

① 커피
② 유지
③ 스낵
④ 향신료

해설

초임계유체 추출
• 유기용매 대신 초임계가스를 용매로 사용
• 초임계유체는 기체상과 액체상이 공존하는 임계부근의 유체
• 기체성질로 침투율과 추출효율이 높고 액체밀도가 높아 용해도 증가
• 에탄, 프로판, 에틸렌, 이산화탄소 등 이용
• 커피, 향신료, 유지 등 고부가가치 상품에 이용

정답 81 ④ 82 ② 83 ④ 84 ④ 85 ③

86 식품공업에서 원료 중의 고형물을 회수할 때나 물에 녹지 않는 액체를 분리할 때 고속 회전시켜 비중의 차이에 의해 분리하는 조작은?

① 추출
② 여과
③ 조립
④ 원심 분리

해설

원심 분리
원료 중의 고형물을 회수할 때나 물에 녹지 않는 액체를 분리할 때 고속 회전시켜 비중의 차이에 의해 분리

87 밀가루 반죽과 같은 고점도 반고체의 혼합에 관여하는 운동과 관계가 먼 것은?

① 절단(cutting)
② 치댐(kneading)
③ 접음(folding)
④ 전단(shearing)

해설

절단
육류, 신선한 과실 등 섬유조직을 가진 제품을 자를 때 사용되는 작용(슬라이싱, 다이싱, 펄핑)

88 물리적 비가열 살균 기술이 아닌 것은?

① 초음파 살균 기술
② 고전압펄스 전기장 기술
③ 생리활성물질 첨가 기술
④ 초고압 기술

해설

생리활성물질 첨가는 화학적 기작에 속한다.

89 김치 제조에서 배추의 소금 절임 방법이 아닌 것은?

① 압력법
② 건염법
③ 혼합법
④ 염수법

해설

소금 절임
- 10%의 소금을 이용하여 저장하는 방법
- 삼투압에 의해 원형질 분리
- 탈수에 의한 미생물 사멸
- 염소 자체의 살균력
- 용존산소 감소 효과에 따른 화학반응 억제
- 단백질 변성에 의한 효소의 작용억제 등의 효과
- 건염법은 10~15%, 염수법은 20~25%를 사용하여 채소류나 어류에 이용
- 혼합법은 건염법과 염수법을 혼용한 것

90 진공 동결 건조에 대한 설명으로 틀린 것은?

① 향미 성분의 손실이 적다.
② 감압 상태에서 건조가 이루어진다.
③ 다공성 조직을 가지므로 복원성이 좋다.
④ 열풍건조에 비해 건조시간이 적게 걸린다.

해설

동결 건조
- 수분을 얼려 승화시켜 건조, 고비용 제품에 이용
- 품질 손상 없이 2~3%의 저수분 상태로 건조할 수 있다.
- 냉각기 온도 -40℃, 압력 0.098mmHg(감압)
- 형태가 유지되고 다공성이므로 복원력이 좋다.
- 향미 보존, 식품 성분 변화가 적다.
- 쉽게 흡습하고 잘 부서져 포장이나 수송이 곤란하다.

91 냉동 건조(freeze drying) 방법으로 제조된 식품의 특징으로 틀린 것은?

① 제품의 밀도가 증가한다.
② 향미 성분이 보존된다.
③ 승화와 탈습의 과정을 거쳐 제조된다.
④ 제품의 물리적 변형이 적다.

해설

문제 90번 해설 참고

정답 86 ④ 87 ① 88 ③ 89 ① 90 ④ 91 ①

92 유지의 채취법으로 적당하지 않은 것은?

① 증류법 ② 추출법
③ 용출법 ④ 압착법

해설

식용유지 제법
- 압착법, 추출법은 식물유지 채취, 용출법은 동물유지 채취 이용
- 용출법(melting process) : 동물성 원료를 가열시켜서 유지 제조
- 압착법(expression process) : 식물질 원료에 기계적인 압력을 가하여 유지 제조
- 추출법(extraction process) : 식물성 원료를 유기용매로 녹여서 제조, 추출용매는 벤젠, 에틸알코올, 노멀 헥산, 아세톤, CS_2 등 사용
- 추출용매는 가격이 저렴하고, 유지 이외 물질은 추출하지 말아야 하며 기화열과 비열이 낮아 회수가 쉬워야 한다.

93 다음 중 입자 크기 '−10+20mesh'의 의미로 옳은 것은?

① 10mesh체는 통과하나 20mesh체는 통과하지 못하는 입자
② 10mesh체는 통과하지 못하나 20mesh체는 통과하는 입자
③ 10mesh체와 20mesh체를 모두 통과하는 입자
④ 10mesh체와 20mesh체를 모두 통과하지 못하는 입자

해설

체 분리
- 체의 단위인 mesh는 가로세로 1인치(2.54cm) 안에 있는 구멍의 수로 나타내며, 수치가 클수록 작은 구멍을 가진다.
- 입자 크기 '−10+20mesh'는 10mesh체는 통과하나 20mesh체는 통과하지 못하는 입자

94 고춧가루나 떡 제조용 쌀가루를 제조할 때 사용하는 롤러밀은 2개의 롤러의 회전속도가 달라 분쇄력을 갖게 된다. 롤러의 표준 회전속도 비는?

① 1 : 1 ② 1 : 25
③ 1 : 5 ④ 1 : 10

해설

분쇄기 종류
- 해머밀(hammer mill) : 회전축에 해머가 장착되어 분쇄, 막대, 칼날, T자형 해머 등(임팩트밀, 다목적밀, 설탕, 식염, 곡류, 마른 채소, 옥수수 전분 등에 사용)
- 볼밀(ball mill) : 회전 원통 속에 금속, 돌 등과 원료를 함께 회전하여 분쇄(곡류, 향신료 등 수분 3~4% 이하 재료에 적당)
- 핀밀(pin mill) : 고정판과 회전원판 사이에 막대모양 핀이 있어 고속 회전으로 분쇄(설탕, 전분, 곡류 등 건식과 콩, 감자, 고구마의 습식이 있다.)
- 롤밀(roll mill) : 롤러밀은 2개의 롤러의 회전속도가 달라 분쇄(밀가루 제분, 옥수수, 쌀가루 제분에 이용), 롤러의 표준 회전속도 비는 1 : 25
- 디스크밀(disc mill) : 홈이 파여 있는 두 개의 원판 사이에 원료를 넣어 분쇄(옥수수, 쌀의 분쇄에 이용)

95 가열살균에 있어 D값이 120℃에서 20초인 세균을 초기농도 10의 5승에서 10의 1승까지 부분 살균하는 데 소요되는 총살균시간은?

① 120초 ② 100초
③ 80초   ③ 50초

해설

상업적 살균
- 완전 멸균에 따른 식품 영양가 파손을 방지하고자 필요한 미생물만 사멸시키는 멸균으로 주로 *Clostridium botulinum*의 포자수를 $1/10^{12}$ 이하로 감소시키는 것
- 병조림, 통조림, 레토르트 식품 멸균은 중심온도 120℃, 4분 처리
- 포자가 영양세포보다 내열성이 크다.(세균포자 > 곰팡이, 효모포자 > 영양세포)
- 산성일수록 내열성이 작아져 pH 3.7 이하에서는 100℃ 이하에서 멸균
- D(decimal reduction time)값 : 사멸곡선에서 가열 전 미생물 수의 10%로 감소시키는 데 필요한 시간, 온도 지정이 없을 시는 121℃, 온도 증가 시 D값 감소
- Z값 : TDT 곡선에서 D값이 10배로 증가하는 데 필요한 온도차이, 10배의 살균속도를 위한 온도 상승폭
- F값 : 일정온도에서 일정 농도 미생물을 완전 사멸하는 데 필요한 시간
- $D120=20$초는 20초 만에 90% 미생물 사멸, 즉 1/10로 감소되므로 10의 5승에서 10의 1승까지 10의 4승은 $20×4=80$초

정답 92 ① 93 ① 94 ② 95 ③

96 식품가공 방법 중 배럴(barrel)의 한쪽에는 원료투입구가 있고 다른 쪽에는 작은 구멍(die)이 뚫려 있으며 배럴 안쪽에 회전 스크루(screw)에 의해 가압된 원료가 나오는 형태의 성형방법은?

① 과립 성형(agglomeration)
② 주조 성형(casting)
③ 압출 성형(extrusion)
④ 압연 성형(sheeting)

해설

성형
- 주조 성형 : 일정한 모양의 틀에 원료를 넣고 가열 또는 냉각시켜 성형(빙과, 빵, 쿠키)
- 압연 성형 : 반죽을 회전롤 사이로 통과시켜 면대를 만들어 세절하거나 압절 성형(국수, 비스킷 등)
- 압출 성형 : 반죽 등 반고체 원료를 노즐 또는 die를 통해 강한 압력으로 밀어내어 성형(스낵, 마카로니 등)
- 응괴 성형 : 건조분말을 수증기로 뭉치게 하고 건조하여 응괴 성형, 물에 쉽게 용해(인스턴트 커피, 분말주스, 조제분유 등)
- 과립 성형 : 젖은 상태의 분체 원료를 회전틀에서 당액이나 코팅제를 뿌려 과립 성형(초콜릿 볼, 과립형 껌 등)
- 압출면 : 반죽을 압출기의 작은 구멍으로 뽑아낸 국수(당면, 마카로니 등)

97 판상식 열교환기에 관한 설명으로 틀린 것은?

① 총괄열전달계수가 매우 작아서 열전달이 천천히 된다.
② 사용 후 청소가 쉽다.
③ 판의 수를 조정함으로써 가열 용량을 쉽게 조정할 수 있다.
④ 점도가 높은 유체에는 사용하기 곤란하다.

해설

총괄열전달계수가 커서 열전달이 빠르게 이루어진다.

98 제조공정 중 압출과정으로 제조되는 면이 아닌 것은?

① 소면
② 스파게티면
③ 당면
④ 마카로니

해설

문제 96번 해설 참고

99 0.0029인치 크기의 체 눈을 형성하는 200메시 체를 기준으로 하여 다음 체 눈의 크기를 $\sqrt{2}$ 만큼씩 증가시키는 체의 표준 시리즈는?

① Tyler series
② British standards
③ ASTM-E 11
④ Mesh standards

해설

Tyler series
0.0029인치 체 눈을 갖는 200메시 체를 기준으로 하여 체 눈의 크기를 $\sqrt{2}$ 만큼씩 증가시키는 체의 표준 시리즈

100 건량기준(dry basis) 수분함량이 25%인 식품의 습량기준(wet basis) 수분함량은?

① 20%
② 25%
③ 30%
④ 18%

해설

수분함량
건물기준 수분함량이 25%일 때 수분의 무게(x)
{x/수분을 뺀 무게$(100-x)$} $\times 100 = 25$, $x = 20$
∴ 습량기준 수분함량
{20/수분을 포함한 무게(100)} $\times 100 = 20\%$

정답   96 ③   97 ①   98 ①   99 ①   100 ①

CHAPTER 09 2017년 2회 식품기사

1과목 식품위생학

01 정수시설의 침전지에서 약품침전의 목적으로 사용하는 것은?

① 명반
② 붕산
③ 염소
④ 표백분

해설
응집제
- 정수시설의 약품침전에는 명반(황산 알루미늄) 사용
- 하수시설의 약품침전에는 철염(황산제1철, 황산제2철, 염화제2철) 사용

02 어떤 식품을 먹기 직전에 끓였는데도 식중독 사고가 일어났다. 만약 세균성 식중독이라면 그 추정 원인 세균은?

① 살모넬라균
② 비브리오균
③ 황색 포도상구균
④ 여시니아 엔테로콜리티카균

해설
황색 포도상구균
- 그람 양성, 포도상알균, 피부상재균, 포자비형성균, A~E 5가지형
- coagulase 양성이고 mannitol 분해
- 균은 열에 약하나 내열성 독소인 enterotoxin 생성(120℃, 20분에도 파괴되지 않음)
- 증균배양 : TSB 배지를 35~37℃에서 18~24시간 배양
- 분리배양 : 만니톨 한천배지 또는 baird-parker 한천배지를 35~37℃에서 18~24시간 배양, 황색 불투명 집락 또는 투명한 띠로 둘러싸인 광택 있는 검은색 집락(배지 중에 있는 단백질이 가수분해)
- 확인시험 : 보통 한천배지를 35~37℃에서 18~24시간 배양 후 그람염색, coagulase 시험 실시

03 장기보존식품의 기준 및 규격에서 저산성식품과 산성식품을 구분하는 기준은?

① pH 5 초과 시 저산성 식품, pH 5 이하 시 산성식품
② pH 4.6 초과 시 저산성 식품, pH 4.6 이하 시 산성식품
③ 산도 10% 이하 시 산성식품, 산도 10% 초과 시 저산성 식품
④ 산도 20% 이하 시 산성식품, 산도 20% 초과 시 저산성 식품

해설
pH 4.6 초과 시 저산성식품, pH 4.6 이하 시 산성식품

04 합성수지 포장재에서 용출될 수 있는 내분비 교란물질은?

① dioctyl phthalate
② polyvinyl alcohol
③ silicon
④ polyethylene

해설
합성수지 포장재
- 폴리에틸렌, 염화비닐리덴, 폴리에스테르, 폴리프로필렌, 염화비닐, 폴리스티렌, 폴리카보네이트 등 사용
- 플라스틱 및 유연포장 필름 등의 가소제, 안정제, 유연제, 단량체, 색소 등 합성품의 유해성이 식품에 영향을 미치지 않아야 한다.
- 투과성이 우수하지만 유지산화, 영양성분 및 색소 파괴 등 영향을 미치므로 산화방지제(BHA, BHT), 가소제(프탈레이트), 자외선 흡수제(벤조페논) 등 첨가
- 가소제인 프탈레이트 계열은 환경호르몬(내분비계 교란물질)이다.

정답 01 ① 02 ③ 03 ② 04 ①

05 가공식품의 경로를 "생산, 수입, 제조가공, 유통, 소비"의 단계로 구분할 때 제조가공, 유통, 소비단계와 관련된 법령이 아닌 것은?

① 양곡관리법
② 식품위생법
③ 건강기능식품에 관한 법률
④ 어린이 식생활 안전관리 특별법

해설
양곡관리법은 식량을 안정적으로 확보함을 목적으로 한다.

06 다음 중 유해성 식품첨가물이 아닌 것은?

① cyclamate
② P-nitro-o-toluidine
③ dulcin
④ D-sorbitol

해설
D-sorbitol은 허용 감미료이고 나머지는 유해 감미료이다.

07 미량으로 발암이나 만성중독을 유발시키는 화학물질 중 상수원 물의 오염이 문제가 되는 것은?

① 아질산염(N-nitrosamine)
② 메틸알코올(methyl alcohol)
③ 트리할로메탄(THM ; trihalomethane)
④ 이환방향족아민류(heterocylic amines)

해설
트리할로메탄은 상수원의 정수과정에서 염소 소독처리 중 발생할 수 있는 발암성 물질이다.

08 "이타이이타이병"과 관계 깊은 금속은?

① 수은　　② 아연
③ 납　　　④ 카드뮴

해설
카드뮴은 신장장애에 의한 질환으로 이타이이타이병을 유발한다.

09 기구 및 용기·포장의 기준 및 규격으로 틀린 것은?

① 기구 및 용기포장은 물리적 또는 화학적으로 내용물이 오염되기 쉬운 구조이어서는 아니 된다.
② 전류를 직접 식품에 통하게 하는 장치를 가진 기구의 전극은 철, 알루미늄, 백금, 티타늄 및 스테인리스 이외의 금속을 사용하여서는 아니 된다.
③ 식품과 접촉하는 면에 인쇄할 때에는 인쇄 후 잔류 톨루엔의 함량이 $5mg/m^2$ 이하이어야 한다.
④ 랩 제조 시에는 디에틸헥실아디페이트(DEHA)를 사용하여서는 아니 된다. 다만, 용출되어 식품에 혼입될 우려가 없는 경우는 제외한다.

해설
식품과 접촉하는 면에는 인쇄할 수 없으며 인쇄 후 잔류 톨루엔의 함량이 $2mg/m^2$ 이하이어야 한다.

10 바다생선회를 원인식으로 발생한 식중독 환자를 조사한 결과 기생충의 자충이 원인이라면 관련 깊은 것은?

① 선모충　　② 동양모양선충
③ 간흡충　　④ 아니사키스충

해설
아니사키스(Anisakis)
• 고래, 돌고래 등 바다 포유류의 기생충
• 분변에 의한 충란 → 제1중간숙주[갑각류(크릴새우)] → 제2중간숙주(오징어, 갈치, 고등어) → 사람이 생식하여 감염(→ 고래)
• 주로 소화관에 궤양, 종양, 봉와직염

정답　05 ①　06 ④　07 ③　08 ④　09 ③　10 ④

11 식품 중의 acrylamide에 대한 설명으로 틀린 것은?

① 반응성이 높은 물질이다.
② 탄수화물이 많은 식물성 식품보다는 단백질이 많은 동물성 식품에서 많이 발견된다.
③ 신경계통에 이상을 일으킬 수 있다.
④ 식품을 삶아서 가공하는 경우에는 생성되는 양이 적다.

해설

아크릴아마이드
- 아미노산과 당이 120℃ 열에 의해 결합하는 마이야르 반응을 통하여 생성되는 물질로 아미노산 중 아스파라긴산이 주원인 물질이다.
- 감자, 빵, 시리얼 등의 곡류 제품을 조리, 가공 중 자연적으로 생성되는 발암물질이다.
- 120℃ 이하에서 조리하거나 삶은 제품에서는 검출되지 않는다.

12 다음에서 설명하는 경구감염병은?

> 감염원은 환자와 보균자의 분변이며, 잠복기는 일반적으로 1~3일이다. 주된 임상증상은 잦은 설사로 처음에는 수양변이지만 차차 점액과 혈액이 섞이며, 발열은 대개 38~39℃이다.

① 콜레라 ② 장티푸스
③ 유행성 간염 ④ 세균성 이질

해설

세균성 이질(shigellosis)
- *Shigella dysenteriae*
- 환자와 보균자의 분변이 식품이나 음료수를 통해 경구감염된다.
- 잠복기는 2~7일이며 발열(38~39℃), 오심, 복통, 설사는 점액과 혈변을 배설한다.

13 다음 중 수용성인 산화방지제는?

① Ascorbic acid
② Butylated hydroxyl anisole(BHA)
③ Butylated hydroxyl toluene(BHT)
④ Propyl gallate

해설

산화방지제(항산화제)
- 수용성 산화방지제 : 아스코르브산, 에리소르빈산 – 색소의 항산화
- 지용성 산화방지제 : BHA, BHT, 몰식자산 프로필(Propyl gallate), 토코페롤 – 유지의 항산화

14 인수공통감염병에 대한 설명 중 틀린 것은?

① 질병의 원인은 모두 세균이다.
② 원인 세균 중에는 포자(spore)를 형성하는 세균도 있다.
③ 약독생균을 예방수단으로 쓰기도 한다.
④ 접촉감염, 경구감염 등이 있다.

해설

인수공통감염병
- 결핵 : 인형 결핵균(*Mycobacterium tuberculosis*), 우형 결핵균(*Mycobacterium bovis*), 조형 결핵균(*Mycobacterium avium*)
- 파상열 : *Brucella melitensis*(양, 염소), *Brucella abortus*(소), *Brucella suis*(돼지)
- 야토병 : *Pasteurella tularensis*, *Francisella tularensis*
- 리스테리아증 : *Listeria monocytogenes*
- 광우병(BSE ; Bovine Spongiform Encephalopathy, 소해면상뇌증) : 원인물질은 prion 단백질

15 발색제에 대한 설명으로 틀린 것은?

① 염지 시 사용되는 식품첨가물이다.
② 발색뿐만 아니라 육제품의 보존성이나 특유의 향미를 부여하는 효과를 나타낸다.
③ 보툴리스균 등의 일반 세균의 생육에는 영향을 미치지 않고 곰팡이의 생육을 저해한다.
④ 강한 산화력을 나타내어 메트미오글로빈혈증을 일으키는 등 급성 독성을 갖고 있다.

해설

발색제
- 가공육의 색 고정화 : 햄, 베이컨, 소시지 등 식육가공품에 같이 발색제인 아질산염을 처리하면 안정한 형태의 nitrosomyoglobin을 형성하여 가열조리 시 선홍색을 유지하는 것을 말한다.

정답 11 ② 12 ④ 13 ① 14 ① 15 ③

- 염지 시 사용되는 식품첨가물
- 발색뿐만 아니라 육제품의 보존성이나 특유의 향미를 부여하는 효과를 나타낸다.
- 강한 산화력을 나타내어 메트미오글로빈혈증을 일으키는 등 급성 독성을 갖고 있다.

16 미생물의 살균이나 소독방법 중 화학적 방법은?

① 여과 ② 가열
③ 소독약 ④ 자외선

해설
소독약의 사용은 화학적 방법이고 나머지는 물리적 방법에 속한다.

17 식품의 "1회 섭취참고량"은 몇 세 이상으로 설정한 값인가?

① 만 3세 이상 ② 만 5세 이상
③ 만 13세 이상 ④ 만 18세 이상

해설
식품 등의 표시기준상 1회 제공량은 만 3세 이상 소비계층이 통상적으로 섭취하기에 적당한 양

18 공장폐수에 포함된 수은이 환경수를 오염시켜 식품오염으로 연결된다. 이와 관련된 설명으로 틀린 것은?

① 무기수은은 세균에 의하여 메틸수은이 된다.
② 생체 내에서 무기수은은 유기수은으로 변하지 않는다.
③ 유기수은은 무기수은보다 생체 축적성이 크다.
④ 머리카락 중의 총수은량으로 메틸수은 중독을 진단하는 기준으로 쓸 수 있다.

해설
수은(Hg)
- 유기수은이 무기수은보다 흡수율이 높아 독성이 더 강하다.
- 공장폐수에 많아 1956년 일본 미나마타병의 원인이 되기도 하였다.

- 중독증상 : 신경장애로 보행곤란, 언어장애, 정신장애 및 급발성 경련을 나타낸다.
- 생체 내에서 무기수은은 유기수은으로 변한다.

19 건강기능식품에서 원료 중에 함유되어 있는 화학적으로 규명된 성분 중에서 품질관리의 목적으로 정한 성분은?

① 지표성분 ② 기능성분
③ 정제성분 ④ 합성성분

해설
지표성분
원료 중에 함유되어 있는 화학적으로 규명된 성분 중에서 품질관리의 목적으로 정한 성분

20 식품의 조사(food irradiation) 시 사용할 수 있는 것은?

① ^{60}Co의 감마선 ② ^{137}Cs의 감마선
③ ^{90}Sr의 베타선 ④ ^{131}I의 베타선

해설
방사선 조사 식품
- 방사선 조사는 주로 ^{60}Co의 감마선을 이용해 포장된 상태의 제품을 처리할 수 있으며 비열 처리하므로 냉살균이라 한다.
- 1kGy 이하의 저선량 방사선 조사를 통해 감자, 양파 등의 발아 억제, 기생충 사멸, 숙도 지연 등의 효과를 얻을 수 있다.

2과목 식품화학

21 외부의 힘에 의하여 변형된 물체가 그 힘을 제거하여도 원상태로 되돌아가지 않는 성질은?

① 점조성 ② 탄성
③ 소성 ④ 점탄성

정답 16 ③ 17 ① 18 ② 19 ① 20 ① 21 ③

해설

Rheology의 종류
- 점성(viscosity) 및 점조성(consistency) : 유체의 흐름에 대한 저항성을 나타내며 점성은 균일한 형태와 크기를 가진 단일물질인 Newton 유체(물, 시럽 등)에 적용되며 점조성은 다른 형태와 크기를 가진 혼합물질인 비 Newton 유체(토마토 케첩, 마요네즈 등)에 적용된다.
- 탄성(elasticity) : 외부 힘에 의해 변형된 후 외부 힘을 제거 시 원상태로 되돌아가려는 성질(고무줄, 젤리)
- 소성(plasticity) : 외부 힘에 의해 변형된 후 외부 힘을 제거해도 원상태로 되돌아가지 않는 성질이다.(버터, 마가린, 생크림) 생크림처럼 작은 힘에는 탄성을 보이다 더 큰 힘을 가하면 소성을 보이는 것을 항복차라 하며 이러한 소성을 Bingham 소성이라 한다.
- 점탄성(vicoelasticity) : 외부 힘이 작용 시 점성유동과 탄성 변형이 동시에 발생하는 성질(chewing gum, 빵반죽)

22 유지의 녹는점(Melting point)에 대한 설명으로 옳은 것은?

① 불포화지방산 함량이 많을수록 녹는점이 높다.
② 일반적인 식물성 유지는 상온에서 고체이다.
③ 동물성 유지는 식물성 유지보다 녹는점이 높다.
④ 유지는 구성 지방산의 종류에 상관없이 녹는점이 일정하다.

해설

유지의 녹는점(melting point)
- 탄소수가 증가할수록 융점이 높고 이중결합이 많을수록 융점이 낮다.
- 불포화지방산이 적고 포화지방산이 많은 동물성 지방은 상온에서 고체로 존재하며 식물성 유지는 불포화지방산이 상대적으로 많아 상온에서 액체로 존재한다.

23 다음 중 지방산을 자동 산화시킬 때 산화속도가 가장 빠른 것은?

① 팔미트산(palmitic acid)
② 올레인산(oleic acid)
③ 리놀렌산(linolenic acid)
④ 팔미토레인산(palmitoleic acid)

해설

자동산화
- 유지가 저장 중 어느 기간 동안은 서서히 산소의 흡수량이 증가(유도기) 후에는 산소 흡수량이 급격히 증가하고 aldehyde나 ketone이 생성되어 산패취가 나며, 중합체를 형성하여 점도나 비중이 증가한다.
- 초기반응(free radical 생성) : RH → R· + H·(빛, 광선, 금속, 헤마틴 등 촉매)
- 연쇄반응(과산화물 생성) : 산소와 결합 후 연쇄적으로 다른 유지와 반응하여 과산화물과 또 다른 free radical 생성
- 분해반응(과산화물 분해) : ROOH → RO· + ·OH(알코올, 알데히드, 케톤류 생성)
- 종결반응(중합반응) : 각 free radical이 중합하여 안정한 화합물 생성
- tocopherol류나 flavonoid 등 항산화제는 radical과 반응하여 연쇄반응 중단
- 이중결합에서 산화되어 분해되므로 생성된 알데히드는 오메가-6 지방산으로부터 메틸기에서 6개인 hexanal, 오메가-3 지방산으로부터 메틸기에서 3개인 prophanal이 생성된다.
- 이중결합이 많을수록 빠르게 산화된다.

24 코코아 및 초콜릿의 쓴맛 성분은?

① quercetin
② naringin
③ theobromine
④ cucurbitacin

해설

쓴맛 성분
- 알칼로이드 : 차나 커피의 caffein, 코코아나 초콜릿의 theo-bromine, 니코틴, 아트로핀 등
- 폴리페놀성 배당체 : naringin(감귤류, 자몽), quercetin(양파), cucurbitacin(오이), limonene(감귤류, 레몬)
- 케톤류 : humulon, lupulon(맥주 원료인 hop)
- 무기염류

25 에르고스테롤이 자외선을 받으면 활성화되는 비타민의 기능에 대한 설명으로 틀린 것은?

① 혈액이 응고되는 중요한 인자가 된다.
② 이것이 부족하면 골다공증을 유발하기도 한다.
③ 인(P)의 흡수 및 침착을 도와준다.
④ 뼈의 석회화를 도와주는 역할을 한다.

정답 22 ③ 23 ③ 24 ③ 25 ①

해설

비타민 D
- 프로비타민 D인 ergosterol은 자외선 조사에 의해 비타민 D_2로 잘 전환된다.
- 뼈의 석회화를 도와주는 역할로 부족 시 골다공증이나 골연화증 유발
- 인(P)의 흡수 및 침착 촉진

26 고체식품에서 항복응력(yield stress)을 초과할 때까지 영구변형이 일어나지 않는 것은?

① 탄성체　　　　② 가소성체
③ 점탄성체　　　④ 완형체

해설

Rheology의 종류
- 점성(viscosity) 및 점조성(consistency) : 유체의 흐름에 대한 저항성을 나타내며 점성은 균일한 형태와 크기를 가진 단일물질인 Newton 유체(물, 시럽 등)에 적용되며 점조성은 다른 형태와 크기를 가진 혼합물질인 비 Newton 유체(토마토 케첩, 마요네즈 등)에 적용된다.
- 탄성(elasticity) : 외부 힘에 의해 변형된 후 외부 힘을 제거 시 원상태로 되돌아가려는 성질(고무줄, 젤리)
- 소성(plasticity) : 외부 힘에 의해 변형된 후 외부 힘을 제거해도 원상태로 되돌아가지 않는 성질(버터, 마가린, 생크림) 생크림처럼 작은 힘에는 탄성을 보이다 더 큰 힘을 가하면 소성을 보이는 것을 항복치라 하며 이러한 소성을 Bingham 소성이라 한다.
- 점탄성(vicoelasticity) : 외부 힘이 작용 시 점성유동과 탄성변형이 동시에 발생하는 성질(chewing gum, 빵반죽)

27 다음 중 provitamin A가 아닌 것은?

① cryptoxanthin　　② ergosterol
③ myxoxanthin　　④ β-carotene

해설

provitamin A의 종류 및 활성도
α-carotene : 53, β-carotene : 100, γ-carotene : 27, cryptoxanthin : 57
※ ergosterol은 provitamin D이다.

28 계란을 가공하면서 일어나는 화학적 변화에 대한 설명으로 틀린 것은?

① 계란 음료 제조 시 가열 살균에 의하여 응고되는 것을 방지하기 위해 파파인을 첨가하면 효과적이다.
② 마요네즈 제조 시 식초는 미생물에 의한 변화를 최소화시키거나 유화가 완전하지 못하면 저장 중 분리 현상이 일어난다.
③ 동결란 제조를 위해 난백을 −30~−20℃ 조건에서 신속하게 동결시키면 미생물이 멸균되므로 별도의 살균처리는 하지 않아도 된다.
④ 난황의 유화능은 친수성기와 소수성기가 뚜렷하게 구분되어 있어 계면활성제로서의 역할을 충분히 한다.

해설

−30~−20℃에서는 균이 사멸되지 않는다.

29 일정한 전단속도일 때 시간이 경과함에 따라 외관상 점도가 증가하는 유체는?

① dilatant 유체　　② pseudoplastic 유체
③ thixotropic 유체　④ rheopectic 유체

해설

- 비 Newton 유체 : Colloid 용액, 토마토 케첩, 버터 등의 혼합물질로 구성된 반고체 식품들은 Newton 유체 성질이 없어 전단력과 전단속도 사이의 유동곡선이 곡선을 나타내는 유체
- 의사가소성(pseudoplastic) 유체 : 전단속도 증가에 따라 전단력의 증가폭이 감소하는 유체
- Dilatant 유체 : 전단속도 증가에 따라 전단력의 증가폭이 증가하는 유체
- 항복치(yield value) : 생크림과 같이 반고체 식품에서 약한 전단력에 탄성을 보이다 좀 더 강한 전단력에 소성을 보일 때의 힘
- Bingham 소성 유체 : 전단속도 증가에 따라 전단력의 증가폭이 일정한 유체
- 혼합형 유체 : 항복치를 가지면서 의사가소성 또는 Dilatant 성질을 나타내는 것
- 시간에 따른 유동특성 변화에 따라 전단력이 작용할수록 점조도가 감소하는 thixotropic 유체와 전단력이 작용할수록 점조도가 증가하는 rheopectic 유체로 구분

정답　26 ②　27 ②　28 ③　29 ④

30 즉석밥 제조 시 밥맛이 좋고 영양가가 높은 제품을 만들기 위한 방법이 아닌 것은?

① 도정을 미리 해둔 쌀을 이용하지 않고 밥을 짓기 2~3일 전에 도정한 쌀을 이용하여 밥을 만든다.
② 쌀을 보관하는 데 수분과 온도가 매우 중요하므로 수분함량 16%와 온도 20℃를 유지하여 저장하는 것이 바람직하다.
③ 0분 도정을 실시하면 현미를 확보할 수 있으나 밥맛에 영향을 주고, 10분 도정을 하면 하얀 백미를 확보할 수 있으나 영양 손실이 우려되어 7~9분 정도 도정을 실시하는 것이 좋다.
④ 해충의 침투를 차단하고 곡류의 수분을 13% 이하로 유지하며 적정 온도조건을 유지하도록 한다.

해설
쌀을 보관하는 데 수분과 온도가 매우 중요하므로 수분함량 15% 이하, 온도 15℃ 이하를 유지하여 저장하는 것이 바람직하다.

31 식품의 산성 및 알칼리성에 대한 설명 중 틀린 것은?

① 알칼리생성원소와 산생성원소 중 어느 쪽의 성질이 큰가에 따라 알칼리성식품과 산성식품으로 나뉜다.
② 식품이 체내에서 소화 및 흡수되어 Na, K, Ca, Mg 등의 원소보다 많은 경우를 생리적 산성식품이라 한다.
③ 산성식품을 너무 지나치게 섭취하면 혈액은 산성 쪽으로 기울어 버린다.
④ 대표적인 생리적 알칼리성 식품은 과실류, 해조류 및 감자류이다.

해설
식품의 액성
- 알칼리성 식품은 식품 중 알칼리 금속족에 속하는 원소(Na, K, Ca, Mg 등)가 물과 결합하여 강한 알칼리성(NaOH, KOH, Ca(OH)$_2$ 등)을 나타낸다.
- S, C, Cl, P 등의 원소는 황산, 인산, 염산을 형성하는 산성 생성원소이다.

32 냄새성분과 특성의 연결이 틀린 것은?

① 알데히드류(aldehyde) – 식물의 풋내, 유지 식품의 기름진 풍미 및 산패취
② 에스테르류(ester) – 과일과 꽃의 중요한 향기성분
③ TMAO(trimethylamine oxide) – 생선 비린내 성분
④ 피라진류(pyrazines) – 질소를 함유한 화합물로, 고기향, 땅콩향, 볶음향 등의 특성을 나타내는 성분

해설
향기성분
- 에스테르류 : sedanolide(셀러리), methyl cinnamate(송이버섯), amyl formate(사과, 복숭아), isoamyl formate(배)
- 알코올류 : 2,6-nonadienal(오이), furfuryl alcohol(커피)
- 테르핀류 : limonene(레몬, 오렌지), camphene(생강), eraniol(오렌지, 레몬), menthol(박하), citral(오렌지, 레몬)
- 황화합물 : methylmercaptane(무), propylmercaptane(마늘), dimethylmercaptane(단무지)
- 알데히드류(aldehyde) 및 유기산 : 식물의 풋내, 유지 식품의 기름진 풍미 및 산패취, 생우유(acetone, acetaldehyde, propionic acid, butyric acid, caproic acid, methyl sulfide), 버터(diacetyl, propionic acid, butyric acid, caproic acid), 치즈(ethyl β-methylmercaptopropionate)
- 피라진류(pyrazines) : 질소를 함유한 화합물로, 고기향, 땅콩향, 볶음향 등의 특성을 나타내는 성분, trimethylamine, piperidine, δ-aminovaleric acid(어류 비린내)
- TMAO(trimethylamine oxide)는 어류의 맛난맛 성분으로 미생물에 의해 환원되어 비린내인 TMA가 된다.

33 5℃의 물 1g이 -5℃의 얼음으로 되기 위해서는 얼마만큼의 열량을 빼앗아야 하는가?(단, 물의 비열은 1cal/℃/g이고 얼음의 비열은 0.5cal/℃/g라고 한다.)

① 7.5cal
② 10cal
③ 15cal
④ 87.5cal

해설
물의 융해 잠열은 80cal/℃/g이므로
$(5 \times 1) + 80 + (5 \times 0.5) = 87.5$cal

34 30℃ 포도당 수용액에서 포도당의 평형 혼합물에 대한 설명으로 옳은 것은?

① 베타-D-glucofuranose 형태가 가장 많이 존재한다.
② 알파-D-glucopyranose 형태가 가장 많이 존재한다.
③ 열린 사슬 aldehyde 형태가 가장 많이 존재한다.
④ 베타-D-glucopyranose 형태가 가장 많이 존재한다.

해설

변선광(mutarotation)
- 포도당은 물에 녹이면 α형이 더 달지만 시간이 지나면서 β형으로 전환되어 안정되어 당도가 감소한다.
- α-D-glucose ⇔ 〈사슬구조〉 ⇔ β-D-glucose
  38%   (상온)   62%
  로 상호 변한다.

35 관능검사 중 흔히 사용되는 척도의 종류가 아닌 것은?

① 명목척도   ② 서수척도
③ 비율척도   ④ 지수척도

해설

관능검사에 사용되는 정량적 평가방법
- 분류 : 제품의 특성별로 나누는 방법
- 등급 : 숙련된 전문가가 여러 등급으로 제품 평가
- 순위 : 3개 이상 시료의 독특한 특성 강도를 순서대로 배열하는 방법
- 척도 : 구획척도, 비구획척도로 나누며 각 척도별로 명목척도(nominal scale), 서수척도(서열척도, ordinal scale), 등간척도(interval scale), 비율척도(ratio scale)가 있음

36 돼지고기 2g을 Kjeldahl법으로 분석하였더니 질소함량이 60mg이었다. 돼지고기의 조단백질 함량은 약 몇 %인가?

① 17.2   ② 18.8
③ 20.0   ④ 21.4

해설

킬달 조단백질 정량법
- 질소 계수 : 단백질 중 질소함량 16%, 100/16 = 6.25
- 60 × 6.25 = 375mg, 0.375g
- ∴ (0.375/2) × 100 = 18.75

37 NaOH의 분자량이 40일 때 NaOH 30g의 몰 수는?

① 0.65   ② 10
③ 1.33   ④ 0.75

해설

몰수
1L 용액 중 용질의 분자량
∴ 30/40 = 0.75

38 유지의 경화란 무엇인가?

① 수증기 증류를 통하여 포화지방산함량을 증가시키는 것이다.
② 유지를 가열 건조시켜 굳게 만드는 것이다.
③ 촉매 등을 이용하여 포화지방산의 경도를 단단하게 하는 것이다.
④ 불포화지방산에 수소를 첨가하는 것이다.

해설

경화유
- 불포화지방산이 많은 액체유에 Ni 존재하에서 H를 첨가하여 고체지로 제조
- 녹는점이 높아지고 안정성 증가, 산패가 적고 냄새 감소
- 어유, 콩기름, 면실유, 채종유 등에 이용

39 우유 특유의 향기성분이 아닌 것은?

① acetone   ② acetaldehyde
③ butyric acid ④ oleic acid

정답 34 ④ 35 ④ 36 ② 37 ④ 38 ④ 39 ④

해설
향기성분
- 에스테르류 : sedanolide(셀러리), methyl cinnamate(송이버섯), amyl formate(사과, 복숭아), isoamyl formate(배)
- 알코올류 : 2,6-nonadienal(오이), furfuryl alcohol(커피)
- 테르펜류 : limonene(레몬, 오렌지), camphene(생강), geraniol(오렌지, 레몬), menthol(박하), citral(오렌지, 레몬)
- 황화합물 : methylmercaptane(무), propylmercaptane(마늘), dimethylmercaptane(단무지)
- 알데히드류(aldehyde) 및 유기산 : 식물의 풋내, 유지 식품의 기름진 풍미 및 산패취, 생우유(acetone, acetaldehyde, propionic acid, butyric acid, caproic acid, methyl sulfide), 버터(diacetyl, propionic acid, butyric acid, caproic acid), 치즈(ethyl β-methylmercaptopropionate)
- 피라진류(pyrazines) : 질소를 함유한 화합물로, 고기향, 땅콩향, 볶음향 등의 특성을 나타내는 성분, trimethylamine, piperidine, δ-aminovaleric acid-어류 비린내

40 다음 중 단백질의 아미노산 구성원소는?

① C, H, O, S, P   ② C, H, O, N, P
③ C, H, O, N, K   ④ C, H, O, N, S

해설
단백질은 C, H, O, N, S로 구성되어 있다.

3과목 식품가공학

41 김치의 초기 발효에 관여하는 저온숙성의 주 발효균은?

① *Leuconostoc mesenteroides*
② *Lactobacillus plantarum*
③ *Bacillus macerans*
④ *Pediococcus cerevisiae*

해설
김치
- 한국의 전통 침채류로 절인 배추에 무, 고추, 마늘, 생강, 젓갈 첨가, 저온 젖산 숙성시킨 발효식품
- 발효 초기 : *Leuconostoc mesenteroids*, 젖산, 탄산가스에 의해 산성화 호기성 세균 억제
- 발효 후기 : *Lactobacillus plantarum*, *Lactobacillus brevis*, 내산성
- 발효온도가 낮을수록, 식염농도가 높을수록 *Lactobacillus*, *Pediococcus* 증식 유리
- 피막효모(산막효모, film yeast) : *Candida*, *Hansenula*, *Debaryomyces*, *Pichia*

42 과실주스 제조에 이용되는 효소에 해당되지 않는 것은?

① 셀룰라아제(cellulase)
② 펙틴분해효소(pectinase)
③ 리폭시지나아제(lipoxygenase)
④ 단백질 분해효소(protease)

해설
리폭시지나아제(lipoxygenase)는 콩의 비린내 유발물질을 만들어 내는 원인 효소이다.

43 우유의 초고온 순간 처리법(UHT)으로서 가장 알맞은 조건은?

① 121℃에서 0.5~4초 가열
② 121℃에서 5~9초 가열
③ 130~150℃에서 0.5~4초 가열
④ 130~150℃에서 4~9분 가열

해설
우유 살균법
- 저온 장시간 살균(LTLT) : 63℃에서 30분 가열 후 급랭하며 우유, 술, 과즙 등에 이용
- 고온 단시간 살균(HTST) : 75℃에서 15초 가열 후 급랭하며 우유나 과즙 등에 이용
- 초고온 순간 살균(UHT) : 132℃에서 2~3초 가열하며 우유나 과즙 등에 이용

정답 40 ④ 41 ① 42 ③ 43 ③

44 아미노산 제조 방법이 아닌 것은?

① 합성법　　　② 단백질 분해법
③ 발효법　　　④ 추출법

해설

아미노산 제조
- 콩 등 단백질 원료 가수분해
- 화학적 합성
- 미생물 발효

45 계란 중의 콜레스테롤 함량을 낮추는 방법으로 부적합한 것은?

① 난황으로부터 콜레스테롤을 용매 추출한다.
② 사료의 배합을 조절하여 계란에 콜레스테롤 함량이 낮도록 한다.
③ 계란을 살균 가열처리 한다.
④ 난백과 난황을 분리하여 난황에 있는 지방을 제거한다.

해설

살균은 미생물을 죽이는 것으로 콜레스테롤 함량에 영향을 미치지 않는다.

46 수산 건제품의 처리 방법에 대한 설명으로 틀린 것은?

① 자건품 : 수산물을 그대로 또는 소금을 넣고 삶은 후 말린 것
② 배건품 : 수산물을 저온에서 말린 것
③ 염건품 : 수산물에 소금을 넣고 말린 것
④ 동건품 : 수산물을 동결·융해하여 말린 것

해설

배건품 : 수산물에 열을 가하여 말린 것

47 알루미늄박(AL-foil)에 폴리에틸렌 필름을 입혀서 사용하는 가장 큰 목적은?

① 산소나 가스의 차단　　② 내유성 향상
③ 빛의 차단　　　　　　④ 열접착성 향상

해설

산소나 가스의 차단성, 내유성, 빛 차단성을 지닌 알루미늄박(AL-foil)에 폴리에틸렌 필름을 입히면 열접착성, 인쇄성, 투명성이 향상된다.

48 다음 중 요오드가의 구분에 따라 불건성유로 분류되는 것은?

① 대두유　　　② 면실유
③ 채종유　　　④ 야자유

해설

요오드가
- 2중 결합에 첨가되는 요오드의 양으로 불포화도 측정
- 100g의 유지가 흡수하는 I_2의 g 수
- 2중 결합의 수에 비례하여 증가. 고체지방 50 이하
- 불건성유(100 이하) : 올리브유, 땅콩기름, 피마자유, 야자유
- 건성유(130 이상) : 아마인유, 동유, 들기름
- 반건성유(100~130) : 참기름, 대두유, 면실유

49 5℃에서 저장 중인 양배추 5,000kg의 호흡열 방출에 의한 냉동부하는?(단, 5℃에서 양배추의 저장 시 열방출량은 63W/ton이다.)

① 315kJ/h　　　② 454kJ/h
③ 778kJ/h　　　④ 1,134kJ/h

해설

열방출량
- 5℃에서 양배추의 저장 시 열방출량은 63W/ton
- 5,000kg 열방출량은 31.5W/ton
- W는 J/s이므로 시간당으로 환산하면 1h=3,600s
- ∴ 31.5W/ton은 1,134kJ/h

정답　44 ④　45 ③　46 ②　47 ④　48 ④　49 ④

50 동결진공 건조법의 공정에 속하지 않는 것은?

① 식품의 동결
② 건조실 내의 감압
③ 승화열의 공급
④ 건조실 내에 수증기의 송입

[해설]
동결 건조
- 수분을 얼려 승화시켜 건조, 고비용 제품에 이용
- 품질 손상 없이 2~3%의 저수분 상태로 건조할 수 있다.
- 냉각기 온도 −40℃, 압력 0.098mmHg
- 형태가 유지되고 다공성이므로 복원력이 좋다.
- 향미 보존, 식품 성분 변화가 적다.
- 쉽게 흡습하고 잘 부서져 포장이나 수송이 곤란하다.
- 식품의 동결, 건조실 내의 감압, 승화열 공급의 공정을 한다.

51 옥수수 전분 제조 시 전분 분리를 위해 사용하는 것은?

① HCOOH
② H_2SO_3
③ HCL
④ HOOC−COOH

[해설]
옥수수 전분 제조 시 전분 분리를 위해 사용하는 것은 아황산(H_2SO_3)이다.

52 곡물 저온 저장의 특성으로 옳지 않은 것은?

① 도정한 쌀의 맛이 좋다.
② 발아율의 변화가 적다.
③ 훈증할 필요가 없다.
④ 현미의 도정 효과가 낮다.

[해설]
현미의 도정 효과가 높다.

53 제분 시 자력 분리기로 이물을 제거하는 공정 단계는?

① 운반
② 정선
③ 세척
④ 탈수

[해설]
건식 세척
- 크기가 작고 기계적 강도가 있으며 수분 함량이 적은 곡류, 견과류 세척에 이용
- 시설비, 운영비가 적고 폐기물 처리 간단, 재오염 가능성이 크다.
- 송풍분류기(air classifier) : 송풍 속에 원료를 넣어 부력과 공기 마찰로 세척
- 마찰세척(abrasion cleaning) : 식품 재료 간 상호 마찰에 의해 분리
- 자석세척(magnetic cleaning) : 원료를 강한 자기장에 통과시켜 금속 이물질 제거
- 정전기적 세척(electrostatic cleaning) : 원료를 함유한 미세먼지를 방전시켜 음전하로 만든 뒤 제거, 차 세척(tea cleaning)에 이용

54 샐러드기름을 제조할 때 저온 처리하여 고체 유지를 제거하는 조작을 무엇이라 하는가?

① 탈검(degumming)
② 정치(standing)
③ 경화(hardening)
④ 탈납(winterization)

[해설]
유지의 정제
불순물을 물리·화학적 방법으로 제거한다.
㉠ 탈검공정(Degumming process)
  - 인지질 등 제거
  - 무수 상태에서 기름에 녹으므로 물이나 수증기를 넣어 수화시켜 분리
㉡ 탈산공정(Deaciding process)
  - 유리지방산 등 제거
  - NaOH로 유리지방산을 중화(비누화) 제거하는 알칼리 정제법 사용
㉢ 탈색공정(Decoloring process)
  - carotenoid, 엽록소 등 제거
  - 가열탈색법이나 활성백토를 이용하는 흡착탈색법 사용
㉣ 탈취공정(Deodoring process)
  - 알데히드, 케톤, 탄화수소 등 냄새 제거
  - 활성탄 등 흡착제를 이용한 탈취
㉤ 탈납공정(Winterization)
  - 샐러드유 제조 시 지방결정체 제거
  - 냉각시켜 발생되는 고체 결정체를 제거하는 탈납(dewaxing) 이용

정답 50 ④ 51 ② 52 ④ 53 ② 54 ④

55 햄(ham) 제조에 대한 설명으로 틀린 것은?

① 염지방법은 건염법, 액염법, 염지액주사법 등이 있다.
② 염지는 15℃ 정도에서 하는 것이 효과적이다.
③ 훈연은 향미, 색깔, 보존성을 증진한다.
④ 훈연방법에는 냉훈법, 온훈법 등이 있다.

해설

햄(ham) 제조
- 돼지고기 여러 부위를 정형한 후 염지, 훈연, 열처리한 것
- 수분 72% 이하, 조지방 10% 이하
- 염지 : NaCl, $NaNO_3$ ($NaNO_2$), 설탕, 복합인산염, sodium ascorbic acid 등을 염지통에 쌓아 3~4℃, kg당 2~3일 염지
- 혼합 : 마늘, 생강, 양파, 백후추, 조미료, 분리대두 단백질, 전분 등 meat mixer, 혼합제 8~9분 지속 혼합
- 충전 : 본레스 햄은 두루마리 상태로 묶어 준다. 프레스 햄은 리테이너(retainer)에 셀로판으로 싸서 채워 넣는다.
- 예비건조, 훈연 : 예비건조 40~45℃, 30~60분, 냉훈법 15~25℃, 5~7일, 열훈법 60~65℃, 2~3시간

56 어류의 비린 맛에 대한 설명으로 옳은 것은?

① 생선이 죽으면 트리메탈아민옥시드가 트리메탈아민으로 변하여 생선 비린내가 난다.
② 생선이 죽으면 트리메틸아민이 트리메틸아민옥시드로 변하여 생선 비린내가 난다.
③ 생선 비린내 성분은 특히 담수어에 많이 함유된다.
④ 생선 비린내는 주로 관능검사법으로 품질 관리한다.

해설

TMAO(trimethyl amine oxide)는 생선의 맛난맛 성분이나 세균이 많이 번식하면 세균의 환원성으로 TMA(trimethyl amine)가 되는데 이것은 생선의 비린내 성분이다.

57 열전도도가 0.7W/m·K인 벽돌로 된 두께 15cm의 외부벽과 208W/m·K의 열전도도를 갖는 15mm의 알루미늄판으로 된 창고가 있을 때 이 창고의 U(총괄전열계수)값은 약 얼마인가?

① 0.45W/m²·K
② 1.42W/m²·K
③ 1.96W/m²·K
④ 2.97W/m²·K

해설

열유체 공학의 열교환
- 열량은 1g의 물에 열을 가하여 1℃만큼 올리는 데 필요한 양을 1cal로 표시한다.
- 열손실은 온도차, 면적 그리고 열전달 계수에 비례한다.
- 열전달 계수는 단위 시간에 단위 온도차일 때 단위 표면적으로 행해지는 열전달량
- (Q, kcal/h) = (U, 열전달계수, kcal/m²·h·℃) × (A, 전열면적, m²) × (Δt, 온도차)
- $U = 1/(1/h + \Delta X_A/k_A + 1/k_O)$
  $= 1/(1/12 + 0.15/0.7 + 0.0015/208 + 1/25)$
  $= 2.967 ≒ 2.97 W/m²·K$

58 미생물 살균 목적으로 방사선 조사에 가장 널리 활용되는 방사선은?

① γ선　　② α선
③ β선　　④ X선

해설

방사선 조사 식품
방사선 조사는 주로 ^{60}Co의 감마선을 이용해 포장된 상태의 제품을 처리할 수 있으며 비열 처리하므로 냉살균이라 한다.

59 장류의 식품유형이 아닌 것은?

① 고추장　　② 산분해간장
③ 발효식초　　④ 개량메주

해설

장류
- 간장, 고추장, 된장, 청국장, 개량메주 등 콩 발효식품
- 세균, 효모의 발효·숙성을 거쳐 만든 조미식품
- 아미노산 급원으로 독특한 풍미와 K, Ca, Na, Fe 등 염류 함유

60 분유의 품질에 관여하는 지표가 아닌 것은?

① 기포성　　② 용해도
③ 보존성　　④ 입자의 크기

[해설]
분유의 품질 지표는 용해도, 보존성, 입자의 크기, 성분, 분유의 색 등이다.

4과목 식품미생물학

61 대장균(Escherichia coli)의 특성에 대한 설명으로 틀린 것은?

① Gram 음성균이다.
② 편성 혐기성균이다.
③ 유당을 분해하여 CO_2와 H_2 가스를 생산한다.
④ 식품위생 지표 세균이다.

[해설]
대장균(E. coli)
- 장내에 서식하며 그람 음성, 운동성, 간균, 통성혐기성균
- 유당을 분해하여 CO_2와 H_2가스 생산
- 대부분이 매우 무해하나 변종 중에는 식중독균이 있다.
- 식품위생 지표 세균

62 젖산균을 당 발효 양상에 따라 구분할 때 이형발효(heterofermentation)균에 해당하는 것은?

① *Enterococcus* 속
② *Lactococcus* 속
③ *Leuconostoc* 속
④ *Streptococcus* 속

[해설]
젖산균
- 동형발효 젖산균 : 당을 발효하여 젖산만 생성 – *Streptococcus* 속, *Pediococcus* 속, *Lactobacillus* 속(*Lactobacillus acidophilus*, *Lactobacillus bulgaricus*, *Lactobacillus delbrueckii*, *Lactobacillus casei*, *Streptococcus thermophilus*, *Lactobacillus homohiochii*)
- 이형발효 젖산균 : 당을 발효하여 젖산 이외에 초산, 에탄올, CO_2 등 생산 – *Leuconostoc* 속, *Lactobacillus* 속(*Lactobacillus brevis*, *Leuconostoc mesenteroides*, *Lactobacillus heterohiochii*)

63 다음 세포의 구조 중 유성적인 접합과정에서 DNA의 이동 통로 또는 다른 물체에 부착하는 역할을 하는 것은?

① 편모(flagella)
② 선모(pili)
③ 세포막(cell membrane)
④ 세포벽(cell wall)

[해설]
미생물의 표면 구조물
- 편모 : 원핵세포과 진핵세포에 있어서 운동기관, 구조와 기능이 다르지만 원핵세포의 경우 9+2 구조로 회전 운동을 하며 이동에 관여
- 섬모 : 진핵세포에 있어서 운동기관으로 부착에 관여
- 필리(선모) : 원핵세포에 있어 선모로 짧은 털모양의 핌브리아와 성선모로 분류하며 성선모의 경우 조금 길고 접합에 의한 물질의 이동(플라스미드 DNA 등)에 관여
- 핌브리아 : 원핵세포에 있어 선모로 짧은 털모양으로 부착에 관여

64 효모와 곰팡이에 관한 설명으로 틀린 것은?

① 효모와 곰팡이는 세균 세포보다 크다.
② 약산성에서 잘 자란다.
③ 원핵세포로 된 하등 미생물이다.
④ 효모는 곰팡이보다 혐기적인 조건에서 성장하는 종류가 많다.

[해설]
진균류
- 효모와 곰팡이는 진핵세포로 세균보다 고등 미생물이다.
- 효모는 배지 조성, pH, 배양 방법 등에 따라 다양한 형태로 나타난다.
- 효모의 영양번식 방법으로는 출아법, 분열법 및 출아 분열법이 있다.
- 곰팡이, 효모 세포의 크기는 세균보다 크다.
- 효모는 곰팡이와는 다른 위균사나 진균사를 형성한다.
- 곰팡이류는 탄수화물이 많고 수분 15% 이상이며 pH 4~6 정도의 식품에서 쉽게 번식한다.
- 효모는 곰팡이보다 혐기적인 조건에서 성장하는 종류가 많다.

65 다음 세균들의 속 중 Enterobacteriaceae과에 속하지 않는 것은?

① *Escherichia* 속　② *Klebsiella* 속
③ *Pseudomonas* 속　④ *Shigella* 속

해설

Pseudomonas 속
- 편성호기성균, 그람 음성균, 무포자, 운동성 간균
- 토양세균에서 비롯되었으며 수생세균의 우점종으로 저온에서 잘 생육한다.
- *Pseudomonas syncyanea* : 청색 색소 생산
- *Pseudomonas fluorescens* : 녹색형광 색소 생산, 고미유의 원인
- *Pseudomonas aeruginas* : 녹농균, 우유 청변의 원인

66 홍조류(red algae)에 속하는 것은?

① 미역　② 다시마
③ 김　④ 클로렐라

해설

조류(algae)
- 대부분 담수나 해수에서 생육하며 광합성으로 독립 영양생활하는 하등식물의 총칭
- 잎, 줄기, 뿌리, 관상체가 없으며 유성생식, 무성생식을 한다.
- 규조류는 최근 화석연료 대체연료로 이용
- 남조류는 원핵세포에 속한다.
- 해조류에 속하는 갈조류(미역, 다시마), 홍조류(김), 녹조류(파래) 등은 진핵세포인 원생생물이다.

67 곰팡이의 유성포자에 해당되지 않는 것은?

① 분생포자　② 접합포자
③ 난포자　④ 담자포자

해설

곰팡이의 포자
- 곰팡이는 포자로 번식하며 무성생식과 유성생식이 있다.
- 무성포자 : 내생포자(포자낭포자), 외생포자(분생포자), 후막포자, 분열자
- 유성포자 : 접합포자, 난포자, 자낭포자, 담자포자

68 세포들 사이에 유전물질이 전달되는 기작 중에서 세포와 세포가 접촉하여 한 세균에서 다른 세균으로 유전물질인 DNA가 전달되는 기작은?

① 접합　② 전사
③ 형질 도입　④ 형질 전환

해설

유전자 재조합
- 형질 전환(transformation) : 공여세포의 유전자를 제한효소를 이용하여 벡터로 사용할 플라스미드에 유전자를 삽입하여 수용세포에 넣어서 유전자 재조합
- 형질 도입(transduction) : 벡터로서 플라스미드 대신 용원성 박테리오파지를 이용하여 수용세포에 넣어 재조합
- 접합(conjugation) : 원핵세포에 있어서 일시적인 접촉에 의해 두 개의 개체 간 DNA가 이동하는 방법으로 성공률이 낮다.
- 세포융합(cell fusion) : 두 종류의 세포를 융합시켜 양쪽의 성질을 모두 갖는 새로운 세포 생성

69 분열법으로 증식하는 효모류는?

① *Saccharomyces* 속
② *Schizosaccharomyces* 속
③ *Kloeckera* 속
④ *Candida* 속

해설

효모의 증식
- 출아법(budding) : 대부분 효모가 이 방법으로 증식, 효모가 성숙되면 싹(bud)이 발생하여 한 개의 효모세포가 되어 떨어진다. 출아의 위치에 따라 두 가지로 나뉜다.[양극출아(bipolar budding) : 양쪽 끝에서 출아, 다극출아(multi-lateral budding) : 효모세포의 여러 곳에서 출아]
- 분열법(fission) : 세포 중앙에 격막이 생겨 두 개의 세포로 분열하는 방법, 분열효모(fission yeast)라 한다(*Schizosaccharomyces*).
- 출아분열법(budding-fission) : 출아와 분열을 동시에 하는 효모, 출아 후 모세포와 딸세포 사이에 격막이 생겨서 분열되는 효모이다.

정답　65 ③　66 ③　67 ①　68 ①　69 ②

70 다음 중 그람 염색 특성이 다른 세균과 다른 것은?

① *Lactobacillus* 속
② *Staphylococcus* 속
③ *Escherichia* 속
④ *Bacillus* 속

해설

Escherichia 속은 그람 음성균, 나머지는 그람 양성균이다.

71 그람 양성 세균의 세포벽이 음성의 극성을 갖는 데 관여하는 물질은?

① 펩티도글리칸
② 포린
③ 인지질
④ 테이코산

해설

Gram 염색(Gram stain)
- crystal violet(1분) 염색 – Lugol액 매염 – 95% 에틸알코올 탈색(30초) – SafraninO(1분) 대비염색
- 보라색 – Gram 양성, 붉은색 – Gram 음성
- 세균 세포벽을 구성하는 peptidoglycan 차이에 의해 그람 양성균과 그람 음성균으로 분류
- 그람 양성균(G+) : 20여 개 층 peptidoglycan과 teichoic acid이 crystal violet에 의해 보라색으로 염색
- 그람 음성균(G−) : 2~3개 층 peptidoglycan과 lipopoly-saccharide로 구성된 세포벽이 알코올 탈색 후 SafraninO에 의해 붉은색으로 염색

72 잠재적 발암활성도를 측정하는 Ames test에서 이용하는 돌연변이는?

① 역돌연변이
② 불변돌연변이
③ 불인식 돌연변이
④ 틀 변환(격자 이동) 돌연변이

해설

Ames test

특수독성시험 중 변이원성 시험으로 사용하며 His – 요구성 변이주를 정상으로 변이시킨 후 변이 유발물질과 접촉으로 다시 역돌연변이가 발생하여 His – 요구성 변이주가 생성되는지 시험한다.

73 주정공업에서 glucose 1ton을 발효시켜 얻을 수 있는 에탄올의 이론적 수량은?

① 180kg
② 511kg
③ 244kg
④ 711kg

해설

효모의 발효형식(Neuberg의 발효형식)
- 효모는 산소의 유무에 따라 발효형식이 다르다.
- 혐기적 발효(alcohol 발효) : 주류 생산에 이용, 1포도당($C_6H_{12}O_6$, 180)이 2에탄올(C_2H_5OH, 46×2), 2이산화탄소(CO_2), 58cal 에너지, 2ATP 생성
- 호기적 발효(호흡작용, 산화작용) : 1포도당이 $6CO_2$, $6H_2O$, 686cal, 32ATP 생성
- ∴ 180 : 92 = 1,000 : x, x = 511.1kg

74 다음 중에서 용원성 파지(phage)의 특성이 아닌 것은?

① 숙주 세포의 염색체에 결합하여 prophage가 된다.
② 세균의 증식에 따라 분열한 세균세포로 유전된다.
③ 세균 세포벽을 용해시켜 유리 파지가 된다.
④ 숙주 세포 내에서 새로운 DNA나 단백질을 합성하지 않는다.

해설

박테리오파지(bacteriophage)

세균을 숙주 세포로 하는 바이러스, 세균을 먹는다는 뜻이다.
- 용균성 파지(virulent phage) : 감염 후 숙주 세포 내에서 새로운 DNA나 단백질을 합성하여 세균 파괴
- 용원성 파지(lysogenic phage) : 감염 후 세균의 숙주 DNA에 삽입되어 prophage가 되고 함께 증식하며 유전된다. 환경이 안 좋을 경우 다시 용균성이 되기도 한다.
- 온건성 파지 : 용균성, 용원성을 둘 다 하는 바이러스

75 다음 중 편성 혐기성균에 속하는 균은?

① *Escherichia coli*
② *Lactobacillus acidophilus*
③ *Staphylococcus aureus*
④ *Clostridium botulinum*

정답 70 ③ 71 ④ 72 ① 73 ② 74 ③ 75 ④

해설

보툴리눔 식중독
- 원인균 : *Clostridium botulinum*
- 독소 : 단백질성 neurotoxin(신경 독소)으로 사망률이 50%로 높으나 열에 약하여 100℃에서 10분, 80℃에서 30분이면 파괴된다.
- 그람 양성, 포자(곤봉모양) 형성, 편성혐기성 간균, 토양·하천·호수·바다 흙·동물의 분변에 존재, A~G형 7종 중 A, B, E형이 사람에게 중독을 일으킨다. 잠복기는 보통 12~30시간이며 주 증상은 구토, 복통, 설사에 이어 신경증상을 보이며 호흡마비 후 사망에 이른다.
- 원인식품은 육류 및 통조림, 어류 훈제 등

76 담자균류의 특징과 관계가 없는 것은?

① 담자기　　② 경자
③ 정낭　　　④ 취상돌기

해설

담자균류
- 포자가 착생하는 자실체가 육안으로 볼 수 있을 정도로 크게 발달한 대형 자실체를 형성하는 것을 버섯이라 하며 담자균류와 자낭균류에 속하지만 대부분 담자균류이다.
- 담자균류에는 동담자균류와 이담자균류가 있다.
- 담자균류에서 무성생식포자는 드물게 나타나며, 유성생식포자로는 핵융합과 감수분열을 거쳐 담자기에 보통 4개의 담자포자가 형성된다.
- 경자 : 담자기의 상단에 포자를 부착하는 돌기
- 취상돌기 : 담자균이 유성포자를 만들 때 생성되며 자낭반이라고도 한다.

77 Glucose 대사 중 NADPH가 주로 생성되는 경로는?

① EMP 경로　　② HMP 경로
③ TCA 회로　　④ Glyoxylate 회로

해설

오탄당 인산경로(pentose phosphate pathway, HMP)
- 해당 과정의 곁사슬 반응, glucose-6-phosphate에서 시작
- 산화적 단계와 비산화적 단계로 나눔
- 간, 뇌, 유선, 지방조직, 성선, 부신피질, 적혈구 등에서 왕성하게 일어남. 근육에서는 거의 일어나지 않음

- NADPH를 생성하여 지방산 합성, 스테로이드 합성, 산화형 glutathion 환원
- 3탄당, 4탄당, 5탄당, 6탄당, 7탄당 등 상호변환 작용
- 핵산 합성에 필요한 ribose-5-phosphate 생성(전환 시 CO_2 생성)

78 미생물의 영양원에 대한 설명으로 틀린 것은?

① 종속영양균은 탄소원으로 주로 탄수화물을 이용하지만 그 종류는 균종에 따라 다르다.
② 유기태 질소원으로 요소, 아미노산 등은 효모, 곰팡이, 세균에 의하여 잘 이용된다.
③ 무기염류는 미생물의 세포 구성성분, 세포 내 삼투압 조절 또는 효소활성 등에 필요하다.
④ 생육인자는 미생물의 종류와 관계없이 일정하다.

해설

생육인자는 미생물의 종류에 따라 다르다.

79 다음 중 세균의 회분배양 시 가장 급격하게 균수 증가가 일어나는 단계는?

① 유도기　　② 대수기
③ 정지기　　④ 사멸기

해설

미생물의 생육곡선(growth curve)
㉠ 유도기(lag phase, induction period)
  - 미생물이 증식을 준비하는 시기
  - 효소, RNA는 증가, DNA는 일정
  - 초기 접종균수를 증가하거나 대수 증식기 균을 접종하면 기간 단축
㉡ 대수기(logarithmic phase)
  - 대수적으로 증식하는 시기
  - RNA는 일정, DNA는 증가
  - 세포질 합성속도와 세포수 증가 비례
  - 세대시간, 세포의 크기 일정
  - 생리적 활성이 크고 예민
  - 증식속도는 영양, 온도, pH, 산소 등에 따라 변화
㉢ 정지기(stationary phase)
  - 영양물질의 고갈로 증식수와 사멸수가 같다.
  - 세포수 최대

정답　76 ③　77 ②　78 ④　79 ②

- 포자 형성 시기
㉣ 사멸기(death phase)
  - 생균수보다 사멸균 수가 증가
  - 자가소화(autolysis)로 균체 분해

80 하면발효 맥주효모에 해당되는 것은?

① Saccharomyces cerevisiae
② Saccharomyces carlsbergensis
③ Saccharomyces sake
④ Saccharomyces coreanus

해설

맥주의 종류
- 상면발효맥주 : Saccharomyces cerevisiae - 영국 맥주, 상면발효, 상온발효(Ale, Stout, Porter, Lambic)
- 하면발효맥주 : Saccharomyces carlsbergensis - 독일, 미국, 일본, 우리나라에서 주로 생산, 하면발효, Saccharomyces uvarm에 통합, 저온발효(Lager, Munchen, Pilsen, Wien), 장기 저장 시 독특한 향미 부여

5과목 생화학 및 발효학

81 화학종속영양균의 배양 시 미생물의 생장속도에 영향을 끼치는 인자가 아닌 것은?

① pH   ② 산소
③ 접종균량   ④ 빛

해설

에너지 요구성에 따른 생물 분류
㉠ 독립영양생물(autotroph)
  - 에너지를 무기질로부터 얻는 1차 생산자
  - 광독립영양생물(photoautotroph) : 주로 엽록소를 함유하여 광합성을 통해 무기물인 CO_2로부터 복잡한 유기물 합성(식물, 남세균 등)
  - 화학독립영양생물(chemoautotroph) : 단순한 무기물을 통해 에너지를 얻는 생물(황산화균, 질산화균 등 고세균)
㉡ 종속영양생물(heteroautotroph)
  - 스스로 유기물을 합성할 수 없어 외부로부터 유기물을 섭취하는 소비자
  - 대부분의 동물, 진균류(버섯, 곰팡이), 세균 등
  - 생장 영향 인자 : pH, 산소, 접종균량 등

82 유가배양(fed-batch culture)법을 이용하는 공업적 배양공정에 의해 생성되는 산물이 아닌 것은?

① 빵효모   ② 식초
③ 항생물질   ④ 구연산

해설

유가배양
- 회분식 배양의 단점을 보완하여 배양에 필요한 인자를 조절하면서 배양
- 빵효모, 구연산, 항생물질 등 생산에 이용

83 진핵세포 내에서 전자전달 연쇄반응에 의한 생물학적 산화과정이 일어나는 곳은?

① 리보솜   ② 미토콘드리아
③ 세포막   ④ 세포질

해설

진핵세포 내에서 전자전달 연쇄반응에 의한 생물학적 산화과정은 미토콘드리아 내막에 위치한 전자전달계에서 일어난다.

84 TCA 회로(Tricarboxylic Acid cycle)에서 생성되는 유기산이 아닌 것은?

① Citric acid   ② Lactic acid
③ Succinic acid   ④ Malic acid

해설

젖산(lactate)은 혐기적 해당의 산물이다.

85 과당(fructose)을 구성단위로 하는 다당류는?

① 전분   ② 글리코겐
③ 이눌린   ④ 셀룰로오스

정답 80 ② 81 ④ 82 ② 83 ② 84 ② 85 ③

해설
이눌린은 β-fructofuranose로 이루어진 과당 다당류로 체내에서 소화되지 않으며 돼지감자나 달리아 뿌리에 존재한다.

86 DNA 이중나선구조의 안정화와 관계있는 결합은?

① 이웃한 퓨린 염기 사이의 공유 결합
② 이웃한 피리미딘 염기 사이의 이온 결합
③ 퓨린과 피리미딘 염기 사이의 수소 결합
④ 겹쳐 쌓인 퓨린과 피리미딘 핵 사이의 소수성 결합

해설
DNA
- 염기 간 결합은 수소 결합으로 A와 T는 이중 결합, G와 C는 삼중 결합
- 그러므로 항상 피리미딘기(C+T)/퓨린기(G+A)=1이 된다. (샤가프의 법칙)
- G, C 간에 3중 결합을 하므로 G, C 함량이 많을수록 T_m(변성온도)이 높다.

87 효모에 의한 알코올 발효의 반응식과 조건이 아래와 같을 때 포도당 1kg으로부터 생산되는 알코올의 양은?

- $C_6H_{12}O_6 \rightarrow 2C_2H_5OH + 2CO_2$
- 발효과정에서 효모의 생육 등으로 알코올이 소비되어 실제 수득률은 95%이다.

① 약 440g ② 약 460g
③ 약 486g ④ 약 511g

해설
효모의 발효형식(Neuberg의 발효형식)
- 효모는 산소의 유무에 따라 발효형식이 다르다.
- 혐기적 발효(alcohol 발효) : 주류 생산에 이용, 1포도당($C_6H_{12}O_6$, 180)이 2에탄올(C_2H_5OH, 46×2), 2이산화탄소(CO_2), 58cal 에너지, 2ATP 생성
- 호기적 발효(호흡작용, 산화작용) : 1포도당이 $6CO_2$, $6H_2O$, 686cal, 32ATP 생성

∴ 180 : 92 = 1,000 : x, x = 511g
95%이므로 511×0.95 = 485.5g

88 Aspergillus oryzae를 청주용 국균으로 사용할 때 갖추어야 할 종균의 특성이 아닌 것은?

① 당화효소(amylase)가 강력할 것
② 단백질 분해효소(protase)가 강력할 것
③ 짙은 색을 생성하지 않을 것
④ 좋은 향미가 있을 것

해설
청주제조
- 쌀을 주원료로 국균, 젖산균, 효모 등을 이용하여 당화, 발효
- 황국균인 Aspergillus oryzae를 코지균으로 전분 당화
- 색을 생성하지 않고 좋은 향미가 나는 균을 이용한다.

89 RNA 분해법으로 핵산 조미료를 생산할 때 RNA 원료로 사용되는 미생물은?

① Aspergillus niger 등의 곰팡이
② Bacillus subtilis 등의 세균
③ Candida utilis 등의 효모
④ Streptomyces griceus 등의 방선균

해설
핵산계 조미료
- 핵산 관련 물질 중 인산기를 1개 가진 nucleotide가 정미성이 우수 - IMP(Inosine Mono Phosphate, 가쓰오부시 맛성분), GMP(Guanosine Mono Phosphate, 표고버섯 맛성분)
- 정미성 nucleotide는 염기가 purine계(아데닌, 구아닌, 이노신, 크산틴)
- 정미성을 위해 ribose의 5'위치에 인산기, 염기 ring 구조의 2'위치가 OH로 치환
- 상대적으로 크기가 큰 진핵세포인 효모를 이용하며 RNA를 분해 생산한다.

90 맥주 제조 시 후발효의 목적과 관계없는 것은?

① 맥주의 고유색깔을 진하게 착색시킨다.
② 맥주의 혼탁물질을 침전시킨다.
③ 저온에서 CO_2를 필요한 만큼 맥주에 녹인다.
④ 여분의 CO_2를 방출시켜 young beer 특유의 향을 개선시킨다.

해설

맥주의 발효공정
- 맥주효모 : 상면효모(*Sacch. cerevisiae*), 하면효모(*Sacch. carls-bergensis*)
- 주발효 : 냉각한 맥아즙에 효모(200 : 1 비율)를 첨가하여 18~20시간 정치 후 발효조에 옮겨 10~20일 발효
- 후발효 : 0℃~-1℃에서 60~90일, 탄산 용해 및 방출, 석출물 침강
- 여과 및 살균 : 60℃, 20분

91 『Acetyl-CoA → malonyl-CoA』에 관여하는 비타민으로 옳은 것은?

① Vitamin B_1
② Vitamin C
③ Vitamin D
④ Biotin

해설

지방 생합성
- 탄소 공여체로 biotin이 carboxylase의 조효소로 작용
- 2개의 ATP가 소모

92 기질과 화학적 구조가 유사하여 효소의 활성부위에 직접 결합하는 저해제의 종류는?

① 기질적 저해제
② 경쟁적 저해제
③ 비경쟁적 저해제
④ 무경쟁적 저해제

해설

효소 저해제
- 경쟁적 저해제(competitive inhibitor) : 구조가 기질과 유사한 물질로 효소 활성부위에 기질과 경쟁적으로 결합하여 저해, K_m 값=증가, V_{max}=불변
- 비경쟁적 저해제(uncompetitive inhibitor) : 효소 조절부위에 저해제가 결합하여 저해, K_m 값=불변, V_{max}=감소
- 무경쟁적 저해제(noncompetitive inhibitor) : 효소-기질 복합체에 저해제가 결합하여 저해, K_m 값, V_{max} 모두 감소

93 단백질을 순수하게 분리하는 방법이 아닌 것은?

① Ultracentrifugation
② Chromatography
③ Electrophoresis
④ Southern blot

해설

단백질 정제법
- 염석(salting out) : 고농도 염으로 단백질 석출(두부 제조에 이용)
- 투석(dialysis) - 반투막을 이용해 저분자 물질과 염 제거, 고분자인 단백질만 정제
- 친화성 크로마토그래피(affinity chromatography) : 기질 이용 효소 분리, 흡착
- 이온교환 크로마토그래피 : 전하 차이에 의한 분리
- 겔여과 크로마토그래피 : 단백질의 크기에 따른 분리
- SDS 겔 전기영동(Electrophoresis) : SDS로 단백질의 전하를 (-)로 만들고 분자량에 따라 전기장의 겔을 이동하여 분리
- 초원심분리기 : 침강계수에 따른 단백질의 분리
※ Southern blot : DNA 샘플에서 특정 염기서열을 가진 DNA를 찾아내는 방법

94 고구마 전분을 이용한 주정발효에 있어서 발효공정의 순서가 맞는 것은?

① 산당화 → 호정화 → 발효 → 증류
② 당밀희석 → 당화 → 발효 → 증류
③ 산당화 → 호정화 → 증류 → 발효
④ 증자 → 당화 → 발효 → 증류

해설

고구마 전분 주정발효
- 병행 복발효주를 증류한 것
- 분쇄 : roll mill(곡류), impact grinder(곡류), hammer형(섬유질 원료)
- 증자 : pH 4.8~5.4, 점도 감소로 증자 용이(증자조건 : 2.0~2.5kg/cm² · 30~40분)
- 당화 균주 : *Asp. oryzae, Asp. usamii, Asp. awamori*
- 술밑 젖산균 : *Lactobacillus delbruecki*

정답 90 ① 91 ④ 92 ② 93 ④ 94 ④

- 발효 : 30~36℃에서 20~30시간
- 증류

95 DNA 분자를 구성하고 있는 성분들과 결합이 맞게 연결된 것은?

① 질소염기 – 디옥시리보오스 – 인산다이에스테르 결합
② 질소염기 – 리보오스 – 인산에스테르 결합
③ 질소염기 – 디옥시리보오스 – 아마이드 결합
④ 질소염기 – 디옥시리보오스 – 글리코시드 결합

해설
- DNA : 질소염기 – 디옥시리보오스 – 인산다이에스테르 결합
- RNA : 질소염기 – 리보오스 – 인산다이에스테르 결합

96 혐기적 조건에서 근육조직의 에너지 전달물질은?

① Phosphocreatine
② Oxaloacetate
③ cAMP
④ Phosphoenolpyruvate

해설
Phosphocreatine
근육 저장형 고에너지 화합물로 ATP가 분해 시 인산을 제공하여 다시 ATP 회복

97 메주 만들기에 대한 설명으로 틀린 것은?

① 성형된 메주는 표면의 수분이 건조되기 전에 띄우기를 하여 곰팡이의 증식을 유도한다.
② 성형된 메주는 따뜻한 방에서 띄우게 되는데, 이때 Bacillus 등이 증식하여 단백질 분해효소 등이 생성된다.
③ 성형된 메주는 건조공기로 3일 정도 표면을 건조시킨 후 35℃에서 7일 정도 발효시키고 실온에서 1개월 숙성시킴으로서 메주가 완성된다.
④ 개량식 메주는 Aspergillus oryzae를 증자한 대두에 배양하여 상품화한 것이다.

해설
성형된 메주를 표면의 수분이 건조되기 전에 띄우게 되면 세균이 증식하므로 건조공기로 3일 정도 표면을 건조시킨 후 35℃에서 7일 정도 발효시키고 실온에서 1개월 숙성시킴으로써 메주가 완성된다.

98 Polypeptide 분자의 중간에 작용하여 peptide 결합을 분해하는 효소는?

① Endopeptidase
② Aminopeptidase
③ Exopeptidase
④ Carboxypeptidase

해설
단백질 분해효소
- endopeptidase : 단백질의 안쪽(endo)을 분해 – 위장의 펩신, 췌장의 트립신, 카이모트립신 등
- exopeptidase : 단백질의 바깥쪽(exo)을 분해 – 소장의 carboxypeptidase, elastase 등
- dipeptidase : 디펩티드 분해
- 펩신이나 트립신 등 endopeptidase로 3차 구조가 분해되고 짧아진 폴리펩타드의 말단을 exopeptidase에 의해 절단 후 남은 올리고펩티드를 디펩티드 등으로 분해한다.

99 클로렐라에 관한 설명으로 틀린 것은?

① 햇빛을 에너지원으로 한다.
② 배양 시 질소원으로 요소를 사용한다.
③ 탄소원으로 CO_2를 사용하지 않는다.
④ 균체는 식품으로서 영양가가 높다.

해설
조류(algae)
- 대부분 담수나 해수에서 생육하며 광합성으로 독립 영양생활 하는 하등식물의 총칭
- 잎, 줄기, 뿌리, 관상체가 없으며 유성생식, 무성생식을 한다.
- 규조류는 최근 화석연료 대체연료로 이용
- 남조류는 원핵세포에 속한다.
- 해조류에 속하는 갈조류(미역, 다시마), 홍조류(김, 우뭇가사리), 녹조류(클로렐라, 파래) 등은 진핵세포인 원생생물이다.

- 클로렐라 : 단백질 함량(40~50%)이 높음, 비타민 A, B_1, B_2, C 등, 광합성하여 산소 생성, 단세포이며 난형 구형의 녹조류이다. 탄소원(CO_2), 질소원(요소) 이용

100 인간의 장내 미생물에 의해 합성이 진행되므로 일반적으로 결핍증세를 나타내지는 않지만, 계란 흰자를 날것으로 함께 섭취 시 결핍증이 우려되는 비타민은?

① Biotin
② Pathothenic acid
③ Folic acid
④ Niacin

해설

계란
- 난각, 난황, 난백의 크게 3부분으로 이루어져 있다.
- 기포성, 유화성, 보수성을 지니고 있어 식품가공에 많이 이용된다.
- 난백장애물질인 avidin은 생체 내 biotin과 결합하여 비타민 결핍을 유발할 수 있다.

2017년 2회 식품산업기사

1과목 식품위생학

01 식품의 방사능 오염에서 생성률이 크고 반감기도 길어 가장 문제가 되는 핵종만을 묶어 놓은 것은?

① ^{89}Sr, ^{95}Zn
② ^{140}Ba, ^{141}Ce
③ ^{90}Sr, ^{137}Cs
④ ^{59}Fe, ^{131}I

해설

방사능
- 방사능 반감기 : 스트론튬 90 – 28.8년, 세슘 137 – 30.17년, 요오드 131 – 8일
- 핵분열 생성물의 일부가 직접 또는 간접적으로 농작물에 이행될 수 있다.
- 생성률이 비교적 크고, 반감기가 긴 ^{90}Sr과 ^{137}Cs이 식품에서 문제가 된다.
- 방사능 오염 물질이 농작물에 축적되는 비율은 지역별 생육 토양의 성질에 영향을 받는다.
- ^{131}I는 반감기가 짧으나 비교적 양이 많아서 문제가 된다.

02 다음 중 타르 색소를 사용해도 되는 식품은?

① 면류
② 레토르트식품
③ 어육소시지
④ 인삼, 홍삼음료

해설

착색료
- 식품에 인공적으로 착색시켜 기호성을 높여 가치를 높이는 첨가물
- 타르계 : 식용색소 녹색 제3호, 적색 2호, 3호, 청색 1호, 2호, 황색 4호, 5호, 적색 40호 등
- 사용 불가 식품 : 면류, 단무지, 유가공품(아이스크림 제외), 과실·채소류음료, 인삼제품류(정제의 제피 또는 캡슐, 인삼과자류 제외), 두부류, 김치류, 레토르트식품, 어육가공품(어육소시지 제외), 식용유지류, 버터류 등

03 식품과 유해성분의 연결이 틀린 것은?

① 독미나리 – 시큐톡신
② 황변미 – 시트리닌
③ 피마자유 – 고시폴
④ 독버섯 – 콜린

해설
- 피마자유 – 리신
- 면실유(목화씨) – 고시폴

04 식품공장 폐수와 가장 관계가 적은 것은?

① 유기성 폐수이다.
② 무기성 폐수이다.
③ 부유물질이 많다.
④ BOD가 높다.

해설

공장폐수에 의한 식품오염
- 도금공장 폐수에는 수은, 카드뮴, 크롬 등의 무기성 폐수가 많다.
- 식품공장 폐수에는 부유물이 많고 주로 유기성 폐수가 많아 BOD가 높다.
- ※ BOD : 생물화학적 산소 요구량으로, 물속에 있는 유기물질이 호기성 미생물에 의해 생물학적으로 산화되어 무기성 산화물과 가스가 되기 위해 소비되는 산소량을 ppm으로 표시한 것이다.

05 간디스토마의 제1중간숙주는?

① 붕어
② 우렁이
③ 가재
④ 은어

해설

간디스토마
- 우리나라에서 감염률이 가장 높은 기생충으로 낙동강, 영산강, 금강 등지에서 지역적 유행
- 제1중간숙주(왜우렁이) 포자낭충과 레디유충 상태를 거쳐서 유미유충 → 제2중간숙주(잉어, 붕어 등 담수어)에서 유구낭충 → 사람이 생식하여 감염
- 황달, 간경변 등

정답 01 ③ 02 ③ 03 ③ 04 ② 05 ②

06 LD₅₀ 양에 대한 설명으로 틀린 것은?

① 한 무리의 실험동물 50%를 사망시키는 독성물질의 양이다.
② 실험방법은 검체의 투여량을 고농도로부터 순차적으로 저농도까지 투여한다.
③ 독성물질의 경우 동물체중 1kg에 대한 독물량으로 나타내며 동물의 종류나 독물경로도 같이 표기한다.
④ LD₅₀양의 값이 클수록 안전성은 높아진다.

해설

급성 독성시험
- 시험하고자 하는 물질을 동물에게 1회 투여하여 치사량을 구하는 시험
- 투여한 실험동물의 반수가 사망하는 양을 LD_{50}(lethal dose, 반수치사량)이라 하며 체중 1kg당 mg으로 표시하고, 수치가 작을수록 독성이 크다.
- 실험동물 2개 종 이상

07 민물고기의 생식에 의하여 감염되는 기생충증은?

① 간흡충증 ② 선모충증
③ 무구조충 ④ 유구조충

해설

기생충
- 선충류 : 선 모양, 회충, 십이지장충(구충), 요충, 동양모선충, 편충, 아니사키스 등
- 엽충류 : 잎사귀 모양, 간흡충, 폐흡충, 요코가와흡충 등
- 조충류 : 마디로 이루어진 촌충, 광절열두조충, 유구조충, 무구조충 등
- 채소매개 기생충 : 회충, 십이지장충, 요충, 동양모선충, 편충
- 수육매개 기생충 : 유구조충, 무구조충, 선모충, 톡소플라스마
- 어패류매개 기생충 : 간흡충, 폐흡충, 요코가와흡충(민물고기), 광절열두조충, 아니사키스(해산어류)

08 건조식품의 포장재로 가장 적합한 것은?

① 산소와 수분의 투과도가 모두 높은 것
② 산소와 수분의 투과도가 모두 낮은 것
③ 산소의 투과도는 높고 수분의 투과도는 낮은 것
④ 산소의 투과도는 낮고 수분의 투과도는 높은 것

해설

건조식품의 포장재로 적합한 것은 산소와 수분의 투과도가 모두 낮은 것이다.

09 다음 중 식품을 매개로 감염될 수 있는 가능성이 가장 높은 바이러스성 질환은?

① A형 간염 ② B형 간염
③ 후천성 면역결핍증 ④ 유행성 출혈열

해설

A형 간염병은 바이러스성으로 식품을 매개로 감염되는 경구감염병이다.

10 *Clostridium botulinum*의 특성이 아닌 것은?

① 통조림, 병조림 등의 밀봉식품의 부패에 주로 관여된 균이다.
② 그람 양성 간균으로 내열성 아포를 형성한다.
③ 치사율이 매우 높은 식중독균이다.
④ 100℃, 30초 정도 살균하면 사멸된다.

해설

보툴리눔 식중독
- 원인균 : *Clostridium botulinum*
- 독소 : 단백질성 neurotoxin(신경 독소)으로 치사율이 50%로 높으나 열에 약하여 100℃에서 10분, 80℃에서 30분이면 파괴된다.
- 그람 양성, 내열성 포자(곤봉모양) 형성, 혐기성 간균, 토양·하천·호수·바다 흙·동물의 분변에 존재, A~G형 7종 중 A, B, E형이 사람에게 중독을 일으킨다. 잠복기는 보통 12~30시간이며 주 증상은 구토, 복통, 설사에 이어 신경증상을 보이며 호흡마비 후 사망에 이른다.
- 원인식품은 육류 및 어류 훈제, 통조림, 병조림 등의 밀봉식품의 부패에 주로 관여된 균

11 포스트 하비스트 농약이란?

① 수확 후의 농산물의 품질을 보존하기 위하여 사용하는 농약
② 소비자의 신용을 얻기 위하여 사용하는 농약
③ 농산물 재배 중에 사용하는 농약
④ 농산물에 남아 있는 잔류농약

> 해설
>
> 포스트 하비스트 농약 : 수확 후 농산물의 품질을 보존하기 위하여 사용하는 농약을 말한다.

12 다음 중 유해성이 높아 허가되지 않는 보존료는?

① 안식향산 ② 붕산
③ 소르빈산 ④ 데히드로초산나트륨

> 해설
>
> 유해보존료
> - 붕산(H_3BO_3) : 살균소독제로 이용되며 베이컨, 과자 등에 사용되었다. 증상은 식욕 감퇴, 장기 출혈, 구토, 설사, 홍반, 사망 등이다.
> - 포름알데히드(formaldehyde) : 살균, 방부 작용이 강하여 주류, 장류 등에 사용되었다. 증상은 소화장애, 구토, 호흡장애 등이다.
> - β-나프톨(β-naphthol) : 간장의 방부제로 사용되어 신장장애, 단백뇨 등을 일으켰다.
> - 승홍($HgCl_2$) : 주류 등에 방부제로 사용되어 신장장애, 구토, 요독증 등을 일으켰다.
> - 우로트로핀(urotropin) : 식품에 방부제로 사용되었으나 독성이 있어 금지되었다.

13 아플라톡신에 대한 설명으로 틀린 것은?

① 생산균은 *Penicillium* 속으로서 열대지방에 많고 온대지방에서는 발생건수가 적다.
② 생산 최적온도 25~30℃, 수분이 16% 이상, 습도 80~85% 정도이다.
③ 주요 작용물질은 쌀, 보리, 땅콩 등이다.
④ 예방의 확실한 방법은 수확 직후 건조를 잘하며 저장에 유의하는 것이다.

> 해설
>
> 아플라톡신
> - *Aspergillus flavus*가 aflatoxin 생산
> - 온도 25~30℃, 상대습도 80% 이상, 기질의 수분 16% 이상
> - 주요 기질은 옥수수 등 곡류나 땅콩
> - B_1, G_1, G_2, M형
> - 간장독으로 간암 유발

14 우유에 대한 검사 중 Babcock 법은 무엇에 대한 검사법인가?

① 우유의 지방 ② 우유의 비중
③ 우유의 신선도 ④ 우유 중의 세균수

> 해설
>
> 원유검사
> - Babcock test : 우유의 유지방 측정
> - 우유의 신선도 측정 : Resazurin reduction test, Methylene-blue reduction test
> - Gutzeit method : 비소 정량법

15 식품위생 검사를 위한 검체의 일반적인 채취 방법 중 옳은 것은?

① 깡통, 병, 상자 등 용기에 넣어 유통되는 식품 등은 반드시 개봉한 후 채취한다.
② 합성착색료 등의 화학물질과 같이 균질한 상태의 것은 가능한 한 많은 양을 채취하는 것이 원칙이다.
③ 대장균이나 병원 미생물의 경우와 같이 목적물이 불균질할 때는 최소량을 채취하는 것이 원칙이다.
④ 식품에 의한 감염병이나 식중독의 발생 시 세균학적 검사에는 가능한 한 많은 양을 채취하는 것이 원칙이다.

> 해설
>
> 식품위생 검사 시 검체의 채취 및 취급에 관한 주의사항
> - 검체 채취 시 상자 등에 넣어 유통되는 기구 및 용기, 포장은 가능한 한 개봉하지 않고 그대로 채취한다.
> - 저온 유지를 위해 얼음을 사용할 때 얼음이 검체에 직접 닿지 않게 한다.

- 식품위생감시원은 검체 채취 시 당해 검체와 함께 검체 채취 내역서를 첨부하여야 한다.
- 채취된 검체는 오염, 파손, 손상, 해동, 변형 등이 되지 않도록 주의하여 검사실로 운반하여야 한다.
- 미생물학적인 검사를 위한 검체를 소분 채취할 경우 멸균된 기구·용기 등을 사용하여 무균적으로 가능한 한 많은 양을 채취하여야 한다.
- 균질한 상태의 것은 최소량을 채취하고 목적물이 불균질할 때는 가능한 한 많은 양을 채취하는 것이 원칙이다.

16 종이류 등의 용기나 포장에서 위생문제를 야기할 수 있는 대표적인 물질은?

① Formalin의 용출
② 형광증백제의 용출
③ BHA의 용출
④ 2-mercaptoimidazole의 용출

해설
종이 자체는 안전하나 첨가제인 왁스, 방습제, 착색료, 형광증백제 등이 문제가 된다.

17 다음 중 식육가공품의 발색제와 반응하여 형성되는 발암물질은?

① 아세틸아민
② 소아민
③ 황산제일철
④ 니트로사민

해설
발색제
- 가공육의 색 고정화 : 햄, 베이컨, 소시지 등 식육가공품에 발색제인 아질산염을 처리하면 안정한 형태의 발암물질인 니트로사민을 형성하여 가열조리 시 선홍색을 유지하는 것을 말한다.
- 염지 시 사용되는 식품첨가물
- 발색뿐만 아니라 육제품의 보존성이나 특유의 향미를 부여하는 효과를 나타낸다.

18 다음 중 식품첨가물과 주요 용도의 연결이 바르게 된 것은?

① 규소수지 – 추출제
② 염화암모늄 – 보존료
③ 알긴산나트륨 – 산화방지제
④ 초산비닐수지 – 껌기초제

해설
규소수지 – 소포제, 염화암모늄 – 팽창제, 알긴산나트륨 – 증점제(호료)

19 PCB에 대한 설명 중 틀린 것은?

① 미강유에 원래 들어 있는 성분이다.
② polychlorinated biphenyl의 약어이다.
③ 1968년 일본에서 처음 중독증상이 보고되었다.
④ 인체의 지방조직에 축적되며, 배설속도가 늦다.

해설
PCB(polychlorinated biphenyl) 중독
- 1968년 일본의 카네미사에서 미강유 제조과정 중 열매체로 사용되는 PCB가 미강유 탈취공정에서 잘못 새어나와 미강유에 혼입되어 발생한 사건
- 피부염증을 동반한 탈모, 신경장애, 내분비 교란 등의 카네미 유증을 일으켰다.
- PCB는 지용성으로 인체의 지방조직에 축적된다.
- 매우 안정한 화합물로 자연에서 쉽게 분해되지 않아 체내에 유입되어 환경호르몬으로 작용한다.

20 대장균 O157 : H7의 시험에서 확인 시험 후 행하는 시험은?

① 정성시험
② 증균시험
③ 혈청형 시험
④ 독소시험

해설
장출혈성 대장균(enterohemorrhagic E. coli ; EHEC, O157 : H7)
- 그람 음성, 무포자간균, 통성혐기성, 유당을 분해하여 산과 가스 생성, 잠복기는 평균 10~24시간, 혈변과 심한 복통
- 특이한 항원성을 보이는 것은 외막의 지질다당류가 다르기 때문으로 확인 시험 후 혈청형 시험을 한다.
- 균 자체는 열에 약하며 독소로 verotoxin 생성

정답 16 ② 17 ④ 18 ④ 19 ① 20 ③

2과목 식품화학

21 밥을 상온에 오래 두었을 때 생쌀과 같이 굳어지는 현상은?

① 호화
② 노화
③ 호정화
④ 캐러멜화

해설

전분의 노화
호화전분(α-전분)을 실온에 완만 냉각하면 전분입자가 수소결합을 다시 형성해 생전분과는 다른 결정을 형성하는데 이 현상을 노화 또는 β화라고 한다.

22 2N HCl 40mL와 4N HCl 60mL를 혼합했을 때의 농도는?

① 3.0N
② 3.2N
③ 3.4N
④ 3.6N

해설

- N＝1L 용액 안의 용질의 g 당량수
- HCl 1당량 분자량＝36.5
- 2N 40mL, $36.5 \times 2/1,000 = x/40$, $x = 2.92$
- 4N 60mL, $36.5 \times 4/1,000 = y/60$, $y = 8.76$
- ∴ $(2.92 + 8.76)/100 = 116.8/1,000$
  $116.8/36.5 = 3.2N$

23 닌히드린 반응(ninhydrin reaction)이 이용되는 것은?

① 아미노산의 정성
② 지방질의 정성
③ 탄수화물의 정성
④ 비타민의 정성

해설

Ninhydrin 반응
아미노산의 α-아미노기와 닌히드린 시약이 결합하여 청자색의 결정체를 만들어 아미노산, 펩티드, 단백질의 정성반응에 이용(프롤린은 이미노산으로 노출된 α-아미노기가 없어 황색 결정체 형성)

24 유지의 가공 중 경화와 관련이 없는 것은?

① 경화란 지방산의 이중 결합에 수소를 첨가하는 공정이다.
② 경화의 목적은 유지의 산화안정성을 높이는 것이다.
③ 경화유에는 트랜스지방산이 들어 있지 않다.
④ 경화유는 쇼트닝이나 마가린 제조에 이용된다.

해설

경화유
- 불포화지방산이 많은 액체유에 Ni 존재하에서 H를 첨가하여 고체지(포화지방산)로 제조
- 녹는점이 높아지고 안정성 증가, 산패가 적고 냄새 감소
- 어유, 콩기름, 면실유, 채종유 등에 이용
- 쇼트닝, 마가린 등이 대표적인 제품

25 연유 중에 젓가락을 세워 회전시키면 연유가 젓가락을 따라 올라간다. 이런 성질을 무엇이라고 하는가?

① Weissenberg 효과
② 예사성
③ 경점성
④ 신전성

해설

점탄성체의 성질
- 예사성(spinability) : 청국장, 계란 흰자 등에 막대 등을 넣고 당겨 올리면 실처럼 가늘게 따라 올라오는 성질
- Weissenberg 효과 : 연유 중에 막대 등을 세워 회전시키면 탄성에 의해 연유가 막대를 따라 올라오는 성질
- 경점성(consistency) : 점탄성을 나타내는 식품의 경도(밀가루 반죽 경점성은 farinograph로 측정)
- 신전성(extensibility) : 반죽이 국수같이 길게 늘어나는 성질(밀가루 반죽 신전성은 extensograph로 측정)

26 식용유지의 발연점에 대한 설명으로 틀린 것은?

① 유지 중의 유리지방산 함량이 많을수록 발연점은 낮아진다.
② 유지를 가열하여 유지의 표면에서 엷은 푸른 연기가 발생할 때의 온도를 말한다.
③ 노출된 유지의 표면적이 클수록 발연점은 낮아진다.
④ 식용유지의 발연점은 낮을수록 좋다.

해설

발연점, 인화점, 연소점
- 발연점 : 유지를 가열할 때 유지 표면에서 엷은 푸른 연기가 발생할 때의 온도 – 이 연기는 식품에 좋지 않은 영향을 미치므로 발연점이 높은 유지를 사용하는 것이 바람직하다. 유리 지방산의 함량이 많을수록, 노출된 유지의 표면적이 커질수록, 이물질이 많을수록 발연점은 낮아진다.
- 인화점 : 공기와 섞여 발화하는 온도. 발연점이 높을수록 인화점도 높다.
- 연소점 : 인화 후 연소를 지속하는 온도. 발연점이 높을수록 연소점도 높다.

27 단맛이 큰 순서로 나열되어 있는 것은?

① 설탕 > 과당 > 맥아당 > 젖당
② 맥아당 > 젖당 > 설탕 > 과당
③ 과당 > 설탕 > 맥아당 > 젖당
④ 젖당 > 맥아당 > 과당 > 설탕

해설

과당(150) > 설탕(100) > 맥아당(50) > 젖당(20)

28 소수성 졸에 소량의 전해질을 넣을 때 콜로이드 입자가 침전되는 현상은?

① 브라운 운동 ② 응결
③ 흡착 ④ 유화

해설

콜로이드 성질
- 반투성(dialysis) : 반투성은 생체막과 같은 막이 이온이나 저분자 물질은 통과시키나 콜로이드 이상 고분자 물질은 통과시키지 않는 성질
- 브라운 운동(brownian motion) : sol 상태에서 불규칙적으로 운동하는 분산매에 따라 충돌하는 분산질도 불규칙운동을 하며 지속적으로 분산하는 것
- 응결(coagulation) : 소수성 sol에 전해질을 가해 침전되는 것[염석(salting-out)이라 하며 두부제조에 이용]
- 흡착(adsorption) : 콜로이드 입자는 표면적이 넓어 흡착이 용이하며 조리과정 중 음식재료가 염류를 쉽게 흡착
- 유화(emulsification) : 분산질과 분산매가 액체인 콜로이드 상태를 유탁액(emulsion)이라 하며 이러한 작용을 유화라 함

29 맛에 대한 설명으로 틀린 것은?

① 단팥죽에 소량의 소금을 넣으면 단맛이 더욱 세게 느껴진다.
② 오징어를 먹은 직후 귤을 먹으면 감칠맛을 느낄 수 있다.
③ 커피에 설탕을 넣으면 쓴맛이 억제된다.
④ 신맛이 강한 레몬에 설탕을 뿌려 먹으면 신맛이 줄어든다.

해설

오징어를 먹은 직후 귤을 먹으면 쓴맛을 느낄 수 있다.

30 염기성 아미노산이 아닌 것은?

① lysine ② arginine
③ histidine ④ alanine

해설

알라닌은 중성 아미노산이다.

31 천연지방산의 특징이 아닌 것은?

① 불포화지방산은 이중 결합이 없다.
② 대부분 탄소수가 짝수이다.
③ 불포화지방산은 대부분 cis형이다.
④ 카르복실기가 하나이다.

해설

불포화지방산은 이중 결합이 있다.

32 식품 중의 수분함량을 가열건조법에 의해 측정할 때 계산식은?

W_0 : 칭량병의 무게
W_1 : 건조 전 시료의 무게 + 칭량병의 무게
W_2 : 건조 후 항량에 달했을 때 시료의 무게 + 칭량병의 무게

정답 27 ③ 28 ② 29 ② 30 ④ 31 ① 32 ③

① 수분% = $\left(\dfrac{W_0 - W_1}{W_1 - W_2}\right) \times 100$

② 수분% = $\left(\dfrac{W_1 - W_0}{W_2 - W_1}\right) \times 100$

③ 수분% = $\left(\dfrac{W_1 - W_2}{W_1 - W_0}\right) \times 100$

④ 수분% = $\left(\dfrac{W_2 - W_1}{W_1 - W_0}\right) \times 100$

해설

수분% = $\left(\dfrac{W_1 - W_2}{W_1 - W_0}\right) \times 100$

33 다음 중 감칠맛과 관계 깊은 아미노산은?

① glycine ② asparagine
③ glutamic acid ④ valine

해설

글루탐산은 맛난맛 성분이다.

34 전분의 노화 억제와 관련이 없는 것은?

① 냉동 ② 냉장
③ 유화제 첨가 ④ 자당 첨가

해설

전분의 노화

- 호화전분(α-전분)을 실온에 완만 냉각하면 전분입자가 수소결합을 다시 형성해 생전분과는 다른 결정을 형성하는데 이 현상을 노화 또는 β화라고 한다.
- β-전분의 X선 회절도는 종류에 관계없이 항상 B형이 된다. 노화된 전분은 효소의 작용을 받기 힘들게 되어 소화가 잘 안된다.
- 노화가 가장 잘 발생되는 온도는 0℃ 정도이며 60℃ 이상, 20℃ 이하에서 노화는 발생되지 않는다.(밥의 냉동저장)
- 30~60%의 함수량이 노화되기 쉬우며 30% 이하 60% 이상에서는 어렵다.(비스킷, 건빵)
- 알칼리성은 노화가 억제되고 산성은 노화를 촉진한다.
- amylose가 많을수록 노화가 빨리 일어나며 전분입자가 작을수록 노화가 빠르다. 감자, 고구마 등 서류 전분은 노화되기 어려우나 쌀, 옥수수 등 곡류는 노화되기 쉽다.

- 대부분 염류는 호화를 촉진하고 노화를 억제한다. 단, 황산염은 반대로 노화를 촉진한다.
- 당은 탈수제로 노화를 억제하며(양갱) 유화제도 노화를 억제한다.

35 사람이나 가축의 장내 미생물에 의해 합성되어 사용되는 비타민은?

① 비타민 B ② 비타민 K
③ 비타민 C ④ 비타민 E

해설

비타민 K

- K_1과 K_2가 자연계 혈액응고 촉진. 빛에 의해 쉽게 분해, 열에 안정, 강한 산 또는 산화에 불안정
- 결핍 시 저 prothrombin증, 혈액응고시간 연장
- 사람이나 가축의 장내 미생물에 의해 합성

36 매운맛 성분으로 진저롤이 있는 것은?

① 마늘 ② 생강
③ 고추 ④ 후추

해설

매운맛

- 후추 : 피페린, chavicine
- 산초 : sanshol
- 생강 : 진저론, 쇼가올, gingerol
- 겨자 : 아릴 이소티오시아네이트
- 마늘, 파, 양파 : 알리신

37 칼슘(Ca)의 흡수를 저해하는 인자가 아닌 것은?

① 수산 ② 비타민 D
③ 피틴산 ④ 식이섬유

해설

비타민 D

- 프로비타민 D인 ergosterol은 자외선 조사에 의해 비타민 D_2로 잘 전환된다.

정답 33 ③ 34 ② 35 ② 36 ② 37 ②

- 뼈의 석회화를 도와주는 역할로 부족 시 골다공증이나 골연화증 유발
- Ca(칼슘)과 인(P)의 흡수 및 침착 촉진

38 호화된 전분이 갖는 성질이 아닌 것은?

① 점도의 증가 ② 소화율의 증가
③ 방향 부동성의 손실 ④ 수분 흡수 정도의 감소

해설

전분의 호화(α화)

㉠ 생전분(β전분)에 물을 가해 가열하면
- 물이 스며드는 가역적 수화를 거쳐
- 전분입자의 수소결합이 끊어져 micelle 구조가 파괴되는 팽윤 상태가 되며
- 전분입자가 붕괴되어 비가역적 투명한 교질용액을 형성하며 효소의 작용이 용이롭게 되는데 이것을 호화(α전분)라 한다.

㉡ 점성이 높아지고 X선 회절상은 비결정의 불명료한 V도형을 나타낸다.
㉢ 수분의 함량이 많을수록 잘 일어난다.
㉣ 전분 입자가 작은 쌀(68~78℃), 옥수수(62~70℃) 등 곡류 전분은 입자가 큰 감자(53~63℃), 고구마(59~66℃) 등 서류 전분보다 호화온도가 높다.
㉤ 온도가 높을수록 호화시간이 빠르다.
㉥ 알칼리성에서 팽윤을 촉진하여 호화가 촉진되며 산성에서는 전분입자가 분해되어 점도가 감소한다.
㉦ 대부분 염류는 팽윤제로 호화를 촉진시킨다.($OH^- > S^- > Br^- > Cl^-$) 그러나 황산염은 호화를 억제한다.
㉧ 당을 첨가하면 호화온도가 상승하고 호화속도는 감소한다.

39 다음 중 동물성 스테롤은?

① cholesterol
② ergosterol
③ sitosterol
④ stigmasterol

해설

콜레스테롤은 동물의 간에서 합성되는 동물성 스테롤이다.

40 단백질 분자 내에 티로신과 같은 페놀 잔기를 가진 아미노산의 존재에 의해서 일어나는 정색 반응은?

① 밀롱 반응 ② 뷰렛 반응
③ 닌히드린 반응 ④ 유황 반응

해설

단백질의 화학반응

- 정성반응 : Millon test(밀롱반응) – Tyr(티로신), Xantho – protein test – Trp(트립토판), Sakaguchi test – Arg(아르기닌) 확인실험
- Ninhydrin 반응 : 아미노산의 α–아미노기와 닌히드린 시약이 결합하여 청자색의 결정체를 만들어 아미노산, 펩티드, 단백질의 정성반응에 이용(프롤린은 이미노산으로 노출된 α–아미노기가 없어 황색 결정체 형성)
- Biuret 반응 : peptide 결합을 2개 이상 가진 단백질은 뷰렛 시약과 반응하여 청자색을 나타내므로 단백질이나 펩티드 정성에 이용된다. 아미노산은 반응하지 않는다.
- 단백질 정량 : kjeldahl 시험에서 단백질을 황산으로 산분해 후 중화적정으로 단백질 중 질소량을 측정한다. 질소는 단백질 중 16%를 구성하므로 측정한 질소량에 질소계수 6.25(100/16)를 곱하여 조단백질의 양을 구한다.

3과목 식품가공학

41 염장 원리에서 가장 주요한 요인은?

① 단백질 분해효소의 작용 억제
② 소금의 삼투작용 및 탈수작용
③ CO_2에 대한 세균의 감도 증가
④ 산소의 용해도를 감소

해설

염장법

- 10%의 소금을 이용하여 저장하는 방법
- 삼투압에 의해 원형질 분리
- 탈수에 의한 미생물 사멸
- 염소 자체의 살균력
- 용존산소 감소 효과에 따른 화학반응 억제
- 단백질 변성에 의한 효소의 작용억제 등의 효과

정답 38 ④ 39 ① 40 ① 41 ②

- 건염법은 10~15%, 염수법은 20~25%를 사용하여 채소류나 어류에 이용

42 계란의 저장법으로 부적합한 것은?

① 가스 냉장법 ② 냉장법
③ 도포법   ④ 온탕법

해설
계란의 저장에는 가스 냉장법, 냉장법, 도포법 등이 있다.

43 통조림 제조의 주요 공정 순서가 바르게 된 것은?

① 밀봉 – 살균 – 탈기 ② 탈기 – 밀봉 – 살균
③ 살균 – 밀봉 – 탈기 ④ 살균 – 탈기 – 밀봉

해설
통조림 제조
원료 → 전처리 → 주입액 조제 → 담기 → 탈기 → 밀봉 → 살균 → 냉각 → 제품

44 냉훈법에 비하여 온훈법의 장점이 아닌 것은?

① 고기가 더 연하다.   ② 고기의 향기가 좋다.
③ 고기의 맛이 좋다.   ④ 저장성이 우수하다.

해설
훈연법
- 온훈법 : 30~50℃에서 5~10시간, 냉훈법 : 10~20℃에서 1~3주간, 열훈법 : 50~80℃에서 수 시간
- 냉훈법의 저장성이 가장 우수하다.

45 찹쌀과 멥쌀의 성분상 큰 차이는?

① 단백질 함량   ② 지방 함량
③ 회분 함량   ④ 아밀로펙틴 함량

해설
멥쌀은 아밀로오스와 아밀로펙틴의 비율이 20 : 80이며 찹쌀은 아밀로펙틴이 100%로 구성되어 있다.

46 햄, 소시지, 베이컨 등의 가공품 제조 시 단백질의 보수력 및 결착성을 증가시키기 위해 사용되는 첨가물은?

① MSG   ② ascorbic acid
③ polyphosphate ④ chlorine

해설
품질개량제
햄이나 소시지 등의 결착력을 높여 식감을 좋게 하는 것으로 인산염이 주로 이용된다.
염지
$NaCl$, $NaNO_3$($NaNO_2$), 설탕, 복합인산염, sodium ascorbic acid 등을 염지통에 쌓아 3~4℃에서 kg당 2~3일 염지

47 치즈의 숙성률을 나타내는 기준이 되는 성분은?

① 수용성 질소화합물   ② 유리지방산
③ 유리아미노산   ④ 환원당

해설
치즈의 숙성률
- 치즈는 숙성기간 중 총질소의 함량은 변화되지 않았으나, 가용성질소(수용성질소)는 계속 증가되었으며 이에 따라서 숙성률을 계산한다.
- skim milk를 첨가하여 제조한 치즈, rennin을 첨가한 것이 숙성률이 높고 미생물원의 rennet 첨가에서 송아지원의 것보다 높은 숙성률을 보인다.

48 통조림 식품의 변패 및 그 원인의 연결이 틀린 것은?

① 밀감 통조림의 백탁 – 과육 중의 hesperidin의 불용출
② 관 내면 부식 – 주석, 철 등 용기 성분의 이상 용출
③ 관 외면 부식 – 부식성 용수의 사용
④ 다랑어 통조림의 청변 – Met – Mb, TMAO, cystein의 관여

해설
감귤류 통조림의 백탁의 원인은 과육 중의 hesperidine의 용출이 원인이다.

정답 42 ④ 43 ② 44 ④ 45 ④ 46 ③ 47 ① 48 ①

49 식물성 유지에 대한 설명으로 옳은 것은?

① 건성유에는 올리브유, 땅콩기름 등이 있다.
② 불건성유에는 들기름, 팜유 등이 있다.
③ 반건성유에는 대두유, 참기름, 미강유 등이 있다.
④ 불건성유는 요오드값이 150 이상이다.

> **해설**
> 요오드가
> • 2중 결합에 첨가되는 요오드의 양으로 불포화도 측정
> • 100g의 유지가 흡수하는 I_2의 g 수
> • 2중 결합의 수에 비례하여 증가. 고체지방 50 이하
> • 불건성유(100 이하) : 올리브유, 땅콩기름, 피마자유, 야자유
> • 건성유(130 이상) : 아마인유, 동유, 들기름
> • 반건성유(100~130) : 참기름, 대두유, 면실유

50 물의 밀도는 $1g/cm^3$이다. 이를 lb/ft^3 단위로 환산하면 약 얼마인가?(단, 1lb는 454g, 1ft는 30.5cm로 계산한다.)

① $60.6lb/ft^3$
② $62.5lb/ft^3$
③ $64.4lb/ft^3$
④ $66.6lb/ft^3$

> **해설**
> 단위 환산
> • $1g = 1/454$, $1cm^3 = 1/30.5^3 = 1/28,372.6$
> • $1g/cm^3$은 $28,372.6/454 = 62.49 lb/ft^3$

51 일반적인 밀가루 품질 시험 방법과 거리가 먼 것은?

① amylase 작용력 시험
② 면의 신장도 시험
③ gluten 함량 측정
④ protease 작용력 시험

> **해설**
> 일반적인 밀가루 품질 시험
> • 패리노그래프(farinograph) : 점탄성, 흡수율 측정, 반죽의 경도 및 형성시간 측정
> • 엑스텐소그래프(extensograph) : 신장성, 인장항력 측정
> • 텍스처 측정기(texture analyzer) : 물성 측정
> • 아밀로그래프(amylograph) : 호화도, 점도 측정, 강력분과 중력분 구별에 이용
> • 위의 측정으로 amylase 작용력 시험, 면의 신장도 시험, gluten 함량을 측정하며, 그 외에 밀가루의 흡수율, 점도 등도 측정한다.

52 HTST법(고온 단시간 살균법)은 72~75℃에서 얼마 동안 열처리하는 것인가?

① 0.5초 내지 5초간
② 15초 내지 20초간
③ 1분간
④ 5분간

> **해설**
> 우유 살균법
> • 저온 장시간 살균(LTLT) : 63℃에서 30분 가열 후 급랭하며 우유, 술, 과즙 등에 이용
> • 고온 단시간 살균(HTST) : 75℃에서 15초 가열 후 급랭하며 우유나 과즙 등에 이용
> • 초고온 순간 살균(UHT) : 132℃에서 2~3초 가열하며 우유나 과즙 등에 이용

53 병류식과 비교할 때 향류식 터널건조기의 일반적인 특징으로 옳은 것은?

① 수분 함량이 낮은 제품을 얻기 어렵다.
② 식품의 건조 초기에 고온 저습의 공기와 접하게 된다.
③ 과열될 염려가 없어 제품의 열 손상을 적게 받고 건조속도도 빠르다.
④ 열의 이용도가 높고 경제적이다.

> **해설**
> 열풍 건조기
> ㉠ 가열된 공기로 대류에 의해 식품 건조
> ㉡ 빈 건조기, 캐비닛 건조기, 터널건조기는 트레이에 제품을 올려서 건조, 기타 컨베이어 건조기, 유동층 건조기, 분무 건조기 등
> ㉢ 터널건조기에는 병류식과 향류식이 있다.
> • 병류식 : 공기 흐름과 식품 이동이 같은 방향, 초기건조가 좋으나 최종 건조가 안 좋아 내부의 건조가 안 좋을 수 있고 미생물 번식이 있을 수 있다.

- 향류식 : 공기 흐름과 식품 이동이 반대 방향, 초기 건조는 안 좋으나 최종건조가 높아 과열 우려가 있다.

54 식품의 저장방법 중 식염절임에 대한 설명으로 틀린 것은?

① 염수과정에서 식염의 침투로 식염 용액이 형성되고 여기에 육단백질이 용해되어 콜로이드용액을 만들어 수분을 흡수하는 경우도 있다.
② 일반적으로 식염 농도가 증가하거나 온도가 높아지면 삼투압이 커지게 된다.
③ 건염법은 염수법에 비하여 유지 산화가 많이 일어날 가능성이 있다.
④ 식염 중에 칼슘염이나 마그네슘염이 들어 있으면 식염의 침투속도가 높아진다.

해설

염장
- 10% 이상 소금 농도에서 미생물 생육 억제
- 산소분압 저하, 자유수 감소 A_w 저하, 소금자체의 살균력, 효소의 불활성화
- 마른 간법 : 염장할 대상에 소금을 뿌려서 염장, 소금을 절약할 수 있으나 부분적으로 농도가 달라 고른 제품을 얻기 힘들며 형태를 변형시킬 수 있다. 대형어에 사용한다.
- 물간법 : 농도를 맞춘 소금용액에 넣어 염장, 소금의 양이 많이 필요하나 고른 제품을 얻을 수 있으며 부분적으로 농도가 흐려질 수 있다. 일반적으로 소형어 절임에 이용한다.
- 식염 중 칼슘염 등의 2가이온보다 소금 등 1가이온의 침투속도가 더 높다.

55 포도당 당량이 높을 때의 현상은?

① 점도가 떨어진다.
② 삼투압이 낮아진다.
③ 평균 분자량이 증가한다.
④ 덱스트린이 증가한다.

해설

포도당 당량이 높을 때는 전분 등이 분해하여 포도당 함량이 많아지는 경우로 덱스트린의 함량은 감소하며 포도당이 많아 점도는 떨어지고 삼투압은 높아지며 평균 분자량은 감소한다.

56 두류가공품 중 소화율이 가장 높은 것은?

① 된장   ② 두부
③ 납두   ④ 콩나물

해설

두부는 콩을 분쇄하고 간수 등을 넣어 콩단백질을 염석으로 석출한 것을 고화시켜 제조하여 소화율이 가장 높다.

57 당도가 12%인 사과과즙 10kg을 당도가 24%가 되도록 하기 위하여 첨가해야 할 설탕량은 약 몇 kg인가?

① 1.2750kg   ② 1.5789kg
③ 2.3026kg   ④ 2.5431kg

해설

농도 전환
- 당도 12%, 10kg일 때 수분의 무게(x)
  $(x/10,000) \times 100 = 88$, $x = 8,800$
- 당도 12%, 10kg일 때 당의 무게(y)
  $(y/10,000) \times 100 = 12$, $y = 1,200$
- 당도 24%일 때 당의 무게(z)
  $z/(8,800+z) \times 100 = 24$, $z = 2,778.9$
∴ 첨가해야 하는 당의 양은
  $2,778.9 - 1,200 = 1,578.9g = 1.5789kg$

58 샐러드 기름을 제조할 때 탈납과정의 주요 목적은?

① 불포화지방산을 제거한다.
② 저온에서 고체상태로 존재하는 지방을 제거한다.
③ 지방 추출원료의 찌꺼기를 제거한다.
④ 수분을 제거한다.

해설

탈납공정(Winterization)
- 샐러드유 제조 시 지방결정체 제거
- 냉각시켜 발생되는 고체 지방 결정체를 제거하는 탈납(dewaxing) 이용

정답 54 ④ 55 ① 56 ② 57 ② 58 ②

59 아이스크림 제조 시 사용하는 안정제가 아닌 것은?

① 젤라틴 ② 알긴산염
③ CMC ④ 구아닐산이나트륨

해설
아이스크림 제조 시 안정제
- 점착성을 증가시켜 유화성을 좋게 하고 촉감 증진
- 젤라틴, 알긴산염, CMC(Carboxy Methyl Cellulose), 카제인 등

60 라면 한 그릇에 나트륨이 2,000mg이 들어 있다면, 이것을 소금양으로 환산하면 얼마인가?

① 5g ② 8g
③ 12g ④ 20g

해설
소금(NaCl)은 Na=23, Cl=37이므로
$23 : 60 = 2,000 : x$, $x = 5,217mg =$ 약 5g

4과목 식품미생물학

61 유기산과 생산 미생물과의 연결이 틀린 것은?

① 구연산 – *Aspergillus niger*
② 초산 – *Acetobacter aceti*
③ 젖산 – *Leuconostoc mesenteriodes*
④ 프로피온산 – *Propionibacterium shermanii*

해설
*Leuconostoc mesenteriodes*는 김치의 발효균으로 젖산균 생산에 이용하지는 않는다.

62 다음 중 Koji 곰팡이의 특징과 거리가 먼 것은?

① *Aspergillus oryzae* group이다.
② 단백질 분해력이 강하다.
③ 곰팡이 효소에 의하여 아미노산으로 분해한다.
④ 일반적으로 당화력이 약하다.

해설
종국(코지균)
- *Aspergillus sojae* : 간장, 개량식 메주, 발효사료 제조
- *Aspergillus awamori, Aspergillus usami* : 일본 소주 제조
- *Aspergillus kawachii* : 약주, 탁주 제조
- *Aspergillus oryzae*(황국균) : 전분 당화력(α-amylase), 단백질 분해력이 강해 청주, 된장, 간장 제조에 이용, 개량 메주 제조 시 인공 접종하여 이용
- *Aspergillus niger*(흑국균) : 집락은 흑색, 전분당화력(β-amylase)이 강하고 당액을 발효하여 구연산 등 유기산 발효 공업에 이용

63 아황산펄프폐액을 사용한 효모생산을 위하여 개발된 발효조는?

① waldhof형 배양장치
② vortex형 배양장치
③ air lift형 배양장치
④ plate tower형 배양장치

해설
효모 단백질 생산(아황산 펄프폐액 원료)
- 생산균 : *Candida utilis, Can. major, Can. tropicalis*
- 질소원은 암모니아, 요소 이용, waldhof형 발효조 배양
- 분리 : 원심분리기 분리 후 회전건조기, 분무건조기 건조

64 출아법으로 증식하여 포자를 형성하는 미생물은?

① *Saccharomyces* 속 ② *Mucor* 속
③ *Rhizopus* 속 ④ *Torulopsis* 속

해설
효모(yeast)
- 효모의 영양번식 방법으로는 출아법, 분열법 및 출아 분열법이 있다.
- *Saccharomyces* 속은 출아법으로 증식한다.
- *Mucor* 속, *Rhizopus* 속은 곰팡이로 포자낭포자를 형성한다.
- *Torulopsis* 속은 무포자 효모이다.

정답 59 ④ 60 ① 61 ③ 62 ④ 63 ① 64 ①

65 일반적으로 위균사를 형성하는 효모는?

① *Saccharomyces* 속 ② *Candida* 속
③ *Hanseniaspora* 속 ④ *Torulopsis* 속

해설

효모의 형태
- 효모는 곰팡이와는 다른 위균사나 진균사를 형성한다.
- *Candida* 속, *Pseudomycellium* 속은 곰팡이 균사와 비슷한 긴 형태의 위균사나 진균사를 형성한다.

66 미생물의 생육에 직접 관계하는 요인이 아닌 것은?

① pH   ② 수분
③ 이산화탄소   ④ 온도

해설

미생물의 생육에는 온도, 수분, 산소, pH, 영양분 등이 관여한다.

67 적당한 수분이 있는 조건에서 식빵에 번식하여 적색을 형성하는 미생물은?

① *Lactobacillus plantarum*
② *Staphylococcus aureus*
③ *Pseudomonas fluorescens*
④ *Serratia marcescens*

해설

Serratia 속은 붉은 색소를 생산하는 특징이 있다.

68 독버섯의 독성분이 아닌 것은?

① enterotoxin   ② neurine
③ muscarine   ④ phaline

해설

버섯류 독성분
- muscarine, muscaridine, choline, neurine, phaline, amanitatoxin, agaricic acid, pilztoxin 등
- 아미그달린(amygdalin) : 청매의 독성분으로 청산(HCN)이 있다.

69 bacteriophage의 설명으로 틀린 것은?

① 세균에 감염 기생하여 기생적으로 증식한다.
② 생물과 무생물의 중간 위치이다.
③ DNA, RNA, 효소를 모두 가지고 있다.
④ 살아 있는 세포에만 기생한다.

해설

박테리오파지(bacteriophage)
- 세균을 숙주로 감염 기생하여 기생적으로 증식하는 바이러스, 세균을 먹는다는 뜻이다.
- 바이러스는 생물과 무생물의 중간 위치이다.
- DNA, RNA 중 하나의 핵산과 단백질 껍질만을 가지고 있다.
- 살아 있는 세포에만 기생하므로 식품에서 번식은 없다.

70 bacteriophage에 의해서 유전자 전달이 이루어지는 현상은?

① 형질 전환   ② 접합
③ 형질 도입   ④ 유전자 재조합

해설

유전자 재조합
- 형질 전환(transformation) : 공여세포의 유전자를 제한효소를 이용하여 벡터로 사용할 플라스미드에 유전자를 삽입하여 수용세포에 넣어서 유전자 재조합
- 형질 도입(transduction) : 벡터로서 플라스미드 대신 용원성 박테리오파지를 이용하여 수용세포에 넣어 재조합
- 접합(conjugation) : 원핵세포에 있어서 일시적인 접촉에 의해 두 개의 개체 간 DNA가 이동하는 방법으로 성공률이 낮다.
- 세포융합(cell fusion) : 두 종류의 세포를 융합시켜 양쪽의 성질을 모두 갖는 새로운 세포 생성

정답 65 ② 66 ③ 67 ④ 68 ① 69 ③ 70 ③

71 누룩곰팡이에 대한 설명으로 거리가 먼 것은?

① 단모균은 단백질 분해력이 강하다.
② 장모균은 당화력이 강하다.
③ 분생포자를 형성하지 않으며 끝이 빗자루 모양이다.
④ 최적 생육온도는 20~37℃이다.

해설
누룩곰팡이(코지균)
- *Aspergillus oryzae*(황국균) – 전분 당화력(α–amylase), 단백질 분해력이 강해 청주, 된장, 간장 제조에 이용, 개량 메주 제조 시 인공 접종하여 이용
- *Aspergillus niger*(흑국균) – 집락은 흑색, 전분당화력(β–amylase)이 강하고 당액을 발효하여 구연산 등 유기산 발효공업에 이용

72 탄소원으로 포도당 1kg에 *Saccharomyces cerevisiae*를 배양하여 발효시켰을 때 얻는 에틸알코올의 이론적인 생성량은 얼마인가?(단, 원자량 : H=1, C=12, O=16)

① 423g ② 511g
③ 645g ④ 786g

해설
효모의 발효형식(Neuberg의 발효형식)
- 효모는 산소의 유무에 따라 발효형식이 다르다.
- 혐기적 발효(alcohol 발효) : 주류 생산에 이용, 1포도당($C_6H_{12}O_6$, 180)이 2에탄올(C_2H_5OH, 46×2), 2이산화탄소(CO_2), 58cal 에너지, 2ATP 생성
- 호기적 발효(호흡작용, 산화작용) : 1포도당이 $6CO_2$, $6H_2O$, 686cal, 32ATP 생성
- 180 : 92 = 1,000 : x, x = 511.1g

73 *Acetobacter* 속의 특성이 아닌 것은?

① gram 음성의 무포자 간균이다.
② 혐기성 균이다.
③ 액체배지에서 피막을 형성한다.
④ 에탄올을 산화시킨다.

해설
초산균(acetic acid bacteria)
- 알코올을 산화하여 초산 생성, G(−), 호기성, 간균, 운동성 있는 것 또는 없는 것
- 주요 균 : *Acetobacter* 속, *Gluconobacter* 속
- *Acetobacter aceti*(식초 제조), *Gluconobacter roseus*(글루콘산, 피막 형성)

74 에틸알코올 발효 시 에틸알코올과 함께 가장 많이 생성되는 것은?

① CO_2 ② CH_3CHO
③ $C_5H_5(OH)_3$ ④ CH_3OH

해설
효모의 발효형식(Neuberg의 발효형식)
- 효모는 산소의 유무에 따라 발효형식이 다르다.
- 혐기적 발효(alcohol 발효) : 주류 생산에 이용, 1포도당이 2에탄올(C_2H_5OH), 2이산화탄소(CO_2), 58cal 에너지, 2ATP 생성

75 조상균류(Phycomycetes)에 속하는 곰팡이는?

① *Fusarium* 속 ② *Eremothecium* 속
③ *Mucor* 속 ④ *Aspergillus* 속

해설
곰팡이(진균류)
- 조상균류 : *Mucor*(털곰팡이), *Rhizopus*(거미줄곰팡이, 가근, 포복지), *Absidia*(활털곰팡이, 가근, 포복지)
- 자낭균류 : *Aspergillus*(누룩곰팡이, 정낭, 병족세포), *Penicillium*(푸른곰팡이, 기저경자), *Monascus*(홍국곰팡이), *Neurospora*(붉은곰팡이)

76 생선이나 수육이 변패할 때 인광을 나타내는 원인균은?

① *Bacillus coagulans* ② *Salmonella enteritidis*
③ *Vibrio indicus* ④ *Erwinia carotovora*

정답 71 ③ 72 ② 73 ② 74 ① 75 ③ 76 ③

해설

생선이나 수육이 변패할 때 인광을 나타내는 원인균은 *Vibrio indicus*이다.

77 세균에 대한 설명으로 틀린 것은?

① 분열에 의해 증식한다.
② 내생포자를 형성할 수 있다.
③ 형태에 따라 구균, 간균, 나선균 등으로 구분한다.
④ 핵과 세포질이 핵막에 의해 구분된다.

해설

세균
- 세균과 같은 원핵세포는 하등한 미생물로 스테롤이 있는 세포막이나 펩티도 글리칸으로 구성된 세포벽으로 싸여 있으며 리보솜은 있으나 핵막과 미토콘드리아는 없다.
- 핵, 미토콘드리아, 엽록체는 진핵세포의 소기관이며 리보솜은 원핵세포와 진핵세포에 모두 존재한다.
- 세균은 분열로 번식하며 내열성이 강한 내생포자를 형성하는 균도 있다.
- 형태적으로는 구균, 간균, 나선균 등이 있다.

78 전분 당화력이 강해서 구연산 생성 및 소주 제조에 사용되는 곰팡이는?

① *Aspergillus tamari* ② *Penicillium citrinum*
③ *Monascus purpureus* ④ *Aspergillus niger*

해설

Aspergillus niger(흑국균)
- 집락은 흑색, 전분당화력(β-amylase)이 강하고 당액을 발효시켜 구연산, 글루콘산 등 유기산 발효공업, 소주 제조에 이용
- 펙틴 분해력이 강함

79 미생물이 탄소원으로 가장 많이 이용하는 당질은?

① 포도당(glucose) ② 자일로오스(xylose)
③ 유당(lactose) ④ 라피노오스(raffinose)

해설

대부분의 생물에서 가장 이용도가 높은 포도당이 미생물에서도 탄소원으로 이용된다.

80 스위스 치즈의 치즈 눈 생성에 관여하는 미생물은?

① *Propionibacterium shermanii*
② *Lactobacillus bulgaricus*
③ *Penicillium requeforti*
④ *Streptococcus thermophilus*

해설

치즈 숙성 균
- 카망베르 치즈 – *Penicillium camemberti*
- 로크포르 치즈 – *Penicillium roqueforti*
- 스위스 에멘탈 치즈 – *Propionibacterium shermanii* – 치즈 눈을 형성시키고, 독특한 풍미를 내기 위하여 스위스 치즈에 사용

5과목 식품제조공정

81 열에 의한 변질 방지에 가장 적합한 것은?

① 저압 증발 ② 진공 증발
③ 단일 효용 증발 ④ 다중 효용 증발

해설

진공 동결 건조
- 수분을 얼려 승화시켜 건조, 고비용 제품에 이용
- 품질 손상 없이 2~3%의 저수분 상태로 건조할 수 있다.
- 냉각기 온도 −40℃, 압력 0.098mmHg
- 형태가 유지되고 다공성이므로 복원력이 좋다.
- 향미 보존, 식품 성분 변화가 적다.
- 쉽게 흡습하고 잘 부서져 포장이나 수송이 곤란하다.
- 식품의 동결, 건조실 내의 감압, 승화열 공급의 공정을 한다.

82 가열팽화에 의한 전분의 호화를 이용한 식품의 가공 시 사용되는 기기는?

① 압출 성형기　　② 원심 분리기
③ 초임계장치　　④ 균질기

해설
성형
- 주조 성형 : 일정한 모양의 틀에 원료를 넣고 가열 또는 냉각시켜 성형(빙과, 빵, 쿠키)
- 압연 성형 : 반죽을 회전롤 사이로 통과시켜 면대를 만들어 세절하거나 압절 성형(국수, 비스킷 등)
- 압출 성형 : 반죽 등 반고체 원료를 노즐 또는 die를 통해 강한 압력으로 밀어내어 성형, 단위공정은 열처리, 혼합, 분리, 압착, 배열, 팽화, 성형 과정(스낵, 마카로니 등)
- 응괴 성형 : 건조분말을 수증기로 뭉치게 하고 건조하여 응괴 성형, 물에 쉽게 용해(인스턴트 커피, 분말주스, 조제분유 등)
- 과립 성형 : 젖은 상태의 분체 원료를 회전틀에서 당액이나 코팅제를 뿌려 과립 성형(초콜릿 볼, 과립형 껌 등)
- 압출면 : 반죽을 압출기의 작은 구멍으로 뽑아낸 국수(당면, 마카로니 등)

83 와이어 메시체 또는 다공판과 이를 지지하는 구조물로 되어 있으며, 진동운동은 기계적 또는 전자기적 장치로 이루어지는 설비로, 미분쇄된 곡류의 분말 등을 사별하는 데 사용하는 설비는?

① 바스크린　　② 진동체
③ 릴　　　　　④ 사이클론

해설
진동체
와이어 메시체 또는 다공판과 이를 지지하는 구조물로 되어 있으며, 진동운동은 기계적 또는 전자기적 장치로 이루어지는 설비로, 미분쇄된 곡류의 분말 등을 사별하는 데 사용한다.

84 γ선, X선, 가시광선, 마이크로파 등의 광범위한 스펙트럼을 사용하는 광학적 방법에 의한 선별에 적절하지 않은 항목은?

① 숙도　　　　② 색깔
③ 크기　　　　④ 중심체의 이상 여부

해설
선별기
㉠ 무게에 의한 선별 : 과일(사과, 배, 오렌지 등), 채소(무, 당근, 감자 등). 계란, 육류, 생선 등 선별
㉡ 크기에 의한 선별 : 체(sieve)가 크기 선별에 많이 이용, (평판체 : 곡류, 밀가루, 소금 선별) - 회전원통체, 롤러선별기 등(과일, 채소 선별)
㉢ 모양에 의한 선별 : 작업의 효율을 위해 폭과 길이에 따라 선별(감자, 오이, 곡류) - 디스크형, 실린더형
㉣ 광학에 의한 선별
- 전자기적 스펙트럼 이용, 반사(복사, 산란, 반사)와 투과에 의해 선별
- 채소의 숙성, 중심부의 결함, 외부물질 혼입 선별(채소, 과일, 곡류)
- 광학적 색깔 선별(표준색과 비교), 기기적 색깔 선별(서로 다른 불균형 정도)

85 같은 부피를 가진 다양한 형태의 딸기 제품을 냉동시켰을 때 냉동 전후에 일어나는 부피 변화가 가장 적은 것은?

① 딸기열매
② 거칠게 분쇄한 딸기 페이스트
③ 딸기잼
④ 딸기넥타

해설
냉동 시 얼음결정에 의한 변화
- 빙결 생성 후 세포 밖으로 이동하여 탈수되고 빙결정이 모여 성장하면서 세포가 파괴된다.
- 빙결정은 해동 시 드립으로 유출된다.
- 냉동화상(프리저번, freezer burn) : 냉동저장 중 얼음이 승화하여 노출된 지방성분이 공기 중 산소에 의해 변질, 변색되어 색이 갈변된 현상(산화방지제나 밀착포장 필요)
- 이와 같은 현상은 가공 후에 급격히 증가되므로 가공 전에 부피 변화가 적다.

정답　82 ①　83 ②　84 ③　85 ①

86 식품공장 내 공기를 살균하는 데 적절한 방법은?

① 마이크로파 살균
② 자외선 살균
③ 가열 살균
④ 과산화수소수 살포 살균

해설

식품공장 내 살균방법
- 작업복 – 에어 샤워(air shower)
- 작업자의 손 – 양성비누(역성비누)
- 공중낙하균 – 클린 룸(clean room) 도입
- 포장지 – 무균포장장치
- 자외선 : 260nm의 자외선으로 살균, 냉살균, 투과력이 없어 물, 공기, 조리대 등 표면살균

87 식품성분을 분리할 때 사용하는 막분리법 중 관계가 옳은 것은?

① 농도차 – 삼투압
② 온도차 – 투석
③ 압력차 – 투과
④ 전위차 – 한외여과

해설

막여과
- 정밀여과 : 세균이나 색소제거에 이용, 바이러스나 단백질은 통과
- 한외여과 : 바이러스나 단백질 같은 고분자 물질 제거, 당과 같은 저분자 물질 통과
- 역삼투 : 반투막을 이용하여 물 같은 용매에서 당이나 염 같은 용질 분리, 아세트산 셀룰로오스, 폴리설폰 등 이용, 바닷물의 담수화
- 투석법 : 염이나 당 같은 저분자는 통과하지만 단백질 같은 고분자는 통과하지 못하는 반투막을 이용하여 분리
- 삼투압 : 반투막을 이용해 저농도의 용매가 고농도로 이동

88 식품재료들 간의 부딪힘이나 식품재료와 세척기의 움직임에 의해 생기는 힘을 이용하여 오염물질을 제거하는 세척방법은?

① 마찰 세척
② 흡인 세척
③ 자석 세척
④ 정전기 세척

해설

건식 세척
- 크기가 작고 기계적 강도가 있으며 수분 함량이 적은 곡류, 견과류 세척에 이용
- 시설비, 운영비가 적고 폐기물 처리 간단, 재오염 가능성이 크다.
- 송풍분류기(air classifier) : 송풍 속에 원료를 넣어 부력과 공기 마찰로 세척
- 마찰세척(abrasion cleaning) : 식품 재료 간 상호 마찰에 의해 분리
- 자석세척(magnetic cleaning) : 원료를 강한 자기장에 통과시켜 금속 이물질 제거
- 정전기적 세척(electrostatic cleaning) : 원료를 함유한 미세먼지를 방전시켜 음전하로 만든 뒤 제거, 차세척(tea cleaning)에 이용

89 상업적 살균에 대한 설명 중 옳은 것은?

① 통조림 관 내에 부패세균만을 완전히 사멸시킨다.
② 통조림 관 내에 포자형성세균을 완전히 사멸시킨다.
③ 통조림 저장성에 영향을 미칠 수 있는 일부 세균의 사멸만을 고려한다.
④ 통조림 관 내에 포자형성세균과 생활세포를 모두 완전히 사멸시킨다.

해설

상업적 살균
- 완전 멸균에 따른 식품 영양가 파손을 방지하고자 유해미생물 사멸 위한 최소로 하여 상품가치 손실을 최소화시키는 것
- 초기 미생물 오염도, 미생물의 내열성, pH에 따라 살균조건 설정
- 70℃~100℃, 10~20분 후 30℃ 급랭
- 미생물 수가 많을수록 높은 온도, 긴 시간 필요
- 내용물 pH가 낮은 산성일수록 낮은 온도, 살균시간 단축
- 용기 또는 내용물의 열전달이 잘 될수록 살균시간 단축
- 식품의 내용물 중에 가스가 없고 충진이 꽉 찰수록 살균 용이

90 다음 미생물 중 121.1℃에서 D값이 가장 큰 것은?

① *Clostridium botulinum*
② *Clostridium sporogenes*
③ *Bacillus subtilis*
④ *Bacillus stearothermophilus*

정답 86 ② 87 ① 88 ① 89 ③ 90 ④

해설

상업적 살균법
- D(decimal reduction time)값 : 사멸곡선에서 가열 전 미생물 수의 10%로 감소시키는 데 필요한 시간, 온도 지정이 없을 시는 121℃, 온도 증가 시 D값 감소
- 포자형성균의 내열성 포자가 열에 강하다. *Bacillus stearo-thermophilus*는 호열균이다.

91 쌀 도정 공장에서 도정이 끝난 백미와 쌀겨를 분리 정선하고자 한다. 이때 가장 효과적인 정선법은?

① 자석식 정선법 ② 기류 정선법
③ 체 정선법   ④ 디스크 정선법

해설
쌀 도정 공장에서 도정이 끝난 백미와 쌀겨를 분리 정선하려면 밀도차이에 의한 기류 정선법이 가장 효과적이다.

92 우유로부터 크림을 분리할 때 많이 사용되는 분리기술은?

① 가열 ② 여과
③ 탈수 ④ 원심 분리

해설
우유로부터 크림을 분리할 때는 원심 분리한다.

93 초임계 유체에 대한 설명으로 틀린 것은?

① 초임계 유체의 점도는 일정한 온도에서 압력변화에 민감하다.
② 초임계 유체의 확산도는 압력이 높아질수록 증가한다.
③ 초임계 유체의 용해도는 압력이 높아질수록 증가한다.
④ 임계점 이상의 온도와 압력에서의 유체상태를 초임계 유체라고 한다.

해설
초임계 유체 추출
- 유기용매 대신 초임계가스를 용매로 사용
- 초임계 유체는 기체상과 액체상이 공존하는 임계부근의 유체
- 기체성질로 침투율과 추출효율이 높고 액체밀도가 높아 용해도 증가
- 에탄, 프로판, 에틸렌, 이산화탄소 등 이용
- 커피, 향신료, 유지 추출에 이용
- 물질의 기체상과 액체상의 상경계지점인 임계점 이상의 압력과 온도를 설정해줌으로써 액체상의 용해력과 기체상의 확산계수와 점도의 특성을 지니게 하여 신속한 추출과 선택적 추출이 가능하게 하는 추출방법
- 압력이 높아질수록 확산도는 감소한다.

94 가루나 알갱이 모양의 원료를 관 속으로 수송하기 때문에 건물의 안팎과 관계없이 자유롭게 배관이 가능하며, 위생적이고, 기계적으로 움직이는 부분이 없어 관리가 쉬운 특성을 지닌 수송 기계는?

① 벨트 컨베이어   ② 롤러 컨베이어
③ 스크루 컨베이어   ④ 공기 압송식 컨베이어

해설
반송기계
- 벨트 컨베이어(belt conveyer) : 벨트 위에 제품을 운반
- 공기 압송식 컨베이어 : 가루나 알갱이 모양의 원료를 관 속으로 수송하기 때문에 건물의 안팎과 관계없이 자유롭게 배관이 가능하며, 위생적이고, 기계적으로 움직이는 부분이 없어 관리가 수월하다.
- 스크루 컨베이어(screw conveyer, 나선형 컨베이어) : 스크루의 회전운동으로 분체, 입체, 습기가 있는 재료나 화학적 활성을 지니고 있는 고온물질을 트로프(trough) 또는 파이프(pope) 내에서 회전시켜 운반
- 버킷 엘리베이터(bucket elevator) : 버킷에 제품을 실어 아래 위로 연결된 컨베이어로 운반
- 드로우어(thrower) : 단단한 고체 제품을 높은 곳에서 드로우어를 이용해 굴려서 운반

95 식품원료 분쇄기 중 버밀(burr mill)의 특징에 대한 설명으로 틀린 것은?

① 이물질이 들어가면 쉽게 고장이 난다.
② 구입가격이 비싸다.
③ 소요동력이 낮다.
④ 공회전 시 판의 마모가 심하다.

[해설]

분쇄기 종류
- 버밀(burr mill) : 값이 싸며 두 개의 회전 연마 사이에 작은 식품을 넣어 분쇄(커피 그라인더)
- 해머밀(hammer mill) : 회전축에 해머가 장착되어 분쇄, 막대, 칼날, T자형 해머 등(임팩트밀, 다목적밀, 설탕, 식염, 곡류, 마른 채소, 옥수수 전분 등에 사용)
- 볼밀(ball mill) : 회전 원통 속에 금속, 돌 등과 원료를 함께 회전하여 분쇄(곡류, 향신료 등 수분 3~4% 이하 재료에 적당)
- 핀밀(pin mill) : 고정판과 회전 원판 사이에 막대모양 핀이 있어 고속 회전으로 분쇄(설탕, 전분, 곡류 등 건식과 콩, 감자, 고구마의 습식이 있다.)
- 롤밀(roll mill) : 두 개의 회전 금속 롤 사이에 원료를 넣어 분쇄(밀가루 제분, 옥수수, 쌀가루 제분에 이용)
- 디스크밀(disc mill) : 홈이 파여 있는 두 개의 원판 사이에 원료를 넣어 분쇄(옥수수, 쌀의 분쇄에 이용)

96 수분함량이 12%인 옥수수가루를 사용하여 압출성형 스낵을 제조하고자 한다. 옥수수가루를 압출성형기에 투입하기 전에 수분함량을 18%에 맞추어야 한다면 옥수수가루 10kg당 첨가해야 하는 물의 양은 얼마인가?

① 0.37kg ② 0.73kg
③ 1.11kg ④ 1.48kg

[해설]

수분함량
- 습량기준 수분함량이 10%일 때 수분의 무게(x)
  $(x/10{,}000) \times 100 = 12$, $x = 1{,}200$
- 건조 후 제품무게(g)
  $10{,}000 \times 0.88 = y \times 0.82$, $y = 10{,}732$
- 건조 후 수분무게
  $10{,}732 \times 0.18 = 1{,}932$
- ∴ 제거해야 하는 수분량은
  $1{,}932 - 1{,}200 = 732g = 0.73kg$

97 카페인이 일부 제거된 커피를 생산하기 위해 적용해야 할 식품제조 공정은?

① 미분쇄 ② 압출 과립
③ 압출 성형 ④ 초임계 가스 추출

[해설]

초임계 가스 추출
- 유기용매 대신 초임계 가스를 용매로 사용
- 초임계 유체는 기체상과 액체상이 공존하는 임계부근의 유체
- 에탄, 프로판, 에틸렌, 이산화탄소 등 이용
- 커피, 향신료, 유지 추출에 이용

98 살균방법으로 적합하지 않은 것은?

① 0.1% 승홍수 살균
② 3% 석탄산액 살균
③ 70% 알코올 용액 살균
④ 90% 메탄올 살균

[해설]

메탄올의 경우 80% 용액을 사용한다.

99 착즙된 오렌지 주스는 15%의 당분을 포함하고 있는데 농축 공정을 거치면서 당 함량이 60%인 농축 오렌지 주스가 되어 저장된다. 당 함량이 45%인 오렌지 주스 제품 100kg을 만들려면 착즙 오렌지 주스와 농축 오렌지 주스를 어떤 비율로 혼합해야 하겠는가?

① 1 : 2 ② 1 : 2.8
③ 1 : 3 ④ 1 : 4

[해설]

농도 변경

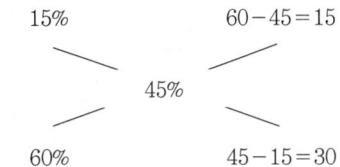

15% 착즙오렌지 : 60% 농축오렌지 = 15 : 30 = 1 : 2

100 식품의 건조방법과 그에 적합한 식품이 잘못 연결된 것은?

① 분무 건조 – 우유
② 동결 건조 – 설탕
③ 드럼 건조 – 이유식류
④ 마이크로파 건조 – 칩(chip)

해설

동결 건조
- 수분을 얼려 승화시켜 건조, 고비용 제품에 이용
- 품질 손상 없이 2~3%의 저수분 상태로 건조할 수 있다.
- 냉각기 온도 −40℃, 압력 0.098mmHg
- 형태가 유지되고 다공성이므로 복원력이 좋다.
- 향미 보존, 식품 성분 변화가 적다.
- 쉽게 흡습하고 잘 부서져 포장이나 수송이 곤란하다.

정답 100 ②

CHAPTER 11 2017년 3회 식품기사

1과목 식품위생학

01 주요 증상으로서 호흡 곤란, 연하 곤란, 복시, 실성 등의 현상이 일어나고 그 잠복기가 보통 12~18시간인 것은?

① Salmonella균 식중독
② 포도상구균 식중독
③ Botulinus균 식중독
④ Welchii균 식중독

해설
보툴리눔 식중독
- 원인균 : *Clostridium botulinum*
- 독소 : 단백질성 neurotoxin(신경 독소)으로 사망률이 50%로 높으나 열에 약하여 100℃에서 10분, 80℃에서 30분이면 파괴된다.
- 그람 양성, 포자(곤봉 모양) 형성, 혐기성 간균, 토양·하천·호수·바다 흙·동물의 분변에 존재, A~G형 7종 중 A, B, E형이 사람에게 중독을 일으킨다. 잠복기는 보통 12~18시간이며 주 증상은 구토, 복통, 설사에 이어 호흡 곤란, 연하 곤란, 복시, 실성 등 신경증상을 보이며 호흡마비 후 사망에 이른다.
- 원인식품 : 육류 및 통조림, 어류 훈제 등

02 반감기는 짧으나 젖소가 방사능 강하물에 오염된 사료를 섭취할 경우 쉽게 흡수되어 우유에서 바로 검출되므로 우유를 마실 때 문제가 될 수 있는 방사성 물질은?

① ^{89}Sr ② ^{90}Sr
③ ^{137}Cs ④ ^{131}I

해설
방사능
- 방사능 반감기 : 스트론튬 90-28.8년, 세슘 137-30.17년, 요오드 131-8일
- 핵분열 생성물의 일부가 직접 또는 간접적으로 농작물에 이행될 수 있다.
- 생성률이 비교적 크고, 반감기가 긴 ^{90}Sr과 ^{137}Cs이 식품에서 문제가 된다.
- 방사능 오염 물질이 농작물에 축적되는 비율은 지역별 생육 토양의 성질에 영향을 받는다.
- ^{131}I는 반감기가 짧으나 비교적 양이 많아서 문제가 된다.

03 저온유통이 식품의 품질에 미치는 영향이 아닌 것은?

① 산화반응속도 저하
② 효소반응속도 저하
③ 미생물번식 억제
④ 식중독균 사멸

해설
저온유통으로 식중독균이 사멸하지는 않는다.

04 액체 식품의 장기 저장 용도로 적합하지 않은 용기는?

① PE, 종이 라미네이트 지붕형
② PE, Al, 종이 라미네이트 지붕형
③ 백인 카톤형
④ 벽돌형

해설
액체 식품 저장 용기
- 종이를 몇 겹 겹쳐 만든 적층지로 벽돌형, 스트레이트형, 컵형으로 성형
- 저침투성의 경우 PE, 종이, PE의 3중 라미네이트 지붕형 사용
- 고침투성의 경우 PE, Al, 종이의 5중 라미네이트 지붕형 사용
- 저점도 식품에서 고점도 식품까지 다양한 식품에 백인 카톤형 이용

정답 01 ③   02 ④   03 ④   04 ①

05 옹기류에서 용출될 수 있으며 식품을 오염시킴으로써 인체에 축적되어 만성중독을 일으키는 물질은?

① Pb ② Cd
③ Hg ④ Fe

해설
옹기류 유해성분
• 옹기의 유약성분에는 납이 포함되어 여러 경로로 용출된다.
• 안료를 사용할 경우는 납, 카드뮴 등이 포함될 수 있으며 유약이 벗겨지면 안료가 용출될 수 있다.

06 식품 및 축산물 안전관리인증기준에 의거하여 식품(식품첨가물 포함) 제조·가공업소, 건강기능 식품제조업소, 집단급식소식품판매업소, 축산물 작업장·업소의 선행요건 관리 대상이 아닌 것은?

① 용수 관리 ② 차단방역 관리
③ 회수 프로그램 관리 ④ 검사 관리

해설
선행요건 관리 대상
용수 관리, 회수 프로그램 관리, 검사 관리, 설비 관리, 위생 관리 등

07 식품위생법령에 의거하여 다음과 같은 직무를 수행하는 사람은?

• 식품 등의 위생적 취급기준에 관한 기준의 이행 지도
• 수입·판매 또는 사용 등이 금지된 식품 등의 취급 여부에 관한 단속
• 표시기준 또는 과대광고 금지의 위반 여부에 관한 단속

① 식품위생감시원
② 소비자식품위생감시원
③ 자율지도원
④ 식품위생심의위원

해설
식품위생감시원의 직무
• 식품 등의 위생적인 취급에 관한 기준의 이행지도
• 수입, 판매 또는 사용 등이 금지된 식품 등의 취급 여부에 관한 단속
• 표시기준 또는 과대광고 금지의 위반 여부에 관한 단속
• 출입 검사 및 검사에 필요한 식품 등의 수거
• 시설기준의 적합 여부의 확인 검사
• 영업자 및 종업원의 건강진단 및 위생교육의 이행 여부의 확인 지도
• 행정처분의 이행 여부 확인
• 식품 등의 압류·폐기

08 다음 반응식에 의한 제조방법으로 만들어지는 식품첨가물명과 주요 용도를 옳게 나열한 것은?

$$CH_3CH_2COOH + NaOH \rightarrow CH_3CH_2COONa + H_2O$$

① 카르복시메틸셀룰로오스 나트륨 – 증점제
② 스테아릴젖산나트륨 – 유화제
③ 차아염소산나트륨 – 합성살균제
④ 프로피온산나트륨 – 보존료

해설
프로피온산에 수산화나트륨 처리로 프로피온산나트륨 염을 생성하며, 빵 등의 보존료로 이용한다.

09 가열조리된 근육식품에서 관찰되는 유해물질로서 아미노산, 크레아틴 등이 결합해서 생성되는 물질은?

① Polycyclic aromatic hydrocarbon
② Ehylcarbamate
③ Heterocyclic amine
④ Nitrosamine

해설
이환방족아민류(heterocyclic amines)
• 가열조리된 근육식품에서 관찰되는 유해물질로서 아미노산, 크레아틴 등이 결합해서 생성

정답 05 ① 06 ② 07 ① 08 ④ 09 ③

- 육류의 가열분해로 PAH(다환방향족탄화수소, 3,4-벤조피렌류)와 더불어 생성된다.
- 마이야르(Maillard) 반응에 의해 저장 중 탄수화물과 단백질에 의해서 생성된다.
- PAH와 함께 강력한 발암성 물질이다.

10 식품 내에 존재하는 미생물에 대한 설명으로 틀린 것은?

① 곰팡이는 일반적으로 세균보다 나중에 번식한다.
② 수분활성도가 높은 식품에는 세균이 잘 번식한다.
③ 수분활성도 0.8 이하의 식품에서는 거의 모든 미생물의 생육이 저지된다.
④ 당을 함유하는 산성식품에는 유산균이 잘 번식한다.

해설

수분과 미생물 생육
- 곰팡이는 일반적으로 세균보다 나중에 번식한다.
- 어패류나 수육과 같이 수분이 많은 식품의 A_w는 0.98~0.99, 곡물 등 수분이 적은 건조식품의 A_w는 0.60~0.64 정도
- 미생물 생육 최저 수분활성도 : 세균 0.91, 효모 0.88, 곰팡이 0.80, 내건성 곰팡이 0.65, 내삼투압성 효모 0.60 등
- 당을 함유하는 산성식품에는 유산균이 잘 번식한다.

11 유기인제 농약에 의한 중독기작은?

① Cytochrome oxidase 저해
② ATPase 저해
③ Cholinesterase 저해
④ FAD oxidase 저해

해설

잔류농약
- 유기인제 : 인체 독성, 작용방식은 콜린에스터라아제(acetyl-choline esterase) 효소를 저해, 대표적인 것으로 파라티온, 말라티온, 나레드, 다이아지논, DDVP 등
- 예방법 : 살포할 때 흡입을 주의하고, 수확 전 살포를 금지하며 중독 시 아트로핀(atropin)을 주사

12 아니사키스란 어디에 기생하는 기생충인가?

① 담수어　　② 해산어
③ 일반가축　④ 채소류

해설

아니사키스(Anisakis)
- 고래, 돌고래 등 바다 포유류의 기생충
- 분변에 의한 충란 → 제1중간숙주[갑각류(크릴새우)] → 제2중간숙주(오징어, 갈치, 고등어) → 사람이 생식하여 감염된다.(→ 고래)
- 주로 소화관에 궤양, 조양, 봉와직염

13 장출혈성 대장균의 특징 및 예방법에 대한 설명으로 틀린 것은?

① 오염된 식품 이외에 동물 또는 감염된 사람과의 접촉 등을 통하여 전파될 수 있다.
② 74℃에서 1분 이상 가열하여도 사멸되지 않는 고열에 강한 변종이다.
③ 신선채소류는 염소계소독제 100ppm으로 소독 후 3회 이상 세척하여 예방한다.
④ 치료 시 항생제를 사용할 경우, 장출혈성 대장균이 죽으면서 독소를 분비하여 요독증후군을 악화시킬 수 있다.

해설

장출혈성 대장균(enterohemorrhagic *E. coli* ; EHEC, O157 : H7)
- 그람 음성, 무포자간균, 통성혐기성, 유당을 분해하여 산과 가스 생성, 잠복기는 평균 10~24시간, 혈변과 심한 복통
- 특이한 항원성을 보이는 것은 외막의 지질다당류가 다르기 때문
- 균 자체는 열에 약하며 독소로 verotoxin 생성

14 식품첨가물과 관련된 설명으로 적합하지 않은 것은?

① 사용목적에 따른 효과를 소량으로도 충분히 나타낼 수 있는 첨가물질
② 저장성을 향상시킬 목적의 의도적 첨가물질
③ 식욕증진 목적의 첨가물질
④ 포장의 적응성을 높일 목적으로 식품에 첨가하는 물질

해설

식품첨가물 정의[FAO 및 WHO 합동 식품첨가물 전문위원회 (JECFA)]
식품의 외관, 향미, 조직, 저장성을 향상시키기 위한 목적으로 식품에 미량으로 첨가하는 비영양성 물질

15 식품을 통해 감염될 수 있는 virus성 감염병은?

① 콜레라 ② 장티푸스
③ 유행성간염 ④ 이질

해설

유행성 A형 간염은 식품을 통해 경구적으로 감염되는 바이러스성 감염병이다.

16 생활폐수 오염지표의 일반적인 검사 항목이 아닌 것은?

① TSP(Total Suspended Particles)
② SS(Suspended Solids)
③ DO(Dissolved Oxygen)
④ BOD(Biological Oxygen Demand)

해설

폐하수 오염의 일반적 검사 항목
SS(부유물질), DO(용존산소), BOD(생물화학적 산소요구량), pH, 대장균 등

17 다음 중 가장 잔존성이 큰 염소제 농약은?

① Aldrin ② DDT
③ Telodrin ④ γ-BHC

해설

유기염소제
- 살충효과가 크고 인체 독성이 낮으며 잔류성이 길어 많이 사용
- 구조상 매우 안정하여 자연에서 분해가 잘 안 된다. 이러한 잔류성 문제로 생태계를 파괴하여 1970년대 초 세계적으로 사용 금지
- DDT, BHC, aldrin, 엔드린, 헵타크로 등이 있으며 직접 신경에 작용하여 살충하는 방식

- 잔류성이 크고 지용성이기 때문에 인체의 지방조직에 축적되어 환경호르몬으로 작용
- 증상은 복통·설사·구토·두통·시력감퇴·전신권태 등

18 방사선 조사 식품과 관련된 설명으로 틀린 것은?

① 방사선 조사량은 Gy로 표시하며, 1Gy=1J/kg이다.
② 사용 방사선의 선원 및 선종은 ^{60}Co의 감마선이다.
③ 식품의 발아 억제, 숙도 조절 등의 효과가 있다.
④ 조사 식품을 원료로 사용한 경우는 제조 가공한 후 다시 조사하여야 한다.

해설

방사선 조사 식품
- 방사선 조사는 주로 Co-60의 감마선을 이용해 포장된 상태의 제품을 처리할 수 있으며 비열 처리하므로 냉살균이라 한다.
- 비타민 B_1은 감마선에 비교적 민감한 반면 비타민 B_2는 그렇지 않다.
- 방사선 처리 시 formic acid, acetaldehyde 등의 분해산물이 생성된다.
- 방사선량의 단위는 Gy이며 1Gy는 1J/kg에 해당한다.
- 1kGy 이하의 저선량 방사선 조사를 통해 감자, 양파 등의 발아 억제, 기생충 사멸, 숙도 지연 등의 효과를 낸다.
- 바이러스의 사멸을 위해서는 발아 억제를 위한 조사보다 높은 선량이 필요하다.
- 10kGy 이하의 방사선 조사로는 모든 병원균을 완전히 사멸시키지는 못한다.
- 식품에는 10kGy 이하의 에너지를 주로 사용한다.
- 완제품의 경우 조사처리된 식품임을 나타내는 문구 및 조사도 안을 표시하여야 한다.

19 식품의 변질에 대한 설명으로 틀린 것은?

① 변패 : 미생물 및 효소 등에 의하여 탄수화물, 지방질 및 단백질이 분해되어 산미를 형성하는 현상
② 부패 : 단백질과 질소화합물을 함유한 식품이 자가소화, 부패세균의 효소작용에 의해 분해되는 현상
③ 산패 : 지방질이 생화학적 요인 또는 산소, 햇볕, 금속 등의 화학적 요인으로 인하여 산화·변질되는 현상

정답 15 ③ 16 ① 17 ② 18 ④ 19 ①

④ 갈변 : 효소적 또는 비효소적 요인에 의하여 식품이 산화·갈색화되는 현상

해설

변질의 종류
- 부패(putrefaction) : 단백질이 미생물에 의해 악취와 유해 물질을 생성
- 발효(fermentation) : 탄수화물이 효모에 의해 유기산이나 알코올 등을 생성
- 산패(rancidity) : 지질이 산소와 반응하여 변질되어 이미, 산패취, 과산화물 등을 생성
- 변패(deterioration) : 미생물에 의해 탄수화물이나 지질이 변질
- 갈변(browning) : 효소적 또는 비효소적 요인에 의하여 식품이 산화·갈색화되는 현상

20 식품의 색을 안정화시키거나 유지 또는 강화시키는 식품첨가물은?

① 착색료 ② 안정제
③ 표백제 ④ 발색제

해설

발색제
- 가공육의 색 고정화 : 햄, 베이컨, 소시지 등 식육가공품에 발색제인 아질산염을 처리하면 안정한 형태의 nitrosomyoglobin을 형성하여 가열조리 시 선홍색을 유지하는 것을 말한다.
- 염지 시 사용되는 식품첨가물
- 발색뿐만 아니라 육제품의 보존성이나 특유의 향미를 부여하는 효과를 나타낸다.

2과목 식품화학

21 콩에 함유된 특성성분이 아닌 것은?

① 이소플라본 ② 레시틴
③ 라피노오스 ④ 쿠어세틴

해설

콩의 특성성분으로는 이소플라본(항암성분), 레시틴(유화제), 라피노오스(올리고당), 트립신 저해제, 혈구응집소 등이 있다.
※ 쿠어세틴은 양파의 성분이다.

22 부제탄소원자를 가지지 않아 2개의 광학이성체가 존재하지 않는 중성아미노산은?

① Isoleucine ② Threonine
③ Glycine ④ Serine

해설

글리신은 탄소에 수소 두 개가 결합한 부제탄소가 없는 아미노산으로 광학적 활성이 없으므로 거울이성체가 없다.

23 다음 중 비효소적 갈변반응이 아닌 것은?

① 마이야르 반응
② 캐러멜화 반응
③ 비타민 C 산화에 의한 갈변반응
④ 티로시나아제에 의한 갈변반응

해설

효소적 갈변
- 주로 과일(사과, 배)이나 채소(감자, 고구마) 등의 식품에 절단된 부위에서 일어남
- catechin, gallic acid, chlorogenic acid, tyrosine 등이 polyphenol oxidase, tyrosinase 등 효소에 의해 갈색물질인 melanin을 생성

24 단백질의 열변성에 영향을 주는 요인으로 거리가 먼 것은?

① 수분 ② 표면장력
③ 전해질 ④ pH

해설

단백질의 열변성에는 온도, 수분, 전해질, pH 등이 단백질 구조에 영향을 미친다.

25 $KMnO_4$를 이용한 수산정량, 칼륨 정량 등의 실험에 적용되는 실험방법은?

① 산화환원적정법 ② 침전적정법
③ 중화적정법 ④ 요오드적정법

정답 20 ④ 21 ④ 22 ③ 23 ④ 24 ② 25 ①

해설

산화환원적정법
산화제로 과망간산칼륨이나 중크롬산칼륨 표준용액을 이용하여 수산이나 칼륨 등의 정량에 이용

26 콩과류나 지방 식품이 저장 또는 유통 중 변화하여 생성되는 성분으로 이 성분이 많이 검출되면 변질(산패)이 되었다고 의심할 수 있는 성분은?

① 아세트알데히드
② 바닐린
③ 헥산알
④ 프로필 아릴다이설파이드

해설

유지의 산패 측정법
- 유지의 산소흡수도, 과산화물 생성량, carbonyl 화합물의 생성량 등을 측정
- 과산화물가, oven법, TBA(thiobarbituric acid value)법, 아니시딘가, 카르보닐가, Kreis test, AOM(Active Oxygen Method)법 등
- oven법(schaal 오븐시험법) : 오븐에 유지를 넣고 65℃에 저장하면서 정기적으로 관능검사나 과산화물가를 측정하여 유지의 산패도를 측정하는 방법
- 과산화물값(peroxide value)과 공액 이중산값(conjugated dienoic acid) : 유지 1차 산화 생성물을 측정하는 방법
- 아니시딘값(anisidine value) : 유지 2차 산화 생성물인 2-alkenal을 측정하는 방법
- 휘발성분 중 헥산알(hexanal)은 리놀레산(linoleic acid)으로부터, propanal은 리놀렌산(linolenic acid)으로부터 산화 시 발생하는 성분으로 1차 산화 정도를 측정하는 데 활용
- TBA값(thiobarbituric acid value) : 유지 1차 산화 생성물인 말론알데하이드(malonaldehyde)를 측정하는 방법

27 다음 두 성질을 각각 무엇이라 하는가?

A : 잘 만들어진 청국장은 실타래처럼 실을 빼는 것과 같은 성질을 가지고 있다.
B : 국수반죽은 긴 끈 모양으로 늘어나는 성질을 가지고 있다.

① A : 예사성, B : 신전성
② A : 신전성, B : 소성
③ A : 예사성, B : 소성
④ A : 신전성, B : 탄성

해설

점탄성체의 성질
- Weissenberg 효과 : 연유 중에 막대 등을 세워 회전시키면 탄성에 의해 연유가 막대를 따라 올라오는 성질
- 예사성(spinability) : 청국장, 계란 흰자 등에 막대 등을 넣고 당겨 올리면 실처럼 가늘게 따라 올라오는 성질
- 경점성(consistency) : 점탄성을 나타내는 식품의 경도(밀가루 반죽 경점성은 farinograph로 측정)
- 신전성(extensibility) : 반죽이 국수같이 길게 늘어나는 성질(밀가루 반죽의 신전성은 extensograph로 측정)

28 다음의 그림에서 항복점(yield point)은 어느 것인가?

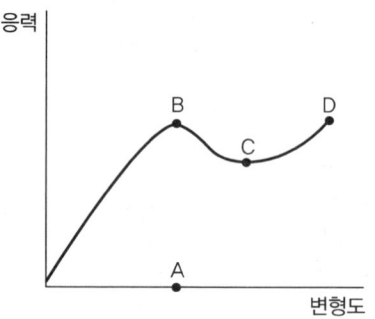

① A
② B
③ C
④ D

해설
- 항복치(yield value) : 생크림과 같이 반고체 식품에서 약한 전단력에 탄성을 보이다 좀 더 강한 전단력에 소성을 보일 때의 힘
- B : 항복점, C : 하부항복점, D : 인장강도

29 관능검사의 차이식별검사방법 중 종합적 차이검사에 해당하는 방법은?

① 삼점검사
② 다중비교검사
③ 순위법
④ 평점법

정답 26 ③ 27 ① 28 ② 29 ①

[해설]

식품의 관능검사

㉠ 차이식별검사
- 종합적 차이검사 : 단순검사(두 시료의 차이 유무 판정), 일-이점검사(기준시료와 동일한 것 선택), 삼점검사(3개 중 다른 하나 선택), 확장삼점검사
- 특성 차이검사 : 이점비교검사(두 개의 차이), 순위법(강도비교순서), 평점법(0~9점), 다시료 비교검사(기준시료와 비교)

㉡ 묘사분석 : 훈련된 검사 요원에 의한 관능적 특성의 질적, 양적 묘사, 향미 프로필(맛, 냄새, 향미), 텍스처 프로필(물리적 특성), 정량적 묘사(향미, 텍스처, 색 등 전반적인 관능 특성), 스펙트럼 묘사분석(특성과 강도에 대한 모든 정보), 시간-강도 묘사분석

㉢ 소비자 기호도검사 : 가장 주관적 검사, 새로운 식품 개발이나 품질 개선에 이용, 이점기호검사, 기호 척도법, 순위 기호검사, 적합성판정법
- 선호도검사 : 여러 개 중 좋아하는 것을 선택하고 좋아하는 순서 정하기
- 기호도검사 : 좋아하는 정도를 측정(평점법 이용)

30 Amylose와 Amylopectin의 설명 중 틀린 것은?

① Amylose의 요오드반응은 청색이나 amylopectin은 적자색이다.
② Amylose는 요오드 분자와 내포화합물을 형성하나 amylopectin은 요오드 분자와 내포화합물을 형성하지 않는다.
③ 중합도는 일반적으로 amylopectin이 amylose보다 크다.
④ Amylose는 수용액에서 안정하나 amylopectin은 노화되기 쉽다.

[해설]

amylose가 많을수록 노화가 빨리 일어나며 전분입자가 작을수록 노화가 빠르다. 감자, 고구마 등 서류 전분은 노화되기 어려우나 쌀, 옥수수 등 곡류는 노화되기 쉽다.

31 관능검사법의 장소에 따른 분류 중 이동수레를 활용하여 소비자 기호도 검사를 수행하는 방법은?

① 중심지역 검사   ② 실험실 검사
③ 가정사용 검사   ④ 직장사용 검사

[해설]

관능검사 중 소비자 기호도 검사
가장 주관적 검사, 새로운 식품 개발이나 품질 개선에 이용, 이점기호검사, 기호 척도법, 순위 기호검사, 적합성판정법
- 선호도 검사 : 여러 개 중 좋아하는 것을 선택하여 좋아하는 순서 정하기
- 기호도 검사 : 좋아하는 정도 측정(평점법 이용)
- 중심지역 검사 : 이동수레를 활용하여 소비자 기호도 검사 수행

32 표고버섯의 주요한 향기성분은?

① Methyl cinnamate
② Lanthionine
③ Sedanolide
④ Capsaicine

[해설]

향기성분
- 에스테르류 : sedanolide(셀러리), methyl cinnamate(송이버섯), amyl formate(사과, 복숭아), isoamyl formate(배)
- 알코올류 : 2, 6-nonadienal(오이), furfuryl alcohol(커피)
- 테르펜류 : limonene(레몬, 오렌지), camphene(생강), geraniol(오렌지, 레몬), menthol(박하), citral(오렌지, 레몬)
- 황화합물 : methylmercaptane(무), propylmercaptane(마늘), dimethylmercaptane(단무지), lenthionine(표고버섯)
- 알데히드류(aldehyde) 및 유기산 : 식물의 풋내, 유지 식품의 기름진 풍미 및 산패취, 생우유(acetone, acetaldehyde, propionic acid, butyric acid, caproic acid, methyl sulfide), 버터(diacetyl, propionic acid, butyric acid, caproic acid), 치즈(ethyl β-methylmercaptopropionate)
- 피라진류(pyrazines) : 질소를 함유한 화합물로, 고기향, 땅콩향, 볶음향 등의 특성을 나타내는 성분, trimethylamine, piperidine, δ-aminovaleric acid(어류 비린내)

정답 30 ④ 31 ① 32 ②

33 단백질이 변성되면 나타나는 일반적인 특성 변화로 옳은 것은?

① 소화 분해력 감소 ② 친수성 증가
③ 용해도의 감소 ④ 반응성 감소

해설

변성단백질의 성질
- 용해도가 감소되어 침전력이 커지며 점도는 증가한다.
- polypeptide 사슬이 풀어져 반응기가 노출되면서 소화효소 작용을 받기 쉬워 소화가 잘되며 효소작용이 쉬워서 부패도 빠르다.
- 효소 단백질은 활성을 잃게 된다.

34 매운맛 성분과 주요 출처의 연결이 틀린 것은?

① 피페린 – 후추
② 차비신 – 산초
③ 진저론 – 생강
④ 이소티오시아네이트 – 겨자

해설

매운맛
- 후추 : 피페린, chavicine
- 산초 : sanshol
- 생강 : 진저론, 쇼가올, gingerol
- 겨자 : 아릴 이소티오시아네이트
- 마늘, 파, 양파 : 알리신

35 클로로필을 알칼리로 처리하였더니 피톨이 유리되고 용액의 색깔이 청록색으로 변했다. 다음 중 어느 것이 형성된 것인가?

① Pheophytin ② Pheophorbide
③ Chlorophyllide ④ Chlorophylline

해설

Chlorophyll(엽록소)
- 녹색식물의 잎에 존재하며 Mg을 함유한 4개의 pyrrol로 구성된 porphyrin 구조로 chlorophyll a(청록색)와 b(황록색)가 있으며 3 : 1로 구성

- chlorophyll은 산성하에서 porphyrin의 Mg^{2+}이 수소로 치환되어 갈색의 pheophytin을 형성한다. 계속된 산 처리 시 phytol기가 분해되어 갈색의 pheophorbide 생성
- chlorophyll은 알칼리성에서 phytol기가 분해되어 녹색의 chlorophyllide가 되며 이어서 methyl기가 분해되면 짙은 녹색의 chlorophylline 생성
- Chlorophyllase에 의해 phytol기가 제거되면 녹색의 수용성인 chlorophyllide 생성
- chlorophyll을 Cu^{2+}, Fe^{2+} 등의 금속으로 가열 처리하면 Mg^{2+}이 치환되어 녹색의 chlorophyll염 생성
- 채소를 끓이면 chlorophyll은 pheophytin이 되어 갈색 변색

36 다음 화합물 중 산패가 가장 잘 일어나는 것은?

① 스테아르산 ② 올레산
③ 라우르산 ④ 리놀렌산

해설

공액 이중결합이 많은 지방산이 산패가 잘 일어난다.

37 유지의 중성지질에 붙어 있는 지방산을 가스크로마토그래피(GC)를 활용하여 분석할 때 유지의 처리 방법은?

① 중성지질을 아세톤 용매에 희석한 후 바로 주사기를 이용하여 GC에 주입한다.
② 중성지질을 비누화하여 유리지방산을 제거한 후 GC에 주입한다.
③ 중성지질에 직접 에틸기를 붙여 GC에 주입한다.
④ 중성지질을 지방산메틸에스터로 유도체화시킨 후 GC에 주입한다.

해설

유지의 중성지질에 붙어 있는 지방산을 가스크로마토그래피(GC)를 활용하여 분석할 때 우선 중성지질의 지방산을 에스터라아제로 분해한 후 지방산메틸에스터로 유도체화시킨 후 GC에 주입한다.

정답 33 ③ 34 ② 35 ③ 36 ④ 37 ④

38 복합단백질 중 casein은 어디로 분류되는가?

① 당단백질
② 인단백질
③ 지단백질
④ 구상단백질

해설
casein은 인단백질이다.

39 효소적 갈변반응과 거리가 먼 것은?

① 멜라노이딘을 형성함
② Polyphenol oxidase, tyrosinase 등이 관계함
③ 주로 과일이나 채소 등의 식품에 절단된 부위에서 일어남
④ 구리이온은 갈변효소 작용을 활성화함

해설
효소적 갈변
- 주로 과일(사과, 배)이나 채소(감자, 고구마) 등의 식품의 절단된 부위에서 일어남
- catechin, gallic acid, chlorogenic acid, tyrosine 등이 polyphenol oxidase, tyrosinase 등의 효소에 의해 갈색물질인 melanin 생성
- 멜라노이딘은 마이야르반응 생성물로 비효소적 갈변임

40 단백질의 겔 강도에 영향을 미치는 요소 중 그 정도가 가장 작은 것은?

① 단백질의 침강계수와 확산속도
② 단백질 그물망구조에서의 가교결합수
③ 단백질의 분자량
④ 단백질의 3차구조 표면의 카르복실기 수와 염의 농도

해설
Gel
- 친수 sol을 가열한 후 냉각시키거나 물을 증발시키면 반고체 상태가 되는데 이것을 gel(겔)이라 한다.(한천, 젤라틴, 젤리, 잼, 도토리묵, 삶은 계란)
- 단백질 겔 강도에 영향을 미치는 요소 : 단백질 그물망구조에서의 가교가 많이 형성될수록, 단백질의 분자량이 클수록, 단백질의 3차구조 표면의 카르복실기 수와 염의 농도가 높을수록 이온결합에 의한 가교 형성을 도와 겔의 강도가 높아진다.

3과목 식품가공학

41 다음 훈제품 제조법 중 가장 실용성이 적은 방법은?

① 냉훈법
② 온훈법
③ 전훈법
④ 액훈법

해설
훈증법
- 목재를 불완전 연소시킨 연기로 식품에 접촉시켜 저장
- 200여 종의 화합물 중 포름알데히드, 아세트알데히드, 폴리페놀류, 알코올, 포름산 등
- 침엽수는 수지가 많아 불쾌취가 발생하므로 떡갈나무, 참나무 등 사용
- 온훈법 : 30~50℃에서 5~10시간, 냉훈법 : 20~30℃에서 2~3주간, 열훈법 : 50~80℃에서 수 시간, 액훈법 : 목초액 사용, 전훈법 : 전기를 가해 연기 성분 흡착
- 전훈법은 고전압을 사용하여 흡착하여야 하며 수분이 그대로 유지되어 식감이 좋지 않아 맛이 좋지 않다.

42 어떤 공정에서 $F_{121℃} = 1\text{min}$이라고 한다. 이 공정을 101℃에서 실시하면 몇 분간 살균하여야 하는가?(단, $z = 10℃$로 한다.)

① 10분
② 18분
③ 100분
④ 118분

해설
살균 지표
- D(decimal reduction time) 값 : 사멸곡선에서 가열 전 미생물 수의 10%로 감소시키는 데 필요한 시간, 온도 지정이 없을 시는 121℃, 온도 증가 시 D 값 감소
- Z 값 : TDT곡선에서 D 값이 10배로 증가하는 데 필요한 온도 차이, 10배의 살균속도를 위한 온도 상승폭
- F 값 : 일정온도에서 일정 농도 미생물의 완전사멸에 필요한 시간
- $F_{121℃} = 1\text{min}$, 121℃, 1분에 완전사멸
- $z = 10℃$은 살균 속도를 10배 줄이는 데 10℃ 올리는 것이므로 반대로 20℃를 줄여 완전사멸을 하기 위해서는 시간을 100($1 \times 10 \times 10$)배 높여주어야 한다.

43 지름 4cm인 관을 통해서 1.5kg/s의 속도로 20℃의 물을 펌프로 이송하는 경우 평균 유속은 얼마인가?(단, 물의 밀도는 998.2kg/m³으로 한다.)

① 0.0955m/s ② 0.195m/s
③ 1.195m/s   ④ 2.195m/s

해설
평균 유속
- $V = \dfrac{Q}{A}$,
  여기서, Q : 부피 유량(m³/s), A : 단면적(m²), V : 유속(m/s)
- $Q = VA = 1.5 \times \dfrac{1}{998.2} = 0.0015 \text{ m}^3/\text{s}$
- 관의 단면적 $= \dfrac{\pi}{4} \times D^2 = \dfrac{3.14}{4} \times (0.04\text{m})^2 = 1.25 \times 10^{-3} \text{ m}^2$
- 유속 $= \dfrac{1.5 \times 10^{-3} \text{ m}^3/\text{s}}{1.25 \times 10^{-3} \text{ m}^2} = 1.1943 \text{ m/s}$

44 유지의 항산화제로 이용되는 비타민은?

① 비타민 A   ② 비타민 E
③ 비타민 D   ④ 비타민 F

해설
산화방지제(항산화제)
- 수용성 산화방지제 : 아스코르브산, 에리소르빈산 – 색소의 항산화
- 지용성 산화방지제 : BHA, BHT, 몰식자산프로필, 토코페롤(비타민 E) – 유지의 항산화

45 일정한 경도의 반죽에 대한 신장도와 인장항력을 측정기록하여 반죽의 시간적 변화와 성질을 판정하는 기기는?

① Farinograph   ② Extensograph
③ Amylograph   ④ Mixograph

해설
밀가루 레올로지 특성 분석
- 패리노그래프(farinograph) : 점탄성, 흡수율 측정, 반죽의 경도 및 형성시간 측정
- 엑스텐소그래프(extensograph) : 신장성, 인장항력 측정
- 텍스처 측정기(texture analyzer) : 물성 측정
- 아밀로그래프(amylograph) : 호화도, 점도 측정, 강력분과 중력분 구별에 이용

46 염장 간고등어의 저장 원리는?

① 삼투압   ② 건조
③ 진공   ④ 훈연

해설
염장법 : 10%의 소금을 이용하여 저장하는 방법
- 삼투압에 의해 원형질 분리
- 탈수에 의한 미생물 사멸
- 염소 자체의 살균력
- 용존산소 감소 효과에 따른 화학반응 억제
- 단백질 변성에 의한 효소의 작용억제 등의 효과
- 건염법은 10~15%, 염수법은 20~25%를 사용하여 채소류나 어류에 이용

47 고기의 해동강직에 대한 설명으로 틀린 것은?

① 골격으로부터 분리되어 자유수축이 가능한 근육은 60~80%까지의 수축을 보인다.
② 가죽처럼 질기고 다즙성이 떨어지는 저품질의 고기를 얻게 된다.
③ 해동강직을 방지하기 위해서는 사후강직이 완료된 후에 냉동해야 한다.
④ 냉동 및 해동에 의하여 고기의 단백질과 칼슘 결합력이 높아져서 근육수축을 촉진하기 때문에 발생한다.

해설
해동강직
- 사후강직이 최대에 이르기 전 동결 시 해동 후 남아 있는 글리코겐에 의한 ATP생성으로 발생
- 골격으로부터 분리되어 자유수축이 가능한 근육은 60~80%까지의 수축
- 해동강직을 방지하기 위해서는 사후강직이 완료된 후에 냉동
- 가죽처럼 질기고 다즙성(드립)이 떨어지는 저품질의 고기를 얻게 된다.

정답 43 ③ 44 ② 45 ② 46 ① 47 ④

48 유지 채취 시 전처리 방법이 아닌 것은?

① 정선 ② 탈각
③ 파쇄 ④ 추출

해설

식용유지 제법
- 압착법, 추출법은 식물유지 채취, 용출법은 동물유지 채취 이용
- 용출법(melting process) : 동물성 원료를 가열시켜서 유지 제조
- 압착법(expression process) : 식물질 원료에 기계적인 압력을 가하여 유지 제조
- 추출법(extraction process) : 식물성 원료를 유기용매로 녹여서 제조, 추출용매는 벤젠, 에틸알코올, 노말 헥산, 아세톤, CS_2 등을 사용
- 추출용매는 가격이 저렴하고, 유지 이외의 물질은 추출하지 말아야 하며 기화열과 비열이 낮아 회수가 쉬워야 한다.
- 정선, 탈각, 파쇄는 전처리이고 추출은 본처리이다.

49 Glucono-δ-lactone이 연제품의 pH를 낮추는 데 이용되는 주요 원리는?

① 알칼리 금속과 반응하여 착염을 만든다.
② 다른 배합품과 반응하여 산성화시킨다.
③ 산으로 작용한다.
④ 물에 용해하면 가수분해되어 산성이 된다.

해설

Glucono-δ-lactone(gluconodeltalactone ; G.D.L)
- 두부 응고제
- 물에 용해하면 가수분해되어 산성이 된다.
- 연두부나 순두부 또는 보다 부드러운 두부를 만들 때에 사용되며, 과거 산미료로 사용하여 과량 사용 시 신맛이 난다.

50 분무건조법의 특징과 거리가 먼 것은?

① 열변성하기 쉬운 물질도 용이하게 건조 가능하다.
② 제품형상을 구형의 다공질 입자로 할 수 있다.
③ 연속으로 대량 처리가 가능하다.
④ 재료의 열을 빼앗아 승화시켜 건조한다.

해설

분무 건조기
- 열에 약한 제품에 이용, 분유, 주스분말, 커피, 차 등
- 액상 식품을 분무장치로 열풍에 분무하여 빠르게 건조
- 대부분 건조가 항률건조로 연속처리가 가능
- 다공질 입자를 형성해 용해가 잘된다.

51 D 값, F 값, Z 값에 대한 설명 중 옳은 것은?

① $D_{110℃}=10$: 100℃에서 일정농도의 미생물을 완전히 사멸시키려면 10분이 소요된다.
② $F_{121℃}=4.07$: 식품을 121℃에서 가열하면 미생물이 처음 균수의 1/10로 줄어드는 데 4.07분이 소요된다.
③ Z=20℃ : D 값을 1/10로 감소시키려면 살균온도를 20℃만큼 더 높여야 된다.
④ D 값, F 값, Z 값은 모두 시간을 나타낸다.

해설

상업적 살균
- 완전멸균에 따른 식품 영양가 파손을 방지하고자 필요한 미생물만 사멸시키는 멸균으로 주로 *Clostridium botulinum*의 포자수를 $1/10^{12}$ 이하로 감소시키는 것
- 병조림, 통조림, 레토르트 식품 멸균은 중심온도 120℃에서 4분간 처리
- 포자가 영양세포보다 내열성이 크다.(세균포자>곰팡이, 효모포자>영양세포)
- 산성일수록 내열성이 작아져 pH 3.7 이하에서는 100℃ 이하에서 멸균
- D(decimal reduction time) 값 : 사멸곡선에서 가열 전 미생물 수의 10%로 감소시키는 데 필요한 시간, 온도 지정이 없을 시는 121℃, 온도 증가 시 D 값 감소
- Z 값 : TDT곡선에서 D 값이 10배로 증가하는 데 필요한 온도차이, 10배의 살균속도를 위한 온도 상승폭
- F 값 : 일정온도에서 일정 농도 미생물의 완전사멸에 필요한 시간

정답 48 ④ 49 ④ 50 ④ 51 ③

52 곡물의 도정방법에서 건식도정과 습식도정 중 습식도정에만 해당되는 설명은?

① 겨와 배아가 배유로부터 분리된다.
② 곡물 중 함수량을 줄인 후 도정하는 것이다.
③ 배유로부터 전분과 단백질을 분리할 목적으로 사용될 수 있다.
④ 쌀, 보리, 옥수수에 사용한다.

해설

습식도정
• 겨층과 배유부의 분리가 잘 안 될 때 사용한다.
• 보리의 경우 점질물이 생성되어 수분을 침지하여 습식도정한다.
• 배유로부터 전분과 단백질을 분리할 목적으로 사용될 수 있다.

53 가염 코지를 만드는 목적이 아닌 것은?

① 잡균 번식 방지
② 코지균의 발육 정지
③ 발열 방지
④ 건조 방지

해설

가염 코지 목적
• 잡균 번식 방지
• 코지균의 발육 정지
• 발열 방지

54 어류의 지질에 대한 설명으로 틀린 것은?

① 흰살 생선은 지방함량이 적어 맛이 담백하다.
② 어유에는 $\omega-3$계열의 불포화지방산이 많다.
③ 어유에는 혈전이나 동맥경화 예방효과가 있는 고도 불포화 지방산이 많이 함유되어 있다.
④ 어유에 있는 DHA와 EPA는 융점이 실온보다 높다.

해설

어유에 있는 DHA와 EPA는 융점이 실온보다 낮아 실온에서 액체 상태이다.

55 저지방우유의 유지방분 기준은?

① 원유의 유지방분을 0.6~2.6%로 조정
② 원유의 유지방분을 4% 이하로 조정
③ 원유의 유지방분을 0.030~1.045%로 조정
④ 원유의 유지방분을 1% 미만으로 조정

해설

저지방우유
원유 100%에 유지방분을 0.6~2.6%로 조정 후 살균 또는 멸균한 유유

56 식초 제조에 관여하는 반응은?

① $C_6H_{12}O_6 \rightarrow 2C_2H_5OH + 2CO_2$
② $C_6H_{12}O_6 \rightarrow C_4H_8O_2 + 2CO_2 + 2H_2$
③ $C_6H_{12}OH + O_2 \rightarrow CH_3COOH + H_2O$
④ $C_6H_{12}O_6 \rightarrow 2C_3H_6O_3$

해설

초산균(acetic acid bacteria)
• 알코올을 산화하여 초산 생성, G(−), 호기성, 간균, 운동성이 있는 것 또는 없는 것
• 주요 균: *Acetobacter* 속, *Gluconobacter* 속
• *Acetobacter aceti*(식초 제조), *Gluconobacter roseus*(글루콘산, 피막 형성)

$C_2H_5OH + \frac{1}{2}O_2 \rightarrow CH_3COOH$

$C_2H_5OH + O_2 \rightarrow CH_3COOH + H_2O$

57 열처리 시 온도에 대한 민감성이 가장 큰 것은?

① Z 값이 10℃인 포자
② Z 값이 25℃인 효소
③ Z 값이 35℃인 비타민
④ Z 값이 50℃인 색소

해설

상업적 살균
• 완전멸균에 따른 식품 영양가 파손을 방지하고자 필요한 미생물만 사멸시키는 멸균으로 주로 *Clostridium botulinum*의 포자수를 $1/10^{12}$ 이하로 감소시키는 것
• 병조림, 통조림, 레토르트 식품 멸균은 중심온도 120℃, 4분 처리

정답 52 ③ 53 ④ 54 ④ 55 ① 56 ③ 57 ①

- 포자가 영양세포보다 내열성이 크다.(세균포자 > 곰팡이, 효모포자 > 영양세포)
- 산성일수록 내열성이 작아져 pH 3.7 이하에서는 100℃ 이하에서 멸균
- D(decimal reduction time) 값 : 사멸곡선에서 가열 전 미생물 수의 10%로 감소시키는 데 필요한 시간, 온도 지정이 없을 시는 121℃, 온도 증가 시 D 값 감소
- Z 값 : TDT곡선에서 D 값이 10배로 증가하는 데 필요한 온도 차이, 10배의 살균속도를 위한 온도 상승폭
- F 값 : 일정온도에서 일정 농도 미생물의 완전사멸에 필요한 시간

58 발효유에 사용되는 starter는?

① 고초균 ② 유산균
③ 장구균 ④ 황국균

해설

젖산균(유산균)스타터
- 발효유제품 제조에 이용하기 위해 배양한 미생물
- 젖산균스타터를 사용하면 발효미생물의 성장속도를 조정할 수 있어 공장에서 제조계획에 맞출 수 있다.

59 과일 주스 제조 시에 혼탁을 방지하기 위하여 사용되는 효소는?

① Protease ② Amylase
③ Pectinase ④ Lipase

해설

Aspergillus niger(흑국균)
- 집락은 흑색, 전분 당화력(β-amylase)이 강하고, 당액을 발효하여 구연산, 글루콘산 등 유기산 발효공업, 소주 제조에 이용
- pectinase에 의한 펙틴 분해력이 강하여 청징제로 이용

60 과실을 주스로 가공할 때 주의점 및 특징에 대한 설명으로 틀린 것은?

① 색깔이 가공 중에 변하지 않게 한다.
② 살균은 고온살균이 적합하다.
③ 비타민의 손실이 적도록 한다.
④ 과일 중의 유기산은 금속 화합물을 잘 만들므로 용기의 금속재료에 주의한다.

해설

저온 살균법
- 우유의 저온살균은 결핵균을 대상으로 한다.
- 저온 장시간 살균(LTLT) : 영양분, 비타민 등의 파괴를 최대한 줄이기 위해 63℃에서 30분 가열 후 급랭하며 우유, 술, 과즙(주스) 등에 이용
- 고온 단시간 살균(HTST) : 75℃에서 15초 가열 후 급랭하며 우유나 과즙 등에 이용
- 초고온 순간 살균(UHT) : 132℃에서 2~3초 가열하며 우유나 과즙 등에 이용

4과목 식품미생물학

61 닫힌계 또는 회분계에서 미생물을 배양할 때 증식곡선 단계를 순서대로 나열한 것은?

① 유도기 - 대수기 - 정지기 - 사멸기
② 정지기 - 대수기 - 유도기 - 사멸기
③ 대수기 - 유도기 - 정지기 - 사멸기
④ 대수기 - 정지기 - 유도기 - 사멸기

해설

미생물의 생육곡선(growth curve)
㉠ 유도기(lag phase, induction period)
  - 미생물이 증식을 준비하는 시기
  - 효소, RNA는 증가, DNA는 일정
  - 초기 접종균수를 증가하거나 대수 증식기 균을 접종하면 기간이 단축
㉡ 대수기(logarithmic phase)
  - 대수적으로 증식하는 시기
  - RNA는 일정, DNA는 증가
  - 세포질 합성속도와 세포수 증가는 비례
  - 세대시간, 세포의 크기 일정
  - 생리적 활성이 크고 예민
  - 증식속도는 영양, 온도, pH, 산소 등에 따라 변화
㉢ 정지기(stationary phase)
  - 영양물질의 고갈로 증식수와 사멸수가 같다.
  - 세포수 최대

- 포자 형성 시기
ⓔ 사멸기(death phase)
  - 생균수보다 사멸균수가 증가
  - 자기소화(autolysis)로 균체 분해

62 김치의 숙성에 관여하지 않는 미생물은?

① Lactobacillus platarum
② Pediococcus cerevisiae
③ Enterococcus faecalis
④ Staphylococcus aureus

해설

김치 : 한국의 전통 침채류
- 절인 배추, 무, 고추, 마늘, 생강, 젓갈 첨가, 저온 젖산 숙성시킨 발효식품
- 발효 초기 : *Leuconostoc mesenteroids*, 젖산, 탄산가스에 의해 산성화 호기성 세균 억제
- 발효 후기 : *Lactobacillus plantarum, Lactobacillus brevis*, 내산성
- 발효온도가 낮을수록, 식염농도가 높을수록 *Lactobacillus, Pediococcus* 증식이 유리
- *Staphylococcus aureus*는 피부상재균으로 상처에 고름을 형성하는 화농균

63 아래의 실험결과에 따른 황색포도상구균 정량 결과는?

식품 중 황색포도상구균수를 정량하기 위해, 시료 25g과 멸균식염수 225mL를 혼합하고 균질화한 시험액 1mL를 취하여 3장의 선택배지에 0.3, 0.4, 0.3mL로 나누어 도말배양 하였더니 평판에서 각각 10, 12, 8개의 전형적 집락이 확인되었다. 이 중 각 평판에서 2, 2, 1개 집락을 취하여 확인시험을 하였더니 평판별로 1, 2, 1개 집락이 황색포도상구균으로 최종 확인되었다.

① 80CFU/g   ② 240CFU/g
③ 250CFU/g   ④ 300CFU/g

해설

황색포도상구균 정량
- 시료 25g과 멸균식염수 225mL를 혼합하였으므로 시료는 25/250=0.1, 10배로 희석
- 확인된 집락 30개 중 5개로 확인검사 후 4개가 황색포도알균으로 최종 확인
- 4/5×30=24, 10배로 희석했으므로 240CFU/g

64 다음 발효 과정 중 제조공정에서 박테리오파지에 의한 오염이 발생하지 않는 것은?

① 초산 발효
② 젖산 발효
③ 아세톤-부탄올 발효
④ 맥주 발효

해설

bacteriophage의 대책
- 박테리오파지(bacteriophage) : 세균을 숙주세포로 하는 바이러스
- 훈증 또는 장치가열·살균 철저
- 약제살균을 하거나 내성균 이용
- 발효공정 rotation system 이용

65 파지의 특성에 관한 설명 중 틀린 것은?

① 세균여과기를 통과한다.
② 발효생산에 이용되는 발효균의 용균 및 대사산물 생산 정지를 유발한다.
③ 약품에 대한 저항력은 일반 세균보다 약하여 항생물질에 의해 쉽게 사멸된다.
④ 유전물질로 DNA 또는 RNA를 가진다.

해설

bacteriophage(phage)의 특징
- 세균에 특이적 기생하는 virus
- 생물과 무생물의 간(번식만 가능)
- 숙주 특이성 있음
- 생체에 기생하며 식품에는 증식 못함
- 20~250nm 크기로 세균 여과막 통과
- 단백질 외피와 핵산으로 구성(DNA 또는 RNA)

- 꼬리의 spike로 세균세포벽에 결합하여 DNA를 세균에 주입
- 주입된 DNA는 상황에 따라 숙주 DNA와 함께 동화(용원화) 또는 증식 복제되어 세균을 용해시키고 탈출(용균화)

66 효모의 분류 및 동정에 이용되는 특성이 아닌 것은?

① 포자형성 유무 ② 라피노스 이용성
③ 그람염색 ④ 피막형성 유무

해설

효모(진균류)
- 효모와 곰팡이는 진핵세포로 세균보다 고등 미생물이다.
- 효모는 배지조성, pH, 배양 방법 등에 따라 다양한 형태로 나타난다.
- 효모의 영양번식 방법으로는 출아법, 분열법 및 출아 분열법이 있다.
- 곰팡이, 효모 세포의 크기는 세균보다 크다.
- 효모는 곰팡이와는 다른 균사나 진균사를 형성한다.
- 그람염색은 세균의 세포벽을 염색하는 세균의 특성이다.

67 병족세포를 가지는 곰팡이 속은?

① *Rhizopus* 속 ② *Aspergillus* 속
③ *Penicillium* 속 ④ *Monascus* 속

해설

곰팡이(진균류)
- 조상균류 : *Mucor*(털곰팡이), *Rhizopus*(거미줄곰팡이, 가근, 포복지), *Absidia*(활털곰팡이, 가근, 포복지)
- 자낭균류 : *Aspergillus*(누룩곰팡이, 정낭, 병족세포), *Penicillium* (푸른곰팡이, 기저경자), *Monascus*(홍국곰팡이), *Neurospora* (붉은곰팡이)

68 종속영양균의 탄소원과 질소원의 이용에 관한 설명 중 옳은 것은?

① 탄소원과 질소원 모두 무기물만을 이용한다.
② 탄소원으로 무기물을, 질소원으로 유기 또는 무기질소 화합물을 이용한다.
③ 탄소원으로 유기물을, 질소원으로 유기 또는 무기질소 화합물을 이용한다.
④ 탄소원과 질소원 모두 유기물만을 이용한다.

해설

에너지 요구성에 따른 생물 분류
㉠ 독립영양생물(autotroph)
- 에너지를 무기질로부터 얻는 1차 생산자
- 광독립영양생물(photoautotroph) : 주로 엽록소를 함유하여 광합성을 통해 무기물인 CO_2로부터 복잡한 유기물 합성(식물, 남세균 등)
- 화학독립영양생물(chemoautotroph) : 단순한 무기물을 통해 에너지를 얻는 생물(황산화균, 질산화균 등 고세균)

㉡ 종속영양생물(heteroautotroph)
- 스스로 유기물을 합성할 수 없어 외부로부터 유기물을 섭취하는 소비자
- 대부분의 동물, 진균류(버섯, 곰팡이), 세균 등

69 간장독인 아플라톡신을 생산하는 곰팡이는?

① *Aspergillus flavus*
② *Aspergillus oryzae*
③ *Penicillium expansum*
④ *Penicillium citrinum*

해설

아플라톡신을 만드는 곰팡이는 *Aspergillus flavus*이다.

70 간장의 후숙에 관여하여 맛과 향기를 내는 내염성 효모의 세포 형태는?

① 위균사형 ② 타원형
③ 구형 ④ 레몬형

해설

간장 숙성균
- *Saccharomyces rouxii* : 간장의 주 발효 효모
- *Torulopsis versatilis* : 구형의 호염성 효모, 간장의 방향성 관련 후숙효모

71 미생물의 증식도 측정에 관한 설명 중 틀린 것은?

① 총균계수법 측정에서 0.1% methylene blue로 염색하면 생균은 청색으로 나타난다.
② 곰팡이와 방선균의 증식도는 일반적으로 건조균체량으로 측정한다.
③ Packed volume법은 일정한 조건으로 원심분리하여 얻은 침전된 균체의 용적을 측정하는 방법이다.
④ 비탁법은 세포현탁액에 의하여 산란된 광의 양을 전기적으로 측정하는 방법이다.

해설

미생물 증식도 측정
- 총균계수법 측정에서 0.1% methylene blue로 염색, 사균은 청색
- 곰팡이와 방선균의 증식도는 일반적으로 건조균체량으로 측정
- Packed volume법 : 일정한 조건으로 원심분리하여 얻은 침전된 균체의 용적을 측정
- 비탁법은 세포현탁액에 의하여 산란된 광의 양을 전기적으로 측정

72 ATP를 소비하면서 저농도에서 고농도로 농도구배에 역행하여 용질분자를 수송하는 방법은?

① 단순 확산
② 촉진 확산
③ 능동수송
④ 세포 내 섭취작용

해설

세포의 물질이동
- 단순 확산 : 농도구배에 따라 고농도에서 저농도로 이동
- 촉진 확산 : 인지되어진 물질에 대한 수송단백질에 의해 고농도에서 저농도로 빠르게 이동(GLUT, 포도당 수송 단백질)
- 능동수송 : ATP를 소비하면서 저농도에서 고농도로 농도구배에 역행하여 용질분자를 수송(나트륨-펌프)

73 돌연변이에 대한 설명 중 틀린 것은?

① 자연적으로 일어나는 자연돌연변이와 변이원처리에 의한 인공돌연변이가 있다.
② 돌연변이의 근본적인 원인은 DNA의 nucleotide 배열의 변화이다.
③ 염기배열 변화의 방법에는 염기첨가, 염기결손, 염기치환 등이 있다.
④ Point mutation은 frame shift에 의한 변이에 비해 복귀돌연변이가 되기 어렵다.

해설

돌연변이
- 자연발생적 돌연변이는 하루에 염기 30만 개당 1개 정도 발생되며, 염기전이(transition), 틀변환(frameshift), 염기전환(transversion) 등이며 생체 내 유전자 회복기작에 의해 원상태로 회복된다.
- 삽입(intercalation)이나 결실(deletion)은 전체 유전정보의 변화로 회복이 어려우며 방사능이나 자외선 등 물리적 변이원 작용에 의해 발생된다.
- 화학적 변이원으로 EMS, NTG(N-메틸-N-니트로-니트로구아니딘)가 있으며, NTG는 구아니딘의 7번을 메틸화시키는 알킬화제로 삼중 수소결합을 이중결합으로 바꾼다.

74 고구마 연부병을 유발하는 미생물은?

① *Bacillus subtilis*
② *Aspergillus oryzae*
③ *Saccharomyces cerevisiae*
④ *Rhizopus nigricans*

해설

Rhizopus nigricans(빵곰팡이) : 집락은 회흑색, 접합포자 형성, 고구마 연부병을 유발

75 비타민 B_{12}를 생육인자로 요구하여 비타민 B_{12}의 미생물적인 정량법에 이용되는 균주는?

① *Staphylococcus aureus*
② *Bacillus cereus*
③ *Lactobacillus leichmanii*
④ *Escherichia coli*

해설

Lactobacillus leichmanii, *Lactobacillus lactis*는 비타민 B_{12}를 생육인자로 요구하는 영양요구성 미생물로 비타민 B_{12}의 미생물적인 정량법에 이용된다.

정답 71 ① 72 ③ 73 ④ 74 ④ 75 ③

76 아미노산으로부터 아민을 생성하는 데 관여하는 효소는?

① Amino acid decarboxylase
② Amino acid oxidase
③ Aminotransferase
④ Aldolase

해설

탈탄산반응
- 아미노산에서 CO_2를 방출시켜 아민 생성, decarboxylase 관여
- 히스타민, 티라민, 푸트리신, 카다베린 등을 생성

77 김치 발효 초기에 주로 생육하여 젖산을 생산함으로써 일반 세균의 증식을 억제하는 젖산균은?

① *Leuconostoc mesenteroides*
② *Enterococcus faecalis*
③ *Lactobacillus plantarum*
④ *Saccharomyces cerevisiae*

해설

김치 : 한국의 전통 침채류
- 절인 배추, 무, 고추, 마늘, 생강, 젓갈 첨가, 저온 젖산 숙성한 발효식품
- 발효 초기 : *Leuconostoc mesenteroids*, 젖산, 탄산가스에 의해 산성화 호기성 세균 억제
- 발효 후기 : *Lactobacillus plantarum*, *Lactobacillus brevis*, 내산성
- 발효온도가 낮을수록, 식염농도가 높을수록 *Lactobacillus*, *Pediococcus* 증식이 유리

78 완전히 탈기 밀봉된 통조림 식품에서 생육할 수 있는 변패세균의 종류는?

① 미호기성균   ② 혐기성균
③ 편성 호기성균   ④ 호냉성균

해설

혐기적 상태이므로 혐기적 포자형성 세균이 생육할 수 있다.

79 *Aspergillus oryzae*에 대한 설명으로 적합하지 않은 것은?

① Pectinase를 강하게 생산하여 과실주스의 청징에 이용된다.
② 간장, 된장 등의 제조에 이용된다.
③ 대사산물로 Kojic acid를 생성한다.
④ 효소활성이 강해 소화제 생산에 이용된다.

해설

Aspergillus oryzae(황국균) : 전분 당화력(α-amylase), 단백질 분해력이 강해 청주, 된장, 간장 제조에 이용

80 고온균에 관한 설명으로 적합하지 않은 것은?

① 세포막 중 불포화지방산 함량이 높아서 열에 안정하다.
② 세포 내의 효소가 내열성을 지니고 있어 고온에서 증식할 수 있다.
③ 발효 중인 퇴비더미의 미생물은 대부분 고온균에 속한다.
④ 고온균의 최적 생육온도는 50~60℃이다.

해설

고온균은 세포막 중 포화지방산 함량이 높아서 열에 안정하다.

5과목 생화학 및 발효학

81 미생물 직접발효법으로 생산하는 아미노산이 아닌 것은?

① L-cystine
② L-glutamic acid
③ L-valine
④ L-tryptophan

정답 76 ① 77 ① 78 ② 79 ① 80 ① 81 ①

해설

아미노산 발효
- 야생균주 직접발효법으로 생산 : 글루탐산, 발린, 알라닌, 트립토판, 리신 등
- 영양요구성에 의한 생산 : 리신, 트레오닌, 오르니틴, 발린 등
- 변이주에 의한 생산 : 리신, 아르기닌, 히스티딘, 트립토판 등
- 생합성 전구물질에 의한 생산 : 리신, 아스파르트산, 세린, 이소루이신 등
- 대장균의 효소에 의한 생산 : 아스파르트산, 알라닌 등

82 맥아즙 자비의 목적이 아닌 것은?

① 맥아즙의 살균 ② 단백질의 침전
③ 효소작용의 정지 ④ pH의 상승

해설

맥아즙의 가열 목적
- 맥아즙 농축 및 향미 증진
- 맥아즙의 살균, 단백질의 침전, 효소작용의 정지

83 포도주 발효 시 아황산을 첨가하는 이유가 아닌 것은?

① 포도주의 산화방지 ② 단백질의 혼탁방지
③ 구연산 발효 억제 ④ 유해균의 증식억제

해설

포도주 발효 시 아황산 첨가
- 메타중아황산칼륨($K_2S_2O_5$) 200~300ppm 첨가
- 유해균 억제, 산화효소 억제, 구연산 발효 억제

84 당질원료의 발효성을 갖지 않는 효모는?

① *Schizosaccharomyces* 속
② *Rhodotorula* 속
③ *Saccharomyces* 속
④ *Torulapsis* 속

해설

효모의 당류 발효성
- Einhorn 발효관, Lindner의 소적 시험법, 알코올 발효력 시험
- *Schizosaccharomyces* 속, *Saccharomyces* 속, *Torulapsis* 속 등

85 유전정보전달의 단계에서 a, b에 해당하는 내용으로 옳은 것은?

$$DNA \xrightarrow{a} RNA \xrightarrow{b} protein$$

① 복제 / 번역 ② 전사 / 복제
③ 번역 / 전사 ④ 전사 / 번역

해설

생명중심설(central dogma)
- DNA → (전사) → RNA → (번역) → 단백질
- DNA 두 가닥 중 한 가닥을 주형으로 mRNA를 전사하고 리보솜의 rRNA와 tRNA로 번역하여 단백질을 합성한다.
- 복제 : DNA 두 가닥을 주형으로 반보존복제를 한다.

86 미생물의 발효배양을 위하여 필요로 하는 배지의 일반적인 성분이 아닌 것은?

① 질소원 ② 무기염
③ 탄소원 ④ 수소이온

해설

배지의 일반적인 성분은 탄소원, 질소원, 무기염 등이다.

87 액체배양법에 의한 효소생산에 대한 설명으로 옳은 것은?

① 기계화가 불가능하다.
② 액체배양법은 버섯재배, 곰팡이 배양에 적합하다.
③ 곰팡이의 고체배양법보다 일반적으로 역가가 높다.
④ 액체배양에는 정치배양, 진탕배양, 통기배양 등이 있다.

해설

액체배양법
- 정치배양, 진탕배양, 통기배양 등으로 기계화 가능
- 세균에 의한 오염 가능성이 있다.
- 공장에서 나오는 폐수가 많다.
- 시설비가 들지만 대규모 생산에 유리
- 산소를 공급하기 위해 동력이 필요
- 생산물의 회수가 어렵다.

정답 82 ④ 83 ② 84 ② 85 ④ 86 ④ 87 ④

88 Vitamin B$_6$군에 관한 설명으로 틀린 것은?

① 아미노기 전이반응에 관여하는 효소의 보결분자로 작용한다.
② Pyridoxine, pyridoxal 및 pyridoxamine 등이 서로 상호 전환되는 구조를 갖고 있다.
③ Pyridoxal phosphate은 활성형으로 amino group 공여체이다.
④ 새로운 아미노산 생성 및 분해 과정에 관여한다.

> **해설**
> Pyridoxal phosphate은 아미노기 전이반응에서 아미노기 전이효소의 조효소로 작용하지만 아미노기를 제공하지는 않는다.

89 DNA 분자의 화학적 구성요소와 뉴클레오티드 단량체 간의 결합양식으로 옳은 것은?

① 질소염기 ; 디옥시리보오스 ; 인산다이에스테르결합
② 질소염기 ; 리보오스 ; 인산다이에스테르결합
③ 질소염기 ; 디옥시리보오스 ; 아미드결합
④ 질소염기 ; 리보오스 ; 아미드결합

> **해설**
> • DNA : 질소염기 – 디옥시리보오스 – 인산다이에스테르결합
> • RNA : 질소염기 – 리보오스 – 인산다이에스테르결합

90 *Brevibacterium ammoniagenes*의 adenine 요구주에 의한 IMP의 직접 발효생산에 대한 설명으로 틀린 것은?

① 배지 중에 adenine을 충분량 증가시키면 균의 생육량이 증가하면서 IMP의 양도 증가한다.
② Mn^{2+}양이 충분량 있으면 생육량은 증가하지만 IMP의 축적량은 감소한다.
③ Mn^{2+} 제한조건하에서는 균이 이상형태로 변화하여 세포막 투과성이 좋아진다.
④ IMP 발효생산은 adenine과 Mn^{2+}의 첨가량을 제한하는 조건하에서 가능하다.

> **해설**
> • 배지 중에 adenine을 충분량 증가시키면 균의 생육량이 증가하지만 IMP의 양은 감소한다.
> • IMP 발효생산은 adenine과 Mn^{2+}의 첨가량을 제한하는 조건하에서 가능하다.

91 설탕, 당밀, 전분, 전분 찌꺼기 또는 포도당을 원료로 하여 구연산을 제조할 때 사용되는 미생물은?

① *Aspergillus niger*
② *Streptococcus lactis*
③ *Rhizopus delemar*
④ *Saccharomyces cerevisiae*

> **해설**
> *Aspergillus niger*(흑국균)
> 집락은 흑색, 전분 당화력(β-amylase)이 강하고 당액을 발효하여 구연산, 글루콘산 등 유기산 발효공업에 이용, 소주 제조

92 왓슨과 크릭이 주장한 DNA구조에 대한 설명으로 틀린 것은?

① Adenine과 Thymine은 수소결합이 2개이다.
② 각 사슬의 골격구조는 염기와 당으로 이루어져 있다.
③ Nucleotide 간의 결합은 3', 5' phosphodiester 결합으로 이루어져 있다.
④ 염기쌍의 상보적인 수소결합은 purine계열 염기와 pyrimidine계열 염기 사이에 이루어져 있다.

> **해설**
> Watson과 Crick의 DNA구조의 특징
> • DNA는 3', 5' phosphodiester 결합
> • 두 가닥 사슬은 서로 역평행(antiparallel), 5' → 3' 방향성
> • 오른손 2중나선구조(right handed double helix)
> • 두 가닥은 상보적(complementary)(5'-ATG-3'의 상보적 가닥은 5'-CAT-3')
> • 두 가닥은 purine과 pyrimidine염기 사이 수소결합
>   Adenine=Thymine, Guanine≡Cytosine

정답 88 ③ 89 ① 90 ① 91 ① 92 ②

- purine염기와 pyrimidine염기의 구성비는 생물에 관계없이 1에 가깝다(샤가프 법칙).
- 2중나선구조의 1회전 시 Nucleotide 수는 약 10개
- 나선의 반복거리는 3.4nm
- 염기쌍은 축에 대해 안쪽으로 수직

93 고콜레스테롤혈증의 원인으로 옳은 것은?

① 콜레스테롤 전구체인 메발론산의 혈중농도가 낮기 때문이다.
② 세포표면의 수용체에서 혈중 LDL을 효과적으로 흡수하지 못하기 때문이다.
③ 메발론산으로부터 혈중 HDL을 다량 생합성하기 때문이다.
④ 콜레스테롤이 소량 함유된 식품을 섭취하기 때문이다.

해설
고콜레스테롤혈증은 세포표면의 수용체에서 혈중 LDL을 효과적으로 흡수하지 못하기 때문이다.

94 인간 체내에서 포도당 신생합성과정을 통해 포도당을 합성할 수 있는 비탄수화물 전구체가 아닌 것은?

① Glycerol   ② Lactic acid
③ Palmitic acid   ④ Serine

해설
당신생반응
- 간에서 발생, 해당의 역반응 1분자 포도당 생성 시 6분자 ATP소모
- 당신생 기질 : 젖산(lactate), 피루브산(pyruvate), alanine 같은 당원성 아미노산, 글리세롤, 해당 및 TCA 회로 중간산물, 프로피온산
- 지방산, 아세틸-CoA, 케톤원성 아미노산(리신, 루이신)은 당이 될 수 없다.

95 혐기적 대사의 설명으로 틀린 것은?

① 산소를 최종전자수용체로 사용하지 않는다.
② 호기적 대사보다 ATP를 생성하는 능률이 높다.
③ 유기중간체를 환원하여 산물을 만들고 CO_2로의 완전산화는 하지 않는다.
④ 대표적인 것은 해당과정 및 각종 발효과정이다.

해설
혐기적 대사
산소가 없는 상태에서 젖산을 생성하는 대사나 각종 발효대사로서 호기적 대사(30~32ATP 생성)에 비해 2ATP만을 생성한다.

96 그림은 효소의 초기(반응)속도와 기질 농도와의 관계를 표시한 것이다. 이 효소의 반응속도의 K_m과 V_{max}값은?

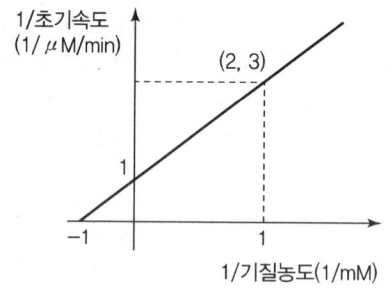

① $K_m = 1$, $V_{max} = 1$
② $K_m = 2$, $V_{max} = 2$
③ $K_m = 1$, $V_{max} = 2$
④ $K_m = 2$, $V_{max} = 1$

해설
라인위버 버크식
- 미카엘리스 멘텐의 효소반응속도론 식의 역수
- $\dfrac{1}{V} = \dfrac{K_m}{V_{max}} \times \dfrac{1}{[S]} + \dfrac{1}{V_{max}}$
- 장점은 미카엘리스 멘텐식에서 구할 수 없었던 최대반응속도(V_{max})를 구할 수 있다.
- 상수 K_m은 최대속도의 1/2에 해당하는 기질의 농도
- $y = ax + b$의 일반 방정식에 대입
- 기울기는 $\dfrac{K_m}{V_{max}}$, y절편은 $\dfrac{1}{V_{max}}$
- 기울기=1, 절편=1을 대입하면 $V_{max} = 1$, $K_m = 1$

97 효소 저해반응 중 경쟁적 저해에 대한 설명으로 틀린 것은?

① 저해제가 있으면 효소의 반응 최대속도(V_{max})가 감소한다.
② 저해제가 존재할 경우 미카엘리스 상수(K_m)는 증가한다.
③ 기질과 모양이 유사하여 효소의 활성자리에 동일하게 작용하기 때문이다.
④ 저해를 해소하기 위해서는 기질을 저해제보다 과량으로 넣어주면 된다.

해설

효소 저해제
- 경쟁적 저해제(competitive inhibitor) : 구조가 기질과 유사한 물질로 효소 활성부위에 기질과 경쟁적으로 결합하여 저해, K_m 값=증가, V_{max}=불변
- 비경쟁적 저해제(uncompetitive inhibitor) : 효소 조절부위에 저해제 결합하여 저해, K_m 값=불변, V_{max}=감소
- 무경쟁적 저해제(noncompetitive inhibitor) : 효소-기질 복합체에 저해제가 결합하여 저해, K_m 값, V_{max} 모두 감소

98 효모에 의한 알코올 발효에 있어서 Neuberg 발효 제3형식은?

① $C_6H_{12}O_6 \rightarrow 2C_2H_5OH + 2CO_2$
② $C_6H_{12}O_6 \rightarrow C_3H_5(OH)_3 + CH_3CHO + CO_2$
③ $C_6H_{12}O_6 \rightarrow CH_3COCOOH + C_3H_5(OH)_3$
④ $2C_6H_{12}O_6 + H_2O \rightarrow 2C_3H_5(OH)_3 + CH_3COOH + C_2H_5OH + 2CO_2$

해설

효모의 발효형식(Neuberg의 발효형식)
- 효모는 산소의 유무에 따라 발효형식이 다르다.
- 혐기적 발효(alcohol 발효) : 주류 생산에 이용, 1포도당이 2 에탄올(C_2H_5OH), 2이산화탄소(CO_2), 58cal 에너지, 2ATP 생성
- 호기적 발효(호흡작용, 산화작용) : 1포도당이 $6CO_2$, $6H_2O$, 686cal, 32 ATP 생성
- 혐기적 발효, 호기적 발효가 Neuberg의 제1발효형식
- 혐기적 발효 시 넣는 알칼리염에 따라 제2발효형식(중탄산나트륨), 제3발효형식(아황산나트륨)으로 나뉘며 알코올을 줄이고 glycerol과 부산물 생성
- 제1발효형식 : $C_6H_{12}O_6 \rightarrow$ 2ethanol + $2CO_2$
- 제2발효형식 : $C_6H_{12}O_6 \rightarrow$ glycerol + acetaldehyde + CO_2
- 제3발효형식 : $2C_6H_{12}O_6 \rightarrow$ 2glycerol + acetic acid + ethanol + $2CO_2$

99 발열반응과 흡열반응에서 엔탈피변화($\triangle H$)에 대한 설명으로 옳은 것은?

① 발열반응과 흡열반응의 $\triangle H$는 모두 음이다.
② 발열반응과 흡열반응의 $\triangle H$는 모두 양이다.
③ 발열반응의 $\triangle H$는 양의 값이고, 흡열반응의 $\triangle H$는 음의 값이다.
④ 발열반응의 $\triangle H$는 음의 값이고, 흡열반응의 $\triangle H$는 양의 값이다.

해설

발열반응의 $\triangle H$는 음의 값이고, 흡열반응의 $\triangle H$는 양의 값이다.

100 탈탄산반응의 보조효소로 작용하는 thiamine pyrophosphate(TPP)의 작용활성 부위는?

① Thiazole ring ② Pyrrole ring
③ Indole ring ④ Imidazole ring

해설

thiamine pyrophosphate(TPP)
- 티아민은 비타민 B_1으로 생체 내에서 TPP를 구성하여 탈탄산효소의 조효소로 작용한다.
- 작용부위는 티아졸 링으로 탈탄산 작용을 돕는다.
- 인돌기는 트립토판의 구조, 피롤은 포르피린의 구조, 이미다졸기는 히스티딘의 구조이다.

정답 97 ① 98 ④ 99 ④ 100 ①

CHAPTER 12 2017년 3회 식품산업기사

1과목 식품위생학

01 쥐에 의해 생길 수 있는 병과 그 원인의 연결이 틀린 것은?

① Weil씨 병 : 쥐의 오줌으로부터 감염
② 서교증 : 쥐에게 물려서 감염
③ 유행성 출혈열 : 쥐의 분변에 의한 감염
④ Kwashiorker : 쥐벼룩에 의한 감염

해설

쥐 매개 질병

흑사병(페스트, 쥐벼룩), 발진열(벼룩), 쯔쯔가무시(양충병, 털진드기), 리케치아폭스(생쥐진드기), 살모넬라증(쥐 분변), 렙토스피라증(Weil씨병, 쥐 분뇨), 신증후군출혈열(유행성 출혈열, 등줄쥐 분변), 서교열(쥐에게 물려 발생하는 열병)

※ Kwashiorker(콰시요커) : 단백질 결핍에 의한 영양실조, 성장 장애

02 식품에 항생물질이 잔류할 때 일어날 수 있는 문제점과 거리가 먼 것은?

① 알레르기 증상의 발현
② 항생제 내성균의 출현
③ 급성중독으로 인한 식중독 발생
④ 감염증의 변모

해설

항생물질의 문제점
• 급성 및 만성 독성   • 균교대증
• 알레르기의 발현   • 내성균의 출현

03 식품 등의 표시에 대한 설명으로 틀린 것은?

① 유통기한은 소비자에게 판매가 허용되는 기한을 말한다.
② 소분판매하는 제품은 소분가공을 한 날이 제조연월일이다.
③ 품질유지기한은 식품의 특성에 맞는 적절한 보존방법이나 기준에 따라 보관할 경우 해당식품 고유의 품질이 유지될 수 있는 기한이다.
④ 제조연월일은 포장을 제외한 더 이상의 제조나 가공이 필요하지 아니한 시점이다.

해설

식품 등의 표시
• 유통기한 : 제품의 제조일로부터 소비자에게 판매가 허용되는 기한
• 품질유지기한 : 식품의 특성에 맞는 적절한 보존방법이나 기준에 따라 보관할 경우 해당식품 고유의 품질이 유지될 수 있는 기한
• 제조연월일 : 포장을 제외한 더 이상의 제조나 가공이 필요하지 아니한 시점
• "유통기간"의 산출은 포장완료(다만, 포장 후 제조공정을 거치는 제품은 최종공정 종료)시점으로 하고 캡슐제품은 충전·성형완료시점으로 한다. 선물세트와 같이 유통기한이 상이한 제품이 혼합된 경우와 단순 절단, 식품 등을 이용한 단순 결착 등 원료 제품의 저장성이 변하지 않는 단순가공처리만을 하는 제품은 유통기한이 먼저 도래하는 원료 제품의 유통기한을 최종제품의 유통기한으로 정하여야 한다. 다만, 계란은 '산란일자'를 유통기간 산출시점으로 하며, 소분 판매하는 제품은 소분하는 원료 제품의 유통기한을 따르고, 해동하여 출고하는 냉동제품(빵류, 떡류, 초콜릿류, 젓갈류, 과·채주스, 치즈류, 버터류, 수산물가공품(살균 또는 멸균하여 진공 포장된 제품에 한함))은 해동시점을 유통기간 산출시점으로 본다.

04 안식향산에 대한 설명으로 틀린 것은?

① 분자식은 $C_8H_6O_2$이다.
② 벤조산이라고 불리는 식품 보존료이다.
③ pH 4.5 이하에서 항균효과가 강하다.
④ 간장의 사용 기준은 0.6g/kg 이하이다.

정답 01 ④ 02 ③ 03 ② 04 ①

해설

안식향산(benzoic acid)
- 벤젠고리에 카르복실기 결합형태(분자식 : $C_7H_6O_2$)
- 사용기준 0.6g/kg 이하
- 과실·채소류음료, 탄산음료류(탄산수 제외), 기타음료, 인삼 및 홍삼음료, 간장 보존료
- 산형보존료로 pH 4.5 이하에서 효과적

05 미강유의 탈취공정에서 열매개체로 사용된 물질이 혼입된 미강유를 먹고 나타난 중독증상은?

① 이타이이타이 병
② 미나마타 병
③ PCB(Poly Chloride biphenyl) 중독
④ 황변미 중독

해설

PCB(polychlorinated biphenyl) 중독
1968년에 일본의 카네미사에서 미강유 제조과정 중 열매체로 사용되는 PCB가 미강유 탈취공정에서 잘못 새어나와 미강유에 혼입되어 발생한 사건으로 피부염증을 동반한 탈모, 신경장애, 내분비교란 등의 카네미유증을 일으켰다. PCB는 지용성의 매우 안정한 화합물로 자연에서 쉽게 분해되지 않아 체내에 유입되어 지방조직에 축적되어 환경호르몬으로 작용한다.

06 합성착색료에 해당하지 않는 것은?

① 식용색소녹색 제3호
② 카르민
③ 삼이산화철
④ 소르빈산

해설

소르빈산은 보존료이다.

07 건강기능식품 제조에 사용할 수 있는 원료는?

① 황백(黃栢)
② 농축인삼류
③ 담즙·담낭
④ 사람의 태반

해설

건강기능식품
식품의약품안전처에 따르면 건강기능식품이란 일상 식사에서 결핍된 영양소나 인체에 유용한 기능성 성분을 사용하여 제조한 식품으로 건강 유지에 도움을 주는 식품

08 식품첨가물로 고시하기 위한 검토사항이 아닌 것은?

① 생리활성 기능이 확실한 것
② 화학명과 제조방법이 확실한 것
③ 식품에 사용할 때 충분히 효과가 있는 것
④ 통례의 사용방법에 의해 인체에 대한 안전성이 확보되는 것

해설

식품첨가물 구비조건
- 인체에 무해해야 한다.
- 체내에 축적되지 않아야 한다.
- 미량으로 효과가 있어야 한다.
- 이화학적 변화에 안정해야 한다.
- 값이 저렴해야 한다.
- 영양가를 유지시키며 외관을 좋게 해야 한다.
- 첨가물을 확인할 수 있어야 한다.

09 COD에 대한 설명 중 틀린 것은?

① COD란 화학적 산소요구량을 말한다.
② BOD가 적으면 COD도 적다.
③ COD는 BOD에 비해 단시간 내에 측정 가능하다.
④ 식품공장 폐수의 오염정도를 측정할 수 있다.

해설

화학적 산소요구량(chemical oxygen demand ; COD)
물속의 오염물질을 $KMnO_4$(과망간산칼륨)같은 산화제로 산화분해 시 필요한 산소량을 말한다. 유기물과 무기물 모두 산화처리하므로 BOD보다 같거나 높게 나온다.

10 일반적으로 식품의 초기부패 단계에서의 1g당 세균수는 어느 정도인가?

① $1 \sim 10$
② $10^2 \sim 10^3$
③ $10^4 \sim 10^5$
④ $10^7 \sim 10^8$

[해설]
식품 1g당 10^5 이하는 안전한계이며, 10^8인 때를 초기 부패로 본다.

11 연어나 송어를 생식함으로써 감염되는 기생충은?

① 무구조충
② 광절열두조충
③ 스파르가눔증
④ 선모충

[해설]
광절열두조충
제1중간숙주(물벼룩), 제2중간숙주(농어, 연어, 송어 등)

12 산소가 소량 함유된 환경에서 발육할 수 있는 미호기성 세균으로 식육을 통해 감염될 수 있는 식중독균은?

① 살모넬라
② 캠필로박터
③ 병원성 대장균
④ 리스테리아

[해설]
캠필로박터
미호기성이며 주로 조류에 의한 식중독 발생, 나선균

13 바이오제닉 아민에 대한 설명 중 틀린 것은?

① 일반적으로 식품의 발효과정 중 아미노산인 아르기닌 등으로부터 형성되는 우레아(urea)가 에탄올과 작용하여 생성된다.
② 미생물, 식물 및 동물의 대사과정에서 생성되며 치즈, 육제품, 포도주, 침채류 등 발효 식품에서 발견된다.
③ 다양한 젖산균류와 식품부패 미생물들에 의해 고단백질성 식품으로부터 생성되기 쉽다.
④ 일반적으로는 성인의 경우 amine oxidase에 의해 분해된다.

[해설]
바이오제닉 아민류(Biogenic amines, BA_s)
• 아미노산의 탈탄산작용, 알데하이드와 케톤의 아미노화와 아미노기전이반응에 의해 주로 생성되는 질소화합물로 미생물, 식물과 동물의 대사과정에서 생성
• 식품과 음료 중 원재료의 효소작용과 미생물의 작용 등으로 치즈, 육제품, 포도주, 침채류 등 발효 식품에서 발견된다.
• 바이오제닉 아민류 중 가장 널리 알려진 물질은 histamine으로 고등어, 꽁치, 정어리, 참치 등의 어종을 비위생적으로 처리하여 발생한다.
• 인체에는 이들 바이오제닉 아민류를 분해하는 mono-, diamine oxidase가 소장에 존재하여 무독화하는 체계를 갖추고 있다.
• 대표적인 물질로는 histamine, tyramine, agmatine, putrescine, cadaverine, spermine 등이 있다.
• 에틸 카바메이트 : 주로 와인과 같은 주류나 양조간장 발효 과정에서 생성되는 부산물로 아르기닌 등이 효모의 작용에 의해 형성된 요소(UREA)가 에탄올과의 반응으로 생성되며 발암성 물질이다.

14 노로바이러스의 특징이 아닌 것은?

① 물리·화학적으로 안정된 구조를 가진다.
② 환자의 구토물이나 대변에 존재한다.
③ 100℃에서 10분간 가열해도 불활성화되지 않는다.
④ 구토나 설사 증상 없이도 바이러스를 배출하는 무증상 감염도 발생한다.

[해설]
노로바이러스
• 바이러스성 식중독 : 로타바이러스A군, 노로바이러스, 아스트로바이러스, 장관 아데노바이러스
• 겨울철 식중독의 대표로서 생굴 및 환자의 구토물, 대변에 의해 오염된 물로부터 감염, 대형화 증가 추세
• 열에 약하므로 100℃에서 10분간 가열만으로 사멸됨
• 물리·화학적으로 안정된 구조를 가지며 무증상 감염도 있으나 대체로 급성 장염 증세로 구토 설사 복통, 치사율은 낮다.

정답 10 ④ 11 ② 12 ② 13 ① 14 ③

15 염미를 가지고 있어 일반 식염(소금)의 대용으로 사용할 수 있는 식품첨가물로서 주 용도가 산도조절제, 팽창제인 것은?

① L-글루타민산나트륨 ② L-라이신
③ D-주석산나트륨 ④ DL-사과산나트륨

해설
DL-사과산나트륨
염미를 가지고 있어 일반 식염(소금)의 대용으로 사용할 수 있는 식품첨가물로서 주 용도가 산도조절제, 팽창제

16 유전자변형식품과 관련하여 그 자체 생물이 생식, 번식 가능한 것으로 '살아 있는 유전자변형 생물체'를 의미하는 용어는?

① LMO
② GMO
③ Gene
④ Deoxyribonucleic acid

해설
LMO(Living Modified Organisms : 유전자 변형 생물체)
- 생명공학 기술을 이용하여 인위적으로 변형시킨 유전자를 포함하고 있는 생물체로 그 자체 생물이 생식, 번식 가능
- 24개 종 246개 품종이 상용화되어 있다.

17 여시니아 엔테로 콜리티카균에 대한 설명으로 틀린 것은?

① 그람음성의 단간균이다.
② 냉장보관을 통해 예방할 수 있다.
③ 진공포장에서도 증식할 수 있다.
④ 쥐가 균을 매개하기도 한다.

해설
Yersinia enterocolitica
- 그람음성, 단간균, 저온균, 잠복기 2~7일, 급성 장염 증세
- 덜 익은 돼지고기나 쥐의 분변 등에 오염된 물에 의해 감염
- 돼지보균율이 높다. 열에 약하므로 가열조리하고 저온 증식이 가능하므로 장기간 저온보관을 피하며 약수터 등 물의 오염을 예방하는 것이 중요

18 다음 중 바퀴벌레의 생태가 아닌 것은?

① 야간활동성 ② 독립생활성
③ 잡식성 ④ 가주성

해설
바퀴
- 국내에는 독일바퀴, 이질바퀴, 먹바퀴, 집바퀴 등이 가주성으로 서식하고 있다.
- 기계적 전파자 : 한 장소에서 다른 장소로 병원균을 운반한다.
- 야행성, 군집성, 잡식성이고 입은 저작형이다.
- 암컷은 평균 8회 난협(알주머니)을 산출하여 복부 끝에 붙이고 다니다 부화 시 내려놓는다.
- 수명 : 3개월~1년

19 식품의 초기 부패 현상의 식별법이 아닌 것은?

① 히스타민(histamine)의 함량 측정
② 생균수 측정
③ 휘발성 염기질소의 정량
④ 환원당 정량

해설
식품의 신선도 측정(초기 부패 측정)
- 관능검사 : 기본적이고 간단한 방법-맛, 냄새, 색, 조직감 관찰
- 생물학적 검사 : 생균수 측정(신선도 판정 지표)-1g당 10^5 이하면 신선
- 화학적 검사 : 휘발성 염기질소 측정(30~40mg%), 트리메틸아민 측정(4mg%), pH 측정(pH 6.2), 히스타민 측정(400mg%), K 값 측정(60~80%)

20 방사능 오염에 대한 설명이 잘못된 것은?

① 핵분열 생성물의 일부가 직접 또는 간접적으로 농작물에 이행될 수 있다.
② 생성률이 비교적 크고, 반감기가 긴 ^{90}Sr과 ^{137}Cs 이 식품에서 문제가 된다.
③ 방사능 오염 물질이 농작물에 축적되는 비율은 지역별 생육 토양의 성질에 영향을 받지 않는다.
④ ^{131}I는 반감기가 짧으나 비교적 양이 많아서 문제가 된다.

정답 15 ④ 16 ① 17 ② 18 ② 19 ④ 20 ③

> [해설]
>
> 방사능
> - 방사능 반감기 : 스트론튬 90 – 28.8년, 세슘 137 – 30.17년, 요오드 131 – 8일
> - 핵분열 생성물의 일부가 직접 또는 간접적으로 농작물에 이행될 수 있다.
> - 생성률이 비교적 크고, 반감기가 긴 ^{90}Sr과 ^{137}Cs이 식품에서 문제가 된다.
> - 방사능 오염 물질이 농작물에 축적되는 비율은 지역별 생육 토양의 성질에 영향을 받는다.
> - ^{131}I는 반감기가 짧으나 비교적 양이 많아서 문제가 된다.

2과목 식품화학

21 효소적 갈변반응의 억제방법이 아닌 것은?

① ascorbic acid 첨가
② 염화나트륨 첨가
③ 이산화황 첨가
④ 황산구리 첨가

> [해설]
>
> 효소적 갈변 억제
> - 효소는 단백질이며 갈변작용은 산화에 의해 발생
> - 열처리 효소변성 : 데치기
> - 활성 억제 : -10℃ 이하 보존, pH 조절
> - 산화 억제 : 염류 및 당류 처리, 금속 접촉 방지, 산소제거
> - 환원제 처리 : 아황산염 처리

22 단백질의 설명으로 틀린 것은?

① 고분자 함질소 유기화합물이다.
② 가수분해시켜 각종 아미노산을 얻는다.
③ 생물의 영양 유지에 매우 중요하다.
④ 평균 10% 정도의 탄소를 함유하고 있다.

> [해설]
>
> 단백질 구성원소의 평균비율은 탄소 52%, 산소 23%, 질소 16%, 수소 7%, 황 2%이다.

23 식용유지의 품질을 평가하는 데 가장 중요한 사항은?

① glyceride의 양
② 유리지방산 함량
③ lipase 함량
④ 색소

> [해설]
>
> 식용유지의 품질 평가 요소 중 가장 중요한 사항은 지방이 분해되어 생성된 유리지방산 함량이다.

24 변성 단백질의 성질이 아닌 것은?

① polypeptide 사슬이 열에 의하여 풀어져서 효소작용을 받기가 어려워진다.
② 생물학적 특성을 상실하여 항원과 항체의 결합능력이 상실된다.
③ 구상 단백질이 변성하여 풀린 구조를 취하기 때문에 점도, 확산계수 등이 크게 된다.
④ 많은 단백질의 경우 내부에 있던 소수성 아미노산 잔기들이 표면에 노출될 수 있다.

> [해설]
>
> 변성 단백질의 성질
> - 용해도가 감소되어 침전력이 커지며 점도는 증가한다.
> - polypeptide 사슬이 풀어져 반응기가 노출되면서 소화효소 작용을 받기 쉬워 소화가 잘되며 효소작용이 쉬워서 부패도 빠르다.
> - 효소 단백질은 활성을 잃게 된다.

25 어떤 식품 1.0g을 연소시켜 얻은 회분의 수용액을 중화하는 데 0.1N-NaOH 10mL가 소요되었다면 이 식품의 특성은?

① 알칼리도 10
② 산도 10
③ 알칼리도 100
④ 산도 100

> [해설]
>
> 산도
> 어떤 식품 1.0g을 연소시켜 얻은 회분의 수용액을 중화하는 데 소모되는 0.1N-NaOH의 mL수, 10mL가 소모되었으므로 산도 10

정답 21 ④ 22 ④ 23 ② 24 ① 25 ②

26 식품의 갈색화 반응과 관계 깊은 polyphenol oxidase와 tyrosinase가 함유하고 있는 금속원소는?

① Zn ② Fe
③ Cu ④ Ni

해설
티로시나아제나 폴리페놀옥시다아제는 퀴논과 멜라닌을 생성하여 식품의 갈색화를 일으키는 효소로 구리를 포함하는 효소이고 동식물들의 조직에서 나타난다.

27 식품과 매운맛을 내는 물질의 연결이 옳은 것은?

① 고추 – 피페린(piperine)
② 마늘 – 알리신(allicine)
③ 겨자 – 캡사이신(capsaicin)
④ 후추 – 진저롤(gingerol)

해설
매운맛
- 후추 : 피페린, chavicine
- 산초 : sanshol
- 생강 : 진저론, 쇼가올, gingerol
- 겨자 : 알릴이소티오시아네이트
- 마늘, 파, 양파 : 알리신

28 물, 청량음료 등 묽은 용액들은 어떤 유체의 특성을 나타내는가?

① 뉴턴(Newton) 유체
② 딜레이턴트(Dilatant) 유체
③ 의사가소성(pseudoplastic) 유체
④ 빙햄소성(Bingham plastic) 유체

해설
- Newton 유체 : 전단력에 대하여 속도가 비례적으로 증감하는 것으로 단일물질, 저분자로 구성된 물, 청량음료, 식용유 등의 묽은 용액의 성질
- 비 Newton 유체 : Colloid 용액, 토마토 케첩, 버터 등의 혼합물질로 구성된 반고체 식품들로 Newton 유체 성질이 없어 전단력과 전단속도 사이의 유동곡선이 곡선을 나타내는 유체
- 가소성(plasticity) : 외부 힘에 의해 변형된 후 외부 힘을 제거해도 원상태로 되돌아가지 않는 성질(버터, 마가린, 생크림)
- 의사가소성(pseudoplastic) 유체 : 전단속도 증가에 따라 전단력의 증가폭이 감소하는 유체
- Dilatant 유체 : 전단속도 증가에 따라 전단력의 증가폭이 증가하는 유체
- 항복치(yield value) : 생크림과 같이 반고체 식품에서 약한 전단력에 탄성을 보이다 좀 더 강한 전단력에 소성을 보일 때의 힘
- Bingham 소성 유체 : 전단속도 증가에 따라 전단력의 증가폭이 일정한 유체
- 혼합형 유체 : 항복치를 가지면서 의사가소성 또는 Dilatant 성질을 나타내는 것
- 시간에 따른 유동특성 변화에 따라 전단력이 작용할수록 점조도가 감소하는 thixotropic 유체와 전단력이 작용할수록 점조도가 증가하는 rheopectic 유체로 구분

29 호화전분의 노화를 억제하는 방법이 아닌 것은?

① 수분을 15% 이하로 줄인다.
② 유화제를 첨가한다.
③ 설탕을 첨가한다.
④ 냉장고에 보관한다.

해설
전분의 노화
- 호화전분(α-전분)을 실온에 완만 냉각하면 전분입자가 수소결합을 다시 형성해 생전분과는 다른 결정을 형성하는데 이 현상을 노화 또는 β화라고 한다.
- β-전분의 X선 회절도는 종류에 관계없이 항상 B형이 된다. 노화된 전분은 효소의 작용을 받기 힘들게 되어 소화가 잘 안 된다.
- 노화가 가장 잘 발생되는 온도는 0℃ 정도이며 60℃ 이상 −20℃ 이하에서 노화는 발생되지 않는다.(밥의 냉동저장)
- 30~60%의 함수량이 노화되기 쉬우며 30% 이하 60% 이상에서는 어렵다.(비스킷, 건빵)
- 알칼리성은 노화가 억제되고 산성은 노화를 촉진한다.
- amylose가 많을수록 노화가 빨리 일어나며 전분입자가 작을수록 노화가 빠르다. 감자, 고구마 등 서류 전분은 노화되기 어려우나 쌀, 옥수수 등 곡류는 노화되기 쉽다.
- 대부분 염류는 호화를 촉진하고 노화를 억제한다. 단, 황산염은 반대로 노화를 촉진한다.
- 당은 탈수제로 노화를 억제하며(양갱) 유화제도 노화를 억제한다.

정답 26 ③ 27 ② 28 ① 29 ④

30 단백질 내 질소함유량은 평균 몇 % 정도인가?

① 5% ② 12%
③ 16% ④ 22%

해설
단백질 구성원소의 평균비율은 탄소 52%, 산소 23%, 질소 16%, 수소 7%, 황 2%이다.

31 단백질이 가수분해되어 아미노산이 되었다가 탈 카르복시 반응에 의하여 생긴 물질은?

① 지방산 ② 아민
③ 탄수화물 ④ 지방

해설
탈탄산반응
- 아미노산에서 CO_2를 방출시켜 아민 생성, decarboxylase 관여
- 히스타민, 티라민, 푸트리신, 카다베린 등 생성

32 면실 중에 존재하는 항산화 성분으로 강력한 항산화력이 인정되나 독성 때문에 사용되지 못하는 것은?

① 커큐민(curcumin)
② 고시폴(gossypol)
③ 구아이아콜(guaiacol)
④ 레시틴(lecithin)

해설
면실 중에 존재하는 항산화 성분으로 강력한 항산화력이 인정되나 독성 때문에 사용되지 못하는 것은 고시폴이다.

33 전분의 호화(gelatinization)에 직접적으로 영향을 주는 요인이 아닌 것은?

① 아밀라아제의 함량
② 아밀로오스의 함량
③ 전분의 수분함량
④ 전분 현탁액의 pH

해설
전분의 호화(α화)
- 수분의 함량이 많을수록 잘 일어난다.
- 전분 입자가 작은 쌀(68~78℃), 옥수수(62~70℃) 등 곡류 전분은 입자가 큰 감자(53~63℃), 고구마(59~66℃) 등 서류 전분보다 호화온도가 높다.
- 온도가 높을수록 호화시간이 빠르다.
- 알칼리성에서 팽윤을 촉진하여 호화가 촉진되며 산성에서는 전분입자가 분해되어 점도가 감소한다.
- 대부분 염류는 팽윤제로 호화를 촉진시킨다.($OH^- > S^- > Br^- > Cl^-$) 그러나 황산염은 호화를 억제한다.
- 당을 첨가하면 호화온도가 상승하고 호화속도는 감소한다.

34 당류 중 케톤기를 갖는 6탄당(keto hexose)은?

① galactose ② glucose
③ mannose ④ fructose

해설
6탄당 중 주로 이용되는 케토스는 과당이다. 나머지는 알도스 계열 6탄당이다.

35 아래의 (㉠)과 (㉡)의 반응에서 나타나는 색을 순서대로 나열한 것은?

- (㉠) 적당량의 포도껍질을 취한 비커에 포도 껍질이 잠길 정도로 1% 염산 메탄올 용액(메탄올에 염산을 용해시킨 용액)을 가하여 색소를 추출하였다.
- (㉡) 같은 색소 용액을 또 다른 비커에 취하여 pH가 7~8 정도가 되도록 0.5N 수산화나트륨 용액을 가하였다.

① 적색, 적색 ② 적색, 청색
③ 청색, 청색 ④ 청색, 적색

해설
포도의 색은 딸기, 가지의 색과 마찬가지로 안토시아닌 색소로 pH에 따라 산성에서는 적색, 알칼리성에서는 파란색으로 변한다.

정답 30 ③ 31 ② 32 ② 33 ① 34 ④ 35 ②

36 다음 아미노산 중 L형이나 D형과 같은 광학 이성체가 존재하지 않는 것은?

① 발린(valine)
② 아이소루신(isoleucine)
③ 글리신(glycine)
④ 트레오닌(threonine)

해설
글리신은 탄소에 수소 두 개와 결합한 부제탄소가 없는 아미노산으로 광학적 활성이 없으므로 거울이성체가 없다.

37 중성지방을 가장 바르게 설명한 것은?

① 고급지방산과 glycol의 ester이다.
② 고급지방산과 glycerol의 ester이다.
③ 고급지방산과 고급 alcohol의 ester이다.
④ 저급지방산과 1급 alcohol의 ester이다.

해설
중성지방은 고급지방산과 glycerol의 ester이다.

38 버터의 분산질(상) 분산매를 순서대로 바르게 연결한 것은?

① 액체-액체
② 고체-액체
③ 액체-고체
④ 고체-고체

해설
버터
원유, 우유류 등에서 유지방분을 분리한 것이나 발효시킨 것을 그대로 또는 이에 식품이나 식품첨가물을 가하고 교반하여 연압 등 가공한 것, 유지방(cream) 80% 이상과 물 15%의 유중수적형(유화상 유가공품)

39 다음 중 황화알릴(allyl sulfide)의 냄새가 나는 식품은?

① 사과, 바나나
② 파
③ 육계(肉桂)
④ 부패 계란

해설
향기성분
- 에스테르류 : sedanolide(셀러리), methyl cinnamate(송이버섯), amyl formate(사과, 복숭아), isoamyl formate(배)
- 알코올류 : 2, 6-nonadienal(오이), furfuryl alcohol(커피)
- 테르핀류 : limonene(레몬, 오렌지), camphene(생강), geraniol(오렌지, 레몬), menthol(박하), citral(오렌지, 레몬)
- 황화합물 : methylmercaptane(무, 겨자, 양배추, 서양고추냉이), propylmercaptane(마늘), dimethylmercaptane(단무지), α-methylcaptopropyl alcohol(파, 마늘, 양파), allylsulfide(파, 고추냉이, 아스파라거스)
- 알데히드류(aldehyde) 및 유기산 : 식물의 풋내, 유지 식품의 기름진 풍미 및 산패취, 생우유(acetone, acetaldehyde, propionic acid, butyric acid, caproic acid, methyl sulfide), 버터(diacetyl, propionic acid, butyric acid, caproic acid), 치즈(ethyl β-methylmercaptopropionate)
- 피라진류(pyrazines) : 질소를 함유한 화합물로, 고기향, 땅콩향, 볶음향 등의 특성을 나타내는 성분, trimethylamine, piperidine, δ-aminovaleric acid(어류 비린내)

40 서양고추냉이, 겨자, 양배추, 무 등을 분쇄했을 때 자극적인 향기를 내는 성분은?

① methyl mercaptan
② limonene
③ isothiocyanate
④ diallyl sulfide

해설
isothiocyanate
황을 함유하고 있는 생리활성물질로 양배추, 배추, 순무, 고추냉이와 같은 십자화과의 채소에 많이 포함되어 있다.

3과목 식품가공학

41 유지채취 방법 중 부적합한 것은?
① 융출(용출)법 ② 증발법
③ 압착법   ④ 추출법

해설

식용유지 제법
- 압착법, 추출법은 식물유지 채취, 용출법은 동물유지 채취 이용
- 용출법(melting process) : 동물성 원료를 가열시켜서 유지 제조
- 압착법(expression process) : 식물질 원료에 기계적인 압력을 가하여 유지 제조
- 추출법(extraction process) : 식물성 원료를 유기용매로 녹여서 제조, 추출용매는 벤젠, 에틸알코올, 노멀 헥산, 아세톤, CS_2 등을 사용
- 추출용매는 가격이 저렴하고, 유지 이외의 물질은 추출하지 말아야 하며 기화열과 비열이 낮아 회수가 쉬워야 한다.

42 경도가 높은 곡물을 도정하는 데 가장 효과적인 도정 작용은?
① 마찰작용 ② 충격작용
③ 연삭작용 ④ 찰리작용

해설

도정 원리
- 마찰 : 도정기와 곡물 사이가 비벼짐
- 찰리 : 강한 마찰작용으로 표면이 벗겨짐
- 절삭 : 경도가 높은 곡물 도정에 이용, 금강사로 곡물 조직을 깎아냄(연삭-강한 절삭, 연마-약한 절삭)
- 충격 : 도정기와 곡물이 부딪침

43 다음 중 알코올 발효유는?
① Yoghurt   ② Acidophilus milk
③ Calpis   ④ Kumiss

해설

발효유(fermented milk)
- 우유, 산양유 등 포유류 젖이나 가공품 원료로 유산균, 효모를 이용하여 발효
- 발효유에 당이나 향을 첨가한 호상 또는 액상 제품
- 쿠미스는 주로 말의 젖을 원료로 하여 만든 술. 아시아의 유목민, 키르기스인, 타타르인 등이 음료수로 사용하는데, 빈혈증·괴혈병·히스테리·장티푸스 따위에 효과가 있다.

44 명태에 대한 설명으로 틀린 것은?
① 북어는 장시간 천천히 말린 명태
② 코다리는 꾸들꾸들하게 반쯤 말린 명태
③ 황태는 겨우내 자연적으로 동결건조된 명태
④ 노가리는 명태 새끼

해설

명태의 종류
- 북어는 단기간에 겨울철 바닷바람으로 건조(1℃~20℃)된 것으로 건조에 의해 부피가 수축되어 단백질 결착에 의한 변성으로 새로운 풍미를 가진다.
- 황태는 12월에서 3월에 걸쳐 추운 상태로 고산지대에서 승화건조(-15℃~2℃)하여 형태가 유지되며 지방분의 산화에 의해 황색을 띠고 다공성의 황태를 형성한다.

45 플라스틱 포장재료 중 열접착성이 우수하고 방습성이 큰 것은?
① 폴리에틸렌   ② 폴리에스테르
③ 폴리프로필렌 ④ PVC

해설

플라스틱 포장재
- 폴리에틸렌, 염화비닐리덴, 폴리에스테르, 폴리프로필렌, 염화비닐, 폴리스티렌, 폴리카보네이트 등을 사용
- 폴리에틸렌 : 무색의 반투명한 열가소성 플라스틱. 내약품성, 전기 절연성, 방습성, 내한성, 가공성이 높아 절연 재료, 용기, 패킹 등에 쓰임
- 폴리프로필렌 : 내열성, 내약품성, 고결정성이나 내충격성에서는 약함
- 염화폴리비닐(PVC) : 비닐이라는 이름으로 오래 전부터 애용되어 오던 플라스틱으로 투명하고 착색하기 쉬우며, 가공하기 쉽고 잘 타지 않으며 값이 쌈
- 플라스틱 및 유연포장 필름 등의 가소제, 안정제, 유연제, 단량체, 색소 등 합성품의 유해성이 식품에 영향을 미치지 않아야 한다.
- 투과성이 우수하지만 유지산화, 영양성분 및 색소 파괴 등 영향을 미치므로 산화방지제(BHA, BHT), 가소제(프탈레이트), 자외선 흡수제(벤조페논) 등을 첨가한다.

정답 41 ② 42 ③ 43 ④ 44 ① 45 ①

46 다음 중 한천이나 명태의 건조방법으로 적합한 것은?

① 천일건조(sun drying)
② 자연동건(natural cold drying)
③ 진공동결건조(vaccum freeze drying)
④ 냉풍건조(cold air drying)

[해설]
한천이나 명태는 자연동건에 의해 건조한다.

47 두류의 가공에서 코지(Koji)를 만드는 가장 중요한 목적은?

① 알코올을 생성시킨다.
② 전분을 당화시킨다.
③ 단백질 및 탄수화물 분해 효소를 생성시킨다.
④ 소화와 흡수를 높여준다.

[해설]
코지 제조
- 코지균을 쌀 또는 보리 등의 배지에 접종시켜 발아 및 발육시키는 조작
- 코지 중 amylase, protease 등 효소가 전분 또는 단백질을 분해
- *Aspergillus oryzae*, *Aspergillus sojae* 등을 이용하므로 시간이 지남에 따라 protease의 역가가 높아진다.

48 검체 10mL로 우유의 산도를 계산하는 다음 식에서 0.009의 의미는?

$$\text{산도(젖산\%)} = \frac{\alpha \times 0.009 \times f}{10 \times \text{우유의 비중}} \times 100$$

α : 0.1N NaOH의 소비량(mL)
f : 0.1N NaOH의 역가

① 0.1N NaOH 용액의 농도계수
② 0.1N NaOH 용액 1mL에 해당하는 젖산의 g 수
③ 우유 1mL 중에 들어 있는 젖산의 mg 수
④ 우유 1mL 중에 들어 있는 전 알칼리양의 mg

[해설]
우유의 산도 계산식에서 0.009는 0.1N NaOH 용액 1mL에 해당하는 젖산의 g 수

49 식품의 가공 저장 시 호흡률에 대한 정의로 옳은 것은?

① 과일 1kg으로부터 1시간에 방출되는 CO_2 gas의 mg 수
② 과일 1g의 성분변화에서 나오는 gas 발생량
③ 과일 1kg으로부터 1일간 방출되는 CO_2 gas의 mg 수
④ 식물체 10kg의 성분이 분해될 때 나오는 CO_2 gas의 mg 수

[해설]
식품의 호흡률은 과일 1kg으로부터 1시간에 방출되는 CO_2 gas의 mg 수이다.

50 *Cl. botulinum* 포자 현탁액을 121℃에서 열처리하여 초기농도의 99.999%(=0.00001배)를 사멸시키는 데 1분 걸렸다. 이 포자의 121℃에서 D(decimal reduction time) 값은 약 얼마인가?

① 2분   ② 1분
③ 0.5분 ④ 0.2분

[해설]
상업적 살균
- 완전멸균에 따른 식품 영양가 파손을 방지하고자 필요한 미생물만 사멸시키는 멸균으로 주로 *Clostridium botulinum*의 포자수를 $1/10^{12}$ 이하로 감소시키는 것
- 병조림, 통조림, 레토르트 식품 멸균은 중심온도 120℃, 4분 처리
- 포자가 영양세포보다 내열성이 크다.(세균포자 > 곰팡이, 효모포자 > 영양세포)
- 산성일수록 내열성이 작아져 pH 3.7 이하에서는 100℃ 이하에서 멸균
- D(decimal reduction time) 값 : 사멸곡선에서 가열전 미생물 수의 10%로 감소시키는 데 필요한 시간, 온도 지정이 없을 시는 121℃, 온도 증가 시 D 값 감소

정답 46 ② 47 ③ 48 ② 49 ① 50 ④

• 121℃에서 열처리하여 초기 농도의 99.999%(=0.00001배)를 사멸시키는 데 1분 걸렸으므로 10^{-5}=1분, 10^{-1}=0.2분

51 M.G(May Grunwald)염색법을 이용하여 도정도를 판정할 경우 청색이 나타났다면 몇 분 도미인가?

① 10분도미 ② 7분도미
③ 5분도미   ④ 1분도미

해설
M.G(May Grunwald)염색법
• Eosin-Methylene blue 시약의 염색 차이에 의해 결정, 에오신은 전분에 염색하여 적색을 나타내며 메틸렌블루는 셀룰로오스와 반응해 청색을 보인다.
• 현미(1분도미) : 청색
• 5분도미 : 초록색
• 7분도미 : 보라+적색
• 10분도미 : 적색

52 식물성 유지가 동물성 유지보다 산패가 덜 일어나는 이유로 적합한 것은?

① 천연 항산화제가 들어있기 때문에
② 발연점이 낮기 때문에
③ 시너지스트(synergist)가 없기 때문에
④ 열에 안정하기 때문에

해설
식물성 유지가 동물성 유지보다 산패가 덜 일어나는 이유는 천연 항산화제가 들어있기 때문이다.

53 육제품 제조 시 훈연의 목적 및 효과에 대한 설명으로 틀린 것은?

① 방부작용에 의한 저장성 증가
② 항산화작용에 의한 산화방지
③ 훈연취 부여에 의한 풍미의 개선
④ 훈연에 의한 수분증발로 육질이 질겨짐

해설
훈연의 목적
• 염지육색이 가열에 의하여 안정되어 제품의 색 향상
• 훈연 연기 중 페놀(phenol), 유기산, formaldehyde, acetaldehyde의 살균작용
• 훈연취에 의한 독특한 풍미 부여
• 건조, 살균, 항산화작용에 의한 저장성 향상
• 건조에 의한 수분 감소로 수분활성도 감소
• 온훈법 : 30~50℃에서 5~10시간, 냉훈법 : 10~20℃에서 1~3주간, 열훈법 : 50~80℃에서 수 시간, 훈연액법 등

54 과실이 익어가면서 조직이 연해지는 이유는?

① 전분질이 가수분해되기 때문
② 펙틴(pectin)질이 분해되기 때문
③ 색깔이 변하기 때문
④ 단백질이 가수분해되기 때문

해설
과실이 익어가면서 조직이 연해지는 이유는 세포벽 사이에 시멘트 역할을 해주는 펙틴질이 분해되기 때문이다.

55 식품포장용 착색필름 중 소시지 등의 육제품 변색방지에 가장 효과적인 색상은?

① 황색 ② 청색
③ 녹색 ④ 적색

해설
육제품의 변색방지에 가장 효과적인 가시광은 파장이 긴 적색광이다. 자색광에 가까이 갈수록 파장이 짧아지며 화학반응을 일으킬 수 있다.

56 박피, 수세한 복숭아의 당분이 8.0%일 때, 이것을 공관에 고형량 270g씩 살재임을 할 경우 주입당액의 농도는 약 얼마로 하여야 하는가? (단, 내용물의 총량은 430g, 제품의 규격당도는 19.5%이다.)

① 10% ② 20%
③ 30% ④ 40%

정답 51 ④ 52 ① 53 ④ 54 ② 55 ④ 56 ④

해설

당액조제

- $w_1 x + w_2 y = w_3 z$, $y = \dfrac{w_3 z - w_1 x}{w_2}$, $w_3 - w_1 = w_2$

  여기서, w_1 : 담는 과실의 무게(g), w_2 : 주입당액의 무게(g), w_3 : 통 속의 당액 및 과실의 전체 무게(g), x : 과육의 당도(%), y : 주입액의 농도(%), z : 제품 규격 당도(%)
- $430 - 270 = 160$(주입액)
- $270 \times 8 + 160 \times y = 430 \times 19.5$, $y = 38.9$

57 제빵 시 스트레이트법과 비교할 때 스펀지법의 공정상의 장점은?

① 큰 제품을 얻을 수 있다.
② 단시간 발효로 노력이 감소된다.
③ 작업시간이 짧다.
④ 제품의 풍미가 우수하다.

해설

빵의 제법

- 스트레이트법 : 모든 재료를 한꺼번에 넣어 반죽하는 법, 공정시간 감소, 노동력, 전력 및 설비 감소, 발효손실 감소
- 스펀지법 : 반죽을 두 번에 나누어 혼합, 발효에 대한 내구성이 좋음, 부피가 증가, 노화가 느림, 발효량 증가, 이스트 사용량 20% 감소, 착색이 좋음

58 플라스틱 필름 포장에서 기름기나 물기가 있을 때 접착이 곤란하여 주로 vinylidene chloride계의 필름 플라스틱 봉지 제조 시에 사용되는 방법은?

① 열접착법
② 임펄스식 열접착법
③ 고주파 접착법
④ 결뉴법

해설

필름을 이용한 포장

- 유연성을 지닌 필름류는 라미네이트나 코팅 처리되어 전기가열접착기, 고주파순간접착기, 밴드접착기 이용
- 파우치 형성(form) – 내용물 충진(fill) – 접착(seal) 절단 포장방식, 필로우(pillow pack) 포장, 봉지(sachet) 방식
- 고주파순간접착기 : 기름기나 물기가 있을 때 접착이 곤란하여 주로 vinylidene chloride계의 필름 플라스틱 봉지 제조 시에 사용

59 콩나물 성장에 따른 화학적 성분의 변화에 대한 설명으로 틀린 것은?

① 비타민 C 함량의 증가
② 가용성 질소화합물의 감소
③ 지방 함량의 감소
④ 섬유소 함량의 감소

해설

콩나물

- 계절에 관계없이 생산, 재배법이 간단, 비타민류가 많아 겨울철 영양상 좋은 식품
- 원료콩에 거의 없는 비타민 C가 발아 시 생성
- 성장하면서 가용성 질소화합물과 지방함량 감소
- 숙취해소 효과가 있는 아스파라긴산 다량 함유

60 다음 중 신선란의 난황계수는 어느 범위인가?

① 0.55~0.59
② 0.50~0.54
③ 0.45~0.49
④ 0.40~0.44

해설

계란의 선도검사

㉠ 외부인 검사
  - 비중법 : 신선란 1.0784~1.0914, 11% 식염수에 가라앉음(부패란은 뜬다.)
  - 진음법 : 신선란은 소리가 나지 않고 묵은 알은 소리가 난다.
  - 설감법 : 신선란은 따뜻한 느낌, 묵은 알은 차가운 느낌

㉡ 내부적인 검사
  - 투시검사 : 검란기 사용, 오래될수록 기실 크다.
  - 할란검사 : 신선란의 난백계수는 0.06 정도, 신선란의 난황계수는 0.3~0.4

㉢ 보통 HU(haugh unit) 값이 85 이상이다.

4과목 식품미생물학

61 *Pseudomonas* 속의 특징이 아닌 것은?

① 저온에서 혐기적으로 저장되는 식품의 부패에 주로 관여한다.
② 열저항성이 없어 가열에 취약하다.
③ 탄화수소, 방향족 화합물을 분해시키는 종이 많다.
④ 수용성의 형광색소를 생성하는 종도 있다.

해설

Pseudomonas 속
- 편성호기성균, 그람음성균, 무포자, 운동성 간균
- 토양세균에서 비롯되었으며 수생세균의 우점종으로 저온에서 잘 생육한다.
- 탄화수소, 방향족 화합물을 분해시키는 종이 많다.
- *Pseudomonas syncyanea* : 청색 색소 생산
- *Pseudomonas fluorescens* : 녹색 형광색소 생산, 고미유 원인
- *Pseudomonas aeruginas* : 녹농균, 우유 청변의 원인

62 미생물에서 무기염류의 역할과 관계가 적은 것은?

① 세포의 구성분
② 세포벽의 주성분
③ 물질대사의 조효소
④ 세포 내의 삼투압 조절

해설

세포벽의 성분은 원핵세포에서 펩티도글리칸, 테이코이산 등이다.

63 포도당의 Homo 젖산발효는 어떤 대사경로를 거치는가?

① HMS 경로
② TCA 회로
③ EMP 경로
④ Krebs 회로

해설

Homo 젖산발효 : 당을 발효하여 젖산만 생성
- 주요 균 : *Streptococcus* 속, *Pediococcus* 속, *Lactobacillus* 속
  Lactobacillus acidophilus, Lactobacillus bulgaricus, Lactobacillus delbruekii, Lactobacillus casei, Streptococcus thermophilus, Lactobacillus homohiochii
- 혐기적 해당경로(EMP)를 거쳐 젖산을 생성한다.

64 다음 중 *Saccharomyces cerevisiae*와 가장 관계가 깊은 것은?

① 알코올 제조
② 피막 형성
③ 색소 생산
④ 젖산 생산

해설

발효에 이용하는 효모
- *Saccharomyces cerevisiae* : 맥주의 상면발효 효모
- *Saccharomyces coreanus* : 막걸리 효모
- *Zygosaccharomyces rouxii* : 된장의 주 효모
- *Saccharomyces carlsbergensis* : 맥주의 하면발효 효모

65 포도주 효모에 대한 설명으로 잘못된 것은?

① *Saccharomyces cerevisiae var. ellipsoideus*가 흔히 사용된다.
② 타원형이다.
③ 무포자 효모이다.
④ 아황산에 내성인 것이 좋다.

해설

포도주 효모
- 균주 : *Saccharomyces cerevisiae var. ellipsoideus*
- 타원형, 자낭포자효모
- 포도주 제조 시 아황산에 내성인 것이 좋다.

66 클로렐라에 대한 설명으로 틀린 것은?

① 녹조식물 클로렐라과에 속하는 담수조류이다.
② 편모로 운동을 한다.
③ 녹민물, 습지 등에 서식한다.
④ 광합성 능력이 뛰어나고 배양하기 쉽다.

해설

조류(algae)
- 대부분 담수나 해수에서 생육하며 광합성으로 독립 영양생활하는 하등식물의 총칭
- 잎, 줄기, 뿌리, 관상체가 없으며 유성생식, 무성생식을 한다.
- 규조류는 최근 화석연료의 대체 연료로 이용된다.
- 남조류는 원핵세포에 속한다.

정답 61 ① 62 ② 63 ③ 64 ① 65 ③ 66 ②

- 해조류에 속하는 갈조류(미역, 다시마), 홍조류(김, 우뭇가사리), 녹조류(클로렐라, 파래) 등은 진핵세포인 원생생물이다.
- 클로렐라 : 단백질 함량(40~50%)이 높고, 비타민 A, B_1, B_2, C가 풍부하며 광합성을 하는 단세포 생물이다.

67 콩제국 중 온도가 50℃ 이상으로 상승되면 활발히 증식되는 균속은?

① *Micrococcus* 속
② *Clostridium* 속
③ *Bacillus* 속
④ *Lactobacillus* 속

해설
콩제국
삶은 콩을 찧어 덩어리 성형 후 따뜻한 방에 띄우게 되는데, 이 때에 *Bacillus* 등이 증식하여 단백질분해효소 등이 생성된다. 온도가 50℃ 이상으로 상승되면 활발히 증식한다.

68 곤충에서 기생하는 동충하초를 생성하는 버섯류는?

① *Cordyceps* 속
② *Gibberella* 속
③ *Neurospora* 속
④ *Tricholoma* 속

해설
동충하초(*Cordyceps militaris*)
- 곤봉 모양이고 높이는 3~6cm로 머리 부분과 자루 부분으로 구분
- 봄에서 가을에 걸쳐 죽은 곤충의 번데기에서 1~2개가 나옴

69 전분분해효소와 단백질분해효소를 강하게 분비하는 미생물을 이용하여 제조되는 발효 식품과 그 미생물의 관계가 옳은 것은?

① 치즈, 항생물질 – *Penicillium* 속
② 청주, 된장 – *Aspergillus* 속
③ 구연산, 글루콘산 – *Aspergillus* 속
④ 청주, 과즙 청징 – *Penicillium* 속

해설
전분 당화, 단백질 분해
Aspergillus oryzae(황국균) : 전분 당화력(α-amylase), 단백질 분해력이 강해 청주, 된장, 간장 제조에 이용, 개량 메주 제조 시 인공 접종하여 이용

70 진핵세포에 대한 설명으로 틀린 것은?

① 막으로 둘러싸인 핵이 있다.
② DNA는 원형으로 세포질에 존재한다.
③ 막으로 둘러싸인 세포 소기관이 발달되어 있다.
④ 원핵세포보다 크기가 크다.

해설
원핵세포의 DNA는 하나의 원형으로 세포질에 존재하며 진핵세포의 DNA는 핵 안에 여러 개의 DNA가 선형으로 존재한다.

71 *Clostridium* 속 세균에 대한 설명 중 틀린 것은?

① Gram 양성의 포자 형성 간균이다.
② Catalase 양성균이다.
③ 탄수화물을 발효시켜 유기산과 가스를 생성하는 균종도 많다.
④ 토양 속에서 공기 중의 N_2를 고정하는 균종도 많다.

해설
카탈라아제는 과산화수소를 물과 산소로 분해하는 효소로 혐기성 세균은 음성이다.

72 *Aspergillus oryzae*를 Koji로 이용하는 주된 이유는?

① 프로테아제와 리파아제의 생산력이 강하다.
② 아밀라아제와 리파아제의 생산력이 강하다.
③ 프로테아제와 아밀라아제의 생산력이 강하다.
④ 프로테아제와 펙티나아제의 생산력이 강하다.

정답 67 ③ 68 ① 69 ② 70 ② 71 ② 72 ③

해설

종국(코지균)
- *Aspergillus oryzae*(황국균) : 전분 당화력(α-amylase), 단백질 분해력(protease)이 강해 청주, 된장, 간장 제조에 이용, 개량 메주 제조 시 인공 접종하여 이용
- *Aspergillus niger*(흑국균) : 집락은 흑색, 전분 당화력(β-amylase)이 강하고 당액을 발효하여 구연산 등 유기산 발효 공업에 이용

73 효모의 증식과 관계가 먼 것은?

① 출아법
② 자낭포자 형성
③ 분열법
④ 분생포자 형성

해설

효모(yeast)
- 효모는 배지조성, pH, 배양 방법 등에 따라 다양한 형태로 나타난다.
- 효모의 영양번식 방법으로는 출아법, 분열법 및 출아 분열법이 있다.
- 일반적으로 효모 세포의 크기는 구균 형태의 세균보다 크다.
- 효모는 곰팡이와는 다른 위균사나 진균사를 형성한다.
- 유포자효모에는 자낭포자효모, 담자포자효모, 사출포자효모가 있다.

74 상면효모와 하면효모에 대한 설명으로 틀린 것은?

① 상면효모의 발효액은 투명하다.
② 상면효모는 소량의 효모점질물 polysaccharide를 함유한다.
③ 하면효모는 발효작용이 늦다.
④ 하면효모는 균체가 산막을 형성하지 않는다.

해설

맥주
- 상면발효맥주 : *Saccharomyces cerevisiae* – 영국 맥주, 상면발효, 상온발효(Ale, Stout, Porter, Lambic), 혼탁
- 하면발효맥주 : *Saccharomyces carlsbergensis* – 독일, 미국, 일본, 우리나라에서 주로 생산, 하면발효, *Saccharomyces uvarm*에 통합, 저온발효(Lager, Munchen, Pilsen, Wien), 장기저장으로 독특한 향미 부여, 발효가 느리다.

75 미생물과 생산하는 효소의 연결이 틀린 것은?

① *Aspergillus niger* – pectinase
② *Penicillium vitale* – amylase
③ *Saccharomyces cerevisiae* – invertase
④ *Bacillus subtilis* – protease

해설

- 아밀라아제 : *Aspergillus oryzae, Bacillus subtilis, Bacillus stearothermophilus* 등
- 카탈라아제 : *Penicillium vitale*

76 녹말을 분해하는 효소는?

① amylase
② lipase
③ maltase
④ protease

해설

전분(녹말) 가수분해 효소
- α-amylase : 전분의 α-1,4 글리코시드 결합을 무작위로 가수분해
- β-amylase : 전분의 비환원성 말단으로부터 말토오스 단위로 가수분해
- glucoamylase : 전분의 비환원성 말단으로부터 포도당 단위로 가수분해

77 버터나 치즈 제조에 주로 이용되는 미생물은?

① 효모
② 낙산균
③ 젖산균
④ 초산균

해설

자연 치즈
- 원유에 유산균, 단백질 응유효소(rennin), 유기산 등으로 우유 단백질인 카세인(casein) 응고(커드) 후 유청을 제거한 것
- 발효버터(sour cream butter) : 젖산균을 넣어 발효시킨 것

정답 73 ④ 74 ① 75 ② 76 ① 77 ③

78 다음 미생물의 생육 곡선에서 (B)의 시기를 무엇이라 하는가?

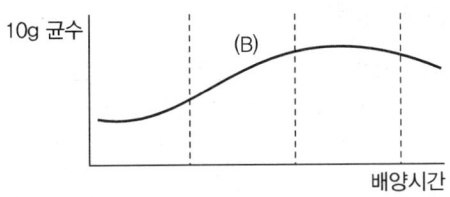

① 대수 증식기로서 균수가 지수적으로 증가하는 시기
② 유도기로서 균수가 시간에 비례하여 증식하는 시기
③ 대수 증식기로서 세포분열이 지연된 시기
④ 유도기로서 세포분열이 왕성한 시기

해설
미생물의 생육곡선(growth curve)
㉠ 유도기(lag phase, induction period)
  • 미생물이 증식을 준비하는 시기
  • 효소, RNA는 증가, DNA는 일정
  • 초기 접종균수를 증가하거나 대수 증식기 균을 접종하면 기간이 단축
㉡ 대수기(logarithmic phase)
  • 대수적으로 증식하는 시기
  • RNA는 일정, DNA는 증가
  • 세포질 합성속도와 세포수 증가는 비례
  • 세대시간, 세포의 크기 일정
  • 생리적 활성이 크고 예민
  • 증식속도는 영양, 온도, pH, 산소 등에 따라 변화
㉢ 정지기(stationary phase)
  • 영양물질의 고갈로 증식수와 사멸수가 같다.
  • 세포수 최대
  • 포자 형성 시기
㉣ 사멸기(death phase)
  • 생균수보다 사멸균수가 증가
  • 자기소화(autolysis)로 균체 분해

79 다음 중 무성포자에 속하지 않는 것은?

① 후막포자   ② 포자낭포자
③ 분생포자   ④ 접합포자

해설
곰팡이의 포자
• 곰팡이는 포자로 번식하며 무성생식과 유성생식이 있다.
• 무성포자 : 내생포자(포자낭포자), 외생포자(분생포자), 후막포자, 분열자
• 유성포자 : 접합포자, 난포자, 자낭포자, 담자포자

80 "$C_6H_{12}O_6 + O_2 \rightarrow 2CH_3COOH + H_2O$"에 의해 에탄올(ethanol) 100g에서 생성될 수 있는 초산(acetic acid)의 이론 생성량은?

① 130.4g   ② 13.4g
③ 111.4g   ④ 11.4g

해설
효모의 발효형식(Neuberg의 발효형식)
• 효모는 산소의 유무에 따라 발효형식이 다르다.
• 혐기적 발효(alcohol 발효) : 주류 생산에 이용, 1포도당($C_6H_{12}O_6$, 180)이 2에탄올(C_2H_5OH, 46×2), 2이산화탄소(CO_2), 58cal 에너지, 2ATP 생성
• 호기적 발효(호흡작용, 산화작용) : 1포도당이 $6CO_2$, $6H_2O$, 686cal, 32 ATP 생성
• $180 : 92 = x : 100$, $x = 195.65$
• 초산은 60이므로 $180 : (60 \times 2) = 195.65 : x$, $x = 130.4$

5과목 식품제조공정

81 다음 살균 장치 중 연속식 살균장치가 아닌 것은?

① 하이드로록 살균기(hydrolock sterilizer)
② 회전식 살균기(rotary sterilizer)
③ 수탑식 살균기(hydrostatic sterilizer)
④ 레토르트 살균기(retort sterilizer)

해설
통조림 가공 시 레토르트(retort)
• 고압증기 멸균방식으로 습열에 의한 열 침투력이 건열보다 큰 원리를 이용한 것

- autoclave의 큰 버전으로 회분식 살균장치
- 121℃, 15~20분, 15lb의 기본조건에 통조림 내용물의 pH, 충진 정도, 용기의 열전달계수 등이 살균에 영향을 미친다.
- 공기를 최대한 제거하고 수증기만으로 레토르트 내부를 채워야 살균 성능이 극대화된다.

82 식품의 건조 과정에서 일어날 수 있는 변화에 대한 설명으로 틀린 것은?

① 지방이 산화할 수 있다.
② 단백질이 변성할 수 있다.
③ 표면피막 현상이 일어날 수 있다.
④ 자유수 함량이 늘어나 저장성이 향상될 수 있다.

해설

식품의 건조
- 자유수를 감소하여 수분활성도 감소, 미생물이나 효소작용 억제
- 성분 농축에 따른 새로운 풍미, 색 향상
- 중량 감소에 따른 수송과 포장 간편성
- 탈수식품 : 특성은 손상하지 않고 수분만 제거, 복원 가능(인스턴트 커피)
- 건조식품 : 수분제거로 농축되어 단백질 변성에 의한 새로운 특성 생성(건조오징어, 곶감, 육포)
- 표면 피막 경화 현상 : 두께가 두껍고 내부확산이 느린 식품을 급격히 건조 시 발생(겉은 딱딱 속은 촉촉)
- 단분자층에 지방 노출 시 산화 촉진

83 유체가 한 방향으로만 흐르도록 한 역류방지용 밸브는?

① 정지 밸브
② 슬루스 밸브
③ 체크 밸브
④ 안전 밸브

해설

유체 밸브
- 체크 밸브 : 유체의 역류 방지
- 앵글 밸브 : 유체 흐름의 방향을 바꾸는 밸브
- 글로브 밸브 : 유체의 개폐 조절
- 안전 밸브 : 유체의 압력이 높을 때 장치나 배관의 파손을 방지하는 밸브

84 감자, 양파, 마늘 등의 발아, 발근 억제와 살충을 목적으로 이용하는 저선량 방사선 조사의 조사선량은 얼마인가?

① 1kGy 이하
② 1~100kGy
③ 10~50kGy
④ 50~100kGy

해설

방사선 조사 식품
- 방사선 조사는 주로 Co-60의 감마선을 이용해 포장된 상태의 제품을 처리할 수 있으며 비열 처리하므로 냉살균이라 한다.
- 비타민 B_1은 감마선에 비교적 민감한 반면 비타민 B_2는 그렇지 않다.
- 방사선 처리 시 formic acid, acetaldehyde 등의 분해산물이 생성된다.
- 방사선량의 단위는 Gy이며 1Gy는 1J/kg에 해당한다.
- 1kGy 이하의 저선량 방사선 조사를 통해 감자, 양파 등의 발아 억제, 기생충 사멸, 숙도 지연 등의 효과를 낸다.
- 바이러스의 사멸을 위해서는 발아 억제를 위한 조사보다 높은 선량이 필요하다.
- 10kGy 이하의 방사선 조사로는 모든 병원균을 완전히 사멸시키지는 못 한다.
- 식품에는 10kGy 이하의 에너지를 주로 사용한다.
- 완제품의 경우 조사처리된 식품임을 나타내는 문구 및 조사도안을 표시하여야 한다.

85 다음 중 혼합에 관한 설명 중 틀린 것은?

① 액체와 액체를 섞는 조작을 교반이라 한다.
② 고체에 약간의 액체를 섞는 조작을 반죽이라 한다.
③ 건조된 가루상태의 분말을 혼합하는 조작을 분무라 한다.
④ 섞이지 않는 액체를 강력히 교반하여 분산시키는 것을 유화라 한다.

해설

혼합
- 두 가지 이상의 다른 원료를 섞어 균일한 물질을 얻는 것
- 혼합, 교반, 유화, 반죽 등
- 교반 : 액체 간, 액체와 고체 간, 액체와 기체 간 혼합
- 유화 : 섞이지 않는 두 액체의 혼합
- 고체-액체 혼합(반죽) : S자형 반죽기, 제과 제빵용 밀가루 반죽에 이용

86 과실 및 채소의 저장 방법 중 포장으로 호흡작용과 증산작용이 억제되고 냉장을 겸용하면 상당한 효과를 거둘 수 있는 방법은?

① C.A저장 ② M.A저장
③ 방사선 조사 저장법 ④ 플라스틱 필름법

해설
플라스틱 필름법
과실 및 채소의 저장 방법 중 포장으로 호흡작용과 증산작용이 억제되고 냉장을 겸용하여 이용

87 과립을 제조하는 데 사용하는 장치인 피츠밀(Fitz mill)의 원리에 대한 설명으로 적합한 것은?

① 분말 원료와 액체를 혼합시켜 과립을 만든다.
② 단단한 원료를 일정한 크기나 모양으로 파쇄시켜 과립을 만든다.
③ 혼합이나 반죽된 원료를 스크루를 통해 압출시켜 과립을 만든다.
④ 분말 원료를 고속 회전시켜 콜로이드 입자로 분산시켜 과립을 만든다.

해설
피츠밀(Fitz mill)
분쇄기로 단단한 원료를 일정한 크기나 모양으로 파쇄시켜 과립을 만든다. 커터형과 해머형이 있다.

88 어떤 식품을 110℃에서 가열살균하여 미생물을 모두 사멸시키는 데 걸린 시간이 8분이었다. 이를 바르게 표기한 것은?

① $D_{110℃}=8분$ ② $Z=8분$
③ $F_{110℃}=8분$ ④ $F_8 min=110℃$

해설
상업적 살균
• 완전멸균에 따른 식품 영양가 파손을 방지하고자 필요한 미생물만 사멸시키는 멸균으로 주로 *Clostridium botulinum*의 포자수를 $1/10^{12}$ 이하로 감소시키는 것

• 병조림, 통조림, 레토르트 식품 멸균은 중심온도 120℃, 4분 처리
• 포자가 영양세포보다 내열성이 크다.(세균포자>곰팡이, 효모포자>영양세포)
• 산성일수록 내열성이 작아져 pH 3.7 이하에서는 100℃ 이하에서 멸균
• D(decimal reduction time) 값 : 사멸곡선에서 가열 전 미생물 수의 10%로 감소시키는 데 필요한 시간, 온도 지정이 없을 시는 121℃, 온도 증가 시 D 값 감소
• Z 값 : TDT곡선에서 D 값이 10배로 증가하는 데 필요한 온도 차이, 10배의 살균속도를 위한 온도 상승폭
• F 값 : 일정온도에서 일정 농도 미생물을 완전사멸에 필요한 시간
• $F_{110℃}=8분$: 어떤 식품을 110℃에서 가열살균하여 미생물을 모두 사멸시키는 데 걸린 시간이 8분

89 여과기 바닥에 다공판을 깔고 모래나 입자 형태의 여과재를 채운 구조로, 여과층에 원액을 통과시켜 여액을 회수하는 장치는?

① 가압 여과기 ② 원심 여과기
③ 중력 여과기 ④ 진공 여과기

해설
중력 여과기
여과기 바닥에 다공판을 깔고 모래나 입자 형태의 여과재를 채운 구조로, 여과층에 원액을 중력에 의해 통과시켜 여액을 회수하는 장치

90 식품의 건조방법에서 상압건조 방법이 아닌 것은?

① 유동층건조 ② Explosive puff 건조
③ Bend 건조 ④ 기류건조

해설
팽화건조(Explosive puff 건조)
곡물을 고온, 고압 가열 후 상온, 상압으로 급격히 감압시켜 뜨거운 수증기에 의해 전분을 dextrin으로 팽화시킴으로써 소화율을 높인 것(팽화미, 팽화보리, 팝콘 등)

91 아이스크림의 제조 동결공정에서 아이스크림의 용적을 늘리고 조직, 경도, 촉감을 개선하기 위해 작은 기포를 혼입하는 조작은?

① 오버팩(over pack)
② 오버웨이트(over weight)
③ 오버런(over run)
④ 오버타임(over time)

해설

오버런(증용률)
아이스크림의 제조 동결공정에서 아이스크림의 용적을 늘리고 조직, 경도, 촉감을 개선하기 위해 작은 기포를 혼입하는 조작 (80~100% 증용률이 최적)

92 수분 함량이 80%인 양파 40kg을 이용하여 건조기에서 수분 함량을 20%로 내리고자 한다. 건조된 양파는 몇 kg이 되겠는가?

① 5kg
② 10kg
③ 15kg
④ 20kg

해설

수분 함량
- 습량기준 수분 함량이 80%일 때 수분의 무게(x)
  $(x/40,000) \times 100 = 80$, $x = 32,000$
- 건조 후 제품 무게
  $40,000 \times 0.2 = y \times 0.8$, $y = 10,000 = 10kg$

93 과즙, 젤라틴과 같이 열에 예민한 물질을 증발 농축하려면 어떤 증발관을 이용해야 하는가?

① 수직관식 증발관
② 강제순환식 증발관
③ 수평관식 증발관
④ 진공 증발관

해설

진공 증발 농축기
- 과즙, 젤라틴과 같이 열에 예민한 물질을 증발 농축
- 온도 50~60℃, 진공도 635~660mmHg, 40~50%까지 농축

94 건조제품에 위축변형이 거의 없으며, 열 민감성 물질이 보존되고, 흡수시켰을 때 복원성이 양호한 건조방법은?

① 동결건조
② 분무건조
③ 피막건조
④ 통기건조

해설

동결건조
- 수분을 얼려 승화시켜 건조, 고비용 제품에 이용
- 품질 손상 없이 2~3%의 저수분 상태로 건조할 수 있다.
- 냉각기 온도 -40℃, 압력 0.098mmHg
- 형태가 유지되고 다공성이므로 복원력이 좋다.
- 향미가 보존되고 식품 성분 변화가 적다.
- 쉽게 흡습하고 잘 부서져 포장이나 수송이 곤란하다.

95 다음 중 초미분쇄기는?

① 해머 밀(hammer mill)
② 롤 분쇄기(roll crusher)
③ 콜로이드 밀(colloid mill)
④ 볼 밀(ball mill)

해설

분쇄기 종류
- 해머밀(hammer mill) : 회전축에 해머가 장착되어 분쇄, 막대, 칼날, T자형 해머 등(임팩트밀, 다목적밀, 설탕, 식염, 곡류, 마른 채소, 옥수수 전분 등에 사용)
- 볼밀(ball mill) : 회전 원통 속에 금속, 돌 등과 원료를 함께 회전하여 분쇄(곡류, 향신료 등 수분 3~4% 이하 재료에 적당)
- 핀밀(pin mill) : 고정판과 회전원판 사이에 막대모양 핀이 있어 고속 회전으로 분쇄(설탕, 전분, 곡류 등의 건식과 콩, 감자, 고구마의 습식이 있다.)
- 롤밀(roll mill) : 두 개의 회전 금속 롤 사이에 원료를 넣어 분쇄(밀가루 제분, 옥수수, 쌀가루 제분에 이용)
- 디스크밀(disc mill) : 홈이 파여 있는 두 개의 원판 사이에 원료를 넣어 분쇄(옥수수, 쌀의 분쇄에 이용)
- 습식분쇄 : 고구마, 감자의 녹말제조, 과일, 채소의 분쇄, 생선이나 육류 가공 시 이용(맷돌, 절구나 고기를 가는 chopper 등)

정답 91 ③ 92 ② 93 ④ 94 ① 95 ③

96 마요네즈의 혼합 상태로 적합한 것은?

① 청징 ② 반죽
③ 유화 ④ 액화

해설
마요네즈(mayonnaise)
식물유 75%, 식초 10%, 난황 10%, 조미료 3.5%, 향신료 1.5% 등을 혼합하여 수중유적형으로 유화한 제품(난백은 사용하지 않음)

97 제분 시 자력분리기가 사용되는 공정은?

① 탈수 ② 운반
③ 세척 ④ 정선

해설
건식 세척
- 크기가 작고 기계적 강도가 있으며 수분 함량이 적은 곡류, 견과류 세척에 이용
- 시설비, 운영비가 적고 폐기물처리가 간단하지만, 재오염 가능성이 크다.
- 송풍분류기(air classifier) : 송풍 속에 원료를 넣어 부력과 공기 마찰로 세척
- 마찰세척(abrasion cleaning) : 식품 재료 간 상호 마찰에 의해 분리
- 자석세척(magnetic cleaning) : 원료를 강한 자기장에 통과시켜 금속 이물질을 제거
- 정전기적 세척(electrostatic cleaning) : 원료 함유 미세먼지를 방전시켜 음전하로 만든 뒤 제거, 차 세척(tea cleaning)에 이용

98 다음 중 체의 눈이 가장 큰 것은?

① 30메시 ② 60메시
③ 120메시 ④ 200메시

해설
체 분리
체의 단위인 mesh는 가로 세로 1인치(2.54cm) 안에 있는 구멍의 수로 나타내며, 수치가 클수록 작은 구멍을 가진다.

99 회전속도를 동일하게 유지할 때, 원심분리기 로터(rotor)의 반지름을 2배로 늘리면 원심효과는 몇 배가 되는가?

① 0.25배 ② 0.5배
③ 2배 ④ 4배

해설
원심분리기에서 동일한 rpm을 유지할 경우 원심력은 로터 반지름에 비례적으로 증가한다.

100 우유나 과즙의 맛과 비타민 등 영양성분을 보존하기 위하여 70~75℃에서 10~20초간 살균하는 방법은?

① 저온 살균법 ② 고온 순간 살균법
③ 초고온 살균법 ④ 간헐 살균법

해설
우유 살균법
- 저온 장시간 살균(LTLT) : 63℃에서 30분 가열 후 급랭하며 우유, 술, 과즙 등에 이용
- 고온 단시간 살균(HTST) : 75℃에서 15초 가열 후 급랭하며 우유나 과즙 등에 이용
- 초고온 순간 살균(UHT) : 132℃에서 2~3초 가열하며 우유나 과즙 등에 이용

정답 96 ③ 97 ④ 98 ① 99 ③ 100 ②

CHAPTER 13 2018년 1회 식품기사

1과목 식품위생학

01 사과주스에 기준규격이 설정된 곰팡이 독소로 오염된 맥아뿌리를 사료로 먹은 젖소가 집단식중독을 일으킨 곰팡이 독소는?

① Patulin
② Aflatoxin
③ Ochratoxin
④ Zearalenone

해설

Patulin
- *Fusarium* 속 곰팡이 독소
- 주로 썩은 사과에서 발견되며 사과주스 및 사과 제품에 기준규격이 설정된 곰팡이 독소로 신경독 증세를 나타내고 곡류, 과일, 채소 등에서도 발견된다.

02 방사성 물질로 오염된 식품이 인체 내에 들어갈 경우, 그 위험성을 판단하는 데 직접적인 영향이 없는 인자는?

① 방사선의 종류와 에너지의 크기
② 식품 중의 수분활성도
③ 방사능의 물리학적 및 생물학적 반감기
④ 혈액 내에 흡수되는 속도

해설

방사성 물질로 오염된 식품 섭취 시 영향을 주는 인자
- 방사선의 종류와 에너지의 크기 : 인체 내에 들어갈 경우 영향을 미치는 순서는 $\alpha > \beta > \gamma$로 해리성이 큰 α선이 가장 위험하다.
- 방사능의 물리학적 및 생물학적 반감기
- 혈액 내에 흡수되는 속도

03 D-sorbitol을 상업적으로 이용할 때 합성하는 방법은?

① 과황산암모늄을 전해액에서 분리하여 정제한다.
② 계피를 원료로 하여 산화시켜 제조한다.
③ 포도당으로부터 화학적으로 합성한다.
④ L-주석산을 탄산나트륨으로 중화하여 농축한다.

해설

D-sorbitol은 감미료서 상업적으로 이용할 때 합성하는 방법은 포도당이나 과당의 1번, 2번 탄소를 환원시켜 화학적으로 합성한다.

04 분변 오염의 지표로 이용되는 대장균군의 MPN 검사에 관한 설명으로 옳은 것은?

① 검체 10mL 중 있을 수 있는 대장균군수
② 검체 100mL 중 있을 수 있는 대장균군수
③ 검체 1000g 중 있을 수 있는 대장균군수
④ 검체 10g 중 있을 수 있는 대장균군수

해설

최확수법(MPN)
- 대장균 정량법으로 많이 이용
- 비연속된 시험용액 3단계 이상을 각각 5개씩 또는 3개씩 발효관에 가하여 배양
- 가스가 발생한 양성관수로 확률론적인 대장균군의 수치를 산출하여 최확수로 표시
- 검체 100mL 중 있을 수 있는 대장균군수

05 콜레라에 대한 설명으로 틀린 것은?

① 주 증상은 심한 설사이다.
② 내열성은 약하지만 일반 소독제에 대해서는 저항력이 강한 편이다.
③ 외래 감염병으로 검역 대상이다.
④ 비브리오속에 속하는 세균이다.

정답 01 ① 02 ② 03 ③ 04 ② 05 ②

해설

콜레라
- 대표적인 수인성 전염병으로 병원체는 *Vibrio cholerae*이다.
- 인도의 풍토병으로 외래 감염병이며 검역대상으로 격리기간은 5일이다.
- 환자나 보균자의 분변이 배출되어 식수, 식품, 특히 어패류를 오염시키고 경구로 감염되어 집단적으로 발생할 수 있다.
- 잠복기는 수 시간~5일이며 주 증상은 쌀뜨물과 같은 수양성 설사, 심한 구토, 발열, 복통이 발생하고 맥박이 약하며 체온이 내려가 청색증이 나타나고 심하면 탈수증으로 사망할 수 있다.

06 식품의 방사선 조사에 대한 설명 중 틀린 것은?

① Co-60의 감마선이 이용된다.
② 식품의 발아 억제, 숙도 조절을 목적으로 사용한다.
③ 일단 조사한 식품에 문제가 있으면 다시 조사하여 사용할 수 있다.
④ 완제품의 경우 조사처리된 식품임을 나타내는 문구 및 조사도안을 표시하여야 한다.

해설

방사선 조사 식품
- 방사선 조사는 주로 ^{60}Co의 감마선을 이용해 포장된 상태의 제품을 처리할 수 있으며 비열 처리하므로 냉살균이라 한다.
- 비타민 B_1은 감마선에 비교적 민감한 반면 비타민 B_2는 그렇지 않다.
- 방사선 처리 시 formic acid, acetaldehyde 등의 분해산물이 생성된다.
- 방사선량의 단위는 Gy이며 1Gy는 1J/kg에 해당한다.
- 1kGy 이하의 저선량 방사선 조사를 통해 감자, 양파 등의 발아 억제, 기생충 사멸, 숙도 지연 등의 효과를 낸다.
- 바이러스의 사멸을 위해서는 발아 억제를 위한 조사보다 높은 선량이 필요하다.
- 10kGy 이하의 방사선 조사로는 모든 병원균을 완전히 사멸시키지는 못 한다.
- 식품에는 10kGy 이하의 에너지를 주로 사용한다.
- 완제품의 경우 조사처리된 식품임을 나타내는 문구 및 조사도안을 표시하여야 한다.

07 식품공장에서 미생물 수의 감소 및 오염물질 제거 목적으로 사용하는 위생처리제가 아닌 것은?

① Hypochlorite
② Chlorine dioxide
③ Ethanol
④ EDTA

해설

식품공장에서 미생물 수의 감소 및 오염물질제거 목적으로 사용하는 위생처리제로는 차아염소산, 과산화 염소(표백제), 에틸 알코올, 역성비누 등을 이용한다.

08 살균·소독에 대한 설명으로 옳지 않은 것은?

① 열탕 또는 증기소독 후 살균된 용기를 충분히 건조해야 그 효과가 유지된다.
② 우유의 저온 살균은 결핵균 살균을 목적으로 한다.
③ 자외선 살균은 대부분의 물질을 투과하지 않는다.
④ 방사선은 발아억제효과만 있고 살균효과는 없다.

해설

방사선 조사
- 방사선 조사는 주로 ^{60}Co의 감마선을 이용해 포장된 상태의 제품을 처리할 수 있으며 비열 처리하므로 냉살균이라 한다.
- 1kGy 이하의 저선량 방사선 조사를 통해 감자, 양파 등의 발아 억제, 살균, 살충, 기생충 사멸, 숙도 지연 등의 효과를 낸다.
- 바이러스의 사멸을 위해서는 발아 억제를 위한 조사보다 높은 선량이 필요하다.
- 10kGy 이하의 방사선 조사로는 모든 병원균을 완전히 사멸시키지는 못 한다.

09 식품의 기준 및 규격에서 곰팡이 독소의 총 아플라톡신에 해당하지 않는 것은?

① B_1
② G_1
③ F_1
④ G_2

해설

아플라톡신
- *Aspergillus flavus*가 aflatoxin 생산
- 온도 25~30℃, 상대습도 80% 이상, 기질의 수분 16% 이상
- 주요 기질은 쌀, 보리, 옥수수 등의 곡류나 땅콩
- 산과 알칼리 그리고 열에 강하다.

정답 06 ③ 07 ④ 08 ④ 09 ③

- B_1, G_1, G_2, M 형
- 간장독으로 간암 유발

10 돼지를 중간숙주로 하며 인체유구낭충증을 유발하는 기생충은?

① 간디스토마 ② 긴촌충
③ 민촌충   ④ 갈고리촌충

해설
돼지를 중간숙주로 하는 기생충에는 유구조충(갈고리촌충), 선모충, 톡소플라스마가 있으며 유구낭충증을 유발하는 것은 갈고리 촌충이다.

11 방사성물질 누출사고 발생 시 식품안전측면에서 관리해야 할 핵종 중 대표적 오염 지표물질로서 우선 선정하는 방사성 핵종은?

① 우라늄, 코발트   ② 플루토늄, 스트론튬
③ 요오드, 세슘   ④ 황, 탄소

해설
방사선
- 방사능 반감기 : 스트론튬 90-28.8년, 세슘 137-30.17년, 요오드 131-8일
- 핵분열 생성물의 일부가 직접 또는 간접적으로 농작물에 이행될 수 있다.
- 생성율이 비교적 크고, 반감기가 긴 ^{90}Sr과 ^{137}Cs이 식품에서 문제가 된다.
- 방사능 오염 물질이 농작물에 축적되는 비율은 지역별 생육 토양의 성질에 영향을 받는다.
- ^{131}I는 반감기가 짧으나 비교적 양이 많아서 문제가 된다.

12 식품의 제조·가공 중에 생성되는 유해물질에 대한 설명으로 틀린 것은?

① 벤조피렌은 다환방향족탄화수소로서 가열처리나 훈제공정에 의해 생성되는 발암물질이다.
② MCPD는 대두를 산처리하여 단백질을 아미노산으로 분해하는 과정에서 글리세롤이 염산과 반응하여 생성되는 화합물로서 발효간장인 재래간장에서 흔히 검출된다.
③ 아크릴아마이드는 아미노산과 당이 열에 의해 결합하는 마이야르 반응을 통하여 생성되는 물질로 아미노산 중 아스파라긴산이 주 원인물질이다.
④ 니트로사민은 햄이나 소시지에 발색제로 사용하는 아질산염의 첨가에 의해 발생된다.

해설
MCPD는 대두를 산처리하여 단백질을 아미노산으로 분해하는 과정에서 글리세롤이 염산과 반응하여 생성되는 화합물로서 화학간장에서 흔히 검출된다.

13 안정성 관련 용어의 설명으로 옳은 것은?

① GRAS : 해로운 영향이 나타나지 않고 다년간 사용되어 온 식품첨가물에 적용되는 용어
② LC_{50} : 시험 동물의 50%가 표준수명 기간 중에 종양을 생성케 하는 유독물질의 양
③ LD_{50} : 노출된 집단의 50% 치사를 일으키는 식품 또는 음료수 중 유독물질의 농도
④ TD_{50} : 노출된 집단의 50% 치사를 일으키는 유독물질의 양

해설
안정성 관련 용어
- GRAS : 해로운 영향이 나타나지 않고 다년간 사용되어 온 식품첨가물에 적용되는 용어
- TD_{50} : 시험 동물의 50%가 표준수명 기간 중에 종양을 생성케 하는 유독물질의 양
- LC_{50} : 노출된 집단의 50% 치사를 일으키는 식품 또는 음료수 중 유독물질의 농도
- LD_{50} : 노출된 집단의 50% 치사를 일으키는 유독물질의 양

14 장티푸스에 대한 설명으로 옳은 것은?

① 병원균은 *Salmonella paratyphi*이다.
② 잠복기는 2~3일 전후이다.
③ 쌀뜨물과 같은 심한 설사를 한다.
④ 완치된 후에도 보균하여 균을 배출하는 경우도 있다.

정답 10 ④ 11 ③ 12 ② 13 ① 14 ④

해설

장티푸스
- 원인균은 *Salmonella typhi*
- 환자나 보균자의 분변에 오염된 음식이나 물에 의해 직접 감염되며 매개물에 의해 간접 감염되기도 한다.
- 잠복기는 1~2주이며 권태감, 식욕부진, 오한, 40℃ 전후의 고열이 지속되며 백혈구의 감소, 장미진 등이 나타난다.

15 저렴하고 착색성이 좋아 단무지와 카레가루 등에 사용되었던 염기성 황색색소로 발암성 등 화학적 식중독 유발가능성이 높아 사용이 금지되고 있는 것은?

① Auramine
② Rhodamine B
③ Butter yellow
④ Silk scarlet

해설

유해착색료
- 오라민(auramine) : 염기성 황색 색소로 과자, 단무지, 카레가루 등에 사용되었으나 간암을 유발시키며 증상은 구토, 사지마비, 의식불명 등이다.
- 로다민 B(rhodamin B) : 분홍색의 염기성 색소로 과자, 생선어묵, 생강 등에 사용되었으며 증상은 전신착색, 색소뇨, 구토, 설사, 복통 등이다.
- 수단 Ⅲ(sudan Ⅲ) : 붉은색의 색소로 가짜 고춧가루에 이용
- p-니트로아닐린(p-nitroaniline) : 황색의 지용성 색소로 과자에 이용되었으며 청색증 및 신경독을 유발
- 말라카이트 그린(malachite green) : 금속광택의 녹색 색소로 양식어류의 물곰팡이와 세균 사멸에 이용되었으며 발암성
- 실크 스칼렛(silk scalet) : 붉은색의 수용성 색소로 의류에 사용되나 식품에 이용된 예가 있다. 증상은 구토, 복통, 두통, 오한 등이다.

16 식품의 기준 및 규격에서 식품종의 분류에 해당하는 것은?

① 음료류   ② 햄류
③ 조미식품   ④ 과채주스

해설

식품의 기준 및 규격
- 분류 : 대분류(식품군, 축산물군), 중분류(식품종, 축산물종), 소분류(식품유형, 축산물유형)
- 가공식품분류 : 식품군(음료류, 조미식품), 식품종(곡류가공품, 과일·채소류음료, 탄산음료, 식초 등), 식품유형(농축과즙, 주스, 발효식초)
- 축산가공식품분류 : 축산물군(유가공품, 식육가공품, 포장육, 알가공품), 축산물종(우유류, 햄류), 축산물유형(우유, 햄, 프레스햄, 난황액 등)

17 *Clostridium botulinum*의 아포형 중에서 내열성이 가장 약한 것은?

① A형균   ② B형균
③ F형균   ④ E형균

해설

보툴리눔 식중독
- 원인균 : *Clostridium botulinum*
- 독소 : 단백질성 neurotoxin(신경 독소)으로 사망률이 50%로 높으나 열에 약하여 100℃에서 10분, 80℃에서 30분이면 파괴된다.
- 그람양성, 포자(곤봉모양)형성, 혐기성 간균, 토양·하천·호수·바다흙·동물의 분변에 존재, A~G형 7종 중 A, B, E형이 내열성이 강하며 사람에게 중독을 일으킨다. 잠복기는 보통 12~30시간이며 주 증상은 구토, 복통, 설사에 이어 신경증상을 보이며 호흡마비 후 사망에 이른다.
- 원인식품 : 육류 및 통조림, 어류 훈제 등

18 식품제조가공 작업장의 위생관리에 대한 설명이 옳은 것은?

① 물품검수구역, 일반작업구역, 냉장보관구역 중 일반작업구역의 조명이 가장 밝아야 한다.
② 화장실에는 손을 씻고 물기를 닦기 위하여 깨끗한 수건을 비치하는 것이 바람직하다.
③ 식품의 원재료 구입과 최종제품 출구는 반대방향에 위치하는 것이 바람직하다.
④ 작업장에서 사용하는 위생 비닐장갑은 파손되지 않는 한 계속 사용이 가능하다.

정답 15 ① 16 ② 17 ④ 18 ③

해설

작업장 위생관리
- 물품검수구역, 일반작업구역, 냉장보관구역 중 물품검수구역의 조명이 가장 밝아야 한다.
- 화장실에는 손을 씻고 물기를 닦기 위하여 일회용 종이타올이나 건조장치를 비치하는 것이 바람직하다.
- 식품의 원재료 구입과 최종제품 출구는 반대방향에 위치하는 것이 바람직하다.
- 작업장에서 사용하는 위생 비닐장갑은 1회 사용 후 폐기한다.

19 미생물에 의한 손상을 방지하여 식품의 저장 수명을 연장시키는 식품첨가물은?

① 산화방지제 ② 보존료
③ 살균제   ④ 표백제

해설

미생물에 의한 부패, 변질을 방지하여 식품의 저장수명을 연장시키는 식품첨가물은 보존료이다.

20 식품제조시설의 공기살균에 가장 적합한 방법은?

① 승홍수에 의한 살균
② 열탕에 의한 살균
③ 염소수에 의한 살균
④ 자외선 살균 등에 의한 살균

해설

자외선 살균
- 260nm의 자외선으로 살균, 냉살균
- 투과력이 없어 물, 공기, 조리대 등 표면살균
- 자외선은 DNA의 연속된 thymine(T) 배열에 작용하여 T dimer를 생성하여 살균

2과목 식품화학

21 단백질의 구조와 관계없는 것은?

① Peptide 결합   ② S-S 결합
③ 수소 결합   ④ 삼중 결합

해설

펩티드 결합은 1차 구조, 수소결합은 2차 구조, disulfide 결합은 3차 구조의 안정화에 기여한다. 삼중결합은 DNA 염기 중 시토신과 구아닌의 수소결합이 삼중결합을 형성한다.

22 단당류 분자의 주요 화학 반응에서 하이드록시기와 가장 거리가 먼 것은?

① 사이아노하이드린 생성 및 기타 친핵체의 첨가
② 에스터 형성
③ 고리 아세탈 생성
④ 카르보닐기로의 산화

해설

단당류의 하이드록시기(-OH)
- 카르복시기(-COOH)와 결합하여 에스터 형성
- 알데히드기(-CHO)와 결합하여 고리 아세탈 생성
- 산화되면 알데히드나 케톤기의 카르보닐기로 산화

23 아린맛 성분인 호모젠틴스산은 어떤 아미노산의 대사과정에서 생성되는가?

① Betaine   ② Phenylalanine
③ Glutamine   ④ Glycine

해설

호모젠틴스산은 티로신이나 페닐알라닌의 대사 중간체이다.

24 유지를 가열할 때 유지의 표면에서 엷은 푸른 연기가 발생할 때의 온도를 무엇이라 하는가?

① 발연점   ② 연화점
③ 연소점   ④ 인화점

정답 19 ② 20 ④ 21 ④ 22 ① 23 ② 24 ①

해설

발연점, 인화점, 연소점
- 발연점 : 유지를 가열할 때 유지 표면에서 엷은 푸른 연기가 발생할 때의 온도. 이 연기는 식품에 안 좋은 영향을 미치므로 발연점이 높은 유지를 사용하는 것이 바람직하다. 유리지방산의 함량이 많을수록, 노출된 유지의 표면적이 커질수록, 이물질이 많을수록 발연점은 낮아진다.
- 인화점 : 공기와 섞여 발화하는 온도. 발연점이 높을수록 인화점도 높다.
- 연소점 : 인화 후 연소를 지속하는 온도. 발연점이 높을수록 연소점도 높다.

25 두류 식품의 제한아미노산으로 문제시되는 것은?

① 메티오닌　　② 라이신
③ 아르기닌　　④ 트레오닌

해설

제한아미노산
- 필수아미노산 중 가장 적게 함유하여 전체적인 단백질 구성에 제한이 되는 아미노산
- 일반적으로 곡류는 라이신이 부족하며 두류는 메티오닌, 옥수수는 트립토판이 제한아미노산이 된다.

26 식품 내 수분의 증기압(P)과 같은 온도에서의 순수한 물의 최대 수증기압(P_0)으로부터 수분활성도를 구하는 식은?

① $P-P_0$　　② $P \times P_0$
③ P/P_0　　④ P_0-P

해설

수분활성도(A_w)
- 어떤 온도에서 식품이 나타내는 수증기압에 대한 순수한 물의 수증기압비로 정의된다.

  $A_w = \dfrac{P}{P_0}$, P : 식품의 수증기압, P_0 : 물의 수증기압

- 단, 식품의 수증기압은 식품 중 녹아 있는 용질의 종류와 양에 의해 영향을 받으므로 물의 몰수를 M_w, 용질의 몰수를 M_s라고 할 때 $A_w = \dfrac{M_w}{M_w + M_s}$가 된다.

- 식품의 수분활성도는 항상 1 미만
- 어패류나 수육과 같이 수분이 많은 식품의 A_w는 0.98~0.99, 곡물 등 수분이 적은 건조식품의 A_w는 0.60~0.64 정도
- 미생물 생육 최저 수분활성도 : 세균 0.91, 효모 0.88, 곰팡이 0.80, 내건성 곰팡이 0.65, 내삼투압성 효모 0.60 등

27 GC와 HPLC에 대한 설명으로 틀린 것은?

① GC는 주로 휘발성 물질의 분석에, HPLC는 비휘발성 물질의 분석에 활용된다.
② GC는 이동상이 기체이고, HPLC는 이동상이 액체이다.
③ HPLC는 GC보다 시료회수가 어렵다.
④ 일반적으로 GC의 민감도가 HPLC보다 높다.

해설

가스크로마토그래피(GC)와 고해상액체크로마토그래피(HPLC)
- GC는 주로 휘발성 물질의 분석에, HPLC는 비휘발성 물질의 분석에 활용된다.
- GC는 이동상이 기체이고, HPLC는 이동상이 액체이다.
- HPLC는 GC보다 시료회수가 쉽다.
- 일반적으로 GC의 민감도가 HPLC보다 높다.

28 외부에서 힘을 가했을 때 식품의 형태가 변형되었다가 가해진 압력을 제거하면 다시 원래의 모습으로 돌아가려는 성질은?

① 점성　　② 탄성
③ 소성　　④ 항복치

해설

Rheology 종류
- 점성(viscosity) 및 점조성(consistency) : 유체의 흐름에 대한 저항성을 나타내며, 점성은 균일한 형태와 크기를 가진 단일물질 Newton유체(물, 시럽 등)에 적용되며 점조성은 다른 형태와 크기를 가진 혼합물질인 비 Newton유체(토마토 케첩, 마요네즈 등)에 적용된다.
- 탄성(elasticity) : 외부 힘에 의해 변형된 후 외부 힘을 제거 시 원상태로 되돌아가려는 성질(고무줄, 젤리)
- 소성(plasticity) : 외부 힘에 의해 변형된 후 외부 힘을 제거해도 원상태로 되돌아가지 않는 성질(버터, 마가린, 생크림). 생크림처럼 작은 힘에는 탄성을 보이다 더 큰 힘을 가하면 소

성을 보이는 것을 항복치라 하며 이러한 소성을 Bingham 소성이라 한다.
- 점탄성(vicoelasticity) : 외부 힘이 작용 시 점성유동과 탄성 변형이 동시에 발생하는 성질(chewing gum, 빵반죽)

29 배, 양파는 흰색이나 배즙, 양파즙은 갈색이다. 이러한 변화를 유발하는 화학반응에 대한 설명으로 틀린 것은?

① 아미노카보닐 반응에 의해 환원당과 자유 아마노기 사이의 반응 결과이다.
② 당과 아민의 축합반응 및 Amadori 전위 등의 초기 단계를 거친다.
③ Strecker 반응에 의해 아미노산이 분해되면서 저급 알데히드와 일산화탄소가 발생한다.
④ 최종 색소는 멜라노이딘이라는 갈색의 질소 중합체 및 혼합체 및 혼성중합체이다.

해설

마이야르(Maillard) 반응
- 환원당의 carbonyl기와 아미노화합물의 결합에서 amino carbonyl 반응이라고 하며 생성물에 의해 melanoidine 반응이라고도 한다.
- 초기 단계 : 환원당과 아미노화합물의 축합반응, amadori 전위
- 중간 단계 : osones의 형성, 불포화 3,4-dideoxyosone의 형성, HMF 및 reductone 생성, 산화 생성물의 분해
- 최종 단계 : aldol 축합반응, strecker 반응, melanoidine 색소의 형성
- Strecker 반응에 의해 아미노산이 분해되면서 저급알데히드와 이산화탄소가 발생한다.

30 당알콜 중 솔비톨이 식품에서 이용되는 특성이 아닌 것은?

① 인체 내 흡수가 빠르다.
② 열량이 낮다.
③ 식품의 건조를 막아준다.
④ 상쾌한 청량감을 부여한다.

해설

솔비톨
- 포도당이나 과당의 환원으로 생성
- 흡수가 늦어 열량이 낮으며 충치 예방에 이용되는 감미료
- 식품의 건조를 막고 상쾌한 청량감을 부여한다.

31 전분의 노화현상에 대한 설명으로 틀린 것은?

① 옥수수가 찰옥수수보다 노화가 잘된다.
② Amylose 함량이 많을수록 노화가 빨리 일어난다.
③ 20℃에서 노화가 가장 잘 일어난다.
④ 30~60%의 수분 함량에서 노화가 가장 잘 일어난다.

해설

전분의 노화
- 호화전분(α-전분)을 실온에 완만 냉각하면 전분입자가 수소결합을 다시 형성해 생전분과는 다른 결정을 형성하는데 이 현상을 노화 또는 β화라고 한다.
- β-전분의 X선 회절도는 종류에 관계없이 항상 B형이 된다. 노화된 전분은 효소의 작용을 받기 힘들게 되어 소화가 잘 안 된다.
- 노화가 가장 잘 발생되는 온도는 0℃ 정도이며 60℃ 이상 -20℃ 이하에서 노화는 발생되지 않는다.(밥의 냉동저장)
- 30~60%의 함수량이 노화되기 쉬우며 30% 이하 60% 이상에서는 어렵다.(비스킷, 건빵)
- 알칼리성은 노화가 억제되고 산성은 노화를 촉진한다.
- amylose가 많을수록 노화가 빨리 일어나며 전분입자가 작을수록 노화가 빠르다. 감자, 고구마 등 서류 전분은 노화되기 어려우나 쌀, 옥수수 등 곡류는 노화되기 쉽다.
- 대부분 염류는 호화를 촉진하고 노화를 억제한다. 단, 황산염은 반대로 노화를 촉진한다.
- 당은 탈수제로 노화를 억제하며(양갱) 유화제도 노화를 억제한다.

32 인공감미료인 아스파탐의 설명 중 틀린 것은?

① 설탕의 200배 정도의 단맛을 나타낸다.
② 설탕, 포도당, 과당 및 사카린 등과 함께 사용하면 상승작용을 나타낸다.
③ 높은 온도에서 안정하여 가열 가공공정을 거치는 식품에 적합하다.

정답 29 ③ 30 ① 31 ③ 32 ③

④ 수용액 상태로 있으면 메틸에스테르 결합이 끊어져 맛이 없는 형태로 바뀐다.

> 해설

아스파탐
- 디펩티드(Phe+Asn)로 이루어진 합성감미료로, 설탕의 200배 정도의 감미도가 있다.
- 설탕, 포도당, 과당 및 사카린 등과 함께 사용하면 상승작용을 나타낸다.
- 수용액 상태로 있으면 메틸에스테르 결합이 끊어져 맛이 없는 형태로 바뀐다.
- 열에 불안정하다.

33 맥주를 제조함에 있어 전분을 발효성 당으로 분해하며 전분에 의한 혼탁을 제거할 목적으로 이용되는 효소는?

① β-amylase ② Tannase
③ Invertase ④ Lipase

> 해설

맥주를 제조함에 있어 전분을 발효성 당으로 분해하며 전분에 의한 혼탁을 제거할 목적으로 이용되는 효소는 β-amylase이다.

34 다음 중 비타민 A의 함량이 가장 높은 식품은?

① 간유 ② 당근
③ 김   ④ 오렌지

> 해설

비타민 A
- provitamin A(활성도는 α-carotene : 53, β-carotene : 100, γ-carotene : 27, cryptoxanthine : 57)
- 알칼리성에 안정. 단위 1IU → 0.3γ에 해당
- 어류의 간유가 가장 많으며 버터, 계란 노른자, 당근, 시금치 등

35 Oil in water(O/W)형의 유화액은?

① 우유   ② 버터
③ 마가린 ④ 옥수수 기름

> 해설

유화
- 지방질은 물에 녹지 않지만 분자 내 친수성기와 소수성기를 가진 레시틴 같은 유화제를 첨가하여 교반 분산시킨 것을 유화라 한다.
- 수중유적형(O/W) : 우유, 아이스크림, 마요네즈
- 유중수적형(W/O) : 버터, 마가린

36 지용성 비타민의 특성이 아닌 것은?

① 기름과 유기용매에 녹는다.
② 결핍증세가 서서히 나타난다.
③ 비타민의 전구체가 없다.
④ 1일 섭취량이 필요 이상일 때는 체내에 저장된다.

> 해설

지용성 비타민
- 물에 녹지 않고 기름과 유기용매에 녹는다.
- 결핍증세가 서서히 나타나며 과다 섭취 시 체내에 축적되어 부작용이 발생한다.
- 프로비타민 A로서 동일 함량 β-카로틴(100)의 비타민 A활성은 α-카로틴(58)보다 크다.
- 프로비타민 D인 ergosterol은 자외선 조사에 의해 비타민 D_2로 잘 전환된다.
- 토코페롤 이성질체의 비타민 E 활성 순서는 α(100)>β(33)>γ(1)>δ(1)이다.
- 토코페롤의 일중항산소 소거기능은 α(1)>β(0.5)>γ(0.26)>δ(0.1) 순이다.

37 무미, 무취이며 항균력은 강하지 않지만 곰팡이, 효모, 호기성균 등의 미생물에 유효성을 나타내며, 치즈나 과실주에 사용되는 아래와 같은 구조를 가진 보존료는?

① 소르빈산   ② 안식향산
③ 자몽 종자 추출물 ④ EDTA

정답 33 ① 34 ① 35 ① 36 ③ 37 ①

> [해설]
> 산형 보존제
> - 소르빈산 : 식육가공품, 된장, 고추장, 치즈나 과실주에 대해 곰팡이, 효모, 호기성균 등에 작용하나 강하지 않다.
> - 안식향산(benzoic acid) : 세균, 효모, 곰팡이 등 모든 미생물에 대해 비선택적 항균작용, 과실·채소류음료, 탄산음료, 기타 음료
> - 프로피온산 : 빵류, 소금절임 식품 대상, 주로 세균류에 대한 강한 항균성
> - 디히드로초산나트륨 : 버터, 치즈, 마가린 대상, 모든 미생물에 항균성

38 플라보노이드계 색소가 아닌 것은?

① 아피제닌 ② 라이코펜
③ 나린진   ④ 루틴

> [해설]
> 라이코펜은 카로티노이드계 색소이다.

39 게, 새우 등의 갑각류 및 곤충의 껍데기에 존재하며 산·알카리에 용해되는 탄수화물은?

① 헤미셀룰로오스 ② 키틴
③ 글라이코겐   ④ 프럭탄

> [해설]
> 단순 다당류 : 한 가지 당으로 구성된 다당류
> - 전분, 글리코겐, 섬유소 : 포도당으로 구성
> - 키틴(갑각류, 곤충의 껍데기 성분) : N-아세틸 글루코사민으로 구성

40 식품의 관능검사에서 특성차이검사에 해당하는 것은?

① 단순차이검사
② 일-이점검사
③ 이점비교검사
④ 삼점검사

> [해설]
> 식품의 관능검사
> ㉠ 차이식별검사
>   - 종합적 차이검사 : 단순검사(두 시료의 차이 유무 판정), 일-이점검사(기준시료와 동일한 것 선택), 삼점검사(3개 중 다른 하나 선택), 확장삼점검사
>   - 특성 차이검사 : 이점비교검사(두 개의 차이), 순위법(강도비교순서), 평점법(0~9점), 다시료 비교검사(기준시료와 비교)
> ㉡ 묘사분석 : 훈련된 검사 요원에 의한 관능적 특성의 질적, 양적 묘사, 향미 프로필(맛, 냄새, 향미), 텍스처 프로필(물리적 특성), 정량적 묘사(향미, 텍스처, 색 등 전반적인 관능 특성), 스펙트럼 묘사분석(특성과 강도에 대한 모든 정보), 시간-강도 묘사분석
> ㉢ 소비자 기호도검사 : 가장 주관적 검사, 새로운 식품 개발이나 품질 개선에 이용, 이점기호검사, 기호 척도법, 순위 기호검사, 적합성판정법
>   - 선호도검사 : 여러 개 중 좋아하는 것을 선택하고 좋아하는 순서 정하기
>   - 기호도검사 : 좋아하는 정도를 측정(평점법 이용)

3과목 식품가공학

41 과일잼의 가공 시 농축공정 중 농축률이 높아짐에 따라 온도가 고온으로 상승한다. 고온으로 장시간 존재할 때 나타나는 변화가 아닌 것은?

① 방향성분이 휘발하여 이취를 낸다.
② 색소의 분해와 갈변반응을 일으켜 색의 저하를 가져온다.
③ 설탕의 전화가 진행되어 엿 냄새가 감소한다.
④ 펙틴의 분해에 의해 젤리화하는 힘이 감소된다.

> [해설]
> 농축
> - 식품 중 수분을 제거하여 용액의 농도를 높이는 조작
> - 점도 상승, 거품 발생, 비점 상승, 관석 발생
> - 결정, 건조 제품을 만들기 위한 예비 단계로 이용
> - 잼과 같이 농축에 의한 새로운 풍미 제공
> - 저장성, 보존성 향상, 수송비 절약 효과
> - 잼, 엿, 캔디, 천일염, 연유 등

정답 38 ② 39 ② 40 ③ 41 ③

42 연제품(surimi)의 가공 원리와 가장 거리가 먼 것은?

① 어육은 단순 가열 시 단백질 섬유가 응고하여 보수력이 향상된다.
② 어육 분쇄 시 식염을 2~3% 첨가하면 근원섬유의 붕괴로 actomyosin의 용출성이 좋아진다.
③ Actomyosin 졸(sol)은 가열 시 탄성도가 큰 겔(gel)이 된다.
④ 되풀림 현상(returning)은 가열에 의하여 겔이 붕괴되는 것을 의미한다.

해설
연제품
- 어체 정육에 소금과 부재료 첨가 후 갈아 고기풀 제조 후 성형 가열한 제품
- 어육 단백질은 수용성 미오겐, 염용성 액틴, 미오신, 불용성 콜라겐, 엘라스틴으로 구성
- 2~3% 염첨, 미오신과 액틴 용출, 액토미오신 형성, 점성이 강한 고기풀 형성
- 저온 장시간 가열 시 탄력성 감소, 보수력 감소
- 온도가 높고 가열속도가 빠를수록 탄력성 증가
- 가열 응고로 망상구조 형성, 탄력성 젤 형성

43 콩 단백질의 특성과 관계가 없는 것은?

① 콩 단백질은 묽은 염류용액에 용해된다.
② 콩을 수침하여 물과 함께 마쇄하면 인산칼륨 용액에 콩 단백질이 용출된다.
③ 콩 단백질은 90%가 염류용액에 추출되며, 이 중 80% 이상이 glycinin이다.
④ 콩 단백질의 주성분인 glycinin은 양(+)전하를 띠고 있다.

해설
글리시닌 단백질은 중성단백질이다.

44 Z 값이 8.5℃인 미생물을 순간적으로 138℃까지 가열시키고 이 온도를 5초 동안 유지한 후에 순간적으로 냉각시키는 공정으로 살균 열처리 할 때, 이 살균공정의 F_{121} 값은?

① 125초 ② 250초
③ 375초 ④ 500초

해설
가열치사시간 계산
- D(decimal reduction time) 값 : 사멸곡선에서 가열 전 미생물 수의 10%로 감소시키는 데 필요한 시간, 온도 지정이 없을 시는 121℃, 온도 증가 시 D 값 감소
- Z 값 : TDT곡선에서 D 값이 10배로 증가하는 데 필요한 온도 차이, 10배의 살균속도를 위한 온도 상승폭
- F 값 : 일정온도에서 일정 농도 미생물의 완전사멸에 필요한 시간
- $F_0 = F_T \times 10(T-121)/Z$
  여기서, F_0 : 121℃에서 살균시간, F_T : T온도에서 살균시간
- $F_T = 5$초, T=138℃, Z=8.5일 때
  $F_{121} = 5 \times 10(138-121)/8.5 = 500$

45 과일젤리(jelly) 제조 시 젤리의 강도에 영향을 주는 인자가 아닌 것은?

① 당도 ② 유기산 함량
③ 펙틴 분자량 ④ 전분 함량

해설
젤리화
㉠ 과실 중 펙틴(1~1.5%), 유기산(0.3%, pH 2.8~3.3), 당(60~65%)에 의해 형성
㉡ 젤리(jelly)의 강도는 pectin의 농도, pectin의 ester화 정도, pectin의 결합도에 의해 결정
㉢ 펙틴 : 갈락투론산 구성, 프로토펙틴, 펙틴, 펙틴산으로 분류
- 덜 익은 과실-프로토펙틴(불용), 숙성과실-펙틴(가용성), 완숙과일-펙틴산(불용성)
- 프로토펙틴과 펙틴이 젤리화되고 펙틴산은 젤리화되지 않는다.
- 메톡실기(methoxyl) 7% 이상-고 메톡실펙틴 : 유기산과 수소결합형 겔(gel)형성
- 메톡실기(methoxyl) 7% 이하-저 메톡실펙틴 : 칼슘 등 다가 이온이 산기와 결합하여 망상구조 형성
- 펙틴 1.0~1.5%가 적당

46 환경기체조절포장(MAP ; modified atmos－phere packaging)과 관련하여 가장 거리가 먼 것은?

① 초기 기계 장치비와 유지비가 적게 든다.
② CA 저장법의 일종이다.
③ 포장재의 종류와 두께, 온도에 의하여 식품의 변질 정도가 결정된다.
④ 일반적인 대상 식품인 과일의 발생 기체의 양과 종류에 의하여 변질 정도가 결정된다.

[해설]
공기성분조절포장(MAP ; modified atmosphere packaging)
• CA 저장법의 일종으로 포장 내 공기 조성을 일정 기준 성분으로 조절하여 밀봉한 것(5~50% 이산화탄소로 세균억제효과, 질소는 MAP포장 시 수축 방지, 산소는 적색육의 색소 유지에 사용, 이산화황은 곰팡이 증식 억제에 사용)
• 초기 기계 장치비와 유지비가 많이 든다.

47 육제품의 훈연에 대한 설명으로 틀린 것은?

① 훈연은 산화작용에 의하여 지방의 산화를 촉진하여 훈제품의 신선도가 향상된다.
② 염지에 의하여 형성된 염지육색이 가열에 의하여 안정된다.
③ 대부분의 제품에서 나타나는 적갈색은 훈연에 의하여 강하게 나타난다.
④ 연기성분 중 페놀(phenol)이나 유기산이 갖는 살균작용에 의하여 표면의 미생물을 감소시킨다.

[해설]
훈연의 목적
• 염지육색이 가열에 의하여 안정되어 제품의 색 향상
• 훈연 연기 중 페놀(phenol), 유기산, formaldehyde, acet－aldehyde의 살균작용
• 훈연취에 의한 독특한 풍미 부여
• 건조, 살균, 항산화작용에 의한 저장성 향상
• 건조에 의한 수분 감소로 수분활성도 감소
• 온훈법 : 30~50℃에서 5~10시간, 냉훈법 : 10~20℃에서 1~3주간, 열훈법 : 50~80℃에서 수 시간, 훈연액법 등

48 유지 추출 용매의 구비조건이 아닌 것은?

① 기화열과 비열이 작아 회수하기 용이할 것
② 인화, 폭발성, 독성이 적을 것
③ 모든 성분을 잘 추출, 용해시킬 수 있을 것
④ 유지와 추출박에 이취, 이미가 남지 않을 것

[해설]
식용유지 제법
• 압착법, 추출법은 식물유지 채취, 용출법은 동물유지 채취 이용
• 용출법(melting process) : 동물성 원료를 가열시켜서 유지 제조
• 압착법(expression process) : 식물질 원료에 기계적인 압력을 가하여 유지 제조
• 추출법(extraction process) : 식물성 원료를 유기용매로 녹여서 제조, 추출용매는 벤젠, 에틸알코올, 노멀 헥산, 아세톤, CS_2 등을 사용(주로 대두유 추출에 이용)
• 추출용매는 가격이 저렴하고, 유지 이외의 물질은 추출하지 말아야 하며 기화열과 비열이 낮아 회수가 쉬워야 한다, 인화·폭발성·독성이 적을 것

49 육류 가공 시 보수성에 영향을 미치는 요인과 가장 거리가 먼 것은?

① 근육의 pH
② 유리아미노산의 양
③ 이온의 영향
④ 근섬유 간 결합상태

[해설]
육류 가공 시 보수성에 영향을 미치는 요인
• 근육 글리코겐 분해에 따라 젖산생성으로 pH 변화, ATP 생성, 근육 경직 발생(액토미오신 형성)
• 쇠고기 숙성은 0℃에서 10일간, 8~10℃에서 4일간
• 육류를 숙성시키면 친수성 잔기가 노출되어 이온성이 증가하여 신장성과 보수성이 증가한다.

50 콩을 이용한 발효식품이 아닌 것은?

① 된장
② 청국장
③ 템페
④ 유부

[해설]
유부
두부를 썰어 말린 후 기름에 튀긴 것, 수송과 보존성이 좋다.

정답 46 ① 47 ① 48 ③ 49 ② 50 ④

51 동결란 제조 시 노른자의 젤화가 일어나 품질이 저하되는 것을 방지하기 위하여 첨가하는 물질이 아닌 것은?

① 소금 ② 설탕
③ 덱스트린 ④ 글리세린

해설

동결란
- 계란껍질 제거 후 동결, 흰자와 노른자를 분리해서 동결
- 노른자 동결 시 마요네즈, 샐러드 드레싱용 소금 5~10% 추가, 빵, 글리세린, 아이스크림용 설탕 10% 첨가, 동결은 −20~−30℃ 급속동결

52 우유의 살균여부를 판정하는 데 이용되는 방법은?

① 알코올 테스트 ② 산도 테스트
③ 비중 테스트 ④ 포스파타아제 테스트

해설

저온 살균법
- 우유의 저온살균은 결핵균을 대상으로 한다.
- 저온장시간살균(LTLT) : 영양분, 비타민 등의 파괴를 최대한 줄이기 위해 63℃에서 30분 가열 후 급랭하며 우유, 술, 과즙(주스) 등에 이용
- 고온단시간살균(HTST) : 75℃에서 15초 가열 후 급랭하며 우유나 과즙 등에 이용
- 초고온순간살균(UHT) : 132℃에서 2~3초 가열하며 우유나 과즙 등에 이용
- 저온살균의 판정은 포스파타아제 효소가 실활되었는지로 판정한다.

53 전분유에서 전분입자를 분리하는 방법이 아닌 것은?

① 탱크 침전식 ② 테이블 침전식
③ 원심분리식 ④ 진공 농축식

해설

전분유에서 전분이 용해되지 않고 가라앉으므로 전분입자의 분리는 침전이나 원심분리를 이용해 쉽게 분리한다.

54 샐러드유(salad oil)의 특성과 거리가 먼 것은?

① 불포화 결합에 수소를 첨가한다.
② 색이 엷고 냄새가 없다.
③ 저장 중 산패에 의한 풍미의 변화가 적다.
④ 저온에서 혼탁하거나 굳어지지 않는다.

해설

샐러드유
- 면실유, 올리브유, 옥수수유, 채종유 등이 사용된다.
- 색이 엷고 냄새가 없다.
- 저장 중 산패에 의한 풍미의 변화가 적다.
- 3저온에서 혼탁하거나 굳어지지 않는다.
- 샐러드유로 사용되는 면실유는 혼탁물질인 고융점 glyceride(stearic acid, wax 등) 함량이 12~25% 가량 함유되어 저온 저장 시 유지 혼탁의 원인이 되므로 탈납(winterization, 동결)과정으로 5~7℃에서 약 50시간에 걸쳐 여과, 제거하여야 한다.

55 식품의 냉장 저장 시 저온장해를 받는 과채류와 그 특성이 잘못 연결된 것은?

① 바나나 : 과피의 갈변, 추숙 불량
② 오이 : 내부 연화, 부패
③ 고구마 : 중심부의 경화, 탈색
④ 토마토 : 수침 연화, 부패

해설

고구마는 10℃ 이하에서 중심부가 연화되어 부패된다.

56 마이크로파 가열의 특징이 아닌 것은?

① 빠르고 균일하게 가열할 수 있다.
② 침투 깊이에 제한 없이 모든 부피의 식품에 적용 가능하다.
③ 식품을 용기에 넣은 채 가열이 가능하다.
④ 조작이 간단하고 적응성이 좋다.

해설

마이크로파 가열
- magnetron으로 발생된 2.45GHz 마이크로파를 이용
- 회전·진동·운동에너지를 열에너지로 전환하여 가열

정답 51 ③ 52 ④ 53 ④ 54 ① 55 ③ 56 ②

- 파장이 커서 두꺼운 제품에 침투력은 약하다.
- 빠르고 균일하게 가열할 수 있다.
- 식품만 가열하며 회전매체나 용기는 가열되지 않는다.

57 종국(seed Koji)제조 시 목회(나무 탄 재)를 첨가하는 목적은?

① 증자미의 수분 조절
② 유해 미생물의 발육 저지
③ 코지 균의 접종 용이
④ 표면에 포자 착생 용이

해설
청주 제조용 종국제조 시 재를 섞는 목적
- 재에는 Na, K, Ca 등 무기질이 많아 Koji 균에 무기성분 공급
- pH를 상승시키며 유해균의 생육억제

58 지방함량 20%인 소고기 20kg과 지방함량 30%인 돼지고기를 혼합하여 지방함량 22%의 혼합육을 만들고자 할 때 필요한 돼지고기의 양은?

① 5.0kg   ② 6.7kg
③ 7.5kg   ④ 10.0kg

해설
농도 변경

30% 돼지고기   22−20=2
           22%
20% 소고기   30−22=8

8(소고기) : 2(돼지고기) = 20 : x, x = 5kg

59 물을 탄 우유의 판별법으로 부적당한 것은?

① 비점 측정   ② 빙결점 측정
③ 지방 측정   ④ 점도 측정

해설
물을 탄 우유는 비점 측정, 빙결점 측정, 점도 측정 등으로 판별 가능하다.

60 정미의 도정률(정백률)은?

① $\dfrac{현미량}{정미량} \times 100$ ② $\dfrac{정미량}{현미량} \times 100$

③ $\dfrac{탄수화물양}{현미량} \times 100$ ④ $\dfrac{현미량}{탄수화물양} \times 100$

해설
도정률 = $\dfrac{정미량}{현미량} \times 100$

4과목 식품미생물학

61 식품공전에 의거, 일반세균수를 측정할 때 10,000배 희석한 시료 1mL를 평판에 분주하여 균수를 측정한 결과 237개의 집락이 형성되었다면 시료 1g에 존재하는 세균수는?

① 2.37×10^5 CFU/g
② 2.37×10^6 CFU/g
③ 2.4×10^5 CFU/g
④ 2.4×10^6 CFU/g

해설
희석에 의한 생균수 측정
- 페트리 디시에 집락이 15~300개이어야 유의성이 있으므로 237개는 유의성이 있음
- 희석배수가 10,000배이므로
  1g의 시료 속의 생균수는 $237 \times 10^4 = 2.4 \times 10^6$ CFU/g
  (소수 첫째자리까지 표기, 둘째자리에서 반올림)

62 다음 중 일반적으로 그람(Gram) 염색 후 검경 시 결과 판정이 다른 균은?

① *Escherichia coli*
② *Bacillus subtilis*
③ *Pseudomonas fluorescens*
④ *Vibrio cholerae*

해설
*Bacillus subtilis*는 그람 양성균이고, 나머지는 그람 음성균이다.

63 그람(Gram) 염색의 목적은?

① 효모 분류 및 동정
② 곰팡이 분류 및 동정
③ 세균 분류 및 동정
④ 조류 분류 및 동정

해설
Gram 염색(Gram stain)
- crystal violet(1분) 염색 – Lugol액 매염 – 95% 에틸알코올 탈색(30초) – SafraninO(1분) 대비염색
- 보라색 – Gram 양성, 붉은색 – Gram 음성
- 세균세포벽을 구성하는 peptidoglycan 차이에 의해 그람 양성균과 그람 음성균으로 분류
- 그람 양성균(G+) : 20여 개 층 peptidoglycan과 teichoic acid이 crystal violet에 의해 보라색으로 염색
- 그람 음성균(G−) : 2~3개 층 peptidoglycan과 lipopolysaccharide로 구성된 세포벽이 알코올 탈색 후 SafraninO에 의해 붉은색으로 염색

64 유기화합물 합성을 위해 햇빛을 에너지원으로 이용하는 광독립영양생물(photoautotroph)은 탄소원으로 무엇을 이용하는가?

① 메탄
② 이산화탄소
③ 포도당
④ 산소

해설
에너지 요구성에 따른 생물 분류
㉠ 독립영양생물(autotroph)
  - 에너지를 무기질로부터 얻는 1차 생산자
  - 광독립영양생물(photoautotroph) : 주로 엽록소를 함유하여 광합성을 통해 무기물인 CO_2로부터 복잡한 유기물 합성(식물, 남세균 등)
  - 화학독립영양생물(chemoautotroph) : 단순한 무기물을 통해 에너지를 얻는 생물(황산화균, 질산균 등 고세균)
㉡ 종속영양생물(heteroautotroph)
  - 스스로 유기물을 합성할 수 없어 외부로부터 유기물을 섭취하는 소비자
  - 대부분의 동물, 진균류(버섯, 곰팡이), 세균 등

65 다음 중 대표적인 하면발효 맥주효모는?

① *Saccharomyces cerevisiae*
② *Saccharomyces mellis*
③ *Saccharomyces calsbergensis*
④ *Saccharomyces mali*

해설
발효에 이용하는 효모
- *Saccharomyces cerevisiae var. ellipsoideus* : 포도주
- *Saccharomyces coreanus* : 막걸리 효모
- *Zygosaccharomyces rouxii* : 된장의 주 효모
- *Saccharomyces carlsbergensis* : 맥주의 하면발효 효모

66 세포융합(cell fusion)의 실험순서로 옳은 것은?

① 재조합체 선택 및 분리 → protoplast의 융합 → 세포의 protoplast화
② Protoplast의 융합 → 세포의 protoplast화 → 융합체의 재생 → 재조합체 선택 및 분리
③ 세포의 protoplast화 → protoplast의 융합 → 융합체의 재생 → 재조합체 선택 및 분리
④ 융합체의 재생 → 재조합체 선택 및 분리 → protoplast의 융합 → 세포의 protoplast화

해설
유전자 재조합
㉠ 형질전환(transformation) : 공여세포의 유전자를 제한효소를 이용하여 벡터로 사용할 플라스미드에 유전자를 삽입하여 수용세포에 넣어서 유전자를 재조합
㉡ 형질도입(transduction) : 벡터로서 플라스미드 대신 용원성 박테리오파지를 이용하여 수용세포에 넣어 재조합

정답 62 ② 63 ③ 64 ② 65 ③ 66 ③

ⓒ 접합(conjugation) : 원핵세포에 있어서 일시적인 접촉에 의해 두 개의 개체 간 DNA가 이동하는 방법으로 성공률이 낮다.
ⓓ 세포융합(cell fusion) : 두 종류의 세포를 융합시켜 양쪽의 성질을 모두 갖는 새로운 세포를 생성
ⓔ 세포융합 순서
- protoplast화 : 세포벽을 효소 등을 이용하여 제거
- 융합 : 두 세포의 결합
- 세포 재생
- 배양, 선발 : 적당한 유전자 표시로 주 세포에서 융합세포 선발(영양 요구성, 항생 물질 내성, 당 분해성, 색소 등)

67 돌연변이원에 대한 설명 중 틀린 것은?

① 아질산은 아미노기가 있는 염기에 작용하여 아미노기를 이탈시킨다.
② NTG(N-Methyl-N'-nitro-nitrosoguanidine)는 DNA 중의 구아닌(guanine) 잔기를 메틸(methyl)화 한다.
③ 알킬화제는 특히 구아닌(guanine)의 7위치를 알킬(alkyl)화 한다.
④ 5-Bromouracil(5-BU)은 보통 엔올(enol)형으로 아데닌(adenine)과 짝이 되나 드물게 케토(keto)형으로 되어 구아닌(guanine)과 짝을 이루게 된다.

해설

변이유기체(mutagen)
㉠ 돌연변이 유발물질로 돌연변이 발생 비율을 높이는 물리적 또는 화학적 작용제
㉡ 우주선, X선 및 자외선과 같은 전자기 방사선은 돌연변이 유발
㉢ 인위적 돌연변이 유발 물질(5종류)
- DNA염기 analog : DNA로 티민(T) 대신 브로모우라실(5-bromouracil)을 넣거나 아데닌(A) 대신 2-aminopurine을 넣음
- 아질산(nitrous acid) : 아데닌을 하이포잔틴(hypoxanthine)으로 변환, 시토신(C)를 우라실(uracil)로 변환
- 하이드록실아민(hydroxyllamine)류 : GC를 AT로 변환
- 알킬화제(alkylating agent) : 아데닌과 구아닌의 질소를 에틸화 혹은 메틸화
- 아크리딘(acridine)화합물 : 프로플라빈(proflavin) 등이 DNA 해독구조 이동(frameshift)

68 곰팡이가 생성하는 독소는?

① Enterotoxin
② Ochratoxin
③ Neurotoxin
④ Verotoxin

해설

Mycotoxin(곰팡이 독)
aflatoxin(Aspergillus flavus), sterigmatocystin(Asp. versicolar), rubratoxin(Pen. rubrum), luteoskyrin(Pen. islandicum, 황변미) ochratoxin(Asp. ochraceus, 커피콩), islanditoxin(Pen. islandicum, 황변미)

69 식품공전에 의한 살모넬라의 미생물시험법의 방법 및 순서가 옳은 것은?

① 증균배양-분리배양-확인시험(생화학적 확인시험, 응집시험)
② 균수측정-확인시험-균수계산-독소확인시험
③ 증균배양-분리배양-확인시험-독소 유전자 확인시험
④ 배양 및 균분리-동물시험-PCR 반응 병원성 시험

해설

살모넬라의 미생물시험법
증균배양-분리배양-확인시험(생화학적 확인시험, 응집시험)

70 남조류(Blue green algae)의 특성으로 틀린 것은?

① 일반적으로 스테롤(sterol)이 없다.
② 진핵세포이다.
③ 핵막이 없다.
④ 활주운동(gliding movement)을 한다.

해설

남조류
- 남조류는 원핵세포에 속하는 단세포 조류로서 세포 안에 핵과 액포, 스테롤이 없다.
- 해조류에 속하는 갈조류(미역, 다시마), 홍조류(김, 우뭇가사리), 녹조류(클로렐라, 파래) 등은 진핵세포인 원생생물이다.
- 고세균 같은 단세포, 무성생식, 담수나 토양에 서식, 맛과 냄새 유발

정답 67 ④ 68 ② 69 ① 70 ②

- 이분열에 의한 무성생식으로만 증식한다.
- 담수나 토양 중에 분포하고 특징적인 활주운동을 한다.

71 효소 및 유기산 생성에 이용되며 강력한 발암물질인 aflatoxin을 생성하는 것은?

① *Aspergillus* 속 ② *Fusarium* 속
③ *Saccharomyces* 속 ④ *Penicillium* 속

해설

아플라톡신
- *Aspergillus flavus*가 aflatoxin 생산
- 온도 25~30℃, 상대습도 : 80% 이상, 기질의 수분 16% 이상
- 주요 기질은 옥수수 등 곡류나 땅콩
- B_1, G_1, G_2, M 형
- 간장독으로 간암 유발

72 가근이 있는 곰팡이는?

① *Mucor* 속 ② *Rhizopus* 속
③ *Saccharomyces* 속 ④ *Penicillium* 속

해설

곰팡이(진균류)
- 조상균류 : *Mucor*(털곰팡이), *Rhizopus*(거미줄곰팡이, 가근, 포복지), *Absidia*(활털곰팡이, 가근, 포복지)
- 자낭균류 : *Aspergillus*(누룩곰팡이, 정낭, 병족세포), *Penicillium*(푸른곰팡이, 기저경자), *Monascus*(홍국곰팡이), *Neurospora*(붉은곰팡이)

73 UAG, UAA, UGA codon에 의하여 mRNA가 단백질로 번역될 때 peptide 합성을 정지시키고 야생형보다 짧은 polypeptide 사슬을 만드는 변이는?

① Missense mutation
② Induced nutation
③ Nonsense mutation
④ Frame shift mutation

해설

Nonsense mutation
UAG, UAA, UGA codon(종결코돈)에 의하여 mRNA가 단백질로 번역될 때 peptide 합성을 정지시키고 야생형보다 짧은 polypeptide 사슬을 만드는 변이

74 생육온도에 따른 미생물 분류 시 대부분의 곰팡이, 효모 및 병원균이 속하는 것은?

① 저온균 ② 중온균
③ 고온균 ④ 호열균

해설

대부분의 곰팡이, 효모 및 병원균은 중온균에 속한다.

75 EMP 경로에서 생성될 수 없는 물질은?

① Lecithin ② Acetaldehyde
③ Lactate ④ Pyruvate

해설

EMP 경로는 포도당 한 분자가 분해되어 피루브산 2분자를 생성하는 반응으로 혐기적 상태에서 젖산을 만들고 효모 등에서는 아세트알데히드를 거쳐 알코올을 생성한다.

76 균체 단백질을 생산하여 식사료로 사용되는 미생물은?

① *Candida utilis*
② *Bacillus cereus*
③ *Penicillium chrysogenum*
④ *Aspergillus flavus*

해설

균체 단백질
- 생산균 : 효모류(*Candida utilis*, *Candida major*, *Candida tropicalis*), 녹조류(*Chrorella pyrenoidosa*, *Chrorella vulgaris*)
- 미생물과 미생물 균체가 유해하지 않아야 한다.
- 회수가 쉬워야 한다.(상대적으로 균체가 큰 효모나 조류가 세균보다 좋다.)
- 생육최적온도가 맞아야 한다.
- 영양가가 높고 소화성이 좋아야 한다.

정답 71 ① 72 ② 73 ③ 74 ② 75 ① 76 ①

77 Shigella 속에 대한 설명으로 틀린 것은?

① 운동성이 있다.
② 그람음성균이다.
③ Shigellosis의 원인균으로서 소아에게 흔한 장질환을 유발한다.
④ 영장류의 장내가 서식처가 될 수 있다.

해설

세균성 이질(shigellosis)
- Shigella dysenteriae가 원인균으로 G(-), 비운동성 간균
- 환자와 보균자의 분변이 식품이나 음료수를 통해 경구감염된다.
- 잠복기는 2~7일이며 발열(38~39℃), 오심, 복통, 설사(점액과 혈변을 배설) 증상이 나타난다.

78 곰팡이의 구조와 관련이 없는 것은?

① 균사
② 격벽
③ 자실체
④ 편모

해설

곰팡이(진균류)
- 균사(hyphae)로 영양섭취와 발육을 담당
- 진균류는 조상균류와 순정균류로 분류
- 조상균류(격막 없음) : 접합균류, 난균류, 호상균류
- 순정균류(격막 있음) : 자낭균류, 담자균류, 불완전균류
- 무성포자 : 내생포자, 외생포자, 후막포자, 분열자
- 유성포자 : 접합포자, 난포자, 자낭포자, 담자포자
- 포자가 착생하는 자실체가 육안으로 볼 수 있을 정도로 크게 발달한 대형 자실체를 형성하는 것을 버섯이라 하며, 담자균류와 자낭균류에 속하지만 대부분 담자균류이다.

79 다음 중 포자를 형성하지 않는 효모는?

① Saccharomyces 속
② Debaryomyces 속
③ Cryptococcus 속
④ Schizosaccharomyces 속

해설

효모의 포자
- 유포자 효모(1배체) : Schizosaccharomyces, Debaryomyces, Nadsonia
- 유포자 효모(2배체) : Saccharomycodes, Saccharomyces
- 무포자 효모 : Torulopsis, Cryptococcus

80 정상발효 젖산균에 관한 설명으로 옳은 것은?

① 포도당을 분해하여 젖산만을 주로 생성한다.
② 포도당을 분해하여 젖산과 탄산가스를 주로 생성한다.
③ 포도당을 분해하여 젖산과 CO_2, 에탄올과 함께 초산 등을 부산물로 생성한다.
④ 포도당을 분해하여 젖산과 탄산가스, 수소를 부산물로 생성한다.

해설

젖산균
- 정상발효 젖산균 : 당을 발효하여 젖산만 생성 – Streptococcus 속, Pediococcus 속, Lactobacillus 속(Lactobacillus acidophilus, Lactobacillus bulgaricus, Lactobacillus delbruekii, Lactobacillus casei, Streptococcus thermophilus, Lactobacillus homohiochii)
- 이형발효 젖산균 : 당을 발효하여 젖산 이외에 초산, 에탄올, CO_2 등 생성 – Leuconostoc 속, Lactobacillus 속(Lactobacillus brevis, Leuconostoc mesenteroides, Lactobacillus heterohiochii)

5과목 생화학 및 발효학

81 Vitamin B_{12}의 생산균주가 아닌 것은?

① Ashbya gossypii
② Propionibacterium freudenreichii
③ Streptomyces olivaceus
④ Nocardia rugosa

해설

Vitamin B_{12}
- 생산균주는 Pseudomonas denitrificans, Propionibacterium freudenreichii, Streptomyces olivaceus, Nocardia rugosa
- Ashbya gossypii는 Vitamin B_2의 생산균주

정답 77 ① 78 ④ 79 ③ 80 ① 81 ①

82 Michaelis–Menten 반응식을 따르는 효소반응에서, 기질농도$(S) = K_m$이고 효소반응속도값이 $20\mu mol/min$일 때 V_{max}는?(단, K_m은 Michaelis–Menten 상수)

① $10\mu mol/min$ ② $20\mu mol/min$
③ $30\mu mol/min$ ④ $40\mu mol/min$

[해설]
Michaelis–Menten 식
- $V_o = \dfrac{V_{max}[S]}{K_m + [S]}$
- $[S] = K_m$, 효소반응속도$(V_o) = 20\mu mol/min$
- $20 = \dfrac{V_{max}}{2}$, $V_{max} = 40\mu mol/min$

83 구연산 발효 시 당질 원료 대신 이용할 수 있는 유용한 기질은?

① n-Paraffin ② Ethanol
③ Acetic acid ④ Acetaldehyde

[해설]
구연산 발효
- 생산균 : *Aspergillus niger, Asp. awamori, Candida lipolytica*
- 수율 : 포도당 원료 110%, 탄화수소 원료 230%
- 당농도 10~20%, 26~35℃, pH 3.5
- 호기적 상태 유지
- 노르말 파라핀은 긴사슬 지방산과 긴사슬 알코올이 결합된 탄화수소류이다.

84 Provitamin과 vitamin과의 연결이 틀린 것은?

① β-carotene - 비타민 A
② Tryptophan - niacin
③ Glucose - biotin
④ Ergosterol - 비타민 D_2

[해설]
biotin(비타민 H)
- 필요한 양은 적고, 식품의 다양한 비오틴을 함유하며 장내 세균에 의해 합성하여 결핍증이 드물다.
- 단순한 환상구조를 갖는 황화합물로 열, 광선, 산에 안정
- 조효소 형태는 비오시틴

85 DNA 분자의 특징에 대한 설명으로 틀린 것은?

① DNA 분자는 두 개의 polynucleotide 사슬이 서로 마주보면서 나선구조로 꼬여있다.
② DNA 분자의 이중나선 구조에 존재하는 염기쌍의 종류는 A : T와 G : C로 나타낸다.
③ DNA 분자의 생합성은 3'-말단 → 5'-말단 방향으로 진행된다.
④ DNA 분자 내 이중나선 구조가 1회전하는 거리를 1피치(pitch)라고 한다.

[해설]
Watson과 Crick의 DNA구조의 특징
- DNA는 3', 5' phosphodiester 결합
- DNA 분자의 생합성은 5'-말단 → 3'-말단 방향으로 진행
- 두 가닥 사슬은 서로 역평행(antiparallel), 5' → 3' 방향성
- 오른손 2중나선구조(right handed double helix)
- 두 가닥은 상보적(complementary)(5'-ATG-3'의 상보적 가닥은 5'-CAT-3')
- 두 가닥은 purine과 pyrimidine염기 사이 수소결합 Adenine=Thymine, Guanine≡Cytosine
- purine염기와 pyrimidine염기의 구성비는 생물에 관계없이 1에 가깝다(샤가프 법칙).
- 2중나선구조의 1회전 시 Nucleotide 수는 약 10개
- 나사선의 반복거리는 3.4nm
- 염기쌍은 축에 대해 안쪽으로 수직

86 빵효모의 균체 생산 배양관리 인자가 아닌 것은?

① 온도 ② pH
③ 당농도 ④ 혐기조건

해설
빵효모의 균체 생산 배양관리 인자는 온도, pH, 당농도이며 호기적 상태에서 배양한다.

87 항체호르몬인 프로게스테론(progesterone)의 11a-위치의 수산화(hydroxylation)를 통해 hydroxyprogesterone으로 전환하는 데 이용되는 미생물은?

① *Rhizopus nigricans*
② *Arthrobacter simplex*
③ *Pseudomonas fluorescens*
④ *Streptomyces roseochromogenes*

해설
항체호르몬인 프로게스테론(progesterone)의 11a-위치의 수산화(hydroxylation)를 통해 hydroxyprogesterone으로 전환하는 데 *Rhizopus nigricans*를 이용한다.

88 단식으로 인해 저탄수화물 섭취를 할 경우 나타나는 현상이 아닌 것은?

① 저장 글리코겐 양이 감소한다.
② 뇌와 말초조직은 대체 에너지원으로 포도당을 이용한다.
③ 혈액의 pH가 낮아진다.
④ 간은 과량의 acetyl-CoA를 ketone체로 만든다.

해설
케톤체
- 지속적인 당질의 섭취부족 상태(기아, 당뇨병, 단식, 다이어트 등)
- 케톤체 : acetoacetate, acetone, β-hydroxybutyric acid
- 간은 과량의 acetyl-CoA를 ketone체로 합성
- 뇌, 신장, 심근 및 골격근 등에서 분해하여 에너지 생성, 뇌 조직은 포도당 부족 시 케톤체를 에너지로 이용
- acetone을 호기로 배출, acetoacetate, β-hydroxybutyric acid 등 혈액 내 pH를 낮춰 산독증(acidosis) 유발

89 Glutamic acid 발효에서 penicillin을 첨가하는 주된 이유는?

① 잡균의 오염 방지
② 원료당의 흡수 증가
③ 당으로부터 glutamic acid 생합성 경로에 있는 효소 반응 촉진
④ 균체 내에 생합성된 glutanic acid의 균체 밖으로의 이동을 위한 막투과성 증가

해설
glutamic acid 발효
- 생산균 : *Corynebacterium glutamicum*, *Brevibacterium flavum*
- 비오틴 필요(2~5γ/L)
- 포도당, pH : 7.0~8.0, 통기교반, 30~35℃
- 비오틴 과잉 시 Penicillin을 첨가하면 발효가 정상 회복된다.
- penicillin은 세균세포벽 합성을 저해하여 균체 내에 생합성된 glutamic acid의 균체 밖으로의 이동을 위한 막투과성을 증가시킨다.

90 조류에서 퓨린을 어떻게 대사하여 배설하는가?

① 퓨린을 배설하지 않고 다른 화합물로 모두 전환하여 재이용한다.
② 소변으로 배설하지 않고 퓨린을 요산으로 분해하여 대변과 함께 배설한다.
③ 요소로 전환하여 아주 소량씩 소변으로 배설한다.
④ 퓨린 대사 능력이 없어 그대로 대변으로 배설한다.

해설
조류는 퓨린의 분해산물인 요산의 형태로 배설하며, 포유류는 질소를 요소로, 어류는 암모니아 형태로 배설한다.

91 Pyrimidine 유도체로 핵산 중에 존재하지 않는 것은?

① Cytosine   ② Uracil
③ Thymine   ④ Adenine

해설
피리미딘 유도체는 시토신과 우라실, 티민, 퓨린 유도체는 아데닌, 구아닌 등이다.

92 글루탐산의 발효생산을 위해 사용되는 균주는?

① Saccharomyces cervisiae
② Bacillus subtilis
③ Brevibacterium flavum
④ Escherichia coli

해설
glutamic acid 발효의 생산균
Corynebacterium glutamicum, Brevibacterium flavum

93 알코올 발효와 당화를 동시에 갖는 균을 사용하는 당화법은?

① 맥아법
② 국법
③ 아밀로법
④ 산당화법

해설
알코올 발효 시 전분으로부터 당화공정
㉠ 국법
  • 병행 복발효주 증류한 것
  • 옥수수, 고구마 등 이용
  • 당화 균주 : Asp. oryzae, Asp. usamii, Asp. awamori
㉡ 아밀로(Amylo)법 : 알코올 발효와 당화를 동시에 갖는 균을 사용하는 당화법
  • 아밀로균(Mucor rouxii, Rhizopus delemer, Rh. Javanicus, Rh. Japonicus, Rh. tonkinensis) 사용
  • 밀폐발효로 발효율이 높다.
㉢ 맥아법

94 요소회로에 관여하지 않는 아미노산은?

① 오르니틴
② 아르기닌
③ 글루타민산
④ 시트룰린

해설
요소회로에는 오르니틴, 아르기닌, 아르기노숙신산, 시트룰린 그리고 아스파르트산이 관여한다.

95 시토크롬의 구조에서 가장 필수적인 원소는?

① 코발트
② 마그네슘
③ 철
④ 구리

해설
전자전달계를 구성하는 시토크롬의 구조에서 가장 필수적인 원소는 Fe다.

96 Fusel oil의 주요 성분이 아닌 것은?

① Isoamyl alcohol
② Isobutyl alcohol
③ Methyl alcohol
④ n-propyl alcohol

해설
퓨젤유(fusel oil)
• 아미노산으로부터 알코올 발효 시 부산물로 생성
• 퓨젤유 조성 : 아밀 알코올(50% 이상 isoamyl alcohol), 부틸 알코올 등
• 제품주정 0.3%, 유상 황갈색
• 술덧의 단백질분해물 유래 프로필 알코올, 부틸 알코올, 아밀 알코올 등

97 영양분이 세포 내로 전달될 때 특별한 막 단백질이 필요하지 않은 수송 방법은?

① Group translocation
② Active transport
③ Facilitated diffusion
④ Passive diffusion

해설
세포의 물질이동
• 단순확산(Passive diffusion) : 농도구배에 따라 고농도에서 저농도로 이동, 지용성의 경우 그래로 막을 통과하여 이동
• 촉진확산 : 인지된 물질에 대한 수송단백질에 의해 고농도에서 저농도로 빠르게 이동(GLUT, 포도당 수송 단백질)
• 능동수송(Active transport) : ATP를 소비하면서 저농도에서 고농도로 농도구배에 역행하여 용질분자를 수송(나트륨-펌프)

정답 92 ③ 93 ③ 94 ③ 95 ③ 96 ③ 97 ④

98 효소를 고정화시키는 목적이 아닌 것은?

① 반응 생성물의 순도 및 수율이 증가한다.
② 안정성이 증가하는 경우도 있다.
③ 효소의 재사용 및 연속적 효소반응이 가능하다.
④ 새로운 효소작용을 나타낸다.

해설

고정화 효소
- 효소를 담체(carrier)에 부착시켜 지속적으로 촉매 활성을 하도록 만든 것
- 연속반응이 가능하여 안정성이 크며 효소의 손실도 막을 수 있다.
- 반응생성물의 정제가 쉽다.

99 구연산이 TCA회로를 거쳐 옥살로아세트산으로 되는 과정에서 일어나는 중요한 화학반응으로 묶인 것은?

① 흡열반응과 축합반응
② 가수분해와 산화환원반응
③ 치환반응과 탈아미노산반응
④ 탈탄산반응과 탈수소반응

해설

구연산회로(TCA)
- isocitrate → α-ketoglutarate → succinyl-CoA : 두 반응 모두 탈탄산반응과 탈수소반응
- succinate → fumarate, malate → oxaloacetate : 탈수소반응

100 Nucleotide의 화학구조와 정미성에 대한 설명으로 옳은 것은?

① Ribose의 3′ 위치에 인산기를 가진다.
② Ribose의 5′ 위치에 인산기를 가진다.
③ 염기가 pyrimidine계의 것이어야 한다.
④ trinucleotide에만 정미성이 있다.

해설

핵산계 조미료
- 핵산 관련 물질 중 인산기를 1개 가진 nucleotide가 정미성이 우수 — IMP(inosine mono phosphate, 가쓰오부시 맛성분), GMP(guanosine mono phosphate, 표고버섯 맛성분)
- 정미성 nucleotide는 염기가 purine계(아데닌, 구아닌, 이노신, 크산틴)
- 정미성을 위해 ribose의 5′ 위치에 인산기, 염기 ring 구조의 2′위치가 OH로 치환

정답 98 ④ 99 ④ 100 ②

CHAPTER 14. 2018년 1회 식품산업기사

1과목 식품위생학

01 먹는 물의 수질기준 중 미생물에 관한 일반 기준으로 잘못된 것은?

① 일반세균은 1mL 중 100CFU를 넘지 아니할 것(샘물 및 염지하수 제외)
② 총 대장균군은 100mL에서 검출되지 아니할 것(샘물, 먹는 샘물, 염지하수, 먹는 염지하수 및 먹는 해양심층수 제외)
③ 살모넬라, 쉬겔라는 완전 음성일 것(샘물, 먹는 샘물, 염지하수, 먹는 염지하수 및 먹는 해양심층수의 경우)
④ 여시니아균은 2L에서 검출되지 아니할 것(먹는 물 공동시설의 물의 경우)

해설
분원성 연쇄상구균·녹농균·살모넬라 및 쉬겔라는 250mL에서 검출되지 아니할 것

02 민물의 게 또는 가재가 제2중간 숙주인 기생충은?

① 폐흡충
② 무구조충
③ 요충
④ 요코가와 흡충

해설
폐흡충(Paragonimus westermanii)
물속의 충란에서 부화된 유충 → 제1중간숙주(다슬기)에서 유미유충 → 제2중간숙주(민물의 게, 가재)에서 피낭유충 → 사람이 생식하여 감염되어 장 외벽을 뚫고 폐에서 기생한다.

03 단백질 식품이 불에 탈 때 생성되어 발암물질로 작용할 수 있는 것은?

① trihalomethane
② polychlorobiphenyl
③ benzopyrene
④ choline

해설
육류의 가열분해로 PAH(다환방향족탄화수소, 3,4-벤조피렌류), 이환방향족아민류(heterocyclic amines) 같은 발암성 물질이 생성된다.

04 다음 중 산패와 관계가 있는 것은?

① 단백질의 분해
② 탄수화물의 변질
③ 지방의 산화
④ 지방의 환원

해설
산패는 지방이 산화하여 색, 맛, 냄새 등이 변질되는 과정이다.

05 *Aspergillus flavus*가 aflatoxin을 생산하는 데 필요한 조건과 가장 거리가 먼 것은?

① 최적 온도 : 25~30℃
② 최적 상대습도 : 80% 이상
③ 기질의 수분 : 16% 이상
④ 주요 기질 : 육류 등의 단백질 식품

해설
아플라톡신
- *Aspergillus flavus*가 aflatoxin 생산
- 온도 25~30℃, 상대습도 80% 이상, 기질의 수분 16% 이상
- 주요 기질은 옥수수 등 곡류나 땅콩
- B_1, G_1, G_2, M 형
- 간장독으로 간암 유발

정답 01 ③ 02 ① 03 ③ 04 ③ 05 ④

06 해수에 존재하는 호염성의 식중독 원인세균은?

① 포도상구균　　② 웰치균
③ 장염비브리오균　④ 살모넬라균

[해설]
장염 비브리오 식중독
- 원인균 : *Vibrio parahaemolyticus*
- 그람음성, 무포자간균, 단모균, 호상균, 3~4% 호염균
- 잠복기는 평균 10~18시간, 주 증상은 복통·구토·설사·발열 등
- 원인 식품 : 어패류의 생식

07 공장 폐수에 의해 바닷물에 질소, 인 등의 함량이 증가하여 플랑크톤이 다량 번식하고 용존 산소가 감소되어 어패류의 폐사와 유독화가 일어나는 현상은?

① 부영양화 현상
② 신나천(紳奈川) 현상
③ 스모그 현상
④ 밀스링케(Mils-Reincke) 현상

[해설]
부영양화 현상
공장 폐수에 의해 강, 호수, 바닷물의 정체구역에 질소, 인 등의 함량이 증가하여 플랑크톤(조류)이 다량 번식하고 낮에는 광합성을 하나 흐린 날이나 밤에 호흡에 의해 용존 산소가 감소되어 어패류의 폐사와 유독화가 일어나는 현상으로 강에서는 녹조현상, 호수에서는 늪지화, 바다에서는 백조·적조현상으로 나타난다.

08 미생물 중 특히 곰팡이의 증식을 억제하여 치즈, 식육가공품 등에 사용하는 합성보존료는?

① 소르빈산　　② 살리실산
③ 안식향산　　④ 데히드로초산

[해설]
산형 보존제
- 안식향산(benzoic acid), 안식향산나트륨(sodium benzoic acid)
- 프로피온산 : 빵류, 소금절임 식품 대상, 주로 세균류에 대한 강한 항균성
- 소르빈산 : 식육가공품, 치즈, 된장, 고추장 대상에 사용, 곰팡이, 효모 등에 작용하나 강하지 않다.
- 디히드로초산나트륨 : 버터, 치즈, 마가린 대상, 모든 미생물에 항균성

09 식품의 보존방법 중 방사선 조사에 대한 설명으로 틀린 것은?

① 1kGy 이하의 저선량 방사선 조사를 통해 발아 억제, 기생충 사멸, 숙도 지연 등의 효과를 얻을 수 있다.
② 바이러스의 사멸을 위해서는 발아 억제를 위한 조사보다 높은 선량이 필요하다.
③ 10kGy 이하의 방사선 조사로는 모든 병원균을 완전히 사멸시키지는 못한다.
④ 안전성을 고려하여 식품에 사용이 허용된 방사선은 ^{140}Ba이다.

[해설]
방사선 조사 식품
- 방사선 조사는 주로 Co-60의 감마선을 이용해 포장된 상태의 제품을 처리할 수 있으며 비열 처리하므로 냉살균이라 한다.
- 비타민 B_1은 감마선에 비교적 민감한 반면 비타민 B_2는 그렇지 않다.
- 방사선 처리 시 formic acid, acetaldehyde 등의 분해산물이 생성된다.
- 방사선량의 단위는 Gy이며 1Gy는 1J/kg에 해당한다.
- 1kGy 이하의 저선량 방사선 조사를 통해 감자, 양파 등의 발아 억제, 기생충 사멸, 숙도 지연 등의 효과를 낸다.
- 바이러스의 사멸을 위해서는 발아 억제를 위한 조사보다 높은 선량이 필요하다.
- 10kGy 이하의 방사선 조사로는 모든 병원균을 완전히 사멸시키지는 못한다.
- 식품에는 10kGy 이하의 에너지를 주로 사용한다.
- 완제품의 경우 조사처리된 식품임을 나타내는 문구 및 조사도안을 표시하여야 한다.

정답　06 ③　07 ①　08 ①　09 ④

10 무구조충에 대한 설명으로 틀린 것은?

① 세계적으로 쇠고기 생식 지역에 분포한다.
② 소를 숙주로 해서 인체에 감염된다.
③ 감염되면 소화장애, 복통, 설사 등의 증세를 보인다.
④ 갈고리촌충이라고도 하며, 사람의 소장에 기생한다.

해설
갈고리촌충은 유구조충으로 돼지의 생식에 의해 감염된다.

11 비브리오 패혈증에 대한 설명으로 틀린 것은?

① 원인균은 $V.\ parahaemolyticus$이다.
② 간 질환자나 당뇨 환자들이 걸리기 쉽다.
③ 전형적인 증상은 무기력증, 오한, 발열 등이다.
④ 감염을 피하기 위해 수온이 높은 여름철에 조개류나 낙지류의 생식을 피하는 것이 좋다.

해설
원인균은 $Vibrio\ vulnificus$이다.

12 식품오염물은 음식물에 직접 또는 먹이사슬에 의한 생물농축을 통해 인체건강장해를 일으키는 환경오염물질을 발생시키는데, 그 발생 원인과 거리가 먼 것은?

① 식품 또는 첨가물의 오용 및 남용 등에 의한 경우
② 식품의 제조, 가공과정에서 유해물질이 혼입되는 경우
③ 기구나 용기포장에서 유해물질이 용출된 경우
④ 물리적 변화로 인한 식품조직의 변형에 의한 경우

해설
생물농축을 발생하는 물질은 생물체 내에 잔존하여 분해가 잘 되지 않는 물질로 DDT, PCB, 수은, 카드뮴, 납 등이다. 물리적 변화는 상관관계가 없다.

13 초기 부패의 식별법이 아닌 것은?

① 생균수 측정
② 휘발성 염기 질소의 정량
③ 히스타민(histamine)의 정량
④ 환원당 측정

해설
식품의 신선도 측정(초기 부패 측정)
• 관능검사 : 기본적이고 간단한 방법 – 맛, 냄새, 색, 조직감 관찰
• 생물학적 검사 : 생균수 측정(신선도 판정 지표) – 1g당 10^5 이하면 신선
• 화학적 검사 : 휘발성 염기질소 측정(30~40mg%), 트리메틸아민 측정(4mg%), pH 측정(pH 6.2), 히스타민 측정(400mg%), K값 측정(60~80%)

14 $Cl.\ perfringens$에 의한 식중독에 관한 설명 중 옳은 것은?

① 우리나라에서는 발생이 보고된 바가 없다.
② 육류와 같은 고단백질 식품보다는 채소류가 자주 관련된다.
③ 일반적으로 병독성이 강하여 적은 균수로도 식중독을 야기한다.
④ 포자 형성(sporulation)이 일어나는 경우에만 식중독이 발생한다.

해설
$Cl.\ perfringens$
• 감염독소형 식중독 유발 세균으로 단백질 식품에서 발견되며 많은 양의 균을 섭취 후 장내 독소생성에 의해 발병된다.
• 웰치균으로 알려져 있다.
• 포자형성세균으로 포자에 의한 감염이 많다.

15 식품보존료로서 안식향산(benzoic acid)을 사용할 수 없는 식품은?

① 과일·채소류 음료
② 탄산음료
③ 인삼음료
④ 발효음료류

해설

안식향산(benzoic acid), 안식향산나트륨(sodium benzoic acid)
- 세균, 효모, 곰팡이 등 모든 미생물에 대해 비선택적 항균작용
- 과실 · 채소류음료, 탄산음료, 기타음료, 인삼 및 홍삼음료, 간장 : 0.6g/kg 이하
- 식용 알로에겔 농축액 및 알로에겔 가공식품 : 0.5g/kg 이하
- 마가린류, 마요네즈, 오이초절임, 잼류 : 1g/kg 이하

16 간디스토마의 일종인 피낭유충(metacer-caria)을 사멸시키지 못하는 조건은?

① 열탕 안 ② 냉동결빙
③ 간장 ④ 식초

해설

냉동처리는 균의 생육을 정지시킬 뿐 사멸시키지는 못한다.

17 표백작용과 관계없는 것은?

① 산성 제일인산칼륨
② 과산화수소
③ 무수아황산
④ 아황산나트륨

해설

표백제
- 식품의 가공이나 제조 시 갈변 등의 퇴색이나 착색을 막기 위해 발색성 물질을 탈색시켜 무색화한다.
- 무수아황산, 아황산나트륨, 과산화수소, 메타아황산칼륨 등
- 산성 제일인산칼륨은 팽창제이다.

18 식품 등의 위생적인 취급에 관한 기준이 틀린 것은?

① 부패 · 변질되기 쉬운 원료는 냉동 · 냉장시설에 보관하여야 한다.
② 제조 · 가공 · 조리 또는 포장에 직접 종사하는 사람은 위생모를 착용하여야 한다.
③ 최소 판매 단위로 포장된 식품이라도 소비자 수요에 따라 탄력적으로 분할하여 판매할 수 있다.
④ 식품 등의 제조 · 가공 · 조리에 직접 사용되는 기계 · 기구는 사용 후에 세척 · 살균하여야 한다.

해설

최소 판매 단위로 포장된 식품은 더 이상 분할하여 판매할 수 없다.

19 식품첨가물의 사용에 대한 설명이 틀린 것은?

① 효과 및 안전성에 기초를 두고 최소한의 양을 사용해야 한다.
② 식품첨가물의 원료 자체가 완전 무해하면 성분 규격이 따로 정해져 있지 않다.
③ 식품첨가물의 사용으로 심각한 영양 손실을 초래할 경우, 그 사용은 고려되어야 한다.
④ 천연첨가물의 제조에 사용되는 추출 용매는 식품첨가물공전에 등재된 것으로서 개별 규격에 적합한 것이어야 한다.

해설

식품첨가물의 원료 자체가 완전 무해하더라도 식품에 추가되는 모든 식품 첨가물은 규격이 정해져 있다.

20 수질오염과 관련하여 공장 폐수의 어류에 대한 치사량을 구하는 데 사용되는 단위는?

① LD_{50} ② LC
③ ADI ④ TLm

해설

한계치사농도(TLm ; tolerance limit median)
수중의 유독성분에 의해 어류의 반수가 죽게 되는 때의 유독성분의 농도를 파악하는 방법

2과목 식품화학

21 다음 식품 중 소성유동을 일으키는 것은?

① 인절미 ② 밀가루반죽
③ 생크림 ④ 청국장

해설
가소성(plasticity)
외부 힘에 의해 변형된 후 외부 힘을 제거해도 원상태로 되돌아 가지 않는 성질(쇼트닝 > 마가린 > 생크림)

22 단맛을 내는 물질이 아닌 것은?

① 아스파탐(Aspartame)
② 사카린(Saccharin)
③ 스테비오사이드(Stevioside)
④ 알칼로이도(Alkaloid)

해설
알칼로이드는 질소를 포함하는 생리활성물질로 대체로 쓴맛을 낸다.

23 효소는 주로 어떤 물질로 구성되어 있는가?

① 탄수화물 ② 단백질
③ 인지질 ④ 중성지방

해설
효소는 단백질로 구성되어 있으며 유전자에 의해 그 특성이 결정된다.

24 식품의 저장 중 유지성분의 산패에 영향을 미치는 정도가 가장 작은 것은?

① 빛
② 온도
③ lipoxigenase
④ 탄수화물

해설
저장 중 유지성분의 산패
- 지방산패나 콩 비린내를 발생시키는 lipoxygenase 효소
- 유지는 산소, 광선, 고온, 금속류, 헤마틴류에 의해 산패가 촉발된다.

25 교질의 성질이 아닌 것은?

① 반투성
② 브라운 운동
③ 흡착성
④ 경점성

해설
콜로이드 성질
- 반투성(dialysis) : 반투성은 생체막과 같은 막이 이온이나 저분자 물질은 투과시키나 콜로이드 이상의 고분자 물질은 통과시키지 않는 성질
- 브라운 운동(brownian motion) : sol상태에서 불규칙적으로 운동하는 분산매에 따라 충돌하는 분산질도 불규칙운동을 하며 지속적으로 분산하는 것
- 응결(coagulation) : 소수성 sol에 전해질을 가해 침전되는 것(염석(salting-out)이라 하고 두부 제조에 이용)
- 흡착(adsorption) : 콜로이드 입자는 표면이 넓어 흡착이 용이하며 조리과정 중 음식재료가 염류를 쉽게 흡착
- 유화(emulsification) : 분산질과 분산매가 액체인 콜로이드 상태를 유탁액(emulsion)이라 하며 이러한 작용을 유화라 함

26 단백질에 대한 설명으로 틀린 것은?

① 단백질 함량은 질소 함량을 통해 추정할 수 있다.
② 단백질의 약 16%는 질소분이다.
③ 식품 중 단백질의 질소함량은 식품의 형태에 따라 크게 달라진다.
④ 질소함량은 보통 Kjeldahl 법에 의해서 측정된다.

해설
식품 중 단백질의 질소함량은 식품의 형태와는 무관하다.

정답 21 ③ 22 ④ 23 ② 24 ④ 25 ④ 26 ③

27 지방의 가수분해에 의한 생성물은?

① 글리세롤과 에테르
② 글리세롤과 지방산
③ 에스테르와 에테르
④ 에스테르와 지방산

해설
지방이 가수분해되면 에스터 결합이 분해되어 글리세롤과 지방산이 생성된다.

28 다음 중 필수 아미노산에 해당하지 않는 것은?

① 알라닌
② 히스티딘
③ 라이신
④ 발린

해설
필수아미노산은 히스티딘, 이소루이신, 루이신, 리신, 페닐알라닌, 메티오닌, 트레오닌, 발린, 트립토판이다.

29 6mg의 all-trans-retinol은 몇 international unit(IU)의 비타민 A에 해당하는가?

① 10,000IU
② 20,000IU
③ 30,000IU
④ 40,000IU

해설
retinol
- provitamin A(활성도는 α-carotene : 53, β-carotene : 100, γ-carotene : 27, cryptoxanthine : 57)
- 알칼리성에 안정
- 단위 1IU → 0.3γ에 해당

30 새우, 게 등을 가열할 때 생기는 적색 물질은?

① astaxanthin
② astacin
③ lutein
④ cryptoxanthin

해설
카로티노이드 : 지용성 색소
- 카로틴류 : lycopene(토마토, 수박의 적색), β-carotene (당근의 황색)
- 크산토필류 : capsanthin(고추의 적색), astaxanthin(게, 새우의 적색)

31 식품 중의 회분(%)을 회화법에 의해 측정할 때 계산식이 옳은 것은?(단, S : 건조 전 시료의 무게, W : 회화 후의 회분과 도가니의 무게, W_0 : 회화 전의 도가니 무게)

① $[(W-S)/W_0] \times 100$
② $[(W_0-W)/S] \times 100$
③ $[(W-W_0)/S] \times 100$
④ $[(S-W_0)/W] \times 100$

해설
회분 정량 시 계산식
$[(W-W_0)/S] \times 100$

32 포화지방산으로 조합된 것은?

① 아라키도닉산, 올레인산, 리놀레닌산, 스테아린산
② 팔미틴산, 스테아린산, 올레인산, 아라키딘산
③ 로오린산, 스테아린산, 리놀레인산, 올레인산
④ 미리스틴산, 스테아린산, 팔미틴산, 아라키딘산

해설
올레인산, 리놀레인산, 리놀레닌산, 아라키도닉산은 불포화지방산이다.

33 독성이 매우 강하여 면실유 정제 시에 반드시 제거하여야 하는 천연 항산화제는?

① sesamol
② guar gum
③ gossypol
④ gallic acid

해설
면실유의 독성성분은 고시폴이다.

34 Ca의 흡수를 촉진하는 비타민은?

① 비타민 A ② 비타민 B_1
③ 비타민 B_2 ④ 비타민 D

해설

비타민 D
- 프로비타민 D인 ergosterol은 자외선 조사에 의해 비타민 D_2로 잘 전환된다.
- 뼈의 석회화를 도와주는 역할로 부족 시 골다공증이나 골연화증을 유발한다.
- Ca(칼슘)과 인(P)의 흡수 및 침착을 촉진한다.

35 채소 중 카로틴 성분은 어느 비타민의 효력을 가지는가?

① 비타민 A ② 비타민 B_1
③ 비타민 C ④ 비타민 D

해설

비타민 A
- provitamin A(활성도는 α-carotene : 53, β-carotene : 100, γ-carotene : 27, cryptoxanthine : 57)
- 알칼리성에 안정. 단위 1IU → 0.3γ에 해당
- 어류의 간유가 가장 많으며 버터, 계란 노른자, 당근, 시금치 등에 풍부하다.

36 다음 중 식품의 수분정량법이 아닌 것은?

① 건조감량법 ② 증류법
③ Karl-Fisher법 ④ 자외선 사용법

해설

식품의 수분정량법
건조감량법, 증류법, Karl-Fisher법 등이 있다.

37 O/W형 유화액(emulsion)에 해당하지 않는 식품은?

① 우유 ② 마가린
③ 마요네즈 ④ 아이스크림

해설

마가린은 유중수적(W/O)형이다.

38 식품의 전형적인 등온흡(탈)습곡선에 관한 설명으로 틀린 것은?

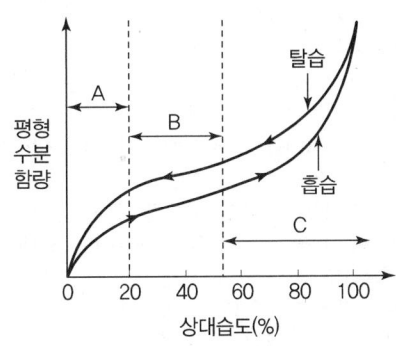

① 식품이 놓여 있는 환경의 상대 습도가 높아질수록 식품의 수분함량은 증가한다.
② A영역은 식품 중의 수분이 단분자층을 형성하고 있는 부분이다.
③ A영역의 수분은 식품 중 아미노(amino)기나 카르복실(carboxyl)기와 이온결합하고 있다.
④ C영역은 다분자층 영역으로 물 분자 간 수소 결합이 주요한 결합형태이다.

해설

등온흡습탈습곡선
- 식품이 놓여져 있는 환경의 상대 습도가 높아질수록 식품의 수분함량은 증가한다.
- A영역(단분자층) : 식품성분과 이온결합에 의한 결합수, A_w 0.1 이하는 지방의 자동산화 촉진
- B영역(다분자층) : 수소결합에 의한 준결합수, A_w 0.65~0.85 중간수분식품(잼, 젤리, 곶감, 건포도 등)은 높은 저장성, A_w 0.5~0.7 사이는 높은 비효소적 갈변반응
- C영역(다분자수분층) : 자유수, 수분활성도가 높아 미생물 증식, 효소반응, 화학반응 촉진

39 특성 차이를 검사하는 관능검사방법 중 동시에 두 개의 시료를 제공하여 특정 특성이 더 강한 것을 식별하도록 하는 것은?

① 이점비교검사　　② 다시료비교검사
③ 순위법　　　　　④ 평점법

해설
식품의 관능검사
㉠ 차이식별검사
- 종합적 차이검사 : 단순검사(두 시료의 차이 유무 판정), 일-이점검사(기준시료와 동일한 것 선택), 삼점검사(3개 중 다른 하나 선택), 확장삼점검사
- 특성 차이검사 : 이점비교검사(두 개의 차이), 순위법(강도비교순서), 평점법(0~9점), 다시료 비교검사(기준시료와 비교)

㉡ 묘사분석 : 훈련된 검사 요원에 의한 관능적 특성의 질적, 양적 묘사, 향미 프로필(맛, 냄새, 향미), 텍스처 프로필(물리적 특성), 정량적 묘사(향미, 텍스처, 색 등 전반적인 관능 특성), 스펙트럼 묘사분석(특성과 강도에 대한 모든 정보), 시간-강도 묘사분석

㉢ 소비자 기호도검사 : 가장 주관적 검사, 새로운 식품 개발이나 품질 개선에 이용, 이점기호검사, 기호 척도법, 순위 기호검사, 적합성판정법
- 선호도검사 : 여러 개 중 좋아하는 것을 선택하고 좋아하는 순서 정하기
- 기호도검사 : 좋아하는 정도를 측정(평점법 이용)

40 엽록소(chlorophyll)의 녹색을 오래 보존하기 위해 chlorophyll의 Mg을 무엇으로 치환하는 것이 좋은가?

① Cu　　　　　　　② H
③ K　　　　　　　 ④ N

해설
엽록소(chlorophyll)의 녹색을 오래 보존하기 위해 chlorophyll의 Mg을 구리로 치환하기 위한 동클로로필린 등을 사용한다.

3과목 식품가공학

41 냉동화상(freezer burn)에 대한 설명이 틀린 것은?

① 동결된 식품의 표면이 공기와 접촉하여 발생한다.
② 다공질의 건조층이 생긴다.
③ 색깔, 조직, 향미, 영양가는 변화가 없다.
④ 냉동 육류의 저장에서 많이 발생한다.

해설
고기 냉동 시 얼음결정에 의한 변화
- 빙결이 생성 후 세포 밖으로 이동하여 탈수되고 빙결정이 모여 성장하면서 세포가 파괴된다.
- 냉동화상(프리저번 : freezer burn) : 냉동저장 중 얼음이 승화하여 노출된 지방성분이 공기 중 산소에 의해 변질 · 변색되어 색이 갈변된 현상(산화방지제나 밀착포장이 필요)

42 수산식품자원으로서 동물성 자원이 아닌 것은?

① 어류　　　　　　② 갑각류
③ 연체동물류　　　④ 조류

해설
조류(algae)
- 대부분 담수나 해수에서 생육하며 광합성으로 독립 영양생활 하는 하등식물의 총칭
- 잎, 줄기, 뿌리, 관상체가 없으며 유성생식, 무성생식을 한다.
- 규조류는 최근 화석연료의 대체 연료로 이용된다.
- 남조류는 원핵세포에 속한다.
- 해조류에 속하는 갈조류(미역, 다시마), 홍조류(김, 우뭇가사리), 녹조류(클로렐라, 파래) 등은 진핵세포인 원생생물이다.
- 클로렐라 : 단백질 함량(40~50%)이 높다. 비타민 A, B_1, B_2, C가 풍부하며 광합성하여 산소를 생성한다. 단세포이며 난형, 구형의 녹조류이다. 탄소원(CO_2), 질소원(요소) 이용

43 7분도미의 도정률은 약 몇 %인가?

① 100　　　　　　② 97
③ 94　　　　　　 ④ 91

해설
쌀 도정

종류	특성	도정률(%)	도감률(%)	소화율(%)
현미	벼의 왕겨층 제거, 벼중량 80%, 벼용적1/2	100	0	95.3
5분도미	겨층, 배아의 50% 제거	96	4	97.2
7분도미	겨층, 배아의 70% 제거	94	6	97.7
백미	겨층, 배아 100% 제거	92	8	98.4
배아미	배아가 떨어지지 않도록 도정			
주조미	술의 제조에 이용, 순수 배유만 남음	75 이하		

44 잼 제조 시 겔(gel)화의 조건으로 적합한 것은?

① 당도 60~65% ② 펙틴 2.0~2.5%
③ 산도 0.5% ④ pH 4.0

해설
젤리화
- 과실 중 펙틴(1~1.5%), 유기산(0.3%, pH 2.8~3.3), 당(60~65%)에 의해 형성
- 젤리(jelly)의 강도는 pectin의 농도, pectin의 ester화 정도, pectin의 결합도에 의해 결정
- 펙틴 : 갈락투론산 구성, 프로토펙틴, 펙틴, 펙틴산으로 분류
- 펙틴 양이 일정할 때 산의 양이 적어질수록 당분의 양이 많아야 젤리화가 일어난다.
- 산의 양이 일정할 때 펙틴 양이 증가할수록 당분의 양이 적어도 젤리화가 일어난다.

45 유지의 산패 측정 방법 중 화학적 방법이 아닌 것은?

① 과산화물가 측정 ② TBA가 측정
③ Oven test ④ AOM법

해설
유지의 산패 측정법
- 유지의 산소흡수도, 과산화물 생성량, carbonyl 화합물의 생성량 등을 측정
- 과산화물가, oven법, TBA(thiobarbituric acid value)법, 아니시딘가, 카르보닐가, Kreis test, AOM(active oxygen method)법 등
- oven법(schaal 오븐시험법) : 오븐에 유지를 넣고 65℃에 저장하면서 정기적으로 관능검사나 과산화물가를 측정하여 유지의 산패도를 측정하는 방법
- 과산화물값(peroxide value)과 공액 이중산값(conjugated dienoic acid) : 유지 1차 산화 생성물을 측정하는 방법
- 아니시딘값(anisidine value) : 유지 2차 산화 생성물인 2-alkenal을 측정하는 방법
- 휘발성분 중 헥산알(hexanal)은 리놀레산(linoleic acid)으로부터, propanal은 리놀렌산(linolenic acid)으로부터 산화 시 발생하는 성분으로 1차 산화 정도를 측정하는 데 활용
- TBA값(thiobarbituric acid value) : 유지 1차 산화 생성물인 말론알데하이드(malonaldehyde)를 측정하는 방법

46 산을 첨가했을 때 응고·침전하는 우유 단백질로, 유화제로도 사용되는 것은?

① 레닌(rennin)
② 글로불린(globulin)
③ 케이신(casein)
④ 알부민(albumin)

해설
casein은 우유의 주 단백질로 pH 4.6에서 등전점을 가지므로 산을 첨가 시 응고·침전한다.

47 과실주스 제조 시 청징에 사용하지 않는 것은?

① 난백 ② 펙틴 분해 효소
③ 젤라틴 및 탄닌 ④ 아스코르브산

해설
과일주스 제조 시 청징에 이용하는 것은 펙틴 분해 효소, 난백, 규조토, 젤라틴 및 탄닌 등이다.

정답 44 ① 45 ③ 46 ③ 47 ④

48 우유 5,000kg/h를 5℃에서 55℃까지 열교환기로 가열하고자 한다. 우유의 비열이 3.85kJ/(kg·K)일 때 필요한 열에너지 양은?

① 267.4kW ② 275.2kW
③ 282.3kW ④ 323.5kW

해설
열량 구하는 공식 : $Q=cmT$ (c : 비열, m : 질량, T : 온도차)
- 1시간은 3,600초, 5,000kg/h=1.388kg/s
- $3.85 \times 1.388 \times (55-5) = 267.36$

49 식품의 수증기압이 10mmHg이고 같은 온도에서 순수한 물의 수증기압이 20mmHg일 때 수분활성도는?

① 0.1 ② 0.2
③ 0.5 ④ 1.0

해설
수분활성도(A_w)
- 어떤 온도에서 식품이 나타내는 수증기압에 대한 순수한 물의 수증기압비로 정의된다.
  $A_w = \dfrac{P}{P_0}$, P : 식품의 수증기압, P_0 : 물의 수증기압
- 단, 식품의 수증기압은 식품 중 녹아 있는 용질의 종류와 양에 의해 영향을 받으므로 물의 몰수를 M_w, 용질의 몰수를 M_s라고 할 때 $A_w = \dfrac{M_w}{M_w + M_s}$ 가 된다.
- 식품의 수분활성도는 항상 1 미만
- 어패류나 수육과 같이 수분이 많은 식품의 A_w는 0.98~0.99, 곡물 등 수분이 적은 건조식품의 A_w는 0.60~0.64 정도
- 미생물 생육 최저 수분활성도 : 세균 0.91, 효모 0.88, 곰팡이 0.80, 내건성 곰팡이 0.65, 내삼투압성 효모 0.60 등
- $A_w = 10/20 = 0.5$

50 채소나 과실을 알칼리로 박피할 때 껍질이 제거되는 원리는?

① 껍질 자체를 알칼리가 분해시키기 때문
② 알칼리가 고온에서 전분을 분해시키기 때문
③ 껍질 밑층의 pectin질 등을 분해시켜 수용성으로 만들기 때문
④ 알칼리가 cellulose를 분해시키기 때문

해설
채소나 과실을 알칼리로 처리하면 껍질 밑층의 pectin질 등을 분해시켜 수용성으로 만들기 때문에 껍질이 쉽게 제거된다.

51 장류 제조 시 코지(Koji)를 사용하는 주된 목적은?

① 호기성균을 발육시켜 호흡작용을 정지시키기 위해
② 아미노산, 에스테르 등의 물질을 얻기 위해
③ 아밀라아제, 프로테아제 등의 효소를 생성하기 위해
④ 잡균의 번식을 방지하기 위해

해설
장류 제조 시 코지(Koji)를 사용하는 것은 여러 이유가 있지만 주된 목적은 아밀라아제, 프로테아제 등의 효소를 생성하여 단백질, 탄수화물을 분해하는 것이다.

52 유통기한 설정을 위한 실험결과 보고서의 내용 중 '제품의 특성'에 들어가지 않아도 되는 것은?

① 제조·가공 공정
② 사용원료 생산자
③ 포장재질, 포장방법, 포장단위
④ 보존 및 유통온도

해설
유통기한 설정 시 '제품의 특성'
- 이화학적, 미생물학적, 관능적 지표 설정
- 위생적, 영양적 특성 고려
- 측정이 용이하고 재현성이 있을 것
- 관능적 평가와 일치
- 포장재질, 포장방법, 포장단위, 제조·가공 공정, 보존조건, 유통실정 등

정답 48 ① 49 ③ 50 ③ 51 ③ 52 ②

53 계란을 이루는 세 가지 구조에 해당하지 않는 것은?

① 난각　　　　② 난황
③ 난백　　　　④ 기공

해설
계란
- 크게 난각, 난황, 난백의 3부분으로 이루어져 있다.
- 기포성, 유화성, 보수성을 지니고 있어 식품가공에 많이 이용된다.
- 난백장애물질인 avidin은 생체 내 biotin과 결합하여 비타민 결핍을 유발할 수 있다.

54 무발효빵 제조 시 사용되는 팽창제와 관계없는 것은?

① 과붕산나트륨　　　② 탄산수소나트륨
③ 탄산암모늄　　　　④ 주석산수소칼륨

해설
주요 팽창제
- 중조(NaHCO$_3$) : 탄산수소나트륨, 쓴맛, 혼합 부족 시 황색 반점 생성
- 탄산 암모니아 : 중조와 함께 사용
- 주석산 팽창제 : 중탄산소다와 주석산을 섞은 것, 불안정하여 사용 직전에 섞어 사용
- 주석산칼륨 팽창제 : 중조와 주석산칼륨을 섞어 만든 것, 안정하여 널리 사용

55 계란 저장 중 일어나는 변화로 틀린 것은?

① 농후난백의 수양화　　② 난황계수의 감소
③ 난중량 감소　　　　　④ 난백의 pH 하강

해설
계란의 선도검사
㉠ 외부적인 검사
- 비중법 : 신선란 1.0784~1.0914, 11% 식염수에 가라앉음(부패란은 뜬다.)
- 진음법 : 신선란은 소리가 나지 않고 묵은 알은 소리가 난다.
- 설감법 : 신선란은 따뜻한 느낌, 묵은 알은 차가운 느낌
- 신선란은 껍질이 거칠지만 저장 중 반들반들

㉡ 내부적인 검사
- 투시검사 : 검란기 사용, 오래될수록 기실이 크다.
- 할란검사 : 신선란의 난백계수는 0.06 정도, 신선란의 난황계수는 0.3~0.4 이나 저장 중 감소, 저장 중 pH 상승
㉢ 보통 HU(haugh unit) 값이 85 이상이다.

56 육제품의 주요 훈연 목적과 거리가 먼 것은?

① 저장성 증진　　② 산화 방지
③ 풍미 증진　　　④ 영양 증진

해설
훈연의 목적
- 염지육색이 가열에 의하여 안정되어 제품의 색 향상
- 훈연 연기 중 페놀(phenol), 유기산, formaldehyde, acet-aldehyde의 살균작용
- 훈연취에 의한 독특한 풍미 부여
- 건조, 살균, 항산화작용에 의한 저장성 향상
- 건조에 의한 수분 감소로 수분활성도 감소
- 온훈법 : 30~50℃에서 5~10시간, 냉훈법 : 10~20℃에서 1~3주간, 열훈법 : 50~80℃에서 수 시간, 훈연액법 등

57 각 전분의 특성에 대한 설명이 틀린 것은?

① 감자전분 - 전분의 입자 크기가 크다.
② 찰옥수수전분 - 아밀로펙틴의 함량이 높다.
③ 밀전분 - 아밀로오스와 아밀로펙틴의 비율이 25 : 75 정도이다.
④ 타피오카전분 - 아밀로오스 100%로 구성되어 있다.

해설
타피오카전분은 아밀로펙틴이 83%로 다른 곡류에 비해 아밀로펙틴의 비율이 높다.

58 육류가 사후경직되면 글리코겐과 젖산은 각각 어떻게 변하는가?

① 글리코겐 증가, 젖산 증가
② 글리코겐 감소, 젖산 감소
③ 글리코겐 증가, 젖산 감소
④ 글리코겐 감소, 젖산 증가

해설

사후경직
- 근육 글리코겐 분해에 따라 젖산 생성, ATP 생성, 근육 경직 발생(액토미오신 형성)
- 생선 1~4시간, 닭 6~12시간, 쇠고기 24~48시간, 돼지 70시간 후 최대 사후경직
- 경직해제 후 자가소화 효소에 의한 숙성
- 쇠고기 숙성은 0℃에서 10일간, 8~10℃에서 4일간
- 육류(pH 7.0) – 사후강직(pH 5.0) – 자가소화(autolysis, pH 6.2) – 부패(pH 12)
- 육류를 숙성시키면 신장성과 보수성이 증가한다.

59 염장을 통한 방부 효과의 원리가 아닌 것은?

① 탈수에 의한 수분활성도 감소
② 삼투압에 의한 미생물의 원형질 분리
③ 산소 용해도 감소
④ 단백질 분해효소의 작용 촉진

해설

염장법 : 10%의 소금을 이용하여 저장하는 방법
- 삼투압에 의해 원형질 분리
- 탈수에 의한 미생물 사멸
- 염소 자체의 살균력
- 용존산소 감소 효과에 따른 화학반응 억제
- 단백질 변성에 의한 효소의 작용억제 등의 효과
- 건염법은 10~15%, 염수법은 20~25%를 사용하여 채소류나 어류에 이용

60 극성이 낮아 유지작물로부터 식용 유지를 추출할 때 가장 많이 사용하는 용매는?

① 물(water) ② 핵산(hexane)
③ 벤젠(benzene) ④ 에테르(ether)

해설

식용유지 제법
- 압착법, 추출법은 식물유지 채취, 용출법은 동물유지 채취 이용
- 용출법(melting process) : 동물성 원료를 가열시켜서 유지 제조
- 압착법(expression process) : 식물질 원료에 기계적인 압력을 가하여 유지 제조
- 추출법(extraction process) : 식물성 원료를 유기용매로 녹여서 제조, 추출용매는 벤젠, 에틸알코올, 노멀 헥산, 아세톤, CS_2 등을 사용
- 추출용매는 가격이 저렴하고, 유지 이외의 물질은 추출하지 말아야 하며 기화열과 비열이 낮아 회수가 쉬워야 한다.

4과목 식품미생물학

61 포도주 발효에 가장 많이 사용되는 효모는?

① *Saccharomyces sake*
② *Saccharomyces coreanus*
③ *Saccharomyces ellipsoideus*
④ *Saccharomyces carlsbergensis*

해설

발효에 이용하는 효모
- *Saccharomyces cerevisiae var. ellipsoideus* : 포도주
- *Saccharomyces coreanus* : 막걸리 효모
- *Zygosaccharomyces rouxii* : 된장의 주 효모
- *Saccharomyces carlsbergensis* : 맥주의 하면발효 효모
- *Saccharomyces sake* : 청주 효모

62 곰팡이에 대한 설명 중 틀린 것은?

① 균사 조각이나 포자에 의해 증식한다.
② 자낭포자는 무성생식에 의해 형성된다.
③ 호기성 미생물이다.
④ 유성생식 세대가 없는 것을 불완전균류라 한다.

해설

곰팡이(진균류)
- 균사(hyphae)로 영양섭취와 발육을 담당, 호기성 미생물
- 진균류는 조상균류와 순정균류로 분류
- 조상균류(격막 없음) : 접합균류, 난균류, 호상균류
- 순정균류(격막 있음) : 자낭균류, 담자균류, 불완전균류(유성 세대가 없음)
- 무성포자 : 내생포자, 외생포자, 후막포자, 분열자
- 유성포자 : 접합포자, 난포자, 자낭포자(8개 포자), 담자포자(4개 포자)

정답 59 ④ 60 ② 61 ③ 62 ②

63 아밀라아제(amylase)를 생산하지 못하는 미생물은?

① *Aspergillus oryzae*
② *Rhizopus delemar*
③ *Aspergillus niger*
④ *Acetobacter aceti*

해설
당화효소
- *Aspergillus oryzae, Rhizopus delemar, Aspergillus niger*는 당화효소인 아밀라아제를 생산한다.
- *Acetobacter aceti* : 알코올을 산화하여 초산을 생성하는 초산균

64 고정화 효소(immobilized enzyme)에 대한 설명으로 틀린 것은?

① 미생물 오염의 위험성이 감소한다.
② 안정성이 증가한다.
③ 재사용이 가능하다.
④ 반응의 연속화가 가능하다.

해설
고정화 효소
- 효소를 담체(carrier)에 부착시켜 지속적으로 촉매 활성을 하도록 만든 것
- 연속반응이 가능하여 안정성이 크며 효소의 손실도 막을 수 있다.
- 반응생성물의 정제가 쉽다.

65 영양세포의 원형질 속에 가장 많이 포함되어 있는 성분은?

① 단백질   ② 당분
③ 지방   ④ 수분

해설
원형질 성분에서 가장 많은 것은 수분으로 세포에 따라 65~95%를 구성하고 있다.

66 다음 중 포자형성 세균은?

① *Acetobacter aceti*
② *Escherichia coli*
③ *Bacillus subtilis*
④ *Streptococcus cremoris*

해설
대표적인 포자형성 세균은 *Bacillus* 속과 *Clostridium* 속이다.

67 미생물 증식량의 측정법과 거리가 먼 것은?

① 건조 균체량 측정   ② 균체 질소량 측정
③ 비탁법에 의한 측정   ④ micrometer 이용법

해설
미생물 증식도 측정
- 총균계수법 측정에서 0.1% methylene blue로 염색, 사균은 청색
- 곰팡이와 방선균의 증식도는 일반적으로 건조균체량으로 측정
- Packed volume법 : 일정한 조건으로 원심분리하여 얻은 침전된 균체의 용적을 측정
- 비탁법은 세포현탁액에 의하여 산란된 광의 양을 전기적으로 측정
- micrometer 이용법은 균체의 크기 측정

68 포도당 1kg이 젖산으로 모두 발효될 때 얻는 젖산은 몇 g인가?(단, 포도당 분자량 : 180, 젖산 분자량 : 90)

① 500g   ② 800g
③ 1,000g   ④ 2,000g

해설
동형 젖산 발효
- $C_6H_{12}O_6 \rightarrow 2CH_3 \cdot CHOH \cdot COOH$
  Glucose   Latic acid
  이론상으로는 분자량이 동일하므로 100% 수율
- 젖산균 : *Lactobacillus acidophilus*, *Lactobacillus delbrueckii* (포도당), *L. bulgaricus, L. casei*(우유)
- L-형 젖산은 인체에 이용
- 10%당, pH 5.5~6.0, 45~50℃, 80~90% 수율

정답 63 ④ 64 ① 65 ④ 66 ③ 67 ④ 68 ③

69 원핵세포의 구조와 기능이 잘못 연결된 것은?

① 세포벽 – 세포의 기계적 보호
② 염색체 – 단백질의 합성 장소
③ 편모 – 운동력
④ 세포막 – 투과 및 수송능

해설
단백질의 합성 장소는 리보솜이며 염색체는 DNA 복합체이다.

70 액체 배지에서 초산균의 특징은?

① 균막을 형성하고 혐기성이다.
② 균막을 형성하고 호기성이다.
③ 균막을 형성하지 않으며 혐기성이다.
④ 균막을 형성하지 않으며 호기성이다.

해설
초산균(acetic acid bacteria)
- 알코올을 산화하여 초산 생성, G(-), 호기성, 간균, 운동성이 있는 것 또는 없는 것
- 액체배지에서 균막 형성
- 주요 균 : *Acetobacter* 속, *Gluconobacter* 속
- *Acetobacter aceti*(식초 제조), *Gluconobacter roseus*(글루콘산, 피막 형성)

71 김치 발효에서 발효 초기 우세균으로 김치맛에 영향을 미치는 미생물은?

① *Leuconostoc mesenteroides*
② *Streptococcus thermophilus*
③ *Saccharomyces cerevisiae*
④ *Asppergillus oryzae*

해설
김치 : 한국의 전통 침채류
- 절인 배추, 무, 고추, 마늘, 생강, 젓갈 첨가, 저온 젖산 숙성한 발효식품
- 발효 초기 : *Leuconostoc mesenteroids*, 젖산, 탄산가스에 의해 산성화 호기성 세균 억제
- 발효 후기 : *Lactobacillus plantarum*, *Lactobacillus brevis*, 내산성

- 발효온도가 낮을수록, 식염농도가 높을수록 *Lactobacillus*, *Pediococcus* 증식이 유리

72 간장의 제조공정에 사용되는 균주는?

① *Aspergillus tamari*
② *Aspergillus sojae*
③ *Aspergillus flavus*
④ *Aspergillus glaucus*

해설
제국 균주
- *Aspergillus sojae* : 간장, 개량식 메주, 발효사료 제조
- *Aspergillus awamori*, *Aspergillus usami* : 일본 소주 제조
- *Aspergillus kawachii* : 약주, 탁주 제조
- *Aspergillus oryzae*(황국균) : 전분 당화력(α-amylase), 단백질 분해력이 강해 청주, 된장, 간장 제조에 이용, 개량 메주 제조 시 인공 접종하여 이용

73 각 효모의 특징에 대한 설명으로 틀린 것은?

① *Schizosaccharomyces* 속 – 분열법으로 증식한다.
② *Torulopsis* 속 – 유지 생산균이다.
③ *Candida* 속 – 탄화수소를 자화시키는 효모가 많다.
④ *Debaryomyces* 속 – 내염성 산막효모이다.

해설
Torulopsis 속
- 난형, 구형, 식품 변패의 원인, 무포자효모
- *Torulopsis versatilis*와 *Torulopsis etchellsii*
- 호염성, 간장 방향성 관련 후숙효모
- *Rhodotorula* 속이 유지 생산균이다.

74 다음 중 대장균군에 대한 설명이 틀린 것은?

① Gram 음성 무포자 간균이며, 호기성 또는 통성혐기성이다.
② 유당을 분해하여 가스를 발생시키는 특징이 있다.
③ 일반적으로 식품이나 용수의 오염지표균으로 사용된다.
④ 호염성 세균으로 해수에 주로 존재한다.

해설

대장균(*E. coli*)
- 장내에 서식하며 그람음성, 운동성, 간균, 통성혐기성균
- 유당을 분해하여 CO_2와 H_2가스를 생산
- 대부분이 매우 무해하나 변종 중에는 식중독균이 있다.
- 식품위생 지표 세균

75 유산균이 아닌 것은?

① *Lactobacillus* 속　② *Leuconostoc* 속
③ *Pediococcus* 속　④ *Streptomyces* 속

해설

Streptomyces 속은 유산균이 아니라 방선균으로 항생물질과 여러 효소의 생산에 이용한다.

76 청주, 간장, 된장의 제조에 사용되는 Koji 곰 팡이의 대표적인 균종으로 황국균이라고 하는 곰팡이는?

① *Aspergillus oryzae*　② *Aspeergillus niger*
③ *Aspergillus flavus*　④ *Aspergillus fumigatus*

해설

종국(코지균)
- *Aspergillus oryzae*(황국균) : 전분 당화력(α-amylase), 단백질 분해력이 강해 청주, 된장, 간장 제조에 이용, 개량 메주 제조 시 인공 접종하여 이용
- *Aspergillus niger*(흑국균) : 집락은 흑색, 전분 당화력(β-amylase)이 강하고 당액을 발효하여 구연산 등 유기산 발효 공업에 이용

77 이상발효 젖산균의 대표적인 포도당 대사 반응식은?

① $C_6H_{12}O_6 \rightarrow 2C_2H_5OH + 2CO_2$
② $C_6H_{12}O_6 \rightarrow 2CH_3 \cdot CHOH \cdot COOH$
③ $C_6H_{12}O_6 \rightarrow CH_3 \cdot CHOH \cdot COOH + C_2H_5OH + CO_2$
④ $C_6H_{12}O_6 \rightarrow CH_3 \cdot CHOH \cdot COOH + CH_3CHO + CO_2$

해설

젖산균
- 동형발효 젖산균 : 당을 발효하여 젖산만 생성 – *Streptococcus* 속, *Pediococcus* 속, *Lactobacillus* 속(*Lactobacillus acidophilus, Lactobacillus bulgaricus, Lactobacillus delbruekii, Lactobacillus casei, Streptococcus thermophilus, Lactobacillus homohiochii*)
- 이형발효 젖산균 : 당을 발효하여 젖산 이외에 초산, 에탄올, CO_2 등 생성 – *Leuconostoc* 속, *Lactobacillus* 속(*Lactobacillus brevis, Leuconostoc mesenteroides, Lactobacillus heterohiochii*)
- $C_6H_{12}O_6 \rightarrow CH_3 \cdot CHOH \cdot COOH + C_2H_5OH + CO_2$

78 맥주 제조에 사용되는 효모는?

① *Saccharomyces fragilis*
② *Saccharomyces peka*
③ *Saccharomyces cerevisiae*
④ *Zygosaccharomyces rouxii*

해설

발효에 이용하는 효모
- *Saccharomyces cerevisiae* : 맥주의 상면발효 효모
- *Saccharomyces coreanus* : 막걸리 효모
- *Zygosaccharomyces rouxii* : 된장의 주 효모
- *Saccharomyces carlsbergensis* : 맥주의 하면발효 효모

79 통조림의 살균 부족으로 잔존하기 쉬운 독소 형성 세균은?

① *Streptococcus faecalis*
② *Clostridium botulinum*
③ *Bacillus subtilis*
④ *Lactobacillus casei*

해설

보툴리눔 식중독
- 원인균 : *Clostridium botulinum*
- 독소 : 단백질성 neurotoxin(신경 독소)으로 사망률이 50%로 높으나 열에 약하여 100℃에서 10분, 80℃에서 30분이면 파괴된다.
- 그람양성, 포자(곤봉모양)형성, 혐기성 간균, 토양·하천·호수·바다흙·동물의 분변에 존재, A~G형 7종 중 A, B, E형이 사람에게 중독을 일으킨다. 잠복기는 보통 12~30시간

정답　75 ④　76 ①　77 ③　78 ③　79 ②

이며 주 증상은 구토, 복통, 설사에 이어 신경증상을 보이며 호흡마비 후 사망에 이른다.
• 원인식품 : 육류 및 통조림, 어류 훈제 등
• 통조림의 살균 지표균

80 제조방법에 따른 술의 분류 시 단행 복발효주에 해당되는 것은?

① 맥주 ② 포도주
③ 위스키 ④ 고량주

해설

발효주(효모 이용 알코올 발효)
㉠ 단발효주 : 당질에서 발효(포도주, 과실주)
㉡ 복발효주 : 전분을 효소 당화시킨 후 알코올 발효
 • 단행 복발효주 : 당화공정과 발효공정을 분리 진행(맥주)
 • 병행 복발효주 : 당화와 동시에 발효 진행(청주, 탁주)

5과목 식품제조공정

81 액체 중에 들어 있는 침전물이나 불순물을 걸러내는 여과기에 속하지 않는 것은?

① 중력 여과기 ② 압축 여과기
③ 진공 여과기 ④ 이송 여과기

해설

액체 중에 들어 있는 침전물이나 불순물을 걸러내는 여과기에는 중력여과기, 압축여과기, 진공여과기 등이 있다.

82 반죽 상태의 식품을 노즐을 통해 밀어내어 일정한 모양을 가지게 하는 식품 성형기는?

① 압출성형기 ② 압연성형기
③ 응괴성형기 ④ 주조성형기

해설

성형
• 주조성형 : 일정한 모양의 틀에 원료를 넣고 가열 또는 냉각시켜 성형(빙과, 빵, 쿠키)
• 압연성형 : 반죽을 회전롤 사이로 통과시켜 면대를 만들어 세절하거나 압절 성형(국수, 비스킷 등)
• 압출성형 : 반죽 등 반고체 원료를 노즐 또는 die를 통해 강한 압력으로 밀어내어 성형(스낵, 마카로니 등)
• 응괴성형 : 건조분말을 수증기로 뭉치게 하고 건조하여 응괴 성형, 물에 쉽게 용해(인스턴트 커피, 분말주스, 조제분유 등)
• 과립성형 : 젖은 상태의 분체 원료를 회전틀에서 당액이나 코팅제를 뿌려 과립 성형(초콜릿 볼, 과립형 껌 등)
• 압출면 : 반죽을 압출기의 작은 구멍으로 뽑아낸 국수(당면, 마카로니 등)

83 일반적으로 여과 보조제로 많이 사용되는 재료는?

① 규조토 ② 한천
③ 벤젠 ④ 다이옥신

해설

여과 보조제로 규조토, 안트라사이트 등을 사용한다.

84 추출공정에서 용매로서의 조건과 거리가 먼 것은?

① 가격이 저렴하고 회수가 쉬워야 한다.
② 물리적으로 안정해야 한다.
③ 화학적으로 안정해야 한다.
④ 비열 및 증발열이 적으며 용질에 대하여는 용해도가 커야 한다.

해설

추출법(extraction process)
• 식물성 원료를 유기용매로 녹여서 제조, 추출용매는 벤젠, 에틸알코올, 노멀 헥산, 아세톤, CS_2 등을 사용
• 추출용매는 가격이 저렴하고, 유지 이외의 물질은 추출하지 말아야 하며 기화열과 비열이 낮아 회수가 쉬워야 한다.
• 화학적으로 안정해야 한다.

정답 80 ① 81 ④ 82 ① 83 ① 84 ②

85 각 분쇄기의 설명으로 틀린 것은?

① 롤 분쇄기 : 두 개의 롤이 회전하면서 압축력을 식품에 작용하여 분쇄한다.
② 해머 밀 : 곡물, 건채소류 분쇄에 적합하다.
③ 핀 밀 : 충격식 분쇄기이며 충격력은 핀이 붙은 디스크의 회전속도에 비례한다.
④ 커팅 밀 : 열과 인장력을 작용하여 분쇄한다.

해설

분쇄기 종류
- 해머밀(hammer mill) : 회전축에 해머가 장착되어 분쇄, 막대, 칼날, T자형 해머 등(임팩트밀, 다목적밀, 설탕, 식염, 곡류, 마른 채소, 옥수수 전분 등에 사용)
- 볼밀(ball mill) : 회전 원통 속에 금속, 돌 등과 원료를 함께 회전하여 분쇄(곡류, 향신료 등 수분 3~4% 이하 재료에 적당)
- 핀밀(pin mill) : 고정판과 회전원판 사이에 막대모양 핀이 있어 고속 회전으로 분쇄(설탕, 전분, 곡류 등 건식과 콩, 감자, 고구마의 습식이 있다.)
- 롤밀(roll mill) : 두 개의 회전 금속 롤 사이에 원료를 넣어 분쇄(밀가루 제분, 옥수수, 쌀가루 제분에 이용)
- 디스크밀(disc mill) : 홈이 파여 있는 두 개의 원판 사이에 원료를 넣어 분쇄(옥수수, 쌀의 분쇄에 이용)
- 습식분쇄 : 고구마, 감자의 녹말제조, 과일, 채소의 분쇄, 생선이나 육류 가공 시 이용(맷돌, 절구나 고기를 가는 chopper 등)

86 포자를 형성하는 *Bacillus*속의 내열성균을 완전히 살균하기 위하여 100°C에서 일정 시간 간격으로 반복하여 멸균하는 살균법은?

① 초고온 살균법(UHT)
② 고온 순간 살균법(HTST)
③ 간헐 살균법
④ 전자파 살균법

해설

간헐 멸균법
포자까지 사멸시키는 멸균법으로 100°C에서 3회(24시간 간격)에 걸쳐 시행

87 흡출, 송출밸브가 설치된 실린더 속을 피스톤이 왕복하여 액체를 이송시키는 펌프가 아닌 것은?

① 워싱 펌프(washing pump)
② 플런저 펌프(plunger pump)
③ 미터링 펌프(metering pump)
④ 스크루 펌프(screw pump)

해설

스크루 펌프(screw pump)는 스크루를 이용하여 물질을 이송시킨다.

88 단팥죽을 제조하기 위해 팥을 구입했는데 완두콩과 대두가 섞여 있는 경우가 발생하였다. 팥의 순도를 올리기 위해 어느 선별기를 선택하는 것이 좋은가?

① 풍력선별기
② 색채선별기
③ 비중선별기
④ 중력선별기

해설

선별기
㉠ 무게에 의한 선별 : 과일(사과, 배, 오렌지 등), 채소(무, 당근, 감자 등), 계란, 육류, 생선 등 선별
㉡ 크기에 의한 선별 : 체(sieve)를 크기 선별에 많이 이용, 단위 1mesh는 가로, 세로 1인치(2.54cm)에 들어 있는 눈금의 수, mesh가 클수록 가는 체(평판체 : 곡류, 밀가루, 소금 선별) – 회전원통체, 롤러선별기 등(과일, 채소 선별)
㉢ 모양에 의한 선별 : 작업의 효율을 위해 폭과 길이에 따라 선별(감자, 오이, 곡류) – 디스크형, 실린더형
㉣ 광학에 의한 선별
- 전자기적 스펙트럼을 이용, 반사(복사, 산란, 반사)와 투과에 의해 선별
- 채소의 숙성, 중심부의 결함, 외부물질 혼입 선별(채소, 과일, 곡류)
- 광학적 색깔 선별(표준색과 비교), 기기적 색깔 선별(서로 다른 불균형 정도)

89 곡류와 같은 고체를 분쇄하고자 할 때 사용하는 힘이 아닌 것은?

① 충격력(impact force)
② 유화력(emulsification)
③ 압축력(compression force)
④ 전단력(shear force)

[해설]
분쇄
- 고체 원료를 충격력, 압축력, 전단력을 이용해 작게 만드는 공정
- 유효 성분의 추출효율 증대
- 건조, 추출, 용해력 향상
- 혼합능력과 가공효율 증대
- 원료의 경도와 마모성, 열에 대한 안정성, 원료의 구조, 수분 함량 등을 고려하여 분쇄기 선정

90 원심분리기에 회전속도를 2배 늘리면 원심력은 몇 배 증가하는가?

① 1배　　② 2배
③ 4배　　④ 8배

[해설]
원심분리기
- 동일한 rpm을 유지할 경우 원심력은 로터 반지름에 비례적으로 증가한다.
- 회전속도를 높이면 속도의 배로 원심력은 증가한다.

91 다음 중 열의 대류에 의해 건조하는 방법이 아닌 것은?

① 유동층 건조　　② 분무 건조
③ 드럼 건조　　　④ 터널형 열풍 건조

[해설]
전도형 건조기
직접적 접촉에 의한 열전달이 이루어지며, 드럼 건조기, 진공 건조기, 팽화 건조기 등이 있다.

92 증발농축 시 관석현상에 대한 설명이 아닌 것은?

① 관석현상이 일어나면 열전달이 방해되어 증발 효율이 떨어진다.
② 원료에 섬유질이나 단백질이 많으면 더욱 잘 일어난다.
③ 관석현상을 줄이려면 원료의 흐름을 느리게 해야 한다.
④ 관석현상을 줄이려면 주기적으로 가열부를 청소해야 한다.

[해설]
농축
- 식품 중 수분을 제거하여 용액의 농도를 높이는 조작
- 점도 상승, 거품 발생, 비점 상승, 관석 발생
- 관석현상을 줄이려면 원료의 흐름을 빠르게 한다.
- 결정, 건조 제품을 만들기 위한 예비 단계로 이용
- 잼과 같이 농축에 의한 새로운 풍미 제공
- 저장성, 보존성 향상, 수송비 절약 효과
- 잼, 엿, 캔디, 천일염, 연유 등

93 다음 중 건조한 상태에서 세척하는 방법이 아닌 것은?

① 초음파세척(ultrasonic cleaning)
② 마찰세척(abrasion cleaning)
③ 흡인세척(aspiration cleaning)
④ 자석세척(magnetic cleaning)

[해설]
건식 세척
- 크기가 작고 기계적 강도가 있으며 수분 함량이 적은 곡류, 견과류 세척에 이용
- 시설비, 운영비가 적고 폐기물처리가 간단하지만, 재오염 가능성이 크다.
- 송풍분류기(air classifier) : 송풍 속에 원료를 넣어 부력과 공기 마찰로 세척
- 마찰세척(abrasion cleaning) : 식품 재료 간 상호 마찰에 의해 분리
- 자석세척(magnetic cleaning) : 원료를 강한 자기장에 통과시켜 금속 이물질 제거

정답　89 ②　90 ③　91 ③　92 ③　93 ①

- 정전기적 세척(electrostatic cleaning) : 원료 함유 미세먼지를 방전시켜 음전하로 만든 뒤 제거, 차 세척(tea cleaning)에 이용
- 흡인세척(aspiration cleaning) 등
- 초음파세척은 습식 세척이다.

94 식품의 내열성에 영향을 미치는 인자가 아닌 것은?

① 열처리 온도　　② 식품의 구성성분
③ 수분활성도　　④ 열공급원

[해설]
식품의 내열성에 영향을 미치는 인자는 열처리 온도, 식품의 구성성분, 수분활성도 등이다.

95 건조제에 의한 건조법에서 사용하는 건조제로 적합하지 않은 것은?

① 무수 염화칼슘　　② 오산화인
③ 실리카겔　　④ 염산

[해설]
건조제로는 실리카겔, 황산, 무수염화칼슘, 오산화인 등이 이용된다.

96 가장 작은 크기의 용질을 분리할 수 있는 방법은?

① 정밀여과(microfiltration)
② 역삼투(reverse osmosis)
③ 한외여과(ultrafiltration)
④ 체분리

[해설]
막여과
- 정밀여과 : 세균이나 색소 제거에 이용, 바이러스나 단백질은 통과
- 한외여과 : 바이러스나 단백질 같은 고분자 물질 제거, 당과 같은 저분자 물질 통과
- 역삼투 : 반투막을 이용하여 물 같은 용매에서 당이나 염 같은 용질 분리, 아세트산 셀룰로오스, 폴리설폰 등 이용, 바닷물의 담수화, 높은 압력 요구
- 투석법 : 염이나 당 같은 저분자는 통과하지만 단백질 같은 고분자는 통과하지 못하는 반투막을 이용하여 분리

97 식품 원료를 광학 선별기로 분리할 때 사용되는 물리적 성질은?

① 무게　　② 색깔
③ 크기　　④ 모양

[해설]
선별기
㉠ 무게에 의한 선별 : 과일(사과, 배, 오렌지 등), 채소(무, 당근, 감자 등), 계란, 육류, 생선 등 선별
㉡ 크기에 의한 선별 : 체(sieve)를 크기 선별에 많이 이용, 단위 1mesh는 가로, 세로 1인치(2.54cm)에 들어 있는 눈금의 수, mesh가 클수록 가는 체(평판체 : 곡류, 밀가루, 소금 선별) - 회전원통체, 롤러선별기 등(과일, 채소 선별)
㉢ 모양에 의한 선별 : 작업의 효율을 위해 폭과 길이에 따라 선별(감자, 오이, 곡류) - 디스크형, 실린더형
㉣ 광학에 의한 선별
- 전자기적 스펙트럼을 이용, 반사(복사, 산란, 반사)와 투과에 의해 선별
- 채소의 숙성, 중심부의 결함, 외부물질 혼입 선별(채소, 과일, 곡류)
- 광학적 색깔 선별(표준색과 비교), 기기적 색깔 선별(서로 다른 불균형 정도)

98 식품의 식중독균이나 부패에 관여하는 미생물만 선택적으로 살균하여 소비자의 건강에 해를 끼치지 않을 정도로 부분 살균하는 방법은?

① 냉살균　　② 상업적 살균
③ 멸균　　④ 무균화

[해설]
상업적 살균
- 완전멸균에 따른 식품 영양가 파손을 방지하고자 필요한 미생물만 사멸시키는 멸균으로 상품가치 손실을 최소화시키는 것
- 초기 미생물 오염도, 미생물의 내열성, pH에 따라 살균조건 설정
- 70~100℃, 10~20분 후 30℃ 급랭

- 미생물 수가 많을수록 높은 온도, 긴 시간 살균
- 내용물이 pH가 낮은 산성일수록 낮은 온도, 살균시간 단축
- 용기 또는 내용물의 열전달이 잘될수록 살균시간 단축
- 식품의 내용물 중에 가스가 없고 충진이 꽉 찰수록 살균 용이

99 식품 Extruder에서 수행될 수 있는 단위공정이 아닌 것은?

① 냉각(cooling)
② 혼합(mixing)
③ 조리(cooking)
④ 성형(forming)

[해설]

압출 가공공정(Extrusion)의 특성
수행될 수 있는 단위공정은 열처리, 혼합, 분리, 압착, 배열, 팽화, 성형, 조리 과정을 거친다.

100 사탕 등 당류 가공품을 제조할 때 kneading 공정을 설명한 것 중 틀린 것은?

① Kneading은 점성이 높은 액상 물질의 혼합에 적합하다.
② Kneading 과정에 carbonation을 할 수 있다.
③ Kneading 공정을 통해 조직이 치밀해진다.
④ Z형 교반날개가 장착되어 있으며, 원료 혼합물의 신연, 포갬, 뒤집힘 등 다양한 동작이 가능하다.

[해설]

치댐(kneading)
- 밀가루 반죽과 같은 고점도 반고체의 혼합에 적합하다.
- Z형 교반날개가 장착되어 접음(folding), 전단(shearing)과 함께 작용한다.
- Kneading 과정에 carbonation을 할 수 있다.
- 조직이 유연해진다.

CHAPTER 15 · 2018년 2회 식품기사

1과목 식품위생학

01 dioxin이 인체 내에 잘 축적되는 이유는?

① 물에 잘 녹기 때문
② 지방에 잘 녹기 때문
③ 주로 호흡기를 통해 흡수되기 때문
④ 상온에서 극성을 가지고 있기 때문

[해설]
다이옥신은 쓰레기 소각장에서 젖은 플라스틱류의 소각 시 주로 발생되며, 과거 베트남전에서 고엽제로 사용되었고 발암성 물질이다. 유기화합물로 지방에 잘 녹는다.

02 식품 중 단백질과 질소화합물을 함유한 식품 성분이 미생물의 작용으로 분해되어 악취와 유해물질을 생성하여 식품가치를 잃어버리는 현상은?

① 발효   ② 부패
③ 변패   ④ 열화

[해설]
변질의 종류
- 부패(putrefaction) : 단백질이 미생물에 의해 악취와 유해물질을 생성
- 발효(fermentation) : 탄수화물이 효모에 의해 유기산이나 알코올 등을 생성
- 산패(rancidity) : 지질이 산소와 반응하여 변질되어 이미, 산패취, 과산화물 등을 생성
- 변패(deterioration) : 미생물에 의해 탄수화물이나 지질이 변질
- 갈변(browning) : 효소적 또는 비효소적 요인에 의하여 식품이 산화·갈색화되는 현상

03 식품의 점도를 증가시키고 교질상의 미각을 향상시키는 고분자의 천연물질 또는 그 유도체인 식품첨가물이 아닌 것은?

① methyl cellulose
② sodium carboxymethyl starch
③ sodium alginate
④ glycerin fatty acid ester

[해설]
①~③은 증점제(호료)이며 glycerin fatty acid ester는 유화제이다.

04 식품의 원재료에는 존재하지 않으나 가공처리공정 중 유입 또는 생성되는 유해인자와 거리가 먼 것은?

① 트리코테신(trichothecene)
② 다핵방향족탄화수소(polynuclear aromatic hydro-carbons ; PAHs)
③ 아크릴아마이드(acrylamide)
④ 모노클로로프로판디올(monochloropropandiol ; MCPD)

[해설]
식품 가공처리 중 유해인자
- 아크릴아마이드 : 아미노산과 당이 120℃ 열에 의해 결합하는 마이야르 반응을 통하여 생성되는 물질로 조리, 가공 중 자연적으로 생성하는 발암물질
- PAH(다환방향족탄화수소, 3,4-벤조피렌류) : 육류의 가열 분해로 생성되며 강력한 발암성 물질
- 모노클로로프로판디올(monochloropropandiol ; MCPD) : 화학간장 제조 시 발생되는 발암성 물질
- 트리코테신(trichothecene) : *Fusarium*, *Myrothecium* 등의 곰팡이들이 만드는 일군의 곰팡이독

정답 01 ② 02 ② 03 ④ 04 ①

05 장염비브리오균의 특징에 해당하는 것은?

① 아포를 형성한다.
② 열에 강하다.
③ 감염형 식중독균으로 전형적인 급성 장염을 유발한다.
④ 편모가 없다.

해설

장염 비브리오 식중독
- 원인균 : *Vibrio parahaemolyticus*
- 그람음성, 포자 비형성 무포자간균, 단모균, 호상균, 3~4% 호염균
- 감염형 식중독으로 잠복기는 평균 10~18시간, 주 증상은 복통·구토·설사·발열 등
- 원인 식품은 어패류의 생식이며 열에 약하다.

06 황색포도상구균 식중독의 특징이 아닌 것은?

① 장내독소인 enterotoxin에 의한 독소형이다.
② 잠복기가 짧은 편으로 급격히 발병한다.
③ 사망률이 다른 식중독에 비해 비교적 낮다.
④ 열이 39℃ 이상으로 지속된다.

해설

황색포도알균(*Straphylococcus aureus*)
- 그람양성, catalase 양성, cagulase 양성
- 5종의 혈청형 식중독균, 피부상재균
- 상처의 화농균(고름)으로 손에 상처 시 조리 금지
- 잠복기 3시간, 구토증세, 사망률이 낮다.
- enterotoxin(장독소)분비 : 내열성이 커 100℃에서 1시간 가열로 파괴되지 않으며 218~248℃, 30분 이상 가열로 파괴
- 중성에서 증식 시 독소 생산, 산성하에서 독소를 생산하지 못함
- 균 자체는 100℃에서 30분 후 사멸

07 다음과 같은 목적과 기능을 하는 식품첨가물은?

- 식품의 제조과정이나 최종제품의 pH 조절
- 부패균이나 식중독 원인균 억제
- 유지의 항산화제 작용이나 갈색화 반응 억제 시의 상승제 기능
- 밀가루 반죽의 점도 조절

① 산미료 ② 조미료
③ 호료 ④ 유화제

해설

산미료
- 식품에 신맛을 부여하거나 pH를 낮추는 목적으로 사용한다. 산은 청량감을 주고 소화를 촉진하며 보전성에도 기여한다.
- 부패균이나 식중독 원인균 억제
- 유지의 항산화제 작용이나 갈색화 반응 억제 시의 상승제 기능
- 밀가루 반죽의 점도 조절
- 초산 및 빙초산, 구연산 등

08 몸길이 0.3mm의 유백색 또는 황백색이고, 여름 장마 때에 흔히 발생하며, 곡류, 과자, 빵, 치즈 등에 잘 발생하는 진드기는?

① 설탕진드기 ② 집고기진드기
③ 보리먼지진드기 ④ 긴털가루진드기

해설

긴털가루진드기
몸길이 0.3mm의 유백색 또는 황백색이고, 여름 장마 때에 흔히 발생하며, 곡류, 과자, 빵, 치즈 등에 잘 발생

09 HACCP의 7원칙에 해당하지 않는 것은?

① 위험요소 분석
② 문서화, 기록유지방법 설정
③ CCP 모니터링 체계 확립
④ 공정흐름도 작성

해설

HACCP 실행단계(HACCP 7원칙)
- 위해요소 분석(HA ; Hazard Analysis, 원칙 1) : 식품 공정의 각 단계별로 잠재적인 생물학적, 화학적, 물리적 위해요소를 분석
- 중요관리점 설정(CCP ; Critical Control Point, 원칙 2) : 각 위해요소를 예방, 제거하거나, 허용수준 이하로 감소시키는 절차
- 허용기준 설정(Critical Limit, 원칙 3) : 안전을 위한 절대적 기준치로 온도, 시간, 무게, 색 등 간단히 확인할 수 있는 기준을 설정

정답 05 ③ 06 ④ 07 ① 08 ④ 09 ④

- 모니터링 방법 설정(원칙 4) : 모니터링의 절차는 허용 기준에 벗어난 것을 찾아내는 것으로 모니터링 하는 자를 단체급식소 등에서는 조리원 중에서 선정
- 시정조치 설정(원칙 5) : 모니터링 결과 허용기준을 벗어났을 때 시정조치를 하는 것으로 허용기준을 벗어난 제품을 식별, 분리하는 즉시적 조치와 동일 사고 방지를 위해 정비, 교체, 교육 등을 하는 예방적 조치가 있음
- 검증방법 설정(원칙 6) : 효과적으로 시행되는지 검증하는 것으로 HACCP 계획검증, 중요관리점 검증, 제품검사, 감사 등으로 구성
- 기록보관 및 문서화 방법 설정(원칙 7) : HACCP 시스템을 문서화하기 위한 효과적인 기록 유지 절차를 정한다.

10 합성수지제 식기를 60℃의 온수로 처리하여 용출시험을 시행하여 아세틸아세톤 시약에 의해 진한 황색을 나타내었을 경우, 이 시험 용액에는 다음 중 어느 화합물의 존재가 추정되는가?

① 포름알데히드
② 메탄올
③ 페놀
④ 착색료

해설

플라스틱류
- 열가소성 수지(열을 가하면 부드럽게 된다.) : 폴리에틸렌, 폴리프로필렌(안정제 용출), 폴리스티렌(단량체 용출), 염화비닐수지(가소제, 단량체, 안정제 용출) 등
- 열경화성 수지(열을 가해도 부드러워지지 않는다.) : 페놀수지, 요소수지, 멜라민수지 등으로 포르말린(포름알데히드) 용출
- 포르말린 검출 시험 : 합성수지제 식기를 60℃의 온수로 처리하여 용출시험을 시행하여 아세틸아세톤 시약에 의해 진한 황색이 나오면 양성

11 다음 중 채소류를 매개로 하여 감염될 수 있는 가능성이 가장 낮은 기생충은?

① 동양모양선충
② 구충
③ 선모충
④ 편충

해설

기생충
- 선충류 : 선 모양, 회충, 십이지장충(구충), 요충, 동양모선충, 편충, 아니사키스 등
- 엽충류 : 잎사귀 모양, 간흡충, 폐흡충, 요코가와흡충 등
- 조충류 : 마디로 이루어진 촌충, 광절열두조충, 유구조충, 무구조충 등
- 채소매개 기생충 : 회충, 십이지장충, 요충, 동양모선충, 편충
- 수육매개 기생충 : 유구조충, 무구조충, 선모충, 톡소플라스마
- 어패류매개 기생충 : 간흡충, 폐흡충, 요코가와흡충, 광절열두조충, 아니사키스

12 식품위생법규에 따른 자가품질검사 기준에 관하여, A와 B에 들어갈 내용이 모두 옳은 것은?

- 자가품질검사에 관한 기록서는 (A) 보관하여야 한다.
- 자가품질검사주기의 적용시점은 (B)을 기준으로 산정한다.

① A : 1년간, B : 제품 판매일
② A : 2년간, B : 제품 판매일
③ A : 1년간, B : 제품 제조일
④ A : 2년간, B : 제품 제조일

해설

자가품질검사
- 자가품질검사 주기의 적용시점은 제품 제조일을 기준으로 산정한다.
- 자가품질검사에 관한 기록서는 2년간 보관하여야 한다.

13 기존의 유리병에 비해 무게가 가볍고, 인쇄가 잘 되며 녹는점이 높아, 탄산음료 용기, 레토르트 파우치에 사용되는 것은?

① PET
② PVC
③ PVDC
④ EPS

> 해설

플라스틱 포장재
- 폴리에틸렌, 염화비닐리덴, 폴리에스테르, 폴리프로필렌, 염화비닐, 폴리스티렌, 폴리카보네이트 등을 사용
- 폴리에틸렌 : 무색의 반투명한 열가소성 플라스틱. 내약품성, 전기 절연성, 방습성, 내한성, 가공성이 높아 절연 재료, 용기, 패킹 등에 쓰임
- 폴리프로필렌 : 내열성, 내약품성, 고결정성이나 내충격성에서는 약함
- 염화폴리비닐(PVC) : 비닐이라는 이름으로 오래 전부터 애용되어 오던 플라스틱으로 투명하고 착색하기 쉬우며, 가공하기 쉽고 잘 타지 않으며 값이 쌈
- 폴리에스테르 : 강도가 높으며 물에 젖어도 강도의 변화가 없고 흡습성이 낮다. 전기 절연성, 방습성, 내한성이 좋아 냉동포장재로 이용된다.
- 폴리에틸렌 테레프탈레이트(PET) : 투명도가 높고 단열성이 좋다. 열가소성이 있고 가벼우며 맛과 냄새가 없다. 인쇄가 잘 되며 녹는점이 높아, 탄산음료 용기, 레토르트 파우치에 사용

14 피부, 장, 폐가 감염부위가 될 수 있으며, 사람이 감염되는 곳은 대부분 피부다. 또한, 포자를 흡입하여 감염되면 급성기관지 폐렴증세를 나타내고, 패혈증으로 사망할 수도 있는 인수공통감염병은?

① 탄저
② 결핵
③ 브루셀라
④ 리스테리아증

> 해설

탄저균(*Bacillus anthracis*)
- 인수공통감염병
- 포자형성 세균으로 아포 흡입에 의한 폐탄저, 경구감염에 의한 장탄저를 일으키며 주로 피부의 상처로 인한 피부탄저가 가장 많다.
- 4~5일 잠복기 후 고열, 악성 농포, 궤양, 폐렴, 임파선염, 패혈증을 일으킨다.

15 감염병으로 죽은 돼지를 삶아 먹었음에도 불구하고 사망자가 발생하였다면 다음 중 어느 균에 의한 발병일 가능성이 높은가?

① 결핵균
② 탄저균
③ *Pasteurella tularensis*
④ *Brucella*속

> 해설

수육을 삶아 먹었음에도 불구하고 감염되었다면 포자형성세균인 탄저균(*Bacillus anthracis*)이 원인일 가능성이 크다.

16 식품첨가물의 사용에 있어 옳지 않은 것은?

① 식품의 성질, 식품첨가물의 효과, 성질을 잘 연구하여 가장 적합한 첨가물을 선정한다.
② 식품첨가물은 식품제조·가공과정 중 결함 있는 원재료나 비위생적인 제조방법을 은폐하기 위하여 사용되어서는 안 된다.
③ 식품첨가물은 별도로 잘 정돈하여 보관하되, 각각 알맞은 조건에 유의하여 보관하여야 한다.
④ 식품첨가물은 식품학적 안정성이 보장되므로 충분히 사용하여야 한다.

> 해설

식품첨가물은 대부분 화학합성품으로 항상 안정성이 문제가 되고 있으므로 법적으로 정한 사용 한도를 지켜서 사용하여야 한다.

17 식품의 생산 및 가공처리 시 사용되는 기계 및 기구의 세척 시 세제 선택에 고려해야 할 주요 사항이 아닌 것은?

① 제거해야 할 찌꺼기의 성질
② 세척면과 세제와의 접촉시간
③ 세척수의 성질
④ 세척수의 수압

> 해설

식품의 생산 및 가공처리 시 사용되는 기계 및 기구의 세척 시 세제 선택에 고려해야 할 주요 사항은 제거해야 할 찌꺼기의 성질, 세척면과 세제와의 접촉시간, 세척수의 성질 등이다.

정답 14 ① 15 ② 16 ④ 17 ④

18 다음과 같은 식품 기계장치의 세정 방법은?

> 기계가 조립된 상태 그대로 장치 내부에 세제액으로 오염물질을 제거한 후 세척수로 헹구고, 살균제로 세척된 표면을 살균하고, 최종적으로 헹구어 주는 방법

① 분해 세정법　　② CIP법
③ HACCP법　　　④ clean room법

해설
CIP(Cleaning in Place) 세정법
배관이나 설비기계가 조립된 상태 그대로 장치 내부에 세제액으로 오염물질을 제거한 후 세척수로 헹구고, 살균제로 세척된 표면을 살균하고, 최종적으로 헹구어 주는 방법

19 기생충 질환과 중간숙주의 연결이 잘못된 것은?

① 유구조충 – 돼지
② 무구조충 – 양서류
③ 회충 – 채소
④ 간흡충 – 민물고기

해설
기생충
- 채소매개 기생충 : 회충, 십이지장충, 요충, 동양모선충, 편충
- 수육매개 기생충 : 유구조충(돼지), 무구조충(소), 선모충, 톡소플라스마
- 어패류매개 기생충 : 간흡충(민물고기), 폐흡충, 요코가와흡충(민물고기), 광절열두조충, 아니사키스(해산어류)

20 식품위생 분야 종사자의 건강진단 규칙에 의거한 건강진단 항목이 아닌 것은?

① 장티푸스(식품위생 관련 영업 및 집단급식소 종사자만 해당한다.)
② 폐결핵
③ 전염성 피부질환(한센병 등 세균성 피부질환을 말한다.)
④ 갑상선 검사

해설
식품위생 분야 종사자의 건강진단 규칙에 의거한 건강진단 항목
- 장티푸스(식품위생 관련 영업 및 집단급식소 종사자만 해당한다.)
- 폐결핵
- 전염성 피부질환(한센병 등 세균성 피부질환을 말한다.)

2과목　식품화학

21 ascorbic acid(vitamin C)는 대표적인 레덕톤류(reductones)로 취급된다. 그 이유는 그 구조 중 어떤 기능기가 있기 때문인가?

① 엔다이올(enediol)
② 티올 – 엔올(thiol – enol)
③ 엔아미놀(enaminol)
④ 엔다이아민(endiamine)

해설
아스코르브산은 엔다이올기(이중결합에 두 개의 알코올기)를 가지고 있어 환원제로 작용한다.

22 alkaloid, humulone, naringin의 공통적인 맛은?

① 단맛　　　② 떫은맛
③ 알칼리맛　④ 쓴맛

해설
alkaloid, humulone, naringin은 쓴맛 성분이다.

23 대두 단백질 중 단백질 분해효소인 trypsin의 작용을 억제하여 단백질의 소화흡수를 어렵게 하는 것은?

① albumin　　② amylose
③ lactose　　 ④ prolamin

정답　18 ②　19 ②　20 ④　21 ①　22 ④　23 ①

해설
대두 단백질에는 트립신 저해제가 있어 소화를 방해하는데, 이것은 알부민계 단백질이다.

24 꽃이나 과일의 청색, 적색, 자색 등의 수용성 색소를 총칭하는 것은?

① chlorophyll   ② carotenoid
③ anthoxanthin   ④ anthocyanin

해설
포도, 딸기, 가지, 장미의 청색, 적색, 자색은 안토시아닌 색소로 pH에 따라 산성에서는 적색, 알칼리성에서는 파란색으로 변한다.

25 식품의 회분분석에서 검체의 전처리가 필요없는 것은?

① 액상식품   ② 당류
③ 곡류   ④ 유지류

해설
회분분석
- 회화로에서 500~550℃에서 회화한 후 데시케이터로 방랭시켜 항량을 구한다.
- 전처리가 필요 없는 것은 건조시료로 곡류나 두류 등
- 수분이 많은 과채류는 미리 예비건조로 수분을 줄이고 회화
- 회화 시 팽창하는 당분이 많은 식품은 예비탄화
- 유지류는 기름을 미리 태워 연소시킨 후 회화

26 글루텔린(glutelin)에 해당하지 않는 단백질은?

① oryzenin   ② glutenin
③ hordenin   ④ zein

해설
단순단백질
알부민(미오겐), 글로불린(미오신, 피브리노겐, 글리시닌), 글루텔린(글루테닌, 오리제닌, 호르데인), 프롤라민(글리아딘, 제인), 핵단백질(히스톤, 프로타민), 알부미노이드(콜라겐, 엘라스틴, 케라틴, 피브린)

27 강한 빛을 비추었을 때 colloid 입자가 가시광선을 산란시켜 빛의 통로가 보이는 교질 용액의 성질은?

① 반투성   ② 브라운 운동
③ Tyndall 현상   ④ 흡착

해설
콜로이드 성질
- 반투성(dialysis) : 반투성은 생체막과 같은 막이 이온이나 저분자 물질은 투과시키나 콜로이드 이상의 고분자 물질은 통과시키지 않는 성질
- 브라운 운동(brownian motion) : sol상태에서 불규칙적으로 운동하는 분산매에 따라 충돌하는 분산질도 불규칙운동을 하며 지속적으로 분산하는 것
- 응결(coagulation) : 소수성 sol에 전해질을 가해 침전되는 것(염석(salting-out)이라 하고 두부 제조에 이용)
- 흡착(adsorption) : 콜로이드 입자는 표면적이 넓어 흡착이 용이하며 조리과정 중 음식재료가 염류를 쉽게 흡착
- Tyndall 현상 : 강한 빛을 비추었을 때 colloid 입자가 가시광선을 산란시켜 빛의 통로가 보이는 교질 용액의 성질

28 관능검사의 차이식별검사 방법을 크게 종합적 차이검사와 특성차이검사로 나눌 때 종합적 차이검사에 해당하는 것은?

① 삼점검사   ② 다중비교검사
③ 순위법   ④ 평점법

해설
식품의 관능검사 중 차이식별검사
- 종합적 차이검사 : 단순검사(두 시료의 차이 유무 판정), 일-이점검사(기준시료와 동일한 것 선택), 삼점검사(3개 중 다른 하나 선택), 확장삼점검사
- 특성 차이검사 : 이점비교검사(두 개의 차이), 순위법(강도비교순서), 평점법(0~9점), 다시료 비교검사(기준시료와 비교)

정답 24 ④ 25 ③ 26 ④ 27 ③ 28 ①

29 청색값(blue value)이 8인 아밀로펙틴에 β-amylase를 반응시키면 청색값의 변화는?

① 낮아진다.
② 높아진다.
③ 순간적으로 낮아졌다가 시간이 지나면 다시 8로 돌아간다.
④ 순간적으로 높아졌다가 시간이 지나면 다시 8로 돌아간다.

> **해설**
> 청색값(blue value)이 8인 아밀로펙틴에 β-amylase를 반응시키면 아밀로펙틴의 비환원말단에서 말토오스 단위로 분해되어 포접화합물이 분해되므로 청색값은 낮아진다.

30 유지의 물리적 성질로 틀린 것은?

① 유지의 비중은 물보다 가볍다.
② 유지는 구성 지방산의 종류에 따라 녹는점이 달라진다.
③ 유지를 가열할 때 유지 표면에서 푸른 연기가 발생할 때의 온도를 발연점이라 한다.
④ 불꽃에 의하여 불이 붙는 가장 낮은 온도를 연소점이라 한다.

> **해설**
> 발연점, 인화점, 연소점
> • 발연점 : 유지를 가열할 때 유지 표면에서 엷은 푸른 연기가 발생할 때의 온도. 이 연기는 식품에 안 좋은 영향을 미치므로 발연점이 높은 유지를 사용하는 것이 바람직하다. 유리지방산의 함량이 많을수록, 노출된 유지의 표면적이 커질수록, 이물질이 많을수록 발연점은 낮아진다.
> • 인화점 : 공기와 섞여 발화하는 온도. 발연점이 높을수록 인화점도 높다.
> • 연소점 : 인화 후 연소를 지속하는 온도. 발연점이 높을수록 연소점도 높다.

31 조직감(texture)의 특성에 대한 설명으로 틀린 것은?

① 견고성(경도)은 일정 변형을 일으키는 데 필요한 힘의 크기다.
② 응집성은 물질이 부서지는 데 드는 힘이다.
③ 점성은 흐름에 대한 저항의 크기다.
④ 접착성은 식품 표면이 다른 물질의 표면에 부착되어 있는 것을 떼어내는 데 필요한 힘이다.

> **해설**
> 식품의 조직감
> • 견고성(경도) : 일정 변형을 일으키는 데 필요한 힘의 크기
> • 응집성 : 식품의 형태를 구성하는 내부적 결합에 필요한 힘
> • 저작성 : 반고체식품을 삼킬 수 있는 정도까지 씹는 데 필요한 힘
> • 점성 : 흐름에 대한 저항의 크기
> • 접착성 : 식품 표면이 다른 물질의 표면에 부착되어 있는 것을 떼어내는 데 필요한 힘

32 알칼리에서 비타민 B_2의 광분해 시 생기는 물질은?

① 루미플라빈(lumiflavin)
② 루미크롬(lumichrome)
③ 리비톨(ribitol)
④ 이소알록사진(isoalloxazine)

> **해설**
> 비타민 B_2
> • 약산성, 광선 노출 시 루미크롬(lumichrome) 생성
> • 알칼리, 광선 노출 시 루미플라빈(lumiflavin) 생성
> • 보관 시 빛 차단 필요

33 30%의 수분과 30%의 설탕($C_{12}H_{22}O_{11}$)을 함유하고 있는 식품의 수분활성도는?

① 0.98   ② 0.95
③ 0.82   ④ 0.90

해설

수분활성도(A_w)

- 어떤 온도에서 식품이 나타내는 수증기압에 대한 순수한 물의 수증기압비로 정의된다.

  $A_w = \dfrac{P}{P_0}$, P : 식품의 수증기압, P_0 : 물의 수증기압

- 단, 식품의 수증기압은 식품 중 녹아 있는 용질의 종류와 양에 의해 영향을 받으므로 물의 몰수를 M_w, 용질의 몰수를 M_s라고 할 때 $A_w = \dfrac{M_w}{M_w + M_s}$가 된다.

- 식품의 수분활성도는 항상 1 미만

- 어패류나 수육과 같이 수분이 많은 식품의 A_w는 0.98~0.99, 곡물 등 수분이 적은 건조식품의 A_w는 0.60~0.64 정도

- 미생물 생육 최저 수분활성도 : 세균 0.91, 효모 0.88, 곰팡이 0.80, 내건성 곰팡이 0.65, 내삼투압성 효모 0.60 등

$\therefore A_w = \dfrac{M_w}{M_w + M_s} = \dfrac{\frac{30}{18}}{\frac{30}{18} + \frac{30}{342}} = 0.95$

34 식품 중 결합수(bound water)에 대한 설명으로 틀린 것은?

① 미생물의 번식에 이용할 수 없다.
② 100℃ 이상에서 가열하여도 제거되지 않는다.
③ 0℃에서 얼지 않는다.
④ 식품의 유용성분을 녹이는 용매의 구실을 한다.

해설

결합수의 성질

- 용매로 작용하지 않는다.
- 100℃ 이상으로 가열하여도 증발되지 않는다.
- 0℃ 이하에서 얼지 않는다.
- 보통의 물보다 밀도가 크다.
- 압력에 의해서도 제거되지 않는다.
- 식품성분에 이온결합으로 결합되어 미생물이 이용하지 못한다.

35 어류가 변질되면서 생성되는 불쾌취를 유발하는 물질이 아닌 것은?

① 트리메틸아민(trimethylamine)
② 카다베린(cadaverine)
③ 피페리딘(piperidine)
④ 옥사졸린(oxazoline)

해설

옥사졸린은 살충제이다.

36 점탄성(viscoelasticity)에 대한 설명으로 옳은 것은?

① Weissenberg 효과란 식품이 막대기 혹은 긴 끈 모양으로 늘어나는 성질을 말한다.
② 예사성이란 청국장처럼 젓가락을 넣어 강하게 교반한 후 당겨올리면 실처럼 따라 올라가는 성질을 말한다.
③ 신장성을 측정하는 기기는 farinograph이다.
④ 경점성을 측정하는 기기는 extensograph이다.

해설

점탄성체의 성질

- Weissenberg 효과 : 연유 중에 막대 등을 세워 회전시키면 탄성에 의해 연유가 막대를 따라 올라오는 성질
- 예사성(spinability) : 청국장, 계란 흰자 등에 막대 등을 넣고 당겨 올리면 실처럼 가늘게 따라 올라오는 성질
- 경점성(consistency) : 점탄성을 나타내는 식품의 경도(밀가루 반죽의 경점성은 farinograph로 측정)
- 신전성(extensibility) : 반죽이 국수같이 길게 늘어나는 성질(밀가루 반죽의 신전성은 extensograph로 측정)

37 포르피린 링(porphyrin ring) 구조 안에 Mg^{2+}을 함유하고 있는 색소 성분은?

① 미오글로빈 ② 헤모글로빈
③ 클로로필 ④ 헤모시아닌

해설

Chlorophyll(엽록소)

녹색식물의 잎에 존재하며 Mg을 함유한 4개의 pyrrol로 구성된 porphyrin 구조로 chlorophyll a(청록색)와 b(황록색)가 있으며 3 : 1로 구성

정답 34 ④ 35 ④ 36 ② 37 ③

38 쌀을 도정함에 따라 비율이 높아지는 성분은?

① 오리제닌(oryzenin) ② 전분
③ 티아민(thiamin) ④ 칼슘

해설
쌀을 도정하면 호분층과 배아가 제거되어 배유부인 전분의 비율이 높아진다.

39 다음 식품 중 비 뉴턴(Non-Newton) 유체의 성질을 가장 잘 나타내는 것은?

① 물 ② 포도당용액
③ 전분용액 ④ 소금용액

해설
- 비 Newton 유체 : Colloid 용액, 토마토 케첩, 버터 등의 혼합물질로 구성된 반고체 식품들로 Newton 유체 성질이 없어 전단력과 전단속도 사이의 유동곡선이 곡선을 나타내는 유체
- Newton 유체 : 전단력에 대하여 속도가 비례적으로 증감하는 것으로 단일물질, 저분자로 구성된 물, 청량음료, 식용유 등의 묽은 용액의 성질

40 유지 산패의 측정 방법이 아닌 것은?

① 과산화물값
② TBA 값
③ 비누화값
④ 총 carbonyl 화합물 측정

해설
유지의 산패 측정법
- 유지의 산소흡수도, 과산화물 생성량, carbonyl 화합물의 생성량 등을 측정
- 과산화물가, oven법, TBA(thiobarbituric acid value)법, 아니시딘가, 카르보닐가, Kreis test, AOM(active oxygen method)법 등
- oven법(schaal 오븐시험법) : 오븐에 유지를 넣고 65℃에 저장하면서 정기적으로 관능검사나 과산화물가를 측정하여 유지의 산패도를 측정하는 방법
- 과산화물값(peroxide value)과 공액 이중산값(conjugated dienoic acid) : 유지 1차 산화 생성물을 측정하는 방법
- 아니시딘값(anisidine value) : 유지 2차 산화 생성물인 2-alkenal을 측정하는 방법
- 휘발성분 중 헥산알(hexanal)은 리놀레산(linoleic acid)으로부터, propanal은 리놀렌산(linolenic acid)으로부터 산화 시 발생하는 성분으로 1차 산화 정도를 측정하는 데 활용
- TBA값(thiobarbituric acid value) : 유지 1차 산화 생성물인 말론알데하이드(malonaldehyde)를 측정하는 방법

3과목 식품가공학

41 전분에서 fructose를 제조할 때 사용되는 효소는?

① pectinase ② cellulase
③ α-amylase ④ protease

해설
펙티나아제는 펙틴분해효소, 셀룰라아제는 섬유소 분해효소, 프로테아제는 단백질 분해효소이다. α-amylase는 전분을 무작위로 분해하는 효소로 말토오스와 덱스트린 등을 생산한다.

42 통조림 내에서 가장 늦게 가열되는 부분으로 가열살균공정에서 오염미생물이 확실히 살균되었는가를 평가하는 데 이용되는 것은?

① 온점 ② 냉점
③ 열점 ④ 중앙점

해설
냉점
- 통조림 내에서 가장 늦게 가열되는 부분으로 가열살균공정에서 오염미생물이 확실히 살균되었는가를 평가하는 데 이용된다.
- 고체 식품의 경우 냉점은 전도에 의해 중심부이며, 액체식품의 경우 냉점은 대류에 의한 열전달로 중앙 하부 3분의 1지점이다.

정답 38 ② 39 ③ 40 ③ 41 ③ 42 ②

43 주로 대두유 추출에 사용되며, 원료 중의 유지함량이 비교적 적거나, 1차 착유한 후 나머지의 소량 유지까지도 착유하기 위한 2차적인 방법으로 유지의 회수율이 매우 높은 착유방법은?

① 용매추출법(solvent extraction)
② 습식용출법(wet rendering)
③ 건식용출법(dry rendering)
④ 압착법(pressing)

해설

식용유지 제법
- 압착법, 추출법은 식물유지 채취, 용출법은 동물유지 채취 이용
- 용출법(melting process) : 동물성 원료를 가열시켜서 유지 제조
- 압착법(expression process) : 식물질 원료에 기계적인 압력을 가하여 유지 제조
- 추출법(extraction process) : 식물성 원료를 유기용매로 녹여서 제조, 추출용매는 벤젠, 에틸알코올, 노멀 헥산, 아세톤, CS_2 등을 사용(주로 대두유 추출에 이용)
- 추출용매는 가격이 저렴하고, 유지 이외의 물질은 추출하지 말아야 하며 기화열과 비열이 낮아 회수가 쉬워야 한다.

44 수분활성도에 대한 설명으로 틀린 것은?

① 수분활성도는 식품의 수증기압과 공기의 수증기압과의 비율로 표현된다.
② 식품의 수분활성도는 식품의 수분함량, 식품 온도의 영향을 받는다.
③ 식품의 비효소적 갈변반응, 지방질 산화반응의 속도는 식품의 수분활성도와 직접적인 관계가 있다.
④ 미생물의 생장에 필요한 최저 수분활성도는 곰팡이가 세균보다 낮다.

해설

수분활성도(A_w)
- 어떤 온도에서 식품이 나타내는 수증기압에 대한 순수한 물의 수증기압비로 정의된다.
- $A_w = \dfrac{P}{P_0}$, P : 식품의 수증기압, P_0 : 물의 수증기압
- 식품의 수분활성도는 항상 1 미만

- 어패류나 수육과 같이 수분이 많은 식품의 A_w는 0.98~0.99, 곡물 등 수분이 적은 건조식품의 A_w는 0.60~0.64 정도
- 미생물 생육 최저 수분활성도 : 세균 0.91, 효모 0.88, 곰팡이 0.80, 내건성 곰팡이 0.65, 내삼투압성 효모 0.60 등
- 단분자층 : 결합수, A_w 0.1 이하는 지방의 자동산화 촉진
- 다분자층 : 준결합수, A_w 0.65~0.85 중간수분식품(잼, 젤리, 곶감, 건포도 등)은 높은 저장성, A_w 0.5~0.7 사이는 높은 비효소적 갈변반응
- 다분자수분층 : 자유수, 수분활성도가 높아 미생물 증식, 효소반응, 화학반응 촉진

45 염장에 영향을 미치는 요인에 대한 설명으로 틀린 것은?

① 식염의 삼투속도는 식염의 온도가 높을수록 크다.
② 식염의 농도가 높을수록 삼투압은 커진다.
③ 순수한 식염의 삼투속도가 크다.
④ 지방 함량이 많은 어체에서는 식염의 침투속도가 빠르다.

해설

염장법 : 10%의 소금을 이용하여 저장하는 방법
- 삼투압에 의해 원형질 분리
- 탈수에 의한 미생물 사멸
- 염소 자체의 살균력
- 용존산소 감소 효과에 따른 화학반응 억제
- 단백질 변성에 의한 효소의 작용억제 등의 효과
- 건염법은 10~15%, 염수법은 20~25%를 사용하여 채소류나 어류에 이용

46 탄력성과 보수성이 좋은 두부를 높은 수율로 얻을 수 있으며, 불용성(난용성)으로 가장 많이 사용하는 두부 응고제는?

① 염화마그네슘
② 염화칼슘
③ 황산칼슘
④ 염화암모늄

해설

두부 응고제
- 간수 : 염화마그네슘($MgCl_2$), 황산마그네슘($MgSO_4$)
- 황산칼슘 응고제 : 가장 많이 사용하며 응고반응이 염화물에

정답 43 ① 44 ① 45 ④ 46 ③

비해 느려 보수성, 탄력성이 좋은 두부를 생산, 불용성임
- 염화칼슘 응고제 : 칼슘 첨가로 영양 보강, 응고작용이 좋음
- Glucono-δ-lactone(gluconodeltalactone ; G.D.L) 응고제 : 연두부나 순두부 또는 보다 부드러운 두부를 만들 때에 사용하며, 과거에 산미료로 사용하여 과량 사용시 신맛이 난다.

47 도정 후 쌀의 도정도를 결정하는 방법으로 적절하지 않은 것은?

① 수분함량 변화에 의한 방법
② 색(염색법)에 의한 방법
③ 생성된 쌀겨량에 의한 방법
④ 도정시간과 횟수에 의한 방법

해설

도정도 결정
- 색(염색법)에 의한 방법
- 생성된 쌀겨량에 의한 방법
- 도정시간과 횟수에 의한 방법

48 수지성분 때문에 육가공용 훈연재료로 적합하지 않은 것은?

① 떡갈나무   ② 참나무
③ 소나무   ④ 오리나무

해설

소나무, 전나무와 같은 침엽수는 수지성분이 안 좋은 훈연취를 부여하므로 훈연재료로 사용하지 않는다.

49 일반적으로 사후경직시간이 가장 짧은 육류는?

① 닭고기   ② 쇠고기
③ 양고기   ④ 돼지고기

해설

사후경직은 근육에 저장된 글리코겐이 원인이므로 근육량이 적은 닭고기가 가장 짧다.

50 포도주 제조 공정 중 주발효가 끝난 후에 이어서 하는 다음 공정은?

① 후발효   ② 압착 및 여과
③ 침전   ④ 저장

해설

적포도주 제조공정
- 파쇄와 제경
- 아황산 첨가 : 메타중아황산칼륨($K_2S_2O_5$) 200~300ppm 첨가, 유해균 억제, 산화효소 억제
- 효모 첨가 : 1시간 동안 활성화시켜 첨가, 1~3%
- 설탕 첨가 : 24~25%
- 발효(주발효) : 20~25℃에서 7~10일, 15℃에서 3~4주일
- 박의 분리 : 압착 및 여과로 박을 분리
- 후발효 : 10℃에서 잔당이 0.2% 이하가 될 때까지 후발효
- 앙금질과 숙성 : 침전된 앙금질 제거, 적온에서 13~15℃, 1~5년 저장 숙성

51 우유의 당에 해당하는 것은?

① sucrose   ② maltose
③ lactose   ④ gentiobiose

해설

우유의 당은 유당(lactose)이다.

52 유제품과 가공에 적용되는 원리가 옳은 것은?

① 치즈-응유효소에 의한 응고
② 요구르트-알코올에 의한 응고
③ 아이스크림-염류에 의한 응고
④ 버터-가열에 의한 응고

해설

치즈는 응유효소인 rennet으로 카제인을 응고시켜 만든 제품이다.

53 무균포장에 대한 설명으로 옳지 않은 것은?

① 무균포장제품은 멸균되었기 때문에 열에 불안정한 식품에서 일어나기 쉬운 품질변화를 최소화할 수 있다.
② 연속공정생산이 어렵고 대형포장제품을 만들 수 없다.
③ 냉장할 필요 없이 상온에서 장기간 보존이 가능하다.
④ 멸균용기에 포장하므로 내열성 포장이 필요 없고 플라스틱이나 종이를 소재로 한 복합재질을 포장용기로 사용할 수 있다.

해설
무균포장은 연속공정생산이 간단하고 대형포장제품을 만들 수 있다.

54 액란(liquid egg)을 건조하기 전, 당을 제거하는 이유가 아닌 것은?

① 난분의 용해도 감소 방지
② 변색 방지
③ 난분의 유동성 저하 방지
④ 이취의 생성 방지

해설
액란 건조 시 당의 제거
- 난분의 용해도 감소 방지
- 변색 방지
- 난분의 유동성 유지
- 이취의 생성 방지

55 6×10^4개의 포자가 존재하는 통조림을 100℃에서 45분 살균하여 3개의 포자가 살아남았다면 100℃에서 D 값은?

① 5.46분
② 10.46분
③ 15.46분
④ 20.46분

해설
D 값은 균수의 90% 사멸에 소요되는 시간이므로 6×10^4개의 포자가 45분 후 3개가 남았다면
$D_{100} = t/(\log N_1 - \log N_2)$,
여기서, t : 시간, $\log N_1$: 초기 균수, $\log N_2$: t시간 후 균수
$D_{100} = 45/(\log 6 \times 10^4 - \log 3) = 10.46$

56 유지를 가공하여 경화유를 만들 때 촉매제로 사용되는 것은?

① 질소
② 수소
③ 니켈
④ 헬륨

해설
경화유
- 불포화지방산이 많은 액체유에 Ni 존재하에서 H를 첨가하여 고체지(포화지방산)로 제조
- 녹는점이 높아지고 안정성 증가, 산패가 적고 냄새 감소
- 어유, 콩기름, 면실유, 채종유 등에 이용
- 쇼트닝, 마가린 등이 대표적인 제품

57 콩으로부터 분리대두단백(soy protein isolate)을 가공하기 위한 일반적인 제조 공정이 아닌 것은?

① 탈지
② 가수분해
③ 불용성 고형분 분리
④ 단백질 침전 및 원심 분리

해설
콩으로부터 단백질의 분리
- 탈지, 불용성 고형분의 분리, 단백질 침전 및 원심분리 등을 이용한다.
- 가수분해를 하면 아미노산으로 분해된다.

58 습량기준으로 수분함량이 80%인 사과의 수분을 건량기준의 수분함량으로 환산하면 얼마인가?

① 567%
② 400%
③ 233%
④ 100%

정답 53 ② 54 ③ 55 ② 56 ③ 57 ② 58 ②

해설
수분함량
- 습량기준 수분함량이 80%일 때 수분의 무게(x)는
  $\{x/$수분을 포함한 무게$(100)\} \times 100 = 80$
- 건량기준 수분함량은
  $\{80/$수분을 뺀 무게$(100-80)\} \times 100 = 400$

59 심온냉동장치(cryogenic freezer)에서 사용되는 냉매가 아닌 것은?

① 에틸렌가스 ② 액화질소
③ 프레온-12 ④ 이산화황가스

해설
심온냉동에 사용하는 냉매제에는 에틸렌가스(-169℃), 액화질소(-180℃), 프레온-12(-160℃) 가스 등을 이용하며 모두 급속동결한다.

60 다음 중 압출성형법으로 제조되는 것은?

① 국수 ② 껌
③ 젤리 ④ 마카로니

해설
성형
- 주조성형 : 일정한 모양의 틀에 원료를 넣고 가열 또는 냉각시켜 성형(빙과, 빵, 쿠키)
- 압연성형 : 반죽을 회전롤 사이로 통과시켜 면대를 만들어 세절하거나 압절 성형(국수, 비스킷 등)
- 압출성형 : 반죽 등 반고체 원료를 노즐 또는 die를 통해 강한 압력으로 밀어내어 성형, 단위공정은 열처리, 혼합, 분리, 압착, 배열, 팽화, 성형 과정(스낵, 마카로니 등)
- 응괴성형 : 건조분말을 수증기로 뭉치게 하고 건조하여 응괴 성형, 물에 쉽게 용해(인스턴트 커피, 분말주스, 조제분유 등)
- 과립성형 : 젖은 상태의 분체 원료를 회전틀에서 당액이나 코팅제를 뿌려 과립 성형(초콜릿 볼, 과립형 껌 등)
- 압출면 : 반죽을 압출기의 작은 구멍으로 뽑아낸 국수(당면, 마카로니 등)

4과목 식품미생물학

61 미생물의 일반적인 생육곡선에서 정상기(정지기, stationary phase)에 대한 설명으로 틀린 것은?

① 균수의 증가와 감소가 거의 같게 되어 균수가 더 이상 증가하지 않게 된다.
② 전 배양기간을 통하여 최대의 균수를 나타낸다.
③ 세포가 왕성하게 증식하며 생리적 활성이 가장 높다.
④ 내생포자를 형성하는 세균은 보통 이 시기에 포자를 형성한다.

해설
세포가 왕성하게 증식하며 생리적 활성이 가장 높은 시기는 대수기이다.

62 캠필로박터 제주니를 현미경으로 검경 시 확인되는 모습은?

① 나선형 모양
② 포도송이 모양
③ 대나무 마디 모양
④ V자 형태로 쌍을 이룬 모양

해설
캠필로박터
미호기성이며 주로 조류에 의한 식중독 발생, 나선균

63 맥주산업에 이용되는 상면발효효모는?

① *Saccharomyces cerevisiae*
② *Zygosaccharomyces rouxill*
③ *Saccharomyces carlsbergensis*
④ *Saccharomyces fragilis*

해설
맥주의 종류
- 상면발효맥주 : *Saccharomyces cerevisiae* - 영국 맥주, 상면발효, 상온발효(Ale, Stout, Porter, Lambic)

정답 59 ④ 60 ④ 61 ③ 62 ① 63 ①

- 하면발효맥주 : *Saccharomyces carlsbergensis* — 독일, 미국, 일본, 우리나라에서 주로 생산, 하면발효, *Saccharomyces uvarm*에 통합, 저온발효(Lager, Munchen, Pilsen, Wien), 장기저장으로 독특한 향미 부여

64 세균의 Gram 염색에 사용되지 않는 것은?

① Lugol 용액 ② Safranin
③ Methyl red ④ Crystal violet

해설

Gram 염색(Gram stain)
- crystal violet(1분) 염색 — Lugol액 매염 — 95% 에틸알코올 탈색(30초) — SafraninO(1분) 대비염색
- 보라색 — Gram 양성, 붉은색 — Gram 음성

65 유기물을 분해하여 호흡 또는 발효에 의해 생기는 에너지를 이용하여 생육하는 균은?

① 광합성균 ② 화학합성균
③ 독립영양균 ④ 종속영양균

해설

에너지 요구성에 따른 생물 분류
㉠ 독립영양생물(autotroph)
  - 에너지를 무기질로부터 얻는 1차 생산자
  - 광독립영양생물(photoautotroph) : 주로 엽록소를 함유하여 광합성을 통해 무기물인 CO_2로부터 복잡한 유기물 합성(식물, 남세균 등)
  - 화학독립영양생물(chemoautotroph) : 단순한 무기물을 통해 에너지를 얻는 생물(황산화균, 질산화균 등 고세균)
㉡ 종속영양생물(heteroautotroph)
  - 스스로 유기물을 합성할 수 없어 외부로부터 유기물을 섭취하는 소비자
  - 대부분의 동물, 진균류(버섯, 곰팡이), 세균 등

66 60분마다 분열하는 세균의 최초 세균수가 5개일 때, 3시간 후의 세균수는?

① 40개 ② 90개
③ 120개 ④ 240개

해설

세대시간(generation time)
㉠ 하나의 세포가 분열하여 2개 세포로 증식하는 시간
㉡ 세균은 분열법으로 번식하며 일반적으로 15~30분이다.
㉢ 세대시간 계산
  - 총균수 = 초기균수 × 2^n, n = 세대수
  - n세대까지 소요시간을 t, 분열시간을 g 라 하면
    세대수 $n = \dfrac{t}{g}$
  - $n = 180/60 = 3$, 총균수 = $5 \times 2^3 = 40$

67 배양효모와 야생효모의 비교에 대한 설명 중 옳은 것은?

① 배양효모는 장형이 많으며 세대가 지나면 형태가 축소된다.
② 야생효모는 번식기에 아족을 형성하며 액포가 작고 원형질이 흐려진다.
③ 배양효모는 발육온도가 높고 저온, 건조, 산에 대한 저항성이 약하다.
④ 야생효모의 세포막은 점조성이 풍부하여 세포가 쉽게 액 내로 흩어지지 않는다.

해설

배양효모와 야생효모
- 배양효모는 원형 또는 타원형이고 야생효모는 장형이다.
- 배양효모는 번식기에 아족을 형성하며 액포가 작고 원형질이 흐려진다.
- 배양효모는 발육온도가 높고 저온, 건조, 산에 대한 저항성이 약하다.
- 배양효모의 세포막은 점조성이 풍부하여 세포가 쉽게 액 내로 흩어지지 않는다.

68 홍조류에 대한 설명 중 틀린 것은?

① 클로로필 이외에 피코빌린이라는 색소를 갖고 있다.
② 한천을 추출하는 원료가 된다.
③ 세포벽은 주로 셀룰로오스와 펙틴으로 구성되어 있으며 길이가 다른 2개의 편모를 갖고 있다.
④ 엽록체를 갖고 있어 광합성을 하는 독립영양생물이다.

정답 64 ③ 65 ④ 66 ① 67 ③ 68 ③

[해설]
조류(algae)
• 대부분 담수나 해수에서 생육하며 광합성으로 독립 영양생활 하는 하등식물의 총칭
• 잎, 줄기, 뿌리, 관상체가 없으며 유성생식, 무성생식을 한다.
• 규조류는 최근 화석연료의 대체 연료로 이용된다.
• 남조류는 원핵세포에 속한다.
• 해조류에 속하는 갈조류, 홍조류, 녹조류 등은 진핵세포인 원생생물이다.
• 홍조류는 클로로필 이외에 피코빌린이라는 색소를 갖고 있으며 한천을 추출한다.

69 *Rhizopus* 속의 특징으로 틀린 것은?

① 포자낭은 구형이다.
② 포자낭병이 가근의 기부로부터 발생하지 않고 가근과 가근의 중간에서 발생한다.
③ 포복지가 계속하여 생기므로 *Mucor* 속보다 번식력이 왕성하다.
④ 무성생식에 의해 포자낭포자를 형성한다.

[해설]
Rhizopus 속
• 균사(hyphae)로 영양섭취와 발육을 담당
• 조상균류(격막 없음) : *Mucor*(털곰팡이), *Rhizopus*(거미줄곰팡이, 가근, 포복지), *Absidia*(활털곰팡이, 가근, 포복지)
• 포자낭은 구형이며 포자낭병은 가근의 기부에서 발생한다.
• 무성생식에 의해 포자낭포자를 형성한다.
• *Absidia* 속 : 포자낭병이 가근의 기부로부터 발생하지 않고 가근과 가근의 중간에서 발생한다.

70 곰팡이의 유성포자가 아닌 것은?

① 포자낭포자   ② 담자포자
③ 자낭포자   ④ 접합포자

[해설]
곰팡이(진균류)
• 균사(hyphae)로 영양섭취와 발육을 담당
• 진균류는 조상균류와 순정균류로 분류
• 조상균류(격막 없음) : 접합균류, 난균류, 호상균류
• 순정균류(격막 있음) : 자낭균류, 담자균류, 불완전균류

• 무성포자 : 내생포자, 외생포자, 후막포자, 분열자
• 유성포자 : 접합포자, 난포자, 자낭포자(8개 포자), 담자포자(4개 포자)

71 미생물의 명명법에 관한 설명 중 틀린 것은?

① 종명은 라틴어의 실명사로 쓰고 대문자로 시작한다.
② 학명은 속명과 종명을 조합한 2명법을 사용한다.
③ 세균과 방선균은 국제세균명명규약에 따른다.
④ 속명 및 종명은 이탤릭체로 표기한다.

[해설]
속명은 라틴어의 실명사로 쓰고 대문자로 시작한다.

72 *Escherichia coli*와 *Enterobacter aerogenes*의 공통적인 특징은?

① Indole 생성여부
② Acetoin 생성여부
③ 단일 탄소원으로 구연산염의 이용성
④ 그람 염색 결과

[해설]
둘 다 그람 음성균으로 대장균군에 속한다.

73 통조림의 flat sour에 대한 설명으로 틀린 것은?

① 관의 형태는 정상이지만 내용물은 젖산 생성 때문에 신맛이 생성된다.
② 채소나 수산통조림 등 산도가 낮은 식품에서 주로 발생한다.
③ 유포자 내열성 세균에 의한 경우가 많다.
④ 과도한 탄산가스 생성이 수반된다.

[해설]
평면산패(flat sour)
• 가스 비형성 세균의 산 생성으로 발생
• 주로 *Bacillus* 속 호열성 세균의 살균 부족으로 발생
• 통조림 외관은 이상 없으나 산에 의해 신맛 생성

정답 69 ② 70 ① 71 ① 72 ④ 73 ④

74 돌연변이에 대한 설명으로 틀린 것은?

① DNA 분자 내의 염기서열을 변화시킨다.
② DNA에 변화가 있더라도 표현형이 바뀌지 않는 잠재성 돌연변이(silent mutation)가 있다.
③ 모든 변이는 세포에 있어서 해로운 것이다.
④ 유전자 자체의 변화에 의해 발생하기도 한다.

해설
변이주가 환경에 적응하면 새로운 개체로 진화하게 된다.

75 박테리오파지(bacteriophage)의 설명 중 틀린 것은?

① 숙주(宿主)로 되는 균이 한정되어 있지 않다.
② 기생증식하면서 용균(溶菌)하는 virus체다.
③ 머리는 주로 DNA, 꼬리는 단백질로 구성되어 있다.
④ 독성(virulent)파지와 용원(temperate)파지로 대별한다.

해설
박테리오파지(bacteriophage)
- 세균을 숙주세포로 하는 바이러스, 세균을 먹는다는 뜻
- 단백질 껍질과 내부에 핵산(DNA나 RNA)을 가지고 있으며 살아 있는 생물체 내에서만 번식할 수 있다.
- 용균성 파지(virulent phage) : 감염 후 숙주 세포 내에서 새로운 DNA나 단백질을 합성하여 세균을 파괴
- 용원성 파지(lysogenic phage) : 감염 후 세균의 숙주 DNA에 삽입되어 prophage가 되고 함께 증식하며 유전된다. 환경이 안 좋을 경우 다시 용균성이 되기도 한다.
- 온건성 파지 : 용균성, 용원성을 둘 다 하는 바이러스
- 세균 여과막을 통과하며 광학현미경으로 관찰할 수 없다.

76 조상균류에 속하는 것은?

① *Aspergillus oryzae*
② *Mucor rouxii*
③ *Saccharomyces cerevisiae*
④ *Lactobacillus casei*

해설
곰팡이(진균류)
- 조상균류 : *Mucor*(털곰팡이), *Rhizopus*(거미줄곰팡이, 가근, 포복지), *Absidia*(활털곰팡이, 가근, 포복지)
- 자낭균류 : *Aspergillus*(누룩곰팡이, 정낭, 병족세포), *Penicillium*(푸른곰팡이, 기저경자), *Monascus*(홍국곰팡이), *Neurospora*(붉은곰팡이)

77 천자배양(stab culture)에 가장 적합한 것은?

① 호염성균의 배양
② 호열성균의 배양
③ 호기성균의 배양
④ 혐기성균의 배양

해설
천자배양
고층배지에 백금선을 이용하여 혐기성균을 접종 배양한다.

78 클로렐라에 관한 설명 중 틀린 것은?

① 건조물은 약 50%가 단백질이고 아미노산과 비타민이 풍부하다.
② 단세포 갈조류이다.
③ 빛이 존재할 때 간단한 무기염과 CO_2의 공급으로 쉽게 증식한다.
④ 세포의 지름은 대략 2~12μm이다.

해설
조류(algae)
- 대부분 담수나 해수에서 생육하며 광합성으로 독립 영양생활 하는 하등식물의 총칭
- 잎, 줄기, 뿌리, 관상체가 없으며 유성생식, 무성생식을 한다.
- 규조류는 최근 화석연료의 대체 연료로 이용된다.
- 남조류는 원핵세포에 속한다.
- 해조류에 속하는 갈조류(미역, 다시마), 홍조류(김, 우뭇가사리), 녹조류(클로렐라, 파래) 등은 진핵세포인 원생생물이다.
- 클로렐라 : 단백질 함량(40~50%)이 높다, 비타민 A, B_1, B_2, C가 풍부하며, 광합성을 하는 단세포 생물이다.

79 세균의 유전자 재조합 방법이 아닌 것은?

① 접합(conjugation)
② 조직 배양(tissue culture)
③ 형질 도입(transduction)
④ 형질 전환(transformation)

해설

유전자 재조합
- 형질 전환(transformation) : 공여세포의 유전자를 제한효소를 이용하여 벡터로 사용할 플라스미드에 유전자를 삽입하여 수용세포에 넣어서 유전자를 재조합
- 형질 도입(transduction) : 벡터로서 플라스미드 대신 용원성 박테리오파지를 이용하여 수용세포에 넣어 재조합
- 접합(conjugation) : 원핵세포에 있어서 일시적인 접촉에 의해 두 개의 개체 간 DNA가 이동하는 방법으로 성공률이 낮다.
- 세포 융합(cell fusion) : 두 종류의 세포를 융합시켜 양쪽의 성질을 모두 갖는 새로운 세포를 생성한다.

80 산화력이 강하며 배양액의 표면에서 피막을 형성하는 산막효모(피막효모, flim yeast)에 속하는 것은?

① *Candida*속
② *Pichia*속
③ *Saccharomyces*속
④ *Schizosaccharomyces*속

해설

Pichia 속
- 발효 액면에 피막을 형성하는 유해 산막효모
- 구형, 모자형, 방추형
- 호기성으로 산화력이 큼
- *Pichia membranaefaciens* : 맥주, 포도주 유해균, 알코올 분해

5과목 생화학 및 발효학

81 RNA의 뉴클레오티드 사이의 결합을 가수분해하는 효소는?

① ribonuclease
② polymerase
③ deoxyribonuclease
④ ribonucleotidyl transferase

해설

핵산 가수분해 효소
- ribonuclease : RNA의 뉴클레오티드 사이의 결합을 가수분해하는 효소
- deoxyribonuclease : DNA의 뉴클레오티드 사이의 결합을 가수분해하는 효소

82 사람의 체내에서 진행되는 핵산의 분해대사 과정에 대한 설명으로 틀린 것은?

① 퓨린 계열 뉴클레오타이드 분해는 오탄당(pentose)을 떼어내는 반응으로부터 시작된다.
② 퓨린과 피리미딘은 분해되어 각각 요산과 요소를 생산한다.
③ 생성된 요산의 배설이 원활하지 못하면, 체내에 축적되어 통풍의 원인이 된다.
④ 퓨린 및 피리미딘 염기는 회수경로를 통해 핵산 합성에 재이용된다.

해설

핵산 분해
- 인산 제거 후 당이 제거되고 염기가 분해된다.
- 퓨린은 간에서 adenine, guanine → 요산(uric acid)으로 신장에서 배설된다.
- 요산은 물에 난용성으로 대사 이상으로 과잉 축적하면 통풍(gout), 요결석의 원인이 된다.
- 요산을 생성할 수 있는 nucleotide : IMP, AMP, GMP
- pyrimidine 염기 분해 : CMP → UMP → uracil → NH_3 + β-alanine + CO_2

83 제빵효모 생산을 위해 사용되는 균주의 특성이 아닌 것은?

① 물에 잘 분산될 것
② 단백질 함량이 높을 것
③ 발효력이 강력할 것
④ 증식속도가 빠를 것

해설
제빵 효모 생산 균주
물에 잘 분산될 것, 발효력이 강력할 것, 증식속도가 빠를 것

84 맥주의 주발효가 끝나면 후발효와 숙성을 시킨 다음 여과하여 일정기간 후숙을 시킨다. 이때, 낮은 온도에 보관하여 후숙을 하면 현탁물이 생기는 이유는?

① 효모의 invertase가 남아 있어서
② CO_2의 발생으로 기포가 생성되어서
③ 발효되지 못한 지방산(fatty acid)이 남아 있어서
④ 분해물 중 펩티드(peptide)와 호프의 수지 및 탄닌 성분들이 집합체(flocculation or colloid)를 형성하기 때문에

해설
맥주의 발효공정
- 맥주효모 : 상면효모(*Sacch. cerevisiae*), 하면효모(*Sacch. carls-bergensis*)
- 주발효 : 냉각한 맥아즙에 효모(200 : 1 비율)를 첨가하여 18~20시간 정치 후 발효조에 옮겨 10~20일 발효
- 후발효 : 0℃~-1℃에서 60~90일, 탄산 용해 및 방출, 석출물 침강
- 여과 및 살균 : 60℃에서 20분
- 후숙과정 중 탄닌과 아미노산의 결합으로 현탁물 생성

85 식품 중의 병원성 인자 및 병원 미생물을 검출할 때 RNA를 이용해서 검출하는 방법은?

① ELISA method
② RT-PCR method
③ Southern hybridization
④ Western hybridization

해설
RT-PCR은 역전사 효소를 이용하여 mRNA로부터 cDNA 합성에 이용한다.

86 요소회로(urea cycle)를 형성하는 물질이 아닌 것은?

① ornithine
② citrulline
③ arginie
④ glutamic acid

해설
요소회로에는 오르니틴, 아르기닌, 아르기노숙신산, 시트룰린 그리고 아스파르트산이 관여한다.

87 생체 내의 지질 대사 과정에 대한 설명으로 옳은 것은?

① 인슐린은 지질 합성을 저해한다.
② 인체에서는 탄소수 10개 이하의 지방산만을 생성한다.
③ 지방산이 산화되기 위해서는 phyridoxal phosphate의 도움이 필요하다.
④ 팔미트산(palmitic acid, $C_{16:0}$)의 생합성을 위해서는 8분자의 아세틸 CoA가 필요하다.

해설
팔미트산(palmitic acid, $C_{16:0}$)의 생합성을 위해서는 8분자의 아세틸 CoA(1분자의 아세틸 CoA와 7분자의 말로닐 CoA)가 필요하다. 말로닐 CoA는 아세틸 CoA로부터 1분자의 ATP를 소모하여 탄산화효소로부터 생성된다.

88 당밀 원료로 주정을 제조할 때의 발효법인 Hildebrandt-Erb법(two-stage method)의 특징이 아닌 것은?

① 효모증식에 소모되는 당의 양을 줄인다.
② 폐액의 BOD를 저하시킨다.
③ 효모의 회수비용이 절약된다.
④ 주정 농도가 가장 높은 술덧을 얻을 수 있다.

해설

주정 농도가 높은 술덧을 얻을 수 있는 방법은 고농도 술덧 발효법이다.

89 다른 자리 입체성 조절효소(allosteric enzyme)에 관한 설명으로 틀린 것은?

① 활성자리와 조절자리가 구별된다.
② 반응속도가 Michaelis-Menten 식을 따른다.
③ 촉진적 효과인자(positive effector)에 의해 활성화된다.
④ 반응속도의 S자형 곡선은 소단위(subunit)의 협동에 의한 것이다.

해설

Michaelis-Menten 식의 일반효소 포물선 곡선을 따르지 않고 S자 곡선의 반응 속도를 보인다.

90 포도당을 영양원으로 젖산(lactic acid)을 생산할 수 없는 균주는?

① *Pediococcus lindneri*
② *Leuconostoc mesenteroides*
③ *Rhizopus oryzae*
④ *Aspergillus niger*

해설

Aspergillus niger(흑국균)
• 집락은 흑색, 전분당 화력(β-amylase)이 강하고 당액을 발효하여 구연산, 글루콘산 등 유기산 발효공업, 소주 제조에 이용
• 펙틴 분해력이 강함

91 효모가 생산하는 invertase의 작용 기전에 따른 분류 시 또 다른 명칭으로 옳은 것은?

① glucoamylase   ② β-fructosidase
③ sucrose   ④ β-glucosidase

해설

invertase는 전화효소로 자당(sucrose)을 분해하여 포도당, 과당의 1:1 혼합체인 전화당을 생성한다. 자당은 포도당과 과당의 $\alpha 1 \rightarrow 2\beta$ 결합으로 이루어져 β-fructosidase에 의해 가수분해된다.

92 주정공업에서 이용되는 아밀로(amylo)법의 장점을 열거한 것 중 잘못된 것은?

① 코지(Koji)를 만드는 설비와 노력이 필요 없다.
② 밀폐 발효이므로 발효율이 높다.
③ 대량사업이 편리하여 공업화에 용이하다.
④ 당화에 소요되는 시간이 짧다.

해설

아밀로(Amylo)법
• 아밀로균(*Mucor rouxii, Rhizopus delemer, Rh. Javanicus, Rh. Japonicus, Rh. tonkinensis*) 사용
• 알코올 발효와 당화를 동시에 하므로 당화 시간이 오래 걸린다.
• 코지 제작에 설비와 노력이 필요 없다.
• 밀폐발효로 발효율이 높다.
• 대량사업이 편리하여 공업화에 용이하다.

93 산소에 전자가 전달되어 생성된 O^{2-} 이온의 detoxification에 관여하는 효소가 아닌 것은?

① superoxide dismutase
② reductase
③ catalase
④ peroxidase

해설

전자 전달계에서 잘못 생성된 활성산소나 과산화물은 SOD, 카탈라아제, 페록시다아제 등에 의해 정상으로 분해된다.

94 수용성 비타민으로 분류되는 것은?

① 비타민 B   ② 비타민 E
③ 비타민 A   ④ 비타민 K

정답 89 ② 90 ④ 91 ② 92 ④ 93 ② 94 ①

[해설]
지용성 비타민은 비타민 A, D, E, K 등이다.

95 괴혈병 치료 등의 생리적인 특성을 갖고 있으며 생물체 내에서 환원제(reducing agent)로 작용하는 비타민은?

① vitamin D ② vitamin K
③ cobalamin ④ ascorbic acid

[해설]
아스코르브산은 비타민 C의 전구체로서 괴혈병 치료 등의 생리적인 특성을 갖고 생물체 내에서 환원제(reducing agent)로 작용한다.

96 사람의 간(Liver)에서 일어나지 않는 반응은?

① 지방산에서 케톤체(ketone body)의 생성
② 지방산에서 글루코오스의 생성
③ 아미노산에서 글루코오스의 합성
④ 암모니아로부터 요소(urea)의 생성

[해설]
지방산으로부터 당신생은 이루어지지 않는다.

97 반응과정과 관계있는 물질은?

$$RCHO + 2Cu^{2+} + 2OH^- \rightarrow RCOOH + Cu_2O + H_2O$$
(청색) (적색)

① 필수지방산 ② 환원당
③ 필수아미노산 ④ 비환원당

[해설]
베네딕트 시험
환원당 확인시험으로 당의 카르보닐기와 청색의 황산구리가 만나 적색의 산화구리로 환원되는 반응

98 단백질을 구성하는 데 쓰이는 표준아미노산 분자들의 특성에 대한 설명으로 틀린 것은?

① 모든 표준아미노산은 산, 염기 성질을 동시에 지니고 있다.
② 모든 표준아미노산은 부제탄소(chiral carbon)를 갖고 있다.
③ 표준아미노산이 갖고 있는 곁사슬의 화학적 구조에 따라 용해도가 다르다.
④ 모든 표준아미노산은 펩타이드 결합 능력을 가지고 있다.

[해설]
표준아미노산의 하나인 글리신은 두 개의 수소를 가지므로 부제탄소가 아니다.

99 DNA로부터 단백질 합성까지의 과정에서 t-RNA의 역할에 대한 설명으로 옳은 것은?

① m-RNA 주형에 따라 아미노산을 순서대로 결합시키기 위해 아미노산을 운반하는 역할을 한다.
② 핵 안에 존재하는 DNA정보를 읽어 세포질로 나오는 역할을 한다.
③ 아미노산을 연결하여 protein을 직접 합성하는 장소를 제공한다.
④ 합성된 protein을 수식하는 기능을 담당한다.

[해설]
t-RNA는 m-RNA 주형에 따라 아미노산을 순서대로 결합시키기 위해 아미노산을 운반하는 역할을 한다.

100 Glucose를 기질로 해서 빵효모를 생산할 때 균체생산수율은 0.5이다. Glucose 100g/L를 완전히 소모하였을 때 생산된 균체의 양은?

① 35g/L ② 45g/L
③ 50g/L ④ 60g/L

[해설]
생성균체량 = 100 × 0.5 = 50

정답 95 ④ 96 ② 97 ② 98 ② 99 ① 100 ③

2018년 2회 식품산업기사

1과목 식품위생학

01 오크라톡신(ochratocin)은 무엇에 의해 생성되는 독소인가?

① 곰팡이
② 세균
③ 바이러스
④ 복의 일종

해설

Mycotoxin(곰팡이 독소)의 분류
- 간장독 : aflatoxin(Aspergillus flavus), sterigmatocystin(Asp. versicolar), rubratoxin(Pen. rubrum), luteoskyrin(Pen. islandicum, 황변미), ochratoxin(Asp. ochraceus, 커피콩), islanditoxin(Pen. islandicum, 황변미)
- 신장독 : citrinin(Penicillium citrinum, 태국황변미), citreomy−cetin, Kojic acid(Asp. oryzae)
- 신경독 : patulin(Pen. patulum, Pen. expansum), maltoryzine(Asp. oryzae var. microsporus), citreoviridin(Pen. citreoviride, 독시카리움황변미)
- Fusarium(붉은곰팡이)속 곰팡이 독소 : zearalenone(발정유발 물질), sporofusariogenin(무백혈구증−조혈계 이상)

02 공장지대의 매연 및 훈연한 육제품 등에서 검출 분리되는 강력한 발암성 물질로 식품오염에 특히 주의하여야 하는 다환방향족탄화수소는?

① methionine
② polychlorobiphenyl
③ nitroanillin
④ benzopyrene

해설

육류의 가열분해로 PAH(다환방향족탄화수소, 3,4−벤조피렌류), 이환방향족아민류(heterocyclic amines) 같은 발암성 물질이 생성된다.

03 식품의 포장재로 사용되는 종이류가 위생상 문제가 되는 이유가 아닌 것은?

① 형광 염료의 이행
② 포장착색료의 용출
③ 저분자량 물질의 혼입
④ 납 등 유해물질의 혼입

해설

저분자량 물질인 단량체, 이량체 등이 문제가 되는 것은 PVC 등 플라스틱 제품이다.

04 다음의 목적과 기능을 하는 식품 첨가물은?

- 식품의 제조과정이나 최종 제품의 pH 조절을 위한 완충 역할
- 부패균이나 식중독 원인균을 억제하는 식품 보존제 역할
- 유지의 항산화제나 갈색화 반응 억제 시의 상승제
- 밀가루 반죽의 점도 조절제

① 산미료(acidulant)
② 조미료(seasoning)
③ 호료(thickening agent)
④ 유화제(emulsifier)

해설

산미료
- 식품에 신맛을 부여하거나 pH를 낮추는 목적으로 사용한다. 산은 청량감을 주고 소화를 촉진하며 보존성에도 기여한다.
- 부패균이나 식중독 원인균을 억제
- 유지의 항산화제 작용이나 갈색화 반응 억제 시의 상승제 기능
- 밀가루 반죽의 점도 조절
- 초산 및 빙초산, 구연산 등

정답 01 ① 02 ④ 03 ③ 04 ①

05 대장균군의 추정, 확정, 완전시험에서 사용되는 배지가 아닌 것은?

① TCBS agar ② Endo agar
③ EMB agar   ④ BGLB

해설

대장균 정성검사
- 추정시험 : LB(lactose broth)배지, 36℃, 24±2시간 배양, 듀람(dhuram)발효관 가스 발생 유무
- 확정시험 : EMB 배지의 경우 녹색의 금속광택을 보이는 집락, Endo배지의 경우 분홍색의 전형적인 집락
- 완전시험 : BGLB 배지와 보통한천평판, 간균 등 일반적 대장균의 특성을 확인

06 폐기물 처리에 대한 설명으로 옳지 않은 것은?

① 용기는 밀폐구조이어야 한다.
② 용기의 세척·소독은 적정 주기로 이루어져야 한다.
③ 식품용기와 구분되어야 한다.
④ 용기는 냄새가 누출되어도 된다.

해설

용기는 밀폐구조이어야 한다.

07 식중독의 발생 조건으로 틀린 것은?

① 원인세균이 식품에 부착하면 어떤 경우라도 발생한다.
② 특수원인세균으로서 특정 식품을 오염시키는 특수 관계가 성립하는 경우가 있다.
③ 적합한 습도와 온도일 때 식중독 세균이 발육한다.
④ 일반인에 비하여 면역기능이 저하된 위험군은 식중독 세균에 감염 시 발병할 가능성이 더 높다.

해설

식중독은 감염병에 비해 비교적 많은 균을 섭취 시 발병한다.

08 위해물질인 bisphenol의 사용용도가 아닌 것은?

① 폴리카보네이트수지   ② 농약첨가제
③ 플라스틱강화제   ④ 질산연

해설

위해물질이자 환경호르몬인 bisphenol은 폴리카보네이트수지, 농약첨가제, 플라스틱강화제 등에 사용된다.

09 식품의 포장 및 용기에 있는 아래 도안의 의미는?

① 방사선 조사처리 식품   ② 유기농법 식품
③ 녹색 신고 식품   ④ 천연 첨가물 함유 식품

해설

방사선 조사처리 식품의 도안이다.

10 개인 위생이란?

① 식품종사자들이 사용하는 비누나 탈취제의 종류
② 식품종사자들이 일주일에 목욕하는 횟수
③ 식품종사자들이 건강, 위생복장 착용 및 청결을 유지하는 것
④ 식품종사자들이 작업 중 항상 장갑을 끼는 것

해설

개인위생이란 식품종사자들이 건강, 위생복장 착용 및 청결을 유지하는 것으로 경구감염병 예방에 중요하다.

11 간장을 양조할 때 착색료로서 가장 많이 쓰이는 첨가물은?

① caramel   ② methionine
③ menthol   ④ vanillin

정답 05 ① 06 ④ 07 ① 08 ④ 09 ① 10 ③ 11 ①

> [해설]
> 간장 양조 시 짙은 갈색을 내기 위해 caramel 색소를 많이 이용한다.

12 식품 등의 표시기준에 의거 아래의 표시가 잘못된 이유는?

두부제품에 "소르빈산 무첨가, 무보존료"로 표시

① 식품 등의 표시사항에 해당하지 않는 식품첨가물의 표시
② 원래의 식품에 해당 식품첨가물의 함량에 대한 강조 표시
③ 해당 식품에 사용하지 못하도록 한 식품첨가물에 대하여 사용을 하지 않았다는 표시
④ 건강기능식품과 혼동하여 소비자가 오인할 수 있는 표시

> [해설]
> 해당 식품에 사용하지 못하도록 한 식품첨가물에 대하여 사용을 하지 않았다는 표시

13 콜라 음료의 산미료로 사용되는 것은?

① 구연산 ② 사과산
③ 인산 ④ 젖산

> [해설]
> 산미료
> - 식품에 신맛을 부여하거나 pH를 낮추는 목적으로 사용한다. 산은 청량감을 주고 소화를 촉진하며 보존성에도 기여한다.
> - 부패균이나 식중독 원인균을 억제
> - 유지의 항산화제 작용이나 갈색화 반응 억제 시의 상승제 기능
> - 밀가루 반죽의 점도 조절
> - 초산 및 빙초산, 구연산, 인산 등
> - 콜라에는 인산이 사용된다.

14 바실러스 세레우스(Bacillus cereus)를 MYP 한천배지에 배양한 결과 집락의 색깔은?

① 분홍색 ② 흰색
③ 녹색 ④ 흑녹색

> [해설]
> 감염독소형 식중독을 보이는 바실러스 세레우스 균의 정성에 MYP 평판배지를 이용 시 분홍색 콜로니가 나타나면 양성반응이다.

15 쥐와 관련되어 감염되는 질병이 아닌 것은?

① 유행성 출혈열 ② 살모넬라증
③ 페스트 ④ 폴리오

> [해설]
> 쥐 매개 질병
> 흑사병(페스트, 쥐벼룩), 발진열(벼룩), 쯔쯔가무시(양충병, 털진드기), 리케치아폭스(생쥐진드기), 살모넬라증(쥐 분변), 렙토스피라증(Weil씨병, 쥐 분뇨), 신증후군출혈열(유행성 출혈열, 등줄쥐 분변), 서교열(쥐에게 물려 발생하는 열병)

16 다음의 첨가물 중 현재 살균제로 지정되고 있는 것은?

① 아황산나트륨 ② 차아염소산나트륨
③ 프로피온산 ④ 소르빈산

> [해설]
> 허용 살균제로는 차아염소산나트륨, 이염화이소시아뉼산나트륨 등이 있다.

17 리케차에 의하여 감염되는 질병은?

① 탄저병 ② 비저
③ Q열 ④ 광견병

> [해설]
> Q열(Q fever)
> - 리케차: Coxiella burnetii
> - 염소, 소, 양에 감염되며 유즙이나 배설물에 의해 감염된다. 잠복기는 15~20일이며 발열, 오한, 두통, 흉통 등이 발생한다.
> - 리케차에 의해 감염되는 질병은 이, 진드기 등에 의한 질병이 많다.

정답 12 ③ 13 ③ 14 ① 15 ④ 16 ② 17 ③

18 식품위생검사와 가장 관계가 깊은 세균은?

① 대장균 ② 젖산균
③ 초산균 ④ 낙산균

해설
대장균은 대표적인 식품오염 지표균이다.

19 인체에 감염되어도 충란이 분변으로 배출되지 않는 기생충은?

① 아니사키스 ② 유구조충
③ 폐흡충 ④ 회충

해설
아니사키스의 종말숙주는 해산포유류이므로 사람의 경우는 중간숙주에 속한다.

20 수질오염 지표에 대한 설명 중 틀린 것은?

① 수중 미생물이 요구하는 산소량을 ppm 단위로 나타낸 것이 BOD(생물학적 산소요구량)이다.
② 물속에 녹아 있는 용존산소(DO)는 4ppm 이상이고 클수록 좋은 물이다.
③ 유기물질을 산화하기 위해 사용하는 산화제의 양에 상당하는 산소의 양을 ppm으로 나타낸 것이 COD(화학적 산소요구량)이다.
④ BOD가 높다는 것은 물속에 분해되기 쉬운 유기물의 농도가 낮음을 의미한다.

해설
생물화학적 산소요구량(biochemical oxygen demand ; BOD)
- BOD_5는 20℃ 물속의 유기물이 호기성 미생물에 의해 5일간 무기물로 분해되는 데 필요한 산소의 소비량
- BOD가 높으면 유기물이 많아 오염이 높다는 의미
- 높은 BOD 폐수 : 식품공장, 주정공장, 피혁공장, 섬유공장, 낙농공장 등
- 하천의 BOD 기준은 10ppm 이하

2과목 식품화학

21 다음 중 필수아미노산이 아닌 것은?

① 트립토판(tryptophane)
② 라이신(lysine)
③ 루신(leucine)
④ 글루탐산(glutamic acid)

해설
필수아미노산은 히스티딘, 이소루이신, 루이신, 리신, 페닐알라닌, 메티오닌, 트레오닌, 발린, 트립토판 등이다.

22 다음 프로비타민(provitamin) A 중, 비타민 A의 효율이 제일 큰 것은?

① cryptoxanthin
② α-carotene
③ β-carotene
④ γ-carotene

해설
비타민 A
- provitamin A(활성도는 α-carotene : 53, β-carotene : 100, γ-carotene : 27, cryptoxanthine : 57)
- 알칼리성에 안정. 단위 1IU → 0.3γ에 해당
- 어류의 간유가 가장 많으며 버터, 계란 노른자, 당근, 시금치 등

23 생고기를 숯불로 구울 때 생성될 수 있는 유해성분은?

① 니트로사민
② 다환방향족탄화수소
③ 아플라톡신
④ 테트로도톡신

해설
육류의 가열분해로 PAH(다환방향족탄화수소, 3,4-벤조피렌류), 이환방향족아민류(heterocyclic amines) 같은 발암성 물질이 생성된다.

정답 18 ① 19 ① 20 ④ 21 ④ 22 ③ 23 ②

24 쓴맛을 나타내는 물질 중 배당체의 구조를 갖는 것은?

① 카페인(caffeine)
② 테오브로민(theobromine)
③ 쿠쿠르비타신(cucurbitacin)
④ 휴물론(humulone)

해설
쓴맛 성분
- 알칼로이드 : 차나 커피의 caffein, 코코아나 초콜릿의 theobromine, 니코틴, 아트로핀 등
- 폴리페놀성 배당체 : naringin(감귤류, 자몽), quercetin(양파), cucurbitacin(오이), limonene(감귤류, 레몬)
- 케톤류 : humulon, lupulon(맥주 원료인 hop)
- 무기염류

25 식물성 검이 아닌 것은?

① 아라비아 검 ② 콘드로이틴
③ 로커스트 검 ④ 타마린드 검

해설
콘드로이틴은 황산염이나 인산염의 형태로 관절이나 연골성분으로 동물성이다.

26 0.01N CH_3COOH (초산의 전리도는 0.01) 용액의 pH는?

① 2   ② 3
③ 4   ④ 5

해설
0.01N = 1×10^{-2}, 전리도가 0.01이므로
용액 속의 수소이온 농도는 $(1 \times 10^{-2}) \times 0.01 = 1 \times 10^{-4}$
pH는 $-\log[1 \times 10^{-4}]$, pH = 4

27 식품 중 수분의 역할이 아닌 것은?

① 모든 비타민을 용해한다.
② 화학반응의 매개체 역할을 한다.
③ 식품의 품질에 영향을 준다.
④ 미생물의 성장에 영향을 준다.

해설
수분은 비타민뿐 아니라 대부분의 용질을 용해한다.

28 밀가루 반죽의 점탄성을 측정하는 장비로 강력분, 박력분의 판정 및 반죽이 굳기까지의 흡수율을 측정할 수 있는 것은?

① amylograph   ② extensograph
③ farinograph ④ penetrometer

해설
밀가루 레올로지 특성 분석
- 패리노그래프(farinograph) : 점탄성, 흡수율 측정, 반죽의 경도 및 형성시간 측정
- 엑스텐소그래프(extensograph) : 신장성, 인장항력 측정
- 텍스처 측정기(texture analyzer) : 물성 측정
- 아밀로그래프(amylograph) : 호화도, 점도 측정, 강력분과 중력분 구별에 이용

29 가공식품에 사용되는 소르비톨(sorbitol)의 기능이 아닌 것은?

① 저칼로리 감미료
② 계면활성제
③ 비타민 C 합성 시 전구물질
④ 착색제

해설
소르비톨은 저칼로리 감미료, 계면활성제, 비타민 C 합성 시 전구물질 등으로 이용된다.

30 약한 산이나 알칼리에 파괴되지 않고 쉽게 변색되지 않는 색소를 주로 함유한 식품은?

① 검정콩   ② 당근
③ 가지   ④ 옥수수

정답 24 ③ 25 ② 26 ③ 27 ① 28 ③ 29 ④ 30 ②

해설

카로티노이드 : 지용성 색소
- 카로틴류 : lycopene(토마토, 수박의 적색), β-carotene (당근의 황색)
- 크산토필류 : capsanthin(고추의 적색), astaxanthin(게, 새우의 적색)
- 산, 알칼리에 안정하며 쉽게 변색되지 않는다.

31 글리코겐(glycogen)이 가장 높은 농도로 함유된 것은?

① 동물의 혈액
② 동물의 간
③ 동물의 뼈
④ 식물의 뿌리

해설

동물성 저장 다당류인 글리코겐은 근육에 약 250g, 간에 100g 정도 저장되며 단위 면적당 농도는 간이 근육보다 더 높다.

32 포도당 용액의 펠링(Fehling) 시약을 가하고 가열하면 어떤 색깔의 침전물이 생기는가?

① 푸른색
② 붉은색
③ 검은색
④ 흰색

해설

펠링 시약은 베네딕트 시약과 더불어 환원당 시험에 쓰이며 시약 중 구리를 환원시켜 붉은색의 침전물을 형성한다.

33 채소를 삶을 때 나는 냄새의 주성분에 해당하는 것은?

① 알코올(alcohol)
② 클로로필(chlorophyll)
③ 디메틸설파이드(dimethylsulfide)
④ 암모니아(ammonia)

해설

향기성분
- 에스테르류 : sedanolide(셀러리), methyl cinnamate(송이버섯), amyl formate(사과, 복숭아), isoamyl formate(배)
- 알코올류 : 2, 6-nonadienal(오이), furfuryl alcohol(커피)
- 테르펜류 : limonene(레몬, 오렌지), camphene(생강), geraniol(오렌지, 레몬), menthol(박하), citral(오렌지, 레몬)
- 황화합물 : methylmercaptane(무), propylmercaptane(마늘), dimethylmercaptane(단무지), α-methylcaptopropyl alcohol(파, 마늘, 양파), allylsulfide(고추냉이, 아스파라거스)
- 알데히드류(aldehyde) 및 유기산 : 식물의 풋내, 유지 식품의 기름진 풍미 및 산패취, 생우유(acetone, acetaldehyde, propionic acid, butyric acid, caproic acid, methyl sulfide), 버터(diacetyl, propionic acid, butyric acid, caproic acid), 치즈(ethyl β-methylmercaptopropionate)
- 피라진류(pyrazines) : 질소를 함유한 화합물로, 고기향, 땅콩향, 볶음향 등의 특성을 나타내는 성분, trimethylamine, piperidine, δ-aminovaleric acid(어류 비린내)

34 채소, 과일에 많이 존재하는 강력한 천연 항산화 물질은?

① sorbic acid
② salicylic acid
③ ascorbic acid
④ benzoic acid

해설

채소, 과일에 많이 존재하는 강력한 천연 항산화 물질은 비타민 C 전구체인 ascorbic acid이다.

35 다음 중 산성식품이 아닌 것은?

① 계란
② 육류
③ 어류
④ 고구마

해설

식품의 액성
- 알칼리 생성원소와 산 생성원소 중 어느 쪽의 성질이 큰가에 따라 알칼리성식품과 산성식품으로 나뉜다.
- 식품이 체내에서 소화 및 흡수되어 Na, K, Ca, Mg 등의 원소가 많은 경우를 생리적 알칼리성식품이라 한다.
- S, C, Cl, P 등의 원소는 황산, 인산, 염산을 형성하는 산성 생성원소이다.
- 산성식품(육류, 곡류)을 너무 지나치게 섭취하면 혈액이 산성 쪽으로 기울어버린다.
- 대표적인 생리적 알칼리성식품은 과실류, 해조류 및 감자류이다.

정답 31 ② 32 ② 33 ③ 34 ③ 35 ④

36 전분의 노화를 억제하는 방법으로 적합하지 않은 것은?

① 수분함량의 조절
② 냉장 보관
③ 설탕 첨가
④ 유화제 사용

해설

전분의 노화
- 호화전분(α-전분)을 실온에 완만 냉각하면 전분입자가 수소결합을 다시 형성해 생전분과는 다른 결정을 형성하는데 이 현상을 노화 또는 β화라고 한다.
- β-전분의 X선 회절도는 종류에 관계없이 항상 B형이 된다. 노화된 전분은 효소의 작용을 받기 힘들게 되어 소화가 잘 안 된다.
- 노화가 가장 잘 발생되는 온도는 0℃ 정도이며 60℃ 이상 −20℃ 이하에서 노화는 발생되지 않는다.(밥의 냉동저장)
- 30~60%의 함수량이 노화되기 쉬우며 30% 이하 60% 이상에서는 어렵다.(비스킷, 건빵)
- 알칼리성은 노화가 억제되고 산성은 노화를 촉진한다.
- amylose가 많을수록 노화가 빨리 일어나며 전분입자가 작을수록 노화가 빠르다. 감자, 고구마 등 서류 전분은 노화되기 어려우나 쌀, 옥수수 등 곡류는 노화되기 쉽다.
- 대부분 염류는 호화를 촉진하고 노화를 억제한다. 단, 황산염은 반대로 노화를 촉진한다.
- 당은 탈수제로 노화를 억제하며(양갱) 유화제도 노화를 억제한다.

37 연유 속에 젓가락을 세워서 회전시켰을 때 연유가 젓가락을 따라 올라가는 현상은?

① 점조성(consistency)
② 예사성(spinability)
③ 바이센베르크 효과(Weissenberg effect)
④ 신전성(extensibility)

해설

점탄성체의 성질
- Weissenberg 효과 : 연유 중에 막대 등을 세워 회전시키면 탄성에 의해 연유가 막대를 따라 올라오는 성질
- 예사성(spinability) : 청국장, 계란 흰자 등에 막대 등을 넣고 당겨 올리면 실처럼 가늘게 따라 올라오는 성질
- 경점성(consistency) : 점탄성을 나타내는 식품의 경도(밀가루 반죽의 경점성은 farinograph로 측정)
- 신전성(extensibility) : 반죽이 국수같이 길게 늘어나는 성질(밀가루 반죽의 신전성은 extensograph로 측정)

38 아미노산인 트립토판을 전구체로 하여 만들어지는 수용성 비타민은?

① 비오틴(biotin)
② 엽산(folic acid)
③ 나이아신(niacin)
④ 리보플라빈(riboflavin)

해설

비타민 전구체
- β-carotene : 비타민 A
- Tryptophan : niacin
- Ergosterol : 비타민 D_2

39 대두에 많이 함유되어 있는 기능성 물질은?

① 라이코펜(lycopene)
② 아이소플라본(isoflavone)
③ 카로티노이드(carotenoid)
④ 세사몰(sesamol)

해설

대두에 있는 아이소플라본은 암 예방에 효과적이다.

40 식물성 색소 중 지용성(脂溶性) 색소인 것은?

① carotenoid
② flavonoid
③ anthocyanin
④ tannin

해설

카로티노이드 : 지용성 색소
- 카로틴류 : lycopene(토마토, 수박의 적색), β-carotene(당근의 황색)
- 크산토필류 : capsanthin(고추의 적색), astaxanthin(게, 새우의 적색)

정답 36 ② 37 ③ 38 ③ 39 ② 40 ①

3과목　식품가공학

41 잼 제조 시 젤리점(jelly point)을 결정하는 방법이 아닌 것은?

① 스푼 테스트
② 컵 테스트
③ 당도계에 의한 당도 측정
④ 알칼리 처리법

해설

잼류 완성점(Jelly point) 결정법
- 스푼 시험 : 나무 주걱으로 잼을 떠서 기울여 액이 시럽 상태가 되어 떨어지면 불충분한 것, 주걱에 일부 붙어 떨어지면 적당
- 컵 시험 : 물컵에 소량 떨어뜨려 바닥까지 굳은 채로 떨어지면 적당, 도중에 풀어지면 불충분
- 온도법 : 잼에 온도계를 넣어 104~106℃가 되면 적당
- 당도계법 : 굴절당도계를 이용, 잼 당도가 65% 정도면 적당

42 식용유의 정제공정으로 볼 수 없는 것은?

① 탈검(degumming)
② 탈산(deacidification)
③ 산화(oxidation)
④ 탈색(bleaching)

해설

유지의 정제 : 불순물을 물리화학적 방법으로 제거
㉠ 탈검공정(Degumming process)
- 인지질 등 제거
- 무수 상태에서 기름에 녹으므로 물이나 수증기를 넣어 수화시켜 분리

㉡ 탈산공정(Deaciding process)
- 유리지방산 등 제거
- NaOH로 유리지방산을 중화(비누화) 제거하는 알칼리 정제법 사용

㉢ 탈색공정(Decoloring process)
- carotenoid, 엽록소 등 제거
- 가열탈색법이나 활성백토를 이용하는 흡착탈색법 사용

㉣ 탈취공정(Deodoring process)
- 알데히드, 케톤, 탄화수소 등 냄새 제거
- 활성탄 등 흡착제를 이용한 탈취

㉤ 탈납공정(Winterization)
- 샐러드유 제조 시 지방결정체 제거
- 냉각시켜 발생되는 고체 결정체를 제거하는 탈납(dewaxing) 이용

43 과채류의 장기 저장을 위한 일반적인 공기조성으로 옳은 것은?

① O_2 농도 높게 – CO_2 농도 높게
② O_2 농도 낮게 – CO_2 농도 낮게
③ O_2 농도 낮게 – CO_2 농도 높게
④ O_2 농도 높게 – CO_2 농도 낮게

해설

C. A 저장(controled atmosphere 저장)
- 과채류는 수확 후 호흡을 유지해 호흡열에 의한 품온이 상승
- 품온상승에 따른 숙성도 증가(식품의 열화 작용)
- C. A 저장은 밀폐된 공간에 산소를 3~4%로 낮추고, 이산화탄소를 4~5%로 높게 조절하여 호흡을 억제하여 냉장설비와 함께 저장기간을 연장하는 방법
- 과채류를 밀폐된 공간에 90% 이상 넣어 호흡을 유도 후 목표농도에 이르면 적정 산소를 공급하고 이산화탄소는 스크러버를 이용하여 제거하며 숙도 조절

44 육류의 사후경직이 완료되었을 때의 pH는?

① pH 7.4 정도
② pH 6.4 정도
③ pH 5.4 정도
④ pH 4.4 정도

해설

사후경직
- 근육 글리코겐 분해에 따라 젖산 생성, ATP 생성, 근육 경직 발생(액토미오신 형성)
- 생선 1~4시간, 닭 6~12시간, 쇠고기 24~48시간, 돼지 70시간 후 최대 사후경직
- 경직해제 후 자가소화 효소에 의한 숙성
- 쇠고기 숙성은 0℃에서 10일간, 8~10℃에서 4일간
- 육류(pH 7.0) – 사후강직(pH 5.4) – 자가소화(autolysis, pH 6.2) – 부패(pH 12)

정답　41 ④　42 ③　43 ③　44 ③

45 다음 중 제조 시 균질화(homogenization)과정을 거치지 않는 것은?

① 시유   ② 버터
③ 무당연유   ④ 아이스크림

해설
균질의 목적
- 지방구를 0.1~2μm로 작게 형성한다.
- 크림층 생성 방지, 점도 향상, 조직 연성화, 소화 향상 효과
- 믹스의 기포성을 좋게 하여 overrun 증가
- 아이스크림의 조직을 부드럽게 한다.
- 숙성(aging)시간을 단축한다.
- 버터 제조 시에는 지방을 뭉치게 하는 처닝 조작을 한다.

46 두부 응고제의 장점과 단점에 대한 설명으로 옳은 것은?

① 염화칼슘의 장점은 응고시간이 빠르고, 보존성이 양호하다.
② 황산칼슘의 장점은 사용이 편리하고, 수율이 높다.
③ 염화칼슘의 단점은 신맛이 약간 있는 것이다.
④ 글루코노델타락톤의 단점은 수율이 낮고, 두부가 거칠고 견고한 것이다.

해설
두부 응고제
- 간수 : 염화마그네슘($MgCl_2$), 황산마그네슘($MgSO_4$)
- 황산칼슘 응고제 : 가장 많이 사용하며 응고반응이 염화물에 비해 느려 보수성, 탄력성이 좋은 두부를 생산, 불용성임
- 염화칼슘 응고제 : 칼슘 첨가로 영양 보강, 응고작용이 좋아 응고시간이 빠르다.
- Glucono-δ-lactone(gluconodeltalactone ; G.D.L) 응고제 : 연두부나 순두부 또는 보다 부드러운 두부를 만들 때에 사용, 과거에 산미료로 사용하여 과량 사용 시 신맛이 난다.

47 덱스트린(dextrin)의 요오드 반응 색깔이 잘못 연결된 것은?

① amylodextrin – 청색
② erythrodextrin – 적갈색
③ achrodextrin – 청색
④ maltodextrin – 무색

해설
전분의 가수분해에 따른 청색반응 변화
starch(청색) – amylodextrin(청색) – erythrodextrin(적갈색) – achromodextrin(무색) – oligosaccharide – maltodextrin – glucose(무색)

48 유지를 채취하는 데 적합하지 않은 방법은?

① 가열하여 흘러나오는 기름을 채취한다.
② 산을 첨가하여 가수분해시킨다.
③ 기계적인 압력으로 압착하여 기름을 짜낸다.
④ 휘발성 용제를 사용하여 추출한다.

해설
식용유지 제법
- 압착법, 추출법은 식물유지 채취, 용출법은 동물유지 채취 이용
- 용출법(melting process) : 동물성 원료를 가열시켜서 유지 제조
- 압착법(expression process) : 식물질 원료에 기계적인 압력을 가하여 유지 제조
- 추출법(extraction process) : 식물성 원료를 유기용매로 녹여서 제조, 추출용매는 벤젠, 에틸알코올, 노멀 헥산, 아세톤, CS_2 등을 사용

49 계란을 분무 건조한 난분의 변색에 관여한 갈변 반응은?

① 마이야르 반응
② 캐러멜화 반응
③ 폴리페놀 산화 반응
④ 아스코르브산 산화 반응

해설
마이야르(Maillard) 반응
환원당의 carbonyl기와 아미노화합물의 결합에서 amino carbonyl 반응이라고 하며 생성물에 의해 melanoidine 반응이라고도 한다.

50 어류에 대한 설명으로 틀린 것은?

① 적색육에는 히스티딘(histidine), 백색육에는 글리신(glycine)과 알라닌(alanine)이 풍부하다.
② 비린내의 주성분은 TMAO(trimethylamine oxide)이다.
③ 사후변화는 해당 → 사후경직 → 해경 → 자기소화 → 부패의 순서로 일어난다.
④ 안구는 신선도 저하에 따라 혼탁과 내부 침하가 진행된다.

해설
TMAO(trimethylamine oxide)는 생선의 맛난 맛 성분이나 세균이 많이 번식하면 세균의 환원성으로 TMA(trimethylamine)가 되는데 이것은 생선의 비린내 성분이다.

51 유지 가공 시 수소첨가(hydrogenation)의 목적이 아닌 것은?

① 유지의 불포화도가 감소되어 산화 안정성을 증가시킨다.
② 가소성과 경도를 부여하여 물리적 성질을 개선한다.
③ 융점과 응고점을 낮춰준다.
④ 냄새, 색깔 및 풍미를 개선한다.

해설
경화유
- 불포화지방산이 많은 액체유에 Ni 존재하에서 H를 첨가하여 고체지(포화지방산)로 제조
- 녹는점이 높아지고 안정성 증가, 산패가 적고 냄새 감소
- 어유, 콩기름, 면실유, 채종유 등에 이용
- 쇼트닝, 마가린 등이 대표적인 제품
- 융점과 응고점을 높여준다.

52 내건성 곰팡이가 생육할 수 있는 수분활성도 한계값은?

① 0.90 ② 0.88
③ 0.70 ④ 0.65

해설
미생물 생육 최저 수분활성도
세균 0.91, 효모 0.88, 곰팡이 0.80, 내건성 곰팡이 0.65, 내삼투압성 효모 0.60 등

53 60%의 고형분을 함유하고 있는 농축 오렌지주스 100kg이 있다. 45% 고형분을 함유하고 있는 최종제품을 얻기 위해, 15%의 고형분을 함유하고 있는 오렌지주스를 얼마나 가하여야 하는가?

① 30kg ② 40kg
③ 50kg ④ 60kg

해설
농도 변경

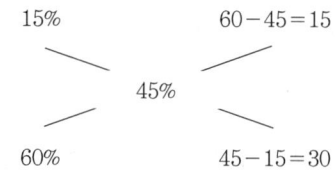

15% 착즙오렌지 : 60% 농축오렌지 = 15 : 30 = 1 : 2 = 50 : 100

54 제빵 공정에서 처음에 밀가루를 체로 치는 가장 큰 이유는?

① 불순물을 제거하기 위하여
② 해충을 제거하기 위하여
③ 산소를 풍부하게 함유시키기 위하여
④ 가스를 제거하기 위하여

해설
제빵 공정에서 처음에 밀가루를 체로 치는 것은 산소를 풍부하게 함유시키기 위해서이다.

55 식품냉동에서 냉동곡선이란?

① 식품이 냉동되는 시간과 빙결정 생성량의 관계를 나타낸 것
② 식품이 냉동되는 과정을 시간과 온도의 관계식으로 나타낸 것
③ 식품이 냉동되는 시간과 육단백 형성의 관계를 나타낸 것
④ 식품이 냉동되는 시간과 빙결정 크기의 관계를 나타낸 것

해설
냉동곡선의 x축은 시간이며 y축은 온도로 시간에 따른 온도 변화를 나타낸 곡선이다.

56 밀가루 반죽의 점탄성을 측정하는 장치는?

① 아밀로그래프(Amylograph)
② 엑스텐소그래프(Extensograph)
③ 패리노그래프(Farinograph)
④ 브라벤더 비스코미터(Brabender Viscometer)

해설
밀가루 레올로지 특성 분석
- 패리노그래프(farinograph) : 점탄성, 흡수율 측정, 반죽의 경도 및 형성시간 측정
- 엑스텐소그래프(extensograph) : 신장성, 인장항력 측정
- 텍스처 측정기(texture analyzer) : 물성 측정
- 아밀로그래프(amylograph) : 호화도, 점도 측정, 강력분과 중력분 구별에 이용

57 분유류에 대한 설명 중 틀린 것은?

① 분유류라 함은 원유 또는 탈지유를 그대로 또는 이에 식품 또는 식품첨가물을 가하여 가공한 분말상의 것을 말한다.
② 전지분유는 원유에서 수분을 제거하여 분말화한 것으로 원유 100%이다.
③ 가당분유는 원유에 설탕, 과당, 포도당, 올리고당류를 가하여 분말화한 것이다.
④ 장기저장에 적합한 분유의 수분함량 기준은 6~10%이다.

해설
장기저장에 적합한 분유의 수분함량 기준은 5% 이하이다.

58 어육을 소금과 함께 갈아서 조미료와 보강재료를 넣고 응고시킨 식품을 나타내는 용어는?

① 수산 훈제품
② 수산 염장품
③ 수산 건제품
④ 수산 연제품

해설
수산 연제품
어육을 소금과 함께 갈아서 조미료와 보강재료를 넣고 응고시킨 식품

59 과즙 청징 방법 중 색소 및 비타민의 손실이 가장 큰 것은?

① 펙티나이제(pectinase) 사용
② 난백처리
③ 규조토 사용
④ 젤라틴 및 탄닌 처리

해설
과즙 청징 방법 중 규조토 사용 시 색소 및 비타민의 손실이 가장 크다.

60 압출성형기에 공급되는 원료의 수분 함량을 15%(습량기준)로 맞추고자 한다. 물을 첨가하기 전 분말의 수분 함량이 10%라면 분말 1kg당 추가해야 하는 물의 양은?

① 약 0.014kg
② 약 0.026kg
③ 약 0.042kg
④ 약 0.058kg

정답 55 ② 56 ③ 57 ④ 58 ④ 59 ③ 60 ④

[해설]
수분함량
- 습량기준 수분함량이 10%일 때 수분의 무게(x)
  $(x/1,000) \times 100 = 10$, $x = 100$
- 물 추가 후 제품무게
  $1,000 \times 0.9 = y \times 0.85$, $y = 1,059$
- 물 추가 후 수분무게
  $1,059 \times 0.15 = 158$
- ∴ 추가해야 하는 수분량
  $158 - 100 = 58g = 0.058kg$

4과목 식품미생물학

61 방선균에 대한 설명이 틀린 것은?

① 항생물질 생산균으로 유용하게 이용된다.
② 진핵세포 생물로 세포벽의 화학적 성분이 그람음성 세균과 유사하다.
③ 주로 토양에 서식하며 흙냄새의 원인균이다.
④ 균사상으로 발육한다.

[해설]
방선균
- 흙냄새의 원인균, 토양 1g당 $10^4 \sim 10^6$ 존재
- 2차 생산물로 항생물질을 생산하여 세균의 세포벽을 용해하여 사멸
- 균사를 이용해 분생포자(conidiospore) 형성
- 종류에 따라 갈색, 분홍색, 청색, 회색 등의 집락형성

62 한류 해수에 잘 서식하고 육안으로 볼 수 있는 다세포형으로 다시마, 미역이 속하는 조류는?

① 규조류 ② 남조류
③ 홍조류 ④ 갈조류

[해설]
조류(algae)
- 대부분 담수나 해수에서 생육하며 광합성으로 독립 영양생활 하는 하등식물의 총칭
- 잎, 줄기, 뿌리, 관상체가 없으며 유성생식, 무성생식을 한다.

- 규조류는 최근 화석연료의 대체 연료로 이용된다.
- 남조류는 원핵세포에 속한다.
- 해조류에 속하는 갈조류(미역, 다시마), 홍조류(김, 우뭇가사리), 녹조류(클로렐라, 파래) 등은 진핵세포인 원생생물이다.
- 클로렐라 : 단백질 함량(40~50%)이 높다, 비타민 A, B_1, B_2, C가 풍부하며, 광합성하여 산소를 생성한다. 단세포이며 난형, 구형의 녹조류이다. 탄소원(CO_2), 질소원(요소) 이용

63 미생물의 동결보존법에 대한 설명으로 옳은 것은?

① glycerol, 디메틸황산화물과 같은 보존제를 첨가하여 보존한다.
② 배지를 선택 배양하여 저온실에 보관하고 정기적으로 이식하여 보존한다.
③ 시험관을 진공상태에서 불로 녹여 봉해서 보존한다.
④ 멸균한 유동 파라핀을 첨가하여 저온 또는 실온에서 보존한다.

[해설]
동결보존법
- 효모, 곰팡이, 세균 등 장기 보존
- $-90°C$ 급속냉동보관 또는 진공동결보관
- glycerol, 탈지유, 혈청, 디메틸황산화물과 같은 보존제를 첨가하여 보존

64 미생물의 증식 곡선에서 정지기와 사멸기가 형성되는 이유가 아닌 것은?

① 배지의 pH 변화
② 영양분의 고갈
③ 유해 대사산물의 축적
④ Growth factor의 과다한 합성

[해설]
미생물의 생육곡선(growth curve)
㉠ 유도기(lag phase, induction period)
  - 미생물이 증식을 준비하는 시기
  - 효소, RNA는 증가, DNA는 일정
  - 초기 접종균수를 증가하거나 대수 증식기 균을 접종하면 기간이 단축

정답 61 ② 62 ④ 63 ① 64 ④

ⓒ 대수기(logarithmic phase)
- 대수적으로 증식하는 시기
- RNA는 일정, DNA는 증가
- 세포질 합성속도와 세포수 증가는 비례
- 세대시간, 세포의 크기 일정
- 생리적 활성이 크고 예민
- 증식속도는 영양, 온도, pH, 산소 등에 따라 변화

ⓒ 정지기(stationary phase)
- 영양물질의 고갈로 증식수와 사멸수가 같다.
- 세포수 최대
- 포자 형성 시기

ⓔ 사멸기(death phase)
- 생균수보다 사멸균수가 증가(pH 변화, 유해성분 축적)
- 자가소화(autolysis)로 균체 분해

65 김치 숙성에 주로 관계되는 균은?

① 고초균　　② 대장균
③ 젖산균　　④ 황국균

해설

김치 : 한국의 전통 침채류
- 절인 배추, 무, 고추, 마늘, 생강, 젓갈 첨가, 저온 젖산 숙성한 발효식품
- 발효 초기 : *Leuconostoc mesenteroids*, 젖산, 탄산가스에 의해 산성화 호기성 세균 억제
- 발효 후기 : *Lactobacillus plantarum*, *Lactobacillus brevis*, 내산성
- 발효온도가 낮을수록, 식염농도가 높을수록 *Lactobacillus*, *Pediococcus* 증식이 유리

66 포도당을 발효하여 젖산만 생성하는 젖산균은?

① 정상발효 젖산균　　② α-hetero형 젖산균
③ β-hetero형 젖산균　　④ 가성 젖산균

해설

젖산균
- 정상발효 젖산균 : 당을 발효시켜 젖산만 생성 – *Streptococcus* 속, *Pediococcus* 속, *Lactobacillus* 속(*Lactobacillus acidophilus*, *Lactobacillus bulgaricus*, *Lactobacillus delbruekii*, *Lactobacillus casei*, *Streptococcus thermophilus*, *Lactobacillus homohiochii*)
- 이형발효 젖산균 : 당을 발효시켜 젖산 이외에 초산, 에탄올, CO_2 등 생산 – *Leuconostoc* 속, *Lactobacillus* 속(*Lactobacillus brevis*, *Leuconostoc mesenteroides*, *Lactobacillus heterohiochii*)

67 세포질이 양분되면서 격막이 생겨 분열·증식하는 분열효모는?

① *Saccharomyces*속
② *Schizosaccharomyces*속
③ *Candida*속
④ *Kloecera*속

해설

분열법(fission)
세포 중앙에 격막이 생겨 두 개의 세포로 분열하는 방법으로, 분열효모(fission yeast)가 있다(*Schizosaccharomyces*).

68 분홍색 색소를 생성하는 누룩곰팡이로 홍주의 발효에 이용되는 것은?

① *Monascus purpureus*　　② *Neurospora sitophila*
③ *Rhizopus javanicus*　　④ *Botrytis cinerea*

해설

Monascus purpureus
분홍색 색소(monascorbin : 적색 색소)를 생성하는 누룩곰팡이로 홍주의 발효에 이용

69 성숙한 효모세포의 구조에서 중앙에 위치하며 가장 큰 공간을 차지하고, 노폐물을 저장하는 장소는?

① 핵(nucleus)
② 저장립(lipid granule)
③ 세포막(cell membrane)
④ 액포(vacuole)

해설

성숙한 효모세포의 구조에서 중앙에 위치하며 가장 큰 공간을 차지하고, 노폐물에 이용하는 것은 액포이다.

정답 65 ③　66 ①　67 ②　68 ①　69 ④

70 토양이나 식품에서 자주 발견되고 aflatoxin이라는 발암성 물질을 생성하는 유해 곰팡이는?

① *Aspergillus flavus*
② *Aspergillus niger*
③ *Aspergillus oryzae*
④ *Aspergillus sojae*

해설

아플라톡신
- *Aspergillus flavus*가 aflatoxin 생산
- 온도 25~30℃, 상대습도 80% 이상, 기질의 수분 16% 이상
- 주요 기질은 옥수수 등 곡류나 땅콩
- B_1, G_1, G_2, M 형
- 간장독으로 간암 유발

71 Gram 양성이며 포자를 형성하는 편성 혐기성균은?

① *Bacillus*속
② *Clostridium*속
③ *Escherichia*속
④ *Corynebacterium*속

해설

Clostridium
- 그람양성, 포자(곤봉모양)형성, 혐기성 간균, 토양·하천·호수·바다흙·동물의 분변에 존재
- 육류 및 통조림, 어류 훈제 등

72 Gram 음성의 간균이며 주로 단백질 식품의 부패에 관여하는 세균은?

① *Staphylococcus*속
② *Bacillus*속
③ *Micrococcus* 속
④ *Proteus*속

해설

*Proteus*속
Gram 음성, 간균, 호기성, 주로 단백질 식품의 부패에 관여

73 세균의 편모에 대한 설명으로 틀린 것은?

① 편모는 세균의 운동기관으로서 대부분 단백질로 구성되어 있다.
② 편모는 구균보다 간균에서 많이 볼 수 있다.
③ 편모는 대부분 세포벽에서부터 나온다.
④ 편모가 없는 세균도 있다.

해설

편모는 대부분 세포막에서부터 나온다.

74 진핵세포와 원핵세포에 관한 설명 중 틀린 것은?

① 원핵세포는 하등미생물로 세균, 남조류가 속한다.
② 원핵세포에는 핵막, 인, 미토콘드리아가 없다.
③ 진핵세포의 염색체 수는 1개이다.
④ 진핵세포에는 핵막이 있다.

해설

원핵세포의 염색체는 원형의 단일 염색체이나 진핵세포는 다수의 염색체가 선형으로 존재한다.

75 다음 맥주 제조 공정 중 호프(hop)를 첨가하는 공정은?

보리 → 맥아제조 → 분쇄 → 당화 → 자비 → 여과 → 발효 → 저장 → 제품

① 분쇄
② 당화
③ 자비
④ 여과

해설

담금공정
- 맥아 분쇄
- 담금(mashing) : 분쇄 맥아를 가온하여 필요 성분 추출
- 담금액 여과 : 여과기로 박과 맥아즙(wort) 분리
- 맥아즙 가열 및 호프 첨가
- 맥아즙을 5℃로 냉각

정답 70 ① 71 ② 72 ④ 73 ③ 74 ③ 75 ③

76 청주의 제조에 관한 설명으로 틀린 것은?

① 쌀, 코지, 물로 제조되는 병행복발효주다.
② 코지 곰팡이는 *Aspergillus oryzae*가 사용된다.
③ 좋은 코지를 제조하기 위해서는 산소와의 접촉을 차단해야 한다.
④ 주모(moto)는 양조 효모를 활력이 좋은 상태로 대량 배양해 놓은 것이다.

해설
전분에 Koji균(*Aspergillus oryzae, Rhizopus, Absidia*)을 호기적 상태로 배양하여 당화 효소를 생산하도록 한다.

77 상면발효효모의 특성은?

① 발효 최적 온도는 10~25℃이다.
② 세포가 침강하므로 발효액이 투명해진다.
③ 독일계 맥주의 효모가 여기에 속한다.
④ 라피노즈(raffinose)를 발효시킬 수 있다.

해설
맥주 효모의 종류
- 상면발효효모 : *Saccharomyces cerevisiae* - 영국 맥주, 상면발효, 상온발효(Ale, Stout, Porter, Lambic)로 빠르게 발효되어 상면에 균막 형성, 최적 10~25℃ 발효
- 하면발효효모 : *Saccharomyces carlsbergensis* - 독일, 미국, 일본, 우리나라에서 주로 생산, 하면발효, *Saccharomyces uvarm*에 통합, 저온 장기발효(Lager, Munchen, Pilsen, Wien), 장기저장으로 독특한 향미 부여, 최적 5~10℃, Raffinose, melibiose 발효

78 고정화 효소의 일반적인 제법이 아닌 것은?

① 담체결화법   ② 가교법
③ 자기소화법   ④ 포괄법

해설
고정화 효소
- 효소를 담체(carrier)에 부착시켜 지속적으로 촉매 활성을 하도록 만든 것
- 담체결합법(공유결합법) : 불용성 담체와 효소를 공유 결합한다.
- 이온결합법 : DEAD-cellulose, CM-cellulose, Sephadex 등의 이온교환 수지에 효소를 결합시킨다.
- 물리적 흡착법 : 활성탄, 산성백토, Kaolinite 등에 효소를 흡착시킨다.
- 가교법(cross linking method) : 효소를 담체에 부착할 수 있는 기능기를 가진 가교로 연결하는 방법이다.
- 포괄법(entrapping method) : 효소를 담체겔 속에 고정시키거나 반투과성 피막으로 감싸도록 하는 방법이다.

79 저장 중인 사과, 배의 연부현상을 일으키는 것은?

① *Penicillium notatum*
② *Penicillium expansum*
③ *Penicillium cyclopium*
④ *Penicillium chrysogenum*

해설
- *Penicillium expansum* : 사과, 배의 연부현상
- *Penicillium chrysogenum, Penicillium notatum* : 페니실린 생산균주

80 미생물의 증식기 중 유도기와 관계없는 것은?

① 세포 내 RNA 함량이 증가한다.
② 미생물이 가장 왕성하게 발육한다.
③ 새로운 환경에 적응하며, 각종 효소 단백질을 생합성한다.
④ 세포 내의 DNA 함량은 거의 일정하다.

해설
유도기(lag phase, induction period)
- 미생물이 증식을 준비하는 시기
- 효소, RNA는 증가, DNA는 일정
- 초기 접종균수를 증가하거나 대수 증식기 균을 접종하면 기간이 단축

5과목 식품제조공정

81 크고 무거운 식품 원료를 운반하는 데 주로 사용되는 고체이송기로 수직방향 운반용의 양동이를 사용하는 것은?

① 체인 컨베이어
② 롤러 컨베이어
③ 버킷 엘리베이터
④ 스크루 컨베이어

해설

반송기계
- 벨트 컨베이어(belt conveyer) : 벨트 위에서 제품을 운반
- 공기압식 컨베이어 : 가루나 알갱이 모양의 원료를 관 속으로 수송하기 때문에 건물의 안팎과 관계없이 자유롭게 배관이 가능하며, 위생적이고, 기계적으로 움직이는 부분이 없어 관리가 수월하다.
- 스크루 컨베이어(screw conveyer, 나선형 컨베이어) : 스크루의 회전운동으로 분체, 입체, 습기가 있는 재료나 화학적 활성을 지니고 있는 고온물질을 트로프(trough) 또는 파이프(pipe) 내에서 회전시켜 운반
- 버킷 엘리베이터(bucket elevator) : 버킷에 제품을 실어 아래 위로 연결된 컨베이어로 운반
- 드로우어(thrower) : 단단한 고체 제품을 높은 곳에서 드로우어를 이용해 굴려서 운반

82 점도가 높은 액상식품 또는 반죽상태의 원료를 가열된 원통 표면과 접촉시켜 회전하면서 건조시키는 장치는?

① 드럼 건조기
② 분무식 건조기
③ 포말식 건조기
④ 유동층식 건조기

해설
- 전도형 건조기 : 직접적 접촉에 의한 열전달로 드럼 건조기, 진공 건조기, 팽화 건조기 등이 있다.
- 드럼 건조기 : 점도가 높은 액상식품 또는 반죽상태의 원료를 가열된 원통 표면과 접촉시켜 회전하면서 건조

83 다음 농축 공정에서 원료의 온도변화가 가장 작은 공정은?

① 증발농축
② 동결농축
③ 막농축
④ 감압농축

해설

막농축
- 반투막을 이용하며 물 같은 용매에서 당이나 염 같은 용질을 분리
- 아세트산 셀룰로오스, 폴리설폰 등 이용
- 역삼투 이용, 자연스런 삼투압에 대해 반대로 용질을 남기고 이동해야 하므로 압력을 농도가 짙은 쪽에 가한다.
- 바닷물의 담수화 등에 이용
- 염과 같은 저분자 물질의 분리에 이용

84 고체의 양은 많으나 유동성이 비교적 큰 계란, 크림, 쇼트닝의 제조에 가장 적합한 혼합기는?

① 드럼 믹서(drum mixer)
② 스크루 믹서(screw mixer)
③ 반죽기(kneader)
④ 팬 믹서(pan mixer)

해설

혼합기의 종류
㉠ 고체-고체 혼합기
  - 고체 간 혼합에는 회전이나 뒤집기 이용
  - 텀블러(곡류), 리본 혼합기(라면수프), 스크루 혼합기 등
㉡ 고체-액체 혼합기(반죽 교반기)
  - S자형 반죽기 : 제과 제빵용 밀가루 반죽에 이용
  - 페달형 팬혼합기 : 계란, 크림, 쇼트닝 등 과자 원료 혼합에 이용
㉢ 액체-액체 혼합기
  - 용기 속 임펠러로 액체를 혼합(패들 교반기, 터빈 교반기, 프로펠러 교반기 등)
  - 혼합효과를 높이기 위해 방해판 설치, 경사 등을 이용

정답 81 ③ 82 ① 83 ③ 84 ④

85 식품재료에 들어 있는 불필요한 물질이나, 변형·부패된 재료를 분리·제거하는 선별법의 선별 원리에 해당하지 않는 것은?

① 무게에 의한 선별 ② 크기에 의한 선별
③ 모양에 의한 선별 ④ 경험에 의한 선별

해설
선별기
㉠ 무게에 의한 선별 : 과일(사과, 배, 오렌지 등), 채소(무, 당근, 감자 등), 계란, 육류, 생선 등 선별
㉡ 크기에 의한 선별 : 체(sieve)를 크기 선별에 많이 이용(평판체 : 곡류, 밀가루, 소금 선별) – 회전원통체, 롤러선별기 등(과일, 채소 선별)
㉢ 모양에 의한 선별 : 작업의 효율을 위해 폭과 길이에 따라 선별(감자, 오이, 곡류) – 디스크형, 실린더형
㉣ 광학에 의한 선별
 • 전자기적 스펙트럼을 이용, 반사(복사, 산란, 반사)와 투과에 의해 선별
 • 채소의 숙성, 중심부의 결함, 외부물질 혼입 선별(채소, 과일, 곡류)
 • 광학적 색깔 선별(표준색과 비교), 기기적 색깔 선별(서로 다른 불균형 정도)

86 교반 속도가 빠른 액체혼합기에서 방해판(baffle)이 하는 주된 역할은?

① 소용돌이를 완화하여 내용물이 넘치지 않도록 한다.
② 교반에 필요한 에너지의 소비를 줄여준다.
③ 회전속도를 높여준다.
④ 열발생으로 내용물의 점도를 낮춰준다.

해설
혼합기의 종류
㉠ 고체–고체 혼합기
 • 고체 간 혼합에는 회전이나 뒤집기 이용
 • 텀블러(곡류), 리본 혼합기(라면수프), 스크루 혼합기 등
㉡ 고체–액체 혼합기(반죽 교반기)
 • S자형 반죽기 : 제과 제빵용 밀가루 반죽에 이용
 • 페달형 팬혼합기 : 계란, 크림, 쇼트닝 등 과자 원료 혼합에 이용
㉢ 액체–액체 혼합기
 • 용기 속 임펠러로 액체를 혼합(패들 교반기, 터빈 교반기, 프로펠러 교반기 등)
 • 혼합효과를 높이기 위해 방해판 설치, 경사 등을 이용
 • 방해판은 소용돌이를 완화하여 내용물이 넘치지 않도록 한다.

87 제면 공정 중 반죽을 작은 구멍으로 압출하여 만든 식품이 아닌 것은?

① 당면   ② 마카로니
③ 우동   ④ 롱스파게티

해설
성형
• 주조성형 : 일정한 모양의 틀에 원료를 넣고 가열 또는 냉각시켜 성형(빙과, 빵, 쿠키)
• 압연성형 : 반죽을 회전롤 사이로 통과시켜 면대를 만들어 세절하거나 압절 성형(국수, 비스킷, 우동 등)
• 압출성형 : 반죽 등 반고체 원료를 노즐 또는 die를 통해 강한 압력으로 밀어내어 성형, 단위공정은 열처리, 혼합, 분리, 압착, 배열, 팽화, 성형 과정(스낵, 당면, 스파게티, 마카로니 등)
• 응괴성형 : 건조분말을 수증기로 뭉치게 하고 건조하여 응괴 성형, 물에 쉽게 용해(인스턴트 커피, 분말주스, 조제분유 등)
• 과립성형 : 젖은 상태의 분체 원료를 회전팬에서 당액이나 코팅제를 뿌려 과립 성형(초콜릿 볼, 과립형 껌 등)
• 압출면 : 반죽을 압출기의 작은 구멍으로 뽑아낸 국수(당면, 마카로니 등)

88 식품의 건조 중 일어나는 화학적 변화가 아닌 것은?

① 갈변 현상 및 색소 파괴
② 단백질 변성 및 아미노산 파괴
③ 가용성 물질의 이동
④ 지방의 산화

해설
가용성 물질의 이동은 냉동 시 발생하는 변화이다.

정답 85 ④ 86 ① 87 ③ 88 ③

89 연속조업이 가능한 장점이 있고 우유에서 크림을 분리할 때 주로 사용되는 원심분리기는?

① 관형(tubular) 원심분리기
② 원판형(disc) 원심분리기
③ 바스켓(basket) 원심분리기
④ 진공식(vacuum) 원심분리기

[해설]
우유의 크림 분리, 유지 정제 시 비누 물질 제거, 과일 주스의 청징 및 효소의 분리 등에 널리 이용되는 원심분리기는 디스크형 원심분리기(Disc-bowl centrifuge)이다.

90 계란의 껍질에 붙은 오염물, 과일 표면의 기름(grease)이나 왁스 등을 제거할 때, 주로 물 또는 세척수를 이용하여 세척하는 방법으로 가장 효과적인 것은?

① 침지세척(soaking cleaning)
② 분무세척(spray cleaning)
③ 부유세척(flotation cleaning)
④ 초음파세척(ultrasonic cleaning)

[해설]
습식 세척
- 원료의 먼지, 토양의 농약 제거에 이용
- 건조세척보다 효과적이며 손상이 감소하나 비용이 많이 들고 수분으로 부패가 용이
- 침지세척(soaking cleaning) : 물에 담가 오염물질 제거, 분무세척 전처리로 이용
- 분무세척(spray cleaning) : 컨베이어 위 원료에 물을 뿌려 세척
- 부유세척(flotation cleaning) : 밀도와 부력 차이로 세척, 상승에 밀려 이물질 제거
- 초음파세척(ultrasonic washing) : 수중에 초음파를 사용하여 세척(계란, 과일, 채소류)

91 다음 중 압출성형기의 기본 기능과 관계가 먼 것은?

① 혼합   ② 가수분해
③ 팽화   ④ 조직화

[해설]
압출성형
반죽 등 반고체 원료를 노즐 또는 die를 통해 강한 압력으로 밀어내어 성형, 단위공정은 열처리, 혼합, 분리, 압착, 배열, 팽화, 성형 과정(스낵, 마카로니 등)

92 증발 농축이 진행될수록 용액에 나타나는 현상으로 옳은 것은?

① 농도가 낮아진다.   ② 비점이 높아진다.
③ 거품이 없어진다.   ④ 점도가 낮아진다.

[해설]
증발 농축 시 나타나는 현상
- 수분이 증발하며 거품이 발생한다.
- 농도가 높아지며 비점이 상승한다.
- 농축되면서 점도가 높아진다.

93 표면에 홈이 있는 원판이 회전하면서 통과하는 고형 식품을 전단력에 의하여 분쇄하는 분쇄장치는?

① 디스크 밀(disc mill)   ② 해머 밀(hammer mill)
③ 롤 밀(roll mill)   ④ 볼 밀(ball mill)

[해설]
분쇄기 종류
- 해머밀(hammer mill) : 회전축에 해머가 장착되어 분쇄, 막대, 칼날, T자형 해머 등(임팩트밀, 다목적밀, 설탕, 식염, 곡류, 마른 채소, 옥수수 전분 등에 사용)
- 볼밀(ball mill) : 회전 원통 속에 금속, 돌 등과 원료를 함께 회전하여 분쇄(곡류, 향신료 등 수분 3~4% 이하 재료에 적당)
- 핀밀(pin mill) : 고정판과 회전원판 사이에 막대모양 핀이 있어 고속 회전으로 분쇄(설탕, 전분, 곡류 등 건식과 콩, 감자, 고구마의 습식이 있다.)
- 롤밀(roll mill) : 두 개의 회전 금속 롤 사이에 원료를 넣어 분쇄(밀가루, 옥수수, 쌀가루 제분에 이용)
- 디스크밀(disc mill) : 홈이 파여 있는 두 개의 원판 사이에 원료를 넣어 분쇄(옥수수, 쌀의 분쇄에 이용)
- 습식분쇄 : 고구마, 감자의 녹말제조, 과일, 채소의 분쇄, 생선이나 육류 가공 시 이용(맷돌, 절구나 고기를 가는 chopper 등)

94 초임계 가스 추출법에서 주로 사용되는 초임계 가스로 맞는 것은?

① 이산화탄소 가스   ② 수소 가스
③ 헬륨 가스   ④ 질소 가스

> **해설**
> 초임계 유체 추출
> - 유기용매 대신 초임계 가스를 용매로 사용
> - 초임계 유체는 기체상과 액체상이 공존하는 임계 부근의 유체
> - 기체성질로 침투율과 추출효율이 높고 액체밀도가 높아 용해도 증가
> - 에탄, 프로판, 에틸렌, 이산화탄소 등 이용
> - 커피, 향신료, 유지 추출에 이용
> - 물질의 기체상과 액체상의 상경계지점인 임계점 이상의 압력과 온도를 설정해 줌으로써 액체상의 용해력과 기체상의 확산계수와 점도의 특성을 지니게 하여 신속한 추출과 선택적 추출이 가능하게 하는 추출방법

95 설비비가 비싸고, 처리량이 적어 점도가 높은 최종 단계의 농축에 많이 사용되는 증발기는?

① 긴 관형 증발기
② 코일 및 재킷식 증발기
③ 기계 박막식 증발기
④ 플레이트식 증발기

> **해설**
> 기계 박막식 증발기
> 점도가 높은 최종 단계의 농축에 많이 사용되는 증발기로 설비비가 비싸고 처리량도 적다.

96 수분함량 50%(습량 기준)인 식품 100kg을 건조기에 투입하여 수분함량 20%로 낮추고자 한다. 제거하여야 할 수분의 양은?

① 50kg   ② 27.5kg
③ 37.5kg   ④ 30kg

> **해설**
> 수분함량
> - 습량기준 수분함량이 50%일 때 수분의 무게(x)
> $(x/100,000) \times 100 = 50$, $x = 50,000$
> - 건조 후 제품무게
> $100,000 \times 0.5 = y \times 0.8$, $y = 62,500$
> - 건조 후 수분무게
> $62,500 \times 0.2 = 12,500$
> - ∴ 제거해야 하는 수분량
> $50,000 - 12,500 = 37,500g = 37.5kg$

97 색채선별기(color sorting system)로 선별이 적합하지 않은 식품은?

① 숙성정도가 다른 토마토
② 과도하게 열처리 된 잼
③ 크기가 다른 오이
④ 표면 결점을 가진 땅콩

> **해설**
> 선별기
> ㉠ 무게에 의한 선별 : 과일(사과, 배, 오렌지 등), 채소(무, 당근, 감자 등), 계란, 육류, 생선 등 선별
> ㉡ 크기에 의한 선별 : 체(sieve)를 크기 선별에 많이 이용(평판체 : 곡류, 밀가루, 소금 선별) – 회전원통체, 롤러선별기 등 (과일, 채소 선별)
> ㉢ 모양에 의한 선별 : 작업의 효율을 위해 폭과 길이에 따라 선별(감자, 오이, 곡류) – 디스크형, 실린더형
> ㉣ 광학에 의한 선별
> - 전자기적 스펙트럼을 이용, 반사(복사, 산란, 반사)와 투과에 의해 선별
> - 채소의 숙성, 중심부의 결함, 외부물질 혼입 선별(채소, 과일, 곡류)
> - 광학적 색깔 선별(표준색과 비교), 기기적 색깔 선별(서로 다른 불균형 정도)

정답 94 ① 95 ③ 96 ③ 97 ③

98 원료를 파쇄실의 회전 칼날로 절단한 뒤 스크린을 통과시켜 일정한 크기나 모양으로 조립하는 대표적인 파쇄형 조립기는?

① 피츠밀(fitz mill)　② 니더(kneader)
③ 핀밀(pin mill)　④ 위노어(winnower)

해설
피츠밀(Fitz mill)
분쇄기로 단단한 원료를 일정한 크기나 모양으로 파쇄시켜 과립을 만든다. 커터형과 해머형이 있다.

99 식품 원료의 전처리 공정으로서 분쇄의 목적이 아닌 것은?

① 원료의 입자 크기를 감소시켜 건조 속도를 느리게 하기 위하여
② 특정한 원료의 입자 크기를 균일하게 하기 위하여
③ 원료의 혼합 공정을 쉽고 효과적으로 하기 위하여
④ 조직으로부터 원하는 성분을 효율적으로 추출하기 위하여

해설
원료의 입자 크기를 감소시켜 건조 속도를 빠르게 한다.

100 무균 충전 시스템에 대한 설명으로 틀린 것은?

① 용기에 관계없이 균일한 품질의 제품을 얻을 수 있다.
② 무균 환경하에서 작업이 이루어진다.
③ 포장 용기에 식품을 담아 밀봉 후 살균한다.
④ 주로 초고온 순간(UHT) 살균으로 처리한다.

해설
무균 충전 시스템
- 가열충전법 : 가밀봉 한 채 가열 탈기 후 밀봉
- 열간충전법 : 뜨거운 식품을 담고 즉시 밀봉
- 진공충전법 : 진공하에서 충전 후 밀봉
- 치환충전법 : 질소 등 불활성 가스로 공기 치환

2018년 3회 식품기사

1과목 식품위생학

01 장티푸스에 대한 설명으로 틀린 것은?

① 원인균은 그람음성 간균으로 운동성이 있다.
② 주요 증상은 발열이다.
③ 파라티푸스의 경우보다 병독증세가 강하다.
④ 장티푸스 환자의 소변으로 균이 배출되지 않는다.

해설

장티푸스
- 원인균은 *Salmonella typhi*
- 환자나 보균자의 분변에 오염된 음식이나 물에 의해 직접 감염되며 매개물에 의해 간접 감염되기도 한다.
- 잠복기는 1~2주이며 권태감, 식욕부진, 오한, 40℃ 전후의 고열이 지속되며 백혈구의 감소, 장미진 등이 나타난다.

02 메틸수은으로 오염된 어패류를 섭취하여 수은에 의한 축적성 중독을 일으키는 공해병은?

① PCB 중독 ② 이타이이타이병
③ 미나마타병 ④ 열중증

해설

수은(Hg)
- 유기수은이 무기수은보다 흡수율이 높아 독성이 더 강하다.
- 공장폐수에 많아 1956년 일본 미나마타병의 원인이 되기도 하였다.
- 중독증상 : 신경장애로 보행곤란, 언어장애, 정신장애 및 급발성 경련을 나타낸다.
- 생체 내에서 무기수은은 유기수은으로 변한다.
- 미나마타병은 공장폐수 중 메틸수은 화합물에 오염된 어패류를 장기간 섭취하여 발생한 것이다.

03 황색포도상구균에 의해 발생되는 식중독의 원인물질은?

① 프토마인(ptomaine)
② 테트로도톡신(tetrodotoxin)
③ 에르고톡신(ergotoxin)
④ 엔테로톡신(enterotoxin)

해설

황색포도알균(*Straphylococcus aureus*)
- 그람양성, catalase 양성, cagulase 양성
- 5종의 혈청형 식중독균, 피부상재균
- 상처의 화농균(고름)으로 손에 상처 시 조리 금지
- 잠복기 3시간, 구토증세, 사망률이 낮다.
- enterotoxin(장독소)분비 : 내열성이 커 100℃에서 1시간 가열로 파괴되지 않으며 218~248℃, 30분 이상 가열로 파괴
- 중성에서 증식 시 독소 생산, 산성하에서 독소를 생산하지 못함
- 균 자체는 100℃에서 30분 후 사멸

04 미생물에 의한 단백질 변질 시 생성되는 물질이 아닌 것은?

① 암모니아 ② 아민
③ 페놀 ④ 젖산

해설

젖산은 당으로부터 생성된다.

05 먹는물 관리법의 용어 정의가 틀린 것은?

① "수처리제"란 자연 상태의 물을 정수(淨水) 또는 소독하거나 먹는물 공급시설의 산화방지 등을 위하여 첨가하는 제제를 말한다.
② "먹는물"이란 암반대수층 안의 지하수 또는 용천수 등 수질의 안전성을 계속 유지할 수 있는 자연 상태의 깨끗한 물을 먹는 용도로 사용할 원수를 말한다.

정답 01 ④ 02 ③ 03 ④ 04 ④ 05 ②

③ "먹는샘물"이란 샘물을 먹기에 적합하도록 물리적으로 처리하는 등의 방법으로 제조한 물을 말한다.
④ "먹는염지하수"란 염지하수를 먹기에 적합하도록 물리적으로 처리하는 등의 방법으로 제조한 물을 말한다.

해설
"먹는물"이란 먹는 데에 통상 사용하는 자연 상태의 물, 자연상태의 물을 먹기에 적합하도록 처리한 수돗물, 먹는샘물, 먹는염지하수, 먹는해양심층수 등을 말한다.

06 이물검사법에 대한 설명이 틀린 것은?

① 체분별법 : 검체가 미세한 분말일 때 적용한다.
② 침강법 : 쥐똥, 토사 등의 비교적 무거운 이물의 검사에 적용한다.
③ 원심분리법 : 검체가 액체일 때 또는 용액으로 할 수 있을 때 적용한다.
④ 와일드만 라스크법 : 곤충 및 동물의 털과 같이 물에 잘 젖지 아니하는 가벼운 이물검출에 적용한다.

해설
이물검사법
체분별법, 침강법, 와일드만 라스크법, 여과법 등이 있으며 원심분리법은 식품공전상 이물검사법에 포함되어 있지 않다.

07 과일·채소류의 표면에 피막을 형성하여 신선도를 유지시키는 피막제로 사용되지 않는 것은?

① 과산화벤조일
② 초산비닐수지
③ 폴리비닐피로리돈
④ 몰포린지방산염

해설
과산화벤조일은 밀가루 개량제이다.

08 바이러스성 식중독에 대한 설명이 틀린 것은?

① 항생제로 치료되지 않는다.
② 자체 증식이 가능하다.
③ 미량으로도 발병한다.
④ 면역이 되지 않아 재발이 가능하다.

해설
바이러스는 숙주의 생체 내에서만 증식이 가능하다.

09 식품을 저장할 때 사용되는 식염의 작용 기작 중 미생물에 의한 부패를 방지하는 가장 큰 이유는?

① 염소이온에 의한 살균작용
② 식품의 탈수작용
③ 식품용액 중 산소 용해도의 감소
④ 유해세균의 원형질 분리

해설
식염에 의해 강한 극성결합을 하므로 자유수를 줄여 수분활성도가 낮아진다.

10 다음 중 사용이 허용되어 있는 착색료가 아닌 것은?

① 삼이산화철
② 아질산나트륨
③ 수용성 안나토
④ 동클로로필린나트륨

해설
아질산나트륨은 육류의 발색제이다.

11 제1군 감염병이 아닌 것은?

① 디프테리아
② 세균성이질
③ 콜레라
④ 장티푸스

해설
제1군 감염병
• 물 또는 식품을 매개로 발생하고 집단적 발생 우려가 커 발생 즉시 방역대책 수립, 즉시 보고, 격리조치
• A형간염, 콜레라, 장티푸스, 파라티푸스, 세균성이질, 장출혈성 대장균감염증

정답 06 ③ 07 ① 08 ② 09 ② 10 ② 11 ①

12 식품 공장의 위생관리 방법으로 적합하지 않은 것은?

① 환기시설은 악취, 유해가스, 매연 등을 배출하는 데 충분한 용량으로 설치한다.
② 조리기구나 용기는 용도별로 구분하고 수시로 세척하여 사용한다.
③ 내벽은 어두운 색으로 도색하여 오염 물질이 쉽게 드러나지 않도록 한다.
④ 폐기물·폐수 처리시설은 작업장과 격리된 장소에 설치·운영한다.

해설
내벽은 밝은 색으로 도색하여 오염 물질이 쉽게 드러나도록 한다.

13 통조림 변패 중 flat sour에 대한 설명으로 틀린 것은?

① 통의 외관은 정상이나 내용물이 산성이다.
② *Acetobacter*속이 원인균이다.
③ 유포자 호열성균에 의한 것이다.
④ 가열이 불충분한 통조림에서 발생하기 쉽다.

해설
평면산패(flat sour)
• 가스 비형성 세균의 산 생성으로 발생
• 주로 *Bacillus*속 호열성 세균의 살균 부족으로 발생
• 통조림 외관은 이상 없으나 산에 의해 신맛 생성

14 포르말린이 용출될 우려가 없는 합성수지는?

① 멜라민수지   ② 염화비닐수지
③ 요소수지   ④ 페놀수지

해설
플라스틱류
• 열가소성 수지(열을 가하면 부드럽게 된다.) : 폴리에틸렌, 폴리프로필렌(안정제 용출), 폴리스티렌(단량체용출), 염화비닐수지(가소제, 단량체, 안정제 용출) 등
• 열경화성 수지(열을 가해도 부드러워지지 않는다.) : 페놀수지, 요소수지, 멜라민수지 등으로 포르말린 용출
• 물리적 특성 : 비중, 경도, 용해성

15 유전자 변형 식품의 안전성에 대한 평가 시 평가항목이 아닌 것은?

① 항생제 내성   ② 독성
③ 알레르기성   ④ 미생물의 오염 수준

해설
유전자 재조합 식품 안전성 평가 시험평가항목
신규성, 알레르기성, 항생제 내성, 해충저항성, 독성

16 다음 중 아래의 설명과 관계 깊은 인수공통감염병은?

> 쥐가 중요한 병원소이며, 감염 시에 나타나는 임상증상으로는 급성열성질환, 폐출혈, 뇌막염 등이 있다. 농부의 경우는 흙이나 물과의 직접적인 접촉을 피하기 위하여 장화를 사용하는 것도 예방법이 될 수 있다.

① 리스테리아증   ② 렙토스피라증
③ 돈단독   ④ 결핵

해설
렙토스피라증(Weil씨병)
• 쥐가 중요한 병원소이며, 감염 시에 나타나는 임상증상으로는 급성열성질환, 폐출혈, 뇌막염 등이 있다.
• 농부의 경우는 흙이나 물과의 직접적인 접촉을 피하기 위하여 장화를 사용하는 것도 예방법이 될 수 있다.

17 인수공통감염병을 일으키는 병명과 병원균의 연결이 틀린 것은?

① 결핵 : *Mycobacterium tuberculosis*
② 파상열 : *Brucella melitensis*
③ 야토병 : *Pasteurella tularemia*
④ 광우병 : *Listeria monocytogenes*

해설
인수공통감염병
• 결핵 : 인형 결핵균(*Mycobacterium tuberculosis*), 우형 결핵균(*Mycobacterium bovis*), 조형 결핵균(*Mycobacterium avium*)
• 파상열 : *Brucella melitensis*(양, 염소), *Brucella abortus*(소), *Brucella suis*(돼지)

정답 12 ③ 13 ② 14 ② 15 ④ 16 ② 17 ④

- 야토병 : *Pasteurella tularensis*, *Francisella tularensis*
- 리스테리아증 : *Listeria monocytogenes*
- 광우병(BSE, Bovine spongiform encephalopathy, 소해면상뇌증) : prion 단백질

18 식품첨가물을 식품에 균일하게 혼합시키기 위해 사용되는 용제(solvent)는?

① toluene　　② ethylacetate
③ isopropanol　④ glycerine

해설
글리세린(글리세롤)은 식품첨가물을 식품에 균일하게 혼합시키기 위해 사용한다.

19 식품용 기구, 용기 또는 포장과 위생상 문제가 되는 성분의 연결이 틀린 것은?

① 종이제품 – 형광염료
② 법랑피복제품 – 납
③ 페놀수지제품 – 페놀
④ PVC(염화비닐수지) 제품 – 포르말린

해설
염화폴리비닐(PVC)
- 비닐이라는 이름으로 오래 전부터 애용되어 오던 플라스틱으로 투명하고 착색하기 쉬우며, 가공하기 쉽고 잘 타지 않으며 값이 싸다.
- 사용 중 단량체와 가소제, 안정제가 유출되어 발암성을 나타낸다.

20 보존료를 사용하는 주요 목적으로 거리가 먼 것은?

① 식품의 부패를 방지하여 선도를 유지한다.
② 부패 미생물에 대한 정균작용으로 보존기간을 연장시켜 준다.
③ 식품 내의 효소의 작용을 증진시켜 품질을 개선한다.
④ 식품의 유통단계에서 안전성을 확보하기 위하여 사용한다.

해설
보존료
- 식품의 부패를 방지하여 선도를 유지
- 부패 미생물에 대한 정균작용으로 보존기간을 연장
- 식품의 유통단계에서 안전성을 확보하기 위하여 사용
- 안식향산(benzoic acid), 프로피온산, 소르빈산, 디히드로초산나트륨 등

2과목 식품화학

21 식품과 함유된 주 단백질의 연결이 틀린 것은?

① 쌀 – oryzenin　　② 고구마 – jalapin
③ 감자 – tuberin　　④ 콩 – glycinin

해설
고구마의 주 단백질은 ipomain이고, jalapin은 고구마의 수지성분이다.

22 감자를 절단한 후 공기 중에 방치하면 표면의 색이 흑갈색으로 변하는 것은 어떤 기작에 의한 것인가?

① Maillard reaction에 의한 갈변
② tyrosinase에 의한 갈변
③ NADH oxidase에 의한 갈변
④ ascorbic acid oxidation에 의한 갈변

해설
효소적 갈변
- 주로 과일(사과, 배)이나 채소(감자, 고구마) 등의 식품의 절단된 부위에서 일어남
- catechin, gallic acid, chlorogenic acid, tyrosine 등이 polyphenol oxidase, tyrosinase 등의 효소에 의해 갈색 물질인 melanin을 생성

정답　18 ④　19 ④　20 ③　21 ②　22 ②

23 조지방 정량을 위한 soxhlet에 사용되는 용매는?

① 에테르   ② 에탄올
③ 황산   ④ 암모니아수

> [해설]
> 조지방 정량을 위한 soxhlet에 사용되는 용매는 에테르이다.

24 식품의 텍스처 특성에 대한 설명이 올바른 것은?

① 저작성(chewiness) : 무르다, 단단하다
② 부착성(adhesiveness) : 미끈미끈하다, 끈적끈적하다
③ 응집성(cohesiveness) : 기름지다, 미끈미끈하다
④ 견고성(hardness) : 부스러지다, 깨지다

> [해설]
> **식품의 조직감**
> - 견고성(경도) : 일정 변형을 일으키는 데 필요한 힘의 크기
> - 응집성 : 식품의 형태를 구성하는 내부적 결합에 필요한 힘
> - 저작성 : 반고체식품을 삼킬 수 있는 정도까지 씹는 데 필요한 힘
> - 점성 : 흐름에 대한 저항의 크기
> - 접착성 : 식품 표면이 다른 물질의 표면에 부착되어 있는 것을 떼어내는 데 필요한 힘

25 단백질을 구성하는 아미노산은?

① ornitine
② DOPA(dihydroxyphenyl alanine)
③ alline
④ proline

> [해설]
> 프롤린은 이미노산으로 단백질을 구성하는 20개의 표준아미노산에 속한다.

26 효소반응을 위해 buffer를 제조하고자 한다. 최종 buffer에는 A, B, C 용액 성분이 각각 0.1, 0.05, 1.5mM이 함유되어 있다. A, B, C 용액이 각각 1.0M 있다면 buffer 1L 제조 시 A, B, C 용액과 물을 얼마나 준비해야 하는가?

① A 용액 : 0.1L, B 용액 : 0.2L, C 용액 : 0.45L, 물 : 0.35L
② A 용액 : 0.1L, B 용액 : 0.05L, C 용액 : 0.5L, 물 : 0.35L
③ A 용액 : 0.2L, B 용액 : 0.1L, C 용액 : 0.5L, 물 : 0.2L
④ A 용액 : 0.2L, B 용액 : 0.4L, C 용액 : 0.1L, 물 : 0.3L

> [해설]
> **완충용액 조제**
> - 1몰은 1L 용액에 용해된 용질의 분자량
> - A, B, C 용액 모두 1몰 용액이므로 동일 비율로 계산
> - 1L buffer 제조 시 A, B, C 용액을 각각 0.1L, 0.05L, 0.5L 넣고 증류수로 1L까지 채운다.

27 콜레스테롤에 대한 설명으로 틀린 것은?

① 동물의 근육조직, 뇌, 신경조직에 널리 분포되어 있다.
② 생체에 반드시 필요한 물질이다.
③ 비타민 D, 성호르몬 등의 전구체이다.
④ 복합지질의 종류이다.

> [해설]
> 콜레스테롤은 유도지질인 스테롤류이다.

28 다음 중 다량 무기질에 해당하지 않는 것은?

① Ca   ② P
③ Zn   ④ Na

정답 23 ① 24 ② 25 ④ 26 ② 27 ④ 28 ③

해설

무기질
- 다량 무기질 : 하루 100mg 이상 섭취, 칼슘, 인, 나트륨, 칼륨, 마그네슘 등
- 미량 무기질 : 아연, 철, 망간, 구리 등

29 자당(sucrose)을 포도당과 과당으로 가수분해하는 효소는?

① kinase ② aldolase
③ enolase ④ invertase

해설

invertase는 전화효소로 자당(sucrose)을 분해하여 포도당, 과당의 1 : 1 혼합체인 전화당을 생성한다. 자당은 포도당과 과당의 $\alpha 1 \to 2\beta$ 결합으로 이루어져 β-fructosidase에 의해 가수분해된다.

30 다음 화합물 중 전분의 호화(gelatinization)를 억제하는 화합물은?

① KOH ② KCNS
③ $MgSO_4$ ④ KI

해설

호화에 영향을 미치는 인자
- 수분의 함량이 많을수록 잘 일어난다.
- 전분 입자가 작은 쌀(68~78℃), 옥수수(62~70℃) 등 곡류 전분은 입자가 큰 감자(53~63℃), 고구마(59~66℃) 등 서류 전분보다 호화온도가 높다.
- 온도가 높을수록 호화시간이 빠르다.
- 알칼리성에서 팽윤을 촉진하여 호화가 촉진되며 산성에서는 전분입자가 분해되어 점도가 감소한다.
- 대부분 염류는 팽윤제로 호화를 촉진시킨다.($OH^- > S^- > Br^- > Cl^-$) 그러나 황산염은 호화를 억제한다.
- 당을 첨가하면 호화온도가 상승하고 호화속도는 감소한다.

31 식품을 씹는 동안에 식품 성분의 여러 인자들이 감각을 다르게 하여 식품 전체의 조직감을 짐작하게 한다. 이런 조직감에 영향을 미치는 인자가 아닌 것은?

① 식품 입자의 모양
② 식품 입자의 크기
③ 식품 입자 표면의 거친 정도(roughness)
④ 식품 입자의 표면 장력

해설

저작 시 조직감에 영향을 미치는 인자는 입자의 모양, 크기, 표면의 거친 정도 등이다.

32 갈변 반응에 대한 설명 중 틀린 것은?

① 폴리페놀 산화효소는 효소석 갈변화를 유발하는 효소로, catechol oxidase, laccase, monophenol monooxygenase 등이 있다.
② 캐러멜 반응은 당류의 가열에 의해 발생하는 갈변 현상으로 아미노화합물이 필요하지 않다.
③ 마이야르 반응은 갈변반응의 일종으로 pH를 낮추면 melanoidin 색소의 형성속도를 줄일 수 있다.
④ 스트레커(strecker) 반응은 마이야르 반응 중 발생하는 현상으로 지질이 고열에 의해 분해되어 새로운 알데히드를 형성하는 반응이다.

해설

Strecker 반응에 의해 아미노산이 분해되면서 저급알데히드와 이산화탄소가 발생한다.

33 액체상태의 유지를 고체상태로 변환시켜 쇼트닝을 만들거나, 유지의 산화안정성을 높이기 위하여 사용되는 유지의 가공방법은?

① 경화 ② 탈검
③ 탈색 ④ 여과

해설

경화유
- 불포화지방산이 많은 액체유에 Ni 존재하에서 H를 첨가하여 고체지(포화지방산)로 제조
- 녹는점이 높아지고 안정성 증가, 산패가 적고 냄새 감소
- 어유, 콩기름, 면실유, 채종유 등에 이용
- 쇼트닝, 마가린 등이 대표적인 제품

34 증류수에 녹인 비타민 C를 정량하기 위해 분광광도계(spectrophotometer)를 사용하였다. 분광광도계에서 나온 시료의 흡광도 결과와 비타민 C 함량 사이의 관계를 구하기 위하여 이용해야 하는 것은?

① 람베르트-베르법칙(Lambert-Beer law)
② 페히너의 법칙(Fechner's law)
③ 웨버의 법칙(Weber's law)
④ 미카엘리스-멘텐식(Michaelis-Menten equation)

[해설]
측정의 분석방법
- 람베르트-베르법칙 : 분광광도계(spectrophotometer)에서 나온 시료의 흡광도 결과가 농도와 비례
- 페히너의 법칙 : 감각의 크기값은 자극의 세기의 로그값에 비례
- 웨버의 법칙 : 자극의 강도에 따른 식별의 비율이 일정

35 맛의 인식기작에 대한 설명으로 옳은 것은?

① 단맛 성분은 G-protein 결합수용체에 의해 인식된다.
② 쓴맛 성분은 맛 수용체 세포막의 이온 통로에 직접 작용한다.
③ 신맛은 신맛 성분으로부터 유래한 수소이온이 이온 통로에 결합하면서 칼슘이온이 흐름을 막는다.
④ 짠맛 성분은 염의 양이온(Na^+)이 G-protein 결합수용체와 반응한다.

[해설]
맛의 인식기작
- 단맛 성분은 G-protein 결합수용체에 의해 인식된다.(cAMP 활성)
- 쓴맛 성분은 G-protein 결합수용체에 의해 인식된다.(cAMP 농도 저하-2가 양이온 유입)
- 신맛은 신맛 성분으로부터 유래한 수소이온이 이온 통로에 결합하면서 나트륨이온이 흐름을 막는다.
- 짠맛 성분은 염의 양이온(Na^+)이 세포막의 이온 통로에 직접 작용한다.

36 튀김 공정 중 기름에서 일어나는 주요 변화가 아닌 것은?

① 중합
② 유리지방산 감소
③ 에스터 결합의 분해
④ 열산화

[해설]
유지의 가열산화
- 고온에서 유지를 장시간 가열하면 가열분해로 생성된 물질들이 중합하여 점도, 비중, 굴절률이 증가하고 발연점이 낮아지게 된다.
- 산가, 과산화물가, 카르보닐가 등이 증가하고 요오드가는 감소하게 된다.
- 가열에 의해 유지의 에스터 결합이 분해하므로 유리지방산은 증가한다.

37 1g의 어떤 단당류 화합물을 20mL의 메탄올에 용해시킨 후 10cm 두께의 편광기에 넣고 광회전도를 측정하였더니 (+)5.0°가 나왔다. 이 화합물의 고유 광회전도는?

① (-)100°
② (-)50°
③ (+)50°
④ (+)100°

[해설]
광회전도(20℃, 나트륨광원 기준)
- $[\alpha]D20 = \dfrac{\alpha}{(\ell \times c)} \times 100$,
  α=선광각도, ℓ=시료길이(dm), c=시료농도(g/100mL)
- $[\alpha]D20 = \dfrac{+5°}{(1 \times 5)} \times 100 = +100°$

38 다음 중 면실유가 함유된 천연 항산화제는?

① 세사몰(sesamol)
② 고시폴(gossypol)
③ 토코페롤(tocopherol)
④ 향신료(spice)

[해설]
면실유의 독성성분인 고시폴은 천연 항산화제이기도 하다.

정답 34 ① 35 ① 36 ② 37 ④ 38 ②

39 아래의 질문지는 어떤 관능검사 방법에 해당하는가?

> • 이름 : ____   • 성별 : ____   • 나이 : ____
>
> R로 표시된 기준시료와 함께 두 시료(시료352, 시료647)가 있습니다.
> 먼저 R시료를 맛본 후 나머지 두 시료를 평가하여 R과 같은 시료를 선택하여 그 시료에 (✓)표 하여 주십시오.
> 시료352(   ) 시료647(   )

① 단순차이 검사 ② 일−이점 검사
③ 삼점검사 ④ 이점비교검사

해설
식품의 관능검사 중 차이식별검사
- 종합적 차이검사 : 단순검사(두 시료의 차이 유무 판정), 일−이점검사(기준시료와 동일한 것 선택), 삼점검사(3개 중 다른 하나 선택), 확장삼점검사
- 특성 차이검사 : 이점비교검사(두 개의 차이), 순위법(강도비교순서), 평점법(0~9점), 다시료 비교검사(기준시료와 비교)

40 녹말의 호화에 영향을 주는 요인에 대한 설명이 옳은 것은?

① 곡류 녹말은 서류 녹말보다 호화가 쉽게 일어난다.
② 알칼리성 pH에서는 녹말 입자의 팽윤과 호화가 촉진된다.
③ 녹말의 호화는 온도가 낮을수록 빨리 일어난다.
④ 수분 함량이 적으면 호화가 촉진된다.

해설
호화에 영향을 미치는 인자
- 수분의 함량이 많을수록 잘 일어난다.
- 전분 입자가 작은 쌀(68~78℃), 옥수수(62~70℃) 등 곡류 전분은 입자가 큰 감자(53~63℃), 고구마(59~66℃) 등 서류 전분보다 호화온도가 높다.
- 온도가 높을수록 호화시간이 빠르다.
- 알칼리성에서 팽윤을 촉진하여 호화가 촉진되며 산성에서는 전분입자가 분해되어 점도가 감소한다.
- 대부분 염류는 팽윤제로 호화를 촉진시킨다.($OH^- > S^- > Br^- > Cl^-$) 그러나 황산염은 호화를 억제한다.
- 당을 첨가하면 호화온도가 상승하고 호화속도는 감소한다.

3과목 식품가공학

41 도정도가 작은 것에서 큰 순서로 나열된 것은?

① 현미 → 7분도미 → 백미 → 5분도미
② 현미 → 백미 → 7분도미 → 5분도미
③ 현미 → 7분도미 → 5분도미 → 백미
④ 현미 → 5분도미 → 7분도미 → 백미

해설
도정도
현미 → 5분도미 → 7분도미 → 백미

42 아미노산 간장 제조 시 탈지대두박을 염산으로 가수분해할 때 탈지대두박에 남아 있는 미량의 핵산이 염산과 반응하여 생기는 염소화합물은?

① MCPD ② MSG
③ MaCl ④ NaOH

해설
모노클로로프로판디올(monochloropropandiol ; MCPD)
화학간장 제조 시 발생되는 발암성 물질로서 대두를 산처리하여 단백질을 아미노산으로 분해하는 과정에서 글리세롤이 염산과 반응하여 생성되는 화합물이며, 화학간장에서 흔히 검출된다.

43 원료에서 유지를 추출할 때 사용하는 용매는?

① hexane ② methyl alcohol
③ toluene ④ sulphuric acid

해설
식용유지 제법
- 압착법, 추출법은 식물유지 채취, 용출법은 동물유지 채취 이용
- 용출법(melting process) : 동물성 원료를 가열시켜서 유지 제조
- 압착법(expression process) : 식물질 원료에 기계적인 압력을 가하여 유지 제조
- 추출법(extraction process) : 식물성 원료를 유기용매로 녹여서 제조, 추출용매는 벤젠, 에틸알코올, 노말 헥산(n-hexane), 아세톤, CS_2 등을 사용(주로 대두유 추출에 이용)

정답 39 ② 40 ② 41 ④ 42 ① 43 ①

- 추출용매는 가격이 저렴하고, 유지 이외의 물질은 추출하지 말아야 하며 기화열과 비열이 낮아 회수가 쉬워야 한다, 인화성·폭발성·독성이 적을 것

44 과일, 채소류를 블랜칭(blanching)하는 목적이 아닌 것은?

① 향미성분을 보호한다.
② 박피를 용이하게 한다.
③ 변색을 방지한다.
④ 산화효소를 불활성화시킨다.

[해설]
데치기(blanching)
- 식품 원료에 들어 있는 산화 효소를 불활성화
- 식품 조직 중의 가스를 방출
- 예열함으로써 원료 중에 들어있는 산소농도를 감소
- 식품의 색을 고정시키고 박피 용이
- 조직을 유연화하여 충진 용이

45 과일주스 혼탁의 원인이 되는 물질로 가장 관계가 깊은 것은?

① 산 ② 당
③ 무기물 ④ 펙틴

[해설]
과일주스 혼탁의 원인은 주로 펙틴이므로 제조 시 효소로 제거한다.

46 우유 단백질(카세인)의 등전점은?

① pH 7.6 ② pH 6.6
③ pH 5.6 ④ pH 4.6

[해설]
카세인의 등전점(pI)은 pH 4.6이다.

47 설탕 20kg을 물 80kg에 녹였다. 이 설탕용액에서 설탕의 몰분율은?

① 0.0923 ② 0.634
③ 0.0584 ④ 0.0130

[해설]
- 1M은 용액 1L 안에 들어 있는 용질의 분자량
- 설탕 분자량 = 342, 물 분자량 = 18
- 몰분율 = 설탕의 몰수/(설탕의 몰수 + 물의 몰수)
  = (20/342)/(20/342 + 80/18)
  = 0.0585/(0.0585 + 4.444) = 0.0130

48 햄, 소시지 등 축산가공품 제조에 사용되는 각 염지재료의 기능에 대한 설명이 옳은 것은?

① 소금 – 보수성과 연화도 부여
② 환원제 – 니트로소아민 생성 촉진으로 육색 향상 효과 증진
③ 인산염 – 짠맛과 조화를 이루며 풍미 개선
④ 질산염, 아질산염 – 원료육에 다공성을 부여하여 훈연 효과 증진

[해설]
염지
NaCl, NaNO$_3$(NaNO$_2$), 설탕, 복합인산염, sodium ascorbic acid 등을 염지통에 쌓아 3~4℃, kg당 2~3일 염지

49 콩 가공 과정에서 불활성화시켜야 하는 유해성분은?

① 글로불린(globulin)
② 레시틴(lecithin)
③ 트립신 저해제(trypsin inhibitor)
④ 나이아신(niacin)

[해설]
콩의 특성성분
- 이소플라본(항암성분), 레시틴(유화제), 라피노오스(올리고당), 트립신 저해제, 혈구응집소 등이 있다.
- 대두 단백질에는 트립신 저해제가 있어 소화를 방해한다.

정답 44 ① 45 ④ 46 ④ 47 ④ 48 ① 49 ③

50 아래 설명에 해당하는 성분은?

- 인체 내에서 소화되지 않는 다당류이다.
- 항균, 항암 작용이 있어 기능성 식품으로 이용된다.
- 갑각류의 껍질 성분이다.

① 알긴산　　　　② 펙틴
③ 가라기난　　　④ 키틴

해설
키틴은 단순다당류로 N-아세틸 글루코사민로 구성되어 있으며, 갑각류의 껍질에서 발견되는 다당류로 키토산 제조에 사용된다.

51 밀가루의 품질시험 방법이 잘못 짝지어진 것은?

① 색도 - 밀기울의 혼입도
② 입도 - 체눈 크기와 사별 정도
③ 패리노그래프 - 점탄성
④ 아밀로그래프 - 인장항력

해설
밀가루 레올로지 특성 분석
- 패리노그래프(farinograph) : 점탄성, 흡수율 측정, 반죽의 경도 및 형성시간 측정
- 엑스텐소그래프(extensograph) : 신장성, 인장항력 측정
- 텍스처 측정기(texture analyzer) : 물성 측정
- 아밀로그래프(amylograph) : 호화도, 점도 측정, 강력분과 중력분 구별에 이용

52 다음 중 육가공품 제조 시 필요한 기구 및 설비가 아닌 것은?

① 세절기　　　② 충진기
③ 혼합기　　　④ 균질기

해설
육가공품 제조 시 필요한 기구 및 설비에는 세절기, 충진기, 혼합기 등이 있다.

53 피단은 알의 어떠한 특성을 이용한 제품인가?

① 기포성　　　② 유화성
③ 알칼리 응고성　　④ 효소작용

해설
피단
- 중국에서 오리알에 소금과 알칼리성 염류를 첨가하여 응고, 숙성시킨 조미계란
- 숙성 흰자는 투명한 적갈색으로 굳고 노른자 외부는 굳은 흑록색, 내부는 황갈색이 된다.
- 계란을 껍질째로 NaOH, 식염의 수용액에 넣어, 알칼리 성분을 계란 속으로 서서히 침입시켜 난단백을 응고시킨 제품이다.

54 메톡실(methoxyl)기 함량이 7% 이하인 펙틴(pectin)의 경우 젤리(jelly) 강도를 높이기 위해 첨가해야 할 물질은?

① 설탕　　　② 구연산
③ 칼슘　　　④ 글리세린

해설
펙틴
- 고메톡실펙틴(메톡실기 7% 이상) : 60% 이상의 당, pH 3 이하에서 겔 형성
- 저메톡실펙틴(메톡실기 7% 이하) : 당 농도가 낮아도 칼슘 등 다가 양이온 존재 시 겔 형성

55 냉동 육류의 drip 발생 원인과 가장 거리가 먼 것은?

① 식품 조직의 물리적 손상
② 단백질의 변성
③ 세균 번식
④ 해동경직에 의한 근육의 강수축

해설
냉동 시 얼음결정에 의한 변화
- 빙결이 생성 후 세포 밖으로 이동하여 탈수되고 빙결정이 모여 성장하면서 세포가 파괴된다.
- 빙결정은 해동 시 드립으로 유출된다.

정답　50 ④　51 ④　52 ④　53 ③　54 ③　55 ③

- 사후강직이 최대에 이르기 전 동결 시 해동 후 남아 있는 글리코겐에 의한 ATP 생성으로 발생
- 골격으로부터 분리되어 자유수축이 가능한 근육은 60~80%까지의 수축
- 해동강직을 방지하기 위해서는 사후강직이 완료된 후에 냉동
- 가죽처럼 질기고 다즙성(드립)이 떨어지는 저품질의 고기를 얻게 된다.

56 식품공전상 우유류의 성분규격으로 틀린 것은?

① 산도(%) : 0.18% 이하(젖산으로서)
② 유지방(%) : 3.0 이상
③ 포스파타아제 : 1mL당 2g 이하(가온살균제품에 한한다.)
④ 대장균군 : $n=5$, $c=2$, $m=0$, $M=10$(멸균제품의 경우는 음성)

해설

저온 살균법
- 우유의 저온 살균은 결핵균을 대상으로 한다.
- 저온 장시간 살균(LTLT) : 영양분, 비타민 등의 파괴를 최대한 줄이기 위해 63℃에서 30분 가열 후 급랭하며 우유, 술, 과즙(주스) 등에 이용
- 고온 단시간 살균(HTST) : 75℃에서 15초 가열 후 급랭하며 우유나 과즙 등에 이용
- 초고온 순간 살균(UHT) : 132℃에서 2~3초 가열하며 우유나 과즙 등에 이용
- 저온 살균의 판정은 포스파타아제 효소가 실활되었는지로 판정한다.

57 압력 101.325kPa(1atm)에서 25℃의 물 2kg을 100℃의 수증기로 변화시키는 데 필요한 엔탈피 변화는?(단, 물의 평균비열은 4.2kJ/kg·K이고, 100℃에서 물의 증발잠열은 2,257kJ/kg이다.)

① 315kJ
② 630kJ
③ 2,572kJ
④ 5,144kJ

해설

열량 구하는 공식 : $Q=cmT$ (c : 비열, m : 질량, T : 온도차)
- 물의 평균비열은 4.2kJ/kg·K, 4.2×2×(100-25)=630J
- 물의 증발잠열은 2,257kJ/kg, 2.257×2=4.51kJ
∴ 필요한 엔탈피 변화는 630+4,510=5,140

58 옥수수전분의 제조 시 아황산(SO_2) 침지(steeping)의 목적이 아닌 것은?

① 옥수수전분의 호화를 촉진시킨다.
② 옥수수를 연화시켜 쉽게 마쇄되게 한다.
③ 옥수수의 단백질과 가용성 물질의 추출을 용이하게 한다.
④ 잡균이나 미생물의 오염을 방지한다.

해설

옥수수전분의 제조 시 아황산(SO_2) 침지
- 옥수수전분의 호화를 억제시킨다.
- 옥수수를 연화시켜 쉽게 마쇄되게 한다.
- 옥수수의 단백질과 가용성 물질의 추출을 용이하게 한다.
- 잡균이나 미생물의 오염을 방지한다.

59 일반적으로 액상의 식품원료를 이용하여 분유 등의 분말상 식품을 제조할 때 사용되는 대표적인 건조기는?

① tunnel dryer
② bin dryer
③ spray dryer
④ conveyer dryer

해설

분무 건조기(spray dryer)
- 열에 약한 제품에 이용, 분유, 주스분말, 커피, 차 등
- 액상 식품을 분무장치로 열풍에 분무하여 빠르게 건조
- 대부분 건조가 항률건조로 연속처리가 가능
- 다공질 입자를 형성해 용해가 잘된다.

60 유지의 정제 과정에 해당되지 않는 공정은?

① 수소경화
② 탈검
③ 탈산
④ 탈취 및 탈색

【해설】
유지의 정제: 불순물을 물리화학적 방법으로 제거
㉠ 탈검공정(Degumming process)
  - 인지질 등 제거
  - 무수 상태에서 기름에 녹으므로 물이나 수증기를 넣어 수화시켜 분리
㉡ 탈산공정(Deaciding process)
  - 유리지방산 등 제거
  - NaOH로 유리지방산을 중화(비누화) 제거하는 알칼리 정제법 사용
㉢ 탈색공정(Decoloring process)
  - carotenoid, 엽록소 등 제거
  - 가열탈색법이나 활성백토를 이용하는 흡착탈색법 사용
㉣ 탈취공정(Deodoring process)
  - 알데히드, 케톤, 탄화수소 등 냄새 제거
  - 활성탄 등 흡착제를 이용한 탈취
㉤ 탈납공정(Winterization)
  - 샐러드유 제조 시 지방결정체 제거
  - 냉각시켜 발생되는 고체 결정체를 제거하는 탈납(dewaxing) 이용

4과목 식품미생물학

61 돌연변이에 대한 설명으로 틀린 것은?

① 돌연변이의 근본 원인은 DNA상의 nucleotide 배열의 변화 때문이다.
② DNA상 nucleotide 배열의 변화는 단백질의 아미노산 배열에 변화를 일으킨다.
③ nucleotide에서 염기쌍 변화에 의한 변이에는 치환, 첨가, 결손, 역위가 있다.
④ 번역 시 어떠한 아미노산도 대응하지 않는 triplet (UAA, UAG, UGA)을 갖게 되는 변이를 nonsense 변이라 한다.

【해설】
nucleotide에서 염기쌍 변화에 의한 변이에는 치환, 첨가, 결손이 있다.

62 미생물 증식의 최적온도에 관한 설명으로 옳은 것은?

① 최적온도보다 낮은 온도에서 미생물은 증식할 수 없다.
② 최적온도 이상의 온도에서 미생물은 증식할 수 없다.
③ 미생물이 증식할 수 있는 최소 한계의 온도를 말한다.
④ 세포 내 효소반응이 최대속도로 일어나는 온도를 말한다.

【해설】
생체 내 생명유지를 위한 대사는 효소에 의해 이루어지며 세포 내 효소반응이 최대속도로 일어나는 온도가 최적온도이다.

63 $E.\ coli$ O157 균이 보통의 $E.\ coli$ 균주와 다르게 특이한 항원성을 보이는 것은 세포 성분 중 무엇이 다르기 때문인가?

① 외막의 지질다당류
② 세포벽의 peptidoglycan
③ 세포막의 porin 단백질
④ 세포막의 hopanoid

【해설】
장출혈성 대장균(enterohemorrhagic $E.\ coli$; EHEC, O157 : H7)
- 그람음성, 무포자간균, 통성혐기성, 유당을 분해하여 산과 가스 생성, 잠복기는 평균 10~24시간, 혈변과 심한 복통
- 특이한 항원성을 보이는 것은 외막의 지질다당류가 다르기 때문으로 확인 시험 후 혈청형 시험을 한다.
- 균 자체는 열에 약하며 독소로 verotoxin 생성

64 쌀에 번식하여 황변미독(citrinin)을 생산하는 균주는?

① $Penicillium\ citrinum$
② $Penicillium\ notatum$
③ $Penicillium\ roqueforti$
④ $Penicillium\ camemberti$

정답 61 ③ 62 ④ 63 ① 64 ①

> **해설**
>
> **Mycotoxin(곰팡이 독소)의 분류**
> - 간장독 : aflatoxin(*Aspergillus flavus*), sterigmatocystin (*Asp. versicolar*), rubratoxin(*Pen. rubrum*), luteoskyrin(*Pen. islandicum*, 황변미), ochratoxin(*Asp. ochraceus*, 커피콩), islanditoxin(*Pen. islandicum*, 황변미)
> - 신장독 : citrinin(*Penicillium citrinum*, 태국황변미), citreomy-cetin, Kojic acid(*Asp. oryzae*)
> - 신경독 : patulin(*Pen. patulum*, *Pen. expansum*), maltory-zine(*Asp. oryzae var. microsporus*), citreoviridin(*Pen. citreoviride*, 톡시카리움황변미)
> - *Fusarium*(붉은곰팡이)속 곰팡이 독소 : zearalenone(발정유발 물질), sporofusariogenin(무백혈구증-조혈계 이상)

65 미생물의 배양 방법 중 슬라이드 배양(slide culture)이 적합한 경우는?

① 효모의 알코올 발효를 관찰할 때
② 곰팡이의 증식과정을 관찰할 때
③ 혐기성균을 배양할 때
④ 방선균을 gram 염색할 때

> **해설**
>
> **슬라이드 배양**
> - 곰팡이의 증식과정을 관찰할 때 하는 배양
> - 슬라이드 글라스 위에 가로, 세로 1cm가량의 배지를 잘라 올리고 곰팡이 포자를 접종
> - 페트리디쉬에 ㄷ자 형의 유리관을 두고 슬라이드 글라스를 올려 30℃에서 배양
> - 글리세롤과 증류수 1 : 1 혼합액 5mL가량을 넣는다.
> - 곰팡이가 자라면 슬라이드 글라스로 직접 검경

66 다음 중 정상발효 젖산균(homo fermentative lactic acid bacteria)은?

① *Lactobacillus fermentum*
② *Lactobacillus brevis*
③ *Lactobacillus casei*
④ *Lactobacillus heterohiochii*

> **해설**
>
> **젖산균**
> - 정상발효 젖산균 : 당을 발효시켜 젖산만 생성 - *Streptococcus*속, *Pediococcus*속, *Lactobacillus*속(*Lactobacillus acidophilus*, *Lactobacillus bulgaricus*, *Lactobacillus delbruekii*, *Lactobacillus casei*, *Streptococcus thermophilus*, *Lactobacillus homohiochii*)
> - 이형발효 젖산균 : 당을 발효시켜 젖산 이외에 초산, 에탄올, CO_2 등 생산 - *Leuconostoc*속, *Lactobacillus*속(*Lactobacillus brevis*, *Leuconostoc mesenteroides*, *Lactobacillus heterohiochii*)

67 요구르트(yoghurt) 제조에 이용하는 젖산균은?

① *Lactobacillus bulgaricus*와 *Streptococcus thermophilus*
② *Lactobacillus plantarum*과 *Acetobacter aceti*
③ *Lactobacillus bulgaricus*와 *Streptococcus pyogenes*
④ *Lactobacillus plantarum*과 *Lactobacillus homohiochii*

> **해설**
>
> **요구르트 스타터**
> - 호상 요구르트 : *Streptococcus thermophilus*, *Lactococcus thermophilus*, *Bifidobacterium lactis* 등 혼합 이용
> - 액상 요구르트 : *Lactobacillus casei*, *Lactobacillus bulgaricus*, *Lactobacillus acidophilus* 등 간균 이용

68 액체식품 중의 생균수를 표준한천평판 배양법으로 아래와 같이 측정하였을 때 식품 1mL 중의 colony 수는?

a. 액체식품 10mL에 멸균식염수 90mL를 첨가하여 희석하였다.
b. a의 희석액 1mL에 새로운 멸균식염수 24mL를 첨가하여 희석하였다.
c. b의 희석액 1mL를 취하여 표준한천배지에 혼합하여 평판배양하였다.
d. 평판배양 결과 colony 수가 10개였다.

① 6.3×10^4
② 2.5×10^3
③ 6.3×10^3
④ 2.5×10^2

정답 65 ② 66 ③ 67 ① 68 ②

해설

식품 1mL 중의 colony 수
- 액체식품 10mL을 10배, a를 25배, b 중 1mL에 접종해서 10개 colony
- 희석배수 = 10×25 = 250배, 250×10 = 2,500
- 액체 1mL 중 2.5×10^3

69 편모에 관한 설명 중 틀린 것은?

① 주로 구균이나 나선균에 존재하며 간균에는 거의 없다.
② 세균의 운동기관이다.
③ 위치에 따라 극모와 주모로 구분된다.
④ 그람염색법에 의해 염색되지 않는다.

해설
주로 간균이나 나선균에 존재하며 구균에는 거의 없다.

70 곰팡이의 작용과 거리가 먼 것은?

① 치즈의 숙성 ② 페니실린 제조
③ 황변미 생성 ④ 식초의 양조

해설
식초의 양조에는 세균인 *Acetobacter aceti*를 이용한다.

71 내삼투압성 효모로 염분 함량이 높은 간장이나 된장 등에서 생육하는 효모는?

① *Candida*속
② *Rhodotorula*속
③ *Pichia*속
④ *Zygosaccharomyces*속

해설
내염성, 내당성, 내삼투압성 효모로 염분 함량이 높은 간장이나 된장 등에서 생육하는 효모는 *Zygosaccharomyces*속이다.

72 포도당을 과당으로 전환할 때 관여하는 효소는?

① glucose oxidase
② glucose isomerase
③ glucose dehydrogenase
④ glucokinase

해설
동일 분자 내에서 기능그룹의 전이는 이성화효소(isomerase)에 의해 이루어진다.

73 맥주효모 세포의 기본적인 형태는?

① 난형(cerevisiae type)
② 삼각형(trigonopsis type)
③ 소시지형(pastroianus type)
④ 레몬형(apiculatus type)

해설

효모의 형태
- 난형(cerevisiae type) : *Saccharomyces cerevisiae*(맥주효모)
- 타원형(ellipsoideus type) : *Saccharomyces ellipsoideus*(포도주효모)
- 구형(torula type) : *Torulopsis colliculose*
- 레몬형(apiculatus type)
- 소시지형(pastorianus type)
- 삼각형(trigonopsis type)
- 위균사형 : *pseudomycellium*

74 미생물의 증식에 대한 설명 중 틀린 것은?

① 영양원 배지에 처음 접종하였을 때 증식에 필요한 각종 효소단백질을 합성하며 세포수 증가는 거의 나타나지 않는다.
② 접종 후 일정 시간이 지나면 세포는 대수적으로 증가한다.
③ 생육정지 상태에서는 어느 정도 기간이 경과하면 다시 증식이 대수적으로 이루어진다.
④ 사멸기는 유해한 대사산물의 축적, 배지의 pH 변화 등에 의해 나타난다.

정답 69 ① 70 ④ 71 ④ 72 ② 73 ① 74 ③

해설
생육정지 상태에서는 어느 정도 기간이 경과하면 다시 증식이 주변 환경에 적응하기 위해 유도기를 필요로 한다.

75 재조합 DNA를 제조하기 위해 DNA를 절단하는 데 사용하는 효소는?

① 중합효소　　② 제한효소
③ 연결효소　　④ 탈수소효소

해설
제한효소(restriction enzyme)
- DNA 재조합 과정을 위해 사용하며 DNA 이중 나선의 특정인식 부위를 절단하는 endonuclease이다.
- EcoRI, HindII, HindIII 등이 주로 사용된다.

76 클로렐라의 설명 중 틀린 것은?

① 클로로필(chlorophyll)을 갖는 구형이나 난형의 단세포 조류이다.
② 건조물은 약 50%가 단백질이고 아미노산과 비타민이 풍부하다.
③ 한 세포가 분열하면 딸세포 1~2개를 생성하고 편모를 가진다.
④ 빛이 존재할 때 간단한 무기염과 CO_2의 공급으로 쉽게 증식하며 산소를 발생시킨다.

해설
조류(algae)
- 대부분 담수나 해수에서 생육하며 광합성으로 독립 영양생활하는 하등식물의 총칭
- 잎, 줄기, 뿌리, 관상체가 없으며 유성생식, 무성생식을 한다.
- 규조류는 최근 화석연료의 대체 연료로 이용된다.
- 남조류는 원핵세포에 속한다.
- 해조류에 속하는 갈조류(미역, 다시마), 홍조류(김, 우뭇가사리), 녹조류(클로렐라, 파래) 등은 진핵세포인 원생생물이다.
- 클로렐라 : 단백질 함량(40~50%)이 높다, 비타민 A, B_1, B_2, C가 풍부하며, 광합성하여 산소를 생성한다. 단세포이며 난형, 구형의 녹조류이다.

77 발효에 관여하는 미생물에 대한 설명 중 틀린 것은?

① 글루타민산 발효에 관여하는 미생물은 주로 세균이다.
② 당질을 원료로 한 구연산 발효에는 주로 곰팡이를 이용한다.
③ 항생물질 스트렙토마이신(streptomycin)의 발효 생산은 주로 곰팡이를 이용한다.
④ 초산 발효에 관여하는 미생물은 주로 세균이다.

해설
스트렙토마이신은 방선균으로부터 생산한다.

78 곰팡이 균총의 색깔은 주로 무엇에 의해 정해지는가?

① 포자　　② 균사
③ 균사체　　④ 격막(격벽)

해설
곰팡이(진균류)
- 균사(hyphae)로 영양섭취와 발육을 담당
- 진균류는 조상균류와 순정균류로 분류
- 곰팡이 균총의 색깔은 포자에 의해 결정된다.

79 지질대사에 관한 설명 중 틀린 것은?

① 중성지질은 리파아제(lipase)에 의해 가수분해되어 글리세롤과 지방산으로 된다.
② 지방산의 분해 대사는 세포질에서 β-산화과정으로 진행된다.
③ 지방산의 생합성에는 ACP(acyl carrier protein)이라는 단백질이 관여한다.
④ 지방산 합성에는 산화과정과는 달리 NADPH가 많이 필요하다.

해설
지방산의 분해 대사는 미토콘드리아의 매트릭스에서 β-산화과정으로 진행된다.

정답　75 ②　76 ③　77 ③　78 ①　79 ②

80 다음 중 통성 혐기성균에 속하지 않는 것은?

① *Staphylococcus*속 ② *Salmonella*속
③ *Micrococcus*속 ④ *Listeria*속

해설
*Micrococcus*속은 호기성균이다.

5과목 생화학 및 발효학

81 DNA 분자의 특성에 대한 설명으로 틀린 것은?

① DNA의 이중나선구조가 풀려 단일 사슬로 분리되면 260nm에서의 UV 흡광도가 감소한다.
② 생체 내에서 DNA의 이중나선구조는 helicase 효소에 의해 분리될 수 있다.
③ 같은 수의 뉴클레오타이드로 구성된 DNA 분자가 이중나선을 이룬 경우에 A형의 DNA의 길이가 가장 짧다.
④ DNA 분자의 이중 사슬 내에서 제한효소에 반응하는 염기배열은 회문구조(palindrome)를 갖는다.

해설
DNA의 이중나선구조가 변성온도(Tm)에서 풀려 단일 사슬로 분리되면 260nm에서의 UV 흡광도가 증가하며 이를 농색효과라 한다. 반대로 anealing 온도(70℃)에서 결합 시 염기의 겹침에 의해 흡광도가 감소하게 되는데 이를 담색효과라 한다.

82 체내에서 진행되는 지방산 분해 대사과정에 대한 설명으로 틀린 것은?

① 중성지방이 호르몬 민감성 리파아제에 의해 가수분해 된다.
② 지방산은 산화되기 전에 Acyl-CoA에 의해 활성화된다.
③ 팔미트산의 완전산화로 100분자의 ATP를 생성한다.
④ 카르니틴은 활성화된 긴 사슬 지방산들을 미토콘드리아 기질 안으로 운반한다.

해설
팔미트산(16:0)의 완전산화로 106분자의 ATP를 생성한다. (스테아르산은 120ATP)

83 Calvin cycle의 대사산물로 glucose 생합성에 관여하는 물질이 아닌 것은?

① 3-phosphoglyceric acid
② 1, 3-bisphosphoglyceric acid
③ glyceraldehyde-3-phosphate
④ phosphoenolpyruvate

해설
광합성 암반응(Calvin cycle)
- $6CO_2$+6리불로오스2인산+$6H_2O$
  → 12(3-phosphoglyceric acid)
- 12(3-phosphoglyceric acid)
  → 12(1, 3-bisphosphoglyceric acid)
- 12(1, 3-bisphosphoglyceric acid)
  → 12(glyceraldehyde-3-phosphate)+$12H_2O$
- 2(glyceraldehyde-3-phosphate)
  → diphosphofructose → 포도당

84 미생물 발효의 배양 형식 중 조작 형태에 따른 분류에 해당되지 않는 것은?

① 회분배양 ② 액체배양
③ 유가배양 ④ 연속배양

해설
액체배양법
- 정치배양, 진탕배양, 통기배양 등으로 기계화 가능
- 세균에 의한 오염 가능성이 있다.
- 공장에서 나오는 폐수가 많다.
- 시설비가 들지만 대규모 생산에 유리
- 산소를 공급하기 위해 동력이 필요
- 생산물의 회수가 어렵다.

정답 80 ③ 81 ① 82 ③ 83 ④ 84 ②

85 알코올 발효에 있어서 전분증자액에 균을 배양하여 당화와 알코올 발효가 동시에 일어나게 하는 방법은?

① 액국 코지법　　② 아밀로법
③ 밀기울 코지법　④ 당밀의 발효

[해설]
알코올 발효 시 전분으로부터 당화공정
㉠ 국법
　• 병행 복발효주를 증류한 것
　• 옥수수, 고구마 등 이용
　• 당화 균주 : Asp. oryzae, Asp. usamii, Asp. awamori
㉡ 아밀로(Amylo)법
　• 아밀로균(Mucor rouxii, Rhizopus delemer, Rh. Javanicus, Rh. Japonicus, Rh. tonkinensis) 사용
　• 밀폐발효로 발효율이 높다.
㉢ 맥아법

86 올리고뉴클레오티드 5′−ApApGpGpAp를 비장(spleen)의 phosphodiesterase로 분해할 때 첫 번째 가수분해 반응 후 생성물의 조합으로 옳은 것은?

① Ap+ApGpGpAp　　② ApAp+GpGpAp
③ ApApGp+GpAp　　④ ApApGpGp+Ap

[해설]
비장(spleen)의 phosphodiesterase는 5′ 말단으로부터 포스포디에스터 결합을 절단하는 exonuclease이다.

87 아스파트산 계열의 아미노산 발효 합성 과정 중 L−threonine에 의해 피드백 저해를 받는 효소가 아닌 것은?

① Aspartokinase
② Aspartate semialdehyde dehydrogenase
③ Homoserine dehydrogenase
④ Homoserine kinase

[해설]
아스파트산 계열의 아미노산 발효 합성 과정 중 L−threonine에 의해 중간 조절효소인 Aspartokinase, Homoserine dehydrogenase, Homoserine kinase가 피드백 저해를 받는다.

88 강한 산이나 염기로 처리하거나 열, 이온성 세제, 유기용매 등을 가하여 단백질의 생물학적 활성이 파괴되는 현상은?

① 정제(purification)
② 용해(hydrolysis)
③ 결정화(crystallization)
④ 변성(denaturation)

[해설]
단백질 변성
강한 산이나 염기(pH)로 처리하거나 열, 이온성 세제, 유기용매 등의 변성제를 가하여 단백질의 생물학적 활성이 파괴되는 현상

89 광학적 기질 특이성에 의한 효소의 반응에 대한 설명으로 옳은 것은?

① Urease는 요소만을 분해한다.
② Lipase는 지방을 우선 가수분해하고 저급의 ester도 서서히 분해한다.
③ Phosphatase는 상이한 여러 기질과 반응하나 각 기질은 인산기를 가져야 한다.
④ L−Amino acid acylase는 L−amino acid에는 작용하나 D−amino acid에는 작용하지 않는다.

[해설]
광학적 기질 특이성은 입체이성질체에 해당하므로 구조적으로 L형과 D형에 대한 구분이 중요하다.

정답　85 ②　86 ①　87 ②　88 ④　89 ④

90 DNA의 정량분석을 위해 260nm의 자외선 파장에서 흡광도를 측정하는데, 이 측정 원리의 기본이 되는 원인물질은 DNA의 구성성분 중 무엇인가?

① 염기(base)
② 인산결합
③ 리보오스(ribose)
④ 데옥시리보오스(deoxyribose)

해설
DNA의 정량분석을 위해 260nm의 자외선 파장에서 흡광도를 흡수하는 것은 염기이다.

91 메탄올이나 초산 등 미생물의 증식을 저해하는 물질을 기질로 사용하는 경우 적합한 발효방법은?

① 회분식배양(batch culture)
② 심부배양(submerged culture)
③ 연속배양(continuous culture)
④ 유가배양(fed-batch culture)

해설
유가배양
메탄올이나 초산 등 미생물의 증식을 저해하는 물질을 기질로 사용하는 경우 기질의 양이 중요하므로 상황에 적절한 기질을 넣어주는 유가배양이 적합하다.

92 동물이 지방산으로부터 직접 포도당을 합성할 수 없는 이유는 어떤 대사회로가 없기 때문인가?

① Cori cycle
② Glyoxylate cycle
③ TCA cycle
④ Glucose-alanine cycle

해설
Glyoxylate cycle은 미생물과 고등식물에 있는 TCA의 변형된 형태로 두 개의 아세틸 CoA로부터 포도당을 합성한다.

93 효소반응과 관련하여 경쟁적 저해(competitive inhibition)에 관한 설명으로 옳은 것은?

① K_m 값은 변화가 없다.
② V_{max} 값은 감소한다.
③ Lineweaver-Burk plot의 기울기에는 변화가 없다.
④ 경쟁적 저해제의 구조는 기질의 구조와 유사하다.

해설
효소 저해제
- 경쟁적 저해제(competitive inhibitor) : 구조가 기질과 유사한 물질로 효소 활성부위에 기질과 경쟁적으로 결합하여 저해, K_m 값=증가, V_{max}=불변
- 비경쟁적 저해제(uncompetitive inhibitor) : 효소 조절부위에 저해제가 결합하여 저해, K_m 값=불변, V_{max}=감소
- 무경쟁적 저해제(noncompetitive inhibitor) : 효소-기질 복합체에 저해제가 결합하여 저해, K_m 값, V_{max} 모두 감소

94 코리회로(Cori cycle)에 대한 설명이 틀린 것은?

① 과다한 호흡으로 근육세포와 적혈구세포는 많은 양의 젖산을 생산한다.
② 젖산을 이용한 포도당 신생합성 과정을 포함한다.
③ 젖산은 lactate dehydrogenase 효소작용을 통해 pyruvate로 전환된다.
④ 근육세포에서 생성된 젖산이 혈액을 통해 신장으로 이송되는 과정을 포함한다.

해설
근육세포에서 생성된 젖산은 혈액을 통해 간으로 이송된다.

95 미생물 발효에서 코발트(Co) 금속이온을 첨가할 때 생성이 증진되는 비타민은?

① Vitamin B_1
② Vitamin B_2
③ Vitamin B_6
④ Vitamin B_{12}

해설
Vitamin B_{12}는 코발트를 구성원소로 하여 이루어져 있다.

96 Blended Scotch Whisky에 대한 설명으로 옳은 것은?

① Whisky 증류분의 알코올 농도 60~70%에 일정 농도가 되도록 물을 혼합한 것
② 숙성된 malt Whisky를 grain Whisky와 혼합한 것
③ 스코틀랜드에서 만들어진 Scotch Whisky 원액을 수입하여 일정 농도가 되도록 물을 가한 것
④ 100% Scotch Whisky가 아니라는 뜻

> 해설
>
> **Blended Scotch Whisky**
> 숙성된 malt Whisky를 grain Whisky와 혼합한 것

97 Zymogen에 대한 설명이 틀린 것은?

① 효소의 전구체이다.
② pro-enzyme이라고도 한다.
③ 효소 분비를 촉진하는 호르몬이다.
④ 생체 내에서 불활성의 상대로 존재 또는 분비된다.

> 해설
>
> 지모겐은 주로 단백질 분해효소의 전구체를 이르며 생체 내에 불활성 상태로 분비된 후 활성인자에 의해 일부 단백질이 제거되며 활성화된다. pro-enzyme이라고도 한다.

98 단백질 대사과정에서 보조효소인 pyridoxal phosphate(PLP)가 관여하는 반응이 아닌 것은?

① transamination
② decarboxylation
③ racemization
④ dehydrogenation

> 해설
>
> 탈수소반응(dehydrogenation)의 조효소는 NAD, FAD가 관여하고 있다.

99 해당과정(glycolysis)에 관여하는 효소의 조효소로 작용하는 비타민은?

① lipoic acid
② pantothenic acid
③ niacin
④ biotin

> 해설
>
> niacin은 조효소 NAD의 전구제로 해당의 6번째 반응에서 글리세르알데히드3인산(G-3-P)을 글리세르2인산(DPG)으로 전환하는 데 G-3-P 탈수소효소의 조효소로 작용한다.

100 초산발효균으로서 *Acetobacter*의 장점이 아닌 것은?

① 발효수율이 높다.
② 혐기상태에서 배양한다.
③ 고농도의 초산을 얻을 수 있다.
④ 과산화가 일어나지 않는다.

> 해설
>
> **초산 발효**
> - 초산균 : *Acetobacter aceti, Acet. acetosum, Acet. oxydans, Acet. rancens, Acet. schutzenbachii*
> - 초산 생성 : 알코올 → acetaldehyde → 초산, 산소공급 중단 시 아세트알데히드 축적, 직접산화 발효
> - 종균의 조건 : 산 생성이 빠른 것, 산 생성량이 많은 것, 산 내성이 큰 것, 향미가 좋은 것, 생성 초산을 재분해하지 않는 것, 방향성 에스테르와 불휘발산을 생성하는 것
> - 충분한 산소공급
> - 발효온도 : 27~30℃

정답 96 ② 97 ③ 98 ④ 99 ③ 100 ②

CHAPTER 18 2018년 3회 식품산업기사

1과목 식품위생학

01 식품위생 검사 시 검체의 채취 및 취급에 관한 주의사항으로 틀린 것은?

① 저온유지를 위해 얼음을 사용할 때 얼음이 검체에 직접 닿게 하여 저온유지 효과를 높인다.
② 식품위생감시원은 검체 채취 시 당해 검체와 함께 검체 채취 내역서를 첨부하여야 한다.
③ 채취된 검체는 오염, 파손, 손상, 해동, 변형 등이 되지 않도록 주의하여 검사실로 운반하여야 한다.
④ 미생물학적인 검사를 위한 검체를 소분채취할 경우 멸균된 기구·용기 등을 사용하여 무균적으로 행하여야 한다.

[해설]
식품위생 검사 시 검체의 채취 및 취급에 관한 주의사항
- 검체 채취 시 상자 등에 넣어 유통되는 기구 및 용기, 포장은 가능한 한 개봉하지 않고 그대로 채취한다.
- 저온유지를 위해 얼음을 사용할 때 얼음이 검체에 직접 닿지 않게 한다.
- 식품위생감시원은 검체 채취 시 당해 검체와 함께 검체 채취 내역서를 첨부하여야 한다.
- 채취된 검체는 오염, 파손, 손상, 해동, 변형 등이 되지 않도록 주의하여 검사실로 운반하여야 한다.
- 미생물학적인 검사를 위한 검체를 소분채취할 경우 멸균된 기구·용기 등을 사용하여 무균적으로 가능한 한 많은 양을 채취하여야 한다.
- 균질한 상태의 것은 최소량을 채취하고 목적물이 불균질할 때는 가능한 한 많은 양을 채취하는 것이 원칙이다.

02 일생에 걸쳐 매일 섭취해도 부작용을 일으키지 않는 1일 섭취 허용량을 나타내는 용어는?

① acceptable risk
② ADI(acceptable daily intake)
③ dose-response curve
④ GRAS(generally recognized as safe)

[해설]
ADI(acceptable daily intake)
일생에 걸쳐 매일 섭취해도 부작용을 일으키지 않는 1일 섭취 허용량

03 식품 등의 표시기준에 따른 트랜스지방의 정의에 따라, ( )에 들어갈 용어가 순서대로 옳게 나열된 것은?

> 트랜스지방이라 함은 트랜스구조를 ( )개 이상 가지고 있는 ( )의 모든 ( )을 말한다.

① 2, 공액형, 포화지방산
② 1, 공액형, 포화지방산
③ 2, 비공액형, 불포화지방산
④ 1, 비공액형, 불포화지방산

[해설]
트랜스지방
- 불포화지방에 Ni 존재하에 수소를 첨가하는 경화유 제조 공정에 의해 주로 생성된다.
- 트랜스지방이라 함은 트랜스구조를 1개 이상 가지고 있는 비공액형의 모든 불포화지방산을 말한다.
- 경화유인 쇼트닝과 마가린에 많이 존재한다.

04 식품의 부패를 검사하는 화학적인 방법이 아닌 것은?

① pH 측정
② 휘발성 염기질소 측정
③ 트리메틸아민(TMA) 측정
④ phosphatase 활성 측정

정답 01 ① 02 ② 03 ④ 04 ④

해설

저온 살균법
- 우유의 저온살균은 결핵균을 대상으로 한다.
- 저온살균의 판정은 포스파타아제 효소가 실활되었는지로 판정한다.

05 소독·살균의 용도로 사용하는 알코올의 일반적인 농도는?

① 100% ② 90%
③ 70%   ④ 50%

해설

소독용 에틸 알코올의 농도는 70%이다.

06 산분해 간장 제조 시 생성되는 유해물질은?

① MCPD   ② dioxin
③ DHEA   ④ DEHP

해설

모노클로로프로판디올(monochloropropandiol ; MCPD)
화학간장 제조 시 발생되는 발암성 물질로서 대두를 산처리하여 단백질을 아미노산으로 분해하는 과정에서 글리세롤이 염산과 반응하여 생성되는 화합물이며, 화학간장에서 흔히 검출된다.

07 아래의 특징에 해당하는 식중독 원인균은?

> 경미한 경우에는 발열, 두통, 구토 등을 나타내지만 종종 패혈증이나 뇌수막염, 정신착란 및 혼수상태에 빠질 수 있다. 연질치즈 등이 자주 관련되고, 저온에서 성장이 가능하며 태아나 신생아는 미숙 사망이나 합병증을 유발하기도 하여 치명적인 균이다.

① *Vibrio vulnificus*
② *Listeria monocytogenes*
③ *Cl. botulinum*
④ *E. coli* O157 : H7

해설

Listeria monocytogenes
- 그람양성, 무포자, 간균, 중온균으로 최적온도는 30~37℃이나 냉장고에서 활발히 생육하는 세균
- 감염형 식중독균으로 잠복기는 확실하지 않고 위장증상, 수막염, 임산부의 자연유산 및 사산 유발
- 건조한 환경에 강해 분유 등 유제품 및 육류를 통해 감염

08 식품위생법령상 위해평가 과정의 정의가 틀린 것은?

① 위해요소의 인체 내 독성을 확인하는 위험성 확인과정
② 위해요소의 식품잔류허용기준을 결정하는 위험성 결정과정
③ 위해요소가 인체에 노출된 양을 산출하는 노출평가과정
④ 위험성 확인과정, 위험성 결정과정, 노출평가과정의 결과를 종합하여 해당 식품 등이 건강에 미치는 영향을 판단하는 위해도 결정과정

해설

식품위생법령상 위해평가 과정
- 위해요소의 인체 내 독성을 확인하는 위험성 확인과정
- 위해요소가 인체에 노출된 양을 산출하는 노출평가과정
- 위험성 확인과정, 위험성 결정과정, 노출평가과정의 결과를 종합하여 해당 식품 등이 건강에 미치는 영향을 판단하는 위해도 결정과정

09 식물성 식중독을 일으키는 원인물질과 식품의 연결이 틀린 것은?

① 시큐톡신(cicutoxin) - 독미나리
② 에르고톡신(ergotoxin) - 면실유
③ 무스카린(muscarine) - 버섯
④ 솔라닌(solanine) - 감자

해설

에르고톡신은 맥각독이며, 면실유의 독은 고시폴이다.

정답 05 ③ 06 ① 07 ② 08 ② 09 ②

10 식품 등의 공전을 작성·보급하여야 하는 자는?

① 농림축산식품부장관 ② 식품의약품안전처장
③ 보건복지부장관 ④ 농촌진흥청장

해설
식품의약품안전처장은 식품 등의 공전을 작성·보급해야 한다.

11 채소를 통하여 감염되는 기생충이 아닌 것은?

① 십이지장충 ② 선모충
③ 요충 ④ 회충

해설
기생충
- 선충류 : 선 모양, 회충, 십이지장충(구충), 요충, 동양모선충, 편충, 아니사키스 등
- 엽충류 : 잎사귀 모양, 간흡충, 폐흡충, 요코가와흡충 등
- 조충류 : 마디로 이루어진 촌충, 광절열두조충, 유구조충, 무구조충 등
- 채소매개 기생충 : 회충, 십이지장충, 요충, 동양모선충, 편충
- 수육매개 기생충 : 유구조충, 무구조충, 선모충, 톡소플라스마
- 어패류매개 기생충 : 간흡충, 폐흡충, 요코가와흡충, 광절열두조충, 아니사키스

12 식품의 영양강화를 위하여 첨가하는 식품첨가물은?

① 보존료 ② 감미료
③ 호료 ④ 강화제

해설
강화제
단백질이나 비타민 등 식품의 영양강화를 위해 첨가하는 식품첨가물

13 유해성 포름알데히드(formaldehyde)와 관계없는 물질은?

① 요소수지 ② urotropin
③ rongalite ④ nitrogen trichloride

해설
유해성 포름알데히드
- 요소수지 : 경화성 플라스틱으로 포름알데히드가 용출
- urotropin : 식품의 방부제였으나 포름알데히드 용출로 독성이 있어 사용금지
- rongalite : 유해표백제로 포름알데히드가 흘러나와 사용금지, 연근, 우엉에 사용
- nitrogen trichloride : 3염화질소, 밀가루의 표백 및 숙성에 사용되었으며 개에게서 히스테리적 증상을 보였다.

14 식품첨가물의 사용에 대한 설명으로 옳은 것은?

① 젤라틴의 제조에 사용되는 우내피 등의 원료는 크롬처리 등 경화공정을 거친 것을 사용하여야 한다.
② 식품의 가공과정 중 결함 있는 원재료의 문제점을 은폐하기 위하여는 사용할 수 있다.
③ 식품 중에 첨가되는 식품첨가물의 양은, 기술적 효과를 달성할 수 있는 최대량으로 사용하여야 한다.
④ 물질명에 '「　」'를 붙인 것은 품목별 기준 및 규격에 규정한 식품첨가물을 나타낸다.

해설
식품첨가물의 사용
- 식품 중에 첨가되는 식품첨가물의 양은 기술적 효과를 달성할 수 있는 최소량으로 사용하여야 한다.
- 젤라틴의 제조에 사용되는 우내피 등의 원료는 크롬처리 등 경화공정을 거친 것을 사용해서는 안 된다.
- 물질명에 '「　」'를 붙인 것은 품목별 기준 및 규격에 규정한 식품첨가물을 나타낸다.
- 식품의 가공과정 중 결함 있는 원재료의 문제점을 은폐하기 위하여는 사용할 수 없다.

15 도자기제 및 법랑 피복제품 등에 안료로 사용되어 그 소성온도가 충분하지 않으면 유약과 같이 용출되어 식품위생상 문제가 되는 중금속은?

① Fe ② Sn
③ Al ④ Pb

[해설]
옹기류(도자기, 법랑) 유해성분
- 옹기의 유약성분에는 납이 포함되어 여러 경로로 용출된다.
- 안료를 사용할 경우는 납, 카드뮴 등이 포함될수 있으며 유약이 벗겨지면 안료가 용출될 수 있다.

16 먹는 물의 수질기준에서 허용기준수치가 가장 낮은 것은?

① 불소 ② 질산성 질소
③ 크롬 ④ 수은

[해설]
먹는 물의 수질기준(건강상 유해영향 무기물질에 관한 기준)
- 불소 : 1.5mg/L
- 질산성 질소 : 10mg/L
- 크롬 : 0.05mg/L
- 수은 : 0.001mg/L

17 식품의 recall 제도를 가장 잘 설명한 것은?

① 식품의 유통 시 발생한 문제 제품을 자발적으로 회수하여 처리하는 사후관리 제도
② 식품공장의 미생물 관리를 위한 위해분석을 기초로 중요관리점을 점검하는 제도
③ 변질되기 쉬운 신선식품의 전 유통과정을 각 식품에 적합한 저온조건으로 관리하는 제도
④ 식품 등의 규격 및 기준과 같은 최저기준 이상의 위생적 품질을 기하는 기술적 조건을 제시하는 제도

[해설]
식품의 recall 제도
식품의 유통 시 발생한 문제 제품을 자발적으로 회수하여 처리하는 사후관리 제도

18 일본에서 발생한 미나마타병의 유래는?

① 공장폐수 오염 ② 대기 오염
③ 방사능 오염 ④ 세균 오염

[해설]
미나마타병은 공장폐수 중 메틸수은 화합물에 오염된 어패류를 장기간 섭취하여 발생한 것이다.

19 인수공통감염병이 아닌 것은?

① 파상열 ② 탄저
③ 야토병 ④ 콜레라

[해설]
콜레라
- 대표적인 수인성 전염병으로 병원체는 *Vibrio cholerae*이다.
- 인도의 풍토병으로 외래 감염병이며 검역대상으로 격리기간은 5일이다.
- 환자나 보균자의 분변이 배출되어 식수, 식품, 특히 어패류를 오염시키고 경구로 감염되어 집단적으로 발생할 수 있다.

20 히스타민을 생성하는 대표적인 균주는?

① *Bacillus subtilis* ② *Bacillus cereus*
③ *Proteus morganii* ④ *Aspergillus oryzae*

[해설]
Proteus morganii(*Morganella morganii*로 명칭이 바뀜)는 히스티딘을 히스타민으로 탈탄산반응을 유발하여 알레르기를 일으키는 부패세균이다.

2과목 식품화학

21 식품의 조지방 정량법은?

① Soxhlet법 ② Kjeldahl법
③ Van Slyke법 ④ Bertrand법

[해설]
Soxhlet법
식품의 조지방 정량으로 추출 용매는 에테르를 이용한다.

정답 16 ④ 17 ① 18 ① 19 ④ 20 ③ 21 ①

22 맛의 상호작용의 예로 틀린 것은?

① 설탕 용액에 소량의 소금을 가하면 단맛이 증가한다.
② 커피에 설탕을 가하면 쓴맛이 억제된다.
③ 식염에 유기산을 가하면 짠맛이 감소한다.
④ 신맛이 강한 과일에 설탕을 가하면 신맛이 억제된다.

해설
맛의 상호작용
- Acidy : 산은 당의 단맛을 증가
- Mellow : 염은 당의 단맛을 증가
- Winey : 당은 산의 신맛을 감소
- Blend : 당은 염의 짠맛을 감소
- Sharp : 산은 염의 짠맛을 증가
- Soury : 염은 산의 신맛을 감소

23 고분자화합물인 단백질의 분석과 관련이 없는 실험방법은?

① 원심분리
② 젤 크로마토그래피
③ SDS 젤 전기영동
④ 동결건조

해설
단백질 정제법
- 염석(salting out) : 고농도 염으로 단백질 석출(두부 제조에 이용)
- 투석(dialysis) : 반투막을 이용해 저분자물질과 염 제거, 고분자인 단백질만 정제
- 친화성 크로마토그래피(affinity chromatography) : 기질을 이용하여 효소 분리, 흡착
- 이온교환 크로마토그래피 : 전하 차이에 의한 분리
- 겔여과 크로마토그래피 : 단백질의 크기에 따른 분리
- SDS 젤 전기영동 : SDS로 단백질의 전하를 (−)로 만들고 분자량에 따라 전기장의 젤을 이동하여 분리

24 과일의 성숙기 및 보관 중 발생하는 연화(softening)과정에서 가장 많은 변화가 일어나는 물질로, 세포벽이나 세포막 사이에 존재하는 구성물은?

① cellulose
② hemicellulose
③ pectin
④ lignin

해설
과실이 익어가면서 조직이 연해지는 것은 세포벽 사이에서 시멘트 역할을 해 주는 펙틴질이 분해되기 때문이다.

25 식품 10g을 회화시켜 얻은 회분의 수용액을 중화하는 데 0.1N NaOH 3.0mL가 소요되었다면 이 식품의 상태는?

① 알칼리도 15
② 산도 15
③ 알칼리도 30
④ 산도 30

해설
산도
- 어떤 식품 1.0g을 연소시켜 얻은 회분의 수용액을 중화하는 데 소모되는 0.1N NaOH의 mL 수
- 10g 식품으로 3.0mL이 소모되었으므로 산도 30

26 Henning의 냄새 프리즘(smell prism)에 해당하지 않는 것은?

① 매운 냄새(spicy)
② 수지 냄새(resinous)
③ 썩은 냄새(putrid)
④ 메스꺼운 냄새(nauseous)

해설
헤닝의 냄새 프리즘
매운 냄새, 꽃향기, 과일향기, 수지 냄새, 썩은 냄새, 탄 냄새

27 맛을 내는 대표적인 성분의 연결이 틀린 것은?

① 감칠맛 – 퀴닌
② 청량감 – 멘톨
③ 떫은맛 – 탄닌
④ 매운맛 – 피페린

해설
퀴닌은 쓴맛의 대표적인 표준성분이다.

28 전분 입자의 호화현상에 대한 설명이 틀린 것은?

① 생전분에 물을 넣고 가열하였을 때 소화되기 쉬운 α 전분으로 되는 현상이다.
② 온도가 높을수록 호화가 빨리 일어난다.
③ 알칼리성 pH에서는 전분입자의 호화가 촉진된다.
④ 일반적으로 쌀과 같은 곡류 전분입자가 감자, 고구마 등 서류 전분입자에 비해 호화가 쉽게 일어난다.

해설
전분 입자가 작은 쌀(68~78℃), 옥수수(62~70℃) 등 곡류 전분은 입자가 큰 감자(53~63℃), 고구마(59~66℃) 등 서류 전분보다 호화온도가 높다.

29 유지의 굴절률은 불포화도가 커질수록 일반적으로 어떻게 변하는가?

① 변화없다. ② 작아진다.
③ 커진다. ④ 굴절되지 않는다.

해설
굴절률(refractive index)
• 굴절률은 1.45~1.47 정도이다.
• 분자량 및 불포화도의 증가에 따라 증가한다.
• 산가가 높은 것일수록 굴절률이 낮다.
• 비누화값이 높고 요오드값이 낮은 것은 굴절률이 낮다.
• 저급지방산의 버터는 굴절률이 낮고 불포화도가 높은 아마인유는 굴절률이 높다.

30 배추김치에서 배추의 녹색이 갈색으로 변하는 이유는 엽록소의 Mg이 어떤 성분으로 치환되었기 때문인가?

① Fe^{2+} ② Cu^{2+}
③ H^+ ④ OH^-

해설
클로로필 색소는 포르피린 구조에 Mg을 함유한 녹색 색소로 산(H^+)에 의해 Mg이 치환되어 페오피틴이라는 갈색 성분이 된다.

31 산화방지제로 사용되지 않는 것은?

① 아스코르브산(ascorbic acid)
② 세사몰(sesamol)
③ 리보플라빈(riboflavin)
④ 알파토코페롤(α-tocopherol)

해설
산화방지제(항산화제)
• 수용성 산화방지제 : 아스코르브산, 에리소르빈산 – 색소의 항산화
• 지용성 산화방지제 : BHA, BHT, 몰식자산프로필(Propyl gallate), 토코페롤 – 유지의 항산화
• 천연 항산화제 : 세사몰, 고시폴, 토코페롤

32 연유 중에 젓가락을 세워서 회전시켰을 때 연유가 젓가락을 따라 올라가는 현상은?

① 브라운 운동 ② 바이센베르크 효과
③ 틴들 현상 ④ 예사성

해설
점탄성체의 성질
• Weissenberg 효과 : 연유 중에 막대 등을 세워 회전시키면 탄성에 의해 연유가 막대를 따라 올라오는 성질
• 예사성(spinability) : 청국장, 계란 흰자 등에 막대 등을 넣고 당겨 올리면 실처럼 가늘게 따라 올라오는 성질
• 경점성(consistency) : 점탄성을 나타내는 식품의 경도(밀가루 반죽의 경점성은 farinograph로 측정)
• 신전성(extensibility) : 반죽이 국수같이 길게 늘어나는 성질(밀가루 반죽의 신전성은 extensograph로 측정)

33 기초대사량을 측정할 때의 조건으로 적합하지 않은 것은?

① 영양상태가 좋을 때 측정할 것
② 완전휴식상태일 때 측정할 것
③ 적당한 식사 직후에 측정할 것
④ 실온 20℃ 정도에서 측정할 것

해설
식후에는 소화대사가 일어나므로 기초대사량 측정에 영향을 미친다.

정답 28 ④ 29 ③ 30 ③ 31 ③ 32 ② 33 ③

34 비타민 B₁(thiamin)에 대한 설명 중 틀린 것은?

① 마늘의 매운맛 성분인 알리신(allicin)과 결합한 알리티아민(allithiamin) 형태가 있다.
② 당질 대사에 관여하므로 탄수화물 섭취량에 비례하여 요구된다.
③ 생체 내의 산화 환원 효소에 관여하는 조효소로 작용한다.
④ 결핍되면 각기병 또는 신경염 증상을 보인다.

해설

thiamine pyrophosphate(TPP)
- 티아민은 비타민 B₁으로 생체 내에서 TPP를 구성하여 탈탄산효소의 조효소로 작용한다.
- 작용부위는 티아졸 링으로 탈탄산 작용을 돕는다.
- 생체 내의 산화 환원 효소에 관여하는 조효소는 NAD, FAD 등이다.

35 유지를 가열하였을 때 점도가 상승하는 원인은?

① 가수분해반응   ② 열분해반응
③ 산화반응   ④ 중합반응

해설

유지의 가열산화
- 고온에서 유지를 장시간 가열하면 가열분해로 생성된 물질들이 중합하여 점도, 비중, 굴절률이 증가하고 발연점이 낮아지게 된다.
- 산가, 과산화물가, 카르보닐가 등이 증가하고 요오드가는 감소하게 된다.

36 포도당이 환원되어 생성된 당알코올은?

① 소르비톨(sorbitol)   ② 만니톨(mannitol)
③ 이노시톨(inositol)   ④ 둘시톨(dulcitol)

해설

소르비톨
- 포도당이나 과당의 환원으로 생성
- 흡수가 늦어 열량이 낮으며 충치 예방에 이용되는 감미료
- 식품의 건조를 막고 상쾌한 청량감을 부여한다.

37 녹말을 가수분해하는 효소로서 $\alpha-1, 4$ 결합뿐 아니라 분지점의 $\alpha-1, 6$ 결합도 분해하는 효소는?

① 알파아밀라아제(α-amylase)
② 베타아밀라아제(β-amylase)
③ 글루코아밀라아제(glucoamylase)
④ 탈분지아밀라아제(debranching amylase)

해설

전분 가수분해 효소
- α-amylase : 전분의 $\alpha-1, 4$ 글리코시드 결합을 무작위로 가수분해
- β-amylase : 전분의 비환원성 말단으로부터 말토오스 단위로 $\alpha-1, 4$ 글리코시드 결합을 가수분해
- glucoamylase : 전분의 비환원성 말단으로부터 포도당 단위로 가수분해
- debranching amylase : 전분의 분지점 $\alpha-1, 6$ 결합을 가수분해

38 고추의 매운맛 성분은?

① 차비신(chavicine)   ② 캡사이신(capsaicin)
③ 카테콜(catechol)   ④ 갈산(gallic acid)

해설

매운맛
- 후추 : 피페린, chavicine
- 산초 : sanshol
- 생강 : 진저론, 쇼가올, gingerol
- 겨자 : 알릴이소티오시아네이트
- 마늘, 파, 양파 : 알리신
- 고추 : 캡사이신

39 관능검사에서 신제품이나 품질이 개선된 제품의 특성을 묘사하는 데 참여하며 보통 고도의 훈련과 전문성을 겸비한 요원으로 구성된 패널은?

① 차이식별 패널   ② 특성묘사 패널
③ 기호조사 패널   ④ 소비자 패널

해설

식품의 관능검사

㉠ 차이식별검사
- 종합적 차이검사 : 단순검사(두 시료의 차이 유무 판정), 일-이점검사(기준시료와 동일한 것 선택), 삼점검사(3개 중 다른 하나 선택), 확장삼점검사
- 특성 차이검사 : 이점비교검사(두 개의 차이), 순위법(강도비교순서), 평점법(0~9점), 다시료 비교검사(기준시료와 비교)

㉡ 묘사분석 : 훈련된 검사 요원에 의한 관능적 특성의 질적, 양적 묘사, 향미 프로필(맛, 냄새, 향미), 텍스처 프로필(물리적 특성), 정량적 묘사(향미, 텍스처, 색 등 전반적인 관능 특성), 스펙트럼 묘사분석(특성과 강도에 대한 모든 정보), 시간-강도 묘사분석

㉢ 소비자 기호도검사 : 가장 주관적 검사, 새로운 식품 개발이나 품질 개선에 이용, 이점기호검사, 기호 척도법, 순위 기호검사, 적합성 판정법

40 다음 중 겔 상태의 식품이 아닌 것은?

① 된장국 ② 묵
③ 젤리 ④ 양갱

해설

콜로이드 상태
- Sol : 액체 분산매에 액체 또는 고체의 분산질로 된 콜로이드 상태(우유, 전분액, 된장국, 전분, 한천 및 젤라틴에 물을 넣고 가열한 액상)
- Gel : 친수 sol을 가열한 후 냉각시키거나 물을 증발시켜 굳어진 반고체 상태(한천, 젤라틴, 젤리, 잼, 젤리, 양갱, 도토리묵, 삶은 계란)

3과목 식품가공학

41 추출한 유지를 낮은 온도에 저장하면서 굳어 엉긴 고체지방을 제거하는 공정은?

① 탈산 ② 윈터리제이션
③ 탈취 ④ 탈색

해설

탈납공정(Winterization)
- 샐러드유 제조 시 지방결정체 제거
- 냉각시켜 발생되는 고체 결정체를 제거하는 탈납(dewaxing) 이용

42 축육을 도살하기 전에 조치해야 할 사항으로 틀린 것은?

① 도살 전의 급수 ② 도살 전의 안정
③ 도살 전의 급식 ④ 도살 전의 위생검사

해설

축육의 도살 전에는 물만 먹이고 안정시키며 위생검사를 실시한다.

43 유지의 정제 공정이 아닌 것은?

① 불용물질 제거(desludge)
② 탈산(deacidification)
③ 탈색(bleaching)
④ 산화(oxidation)

해설

유지의 정제 : 불순물을 물리화학적 방법으로 제거

㉠ 탈검공정(Degumming process)
- 인지질 등 제거
- 무수 상태에서 기름에 녹으므로 물이나 수증기를 넣어 수화시켜 분리

㉡ 탈산공정(Deaciding process)
- 유리지방산 등 제거
- NaOH로 유리지방산을 중화(비누화) 제거하는 알칼리 정제법 사용

㉢ 탈색공정(Decoloring process)
- carotenoid, 엽록소 등 제거
- 가열탈색법이나 활성백토를 이용하는 흡착탈색법 사용

㉣ 탈취공정(Deodoring process)
- 알데히드, 케톤, 탄화수소 등 냄새 제거
- 활성탄 등 흡착제를 이용한 탈취

정답 40 ① 41 ② 42 ③ 43 ④

ⓜ 탈납공정(Winterization)
- 샐러드유 제조 시 지방결정체 제거
- 냉각시켜 발생되는 고체 결정체를 제거하는 탈납(dewaxing) 이용

44 버터의 정의로 옳은 것은?

① 원유, 우유류 등에서 유지방분을 분리한 것 또는 발효시킨 것을 교반하여 연압한 것을 말한다(식염이나 식용색소를 가한 것 포함).
② 식용유지에 식품첨가물을 가하여 가소성, 유화성 등의 가공성을 부여한 고체상의 것을 말한다.
③ 원유 또는 우유류에서 분리한 유지방분으로 유지방분 30% 이상의 것을 말한다.
④ 유크림에서 수분과 무지유고형분을 제거한 것을 말한다.

해설

버터
원유, 우유류 등에서 유지방분을 분리한 것 또는 발효시킨 것을 교반하여 연압한 것을 말한다(식염이나 식용색소를 가한 것 포함).

45 청국장의 끈끈한 점성 물질의 주된 성분은?

① fructan   ② glucan
③ galactan   ④ xylan

해설

청국장
- 콩을 증자해 Bacillus natto로 40~50℃에서 18~20시간 배양
- 당단백질로 끈적끈적한 점질물(fructan), 독특한 풍미 형성

46 쌀의 도정도가 높을수록 상대적으로 증가하는 것은?

① 섬유질   ② 단백질
③ 소화율   ④ 비타민류

해설

쌀을 도정하면 소화가 잘 안되는 호분층과 배아가 제거되어 배유부인 전분의 비율이 높아져 소화율이 증가한다.

47 비중이 0.95인 액체 18g이 차지하는 부피는 얼마인가?(단, 물의 밀도는 1.0g/cm³이다.)

① $0.95cm^3$ ② $1.05cm^3$
③ $1.18cm^3$ ④ $18.9cm^3$

해설

비중
- 특정 물질의 질량과 동일한 부피의 표준물질과의 질량 비
- $0.95 = 18/x$, $x = 18.9cm^3$

48 고형분이 10%인 오렌지주스 100kg을 농축시켜 20%의 고형분이 함유되어 있는 주스로 만들기 위해서는 수분을 얼마나 증발시켜야 되는가?

① 20kg   ② 40kg
③ 50kg   ④ 60kg

해설

수분함량
- 습량기준 수분 함량이 90%일 때 수분의 무게(x)
  $(x/100,000) \times 100 = 90$, $x = 90,000$
- 건조 후 제품무게
  $100,000 \times 0.1 = y \times 0.2$, $y = 50,000$
- 건조 후 수분무게
  $50,000 \times 0.8 = 40,000$
- ∴ 증발해야 하는 수분량
  $90,000 - 40,000 = 50,000 = 50kg$

49 잼류의 가공 시 필요한 성분이 아닌 것은?

① 펙틴   ② 당
③ 유기산   ④ 단백질

해설

젤리화
- 과실 중 펙틴(1~1.5%), 유기산(0.3%, pH 2.8~3.3), 당(60~65%)에 의해 형성
- 젤리(jelly)의 강도는 pectin의 농도, pectin의 ester화 정도, pectin의 결합도에 의해 결정
- 펙틴 : 갈락투론산 구성, 프로토펙틴, 펙틴, 펙틴산으로 분류

정답 44 ① 45 ① 46 ③ 47 ④ 48 ③ 49 ④

50 어패류의 선도 판정에 대한 설명이 틀린 것은?

① 관능적 방법은 오감에 의하여 판정하는 방법으로 객관성이 높아 현장에서 많이 이용한다.
② 세균학적 방법은 어패육에 부착한 세균수를 측정하는 방법으로 시료채취 부위에 따라 결과에 오차가 생기기 쉽다.
③ 휘발성 염기질소 함량이 5~10mg/100g인 경우는 신선한 어육으로 볼 수 있다.
④ 어육의 pH는 사후에 내려갔다가 선도의 저하와 더불어 다시 상승한다.

해설

식품의 신선도 측정
- 관능검사 : 기본적이고 간단한 방법 – 맛, 냄새, 색, 조직감 관찰
- 관능적 방법은 주관성이 높아 전문가에 의해 판정한다.
- 생물학적 검사 : 생균수 측정(신선도 판정 지표) – 1g당 10^5 이하면 신선
- 화학적 검사 : 휘발성 염기질소 측정(30~40mg%), 트리메틸아민 측정(4mg%), pH 측정(pH 6.2), 히스타민 측정(400mg%), K 값 측정(60~80%)

51 소시지(sausage)를 제조할 때 원료육에 향신료 및 조미료를 첨가하여 혼합하는 기계는?

① meat chopper
② silent cutter
③ stuffer
④ packer

해설

silent cutter
- 소시지(sausage)를 제조할 때 가장 중요한 세절과 혼합과정에 쓰이는 것으로 고기를 더욱 곱게 갈아 유화 결착력을 높임과 동시에 원료육에 향신료 및 조미료를 첨가하여 혼합하도록 한다.
- 충진기(stuffer), 세절기(meat chopper), packer도 육가공 제조 시 필요하다.

52 사과 1kg을 20℃ 저장고에 보관했을 때, 1시간 동안의 호흡량이 54[CO_2mg/kg/h]이었다. 이 사과를 10℃ 저장고로 옮겼을 때, 1시간 동안의 호흡량은 얼마인가?(단, 이 사과의 온도계수(Q_{10})는 1.8이다.)

① 12[CO_2mg/kg/h]
② 30[CO_2mg/kg/h]
③ 48[CO_2mg/kg/h]
④ 50[CO_2mg/kg/h]

해설

Q_{10}=1.8 : 온도가 10℃ 상승 시 화학반응이 1.8배 상승
54/1.8=30

53 유지 채유과정에서 열처리를 하는 이유가 아닌 것은?

① 유리지방산 생성 촉진
② 원료의 수분 함량 조절
③ 산화효소의 불활성화
④ 착유 후 미생물의 오염방지

해설

열처리로 지방산이 분해되어 유리되지 않는다.

54 물엿의 점성에 기여하는 대표적인 물질은?

① 과당
② 덱스트린
③ 유당
④ 전분

해설

물엿
전분당, 산당화엿(dextrin + glucose)과 맥아엿(dextrin + maltose)

55 어패류 선도 판정의 지표물질이 아닌 것은?

① 옥시미오글로빈(oxymyoglobin)
② 인돌(indole)
③ 하이포잔틴(hypoxanthine)
④ 트리메틸아민(trimethylamine)

> **해설**
> 식품의 신선도 측정
> - 관능검사 : 기본적이고 간단한 방법 – 맛, 냄새, 색, 조직감 관찰
> - 관능적 방법은 주관성이 높아 전문가에 의해 판정한다.
> - 생물학적 검사 : 생균수 측정(신선도 판정 지표) – 1g당 10^5 이하면 신선
> - 화학적 검사 : 휘발성 염기질소(인돌, 스케톨 등) 측정(30~40mg%), 트리메틸아민(YMA) 측정(4mg%), pH 측정(pH 6.2), 히스타민 측정(400mg%), K 값 측정(60~80%, ATP 분해로 하이포잔틴 등 생성)

56 치즈 제조 시 발효유를 응고시키기 위하여 첨가하는 것은?

① 카세인(케이신) ② 염화나트륨
③ 레닛   ④ 스타터

> **해설**
> 치즈 제조 시 발효유를 응고시키기 위해 응유효소인 rennet(rennin)을 첨가한다.

57 습식 세척(wet cleaning)방법이 아닌 것은?

① 분무세척 ② 마찰세척
③ 부유세척 ④ 초음파세척

> **해설**
> 습식 세척
> - 원료의 먼지, 토양의 농약 제거에 이용
> - 건조세척보다 효과적이며 손상이 감소하나 비용이 많이 들고 수분으로 부패 용이
> - 침지세척(soaking cleaning) : 물에 담가 오염물질 제거, 분무세척 전처리로 이용
> - 분무세척(spray cleaning) : 컨베이어 위 원료에 물을 뿌려 세척
> - 부유세척(flotation cleaning) : 밀도와 부력 차이로 세척, 상승류에 밀려 이물질 제거
> - 초음파세척(ultrasonic washing) : 수중에 초음파를 사용하여 세척(계란, 과일, 채소류)

58 고구마 전분 제조 시 석회 처리에 따른 주요 효과가 아닌 것은?

① 수율 증대   ② 품질 향상
③ 부패 방지   ④ 이물질 제거

> **해설**
> 전분 제조 시 소석회 효과
> - 침전에 장애가 되는 전분 펙틴과 결합하여 펙틴산 석회가 되어 침전 분리가 빨라진다.(수율 증대)
> - 알칼리성 pH에서 단백질이 응고되어 전분에의 혼입을 방지한다.(이물질 제거)
> - 고구마 전분의 착색물질인 폴리페놀을 제거하여 전분의 백색 향상(품질 향상)

59 통조림 용기 중 금속 원형관의 호칭에서 401의 의미는?

① 직경이 401mm이다.
② 직경이 40.1mm이다.
③ 직경이 4와 1/16인치이다.
④ 직경이 4와 1/12인치이다.

> **해설**
> 통조림 용기 중 금속 원형관의 호칭에서 401은 직경이 4와 1/16인치라는 의미이다.

60 마요네즈 제조 시 유화제 역할을 하는 것은?

① 식초산 ② 면실유
③ 소금   ④ 레시틴

> **해설**
> 마요네즈 제조 시 난황의 레시틴이 유화제로 작용한다.

정답 56 ③ 57 ② 58 ③ 59 ③ 60 ④

4과목 식품미생물학

61 맥주를 발효하기 위한 맥아즙 제조 공정의 주목적으로 가장 알맞은 것은?

① 효모의 증식 ② 저장성 부여
③ 발효 ④ 당화

해설
맥아즙 제조
- 당화효소, 단백질 분해효소 등을 활성화, 특유의 향미와 색소 생성, 저장성 부여
- 단맥아 이용 : 길이가 보리보다 짧고, 고온에서 발아한다. amylase 활성이 약하고 전분이 많아 맥주제조에 이용

62 곰팡이의 유성생식 과정이 옳게 나열된 것은?

① 핵융합 → 원형질융합 → 감수분열 → 포자형성
② 원형질융합 → 핵융합 → 감수분열 → 포자형성
③ 핵융합 → 감수분열 → 원형질융합 → 포자형성
④ 원형질융합 → 감수분열 → 핵융합 → 포자형성

해설
곰팡이의 유성생식
원형질융합 → 핵융합 → 감수분열 → 포자형성

63 다음 중 불완전균류가 아닌 것은?

① Aspergillus속 ② Mucor속
③ Botrytis속 ④ Penicillium속

해설
불완전균류
- 무성세대(불완전균류) : Aspergillus, Penicillium, Monascus, Neurospora, Botrytis
- 유성생식 시대가 명확하지 않아 무성생식으로만 번식

64 감귤류의 연부 부패의 원인이 되는 미생물은?

① Acetobacter속 ② Clostridium속
③ Lactobacillus속 ④ Penicillium속

해설
Penicillium expansum
사과, 배, 감귤류의 연부현상의 원인이 된다.

65 산막효모의 특징이 아닌 것은?

① 액 표면에 피막을 형성한다.
② 위균사나 진균사를 형성한다.
③ 양조과정 중에 알코올을 생성한다.
④ Hansenula속이 해당된다.

해설
산막효모(피막효모, film yeast)
- Candida, Hansenula, Debaryomyces, Pichia
- 이산화탄소를 생산하지 않는다.
- 발효 액면에 피막을 형성하는 유해 산막효모
- 구형, 모자형, 방추형, 위균사나 진균사를 형성한다.
- 호기성으로 산화력이 큼
- 맥주, 포도주 유해균, 알코올 분해

66 일반적으로 미생물의 세포 구성 물질 중 수분을 제외하고 가장 많은 함량을 차지하는 것은?

① 핵산 ② 단백질
③ 지방 ④ 탄수화물

해설
원형질 성분에서 가장 많은 것은 수분으로 세포에 따라 65~95%를 구성하고 있으며 다음은 단백질이 5~30%로 많이 존재한다.

67 다음 중 증류주에 해당하는 것은?

① 맥주 ② 포도주
③ 일본 청주 ④ 위스키

해설
위스키는 증류주, 나머지는 발효주이다.

정답 61 ④ 62 ② 63 ② 64 ④ 65 ③ 66 ② 67 ④

68 일반적으로 통조림 살균 시에 가장 주의하여야 하는 부패 세균은?

① *Pediococcus halophilus*
② *Bacillus subtilis*
③ *Clostridium sporogenes*
④ *Streptococcus lactis*

> **해설**
> *Clostridium sporogenes*는 포자형성 혐기성 세균으로 통조림 살균 시 생육할 수 있으므로 주의하여야 한다.

69 다음 세포벽 구성성분 중 그람 양성균에만 존재하는 것은?

① 인지질(phospholipid)
② 펩티도글리칸(peptidoglycan)
③ 지질다당체(lipopoly saccharide)
④ 테이코산(teichoic acid)

> **해설**
> 세균세포벽
> - 세균세포벽을 구성하는 peptidoglycan 차이에 의해 그람 양성균과 그람 음성균으로 분류
> - 그람 양성균(G+) : 20여 개 층 peptidoglycan과 teichoic acid이 crystal violet에 의해 보라색으로 염색
> - 그람 음성균(G−) : 2~3개 층 peptidoglycan과 lipopoly-saccharide로 구성된 세포벽이 알코올 탈색 후 SafraninO에 의해 붉은색으로 염색

70 계란 전체가 회갈색으로 되고, 특히 난황이 검게 되는 흑색 부패(black rots)의 원인균은?

① *Torulopsis*속
② *Serratia*속
③ *Proteus*속
④ *Achromobacter*속

> **해설**
> 계란 전체가 회갈색으로 되고, 특히 난황이 검게 되는 흑색 부패(black rots)의 원인은 단백질 부패에 관여하는 *Proteus*속이다.

71 조상균류와 순정균류의 분류기준은 무엇인가?

① 포자의 유무
② 격벽의 유무
③ 균사체의 유무
④ 편모의 유무

> **해설**
> 곰팡이(진균류)
> - 균사(hyphae)로 영양섭취와 발육을 담당, 호기성 미생물
> - 진균류는 조상균류와 순정균류로 분류
> - 조상균류(격막 없음) : 접합균류, 난균류, 호상균류
> - 순정균류(격막 있음) : 자낭균류, 담자균류, 불완전균류(유성 세대가 없음)
> - 무성포자 : 내생포자, 외생포자, 후막포자, 분열자
> - 유성포자 : 접합포자, 난포자, 자낭포자(8개 포자), 담자포자(4개 포자)

72 치즈 표면에 착생하여 치즈의 변색과 불쾌취를 발생시키는 곰팡이가 아닌 것은?

① *Geotrichum*속
② *Cladosporium*속
③ *Fusarium*속
④ *Penicillium*속

> **해설**
> *Fusarium*(붉은곰팡이)속
> - 곰팡이 독소 : zearalenone, sporofusariogenin, 트리코테신
> - Patulin 등 독소는 사과 및 곡류, 과채류에 주로 발생한다.

73 사람이나 동물의 피부에서 흔히 검출되는 균으로 내열성이 강한 장독소를 생성하는 독소형 식중독균은?

① 리스테리아균
② 살모넬라균
③ 장염비브리오균
④ 황색포도상구균

> **해설**
> 황색포도알균(*Straphylococcus aureus*)
> - 그람양성, catalase 양성, cagulase 양성
> - 5종의 형청형 식중독균, 피부상재균
> - 상처의 화농균(고름)으로 손에 상처 시 조리 금지
> - 잠복기 3시간, 구토 증상
> - enterotoxin(장독소)분비 : 내열성이 커 100℃에서 1시간 가열로 파괴되지 않으며 218~248℃, 30분 이상 가열로 파괴

정답 68 ③ 69 ④ 70 ③ 71 ② 72 ③ 73 ④

• 중성에서 증식 시 독소 생산, 산성하에서 독소를 생산하지 못함
• 균 자체는 100℃에서 30분 후 사멸

74 gluconic acid를 생산하는 미생물과 거리가 먼 것은?

① *Acetobacter gluconicum*
② *Pseudomonas fluorescens*
③ *Penicillium notatum*
④ *Lactobacillus bulgaricus*

해설
*Lactobacillus bulgaricus*는 당으로부터 젖산만을 생성하는 호모 젖산균이다.

75 맥주의 하면발효 효모로 많이 사용되는 것은?

① *Saccharomyces cerevisiae*
② *Saccharomyces carlsbergensis*
③ *Saccharomyces coreanus*
④ *Saccharomyces rouxii*

해설
맥주의 종류
• 상면발효맥주 : *Saccharomyces cerevisiae* —영국 맥주, 상면발효, 상온발효(Ale, Stout, Porter, Lambic)
• 하면발효맥주 : *Saccharomyces carlsbergensis* —독일, 미국, 일본, 우리나라에서 주로 생산, 하면발효, *Saccharomyces uvarm*에 통합, 저온발효(Lager, Munchen, Pilsen, Wien), 장기저장으로 독특한 향미 부여

76 피자기속에 자낭포자 4~8개가 순서대로 나열되고 있고 분생자가 반달모양으로 빵조각 등에 생육하여 연분홍색을 띠므로 붉은빵 곰팡이라고도 하며, 미생물 유전학의 연구로도 많이 사용되는 곰팡이 속은?

① *Aspergillus*속
② *Eremothecium*속
③ *Neurospora*속
④ *Penicillium*속

해설
*Neurospora*속
• 피자기속에 자낭포자 4~8개가 순서대로 나열되고 있고 분생자가 반달모양으로 빵조각 등에 생육하여 연분홍색을 띠므로 붉은빵 곰팡이라고도 한다.
• *Neurospora sitophila* : 무성포자, 비타민 A의 원료로 이용
• *Neurospora crassa* : 미생물 유전학 연구재료

77 일반 효모가 생육이 잘 되는 배지의 pH는?

① 약 1~2   ② 약 5~6
③ 약 7~8   ④ 약 9~10

해설
미생물 증식과 pH
• 일반적으로 곰팡이는 pH 4~6 정도의 산성에서 잘 증식한다.
• 일반적으로 효모는 pH 5~6 정도의 약산성에서 잘 증식한다.
• 일반적으로 세균은 중성 또는 약알칼리성에서 잘 증식한다.

78 메주 제조 시 단백질분해효소 등 가수분해효소를 주로 생산하는 것은?

① *Salmonella*속
② *Bacillus*속
③ *Lactobacillus*속
④ *Saccharomyces*속

해설
재래식 된장 제조
• 대두, 소금, 물을 주원료로 하는 전통방식 간장, 색이 연하고 짠맛이 강함
• 삶은 콩을 찧어 덩어리 성형 후 따뜻한 방에 띄워 메주 제조
• *Bacillus subtilis* 생육, protease, amylase 생성, formic acid 생성

79 카탈라아제(catalase) 효소에 대한 설명으로 옳은 것은?

① 탄닌 물질을 분해한다.
② 과산화수소를 분해한다.
③ 단백질을 분해한다.
④ 펙틴을 분해한다.

정답 74 ④ 75 ② 76 ③ 77 ② 78 ② 79 ②

해설
카탈라아제(catalase)
- 전자 전달계에서 잘못 생성된 활성산소나 과산화물은 SOD, 카탈라아제, 페록시다아제 등에 의해 정상으로 분해된다.
- $H_2O_2 \rightarrow H_2O + O_2$

80 포도당 500g을 초산 발효시켜 얻을 수 있는 이론적인 최대 초산량은 약 얼마인가?

① 166.7g ② 333.3g
③ 500g   ④ 652.1g

해설
포도당(분자량 : 180)이 분해되어 피루브산 2분자가 되고 피루브산이 아세트알데히드를 거쳐 2개의 초산(분자량 : 60)이 만들어지므로
180 : 60×2 = 500 : x, x = 333.3

5과목 식품제조공정

81 방사선 살균에 많이 사용되는 조사선원은?

① ^{60}Co, ^{137}Cs ② ^{60}Co, ^{192}Ir
③ ^{137}Cs, ^{134}Cs ④ ^{134}Cs, ^{192}Ir

해설
상업용으로 방사선 살균에 이용되는 방사선종은 ^{60}Co, ^{137}Cs이다.

82 효소의 정제법에 해당되지 않는 것은?

① 염석 및 투석
② 무기용매 침전
③ 흡착
④ 이온교환 크로마토그래피

해설
효소 정제법
- 염석(salting out), 투석(dialysis) : 염석 – 고농도 염으로 효소단백질 석출, 투석 – 반투막을 이용해 저분자물질과 염 제거, 고분자인 단백질만 정제
- 친화성(흡착) 크로마토그래피(affinity chromatography) : 기질을 이용하여 효소 분리, 흡착
- 이온교환 크로마토그래피 : 전하 차이에 의한 분리
- 겔여과 크로마토그래피 : 단백질의 크기에 따른 분리

83 시료의 추출에 대한 설명으로 옳은 것은?

① 추출용매는 점도가 높은 것을 선택한다.
② 추출은 시료 특성에 관계없이 항상 동일한 용매로만 추출해야 한다.
③ 용매는 경제성, 작업성, 안전성을 고려하여 선택한다.
④ 입자가 크기는 되도록 크게 하여 용매와의 접촉면이 작아지게 한다.

해설
추출법(extraction process)
- 원료를 용매로 녹여서 제조하며, 점도가 낮은 것이 좋다.
- 추출용매는 물, 벤젠, 에틸알코올, 노멀 헥산, 아세톤, CS_2 등을 시료 특성에 맞게 사용
- 추출용매는 가격이 저렴하고, 원하는 물질 이외는 추출하지 말아야 하며 기화열과 비열이 낮아 회수가 쉬워야 한다.
- 용매는 경제성, 작업성, 안전성을 고려하여 선택한다.
- 입자가 크기는 되도록 작게 하여 용매와의 접촉면이 크게 한다.

84 열풍이 흐르는 방향과 식품이 이동되는 방향에 따라 병류식과 향류식으로 분류되는 건조기로, 과일이나 채소를 건조하는 데 많이 쓰이며, 건조하는 데 비교적 긴 시간이 필요한 식품에 적합한 것은?

① 터널 건조기   ② 캐비닛 건조기
③ 부상식 건조기   ④ 기송식 건조기

해설
열풍 건조기
- 가열된 공기로 대류에 의해 식품 건조
- 빈 건조기, 캐비닛 건조기, 터널 건조기는 트레이에 제품을 올

려서 건조, 기타 컨베이어 건조기, 유동층 건조기, 분무 건조기 등
- 터널 건조기에는 병류식과 향류식이 있다.
- 병류식 : 공기 흐름과 식품 이동이 같은 방향, 초기 건조가 좋으나 최종 건조가 안 좋아 내부의 건조가 안 좋을 수 있고 미생물 번식이 있을 수 있다.
- 향류식 : 공기 흐름과 식품 이동이 반대 방향, 초기 건조는 안 좋으나 최종 건조가 높아 과열 우려가 있다.

85 과립성형 방법으로 제조되는 제품이 아닌 것은?

① 분말주스　　② 이스트
③ 커피분말　　④ 비스킷

해설

성형
- 주조성형 : 일정한 모양의 틀에 원료를 넣고 가열 또는 냉각시켜 성형(빙과, 빵, 쿠키)
- 압연성형 : 반죽을 회전롤 사이로 통과시켜 면대를 만들어 세절하거나 압절 성형(국수, 비스킷 등)
- 압출성형 : 반죽 등 반고체 원료를 노즐 또는 die를 통해 강한 압력으로 밀어내어 성형(스낵, 마카로니 등)
- 응괴성형 : 건조분말을 수증기로 뭉치게 하고 건조하여 응괴 성형, 물에 쉽게 용해(인스턴트 커피, 분말주스, 조제분유 등)
- 과립성형 : 젖은 상태의 분체 원료를 회전틀에서 당액이나 코팅제를 뿌려 과립 성형(초콜릿 볼, 과립형 껌, 분말주스, 커피분말, 이스트 등)
- 압출면 : 반죽을 압출기의 작은 구멍으로 뽑아낸 국수(당면, 마카로니 등)

86 유지의 정제 중 원유에 들어 있는 유리지방산을 제거하는 공정은?

① 탈취　　② 탈검
③ 탈색　　④ 탈산

해설

유지의 정제 : 불순물을 물리화학적 방법으로 제거
㉠ 탈검공정(Degumming process)
- 인지질 등 제거
- 무수 상태에서 기름에 녹으므로 물이나 수증기를 넣어 수화시켜 분리

㉡ 탈산공정(Deaciding process)
- 유리지방산 등 제거
- NaOH로 유리지방산을 중화(비누화) 제거하는 알칼리 정제법 사용

㉢ 탈색공정(Decoloring process)
- carotenoid, 엽록소 등 제거
- 가열탈색법이나 활성백토를 이용하는 흡착탈색법 사용

㉣ 탈취공정(Deodoring process)
- 알데히드, 케톤, 탄화수소 등 냄새 제거
- 활성탄 등 흡착제를 이용한 탈취

㉤ 탈납공정(Winterization)
- 샐러드유 제조 시 지방결정체 제거
- 냉각시켜 발생되는 고체 결정체를 제거하는 탈납(dewaxing) 이용

87 용액 상태로 녹아 있는 원료를 냉각시켜 단단하게 만든 후 얇은 층으로 만드는 조립기는?

① 압출 조립기　　② 파쇄형 조립기
③ 혼합형 조립기　　④ 플레이크형 조립기

해설

플레이크형 조립기
용액 상태로 녹아 있는 원료를 냉각시켜 단단하게 만든 후 얇은 층으로 만드는 조립기

88 단위조작 중 기계적 조작이 아닌 것은?

① 정선　　② 분쇄
③ 혼합　　④ 추출

해설

추출법(extraction process)
- 원료를 용매로 녹여서 제조, 점도가 낮은 것이 좋다.
- 추출용매는 물, 벤젠, 에틸알코올, 노말 헥산, 아세톤, CS_2 등을 시료 특성에 맞게 사용
- 추출용매는 가격이 저렴하고, 원하는 물질 이외는 추출하지 말아야 하며 기화열과 비열이 낮아 회수가 쉬워야 한다.

정답　85 ④　86 ④　87 ④　88 ④

89 원료가 일정한 속도로 이동 중이거나 교반 중일 때 물을 뿌려 세척하는 방법은?

① 침지세척 ② 마찰세척
③ 분무세척 ④ 부유세척

해설
습식 세척
- 원료의 먼지, 토양의 농약 제거에 이용
- 건조세척보다 효과적이며 손상이 감소하나 비용이 많이 들고 수분으로 부패 용이
- 침지세척(soaking cleaning) : 물에 담가 오염물질 제거, 분무세척 전처리로 이용
- 분무세척(spray cleaning) : 컨베이어 위 원료에 물을 뿌려 세척
- 부유세척(flotation cleaning) : 밀도와 부력 차이로 세척, 상승류에 밀려 이물질 제거
- 초음파세척(ultrasonic washing) : 수중에 초음파를 사용하여 세척(계란, 과일, 채소류)

90 회전속도가 빠른 회전자(rotor)가 있는 충격형 분쇄기로, 조직이 딱딱한 곡류나 섬유질이 많은 건조 채소, 건조 육류 등의 분쇄에 많이 이용되는 것은?

① disc mill ② hammer mill
③ ball mill ④ crushing mill

해설
분쇄기 종류
- 해머밀(hammer mill) : 회전축에 해머가 장착되어 분쇄, 막대, 칼날, T자형 해머 등(임팩트밀, 다목적밀, 설탕, 식염, 곡류, 마른 채소, 건조 육류, 옥수수 전분 등에 사용)
- 볼밀(ball mill) : 회전 원통 속에 금속, 돌 등과 원료를 함께 회전하여 분쇄(곡류, 향신료 등 수분 3~4% 이하 재료에 적당)
- 핀밀(pin mill) : 고정판과 회전원판 사이에 막대모양 핀이 있어 고속 회전으로 분쇄(설탕, 전분, 곡류 등 건식과 콩, 감자, 고구마의 습식이 있다.)
- 롤밀(roll mill) : 두 개의 회전 금속 롤 사이에 원료를 넣어 분쇄(밀가루, 옥수수, 쌀가루 제분에 이용)
- 디스크밀(disc mill) : 홈이 파여 있는 두 개의 원판 사이에 원료를 넣어 분쇄(옥수수, 쌀의 분쇄에 이용)
- 습식분쇄 : 고구마, 감자의 녹말제조, 과일, 채소의 분쇄, 생선이나 육류 가공 시 이용(맷돌, 절구나 고기를 가는 chopper 등)

91 섞이지 않는 두 액체를 빠른 속도로 교반하여 한 액체를 다른 액체에 균일하게 분산시키는 장치는?

① 니더(kneader) ② 휘퍼(whipper)
③ 임펠러(impeller) ④ 유화기(emulsificater)

해설
유화기
섞이지 않는 두 액체를 빠른 속도로 교반하여 한 액체를 다른 액체에 균일하게 분산시키는 장치

92 유지를 추출할 때 효율성 증대를 위한 원료의 전처리 공정으로 가장 거리가 먼 것은?

① 조분쇄 ② 압편
③ 증열 및 건조 ④ 살균

해설
식용유지 제법
- 압착법, 추출법은 식물유지 채취, 용출법은 동물유지 채취 이용
- 용출법(melting process) : 동물성 원료를 가열시켜서 유지 제조
- 압착법(expression process) : 식물질 원료에 기계적인 압력을 가하여 유지 제조
- 추출법(extraction process) : 식물성 원료를 유기용매로 녹여서 제조, 추출용매는 벤젠, 에틸알코올, 노멀 헥산, 아세톤, CS_2 등을 사용
- 추출용매는 가격이 저렴하고, 유지 이외의 물질은 추출하지 말아야 하며 기화열과 비열이 낮아 회수가 쉬워야 한다.
- 효율성 증대를 위한 전처리 공정 : 정선, 탈각, 파쇄, 조분쇄, 압편, 증열 및 건조 등

93 다음 중 에멀션의 형태가 다른 하나는?

① 버터 ② 마요네즈
③ 생크림 ④ 우유

해설
유화
- 지방질은 물에 녹지 않지만 분자 내 친수성기와 소수성기를 가진 레시틴 같은 유화제를 첨가하여 교반 분산시킨 것을 유화라 한다.

정답 89 ③ 90 ② 91 ④ 92 ④ 93 ①

- 수중유적형(O/W) : 우유, 아이스크림, 마요네즈, 생크림
- 유중수적형(W/O) : 버터, 마가린

94 다음 ( ) 안에 들어갈 알맞은 용어는?

포장, 저온저장을 하는 식품일 경우 적당하게 살균하는 ( )을 하게 된다. 이는 명시된 유통기한 내에 어떤 부패미생물의 생육 때문에 먹을 수 없거나 어떠한 위해도 받지 않도록 유효 적절하게 가열처리하는 것을 말한다.

① 상업적 살균 ② 멸균
③ 저온 살균 ④ 적정 살균

해설

상업적 살균
- 완전멸균에 따른 식품 영양가 파손을 방지하고자 필요한 미생물만 사멸시키는 멸균으로 상품가치 손실을 최소화시키는 것
- 초기 미생물 오염도, 미생물의 내열성, pH에 따라 살균조건 설정
- 70℃~100℃, 10~20분 후 30℃ 급랭
- 미생물 수가 많을수록 높은 온도, 긴 시간 필요
- 내용물 pH가 낮은 산성일수록 낮은 온도, 살균시간 단축
- 용기 또는 내용물의 열전달이 잘될수록 살균시간 단축
- 식품의 내용물 중에 가스가 없고 충진이 꽉 찰수록 살균 용이

95 우유와 같은 액상 식품을 미세한 입자로 분무하여 열풍과 접촉시켜 순간적으로 건조시키는 방법은?

① 천일건조 ② 복사건조
③ 냉풍건조 ④ 분무건조

해설

분무 건조기
- 열에 약한 제품에 이용, 분유, 주스분말, 커피, 차 등
- 액상 식품을 분무장치로 열풍에 분무하여 빠르게 건조
- 대부분 건조가 항률건조로 연속처리가 가능
- 다공질 입자를 형성해 용해가 잘된다.

96 식품 통조림이 *Clostridium botulinum* 포자로 오염되어 있다. 이 포자의 $D_{121.1}$이 0.25분일 때, 이 통조림을 121.1℃에서 가열하여 포자의 수를 12대수 cycle만큼 감소시키는 데 걸리는 시간은?

① 0.02분 ② 2분
③ 3분 ④ 30분

해설

상업적 살균
- 완전멸균에 따른 식품 영양가 파손을 방지하고자 필요한 미생물만 사멸시키는 멸균으로 주로 *Clostridium botulinum*의 포자수를 $1/10^{12}$ 이하로 감소시키는 것
- 병조림, 통조림, 레토르트 식품 멸균은 중심온도 120℃, 4분 처리
- D(decimal reduction time) 값 : 사멸곡선에서 가열 전 미생물 수의 10%로 감소시키는 데 필요한 시간, 온도 지정이 없을 시는 121℃, 온도 증가 시 D 값 감소
- $D_{121.1}$=0.25분, 포자의 수를 12대수 cycle만큼 감소시키므로 0.25×12=3분

97 다음 중 건식 세척 방법은?

① 담금세척 ② 분무세척
③ 부유세척 ④ 체분리세척

해설

건식 세척
- 크기가 작고 기계적 강도가 있으며 수분 함량이 적은 곡류, 견과류 세척에 이용
- 시설비, 운영비가 적고 폐기물처리가 간단하지만, 재오염 가능성이 크다.
- 송풍분류기(air classifier) : 송풍 속에 원료를 넣어 부력과 공기 마찰로 세척
- 마찰세척(abrasion cleaning) : 식품 재료 간 상호 마찰에 의해 분리
- 자석세척(magnetic cleaning) : 원료를 강한 자기장에 통과시켜 금속 이물질을 제거
- 정전기적 세척(electrostatic cleaning) : 원료 함유 미세먼지를 방전시켜 음전하로 만든 뒤 제거, 차 세척(tea cleaning)에 이용
- 흡인세척(aspiration cleaning) 등

98 점도가 큰 페이스트상의 식품이나 고형분량이 많아 기계적으로 분무가 어려운 식품을 연속적으로 건조하는 데 사용되는 건조방법은?

① 드럼건조
② 열풍건조
③ 고주파건조
④ 적외선건조

해설

- 전도형 건조기 : 직접적 접촉에 의한 열전달로 드럼 건조기, 진공 건조기, 팽화 건조기 등이 있다.
- 드럼 건조기 : 점도가 높은 액상식품 또는 반죽상태의 원료를 가열된 원통 표면과 접촉시켜 회전하면서 건조

99 살균온도 121℃에 습열살균이 필요한 식품의 pH는?

① pH 2
② pH 3
③ pH 4
④ pH 5

해설

상업적 살균
- 완전멸균에 따른 식품 영양가 파손을 방지하고자 필요한 미생물만 사멸시키는 멸균으로 주로 *Clostridium botulinum*의 포자수를 $1/10^{12}$ 이하로 감소시키는 것
- 병조림, 통조림, 레토르트 식품 멸균은 중심온도 120℃, 4분 처리
- 포자가 영양세포보다 내열성이 크다. (세균포자＞곰팡이, 효모포자＞영양세포)
- 산성일수록 내열성이 작아져 pH 4 이하에서는 100℃ 이하에서 멸균

100 식품을 노즐 또는 다이스와 같은 작은 구멍을 통하여 압력으로 밀어내는 성형법으로 제조된 가공 식품으로만 이루어진 것은?

① 국수, 껌
② 국수, 소시지
③ 마카로니, 국수
④ 마카로니, 소시지

해설

성형
- 주조성형 : 일정한 모양의 틀에 원료를 넣고 가열 또는 냉각시켜 성형(빙과, 빵, 쿠키)
- 압연성형 : 반죽을 회전롤 사이로 통과시켜 면대를 만들어 세절하거나 압절 성형(국수, 비스킷 등)
- 압출성형 : 반죽 등 반고체 원료를 노즐 또는 die를 통해 강한 압력으로 밀어내어 성형(스낵, 마카로니 등)
- 응괴성형 : 건조분말을 수증기로 뭉치게 하고 건조하여 응괴 성형, 물에 쉽게 용해(인스턴트 커피, 분말주스, 조제분유 등)
- 과립성형 : 젖은 상태의 분체 원료를 회전틀에서 당액이나 코팅제를 뿌려 과립 성형(초콜릿 볼, 과립형 껌, 분말주스, 커피 분말, 이스트 등)
- 압출면 : 반죽을 압출기의 작은 구멍(노즐 또는 다이스)으로 뽑아낸 면(당면, 마카로니, 소시지 등)

CHAPTER 19. 2019년 1회 식품기사

1과목 식품위생학

01 다음 중 차아염소산나트륨 소독 시 비해리형 차아염소산으로 존재하는 양(%)이 가장 많을 때의 pH는?

① pH 4.0
② pH 6.0
③ pH 8.0
④ pH 10.0

해설

차아염소산나트륨(NaClO, sodium hypochlorite)
- 미생물 제어를 위해 사용하는 살균 소독제이다.
- pH가 낮을수록 살균력이 강하고, 단백질·당분·아미노산에 의해 살균력이 감소된다.
- 물에 용해가 잘 되며 오래 저장할수록 염소가스가 생성되어 효력이 떨어진다.
- 부식성이 강하므로 기기설비를 살균할 때에는 중성의 차아염소산나트륨 수용액을 사용한다.

02 민물고기를 생식한 일이 없는데도 간흡충에 감염될 수 있는 경우는?

① 덜 익힌 돼지고기 섭취
② 민물고기를 취급한 도마를 통한 감염
③ 매운탕 섭취
④ 공기를 통한 감염

해설

- 간흡충(간디스토마) : 제1중간숙주(왜우렁이) → 제2중간숙주(잉어, 붕어) → 사람
- 폐흡충(폐디스토마) : 제1중간숙주(다슬기) → 제2중간숙주(게, 가재) → 사람

03 아래에서 설명하는 물질은?

> 금속제품(캔용기, 병뚜껑, 상수관 등)을 코팅하는 래커, 유아용 우유병, 급식용 식품 및 생수용기 등의 소재에 사용되는 중합체이며, 캔 멸균 시 발생해서 식품에 용출될 가능성이 높은 위해물질로 피부나 눈의 염증, 발열, 태아 발육 이상, 피부 알레르기 등을 유발한다.

① 비스페놀 A
② 다이옥신
③ PCB
④ 곰팡이 독소

해설

내분비계 장애물질
사람이나 동물의 내분비 호르몬과 비슷하게 작용하는 외인성 화학물질이다. 내분비계에 영향을 미쳐 생식능력 등의 장애를 일으킨다.
- 비스페놀 A : 캔음료의 내부코팅제
- 다이옥신 : 플라스틱 소각 시 발생, 고엽제
- PCB : 폴리염화바이비닐, 전기절연체

04 식품용기의 도금이나 도자기의 유약성분에서 용출되는 성분으로 칼슘(Ca)과 인(P)의 손실로 골연화증을 초래할 수 있는 금속은?

① 납
② 카드뮴
③ 수은
④ 비소

해설

- 카드뮴 : 도금에서 용출되어 문제를 발생시키는 중금속이다. 카드뮴 중독의 경우 체내에서 칼슘과 인의 손실로 골다공증, 골연화증이 발생한다. 일본에서 이타이이타이병을 발생시킨 주범이다.
- 납 : 페인트와 장난감 등의 안정제 및 도자기나 법랑의 광택제로 사용된다. 체내 유입 시 뼈에 축적되어 골수와 조혈계에 영향을 미친다.
- 수은 : 유기수은이 체내에 흡수되어 문제를 발생시키며 신경장애로 인한 보행곤란, 언어장애, 정신장애 등을 일으킨다. 일본 미나마타병의 원인이다.

정답 01 ① 02 ② 03 ① 04 ②

- 비소 : 도자기 · 법랑의 안료로 사용되며 흑피증, 손발 각화증을 일으킨다. 비소가 인산나트륨에 오염이 된 조제분유사건의 원인이다.

05 DL-멘톨은 식품첨가물 중 어떤 종류에 해당되는가?

① 보존료 ② 착색료
③ 감미료 ④ 향료

해설

향료
식품에 향을 부여하는 식품첨가물로 본래의 향을 없애거나 강화시켜 기호성을 높힌다.
※ DL-멘톨은 음료, 아이스크림, 껌류에 주로 사용되는 착향료이다.

06 경구감염병의 특성과 거리가 먼 것은?

① 수인성 전파가 일어날 수 있다.
② 2차 감염이 빈번하게 발생한다.
③ 미량의 균으로도 감염될 수 있다.
④ 식중독에 비하여 잠복기가 짧다.

해설

구분	경구감염병	세균성식중독
감염정도	2차 감염	종말감염
예방	어려움	식품위생을 통한 예방
잠복기	긴 편	짧은 편
필요균체	미량	다량
감염매체	음용수	식품

07 식품제조 · 가공업의 HACCP 적용을 위한 선행요건이 틀린 것은?

① 작업장은 독립된 건물이거나 식품 취급 외의 용도로 사용되는 시설과 분리되어야 한다.
② 채광 및 조명시설은 이물 낙하 등에 의한 오염을 방지하기 위한 보호장치를 하여야 한다.
③ 선별 및 검사구역 작업장의 밝기는 220럭스 이상을 유지하여야 한다.
④ 원 · 부자재의 입고부터 출고까지 물류 및 종업원의 이동 동선을 설정하고 이를 준수하여야 한다.

해설

HACCP 인증의 선행요건 세부관리기준(1.영업장 관리기준)
㉠ 채광 및 조명
- 작업실 안은 작업이 용이하도록 자연채광 또는 인공조명 장치를 이용하여 밝기는 220럭스 이상을 유지하여야 하고, 특히 선별 및 검사구역 작업장 등은 육안 확인이 필요한 조도(540럭스 이상)를 유지하여야 한다.
- 채광 및 조명시설은 내부식성 재질을 사용하여야 하며, 식품이 노출되거나 내포장 작업을 하는 작업장에는 파손이나 이물 낙하 등에 의한 오염을 방지하기 위한 보호장치를 하여야 한다.

㉡ 작업장
- 작업장은 독립된 건물이거나 식품 취급 외의 용도로 사용되는 시설과 분리되어야 한다.
- 작업장은 청결구역과 일반구역으로 분리하고, 제품의 특성과 공정에 따라 분리, 구획 또는 구분할 수 있다.

08 인수공통감염병이 아닌 것은?

① 광견병, 돈단독 ② 브루셀라병, 야토병
③ 결핵, 탄저병 ④ 콜레라, 이질

해설

- 인수공통감염병 : 탄저병, 브루셀라병, 결핵, 돈단독증, 야토병, Q열, Listeria증 등
- 경구감염병 : 장티푸스, 파라티푸스, 콜레라, 이질, 급성회백수염, 유행성간염, 천열 등

09 다이옥신(dioxin)에 대한 설명이 틀린 것은?

① 자동차 배출가스, 각종 PVC 제품 등 쓰레기의 소각과정에서도 생성된다.
② 다이옥신 중 2, 3, 7, 8, -TCDD가 독성이 가장 강한 것으로 알려져 있다.
③ 다이옥신은 색과 냄새가 없는 고체물질로 물에 대한 용해도 및 증기압이 높다.
④ 환경시료에서 미량의 다이옥신 분석이 어렵다.

정답 05 ④ 06 ④ 07 ③ 08 ④ 09 ③

해설

다이옥신(Dioxin)
- 2개의 산소 원자에 2개의 벤젠 고리와 염소가 연결되어 있는 방향족 화합물
- 화학구조가 안정하여 상온에서는 무색결정상태로 존재하며 지용성 물질로 체내에서 지방조직에 축적된다.
- 염소 함유 유기화합물의 소각과정에서 배출되므로 자동차 배출가스, PVC 제품 등의 쓰레기 소각과정에서 배출된다.

10 HACCP 시스템 적용 시 준비단계에서 가장 먼저 시행해야 하는 절차는?

① 위해요소 분석 ② HACCP팀 구성
③ 중요관리점 결정 ④ 개선조치 설정

해설

HACCP 준비단계
- 절차 1 : HACCP팀 구성
- 절차 2 : 제품 및 제품의 유통방법 기술
- 절차 3 : 의도된 제품의 용도 확인
- 절차 4 : 공정흐름도 작성
- 절차 5 : 공정흐름도 검증

HACCP실행단계
- 원칙 1(절차 6) : 위해요소 분석
- 원칙 2(절차 7) : 중요관리점 설정
- 원칙 3(절차 8) : 허용기준 설정
- 원칙 4(절차 9) : 모니터링방법 설정
- 원칙 5(절차 10) : 시정조치 설정
- 원칙 6(절차 11) : 검증방법 설정
- 원칙 7(절차 12) : 기록보관 및 문서화 방법 설정

11 우유 중에서 많이 발견될 수 있는 aflatoxin은?

① B_1 ② M_1
③ G_1 ④ B_2

해설

아플라톡신(aflatoxin)
- 곰팡이에서 생성되는 독소로 *Aspergillus* 속 곰팡이에 의해서 생성된다.
- 간경변을 일으키는 간장독을 일으킨다.
- aflatoxin B_1, G_1, G_2 : 누룩곰팡이에 의해서 생성된다. B_1이 가장 강한 발암성과 독성을 가진다.
- aflatoxin M_1, M_2 : 곰팡이가 난 곡물을 먹은 암소의 우유에서 많이 발견된다.

12 식품에 존재하는 유독성분과 그 식품이 바르게 연결된 것은?

① 감자 – muscarine ② 면실유 – gossypol
③ 수수 – amygdalin ④ 독미나리 – ergotoxin

해설

- 감자 : solaninne
- 면실유(목화씨) : gossypol
- 독미나리 : cicutoxin
- 독버섯 : muscarine
- 청매 : amygdalin
- 맥각 : ergotoxin

13 mycotoxin 중 신장독으로 알려진 성분은?

① 시트리닌(citrinin)
② 아플라톡신(aflatoxin)
③ 파튜린(patulin)
④ 류테오스키린(luteoskyrin)

해설

mycotoxin(곰팡이독)
곰팡이가 2차 대사산물로 생산하여 인축에 해로운 작용을 하는 물질을 뜻한다.
- 간장독 : aflatoxin
- 신장독 : citrinin
- 신경독 : patulin

14 식품 조리 시 가열처리에 의해 생성되는 유해물질이 아닌 것은?

① benzo[a]pyrene ② paraben
③ acrylamide ④ benz[a]anthracene

해설

식품제조가공 중 생성되는 유해물질
- 벤조피렌(benzopyrene) : 다환방향족탄화수소의 일종으로 고기를 태울 때 생성되는 발암물질
- 아크릴아마이드(acrylamide) : 감자 내의 아스파라긴성분과 환원당이 고온에서 반응하여 생성되는 발암물질
- 메틸알코올(methylalchohol) : 포도주 등 과실주 이상발효 시 생성되며 구토, 실명 등의 증상을 나타냄
- 니트로소아민(nitrosoamine) : 발색제로 사용되는 아질산염과 식품 내의 아민류가 반응하여 생성되는 발암물질

15 식품에 사용되는 보존료의 조건에 적합하지 않은 것은?

① 독성이 없거나 매우 미미할 것
② 식품의 물성에 따라 작용이 가변적일 것
③ 미량 사용으로 효과적일 것
④ 장기간 효력을 나타낼 것

해설

보존료의 조건
- 식품에 나쁜 영향을 주지 않으며 장기적으로 사용해도 해가 없어야 한다.
- 인체에 무해하고 독성이 없어야 한다.
- 사용이 간단하고 값이 싸며 미량 사용으로도 효과적이어야 한다.

16 식품을 가공하는 종업원의 손 소독에 가장 적합한 소독제는?

① 역성비누   ② 크레졸
③ 생리식염수   ④ 승홍

해설

- 역성비누 : 세포막 파괴로 살균을 하는 소독제로 손 소독에 적절하다.
- 크레졸 : 단백질 응고작용을 일으켜 소독을 하며 배설물 소독에 적절하다.
- 생리식염수 : 체액과 유사한 농도를 가진 등장액으로 소독작용이 없다.
- 승홍 : 단백질 응고작용으로 살균을 하는 소독제이나 점막에 자극이 있다.

17 다음 설명과 관계가 깊은 식중독은?

- 호염성 세균이다.
- 60℃ 정도의 가열로도 사멸하므로, 가열조리하면 예방할 수 있다.
- 주 원인식품은 어패류, 생선회 등이다.

① 살모넬라균 식중독
② 병원성 대장균 식중독
③ 장염비브리오균 식중독
④ 캠필로박터균 식중독

해설

장염비브리오균 식중독
Vibrio parahaemolyticus 에 의해 발생하는 식중독이다. 호염성 세균으로 3~4%의 식염농도를 나타내는 해수에서 주로 성장하므로 주 원인식품은 어패류, 생선회 등이다. 호염성세균이므로 식염농도가 없는 민물, 수돗물에서 세척 시 제어가 가능하며 열에 약하므로 60℃의 가열에서도 사멸할 수 있다.

18 소독약의 살균력을 평가하는 기준에 사용되는 약제는?

① 크레졸   ② 질산은
③ 알코올   ④ 석탄산

해설

석탄산계수(phenol coefficient)
석탄산의 소독력을 기준으로 하여 표시되는 소독력의 살균력평가지표이다.
물질의 활성은 석탄산과의 희석도의 비로 표시된다.

19 다음 설명에 해당하는 독성시험법은?

- 비교적 소량의 검체를 장기간 계속 투여하여 그 영향을 검사한다.
- 생애의 대부분의 노출로부터 일어날 수 있는 식품첨가물의 독성을 확인하는 데 이용한다.

① 급성 독성시험   ② 아급성 독성시험
③ 만성 독성시험   ④ 최기형성시험

해설
- 급성 독성시험 : 시험하고자 하는 물질을 동물에 1회 투여하여 치사량을 구하는 시험
- 아급성 독성시험 : LD_{50}의 양을 희석한 것으로 1~3개월간 투여하여 독성을 보는 시험
- 만성 독성시험 : 소량의 검체를 장기간 투여하여 독성을 검사하는 시험
- 최기형성시험 : 약물로 인해 새끼가 자궁 내 성장하는 동안의 기형발생작용을 확인하는 시험

20 미생물에 의한 부패에 대한 설명이 틀린 것은?

① 미생물에 의하여 식품의 변색, 가스 발생, 점액 생성, 조직 연화 등 부패현상이 나타난다.
② 식품의 부패를 예방하기 위하여 보존료를 사용할 수 있다.
③ 냉동처리를 하면 식품의 표면건조를 통해 미생물의 생육을 정지시키며, 사멸을 유도할 수 있다.
④ 부패균은 식품의 종류에 따라 다르다.

해설
냉동처리를 하면 온도가 낮아짐에 따라 미생물의 생육온도범위를 벗어나면서 생육을 정지시키며 사멸을 유도한다.

2과목 식품화학

21 등온흡착 BET 관계식을 통해 구할 수 있는 것은?

① 상대습도 ② 분자량
③ 단분자층 수분 함량 ④ 수분활성

해설
BET 단분자 i 막영역
- 단분자층(Ⅰ형)과 다분자층(Ⅱ형)의 경계선 영역
- 단분자층 수분 함량 측정은 BET식에 의해서 확인됨

22 효소의 반응에 영향을 미치는 인자에 대한 설명이 틀린 것은?

① 온도가 상승하면 효소의 반응 속도가 증가하나, 최적 온도 이상이 되면 효소의 활성을 상실한다.
② Ca, Mn은 효소의 작용을 억제하는 물질이다.
③ 효소반응은 초기에는 효소의 농도와 활성도가 비례한다.
④ 효소반응에는 pH의 조절이 필요하며, 작용 최적 pH는 효소나 기질의 종류 등에 따라 다르다.

해설
부활제
활성을 부여하는 물질로 효소의 활성에 반응을 미치는 물질을 뜻한다. Ca, Mn은 대표적인 부활제이다.

23 우유의 가공공정에 대한 설명 중 틀린 것은?

① 균질화 공정을 통하여 단백질 및 지방의 소화율, 흡수율을 증진시킨다.
② 멸균우유는 가열취가 거의 없고 비타민 등 영양소의 손실을 최소화한 것이다.
③ 우유를 40℃ 이상에서 가열하면 얇은 피막을 형성하는 램스덴(Ramsden)현상이 일어나는데, 지방과 락토알부민이 피막성 응고물과 어울려 형성된 것이다.
④ 우유를 80℃ 이상에서 가열하면 휘발성 황화물과 황화수소가 생성되어 특유의 가열취가 발생한다.

해설
우유의 가공공정
- 균질화 : 우유에 함유된 단백질 및 지방을 균질하게 잘라내는 과정으로 소화율 및 흡수율이 증진된다.
- 원유멸균 : 멸균우유는 살균우유와 다르게 미생물의 포자까지 사멸하여 장기보전을 목적으로 하므로 살균우유에 비하여 영양소의 손실이 크다.

24 인체 내에서 Fe의 생리작용에 대한 설명으로 틀린 것은?

① 헤모글로빈의 구성성분이다.
② 과잉 섭취 시 칼슘의 흡수율을 저하시킬 수 있다.

③ 식품 중의 phytic acid는 철의 흡수를 방해한다.
④ 인체 내에 가장 많은 무기질이며, 결핍 시 골다공증을 일으킨다.

해설

철(Fe)
- 미량무기질이나 체내에 필수적으로 필요한 무기질
- hemoglobin, myoglobin을 형성하는 구성성분이기에 임산부나 생리기의 여성에게서 결핍되기 쉬움
- 부족 시 빈혈, 피로를 유발할 수 있음

25 결합수에 대한 설명이 틀린 것은?

① 미생물의 번식과 성장에 이용되지 못한다.
② 당류, 염류 등 용질에 대한 용매로 작용하지 않는다.
③ 보통의 물보다 밀도가 작다.
④ 식품 성분과 수소결합을 한다.

해설

㉠ 식품 내의 수분은 결합수와 자유수 형태로 존재한다.
㉡ 결합수
  - 식품 내의 성분들과 수소결합되어 존재하므로 미생물이 이용하지 못한다.
  - 보통의 물보다 밀도가 크다.
  - 용매로 작용하지 않는다.
  - 압력에 의해서 제거되지 않는다.
㉢ 자유수
  - 용매로 작용한다.
  - 건조로 쉽게 제거된다.
  - 미생물이 이용할 수 있다.

26 다음 중 프로비타민 A에 해당하는 것으로만 나열된 것은?

① α-카로틴, β-카로틴, γ-카로틴, 라이코펜
② α-카로틴, β-카로틴, 크립토잔틴, 루테인
③ β-카로틴, γ-카로틴, 라이코펜, 레티놀
④ α-카로틴, β-카로틴, γ-카로틴, 크립토잔틴

해설

프로비타민
비타민으로써의 효과를 나타내지는 않지만 대사과정을 통해 비타민으로 발현되는 화합물

27 100g 우유(수분 : 89%, 회분 : 1%, 단백질 : 3%, 지방질 : 3%, 탄수화물 : 4%)의 열량(kcal)은 얼마인가?

① 35　　　　② 45
③ 55　　　　④ 65

해설

- 지방질 : 1g당 9kcal
- 단백질, 탄수화물 : 1g당 4kcal
- 단백질 : 100g × 3/100 = 3g, 3 × 4kcal = 12kcal
- 지방질 : 100g × 3/100 = 3g, 3 × 9kcal = 27kcal
- 탄수화물 : 100g × 4/100 = 4g, 4 × 4kcal = 16kcal
∴ 12kcal + 27kcal + 16kcal = 55kcal

28 다음 중 뉴턴 유체(Newtonian fluid)의 특성을 가진 식품은?

① 우유　　　　② 마요네즈
③ 케첩　　　　④ 마가린

해설

- 뉴턴 유체 : 전단력에 대하여 속도가 비례적으로 증감하는 유체(단일물질, 저분자로 구성된 물, 우유, 식용유 등의 묽은 용액)
- 비뉴턴 유체 : 뉴턴 유체를 제외한 모든 유체는 비뉴턴 유체

29 유화(emulsion)에 대한 설명으로 옳은 것은?

① 유화제 중 소수성 부분이 친수성 부분보다 큰 경우에는 수중유적형(O/W) 유화액을 생성시킨다.
② 유화제 분자 내의 친수기와 소수기의 균형은 HLB값으로 표시하며, HLB값이 4~6인 유화제는 유중수적형(W/O)이다.
③ 우유, 아이스크림, 마요네즈는 유중수적형(W/O), 버터, 마가린은 수중유적형(O/W)이다.
④ 유화제는 물과 기름의 계면에 계면장력을 강화시켜 유화현상을 일으킨다.

정답 25 ③　26 ④　27 ③　28 ①　29 ②

해설

유화(emulsion)
- 분살질과 분산매가 액체인 콜로이드 상태를 유탁액이라 하며 이런 작용을 유화라 한다.
- 유탁액을 이루기 위해서는 유화제가 필요한데, 양친매성인 유화제는 한 분자 내에 친수성인 —OH, CHO, —COOH, —NH$_2$ 등의 기능기와 alkyl기 같은 소수성 기능기를 가지고 있어야 한다.
- 우유, 아이스크림, 마요네즈를 수중유적형(O/W형), 버터와 마가린을 유중수적형(W/O)이라 한다.
- 유화제의 종류로는 lecithin, monoglyceride, diglyceride 등이 있다.

30 요오드값(iodine value)은 유지의 어떤 화학적 성질을 표시하여 주는가?

① 유리지방산의 함량 백분율
② 수산기를 가진 지방산의 함량
③ 유지 1g을 검화하는 데 필요한 요오드의 양
④ 유지에 함유된 지방산의 불포화도

해설
- 요오드값 : 이중결합에 첨가되는 요오드의 값으로 유지의 불포화도를 측정
- 검화가 : 유지를 검화하는 데 필요한 KOH의 양으로 측정
- 산가 : 유지 중 분해된 유리지방산을 중화하는 데 필요한 KOH의 양을 이용해 신선도 측정

31 쌀, 밀 등 곡류의 단백질 조성에 있어서 부족한 필수아미노산이 아닌 것은?

① lysine
② methionine
③ phenylalanine
④ tryptophan

해설
- 필수아미노산 : 체내에서 합성되지 않거나 체내에서 매우 적은 양만이 합성되어 식품으로 공급해야만 하는 아미노산
- 곡류 단백질 : 곡류에는 오리제닌(oryzenin), 제인(zein) 등이 풍부하고 리신(lysine), 메티오닌(methionine), 트립토판(tryptophan) 등이 부족하다.

32 유지의 경화공정과 트랜스지방에 대한 설명이 틀린 것은?

① 경화란 지방의 이중결합에 수소를 첨가하여 유지를 고체화시키는 공정이다.
② 트랜스지방은 심혈관질환의 발병률을 증가시킨다.
③ 식용유지류 제품은 트랜스지방이 100g당 5g 미만일 경우 "0"으로 표시할 수 있다.
④ 경화된 유지는 비경화유지에 비해 산화 안정성이 증가하게 된다.

해설

유지의 경화
- 지방의 이중결합 부위에 수소를 첨가하여 유지를 고체화시키는 공정으로 경화를 통해 산화 안전성이 높아진다.
- 대표적인 경화유로는 마가린과 쇼트닝 등이 있다.
- 식용유지는 0.5g 미만일 경우 '0.5g 미만'으로 표시해야 하며 0.2g 미만일 경우 '0'으로 표시할 수 있다.

33 식용 유지, 지방질식품에서 항산화제에 부가적인 효과를 주는 시너지스트(synergist)가 아닌 것은?

① 구연산
② 주석산
③ 아스코브산
④ 유리지방산

해설

시너지스트(synergist)
- 항산화제는 아니지만 사용 시 항산화제의 효과를 증강시키는 물질
- 구연산, 주석산, 인산, phitic acid, ascorbic acid 등의 유기산

34 중성지질로 구성된 식품을 효과적으로 측정할 수 있는 조지방 측정법은?

① 산분해법
② 뢰제 · 고트리브(Roese-Gottlieb)법
③ 클로로포름 메탄올 혼합용액 추출법
④ 에테르(ether) 추출법

정답 30 ④ 31 ③ 32 ③ 33 ④ 34 ④

[해설]
에테르 추출법
중성지질이 유기용매인 에테르에 추출되는 원리를 이용하여 식품 속의 중성지질을 추출하는 방법으로 측정 시 Soxhlet 추출기를 이용한다.

35 같은 종류의 맛을 느낄 수 있는 것으로 연결된 것은?

① 글라이시리진, 카페인
② 스테비오사이드, 자일리톨
③ 퀴닌, 구연산
④ 페릴라틴, 캡사이신

[해설]
- 단맛 : 글라이시리진, 스테비오사이드, 자일리톨 등의 당류, 페릴라틴 등
- 신맛 : 구연산, 젖산 등 유기산류
- 쓴맛 : 퀴닌, 나린진, 휴물론 등
- 매운맛 : 캡사이신, 알리신, 산솔 등

36 양파를 가열 조리할 경우 자극적인 맛이 사라지고 단맛을 나타내는 원인은?

① propyl allyl disulfide가 가열로 분해되어 propyl mercaptan으로 변했기 때문이다.
② quercetin이 가열에 의해 mercaptan으로 변했기 때문이다.
③ 섬유질이 amylase 효소의 분해를 받아 포도당을 생성했기 때문이다.
④ carotene이 가열에 의해 단맛을 내는 lycopene으로 변화되었기 때문이다.

[해설]
양파의 가열 조리 시 단맛이 나타나는 원인
마늘과 양파 등의 매운맛 성분인 diallyl sulfide 혹은 diallyl disulfide가 methyl mercaptan 혹은 propyl mercaptan으로 변화하며 단맛이 증가한다.

37 식품의 관능검사에서 종합적 차이 검사에 해당하는 것은?

① 이점 비교 검사
② 일-이점 검사
③ 순위법
④ 평점법

[해설]
- 종합적 차이 검사 : 삼점 검사, 일-이점 검사, 단순 차이 검사, A-not-A 검사, 대표준 시료 검사
- 특성 차이 검사 : 이점 비교 검사, 다시료 비교 검사, 순위법

38 시토스테롤(sitosterol)은 다음 중 어디에 해당하는가?

① 동물성 스테롤
② 식물성 스테롤
③ 미생물 스테롤
④ 왁스

[해설]
스테롤(sterol)
스테로이드 핵을 가진 유기알코올의 총칭으로 동물성, 식물성, 미생물 스테롤로 구분된다.
- 동물성 스테롤 : cholesterol, coprosterol
- 식물성 스테롤 : sitosterol, stigmasterol
- 미생물 스테롤 : ergosterol

39 지방산화 메커니즘에 대한 설명 중 틀린 것은?

① 유지의 자동산화 초기에는 일정 기간 동안 산소흡수 속도가 매우 낮다.
② 일중항 산소(singlet oxygen)에 의한 산화는 지방의 이중 결합과 유도단계 없이 바로 결합하기에 반응속도가 빠르다.
③ 효소에 의한 산화 중 lipoxygenase에 의한 산화의 기질로는 올레산, 리놀레산, 리놀렌산, 아라키돈산이 모두 될 수 있다.
④ 튀김유와 같은 고온(180℃)에서는 생성된 hydro-peroxide가 즉시 분해하여 거의 축적되지 않는다.

정답 35 ② 36 ① 37 ② 38 ② 39 ③

해설

lipoxygenase
- 지방을 산화시키는 효소로 산화환원효소의 일종이다.
- 6.5~7.0 사이의 중성의 pH와 pH 9.0에서 최적 활성을 가진다.
- 분자 내에 1 Z, 4 Z-pentadiene 구조를 가지는 리놀레산, 리놀렌산, 아라키돈산에 효소를 첨가하여 hydroperoxide를 생성한다.

40 식품성분 분석에 있어서 검체의 채취방법이 틀린 것은?

① 미생물검사를 요하는 검체는 멸균된 기구, 용기 등을 사용하여야 한다.
② 점도가 높은 시료는 적절한 방법을 사용하여 점도를 낮추어 채취할 수 있다.
③ 냉동식품은 상온으로 해동시켜 검체를 채취해야 한다.
④ 수분측정시료는 검체를 밀폐용기에 넣고 온도 변화를 최소화한다.

해설

식품공전_제7. 검체의 채취 및 취급방법_ 4. 검체의 채취 및 취급요령
- 냉장 또는 냉동식품을 검체로 채취하는 경우에는 그 상태를 유지하면서 채취하여야 한다.
- 검체의 점도가 높아 채취하기 어려운 경우에는 검사결과에 영향을 미치지 않는 범위 내에서 가온 등 적절한 방법으로 점도를 낮추어 채취할 수 있다.

3과목 식품가공학

41 젤리 응고에 관여하지 않는 물질은?

① 산   ② 단백질
③ 펙틴질   ④ 당분

해설

젤리화에 영향을 미치는 물질
펙틴(1~1.5%), 당(60~65%), 유기산(0.3%, pH 2.8~3.3)

42 현미를 100으로 보면, 7분도미의 도정률은 약 얼마인가?(단, 현미의 겨 함량은 8%)

① 96%   ② 94%
③ 92%   ④ 88%

해설

도정
현미의 배아와 겨층을 제거하여 배유부만을 얻는 조작으로 도정률에 따라 5분도미, 7분도미로 구분한다.
- 7분도미 : 현미의 겨층을 70% 제거한 것
- 현미의 겨 함량 8%×0.7=5.6%가 제거
∴ 100−5.6=94.4≒약 94% 도정

43 식품가공에서의 단위조작기술이 아닌 것은?

① 증류   ② 농축
③ 살균   ④ 품질관리(QC)

해설

- 단위조작(unit operation) : 액체의 수송, 저장, 혼합, 가열, 살균, 냉각, 건조에서 이용되는 기본공정으로 열전달, 유체의 흐름, 물질 이동 등의 물리적 현상을 주목적으로 하는 조작
- 단위공정(unit process) : 전분의 당화나 단백질의 분해 등의 화학적 변화를 주로 다루는 조작

44 다음 중 같은 두께에서 기체 투과성이 가장 낮은 필름(film) 재료는?

① 폴리에틸렌
② 폴리프로필렌
③ 폴리염화비닐리덴
④ 폴리염화비닐

해설

플라스틱 필름의 가스투과도

종류	CO_2	O_2	N_2
폴리에틸렌	20~30	4~6	1~15
폴리프로필렌	25~35	5~8	–
폴리염화비닐리덴	0.1	0.03	<0.01
폴리염화비닐	10~40	4~16	0.2~8

45 효소 당화법에 비하여 산 당화법이 갖는 특징으로 옳은 것을 모두 고른 것은?

㉠ 원료 녹말을 정제할 필요가 없다.
㉡ 당화액은 쓴맛이 강하다.
㉢ 착색물이 생성되지 않는다.
㉣ 중화가 필요하다.

① ㉠, ㉡
② ㉡, ㉣
③ ㉢, ㉣
④ ㉠, ㉣

해설

식품가공 시 전분의 당화에는 주로 효소나 산 당화법을 이용한다.

구분	산 당화법	효소 당화법
원료전분	완전 정제 필요	정제할 필요 없음
당화전분농도	약 25%	50%
분해한도	약 90%	97~99%
당화시간	약 60분	48~72시간
당화설비	내산·내압설비 필요	특별한 설비 필요 없음
당화액 상태	쓴맛이 강하며 착색물이 생성	쓴맛이 없고 착색물이 생성되지 않음
당화액 정재	활성탄 0.2~0.3% 이온교환수지	산 당화보다 약간 더 필요
관리	중화가 필요	보온(55℃) 시 중화 필요 없음
수율	결정포도당으로서 약 70%	결정포도당으로 80% 이상, 분말포도당으로 100%

46 밀가루의 물리적 시험법에 관한 설명이 틀린 것은?

① 아밀로그래프에서 아밀라아제의 역가를 알 수 있다.
② 아밀로그래프로 최고 점도와 호화 개시 온도를 알 수 있다.
③ 익스텐소그래프로 반죽의 신장도와 항력을 알 수 있다.
④ 익스텐소그래프로 강력분과 중력분을 구별할 수 있다.

해설

밀가루반죽의 물리성 측정법
- farinograph : 반죽의 점탄성을 측정하므로 강력분과 중력분의 구분이 가능
- extensograph : 신장도와 인장항력을 측정
- amylograph : α-amylase 활성을 측정하므로 최고 점도와 호화 개시온도를 알 수 있음

47 수산 건조식품 중 소건품에 대한 설명으로 옳은 것은?

① 얼려서 건조한 것
② 소금에 절여서 건조한 것
③ 찌거나 삶아서 건조한 것
④ 조미하지 않고 원료를 그대로 건조한 것

해설

- 동건품 : 수산물을 저온동결한 후 융해하며 건조한 것
- 염건품 : 수산물을 소금에 절여 건조한 것
- 자건품 : 수산물을 자숙한 후 건조한 것
- 소건품 : 수산물을 조미하지 않고 그대로 건조한 것

48 동물근육의 사후경직과정 중 최고의 경직을 나타내는 극한산성(ultimate acidity) 상태일 때의 pH는 약 얼마인가?

① 6.0
② 5.4
③ 4.6
④ 3.5

[해설]

사후경직 시 pH의 변화
- 도축 전 : pH 7.0~7.4
- 도축 초기(경직 시작) : pH 6.5~6.5
- 도축 후(최고 경직) : pH 5.4
- 숙성 : pH 재상승

49 소시지를 만들 때 고기에 향신료 및 조미료를 첨가하여 혼합하는 기계는?

① silent cutter   ② meat chopper
③ meat stuffer   ④ packer

[해설]

silent cutter(유화기)
소시지 분쇄육을 미세하게 갈아서 유화결착력을 높이며 첨가물의 균일혼합을 위하여 사용된다.

50 버터류의 식품 유형 중 버터의 ㉠ 유지방과 ㉡ 수분 함량 기준이 모두 옳은 것은?

① ㉠ 70% 이상, ㉡ 20% 이하
② ㉠ 80% 이상, ㉡ 18% 이하
③ ㉠ 75% 이하, ㉡ 25% 이상
④ ㉠ 80% 이하, ㉡ 16% 이상

[해설]

식품공전_ 제5. 식품별 기준 및 규격_ 18.유가공품

구분	버터	가공버터	버터오일
수분(%)	18.0 이하	18.0 이하	0.3 이하
유지방(%)	80.0 이하	30.0 이하	99.6 이상
산가	2.8 이하(단,발효제품 제외)		2.8 이하

51 식물성 유지의 채유법에 대한 설명이 틀린 것은?

① 압착법 공정 중 파쇄는 원료의 종류에 따라 압쇄하는 정도를 다르게 하는데, 이것은 착유율과 관계가 깊다.

② 증기처리법에서 탱크에 압력을 가하여 가열처리하면 기름이 아래로 가라앉는다.
③ 효소에 의한 유리지방산 생성을 방지하기 위해 유지 종자를 건조시켜 수분함량을 조정한다.
④ 추출용제로는 석유성분에서 증류하여 만드는 헥산이 있다.

[해설]

식용유지 제법
- 압착법, 추출법, 증기처리법은 식물유지 채취, 용출법은 동물유지 채취 이용
- 용출법(melting process) : 동물성 원료를 가열시켜서 유지 제조
- 압착법(expression process) : 식물질 원료에 기계적인 압력을 가하여 유지 제조
- 추출법(extraction process) : 식물성 원료를 유기용매로 녹여서 제조, 추출용매는 벤젠, 에틸알코올, 노말 헥산, 아세톤, CS_2 등 사용
- 추출용매는 가격이 저렴하고, 유지 이외 물질은 추출하지 말아야 하며 기화열과 비열이 낮아 회수가 쉬워야 한다.
- 증기처리법 : 감압한 탱크 내에서 고온 가열한 유지에 수증기를 가하여 아래로 추출

52 20℃의 물 1톤을 24시간 동안 -15℃의 얼음으로 만드는 데 필요한 냉동능력은 약 얼마인가?(단, 물의 비열은 1.0kcal/kg · ℃, 얼음의 비열은 0.5kcal/kg · ℃이다.)

① 2.36 냉동톤   ② 2.10 냉동톤
③ 1.78 냉동톤   ④ 1.35 냉동톤

[해설]

냉동톤(RT)
- 0℃ 물 1톤을 24시간 내에 얼음으로 만드는 데 필요한 냉동능력
- 물의 동결잠열 = 79.68kcal/kg
- (20×1.0kcal/kg)+(15×0.5kcal/kg)+79.68 = 107.18
- 동결 시 제거되는 에너지 = 1톤×1,000×107.18
  = 107,180kcal
- 107,180/(79.68×1,000) = 1.345 냉동톤

53 경화유 제조 시 수소를 첨가하는 반응에서 사용되는 촉매는?

① Pb ② Au
③ Fe ④ Ni

해설
경화유
액상유의 산화안전성을 높이기 위해 불포화지방산의 이중결합 부위에 H를 첨가하여 포화지방산으로 만든 고체지방이다. Ni 등을 촉매로 사용하며 만들어진 경화유는 원료유에 비하여 냄새가 없고 녹는점이 낮아진다.

54 젤리 속에 과일의 과육 또는 과피의 조각을 넣어 만든 제품은?

① 파이필링 ② 잼
③ 마멀레이드 ④ 프리저브

해설
- 마멀레이드 : 젤리 속에 과육 또는 과피를 넣어 만든 젤리모양의 잼으로 주로 감귤류를 이용해 만든다.
- 잼 : 과일에 당류를 다량 첨가하여 조려 만든 식품으로 저장성이 높다.

55 동결건조의 원리를 가장 잘 나타낸 것은?

① 증발에 의한 건조
② 냉풍에 의한 건조
③ 승화에 의한 건조
④ 진공에 의한 건조

해설
동결건조
수분을 함유한 재료를 감압 동결시킴으로써 승화시켜 수분을 제거하는 방법으로 가열건조에 비하여 영양성분의 파괴가 적고 제품의 외형 변화가 적은 고부가가치 동결방법이다.

56 다음 중 EPA와 DHA가 가장 많이 함유되어 있는 식품은?

① 닭가슴살 ② 삼겹살
③ 정어리 ④ 쇠고기

해설
EPA와 DHA 모두 등푸른생선에 많이 존재하는 이중결합 6개의 $\omega-3$계열 불포화지방산의 종류이다.

57 냉동식품의 해동과정에서 식품으로부터 액즙이 유출되는 현상을 무엇이라 하는가?

① glaze ② drip
③ micelle ④ thaw

해설
- glaze : 냉동식품을 제조하는 과정에서 건조나 변질을 막기 위해 덮는 얼음으로 피막을 만드는 공정
- drip : 냉동식품을 해동하면서 식품 내의 수분이 유출되는 현상으로 주로 고기의 해동 시 육즙이 유출되는 현상
- micelle : 콜로이드분산 상태의 하나로 용액에서 용질이 어느 농도에 도달하여 만들어 낸 결정입자

58 압출가공방법인 extrusion cooking 과정 중 일어나는 물리·화학적 변화가 아닌 것은?

① 조직 팽창 및 밀도 조절
② 단백질의 변성, 분자 간 결합
③ 전분의 수화, 팽윤
④ 전분의 노화 및 결합

해설
extrusion cooking
압출성형조리는 스크루의 재료이송능력에 의해 이송 중 교반, 혼합, 전단, 성형을 진행한 후 가열 및 냉각을 통한 성형조리의 종류로 식품에 물리·화학적 변화를 가져온다.
- 조직의 팽창 및 밀도 조절
- 단백질의 변성, 분자 간 결합 및 조직화
- 전분의 수화, 팽윤, 호화, 노화 및 분해
- 효소의 불활성화
- 미생물의 살균 및 사멸

정답 53 ④ 54 ③ 55 ③ 56 ③ 57 ② 58 ④

59 아미노산 간장 제조에 사용되지 않는 것은?

① 코지 ② 탈지대두
③ 염산용액 ④ 수산화나트륨

해설
코지(koji)는 쌀, 보리, 대두 혹은 밀기울을 원료로 코지균(aspergillus속)을 배양한 것으로 재래식·양조식 간장제조에 사용된다.

60 아이스크림 제조 시 균질의 효과가 아닌 것은?

① 믹스의 기포성을 좋게 하여 오버런을 증가시킨다.
② 아이스크림의 조직을 부드럽게 한다.
③ 믹스의 동결공정으로 교동에 의해 일어나는 응고된 덩어리의 생성을 촉진시킨다.
④ 숙성(aging) 시간을 단축시킨다.

해설
아이스크림 제조 시 균질공정의 기대효과
- 균일한 유화상태를 유지하여 조직을 부드럽게 한다.
- 동결 중 지방의 응집을 방지하여 크림층의 형성을 방지한다.

4과목 식품미생물학

61 단백질의 생합성에 대한 설명 중 틀린 것은?

① DNA의 염기 배열순에 따라 단백질의 아미노산 배열순위가 결정된다.
② 단백질 생합성에서 RNA는 m-RNA → r-RNA → t-RNA 순으로 관여한다.
③ RNA에는 H_3PO_4, D-ribose가 있다.
④ RNA에는 adenine, guanine, cytosine, tymine이 있다.

해설
단백질 생합성
- 활성화 단계(activation) : amino acyl-tRNA 형성, tRNA의 5탄당 ribose 3'OH에 유리 아미노산 결합, 2ATP 소모
- 개시단계(initiation) : 30S 개시복합체(mRNA, 30S, fMET-tRNA, GTP, 개시인자) 형성 후 50S를 결합하여 70S 개시복합체 형성
- 연장단계(elongation) : P위치에서 A위치 이동, amino acyl-tRNA, 2GTP 소모
- 종결단계(termination) : UAA, UAG, UGA 종결암호
- 변형단계(modification) : 접힘 등 안정된 3차 구조 완성, 샤프론의 도움
- 단백질 합성 시 필요한 인자 : ① mRNA(주형), ② 리보솜(장소, rRNA), ③ tRNA(아미노산 운반), ④ ATP(활성화 단계), GTP(개시, 연장, 종결 시)
- mRNA는 DNA가 주형으로 전사되므로 DNA의 염기 배열순에 따라 단백질의 아미노산 배열순위가 결정된다.
- DNA에는 H_3PO_4, D-deoxyribose가 있으며 RNA에는 H_3PO_4, D-ribose가 있다.
- DNA에는 adenine(A), guanine(G), cytosine(C), thymine(T)이 있으며 RNA에는 adenine, guanine, cytosine, uracil(U)이 있다.

62 맥주 발효 시 ㉠ 상면발효 효모와 ㉡ 하면발효 효모를 옳게 나열한 것은?

① ㉠ Saccharomyces carlsbergensis
   ㉡ Saccharomyces cerevisiae
② ㉠ Saccharomyces cerevisiae
   ㉡ Saccharomyces carlsbergensis
③ ㉠ Saccharomyces rouxii
   ㉡ Saccharomyces cerevisiae
④ ㉠ Saccharomyces ellipsoideus
   ㉡ Saccharomyces cerevisiae

해설
- 상면발효효모 : 발효액의 상면에서 발효를 일으키는 효모로 비교적 발효온도가 높고 향기가 강하며 알코올발효능이 강해서 도수가 높은 편이다.
- 하면발효효모 : 발효액의 하면에서 발효를 일으키는 효모로 비교적 저온에서 발효하고 부드러운 맛과 향이 특징이다.

구분	상면발효효모	하면발효효모
최적온도	10~25℃	5~10℃
대표효모	Saccharomyces cerevisiae	Saccharomyces carlsbergensis
종류	Ale, Stout Porter, Lambic	Munchen, Pilsen, Wien

정답 59 ① 60 ③ 61 ④ 62 ②

63 설탕배지에서 배양하면 Dextran을 생산하는 균은?

① Bacillus levaniformans
② Leuconostoc mesenteroides
③ Bacillus subtilis
④ Aerobacter levanicum

해설
Leuconostoc mesenteroides
대표적인 이상발효(hetero fermentation)젖산균으로 발효과정에서 젖산 및 탄산가스를 생성해서 김치발효 중 상쾌한 맛을 유도하는 발효 초기 우점균주이다. sucrose로부터 dextran을 생성하여 김치의 식이섬유 함량에 영향을 주기도 하며 dextran 대량생산에 이용되기도 하지만 제당공정에서는 dextran의 생성으로 인해 파이프를 막게 하는 유해균이기도 하다.

64 다음 그림 ㉠, ㉡에 해당하는 곰팡이 속명은?

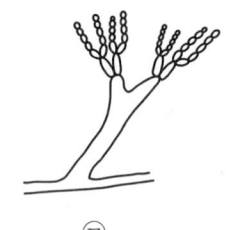 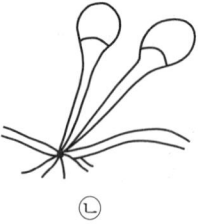

㉠   ㉡

① ㉠ Penicillium, ㉡ Aspergillus
② ㉠ Aspergillus, ㉡ Mucor
③ ㉠ Penicillium, ㉡ Rhizopus
④ ㉠ Aspergillus, ㉡ Penicillium

해설
㉠ Penicillium : 빗자루 모양의 분생자를 가짐
㉡ Aspergillus : 병족세포 위로 분생자병이 자람

65 미생물의 대사산물 중 혐기성 세균에 의해서만 생산되는 것은?

① acetic acid, ethanol
② citric acid, ethanol
③ propionic acid, butanol
④ glutamic acid, butanol

해설
혐기성 세균의 대사산물
Clostridium spp 대사 시 pyruvuc acid를 분해하여 butytic acid, citric acid, propionic acid, butanol 생성

66 이상형(hetero형) 젖산발효 젖산균이 포도당으로부터 에탄올과 젖산을 생산하는 당대사경로는?

① EMP 경로
② ED 경로
③ Phosphoketolase 경로
④ HMP 경로

해설
• 정상(homo형) 젖산발효 젖산균 : EMP 경로
Homo형 $C_6H_{12}O_6 \rightarrow 2CH_3 \cdot CHOH \cdot COOH$
           Glucose   Latic acid

• 이상형(hetero형) 젖산발효 젖산균 : Phosphoketolase 경로
Hetero형
$C_6H_{12}O_6 \rightarrow 2CH_3 \cdot CHOH \cdot COOH + C_2H_5OH + CO_2$
Glucose   Lactic acid   Ethanol

$2C_6H_{12}O_6 \rightarrow 2CH_3 \cdot CHOH \cdot COOH + C_2H_5OH + CH_3COOH$
              Lactic acid   Ethanol   Acetic acid
$+ 2CO_2 + 2H_2$

67 식품의 산화환원전위 값이 음성값(negative)을 나타내는 식품은?

① 오렌지주스   ② 마쇄한 고기
③ 통조림 식품   ④ 우유(원유)

해설
식품의 산화환원전위
• 산화와 환원을 포함하는 의미로 미생물의 생육에 영향을 미치는 인자이다.
• 산소가 투과할 수 있도록 식품조직상 alfhe의 영향을 받는다.
• 식품의 pH가 감소할수록 redox값은 증가한다.

정답 63 ② 64 ③ 65 ③ 66 ③ 67 ③

미생물 생육 중 산화환원전위
- 호기성균 : +500~+400mv
- 혐기성균 : -30~-650mv
- 혐기적 환경인 통조림식품에서는 음성 산화환원전위를 나타냄

68 액체배양의 목적으로 적합하지 않은 것은?

① 미생물 균체의 생산
② 미생물 대사산물의 생산
③ 미생물의 증균 배양
④ 미생물의 순수 분리

해설
- 고체배양법의 목표 : 미생물의 순수배양·보존·집락 등의 관찰
- 액체배양 : 미생물의 증식·대량생산·균체의 생산

69 그람양성균의 세포벽 성분은?

① peptidoglycan, teichoic acid
② lipopolysaccharide, protein
③ polyphosphate, calcium dipicholinate
④ lipoprotein, phospholipid

해설
세균의 세포벽
세균은 세포벽의 성분과 구조를 통해 그람양성균과 그람음성균으로 구분된다.
- 그람양성균(G+) : 20여 층의 peptidoglycan, teichoic acid 등으로 구성되며 그람염색 시 크리스털 바이올렛에 의해 보라색으로 염색되어 관찰됨
- 그람음성균(G-) : 2~3층의 peptidoglycan과 lipopoly-saccharide로 구성되며 그람염색 시 95% 알코올에 탈색되어 대비 염색인 SafraninO에 의하여 붉은색으로 관찰됨

70 아래의 반응에 관여하는 효소는?

$$CH_3COCOOH + NADH \rightarrow CH_3CHOHCOOH + NAD$$

① alcohol dehydrogenase
② lactic acid dehydrogenase
③ succinic acid dehydrogenase
④ α-ketoglutaric acid dehydrogenase

해설
lactic acid dehydrogenase(젖산탈수소효소)
젖산을 피루브산으로 전환시키는 역할을 하는 효소
$CH_3COCOOH + NADH \rightarrow CH_3CHOHCOOH + NAD$
　　피루브산　　→　　젖산

71 식품공업에서 아밀라아제를 생산하는 대표적인 균주와 거리가 먼 것은?

① Aspergillus oryzae　② Bacillus subtilis
③ Rhizopus delemar　④ Candida lipolytica

해설
아밀라아제(amylase)는 다당류를 가수분해하는 효소로 전분분해능이 강한 균주로부터 생성된다.
- Aspergillus oryzae : 누룩을 제조하는 데 사용되는 누룩곰팡이속의 대표균주로 전분당화력이 강해 주로 쌀누룩, 밀누룩을 제조하는 데 사용된다.
- Bacillus subtilis : 고초균이라고 하며 토양에서 쉽게 관찰되고 메주나 낫토를 발효시키는 데 주로 사용된다.
- Rhizopus delemar : 소홍주에서 분리된 균주로 전분당화력 및 알코올 발효력이 강하여 주류 발효에 이용된다.

72 글루탐산 등과 같은 아미노산 생산에 사용되고 있는 세균은?

① Corynebacterium glutamicum
② Lactobacillus bulgaricus
③ Streptococcus thermophilus
④ Bacillus natto

해설
glutamic acid 발효의 생산균
Corynebacterium glutamicum, Brevibacterium flavum

정답　68 ④　69 ①　70 ②　71 ④　72 ①

73 아래의 설명에 해당하는 효모는?

- 배양액 표면에 피막을 만든다.
- 질산염을 자화할 수 있다.
- 자낭포자는 모자형 또는 토성형이다.

① Schizosaccharomyces 속
② Hansenula 속
③ Debarymyces 속
④ Saccharomyces 속

해설

Hansenula 속
- 배양액의 겉면에 피막을 형성하는 산막효모이다.
- 알코올 발효능이 강해 알코올로부터 ester를 생성한다.
- 질산염을 자화할 수 있다.

74 클로렐라에 대한 설명이 틀린 것은?

① 녹조류에 속하며, 분열에 의해 한 세포가 4~8개의 낭세포로 증식하고 편모는 없다.
② 빛의 존재하에 간단한 무기염과 CO_2의 공급으로 쉽게 증식한다.
③ 값싸고 단백질 함량이 높은 단세포단백질(SCP)로 이용된다.
④ 세포벽이 얇아 인체 내에서 소화가 잘 된다.

해설

클로렐라
- 조류는 원핵세포에 속하는 남조류와 진핵세포에 속하는 해조류로 구분되는데, 클로렐라는 조류, 해조류, 녹조류에 속한다.
- 원생생물로 담수나 해수에 생육하며 빛을 이용해서 무기염과 CO_2를 생산하여 증식하는 광합성을 하는 독립 영양 생활을 한다.
- 잎, 줄기, 뿌리, 관상체가 없으며 유성생식과 무성생식을 한다.
- 인체 소화율이 낮다.

75 바실러스 세레우스 정량시험과정에 대한 설명이 틀린 것은?

① 25g 검체에 225mL 희석액을 가하여 균질화한 후 10배 단계별 희석액을 만든다.
② MYP 한천평판배지에 총 접종액이 1mL가 되도록 3~5장을 도말한다.
③ 30℃에서 24±2시간 배양한 후 집락 주변에 혼탁한 환이 있는 분홍색 집락을 계수한다.
④ 총 집락 수를 5로 나눈 후 희석배수를 곱하여 집락수를 계산한다.

해설

식품공전_제8.일반시험법_4.미생물시험법_4.18 바실러스 세레우스(Bacillus cereus)_4.18.2 정량시험
㉠ 균수 측정
  검체 25g 또는 25mL를 취한 후, 225mL의 희석액을 가하여 10배 단계 희석액을 만든다. MYP 한천평판배지(배지 46)에 단계별 희석용액 총 접종액이 1mL가 되도록 3~5장을 도말하여 30℃에서 24±2시간 배양한 후 집락 주변에 lecithinase를 생성하는 혼탁한 환이 있는 분홍색 집락을 계수한다.
㉡ 확인시험
  계수한 평판에서 5개 이상의 전형적인 집락을 선별하여 보통한천배지에 접종하고 30℃에서 18~24 배양한 후 그람염색, 생화학시험을 실시한다.
㉢ 균수계산
  확인 동정된 균수에 희석배수를 곱하여 계산한다. 예로 10⁻¹ 희석용액을 0.2mL씩 5장 도말 배양하여 5장의 집락을 합한 결과 100개의 전형적인 집락이 계수되었고 5개의 집락을 확인한 결과 3개의 집락이 바실러스 세레우스로 확인되었을 경우 100×(3/5)×10 = 600으로 계산한다.

76 무성포자의 종류에 해당하지 않는 것은?

① 분생포자(conidia)
② 후막포자(chlamydospore)
③ 포자낭포자(sporangiospore)
④ 자낭포자(ascospore)

해설

- 유성포자 : 진균류에서 핵의 융합을 관찰할 수 있는 포자를 말한다.(접합포자, 난포자, 자낭포자, 담자포자 등)

정답 73 ② 74 ④ 75 ④ 76 ④

- 무성포자 : 진균류에서 핵이 융합, 감수 과정을 거치지 않고 생산하는 포자를 말한다.(분절포자, 분생포자, 포자낭포자, 후막포자)

77 여름철 쌀의 저장 중 독성물질을 생성하여 황변미를 유발하는 미생물은?

① Bacillus subtilis, Bacillus natto
② Lactobacillus plantarum, escherichia coli
③ Penicillium citrinum, Penicillium islandicum
④ Mucor rouxii, Rhizopus delemar

해설

황변미독
저장 중 쌀이 곰팡이에 의해서 황색반점을 형성하며 섭취 시 중독현상을 일으킨다.
- 태국황변미 : Penicillium citrinum
- 아이슬란드 황변미 : Penicillium islandicum

78 Bacillus subtilis(1개)가 30분마다 분열한다면 5시간 후에는 몇 개가 되는가?

① 10   ② 512
③ 1,024   ④ 2,048

해설

세대시간=분열에 소요되는 총 시간/분열의 세대
=300(분)/30=10
총 균 수=초기 균 수×2세대 시간=1×2^{10}=1,024

79 소맥분 중에 존재하며 빵의 slime화, 숙면의 변패 등의 주요 원인균은?

① Bacillus licheniformis
② Aspergillus niger
③ Pseudomonas aeruginosa
④ Rhizopus nigricans

해설

- Bacillus licheniformis : Bacillus속의 미생물은 주로 전분당화력이 강해서 전분식품에서 주로 서식한다. 이 중 Bacillus licheniformis는 밀에서 주로 검출되는 미생물로써 제빵 시 적절한 가온이 일어나지 않으면 포자상태로 존재하다 발아하여 빵에서 점질화를 일으킨다.
- Pseudomonas aeruginosa : 녹농균이라 불리는 미생물로써 육가공품, 유가공품 채소 등에 널리 분포하여 식품을 부패시킨다. 포자를 생성하지 않으며 바이오필름을 형성한다.

80 식품 중 세균 수 측정을 위해 시료 25g과 멸균식염수 225mL를 섞어 균질화하고 시험액을 다시 10배 희석한 후 1mL를 취하여 표준평판 배양하였더니 63개의 집락이 형성되었다. 세균 수 측정 결과는?

① 63CFU/g   ② 630CFU/g
③ 6,300CFU/g   ④ 63,000CFU/g

해설

세균 수 측정=검출 집락×희석배수
=63×10(시료균질 시)×10(희석)
=6,300CFU/g

5과목 | 생화학 및 발효학

81 비오틴의 결핍증이 잘 나타나지 않는 이유는?

① 지용성 비타민으로 인체 내에 저장되므로
② 일상생활 중 자외선에 의해 합성되므로
③ 아비딘 등의 당단백질의 분해산물이므로
④ 장내 세균에 의해서 합성되므로

해설

비오틴(Biotin)
- 황을 함유한 지용성 비타민이다.
- 식품에서 비오틴은 유리형태와 조효소형태(비오시틴)로 존재한다.

- 급원식품은 동물성 식품인 육류, 생선류, 가금류, 난류, 우유 및 유제품 등과 식품성 식품인 토마토 등이 있다.
- 장내 세균에 의해서 합성되므로 비오틴 결핍증은 잘 나타나지 않는다.

82 핵단백질의 가수분해 순서는?

① 핵산 → nucleotide → nucleoside → base
② 핵산 → nucleoside → nucleotide → base
③ 핵산 → nucleotide → base → nucleoside
④ 핵산 → base → nucleoside → nucleotide

해설

핵단백질의 가수분해
핵단백질 > 핵산 + 단순단백질 > 모노뉴클레오티드 > 뉴클레오시드 + 단순단백질 > 당 + 염기

83 정미성 핵산을 생산하는 방법으로 옳지 않은 것은?

① 미생물로부터 purine계 염기를 생산한 후 화학적으로 ribose와 인산기를 도입하여 합성한다.
② Purine nucleotide를 미생물로 생산하고 화학적으로 인산화하여 생산한다.
③ 생화학적 변이주를 이용하여 당으로부터 직접 정미성 nucleotide를 생산한다.
④ 효모로부터 RNA를 생산 추출하고, 5-phosphodiesterase를 이용하여 가수분해시켜 얻는다.

해설

정미성 핵산의 제조
- RNA 분해법 : RNA를 효소나 화학적으로 분해하는 방법이다.
- 발효와 합성의 결합 : Purine nucleotide를 미생물로 생산하고 화학적으로 인산화하여 생산한다.
- de novo 합성 : 생화학적 변이주를 이용하여 당으로부터 직접 정미성 nucleotide를 생산한다.

84 세포벽 합성(cell wall synthesis)에 영향을 주는 항생물질은?

① streptomycin
② oxytetracycline
③ mitomycin
④ penicillin G

해설

- 항생물질 : 항생물질은 미생물에 의해 생산되어 다른 미생물의 발육을 억제하는 물질을 의미한다.
- 페니실린(penicillin) : 세균의 세포벽 합성을 담당하는 효소의 작용에 영향을 주어 세균을 사멸시키는 항생물질이다.

85 대사산물 제어 조절계(feedback control)에 관한 설명으로 틀린 것은?

① 합동피드백제어(concerted feedback control)는 과잉으로 생산된 1개 이상의 최종산물이 대사계의 첫 단계 반응의 효소를 제어하는 경우를 말한다.
② 협동피드백제어(cooperative feedback control)는 과잉으로 생산된 다수의 최종산물이 합동제어에서와 마찬가지로 협동적으로 첫 단계 반응의 효소를 제어함과 동시에 각각의 최종산물 사이에도 약한 제어반응이 존재하는 경우를 말한다.
③ 순차적 피드백제어(sequential feedback control)는 그 계에 존재하는 모든 대사기구의 갈림반응이 그 계의 뒤쪽의 생산물에 의해 제어되는 경우를 말한다.
④ 동위효소제어(isozyme control)는 각각의 최종산물이 서로 독립적으로 그 생합성계의 첫 번째 반응의 어떤 백분율로 제어하는 경우이다.

해설

대사산물 제어 조절계
동위효소제어(isozyme control)는 같은 활성자리에 다른 경쟁물질을 붙여서 반응속도를 조절하는 경우를 말한다.

정답 82 ① 83 ① 84 ④ 85 ④

86 단백질의 생합성이 이루어지는 장소는?

① 미토콘드리아(mitochondria)
② 리보솜(ribosome)
③ 핵(nucleus)
④ 액포(vacuole)

해설
① 미토콘드리아 : 세포호흡에 관련하는 소기관
② 리보솜 : RNA와 단백질로 이루어지며 단백질 생합성이 이루어진다.
③ 핵 : 유전물질인 DNA를 포함하며 세포 내 활동을 조절하는 기관
④ 액포 : 독성물질이나 노폐물을 분해하는 역할

87 단당류 중 ketose이면서 hexose(6탄당)인 것은?

① glucose
② ribulose
③ fructose
④ arabinose

해설
㉠ ketose : ketone기(-C=O-)를 가지는 단당류
㉡ 단당류
 • glucose : aldose이면서 6탄당
 • ribose : ketose이면서 5탄당
 • fructose : ketose이면서 6탄당
 • arabinose : aldose이면서 5탄당

88 DNA의 생합성에 대한 설명으로 옳지 않은 것은?

① DNA polymerase에 의한 DNA 생합성 시에는 Mg^{2+}(혹은 Mn^{2+})와 primer-DNA를 필요로 한다.
② Nucleotide chain의 신장은 3 → 5의 방향이며 4종류의 deoxynucleotide-5-triphosphate 중 하나가 없어도 반응은 유지한다.
③ DNA ligase는 DNA의 2가닥 사슬구조 중에 nick이 생기는 경우 절단 부위를 다시 인산 diester결합으로 연결하는 것이다.
④ DNA 복제의 일반적 모델은 2본쇄가 풀림과 동시에 각각의 주형으로서 새로운 2본쇄 DNA가 만들어지는 것이다.

해설
DNA의 생합성
• DNA 혹은 주형의 RNA가 필요
• DNA 중합효소와 역전사효소에 의해 발생하는 신장반응은 5′ 인산 말단에서 3′ 방향
• 히드록실 말단 방향이다.

89 세탁용 세제효소에 관한 설명이 틀린 것은?

① 상업용 세제효소들의 구조는 유사하고, 모두 넓은 범위의 기질특이성을 나타낸다.
② 분자량이 20,000~30,000Da 정의 범위 내에 있고, 효소의 활성부위가 Ser잔기를 가지고 있다.
③ protease 활성은 세제의 pH와 이온강도에 따라 크게 영향을 받는다.
④ 세제용 protease는 세제에 보편적으로 사용되는 음이온 계면활성제보다 비이온 계면활성제에 의해 효소의 불활성화가 더 심해진다.

해설
㉠ protease : 단백질 분해효소로 세탁용 세제에서 단백질 제거를 위해 사용된다.
㉡ 세탁용 protease의 특성
 • 세제용 protease는 비이온 계면활성제보다 음이온 계면활성제에 의한 효소 불활성화가 더 심해진다.
 • 세탁 시 활성을 유지하기 위해 작용온도범위가 넓으며 알칼리조건에서도 활성을 유지해야 한다.

90 포유동물의 지방산 합성에 관한 설명으로 틀린 것은?

① 지방산 합성은 세포질에서 일어난다.
② 지방산 합성은 acetyl-CoA로부터 일어난다.
③ 다중효소복합체가 합성반응에 관여한다.
④ NADH가 사용된다.

해설
지방산 합성
- acetyl-CoA로부터 세포질에서 시작하며, acetyl-CoA와 CO_2로부터 malonyl-CoA를 만든다.
- 여러 공급원들은 지방산합성에 필요한 NADPH를 제공한다.

91 인체 내 비타민 결핍으로 나타나는 증상과의 연결이 틀린 것은?

① 비타민 B_{12} - 악성빈혈
② 비타민 K - 구루병
③ 비타민 B_1 - 각기병
④ 비타민 C - 괴혈병

해설
비타민 K
- 지용성비타민으로 시금치, 케일 등의 녹색채소에 주로 존재한다.
- 혈액응고에 필수적 비타민으로 결핍 시 혈액응고 지연 등의 증상을 나타내나 정상성인에게서 결핍증은 거의 나타나지 않는다.

92 당대사 과정 중 혐기적 단계에서 ATP를 생성시키는 방법은?

① Oxidative phosphoryation
② Glycolysis
③ TCA cycle
④ Gluconeogenesis

해설
해당과정(Glycolysis)
혐기적으로 포도당을 피루브산으로 변화시키는 과정이며 ATP와 NADH가 생산된다.

93 환경을 오염시키는 농약의 분해에 이용성이 큰 것으로 제시되고 있는 미생물속은?

① Mucor속
② Candida속
③ Bacillus속
④ Pseudomonas속

해설
Pseudomonas속
phenol 분해능이 있어 phenol 화합물을 함유한 농약의 정화에 이용된다.

94 혐기적 상태에서 해당작용을 거쳤을 때 포도당 1mole에서 몇 mole의 ATP가 생성되는가?

① 2mole
② 8mole
③ 16mole
④ 38mole

해설
해당과정(Glycolysis)
포도당을 혐기적 조건에서 피루브산으로 분해하는 과정
포도당 + $2NAD^+$ + $2ADP$ + $2P_i$ → 2 피루브산 + $2NADH$ + $2H^+$ + $2ATP$ + $2H_2O$

따라서 포도당 1~2몰의 ATP가 생성된다.

95 일반적으로 글루탐산 발효에서 비오틴(biotin)과의 관계를 가장 바르게 설명한 것은?

① Biotin이 없는 배지에서 글루탐산의 생성이 최고다.
② Biotin 과량의 배지에서 글루탐산의 생성이 최고다.
③ Biotin이 미생물을 생육할 수 있는 정도의 제한된 배지에서 글루탐산의 생성이 최고다.
④ Biotin의 농도는 글루탐산 생성과 관계가 없다.

해설
글루탐산 발효
- 글루탐산을 생성, 축적하는 발효를 의미한다.
- 글루탐산 생산균은 모두 비오틴이 요구되지만 생산 시에는 비오틴을 생육적량 이하로 제한해야 글루탐산의 생성이 최고이다.
- 비오틴 과잉 시 penicillin을 첨가하면 회복된다.
- 최적조건은 pH 7.0~8.0, 통기교반, 30~35℃이다.

96 다음 젖산균 중 이상젖산발효(hetero lacti-cacid fermentation)를 하는 것은?

① Lactobacillus bulgaricus
② Lactobacillus casei

정답 91 ② 92 ② 93 ④ 94 ① 95 ③ 96 ④

③ Streptococcus lactis
④ Leuconostoc mesenteroides

해설

- 정상 젖산 발효(Homo lactic acid fermentation)
  Lactobacillus bulagaricus, L. casei, Streptococcus lactis 등
  Homo형 $C_6H_{12}O_6 \rightarrow 2CH_3 \cdot CHOH \cdot COOH$
  　　　　　Glucose　　　　　Latic acid

- 이상 젖산 발효(hetero lactic acid fermentation)
  Lactobacillus fermentum, Leuconostoc mesenteroides 등
  Hetero형
  $C_6H_{12}O_6 \rightarrow 2CH_3 \cdot CHOH \cdot COOH + C_2H_5OH + CO_2$
  　Glucose　　　　Lactic acid　　　　Ethanol
  $2C_6H_{12}O_6 \rightarrow 2CH_3 \cdot CHOH \cdot COOH + C_2H_5OH$
  　　　　　　　　Lactic acid　　　　Ethanol
  　　　　　$+ CH_3COOH + 2CO_2 + 2H_2$
  　　　　　　Acetic acid

97 균체 단백질 생산 미생물의 구비조건이 아닌 것은?

① 미생물이 유해하지 않아야 한다.
② 회수가 쉬워야 한다.
③ 생육최적온도가 낮아야 한다.
④ 영양가가 높고 소화성이 좋아야 한다.

해설

균체 단백질 생산 미생물의 구비조건
- 균체의 증식속도가 높고 분리정제상 크기가 큰 것이 생산효율에 좋다.
- 균체 단백질 생산의 목적성분인 단백질과 미량영양성분의 함유량이 높아야 한다.
- 생육최적온도는 고온일수록, pH는 낮을수록 좋다.

98 효소의 반응속도 및 활성에 영향을 미치는 요소와 거리가 먼 것은?

① 온도　　　　　　② 수소이온농도
③ 기질의 농도　　　④ 반응액의 용량

해설

효소의 반응속도 및 활성에 영향을 미치는 요소
- 온도, 수소이온농도(pH), 기질의 농도, 효소의 농도, 효소의 기질특이성, 저해제, 활성제
- 반응액의 용량은 관련이 없다.

99 발효공정의 일반체계 중 기본단계에 해당되지 않는 것은?

① 배지의 조제 및 살균　② 종균배양
③ 배양물의 분해　　　　④ 폐수 및 폐기물 처리

해설

발효공정의 일반체계
- 1단계 : 배지의 조제
- 2단계 : 설비의 살균
- 3단계 : 종균의 준비
- 4단계 : 균의 증식
- 5단계 : 생산물의 추출과 정제
- 6단계 : 발효폐기물의 처리

100 다음 중 전자전달계(electron transport system)에서 전자수용체로 작용하지 않는 것은?

① FMN　　　　② NAD
③ CoQ　　　　④ CoA

해설

전자전달계의 전자수용체
- 전자를 다른 화합물로부터 받는 성질을 가진다.
- FMN, NAD, CoQ, FAD, ubiquinone 등이 있다.

CHAPTER 20 2019년 1회 식품산업기사

1과목 식품위생학

01 식품첨가물의 구비조건으로 옳지 않은 것은?

① 체내에 무해하고 축적되지 않아야 한다.
② 식품의 보존효과는 없어야 한다.
③ 이화학적 변화에 안정해야 한다.
④ 식품의 영양가를 유지시켜야 한다.

해설

식품첨가물의 구비조건
- 체내에 축적되지 않으며 인체에 무해해야 한다.
- 저렴하며 미량으로도 효과가 있어야 한다.
- 첨가물을 확인할 수 있어야 한다.
- 식품의 변질방지, 품질개량 및 품질유지, 관능부가, 영양강화 등의 목적으로 사용된다.

02 식품공업에 있어서 폐수의 오염도를 판명하는 데 필요치 않은 것은?

① DO
② BOD
③ WOD
④ COD

해설

- DO(Dissolved Oxygen) : 물속에 녹아 있는 산소의 양을 뜻하며 폐수의 오염이 심할수록 낮게 나타남
- BOD(Biochemical Oxygen Demand), 생물학적 산소요구량 : 물속의 유기물이 호기성 미생물에 의해 5일간 소모되는데 필요한 산소량
- COD(Chemical Oxygen Demand), 화학적 산소요구량 : 물속의 오염물질을 $KMnO_4$ 같은 산화제로 산화 분해 시 필요한 산소량
- SS(Suspended Solid), 부유물질 : 물에 용해되지 않으면서 물속에서 부유하는 2mm 이하의 물질

03 식품 중 진드기류의 번식 억제방법이 아닌 것은?

① 밀봉 포장에 의한 방법
② 습도를 낮추는 방법
③ 냉장 보장하는 방법
④ 30℃ 정도로 가열하는 방법

해설

㉠ 진드기의 생육 우수조건
  - 습도 75% 이상, 수분 13% 이상
  - 온도 20℃ 이상 시 번식 증가
㉡ 진드기의 번식 억제방법
  - 방습용기에 보존하며 밀봉포장
  - 70℃ 이상이거나 냉동 시 사멸

04 수돗물의 염소 소독 중 염소와 미량의 유기물질과의 반응으로 생성될 수 있는 발암성물질은?

① Benzopyrene
② Nitrosoamine
③ Toluene
④ Trihalomethane

해설

- 벤조피렌(Benzopyrene) : 다환 방향족 탄화수소의 일종으로 고기를 태울 때 생성되는 발암물질
- 니트로소아민(Nitrosoamine) : 발색제로 사용되는 아질산염과 식품 내의 아민류가 반응하여 생성되는 발암물질
- 트리할로메탄(Trihalomethane) : 물속의 유기물질이 살균제로 사용된 염소와 반응하여 생성되는 발암성물질

05 실험물질을 사육 동물에 2년 정도 투여하는 독성실험방법은?

① LD_{50}
② 급성독성실험
③ 아급성독성실험
④ 만성독성실험

정답 01 ② 02 ③ 03 ④ 04 ④ 05 ④

해설

- 급성독성시험 : 시험하고자 하는 물질을 동물에 1회 투여하여 치사량을 구하는 시험
- 아급성독성시험 : LD_{50}의 양을 희석한 후 1~3개월간 투여하여 독성을 보는 시험
- 만성독성시험 : 소량의 검체를 장기간 투여하여 독성을 검사하는 시험
- 최기형성시험 : 약물로 인해 새끼가 자궁 내 성장하는 동안의 기형발생작용을 확인하는 시험

06 식품위생분야 종사자 등의 건강진단규칙에 의한 연 1회 정기 건강진단 항목이 아닌 것은?

① 성병
② 장티푸스
③ 폐결핵
④ 전염성 피부질환

해설

식품위생분야 종사자의 연 1회 정기 건강진단 항목
장티푸스, 폐결핵, 한센병 등의 전염성 피부질환

07 다음 중 우리나라에서 허용된 식품첨가물은?

① 롱갈리트
② 살리실산
③ 아우라민
④ 구연산

해설

- 유해감미료 : 둘신, 시클라메이트, 에틸렌 글리콜, 페릴라틴
- 유해착색료 : 아우라민, 로다민B, 수단Ⅲ, p-니트로아닐린
- 유해보존료 : 붕산, 포름알데히드, 승홍, 우로트로핀
- 유해표백제 : 롱갈리트, 3염화질소
- 유해살균제 : 붕산, 살리실산, 승홍, 포름알데히드

08 보툴리누스균에 의한 식중독이 가장 일어나기 쉬운 식품은?

① 유방염에 걸린 소의 우유
② 분뇨에 오염된 식품
③ 살균이 불충분한 통조림 식품
④ 부패한 식육류

해설

Clostridium botulinum

- 단백질성 Neurotoxin을 생성하며 치사률이 높으나 열에 약하여 100℃ 10분, 80℃ 30분이면 사멸한다.
- 혐기성 미생물이기에 공기를 제거한 통ㆍ병조림의 살균이 불충분할 경우 발생할 수 있다.

09 식품 포장재로부터 이행 가능한 유해물질이 잘못 연결된 것은?

① 금속포장재 – 납, 주석
② 요업용기 – 첨가제, 잔존 단위체
③ 고무마개 – 첨가제
④ 종이포장재 – 착색제

해설

요업용기
흙을 구워서 만든 도자기 제품으로 표면에 도포되는 유약성분인 납, 카드뮴, 아연 등이 용출될 수 있다.

10 민물고기를 섭취한 일이 없는데도 간흡충에 감염되었다면 이와 가장 관계가 깊은 감염경로는?

① 채소 생식으로 인한 감염
② 가재요리 섭취로 인한 감염
③ 쇠고기 생식으로 인한 감염
④ 민물고기를 요리한 도마를 통한 감염

해설

- 간흡충(간디스토마)의 오염경로 : 유충 → 제1중간숙주(왜우렁이) → 제2중간숙주(잉어, 붕어 등 담수어) → 사람
- 폐흡충(폐디스토마)의 오염경로 : 유충 → 제1중간숙주(다슬기) → 제2중간숙주(민물의 게, 가재) → 사람

11 곰팡이의 대사산물 중 사람에게 질병이나 생리작용의 이상을 유발하는 물질이 아닌 것은?

① Aflatoxin
② Citrinin
③ Patulin
④ Saxitoxin

정답 06 ① 07 ④ 08 ③ 09 ② 10 ④ 11 ④

해설
㉠ 곰팡이독소 : 곰팡이에 의해서 생성되는 독소
- *Aspergillus spp* : aflatoxin
- *Penicillium citrinum* : citrinin
- *Penicillium expansum* : patulin

㉡ 조개독 : 마비성 조개독과 모시조개독에 의해 생성되는 독소
- 마비성 조개독 : saxitoxin
- 모시조개독 : venerupin

12 다음 물질 중 소독 효과가 거의 없는 것은?

① 알코올 ② 석탄산
③ 크레졸 ④ 중성세제

해설
- 생리식염수 : 체액과 유사한 농도를 가진 등장액으로 소독작용이 없다.
- 중성세제 : pH가 중성을 나타내는 세제로 주로 물리적으로 오염물을 제거하며 소독효과는 거의 없다.

13 세균성 식중독과 비교하였을 때, 경구감염병의 특징에 해당하는 것은?

① 발병은 섭취한 사람으로 끝난다.
② 잠복기가 짧아 일반적으로 시간 단위로 표시한다.
③ 면역성이 없다.
④ 소량의 균에 의하여 감염이 가능하다.

해설

구분	경구감염병	세균성식중독
감염 정도	2차 감염	종말감염
예방	어려움	식품위생 통한 예방
잠복기	긴 편	짧은 편
필요균체	미량	다량
감염매체	음용수	식품

14 일반적으로 열경화성 수지에 해당되는 플라스틱 수지는?

① 폴리에틸렌(Polyethylene)
② 폴리프로필렌(Polyproplene)
③ 폴리아미드(Polyamide)
④ 요소(Urea)수지

해설
- 열경화성 수지 : 페놀수지, 요소수지, 멜라민수지, 에폭시수지 등
- 열가소성 수지 : PE(Polyethylene), PP(Polyproplene), PVC(Polyvinylchloride), PC(Polycarbonate), PS(Polystyrene), PET(Polyethylene Terephthalate)

15 대부분의 식중독 세균이 발육하지 못하는 온도는?

① 37℃ 이하 ② 27℃ 이하
③ 17℃ 이하 ④ 3.5℃ 이하

해설
중온성세균
35℃ 내외에서 생육이 가장 활발하며 10~50℃ 사이에서 생존 가능한 세균으로 대부분의 식중독을 일으키는 병원성세균은 중온성이다.

16 식품오염에 문제가 되는 방사능 핵종이 아닌 것은?

① Sr-90 ② Cs-137
③ I-131 ④ C-12

해설
식품 중 안전관리기준이 설정되어 있는 핵종
^{90}Sr, ^{137}Cs, ^{17}Cs, ^{131}I, ^{106}RU
- ^{90}Sr : 체내에서 Ca과 유사한 반응을 일으키며 뼈와 골수에 축적되어 백혈병을 유발한다.
- ^{137}Cs : 칼륨과의 화학적 성질이 비슷하여 식물체 표면에서 인체로 흡수 시 체내 수분평형의 문제를 일으킨다.
- ^{131}I : 반감기가 짧은 편이나 초기에 피폭 시 표적장기 축적 가능성이 크며 갑상선독성을 유발한다.

정답 12 ④ 13 ④ 14 ④ 15 ④ 16 ④

17 우유의 저온살균이 완전히 이루어졌는지를 검사하는 방법은?

① 메틸렌블루(Methylene Blue) 환원시험
② 포스파테이스(Phosphatase) 검사법
③ 브리드씨법(Breed's Method)
④ 알코올 침전시험

해설
- 메틸렌블루(Methylene Blue) 환원시험 : 우유 중 세균 수의 측정
- 포스파테이스(Phosphatase) 검사법 : 우유의 저온살균 여부 판정
- 브리드씨법(Breed's Method) : 식품 중 일반 세균 수 측정
- 알코올 침전시험 : 우유의 산패 여부 판정

18 어패류가 주요 원인식품이며 3%의 식염배지에서 생육을 잘하는 식중독균은?

① Staphylococcus aureus
② Clostridium perfringens
③ Vibrio parahaemolyticus
④ Salmonella enteritidis

해설
장염비브리오균 식중독
Vibrio parahaemolyticus 에 의해 발생하는 식중독이다. 호염성세균으로 3~4%의 식염농도를 나타내는 해수에서 주로 성장하므로 주 원인식품은 어패류, 생선회 등이다. 호염성세균이므로 식염농도가 없는 민물, 수돗물에서 세척 시 제어가 가능하며 열에 약하므로 60℃의 가열에서도 사멸할 수 있다.

19 식품의 보존료 중 잼류, 망고처트니, 간장, 식초 등에 사용이 허용되었으나, 내분비 및 생식독성 등의 안전성이 문제가 되어 2008년 식품첨가물지정이 취소된 것은?

① 데히드로초산
② 프로피온산
③ 파라옥시 안식향산 프로필
④ 파라옥시 안식향산 에틸

해설
식품에 사용 가능한 보존료
데히드로초산, 소르빈산, 안식향산에틸, 프로피온산 등

20 미생물학적 검사를 위해 고형 및 반고형인 검체의 균질화에 사용하는 기계는?

① 초퍼(Chopper)
② 원심분리기(Centrifuge)
③ 균질기(Stomacher)
④ 냉동기(Freezer)

2과목　식품화학

21 식품을 장기간 보관할 때 고유의 냄새가 없어지게 되는 주된 이유는?

① 식품의 냄새성분은 휘발성이기 때문이다.
② 식품의 냄새성분은 친수성이기 때문이다.
③ 식품의 냄새성분은 소수성이기 때문이다.
④ 식품의 냄새성분은 비휘발성이기 때문이다.

해설
식품의 냄새성분은 대부분 지용성 휘발성 성분이기에 장기간 보관 시 휘발된다.

22 다음의 식품 중 소성체의 특성을 나타내는 것은 어느 것인가?

① 가당연유　　② 생크림
③ 물엿　　　　④ 난백

정답　17 ②　18 ③　19 ③　20 ③　21 ①　22 ②

> **해설**

식품의 레올로지(Rheology)
- 점탄성(Viscoelasticity) : 외부로부터 힘의 작용 시 점성유동과 탄성변형이 함께 일어나는 성질(예 빵반죽)
- 소성(Plasticity) : 외부 힘에 의해 변형된 후 외부 힘을 제거해도 원상태로 되돌아가지 않는 성질(예 버터, 마가린, 생크림)
- 탄성(Elasticity) : 외부 힘에 의해 변형된 후 외부 힘의 제거 시 원상태로 되돌아가는 성질(예 젤리)

23 지방 1g 중에 Oleic Acid 20mg/dL이 함유되어 있을 경우의 산가는?(단, KOH의 분자량은 56이고, Oleic acid $C_{18}H_{34}O_2$의 분자량은 282이다.)

① 3.97
② 0.0397
③ 100.7
④ 1.007

> **해설**

산가(Acid Value)
유리 1g 속의 유리지방산을 중화시키는 데 필요한 KOH의 mg 수

$$산가 = \frac{KOH \text{ 분자량}}{Oleic\ acid \text{ 분자량}} = \frac{20}{100}$$
$$= \frac{56}{282} \times 0.2 = 0.0397$$

24 다음 중 이중결합이 2개인 지방산은?

① 팔미트산(Palmitic acid)
② 올레산(Oleic acid)
③ 리놀레산(Linoleic acid)
④ 리놀렌산(Linolenic acid)

> **해설**

- 팔미트산(Palmitic acid) : 이중결합 없음(16 : 0)
- 올레산(Oleic acid) : 이중결합 1개(18 : 1)
- 리놀레산(Linoleic acid) : 이중결합 2개(18 : 2)
- 리놀렌산(Linolenic acid) : 이중결합 3개(18 : 3)

25 딸기, 포도, 가지 등의 붉은색이나 보라색이 가공, 저장 중 불안정하여 쉽게 갈색으로 변하는데 이 색소는?

① 엽록소
② 카로티노이드계
③ 플라보노이드계
④ 안토시아닌계

> **해설**

식품의 색소
- 엽록소 : 녹색식물의 잎 속에 존재하는 녹색 색소
- 카로티노이드계 : 황색, 적황색의 비극성인 지용성 색소
- 플라보노이드계 : 노란색 계통의 수용성 색소
- 안토시아닌계 : 붉은색 계통의 수용성 색소

26 과당(Fructose)에 대한 설명으로 틀린 것은?

① 과당은 포도당과 함께 유리상태로 과일, 벌꿀 등에 함유되어 있다.
② 과당은 환원당이며, α형과 β형 두 개의 이성체가 존재한다.
③ 설탕에 비하여 단맛이 약하다.
④ 물에 대한 용해도가 커서 과포화되기 쉽다.

> **해설**

과당
과일에 함유된 대표적인 단당류로 대표적인 좌선당이다. 설탕의 150%의 단맛을 가진다.

27 식품의 효소적 갈변을 방지하는 물리적 방법과 가장 거리가 먼 것은?

① 공기 주입
② 데치기
③ 산 첨가
④ 저온 저장

> **해설**

효소의 갈변방지
효소활성에 영향을 미치는 인자인 온도, pH를 변경시켜주거나 데치기를 통해 효소를 불활성화시킨다.

정답 23 ② 24 ③ 25 ④ 26 ③ 27 ①

28 단백질의 변성에 대한 설명으로 틀린 것은?

① 단백질의 변성은 등전점에서 가장 잘 일어난다.
② 단백질의 열 응고 온도는 대개 60~70℃이다.
③ 육류 단백질의 동결변성은 −5~−1℃에서 가장 잘 일으킨다.
④ 콜라겐은 가열에 의해 불용성의 젤라틴으로 된다.

해설
단백질의 변성
대개 등전점인 60~70℃에서 잘 일어나며 가열에 의해 가용성의 젤라틴이 된다.

29 α형 이성질체보다 β형 이성질체의 단맛이 강한 당류는?

① 과당
② 맥아당
③ 설탕
④ 포도당

해설
과당은 온도와 시간이 변함에 따라 선광도가 변한다. β형이 α형에 비하여 3배의 단맛을 가지는데, 고온에서 β형으로 선광도가 변화하므로 고온에서 당도가 더 높게 느껴진다.

30 함황 아미노산이 아닌 것은?

① Lysine
② Cysteine
③ Methionine
④ Cystine

해설
아미노산의 분류
- 중성 아미노산 : Gly, Ala, Val, Leu, Ile, Pro, Asn, Gln
- 산성 아미노산 : Asp, Glu
- 염기성 아미노산 : Lys, Arg, His
- 방향족 아미노산 : Trp, Tyr, Phe
- 함황 아미노산 : Met, Cys
- 함알코올 아미노산 : Ser, Thr

31 단백질을 등전점과 같은 pH 용액에서 전기영동을 하면 어떻게 이동하는가?

① 전혀 움직이지 않는다.
② (+)극으로 빠르게 움직인다.
③ (−)극으로 빠르게 움직인다.
④ (−)극으로 움직이다가 다시 (+)극으로 움직인다.

해설
단백질의 등전점
양전하와 음전하의 수가 같아 전하가 0이 되므로 전기영동 시 전혀 움직이지 않는다.

32 향기성분으로 알리신(Allicin)이 들어 있는 것은?

① 마늘
② 사과
③ 고추
④ 무

해설
마늘에 함유된 알린(Allin)은 마늘을 다질 때 세포가 파괴하며 생성되는 알리시나아제(Allinase)에 의해서 매운맛과 향이 나는 알리신(Allicin)으로 변한다.

33 요오드 정색반응에 청색을 나타내는 덱스트린(Dextrin)은?

① 아밀로덱스트린(Amylodextrin)
② 에리스로덱스트린(Erythrodextrin)
③ 아크로덱스트린(Achrodextrin)
④ 말토덱스트린(Maltodextrin)

해설
요오드 정색반응
- 녹말에 요오드 용액을 첨가하면 녹말의 구조 속에 요오드가 반응하여 청자색으로 변하는 현상. 가수분해할수록 무색으로 변한다.
- Amylodextrin(청색) → Erythrodextrin(적갈색) → Achrodextrin(무색) → Maltodextrin(무색)

정답 28 ④ 29 ① 30 ① 31 ① 32 ① 33 ①

34 유지의 산패를 측정하는 화학적 성질과 거리가 먼 것은?

① 과산화물가 ② 요오드가
③ 산가   ④ 폴렌스케가

해설
㉠ 유지의 산화
- 식용유지의 산화 시 점성이 생기며 황갈색, 적갈색으로 변색이 일어난다.
- 이중결합 부위에 산화가 일어나고 요오드값이 감소하며 산가가 증가한다.

㉡ 유지의 산패를 측정
- 요오드값 : 이중결합에 첨가되는 요오드의 값으로 유지의 불포화도를 측정
- 산가 : 유지 중 분해된 유리지방산을 중화하는 데 필요한 KOH의 양을 이용해 신선도 측정
- 과산화물가 : 유지의 산화 시 생성되는 과산화물의 양을 측정

35 식품의 텍스처(Texture)를 나타내는 변수와 가장 거리가 먼 것은?

① 경도(Hardness)
② 굴절률(Refractive Index)
③ 탄성(Elasticity)
④ 부착성(Adhesiveness)

해설
식품의 텍스처
식품을 먹었을 때 물리적 감각으로 씹거나 삼킬 때의 식감, 조직감, 질감에 관계된 성질

36 일반적으로 효소의 활성에 크게 영향을 미치지 않는 것은?

① 공기   ② 온도
③ pH   ④ 기질의 양

해설
효소활성에 영향을 미치는 인자
온도, pH, 효소농도 및 기질농도, 저해제 및 촉진제

37 단백질의 열변성에 영향을 주는 요인이 아닌 것은?

① 수분   ② 전해질의 존재
③ 색깔   ④ 수소이온 농도

해설
단백질의 열변성
- 온도 : 60~70℃ 사이에서 주로 일어남
- 수분 : 수분이 많을수록 낮은 온도에서 변성이 일어남
- 염류 : 단백질에 염을 넣으면 변성온도는 낮아지고 속도는 빨라짐
- pH : 등전점에서 응고가 빠름

38 단백질의 등전점에서 나타나는 현상이 아닌 것은?

① 기포력이 최소가 된다.
② 용해도가 최소가 된다.
③ 팽윤이 최소가 된다.
④ 점도가 최소가 된다.

해설
단백질의 등전점
- 모든 단백질은 고유한 등전점 pH값을 가진다.
- 등전점에서는 침전, 흡착력, 기포력이 최대가 되며 용해도, 점도, 삼투압은 최소가 된다.

39 가공육의 색의 변화에 대한 설명으로 틀린 것은?

① 가공육은 저장기간이 길어지면서 육색의 변화가 문제가 된다.
② 미오글로빈과 옥시미오글로빈은 육색을 붉게 하는 색소이다.
③ 아질산염은 메트미오글로빈을 형성시켜 육색을 붉게 유지시킨다.
④ 가열을 오래하면 포피린류가 생성되어 갈색 등으로 변한다.

정답 34 ④ 35 ② 36 ① 37 ③ 38 ① 39 ③

해설

가공육의 색 고정화
햄, 베이컨, 소시지 등 식육가공품에 발색제인 아질산염을 같이 처리하면 안정한 형태의 nitrosomyoglobin을 형성하여 가열조리 시 선홍색을 유지시키는 것을 말한다.

40 분산상과 분산매가 모두 액체인 식품은?

① 맥주 ② 우유
③ 전분액 ④ 초콜릿

해설

- 분산상 : 분산매 중에 미립상으로 산재되어 있는 물질
- 분산매 : 분산질을 둘러싸는 부분, 용매

3과목 식품가공학

41 유지에 수소를 첨가하는 목적과 거리가 먼 것은?

① 색깔을 개선한다.
② 산화안정성을 좋게 한다.
③ 식품의 냄새, 풍미를 개선한다.
④ 유지의 유통기한을 연장시킨다.

해설

유지의 경화
- 불포화지방산의 이중결합에 수소를 첨가하여 포화지방산으로 전환시키며 산화안정성을 개선
- 쇼트닝, 마가린 가공에 이용
- 경화 시 융점과 점도는 높아지고 용해도는 감소
- 액체기름이 고체지방으로 전환

42 어패류의 맛에 관여하는 함질소 엑스성분이 아닌 것은?

① TMAO ② Betaine
③ 핵산 관련 물질 ④ 글리세라이드

해설

글리세라이드(Glycerides)
지방산과 글리세롤이 에스테르 결합한 화합물

43 두부 제조와 가장 밀접한 단백질은?

① 글루테닌 ② 글리아딘
③ 글리시닌 ④ 카제인

해설

- 밀 단백질 : 글루테닌, 글리아딘
- 두부 단백질 : 글리시닌, 알부민
- 우유 단백질 : 카제인

44 잼 제조 시 농축 공정에서 젤리점 판정법이 아닌 것은?

① 알코올 침전법
② 컵테스트(Cup Test)
③ 스푼테스트(Spoon Test)
④ 온도계법

해설

- 젤리점 판정법 : 컵테스트, 스푼테스트, 온도계법, 당도계법
- 알코올 침전법 : 원유의 신선도 검사법

45 햄과 베이컨의 제조공정에서 간 먹이기에 사용되는 일반적인 재료가 아닌 것은?

① 소금 ② 식초
③ 설탕 ④ 향신료

해설

간 먹이기
햄과 베이컨 제조공정 시에는 주로 설탕, 조미료, 향신료와 소금, 질산염, 아질산염으로 염지한다. 이 과정에서 제품의 보존기간이 길어지고 보수성과 결착성이 증진되며 독특한 풍미가 부여된다.

46 프로바이오틱스(Probiotics)에 대한 설명으로 틀린 것은?

① 대부분의 프로바이오틱스는 유산균들이며 일부 Bacillus 등을 포함하고 있다.
② 과량으로 섭취하면 Hetero Fermentation을 하는 균주에 의한 가스 발생 등으로 설사를 유발할 수 있다.
③ 프로바이오틱스가 장 점막에서 생육하게 되면 장내의 환경을 중성으로 만들어 장의 기능을 향상시킨다.
④ 프로바이오틱스가 장내에 도달하여 기능을 나타내려면 하루에 108~101cfu 정도를 섭취하여야 한다.(단, 건강기능식품 공전에서 정하는 프로바이오틱스에 해당하는 경우이며, 새로 개발된 균주의 경우 섭취량이 달라질 수 있다.)

해설
프로바이오틱스(Probiotics)
건강상의 이익을 제공하는 미생물로 주로 장내에서 유익작용을 하는 젖산균을 일컫는다. 젖산균은 장내에서 당을 분해하여 젖산을 생성하므로 장내 환경을 산성으로 만든다.

47 식품 등의 표시기준에 따라 제조일과 제조시간을 함께 표시하여야 하는 즉석섭취·편의식품류는?

① 어육연제품   ② 식용유지류
③ 도시락   ④ 통·병조림

해설
도시락류와 같이 복합조리한 즉석섭취, 편의식품의 유통기한은 24시간 이내이므로 제조일과 함께 제조시간을 표시해야 한다.

48 식품을 포장하는 목적으로 거리가 먼 것은?

① 취급을 편리하게 하기 위하여
② 상품가치를 향상시키기 위하여
③ 내용물의 맛을 변화시키기 위하여
④ 식품의 변패를 방지하기 위하여

해설
식품의 포장
식품과 외부와의 접촉을 차단 미생물, 수분, 공기 등과의 반응을 막아 식품의 변패를 막고 안전하게 보존하는 가공기법이다.

49 장류의 원료에 대한 설명으로 옳은 것은?

① 된장용으로는 찹쌀이 가장 좋다.
② 장류용 보리는 도정(겨층 제거)한 것을 사용한다.
③ 된장용 소금은 3~4등급의 소금을 사용한다.
④ 장류용 물은 불순물이 많아도 상관 없다.

해설
장류의 원료
- 쌀 : 주로 멥쌀을 사용하며 찹쌀을 사용하지 않는다.
- 보리 : 보리는 겉보리 및 쌀보리를 외피가 제거될 때까지 도정하여 사용한다.
- 소금 : 된장용으로는 상등품을 사용하지만 간장용으로는 3~4등급을 사용하면 간장발효 효모의 발효기질로 사용되어 발효에 유리하다.
- 물 : 불순물이 적은 물을 사용해야 한다.

50 면 제조 시 사용하는 견수의 역할이 아닌 것은?

① 약간 노란색을 띠게 한다.
② 중화면에 특유한 풍미를 부여한다.
③ 밀 녹말의 노화를 촉진하여 준다.
④ 면의 식감을 쫄깃하게 한다.

해설
견수의 사용 목적
견수는 주로 탄산칼륨, 탄산나트륨과 인산염으로 이루어진다. 면 제조 시 점탄성을 증가시켜 식감을 향상시키기 위해 사용하며 국수의 pH를 알칼리성으로 만들어 엷은 황색을 띠며 독특한 풍미를 가지게 만든다.

51 비중계에 대한 설명으로 틀린 것은?

① 디지털 비중계 : 정밀하고 간편하게 비중을 측정할 수 있다.
② 경보오메계 : 비중이 물보다 가벼운 액체에 사용한다.
③ 브릭스 비중계 : 비중을 측정한 후 온도 4℃로 보정한다.
④ 중보오메계 : 비중이 물보다 무거운 액체에 사용한다.

해설
브릭스 비중계
- 식품 중 당의 농도를 측정하는 비중계
- 브릭스값(^{0}Bx) = (용질/(용매+용질)) × 100

52 열이동과 물질이동의 원리가 동시에 적용되는 단위조작이 아닌 것은?

① 건조　　② 농축
③ 증류　　④ 포장

해설
열이동과 물질이동이 동시에 적용되는 단위조작
냉동, 증류, 건조, 농축 등

53 달걀 가공품에 대한 설명으로 틀린 것은?

① 액란(Liquid Egg)은 전란액, 난백액, 난황액이 있다.
② 피단(Pidan)은 달걀 속에 소금과 알칼리성 염류를 침투시켜 노른자와 흰자를 응고, 숙성시킨 조미달걀이다.
③ 마요네즈는 노른자위의 유화력을 이용한 대표적인 달걀 가공품이다.
④ 건조란은 껍질째 탈수 건조시킨 것으로, 아이스크림, 쿠키 등에 사용되고 있다.

해설
건조란
달걀껍질을 제거한 후 흰자와 노른자를 분리하여 건조한 제품으로 저장성이 크고 취급이 용이한 장점이 있으나 유해균의 오염 및 지방산패의 단점이 있다.

54 과실, 채소 가공 시 데치기(Blanching)의 목적과 거리가 먼 것은?

① 박피를 쉽게 한다.
② 맛과 조직감을 좋게 한다.
③ 변색과 변질이 방지된다.
④ 가열 살균 시 부피가 줄어드는 것을 방지한다.

해설
데치기의 목적
- 효소를 불활성화시켜 변색 및 변패 방지
- 이미 · 이취 등의 제거
- 외관과 맛의 변화 방지
- 오염 미생물의 살균
- 풋냄새의 제거

55 식품이 나타내는 수증기압이 0.98이고 해당 온도에서 순수한 물의 수증기압이 1.0일 때 수분활성도(Aw)는?

① 0.02　　② 0.98
③ 1.02　　④ 1.98

해설
수분활성도(Water Activity, Aw)
$$A_W = \frac{P}{P_o} = \frac{0.98}{1.0} = 0.98$$
여기서, P : 식품 속의 수증기압
Po : 동일온도에서 순수한 물의 수증기압

56 쌀의 도정률이 작은 것에서 큰 순서로 옳게 나열한 것은?

① 주조미 < 백미 < 5분도미 < 현미
② 주조미 < 5분도미 < 백미 < 현미
③ 현미 < 5분도미 < 백미 < 주조미
④ 현미 < 백미 < 5분도미 < 주조미

해설
쌀의 도정
- 현미의 배아와 겨층을 제거하여 배유부만을 얻는 조작
- 현미 : 벼의 왕겨층만을 제거

정답　51 ③　52 ④　53 ④　54 ②　55 ②　56 ①

- 5분도미 : 겨층, 배아의 50% 제거
- 7분도미 : 겨층, 배아의 70% 제거
- 주조미 : 술의 제조에 이용, 순수 배유만 남음

57 우유의 지방정량법이 아닌 것은?

① Gerber법　　② Kjeldahl법
③ Babcock법　　④ Roese-Gottlieb법

해설

Kjeldahl법
식품 중의 질소화합물을 정량하여 질소량을 산출하며 여기에 질소계수를 곱해서 조단백량을 정량하는 실험법

58 식품저장을 위한 염장의 삼투작용에 대한 설명이 틀린 것은?

① 미생물의 생육 억제에 효과가 있다.
② 식품 내외의 삼투압차에 의하여 침투와 확산의 두 작용이 일어난다.
③ 소금에 의해 식품의 보수성이 좋아진다.
④ 높은 삼투압으로 미생물 세포는 원형질 분리가 일어난다.

해설

염장법
소금으로 절여 저장하는 방법으로 소금에 의해 탈수되어 식품 내 수분활성도가 낮아지며 미생물의 생육을 억제한다.

59 고형분 함량이 50%인 식품 5kg을 농축하여 고형분 함량 80%로 만들려고 한다. 제거해야 할 물의 양은?

① 1.325kg　　② 1.505kg
③ 1.625kg　　④ 1.875kg

해설

$$\frac{(2.5-x)}{(5-x)} \times 100 = 20\%$$

$\therefore x = 1.875kg$

60 유지의 추출용제로 적당하지 않은 것은?

① Hexane　　② Acetone
③ HCl　　④ CCl_4

해설

유지의 추출용제
핵산(Hexane), 사염화탄소(CCl_4), 이황화탄소(CS_2), 아세톤(Acetone), 에테르(Ether) 등

4과목 식품미생물학

61 세균의 그람염색에 사용되지 않는 것은?

① Crystal Violet액　　② Lugol액
③ Safranin액　　④ Congo red액

해설

㉠ 그람염색
세포벽의 구조 및 구성물질의 차이를 이용해 세포를 염색하며 그람양성균은 크리스탈바이올렛에 의해 보라색을, 그람음성균은 사프라닌에 의해 붉은색을 나타낸다.
㉡ 그람염색의 단계
- 1단계 : Crystal Violet(1차 염색)
- 2단계 : Lugol(매염)
- 3단계 : 95% Ethanol(탈색)
- 4단계 : Safranin(대조염색)

62 청국장 발효균은?

① *Asprgillus oryzae*
② *Bacillus natto*
③ *Rhizopus delimer*
④ *Zygosaccharomyces rouxii*

해설

㉠ *Bacillus subtilis*(고초균)
- 토양에서 쉽게 관찰되며 발효에 이용된다.
- α-Amlyase, Protease를 생성하며 생육인자로 Biotin을 필요로 하지 않는다.

ⓒ 청국장 발효에 이용되는 균주
  • *Bacillus subtilis*, *Bacillus natto*

63 세균의 편모와 가장 관련이 깊은 것은?

① 생식기관　　② 운동기관
③ 영양축적기관　④ 단백질합성기관

해설
편모
세균막에서 밖으로 뻗어 나온 기관으로 세균의 운동을 담당하는 기관이다. 단백질로 구성된다.

64 *Pichia*속과 *Hansenula*속에 대한 설명으로 옳은 것은?

① 모두 질산염을 자화한다.
② *Pichia*속만 질산염을 자화한다.
③ *Hanselnula*속만 질산염을 자화한다.
④ 모두 질산염을 자화하지 못한다.

해설
㉠ 산막효모
  김치 등의 발효식품 표면에 하얀 피막을 형성하는 산막효모로 산화력이 강하며 산소요구성이 높다.
ⓒ *Pichia spp.*
  • 질산염의 자화능력이 없고 위균사를 만든다.
  • 알코올을 영양원으로 생육하고 당 발효성이 미약하다.
  • KNO_2를 동화하지 않는다.
ⓒ *Hansenula spp.*
  • 질산염을 자화할 수 있다.
  • 자낭포자는 모자형 또는 토성형이다.

65 미생물 대사 중 Pyruvic acid에서 TCA Cycle로 들어갈 때 필요로 하는 물질은?

① Acetyl CoA　② NADP
③ FAD　　　　④ ATP

해설
TCA 회로는 피루브산이 완전히 산화하여 CO_2와 H_2O 및 에너지를 생성하는 반응으로 해당과정에서 생성된 피루브산이 먼저 효소복합체에 의해 아세틸 CoA로 전환되어 TCA 회로에 진입한다.

66 균내에 존재하는 효소를 추출하기 위한 균체 파괴법에 해당하지 않는 것은?

① 기계적 마쇄법　② 초음파 마쇄법
③ 자기 소화법　　④ 염석 및 투석법

해설
효소의 추출
• 기계적 마쇄법 : mortar, ball mill 등
• 초음파 파쇄법 : 10~60kHz 초음파 이용
• 자기 소화법 : ethyl acetate 등 첨가, 20~30℃ 자가 소화
• Lysozyme 처리법 : 세포벽 용해
• 동결 융해법 : dry ice 동결 융해 후 원심 분리
④ 염석 및 투석은 단백질 분리법이다.

67 그람양성균 세포벽의 특징이 아닌 것은?

① 그람음성균에 비해 세포벽이 얇다.
② Peptidoglycan을 가지고 있다.
③ 지질다당류의 외막은 없다.
④ Teichoic acid가 함유되어 있다.

해설
세포벽의 구성성분
• 그람양성균(+) : Peptidoglycan이 90%를 차지하고 Teichoic acid, 다당류를 함유하며 그람음성균에 비해 두껍다.
• 그람음성균(-) : Peptidoglycan이 5~10%를 차지하며 이외의 Protein, Lipopolysaccharide, Lipid를 함유한다.

68 에탄올 1kg이 전부 초산발효가 될 경우 생성되는 초산의 양은 약 얼마인가?

① 667g　　② 767g
③ 1,204g　④ 1,304g

[해설]
초산의 생성

$C_2H_5OH + \frac{1}{2}O_2 \to CH_3COOH$

$C_2H_5OH + O_2 \to CH_3COOH + H_2O$

- C_2H_5OH의 분자량 : 46g
- CH_3COOH 분자량 : 60g
- $46 : 60 = 1{,}000 : x$
- $\therefore x = (1{,}000 \times 60)/46 = 1{,}304g$

69 박테리오파지의 숙주는?

① 조류   ② 곰팡이
③ 효모   ④ 세균

[해설]
박테리오파지(Bacteriophage)
- 세균에 특이적으로 기생하는 바이러스
- 생물과 무생물의 중간자적인 형태로 번식만 가능
- 숙주특이성이 있어 식품에는 증식하지 못함

70 제빵에 주로 사용하는 균주는?

① *Acetobacter aceti*
② *Saccharomyces oleaceus*
③ *Saccharomyces cerevisiae*
④ *Acetobacter xylinum*

[해설]
Saccharomyces cerevisiae
알코올발효능과 가스생성능이 뛰어나 제빵과 알코올발효에 주로 사용된다.

71 유리 산소의 존재 유무에 관계없이 생육이 가능한 균은?

① 편성호기성균   ② 편성혐기성균
③ 통성혐기성균   ④ 미호기성균

[해설]
- 편성호기성균 : 산소가 존재하는 환경에서만 생육하는 균
- 편성혐기성균 : 산소가 절대 존재하지 않아야 생육하는 세균
- 통성혐기성균 : 산소호흡을 하지만 산소의 존재 여부에 상관없이 생육하는 균
- 혐기성균 : 산소가 없어야 생육할 수 있는 균

72 포도주의 주 발효균은?

① *Saccharomyces ellipsoideus*
② *Saccharomyces sake*
③ *Saccharomyces sojae*
④ *Saccharomyces coreanus*

[해설]
- *Saccharomyces sake* : 청주 제조 발효균
- *Saccharomyces sojae* : 간장 제조 발효균
- *Saccharomyces coreanus* : 탁주 제조 발효균

73 균사의 끝에 중축이 생기고 여기에 포자낭을 형성하여 그 속에 포자낭포자를 내생하는 곰팡이는?

① *Aspergillus*속   ② *Neurospora*속
③ *Absidia*속   ④ *Penicillium*속

[해설]
Absidia
*Rhizopus*와 유사한 형태이나 포자낭은 *Rhizopus*에 비하여 작다. 포자낭병은 가근의 부착부가 아니라 가근과 가근 사이 포복지의 중간부분에 생긴다.

74 겨울철에 살균하지 않은 생유에 발생하면 쓴맛이 나게 하며, 단백질 분해력이 강한 균은?

① *Erwinia carotova*
② *Gluconobacter oxydans*
③ *Enterobacter aerogenes*
④ *Pseudomonas fluorescens*

정답 69 ④ 70 ③ 71 ③ 72 ① 73 ③ 74 ④

해설

Pseudomonas fluorescens
그람음성의 간균으로 수생환경에서 주로 생육하는 저온성 미생물이다. 녹색 형광 색소를 생산하며 우유에서 부패를 일으켜 쓴맛을 내는 주 원인균이다.

75 전자 및 전리 방사선이 미생물을 살균시키는 주요 원리는?

① 효소의 합성 ② 탄수화물의 분해
③ 고온 발생 ④ DNA 파괴

해설
전자 및 전리방사선은 세포의 핵에 작용하여 DNA를 파괴시키며, 세포의 손상 정도는 방사선의 투과력, 전리작용, 피폭방법, 피폭선량, 조직의 감수성에 따라 다르다.

76 하등미생물 중 형태의 분화 정도가 가장 앞선 균사상의 원핵 생물로 토양에 주로 존재하며 다양한 항생물질을 생산하는 미생물은?

① 방선균 ② 효모
③ 곰팡이 ④ 젖산균

해설
방선균(Actinomycetes)
- 주로 토양에 존재하는 흙냄새의 원인균
- 균사를 이용해 분생포자를 형성
- 대사 중 2차 대사산물로 항생물질을 생성하며 세균의 세포벽을 용해하여 사멸시킴

77 포자낭병의 밑 부분에 가근을 형성하는 미생물속은?

① *Rhizopus*속 ② *Mucor*속
③ *Aspergillus*속 ④ *Acinetobacter*속

해설
Rhizopus(거미줄곰팡이)
- 균사와 격막이 없는 조상균류에 속한다.
- 기근과 포복지가 있으며 포자낭병이 가근에서 나온다.
- 호기조건에서 주로 성장한다.

78 통기성의 필름으로 포장된 냉장 포장육의 부패에 관여하지 않는 세균은?

① *Pseudomonas*속 ② *Clostridium*속
③ *Moraxella*속 ④ *Acinetobacter*속

해설
Clostridium spp.
- 포자를 형성하는 그람양성의 간균
- 편성혐기성이므로 산소가 절대적으로 없는 환경에서만 생육

79 치즈 제조 시에 필요한 응유효소인 Rennet의 대응효소를 생산하는 곰팡이는?

① *Penicillium chrysogennum*
② *Rhizopus japonicus*
③ *Absidia ichtheimi*
④ *Mucor pusillus*

해설
치즈 제조 시 Casein을 응고시키는 응유효소인 Rennet은 주로 *Mucor pusillus*, *Mocor miehei*에 의해서 생성된다.

80 세균의 생육에 있어 균체의 세대기간(Generation Time)이 일정하고 생리적 활성이 최대인 것은?

① 유도기(Lag Phase)
② 대수기(Logarithimic Phase)
③ 정상기(Stationary Phase)
④ 사멸기(Death Phase)

해설
미생물의 증식곡선(Growth Curve)
① 유도기 : 증식을 준비하는 시기로 효소, RNA는 증가하며 DNA는 일정한 시기이다.

정답 75 ④ 76 ① 77 ① 78 ② 79 ④ 80 ②

② 대수기 : 미생물이 대수적으로 증식하는 시기로 RNA는 일정하며 DNA는 증가하는 시기이다. 세대시간과 세포의 크기는 일정하다.
③ 정지기 : 영양물질의 고갈로 증식수와 사멸수가 같으며 포자형성 시기이다.
④ 사멸기 : 생균수보다 사멸균수가 많아지는 시기로 자기소화(Autolysis)로 균체가 분해된다.

5과목 식품제조공정

81 Cl. botulinum(D121.1＝0.25분)의 포자가 오염되어 있는 통조림을 121.1℃에서 가열하여 미생물 수를 10대수 Cycle만큼 감소시키는 데 걸리는 시간은?

① 2.5분
② 25분
③ 5분
④ 10분

해설
D-value
- 특정 온도에서 미생물이 90% 사멸하는 데 걸리는 시간
- 10대수 cycle은 미생물이 99% 감소하는 시점이므로
∴ 0.25×10＝2.5분

82 식품원료를 무게, 크기, 모양, 색깔 등 여러 가지 물리적 성질의 차이를 이용하여 분리하는 조작은?

① 선별
② 교반
③ 교질
④ 추출

해설
- 교반 : 성질이 다른 2종 이상의 물질을 균일한 혼합상태로 만들어 주는 조작
- 교질 : 미립자가 분산매중에 분산된 상태나 조작
- 추출 : 용매를 사용해 특정한 성분만을 분리해내는 조작

83 Bacillus stearothermophillus 포자를 열처리하여 생존균의 농도를 초기의 1/100,000만큼 감소 시키는 데 110℃에서는 50분, 125℃에서는 5분이 각각 소요되었다. 이 균의 Z값은?

① 15℃
② 10℃
③ 5℃
④ 1℃

해설
Z값
D값이 10배로 증가하는 데 필요한 온도 차이

$$D_{110} = \frac{50}{\log\frac{N_o}{10^{-5}N_o}} = \frac{50}{5} = 10분$$

$$D_{125} = \frac{5}{\log\frac{N_o}{10^{-5}N_o}} = \frac{5}{5} = 1분$$

$$Z = \frac{T-100}{\log\frac{D_o}{D_T}} = \frac{125-110}{\log\left(\frac{10}{1}\right)} = 15℃$$

- D(Decimal Reduction Time)값 : 사멸곡선에서 가열 전 미생물 수를 10%로 감소시키는 데 필요한 시간, 온도 지정이 없을 시 121℃, 온도 증가 시 D값 감소
- Z값 : TDT 곡선에서 D값이 10배로 증가하는 데 필요한 온도차이, 10배의 살균속도를 위한 온도 상승 폭

84 방사선 조사에 대한 설명 중 틀린 것은?

① 방사선 조사 시 식품의 온도상승은 거의 없다.
② 처리시간이 짧아 전 공정을 연속적으로 작업할 수 있다.
③ 10kGy 이상의 고선량 조사에도 식품성분에 아무런 영향을 미치지 않는다.
④ 방사선에너지가 식품에 조사되면 식품 중의 일부 원자는 이온이 된다.

해설
방사선 조사
- 방사선을 물질에 조사하여 식품 속의 세균사멸 및 발아·숙도 억제 등의 작용을 한다.
- 보통은 방사선이 식품을 통과하여 빠져나가므로 식품 속에 잔류하지 않지만 10kGy 이상의 고선량 조사 시 문제가 될 수 있다.

- 생체에 흡수되기 쉬울수록 위험하며 동위원소의 침착 장기의 기능 등에 따라 위험도의 차이가 있다.
- 반감기가 길수록 위험하다.

85 증발 농축이 진행될수록 용액에 나타나는 현상으로 틀린 것은?

① 농도가 상승한다.　② 비점이 낮아진다.
③ 거품이 발생한다.　④ 점도가 증가한다.

> **해설**
> **증발농축**
> - 식품을 가열하며 용매를 증발시켜 농축시키는 방법
> - 용매가 증발되므로 농도가 상승하고 점도가 증가하며 비점이 높아진다.
> - 거품이 발생하므로 규소수지 등의 소포제를 사용하기도 한다.

86 Extruder 기계를 통한 압출공정에서 나타나는 식품재료의 물리·화학적 변화가 아닌 것은?

① 단백질의 변성　② 효소의 활성화
③ 갈색화 반응　④ 전분의 호화

> **해설**
> 반죽 등 반고체 원료를 고온 고압에서 밀어내는 압출공정 시 식품 내의 전분입자는 호화되며 갈색화 반응이 일어난다. 고온에 의해 효소는 불활성화된다.

87 아래의 설명에 해당하는 것은?

> 파이프 중간에 둥근 구멍이 뚫린 원판을 삽입하여 원판 앞·뒤의 압력차로부터 식용유의 유량을 구할 수 있다.

① 벤투리 유량계　② 오리피스 유량계
③ 피토관　④ 로터미터

> **해설**
> **오리피스 유량계**
> 조임방식 유량계의 하나로 직경이 작은 조임판을 관내에 설치하여 흐름을 조절하여 압력차에 의한 유량을 측정하는 방법으로 식용유 등의 유량을 구하는 데 사용된다.

88 밀 제분 시 원료 밀을 롤러(Roller)를 사용하여 부수면서 배유부와 외피를 분리하는 공정은?

① 가수공정　② 순화공정
③ 훈증공정　④ 조쇄공정

> **해설**
> **조쇄공정**
> 밀 제분 시 여러 가지 Break Roll을 통과시켜 배유부와 외피를 분리시키는 공정

89 동결건조에 대한 설명으로 옳지 않은 것은?

① 식품조직의 파괴가 적다.
② 주로 부가가치가 높은 식품에 사용한다.
③ 제조단가가 적게 든다.
④ 향미 성분의 보존성이 뛰어나다.

> **해설**
> **동결건조**
> - 수분을 얼려 승화시켜 건조하는 방법으로 식품조직의 파괴가 적으나 제조단가가 높다.
> - 형태가 유지되고 복원력이 좋다.
> - 향미가 보존되며 성분의 변화가 적다.

90 감귤통조림에서 하얀 침전물이 생성되는 현상을 방지하기 위한 방법이 아닌 것은?

① 박피에 사용된 알칼리 처리시간의 단축
② 시럽 중 산성과즙 첨가
③ Hesperidinase 효소 처리
④ 원료감귤의 아황산가스 처리

> **해설**
> **감귤통조림의 백탁현상**
> 감귤의 배당체인 Hesperidin의 용출
> - Hesperidinase 효소처리를 한다.
> - 완전히 익은 원료를 사용한다.
> - 산 처리를 길게, 알칼리 처리를 짧게 한다.
> - 영양성분이 파괴되지 않는 선에서 최대한 길게 가열한다.

정답 85 ②　86 ②　87 ②　88 ④　89 ③　90 ④

91 시유 제조에서 균질기를 사용하는 목적이 아닌 것은?

① 크림층의 분리 방지
② 소화 흡수율 증가
③ 우유 속에 지방의 균질 분산
④ 카제인(Casein)의 분리 용이

> **[해설]**
> 원유의 균질화
> - 크림층의 생성을 방지하여 조직을 연성화하며 소화흡수율을 증가시킨다.
> - 우유의 지방구를 $0.1 \sim 0.2 \mu m$로 형성시킨다.

92 다단 추출기로 스크루 컨베이어를 갖는 2개의 수직형 실린더 탑으로 구성된 연속 추출기는?

① 힐데브란트 추출기 ② 볼만 추출기
③ 배터리 추출기 ④ 로토셀 추출기

> **[해설]**
> 추출기
> - 볼만 추출기 : 패들형 컨베이어로 구성된 실린더형 추출기
> - 힐데브란트 추출기 : 스크루형 컨베이어로 이루어진 수직형 실린더 탑으로 구성
> - 로토셀 추출기 : 원형의 연속식 추출기로 중앙에서 용매를 분무하여 추출

93 열교환기의 판수를 변화시킴으로써 증발능력을 용이하게 조절할 수 있으며 소요면적이 작고 쉽게 해체할 수 있는 장점이 있는 플레이트식 증발기의 구성장치에 해당하지 않는 것은?

① 응축기 ② 분리기
③ 와이퍼 ④ 원액펌프

> **[해설]**
> 플레이트식 증발기
> - 2장의 얇은 판을 고속으로 이동하며 증발하는 장치로 증발기 내에 체류시간이 짧아 열에 민감한 식품에 적합하다.
> - 원액펌프, 열교환기, 응축기, 분리기, 감압용기 등으로 구성된다.

94 아래의 추출방법을 식품에 적용할 때 용매로 주로 사용하는 물질은?

> 물질의 기체상과 액체상의 상경계 지점인 임계점 이상의 압력과 온도를 설정하여 기체와 액체의 구별을 할 수 없는 상태가 될 때 신속하고 선택적 추출이 가능하게 한다.

① 산소 ② 이산화탄소
③ 질소 가스 ④ 아르곤 가스

> **[해설]**
> 초임계유체 추출
> - 낮은 온도로 조작하므로 고온변성이나 분해가 없다.
> - 기체성질로 침투율과 추출효율이 높고 액체밀도가 높아 용해도가 증가한다.
> - 에탄, 프로판, 에틸렌, 이산화탄소 등을 주로 이용한다.

95 습식 세척기에 해당하지 않는 것은?

① 담금 탱크 ② 분무 세척기
③ 자석 분리기 ④ 초음파 세척기

> **[해설]**
> ㉠ 습식 세척
>   - 건조세척에 비하여 효과적이며 제품에 손상을 감소시키나 비용이 많이 들고 부패에 용이하다.
>   - 침지 세척, 분무 세척, 부유 세척, 초음파 세척 등
> ㉡ 건식 세척
>   - 시설비, 운영비가 적고 폐기물 처리가 간단하나 재오염의 가능성이 크다.
>   - 송풍분류기, 마찰 세척, 자석 세척, 정전기적 세척 등

96 일정한 모양을 가진 틀에 식품을 담고 냉각 혹은 가열 등의 방법으로 고형화시키는 성형 방법은?

① 주조 성형 ② 압연 성형
③ 압출 성형 ④ 절단 성형

정답 91 ④ 92 ① 93 ③ 94 ② 95 ③ 96 ①

🔍 해설

성형(Moulding)
- 압연 성형 : 반죽을 회전롤 사이로 통과시켜 면대를 만들어 세절 성형
- 압출 성형 : 반죽 등 반고체 원료를 노즐 또는 die를 통해 강한 압력으로 밀어내는 성형
- 절단 성형 : 칼날 등의 절단 수단을 사용해 식품을 일정한 크기로 만드는 성형

97 다음 중 식품에 열을 전달하는 방식으로 전도를 이용하는 건조장치는?

① 터널 건조기(Tunnel Dryer)
② 트레이 건조기(Tray Dryer)
③ 빈 건조기(Bin Dryer)
④ 드럼 건조기(Drum Dryer)

🔍 해설

드럼 건조기
가열된 회전 원통 표면에 건조할 제품을 묻혀 건조시키는 전도에 의한 건조장치

98 바람을 불어넣어 비중 차이를 이용해 식품원료에 혼입된 흙, 잡초 등의 이물질을 분리하는 장치는?

① 자석식 분리기   ② 체 분리기
③ 기송식 분리기   ④ 마찰 세척기

🔍 해설

세척 분리기
- 크기가 작고 기계적 강도가 있으며 수분 함량이 적은 곡류, 견과류 세척 분리에 이용
- 시설비, 운영비가 적고 폐기물 처리 간단, 재오염 가능성이 크다.
- 기송식 분리기(Air Classifier) : 송풍 속에 원료를 넣어 부력과 공기 마찰로 세척
- 마찰세척기(Abrasion Cleaning) : 식품 재료 간 상호 마찰에 의해 분리
- 자석식 분리기(Magnetic Cleaning) : 원료를 강한 자기장에 통과시켜 금속 이물질 제거

- 정전기적 세척(Electrostatic Cleaning) : 원료를 함유한 미세먼지를 방전시켜 음전하로 만든 뒤 제거, 차 세척(Tea Cleaning)에 이용
- 체분리기 : 체의 단위인 Mesh는 가로 세로 1인치(2.54cm) 안에 있는 구멍의 수로 나타내며, 수치가 클수록 작은 구멍을 가진다.

99 식품제조공정에서 거품을 소멸시키는 목적으로 사용되는 첨가물은?

① 규소수지   ② n-헥산
③ 유동파라핀   ④ 규조토

🔍 해설

소포제
유해한 기포를 제거하는 데 사용되는 첨가물로 주로 규소수지가 사용된다.

100 가늘고 긴 원통모양의 볼(Bowl)이 축에 매달려 고속으로 회전하여 가벼운 액체는 안쪽, 무거운 액체는 벽 쪽으로 이동하도록 분리시키는 기계는?

① 관형 원심분리기
② 원판형 원심분리기
③ 노즐형 원심분리기
④ 컨베이어형 원심분리기

🔍 해설

원심분리
- 밀도차가 비슷한 2가지 이상의 물질을 원심력을 이용하여 분리할 때 사용되는 공정
- 관형 원심분리기 : 주로 액체와 액체를 분리할 때 사용

정답 97 ④   98 ③   99 ①   100 ①

CHAPTER 21 2019년 2회 식품기사

1과목 식품위생학

01 식품위생상 지표가 되는 대장균(E. coli)에 해당하는 특성은?

① 젖당발효, methyl red test(−), VP test(+), gram(+)
② 젖당발효, methyl red test(+), VP test(−), gram(−)
③ 젖당비발효, methyl red test(−), VP test(+), gram(+)
④ 젖당비발효, methyl red test(+), VP test(−), gram(−)

해설
대장균(E. coli)
- 장내에 서식하며 그람(−), 운동성, 간균, 통성혐기성균
- 젖당을 분해하여 CO_2와 H_2가스를 생산
- 대부분이 매우 무해하나 변종 중에는 식중독균이 있다.
- 식품위생 지표 세균
- methyl red test(+), VP test (−)

02 식품을 경유하여 인체에 들어왔을 때 반감기가 길고 칼슘과 유사하여 뼈에 축적되며, 백혈병을 유발할 수 있는 방사성 핵종은?

① 스트론튬 90 ② 바륨 140
③ 요오드 131   ④ 코발트 60

해설
- 스트론튬 90 : 체내에서 Ca과 유사한 반응을 일으키며 뼈와 골수에 축적되어 백혈병을 유발한다.
- 요오드 131 : 반감기가 짧은 편이나 초기에 피폭 시 표적장기 축적 가능성이 크며 갑상선독성을 유발한다.
- 코발트 60 : 방사선조사식품에 사용되는 핵종으로 반감기가 짧아 비교적 문제가 적다.

03 중간수분식품(IMF)에 관한 설명 중 틀린 것은?

① 일반적으로 수분활성이 0.60~0.85에 해당하는 식품을 말한다.
② 곰팡이의 발육을 억제한다.
③ 저온을 병용하면 더욱 효과가 좋다.
④ 황색포도상구균의 발육억제에 효과적이다.

해설
㉠ 중간수분식품(IMF)
  - 수분활성도가 0.60에서부터 0.85 정도인 식품이다.
  - 건조식품보다 수분함량이 높은 식품군으로 일반부패세균의 번식이 억제되기 때문에 보존기간이 길지만 곰팡이나 효모에 의한 변패에는 주의해야 한다.
㉡ 수분활성도(A_w)에 따른 미생물의 생육
   세균(0.91) > 효모(0.88) > 곰팡이(0.80)

TIP 황색포도상구균은 세균이기 때문에 IMF에서는 생육의 제한을 받는다. 대부분의 부패세균은 중온균이기 때문에 저온을 병용할 경우 효과가 좋다.

04 BOD가 높아지는 것과 가장 관계가 깊은 것은?

① 식품공장의 세척수
② 매연에 의한 공기오염
③ 플라스틱 재생공장의 배기수
④ 철강공장의 냉각수

해설
BOD(생물화학적 산소요구량)
- 호기성 미생물이 일정 기간 동안 물속에 있는 유기물을 분해할 때 사용하는 산소의 양을 말한다.
- BOD가 높아질수록 오염도가 높아짐을 뜻한다.

TIP 폐수의 오염도를 측정하는 지표이기 때문에 매연에 의한 공기오염은 답이 되지 않는 플라스틱 재생공장의 배기수와 철강공장의 냉각수에는 무기물이 포함되어 있기 때문에 생물화학적 산소요구량인 BOD에는 식품공장의 세척수가 영향을 미친다.

정답 01 ② 02 ① 03 ② 04 ①

05 식품제조가공업소에서 이물관리 개선을 위해 실시할 수 있는 대책과 거리가 먼 것은?

① X-ray 검출기 설치
② 방충·방서설비 등 제조시설 개선
③ 대장균 등의 미생물 완전 멸균처리
④ 반가공 원료식품의 자가품질검사 강화

해설
대장균은 미생물학적 위해요소이기 때문에 이물관리와는 관련이 없다.

06 HACCP의 7원칙에 해당하되 않는 것은?

① 모니터링 체계 확립
② 검증 절차 및 방법 수립
③ 문서화 및 기록 유지
④ 공정흐름도 현장 확인

해설
HACCP의 7원칙
- 원칙 1 : 위해요소 분석
- 원칙 2 : 중요관리점 설정
- 원칙 3 : 허용기준 설정
- 원칙 4 : 모니터링방법 설정
- 원칙 5 : 시정조치 설정
- 원칙 6 : 검증방법 설정
- 원칙 7 : 기록보관 및 문서화 방법 설정

TIP 공정흐름도 절차 확인은 12절차에 포함된다.

07 병원성세균 중 포자를 생성하는 균은?

① 바실러스 세레우스(Bacillus cereus)
② 병원성대장균(Eschefichia coli O157 : H7)
③ 황색포도상구균(Staphylococcus aureus)
④ 비브리오 파라해모리티쿠스(Vibrio parahaemoly-ticus)

해설
바실러스 세레우스(Baillus cereus)
- 그람양성의 포자형성을 하는 호기성균이다.
- 토양세균으로 원인균과 포자가 자연계에 널리 분포하여 식품에 오염기회가 많다.

08 음료수캔의 내부코팅제, 급식용 식판 등의 소재로 사용되었으며, 고압증기멸균기에서 용출되기 쉬운 내분비계 장애물질은?

① 다이옥신
② 폴리염화비페닐
③ 디에틸스틸베스트롤
④ 비스페놀 A

해설
내분비계 장애물질
사람이나 동물의 내분비 호르몬과 비슷하게 작용하는 외인성 화학물질이다. 내분비계에 영향을 미쳐 생식능력 등의 장애를 일으킨다.
- 다이옥신 : 화학제품의 열분해를 통해 발생하므로 주로 쓰레기장의 플라스틱을 소각할 때 발생한다.
- 비스페놀 A : 캔음료의 내부코팅제로 주로 사용된다. 캔을 가열하거나 급식용 식판을 전자레인지에 데우는 것을 주의해야 한다.

09 식품의 산화환원전위(redox) 값에 대한 설명으로 틀린 것은?

① 산소가 투과할 수 있는 식품조직상 밀도의 영향을 받는다.
② 가공되지 않은 식품은 호흡활동이 있으므로 양(+)의 redox 값을 가진다.
③ 식품의 pH가 감소할수록 redox 값은 증가한다.
④ 식품 중의 비타민 C나 sulfhydryl group(-SH) 등은 음의 redox

해설
식품의 산화환원전위(redox)
- 산화와 환원을 포함하는 의미로 미생물의 생육에 영향을 미치는 인자이다.
- 호흡활동이 있는 식품은 음(-)의 redox 값을 가진다.
- redox 값이 크면 호기성 미생물, 낮으면 혐기성 미생물의 성장에 용이하다.

정답 05 ③ 06 ④ 07 ① 08 ④ 09 ②

10 비브리오 패혈증의 예방대책에 대한 설명으로 잘못된 것은?

① 간장 질환자 및 상처가 난 사람은 해수욕을 가급적 삼간다.
② 어패류는 수돗물로 충분히 씻는다.
③ 강물이 유입되는 어획 장소는 균의 증감을 감시한다.
④ 생선회를 냉장고에 일정시간 보관하였다가 먹는다.

해설

비브리오 패혈증
- *Vibrio vulnificus* 감염에 의한 패혈증을 나타낸다.
- Vibrio spp.의 경우 2~4%에서 생육하는 고염균이므로 민물로 충분히 씻어서 제어할 수 있다.

11 안전관리인증기준(HACCP)을 적용하여 식품·축산물의 위해요소를 예방·제어하거나 허용수준 이하로 감소시켜 당해 식품·축산물의 안전성을 확보할 수 있는 중요한 단계·과정 또는 공정은?

① Good manugacturing practice
② Hazard Analysis
③ Critical Limit
④ Critical Control Point

해설

① Good manugacturing practice : 우수제조기준
② Hazard Analysis : 식품 제조공정에서 위해 가능성이 있는 요소를 찾아 분석·평가하는 공정
③ 허용기준 설정(Critical Limit) : 안전을 위한 절대적 기준치로 온도, 시간, 무게, 색 등 간단히 확인할 수 있는 기준을 설정
④ Critical Control Point : 위해요소를 방지·제거하고 안전성 확보를 위해 중점적으로 다루어야 할 관리지점

12 산화방지제의 중요 메커니즘은?

① 지방산 생성 억제
② 히드로퍼옥시드(hydroperoxide) 생성 억제
③ 아미노산(amini acid) 생성 억제
④ 유기산 생성 억제

해설

산화방지제
유지의 산화에 의하여 생성되는 주요 과산화물인 hydro-peroxide의 생성을 억제하여 유지의 산패에 의한 식품의 변질 및 변색을 방지하는 식품첨가물이다.

13 경구감염병의 특징에 대한 설명 중 틀린 것은?

① 감염은 미량의 균으로도 가능하다.
② 대부분 예방접종이 가능하다.
③ 잠복기가 비교적 식중독보다 길다.
④ 2차 감염이 어렵다.

해설

구분	경구감염병	세균성식중독
감염균량	미량	다량
잠복기	긴 편	짧은 편
면역성	있음	없음
예방	불가능	균 증식 억제 가능

14 석탄산계수에 대한 설명으로 옳은 것은?

① 소독제의 무게를 석탄산 분자량으로 나눈 값이다.
② 소독제의 독성을 석탄산의 독성 1,000으로 하여 비교한 값이다.
③ 각종 미생물을 사멸시키는 데 필요한 석탄산의 농도 값이다.
④ 석탄산과 동일한 살균력을 보이는 소독제의 희석도를 석탄산의 희석도로 나눈 값이다.

해설

석탄산계수(phenol coefficient)
- 석탄산의 소독력을 기준으로 하여 표시되는 소독력의 살균력 평가지표이다.
- 물질의 활성은 석탄산과의 희석도의 비로 표시된다.

15 산화방지제의 효과를 강화하기 위하여 유지식품에 첨가되는 효력 증강제(synergist)가 아닌 것은?

① tartaric acid
② propyl gallate
③ citric acid
④ phosphoric acid

해설
효력증강제
자신은 산화방지작용이 없으나 산화과정에서 산화방지제의 작용을 증강시키는 물질로 주로 산(acid)이 사용된다.

16 식품에 오염된 방사능 안전관리를 위하여 기준을 설정하여 관리하는 핵종들은?

① ^{140}Ba, ^{141}Ce
② ^{137}Cs, ^{131}I
③ ^{89}Sr, ^{95}Zr
④ ^{59}Fe, ^{90}Sr

해설
식품 중 안전관리기준이 설정되어 있는 핵종
^{90}Sr, ^{137}Cs, ^{17}Cs, ^{131}I, ^{106}RU

17 다음 중 수분함량 측정방법이 아닌 것은?

① Soxhlet 추출법
② 감압가열건조법
③ Karl-Fisher법
④ 상압가열건조법

해설
Soxhlet 추출법
식품 속의 조지방을 측정하는 방법이다.

18 환자의 소변에 균이 배출되어 소독에 유의해야 되는 감염병은?

① 장티푸스
② 콜레라
③ 이질
④ 디프테리아

해설
세균성 경구감염병
• 장티푸스 : 보균자의 분변에서 배출된 Salmonella typhi가 음식이나 물에 감염되며 매개물을 통해 사람에게 감염된다.
• 콜레라 : Vibrio cholera
• 세균성이질 : Shigella dysenteriae
• 디프테리아 : Corynebacterium diphtheriae

19 식품에 사용되는 합성보전료의 목적은?

① 식품의 산화에 의한 변패를 방지
② 식품의 미생물에 의한 부패를 방지
③ 식품에 감미를 부여
④ 식품의 미생물을 사멸

해설
합성보전료의 목적
미생물의 증식을 일정 기간 동안 억제하여 식품이 부패하기까지의 시간을 지연시킨다.

20 병에 걸린 동물의 고기를 제대로 가열하지 않고 섭취하거나 가공할 때 사람에게도 감염될 수 있는 감염병은?

① 디프테리아
② 급성회백수염
③ 유행성 간염
④ 브루셀라병

해설
• 브루셀라병(파상열, Brucellosis) : 감염된 소, 양 등의 유제품 또는 고기를 통해 감염된다.
• 디프테리아와 급성회백수염의 경우 보균자의 분변 및 보균자로부터 직접 감염된다.

2과목 식품화학

21 식용유지의 자동산화 중 나타나는 변화가 아닌 것은?

① 과산화물가가 증가하다가 감소한다.
② 공액형 이중결합(conjugated double bonds)을 가진 화합물이 증가한다.
③ 요오드가가 증가한다.
④ 산가가 증가한다.

해설

㉠ 유지의 산화
- 식용유지의 산화 시 점성이 생기며 황갈색, 적갈색으로 변색이 일어난다.
- 이중결합 부위에 산화가 일어나고 요오드값이 감소하며 산가가 증가한다.

㉡ 요오드값 : 이중결합에 첨가되는 요오드의 값으로 유지의 불포화도를 측정

㉢ 산가 : 유지 중 분해된 유리지방산을 중화하는 데 필요한 KOH의 양을 이용해 신선도 측정

22 다음 carotenoid 중 xanthophyll 그룹에 해당하는 것은?

① β-carotene
② cryptoxanthin
③ α-carotene
④ lycopene

해설

Carotenoid
- 황색, 적황색의 비극성인 지용성 색소
- Carotene류와 xanthophyll류로 나뉜다.

Carotene류	α-carotene, β-carotene, lycopene
xanthophyll류	lutein, astaxanthin, cryptoxanthin

23 다음 중 물에 녹고 가열에 의해 쉽게 응고되는 단백질은?

① albumin
② protamine
③ albuminoid
④ glutelin

해설

㉠ 알부민(albumin)
- 물, 염류용액, 묽은산 및 알칼리에 잘 녹는다.
- 가열에 의해 쉽게 응고된다.

㉡ 글루테린(glutelin)
- 물, 염류, 묽은 alcohol에 녹지 않는다.
- 가열에 의해 응고되지 않는다.

24 서로 다른 형태와 크기를 가진 복합물질로 구성된 비뉴톤액체의 흐름에 대한 저항성을 나타내는 물리적 성질을 무엇이라 하는가?

① 점성
② 점조성
③ 점탄성
④ 유동성

해설

Rheology의 종류
- 점성 및 점조성 : 유체의 흐름에 대한 저항성을 나타내며 점성은 뉴톤유체, 점조성은 비뉴톤유체의 저항성
- 점탄성 : 외부로부터 힘의 작용 시 점성유동과 탄성변형이 함께 일어나는 성질

25 바이센베르그 효과를 나타내는 식품과 거리가 먼 것은?

① 연유
② 꿀
③ 녹아 있는 치즈
④ 낫토

해설

바이센베르그 효과(Weissenberg effect)
원통상 용기의 틈 사이에 점탄성 액체를 넣고 회전시키면 자유표면의 중앙부가 부풀어 액체가 원통 측에 감겨 붙은 것처럼 보이는 현상으로 점탄성의 액체에 해당된다.

26 소비자의 선호도를 평가하는 방법으로써 새로운 제품의 개발과 개선을 위해 주로 이용되는 관능 검사법은?

① 묘사 분석
② 특성차이 검사
③ 기호도 검사
④ 차이식별 검사

[해설]

식품의 관능 검사
㉠ 차이식별 검사
- 종합적 차이검사 : 단순 검사(두 시료의 차이 유무 판정), 일-이점 검사(기준시료와 동일한 것 선택), 삼점 검사(3개 중 다른 하나 선택), 확장삼점 검사
- 특성 차이검사 : 이점비교 검사(두 개의 차이), 순위법(강도비교순서), 평점법(0~9점), 다시료 비교 검사(기준시료와 비교)

㉡ 묘사 분석 : 훈련된 검사 요원에 의한 관능적 특성의 질적·양적 묘사, 향미 프로필(맛, 냄새, 향미), 텍스처 프로필(물리적 특성), 정량적 묘사(향미, 텍스처, 색 등 전반적인 관능 특성), 스펙트럼 묘사 분석(특성과 강도에 대한 모든 정보), 시간-강도 묘사 분석

㉢ 소비자 기호도 검사 : 가장 주관적 검사, 새로운 식품 개발이나 품질 개선에 이용, 이점기호 검사, 기호 척도법, 순위 기호검사, 적합성 판정법

27 다음 중 비타민 B_2가 알칼리 환경에서 광분해되어 생성되는 물질은?

① lumiflavin
② thiazole
③ thiochrome
④ lymichrome

[해설]

비타민 B_2(riboflavin)
- 알칼리 환경에 노출되면 광분해되어 lumiflavin을 생성한다.
- 약산성에서 중성 환경에 노출되면 lumichrome을 생성한다.

28 식품의 텍스처를 측정하는 texturometer에 의한 texture-profile로부터 알 수 없는 특성은?

① 탄성
② 저작성
③ 부착성
④ 안정성

[해설]

texturometer
식품의 텍스처를 수치화하여 평가하는 기계로 응집성, 탄성, 경도, 저작성, 부착성, 무름, 점성 등을 판단할 수 있다.

29 고구마, 밤 등의 과실 통조림에서 회색의 복합염을 형성하여 산소가 남아 있는 경우 흑청색이나 청록색으로 변하는 이유는?

① 탄닌 성분이 제2철염과 반응하기 때문에
② 탄닌 성분이 마그네슘 이온과 반응하기 때문에
③ 탄닌 성분이 외부의 산소와 결합하기 때문에
④ 탄닌 성분이 탈수되기 때문에

[해설]

탄닌(tannin)
- 밤이나 감에서 떫은맛을 내는 성분인 탄닌은 그 자체로는 무색이나 산화물에서 홍갈색, 홍색을 나타낸다.
- 여러 금속에서 복합염을 형성하는데 제1철이온(Fe^{++})과 반응하여 회색의 복합염을 형성한다.
- 통조림 내부에 산소 존재 시 제2철이온(Fe^{+++})과 복합염을 형성하여 흑청색이나 청녹색으로 변한다.
- 감을 자르면 흑변하는 것도 감의 표면이 산소와 반응하여 제2철이온과 복합염을 형성하는 현상이다.

30 식용유지의 과산화물가가 80밀리당량(meq/kg)인 경우, 밀리몰(mM/kg)로 환산한 과산화물가는?

① 10mM/kg
② 20mM/kg
③ 30mM/kg
④ 40mM/kg

[해설]

과산화물가(peroxide value)
- 과산화물량을 정량적으로 측정하여 자동산화의 정도를 나타내는 지표
- 유지에 KI를 반응시키면 과산화물에 의해 KI로부터 요오드가 정량적으로 유리되는데, 이를 sodium thiosulfate로 적정하여 판정
- 요오드 2가이온(I_2)을 적정하므로 2mM/kg은 meq/kg과 같으므로, 80밀리당량(meq/kg)은 40meq/kg

31 마이야르반응에 의해 발생하지 않는 휘발성분은?

① 피라진류(pyrazines)
② 피롤류(pyrroles)
③ 에스테르류(esters)
④ 옥사졸류(oxazoles)

해설

마이야르반응(maillard)
- 비효소적 갈변반응의 하나이다.
- 환원당의 carbonyl기와 아미노화합물의 결합이 일어나서 amino carbonyl이라고도 한다.
- 초기, 중기, 최종단계로 구분되며 피라진류(pyrazines), 피롤류(pyrroles), 옥사졸류(oxazoles), CO_2 등이 생성되어 향미에 영향을 미친다.

32 알칼로이드계의 쓴맛 물질이 아닌 것은?

① 카페인
② 테오브로민
③ 퀴닌
④ 피넨

해설

피넨(pinene)은 모노테르펜류에 속하는 물질이다.

33 알라닌(alanine)이 Strecker 반응을 거치면 무엇으로 변하는가?

① acetic acid
② ethanol
③ acetamide
④ acetaldehyde

해설

- 스트레커 합성(Strecker synthesis) : 알데하이드가 암모니아로 가수분해되는 과정
- alanine이 Strecker 반응을 거치면 역으로 알데하이드가 된다.

34 $CuSO_4$의 알칼리 용액에 넣고 가열할 때 Cu_2O의 붉은색 침전이 생기지 않는 것은?

① maltose
② sucrose
③ lactose
④ glucose

해설

Somogi법
- 알칼리성 조건하에서 가열에 의해 환원당을 환원하여 환원당량을 구하는 환원당 정량시험법 중의 하나이다.
- sucrose는 semiacetal성 OH기가 없어 변성광을 일으키지 않는 비환원당이기에 환원당 정량시험에 해당되지 않는다.

35 KOH를 첨가하였을 때 글리세롤을 형성하지 못하는 지방질은?

① 인지질
② 중성지질
③ 트리팔미틴
④ 라이코펜

해설

- 검화가 : 유지를 검화하는 데 필요한 KOH의 양으로 측정
- 검화 : 알칼리성 물질로 에스테르 결합을 가수분해하는 것으로 단순지질인 트리스테아린, 복합지질인 세레브로사이드, 레시틴이 가능하며 토코페롤은 유도지질로 검화될 수 없다.

36 우유 단백질 간의 이황화결합을 촉진시키는 데 관여하는 것은?

① 설프하이드릴(sulfhydryl)기
② 이미다졸(imifazole)기
③ 페놀(phenol)기
④ 알킬(alkyl)기

해설

이황화결합
단백질 사이의 $-S=S-$ 결합을 뜻하며 설프하이드릴기 존재 시 결합을 촉진시킨다.

37 카레의 노란색을 나타내는 색소는?

① 안토시아닌(anthocyanin)
② 커큐민(curcumin)
③ 탄닌(tannin)
④ 카테킨(catechin)

정답 31 ③ 32 ④ 33 ④ 34 ② 35 ④ 36 ① 37 ②

해설
㉠ 식품의 색소성분
- 안토시아닌(anthocyanin) : 적색, 자색
- 커큐민(curcumin) : 황색

㉡ 식품의 맛성분
- 탄닌(tannin), 카테킨(catechin) : 떫은맛
- 젖산(lactic acid), 구연산(citric acid) : 신맛

38 가열 조리한 무의 단맛 성분은?

① allicin ② aspartame
③ methyl mercaptan ④ phyllodulcin

해설
매운맛 성분인 diallyl sulfide 혹은 dially disulfide는 가열조리 시 methyl mercaptan 혹은 propyl mercaptan으로 변화하며 단맛이 증가한다.

39 포도당이 아글리콘(aglycone)과 에테르 결합을 한 화합물의 명칭은?

① glucoside ② glycoside
③ galactoside ④ riboside

해설
glucoside(배당체)
- 당이 하이드록시기를 가지는 천연물과 결합하여 존재하는 형태를 말한다.
- 아글리몬의 종류에 따라 페놀배당체, 플라보노이드배당체 등으로 구분한다.

40 옥수수를 주식으로 하는 저소득층의 주민들 사이에서 풍토병 또는 유행병으로 알려진 질병의 원인을 알기 위하여 연구한 끝에 발견된 비타민은?

① 나이아신 ② 비타민 E
③ 비타민 B_2 ④ 비타민 B_6

해설
옥수수에는 필수 비타민 B_3 함량이 낮으며 그중 나이아신의 함량이 낮기에 옥수수를 주식으로 섭취 시 나이아신 결핍에 의한 나이아신 결핍증후군인 펠라그라(pellagra)에 걸릴 위험이 있다.

3과목 식품가공학

41 유지를 추출하기 위한 유기용제의 구비조건으로 잘못된 것은?

① 유지 및 기타 물질을 잘 추출할 것
② 유지 및 착유박에 이취와 독성이 없을 것
③ 기화열 및 비열이 작아 회수하기가 쉬울 것
④ 인화 및 폭발하는 등의 위험성이 적을 것

해설
유지 추출용매의 구비조건
- 유지만을 추출할 수 있어야 한다.
- 유지 및 착유박에 이취와 이미, 독성이 없어야 한다.
- 기화열 및 비열이 작아 회수가 용이해야 한다.
- 인화 및 폭발 위험성이 적어야 한다.
- 종류로는 압착법, 추출법, 용출법 등이 있다.

42 발효를 생략하고 기계적으로 반죽을 형성시키는 제빵공정(no time dough method)에서 첨가하는 cystein의 작용을 옳게 설명한 것은?

① gluten의 $-NH_2$기에 작용하여 $-N=N-$로 산화한다.
② gluten의 $-SH$기에 작용하여 $-S-S-$로 산화한다.
③ gluten의 $-S-S-$ 결합에 작용하여 $-SH$로 환원한다.
④ gluten의 $-N=N-$ 결합에 작용하여 $-NH_2$로 환원한다.

정답 38 ③ 39 ① 40 ① 41 ① 42 ②

해설

시스테인은 글루텐의 −SH기에 작용하여 −S−S−로 산화한다. 이를 통하여 글루텐을 연화시키는 작용을 한다.

43 원통형 저장탱크에 밀도가 $0.917g/cm^3$인 식용유가 5.5m 높이로 담겨져 있을 때, 탱크 밑바닥이 받는 압력은?(단, 탱크의 배기구가 열려져 있고 외부압력이 1기압이다.)

① $0.495 \times 10^5 Pa$
② $0.990 \times 10^5 Pa$
③ $1.013 \times 10^5 Pa$
④ $1.508 \times 10^5 Pa$

해설

탱크가 식용유에 의해 받는 압력(P)
= 밀도×중력가속도×높이
= $0.917g/cm^3 \times 9.8m/s^2 \times 5.5m$
= $917kg/m^3 \times 9.8m/s^2 \times 5.5m$
= $49,426.3(kgm/s^2)/m^2$
= $49,426.3 N/m^2 = 49.5 kPa$

1기압(1atm)=101.3kPa이므로 탱크 밑바닥이 받는 총 압력은 49.5+101.3=150.8kPa
따라서 $1.508 \times 10^5 Pa$이다.

44 천연과일주스의 제조 공정 중 탈기(공기 제거)의 목적이 아닌 것은?

① 이미, 이취의 발생을 감소시킨다.
② 거품의 생성을 억제시킨다.
③ 색소파괴를 감소시킨다.
④ 조직감을 향상시킨다.

해설

탈기의 목적
• 가열살균 시 공기팽창에 의한 제품 파손 방지
• 비타민 C 손실 감소
• 호기성 세균이 발육억제
• 이미, 이취의 발생 감소 및 색소파괴 감소

45 튀김유의 품질조건이 아닌 것은?

① 거품이 일지 않을 것
② 열에 대하여 안전할 것
③ 튀길 때 발생하는 연기가 적을 것
④ 가열에 의한 점도 변화가 클 것

해설

㉠ 유지의 가열산화에 따른 변화
• 중합체의 형성으로 점도가 높아진다.
• 발연점이 낮아지고 변색이 일어난다.
• 카르보닐 화합물이 형성된다.
㉡ 튀김유의 품질조건
• 가열에 의한 점도 변화가 적어야 한다.
• 발연점은 210~240℃로 비교적 높은 기름을 사용한다.
• 가열 시 연기나 자극취가 적어야 한다.

46 밀의 제분공정에서 조질의 주요 목적은?

① 외피와 배유의 분리를 쉽게 하기 위한 것
② 밀가루의 품질을 균일하게 하기 위한 것
③ 외피의 분쇄를 쉽게 하기 위한 것
④ 협잡물을 제거하기 위한 것

해설

밀의 제분공정
정선 → 조질(수분 조절) → 조쇄 및 분쇄 → 체질 → 숙성 → 포장
• 조질 : 밀에 수분을 조절하여 가열하는 공정으로 외피와 배유의 분리를 쉽게 하기 위함
• 숙성 : 표백과 제빵 적성을 위해 밀가루의 색소나 환원성 물질을 공기 중에 산화숙성시키는 과정

47 피부건강에 도움을 주는 건강기능식품의 기능성 원료(고시형 원료)가 아닌 것은?

① 알로에 겔
② 쏘팔메토열매추출물
③ 엽록소 함유 식물
④ 클로렐라

해설

• 건강기능식품 고시형 : 식품의약품안전처에서 고시한 품목으로 자격을 갖춘 영업자라면 제조 및 수입이 가능한 원료

- 건강기능식품 개별인정형 : 고시형 원료가 아닌 제품 중 신규 개발된 소재에 대해서 안전성 및 기능성에 대한 과학적 검증을 통해 식품의약품안전처에서 승인한 원료
- 쏘팔메토열매추출물 : 전립선 건강기능성 원료

48 무당연유의 수분함량은 약 얼마인가?

① 25% 정도　　② 30% 정도
③ 75% 정도　　④ 90% 정도

해설

연유
- 진공상태에서 우유를 농축시켜 만든 것을 의미한다.
- 설탕의 첨가 여부에 따라 가당연유와 무당연유로 분류된다.
- 무당연유는 생우유에 비해 소화하기 쉬우며 수분함량은 75% 정도이다.

49 식품포장재료에 요구되는 기본 성질에 대한 설명으로 틀린 것은?

① 품질을 유지하기 위한 성질로 친수성, 친유성, 광택성이 있다.
② 식품을 보호하는 성질로 가스투과도, 투습도, 광차단성, 자외선방지, 보향성이 있다.
③ 상품 가치를 높이는 성질로 투명성, 인쇄적성, 밀착성이 있다.
④ 포장효과 및 생산성을 높이는 성질로 밀봉성, 기계적성, 내한성, 내열성, 위조방지가 있다.

해설

식품포장재료에 대한 기본 성질
외부환경으로부터 제품의 품질을 유지하기 위해 외부와의 반응이 적어야 하므로 친수성, 친유성, 광택성이 존재하지 않아야 한다.

50 소시지 가공 시 염지의 효과가 아닌 것은?

① 육색소를 고정하여 제품의 색택을 유지시킨다.
② 보수성과 결착성을 증진시킨다.
③ 방부성과 독특한 맛을 갖게 한다.
④ 단백질을 변성시키고 살균한다.

해설

염지(curing)
- 육색소 고정효과를 통해 품질을 향상시킨다.
- 고기를 소금에 절이는 공정으로 보다 장기적으로 보존할 수 있다.
- 보수성과 결착성이 증진된다.
- 독특한 풍미를 부여한다.
- 근육단백질에 대한 용해성을 증진시킨다.

51 I.Q.F 동결에 관한 설명 중 틀린 것은?

① Individual Quick Freezing이다.
② 식품의 개체를 따로 따로 동결하는 방법이다.
③ 최근 수산물의 동결저장에 많이 응용되고 있는 방법이다.
④ 공기동결 방법에 적합한 동결현상이다.

해설

I.Q.F 동결
- Individual Quick Freezing(개별급속냉동)
- 식품의 개체를 분할 또는 절단하여 작게 만든 후 개별적으로 냉동하는 방법이다.
- 최근 수산물과 소형 육가공제품에 많이 응용되나 표면적이 커져 변질과 건조의 단점이 있다.

52 배지를 110℃에서 20분간 살균하려 한다. 사용하고자 하는 살균기의 온도가 화씨(℉)로 표시되어 있을 때 이 살균기를 사용하려면 살균온도(℉)를 얼마로 고정하여 살균하여야 하는가?

① 110℉　　② 212℉
③ 230℉　　④ 251℉

해설

섭씨(℃)와 화씨(℉)의 변환 방법
- ℉ = (1.8 × ℃) + 32
  따라서 (1.8 × 110) + 32 = 230(℉)
- ℃ = (℉ − 32)/1.8

정답　48 ③　49 ①　50 ④　51 ④　52 ③

53 물에 불린 콩을 마쇄하여 두부를 만들 때 마쇄가 두부에 미치는 영향에 대한 설명으로 틀린 것은?

① 콩의 마쇄가 불충분하면 비지가 많이 나오므로 두부의 수율이 감소하게 된다.
② 콩의 마쇄가 불충분하면 콩단백질인 glycinin이 비지와 함께 제거되므로 두유의 양이 적어 두부의 양도 적다.
③ 콩을 지나치게 마쇄하면 불용성의 고운 가루가 두유에 섞이게 되어 응고를 방해하여 두부의 품질이 좋지 않게 된다.
④ 콩을 지나치게 마쇄하면 콩 껍질, 섬유소 등이 제거되어 영양가 및 소화흡수율이 증가한다.

[해설]
콩의 마쇄가 두부에 미치는 영향
- 콩의 마쇄가 불충분하여 불용성 물질(콩껍질, 섬유소 등)이 두유에 섞이면 소화흡수율이 감소한다.
- 콩을 미세하게 마쇄할수록 수율이 증가된다. 그러나 지나치게 마쇄하면 압착 시 불용성의 고운 가루가 두유에 섞이게 되어 응고를 방해하여 두부의 품질이 낮아진다.

54 전분의 당화법 중 효소당화법에 대한 설명이 아닌 것은?

① 정제를 완전히 해야 한다.
② 쓴맛이 없고 착색물질 등 생성물이 생기지 않는다.
③ 당화전분농도는 약 50%이다.
④ 97% 이상의 높은 분해율을 보인다.

[해설]
효소당화법
- 원료전분을 정제하지 않아도 된다.
- 당화전분농도는 약 50%로 높은 편이다.
- 당화액은 쓴맛이 없고 다른 부산물(착색물질 등)이 생성되지 않는다.
- 97~99%의 높은 당화율을 보이나 48~72시간의 당화시간이 필요하다.

55 무당연유의 제조공정에 대한 설명으로 틀린 것은?

① 당을 넣지 않는다.
② 예열공정을 하지 않는다.
③ 균질화는 한다.
④ 가열멸균을 한다.

[해설]
무당연유의 제조공정
원유 → 표준화 → 예비가열(예열) → 농축 → 균질화 → 재표준화 → 파이로트시험 → 충전 → 담기 → 멸균 처리 → 냉각 → 제품

56 대두조직단백(TSP : Textured Soybean Protein, 조직대두단백)을 대체 소재로 사용 시 기대되는 효과로 틀린 것은?

① 비교적 양질의 단백질을 함유하고 있어 영양가가 우수하다.
② 제품이 대개 건조된 상태로 되어 있어 포장 및 운반이 쉽다.
③ 지방과 Na 함량이 적어 고혈압, 비만증 등의 환자를 위한 식단에 적합하다.
④ 외관, 형태, 조직 또는 촉감은 육류와 달라 증량 향상을 목적으로 사용된다.

[해설]
대두조직단백(TSP)
- 콩가루, 농축콩단백, 분리콩단백 등 조리하여 먹기 어려운 대두단백제품을 육류와 비슷하게 조직화시켜 만든 것이다.
- 이는 양질의 단백질을 함유하고 있고 지방과 Na 함량이 적어 영양가가 우수하다.

57 신선란에 대한 설명으로 틀린 것은?

① 비중은 1.08~1.09이다.
② 난황의 굴절률은 1.42 정도로 난백보다 높다.
③ 난백의 pH는 6.0 정도로 난황보다 낮다.
④ 신선란의 pH는 저장기간이 지남에 따라 증가한다.

정답 53 ④ 54 ① 55 ② 56 ④ 57 ③

해설
㉠ 신선란 : 산란 직후에 채집한 신선한 달걀로 신선란의 신선도 검사에는 난황계수측정법, 난백계수측정법, 투시검사법, 난황편심도, 비중선별법, 난각의 두께, 설감법 등이 있다.
㉡ 신선란의 기준
- 난황계수가 0.3~0.4 이상인 것
- 11% 식염수에 가라앉는 것
- 기실의 크기가 작은 것

58 채소를 가공할 때 전처리로 데치기를 하는 목적이 아닌 것은?

① 효소의 불활성화 ② 오염 미생물의 살균
③ 풋냄새의 제거   ④ 향의 보존

해설
데치기의 목적
- 효소를 불활성화시켜 변색 및 변패 방지
- 이미·이취 등의 제거
- 외관과 맛의 변화 방지
- 원료의 조직감 개선

59 유통기한 설정 시 반응속도의 온도 의존성에 관한 설명으로 틀린 것은?

① 반응속도는 온도가 증가하면 직선적(linear)으로 증가한다.
② 온도 의존성은 일반적으로 아레니우스(Arrhenius) 식으로 표현된다.
③ 온도 의존성은 특히 가속저장방법으로부터 유통기한 예측에 적용된다.
④ Q_{10}이 2인 식품이 50℃에서 유통기한이 2주일 때 30℃에서는 8주이다.

해설
유통기한 예측
- 반응속도와 온도와의 관계를 아레니우스식으로 표현한다. ($k = Ae^{(Ea/RT)}$)
- 온도가 증가할수록 반응속도도 증가하지만 직선적으로 증가하진 않는다.

60 마요네즈 제조 시 사용되는 달걀의 가장 중요한 물리 화학적 원리는?

① 기포성 ② 유화성
③ 포립성 ④ 응고성

해설
두 가지의 서로 다른 액체 중 분산매가 분산질에 녹아든 형태를 유화라 하며 마요네즈의 경우 대표적인 수중유적형(O/W) 식품이다.
- 수중유적형(O/W) : 우유, 마요네즈, 버터
- 유중수적형(W/O) : 버터, 마가린

4과목　식품미생물학

61 알코올성 음료의 상업적 생산에 관여하는 효모와 가장 거리가 먼 것은?

① Saccharomyces cerevisiae
② Saccharomyces sake
③ Saccharomyces carlsbergensis
④ Zygosaccharomyces rouxii

해설
- Saccharomyces carlsbergensis : 맥주의 하면발효효모이다.
- Zygosaccharomyces rouxii : 내염성, 내당성 효모로 간장, 덧된장의 주발효 효모이다.

62 효모의 대표적인 증식방법으로 세포에 생긴 작은 돌기가 커지면서 새로운 자세포가 생성되는 것은?

① 출아   ② 사출
③ 세포분열 ④ 접합

해설
효모의 증식
- 효모의 증식은 출아, 분열, 출아분열법이 있으며 대부분의 효모는 출아법(budding)에 의하여 증식한다.

- 출아법 : 효모가 성숙되면 싹(bud)이 발생하여 한 개의 자세포가 생성된다.

효모의 증식	출아법	양극출아
		다극출아
	분열	
	출아분열	

63 효모 미토콘드리아(mitochondria)의 주요 작용은?

① 호흡작용 ② 단백질 생합성 작용
③ 효소 생합성 작용 ④ 지방질 생합성 작용

해설
- 미토콘드리아 : 세포호흡에 관련하는 소기관
- 리보솜 : 단백질의 생합성이 이루어지는 세포기관

64 GRAS(Generally Regarded as Safe) 균주로 안전성이 입증되어 있고, 단세포 단백질 및 리파아제 생산균주는?

① Candida rugosa
② Aspergillus niger
③ Rhodotorula glutinus
④ Bacillus subtilis

해설
GRAS(Generally Regarded as Safe)
일반적으로 안전하다고 판단되는 물질로 미국 식품의약국(FDA)에서 운영하는 기준

65 asymmetrical에 속하며 치즈 제조에 사용되는 곰팡이는?

① Penicillium roqueforti
② Penicillium chrysogenum
③ Penicillium expansum
④ Penicillium citrinum

해설
Penicillium(푸른곰팡이)
- 분생자병 끝에 정낭이 없어 기저경자에 분생포자가 외생한다.
- symmetrical(대칭형) 혹은 asymmetrical(비대칭형)이 있다.

66 경사면으로 굳혀 호기성 미생물 배양에 사용하는 배지는?

① 사면배지 ② 평판배지
③ 고층배지 ④ 증균배지

해설
㉠ 미생물의 고체배양법
- 사면배양 : 한천배지를 녹인 후 경사면으로 굳혀서 호기성 미생물 배양에 사용하는 배지
- 고층배지 : 한천배지를 녹인 후 시험관에 세워둔 채로 굳혀 혐기성 미생물 배양에 사용하는 배지

㉡ 미생물의 액체배양법
증균배지 : agar를 포함하지 않은 배지를 이용해 미생물을 증균할 때 사용하는 배지

67 붉은 색소를 생성하며 생선묵과 우유를 적변시키는 것은?

① Serratia속 ② Escherichia속
③ Pseudomonas속 ④ Lactobacillus속

해설
Serratia
그람음성의 혐기성 세균으로 prodigiosin이라는 적색소를 생성하여 식품을 적변시키는 원인균이다.

68 청국장 제조에 쓰이는 균은?

① Bacillus mesentericus
② Bacillus subtilis
③ Bacillus coagulans
④ Lactobacillus plantarum

해설
㉠ Bacillus spp. : 토양 및 주변환경에서 쉽게 검출되는 미생물로 전분발효능이 강하다.
- B. subtilis : 청국장 및 장류발효에 사용되는 유익균이다.
- B. coagulans : 내열성포자를 형성하여 어육소시지에서 반점 모양의 부패를 일으키며 병조림 flat sour의 원인균이다.
㉡ Lactobacullus spp. : 그람양성의 젖산균으로 유제품발효에 주로 이용되는 미생물이다.

69 미생물의 증식을 억제하는 항생물질 중 세포벽 합성을 저해하는 것은?

① Penicillin
② Chloramphenicol
③ Tetracycline
④ Streptomycin

해설
페니실린(Penicillin)
세균의 세포벽 합성을 담당하는 효소의 작용에 영향을 주어 세균을 사멸시키는 항생물질이다.

70 Rhizopus속에 대한 설명으로 옳은 것은?

① 털곰팡이라고도 한다.
② 가근을 형성하지 않는다.
③ 혐기적인 조건에서 알코올이나 젖산 등을 생산한다.
④ 자낭균류에 속한다.

해설
Rhizopus(거미줄곰팡이)
- 균사와 격막이 없는 조상균류에 속한다.
- 기근과 포복지가 있으며 포자낭병이 가근에서 나온다.
- 호기조건에서 주로 성장한다.

71 당류의 발효성 실험법으로 적합하지 않은 것은?

① Lindner법
② Durham tube법
③ Einhorn tube법
④ Pilsner법

해설
Lindner법, Durham tube법, Einhorn tube법
발효 시 생성되는 CO_2를 확인하는 시험법으로 당류의 발효성실험에 사용된다.

72 미생물의 증식곡선에서 환경에 대한 적응시기로 세포 수 증가는 거의 없으나 세포 크기가 증대되며 RNA 함량이 증가하고 대사활동이 활발해지는 시기는?

① 유도기(lag phase)
② 대수기(logarithmic phase)
③ 정상기(stationary phase)
④ 사멸기(death phase)

해설
미생물의 증식곡선(growth curve)
- 유도기 : 증식을 준비하는 시기로 효소, RNA는 증가하며 DNA는 일정한 시기이다.
- 대수기 : 미생물이 대수적으로 증식하는 시기로 RNA는 일정하며 DNA는 증가하는 시기이다. 세대시간과 세포의 크기는 일정하다.
- 정지기 : 영양물질의 고갈로 증식 수와 사멸 수가 같으며 포자 형성 시기이다.
- 사멸기 : 생균 수보다 사멸균수가 많아지는 시기로 자기소화(autolysis)로 균체가 분해된다.

73 유제품 공장에서 파지(phage) 오염 예방법으로 적합하지 않은 것은?

① 2종 이상의 균주 조합 계열을 만들어 2~3일마다 바꾸어 사용한다.
② 내성균주를 사용한다.
③ 온도 및 pH 등의 환경조건을 변화시킨다.
④ 공장과 주변을 청결히 하고 용기의 가열·살균, 약제 사용 등을 철저히 한다.

해설

파지(phage) 오염 예방법
- 공정 내외부의 살균을 철저하게 진행한다.
- 파지 내성균주를 이용한다.
- 균주특이성이 존재하므로 균주 rotation system을 이용한다.

74 세대시간이 20분인 세균 3마리를 2시간 배양한 후의 균수는?

① 36 ② 64
③ 192 ④ 729

해설
- 세대시간=분열에 소요되는 총시간/분열의 세대
  20(분)=120(분)/분열의 세대
- 분열의 세대=120(분)/20(분)=6
- 총 균 수=초기 균 수×2세대 시간=3×2^6=192

75 클로렐라(chlorella)에 대한 설명 중 옳은 것은?

① 태양 에너지의 이용률은 일반 재배식물과 유사하다.
② 사람에 대한 소화율이 다른 균체보다 높다.
③ 현미경으로만 볼 수 있고 담수에서 자란다.
④ 건조물은 약 50%가 단백질이고 아미노산과 비타민이 풍부하다.

해설

클로렐라
- 조류는 원핵세포에 속하는 남조류와 진핵세포에 속하는 해조류로 구분되는데, 클로렐라는 조류, 해조류, 녹조류에 속한다.
- 원생생물로 담수나 해수에 생육하며 빛을 이용해서 무기염과 CO_2를 생산하여 증식하는 광합성을 하는 독립영양생활을 한다.
- 비타민·무기질 등이 풍부하여 체질 개선 및 건강증진을 유지하는 기능성식품으로 사용된다.
- 인체 소화율이 낮다.

76 Bergey의 초산균 분류 중 초산을 산화하지 않으며 포도당 배양기에서 암갈색 색소를 생성하는 균주는?

① Acetobacter roseum
② Acetobacter oxydans
③ Acetobacter melanogenum
④ Acetobacter aceti

해설

Bergey classification
세균을 그람염색성·대사 및 형태학적으로 분류하는 분류법
초산균(acetic acid bacteria)
- 알코올을 산화하여 초산 생성, G(-), 호기성, 간균, 운동성 있는 것 또는 없는 것
- 주요 균 : Acetobacter 속, Gluconobacter 속
- Acetobacter aceti(식초제조), Gluconobacter roseus(글루콘산, 피막형성), Acetobacter melanogenum(암갈색 색소 생성)

77 Penicillium속이 생산하는 독소는?

① Rubratoxin ② Aflatoxin
③ Tetrodotoxin ④ Zearalenone

해설
- Rubratoxin : Penicillium속의 미생물이 생산하는 독소로 과일의 저장 중 주로 발생한다.
- Aflatoxin : Aspergillus속의 곰팡이에 의해 생성되는 독소로 발암성을 띤다.
- Tetrodotoxin : 복어의 난소와 간장에 많이 존재하는 복어독으로 신경에 작용하는 신경독소이다.
- Zearalenone : Fusarium속의 곰팡이에 의해 생성되는 독소이다.

78 분열에 의한 무성생식을 하는 전형적인 특징을 보이는 효모는?

① Saccharomyces속
② Zygosaccharomyces속
③ Saccharomycodes속
④ Schizosaccharomyces속

정답 74 ③ 75 ④ 76 ③ 77 ① 78 ④

해설
- Saccharomyces속 : 유성생식 중 동태접합
- Sacchromycodes속 : 무성생식 중 출아분열법
- Schizosaccharomyces속 : 무성생식 중 분열법

79 단시간 내에 특정 DNA 부위를 기하급수적으로 증폭시키는 중합효소연쇄반응(PCR)의 반복되는 단계는?

① DNA 이중나선의 변성 → RNA 합성 → DNA 합성
② RNA 합성 → DNA 이중나선의 변성 → DNA 합성
③ DNA 이중나선의 변성 → 프라이머 결합 → DNA 합성
④ 프라이머 결합 → DNA 이중나선의 변성 → DNA 합성

해설
중합효소연쇄반응(PCR)
특정한 DNA를 증폭하여 유전자를 복제·증폭시키는 기술로 최초 변성 이후 프라이머가 결합하여 DNA가 합성되는 과정이 반복된다.

반응	cycle
최초 변성(predenaturation)	1
변성(denaturation) → 결합(annealing) 증폭(extension)	20~40
최종 증폭(elongation)	1

80 그람염색에서 가장 먼저 사용하는 시약은?

① 알코올(alcohol)
② 크리스털 바이올렛(crystal violet)
③ 사프라닌(safranin)
④ 그람 요오드(gram's iodine)

해설
㉠ 그람염색 : 세포벽의 구조 및 구성물질의 차이를 이용해 세포를 염색하며 그람양성균은 크리스털 바이올렛에 의해 보라색을, 그람음성균은 사프라닌에 의해 붉은색을 나타낸다.
㉡ 그람염색의 단계
- 1단계 : crystal violet(1차 염색)
- 2단계 : Lugol(매염)
- 3단계 : 95% ethanol(탈색)
- 4단계 : Safranin(대조염색)

5과목 생화학 및 발효학

81 Biotin 과잉배지에서 glutamic acid 발효 시 첨가하는 물질은?

① Vitamin B_{12}
② Thiamin
③ Penicillin
④ Vitamin C

해설
글루탐산 발효
- 글루탐산을 생성, 축적하는 발효를 의미한다.
- 글루탐산 생산균은 모두 비오틴이 요구되지만 생산 시에는 비오틴을 생육적량 이하로 제한해야 글루탐산의 생성이 최고이다.
- 비오틴 과잉 시 Penicillin을 첨가하면 세포막 투과성이 증가하여 glutamic acid의 세포 외 분비가 촉진되므로 정상발효로의 회복이 빠르다.
- 최적조건은 pH 7.0~8.0, 통기교반, 30~35℃이다.

82 비타민 D에 대한 설명으로 틀린 것은?

① Isoprene 단위의 축합으로 합성된 isoprenoid 화합물이다.
② 비타민 A, E, K와 마찬가지로 수용성이다.
③ 피부에서 광화학반응에 의해 7-dehydrocholesterol로부터 합성된다.
④ Vitamin D_3는 1,25-dehydroxyvitamin D_3로 전환되어 Ca^{2+} 대사를 조절한다.

해설
비타민 D
- 지용성 비타민으로 열에 안정하나 알칼리에 불안정하다.
- Ca와 P의 흡수를 촉진하며 결핍 시 Ca와 P의 배합 침착이 저해되어 골연화증을 야기한다.
- 식물에서는 ergosterol에서 형성된다.

정답 79 ③ 80 ② 81 ③ 82 ②

83 아미노산의 탈아미노반응으로 유리된 NH₃의 대사경로가 아닌 것은?

① α-keto acid와 결합하여 아미노산을 생성
② 해독작용의 하나로서 glutamine을 합성
③ 간에서 요소회로를 거쳐 요소로 합성
④ 간에서 당신생(gluconeogenesis) 과정을 거침

[해설]
탈아미노반응(deamination)
아미노산 등 아미노기를 갖는 화합물에서 아미노기를 제거하여 암모니아(NH₃)를 생성하는 반응이다. 생성된 NH₃는 α-keto acid와 결합하여 아미노산을 재생성, 간에서 요소로 합성되는 과정 등을 통해 대사된다.

84 고농도 유기물의 폐수를 처리하기 위한 메탄발효법은 어떤 처리법에 해당되는가?

① 활성오니법　② 살수여상법
③ 혐기적 처리법　④ 호기적 처리법

[해설]
메탄발효법(methane fermentation)
• 메탄을 생성하는 발효법으로 무산소성소화법이라고도 한다.
• 혐기적 조건에서 폐수 속 유기물이 산생성균과 메탄생성균에 의하여 메탄과 이산화탄소를 생성한다.

85 전분 당화 효소 중 α-1,4 linkage를 무작위로 가수분해하지만, α-1,6 linkage를 분해하지 못하는 endo 효소는?

① α-amylase　② β-amylase
③ glucoamylase　④ isoamylase

[해설]
α-amylase
다당류에서 진행되는 1,4-α-D-글루코사이드결합의 가수분해반응을 촉매한다. 전분, glycogen 등 amylose의 α-1,4결합을 무작위로 절단하여 포도당+α 한계 덱스트린을 생성한다.

86 미카엘리스 상수(Michaelis constant) K_m의 값이 낮은 경우는 무엇을 의미하는가?

① 효소와 기질의 친화력이 크다.
② 효소와 기질의 친화력이 작다.
③ 기질과 저해제가 경쟁한다.
④ 기질과 저해제가 결합한다.

[해설]
미카엘리스 상수 K_m
• 효소반응과 기질농도와의 관계를 나타내는 반응속도식인 미카엘리스-멘텐식의 해리상수를 의미한다.
• K_m의 값이 낮은 경우에는 효소와 기질의 친화력이 크다.
• K_m은 반응속도 최댓값의 1/2인 경우에 기질농도와 값이 같다.

87 핵산 관련 물질의 정미성에 관한 설명으로 틀린 것은?

① Ribose의 5′ 위치에 인산기가 붙는다.
② Mononucleotide에 정미성이 있다.
③ 정미성은 pyrimidine계의 것에는 있으나, purine계의 것에는 없다.
④ Nucleotide의 당은 deoxyribose, ribose이다.

[해설]
핵산 관련 물질의 정미성
• MSG, IMP, GMP 등의 핵산계 물질은 정미성이 존재하여 감미료로 사용된다.
• XMP > IMP > GMP 순으로 정미성이 증가한다.
• pyrimidine계는 정미성이 존재하지 않는다.

88 효소와 기질이 반응할 때 기질의 구조가 조금만 달라도 그 기질에 대해서 효소가 활성을 갖지 못하는 것을 무엇이라 하는가?

① 활성부위(active site)
② 기질특이성(specificity)
③ 촉매효율(catalytic efficiency)
④ 조절(regulation)

정답　83 ④　84 ③　85 ①　86 ①　87 ③　88 ②

> 해설

기질특이성(specificity)
효소와 기질의 반응 시 효소가 특정 분자에 대해서만 활성을 가져 반응하는 성질을 의미한다.

89 광합성의 명반응과 암반응에 대한 설명이 틀린 것은?

① 명반응은 온도의 영향을 받지 않으며, 빛의 세기에 영향을 받는다.
② 암반응은 빛의 존재에 직접적으로 의존하지 않는다.
③ 명반응은 빛 에너지를 ATP 등의 화학 에너지로 전환한다.
④ 암반응은 질소고정을 이용하여 질소화합물로 동화시키는 효소반응이다.

> 해설

광합성 과정
- 명반응 : 빛의 세기에 영향을 받으며, 빛에너지를 이용하여 광인산화반응을 하여 생성된 NADPH와 ATP를 암반응에 공급한다.
- 암반응 : 빛의 존재에 영향을 받지 않으며, 명반응에서 공급받은 NADPH와 ATP를 이용하여 포도당을 생성한다.

90 격렬한 운동을 하는 동안 혐기적인 조건에서 근육 속에 생성된 젖산이 Cori cycle에 의해 간으로 이동하여 무엇으로 전환되는가?

① 글리신(glycine)
② 알라닌(alanine)
③ 포도당(glucose)
④ 글루탐산(glutamic acid)

> 해설

Cori cycle
- 글리코겐의 분해 및 재합성이 일어나는 회로반응계
- 혐기적 조건에서 근육에서 생성된 젖산이 간으로 이동하며 포도당으로 전환

91 균주 개량 및 신물질 생산을 위한 재조합 DNA 기술(recombinant DNA technology)에 필수적으로 요구되는 수단이 아닌 것은?

① DNA methylase
② DNA ligase
③ Restriction enzyme
④ Vector

> 해설

유전자재조합기술(recombinant DNA technology)
- 추출한 DNA분자의 단편을 DNA에 인위적으로 재조합하는 기술
- Restriction enzyme : DNA사슬을 절단해주는 효소
- Vector : 절단된 DNA를 표적 DNA로 전달해주는 전달체
- DNA ligase : 주입된 DNA를 결합시켜주는 효소

92 맥주 제조 시 당화액을 자비할 때 hop의 쓴맛을 내는 성분은?

① isohumulone
② cohumulone
③ lupulone
④ tannin

> 해설

당화액 자비의 목적
- 당화액의 농축 및 살균/효소의 불활성화
- 맥주 특유의 쓴맛인 hop성분의 추출

93 아래와 같은 반응으로 만들어지는 최종 발효 생성물은?

$$C_6H_{12}O_6 \rightarrow 2C_2H_5OH + 2CO_2$$
$$C_2H_6OH + O_2 \rightarrow CH_3COOH + H_2O$$

① 식초
② 요구르트
③ 알코올
④ 핵산

> 해설

- 식초발효(초산발효) : alcohol이 산화되어 초산을 만드는 과정으로 포도당($C_6H_{12}O_6$)이 발효되어 알코올이 생성되고 알코올이 산화되어 초산을 생성한다.
- 대표적인 초산균 : *Acetobacter aceti* 속, *Gluconobacter* 속

94 TCA cycle 중 전자전달(electron transport) 과정으로 들어가는 $FADH_2$를 생성하는 반응은?

① isocitrate → α-ketoglutarate
② α-ketoglutarate → sussinyl CoA
③ succinate → fumarate
④ malate → oxaloacetate

해설
TCA회로
탈수소반응에서 succinate가 fumarate로 전환될 때 전자수용체인 FAD에 전달되어 $FADH_2$를 생성한다.

95 단일 탄소기를 운반하는 생화학 반응에서 보조효소로 작용하는 비타민은?

① 엽산
② 비타민 B_1
③ 비타민 C
④ Pantothenic acid

해설
엽산(forlic acid)
• 장내 미생물에 의해 합성되며 적혈구 형성의 역할을 한다.
• 피리미딘 전구체로부터 DNA와 아미노산의 합성에 관여한다.
• 단일 탄소기를 운반하는 생화학반응에서 보조효소로 작용한다.

96 Mycobacterium tuberculosis에서 분리정제된 DNA 시료 중 몰비로 20%의 adenine이 함유되어 있다. 이 DNA 중에 cytosine의 백분율은?

① 20%   ② 30%
③ 40%   ④ 50%

해설
DNA
아데닌(A)과 티민(T), 구아닌(G)과 시토신(C)이 상보적으로 구성되어 있다. 아데닌이 20% 함유 시 상보적인 티민도 20% 함유되므로 구아닌과 시토신은 각각 30% 함유되어 있다.

97 지방산의 생합성 속도로 결정하는 효소는?

① 시트르산 분해효소
② 아세틸-CoA 카르복실화효소
③ ACP-아세틸기 전이효소
④ ACP-말로닐기 전이효소

해설
지방산의 생합성
속도는 아세틸-CoA 카르복실화효소에 의해 조절된다. 그리고 비오틴에 의해 촉매된다.

98 유전물질이 발견되지 않는 세포 내 소기관은?

① chloroplasts   ② lysosomes
③ mitochondria   ④ nuclei

해설
리소좀(lysosomes)
• 식세포작용을 하여 세균 등을 소화시킨다.
• 유전물질은 함유하고 있지 않다.

99 심부배양과 비교하여 고체배양이 갖는 장점이 아닌 것은?

① 곰팡이에 의한 오염을 방지할 수 있다.
② 공정에서 나오는 폐수가 적다.
③ 시설비가 적게 들고 소규모 생산에 유리하다.
④ 배지조성이 단순하다.

해설
심부배양과 고체배양의 특징

구분	심부배양	고체배양
균주	세균, 효모에 적합	곰팡이에 적합
관리	배양관리가 쉽다.	배양관리가 어렵다.
설비	• 좁은면적 가능 • 기계화가 가능하지만 시설비가 높음	• 넓은 면적 필요 • 기계화가 어려우며 수작업이 필요하지만 시설비가 비교적 적음
폐수	많이 발생	적게 발생

정답 94 ③ 95 ① 96 ② 97 ② 98 ② 99 ①

100 미생물에 의해서 분해되기 어려운 가소제는?

① dibutyl stbacate
② diisooctyl phthalate
③ polypropylene adipate
④ polypropylene sebacate

해설

가소제
- 플라스틱에 첨가하여 열가소성을 증대시킨 것으로 성형 유연성을 주는 역할을 하는 물질
- 미생물에 의해 분해되기 어려운 가소제는 diisooctyl phthalate 등이다.

CHAPTER 22 2019년 3회 식품기사

1과목 식품위생학

01 동물의 변으로부터 살모넬라균을 검출하려 할 때 처음 실시해야 할 배양은?

① 확인배양 ② 순수배양
③ 분리배양 ④ 증균배양

해설
증균배양
액체배지를 이용하여 샘플에 소량 존재하는 특정균만을 증식시키고자 할 때 사용한다.

02 곰팡이가 생성하는 독소가 아닌 것은?

① Aflatoxin ② Citrinin
③ Citreoviridin ④ Atropine

해설
- Aflatoxin : Aspergillus 속 곰팡이에 의해 생성
- Citrinin : Penicillium citrinum에 의해 생성
- Citreoviridin : Penicillium toxicarium에 의해 생성

03 기구 및 용기 · 포장류의 제조 · 가공 기준으로 틀린 것은?

① 기구 및 용기 · 포장의 제조 · 가공에 사용되는 기계 · 기구류와 부대시설물은 항상 위생적으로 유지 · 관리하여야 한다.
② 기구 및 용기 · 포장의 식품과 접촉하는 부분에 사용하는 도금용 주석은 납을 1.0% 이상 함유하여서는 아니 된다.
③ 기구 및 용기 · 포장의 제조 · 가공에 사용되는 원재료는 품질이 양호하고, 유독 · 유해물질 등에 오염되지 아니한 것으로 안전성과 건전성을 가지고 있어야 한다.
④ 전류를 직접 식품에 통하게 하는 장치를 가진 기구의 전극을 철, 알루미늄, 백금, 티타늄 및 스테인리스 이외의 금속을 사용하여서는 아니 된다.

해설
기구 및 용기 · 포장류의 제조 · 가공 기준
- 기구 및 용기 · 포장의 식품과 접촉하는 부분에 사용하는 도금용 주석은 납을 5.0% 이상 함유하여서는 아니 된다.
- 납 10%, 안티몬을 5% 이상 함유된 기구 및 용기 포장을 제조하여서는 안 된다.
- 기구 · 용기 및 포장에 쓰인 땜납은 납을 20% 이상 함유하여서는 안 된다.

04 방사능 물질이 인체와 식품에 미치는 영향에 대한 설명이 틀린 것은?

① 반감기가 짧을수록 위험하다.
② 동위원소의 침착 장기의 기능 등에 따라 위험도의 차이가 있다.
③ 생체에 흡수되기 쉬울수록 위험하다.
④ 생체기관의 감수성이 클수록 위험하다.

해설
방사선조사
- 방사선을 물질에 조사하여 식품 속의 세균사멸 및 발아 · 숙도 억제 등의 작용을 한다.
- 방사에너지로서 입자선인 α, β선과 중성자 및 파동선인 γ, X선 등이 있다.
- 반감기가 길수록 위험하다.

05 물의 오염된 정도를 표시하는 지표로 호기성 미생물이 일정기간 동안 물속에 있는 유기물을 분해할 때 사용하는 산소의 양을 나타내는 것은?

① BOD(Biochemical Oxygen Demand)
② COD(Chemical Oxygen Demand)

정답 01 ④ 02 ④ 03 ② 04 ① 05 ①

③ SS(Suspended Solid)
④ DO(Dissolved Oxygen)

해설

- BOD(Biochemical Oxygen Demand, 생물학적 산소요구량) : 물속의 유기물이 호기성 미생물에 의해 5일간 소모되는 데 필요한 산소량
- COD(Chemical Oxygen Demand, 화학적 산소요구량) : 물속의 오염물질을 $KMnO_4$ 같은 산화제로 산화 분해 시 필요한 산소량
- SS(Suspended Solid, 부유물질) : 물에 용해되지 않으면서 물속에서 부유하는 2mm 이하의 물질
- DO(Dissolved Oxygen, 용존산소량) : 물속에 포함되어 있는 산소량

06 보존료의 주요 사용 목적은?

① 미생물에 의한 부패를 방지
② 미생물의 완전 사멸
③ 식품 성분의 개선
④ 맛의 증진

해설

보존료의 조건
- 미생물의 생육을 억제해야 한다.
- 식품에 나쁜 영향을 주지 않아야 한다.
- 사용이 간단하고 값이 싸야 한다.
- 인체에 무해하고 독성이 없어야 한다.
- 장기적으로 사용해도 해가 없어야 한다.

07 다음 중 유해 합성 착색제는?

① 식용색소 적색 제2호
② 아우라민(auramine)
③ β-카로틴(β-carotene)
④ 이산화티타늄(titanium dioxide)

해설

착색제
- 식품을 인공적으로 착색시켜 기호성을 높이는 식품첨가물
- 유해 착색제 : 로다민(rhodamine), 수단 Ⅲ(sudan Ⅲ), 아우라민(Auramine)

08 인수공통감염병에 대한 설명으로 틀린 것은?

① 사람과 동물 사이에 동일한 병원체에 의해 발생한다.
② 병원체가 들어 있는 육류 또는 유제품 섭취 시 감염될 수 있다.
③ 결핵, 파상열이 해당한다.
④ 탄저병은 브루셀라균에 의해 발생한다.

해설

인수공통감염병
㉠ 인수공통감염병의 종류
  탄저, 파상열(브루셀라병), 결핵, 돈단독증, 야토병, Q열 등
㉡ 인수공통감염병의 예방
  - 이환동물을 조기 발견하여 격리치료한다.
  - 이환동물이 식품으로 취급되지 않도록 하며 우유 등의 살균처리를 한다.
  - 수입되는 유제품, 가축, 고기 등의 검역을 철저히 한다.
㉢ 인수공통감염병의 신고
  탄저, 고병원성 조류인플루엔자, 광견병 및 대통령령으로 정하는 인수공통감염병의 발병 시 즉시 질병관리본부장에게 통보하여야 한다.

09 특수 독성시험이 아닌 것은?

① 최기형성시험
② 번식시험
③ 변이원성시험
④ 급성 독성시험

해설

- 일반 독성시험 : 급성 독성시험, 아급성 독성시험, 만성 독성시험
- 특수 독성시험 : 변이원성시험, 발암성시험, 최기형성시험, 번식시험 등

10 GMO 식품의 항생제 내성 유전자가 체내 혹은 체내 미생물로 전이되는 것이 어려운 이유는?

① 기존 식품에 혼입되어 오랜 시간 동안 다량 노출로 인해 인체가 적응을 하였기 때문
② 유전자변형식품에 인체 및 미생물에 영향을 미치는 유전자가 함유되지 않기 때문

정답 06 ① 07 ② 08 ④ 09 ④ 10 ③

③ 식품 중에 포함된 유전자가 체내의 분해효소와 강산성의 위액에 의해 분해되기 때문
④ 전이 방지 물질을 첨가하여 안전성평가에 의해 인체에 전이되지 않는 GMO만을 허가하여 유통되기 때문

해설

GMO(유전자변형농산물)
- 유전자 재조합기술로 재배된 농산물을 말한다.
- 옥수수, 콩, 사탕무, 면화, 유채 등을 대상으로 재배된다.
- 식품 외에도 가축사료, 의약품 등에 사용된다.
- GMO에 포함된 유전자는 체내의 분해효소와 강산성의 위액에 의해 분해되기 때문에 소화관 미생물로 전이되지 않는다.

11 밀가루 개량제로 허용된 식품첨가물이 아닌 것은?

① 과산화벤조일(희석) ② 과황산암모늄
③ 탄산수소나트륨 ④ 염소

해설

밀가루 개량제로 허용된 식품첨가물
- 과산화벤조일(0.06g/kg 이하로 사용)
- 묽은 과산화벤조일(0.3g/kg 이하로 사용)
- 과황산암모늄(0.3g/kg 이하로 사용)
- 브롬산칼륨(브롬산으로서 0.03g/kg 이하로 사용)
- 이산화염소(보통 0.03g/kg으로 사용)

12 식중독을 일으키는 세균과 바이러스에 대한 설명으로 틀린 것은?

① 세균은 온도, 습도, 영양성분 등이 적정하면 자체 증식이 가능하다.
② 바이러스에 의한 식중독은 미량(10~100)의 개체로도 발병이 가능하다.
③ 독소형 식중독은 감염형 식중독에 비해 비교적 잠복기가 짧다.
④ 바이러스에 의한 식중독은 일반적인 치료법이나 백신이 개발되어 있다.

해설

바이러스에 의한 식중독은 소량으로도 감염이 가능하며, 일반적인 치료법이나 백신이 개발되어 있지 않다.

13 식품포장용기로 사용되는 유리에 대한 설명으로 틀린 것은?

① 유리재질에는 경질유리와 연질유리가 있다.
② 유리는 투명하고 위생적이고 기밀성이 좋다.
③ 비교적 독성이 적으나, 사용원료에 따라서는 비소, 납 등 중금속이 문제가 될 수 있다.
④ 유리 제조과정 중 사용된 가소제가 용출될 수 있다.

해설

염화비닐수지 등 합성수지제에서 가소제성분이 식품으로 이행되는 것을 관리해야 한다.

14 식품의 잔류 농약에 관한 설명으로 틀린 것은?

① 수확 직전 살포 시에는 식품에 다량 잔류할 수 있다.
② 급성 독성이 문제시되며, 만성 독성은 발생하지 않는다.
③ 사용이 금지된 것도 환경 내에 어느 정도 잔류하여 오염될 수 있으므로 계속적인 모니터링이 필요하다.
④ 농약에 오염된 사료로 사육한 동물에서 생산된 우유 등에도 잔류할 수 있다.

해설

잔류농약의 특징
- 살충제, 살균제, 제초제의 용도 등으로 사용하는 물질로 유기염소계, 유기인계, 카바마이트계 등이 존재한다.
- 세균성 식중독에 비해 발생률은 적지만 계절에 상관없이 대부분 만성중독을 일으킨다.

15 대장균을 동정할 때 사용하는 배지의 당은?

① 유당 ② 설탕
③ 맥아당 ④ 과당

정답 11 ③ 12 ④ 13 ④ 14 ② 15 ①

> **해설**
> 대장균은 lactose를 분해하여 CO_2를 발생시키는 그람음성의 간균이므로 대장균 동정실험을 할 때에는 lactose를 이용하여 CO_2 발생 여부를 확인한다.

16 식품에서 미생물의 증식을 억제하여 부패를 방지하는 방법으로 가장 거리가 먼 것은?

① 저온 ② 건조
③ 진공포장 ④ 여과

> **해설**
> 미생물의 증식을 억제하여 부패를 방지하는 방법
> 저온, 건조, 진공포장, 고염, 고산조건의 형성

17 다음 중 내분비 장애물질이 아닌 것은?

① Dioxin
② Phthalate ester
③ Heterophyes heterophyes
④ PCB

> **해설**
> 내분비 장애물질
> • 정의 : 사람이나 동물의 내분비 호르몬과 비슷하게 작용하는 화학물질로 정상적인 내분비계에 영향을 미쳐 생식능력 등의 장애를 일으킨다.
> • 종류 : 비스페놀 A, 프탈레이트, 다이옥신, DDT, PCB, 스티렌 단량체

18 돼지고기의 생식으로 감염될 수 있는 기생충은?

① 십이지장충 ② 회충
③ 유구조충 ④ 무구조충

> **해설**
> • 십이지장충 : 채소를 통한 경구감염 및 피부감염
> • 회충 : 채소를 통한 경구감염
> • 무구조충 : 쇠고기의 생식 및 비완전 가열

19 물에 녹기 쉬운 무색의 가스살균제로 방부력이 강하여 0.1%로서 아포균에 유효하며, 단백질을 변성시키고 두통, 위통, 구토 등의 중독 증상을 일으키는 물질은?

① 포름알데히드 ② 불화수소
③ 붕산 ④ 승홍

> **해설**
> • 승홍($HgCl_2$) : 단백질 응고작용으로 손 소독에 사용
> • 붕산 : 산화붕소의 산소산으로 바퀴 등 곤충의 방제에 사용
> • 불화수소 : 습기와 접촉하여 부식성과 침투성이 높은 수소산을 형성하여 독성을 냄

20 알레르기성 식중독의 원인물질과 가장 관계가 깊은 것은?

① Histamine ② Glutamic acid
③ Solanine ④ Aflatoxin

> **해설**
> **Histamine**
> 기관지 수축, 모세혈관 확장 등의 알레르기나 염증반응에 관여하는 화학물질로, 아미노산에서 히스티딘이 탈탄산된 형태이다.

2과목 식품화학

21 관능검사 중 많이 사용되는 검사법으로 일반적으로 훈련된 패널요원에 의하여 식품시료 간의 관능적 차이를 분석하는 검사법은?

① 차이식별 검사 ② 향미프로필 검사
③ 묘사 분석 ④ 기호도 검사

> **해설**
> • 향미프로필 검사 : 소수의 훈련된 패널에 의해 맛과 냄새에 대한 전체적인 느낌을 순서와 강도에 따라 분석 및 묘사하는 방법

정답 16 ④ 17 ③ 18 ③ 19 ① 20 ① 21 ①

- 묘사 분석 : 소수의 훈련된 패널에 의하여 감지된 제품의 관능적 특성을 질적 및 양적으로 묘사하는 방법
- 기호도 검사 : 소비자들이 제품을 얼마나 좋아하는지 평가할 때 실시하는 방법

22 다음 아미노산 중 자외선 흡수성을 지니지 않는 것은?

① Tyrosine   ② Phenylalanine
③ Glycine   ④ Tryptophan

[해설]
- 방향족 아미노산은 자외선 흡수성을 가진다.
- 방향족 아미노산 : 트립토판, 티로신, 페닐알라닌

23 다음 중 환원당이 아닌 것은?

① 맥아당   ② 유당
③ 설탕   ④ 포도당

[해설]
- 설탕은 hemiacetal성 OH기가 없어 변선광을 일으키지 않는 비환원당이다.

24 식품 중의 트랜스지방 저감화 방법과 거리가 먼 것은?

① 에스테르 교환반응
② 유지의 분획
③ 육종 개발을 통한 유지자원 개발
④ 불포화지방산의 중합체 형성

[해설]
트랜스지방산의 저감화 방법
유지의 경화, 트랜스지방산 표시 의무화, 에스테르 교환반응 등

25 과당(fructose)의 수용액에서 평형화합물 중 가장 많이 존재하는 것은?

① $\alpha-D-$fructofuranose
② $\beta-D-$fructofuranose
③ $\alpha-D-$fructopyranose
④ $\beta-D-$fructopyranose

[해설]
과당의 β형은 α형에 비해 3배의 단맛을 가지는데, 0℃에서 α : β 가 3 : 7로서 고온에서의 7 : 3에 비해 훨씬 당도가 높다. 상온에서는 4 : 6 정도로 $\beta-D-$fructopyranose 가 많다.

26 어떤 식품 1g을 연소시켜 얻은 회분의 수용액을 중화하는 데 0.1N NaOH 1mL이 소모되었다면 이 식품의 산도는 얼마인가?

① 1,000   ② 100
③ 10   ④ 1

[해설]
식품의 산도
- 식품 100g을 연소시켜 얻은 회분을 중화하는 데 필요한 0.1N NaOH의 mL 수
- 1g 중화에 1mL가 사용되었다면 100g 중화 시 100mL 사용

27 표고버섯의 주요 향미성분은?

① sinigrin   ② lenthionine
③ glucosinolate   ④ allocine

[해설]
향기성분
- 에스테르류 : sedanolide(셀러리), methyl cinnamate(송이버섯), amyl formate(사과, 복숭아), isoamyl formate(배)
- 알코올류 : 2, 6-nonadienal(오이), furfuryl alcohol(커피)
- 테르핀류 : limonene(레몬, 오렌지), camphene(생강), geraniol(오렌지, 레몬), menthol(박하), citral(오렌지, 레몬)
- 황화합물 : methylmercaptane(무), propylmercaptane(마늘), dimethylmercaptane(단무지), lenthionine(표고버섯)

- 알데히드류(aldehyde) 및 유기산 : 식물의 풋내, 유지 식품의 기름진 풍미 및 산패취, 생우유(acetone, acetaldehyde, propionic acid, butyric acid, caproic acid, methyl sulfide), 버터(diacetyl, propionic acid, butyric acid, caproic acid), 치즈(ethyl β-methylmercaptopropionate)
- 피라진류(pyrazines) : 질소를 함유한 화합물로, 고기향, 땅콩향, 볶음향 등의 특성을 나타내는 성분, trimethylamine, piperidine, δ-aminovaleric acid(어류 비린내)

28 유화식품에 대한 설명으로 틀린 것은?

① 수중 유적형 유화식품의 대표적인 예는 우유이고, 유중 수적형 식품은 버터이다.
② 유화능을 갖는 유화제는 양친매성을 가지며 분자 내 친수성과 소수성기를 동시에 갖는다.
③ 유화제는 기름과 물 사이의 표면장력을 증가시켜 물과 기름이 서로 섞이게 한다.
④ 유화제의 HLB 값이 4~6이면 유중 수적형 유화액을, HLB 값이 8~18이면 수중 유적형 유화액 제조에 적합하다.

해설
- 유화제 : 기름과 물처럼 혼합되지 않는 2종의 액체를 표면장력을 감소시켜 서로 섞이게 한다.
- 유화제의 종류 : 팔미트산, 스테아르산, 레시틴 등

HLB(Hydrophilic Lipophilic Balance)
- hydrophilic(친수성)/lipophilic(친유성, 소수성)의 비
- 수치가 높으면 친수성, 낮으면 소수성

29 저칼로리의 설탕 대체품으로 이용되면서 당뇨병 환자들을 위한 식품에 이용할 수 있는 성분은?

① 자일리톨   ② 젖당
③ 맥아당   ④ 갈락토오스

해설
자일리톨
설탕의 70~80%의 감미도를 나타내며 충치의 원인인 산을 형성하지 않아 충치를 예방하는 역할을 한다. 혈당에 영향을 미치지 않기 때문에 당뇨병 환자를 위한 식품에 사용된다.

30 채소류의 특성에 대한 설명으로 틀린 것은?

① 시금치에 많이 함유된 옥살산은 칼슘과 결합하여 불용성 물질을 만들기도 한다.
② 채소류에 많이 함유된 비타민 C는 홍당무에 함유된 ascorbate oxidase에 의해 산화된다.
③ 무에 함유된 diastase는 단백질의 가수분해를 촉진시키므로 고기류와 함께 먹는 것이 바람직하다.
④ 갓에 함유된 매운맛 성분은 sinigrin으로 종자는 겨자분으로 이용되기도 한다.

해설
무에 다량 함유된 소화효소인 diastase는 녹말을 가수분해하여 maltose와 dextrin을 생성하므로 탄수화물의 소화를 돕는다.

31 산화방지제로 사용되는 화합물의 종류와 주요 항산화 메커니즘의 연결이 잘못된 것은?

① 비타민 C : 수소공여 혹은 전자공여체
② β-카로틴 : 일중항산소(singlet oxygen) 제거
③ 세사몰 : 수소공여 혹은 전자공여체
④ EDTA : 산소 제거

해설
EDTA
수용성 산화방지제 중의 하나로 산화의 촉매인 철 이온이나 구리 이온을 제거하여 산화·환원 사이클을 억제한다.

32 수수성 아미노산인 L-leucine의 맛과 유사한 것은?

① 3.0% 포도당의 단맛
② 1.0% 소금의 짠맛
③ 0.5% malic acid의 신맛
④ 0.1% caffeine의 쓴맛

해설

아미노산의 맛
- 감칠맛 : 글루탐산, 메티오닌, 알라닌
- 쓴맛 : 발린, 류신, 프롤린, 트립토판
- 신맛 : 아스파라긴산, 히스티딘
- 단맛 : 세린, 글리신

33 밀가루 단백질 중 반죽 형성 시 점착성과 연한 성질을 부여하는 것은?

① 알부민 ② 글로불린
③ 글루테닌 ④ 글리아딘

해설
- 알부민 : 동물 단백질에 존재, 사람, 달걀, 우유 등
- 글로불린 : 동물 단백질에 존재, 사람, 달걀, 우유 등
- 글루테닌 : 소맥
- 글리아딘 : 소맥 단백질의 주성분으로 글루텐을 형성하여 반죽 형성 시 점착성을 부여한다.

34 버터(Butter)의 위조품 검정에 이용되는 것은?

① Polenske 값
② Reichert-Meissl 값
③ Acetyl 값
④ Hener 값

해설

Reichert-Meissl 값
휘발성 지방산의 양을 나타내는 데 사용되는 값으로 버터와 유지방 함유 식품의 위조품 검정에 이용된다.

35 전분의 노화가 가장 잘 일어나는 수분함량은?

① 15% 이하 ② 20~30%
③ 30~60% ④ 80% 이상

해설

전분의 노화

구분	촉진	억제
온도	0℃	60℃ 이상 -20℃ 이하
수분함량	30~60%	30% 이하 60% 이상
pH	산성	알칼리성
염류	황산염	환원염 외 대부분의 염류

36 최소 감응농도 중 정미물질의 맛이 무엇인지는 분간할 수 없으나 순수한 물과 다르다고 느끼는 최소농도는?

① 최소 감각농도 ② 최소 식별농도
③ 최소 인지농도 ④ 한계농도

해설
- 최소 감각농도 : 맛의 분간이 가능한 최소농도
- 한계농도 : 검출이 가능한 최소농도

37 BHA, BHT와 같은 항산화제(antioxidant)의 작용에 대한 설명으로 틀린 것은?

① 주로 산화의 연쇄반응을 중단시키는 역할을 한다.
② 자신은 산화된다.
③ 산패가 진행된 유지에 첨가해도 그 효과는 저하되지 않는다.
④ 일반적으로 단독 사용할 때보다 병용 사용할 때 그 작용이 증강된다.

해설

항산화제
미량으로도 유지의 산화를 억제하여 주는 물질이다. 활성산소에 용이하게 수소원자를 내어 연쇄반응을 중단시키며 활성화 작용을 한다. 이미 산패가 진행된 유지에는 효과를 기대할 수 없다.

정답 33 ④ 34 ② 35 ③ 36 ① 37 ③

38 관능검사 방법 중 종합적 차이 검사에 사용하는 방법이 아닌 것은?

① 일-이점 검사 ② 삼점 검사
③ 단일 시료 검사 ④ 이점 비교 검사

해설
- 종합적 차이 검사 : 삼점 검사, 일-이점 검사, 단순 차이 검사, A-not-A 검사, 다표준 시료 검사
- 특성 차이 검사 : 이점 비교 검사, 다시료 비교 검사, 순위법

39 육류나 육류 가공품의 육색소를 나타내는 주된 성분으로 근육세포에 함유되어 있는 것은?

① 미오글로빈(myoglobin)
② 헤모글로빈(hemoglobin)
③ 시토스테롤(sitosterol)
④ 시토크롬(cytochrome)

해설
Heme계 색소
- 미오글로빈(myoglobin) : 척추동물의 근육세포에 함유되어 있는 암적색의 색소성분으로 globin 1분자와 heme 1분자가 결합하고 있다.
- 헤모글로빈(hemoglobin) : 척추동물의 적혈구에 함유되어 있는 붉은 색소로 globin 1분자와 heme 4분자가 결합하고 있다.

40 Gel과 Sol에 대한 설명 중 틀린 것은?

① 일반적으로 polymer의 성격을 갖고 있는 탄수화물이나 단백질이 다수의 물을 함유하여 Gel을 형성한다.
② Gel을 장기간 방치하면 이액현상(synersis)이 발생하는데 이는 중합체가 수축하여 분산매인 물을 분리시키는 현상이다.
③ Gel과 Sol은 온도변화나 분산매인 물의 증감에 의해 항상 가역적으로 변환된다.
④ Sol은 전해질의 첨가에 따른 교질상태의 안정화에 따라 친수성 Sol과 소수성 Sol로 나뉠 수 있다.

해설
콜로이드의 상태는 gel과 sol로 구분되며, 화학반응에 의해서 sol에서 gel로 변화하지만 gel에서 sol로는 변화하지는 않는 비가역적 관계이다.

3과목　식품가공학

41 7%의 수분을 함유한 식품을 건조하여 80%를 제거하였다. 식품의 kg당 제거된 수분의 양은 얼마인가?

① 0.14kg ② 0.56kg
③ 0.7kg ④ 0.8kg

해설
수분함량
- 습량기준 수분 함량이 70%일 때 kg당 수분의 무게(x)
$$x = \frac{x}{1,000} \times 100 = 70, \ x = 700g$$
- 80% 건조 하여 제거된 수분의 양
700×0.8=560g, 0.56kg

42 과채류를 블랜칭(blanching)하는 목적과 가장 거리가 먼 것은?

① 조직을 유연하게 한다.
② 박피를 용이하게 한다.
③ 산화효소를 불활성화시킨다.
④ 향미성분을 강화한다.

해설
데치기의 목적
- 효소를 불활성화시켜 변색 및 변패를 방지한다.
- 원료를 깨끗이 하여 오염미생물의 살균에 도움을 준다.
- 풋냄새를 제거해준다.
- 원료의 조직을 부드럽게 해준다.
- 박피를 용이하게 한다.

43 GMO에 대한 설명으로 틀린 것은?

① 전 세계적으로 콩, 옥수수, 면화, 카놀라가 대부분을 차지한다.
② GMO는 식품 외에도 가축사료, 의약품, 에너지원을 만드는 데도 사용한다.
③ 우리나라는 수입 농산물에 대하여 GMO 혼입률을 검사하고 있다.
④ 사람이 섭취한 GMO에 포함되어 있는 유전자는 체내에서 분해되지 않아 소화관 미생물로 100% 전이된다.

> 해설
>
> **GMO(유전자변형 농산물)**
> - 유전자 재조합기술로 재배된 농산물을 말한다.
> - 옥수수, 콩, 사탕무, 면화, 유채 등을 대상으로 재배된다.
> - 식품 외에도 가축사료, 의약품 등에 사용된다.
> - GMO에 포함된 유전자는 체내의 분해효소와 강산성의 위액에 의해 분해되기 때문에 소화관 미생물로 전이되지 않는다.

44 동결점이 −1.6℃인 축육을 동결하여 최종 품온을 −20℃까지 냉각하였다면 제품의 동결률은 얼마인가?

① 92% ② 94%
③ 96% ④ 98%

> 해설
>
> **동결률**
> 식품의 처음 함유 수분량에 대하여 빙결정으로 변화한 부분의 비율
>
> 동결률(%) $= \left(1 - \dfrac{-1.6}{-20}\right) \times 100 = 92\%$

45 마이야르 반응(Maillard Reaction)에 영향을 미치는 인자와 억제방법에 대한 설명으로 틀린 것은?

① pH가 3 이하에서 갈변속도가 느리다.
② 완전 건조된 상태에서는 마이야르 반응의 진행이 어렵다.
③ 6탄당 중에서 과당이 반응을 억제시킨다.
④ 실온에서는 산소가 없을 때 갈변을 억제시킨다.

> 해설
>
> **마이야르 반응(Maillard reaction)**
> - 갈변화 현상이라고도 한다.
> - 환원당(포도당, 과당 등)이 아미노산과 반응하여 멜라노이딘을 생성하는 반응이다.
> - 온도의 상승에 따라 반응속도가 증가하므로 억제시키기 위해서는 온도를 낮춘다.
> - pH, 당의 종류, 아미노산의 종류 및 반응물질이 영향을 준다.

46 우유 살균법으로 가장 실용적인 방법은?

① 고온순간 살균법   ② 방사선 살균법
③ 냉온 살균법   ④ 가압 살균법

> 해설
>
> **우유 살균법**
> - 가장 실용적인 방법은 초고온 순간 살균법이다.
> - 초고온 순간 살균법(UHT) : 130~150℃에서 1~5초간 살균한다.
> - 고온 단시간 살균법(HTST) : 72~75℃에서 15~20초간 살균한다.
> - 저온 장시간 살균법(LTLT) : 62~65℃에서 20~30분간 살균한다.

47 밀가루 반죽(Dough)의 탄력성과 안정성을 측정하고 기록하는 기기는?

① Farinograph   ② Consistometer
③ Amylograph   ④ Extensograph

> 해설
>
> **조직감 측정**
> - Farinograph : 밀가루 반죽의 탄력성과 점성, 안정성을 측정하는 기기
> - Amylograph : 전분의 호화 정도를 측정하는 기기
> - Extensograph : 밀가루 반죽의 신장도, 인장항력을 측정하는 기기
> - Consistometer : 점도를 측정하는 기기

정답 43 ④ 44 ① 45 ③ 46 ① 47 ①

48 소시지 제조 시 silent cutter나 emulsifier를 사용해서 얻을 수 있는 효과가 아닌 것은?

① meat emulsion의 파괴
② 혼합(blending)
③ 세절(cutting)
④ 이기기(kneading)

> 해설
> silent cutter(유화기)
> 소시지 분쇄육을 미세하게 갈아서 유화결착력을 높이며 첨가물의 균일혼합을 위하여 사용된다.

49 어패류의 가공품에 대한 설명 중 틀린 것은?

① 소건품은 원료 그대로 건조한 것으로 오징어가 대표적이다.
② 자건품은 삶아서 건조한 제품으로 멸치가 대표적이다.
③ 동건품은 동결과 융해를 반복하며 건조하는 것으로 한천이 대표적이다.
④ 염건품은 소금에 절여 건조한 것으로 일본의 가다랑어류가 대표적이다.

> 해설
> 염건품
> • 염장 후 말려서 저장성을 높인 식품을 의미한다.
> • 정어리 통말림, 소금 말린 미역 등이 있다.

50 식용 유지를 그대로 또는 필요에 따라 소량의 식품첨가물을 가하여 가소성, 유화성 등의 가공성을 부여한 고체상 또는 유동상의 유지는?

① 버터(butter)
② 마요네즈(mayonnaise)
③ 쇼트닝(shortening)
④ 라드(lard)

> 해설
> ㉠ 쇼트닝(shortening)
>   • 가소성, 유화성 등의 가공성을 부여한 반고체상태의 유지제품이다.
>   • 무색, 무취, 무미이며 제과, 제빵에 많이 사용된다.
>   • 쇼트닝 첨가 시 쿠키 등이 바삭하게 구워진다.
> ㉡ 버터(butter) : 카세인과 단백질을 함유한 동물성 유지이다.
> ㉢ 라드(lard) : 돼지기름으로 흰색의 반고체를 정제한 기름이다.

51 라면의 일반적인 제조공정에 대한 설명으로 틀린 것은?

① 전분의 α화는 100~105℃ 정도의 증기를 불어 넣어 2~5분간 찐다.
② 전분의 α화 고정은 열풍 건조한 면을 튀김용의 용기에 일정량 넣어 130~150℃의 온도에서 2~3분간 튀긴다.
③ 튀긴 후의 면을 충분히 냉각하지 않고 포장하면 포장지 내면에 응축수가 생겨 유지의 산패가 촉진된다.
④ 반죽은 밀가루의 50%에 해당하는 물에 원료를 넣고 혼합, 반죽하여 수분함량을 20%로 조절한다.

> 해설
> 라면 제조공정
> • 배합 : 밀가루, 소금, 물(밀가루의 30%) 등을 혼합하여 수분 10% 이하로 반죽
> • 제면 : 압연기, 제면기로 라면 형태 형성
> • 증자 : 100℃에서 2~5분간 증기로 증자
> • 성형 : 라면의 일정 모양 성형
> • 유탕 : 130~150℃에서 2~3분간 팜유 등으로 튀겨 α화 고정
> • 냉각 : 상온 냉각
> • 포장 : 수프와 포장

52 난황이나 대두로부터 분리한 레시틴이 식품가공에 가장 많이 이용되는 용도는?

① 유화제
② 팽창제
③ 삼투제
④ 습윤제

> 해설
> • 유화제 : 서로 혼합되지 않는 2종의 액체의 계면장력을 낮춰 섞이게 해준다.
> • 팽창제 : 제과제빵에서 많이 사용되며, 발효로 인한 탄산가스 등 생성으로 조직이 연해진다.

- 삼투제 : 고체물질에 액체물질이 스며들기 쉽도록 해주는 계면활성제이다.
- 습윤제 : 습윤성을 높이는 데 쓰이는 물질이다.

53 탈지분유의 제조공정 순서로 옳은 것은?

① 탈지 → 농축 → 가열 → 균질 → 건조
② 탈지 → 가열 → 농축 → 균질 → 건조
③ 농축 → 탈지 → 균질 → 농축 → 건조
④ 균질 → 탈지 → 가열 → 농축 → 건조

[해설]
탈지분유의 제조공정
원재료를 탈지 후 우유를 80℃ 정도로 가열하여 살균시킨 후 농축공정에서 우유를 끓여서 수분을 증발시켜 농축한다. 마지막으로 유지방을 잘게 부수어 균질화시킨 후 건조공정을 거친다.

54 대두 단백질에 대한 설명으로 틀린 것은?

① 글로불린(globulin)에 속하는 글리신(glycine)이 주요 성분이다.
② 필수아미노산 중 리신(lysine), 류신(leucine)의 함량이 높으며 메티오닌(methionine)과 트립토판(tryptophan) 등 황아미노산의 함량이 부족하다.
③ 트립신 저해제(trypsin inhibitor)는 트립신(trypsin)의 소화작용을 적혈구의 응고를 방해한다.
④ 헤마글루티닌(hemagglutinin)은 적혈구의 응고를 방해한다.

[해설]
헤마글루티닌(hemagglutinin)
천연 독성물질로 적혈구를 응집시킨다. 대두에 함유되어 있으며 가열 시 분해된다.

55 냉동식품의 성질에 대한 설명으로 틀린 것은?

① 일반적으로 냉동속도보다 해동속도가 빠르다.
② 냉동식품의 밀도는 냉동된 물의 양이 증가함에 따라서 감소한다.
③ 냉동식품의 비열은 물의 양이 증가할수록 커진다.
④ 냉동식품의 열전도도는 냉동된 물의 양이 증가할수록 커진다.

[해설]
얼음이 물보다 열전도도와 열확산도가 더 높기 때문에 해동속도가 냉동속도보다 느리다. 그리고 해동과정에서는 빙결점을 녹이는 융해잠열이 필요하므로 더 오래 걸린다.

56 현미를 백미로 도정할 때 쌀겨층에 해당되지 않는 것은?

① 과피   ② 종피
③ 왕겨   ④ 호분층

[해설]
㉠ 현미
  - 나락에서 왕겨층만 제거한 것
  - 도정률은 100%이다.
㉡ 백미
  - 쌀겨층(과피, 종피, 호분층)을 완전히 벗겨낸 것
  - 도정률은 92%이다.

57 도살 해체한 지육의 냉각에 대한 설명 중 틀린 것은?

① 냉각수 또는 작은 얼음조각을 뿌려 주어 온도를 10℃ 이하로 내린 후 15℃로 유지시켜 숙성과정을 돕는다.
② 냉장실의 온도는 0~10℃, 습도 80~90%를 유지한다.
③ 냉동 시에는 −23~−16℃의 저온동결을 시킨다.
④ 저온동결에서 72시간 유지한 후, 고기 표면에서 깊이 20cm의 위치 온도가 −20℃일 때가 식육의 냉동으로 적당하다.

[해설]
지육의 냉각
- 예비냉각 : 미생물의 증식을 억제하기 위해 냉각수나 얼음조각을 뿌려 가능한 최단시간에 10℃ 이하가 되도록 내린 후 15℃로 유지한다.

- 냉장실의 온도는 0~10℃, 습도는 80~90%, 유속은 0.1~0.2/초를 유지한다.
- 냉동 시 −23~−16℃, 5~6시간의 저온 급속동결 후 −20℃로 유지하며 저장한다.

58 일반적으로 CA 저장에 가장 부적합한 과실은?

① 사과　　② 레몬
③ 배　　　④ 감

해설
CA 저장
저장고의 가스 조성을 조절함으로써 식품의 호흡을 억제하므로 호흡작용이 활발한 사과, 배, 감 등의 과채류에 주로 이용된다.

59 토마토의 solid pack 가공 시 칼슘염을 첨가하는 주된 이유는 가열에 의한 어떤 현상을 방지하기 위한 것인가?

① 과실의 과육붕괴를 방지
② 과실 색깔의 퇴색을 방지
③ 무기질의 손실을 방지
④ 향기성분의 손실을 방지

해설
토마토 solid pack
- 토마토 통조림을 의미한다.
- 칼슘염을 첨가함으로써 칼슘염의 흡습성과 조해성으로 인해 과실의 과육붕괴가 방지된다.

60 일반적인 유지의 경화에 대한 설명으로 틀린 것은?

① 불포화지방산을 포화지방산으로 만드는 것이다.
② 쇼트닝, 마가린 가공 등이 대표적인 제품이다.
③ 산화와 풍미변패에 대한 저항력을 높여 준다.
④ 이산화질소 첨가반응으로 융점을 낮추어 준다.

해설
유지의 경화
- 불포화지방산의 이중결합에 수소를 첨가하여 포화지방산으로 전환시킨다.
- 쇼트닝, 마가린 가공에 이용된다.
- 경화 시 융점과 점도는 높아지고 용해도는 감소한다.
- 액체기름이 고체지방으로 전환된다.

4과목　식품미생물학

61 곰팡이에 대한 설명으로 틀린 것은?

① 곰팡이는 주로 포자에 의해서 번식한다.
② 곰팡이의 포자에는 유성포자와 무성포자가 있다.
③ 곰팡이의 유성포자에는 포자낭포자, 분생포자, 후막포자, 분열자 등이 있다.
④ 포자는 적당한 환경하에서는 발아하여 균사로 성장하며 또한 균사체를 형성한다.

해설
곰팡이(mold)의 증식
유성포자와 무성포자로 증식한다.

유성포자	접합포자, 담자포자, 자낭포자
무성포자	포자낭포자(내생포자), 분생포자, 후막포자, 분열포자

62 세균에 대한 설명 중 틀린 것은?

① 저온성 세균이란 최적 발육온도가 12~18℃이며, 0℃ 이하에서도 자라는 균을 말한다.
② Clostridium 속은 저온성 세균들이다.
③ 고온성 세균은 45℃ 이상에서 잘 자라며 최적 발육온도가 55~65℃인 균을 말한다.
④ Bacillus stearothermophilus는 고온균이다.

정답　58 ②　59 ①　60 ④　61 ③　62 ②

> [해설]
>
> 온도에 따른 세균의 구분
>
> | 구분 | 발육가능온도 | 최적 발육온도 |
> |---|---|---|
> | 저온성 세균 | -7~25℃ | 12~18℃ |
> | 중온성 세균 | 15~55℃ | 25~37℃ |
> | 고온성 세균 | 40~75℃ | 55~65℃ |
>
> • 대부분 -thermo가 붙는 미생물은 고온성 세균이다.
> • Clostridium 속을 포함한 대부분의 세균, 효모는 중온성 세균이다.

63 일반적으로 미생물의 생육 최저 수분활성도가 높은 것부터 순서대로 나타낸 것은?

① 곰팡이 > 효모 > 세균
② 효모 > 곰팡이 > 세균
③ 세균 > 효모 > 곰팡이
④ 세균 > 곰팡이 > 효모

> [해설]
>
> 수분활성도(A_w)에 따른 미생물의 생육
> 세균(0.91) > 효모(0.88) > 곰팡이(0.80)

64 광합성 무기영양균(photolithotroph)의 특징이 아닌 것은?

① 에너지원을 빛에서 얻는다.
② 탄소원을 이산화탄소로부터 얻는다.
③ 녹색 황세균과 홍색 황세균이 이에 속한다.
④ 모두 호기성균이다.

> [해설]
>
> 광합성 무기영양균 중 녹색 황세균은 무산소 환경을 선호하며, 홍색 황세균은 절대 혐기성균이다.

65 락타아제(lactase)를 생산하는 균이 아닌 것은?

① Candida kefyr
② Candida pseudotropicalis
③ Saccharomyces fragilis
④ Saccharomyces cerevisiae

> [해설]
>
> 젖당분해능을 가지는 미생물이 lactase를 생산한다.

66 다량의 리보솜, 폴리인산, 글리코겐 등의 해당효소를 함유하고 있는 곳은?

① 핵   ② 미토콘드리아
③ 액포   ④ 세포질

> [해설]
>
> 효모의 구조
> • 세포벽과 세포질 막을 가지며 안쪽에 세포질이 존재
> • 세포질 중에는 핵, 액포, 미토콘드리아, 리보솜, 지방립 등이 존재

67 방출까지의 바이러스 증식 단계가 옳은 것은?

① 부착-주입-단백외투 합성-핵산 복제-조립
② 주입-부착-단백외투 합성-핵산 복제-조립
③ 부착-주입-핵산 복제-단백외투 합성-조립
④ 주입-부착-조립-핵산 복제-단백외투 합성

> [해설]
>
> • 바이러스의 증식 단계 : 부착-주입-핵산 복제-단백외투 합성-조립
> • 박테리오파지의 증식 단계 : 흡착-침입-핵산 복제-phage 입자조립-용균

68 Pichia 속 효모의 특징이 아닌 것은?

① 김치나 양조물 표면에서 증식하는 대표적인 산막 효모이다.
② 다극출아에 의해 증식하며, 생육조건에 따라 위균사를 형성하기도 한다.
③ 알코올 생성능이 강하다.
④ 질산염을 자화하지 않는다.

[해설]
㉠ Pichia 속
- 김치 등의 발효식품 표면에 하얀 피막을 형성하는 산막효모이다.
- 산염의 자화 능력이 없고 위균사를 만든다.
- 알코올을 영양원으로 생육하고 당 발효성이 미약하다.
- KNO_3를 동화하지 않는다.

㉡ 산막효모의 특징
 산화력이 강하며 산소 요구성이 높다.

69 빵, 육류, 우유 등을 붉게 변화시키는 세균은?

① Acetobacter xylinum
② Serratia marcescens
③ Chromobacterium liouidum
④ Pseudomonas fluorescens

[해설]
Serratia 속
그람음성의 혐기성 세균으로 prodigiosin이라는 적색 색소를 생성하여 식품을 적변시키는 원인균이다. Serratia 속에는 6종이 존재하며 그중 Serratia marcescens가 기준종이다.

70 효모의 세포벽을 분석하였을 때 일반적으로 가장 많이 검출될 수 있는 화합물은?

① mannan
② protein
③ lipid and fats
④ glucosamine

[해설]
효모의 세포벽
주로 고분자 탄수화물(glucan, glucomannan)과 단백질 지방질로 구성

71 효모의 Neuberg 제1발효형식에서 에틸알코올 이외에 생성하는 물질은?

① CO_2
② H_2O
③ $C_3H_5(OH)_3$
④ CH_3CHO

[해설]
Neuberg 제1발효형식
산성 및 미산성의 환경에서 포도당이 분해되어 이산화탄소와 에틸알코올을 생성한다.

72 검출하고자 하는 미생물이 특징적으로 가지는 생육특성을 지시약이나 화학물질을 이용하여 고체배지상에서 검출할 수 있는 배지는?

① 일반영양배지(general nutrient medium)
② 선택배지(selective medium)
③ 분별배지(differential medium)
④ 강화배지(enrichment medium)

[해설]
- 일반배지 : 일반세균의 배양에 사용되는 영양배지
- 선택배지 : 원하는 균주만을 선택적으로 분리
- 강화배지 : 특정균주를 다른 균주보다 빨리 증식

73 발효 과정 중에서 산소의 공급이 필요하지 않은 것은?

① 젖산 발효
② 호박산 발효
③ 구연산 발효
④ 글루탐산 발효

[해설]
젖산 발효
당을 혐기적인 조건에서 분해하여 젖산을 생성하는 발효과정

74 산소 존재하에서 사멸되는 미생물은?

① Bacillus 속
② Bifidobacterium 속
③ Citrobacter 속
④ Acetobacter 속

[해설]
- 호기성균 : 산소가 없으면 생육할 수 없는 균(Bacillus 속, Acetobacter 속)
- 통성혐기성균 : 산소의 존재 여부에 상관없이 생육하는 균(Citrobacter 속)
- 혐기성균 : 산소가 없어야 생육할 수 있는 균(Bifidobacterium 속)

정답 69 ② 70 ① 71 ① 72 ③ 73 ① 74 ②

75 곤충이나 곤충의 번데기에 기생하는 동충하초균 속인 것은?

① Bonascus 속
② Neurospora 속
③ Gibberella 속
④ Cordyceps 속

해설

동충하초
곤충의 피부를 뚫고 몸 안에 기생하는 곤충기생형 자낭균류의 버섯

76 주정공업에서 glucose 1ton을 발효시켜 얻을 수 있는 에탄올의 이론적 수량은?

① 180kg
② 511kg
③ 244kg
④ 711kg

해설

알코올 발효

$C_6H_{12}O_6 \rightarrow 2C_2H_5OH + 2CO_2$
분자량 180.16   92.16   88.02
총량   1,000kg   ×
∴ (92.16×1,000)÷180.16=511.5kg

77 미생물의 표면 구조물 중에서 유전물질의 이동에 관여하는 것은?

① 편모(flagella)
② 섬모(cilia)
③ 필리(pili)
④ 핌브리아(fimbriae)

해설

- 편모(flagella) : 세균의 운동기관
- 섬모(cilia) : 포유동물 기관상피
- 필리(pili) : DNA 등 물질이동 역할과 부착기능
- 핌브리아(fimbriae) : 세포로의 부착을 담당하며 유전자전달에 관여하지 않음

78 그람양성균의 세포벽에만 있는 성분은?

① 테이코산(teichoic acid)
② 펩티도글리칸(peptidoglycan)
③ 리포폴리사카라이드(lipopolysaccharide)
④ 포린단백질(porin protein)

해설

세포벽의 구성성분
- 그람양성균(+) : peptidoglycan이 90%를 차지하며 teichoic acid, 다당류 함유
- 그람음성균(−) : peptidoglycan이 5~10%를 차지하며 이 외의 protein, lipopolysaccharide, lipid 함유

79 청국장 제조에 이용되는 고초균은?

① Bacillus subtilis
② Candida uersatilis
③ Aspergillus oryzae
④ Gluconobacter suboxydans

해설

㉠ bacillus subtilis(고초균)
- 토양에서 쉽게 관찰되며 발효에 이용된다.
- α−amylase, protease를 생성하며 생육인자로 biotin을 필요로 하지 않는다.

㉡ 청국장 발효에 이용되는 균주
Bacillus subtilis, Bacillus natto

80 버섯 각 부위 중 담자기(basidium)가 형성되는 곳은?

① 주름(gills)
② 균륜(ring)
③ 자루(stem)
④ 각포(volva)

해설

버섯의 구조
- 균사체와 자실체로 구성되어 있다.
- 갓(cap) 밑의 주름에서 담자기가 형성된다.

5과목 생화학 및 발효학

81 Ca 및 P의 흡수 및 체내 축적을 돕고, 조직 중에서 Ca 및 P을 결합시킴으로써 $Ca_3(PO_4)_2$의 형태로 뼈에 침착하게 만드는 작용을 촉진시키는 비타민은?

① 비타민 A
② 비타민 B
③ 비타민 C
④ 비타민 D

> **해설**
> 비타민 D
> • 칼슘 및 인의 흡수 및 체내 축적을 돕는다.
> • 조직 중에서 Ca 및 P을 결합시킴으로써 $Ca_3(PO_4)_2$의 형태로 뼈에 침착하게 만든다.
> • 햇빛 자극에 의하여 피부에 체내 합성된다.

82 광합성 과정의 전자 전달계에 관여하는 조효소(co-enzyme)는?

① NAD^+(또는 DPN^+)
② FMN
③ $NADP^+$(또는 TPN^+)
④ FAD

> **해설**
> 광합성 전자전달계
> H_2O를 산화하고 O_2를 발생하는 한편 $NADP^+$(또는 TPN^+)를 조효소로 사용한다.

83 Holoenzyme에 대한 설명으로 옳은 것은?

① 조효소를 말한다.
② 가수분해작용을 하는 효소를 말한다.
③ 활성이 없는 효소 단백질과 조효소가 결합된 활성이 완전한 효소를 말한다.
④ 금속 이온 또는 유기분자로 이루어진 factor를 말한다.

> **해설**
> 완전효소(Holoenzyme)
> • 비활성인 단백질 부분인 아포효소와 활성촉진자 역할을 하는 보조인자가 결합한 것을 의미하며 효소의 활성이 나타난다.
> • 활성을 가지려면 아포효소와 보조인자가 결합해야 한다.

84 다음 중 수용성 비타민이 아닌 것은?

① 티아민
② 코발라민
③ 나이아신
④ 토코페롤

> **해설**
> 수용성 비타민
> • 티아민, 리보플라빈, 피리독신, 나이아신, 코발라민, 비타민 C, 비오틴, 엽산, 판토텐산 등이 있다.
> • 필요량 이상 섭취 시 저장되지 않고 체외로 배출된다.
> • 일반적으로 비타민의 전구체가 존재하지 않는다.

85 포도당(glucose) 100g/L를 사용하여 빵효모를 생산하려고 한다. 발효 후에 에탄올(ethanol)이 부산물로 10g/L가 생산되었다면, 이때 생산된 균체의 양은 얼마인가?(단, 균체 생산수율은 0.5g cell/g glucose이다.)

① 약 30g/L
② 약 40g/L
③ 약 50g/L
④ 약 60g/L

> **해설**
> 균체의 양 계산
> (생성된 균체의 양) = (포도당 양 × 균체생산수율) − 부산물 양
> 따라서, $(100 \times 0.5) - 10 = 40 g/L$

86 산업폐수의 처리방법 중 호기적 처리법인 것은?

① 가스발효법
② 산발효법
③ 소화발효법
④ 활성오니법

> **해설**
> 활성오니법은 호기적 처리법이고, 그 외 보기들은 혐기성 처리법이다.
> • 가스발효법 : 폐수를 두 단계로 나누어 혐기성 분해시키는 것이다.
> • 산발효법 : 셀룰로오스나 전분 등을 당류로 분해한다. 단백질은 아미노산류로, 지방은 글리세롤이나 지방산으로 가수분해된다. pH가 저하되는 특징이 있다.
> • 소화발효법

정답 81 ④ 82 ③ 83 ③ 84 ④ 85 ② 86 ④

- 활성오니법(활성슬러지법) : 호기성 소화로, 활성오니를 생성하여 하수를 처리한다. 비교적 효율이 좋으며 악취가 발생하지 않는다.

87 gluconic acid의 생산에 대한 설명 중 틀린 것은?

① 주로 발효법으로 생산한다.
② biotin을 생육인자로 요구한다.
③ 호기성 균주를 이용한다.
④ 대부분 2단계 공정으로 생산한다.

해설

글루탐산 발효
- 글루탐산을 생성, 축적하는 발효를 의미한다.
- 글루탐산 생산균은 모두 비오틴이 필요하지만 생산 시에는 비오틴을 생육적량 이하로 제한해야 글루탐산의 생성이 최고이다.
- 비오틴 과잉 시 penicillin을 첨가하면 세포막 투과성이 증가하여 glutamic acid의 세포 외 분비가 촉진되므로 정상발효로의 회복이 빠르다.
- 최적조건은 pH 7.0~8.0, 통기교반, 30~35℃이다.

88 콜레스테롤 생합성의 최초 출발물질은?

① acetoacetyl CoA
② 3-hydroxy-3-methyl glutaryl (HMG) CoA
③ acetyl CoA
④ malonyl CoA

해설

콜레스테롤(Cholesterol)의 생합성
acetyl CoA → HMG CoA → mevalonate → isoprene → squalene → lanosterol → cholesterol

89 우리 몸에서 핵산의 가수분해에 의해 생산되는 유리 뉴클레오티드(free nucleotide)의 대사에 관련된 내용으로 옳은 것은?

① 분해되어 모두 소변으로 나간다.
② 일부 분해되어 소변으로 나가고 나머지는 회수반응(Salvage pathway)에 의해 다시 핵산으로 재합성한다.
③ 회수반응에 의해 전부 다시 핵산으로 재합성된다.
④ 유리 뉴클레오티드는 항상 일정 수준 양만 존재하므로 평형을 이루기 때문에 대사와 무관하다.

해설

핵산의 가수분해
- 핵산은 포스포디에스터 결합으로 뉴클레오타이드가 연결되어있고, 핵산가수분해효소(nuclease)에 의해 절단된다.
- 뉴클레오타이드는 핵산을 구성하는 단위로, 중합반응이 일어나서 핵산을 형성한다. 이는 인산, 5탄당, 염기가 결합되어 있다.
- 뉴클레오타이드에는 ATP, cGMP, cAMP 등이 있다.

90 발효 과정 중에서의 수율(yield)에 대한 설명으로 옳은 것은?

① 단위 균체량에 의해 생산된 생산물량
② 단위 발효시간당 생산된 생산물량
③ 발효공정에 투입된 단위 원료량에 대한 생산물량
④ 단위 균체량과 원료량에 대한 생산물량

해설

발효 과정
- 수율(yield)은 투입된 단위 원료량에 대한 생산물량을 의미한다.
- 미생물의 효소가 유기물을 분해하여 다른 유기물과 적은 에너지를 생성하는 과정을 의미한다. 이 과정을 통하여 유용한 물질이 생성되면 발효이고, 유해한 물질이 생성되면 부패이다.

91 다음 중 식용의 단세포 단백질(SCP)로 이용할 수 없는 미생물은?

① Saccharomyces cereuisiae
② Chlorella vulgaris
③ Candida utilis
④ Aspergillus flavus

해설

단세포 단백질(SCP : Single-Cell Protein)
미생물 단백질이라고도 부르며, 세균, 곰팡이, 조류, 효모 등의 미생물을 대량으로 배양한 후에 세포 자체나 균체에서 추출가공한 단백질이다. 이용되는 미생물에는 *Saccharomyces cereuisiae*, *Chlorella vulgaris*, *Candida utilis* 등이 있다.

92 광합성 중 암반응에서 CO_2를 탄수화물로 환원시키는 데 필요한 것은?

① NADP, ATP
② NADP, ADP
③ NADPH, ATP
④ NADP, NADPH

해설

탄소동화반응
- CO_2와 H_2O를 탄수화물로 환원시키는 반응이다.
- 이 과정에서 NADPH, ATP가 필요하다.

93 리보솜에서 단백질이 합성될 때 아미노산이 ATP에 의하여 일단 활성화된 후에 한 종류의 핵산에 특이적으로 결합된다. 이 활성화된 아미노산이 결합되는 핵산은?

① m-RNA
② r-RNA
③ t-RNA
④ DNA

해설
- 활성화된 아미노산과 t-RNA가 특이적으로 결합하면서 aminoacyl t-RNA가 생성되면서 단백질 생합성이 개시된다.
- 리보솜의 소단위체와 m-RNA가 결합 후 개시 t-RNA와 개시 코돈이 결합한다. 리보솜의 대단위체에 개시 t-RNA가 아미노산을 가지고 결합되어 펩타이드 결합이 형성된다. 마지막으로 이동 후 떨어져나가 단백질이 합성된다.

94 탁주 제조용 원료로서 가장 적당한 소맥은?

① 강력분 1급품
② 중력분 1급품
③ 박력분 1급품
④ 초박력분 1급품

해설
- 탁주 제조용 소맥으로 중력분이 강력분, 박력분, 초박력분보다 적당하다.

- 강력분은 제빵에, 중력분은 라면, 만두피에, 박력분은 제과, 튀김, 부침요리에 이용된다. 초박력분은 아주 부드러운 반죽 제조 시 이용된다.

95 DNA에 대한 설명으로 틀린 것은?

① DNA의 변성온도는 염기 A와 T의 비율이 높을수록 낮다.
② 일반적으로 혼성 RNA-DNA 두 가닥 사슬보다 쉽게 변성된다.
③ 염기 G와 C 비율이 높은 DNA는 염기 A와 T 비율이 높은 DNA보다 다소 높은 부유밀도를 갖는다.
④ 다른 종류의 변성된 DNA를 혼합하여 냉각시키면 서로 다른 두 가닥 DNA를 형성하기도 한다.

해설

DNA
- DNA는 두 줄의 폴리뉴클레오티드가 서로 마주보면서 오른쪽으로 꼬여 있다.
- 염기쌍은 수소 결합을 한다.
- 혼성 RNA-DNA 두 가닥 사슬보다 쉽게 변성되지 않는다.

96 Cyclic AMP의 구조 중에서 Ribose를 제외한 화합물은?

① Adenine, 3′, 5′-Cyclic phosphate
② Guanine, 3′, 5′-Cyclic phosphate
③ Adenosine 3′, 5′-Cyclic phosphate
④ Adenosine 5′, 3′-Cyclic phosphate

해설
- Cyclic AMP의 구조 중에서 Ribose를 제외한 화합물은 Adenine과 3′, 5′-Cyclic phosphate이다.
- Cyclic AMP는 세포 내 전달인자 역할을 하며 호르몬작용을 발현한다.

97 다음 중 비타민 F에 해당되지 않는 지방산은?

① oleic acid
② arachidonic acid
③ linoleic acid
④ linolenic acid

정답   92 ③   93 ③   94 ②   95 ②   96 ①   97 ①

해설

비타민 F
- 생체막을 구성하며 프로스타글란딘의 전구물질이다.
- 리놀렌산, 리놀레산, 아라키돈산 등이 있다.
- 필수지방산 및 필수불포화지방산이라고 일컫는다.

98 Clostridium 속의 균을 이용하여 butanol 발효를 할 경우, bacteriophage 오염에 대한 대책이 아닌 것은?

① 발효장비 및 기구 등을 살균
② 파지에 대한 감수성이 다른 생산균주로 교체
③ 초기 기질농도를 높여서 생산
④ 항생물질내성 균주를 사용하여 발효배지에 저농도의 항생물질 첨가

해설

bacteriophage의 피해 및 대책
- 세균을 이용하는 발효공업(초산발효, aceton-butanol 발효, Inocinic acid 발효 등)에서 오염 시 생산력이 저하된다.
- 이에 대한 대책으로는 살균 철저, 내성균 이용, rotation system 이용 등이 있다.

99 동물체 내에서 비타민 A로 전환될 수 있는 전구물질(provitamin)이 아닌 것은?

① β-Carotene ② γ-Carotene
③ Cryptoxanthin ④ Canthaxanthin

해설

비타민 A
- 지용성 비타민
- 결핍증으로는 야맹증, 각질연화증, 각막건조증 등이 있다.
- 빛과 열에 불안정하다.
- 전구물질은 β-Carotene, γ-Carotene, Cryptoxanthin 등이 있다.
※ Canthaxanthin
  합성 카로티노이드로 식품의 착색료 기능을 한다.

100 2mole의 젖산으로부터 1mole의 포도당이 합성되기 위하여 몇 개의 ATP(GTP 포함)가 요구되는가?

① 2개 ② 4개
③ 6개 ④ 8개

해설

코리회로(Cori cycle)
- 젖산이 간으로 운반되고 다시 글리코겐으로 재합성되는 과정으로 해당과정의 역반응이라 할 수 있다.
- Cori cycle 내에서 2분자의 젖산은 6개의 ATP를 이용하여 1Glucose로 합성된다.

정답 98 ③ 99 ④ 100 ③

CHAPTER 23. 2020년 1·2회 식품기사

1과목 식품위생학

01 인체의 감염경로는 경구감염과 경피감염이며, 대변과 함께 배출된 충란은 30℃ 전후의 온도에서 부화하여 인체에 감염성이 강한 사상유충이 되고, 노출된 인체의 피부와의 접촉으로 감염되어 소장 상부에서 기생하는 기생충은?

① 구충 ② 회충
③ 요충 ④ 편충

[해설]
기생충
- 선충류 : 선 모양, 회충, 십이지장충(구충), 요충, 동양모선충, 편충, 아니사키스 등
- 채소매개 기생충 : 회충, 십이지장충(구충), 요충, 동양모선충, 편충
- 십이지장충(구충) : 경구감염 및 경피감염, 채독증 유발

02 아래의 설명에 해당하는 인수공통감염병은?

- 주로 소, 산양, 돼지 등의 유산과 불임증을 유발시킨다.
- 사람에게 감염되면 파상열을 일으킨다.

① 결핵 ② 탄저
③ 돈단독 ④ 브루셀라병

[해설]
파상열(Brucellosis, 브루셀라병)
- 병원체 : *Brucella melitensis* – 양이나 염소에 감염, *Brucella abortus* – 소에 감염, *Brucella suis* – 돼지에 감염
- 감염된 소, 양 등의 유제품 또는 고기를 통해 감염, 잠복기는 보통 7~14일이고, 가축에게는 유산을 일으키며 사람에게는 열이 40℃까지 오르다 내리는 것이 반복되므로 파상열이라 한다.

03 식품첨가물의 지정절차에서 첨가물 사용의 기술적 필요성 및 정당성에 해당하지 않는 것은?

① 식품의 품질을 보존하거나 안정성을 향상
② 식품의 영양성분을 유지
③ 특정 목적으로 소비자를 위하여 제조하는 식품에 필요한 원료 또는 성분을 공급
④ 식품의 제조·가공 과정 중 결함 있는 원재료를 은폐

[해설]
식품의 제조·가공 과정 중 결함 있는 원재료는 폐기 처리

04 방사선 조사(照射)식품과 관련된 설명으로 틀린 것은?

① 방사선 조사량은 Gy로 표시하며, 1Gy=1J/kg이다.
② 사용 방사선의 선원 및 선종은 ^{60}Co의 감마선이다.
③ 식품의 발아억제, 숙도조절 등의 효과가 있다.
④ 조사식품을 원료로 사용한 경우는 제조·가공한 후 다시 조사하여야 한다.

[해설]
방사선 조사식품
- 방사선 조사는 주로 ^{60}Co의 감마선을 이용해 포장된 상태의 제품을 처리할 수 있으며 비열 처리하므로 냉살균이라 한다.
- 방사선량의 단위는 Gy이며 1Gy는 1J/kg에 해당한다.
- 1kGy 이하의 저선량 방사선 조사를 통해 감자, 양파 등의 발아 억제, 기생충 사멸, 숙도 지연 등의 효과를 얻을 수 있다.
- 완제품의 경우 조사처리된 식품임을 나타내는 문구 및 조사도안을 표시하여야 한다.

05 식용 패류 중 마비성 독소의 축적과정과 관계가 깊은 것은?

① 플랑크톤 ② 해양성 효모
③ 패류기생 바이러스 ④ 내염성균

정답 01 ① 02 ④ 03 ④ 04 ④ 05 ①

해설
조개독
마비성 조개독(Saxitoxin)과 모시조개독(Venerupin)에 의해 생성되는 독소이다.
수온이 9~15℃가 되는 봄철 유독 플랑크톤이 번성하는데, 이를 섭취한 조개류에서 발생된다. 섭조개, 대합, 홍합 등이 중장선에 독소를 축적하여 마비성 중독을 일으킨다.

06 염화비닐(Vinyl Chloride)수지를 주성분으로 하는 합성수지제의 기구 및 용기에 사용되는 가소제로 문제가 되는 것은?

① 염화비닐
② 프탈레이트
③ 크레졸 인산 에스테르
④ 카드뮴

해설
플라스틱 포장재
• 폴리에틸렌, 염화비닐리덴, 폴리에스테르, 폴리프로필렌, 염화비닐, 폴리스티렌, 폴리카보네이트 등 사용
• 플라스틱 및 유연포장 필름 등의 가소제, 안정제, 유연제, 단량체, 색소 등 합성품의 유해성이 식품에 영향을 미치지 않아야 한다.
• 투과성이 우수하지만 유지산화, 영양성분 및 색소 파괴 등 영향을 미치므로 산화방지제(BHA, BHT), 가소제(프탈레이트), 자외선 흡수제(벤조페논) 등 첨가

07 다음 중 허용 살균제 또는 표백제가 아닌 것은?

① 고도표백분
② 차아염소산나트륨
③ 무수아황산
④ 옥시스테아린

해설
식품 첨가물
• 살균제 : 고도표백분, 차아염소산나트륨
• 표백제 : 무수아황산

08 식품취급자가 화농성 질환이 있는 경우 감염되기 쉬운 식중독균은?

① 장염 $Vibrio$ 균
② $Botulinus$ 균
③ $Salmonella$ 균
④ 황색포도상구균

해설
황색포도상구균
그람 양성, 포도상알균, 피부상재균, 포자비형성균, A~E 5가 지형, 화농성 질환

09 다음 중 리케차에 의한 식중독은?

① 성홍열
② 유행성 간염
③ 쯔쯔가무시병
④ 디프테리아

해설
리케차(Rickettsia)
리케차속 병원균에 속하는 세균을 통틀어 리케차라 한다. 일반 세균보다 크기가 작고 바이러스처럼 살아 있는 세포 밖에서는 증식하지 못한다. 리케차는 일부 곤충이나 진드기와 같은 절지동물의 세포 내에 사는데, 사람에게 감염되어 발진열(벼룩), 발진티푸스(이), 쯔쯔가무시(털진드기), Q열, 라임병, 록키산홍반열(참진드기) 같은 질병을 일으킨다.

10 식품의 안전성과 수분활성도(Aw)에 관한 설명으로 틀린 것은?

① 비효소적 갈변 : 다분자수분층보다 낮은 Aw에서는 발생하기 어렵다.
② 효소 활성 : Aw가 높을 때가 낮을 때보다 활발하다.
③ 미생물의 성장 : 보통 세균 증식에 필요한 Aw는 0.91 정도이다.
④ 유지의 산화반응 : Aw가 0.5~0.7이면 반응이 일어나지 않는다.

해설
유지의 산화반응은 Aw 0.5~0.7에서 최대로 발생한다.

정답 06 ② 07 ④ 08 ④ 09 ③ 10 ④

11 감염을 예방하기 위해서는 은어와 같은 민물고기의 생식을 피하는 것이 가장 좋은 기생충은?

① 간디스토마
② 폐디스토마
③ 요코가와흡충
④ 광절열두조충

해설

어패류매개 기생충
- 간흡충(잉어, 붕어)
- 폐흡충(민물갑각류)
- 요코가와흡충(은어, 민물고기)
- 광절열두조충(가물치)
- 아니사키스(해산어류)

12 바이러스성 식중독의 병원체가 아닌 것은?

① EHEC바이러스
② 로타바이러스A군
③ 아스트로바이러스
④ 장관 아데노바이러스

해설

EHEC(Enterohemorrhagic Escherichia Coli)는 장출혈성 대장균이다.

13 유가공품·식육가공품·알가공품의 대장균 확인시험에서 ( ) 안에 알맞은 내용은?

최확수법에서 가스생성과 형광이 관찰된 것은 대장균 추정시험 양성으로 판정하고 대장균의 확인시험은 추정시험 양성으로 판정된 시험관으로부터 EMB 배지(또는 MacConkey Agar)에 이식하여 37℃에서 24시간 배양하여 전형적인 집락을 관찰하고 그람염색, MUG시험, IMVIC시험, 유당으로부터 가스생성 시험 등을 검사하여 최종확인한다. 대장균은 MUG시험에서 형광이 관찰되며, 가스생성, 그람음성의 무아포간균이며, IMVIC시험에서 "( )"의 결과를 나타내는 것은 대장균(E coli)biotype 1로 규정한다.

① － － － －
② － － ＋ ＋
③ ＋ ＋ － －
④ ＋ ＋ ＋ ＋

해설

IMViC Test는 Indole Test, Methyl Red Test, Vogas-ProsKauer(VP) Test, Citrate Test의 약자이며 세균의 특성에 따른 화학적 반응으로 양성, 음성에 따라 세균 선별에 이용하는데, 대장균의 경우 ＋＋－－로 나타난다.

14 다음 중 열가소성 수지는?

① Polyvinyl Chloride(PVC)
② Phenol 수지
③ Melamine 수지
④ Epoxy 수지

해설

플라스틱류
- 열가소성 수지(열을 가하면 부드럽게 된다) : 폴리에틸렌, 폴리프로필렌(안정제 용출), 폴리스티렌(단량체 용출), 염화비닐수지(PVC, 가소제, 단량체, 안정제 용출) 등
- 열경화성 수지(열을 가해도 부드러워지지 않는다) : 페놀수지, 요소수지, 멜라민수지 등으로 포르말린(포름알데히드) 용출

15 식품원료 중 식물성 원료(조류 제외)의 총아플라톡신 기준은?(단, 총아플라톡신은 B_1, B_2, G_1, G_2의 합을 말한다.)

① $20\mu g/kg$ 이하
② $15\mu g/kg$ 이하
③ $5\mu g/kg$ 이하
④ $1\mu g/kg$ 이하

해설

아플라톡신
- *Aspergillus flavus* 가 Aflatoxin 생산
- 온도 25~30℃, 상대습도 80% 이상, 기질의 수분 16% 이상
- 주요 기질은 쌀, 보리, 옥수수 등 곡류나 땅콩
- 산과 알칼리 및 열에 강하다.
- B_1, G_1, G_2, M형
- 간장독으로 간암 유발
- 허용기준은 $15\mu g/kg$ 이하

정답 11 ③ 12 ① 13 ③ 14 ① 15 ②

16 도자기, 법랑기구 등에서 식품으로 이행이 예상되는 물질은?

① 납　　　　　　② 주석
③ 가소제　　　　④ 안정제

> **해설**
> 납(Pb)은 도자기제 및 법랑 피복제품 등에 안료로 사용되어 그 소성온도가 충분하지 않으면 유약과 같이 용출되어 식품위생상 문제가 된다.

17 먹는 물(수돗물)의 안전성을 확보하기 위한 방편으로 관리되고 있는 유해물질로서, 유기물 또는 화학물질에 염소를 처리하여 생성되는 발암성 물질은?

① 트리할로메탄
② 메틸알코올
③ 니트로사민
④ 다환방향족 탄화수소류

> **해설**
> 수돗물 소독을 위한 염소 처리 시 발생하는 트리할로메탄은 발암성 물질이다.

18 식품첨가물 중 유화제로 사용되지 않는 것은?

① 폴리소르베이트류
② 글리세린지방산에스테르
③ 소르비탄지방산에스테르
④ 몰포린지방산염

> **해설**
> 유화제(계면활성제)
> - 물과 기름처럼 섞이지 않는 액체에 양친매성 물질을 이용하여 혼합시킨다.
> - 소르비탄지방산에스테르, 글리세린지방산에스테르, 자당지방산에스테르, 프로필렌지방산에스테르, 레시틴, 폴리소르베이트 20 등
> ④ 몰포린지방산염은 피막제이다.

19 다음 중 잔존성이 가장 큰 염소제 농약은?

① Aldrin　　　　② DDT
③ Telodrin　　　④ $\gamma-BHC$

> **해설**
> DDT는 구조상 매우 안정하여 자연상태에서 분해가 잘 되지 않아 환경호르몬이 된다.

20 식품제조시설의 공기살균에 가장 적합한 방법은?

① 승홍수에 의한 살균
② 열탕에 의한 살균
③ 염소수에 의한 살균
④ 자외선 살균 등에 의한 살균

> **해설**
> 물, 공기 소독에 가장 적합한 것은 자외선 살균이다.

2과목　식품화학

21 다음 Provitamin A 중 Vitamin A의 효과가 가장 큰 것은?

① $\alpha-Catotene$　　　② $\beta-Carotene$
③ $\nu-Carotene$　　　④ Cryptoxantin

> **해설**
> 비타민 A
> - 지용성 비타민
> - 결핍증으로는 야맹증, 각질연화증, 각막건조증 등이 있다.
> - 빛과 열에 불안정하다.
> - 전구물질은 $\beta-Carotene$, $\gamma-Carotene$, Cryptoxanthin 등이 있다.
> - Provitamin A($\alpha-Carotene$, 활성도 : 53, $\beta-Carotene$: 100, $\gamma-Carotene$: 27, Cryptoxanthine : 57)

정답　16 ①　17 ①　18 ④　19 ②　20 ④　21 ②

22 철(Fe)에 대한 설명으로 틀린 것은?

① 철은 식품에 헴형(Heme)과 비헴형(Non-heme)으로 존재하며 헴형의 흡수율이 비헴형보다 2배 이상 높다.
② 비타민 C는 철 이온을 2가철로 유지시켜주어 철이온의 흡수를 촉진한다.
③ 두류의 피틴산(Phytic Acid)은 철분 흡수를 촉진한다.
④ 달걀에 함유된 황이 철분과 결합하여 검은색을 나타낸다.

[해설]
피틴산의 인(P)은 칼슘이나 철 등의 양이온 흡수를 제한한다.

23 다음 중 인지질이 아닌 것은?

① 레시틴(Lecithin)
② 세팔린(Cephalin)
③ 세레브로시드(Cerebrosides)
④ 카르디올리핀(Cardiolopin)

[해설]
세레브로시드는 스핑고 당지질이다.

24 단백질 변성에 따른 변화가 아닌 것은?

① 단백질분해효소에 의해 분해되기 쉬워 소화율이 증가한다.
② 단백질의 친수성이 감소하여 용해도가 감소한다.
③ 생물학적 특성들이 상실된다.
④ -OH, -COOH, C=O기 등이 표면에 나타나 반응성이 감소한다.

[해설]
-OH, -COOH, C=O기와 같은 작용기가 표면에 나타나면서 반응성이 증가한다.

25 식품 성분의 가공 중 발생하는 냄새 성분 변화에 대한 설명으로 틀린 것은?

① 불포화지방산이 많이 있는 유지가 열분해되면 Alcohol, Aldehydes, Ketones 등이 많이 발생한다.
② 마늘이나 양파 등이 함유된 재료를 가열하면 황 함유 휘발성분이 발생한다.
③ 설탕물을 150~180℃의 고온으로 가열하면 5탄당에서는 Furfural이, 6탄당에서는 5-Hydroxymethyl Furfural이 주로 형성된다.
④ 가오리나 홍어 저장 시 발생하는 자극성 냄새는 요소가 미생물에 의해 분해되어 트리메탈아민을 생성하기 때문이다.

[해설]
가오리나 홍어 저장 시 발생하는 자극성 냄새는 요소가 미생물에 의해 분해되어 암모니아를 생성하기 때문이다.

26 사카린나트륨의 구조식은?

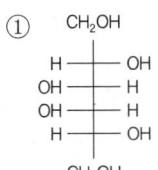

[해설]
①은 갈락토오스, ②는 시클라메이트(유해감미료), ③은 글루코노락톤(응고제)이고, ④가 사카린나트륨이다.

27 식품의 관능검사 중 특성차이검사에 해당하는 것은?

① 단순차이검사
② 일-이점검사
③ 이점비교검사
④ 삼점검사

정답 22 ③ 23 ③ 24 ④ 25 ④ 26 ④ 27 ③

> **해설**
>
> **식품의 차이식별검사**
> - 종합적 차이검사 : 단순차이검사(두 시료의 차이 유무 판정), 일－이점검사(기준시료와 동일한 것 선택), 삼점검사(3개 중 다른 하나 선택), 확장삼점검사
> - 특성 차이검사 : 이점비교검사(두 개의 차이), 순위법(강도비교순서), 평점법(0~9점), 다시료 비교검사(기준시료와 비교)

28 당근에서 카로티노이드(Carotenoids)를 분석하는 방법에 대한 설명으로 틀린 것은?

① 카로티노이드는 빛에 의해 쉽게 분해되므로 암소에서 실험을 진행한다.
② 당근 시료에서 카로티노이드를 분리하기 위해 수용액상에서 끓여 용출시킨다.
③ 카로티노이드는 산소에 의해 쉽게 산화되므로 질소가스를 공급한다.
④ 분리된 카로티노이드는 보통 역상 HPLC 또는 분광광도계를 활용하여 정량한다.

> **해설**
> - 카로티노이드 : 지용성 색소로 유기용매로 추출
> - 카로틴류 : Lycopene(토마토, 수박의 적색), Trans-β-carotene(당근의 황색)
> - 크산토필류 : Capsanthin(고추의 적색), Astaxanthin(게, 새우의 적색)

29 그림과 같이 y축 방향으로 2cm 떨어져서 평행하게 놓여진 두 평면 사이에 에탄올(μ +1.77 cP, 0℃)이 담겨 있다. 밑면을 20cm/s의 속도로 x축 방향으로 움직일 때 y축 방향으로 작용하는 전단응력은?

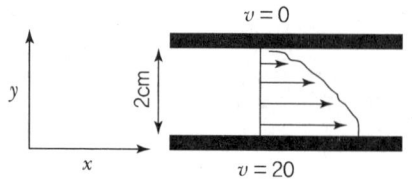

① 0.177dyne/cm² ② 0.354dyne/cm²
③ 0.531dyne/cm² ④ 0.708dyne/cm²

> **해설**
>
> $$\tau(\text{전단응력}) = -\mu(\text{점도})\left(\frac{dv}{dy}\right)$$
> $$= -1.77cP \times (-20\text{cm}\cdot\text{s}^{-1})/2\text{cm}$$
> $$= 17.7cP/\text{s} \times \frac{(0.01\text{dyne}\cdot\text{s}/\text{cm}^2)}{cP}$$
> $$= 0.177\text{dyne}/\text{cm}^2$$

30 삶은 달걀의 난황 주위가 청록색으로 변색되는 주요 원인은?

① 비타민 C가 산화되어 노른자의 철(Fe)과 결합하기 때문
② 열에 의하여 타닌(Tannin)이 분해되어 철(Fe)이 형성되기 때문
③ 달걀 흰자의 황화수소(H_2S)가 노른자의 철(Fe)과 결합하여 황화철(FeS)을 생성하기 때문
④ 단백질의 구성성분인 질소가 산화되기 때문

> **해설**
> 삶은 달걀 흰자의 황화수소(H_2S)가 노른자의 철(Fe)과 결합하여 황화철(FeS)을 생성하기 때문이다.

31 1M NaCl, 0.5M KCl, 0.25M HCl이 준비되어 있다. 최종 농도 0.1M NaCl, 0.1M KCl, 0.1M HCl 혼합수용액 1,000mL를 제조하고자 할 때 각각 첨가되어야 할 시약의 부피는 얼마인가?

① 1M NaCl 용액 50mL, 0.5M KCl 100mL, 0.25M HCl 200mL를 첨가 후 물 650mL를 첨가한다.
② 1M NaCl 용액 75mL, 0.5M KCl 150mL, 0.25M HCl 300mL를 첨가 후 물 475mL를 첨가한다.
③ 1M NaCl 용액 100mL, 0.5M KCl 200mL, 0.25M HCl 400mL를 첨가 후 물 300mL를 첨가한다.
④ 1M NaCl 용액 125mL, 0.5M KCl 250mL, 0.25M HCl 500mL를 첨가 후 물 120mL를 첨가한다.

정답 28 ② 29 ① 30 ③ 31 ③

해설

첨가되어야 할 시약부피
㉠ M 농도 : 1L 용액에 녹아 있는 용질의 분자량
㉡ 1M NaCl, 0.5M KCl, 0.25M HCl로 최종 농도 0.1M NaCl, 0.1M KCl, 0.1M HCl 혼합수용액 1,000mL로 제조하려면
- 1M NaCl은 $1,000 \times (0.1/1) = 100$mL 첨가
- 0.5M KCl은 $1,000 \times (0.1/0.5) = 200$mL 첨가
- 0.25M HCl은 $1,000 \times (0.1/0.25) = 400$mL 첨가 후 나머지 300mL를 채워서 1,000mL 용액 제조

32 채소류의 이화학적 특성으로 틀린 것은?

① 파의 자극적인 냄새와 매운 맛 성분은 주로 황화아릴 성분이다.
② 마늘에서 주로 효용성이 있다고 알려진 성분은 알리신이다.
③ 오이의 쓴맛 성분은 쿠쿠르비타신(Cucurbitacin)이라고 하는 배당체이다.
④ 호박의 황색 성분은 클로로필(Chlorophyll)계통의 색소이다.

해설

- Carotene : α-Carotene(등황색, 당근, 오렌지), β-Carotene(당근, 고구마, 호박, 오렌지), γ-Carotene(살구), Lycopene(적색, 토마토, 수박)
- Xanthophyll : Lutein(난황, 옥수수, 호박), Cryptoxanthine(난황, 감, 귤, 옥수수), Capsanthin(적색, 고추), Astaxanthin(Astacin, 새우, 게, 연어, 송어), Zeaxanthin(난황)
- 클로로필(Chlorophyll)계통은 녹색계열이다.

33 수분활성치(Aw)를 저하시켜 식품을 저장하는 방법만으로 나열된 것은?

① 동결저장법, 냉장법, 건조법, 염장법
② 냉장법, 염장법, 당장법, 동결저장법
③ 냉장법, 건조법, 염장법, 당장법
④ 염장법, 당장법, 동결저장법, 건조법

해설

냉장법으로 수분활성도가 저하되지는 않는다.

34 훈제품 제조와 관련된 설명으로 틀린 것은?

① 연기성분 중에는 페놀 성분도 포함되어 있다.
② 연기성분 중 포름알데히드, 크레졸은 환원성 물질로 지방산화를 막아준다.
③ 질산칼륨을 첨가하는 이유는 아질산염을 거쳐서 산화질소가 유리되는 것을 방지하기 위한 것이다.
④ 생성된 산화질소는 미오글로빈과 결합 후 가열과정을 통하여 니트로소미오크로모겐으로 변화한다.

해설

발색제인 질산칼륨을 첨가하는 이유는 아질산염을 거쳐서 산화질소가 유리되는 것을 촉진시켜 색을 고정시키기 위함이다.

35 NaOH의 분자량이 40일 때 NaOH 30g의 몰수는?

① 0.65
② 0.75
③ 1.33
④ 10

해설

몰수
1L 용액 중 용질의 분자량
$\therefore \dfrac{30}{40} = 0.75$

36 다음 중 단순지질은?

① Phosphatide
② Glycolipid
③ Sulfolipid
④ Triglyceride

해설

Triglyceride 이외는 복합지질

37 흑겨자의 매운맛과 관련 깊은 성분은?

① 캡사이신(Capsaicin)
② 알릴이소티오시아네이트(Allyl Isothiocynate)
③ 글루코만난(Glucomannan)
④ 알킬 머르캅탄(Alkyl Mercaptan)

정답 32 ④ 33 ④ 34 ③ 35 ② 36 ④ 37 ②

해설

매운맛
- 후추 : 피페린, Chavicine
- 산초 : Sanshol
- 생강 : 진저론, 쇼가올, Gingerol
- 겨자 : 알릴이소티오시아네이트
- 마늘, 파, 양파 : 알리신

38 선식 제품과 같은 분말 제품의 경우 용해도가 낮아서 소비자들이 식용하고자 녹일 때 잘 용해되지 않는다. 이를 개선하고자 할 때 어떤 방법이 가장 바람직한가?

① 가열처리하여 용해도를 증가시킨다.
② 분무 건조기를 이용하여 엉김현상(Agglomeration)을 유도한다.
③ 유화제 및 물성 개량제를 첨가한다.
④ 습윤 조절제 및 연화 방지제를 첨가한다.

해설

분말 제품의 용해도를 높이기 위해 분무 건조기로 엉김현상(Agglomeration)을 유도하여 입자화하고 이를 재건조시키면 흡수력이 상승한다(그래뉼 커피).

39 관능검사에서 사용되는 정량적 평가 방법 중 3개 이상 시료의 독특한 특성 강도를 순서대로 배열하는 방법은?

① 분류법 ② 등급법
③ 순위법 ④ 척도법

해설

특성차이검사
- 이점비교검사(두 개의 차이)
- 순위법(강도비교순서)
- 평점법(0~9점)
- 다시료 비교검사(기준시료와 비교)

40 유중수적형(W/O) 교질상 식품은?

① 마가린(Margarine)
② 우유(Milk)
③ 마요네즈(Mayonnaise)
④ 아이스크림(Ice Cream)

해설

- 수중유적형(O/W) : 우유, 아이스크림, 마요네즈, 생크림
- 유중수적형(W/O) : 버터, 마가린

3과목 식품가공학

41 연어, 송어 등의 어육에 들어 있는 색소는?

① 클로로필   ② 카로티노이드
③ 플라보노이드   ④ 멜라닌

해설

카로티노이드(Carotenoid)
- Carotenoid는 황색, 적황색 색소로 비극성으로 물에 녹지 않고 유지나 유기용매에 녹음
- Carotene : α-Carotene(등황색, 당근, 오렌지), β-Carotene (당근, 고구마, 호박, 오렌지), γ-Carotene(살구), Lycopene (적색, 토마토, 수박)
- Xanthophyll : Lutein(난황, 옥수수, 호박), Cryptoxanthine (난황, 감, 귤, 옥수수), Capsanthin(적색, 고추), Astaxanthin (Astacin, 새우, 게, 연어, 송어), Zeaxanthin(난황)

42 고기의 해동강직에 대한 설명으로 틀린 것은?

① 골격으로부터 분리되어 자유수축이 가능한 근육은 60~80%까지의 수축을 보인다.
② 가죽처럼 질기고 다즙성이 떨어지는 저품질의 고기를 얻게 된다.
③ 해동강직을 방지하기 위해서는 사후강직이 완료된 후에 냉동해야 한다.
④ 냉동 및 해동에 의하여 고기의 단백질과 칼슘결합력이 높아져서 근육수축을 촉진하기 때문에 발생한다.

정답 38 ② 39 ③ 40 ① 41 ② 42 ④

해설

해동강직
- 사후강직이 최대에 이르기 전 동결 시 해동 후 남아 있는 글리코겐에 의한 ATP 생성으로 발생한다.
- 골격으로부터 분리되어 자유수축이 가능한 근육은 60~80%까지 수축된다.
- 해동강직을 방지하기 위해서는 사후강직이 완료된 후에 냉동한다.
- 가죽처럼 질기고 다즙성(드립)이 떨어지는 저품질의 고기를 얻게 된다.

43 유가공품에 대한 설명 중 틀린 것은?

① 가공버터는 제품 중 유지방분의 함량이 제품의 지방 함량에 대한 중량비율로서 50% 이상이어야 한다.
② 버터(Butter)에서 처닝(Chunning)이란 지방구막 형성 단백질을 파괴시켜 지방구들을 서로 결합시키는 공정이다.
③ 아이스크림(Ice Cream)에서 오버런(Over Run)%는 80~100%가 가장 적합하다.
④ 발효유는 식품첨가물을 첨가하지 않고 천연으로 만든 것이다.

해설

발효유(Fermented Milk)
- 우유, 산양유 등 포유류 젖이나 가공품 원료로 유산균, 효모를 이용하여 발효
- 발효유에 당이나 향을 첨가한 호상 또는 액상 제품

44 라미네이트 필름에 대한 설명 중 옳은 것은?

① 알루미늄박만을 포장재료로 사용한 것이다.
② 종이를 사용한 것이다.
③ 두 가지 이상의 필름, 종이 또는 알루미늄박을 접착시킨 것을 말한다.
④ 셀로판을 사용한 포장재료를 말한다.

해설

라미네이트 필름을 이용한 포장
- 유연성을 지닌 필름류는 라미네이트나 코팅 처리되어 전기가열접착기, 고주파순간접착기, 밴드접착기 이용
- 필름, 종이 또는 알루미늄박을 접착시킨 것을 몇 겹 겹쳐 만든 적층지로 벽돌형, 스트레이트형, 컵형으로 성형
- 저침투성의 경우 PE, 종이, PE의 3중 라미네이트 지붕형 사용
- 고침투성의 경우 PE, Al, 종이의 5중 라미네이트 지붕형 사용
- 저점도 식품에서 고점도 식품까지 다양한 식품에 백인 카톤형 이용

45 경화유 제조 시 수소 첨가의 주된 목적이 아닌 것은?

① 기름의 안정성을 향상시킨다.
② 경도 등 물리적 성질을 개선한다.
③ 색깔을 개선한다.
④ 소화가 잘 되도록 한다.

해설

경화유
- 불포화지방산이 많은 액체유에 Ni 존재하에서 H를 첨가하여 고체지(포화지방산)로 제조하므로 불포화도가 감소되어 산화 안정성을 증가시킨다.
- 녹는점이 높아지고 안정성 증가, 산패가 적고 냄새가 감소한다.
- 가소성과 경도를 부여하여 물리적 성질을 개선한다.
- 어유, 콩기름, 면실유, 채종유 등에 이용된다.
- 냄새, 색깔 및 풍미를 개선하며 쇼트닝, 마가린 등이 대표적인 제품이다.
- 융점과 응고점을 높여준다.

46 신선한 식품을 냉장고에 저온저장할 때 저온저장의 효과가 아닌 것은?

① 미생물의 발육 속도를 느리게 한다.
② 저온균을 살균한다.
③ 호흡 작용 속도를 느리게 한다.
④ 효소 및 화학 반응 속도를 느리게 한다.

해설

저온 저장으로 균을 죽이지는 못한다.

정답 43 ④ 44 ③ 45 ④ 46 ②

47 식품첨가물로 사용되는 Hexane에 대한 설명으로 틀린 것은?

① 주로 n-헥산(C_6H_{14})을 함유한다.
② 석유 성분 중에서 n-헥산의 비점 부근에서 증류하여 얻어진 것이다.
③ 유지류를 비롯해 향료 및 그 외 성분의 추출 등에 사용된다.
④ 무색투명한 비휘발성 액체이다.

[해설]
Hexane은 무색의 액체로 휘발성이며 석유 냄새가 나고 물에는 불용이나, 에탄올 및 에테르 등 다른 유기용제에는 잘 녹는다.

48 전분액화에 대한 설명으로 틀린 것은?

① 전분의 산액화는 효소액화보다 액화 시간이 짧다.
② 전분의 산액화는 연속 산액화 장치로 할 수 있다.
③ 전분의 산액화는 효소액화보다 백탁이 생길 염려가 크다.
④ 산액화는 호화온도가 높은 전분에도 작용이 가능하다.

[해설]
전분의 효소액화는 산액화보다 백탁이 생길 염려가 크다.

49 유당분해효소결핍증에 직접적으로 관여하는 효소는?

① 락토페록시다제(Lactoperoxidase)
② 리소자임(Lyxozyme)
③ 락타아제(Lactase)
④ 락테이트 디하이드로지나제(Lactate Dehydrogenase)

[해설]
유당분해효소결핍증에 직접적으로 관여하는 효소는 락타아제(Lactase)이다.

50 훈연의 목적이 아닌 것은?

① 향기의 부여
② 제품의 색 향상
③ 보존성 향상
④ 조직의 연화

[해설]
훈연의 목적
• 염지육색이 가열에 의하여 안정되어 제품의 색 향상
• 훈연 연기 중 페놀(Phenol), 유기산, Formaldehyde, Acet-aldehyde의 살균작용
• 훈연취에 의한 독특한 풍미 부여
• 건조, 살균, 항산화작용에 의한 저장성 향상
• 건조에 의한 수분 감소로 수분활성도 감소

51 두부의 제조 원리로 옳은 것은?

① 콩 단백질의 주성분인 글리시닌(Glycinin)을 묽은 염류용액에 녹이고 이를 가열한 후 다시 염류를 가하여 침전시킨다.
② 콩 단백질의 주성분인 베타-락토글로불린(B-Lacto Globulin)을 묽은 염류용액에 녹이고 이를 가열한 후 다시 염류를 가하여 침전시킨다.
③ 콩 단백질의 주성분인 알부민(Albumin)을 묽은 염류용액에 녹이고 이를 가열한 후 다시 염류를 가하여 침전시킨다.
④ 콩 단백질의 주성분인 글리시닌(Glycinin)을 산으로 침전시켜 제조한다.

[해설]
두부 제조
• 원료 콩에 10배 내외 물을 넣고 마쇄
• 응고제를 첨가하고 70~80℃로 가열, 응고시켜 성형 후 탈수
• 불린 콩을 마쇄하여 콩 단백질의 주성분인 글리시닌(Glycinin)을 묽은 염류용액에 녹여 가용성분은 두유를 만들고 가열 후 다시 간수로 단백질을 응고시켜 두부 제조
• 너무 많이 갈면 두유를 많이 만들 수 있으나 두부수율이 낮아진다.
• 염석(Salting Out) : 고농도 염으로 단백질 석출(두부 제조에 이용)

정답 47 ④ 48 ③ 49 ③ 50 ④ 51 ①

52 스테비오사이드(Stevioside)의 특성이 아닌 것은?

① 설탕에 비하여 약 200배의 감미를 가지고 있다.
② pH 변화와 열에 안정하다.
③ 장시간 가열 시 산성에서는 안정하나 알칼리성에서는 침전이 형성된다.
④ 비발효성이다.

해설
스테비오사이드(Stevioside)
• 스테비아 꽃에서 추출한 배당체로 감미료로 이용
• 열과 pH에 안정
• 설탕에 비하여 약 200배의 감미
• 비발효성으로 영 · 유아식에 사용할 수 없다.

53 다음은 강하게 혼합시키는 교반기의 용기 벽면에 설치된 방해판(Baffle Plate)에 대한 그림이다. 위의 그림은 측면도이고, 아래 그림은 위에서 내려다 본 평면도이다. 방해판의 역할에 대한 A와 B의 비교 설명 중에서 그 원리가 틀린 것은?

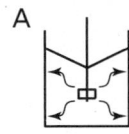 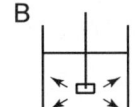

A : 방해판이 없을 때   B : 방해판이 있을 때

① B - 액체의 흐름이 용기 벽면의 방해판에 부딪혀 난류 상태가 되므로 교반 효과가 향상된다.
② B - 액체의 흐름이 소용돌이가 생기지 않아 공기가 혼입되지 않는다.
③ A - 고체입자가 있을 때는 회전하는 원심력에 의하여 입자가 용기 벽 쪽으로 밀려나게 된다.
④ A - 교반 날개가 회전하면 액체가 일정한 방향으로만 돌아가므로 교반 효율이 높아진다.

해설
방해판이 없을 때 교반 날개가 회전하면 액체가 일정한 방향으로만 돌아가므로 교반 효율은 낮아진다.

54 동결 건조에서 승화열을 공급하는 방법으로 이용할 수 없는 것은?

① 접촉판으로 가열하는 방식
② 열풍으로 가열하는 방식
③ 적외선으로 가열하는 방식
④ 유전(誘電)으로 가열하는 방식

해설
열풍에 의한 대류방식은 승화열 공급에 적정치 않다.

55 자일리톨(Xylitol)에 대한 설명으로 틀린 것은?

① 자작나무, 떡갈나무, 옥수수 등 식물에 주로 들어 있는 천연 소재의 감미료로 청량감을 준다.
② 자일로스에 수소를 첨가하여 제조하는 기능성 원료이다.
③ 자일리톨은 입 안의 충치균이 분해하지 못하는 6탄당 구조를 가지고 있다.
④ 한 번에 40g 이상 과량으로 섭취할 경우 복부팽만감 등의 불쾌감을 느낄 수 있다.

해설
자일리톨
• 설탕의 70~80%의 감미도를 나타내며 충치의 원인인 산을 형성하지 않아 충치를 예방하는 역할을 한다. 혈당에 영향을 미치지 않기 때문에 당뇨병 환자를 위한 식품에 사용된다.
• 자일리톨은 입 안의 충치균이 분해하지 못하는 5탄당 구조를 가지고 있다.

정답 52 ③ 53 ④ 54 ② 55 ③

56 열교환장치를 사용하여 시간당 우유 5,500kg을 5℃에서 65℃까지 가열하고자 한다. 우유의 비열이 3.85kJ/kg·K일 때 필요한 열에너지의 양은?

① 746.6kW ② 352.9kW
③ 240.6kW ④ 120.2kW

해설

열량 구하는 공식

$Q = cmT$ 여기서, c : 비열, m : 질량, T : 온도차

$= 3.85 \times \dfrac{5,500}{3,600}$ (초당 투입량) $\times (65 - 5)$

$= 352.9$

57 밀감을 통조림으로 가공할 때 속껍질 제거 방법으로 적합한 것은?

① 산처리 ② 알칼리처리
③ 열탕처리 ④ 산, 알칼리 병용처리

해설

박피법(Peeling)
- 칼, 열탕법, 증기법, 알칼리법(1~3%, NaOH), 산처리법 (1~3%, HCl), 기계법
- 감귤 통조림 : 원료 → 선별 → 열처리 → 외피 벗기기 → 건조 → 쪼개기 → 속껍질 벗기기(산·알칼리 박피법) → 담그기 → 선별 → 담기 → 탈기 → 밀봉 → 살균 → 냉각 → 제품
- 산, 알칼리 박피법 : 20℃, 30~60분 산처리(1~3%, HCl) → 물로 세척 → 30초, 알칼리처리(1~3%, NaOH) → 물로 세척

58 과실주스 또는 과육에 설탕을 첨가하여 농축한 제품에 대한 설명 중 틀린 것은?

① 젤리(Jelly)는 과일주스에 설탕을 넣고 농축, 응고시킨 제품
② 과일 버터(Fruit Butter)는 펄핑(Pulping)한 과일의 과육에 향료, 다른 과일즙 등을 섞어서 반고체가 될 때까지 농축시킨 제품
③ 프리저브(Preserve)는 과일을 절단하거나 원형 그대로 끓여서 농축한 제품
④ 마멀레이드(Mamalade)는 과육에 설탕을 첨가하여 적당한 농도로 농축한 제품

해설

마멀레이드
젤리 속에 과육 또는 과피를 넣어 만든 젤리모양의 잼으로 주로 감귤류를 이용해 만든다.

59 곡물의 도정방법에서 건식 도정과 습식 도정 중 습식 도정에만 해당되는 설명으로 옳은 것은?

① 겨와 배아가 배유로부터 분리된다.
② 곡물 중 함수량을 줄인 후 도정하는 것이다.
③ 배유로부터 전분과 단백질을 분리할 목적으로 사용될 수 있다.
④ 쌀, 보리, 옥수수에 사용한다.

해설

습식 도정
- 겨층과 배유부의 분리가 잘 안 될 때 사용한다.
- 보리의 경우 점질물이 생성되어 수분을 침지하여 습식 도정한다.
- 배유로부터 전분과 단백질을 분리할 목적으로 사용될 수 있다.

60 콩의 영양을 저해하는 인자와 관계가 없는 것은?

① 트립신 저해제(Trypsin Inhibitor) - 단백질 분해 효소인 트립신의 작용을 억제하는 물질
② 리폭시지나아제(Lipoxygenase) - 비타민과 지방을 결합시켜 비타민의 흡수를 억제하는 물질
③ Phytate(Inosito ; Hexaphosphate) - Ca, P, Mg, Fe, Zn 등과 불용성 복합체를 형성하여 무기물의 흡수를 저해시키는 작용을 하는 물질
④ 라피노스(Raffinose), 스타키오스(Stachyose) - 우리 몸속에 분해 효소가 없어 소화되지 않고, 대장 내의 혐기성 세균에 의해 분해되어 N_2, CO_2, H_2, CH_4 등의 가스를 발생시키는 장내 가스 인자

정답 56 ② 57 ④ 58 ④ 59 ③ 60 ②

해설
Lipoxygenase
- 지방을 산화시키는 효소로 산화환원 효소의 일종이다.
- 6.5~7.0 사이의 중성의 pH와 pH 9.0에서 최적 활성을 가진다.
- 분자 내에 1,4-Pentadiene 구조를 가지는 리놀레산, 리놀렌산, 아라키돈산에 효소를 첨가하여 Hydroperoxide를 생성한다.
- 콩의 비린내 유발물질을 만들어 내는 원인 효소이다.

4과목 식품미생물학

61 홍조류(Red Algae)에 속하는 것은?

① 미역　　② 다시마
③ 김　　　④ 클로렐라

해설
해조류에 속하는 갈조류(미역, 다시마), 홍조류(김, 우뭇가사리), 녹조류(클로렐라, 파래) 등은 진핵세포인 원생생물이다.

62 식품작업장에서 식품안전관리인증기준(Hazard Analysis Critical Control Point)을 적용하여 관리하는 경우 물리적 위해요소에 해당하는 것은?

① 위해미생물　　② 기생충
③ 돌조각　　　　④ 항생물질

해설
위해요소에는 물리적(머리카락, 돌조각 등), 화학적(농약, 항생물질 등), 생물학적(미생물, 기생충 등) 요소가 있다.

63 효모에 의하여 이용되는 유기 질소원은?

① 펩톤　　　② 황산암모늄
③ 인산암모늄　④ 질산염

해설
효모가 이용하는 유기 질소원은 단백질, 펩톤, 아미노산이며 무기 질소원은 황산암모늄, 인산암모늄, 질산암모늄 등이다.

64 Heterocaryosis를 가장 잘 설명한 것은?

① 접합으로 한 균사의 핵과 다른 균사의 핵이 공존
② 한 균사와 다른 핵과 접합하여 공존
③ 한 개의 핵이 다른 핵과 접합
④ 한 균사의 두 개의 핵이 공존

해설
Heterocaryosis
곰팡이 균사의 접합으로 한 균사의 핵과 다른 균사의 핵이 공존하는 것을 뜻한다.

65 돌연변이에 대한 설명 중 틀린 것은?

① 자연적으로 일어나는 자연돌연변이와 변이원 처리에 의한 인공돌연변이가 있다.
② 돌연변이의 근본적 원인은 DNA의 Nucleotide 배열의 변화이다.
③ 염기배열 변화의 방법에는 염기첨가, 염기결손, 염기치환 등이 있다.
④ Point Mutation은 Frame Shift에 의한 변이에 비해 복귀돌연변이(Back Mutation)가 되기 어렵다.

해설
한 개의 염기가 첨가, 결손, 치환되는 Point Mutation은 말 그대로 세 개씩 읽던 번역 격자가 달라지는 Frame Shift에 의한 변이에 비해 복귀돌연변이(Back Mutation)가 쉽다.

66 다음 표의 반응은 생화학 돌연변이체를 이용한 Amino-acid의 생성에 관한 것이다. 최종생성물인 P3을 얻고자 할 때 어느 영양요구주가 가장 적합한가?(단, 여기서 생성물 P4는 P1의 생성을 Feedback 억제한다고 가정한다.)

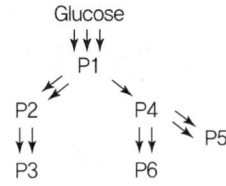

① P1 요구주　② P2 요구주
③ P4 요구주　④ P6 요구주

해설
P4 요구주는 배지 중에 P4를 조절하여 P1의 생성을 유도하여 P3의 생산을 증가시킨다.

67 파지(Phage)에 대한 대책으로 적합하지 않은 것은?

① 연속교체법(Rotation System)을 이용한다.
② 살균을 철저하게 한다.
③ 내성균주를 사용하여 발효를 한다.
④ 생산균주를 1종으로 제한한다.

해설
파지(Phage) 오염 예방법
- 공정 내외부의 살균을 철저하게 진행한다.
- 파지 내성균주를 이용한다.
- 균주특이성이 존재하므로 2종 이상의 균주 조합 계열을 만들어 2~3일마다 바꾸어 사용하는 균주 Rotation System을 이용한다.

68 담자균류의 특징과 관계가 없는 것은?

① 담자기　② 경자
③ 정낭　④ 취상돌기

해설
버섯의 구조
- 균사체와 자실체로 구성되어 있다.
- 갓(Cap) 밑의 주름에 보통 4개의 담자포자를 가진 담자기가 형성된다.
- 담자균류에는 동담자균류와 이담자균류가 있다.
- 버섯에는 담자기, 경자, 취상돌기, 격막이 있다.

69 다음 곰팡이 중 가근(假根, Rhizoid)이 있는 것은?

① *Aspergillus* 속　② *Penicillium* 속
③ *Rhizopus* 속　④ *Mucor* 속

해설
곰팡이(진균류)
- 조상균류 : *Mucor*(털곰팡이), *Rhizopus*(거미줄곰팡이, 가근, 포복지), *Absidia*(활털곰팡이, 가근, 포복지)
- 자낭균류 : *Aspergillus*(누룩곰팡이, 정낭, 병족세포), *Penicillium*(푸른곰팡이, 기저경자), *Monascus*(홍국곰팡이), *Neurospora*(붉은곰팡이)

70 출아(Budding)로 영양증식을 하는 효모 중에서 세포의 어느 곳에서나 출아가 되는 다극출아(Multilateral Budding)를 하는 것은?

① *Hanseniaspora* 속　② *Kloeckera* 속
③ *Nadsonia* 속　④ *Saccharomyces* 속

해설
효모의 증식
㉠ 출아법(Budding) : 대부분 효모가 이 방법으로 증식하며, 효모가 성숙하면 싹(Bud)이 발생하여 한 개의 효모세포가 되어 떨어진다. 출아의 위치에 따라 두 가지로 나뉜다.
- 양극출아(Bipolar Budding) : 양쪽 끝에서 출아(*Nadsonia* 속, *Kloeckera* 속, *Hanseniaspora* 속)
- 다극출아(Multilateral Budding) : 효모세포의 여러 곳에서 출아(*Saccharomyces* 속)
㉡ *Schizosaccharomyces* 속 : 무성생식 중 분열법

71 전분을 효소로 분해하여 포도당을 제조할 때 사용하는 미생물 효소는?

① *Aspergillus*의 α-Amylase와 Acid Protease
② *Aspergillus*의 Glucoamylase와 Transglucosidase
③ *Bacillus*의 Protease와 α-Amylase
④ *Aspergillus*의 α-Amylase와 *Rhizopus*의 Glucoamylase

해설
- Transglucosidase : 포도당을 섬유질로 바꾸어 주는 효소
- Protease : 단백질 분해 효소

정답 67 ④　68 ③　69 ③　70 ④　71 ④

72 ATP를 소비하면서 저농도에서 고농도로 농도 구배에 역행하여 용질 분자를 수송하는 방법은?

① 단순 확산(Simple Diffusion)
② 촉진 확산(Facilitated Diffusion)
③ 능동 수송(Active Transport)
④ 세포 내 섭취작용-Endocytosis)

해설

세포의 물질이동
- 단순 확산 : 농도구배에 따라 고농도에서 저농도로 이동
- 촉진 확산 : 인지된 물질에 대한 수송단백질에 의해 고농도에서 저농도로 빠르게 이동(GLUT, 포도당 수송 단백질)
- 능동 수송 : ATP를 소비하면서 저농도에서 고농도로 농도구배에 역행하여 용질분자를 수송(나트륨 – 펌프)

73 최초 세균수는 a이고 한 번 분열하는 데 3시간이 걸리는 세균이 있다. 최적의 증식조건에서 30시간 배양 후 총균수는?

① $a \times 3^{30}$
② $a \times 2^{10}$
③ $a \times 5^{30}$
④ $a \times 2^5$

해설

세대시간(Generation Time)
㉠ 하나의 세포가 분열하여 2개 세포로 증식하는 시간이다.
㉡ 세균은 분열법으로 번식하며 일반적으로 15~30분이다.
㉢ 세대시간 계산
- 총균수 = 초기균수 $\times 2^n$, n = 세대수
- n세대까지 소요시간을 t, 분열시간을 g라 하면
세대수 $n = \dfrac{t}{g}$

74 단백질과 RNA로 구성되어 있으며 단백질 합성을 하는 것은?

① 미토콘드리아(Mitochondria)
② 크로모솜(Chromosome)
③ 리보솜(Ribosome)
④ 골지체(Golgi Apparatus)

해설

리보솜
RNA와 단백질로 구성되며 단백질 생합성이 이루어진다.

75 일반적인 간장이나 된장의 숙성에 관여하는 내삼투압성 효모의 증식 가능한 최저 수분활성도는?

① 0.95
② 0.88
③ 0.80
④ 0.60

해설

내삼투압성 효모의 증식 가능한 최저 수분활성도는 0.60이다.

76 미생물 생육곡선(Growth Curve)과 관련한 설명으로 옳은 것은?

① 배양시간 경과에 따른 균수를 측정하고 세미로그 그래프에 표시한다.
② 온도의 변화에 따른 미생물 수 변화를 확인하여 그래프로 그린 것이다.
③ 곰팡이의 경우는 포자의 수를 측정하여 생육 정도를 비교한다.
④ 대사산물 생산량에 따라 유도기 – 대수기 – 정지기 – 사멸기로 분류한다.

해설

미생물 생육곡선은 배양시간 경과에 따른 균수를 측정하고 세미로그 그래프에 표시하며 균수에 따라 유도기 – 대수기 – 정지기 – 사멸기로 분류한다.

77 알코올 발효에 대한 설명 중 틀린 것은?

① 미생물이 알코올을 발효하는 경로는 EMP 경로와 ED 경로가 알려져 있다.
② 알코올 발효가 진행되는 동안 미생물 세포는 포도당 1분자로부터 2분자의 ATP를 생산한다.

정답 72 ③ 73 ② 74 ③ 75 ④ 76 ① 77 ③

③ 효모가 알코올 발효하는 과정에서 아황산나트륨을 적당량 첨가하면 알코올 대신 글리세롤이 축적되는데, 그 이유는 아황산나트륨이 Alcohol Dehydrogenase 활성을 저해하기 때문이다.
④ EMP 경로에서 생산된 Pyruvic Acid는 Decarboxylase에 의해 탈탄산되어 Acetaldehyde로 되고 다시 NADH로부터 Alcohol Dehydrogenase에 의해 수소를 수용하여 Ethanol로 환원된다.

해설

효모의 알코올 발효 시 아황산수소산나트륨의 존재하에서 발효 중 중간체인 아세트알데히드가 아황산수소나트륨과 반응하여 1-인산다이하이드록시아세톤을 1-인산글리세롤로 환원시키고 1-인산글리세롤은 효소의 작용으로 탈인산화되어 글리세롤로 변환한다. 즉, 효소의 활성 저하가 아닌 발효조건에 따른 화학반응으로 생성된다.

78 세균세포의 협막과 점질층의 구성물질인 것은?

① 뮤코(Muco) 다당류
② 펙틴(Pectin)
③ RNA
④ DNA

해설

협막과 점질층의 구성물질은 다당류나 폴리펩타이드이다.

79 저온 살균에 대한 설명 중 틀린 것은?

① 식품 중에 존재하는 미생물을 완전히 살균하는 것이다.
② 가열이 강하면 품질 저하가 현저한 식품에 이용된다.
③ 저온 살균 후 혐기상태 유지나 고염, 식염 등의 조건을 이용할 수 있다.
④ 최소한의 온도(통상 100℃ 이하)가 살균에 적용된다.

해설

저온 살균법
• 우유의 저온 살균은 결핵균을 대상으로 한다.
• 저온 장시간 살균(LTLT) : 영양분, 비타민 등의 파괴를 최대한 줄이기 위해 63℃에서 30분 가열 후 급랭하며 우유, 술, 과즙(주스) 등에 이용한다.
• 고온 단시간 살균(HTST) : 75℃에서 15초 가열 후 급랭하며 우유나 과즙 등에 이용한다.
• 초고온 순간 살균(UHT) : 132℃에서 2~3초 가열하며 우유나 과즙 등에 이용한다.

80 효모를 분리하려고 할 때 배지의 pH로 가장 적합한 것은?

① pH 2.0~3.0
② pH 4.0~6.0
③ pH 7.0~8.0
④ pH 10.0~12.0

해설

효모의 생육 pH는 pH 4.0~6.0이다.

5과목 생화학 및 발효학

81 효소의 작용에 대한 설명 중 틀린 것은?

① 단백질로 구성되어 있다.
② 특정 기질에 선택적 촉매반응을 한다.
③ 온도에 영향을 받는다.
④ 한 효소는 주로 2개 이상의 기질에 촉매 반응한다.

해설

효소는 기질 특이성이 있어서 대부분 하나의 기질에 반응한다.

82 위스키에 대한 설명 중 틀린 것은?

① 위스키는 제법에 따라 스카치(Scotch)형과 아메리칸(American)형으로 대별된다.
② 아메리칸 위스키는 미국에서 생산되는 위스키이다.
③ 맥아(Malt) 위스키는 대맥 맥아로만 만든 위스키이다.
④ 곡류(Grain) 위스키는 맥아 이외에 옥수수, 라이맥을 사용하여 단식증류기로 증류한 것이다.

해설

맥주는 단행 복발효주이다.

83 효소의 직접적인 촉매작용의 메커니즘으로 제시되지 않는 것은?

① 근접 변형효과   ② 공유결합 촉매
③ 산−염기 촉매   ④ 조효소 효과

해설
효소의 촉매작용 기전
- 결합 변형에 의한 촉매
- 근접과 방향서에 의한 촉매
- 일반적 산−염기 촉매
- 정전기적 촉매
- 공유결합성 촉매

84 진핵세포의 DNA와 결합하고 있는 염기성 단백질은?

① Albumin   ② Globulin
③ Histone   ④ Histamine

해설
DNA 핵산은 염기성 단백질로 구성된 히스톤(Histone)과 안정되게 결합하고 있다.

85 아미노산 대사에 필수적인 비타민으로 알려진 비타민 B6의 종류가 아닌 것은?

① 피리독신(Pyridoxine)
② 피리독사민(Pyridoxamine)
③ 피리딘(Pyridine)
④ 피리독살(Pyridoxal)

해설
피리딘은 핵산을 구성하는 A, G 염기의 구성성분이다.

86 맥주 발효에서 맥아를 사용하는 목적과 거리가 먼 것은?

① 당화과정에 필요한 효소들을 생성 또는 활성화
② 맥주의 향미와 색깔에 관여
③ 효모에 필요한 영양원 제공
④ 유해 미생물의 생육 억제

해설
맥아 사용 목적
- 당화효소, 단백질 분해효소 등을 활성화, 특유의 향미와 색소 생성, 저장성 부여
- 전분을 당화하여 효모에 필요한 영양원 제공

87 5′−뉴클레오타이드를 공업적으로 분해법에 의해 제조하기 위하여 사용되는 RNA 원료는 효모를 사용한다. 이 원료로서 사용되는 효모의 특징이 아닌 것은?

① RNA의 함량이 높다.
② RNA/DNA의 비율이 낮다.
③ 균체의 분리 및 회수가 간단하다.
④ RNA 유출 후 균체단백질 이용이 가능하다.

해설
RNA/DNA의 비율이 높아 RNA 회수량이 크다.

88 세포 내 리보솜(Ribosome)에서 일어나는 단백질 합성과 직접적으로 관여하는 인자가 아닌 것은?

① rRNA   ② tRNA
③ mRNA   ④ DNA

해설
단백질 합성 시 필요한 인자
- mRNA(주형)   - 리보솜(장소, rRNA)
- tRNA(아미노산 운반) - ATP(활성화 단계)
- GTP(개시, 연장, 종결 시)

89 사람 체내에서의 콜레스테롤 생합성 경로를 순서대로 표시한 것은?

① Acetyl CoA → L−mevalonic Acid → Squalene → Lanosterol → Cholesterol

정답 83 ④ 84 ③ 85 ③ 86 ④ 87 ② 88 ④ 89 ①

② Acetyl CoA → Lanosterol → Squalene → L-mevalonic acid → Cholesterol
③ Acetyl CoA → Squalene → Lanosterol → L-mevalonic acid → Cholesterol
④ Acetyl CoA → Lanosterol → L-mevalonic acid → Squalene → Cholesterol

> **해설**
> 콜레스테롤 생합성 경로
> Acetyl CoA → Acetoacetyl CoA → HMG CoA → L-mevalonic acid → Squalene(C30) → Lanosterol(고리화) → Cholesterol(C27)

90 파지(Phage)를 운반체로 하여 공여균의 유전자를 수용균에 운반시켜 수용균의 염색체 내 유전자와 재조합시키는 유전자 재조합 기술법은?

① 형질전환(Transformation)
② 접합(Conjugation)
③ 형질도입(Transduction)
④ 세포융합(Cell Fusion)

> **해설**
> 유전자 재조합
> • 형질전환(Transformation) : 공여세포의 유전자를 제한효소를 이용하여 벡터로 사용할 플라스미드에 유전자를 삽입하여 수용세포에 넣어서 유전자를 재조합
> • 형질도입(Transduction) : 벡터로서 플라스미드 대신 용원성 박테리오파지를 이용하여 수용세포에 넣어 재조합
> • 접합(Conjugation) : 원핵세포에 있어서 일시적인 접촉에 의해 두 개의 개체 간 DNA가 이동하는 방법으로 성공률이 낮음
> • 세포융합(Cell Fusion) : 두 종류의 세포를 융합시켜 양쪽의 성질을 모두 갖는 새로운 세포를 생성

91 피루브산(Pyruvic Acid)을 탈탄산하여 아세트알데히드(Acetaldehyde)로 만드는 효소는?

① Lactate Dehydrogenase
② Pyruvate Carboxylase
③ Pyruvate Decarboxylase
④ Alcohol Dehydrogenase

> **해설**
> 피루브산은 혐기적 상태에서 LDH에 의해 젖산을 만들고 효모 등에서는 Pyruvate Decarboxylase에 의해 아세트알데히드를 거쳐 Alcohol Dehydrogenase에 의해 알코올을 생성한다.

92 사람과 원숭이가 비타민 C를 합성하지 못하는 이유는?

① 장내 세균에 의해 방해받기 때문이다.
② L-gulonolactone Oxidase 효소가 없기 때문이다.
③ Avidin 단백질이 비오틴과 결합하여 합성을 방해하기 때문이다.
④ 세포에 합성을 방해하는 항생물질이 있기 때문이다.

> **해설**
> 사람과 원숭이가 비타민 C를 합성하지 못하는 이유는 체내에 L-Gulonolactone oxidase 효소가 없기 때문이다.

93 산업용 미생물 배지 제조 시 사용되는 질소원으로 적합하지 않은 것은?

① 사탕수수 폐당밀　　② 요소
③ 암모늄염　　　　　④ 콩가루

> **해설**
> 사탕수수 폐당밀에는 당, 비타민, 무기질이 많으나 질소원은 비발효성으로 이용에 부족하다.

94 맥주제조 시 후발효가 끝난 맥주의 한냉혼탁(Cold Haze)을 방지하기 위하여 사용되는 식물성 효소는?

① 파파인(Papain)
② 펙티나제(Pectinase)
③ 레닛(Rennet)
④ 나린진나아제(Naringinase)

> **해설**
> 맥주, 청주 혼탁제거에 단백질 분해효소가 쓰이는데 파파인은 단백질 연육효소이며 단백질을 분해한다.

정답 90 ③　91 ③　92 ②　93 ①　94 ①

95 Glutamic Acid를 발효하는 균의 공통된 특징은?

① 혐기성이다.
② 포자 형성균이다.
③ 생육인자로 Biotin을 요구한다.
④ 운동성이 있다.

해설
글루탐산 발효
- 생산균 : *Corynebacterium glutamicum*, *Brevibacterium flavum*, *Brev. lactofermentum*, *Microb. ammoniaphilum*, *Brev. thiogentalis*
- 비오틴 필요(2~5γ/L)
- 포도당, pH 7.0~8.0, 통기 교반, 30~35℃
- 비오틴 과잉 시 Penicillin을 첨가하면 발효 정상 회복

96 정미성 Nucleotide가 아닌 것은?

① GMP   ② XMP
③ IMP   ④ AMP

해설
핵산 관련 물질의 정미성
- MSG, IMP, GMP 등의 핵산계 물질은 정미성이 존재하여 감미료로 사용된다.
- XMP → IMP → GMP 순으로 정미성이 증가한다.
- pyrimidine계는 정미성이 존재하지 않는다.

97 운동 중 근육 활동으로 생성되는 과잉의 젖산을 포도당으로 합성하는 당신생(Gluconeogenesis)이 일어나는 기관은?

① 근육   ② 간
③ 신장   ④ 췌장

해설
코리회로
근육에서 혐기적 해당의 결과 생성된 젖산(Lactate)이 혈류를 따라 간으로 이동해 간에서 당신생반응으로 포도당을 형성한 후 다시 근육으로 되돌아가는 순환이다.

98 제빵 발효와 관련된 설명 중 틀린 것은?

① 발효빵에 사용되는 건조효모는 압착효모에 비해 발효력이 우수하나 반드시 냉장보관을 하여야 한다.
② 효모는 발효성 당을 분해하여 에탄올과 이산화탄소를 만들어 반죽을 팽창시킨다.
③ 밀가루에 포함된 단백질은 단백질 가수분해에 의해 가수분해되어 질소원으로 이용된다.
④ 빵효모는 이산화탄소 발생량을 기준으로 최적 활성은 30℃ 정도이다.

해설
순수 분리 후 압착한 압착효모는 수분함량 70%로 냉장 보관하고, 건조효모에 비해 발효력이 우수하며 보관 수송에 용이한 건조효모는 상온 보관하고 이용 시 44℃ 정도의 물에 풀어서 사용한다.

99 포도당(Glucose) 1kg을 사용하여 알코올발효와 초산발효를 진행시켰다. 알코올과 초산의 실제 생산수율은 각각의 이론적 수율의 90%와 85%라고 가정할 때 실제 생산될 수 있는 초산의 양은?

① 1.304kg   ② 1.1084kg
③ 0.5097kg ④ 0.4821kg

해설
알코올과 초산의 실제 생산수율은 각각의 이론적 수율의 90%와 85%이므로

알코올 생성 : $C_6H_{12}O_6 \rightarrow 2C_2H_5OH + 2CO_2$
초산 생성 : $C_2H_5OH + O_2 \rightarrow CH_3COOH + H_2O$

- 포도당 분자량 : 180g
- 알코올 분자량 : 46g
- 초산 분자량 : 60g

- $180 : 2 \times 46 \times 0.9 = 1,000 : x$, $x = 460g$ 알코올 생성
- $x = (1,000 \times 2 \times 46 \times 0.9)/180 = 460g$
- $46 : 60 \times 0.85 = 460 : x$, $x = 510g$ 초산 생성
- $\therefore x = (460 \times 60 \times 0.85)/46 = 510g$

정답 95 ③ 96 ④ 97 ② 98 ① 99 ③

100 광합성 과정에서 CO_2의 첫 번째 수용체가 되는 것은?

① Ribulose-1,5-Disphosphate
② 3-Phosphoglyceraldehyde
③ 3-Phosphoglyceric Acid
④ Sedoheptulose 1,7-Diphosphate

> 해설

광합성 사이클

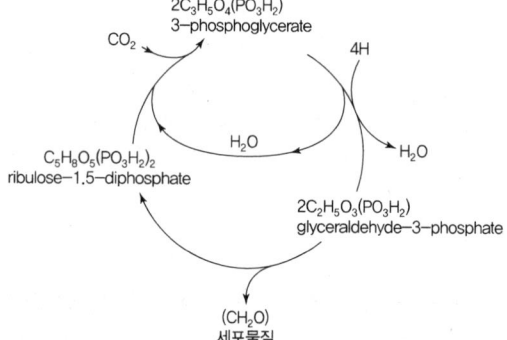

정답 100 ①

CHAPTER 24 2020년 1·2회 식품산업기사

1과목 식품위생학

01 하천수의 DO가 적을 때 그 의미로 가장 적합한 것은?

① 오염도가 낮다.
② 오염도가 높다.
③ 부유물질이 많다.
④ 비가 온 지 얼마 되지 않았다.

【해설】
- DO(Dissolved Oxygen, 용존산소량) : 물속에 포함되어 있는 산소량
- 물속에 녹아 있는 용존산소(DO)는 4ppm 이상이고 클수록 좋은 물이다.
- DO가 적다는 것은 염분농도가 높거나 오염도가 높다는 의미이다.

02 식품첨가물에서 가공보조제에 대한 설명으로 틀린 것은?

① 기술적 목적을 위해 의도적으로 사용된다.
② 최종 제품 완성 전 분해, 제거되어 잔류하지 않거나 비의도적으로 미량 잔류할 수 있다.
③ 식품의 입자가 부착되어 고형화되는 것을 감소시킨다.
④ 살균제, 여과보조제, 이형제는 가공보조제이다.

【해설】
가공보조제
- 식품의 제조 과정에서 기술적 목적을 달성하기 위하여 의도적으로 사용된다.
- 최종 제품 완성 전 분해, 제거되어 잔류하지 않거나 비의도적으로 미량 잔류할 수 있는 식품첨가물을 말한다.
- 식품첨가물의 용도 중 '살균제', '여과보조제', '이형제', '제조용제', '청관제', '추출용제', '효소제'가 가공보조제에 해당한다.
※ 식품의 입자 등이 서로 부착되어 고형화되는 것을 감소시키는 식품첨가물은 고결방지제이다.

03 병에 걸린 동물의 고기를 섭취하거나 병에 걸린 동물을 처리, 가공할 때 감염될 수 있는 인수공통감염병은?

① 디프테리아 ② 폴리오
③ 유행성 간염 ④ 브루셀라병

【해설】
인수공통감염병
㉠ 인수공통감염병의 종류
   탄저, 파상열(브루셀라병), 결핵, 돈단독증, 야토병, Q열 등
㉡ 인수공통감염병의 예방
   - 이환동물을 조기 발견하여 격리치료 한다.
   - 이환동물이 식품으로 취급되지 않도록 하며 우유 등의 살균처리를 한다.
   - 수입되는 유제품, 가축, 고기 등의 검역을 철저히 한다.
㉢ 인수공통감염병의 신고
   탄저, 고병원성 조류인플루엔자, 광견병 및 대통령령으로 정하는 인수공통감염병의 발병 시 즉시 질병관리본부장에게 통보하여야 한다.

04 지표미생물의 자격요건으로서 거리가 먼 것은?

① 분변 및 병원균들과의 공존 또는 관련성
② 분석 대상 시료의 자연적 오염균
③ 분석 시 증식 및 구별의 용이성
④ 병원균과 유사한 안정성(저항성)

【해설】
지표미생물의 조건
- 분변 및 병원균과의 공존 또는 관련성
- 비교적 간단한 검사방법으로 검출 가능
- 간단한 시험방법으로 다른 균과 구별 가능
- 적은 양으로도 검출 가능
- 식품 가공 처리 과정 시 병원균과 유사하게 생존 가능

정답 01 ② 02 ③ 03 ④ 04 ②

05 통조림 용기로 가공할 경우 납과 주석이 용출되어 식품을 오염시킬 우려가 가장 큰 것은?

① 어육
② 식육
③ 과실
④ 연유

해설
과실통조림 식품은 산성이므로 통조림관의 납과 주석이 용출되어 내용 식품을 오염시킬 우려가 가장 크다.

06 유해물질에 관련된 사항이 바르게 연결된 것은?

① Hg – 이타이이타이병 유발
② DDT – 유기인제
③ Parathion – Cholinesterase 작용 억제
④ Dioxin – 유해성 무기화합물

해설
- Hg : 미나마타병
- DDT : 유기염소제
- 카드뮴 : 이타이이타이병
- Dioxin : 쓰레기장에서 소각 시 발생되는 유해성 유기화합물

07 민물고기의 생식에 의하여 감염되는 기생충증은?

① 간흡충증
② 선모충증
③ 무구조충
④ 유구조충

해설
기생충
- 채소 매개 기생충 : 회충, 십이지장충, 요충, 동양모선충, 편충
- 수육 매개 기생충 : 유구조충(돼지), 무구조충(소), 선모충(돼지), 톡소플라스마(돼지)
- 어패류 매개 기생충 : 간흡충(민물고기), 폐흡충(민물갑각류), 요코가와흡충(민물고기), 광절열두조충(민물고기), 아니사키스(해산어류)

08 살균을 목적으로 사용되는 자외선 등에 대한 설명으로 틀린 것은?

① 자외선의 투과력이 약하다.
② 불투명체 조사 시 반대방향은 살균되지 않는다.
③ 자외선은 사람이 직시해도 좋다.
④ 조리실 내의 살균, 도마나 조리기구의 표면 살균에 이용된다.

해설
자외선 살균
- 260nm의 자외선으로 살균, 냉살균
- 투과력이 없어 물, 공기, 조리대 등 표면살균
- 자외선은 DNA의 연속된 Thymine(T) 배열에 작용하여 T Dimer를 생성하여 살균하며 사람이 직시하면 실명 위험

09 포스트 하베스트(Post Harvest) 농약이란?

① 수확 후의 농산물의 품질을 보존하기 위하여 사용하는 농약
② 소비자의 신용을 얻기 위하여 사용하는 농약
③ 농산물 재배 중에 사용하는 농약
④ 농산물에 남아 있는 잔류농약

해설
포스트 하베스트 농약
수확 후 농산물의 품질을 보존하기 위하여 사용하는 농약을 말한다.

10 살모넬라균 식중독에 대한 설명으로 틀린 것은?

① 달걀, 어육, 연제품 등 광범위한 식품이 오염원이 된다.
② 조리·가공 단계에서 오염이 증폭되어 대규모 사건이 발생하기도 한다.
③ 애완동물에 의한 2차 오염은 발생하지 않으므로 식품에 대한 위생 관리로 예방할 수 있다.
④ 보균자에 의한 식품오염도 주의를 하여야 한다.

> **해설**
> 애완동물은 오염원이므로 2차 오염이 발생하지 않도록 주의해야 한다.

11 식품공장 폐수와 가장 관계가 적은 것은?

① 유기성 폐수이다.　② 무기성 폐수이다.
③ 부유물질이 많다.　④ BOD가 높다.

> **해설**
> 공장폐수에 의한 식품오염
> • 도금공장 폐수에는 수은, 카드뮴, 크롬 등의 무기성 폐수가 많다.
> • 식품공장 폐수에는 부유물이 많고 주로 유기성 폐수가 많아 BOD가 높다.
> ※ BOD : 생물화학적 산소 요구량으로, 물속에 있는 유기물질이 호기성 미생물에 의해 생물학적으로 산화되어 무기성 산화물과 가스가 되기 위해 소비되는 산소량을 ppm으로 표시한 것이다.

12 각 위생동물과 관련된 식품, 위해와의 연결이 틀린 것은?

① 진드기 : 설탕, 화학조미료 – 진드기뇨증
② 바퀴벌레 : 냉동 건조된 곡류 – 디프테리아
③ 쥐 : 저장식품 – 장티푸스
④ 파리 : 조리식품 – 콜레라

> **해설**
> 바퀴벌레는 20℃ 이하에서 생육을 못하며 기계적 전파자로 수인성 감염병을 전파한다.

13 식용색소 황색제4호를 착색료로 사용하여도 되는 식품은?

① 커피　　　　　② 어육소시지
③ 배추김치　　　④ 식초

> **해설**
> 어육가공품(어육소시지 제외)에 착색료 사용 불가

14 식품 매개성 바이러스가 아닌 것은?

① 노로바이러스　② 로타바이러스
③ 레트로바이러스　④ 아스트로바이러스

> **해설**
> 식품 매개 바이러스
> 바이러스성 식중독 : 로타바이러스A군, 노로바이러스, 아스트로바이러스, 장관 아데노바이러스

15 Verotoxin에 대한 설명이 아닌 것은?

① 단백질로 구성
② *E. coli* O157 : H7이 생산
③ 담즙 생산에 치명적 영향
④ 용혈성 요독 증후군 유발

> **해설**
> **Verotoxin**
> • 장출혈성 대장균(Enterohemorrhagic *E. coli* ; EHEC, O157 : H7)이 생산
> • 균 자체는 열에 약하며 독소로 Verotoxin 단백질 독소 생성
> • 치료 시 항생제를 사용할 경우, 장출혈성 대장균이 죽으면서 독소를 분비하여 요독 증후군을 악화

16 식품위생법상 "화학적 합성품"의 정의는?

① 화학적 수단으로 원소 또는 화합물에 분해반응 외의 화학반응을 일으켜서 얻은 물질을 말한다.
② 물리 · 화학적 수단에 의하여 첨가 · 혼합 · 침윤의 방법으로 화학반응을 일으켜 얻은 물질을 말한다.
③ 기구 및 용기 · 포장의 살균 · 소독의 목적에 사용되어 간접적으로 식품에 이행될 수 있는 물질을 말한다.
④ 식품을 제조 · 가공 또는 보존함에 있어서 식품에 첨가 · 혼합 · 침윤 기타의 방법으로 사용되는 물질을 말한다.

> **해설**
> "화학적 합성품"이란 화학적 수단으로 원소 또는 화합물에 분해반응 외의 화학반응을 일으켜서 얻은 물질을 말한다.

정답 11 ② 12 ② 13 ② 14 ③ 15 ③ 16 ①

17 우리나라 남해안의 항구와 어항 주변의 소라, 고둥 등에서 암컷에 수컷의 생식기가 생겨 불임이 되는 임포섹스(Imposex)현상이 나타나게 된 원인 물질은?

① 트리부틸주석(Tributyltin)
② 폴리클로로비페닐(Polychrolobiphenyl)
③ 트리할로메탄(Trihalonethanc)
④ 디메틸프탈레이트(Dimerhyl Phthalate)

[해설]
선박 하부에 녹 발생을 방지하기 위해 칠하는 선박용 페인트의 방청제 성분인 트리부틸주석(TBT)이 바닷물에 녹아 들어가 환경호르몬으로 작용하여 암컷 고둥의 체내 호르몬에 교란이 일어나 수컷 성기와 수정관이 생기게 되어 알이 방출되는 것을 억제한다.

18 영하의 조건에서도 자랄 수 있는 전형적인 저온성 병원균(Psychrotrophic Pathalate)은?

① *Vibrio parahaemolyticus*
② *Clostridium perfringens*
③ *Yersinia enterocolitica*
④ *Bacillus cereus*

[해설]
Yersinia enterocolitica
- 그람음성, 단간균, 전형적인 저온균으로 겨울에도 발병, 잠복기 2~7일, 급성 장염 증세 유발
- 덜 익은 돼지고기나 쥐의 분변 등에 오염된 물에 의해 감염
- 돼지보균율이 높고, 열에 약하므로 가열조리하고 저온 증식이 가능하므로 장기간 저온보관을 피하며 약수터 등 물의 오염을 예방하는 것이 중요

19 식품위생검사 시 일반세균수(생균수)를 측정하는 데 사용되는 것은?

① 표준한천평판배지   ② 젖당부용발효관
③ BGLB 발효관   ④ SS 한천배양기

[해설]
일반세균 검사
- 총균수 검사는 직접 검경법인 Breed법을 이용하여 단일염색을 통해 균수를 현미경으로 확인하는 방법
- 세균 : Petroff-Hauser 계수기 또는 Helber 계수기 사용
- 효모, 원생동물 : Thoma의 혈구계수기(Haematometer) 사용
- 생균수 검사는 적당 농도로 희석한 표준한천평판배양법이나 LB(Lactose Broth)를 이용한 최확수법 이용
- 표준한천평판배양법 : 식품공전에 따라 일반세균수를 측정할 때 희석한 시료 1mL를 평판에 분주하여 균수 측정

20 간장에 사용할 수 있는 보존료는?

① Benzoic Acid   ② Sorbic Acid
③ β-naphthol   ④ Penicillin

[해설]
산형 보존제
- 안식향산(Benzoic Acid), 안식향산나트륨(Sodium Benzoic Acid) : 과실·채소류음료, 탄산음료, 기타음료, 인삼 및 홍삼음료, 간장 : 0.6g/kg 이하
- 프로피온산 : 빵류, 소금절임 식품 대상, 주로 세균류에 대한 강한 항균성
- 소르빈산 : 식육가공품, 치즈, 된장, 고추장 대상에 사용, 곰팡이, 효모 등에 작용하나 강하지 않음
- 디히드로초산나트륨 : 버터, 치즈, 마가린 대상, 모든 미생물에 항균성

2과목 식품화학

21 식품 중의 회분(%)을 회화법에 의해 측정할 때 계산식이 옳은 것은?(단, S : 건조 전 시료의 무게, W : 회화 후의 회분과 도가니의 무게, W_0 : 회화 전의 도가니 무게)

① $\dfrac{(W-S)}{W_0} \times 100$ ② $\dfrac{(W_0-W)}{S} \times 100$

③ $\dfrac{(W-W_0)}{S} \times 100$ ④ $\dfrac{(S-W_0)}{W} \times 100$

정답 17 ① 18 ③ 19 ① 20 ① 21 ③

해설

회분 정량 시 계산식
$$\frac{(W-W_0)}{S} \times 100$$

22 전분(Starch)의 글루코사이드(Glicoside)결합을 가수분해하는 효소인 β-Amylase의 작용은?

① 전분 분자의 α-1,4 결합을 임의의 위치에서 크게 가수분해 하여 Maltose나 Dextrin을 생성한다.
② 전분에서 Glucose만을 1개씩 분리한다.
③ 전분의 α-1,4 결합을 말단에서부터 분해하여 β-Amylase 단위로 분리한다.
④ 전분의 α-1,6 결합을 분리한다.

해설

전분 가수분해 효소
- α-Amylase : 전분의 α-1,4 글리코시드 결합을 무작위로 가수분해
- β-Amylase : 전분의 비환원성 말단으로부터 말토오스 단위로 α-1,4 글리코시드 결합을 가수분해
- Glucoamylase : 전분의 비환원성 말단으로부터 포도당 단위로 가수분해
- Debranching Amylase : 전분의 분지점 α-1,6 결합을 가수분해

23 pH 3 이하의 산성에서 검정콩의 색깔은?

① 검은색　　② 청색
③ 녹색　　　④ 적색

해설

딸기, 포도, 가지, 검정콩의 안토시아닌계 색소는 pH에 민감하여 가공 저장 중 갈색으로 변한다. (산성-적색, 알칼리성-청색)

24 달걀 흰자나 낫두 등에 젓가락을 넣어 당겨 올리면 실을 빼는 것과 같이 되는 현상은?

① 예사성　　② 바이센베르크 현상
③ 경점성　　④ 신전성

해설

점탄성체의 성질
- 예사성(Spinability) : 청국장, 달걀 흰자 등에 막대 등을 넣고 당겨 올리면 실처럼 가늘게 따라 올라오는 성질
- Weissenberg 효과 : 연유 중에 막대 등을 세워 회전시키면 탄성에 의해 연유가 막대를 따라 올라오는 성질
- 경점성(Consistency) : 점탄성을 나타내는 식품의 경도(밀가루 반죽 경점성은 Farinograph로 측정)
- 신전성(Extensibility) : 반죽이 국수같이 길게 늘어나는 성질(밀가루 반죽 신전성은 Extensograph로 측정)

25 칼슘은 직접적으로 어떤 무기질의 비율에 따라 체내 흡수가 조절되는가?

① 마그네슘　　② 인
③ 나트륨　　　④ 칼륨

해설

- 장내 인의 비율이 많으면 인산칼슘염이 형성되어 칼슘의 흡수를 방해한다.
- 칼슘과 인의 비율은 1 : 0.8을 초과하지 않는 것이 좋다.

26 관능적 특성의 영향요인들 중 심리적 요인이 아닌 것은?

① 기대오차　　② 습관에 의한 오차
③ 후광효과　　④ 억제

해설

관능검사에 심리적 영향을 주는 요인
기대오차, 습관오차, 자극오차, 논리적 오차, 후광효과, 시료 제공 순서에 따른 오차

27 염장 초기의 식품에 있어서 자유수, 결합수의 양은 어떻게 변화하는가?

① 전체 수분에 대한 자유수의 비율은 감소하고 결합수의 비율은 증가한다.
② 전체 수분에 대한 자유수의 비율은 증가하고 결합수의 비율은 감소한다.

③ 전체 수분에 대한 자유수의 비율은 증가하고 결합수의 비율도 증가한다.
④ 전체 수분에 대한 자유수의 비율은 감소하고 결합수의 비율도 감소한다.

해설
염장 초기에 염류와 자유수가 결합하여 자유수의 비율은 감소하고 결합수의 비율은 증가하여 수분활성도가 감소하지만 후기로 갈수록 식품 세포 내 삼투압에 의한 수분이동으로 자유수가 다시 소량 증가한다.

28 관능검사의 묘사분석 방법 중 하나로 제품의 특성과 강도에 대한 모든 정보를 얻기 위하여 사용하는 방법은?

① 텍스처 프로필
② 향미 프로필
③ 정량적 묘사분석
④ 스펙트럼 묘사분석

해설
묘사분석
훈련된 검사 요원에 의한 관능적 특성의 질적·양적 묘사, 재현성, 향미 프로필(맛, 냄새, 향미), 텍스처 프로필(물리적 특성), 정량적 묘사(향미, 텍스처, 색 등 전반적인 관능 특성), 스펙트럼 묘사분석(특성과 강도에 대한 모든 정보), 시간-강도 묘사분석

29 녹말이 소화될 때 발생하는 분해산물이 아닌 것은?

① α-Dextrin
② Glucose
③ Lactose
④ Maltose

해설
녹말은 포도당으로 구성되었으며 락토오스는 포도당과 갈락토오스로 구성되어 있다.

30 유화액의 형태에 영향을 주는 조건이 아닌 것은?

① 유화제의 성질
② 물과 기름의 비율
③ 물과 기름의 온도
④ 물과 기름의 첨가 순서

해설
유화액의 수중유적형과 유중수적형을 결정하는 조건에는 유화제의 성질, 물과 기름의 비율, 물과 기름의 첨가 순서 등이 있다.

31 효소와 그 작용기질의 짝이 잘못된 것은?

① α-Amylase : 전분
② β-Amylase : 섬유소
③ Trypsin : 단백질
④ Lipase : 지방

해설
전분 가수분해 효소
- α-Amylase : 전분의 α-1,4 글리코시드 결합을 무작위로 가수분해
- β-Amylase : 전분의 비환원성 말단으로부터 말토오스 단위로 α-1,4 글리코시드 결합을 가수분해
- 섬유소는 β-1,4 글리코시드 결합

32 아밀로오스 분자의 비환원성 말단에 작용하여 맥아당 단위로 가수분해 하는 효소는?

① α-Amylase
② β-Amylase
③ Glucoamylase
④ Isoamylase

해설
β-Amylase : 전분의 비환원성 말단으로부터 말토오스 단위로 α-1,4 글리코시드 결합을 가수분해

33 유지의 자동산화에 대한 다음 설명 중 틀린 것은?

① 유지의 유도기간이 지나면 유지의 산소 흡수속도가 급증한다.
② 식용유지가 자동산화 되면 과산화물가가 높아진다.
③ 식용유지의 자동산화 중에는 과산화물의 형성과 분해가 동시에 발생한다.
④ 올레산은 리놀레산보다 약 10배 이상 빨리 산화된다.

해설
이중결합이 많은 리놀레산이 올레산보다 더 빨리 산화된다.

34 등전점이 pH 10인 단백질에 대한 설명으로 옳은 것은?

① 구성 아미노산 중에 염기성 아미노산의 함량이 많다.
② 구성 아미노산 중에 산성 아미노산의 함량이 많다.
③ 구성 아미노산 중에 중성 아미노산의 함량이 많다.
④ 구성 아미노산 중에 염기성, 산성, 중성 아미노산의 함량이 같다.

해설
등전점이 알칼리성에 있는 단백질은 Arg, Lys 등 염기성 아미노산의 함량이 많아 pk_a점이 알칼리성에 있다.

35 파인애플, 죽순, 포도 등에 함유되어 있는 주요 유기산은?

① 초산(Acetic Acid)
② 구연산(Citric Acid)
③ 주석산(Tartaric Acid)
④ 호박산(Succinic Acid)

해설
파인애플, 죽순, 포도 등에는 주석산이 많다.

36 다음 중 식품의 수분정량법이 아닌 것은?

① 건조감량법
② 증류법
③ Karl-Fisher법
④ 자외선 사용법

해설
식품의 수분정량법
건조감량법, 증류법, Karl-Fisher법 등

37 유지를 튀김에 사용하였을 때 나타나는 화학적인 현상에 대한 설명으로 옳은 것은?

① 산가가 감소한다.
② 산가가 변화하지 않는다.
③ 요오드가가 감소한다.
④ 요오드가가 변화하지 않는다.

해설
유지의 가열산화
- 고온에서 유지를 장시간 가열하면 가열분해로 생성된 물질들이 중합하여 점도, 비중, 굴절률이 증가하고 발연점이 낮아지게 된다.
- 산가, 과산화물가, 카르보닐가 등이 증가하고 요오드가는 감소하게 된다.
- 가열에 의해 유지의 에스터 결합이 분해하므로 유리지방산은 증가한다.

38 산성 식품과 알칼리성 식품에 대한 설명으로 틀린 것은?

① 무기질 중 PO_4^{3-}, SO_4^{2-} 등 음이온을 생성하는 것은 산생성 원소이다.
② 해조류, 과실류, 채소류는 알칼리성 식품이다.
③ 육류, 곡류는 산성 식품이다.
④ 식품 100g을 회화하여 얻은 회분을 알칼리화하는 데 소비되는 0.1N NaOH의 mL 수를 알칼리도라고 한다.

해설
식품의 액성
- 해조류, 과실류, 채소류와 같은 알칼리성 식품은 식품 중 알칼리 금속족에 속하는 원소(Na, K, Ca, Mg 등)가 물과 결합하여 강한 알칼리성(NaOH, KOH, Ca(OH)₂ 등)을 나타낸다.
- 육류, 곡류에 많은 S, C, Cl, P 등의 원소는 황산, 인산, 염산을 형성하는 산성 생성원소이다.

39 지방의 자동산화에 가장 크게 영향을 주는 것은?

① 산소
② 당류
③ 수분
④ pH

정답 34 ① 35 ③ 36 ④ 37 ③ 38 ④ 39 ①

해설
유지의 자동산화
- 식용유지의 산화 시 점성이 생기며 황갈색, 적갈색으로 변색이 일어난다.
- 이중결합 부위에 산소가 결합하여 산화가 일어나고 요오드값이 감소하며 산가가 증가한다.

40 Vitamin B₁₂의 구조에 함유되어 있는 무기질은?

① Zn   ② Co
③ Cu   ④ Mo

해설
Vitamin B₁₂는 코발트를 구성원소로 하여 이루어져 있다.

3과목 식품가공학

41 개량식 간장 제조 시 장달임의 목적이 아닌 것은?

① 갈색 향상   ② 향미 부여
③ 청징   ④ 숙성시간 단축

해설
장달임
숙성분리한 생간장 가열로, 장을 달이는 목적은 살균, 단백질을 응고시켜 청징, 농축하여 향미 부여, 갈색 향상

42 현미는 어느 부위를 벗겨낸 것인가?

① 과종피   ② 왕겨층
③ 배아   ④ 겨층

해설
쌀의 도정
- 현미의 배아와 겨층을 제거하여 배유부만을 얻는 조작
- 현미 : 벼의 왕겨층만을 제거
- 5분도미 : 겨층, 배아의 50% 제거
- 7분도미 : 겨층, 배아의 70% 제거

43 버터 제조 시 크림층의 지방구막을 파괴시켜 버터입자를 생성시키는 조작은?

① 교동(Churning)
② 숙성(Aging)
③ 연압(Working)
④ 중화(Neutralizing)

해설
교동(Churning)
우유의 크림을 교반하여 기계적 충격으로 지방구가 뭉쳐 버터입자가 형성되고 버터밀크와 분리된다.

44 두부 제조 시 두부의 응고 정도에 미치는 영향이 가장 적은 것은?

① 응고제의 색
② 응고온도
③ 응고제의 종류
④ 응고제의 양

해설
두부 제조
- 원료콩에 10배 내외 물을 넣고 마쇄
- 응고제를 첨가하여 70~80°C로 가열·응고하고 성형 후 탈수
- 적절한 두부 응고제 처리

45 달걀 선도의 간이 검사법이 아닌 것은?

① 외관법   ② 진음법
③ 투시법   ④ 건조법

해설
㉠ 신선란 : 산란 직후에 채집한 신선한 달걀로 신선란의 신선도 검사에는 외관법, 진음법, 난황계수측정법, 난백계수측정법, 투시검사법, 난황편심도, 비중선별법, 난각의 두께, 설감법 등이 있다.
㉡ 신선란의 기준
- 난황계수가 0.3~0.4 이상인 것
- 11% 식염수에 가라앉는 것
- 기실의 크기가 작은 것

정답 40 ② 41 ④ 42 ② 43 ① 44 ① 45 ④

46 육질의 결착력과 보수력을 부여하는 첨가물은?

① MSG(Monosodiumglutamate)
② ATP(Adenosine Trihydroxyanisole)
③ 인산염
④ BHA(Butylated Hydroxyanisole)

해설
품질개량제
햄이나 소시지 등의 결착력을 높여 식감을 좋게 하는 것으로 인산염이 주로 이용된다.

47 유지의 정제 공정으로 옳은 것은?

① 중화 → 탈취 → 탈색 → 탈검 → 윈터리제이션
② 탈색 → 탈검 → 중화 → 탈취 → 윈터리제이션
③ 중화 → 탈검 → 탈색 → 탈취 → 윈터리제이션
④ 탈검 → 탈취 → 중화 → 탈색 → 윈터리제이션

해설
유지의 정제 : 불순물을 물리적 · 화학적 방법으로 제거
㉠ 탈검공정(Degumming Process)
 • 인지질 등 제거
 • 무수 상태에서 기름에 녹으므로 물이나 수증기를 넣어 수화시켜 분리
㉡ 탈산공정(Deaciding Process)
 • 유리지방산 등 제거
 • NaOH으로 유리지방산을 중화(비누화) 제거하는 알칼리 정제법 사용
㉢ 탈색공정(Decoloring Process)
 • Carotenoid, 엽록소 등 제거
 • 가열탈색법이나 활성백토를 이용하는 흡착탈색법 사용
㉣ 탈취공정(Deodoring Process)
 • 알데히드, 케톤, 탄화수소 등 냄새 제거
 • 활성탄 등 흡착제를 이용한 탈취

48 밀가루 가공식품 중 빵에 대한 설명이 틀린 것은?

① 밀가루 반죽의 가스는 첨가하는 효모의 작용에 의해 생성
② 밀가루는 빵의 골격을 형성하고 반죽의 가스 포집 역할
③ 소금은 부패미생물 생육 억제 및 향미 촉진
④ 설탕은 발효공급원으로 전분 노화 촉진

해설
설탕의 역할
• 효모 발효 활성화   • 캐러멜화로 독특한 색 부여
• 향기 부여   • 반죽의 점탄성 · 안정성 향상
• 단맛 부여   • 노화 방지

49 121℃에서 D_{121} 값이 0.2분이고, Z값이 10℃인 *Cl. botulinum*을 118℃에서 살균하고자 한다. D_{118} 값은?(단, log2=0.3으로 가정하고 계산한다.)

① 0.5분   ② 0.4분
③ 0.2분   ④ 0.1분

해설
• D(Decimal Reduction Time)값 : 사멸곡선에서 가열 전 미생물 수의 10%로 감소시키는 데(90% 사멸) 필요한 시간, 온도 지정이 없을 시는 121℃, 온도 증가 시 D값 감소
• Z값 : TDT 곡선에서 D값이 10배로 증가하는 데 필요한 온도 차이, 10배의 살균속도를 위한 온도 상승폭
• Z값 : D값을 1log cycle(1/10 or 10배) 변화시키는 데 상당하는 온도
• $Z=(T_2-T_1)/(\log D_1-\log D_2)=(121-118)/\log(x-0.2)$, $x=0.4$

50 밀봉두께(Seam Thickness)에 대한 설명 중 옳은 것은?

① 제1시밍롤 압력이 강하면 밀봉두께는 작아진다.
② 제2시밍롤 압력이 강하면 밀봉두께는 작아진다.
③ 제2시밍롤 압력이 약하면 밀봉두께는 작아진다.
④ 밀봉두께는 시밍롤의 압력과 관계가 없다.

해설
밀봉(Seaming)
• 용기 속 미생물과 공기 유입 방지, 진공도 유지
• 통조림 이중 밀봉(Double Seaming) : 아래서 받쳐주는 리프터(Lifter), 위 덮개를 누르는 척(Chuck), 뚜껑과 본체를 한 겹 말리게 하는 제1롤(Roll)과 이중 밀봉하는 제2롤로 구성된 Seamer 이용
• 제2롤의 압력이 강하면 밀봉두께는 작아진다.

정답 46 ③ 47 ③ 48 ④ 49 ② 50 ②

51 유통기간 설정과 관련한 설명으로 틀린 것은?

① 실험에 사용되는 검체는 시험용 시제품, 생산 판매하고자 하는 제품, 실제로 유통되는 제품 모두 가능하다.
② 영업자 등이 유통기한 설정 시 참고할 수 있도록 제시하는 판매가능 기간은 권장유통기간이다.
③ 제품의 제조일로부터 소비자에게 판매가 허용되는 기한은 유통기한이다.
④ 소비자에게 판매 가능한 최대기간으로서 설정실험 등을 통해 산출된 기간은 유통기간이다.

해설
유통기간 설정
유통기간의 산출은 포장완료(다만, 포장 후 제조공정을 거치는 제품은 최종공정 종료)시점으로 하고 캡슐제품은 충전·성형 완료시점으로 한다. 선물세트와 같이 유통기한이 상이한 제품이 혼합된 경우와 단순 절단, 식품 등을 이용한 단순 결착 등 원료 제품의 저장성이 변하지 않는 단순가공 처리만을 하는 제품은 유통기한이 먼저 도래하는 원료 제품의 유통기한을 최종제품의 유통기한으로 정하여야 한다. 다만, 계란은 '산란일자'를 유통기간 산출시점으로 하며, 소분 판매하는 제품은 소분하는 원료 제품의 유통기한을 따르고, 해동하여 출고하는 냉동제품[빵류, 떡류, 초콜릿류, 젓갈류, 과·채주스, 치즈류, 버터류, 수산물가공품(살균 또는 멸균하여 진공 포장된 제품에 한함)]은 해동시점을 유통기간 산출시점으로 본다.

52 통조림 당액 제조 시 준비할 당액의 당도를 구하는 식으로 옳은 것은?

W_1 : 담을 과일의 무게(g)
W_2 : 주입할 당액의 무게(g)
W_3 : 내용물의 총량(g)
X : 과일의 당도(°brix)
Z : 개관 시 규격당도(°brix)

① $\dfrac{W_1 Z - W_3 X}{W_2}$ ② $\dfrac{W_3 Z - W_1 X}{W_2}$
③ $\dfrac{W_2 Z - W_3 X}{W_1}$ ④ $\dfrac{W_1 Z - W_2 X}{W_3}$

해설
당액조제
$w_1 x + w_2 y = w_3 z$, $y = \dfrac{w_3 z - w_1 x}{w_2}$, $w_3 - w_1 = w_2$
여기서, w_1 : 담는 과실의 무게(g)
w_2 : 주입당액의 무게(g)
w_3 : 통 속의 당액 및 과실의 전체 무게(g)
x : 과육의 당도(%)
y : 주입액의 농도(%)
z : 제품 규격 당도(%)

53 감압건조에서 공기 대신 불활성 기체를 사용할 때 가장 효과가 큰 것은?

① 산화 방지
② 비용의 감소
③ 건조시간의 단축
④ 표면경화(Case Harding) 방지

해설
감압건조 시 공기 중 산소에 의한 산화방지를 위해 질소나 이산화탄소 등 불활성 기체를 사용한다.

54 치즈 제조 시 원료유 1,000kg에 대한 레닛(Rennet) 분말의 첨가량은 몇 kg인가?

① 0.02~0.04kg ② 0.2~0.4kg
③ 2~4kg   ④ 20~40kg

해설
레닛 첨가
우유 응고를 위해 원유 1,000kg당 20~40g 첨가

55 육제품 훈연 성분 중 항산화 작용과 관련이 깊은 성분은?

① 포름알데히드   ② 식초산
③ 레진류   ④ 페놀류

해설

훈연의 목적
- 염지육색이 가열에 의하여 안정되어 제품의 색 향상
- 훈연 연기 중 페놀(Phenol)의 항산화작용, 유기산, Form-aldehyde, Acetaldehyde의 살균작용
- 훈연취에 의한 독특한 풍미 부여
- 건조, 살균, 항산화작용에 의한 저장성 향상
- 건조에 의한 수분 감소로 수분활성도 감소

56 통조림 가열 살균 후 냉각효과에 해당되지 않는 것은?

① 호열성 세균의 발육방지
② 관내면 부식방지
③ 식품의 과열 방지
④ 생산능률의 상승

해설

통조림 제조 시 냉각효과
- 가능한 한 급속 냉각하여 내용물 과열에 의한 연화 방지 및 관내면 부식 방지
- 호열성 세균의 발육 억제
- 단백질로부터 황화수소 발생을 적게 하여 변색(흑변) 방지
- 연어, 게, 오징어 통조림 등의 유리조각 모양 결정체인 Struvite 생성 최소(30~50℃)

57 마요네즈 제조 시 유화제 역할을 하는 것은?

① 난황
② 식초
③ 식용유
④ 소금

해설

마요네즈(Mayonnaise)
- 식물유 75%, 식초 10%, 난황 10%, 조미료 3.5%, 향신료 1.5% 등을 혼합하여 수중유적형으로 유화한 제품(난백은 사용하지 않음)
- 식용유의 입자가 작은 것일수록 점도가 높고 안정도도 크다.

58 동물 사후경직 단계에서 일어나는 근수축 결과로 생긴 단백질은?

① 미오신(Myosin)
② 트로포미오신(Tropomyosin)
③ 액토미오신(Actomyosin)
④ 트로포닌(Troponin)

해설

사후경직
근육 글리코겐 분해에 따라 젖산 생성, ATP 생성, 근육 경직 발생(액토미오신 형성)

59 쌀의 도정도 판정에 이용되는 시약은?

① May Grunwald
② Guaiacol
③ H_2O_2
④ Lugol

해설

M.G(May Grunwald) 염색법
- Eosin-Methylene Blue 시약의 염색 차이에 의해 결정, 에오신은 전분에 염색하여 적색을 나타내며 메틸렌블루는 셀룰로오스와 반응해 청색을 보인다.
- 현미(1분도미) : 청색
- 5분도미 : 초록색
- 7분도미 : 보라색 + 적색
- 10분도미 : 적색

60 식품의 기준 및 규격에서 사용하는 단위가 아닌 것은?

① 길이 : m, cm, mm
② 용량 : L, ml
③ 압착강도 : N(Newton)
④ 열량 : W, kW

해설

국제 단위계(SI System)
- 물리량의 국제 표준 단위는 MKS(m, kg, s) 단위계와 CGS(cm, g, s) 단위계가 있다.
- dyne은 힘의 단위인 뉴턴(N)의 CGS 단위이다.

정답 56 ④ 57 ① 58 ③ 59 ① 60 ④

- 1N = 질량 1kg의 물체에 작용하여 1m/s² 의 가속도가 생기게 하는 힘
- 1dyne = 질량 1g의 물체에 작용하여 1cm/s² 의 가속도가 생기게 하는 힘
- 1N = 100,000dyne
- 기본단위 : 길이(m, 미터), 질량(kg, 킬로그램), 시간(s, 초), 용량(L, 리터), 전류(A, 암페어), 온도(K, 켈빈), 물질량(mol, 몰), 광도(cd, 칸델라)
- 유도단위 : 힘(N, 뉴턴, 압착강도), 에너지 또는 일(J, 줄), 전도율(S, 지멘스), 주파수(Hz, 헤르츠), 전압(V, 볼트), 방사선 흡수선량(Gy, 그레이), 방사선 생물학적 흡수선량(Sv, 시버트)
- 열량(kcal) : 열은 에너지의 일종으로 물체의 온도차로 인하여 생기는 열의 이동량을 열량이라 한다.

4과목 식품미생물학

61 아래 설명에 가장 적합한 곰팡이속은?

- 양조공업에 대부분 사용된다.
- 강력한 당화효소와 단백질 분해효소 등을 분비한다.
- 균총의 색깔로 구분하며 백국균, 황국균, 흑국균으로 나뉜다.
- 널리 분포되어 있는 곰팡이로 균사에는 격벽이 있다.

① *Rhizopus* 속
② *Mucor* 속
③ *Aspergillus* 속
④ *Monascus* 속

해설

전분 당화
- *Aspergillus oryzae*(황국균) : 전분 당화력(α-Amylase), 단백질 분해력이 강해 청주, 된장, 간장 제조에 이용
- *Aspergillus niger*(흑국균) : 집락은 흑색, 전분당화력(β-Amylase)이 강하고 당액을 발효하여 구연산 등 유기산 발효공업에 이용

62 고체배지에 대한 설명과 가장 거리가 먼 것은?

① 평판 또는 사면배지에 사용된다.
② 미생물의 순수분리에 사용된다.
③ 균주의 보관 및 이동 시에 사용된다.
④ 균의 운동성 유무에 대한 실험 배지로 사용된다.

해설

액체배지는 균의 증식이나 균의 운동성 등 생리관찰에 이용한다.

63 빵효모를 생산하기 위한 배양조건으로 적합한 것은?

① 빵효모를 생산하기 위해 혐기적 조건이 필요하므로 혐기 배양 탱크가 필요하다.
② 효모액 중의 당 농도는 가급적 높게 유지해야 양질의 제품을 얻을 수 있다.
③ 가장 적합한 배양온도는 25~30℃ 정도이다.
④ 잡균의 오염을 방지하기 위해 항상 pH 3 이하로 일정하게 유지해야 한다.

해설

빵효모 생산
- 생산균 : *Saccharomyces cerevisiae*
- 사탕수수 당밀, 황산암모늄, 암모니아수, 요소 첨가
- 당 농도가 높으면 효모액의 수율이 떨어진다.
- 충분한 산소 공급, 온도는 25~30℃, 지수적 증식
- 배양액 효모농도 10%, 원심분리 농축
- 5℃ 냉각, Filter Press 압착, 압착효모 수분 65~70%

64 빵 효모 발효 시 발효 1시간 후($t_1 = 1$)의 효모량이 102g, 발효 11시간 후($t_2 = 11$)의 효모량이 103g이라면, 지수계수 M(Exponential Modulus)은?

① 0.1303
② 0.2303
③ 0.3101
④ 0.4101

해설

효모 증식
- $X_2 = X_2 \, e \, V(t_1 - t_2)$
- $2.303 \log(X_2/X_1)/(t_2 - t_1) = 0.2303$

65 카망베르(Camembert) 치즈 숙성에 이용되며 푸른곰팡이라고도 불리는 것은?

① *Penicillum* 속
② *Aspergillus* 속
③ *Rhyzopus* 속
④ *Saccharonmces* 속

해설
치즈 숙성 균
- 카망베르 치즈 : *Penicillium camemberti*
- 로크포르 치즈 : *Penicillium roqueforti*
- 스위스 에멘탈 치즈 : *Propionibacterium freudenreichii*

66 젖산균에 대한 설명 중 틀린 것은?

① 요구르트 제조 시 이형발효의 젖산균만 사용하여 초산 발생을 억제시킨다.
② 대부분이 Catalase 음성이다.
③ 김치, 침채류의 발효에 관여한다.
④ 장내에서 유해균의 증식을 억제할 수 있다.

해설
젖산균
- 동형발효 젖산균 : 당을 발효하여 젖산만 생성 – *Streptococcus* 속, *Pediococcus* 속, *Lactobacillus* 속
- 이형발효 젖산균 : 당을 발효하여 젖산 이외에 초산, 에탄올, CO_2 등 생산 – *Leuconostoc* 속, *Lactobacillus* 속

67 대장균의 특징에 대한 설명이 아닌 것은?

① 그람음성이다.
② 통성 혐기성이다.
③ 포자를 형성한다.
④ 당을 분해하여 가스를 생성한다.

해설
대장균(*E. coli*)
- 장내에 서식하며 그람음성, 운동성, 무포자 간균, 통성 혐기성균
- 유당을 분해하여 CO_2와 H_2 가스를 생산한다.
- 대부분이 매우 무해하나 변종 중에는 식중독균이 있다.
- 식품위생 지표 세균

68 각 효모의 특징에 대한 설명이 틀린 것은?

① *Sporbolbmyces* 속 – 사출포자효모이다.
② *Rhodotorula* 속 – 유지생상효모이다.
③ *Schizosaccharomyces* 속 – 분열법에 의해 증식하는 효모이다.
④ *Candida* 속 – 적색 효모이다.

해설
피막효모(산막효모, Film Yeast)
Candida, Hansenula, Debar–yomyces, Pichia
- 이산화탄소를 생산하지 않는다.
- 발효 액면에 흰색의 피막을 형성하는 유해 산막효모
- 구형, 모자형, 방추형, 위균사나 진균사를 형성한다.
- 호기성으로 산화력이 크다.
- 맥주, 포도주 유해균, 알코올 분해

69 세포벽의 역할이 아닌 것은?

① 세포 내분의 높은 삼투압으로부터 세포를 보호한다.
② 세포 고유의 형태를 유지하게 한다.
③ 전자전달계가 있어서 산화적 인산화반응을 일으킬 수 있다.
④ 세포벽 성분에 의해 세균독성이 나타나기도 한다.

해설
세균 세포벽을 구성하는 Peptidoglycan 차이에 의해 그람양성균과 그람음성균으로 분류된다.
※ 전자전달계가 있어서 산화적 인산화반응을 하는 것은 미토콘드리아이다.

70 김치의 후기발효에 관여하고, 김치의 과숙 시 최고의 생육을 나타내어 김치의 산패와 관계가 있는 미생물은?

① *Lactobacillus plantarurn*
② *Leuconostoc mesenteroides*
③ *Pichia membranefaciens*
④ *Aspergillus oryzae*

정답 65 ① 66 ① 67 ③ 68 ④ 69 ③ 70 ①

[해설]

김치
- 한국의 전통 침채류로, 절인 배추에 무, 고추, 마늘, 생강, 젓갈 첨가, 저온 젖산 숙성시킨 발효식품
- 발효 초기 : *Leuconostoc mesenteroids*, 젖산, 탄산가스(CO_2)에 의해 산성화하여 호기성 세균 억제
- 발효 후기 : *Lactobacillus plantarum*, *Lactobacillus brevis*, 내산성
- 발효온도가 낮을수록, 식염농도가 높을수록 *Lactobacillus*, *Pediococcus* 증식 유리

71 미생물을 액체 배양기에서 배양하였을 경우 증식곡선의 순서가 옳은 것은?

① 유도기 → 감퇴기 → 대수기 → 정상기
② 정상기 → 대수기 → 유도기 → 사멸기
③ 정상기 → 대수기 → 사멸기 → 유도기
④ 유도기 → 대수기 → 정상기 → 사멸기

[해설]

미생물의 생육곡선
유도기 → 대수기 → 정상기 → 사멸기

72 가근(Rhizoid)과 포복지(Stolon)를 가지고 번식하는 곰팡이는?

① *Aspergillus oryzae*
② *Mucor rouxii*
③ *Penicillium chrysogenum*
④ *Rhizopus javanicus*

[해설]
- 조상균류 : *Mucor*(털곰팡이), *Rhizopus*(거미줄곰팡이, 가근, 포복지), *Absidia*(활털곰팡이, 가근, 포복지)
- 자낭균류 : *Aspergillus*(누룩곰팡이, 정낭, 병족세포), *Penicillium*(푸른곰팡이, 기저경자), *Monascus*(홍국곰팡이), *Neurospora*(붉은곰팡이)

73 내생포자와 영양세포의 특성을 비교하였을 때 영양세포에 대한 설명으로 옳은 것은?

① 효소 활성이 낮다.
② 열저항성이 높다.
③ Lysozyme에 감수성이 있다.
④ 건조 저항성이 높다.

[해설]
- 내생포자가 영양세포보다 내열성, 건조 저항성이 크다. (세균포자 > 곰팡이, 효모포자 > 영양세포)
- 세균의 내생포자에는 Dipicolinic Acid와 Ca^{2+}가 결합하여 강한 내열성을 가진다.
- 내생포자는 라이소자임에 대한 저항성이 커서 세포벽이 분해되지 않는다.

74 *Penicillium*속과 *Aspergillus* 속의 주요 차이점은?

① 분생자　　　② 경자
③ 병족세포　　④ 균사

[해설]
- 조상균류 : *Mucor*(털곰팡이), *Rhizopus*(거미줄곰팡이, 가근, 포복지), *Absidia*(활털곰팡이, 가근, 포복지)
- 자낭균류 : *Aspergillus*(누룩곰팡이, 정낭, 병족세포), *Penicillium*(푸른곰팡이, 기저경자), *Monascus*(홍국곰팡이), *Neurospora*(붉은곰팡이)

75 바이러스의 항원성을 갖고 있어 백신 제조에 유용하게 이용되는 주된 성분은?

① 핵산　　　② 단백질
③ 지질　　　④ 당질

[해설]

바이러스는 핵산과 단백질로 구성되어 있으며 단백질 껍질성분이 항원으로 백신이 되어 체내에 주입되면 항체를 형성한다.

76 다음 당류 중 *Saccharomyces cerevisiae*로 발효시킬 수 없는 것은?

① 유당(Lactose)　② 포도당(Glucoes)
③ 맥아당(Maltose)　④ 설탕(Sucrose)

해설
효모에 의한 발효당은 포도당, 과당, 맥아당, 설탕 등이다. 갈락토오스는 비발효당이므로 유당이 완전 발효되지 않는다.

77 세균에만 기생하는 미생물은?

① 자낭균류　② 박테리오파지
③ 방선균　④ 불완전균류

해설
박테리오파지(Bacteriophage)
"세균을 먹는다"는 뜻이며 세균을 숙주세포로 하는 바이러스이다.

78 병행 복발효주에 해당하는 것은?

① 청주　② 포도주
③ 매실주　④ 맥주

해설
발효주(효모 이용 알코올 발효)
㉠ 단발효주 : 당질에서 발효(포도주, 과실주)
㉡ 복발효주 : 전분을 효소 당화시킨 후 알코올 발효
 • 단행 복발효주 : 당화공정과 발효공정을 분리 진행(맥주)
 • 병행 복발효주 : 당화와 동시에 발효 진행(청주, 탁주-막걸리)

79 식용효모로 사용되는 SCP 생산균주로, 병원성을 나타내기도 하는 효모는?

① *Candida* 속
② *Hansenula* 속
③ *Debaryomyces* 속
④ *Rhodotorula* 속

해설
단세포 단백질(SCP : Single-Cell Protein)
• 미생물 단백질이라고도 부르며, 세균, 곰팡이, 조류, 효모 등의 미생물을 대량으로 배양한 후에 세포 자체나 균체에서 추출가공한 단백질이다. 이용되는 미생물에는 *Saccharomyces cerevisiae*, *Chlorella vulgaris*, *Candida utilis* 등이 있다.
• *Candida* 속의 몇몇 균주는 피부, 점막 및 내부장기에 감염을 일으키는 병원균이다.

80 대장균군을 검출하기 위해 주로 이용하는 당은?

① 포도당　② 젖당
③ 맥아당　④ 과당

해설
대장균(*E. coli*)
• 장내에 서식하며 그람음성, 운동성, 무포자 간균, 통성 혐기성균
• 유당을 분해하여 CO_2와 H_2 가스를 생산한다.
• 대부분이 매우 무해하나 변종 중에는 식중독균이 있다.
• 식품위생 지표 세균

5과목　식품제조공정

81 여과기 바닥에 다공판을 깔고 모래나 입자 형태의 여과재를 채운 구조로, 여과층에 원액을 통과시켜 여액을 회수하는 장치는?

① 가압 여과기
② 원심 여과기
③ 중력 여과기
④ 진공 여과기

해설
중력 여과기
여과기 바닥에 다공판을 깔고 모래나 입자 형태의 여과재를 채운 구조로, 여과층에 원액을 통과시켜 여액을 회수하는 장치

정답　76 ①　77 ②　78 ①　79 ①　80 ②　81 ③

82 분무건조기(Spray Dryer)의 구성장치 중 열에 민감한 식품의 건조에 적합한 형태의 건조 방식은?

① 향류식(Counter Current Flow Type)
② 병류식(Concurrent Flow Type)
③ 혼합류식(Mixed Flow Type)
④ 평행류식(Parallel Flow Type)

해설

열풍건조기
㉠ 가열된 공기로 대류에 의해 식품 건조
㉡ 빈 건조기, 캐비닛 건조기, 터널 건조기는 트레이에 제품을 올려서 건조, 기타 컨베이어 건조기, 유동층 건조기, 분무 건조기 등
㉢ 터널 건조기에는 병류식과 향류식이 있다.
  • 병류식 : 공기 흐름과 식품 이동이 같은 방향, 초기 건조가 좋으나 최종 건조가 안 좋아 내부의 건조가 안 좋을 수 있고 미생물 번식이 있을 수 있다. 분무건조 시 열에 민감한 식품에 적합하다.
  • 향류식 : 공기 흐름과 식품 이동이 반대 방향, 초기 건조는 안 좋으나 최종 건조가 높아 과열 우려가 있다.

83 제시한 분쇄기와 적용 식품과의 관계가 틀린 것은?

① 디스크밀(Disc Mill) – 곡물
② 롤러밀(Roller Mill) – 건고추
③ 해머밀(Hammer Mill) – 채소
④ 펄퍼(Pulper) – 토마토

해설

해머밀(Hammer Mill)
회전축에 해머가 장착되어 분쇄, 막대, 칼날, T자형 해머 등(임팩트밀, 다목적밀, 설탕, 식염, 곡류, 건조 채소, 옥수수 전분 등에 사용)

84 식품의 저장성 향상을 위하여 기체조절(Controlled Atmosphere)저장을 할 때 이용되는 용어 또는 이론에 대한 설명으로 옳은 것은?

① 호흡률(RQ : Respiratory Quotient)은 1kg의 식품이 호흡작용으로 1시간 동안 방출하는 탄산가스의 양(mg)으로 표시한다.
② 일반적으로 저장 중 식품의 호흡량이 2~3배 증가하면 변패요인의 작용속도 또한 2~3배 증가한다.
③ 발열량이란 농산물 1톤이 1시간 동안 발생되는 열량으로 표시한다.
④ 추숙과정에서 에틸렌(Ethylene)가스가 발생되면 추숙이 지연된다.

해설

CA(Controled Atmosphere) 저장
• 과채류(사과, 배, 감)는 수확 후 호흡을 유지하여 호흡열에 의한 품온 상승
• 품온 상승에 따른 숙성도 증가 : 식품의 열화 작용
• CA 저장은 밀폐된 공간에 산소와 이산화탄소의 비율을 조절하여 호흡을 억제하여 냉장설비와 함께 저장기간을 연장하는 방법
• 호흡률(RQ : Respiratory Quotient)은 호흡기질이 세포 호흡을 통해 분해될 때 소모하는 산소 부피에 대해 발생하는 탄산가스의 부피 비로 표시
• 일반적으로 저장 중 식품의 호흡량이 2~3배 증가하면 변패요인의 작용속도 또한 2~3배 증가
• 에틸렌(Ethylene)가스는 성숙노화 호르몬 중 하나로 발생 시 호흡과 증산을 촉진하여 추숙 유발
• 발열량이란 농산물 1톤이 24시간 동안 발생되는 열량을 kcal로 표시한 것

85 밀가루 반죽과 같은 고점도 반고체의 혼합에 관여하는 운동과 관계가 먼 것은?

① 절단(Cutting)   ② 치댐(Kneading)
③ 접음(Folding)   ④ 전단(Shearing)

해설

고점도 반고체의 혼합에 관여하는 운동에는 치댐(Kneading), 접음(Folding), 전단(Shearing) 운동이 있다.

86 원료의 전처리 조작에 해당되지 않는 것은?

① 세척   ② 선별
③ 절단   ④ 포장

해설
전처리
- 세척 : 침지법, 교반, 분무법 등
- 선별 및 등급 : 크기, 색, 숙도, 모양, 품종, 불량품 제거 등
- 데치기 또는 조리 : 80~90℃에서 2~3분 데침, 효소 불활성, 박피 용이, 공기 제거, 혼탁 방지, 충진 용이
- 박피 : 칼, 열탕법, 증기법, 알칼리법(1~3%, NaOH), 산처리법(1~3%, HCl), 기계법
- 절단

87 식품가공 시 물질 이동의 원리를 이용한 단위조작과 가장 거리가 먼 것은?

① 추출 ② 증류
③ 살균 ④ 결정화

해설
살균은 물질 이동의 원리가 아닌 미생물 사멸을 목적으로 한다.

88 무균포장법으로 우유나 주스를 충전·포장할 때 포장용기인 테트라팩을 살균하는 데 적절하지 않은 방법은?

① 화염살균 ② 가열공기에 의한 살균
③ 자외선살균 ④ 가열증기에 의한 살균

해설
테트라팩은 종이·알루미늄·포일·폴리에틸렌 등 여섯 겹의 얇은 소재로 구성되어 있으며 고온 살균 기술은 화학물질, 방부제, 극초단파(마이크로파) 등 기타 방사선은 사용하지 않고 가열공기, 가열증기, 자외선 등을 이용한다.

89 막여과(Membrane Filtration)에 대한 설명으로 잘못된 것은?

① 균체와 부유물질 사이의 밀도차에 크게 의존하지 않는다.
② 여과과정 중 여과조제(Filter Aid)와 응집제를 필요로 한다.
③ 균체의 크기에 크게 의존하지 않는다.
④ 공기의 노출이 적어 병원균의 오염을 줄일 수 있다.

해설
막여과에는 정밀여과, 한외여과, 역삼투, 투석법 등이 있으며 응집제를 필요로 하지 않는다.

90 젤리의 강도에 영향을 끼치는 주요 인자가 아닌 것은?

① 펙틴의 농도 ② 염류의 종류
③ 메톡실의 분자량 ④ 당의 농도

해설
젤리화
⊙ 과실 중 펙틴(1~1.5%), 유기산(0.3%, pH 2.8~3.3), 당(60~65%)에 의해 형성
⊙ 젤리(Jelly)의 강도는 Pectin의 농도, Pectin의 Ester화 정도, Pectin의 결합도에 의해 결정
⊙ 펙틴 : 갈락투론산 구성, 프로토펙틴, 펙틴, 펙틴산으로 분류
- 덜 익은 과실 – 프로토펙틴(불용), 숙성과실 – 펙틴(가용성), 완숙과일 – 펙틴산(불용성)
- 프로토펙틴과 펙틴이 젤리화되고 펙틴산은 젤리화되지 않는다.
- 메톡실기(Methoxyl) 7% 이상 – 고메톡실펙틴 : 유기산과 수소결합형 겔(Gel) 형성
- 메톡실기(Methoxyl) 7% 이하 – 저메톡실펙틴 : 칼슘 등 다가 이온이 산기와 결합하여 망상구조 형성, 분자량은 상관없음
- 펙틴 1.0~1.5%가 적당

91 과립을 제조하는 데 사용하는 장치인 피츠밀(Fitz Mill)의 원리에 대한 설명으로 적합한 것은?

① 분말 원료와 액체를 혼합시켜 과립을 만든다.
② 단단한 원료를 일정한 크기나 모양으로 파쇄시켜 과립을 만든다.
③ 혼합이나 반죽된 원료를 스크루를 통해 압출시켜 과립을 만든다.
④ 분말 원료를 고속 회전시켜 콜로이드 입자로 분산시켜 과립을 만든다.

정답 87 ③ 88 ① 89 ② 90 ③ 91 ②

해설
피츠밀(Fitz Mill)
분쇄기로 단단한 원료를 파쇄실의 회전 칼날로 절단한 뒤 스크린을 통과시켜 일정한 크기나 모양으로 파쇄시켜 과립을 만든다. 커터형과 해머형이 있다.

---

92 건량기준(Dry Basis) 수분함량 25%인 식품의 습량기준(Wet Basis) 수분함량은?

① 20% ② 25%
③ 30% ④ 18%

해설
수분함량
건물기준 수분함량이 25%일 때 수분의 무게(x)
{x/수분을 뺀 무게$(100-x)$}×100=25, x=20
∴ 습량기준 수분함량
{20/수분을 포함한 무게(100)}×100=20%

---

93 다음 식품가공 공정 중 혼합조작이 아닌 것은?

① 반죽 ② 교반
③ 유화 ④ 정선

해설
정선은 여러 종류의 고체가 혼합되어 있을 때 각 원료로 분리하는 공정으로 체, 자석식, 기류, 디스크 정선법 등이 있다.

---

94 초고온 순간(UHT) 살균 방식에 대한 설명으로 틀린 것은?

① 연속적인 작업이 어렵다.
② 액상 제품의 살균에 적합하다.
③ 직접 가열과 간접 가열 방식이 있다.
④ 일반적인 가열 살균 방식에 비해 영양파괴나 품질 손상을 줄일 수 있다.

해설
초고온 처리(UHT : Ultra-High Temperature)
- 1~2초 동안 135℃(275°F) 이상의 고온에서 액상 식품을 살균하는 방법이다. 초고온 처리는 일반적으로 영양파괴나 품질 손상을 줄이기 위해 우유에 사용되며, 과일주스, 크림, 두유, 요거트, 와인, 수프, 꿀, 스튜 또한 이 방식으로 처리된다.
- 직접 가열과 간접 가열 방식으로 연속작업이 가능하다.

---

95 식품의 건조 과정에서 일어날 수 있는 변화에 대한 설명으로 틀린 것은?

① 지방이 산화할 수 있다.
② 단백질이 변성할 수 있다.
③ 표면피막 현상이 일어날 수 있다.
④ 자유수 함량이 늘어나 저장성이 향상될 수 있다.

해설
식품건조 시 자유수가 줄어 수분활성도가 낮아진다.

---

96 D_{120}이 0.2분, Z값이 10℃인 미생물포자를 110℃에서 가열살균 하고자 한다. 가열살균지수를 12로 한다면 가열치사시간은 얼마인가?

① 2.4분 ② 1.2분
③ 12분   ④ 24분

해설
F_r의 계산
$F_r = mD_r$에 따라 F_o를 구한다.
$F_o = 12 \times 0.2 = 2.4$
$F_r = F_o \times 10(120-T)/Z$에 대입하면
$F_{110} = 2.4 \times 10(120-110)/10 = 24$

---

97 분체 속에 직경이 5μm 정도인 미세한 입자가 혼합되어 있을 때 사용하는 분리기로 가장 적합한 것은?

① 경사형 침강기   ② 관형 원심분리기
③ 원판형 원심분리기 ④ 사이클론 분리기

정답 92 ① 93 ④ 94 ① 95 ④ 96 ④ 97 ④

해설
원심분리
- 밀도차가 비슷한 2가지 이상의 물질을 원심력을 이용하여 분리할 때 사용되는 공정
- 관형 원심분리기(Tubular-bowl) : 주로 액체와 액체를 분리할 때 사용, 가늘고 긴 원통모양의 볼(Bowl)이 축에 매달려 고속으로 회전하여 가벼운 액체는 안쪽, 무거운 액체는 벽 쪽으로 이동하도록 분리하는 기계
- 원판형 원심분리기(Disc-bowl) : 우유의 크림 분리, 유지 정제 시 비누 물질 제거, 과일 주스의 청징 및 효소의 분리 등에 널리 이용된다.
- 사이클론 분리기(Cyclone) : 고체 또는 액체상태의 먼지를 가스로부터 분리하기 위해 가스를 회전시킬 때 발생되는 원심력을 이용하여 제거

98 이송, 혼합, 압축, 가열, 반죽, 전단, 성형 등 여러 단위공정이 복합된 가공 방법으로서 일정한 식품원료로부터 여러 가지 형태, 조직감, 색과 향미를 가진 다양한 제품 또는 성분을 생산하는 공정은?

① 흡착   ② 여과
③ 코팅   ④ 압출

해설
압출 가공공정(Extrusion)
수행될 수 있는 단위공정은 열처리, 혼합, 분리, 압착, 배열, 팽화, 성형, 조리 과정을 거친다.

99 김치제조에서 배추의 소금절임 방법이 아닌 것은?

① 압력법   ② 건염법
③ 혼합법   ④ 염수법

해설
소금절임
- 10%의 소금을 이용하여 저장하는 방법
- 삼투압에 의해 원형질 분리
- 탈수에 의한 미생물 사멸
- 염소 자체의 살균력
- 용존산소 감소 효과에 따른 화학반응 억제
- 단백질 변성에 의한 효소의 작용억제 등의 효과
- 건염법은 10~15%, 염수법은 20~25%를 사용하여 채소류나 어류에 이용
- 혼합법은 건염법과 염수법을 혼용한 것

100 점도가 높은 페이스트 상태이거나 고형분이 많은 액상원료를 건조할 때 적합한 건조기는?

① 드럼건조기   ② 분무건조기
③ 열풍건조기   ④ 유동층건조기

해설
- 전도형 건조기 : 직접 접촉에 의한 열전달로 드럼 건조기, 진공 건조기, 팽화 건조기 등이 있다.
- 드럼건조기 : 점도가 높은 액상식품 또는 반죽상태의 원료를 가열된 원통 표면과 접촉시켜 회전하면서 건조한다.

정답 98 ④ 99 ① 100 ①

CHAPTER 25 2020년 3회 식품기사

1과목 식품위생학

01 주용도가 식품의 색을 제거하기 위해 사용되는 식품첨가물이 아닌 것은?

① 과황산암모늄 ② 메타중아황산칼륨
③ 메타중아황산나트륨 ④ 무수아황산

[해설]
과황산암모늄은 밀가루 개량제이며 나머지는 표백제이다.

02 명반(건조물 : 소명반)의 식품첨가물 명칭은?

① 황산암모늄 ② 황산알루미늄칼륨
③ 황산나트륨 ④ 황산동

[해설]
황산알루미늄칼륨은 명반, 황산반토로 불리며 응집제로 효과가 좋아 정수처리에 이용된다.

03 집단급식소, 식품접객업소(위탁급식영업) 및 운반급식(개별 또는 벌크포장)의 관리로 적합하지 않은 것은?

① 건물 바닥, 벽, 천장 등에 타일 등과 같이 홈이 있는 재질을 사용한 때에는 홈에 먼지, 곰팡이, 이물 등이 끼지 아니하도록 청결하게 관리하여야 한다.
② 원료 처리실, 제조·가공·조리실은 식품의 특성에 따라 내수성 또는 내열성 등의 재질을 사용하거나 이러한 처리를 하여야 한다.
③ 출입문, 창문, 벽, 천장 등은 해충, 설치류 등의 유입 시 조치할 수 있도록 퇴거경로가 확보되어야 한다.
④ 선별 및 검사구역 작업장 등은 육안확인에 필요한 조도(540룩스 이상)를 유지하여야 한다.

[해설]
출입문, 창문, 벽, 천장 등에 해충, 설치류 등이 유입되지 않도록 방충, 방서 처리를 하여야 한다.

04 식품 및 축산물 안전관리인증기준의 식품제조·가공업 선행요건관리 중 인증평가 및 사후관리 시 종합평가에서 전년도 정기조사·평가의 개선조치를 이행하지 않은 경우 해당 항목에 대한 평가 점수 기준은?(단, 필수항목의 미흡은 제외한다.)

① 해당 항목 평가점수 5점 배점 중 2점 부여
② 항목이 1개라도 부적합으로 판정
③ 해당 평가항목의 0점 부여
④ 해당 항목에 대한 감점 점수의 2배를 감점

[해설]
식품 및 축산물 안전관리인증기준의 식품제조·가공업 선행요건관리 중 인증평가 및 사후관리 시 종합평가에서 전년도 정기조사·평가의 개선조치를 이행하지 않은 경우 해당 항목에 대한 감점 점수의 2배를 감점한다.

05 가축에 이상발정 증세를 초래하여 가축의 생산성 저하와 관련이 있는 곰팡이 독소는?

① 맥각독 ② 제랄레논
③ 오크라톡신 ④ 파툴린

[해설]
Mycotoxin의 분류
- 간장독 : Aflatoxin(*Aspergillus flavus*), Sterigmatocystin(*Asp. versicolar*), Rubratoxin(*Pen. rubrum*), Luteoskyrin(*Pen. islandicum* 황변미), Ochratoxin(*Asp. ochraceus* 커피콩), Islanditoxin(*Pen. islandicum* 황변미)
- 신장독 : Citrinin(*Penicillium citrium* 태국황변미), Citreo-mycetin, Kojic Acid(*Asp. oryzae*)

정답 01 ① 02 ② 03 ③ 04 ④ 05 ②

- 신경독 : Patulin(*Pen. patulum*, *Pen. expansum*) Maltoryzine(*Asp. oryzae* var *microsporus*), Citreoviridin(*Pen. citreoviride* 톡시카리움황변미)
- *Fusarium*(붉은곰팡이) 속 곰팡이 독소 : Zearalenone(발정 유발 물질), Sporofusariogenin(무백혈구증-조혈계 이상)

06 식품 중의 Acrylamide에 대한 설명으로 틀린 것은?

① 반응성이 높은 물질이다.
② 탄수화물이 많은 식물성 식품보다는 단백질이 많은 동물성 식품에서 많이 발견된다.
③ 신경계통에 이상을 일으킬 수 있다.
④ 식품을 삶아서 가공하는 경우에는 생성되는 양이 적다.

[해설]
아크릴아마이드
- 아미노산과 당이 120℃ 열에 의해 결합하는 마이야르 반응을 통하여 생성되는 물질로 아미노산 중 아스파라긴산이 주원인 물질이다.
- 감자, 빵, 시리얼 등의 곡류 제품을 조리, 가공 중 자연적으로 생성되는 발암물질이다.
- 반응성이 높은 물질로 신경계통에 이상을 일으킨다.
- 120℃ 이하에서 조리하거나 삶은 제품에서는 검출되지 않는다.

07 식품 중 이물에 대한 검사방법과 검체의 특성이 잘못 연결된 것은?

① 체분별법-분말 형태 검체
② 여과법-액상검체
③ 정치법-곡류나 곡분 등의 고체검체
④ 부상법-동물의 털이나 곤충 등의 가벼운 물질

[해설]
이물검사법
체분별법, 침강법, 와일드만 라스크법(부상법), 여과법 등이 있으며 원심분리법은 식품공전상 이물검사법에 포함되어 있지 않다.

08 빵류, 치즈류, 잼류에 사용할 수 있는 보존료는?

① Potassium Sorbate
② D-sorbitol
③ Sodium Propionate
④ Benzoic Acid

[해설]
산형 보존제
- 안식향산(Benzoic Acid), 안식향산나트륨(Sodium Benzoic Acid) : 과실·채소류음료, 탄산음료, 기타음료, 인삼 및 홍삼음료, 간장 : 0.6g/kg 이하
- 프로피온산 : 빵류, 소금절임 식품 대상, 주로 세균류에 대한 강한 항균성
- 소르빈산 : 식육가공품, 된장, 고추장 대상, 곰팡이, 효모 등에 작용하나 강하지 않음
- 디히드로초산나트륨 : 버터, 치즈, 마가린 대상, 모든 미생물에 항균성

09 리스테리아균에 의한 식중독의 예방대책이 아닌 것은?

① 살균이 안 된 우유를 섭취하지 않는다.
② 냉동식품은 냉동온도(-18℃ 이하) 관리를 철저하게 한다.
③ 식품의 가공에 사용되는 물의 위생을 철저하게 관리한다.
④ 고염도, 저온의 환경으로 세균을 사멸시킨다.

[해설]
Listeria Monocytogenes
- 그람양성, 무포자, 간균, 중온균으로 최적온도는 30~37℃이나 냉장고 저온에서 활발히 생육하는 세균
- 감염형 식중독균으로 잠복기는 확실하지 않고 위장증상, 수막염, 임산부의 자연유산 및 사산 유발
- 건조한 환경에 강해 분유 등 유제품 및 육류를 통해 감염

10 다음 중 병원성 세균과 거리가 먼 것은?

① *Salmonella typhi*
② *Listeria monocytogenes*
③ *Alteromonas putrifaciens*
④ *Yersinia enterocolitica*

[해설]
*Alteromonas putrifaciens*는 Cottage 치즈 생성균이다.

11 식품 및 축산물 안전관리인증기준에 의한 선행요건 중 식품제조업소에서의 냉장·냉동시설·설비 관리로 잘못된 것은?

① 냉장시설은 내부온도를 10℃ 이하로 한다.(단, 신선편의식품, 훈제연어, 가금육은 제외한다.)
② 냉동시설은 -18℃ 이하로 유지한다.
③ 냉장·냉동시설의 외부에서 온도변화를 관찰할 수 있어야 한다.
④ 온도 감응 장치의 센서는 온도의 평균이 측정되는 곳에 위치하도록 한다.

[해설]
식품제조업소의 냉장·냉동시설·설비 관리에서 온도 감응 장치의 센서는 각 시설의 주요 관리점으로 제어되는 온도 이하로 유지되는지 알 수 있는 가장 높은 지점에 위치하도록 한다.

12 인수공통감염병과 관계가 먼 것은?

① 결핵   ② 탄저병
③ 이질   ④ Q열

[해설]
세균성 이질(Shigellosis)
• *Shigella dysenteriae*
• 환자와 보균자의 분변이 식품이나 음료수를 통해 경구감염된다.
• 잠복기는 2~7일이며 발열(38~39℃), 오심, 복통, 설사 시 점액과 혈변을 배설한다.

13 유구조충에 대한 설명으로 틀린 것은?

① 돼지고기를 숙주로 돼지 소장에서 부화한 후 돼지 신체 조직으로 옮겨진다.
② 머리에 갈고리가 있어 갈고리촌충이라고도 한다.
③ 60℃로 가열하면 완전히 사멸된다.
④ 성충이 기생하면 복부 불쾌감, 설사, 구토, 식욕항진 등을 일으킨다.

[해설]
유구조충(갈고리촌충)은 가열 시 중심 온도가 77℃ 이상이 되면 사멸한다.

14 채소류로부터 감염되는 기생충은?

① 폐흡충   ② 회충
③ 무구조충   ④ 선모충

[해설]
채소매개 기생충 : 회충, 십이지장충, 요충, 동양모선충, 편충

15 식품조사(Food Irradiation) 처리에 대한 설명으로 틀린 것은?

① ^{60}Co을 선원으로 한 γ선이 식품조사에 이용된다.
② 살균을 위해서는 발아 억제를 위한 조사에 비해 높은 선량이 필요하다.
③ 조사 시 바이러스는 해충에 비해 감수성이 커서 민감하다.
④ 한번 조사처리한 식품은 다시 조사하여서는 아니 된다.

[해설]
방사선 조사 식품
• 방사선 조사는 주로 ^{60}Co의 감마선을 이용해 포장된 상태의 제품을 처리할 수 있으며 비열 처리하므로 냉살균이라 한다.
• 식품을 일정 시간 동안 이온화에너지에 노출시킨다.
• 발아 억제, 숙도 지연, 보존성 향상, 기생충 및 해충 사멸 등의 효과가 있다.
• 한번 조사처리한 식품은 다시 조사하여서는 아니 된다.
• 바이러스의 사멸을 위해서는 발아 억제를 위한 조사보다 높은 선량이 필요하다.

정답 10 ③ 11 ④ 12 ③ 13 ③ 14 ② 15 ③

16 제조공정 중 관(管) 내면의 부식이 비교적 적게 일어나는 재료는?

① 오렌지 주스
② 우유
③ 파인애플
④ 아스파라거스

해설
관 내면 부식
pH가 낮은 과일, 채소 통조림에 의해 주석, 철 등 용기 성분의 이상 용출

17 장출혈성대장균의 특징 및 예방방법에 대한 설명으로 틀린 것은?

① 오염된 식품 이외에 동물 또는 감염된 사람과의 접촉 등을 통하여 전파될 수 있다.
② 74℃에서 10분 이상 가열하여도 사멸되지 않는 고열에 강한 변종이다.
③ 신선채소류는 염소계 소독제 100ppm으로 소독 후 3회 이상 세척하여 예방한다.
④ 치료 시 항생제를 사용할 경우, 장출혈성대장균이 죽으면서 독소를 분비하여 요독증후군을 악화시킬 수 있다.

해설
장출혈성대장균(Enterohemorrhagic *E. coli* ; EHEC, O157 : H7)
- 그람음성, 무포자간균, 통성혐기성, 유당을 분해하여 산과 가스 생성, 잠복기는 평균 10~24시간, 혈변과 심한 복통 유발
- 특이한 항원성을 보이는 것은 외막의 지질다당류가 다르기 때문
- 균 자체는 열에 약하며 독소로 Verotoxin 생성

18 식품의 신선도 측정 시 실시하는 검사가 아닌 것은?

① 휘발성염기질소(VBN) 측정
② 당도 측정
③ 트리메틸아민(TMA) 측정
④ 생균수 측정

해설
식품의 신선도 측정(초기 부패 측정)
- 관능검사 : 기본적이고 간단한 방법 - 맛, 냄새, 색, 조직감 관찰
- 생물학적 검사 : 생균수 측정(신선도 판정 지표) - 1g당 10^5 이하면 신선
- 화학적 검사 : 휘발성 염기질소 측정(30~40mg%), 트리메틸아민 측정(4mg%), pH 측정(pH 6.2), 히스타민 측정(400mg%), K값 측정(60~80%)

19 암모니아, pH, 단백질의 승홍침전, 휘발성 염기질소는 어떤 시료를 검사할 때 사용하는 것인가?

① 어육의 신선도
② 우유의 신선도
③ 우유의 지방
④ 어육연제품의 전분량

해설
어육의 신선도 검사 시 암모니아, pH, 단백질의 승홍침전, 휘발성 염기질소 등을 검사한다.

20 구운 육류의 가열·분해에 의해 생성되기도 하고, 마이야르(Maillard) 반응에 의해서도 생성되는 유독성분은?

① 휘발성아민류(Volatile Amines)
② 이환방향족아민류(Heterocyclic Amines)
③ 아질산염(N-nitrosoamine)
④ 메틸알코올(Methyl Alcohol)

해설
육류의 가열분해로 PAH(다환방향족탄화수소, 3,4-벤조피렌류), 이환방향족아민류(Heterocyclic Amines) 같은 발암성 물질이 생성된다.

정답 16 ② 17 ② 18 ② 19 ① 20 ②

2과목 식품화학

21 훈연제품이나 숯불에 구운 고기에서 검출되는 다환성 방향족 탄화수소로 발암성작용이 있는 물질은?

① 니트로자민
② 아플라톡신
③ 다이옥신
④ 벤조피렌

> 해설
>
> 문제 20번 해설 참조

22 D-글루코오스 중합체에 속하는 단순 다당류가 아닌 것은?

① 글리코겐(Glycogen)
② 셀룰로오스(Cellulose)
③ 전분(Starch)
④ 펙틴(Pectin)

> 해설
>
> 단순 다당류
> - 한 가지 당으로 구성된 다당류
> - 전분, 글리코겐, 섬유소(셀룰로오스) : 포도당으로 구성
> - 펙틴 : 갈락투론산 구성, 프로토펙틴, 펙틴, 펙틴산 분류

23 자외선을 받아서 비타민 D_2 물질이 될 수 있는 전구물질은?

① 에르고스테롤(Ergosterol)
② 스티그마스테롤(Stigmasterol)
③ 디히드로콜레스테롤(Dehydrocholesterol)
④ 베타-사이토스테롤(β-Sitosterol)

> 해설
>
> 비타민 D
> - 프로비타민 D인 Ergosterol은 자외선 조사에 의해 비타민 D_2로 잘 전환된다.
> - 뼈의 석회화를 도와주는 역할로 부족 시 골다공증이나 골연화증을 유발한다.
> - 인(P)의 흡수 및 침착을 촉진한다.

24 Provitamin A에 대한 설명으로 틀린 것은?

① 식물 중에 있을 때는 비타민 A와 다른 화합물이다.
② α-Carotene이 비타민 A로서의 효력이 가장 크다.
③ 체내에서 유지와 공존하지 않으면 흡수율이 낮다.
④ β-Ionone을 갖는 Carotenoid이다.

> 해설
>
> Provitamin A의 종류 및 활성도
> - α-Carotene : 53
> - β-Carotene : 100
> - γ-Carotene : 27
> - Cryptoxanthin : 57

25 식품첨가물 지정 절차의 기본원칙에서 사용의 기술적 필요성 및 정당성에 해당하지 않는 것은?

① 질병치료 및 기타 의료효과
② 식품의 제조, 가공, 저장, 처리의 보조적 역할
③ 식품의 영양가 유지
④ 식품의 품질 유지

> 해설
>
> 식품첨가물 사용목적은 다음에 부합해야 한다.
> - 안전성 : 안전성 입증 또는 확인
> - 사용의 기술적 필요성 및 정당성
> - 식품의 품질 유지, 안정성 또는 관능적 특성 개선
> - 식품의 영양가 유지
> - 특정 식사가 필요한 소비자를 위해 제조하는 식품에 필요한 원료 또는 성분 공급(다만, 질병치료 및 기타 의료효과를 목적으로 하는 경우는 제외)
> - 식품의 제조, 가공, 저장, 처리의 보조적 역할

26 마이야르(Maillard) 반응에 영향을 미치는 요소에 대한 설명 중 틀린 것은?

① 중간 수분활성도 범위(0.5~0.8)에서 가장 빠르게 일어난다.
② pH를 낮추면 Meloanoid 색소의 형성 속도를 줄일 수 있다.

정답 21 ④ 22 ④ 23 ① 24 ② 25 ① 26 ④

③ 아황산염, 티올(Thiol), 칼슘염 등은 갈변을 저해한다.
④ 반응속도는 환원성 이당류＞6탄당＞5탄당의 순으로 빠르다.

해설

마이야르 반응(Maillard Reaction)
- 갈변화 현상으로 중간 수분활성도 범위(0.5~0.8)에서 가장 빠르게 일어난다.
- 환원당(포도당, 과당 등)이 아미노산과 반응하여 멜라노이딘을 생성하는 반응이다(5탄당＞6탄당＞이당류).
- 온도 상승에 따라 속도가 증가하므로 억제시키기 위해서는 온도를 낮춘다.
- pH를 낮추면 Meloanoid 색소의 형성 속도를 줄일 수 있다.
- 아황산염, 티올(Thiol), 칼슘염 등은 갈변을 저해한다.

27 식품의 관능평가의 측정요소 중 반응척도가 갖추어야 할 요건이 아닌 것은?

① 의미전달이 명확해야 한다.
② 단순해야 한다.
③ 차이를 감지할 수 없어야 한다.
④ 관련성이 있어야 한다.

해설

반응척도 차이를 감지할 수 있어야 한다.

28 식품 등의 표시기준에 의거하여 영양성분이 "단백질 10g, 유기산 5g, 식이섬유 5g, 지방 3g"으로 표시된 식품의 열량은 얼마인가?

① 67kcal
② 77kcal
③ 82kcal
④ 92kcal

해설

단백질 1g당 4kcal, 지방 1g당 9kcal, 유기산 1g당 3kcal, 식이섬유 1g당 2kcal
- 단백질 : 10×4=40
- 유기산 : 5×3=15
- 식이섬유 : 5×2=10
- 지방 : 3×9=27
∴ 92kcal

29 녹말의 가공에 대한 설명 중 틀린 것은?

① 녹말은 알칼리성 pH에서 녹말 입자의 팽윤과 호화가 촉진된다.
② 수분함량이 30~60%일 때 노화가 잘 일어난다.
③ 녹말은 물을 더하지 않고 높은 온도에 의해 글루코사이드 결합의 일부가 절단되어 덱스트란(Dextran)이 된다.
④ 유화제를 첨가하면 녹말의 노화를 억제할 수 있다.

해설

전분 분해물은 덱스트린이며 덱스트란은 *Leuconostoc mesente*
*-roides*에 의해서 김치제조 시 설탕으로부터 생성된 점액성 다당류로 혈장 대용액으로도 쓰인다.

30 객관적 관능평가 시 텍스처 측정과 관련된 기기가 아닌 것은?

① 피네트로미터
② 패리노그래프
③ 엑스텐소그래프
④ 리프랙토미터

해설

Texturometer에 의한 Texure Profile
경도, 탄성, 부착성, 파쇄성, 저작성, 점착성, 복원성 등을 측정
- 패리노그래프(Farinograph) : 점탄성, 흡수율 측정, 반죽의 경도 및 형성시간 측정
- 엑스텐소그래프(Extensograph) : 신장성, 인장항력 측정
- 텍스처 측정기(Texture Analyzer) : 물성 측정
- 아밀로그래프(Amylograph) : 호화도, 점도 측정, 강력분과 중력분 구별에 이용
- 피네트로미터(Penetrometer) : 경도계, 침입도계, 경도 측정
※ 리프랙토미터는 굴절계이다.

31 엽록소(Chlorophyll)가 페오피틴(Pheophytin)으로 변하는 현상은 어떤 경우에 가장 빨리 일어나는가?

① 푸른 채소를 공기 중에 방치해 두었을 때
② 조리하는 물에 소다를 넣었을 때
③ 푸른 채소를 소금에 절였을 때
④ 조리하는 물에 산이 존재할 때

해설
엽록소의 클로로필 색소는 포르피린 구조에 Mg을 함유한 녹색 색소로 산에서 Mg이 분리되어 페오피틴이라는 갈색이 된다.

32 동물성식품과 단백질 함량이 많은 식품을 상압가열건조법을 이용하여 수분측정 시 적합한 가열온도는?

① 98~100℃
② 100~103℃
③ 105℃ 전후
④ 110℃ 이상

해설
수분함량 측정방법
㉠ 증류법
㉡ Karl-Fisher법
㉢ 건조감량법(상압가열건조법, 감압가열건조법)
㉣ 상압가열건조법
  • 동물성 식품과 단백질 함량이 많은 식품 : 98~100℃
  • 자당과 당분을 많이 함유한 식품 : 100~103℃
  • 식물성 식품 : 105℃ 전후(100~103℃)
  • 곡류 : 110℃ 이상

33 밀단백질인 글루텐의 구성성분은?

① 글리아딘(Gliadin)과 프롤라민(Prolamin)
② 글리아딘(Gliadin)과 글루테닌(Glutenin)
③ 글루타민(Glutamin)과 글루테닌(Glutenin)
④ 글루타민(Glutamin)과 프롤라민(Prolamin)

해설
밀가루 단백질
• 글리아딘(Gliadin)은 프롤라민에 속하며 글루텐(Gluten)에 점착성을 부여한다.
• 글루테닌(Glutenin)은 글루텔린(Glutelin)에 속하며 글루텐(Gluten)에 탄성을 부여한다.
• 반죽을 하면 글리아딘과 글루테닌이 결합하여 망상구조의 글루텐(Gluten)이 형성된다.

34 식물성 식품의 성분과 특성에 대한 설명으로 틀린 것은?

① 땅콩은 가공처리 과정 중에 잘못 처리하면 흙이 묻어 나고 이로부터 발암성 물질인 아플라톡신이 생성될 수 있다.
② 채소류에는 소화되지 않는 식이섬유가 많이 함유되어 있어 장벽을 자극하여 통변을 조정하는 생리적 효과가 있다.
③ 당근에는 비타민 C 산화 효소가 있어 비타민 C를 많이 만들어 주는 역할을 한다.
④ 과실이 완전히 익기 전에 수확하여 저장하면 특이한 호흡을 행하며 후숙하는 현상을 보여주는데 이를 호흡상승현상(Climacteric Rise)이라 하며 바나나가 이런 현상을 나타낸다.

해설
당근에는 비타민 C 산화 효소가 있어 비타민 C를 파괴한다.

35 다음 식품 중 뉴턴 유체가 아닌 것은?

① 물
② 커피
③ 마요네즈
④ 맥주

해설
Newton 유체
전단력에 대하여 속도가 비례적으로 증감하는 것을 Newton 유체라 하며 단일물질, 저분자로 구성된 물, 청량음료, 알콜, 식용유 등의 묽은 용액이 Newton 유체의 성질을 갖는다.
※ 비뉴턴유체는 고분자 액체로 농축액, 마요네즈, 꿀 등이다.

36 떫은맛과 가장 관계 깊은 것은?

① Allicin
② Tannin
③ Caffeine
④ Trimethylamine

해설
Tannin은 떫은맛 성분이다.

37 고구마를 저장하면서 일어나는 현상으로 틀린 것은?

① 고구마는 수분 함량이 50% 미만으로 낮은 편이라 외부 환경에 강한 편이다.
② 고구마는 흑반병이나 연부병 등 부패균에 강하고 저온 또는 온도 변화에 강하며 감자에 비하여 싹이 잘 나지 않는 편이다.
③ 수확 시 상해(霜害)를 입으면 저장력이 약해지고 비가 많이 와서 수분이 많아져도 저장력이 약해진다.
④ 수확 시 상처가 나거나 하면 병균의 침입으로 부패하기 쉽고 또 병에 걸린 고구마를 저장하면 다른 고구마에 감염되므로 유의하여야 한다.

[해설]
고구마는 수분 함량이 50~70%이다.

38 마이야르(Maillard) 반응이나 가열에 의해 주로 생성되는 휘발성 물질이 아닌 것은?

① 케톤류(Ketones)
② 피롤류(Pyrroles)
③ 리덕톤류(Reductones)
④ 피라진류(Pyrazines)

[해설]
마이야르(Maillard)반응
- 비효소적 갈변반응의 하나이다.
- 환원당의 Carbonyl기와 아미노화합물의 결합이 일어나서 Amino Carbonyl이라고도 한다.
- 초기, 중기, 최종 단계로 구분되며 피라진류(Pyrazines), 피롤류(Pyrroles), HMF 및 Reductone 생성, 옥사졸류(Oxazoles), CO_2 등이 생성되어 향미에 영향을 미친다.

39 전단응력이 증가함에 따라 전단속도가 급증하는 현상으로 외관상의 점도는 급격하게 증가하며 궁극적으로 고체화되기까지 하는 것은?

① 가소성(Plastic) 유체
② 의사가소성(Pseudo Plastic) 유동
③ 딜레이턴트(Dilatant) 유동
④ 의액성(Thixotropic) 유동

[해설]
- 가소성(Plasticity) : 외부 힘에 의해 변형된 후 외부 힘을 제거해도 원상태로 되돌아가지 않는 성질(버터, 마가린, 생크림)
- 의사가소성(Pseudoplastic) 유체 : 전단속도 증가에 따라 전단력의 증가폭이 감소하는 유체
- Dilatant 유체 : 전단속도 증가에 따라 전단력의 증가폭이 증가하는 유체
- 시간에 따른 유동특성 변화에 따라 전단력이 작용할수록 점조도가 감소하는 의액성(Thixotropic) 유체와 전단력이 작용할수록 점조도가 증가하는 Rheopectic 유체로 구분

40 부제탄소(Asymmetric Carbon)가 4개 존재하는 Glucose에서 가능한 입체이성질체의 수는?

① 14
② 15
③ 16
④ 17

[해설]
입체이성질체 수 = 2^n, n = 부제탄소 수

3과목 식품가공학

41 달걀의 성분에 대한 설명으로 옳은 것은?

① 달걀의 난황단백질은 지방, 인 등과 결합된 구조로 되어 있다.
② 다른 동물성 식품과는 달리 탄수화물의 함량이 높다.
③ 달걀의 무기질은 알 껍질보다는 난황에 많이 함유되어 있다.
④ 달걀은 비타민 A, B_1, B_2, C, D, E를 많이 함유하고 있으며, 대부분 난백에 함유되어 있다.

[해설]
달걀의 특성
- 난각, 난황, 난백 등 크게 3부분으로 이루어져 있다.
- 기포성, 유화성, 보수성을 지니고 있어 식품가공에 많이 이용된다.

정답 37 ① 38 ① 39 ③ 40 ③ 41 ①

- 수분 65.6%, 조단백질 12.1%, 지방 10.5%, 탄수화물 0.9%, 회분 0.9%로 구성되어 있다.
- 단백질 함량이 높고 탄수화물은 적으며 무기질은 껍질에 많다.
- 난황단백질은 지방, 인 등과 결합된 구조이며 Ca, K, 비타민 A, B₁, B₂, B₆, E가 많다.
- 난백은 Ca 부족, 비타민 C 결핍, 난백장애물질인 Avidin은 생체 내 Biotin과 결합하여 비타민 결핍을 유발할 수 있다.

42 벼를 장기 저장할 경우 곤충의 피해를 방지하기 위한 가장 효과적인 방법은?

① 공기를 자주 순환시킨다.
② 습도를 조절한다.
③ 살균제를 살포한다.
④ 주기적으로 훈증처리 한다.

해설
벼를 장기 저장할 경우 곤충의 피해를 방지하기 위해 주기적으로 훈증처리 한다.

43 통조림통의 주요한 결점과 부패 원인 중 물리적 원인에 의한 변형이 아닌 것은?

① 탈기 불충분
② 패널링(Panelling)
③ 과잉 충전
④ 불충분한 냉각

해설
불충분한 냉각에 의해 *Bacillus coagulans* 등의 호열균이 번식하여 어육, 소시지 통조림에서 평면산패(Flat Sour) 등을 일으키므로 생물학적 원인이다.

44 건조방법 중에서 건조시간이 대단히 짧고, 제품의 온도를 비교적 낮게 유지할 수 있으며 액상 식품을 분말로 건조하는 데 가장 적합한 건조법은?

① Rotary Drying
② Drum Drying
③ Freeze Drying
④ Spray Drying

해설
분무건조기(Spray Drying)
- 열에 약한 제품에 이용, 분유, 주스분말, 커피, 차, 달걀분 등
- 액상 식품을 열풍에 분무하여 건조
- 대부분 건조가 항률건조

45 마요네즈 제조 시 유화제 역할을 하는 것은?

① 난황
② 식초산
③ 식용유
④ 소금

해설
마요네즈(Mayonnaise)
식물유 75%, 식초 10%, 난황 10%, 조미료 3.5%, 향신료 1.5% 등을 혼합하여 수중유적형으로 유화한 제품(난황이 유화제 작용)

46 식초 제조에 관여하는 반응은?

① $C_6H_{12}O_6 \rightarrow 2C_2H_5OH + 2CO_2$
② $C_6H_{12}O_6 \rightarrow C_4H_8O_2 + 2CO_2 + 2H_2$
③ $C_2H_5OH + O_2 \rightarrow CH_3COOH + H_2O$
④ $C_6H_{12}O_6 \rightarrow 2C_3H_6O_3$

해설
- 식초발효(초산발효) : Alcohol이 산화되어 초산을 만드는 과정으로 포도당($C_6H_{12}O_6$)이 발효되어 알코올이 생성되고 알코올이 산화되어 초산을 생성한다.
- 대표적인 초산균 : *Acetobacter aceti* 속, *Gluconobacter* 속
$C_6H_{12}O_6 \rightarrow 2C_2H_5OH + 2CO_2$
$C_2H_5OH + O_2 \rightarrow CH_3COOH + H_2O$

47 지방률이 3.5%인 원유(Raw Milk) 2,000kg에 지방률이 0.1%인 탈지유(Skim Milk)를 혼합하여 지방률 2.5%의 표준화 우유로 만들고자 한다. 이때 탈지유의 첨가량(kg)은?

① 833kg
② 2,833kg
③ 563kg
④ 283.3kg

해설

탈지유량을 x라고 하면
$(3.5 \times 2,000) + (0.1 \times x) = 2.5 \times (2,000 + x)$
$7,000 + 0.1x = 5,000 + 2.5x$
$\therefore x = 833$

48 탄산음료를 제조할 때 주입하는 탄산가스의 용해도는?

① 온도에 관계없이 일정하다.
② 온도가 낮을수록 크다.
③ 온도가 높을수록 크다.
④ 20℃에서 제일 크다.

해설

이산화탄소는 온도가 낮을수록 용해도가 크다.

49 밀가루의 제빵 특성에 영향을 주는 가장 중요한 품질 요인은?

① 회분 함량
② 색깔
③ 단백질 함량
④ 당 함량

해설

제빵용 밀가루의 조건
- 수분 15% 이하
- 회분이 적은 것
- 글루텐 함량(건부량)이 13% 이상인 강력분
- 냄새 없고 흰 것
- 숙성기간이 지난 것
- 반죽을 하면 글리아딘과 글루테닌이 결합하여 망상구조의 글루텐(Gluten)이 형성된다.
- 제빵 시 점탄성이 강한 반죽이 필요하므로 글루텐 함량이 많은 강력분을 사용하여 반죽을 충분히 한다.
- 강력분은 제빵에, 중력분은 라면, 만두피에, 박력분은 제과, 튀김, 부침요리에 이용된다.

50 증기재킷(Steam Jacket)으로 된 솥에서 설탕 용액을 가열하고 있다. 설탕 용액과 스팀의 표면 열전달계수는 각각 1,000kcal/m²h℃와 10,000 kcal/m²h℃이며, 솥내벽의 두께는 0.2cm이고, 열전도도는 20kcal/m²h℃일 때 총괄열전달계수 (Overall Heat Transfer Coefficient)는 약 얼마인가?

① 1,110kcal/m²h℃
② 1,104kcal/m²h℃
③ 973kcal/m²h℃
④ 833kcal/m²h℃

해설

열유체 공학의 열교환
- 열량은 1g의 물에 열을 가하여 1℃만큼 올리는 데 필요한 양을 1cal로 표시한다.
- 열손실은 온도차, 면적 그리고 열전달 계수에 비례한다.
- 열전달계수는 단위 시간에 단위 온도차일 때 단위 표면적으로 행해지는 열전달량이다.
- $(Q, \text{kcal/h}) = (U, \text{열전달계수, kcal/m}^2 \cdot h \cdot ℃) \times (A, \text{전열면적, m}^2) \times (\Delta t, \text{온도차})$
- $U = 1/(1/h + \Delta X_A/k_A + 1/k_O)$
  $= 1/(1/1,000 + 0.002/20 + 1/10,000)$
  $= 833 \text{kcal/m}^2 \text{h℃}$

51 아이스크림 제조 시 향과 색소 및 산류의 일반적인 첨가 시기는?

① 배합공정에서 첨가
② 여과 후 균질화하기 전
③ 멸균이 끝난 후 숙성시키기 전
④ 숙성이 끝난 후 동결시키기 전

해설

아이스크림 제조공정
배합표 작성·혼합 → 여과 → 균질 → 살균 → 냉각 → 숙성 → 1차 냉각(Soft Ice Cream) → 담기·포장 → 동결(-15℃ 이하, Hard Ice Cream)

향과 색소 및 산류는 숙성이 끝난 후 동결 전에 첨가한다.

정답 48 ② 49 ③ 50 ④ 51 ④

52 옥수수 전분 제조공정에서 얻는 부산물 중 기름을 얻는 데 쓰이는 것은?

① 배아
② 글루텐 사료(Gluten Feed)
③ 글루텐 박(Gluten Meal)
④ 종피

해설
대부분의 곡류에서 지방(기름) 함량이 높은 부분은 배아이다.

53 육류 가공 시 증량제로서 전분을 10% 첨가하면 최종적으로 몇 %의 증량효과를 갖는가?

① 10%   ② 20%
③ 30%   ④ 40%

해설
증량제로서 전분은 수분을 흡수하여 첨가량의 3배 가까이 증량효과를 나타낸다.

54 김치의 초기 발효에 관여하는 저온숙성의 주 발효균은?

① *Leuconostoc mesenteroides*
② *Lactobacillus plantarum*
③ *Bacillus macerans*
④ *Pediococcus cerevisiae*

해설
김치
- 한국의 전통 침채류로, 절인 배추에 무, 고추, 마늘, 생강, 젓갈 첨가, 저온 젖산 숙성시킨 발효식품
- 발효 초기: *Leuconostoc mesenteroids*, 젖산, 탄산가스에 의해 산성화 호기성 세균 억제
- 발효 후기: *Lactobacillus plantarum*, *Lactobacillus brevis*, 내산성

55 사후강직 현상에 대한 설명으로 옳은 것은?

① 젖산이 분해되고, 알칼리 상태가 된다.
② ATP 함량이 증가한다.
③ 산성 포스파타아제(Phosphatase) 활성이 증가한다.
④ 글리코겐(Glycogen) 함량이 증가한다.

해설
사후강직
근육 글리코겐 분해에 따라 젖산을 생성하여 산성상태가 유지되면 산성 포스파타아제에 의해 ATP 분해가 촉진되며 근육 경직이 발생한다(액토미오신 형성).

56 식품산업에서 사용하는 Extruder의 단위공정으로 틀린 것은?

① 혼합   ② 분리
③ 배열   ④ 당화

해설
압출 가공공정(Extrusion)의 특성
수행될 수 있는 단위공정은 열처리, 혼합, 분리, 압착, 배열, 팽화, 성형, 조리 과정을 거친다.

57 두유를 제조할 때 불쾌한 냄새나 맛이 나고 두유의 수율이 낮은 문제를 개선하는 방법으로 틀린 것은?

① 끓는 물(80∼100℃)로 콩을 마쇄하여 지방산패나 콩 비린내를 발생시키는 Lipoxygenase를 불활성시키는 방법
② 콩을 NaHCO₃ 용액에 침지시켜 불린 뒤, 마쇄 전과 후에 가열처리 해서 콩 비린내를 없애는 방법
③ 데치기 전에 콩을 수세하고 껍질을 벗겨 사용하는 방법
④ 낮은 온도에서 장시간 가열하여 염에 대한 노출을 증가시키는 방법

해설
낮은 온도로 가열하면 Lipoxygenase가 활성화되어 비린내가 증가한다.

정답 52 ① 53 ③ 54 ① 55 ③ 56 ④ 57 ④

58 병조림의 파손형태에 관한 그림 중 내부 충격에 의해 파손된 형태는?

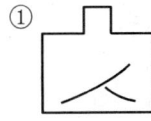 ① 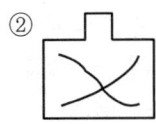 ②

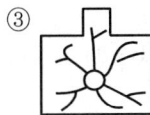 ③ 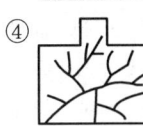 ④

<해설>
내부 충격 시 병조림 내용물에 의해 힘의 전달이 분산되어 원형의 파손형태가 나타난다.

59 옥수수 전분 제조 시 전분 분리를 위해 사용하는 것은?

① HCOOH   ② H_2SO_3
③ HCl   ④ HOOC-COOH

<해설>
옥수수 전분 제조 시 전분 분리를 위해 사용하는 것은 아황산(H_2SO_3)이다.

60 유지의 정제공정 중 윈터리제이션(Winterization)의 설명으로 틀린 것은?

① 유지가 저온에서 굳어져 혼탁해지는 것을 방지한다.
② 바삭바삭한 성질을 부여하는 공정이다.
③ 고체지방을 석출·분리한다.
④ 유지의 내한성을 높인다.

<해설>
탈납공정(Winterization)
- 샐러드유 제조 시 혼탁을 유발하는 지방결정체 제거
- 냉각시켜 발생되는 고체 결정체를 제거하는 탈납(Dewaxing) 이용

4과목 식품미생물학

61 효모의 무성포자와 관련 없는 것은?

① 위접합   ② 이태접합
③ 단위생식 ④ 사출포자

<해설>
- 효모의 무성생식 : 출아법, 분열법, 무성포자(단위생식, 위접합, 사출포자, 분절포자, 후막포자)
- 효모의 유성생식 : 동태접합, 이태접합

62 버섯류에 대한 설명으로 틀린 것은?

① 버섯은 분류학적으로 담자균류에 속한다.
② 유성적으로는 담자포자 형성에 의해 증식을 하며, 무성적으로는 균사 신장에 의해 증식한다.
③ 동충하초(*Cordyceps sp.*)도 분류학상 담자균류에 속한다.
④ 우리가 식용하는 부위인 자실체는 3차균사에 해당한다.

<해설>
동충하초
곤충의 피부를 뚫고 몸 안에 기생하는 곤충기생형 자낭균류의 버섯

63 식품공전에 의거하여 일반세균수를 측정할 때 10,000배 희석한 시료 1mL를 평판에 분주하여 균수를 측정한 결과 237개의 집락이 형성되었다면 시료 1g에 존재하는 세균수는?

① 2.37×10^5 CFU/g   ② 2.37×10^6 CFU/g
③ 2.4×10^5 CFU/g   ④ 2.4×10^6 CFU/g

<해설>
$237 \times 10,000$ CFU/g $= 2.37 \times 10^6$ CFU/g
식품공전상 높은 수에서 3번째 수에서 반올림하여 유효숫자를 2개로 나타내야 하므로 2.4×10^6 CFU/g

64 Bergy의 분류법에서 초산을 탄산가스와 물로 산화하며 NH_4 염을 유일한 질소원으로 사용하는 균주는?

① *Acetobacter xylinum*
② *Acetobacter oxydans*
③ *Acetobacter pasteurianum*
④ *Acetobacter aceti*

[해설]
초산균(Acetic Acid Bacteria)
• 알코올을 산화하여 초산 생성, G(-), 호기성, 간균, 운동성 있는 것 또는 없는 것
• 주요 균 : *Acetobacter* 속, *Gluconobacter* 속
• *Acetobacter aceti*(식초 제조) : 초산을 탄산가스와 물로 산화하며 NH_4 염을 유일한 질소원으로 사용

65 진핵세포의 특징에 대한 설명 중 틀린 것은?

① 염색체는 핵막에 의해 세포질과 격리되어 있다.
② 미토콘드리아, 마이크로솜, 골지체와 같은 세포소기관이 존재한다.
③ 스테롤 성분과 세포골격을 가지고 있다.
④ 염색체의 구조에 히스톤과 인을 갖고 있지 않다.

[해설]
진핵세포의 DNA 핵산은 염기성 단백질로 구성된 히스톤과 안정되게 결합하고 있다.

66 Glucose 대사 중 NADPH가 주로 생성되는 것은?

① EMP 경로
② HMP 경로
③ TCA 회로
④ Glucosylate 회로

[해설]
오탄당 인산경로(Pentose Phosphate Pathway, HMP)
• 해당 과정의 곁사슬 반응, Glucose-6-phosphate에서 시작
• 산화적 단계와 비산화적 단계로 나눔
• NADPH를 생성하여 지방산 합성, 스테로이드 합성, 산화형 Glutathion 환원
• 핵산 합성에 필요한 Ribose-5-phosphate 생성(전환 시 CO_2 생성)

67 세포융합(Cell Fusion)의 실험순서로 옳은 것은?

① 재조합체 선택 및 분리 → Protoplast의 융합 → 융합체의 재생 → 세포의 Protoplast화
② Protoplast의 융합 → 세포의 Protoplast화 → 융합체의 재생 → 재조합체 선택 및 분리
③ 세포의 Protoplast화 → Protoplast의 융합 → 융합체의 재생 → 재조합체 선택 및 분리
④ 융합체의 재생 → 재조합체 선택 및 분리 → Protoplast의 융합 → 세포의 Protoplast화

[해설]
세포융합(Cell Fusion)의 순서
세포의 Protoplast화 → Protoplast의 융합 → 융합체의 재생 → 재조합체 선택 및 분리

68 미생물의 영양세포 및 포자를 사멸시켜 무균 상태로 만드는 것은?

① 가열
② 살균
③ 멸균
④ 소독

[해설]
사멸의 종류
• 멸균 : 살아 있는 미생물인 영양세포와 포자까지 사멸
• 살균 : 모든 영양세포의 사멸 포자는 파괴하지 못함
• 소독 : 병원성 미생물의 사멸
• 방부 : 부패미생물의 생육 억제

69 다음 중 대표적인 하면발효 맥주효모는?

① *Saccharomyces cerevisiae*
② *Saccharomyces mellis*
③ *Saccharomyces carlsbergensis*
④ *Saccharomyces mali*

[해설]
맥주의 종류
• 상면발효맥주 : *Saccharomyces cerevisiae* - 영국 맥주, 상면발효, 상온발효(Ale, Stout, Porter, Lambic)

정답 64 ④ 65 ④ 66 ② 67 ③ 68 ③ 69 ③

- 하면발효맥주 : *Saccharomyces carlsbergensis* —독일, 미국, 일본, 우리나라에서 주로 생산, 하면발효, *Saccharomyces uvarum*에 통합, 저온발효(Lager, Munchen, Pilsen, Wien), 장기저장 시 독특한 향미 부여

70 *Aspergillus* 속에 속하는 곰팡이에 대한 설명으로 틀린 것은?

① *A. oryzae*는 단백질 분해력과 전분 당화력이 강하여 주류 또는 장류 양조에 이용된다.
② *A. glaucus* 군에 속하는 곰팡이는 백색집락을 이루며 Ochratoxin을 생산한다.
③ *A. niger*는 대표적인 흑국균이다.
④ *A. flavus*는 Aflatoxin을 생산한다.

해설

Aspergillus Glaucus군
- 일명 풀색곰팡이로 녹색이나 청록색 후에 암갈색 또는 갈색 집락을 이룸
- 빵, 피혁 등의 건조한 유기물에 잘 발생
- 포도당, 자당 등을 분해하여 Oxalic Acid, Citrix Acid 등 많은 유기산 생성
※ Ochratoxin : *Asp. ochraceus*, 커피콩

71 젖산발효에 대한 설명으로 틀린 것은?

① 젖산균이나 *Rhizopus*와 같은 곰팡이가 젖산을 생성한다.
② 젖산균에 의한 젖산은 L-형, D-형, DL-형이 있는데, DL-형의 젖산은 Lactic Acid Lacemase에 의한다.
③ 젖산균이 당으로부터 젖산을 생성하는 경로는 Homo형과 Hetero형이 있다.
④ 대부분의 젖산균이 산화적 인산화를 할 때 더 많은 젖산이 생성된다.

해설

젖산균은 미호기성균으로 산소 존재 시 젖산 생성수율이 떨어진다.

72 다음 중 곰팡이 독소가 아닌 것은?

① Patulin
② Ochratoxin
③ Enterotoxin
④ Aflatoxin

해설

Mycotoxin(곰팡이 독)
간장독 : Aflatoxin(*Aspergillus flavus*), Sterigmatocystin(*Asp. versicolar*), Rubratoxin(*Pen. rubrum*), Luteoskyrin(*Pen. islandicum*, 황변미) Ochratoxin(*Asp. ochraceus*, 커피콩), Islanditoxin(*Pen. islandicum*, 황변미)
※ 황색 포도상구균 : 내열성 독소인 Enterotoxin 생성

73 대장균(*Escherichia coli*)에 대한 설명으로 틀린 것은?

① 그람양성간균으로 장내세균과에 속한다.
② 사람이나 동물의 장내에서 일반적으로 발견된다.
③ 젖당을 발효하여 산과 가스를 생성한다.
④ 식품과 음료수에서 분변오염의 지표로 이용된다.

해설

대장균(*E. coli*)
- 장내에 서식하며 그람음성, 운동성, 간균, 통성혐기성균
- 유당을 분해하여 CO_2와 H_2 가스 생성

74 다음 중 파지(Phage)에 대한 설명 중 틀린 것은?

① 단백질 외각(Capsid) 내에 DNA와 RNA를 모두 가지고 있다.
② 세균을 숙주로 하여 증식하는 것을 박테리오파지(Bacteriophage)라고 한다.
③ 독성파지는 숙주세균을 용균하고 세포 밖으로 유리 파지를 방출한다.
④ 용원파지는 숙주세포를 파괴하지 않고 세포의 일부가 되어 세포의 증식과 함께 늘어나는 파지이다.

해설

박테리오파지(Bacteriophage)
- "세균을 먹는다"는 뜻이며 세균을 숙주세포로 하는 바이러스이다.
- 단백질 껍질과 내부에 핵산(DNA나 RNA)을 가지고 있으며 살아 있는 생물체 내에서만 번식할 수 있다.
- 용균성 파지(Virulent Phage) : 감염 후 숙주세포 내에서 새로운 DNA나 단백질을 합성하여 세균을 파괴한다.
- 용원성 파지(Lysogenic Phage) : 감염 후 세균의 숙주 DNA에 삽입되어 Prophage가 되고 함께 증식하며 유전된다. 환경이 안 좋을 경우 다시 용균성이 되기도 한다.
- 온건성 파지 : 용균성, 용원성을 둘 다 하는 바이러스이다.

75 잠재적 발암활성도를 측정하는 Ames Test에서 이용하는 돌연변이는?

① 역돌연변이(Back Mutation)
② 불별돌연변이(Silent Mutation)
③ 불인식돌연변이(Nonsense Mutation)
④ 틀변환(격자이동)돌연변이(Frameshift Mutation)

해설

Ames Test
특수독성시험 중 변이원성 시험으로 사용하며 His-요구성 변이주를 정상으로 변이시킨 후 변이 유발물질과 접촉으로 다시 역돌연변이가 발생하여 His-요구성 변이주가 생성되는지 시험한다.

76 유성포자가 아닌 것은?

① 접합포자(Zygospore)
② 담자포자(Basidiospore)
③ 후막포자(Chlamydospore)
④ 자낭포자(Ascospore)

해설

- 무성포자 : 내생포자(포자낭포자), 외생포자(분생포자), 후막포자, 분열자
- 유성포자 : 접합포자, 난포자, 자낭포자, 담자포자

77 유기화합물 합성을 위해 햇빛을 에너지원으로 이용하는 광독립영양생물(Photoautotroph)은 탄소원으로 무엇을 이용하는가?

① 메탄
② 이산화탄소
③ 포도당
④ 산소

해설

- 광독립영양생물(Photoautotroph) : 주로 엽록소를 함유하여 광합성을 통해 무기물인 CO_2로부터 복잡한 유기물 합성(식물, 남세균 등)
- 화학독립영양생물(Chemoautotroph) : 단순한 무기물을 통해 에너지를 얻는 생물(황산화균, 질산화균 등 고세균)
- 광합성 무기영양균(Photolithotroph) : 탄소원을 이산화탄소로 하여 광합성, 녹색황세균과 홍색황세균, 혐기성균

78 정상발효 젖산균(Homofermentative Lactic Acid Bacteria)에 관한 설명으로 옳은 것은?

① 포도당을 분해하여 젖산만을 주로 생성한다.
② 포도당을 분해하여 젖산과 탄산가스를 주로 생성한다.
③ 포도당을 분해하여 젖산과 CO_2, 에탄올과 함께 초산 등을 부산물로 생성한다.
④ 포도당을 분해하여 젖산과 탄산가스, 수소를 부산물로 생성한다.

해설

젖산균
- 동형(정상)발효 젖산균 : 당을 발효하여 젖산만 생성
- 이형발효 젖산균 : 당을 발효하여 젖산 이외에 초산, 에탄올, CO_2 등 생성

79 산막효모의 특징이 아닌 것은?

① 산소를 요구한다.
② 산화력이 강하다.
③ 발효액의 내부에서 발육한다.
④ 피막을 형성한다.

해설

산막효모(피막효모, Film Yeast)
- *Candida, Hansenula, Debaryomyces, Pichia*
- 이산화탄소를 생산하지 않는다.
- 발효 액면에 피막을 형성하는 유해 산막효모
- 구형, 모자형, 방추형, 위균사나 진균사를 형성한다.
- 호기성으로 산화력이 크다.
- 맥주, 포도주 유해균, 알코올 분해

80 조류(Algae)에 대한 설명으로 옳은 것은?

① 홍조류는 엽록체가 있어 광합성 작용을 한다.
② 남조류는 진핵생물에 속한다.
③ 클로렐라(Chlorella)는 단세포의 갈조류의 일종이다.
④ 우뭇가사리, 김은 갈조류에 속한다.

해설

조류
- 남조류는 원핵세포에 속하는 단세포 조류로서 세포 안에 핵과 액포가 없다.
- 해조류에 속하는 갈조류(미역, 다시마), 홍조류(김, 우뭇가사리), 녹조류(클로렐라, 파래) 등은 진핵세포인 원생생물로 광합성을 한다.

5과목 생화학 및 발효학

81 호기적 발효에 의하여 생산되는 것은?

① 에틸알코올(Ethyl Alcohol)
② 젖산(Lactic Acid)
③ 구연산(Citric Acid)
④ 글리세롤(Glycerol)

해설

호기적 발효는 해당과정을 거쳐 구연산회로에서 구연산을 생산한다.

82 다음 중에서 세균 세포벽의 성분은?

① 펩티도글리칸(Peptidoglycan)
② 히알루론산(Hyaluronic Acid)
③ 키틴(Citin)
④ 콘드로이틴(Chondroitin)

해설

세균 세포벽 성분
- 그람양성균 : Peptidoglycan, Teichoic Acid
- 그람음성균 : Peptidoglycan, Lipopolysaccharide
- 포자형성균 포자의 세포벽 : Calcium Dipicolinate

83 근육에서 피루브산이 아미노기(NH_3) 전이를 받아 생성되는 아미노산은?

① 프롤린
② 트립토판
③ 알라닌
④ 리신

해설

아미노기 전이반응
- 한 아미노산으로부터 탄소골격에 아미노기를 전달하여 새로운 아미노산을 형성하는 과정, PLP(Pyridoxal Phosphate, 전구체 – 비타민 B_6) 조효소
- Asp + α – ketoglutarate ↔ Oxaloacetate + Glu(AST, GOT)
- Ala + α – ketoglutarate ↔ Pyruvate + Glu(ALT, GPT)

84 다음 중 보조효소(Coenzyme)와 비타민과의 관계가 틀린 것은?

① NAD – 나이아신(Niacin)
② FAD – 리보플라빈(Riboflavin)
③ Coenzyme A – 엽산(Folic Acid)
④ TPP – 티아민(Thiamine)

해설

Pantothenic Acid
CoA의 성분으로 Acetyl CoA와 합성하여 지방산 합성과 탄수화물 대사에 관여

85 다음 반응에 관여하는 효소는?

$$H_2O_2 + H_2O_2 \rightarrow O_2 + 2H_2O$$

① Hydroxylase
② Fumarase
③ Lactate Racemase
④ Catalase

해설
$2H_2O_2$(과산화수소) → $2H_2O + O_2$(Catalase)

86 당이 혐기적 조건에서 효소에 의해 분해되는 대사작용으로 세포질에서 일어나는 것은?

① 해당작용
② 유전정보 저장
③ 세포의 운동
④ TCA 회로

해설
당이 혐기적 조건에서 효소에 의해 분해되는 대사작용으로 세포질에서 일어나는 것은 혐기적 해당을 의미하며 최종적으로 젖산을 생성한다.

87 발효산업에서 고체배양의 일반적인 장점이 아닌 것은?

① 값싼 원료를 이용할 수 있다.
② 생산물의 회수가 쉽다.
③ 산소공급이 쉽다.
④ 환경조건의 측정 및 제어가 쉽다.

해설
고체배양의 특징
- 배지조성이 단순하며 값싼 원료 이용 가능
- 곰팡이 배양에 주로 이용하며 세균에 의한 오염 방지 가능
- 공장에서 나오는 폐수가 적음
- 시설비가 적게 들어 소규모 생산에 유리
- 대기 중 산소가 쉽게 공급되므로 동력이 불필요
- 생산물의 회수가 용이
- 환경조건 측정 및 제어가 어려움

88 핵산 관련 물질이 정미성을 갖추기 위해서 필요한 구조와 관련된 설명으로 틀린 것은?

① Purine환의 6위치에 OH기가 있어야 한다.
② Ribose의 5' 위치에 인산기가 있어야 한다.
③ Nucleotide의 당은 Ribose에만 정미성이 있다.
④ 고분자 Nucleotide, Nucleoside 및 염기 중에서 Mononucleotide에만 정미성이 있는 것이 존재한다.

해설
핵산계 정미성
- 핵산 관련 물질 중 인산기를 1개 가진 Nucleotide(Mononucleotide)가 정미성이 우수 - IMP(Inosine Mono Phosphate, 가쓰오부시 맛성분), GMP(Guanosine Mono Phosphate, 표고버섯 맛성분)
- 정미성 Nucleotide는 염기가 Purine계(GMP > IMP > XMP)
- 정미성을 위해 Ribose의 5' 위치에 인산기, 염기 Ring 구조의 6' 위치가 OH로 치환

89 다음 중 비타민 B_2 생산능이 우수한 미생물은?

① *Saccharomyces cerevisiae*
② *Eremothecium ashbyii*
③ *Acetobacter aceti*
④ *Clostridium botulinum*

해설
비타민 B_2(Riboflavin)
- 생산균 : *Ashbya gossypii*(7g/L), *Eremothecium ashbyii*(3g/L), *Candida flareri*, *Mycocandida riboflavina*
- 포도당, 설탕, 맥아당, 28℃, 7일
- pH 4.5 조절, 121℃, 1시간, 추출 후 원심분리 정제

90 곰팡이를 이용하여 액체배양법으로 구연산을 생산할 경우, 균사가 가지가 없는 섬유상으로 존재하면 구연산 생성이 현저히 감소한다. 이때, 구연산 생성을 위하여 균사의 형태를 Pellet으로 전환하고자 Fe^{2+}와의 비율을 조절하기 위하여 첨가하는 금속이온은?

정답 85 ④ 86 ① 87 ④ 88 ③ 89 ② 90 ②

① Ca^{2+} ② Cu^{2+}
③ Mg^{2+} ④ Zn^{2+}

[해설]
구연산 발효
- 생산균 : *Aspergillus niger, Asp. awamori, Candida lipolytica*
- 수율 : 포도당 원료 110%, 탄화수소 원료 230%
- 구연산 생성을 위하여 균사의 형태를 Pellet으로 전환하고자 Fe^{2+}와의 비율을 길항작용으로 조절하기 위하여 Cu^{2+} 첨가
- 당농도 10~20%, 26~35℃, pH 3.5
- 호기적 상태 유지

91 포도당 분해과정 중 HMP(Hexose Monophosphate Shunt)로만 100% 대사하는 미생물은?

① *Escherichia coli*
② *Saccharomyces cerevisiae*
③ *Rhizopus oryzae*
④ *Acetomonas oxydans*

[해설]
EMP(해당) : HMP(오탄당인산경로)의 비율
- *Escherichia coli* =72 : 28
- *S. cerevisiae* =88 : 12
- *Peni. chrysogenum* =56~70 : 30~44
- *Rhizopus oryzae* =100% EMP
- *Acetomonas oxydans* =100% HMP

92 다음 중 Purine 염기는?

① Adenine
② Cytosine
③ Thymine
④ Uracil

[해설]
DNA
염기 간의 결합에서 A와 T는 수소 이중 결합, G와 C는 수소 삼중 결합으로 되어 있다. 그러므로 항상 피리미딘기(C+T)/퓨린기(G+A)=1이 된다(샤가프의 법칙).

93 다음 중 발효법에 의해 구연산(Citric Acid) 제조 시 필요한 것은?

① Ethyl Isovalerate
② *Brevibacterium* 속
③ Phenylacetic Acid
④ *Aspergillus niger*

[해설]
문제 90번 해설 참조

94 성인 한국인에서 유당불내증(Lactose Intolerance) 비율이 높게 나타나는 이유로 옳은 것은?

① 한국에서 생산되는 우유 중에 유당 함량이 10% 이상 높기 때문이다.
② 구성효소로 유당분해효소를 가지고 있기 때문이다.
③ 갈락토오스 분해효소가 없기 때문이다.
④ 유당분해효소가 적게 생성되기 때문이다.

[해설]
성인 한국인에서 유당불내증(Lactose Intolerance) 비율이 높게 나타나는 이유는 유당분해효소가 적게 생성되기 때문이다.

95 Prostaglandin의 생합성에 이용되는 지방산은?

① Stearic Acid
② Oleic Acid
③ Arachidonic Acid
④ Palmitic Acid

[해설]
Eicosanoids
아라키돈산을 전구체로 탄소 20개로 이루어진 생리활성물질의 총칭
Linoleic Acid → Arachidonic Acid(Cyclooxygenase) → Prostaglandin(PG), Thromboxane(TX), Prostacyclin(PGI), leukotrienes(LT)

정답 91 ④ 92 ① 93 ④ 94 ④ 95 ③

96 다음 중 석유계 탄화수소를 기질로 하여 균체를 생산하기에 가장 적합한 효소는?

① *Pseudomonas aeruginosa*
② *Candida tropicalis*
③ *Saccharomyces cerevisiae*
④ *Saccharomyces carlsbergensis*

해설
균체 생산
- 아황산 펄프폐액 원료
  생산균 : *Candida utilis, Can. major*
- 석유계 탄화수소 원료
  생산균 : *Candida tropicalis, Can. lipolytica*

97 필수아미노산에 대한 설명으로 옳은 것은?

① 생체의 필수적인 성분이므로 인체에서 배설되지 않는다.
② 생체 내에서 합성되지 않으므로 식품에 의해 공급되어야 한다.
③ 신장에 의해서만 합성되고, 다른 기관에서는 일체 만들어질 수 없다.
④ D-amino Acid의 산화 효소에 의한 대사산물이다.

해설
필수아미노산은 생체 내에서 합성되지 않으므로 식품에 의해 공급되어야 한다.

98 두 종류의 미생물 A와 미생물 B를 분리하여 DNA 중 GC 함량을 분석해보니 각각 70%와 54%이었다. 미생물들의 각 염기조성은?

① (미생물A) A : 15%, G : 35%, T : 15%, C : 35%
  (미생물B) A : 23%, G : 27%, T : 23%, C : 27%
② (미생물A) A : 30%, G : 70%, T : 30%, C : 70%
  (미생물B) A : 46%, G : 54%, T : 46%, C : 54%
③ (미생물A) A : 35%, G : 35%, T : 15%, C : 15%
  (미생물B) A : 27%, G : 27%, T : 23%, C : 23%
④ (미생물A) A : 35%, G : 15%, T : 35%, C : 15%
  (미생물B) A : 27%, G : 23%, T : 27%, C : 23%

해설
DNA
- 염기 간의 결합에서 A와 T는 수소 이중 결합, G와 C는 수소 삼중 결합으로 되어 있다.
  그러므로 항상 피리미딘기(C+T)/퓨린기(G+A)=1이 된다.
  (샤가프의 법칙)
- 미생물A : GC 함량 70%는 G : 35%, C : 35%이며 나머지 AT 함량은 30%이므로 각각 A : 15%, T : 15%가 된다.
- 미생물B : GC 함량 54%는 G : 27%, C : 27%이며 나머지 AT 함량은 46%이므로 각각 A : 23%, T : 23%가 된다.

99 설탕을 기질로 하여 덱스트란(Dextran)을 공업적으로 생성하는 젖산균은?

① *Pediococcus lindneri*
② *Streptococcus cremoris*
③ *Lactobacillus bulgaricus*
④ *Leuconostoc mesenteroides*

해설
덱스트란은 *Leuconostoc mesenteroides*에 의해서 김치제조 시 설탕으로부터 생성된 점액성 다당류로, 혈장 대용액으로도 쓰인다.

100 아미노산 합성이나 대사와 연관성이 없는 것끼리 짝지어진 것은?

① 류신(Leucine) – 포도당생성의(Glucogenic)
② 페닐알라닌(Phenylalanine) – 페닐케톤뇨증(PKU)
③ 메티오닌(Methionine) – 시스테인(Cysteine)
④ 티로신(Tyrosine) – 멜라닌(Melanine)

해설
당신생반응에서 케톤원성(Ketogenic) 아미노산(리신, 류신)은 당이 될 수 없다.

정답 96 ② 97 ② 98 ① 99 ④ 100 ①

2020년 3회 식품산업기사

1과목 식품위생학

01 1일 섭취허용량이 체중 1kg당 10mg 이하인 첨가물을 어떤 식품에 사용하려고 하는데 체중 60kg인 사람이 이 식품을 1일 500g씩 섭취하려고 하면, 이 첨가물의 잔류 허용량은 식품의 몇 %가 되는가?

① 0.12% 이하
② 0.17% 이하
③ 0.22% 이하
④ 0.27% 이하

해설
1kg당 10mg 이하이므로,
10mg×60kg=600mg 이하이며
1일 500g 섭취 시, $\dfrac{600}{500,000} \times 100 = 0.12\%$

02 다음 중 인수공통감염병이 아닌 것은?

① 중증열성혈소판감소증후군
② 탄저
③ 급성회백수염
④ 중증급성호흡기증후군

해설
급성회백수염(소아마비)은 인간이 폴리오바이러스에 의해 감염되는 병이다.

03 COD에 대한 설명 중 틀린 것은?

① COD란 화학적 산소 요구량을 말한다.
② BOD가 적으면 COD도 적다.
③ COD는 BOD에 비해 단시간 내에 측정 가능하다.
④ 식품공장 폐수의 오염 정도를 측정할 수 있다.

해설
화학적 산소요구량(COD : Chemical Oxygen Demand)
• 물속의 오염물질을 $KMnO_4$(과망간산칼륨) 같은 산화제로 산화 분해 시 필요한 산소량을 말한다.
• 유기물과 무기물 모두 산화 처리하므로 BOD보다 같거나 높게 나온다.

04 병원체에 따른 인수공통감염병의 분류가 잘못된 것은?

① 세균 – 장출혈성대장균감염증
② 세균 – 결핵
③ 리케차 – Q열
④ 리케차 – 일본뇌염

해설
일본뇌염은 바이러스 감염이다.

05 육류가공 시 생성되는 발암성 물질로 발색제를 첨가하여 생성되는 유해물질은?

① 니트로소아민
② 아크릴아마이드
③ 에틸카바메이트
④ 다환방향족탄화수소

해설
니트로소아민(Nitrosoamine)
발색제로 사용되는 아질산염과 식품 내의 아민류가 반응하여 생성되는 발암물질

06 식품첨가물로 산화방지제를 사용하는 이유로 거리가 먼 것은?

① 산패에 의한 변색을 방지한다.
② 독성물질의 생성을 방지한다.

정답 01 ① 02 ③ 03 ② 04 ④ 05 ① 06 ③

③ 식욕을 향상시키는 효과가 있다.
④ 이산화물의 불쾌한 냄새 생성을 방지한다.

해설
산화방지제
유지의 산화에 의하여 생성되는 주요 과산화물인 Hydroperoxide의 생성을 억제하여 유지의 산패에 의한 식품의 이취, 변질 및 변색을 방지하는 식품첨가물이다.

07 식품위생검사를 위한 일반적인 채취 방법으로 옳은 것은?

① 깡통, 병, 상자 등 용기에 넣어서 유통되는 식품 등은 반드시 개봉한 후 채취한다.
② 합성착색료 등의 화학 물질과 같이 균질한 상태의 것은 여러 부위에서 가능한 한 많은 양을 채취하는 것이 원칙이다.
③ 대장균이나 병원 미생물의 경우와 같이 목적물이 불균질할 때에는 1개 부위에서 최소량을 채취하는 것이 원칙이다.
④ 식품에 의한 감염병이나 식중독의 발생 시 세균학적 검사에는 가능한 한 많은 양을 채취하는 것이 원칙이다.

해설
식품위생 검사 시 검체의 채취 및 취급에 관한 주의사항
- 검체 채취 시 상자 등에 넣어 유통되는 기구 및 용기, 포장은 가능한 한 개봉하지 않고 그대로 채취한다.
- 미생물학적인 검사를 위한 검체를 소분 채취할 경우 멸균된 기구·용기 등을 사용하여 무균적으로 가능한 한 많은 양을 채취하여야 한다.
- 균질한 상태의 것은 최소량을 채취하고 목적물이 불균질할 때는 가능한 한 많은 양을 채취하는 것이 원칙이다.

08 포르말린(Formalin)을 축합시켜 만든 것으로 이것이 용출될 때 위생상 문제가 될 수 있는 합성수지는?

① 페놀수지   ② 염화비닐수지
③ 폴리에틸렌수지   ④ 폴리스틸렌수지

해설
열경화성 수지
- 열을 가해도 부드러워지지 않는다.
- 페놀수지, 요소수지, 멜라민수지 등으로 포르말린(포름알데히드) 용출

09 멜라민 수지로 만든 식기에서 위생상 문제가 될 수 있는 주요 성분은?

① 비소   ② 게르마늄
③ 포름알데히드   ④ 단량체

해설
문제 8번 해설 참조

10 쥐와 관련되어 감염되는 질병이 아닌 것은?

① 신증후군출혈열   ② 살모넬라증
③ 페스트   ④ 폴리오

해설
쥐 매개 질병
흑사병(페스트, 쥐벼룩), 발진열(벼룩), 쯔쯔가무시(양충병, 털진드기), 리케치아폭스(생쥐진드기), 살모넬라증(쥐 분변), 렙토스피라증(Weil씨병, 쥐 분뇨), 신증후군출혈열(유행성 출혈열, 등줄쥐 분변), 서교열(쥐에게 물려 발생하는 열병)

11 독소형 식중독균에 속하며 신경증상을 일으킬 수 있는 원인균은?

① *Salmonella enteritidis*
② *Yersinia enterocolitica*
③ *Clostridium botulinum*
④ *Vibrio parahaemolyticus*

해설
보툴리눔 식중독
- 원인균 : *Clostridium botulinum*
- 독소 : 단백질성 Neurotoxin(신경 독소)으로 사망률이 50%로 높으나 열에 약하여 100℃에서 10분, 80℃에서 30분이면 파괴된다.

정답 07 ④ 08 ① 09 ③ 10 ④ 11 ③

12 식품의 기준 및 규격에 의거하여 부패·변질 우려가 있는 검체를 미생물 검사용으로 운반하기 위해서는 멸균용기에 무균적으로 채취하여 몇 도의 온도를 유지하면서 몇 시간 이내에 검사기관에 운반해야 하는가?

① 0℃, 4시간
② 12℃±3 이내, 6시간
③ 36℃±2 이상, 12시간
④ 5℃±3 이하, 24시간

해설
미생물학적인 검사를 하는 검체는 멸균용기에 무균적으로 채취하여 저온(5℃±3 이하)을 유지시키면서 24시간 이내에 검사기관에 운반하여야 한다.

13 식품과 자연 독성분의 연결이 잘못된 것은?

① 감자 – Solanine
② 섭조개 – Saxitoxin
③ 복어 – Tetradotoxin
④ 알광대버섯 – Venerupin

해설
장출혈성 대장균(Enterohemorrhagic *E. coli* ; EHEC, O157 : H7)
- 그람 음성, 무포자간균, 통성혐기성, 유당을 분해하여 산과 가스 생성, 잠복기는 평균 10~24시간, 혈변과 심한 복통
- 균 자체는 열에 약하며 독소로 Verotoxin 생성
※ 알광대버섯 : Amanitatoxin, Phaline(구토·설사 등 콜레라, 맹독성 용혈작용)

14 곤충 및 동물의 털과 같이 물에 잘 젖지 아니하는 가벼운 이물검출에 적용하는 이물검사는?

① 여과법   ② 체분별법
③ 와일드만 플라스크법   ④ 침강법

해설
이물질 검사
체분별법, 여과법, 와일드만 플라스크법(곤충 및 동물의 털과 같이 물에 잘 젖지 아니하는 가벼운 이물검출에 적용), 침강법 등을 이용

15 PVC(Poly Vinyl Chloride) 필름을 식품포장재로 사용했을 때 잔류할 수 있는 단위체로 특히 문제가 되는 발암성 유해물질은?

① Calcium Chloride
② AN(Acrylonitrile)
③ DEP(Diethyl Phthalate)
④ VCM(Vinyl Chloride Monomer)

해설
- 염화폴리비닐(PVC) : '비닐'이라는 이름으로 오래전부터 애용되어 오던 플라스틱으로, 투명하고 착색 및 가공하기 쉽고 잘 타지 않으며 값이 싸다.
- 사용 중 단량체(Monomer)가 유출되어 발암성을 나타낸다.

16 다음 식중독 중 일반적으로 치사율이 가장 높은 것은?

① 프로테우스 식중독
② 보툴리누스 식중독
③ 포도상구균 식중독
④ 살모넬라균 식중독

해설
보툴리눔 식중독
- 원인균 : *Clostridium botulinum*
- 독소 : 단백질성 Neurotoxin(신경 독소)으로 사망률이 50%로 높으나 열에 약하여 100℃에서 10분, 80℃에서 30분이면 파괴된다.
- 혐기성 미생물이기에 공기를 제거한 통·병조림의 살균이 불충분할 경우 발생할 수 있다.

17 *Clostridium botulinum*의 특성이 아닌 것은?

① 식중독 감염 시 현기증, 두통, 신경장애 등이 나타난다.
② 호기성의 그람 음성균이다.
③ A형 균은 채소, 과일 및 육류와 관계가 깊다.
④ 불충분하게 살균된 통조림 속에 번식하는 간균이다.

해설

보툴리늄 식중독
- 원인균 : *Clostridium botulinum*
- 그람 양성, 포자(곤봉 모양) 형성, 혐기성 간균, 토양·하천·호수·바다 흙·동물의 분변에 존재, A~G형 7종 중 A, B, E형이 사람에게 중독을 일으킨다. 잠복기는 보통 12~30시간이며 주 증상은 구토, 복통, 설사에 이어 신경증상을 보이며 호흡 마비 후 사망에 이른다.
- 원인식품은 육류 및 통조림, 어류 훈제 등

18 식품에 사용되는 보존료의 조건으로 부적합한 것은?

① 인체에 유해한 영향을 미치지 않을 것
② 적은 양으로 효과적일 것
③ 식품의 종류에 따라 작용이 가변적일 것
④ 체내에 축적되지 않을 것

해설

보존료의 조건
- 식품에 나쁜 영향을 주지 않으며 장기적으로 사용해도 해가 없어야 한다.
- 인체에 무해하고 독성이 없어야 한다.
- 사용이 간단하고 값이 싸며 미량 사용으로도 효과적이어야 한다.

19 핵분열 생성물질로서 반감기는 짧으나 비교적 양이 많아서 식품 오염에 문제가 될 수 있는 핵종은?

① ^{90}Sr
② ^{131}I
③ ^{137}Cs
④ ^{106}Ru

해설

방사능
- 방사능 반감기 : ^{90}Sr – 28.8년, ^{137}Cs – 30.17년, ^{131}I – 8일
- 핵분열 생성물의 일부가 직접 또는 간접적으로 농작물에 이행될 수 있다.
- 생성률이 비교적 크고, 반감기가 긴 ^{90}Sr과 ^{137}Cs이 식품에서 문제가 된다.
- 방사능 오염물질이 농작물에 축적되는 비율은 지역별 생육 토양의 성질에 영향을 받는다.
- ^{131}I는 반감기가 짧으나 비교적 양이 많아서 문제가 된다.

20 우유 살균 처리에서 한계온도의 기준이 되는 것은?

① 결핵균
② 티푸스균
③ 연쇄상구균
④ 디프테리아균

해설

저온살균법
우유의 저온살균은 결핵균을 대상으로 한다.

2과목 식품화학

21 관능검사의 사용 목적과 거리가 먼 것은?

① 신제품 개발
② 제품 배합비 결정 및 최적화
③ 품질 평가방법 개발
④ 제품의 화학적 성질 평가

해설

관능검사는 주로 신제품 개발, 제품의 품질개선, 제품 비합비 결정 및 최적화, 원가절감 및 공정개선, 품질관리, 품질수명 측정(유통기한 등), 소비자 선호도 검사, 시장 조사 및 판매, 품질 평가방법 개발, 관능검사 패널의 훈련 등에 이용한다.

22 단백질 분자 내에 티로신(Tyrosine)과 같은 페놀(Phenol) 잔기를 가진 아미노산의 존재에 의해서 일어나는 정색반응은?

① 밀롱(Millon)반응
② 뷰렛(Biuret)반응
③ 닌히드린(Ninhydrin)반응
④ 유황반응

해설

단백질의 화학반응
- 정성반응 : Millon(밀롱 반응)–Tyr(티로신), Xanthoprotein–Trp(트립토판), Sakaguchi–Arg(아르기닌)
- Ninhydrin 반응 : 아미노산의 α–아미노기와 닌히드린 시약이 결합하여 청자색의 결정체를 만들어 아미노산, 펩티드,

정답 18 ③ 19 ② 20 ① 21 ④ 22 ①

단백질의 정성반응에 이용(프롤린은 이미노산으로 노출된 α-아미노기가 없어 황색 결정체 형성)
- Biuret 반응 : Peptide 결합을 2개 이상 가진 단백질은 뷰렛 시약과 반응하여 청자색을 나타내므로 단백질이나 펩티드 정성에 이용된다. 아미노산은 반응하지 않는다.
- 단백질 정량 : Kjeldahl 시험에서 단백질을 황산으로 산분해 후 중화적정으로 단백질 중 질소량을 측정한다. 질소는 단백질 중 16%를 구성하므로 측정한 질소량에 질소계수 6.25($\frac{100}{16}$)를 곱하여 조단백질의 양을 구한다.

23 단맛이 큰 순서로 나열되어 있는 것은?

① 설탕 > 과당 > 맥아당 > 젖당
② 맥아당 > 젖당 > 설탕 > 과당
③ 과당 > 설탕 > 맥아당 > 젖당
④ 젖당 > 맥아당 > 과당 > 설탕

해설
과당(150) > 설탕(100) > 맥아당(50) > 젖당(20)

24 밀가루의 흡수력 및 점탄성을 조사하는 데 이용되는 것은?

① Extensogram
② Amylogram
③ Farinogram
④ Texturometer

해설
일반적인 밀가루 품질 시험
- 패리노그래프(Farinograph) : 점탄성, 흡수율 측정, 반죽의 경도 및 형성시간 측정
- 엑스텐소그래프(Extensograph) : 신장성, 인장항력 측정
- 텍스쳐 측정기(Texture Analyzer) : 물성 측정
- 아밀로그래프(Amylograph) : 호화도, 점도 측정, 강력분과 중력분 구별에 이용

25 비타민 M이라고도 불리며 결핍 시 거대 혈구성빈혈(Megaloblastic Anemia)을 초래하는 비타민은?

① 비오틴(Biotin)
② 엽산(Folic Acid)
③ 비타민 B_{12}
④ 비타민 C

해설
엽산(Folic Acid)
- 장내 미생물에 의해 합성되며 적혈구 형성의 역할을 한다.
- 비타민 M이라고도 불리며 결핍 시 거대 혈구성빈혈(Megaloblastic Anemia)을 초래한다.
- 피리미딘 전구체로부터 DNA와 아미노산의 합성에 관여한다.

26 아미노산인 트립토판을 전구체로 하여 만들어지는 수용성 비타민은?

① 비오틴(Biotin)
② 엽산(Folic acid)
③ 나이아신(Niacin)
④ 리보플라빈(Riboflavin)

해설
비타민 전구체
- β-carotene : 비타민 A
- Tryptophan : Niacin
- Ergosterol : 비타민 D_2

27 가공식품에 사용되는 소르비톨(Sorbitonl)의 기능이 아닌 것은?

① 저칼로리 감미료
② 계면활성제
③ 비타민 C 합성 시 전구물질
④ 착색제

해설
소르비톨
- 포도당이나 과당의 환원으로 생성
- 흡수가 늦어 열량이 낮으며 충치 예방에 이용되는 감미료
- 비타민 C 합성 시 전구물질
- 계면활성제

정답 23 ③ 24 ③ 25 ② 26 ③ 27 ④

28 튀김과 같이 유지를 고온에서 오랜 시간 가열하였을 때 나타나는 반응과 거리가 먼 것은?

① 비누화반응 ② 열분해반응
③ 산화반응 ④ 중합반응

해설
유지의 가열산화
- 고온에서 유지를 장시간 가열하면 가열분해로 생성된 물질들이 중합하여 점도, 비중, 굴절률이 증가하고 발연점이 낮아지게 된다.
- 산화반응에 의해 산가, 과산화물가, 카르보닐가 등이 증가하고 요오드가는 감소하게 된다.

29 다음 색소 중 배당체로 존재하는 것은?

① 안토시아닌(Anthocyanin)
② 클로로필(Chlorophyll)
③ 헤모글로빈(Hemoglobin)
④ 미오글로빈(Myoglobin)

해설
안토시아닌계 색소
- pH에 따라 산성-적색, 알칼리성-청색
- 수용성이며 한 개 또는 두 개의 단당류와 결합되어 있는 배당체이다.
- 금속이온에 의해 색이 변한다.

30 닌히드린 반응(Ninhydrin Reaction)이 이용되는 것은?

① 아미노산의 정성
② 지방질의 정성
③ 탄수화물의 정성
④ 비타민의 정성

해설
Ninhydrin 반응
아미노산의 α-아미노기와 닌히드린 시약이 결합하여 청자색의 결정체를 만들어 아미노산, 펩티드, 단백질의 정성반응에 이용(프롤린은 이미노산으로 노출된 α-아미노기가 없어 황색 결정체 형성)

31 면실 중에 존재하는 항산화 성분으로 강력한 항산화력이 인정되나 독성 때문에 사용되지 못하는 것은?

① 커큐민(Curcumin) ② 고시폴(Gossypol)
③ 구아이아콜(Guaiacol) ④ 레시틴(Lechitin)

해설
면실유(목화씨)-고시폴(항산화 성분, 독성 성분)

32 단당류에 부제탄소(Asymmetric Carbon)가 3개일 때 이론적으로 존재하는 입체 이성체(Stereoisomer)의 수는?

① 2개 ② 4개
③ 8개 ④ 16개

해설
입체 이성체 수=2^n (n=부제탄소수), 2^3=8

33 다음 식품 중 수분활성도(A_w)가 낮아 일반적으로 저장성이 가장 높은 것은?

① 비스킷 ② 소시지
③ 식빵 ④ 쌀

해설
- 식품의 수분활성도는 항상 1 미만
- 어패류나 수육과 같이 수분이 많은 식품의 A_w는 0.98~0.99, 곡물 등 수분이 적은 건조식품의 A_w는 0.60~0.64 정도
- 비스킷은 건조에 의한 수분 감소로 수분활성도가 낮아 저장성이 좋다.

34 겨자과 식물(겨자, 배추, 무, 양배추 등)의 대표적인 향기성분에 대한 설명 중 틀린 것은?

① 식물체 중의 향기성분의 전구물질이 있다.
② 조리과정 또는 조직이 파쇄될 때 전구물질이 효소작용을 받아 향기성분으로 전환된다.

정답 28 ① 29 ① 30 ① 31 ② 32 ③ 33 ① 34 ③

③ 대표적인 전구물질은 황화이알릴(Diallylsulfide)이다.
④ 이소티오시안산(Isothiocyanate)은 이들의 대표적인 향기성분들과 관계가 깊다.

해설
황화이알릴(Diallylsulfide)은 부추, 파의 향기와 매운맛 성분이다.

35 물은 알코올이나 에테롤 등에 비해 분자량이 매우 적은데도 이들에 비해 비점이 높은 특징이 있다. 이와 같은 이유는 물의 무슨 결합 때문인가?

① 공유결합　　② 이온결합
③ 수소결합　　④ 배위결합

해설
물은 수소결합을 하고 있어 비슷한 분자량을 가진 다른 물질들에 비해 융점과 비점이 높다.

36 쌀 1g을 취하여 질소를 정량한 결과, 전질소가 1.5%일 때 쌀 중의 조단백질 함량은?(단, 질소계수는 6.25로 가정한다.)

① 약 8.4%　　② 약 9.4%
③ 약 10.4%　　④ 약 11.4%

해설
조단백질 함량
단백질 중 질소 함량은 16%, $\frac{100}{16}=6.25$
∴ 질소 $1.5 \times 6.25 = 9.4$%

37 노화에 대한 설명으로 틀린 것은?

① 2~5℃에서는 물분자 간의 수소결합이 안정되어 노화가 잘 일어난다.
② 노화는 수분함량이 많으면 많을수록 잘 일어난다.
③ pH에 영향을 받아 강산성 상태에서는 노화가 촉진된다.
④ Amylopectin의 함량이 많을수록 노화가 억제된다.

해설
- 노화가 가장 잘 발생되는 온도는 0℃ 정도이며 60℃ 이상, 20℃ 이하에서는 노화가 발생되지 않는다(밥의 냉동저장).
- 30~60%의 함수량이 노화되기 쉬우며 30% 이하 60% 이상에서는 어렵다(비스킷, 건빵).

38 식품 원료 50g중 순수한 단백질 함량이 10g, 질소 함량이 1.7g일 때 이 식품의 질소계수는?

① 0.17　　② 0.34
③ 5.88　　④ 8.50

해설
$10 \div 1.7 = 5.88$

39 다음 관능검사 중 가장 주관적인 검사는?

① 차이검사　　② 묘사검사
③ 기호도검사　　④ 삼점검사

해설
소비자 기호도검사
- 가장 주관적 검사, 새로운 식품 개발이나 품질 개선에 이용, 이점기호검사, 기호 척도법, 순위 기호검사, 적합성 판정법
- 선호도검사 : 여러 개 중 좋아하는 것을 선택하고 좋아하는 순서 정하기
- 기호도검사 : 좋아하는 정도 측정(평점법 이용)

40 분산계가 유탁질로 되어 있는 식품은?

① 잼　　② 맥주
③ 버터　　④ 쇠기름

해설
콜로이드 식품

분산매	분산질	분산계	예
기체	액체	액체 에어로졸	안개, 연무, 헤어스프레이
	고체	고체 에어로졸	연기, 미세먼지
액체	기체	거품	맥주 거품, 생크림, 사이다, 콜라

정답 35 ③　36 ②　37 ②　38 ③　39 ③　40 ③

분산매	분산질	분산계	예
액체	액체	유탁액	우유, 마요네즈, 버터
	고체	Sol(졸)	된장국, 잉크, 혈액, 수프
고체	기체	고체 거품	냉동건조식품, 에어로겔, 스티로폼
	액체	Gel(겔)	버터, 초콜릿, 마가린, 젤라틴, 젤리
	고체	고체 Gel(겔)	유리, 루비

3과목 식품가공학

41 유지의 정제방법에 대한 설명으로 틀린 것은?

① 탈산은 중화에 의한다.
② 탈색은 가열 및 흡착에 의한다.
③ 탈납은 가열에 의한다.
④ 탈취는 감압하에서 가열한다.

[해설]
유지의 정제
불순물을 물리·화학적 방법으로 제거한다.
㉠ 탈검공정(Degumming Process)
  • 인지질 등 제거
  • 무수 상태에서 기름에 녹으므로 물이나 수증기를 넣어 수화시켜 분리
㉡ 탈산공정(Deaciding Process)
  • 유리지방산 등 제거
  • NaOH으로 유리지방산을 중화(비누화) 제거하는 알칼리 정제법 사용
㉢ 탈색공정(Decoloring Process)
  • Carotenoid, 엽록소 등 제거
  • 가열탈색법이나 활성백토를 이용하는 흡착탈색법 사용
㉣ 탈취공정(Deodoring Process)
  • 알데히드, 케톤, 탄화수소 등 냄새 제거
  • 활성탄 등 흡착제를 이용한 감압 탈취
㉤ 탈납공정(Winterization)
  • 샐러드유 제조 시 지방결정체 제거
  • 냉각시켜 발생되는 고체 결정체를 제거하는 탈납(Dewax-ing) 이용

42 감귤로 과실음료를 제조할 때, 통조림 후 용액의 혼탁을 유발하는 것과 가장 관계가 깊은 물질은?

① Hesperidin, Pectin
② Vitamin A, Vitamin C
③ Tannin, Phenol
④ Yeast, Amino acid

[해설]
• 감귤 병조림의 백탁 원인은 헤스페리딘(Hesperidin) 때문이다.
• 과일주스 제조 시에 혼탁의 원인은 세포와 세포 사이의 결착 작용을 하는 Pectin 때문이다

43 과실주스 중의 부유물 침전을 촉진시키기 위해 사용되는 것은?

① 카제인(Casein)
② 펙틴(Pectin)
③ 글루콘산(Gluconic Acid)
④ 셀룰라아제(Cellulase)

[해설]
과실주스 청징
• 난백, 카제인, 젤라틴, 탄닌, 규조토 이용
• Pectinase, Polygalacturonase 등 효소 이용

44 콩나물 성장에 따른 화학적 성분의 변화에 대한 설명으로 틀린 것은?

① 비타민 C 함량의 증가
② 가용성 질소화합물의 감소
③ 지방 함량의 감소
④ 섬유소 함량의 감소

[해설]
콩나물
• 계절에 관계없이 생산, 재배법이 간단, 비타민류가 많아 겨울철 영양상 좋은 식품
• 원료콩에 거의 없는 비타민 C가 발아 시 생성
• 성장하면서 가용성 질소화합물과 지방 함량 감소
• 숙취해소 효과가 있는 아스파라긴산 다량 함유

정답 41 ③ 42 ① 43 ① 44 ④

45 식육가공에서 훈연 침투속도에 영향을 미치지 않는 것은?

① 훈연 농도
② 훈연재의 색상
③ 훈연실의 공기속도
④ 훈연실의 상대습도

[해설]
식육가공에서 훈연 침투속도에 영향을 미치는 것은 훈연재의 종류, 훈연온도, 훈연농도, 훈연실의 공기속도, 훈연실의 상대습도 등이다.

46 식품에 함유된 어떤 세균의 내열성(D값)이 40초이다. 균의 농도를 10^4에서 10까지 감소시키는 데 소요되는 총살균시간(TDT)은 얼마인가?

① 120초
② 240초
③ 300초
④ 400초

[해설]
상업적 살균
- D(Decimal Reduction Time)값 : 사멸곡선에서 가열 전 미생물 수의 10%로 감소시키는 데 필요한 시간, 온도 지정이 없을 시 121℃, 온도 증가 시 D값 감소
- Z값 : TDT 곡선에서 D값이 10배로 증가하는 데 필요한 온도차이, 10배의 살균속도를 위한 온도 상승폭
- F값 : 일정 온도에서 일정 농도 미생물을 완전 사멸시키는 데 필요한 시간
- $D_{121.1}=40$: 121.1℃에서 가열하여 미생물 수를 $\frac{1}{10}$로 감소시키는 데 필요한 시간이 40초
- 10^4에서 10까지 감소시키는 데 소요되는 총살균시간(TDT)은 $40 \times 3 = 120$초

47 치즈에 대한 설명으로 옳은 것은?

① 치즈는 우유의 지방을 응고시켜 제조한다.
② 치즈는 우유의 단백질을 레닛(Rennet) 또는 젖산균으로 응고시켜 얻은 커드(Curd)를 이용한다.
③ 커드를 모은 후에 맛과 풍미를 좋게 하기 위하여 식염을 커드량의 5~7% 첨가한다.
④ 치즈 숙성 시의 피막제는 호화전분을 사용한다.

[해설]
치즈제조
- 자연치즈는 원유 또는 유가공품에 유산균, 단백질 응유효소인 레닛(Rennet), 유기산 등을 가하여 우유의 단백질을 응고시킨 후 유청을 제거하여 얻은 커드(Curd)를 이용한다.
- 치즈 제조 시 온도를 높이면 유청의 배출이 빨라지며 젖산 발효가 촉진되고 커드가 수축되어 탄력성 있는 입자를 형성한다.
- 가염은 풍미 향상, 이상 발효 방지, 유청을 완전히 제거하여 수축, 경화를 목적으로 커드를 2시간 발효시킨 후 20분간 교반하여 표면이 건조되면 식염을 2~3% 가하여 충분히 혼합한다.
- 생치즈(Green Cheese)는 고무와 같이 단단하고 풍미가 없으므로 Cheese의 종류에 인공적으로 적당한 미생물을 첨가하거나 곰팡이를 분무 또는 푸른곰팡이를 심는다.

48 10%의 고형분을 함유한 포도주스 1kg을 감압농축시켜 고형분 50%로 농축할 경우 제거해야 할 수분의 양은?

① 0.2kg
② 0.4kg
③ 0.6kg
④ 0.8kg

[해설]
수분 함량
- 습량기준 수분 함량이 90%일 때 수분의 무게를 x라고 하면
  $\frac{x}{1,000} \times 100 = 90$, $x = 900$
- 건조 후 제품무게
  $1,000 \times 0.1 = y \times 0.5$, $y = 200$
- 건조 후 수분무게
  $200 \times 0.5 = 100$
- ∴ 증발해야 하는 수분량
  $900 - 100 = 800 = 0.8$kg

49 신선한 달걀의 판정과 관계가 먼 것은?

① 난각의 상태
② 달걀의 비중
③ 기실의 크기
④ 난황의 색깔

[해설]
㉠ 신선란 : 산란 직후에 채집한 신선한 달걀로 신선란의 신선도 검사에는 난황계수측정법, 난백계수측정법, 투시검사법, 난황편심도, 비중선별법, 난각의 두께, 설감법 등이 있다.

ⓒ 신선란의 기준
- 난황계수가 0.3~0.4 이상인 것
- 11% 식염수에 가라앉는 것
- 기실의 크기가 작은 것
- 난각이 거친 것

50 제빵 공정에서 처음에 밀가루를 체로 치는 가장 주된 이유는?

① 불순물을 제거하기 위하여
② 해충을 제거하기 위하여
③ 산소를 풍부하게 함유시키기 위하여
④ 가스를 제거하기 위하여

[해설]
제빵 공정에서 처음에 밀가루를 체로 치는 것은 산소를 풍부하게 함유시키기 위해서이다.

51 맥주를 제조할 때 이용하는 보리의 조건으로 바람직하지 않은 것은?

① 전분이 많은 것
② 수분이 13% 이하인 것
③ 껍질이 얇은 것
④ 단백질이 많은 것

[해설]
맥주를 제조할 때 이용하는 보리의 조건
- 당화효소, 단백질 분해효소 등을 활성화, 특유의 향미와 색소 생성, 저장성 부여
- 단맥아 이용: 길이가 보리보다 짧고, 고온에서 발아, Amylase 활성이 약하고 전분이 많아 맥주제조에 이용
- 전분이 많고 단백질이 적으며 수분은 13% 이하로 껍질이 얇은 것을 이용

52 마요네즈 제조에 있어 난황의 주된 작용은?

① 응고제 작용
② 유화제 작용
③ 기포제 작용
④ 팽창제 작용

[해설]
계란의 난황은 마요네즈 제조 시 유화제로 작용한다.

53 쌀의 저장 형태 중 저장성이 가장 큰 것은?

① 5분도미
② 백미
③ 벼
④ 현미

[해설]
- 쌀의 저장 시 저장성이 가장 좋은 것은 벼나 일반적으로 부피를 줄이기 위해 왕겨층을 제거한 현미로 보관한다.
- 5분도미는 호분층의 50%를 제거한 것으로 현미의 96%에 해당한다.
- 백미는 호분층인 8%를 모두 제거한 92%의 정백미를 말한다.

54 햄이나 베이컨을 만들 때 염지액 처리 시 첨가되는 질산염과 아질산염의 기능으로 가장 적합한 것은?

① 수율 증진
② 멸균작용
③ 독특한 향기의 생성
④ 고기색의 고정

[해설]
가공육의 색 고정화
햄, 베이컨과 같이 발색제인 아질산염을 처리하면 안정한 형태의 Nitrosomyoglobin을 형성하여 가열조리 시 선홍색을 유지하는 것을 말한다.

55 원료크림의 지방량이 80kg이고 생산된 버터의 양이 100kg이라면, 버터의 증량률(Overrun)은?

① 5%
② 15%
③ 25%
④ 80%

[해설]
$\frac{20}{80} \times 100 = 25\%$

정답 50 ③ 51 ④ 52 ② 53 ③ 54 ④ 55 ③

56 분유 제조 시 건조방법으로 적합한 것은?

① 자연건조 ② 열풍건조
③ 분무건조 ④ 피막건조

해설

분무건조기
- 열에 약한 제품에 이용, 분유, 주스분말, 커피, 차, 계란분 등
- 액상 식품을 열풍에 분무하여 건조
- 대부분 건조가 항률건조

57 콩 단백질의 주성분이며 두부 제조 시 묽은 염류 용액에 의해 응고되는 성질을 이용하는 물질은?

① 알부민(Albumin)
② 글리시닌(Glycinin)
③ 제인(Zein)
④ 락토글로불린(Lactoglobulin)

해설

콩의 주단백질은 글리시닌이다.

58 냉동 식품용 포장지의 일반적인 특성이 아닌 것은?

① 방습성이 있을 것
② 가스 투과성이 낮을 것
③ 수축 포장 시 가열 수축성이 없을 것
④ 저온에서 경화되지 않을 것

해설

냉동 식품용 포장지 특성
- 방습성이 있을 것
- 가스 투과성이 낮을 것
- 수축 포장 시 냉동 수축성이 없을 것
- 저온에서 경화되지 않을 것

59 식물성 유지가 동물성 유지보다 산패가 덜 일어나는 이유로 적합한 것은?

① 천연항산화제가 들어 있기 때문에
② 발연점이 낮기 때문에
③ 시너지스트(Synergist)가 없기 때문에
④ 열에 안정하기 때문에

해설

식물성 유지가 동물성 유지보다 산패가 덜 일어나는 이유는 불포화 지방산이 많음에도 불구하고 천연항산화제가 들어 있기 때문이다.

60 식품을 가열하는 데 50J의 에너지가 요구되었다면, 이를 칼로리로 환산하면 약 얼마인가?

① 210cal ② 12cal
③ 210kcal ④ 12kcal

해설

$1J = 0.2388cal$이므로 $50 \times 0.2388 = 11.94 ≒ 12cal$

4과목 식품미생물학

61 아황산 펄프폐액을 사용한 효모생산을 위하여 개발된 발효조는?

① Waldhof형 배양장치
② Vortex형 배양장치
③ Air Lift형 배양장치
④ Plate Tower형 배양장치

해설

효모 단백질 생산(아황산 펄프폐액 원료)
- 생산균 : *Candida utilis, Can. major, Can. tropicalis*
- 질소원은 암모니아, 요소 이용, Waldhof형 발효조 배양
- 분리 : 원심분리기 분리 후 회전건조기, 분무건조기 건조

62 대표적인 곰팡이독소로서 *Aspergillus flavus* 가 생성하는 곰팡이독은?

① 맥각독   ② 아플라톡신
③ 오크라톡신   ④ 파튤린

해설
아플라톡신을 만드는 곰팡이는 *Aspergillus flavus* 이다.

63 곰팡이의 분류에 대한 설명으로 틀린 것은?

① 진균류는 조상균류와 순정균류로 분류된다.
② 순정균류는 자낭균류, 담자균류, 불완전균류로 구분된다.
③ 균사에 격막(격벽, Septa)이 없는 것을 순정균류, 격막을 가진 것을 조상균류라 한다.
④ 조상균류는 호상균류, 접합균류, 난균류로 분류된다.

해설
곰팡이(진균류)
㉠ 균사(Hyphae)로 영양섭취와 발육을 담당
㉡ 진균류는 조상균류와 순정균류로 분류
　• 조상균류(격막 없음) : 접합균류, 난균류, 호상균류
　• 순정균류(격막 있음) : 자낭균류, 담자균류, 불완전균류
㉢ 무성포자 : 내생포자, 외생포자, 후막포자, 분열자
㉣ 유성포자 : 접합포자, 난포자, 자낭포자, 담자포자
※ 포자가 착생하는 자실체가 육안으로 볼 수 있을 정도로 크게 발달한 대형 자실체를 형성하는 것을 버섯이라 하며, 담자균류와 자낭균류에 속하지만 대부분 담자균류이다.

64 간장의 제조공정에 사용되는 균주는?

① *Aspergillus tamari*   ② *Aspergillus sojae*
③ *Aspergillus flavus*   ④ *Aspergillus glaucus*

해설
제국 균주
• *Aspergillus sojae* : 간장, 개량식 메주, 발효사료 제조
• *Aspergillus awamori*, *Aspergillus usami* : 일본 소주 제조
• *Aspergillus kawachii* : 약주, 탁주 제조
• *Aspergillus oryzae*(황국균) : 전분 당화력(α-Amylase), 단백질 분해력이 강해 청주, 된장, 간장 제조에 이용, 개량 메주 제조 시 인공 접종하여 이용

65 종초를 선택하는 일반적인 조건이 아닌 것은?

① 초산 이외의 유기산류나 향기성분인 Ester류를 생성한다.
② 초산을 다시 산화(과산화) 분해하여야 한다.
③ 알코올에 대한 내성이 강해야 한다.
④ 초산 생성속도가 빨라야 한다.

해설
종초를 선택하는 일반적인 조건
㉠ 알코올을 산화하여 초산 생성, G(-), 호기성, 간균, 운동성 있는 것 또는 없는 것
㉡ 주요 균 : *Acetobacter* 속, *Gluconobacter* 속
　• *Acetobacter aceti*(식초제조)
　• *Gluconobacter roseus*(글루콘산, 피막형성)
㉢ 알코올에 대한 내성이 클 것
㉣ 산생성력이 크고, 산을 산화시키지 않을 것
㉤ 초산 이외의 유기산류나 방향성 Ester류를 생성할 것

66 여러 가지 선택배지를 이용하여 미생물 검사를 하였더니 다음과 같은 결과가 나왔다. 다음 중 검출 양성이 예상되는 미생물은?

• EMB(Eosin Methylene Blue) Agar 배지 : 진자주색 집락
• XLD(Xylose Lysine Desoxycholate) Agar 배지 : 금속성 녹색 집락
• MSA(Mannitol Salt Agar) 배지 : 황색 불투명 집락
• TCBS(Thiosulfate Citrate Bile salt Sucrose) Agar 배지 : 분홍색 불투명 집락

① 장염비브리오균   ② 살모넬라균
③ 대장균   ④ 황색포도상구균

해설
황색포도상구균
• 그람 양성, 포도상알균, 피부상재균, 포자비형성균, A~E 5가지형
• Coagulase 양성, Mannitol 분해
• 균은 열에 약하나 내열성 독소인 Enterotoxin 생성(120℃, 20분에도 파괴되지 않음)
• 증균배양 : TSB 배지를 35~37℃에서 18~24시간 배양

- 분리배양 : 만니톨 한천배지 또는 Baird-parker 한천배지를 35~37℃에서 18~24시간 배양, 황색 불투명 집락 또는 투명한 띠로 둘러싸인 광택 있는 검은색 집락(배지 중에 있는 단백질이 가수분해)
- 확인시험 : 보통 한천배지를 35~37℃에서 18~24시간 배양 후 그람염색, Coagulase 시험 실시
- EMB Agar 배지 – 진자주색 집락, XLD Agar 배지 – 금속성 녹색 집락, MSA 배지 – 황색 불투명 집락, TCBS Agar 배지 – 분홍색 불투명 집락

67 맥주 제조에 사용되는 효모는?

① *Saccharomyces fragilis*
② *Saccharomyces peka*
③ *Saccharomyces cerevisiae*
④ *Zygosaccharomyces rouxii*

해설

발효에 이용하는 효모
- *Saccharomyces cerevisiae* : 맥주의 상면발효 효모
- *Saccharomyces coreanus* : 막걸리 효모
- *Zygosaccharomyces rouxii* : 된장의 주 효모
- *Saccharomyces carlsbergensis* : 맥주의 하면발효 효모

68 미생물이 탄소원으로 가장 많이 이용하는 당질은?

① 포도당(Glucose)
② 자일로오스(Xylose)
③ 유당(Lactose)
④ 라피노오스(Raffinose)

해설

대부분의 생물에서 가장 이용도가 높은 포도당이 미생물에서도 탄소원으로 이용된다.

69 글루코오스(Glucose)에 젖산균을 배양하여 발효할 때 Homo 젖산발효에 해당하는 것은?

① $C_6H_{12}O_6 \rightarrow 2CH_3CHOH \cdot COOH$
② $C_6H_{12}O_6 \rightarrow CH_3CHOH \cdot COOH + CH_2OH + CO_2$
③ $C_6H_{12}O_6 \rightarrow CH_3CHOH \cdot COOH + 2CO_2$
④ $C_6H_{12}O_6 + O_2 \rightarrow CH_3CHOH \cdot COOH + 2CO_2 + H_2O$

해설

정상(Homo형) 젖산발효 젖산균 : EMP 경로
$C_6H_{12}O_6 \rightarrow 2CH_3CHOH \cdot COOH$
Glucose   Latic Acid

70 *Botrytis* 속에 대한 설명 중 옳은 것은?

① 배에 번식하면 단맛이 감소한다.
② 사과에 번식하면 신맛이 감소하여 품질이 감소한다.
③ 포도에 번식하면 신맛이 감소하고 단맛이 상승한다.
④ 채소류에 번식하면 과성숙을 일으킨다.

해설

Botrytis 잿빛곰팡이균
- *Botrytis*는 고대 그리스어에서 포도를 의미하는 Botrys에서 유래
- 식물에 침입하여 수많은 포자가 밀상하여 잿빛으로 보이기 때문에 잿빛곰팡이균으로 명명
- 잿빛곰팡이균은 우리가 흔히 딸기나 포도에 저장 시에 흔히 볼 수 있는 곰팡이
- 포도에 번식하면 신맛이 감소하고 단맛이 상승, 인체에 무해

71 세포 내 지방 저장력이 가장 높은 유지효모는?

① *Candida albicans*
② *Candida utilis*
③ *Rhodotorula glutinis*
④ *Saccharomyces cerevisiae*

해설

- *Rhodotorula* 속 : 유지 생산균이다.
- *Candida* 속 : 탄화수소를 자화시키는 효모가 많다.

72 공업적으로 Lipase를 생산하는 미생물이 아닌 것은?

① *Aspergillus niger*
② *Rhizopus delemar*

정답 67 ③ 68 ① 69 ① 70 ③ 71 ③ 72 ④

③ *Candida cylindrica*
④ *Aspergillus oryzae*

> **해설**

미생물 생산 효소
- Amylase : *Asp. oryzae, B. subtilis, B. stearothermophilus* 등
- Glucoamyloase : *Rhizopus delemar*
- Protease : *Asp. oryzae, Asp. saitoi, B. subtilis, Str. griseus*
- Lipase : *Candida cylindrica, Candida paralipolytica, Aspergillus niger, Rhizopus delemar*
- Pectinase : *Asp. niger, Pen. sclerotinia, Coniothyrium diplodiella*

73 포도당의 Homo 젖산발효는 어떤 대사경로를 거치는가?

① HMP 경로　　② TCA 회로
③ EMP 경로　　④ Krebs 속

> **해설**

문제 69번 해설 참조

74 청주, 간장, 된장의 제조에 사용되는 Koji 곰팡이의 대표적인 균종으로 황국균이라고 하는 곰팡이는?

① *Aspergillus oryzae*　　② *Aspergillus niger*
③ *Aspergillus flavus*　　④ *Aspergillus fumigatus*

> **해설**

***Aspergillus oryzae*(황국균)**
전분 당화력(α-Amylase), 단백질 분해력이 강해 청주, 된장, 간장 제조에 이용

75 살아 있지만 배양이 안 되는 세균을 의미하며, 우호적인 좋은 환경에서 증식되어 식중독을 야기할 수 있는 세균은?

① TPC　　② Injured Cell
③ Aerobic Count　　④ VBNC

> **해설**

Viable But Nonculturable(VBNC)
살아 있지만 배양이 안 되는 세균을 의미하며, 우호적인 좋은 환경에서 증식되어 식중독을 야기할 수 있는 세균

76 청주에서 품질이 저하되게 하는 화락현상을 유발하는 균은?

① *Lactobacillus homohiochii*
② *Leuconostoc mesentroides*
③ *Saccharomyces cerevisiae*
④ *Aspergillus sake*

> **해설**

화락균(Hiochi Bacteria)
알코올 농도 15% 이상의 청주에 증식하여 혼탁한 화락을 일으키는 유산균(*Lactobacillus homohiochii*)

77 주정 제조 시 당화과정이 생략될 수 있는 원료는?

① 당밀　　② 고구마
③ 옥수수　　④ 보리

> **해설**

당밀(糖蜜)
사탕무나 사탕수수에서 사탕을 뽑아내고 남은 검은빛의 즙액으로 당화과정 없이 주정 발효에 이용한다.

78 미생물의 생육곡선에서 세포 내의 RNA는 증가하나 DNA가 일정한 시기는?

① 유도기　　② 대수기
③ 정상기　　④ 사멸기

> **해설**

유도기(Lag Phase, Induction Period)
- 미생물이 증식을 준비하는 시기
- 효소 · RNA는 증가, DNA는 일정
- 초기 접종균수를 증가하거나 대수 증식기균을 접종하면 기간 단축

정답　73 ③　74 ①　75 ④　76 ①　77 ①　78 ①

79 Eumycetes(진균류)가 아닌 것은?

① 세균 ② 버섯
③ 효모 ④ 곰팡이

해설
진균류
진핵세포의 균류에 속하며 효모, 곰팡이, 버섯 등이 속한다.
※ 세균은 원핵세포이다.

80 일반적으로 위균사(*Pseudomycelium*)를 형성하는 효모는?

① *Saccharomyces* 속
② *Candida* 속
③ *Hanseniaspora* 속
④ *Trigonopsis* 속

해설
산막효모(피막효모, Film Yeast)
- *Candida, Hansenula, Debaryomyces, Pichia*
- 이산화탄소를 생산하지 않는다.
- 발효 액면에 피막을 형성하는 유해 산막효모
- 구형, 모자형, 방추형, 위균사나 진균사를 형성한다.
- 난형(Cerevisiae Type) : *Saccharomyces* 속
- 삼각형(Trigonopsis Type) : *Trigonopsis* 속

5과목 식품제조공정

81 원심분리를 이용하여 액체와 고체를 분리하려고 할 때 고체의 농도가 높을 경우 사용하는 원심분리기로 적합한 것은?

① 디슬러지 원심분리기(Desludge Centrifuge)
② 관형 원심분리기(Tubular Centrifuge)
③ 원통형 원심분리기(Cylindrical Centrifuge)
④ 노즐 배출형 원심분리기(Nozzle Discharge Centrifuge)

해설
원심분리
- 밀도차가 비슷한 2가지 이상의 물질을 원심력을 이용하여 분리할 때 사용되는 공정
- 디슬러지 원심분리기(Desludge Centrifuge) : 원심분리를 이용하여 액체와 고체를 분리하려고 할 때 고체의 농도가 높을 경우 사용
- 관형 원심분리기 : 주로 액체와 액체를 분리할 때 사용
- 디스크형 원심분리기(Disc-bowl Centrifuge) : 우유의 크림 분리, 유지 정제 시 비누 물질 제거, 과일주스의 청징 및 효소의 분리 등에 널리 이용

82 마쇄 전 분유에서 전분을 분리하기 위해 수십 장의 분리판을 가진 회전체로서 원심력을 이용하여 고형물을 분리하는 원심분리기로 옳은 것은?

① 노즐형 원심분리기 ② 데칸트형 원심분리기
③ 가스 원심분리기 ④ 원통형 원심분리기

해설
노즐형 원심분리기
마쇄 전 분유에서 전분을 분리하기 위해 수십 장의 분리판을 가진 회전체로서 원심력을 이용하여 고형물을 분리

83 와이어 메시체 또는 다공판과 이를 지지하는 구조물로 되어 있으며, 진동운동은 기계적 또는 전자기적 장치로 이루어지는 설비로, 미분쇄된 곡류의 분말 등을 사별하는 데 사용되는 설비는?

① 바 스크린(Bar Screen)
② 진동체(Vibration Screen)
③ 릴(Reels)
④ 사이클론(Cyclone)

해설
진동체
와이어 메시체 또는 다공판과 이를 지지하는 구조물로 되어 있으며, 진동운동은 기계적 또는 전자기적 장치로 이루어지는 설비로, 미분쇄된 곡류의 분말 등을 사별하는 데 사용한다.

정답 79 ① 80 ② 81 ① 82 ① 83 ②

84 타원형의 용기에 물을 반쯤 채우고 임펠러를 회전시켜 일정 위치에서 기체가 압축 이송되는 장치는?

① 로터리 블로어
② 압축기
③ 매시 펌프
④ 팬

해설
매시 펌프
타원형의 용기에 물을 반쯤 채우고 임펠러를 회전시켜 일정 위치에서 기체가 압축 이송 장치
※ 로터리 블로어(루츠 블로어) : 기폭장치

85 우유로부터 크림을 분리하는 공정에서 많이 적용되고 있는 원심분리기는?

① 노즐 배출형 원심분리기(Nozzle Discharge Centrifuge)
② 원판 원심분리기(Disc Bowl Centrifuge)
③ 디캔터형 원심분리기(Decanter Centrifuge)
④ 가압 여과기(Filter Centrifuge)

해설
디스크형 원심분리기(Disc-bowl Centrifuge)
우유의 크림 분리, 유지 정제 시 비누 물질 제거, 과일주스의 청징 및 효소의 분리 등에 널리 이용

86 착즙된 오렌지주스는 15%의 당분을 포함하고 있는데 농축공정을 거치면서 당 함량이 60%인 농축 오렌지주스가 되어 저장된다. 당 함량이 45%인 오렌지주스 제품 100kg을 만들려면 착즙 오렌지주스와 농축 오렌지주스를 어떤 비율로 혼합해야 하는가?

① 1 : 2
② 1 : 2.8
③ 1 : 3
④ 1 : 4

해설
농도 변경

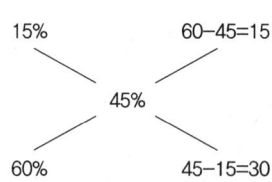

15% 착즙 오렌지주스 : 60% 농축 오렌지주스=15 : 30=1 : 2

87 식품의 살균온도를 결정하는 가장 중요한 인자는?

① 식품의 비타민 함량
② 식품의 pH
③ 식품의 당도
④ 식품의 수분함량

해설
산성일수록 내열성이 작아져 pH 4 이하에서는 100℃ 이하에서 멸균된다.

88 살균 후 위생상 문제가 되는 미생물이 생존할 수 없는 수준으로 살균하는 방법을 의미하는 용어는?

① 저온살균법
② 포장살균법
③ 상업적 살균법
④ 열탕살균법

해설
상업적 살균
• 완전멸균에 따른 식품 영양가 파손을 방지하고자 필요한 미생물만 사멸시키는 멸균으로 주로 *Clostridium botulinum*의 포자수를 $1/10^{12}$ 이하로 감소시키는 것
• 병조림, 통조림, 레토르트 식품 멸균은 중심온도 120℃, 4분 처리

89 식품별 조사처리기준에 의한 허용대상 식품별 흡수선량에서 ( ) 안에 알맞은 것은?

품목	조사 목적	선량(kGy)
감자 양파 마늘	발아 억제	( ) 이하

정답 84 ③ 85 ② 86 ① 87 ② 88 ③ 89 ①

① 0.15 이하　　② 0.25 이하
③ 1 이하　　　④ 7 이하

해설
감자, 마늘, 양파의 발아 억제를 위한 흡수선량은 0.15 이하이다.

90 쌀 도정공장에서 도정이 끝난 백미와 쌀겨를 분리 정선하고자 할 때 가장 효과적인 정선법은?

① 자석식 정선법　　② 기류 정선법
③ 체정선법　　　　④ 디스크 정선법

해설
쌀 도정공장에서 도정이 끝난 백미와 쌀겨를 분리 정선하려면 밀도 차이에 의한 기류 정선법이 가장 효과적이다.

91 우유 단백질 중 혈액에서부터 이행된 단백질은?

① 카제인(Casein)
② 이뮤노글로불린(Immunoglobulin)
③ 락토글로불린(Lactoglobulin)
④ 락토알부민(Lactoalbumin)

해설
우유의 초유에 함유된 면역글로불린은 혈액에서 유래되었으며 여러 항체 작용을 한다.

92 곡류와 같은 고체를 분쇄하고자 할 때 사용하는 힘이 아닌 것은?

① 충격력(Impact Force)
② 유화력(Emulsion Force)
③ 압축력(Compression Force)
④ 전단력(Shear Force)

해설
분쇄
• 고체 원료를 충격력, 압축력, 전단력을 이용해 작게 만드는 공정
• 유효 성분의 추출효율 증대
• 건조, 추출, 용해력 향상
• 혼합능력과 가공효율 증대
• 원료의 경도와 마모성, 열에 대한 안정성, 원료의 구조, 수분 함량 등을 고려하여 분쇄기 선정

93 달걀 흰자의 단백질 성분이 아닌 것은?

① 오브알부민(Ovalbumin)
② 콘알부민(Conalbumin)
③ 오보뮤코이드(Ovomucoid)
④ 리포비텔린(Lipovitellin)

해설
리포비텔린(Lipovitellin)은 척추동물의 난황에 포함되어 있는 리포 단백질이다.

94 통조림의 제조공정 중 탈기의 목적이 아닌 것은?

① 관 내면의 부식 억제
② 혐기성 미생물의 발육 억제
③ 변패 관의 식별 용이
④ 내용물의 산화 방지

해설
탈기의 목적
• 가열살균 시 공기팽창에 의한 제품파손 방지
• 비타민 C 손실 감소
• 호기성 세균의 발육 억제
• 이미, 이취의 발생 감소 및 색소파괴 감소

95 분무식 살균장치에서 유리 용기의 열충격으로 인한 파손을 줄이기 위해 실시하는 조작 순서로 옳은 것은?

① 예열 → 살균 → 예냉 → 냉각 → 세척
② 예냉 → 냉각 → 예열 → 살균 → 세척
③ 세척 → 예열 → 살균 → 예냉 → 냉각
④ 냉각 → 세척 → 예열 → 살균 → 예냉

해설
분무식 살균장치에서 유리 용기의 열충격으로 인한 파손을 줄이기 위해 실시하는 조직 순서는 예열 → 살균 → 예냉 → 냉각 → 세척

96 다음 중 침강분리의 원리와 거리가 먼 것은?

① 중력 ② 부력
③ 항력 ④ 장력

해설
침강분리의 원리는 비중에 따른 중력과 부력 그리고 항력에 의해 이루어진다.

97 균체 단백질 생산 미생물의 구비조건이 아닌 것은?

① 팬(Fan)
② 블로어(Blower)
③ 파이프(Pipe)
④ 컴프레서(Compressor)

해설
균체 단백질 생산을 위해서 기폭제인 블로어와 회전하기 위한 임펠러 팬, 압축기(Compressor)와 펌프가 필요하다.

98 다음 중 나열된 건조기와 적용 가능한 해당 식품 또는 용도가 잘못 연결된 것은?

① 빈건조기(Bin Dryer) – 마감건조
② 분무건조기(Spray Dryer) – 과일주스
③ 기송식 건조기(Pneumatic Dryer) – 두유
④ 유동층 건조기(Fluidized Bed Dryer) – 설탕

해설
기송식 건조기
높은 속도의 열풍 속에 시료를 투입하여 시료를 열풍기류와 함께 이동시키면서 건조하는 방식으로, 곡류, 전분, 분유의 건조에 이용

99 바닷물에서 소금 성분 등은 남기고 물 성분만 통과시키는 막분리 여과법은?

① 한외여과법 ② 역삼투압법
③ 투석   ④ 정밀여과법

해설
막여과의 종류
• 정밀여과 : 세균이나 색소 제거에 이용, 바이러스나 단백질은 통과
• 한외여과 : 바이러스나 단백질 같은 고분자 물질 제거, 당과 같은 저분자 물질 통과
• 역삼투 : 반투막을 이용하여 물 같은 용매에서 당이나 염 같은 용질 분리, 아세트산 셀룰로오스, 폴리설폰 등 이용, 바닷물에서 소금 성분 등은 남기고 물 성분만 통과시키는 담수화
• 투석법 : 염이나 당 같은 저분자는 통과하지만 단백질 같은 고분자는 통과하지 못하는 반투막을 이용 분리

100 어떤 식품을 110℃에서 가열살균하여 미생물을 모두 사멸시키는 데 걸린 시간이 8분이었다. 이를 바르게 표기한 것은?

① $D_{110℃} = 8분$ ② $Z = 8분$
③ $F_{110℃} = 8분$ ④ $F_{8min} = 110℃$

해설
• D(Decimal Reduction Time)값 : 사멸곡선에서 가열 전 미생물 수의 10%로 감소시키는 데 필요한 시간, 온도 지정이 없을 시는 121℃, 온도 증가 시 D값 감소
• Z값 : TDT 곡선에서 D값이 10배로 증가하는 데 필요한 온도차이, 10배의 살균속도를 위한 온도 상승폭
• F값 : 일정온도에서 일정 농도 미생물을 완전 사멸시키는 데 필요한 시간, $F_{110℃} = 8분$

정답 96 ④ 97 ③ 98 ③ 99 ② 100 ③

2020년 4회 식품기사

1과목 식품위생학

01 다음 중 채소류를 매개로 하여 감염될 수 있는 가능성이 가장 낮은 기생충은?

① 동양모양선충 ② 구충
③ 선모충 ④ 편충

해설

기생충
- 선충류 : 선 모양, 회충, 십이지장충(구충), 요충, 동양모선충, 편충, 아니사키스 등
- 엽충류 : 잎사귀 모양, 간흡충, 폐흡충, 요코가와흡충 등
- 조충류 : 마디로 이루어진 촌충, 광절열두조충, 유구조충, 무구조충 등
- 채소 매개 기생충 : 회충, 십이지장충, 요충, 동양모선충, 편충
- 수육 매개 기생충 : 유구조충, 무구조충, 선모충, 톡소플라스마
- 어패류 매개 기생충 : 간흡충, 폐흡충, 요코가와흡충, 광절열두조충, 아니사키스

02 식품의 원재료에는 존재하지 않으나 가공처리공정 중 유입 또는 생성되는 유해인자와 거리가 먼 것은?

① 트리코테신(Trichothecene)
② 다핵방향족 탄화수소(PAHs : Polynuclear Aromatic Hydrocarbons)
③ 아크릴아마이드(Acrylamide)
④ 모노클로로프로판디올(MCPD : Monochloropropandiol)

해설

식품 가공처리 중 유해인자
- 아크릴아마이드 : 아미노산과 당이 120℃ 열에 의해 결합하는 마이야르 반응을 통하여 생성되는 물질로, 조리·가공 중 자연적으로 생성되는 발암물질
- PAH(다환방향족탄화수소, 3,4-벤조피렌류) : 육류의 가열분해로 생성되며 강력한 발암성 물질
- 모노클로로프로판디올(MCPD : Monochloropropandiol) : 화학간장 제조 시 발생되는 발암성 물질
- 트리코테신(Trichothecene) : *Fusarium*, *Myrothecium* 등의 곰팡이들이 만드는 일군의 곰팡이독

03 미량으로 발암이나 만성중독을 유발시키는 화학물질 중 상수원 물의 오염이 문제가 되는 것은?

① 아질산염(N-nitrosamine)
② 메틸알코올(Methyl Alcohol)
③ 트리할로메탄(Trihalomethane, THM)
④ 이환방향족아민류(Heterocyclic Amines)

해설

- 트리할로메탄 : 상수원의 정수과정에서 염소 소독처리 중 발생할 수 있는 발암성 물질이다.
- 아질산염 : 발색제로 사용 시 니트로사민을 발생시킨다.
- 메틸알코올 : 과실주 발효 시 생성된다.
- 이환방향족 아민류(Heterocyclic Amines) : 육류의 가열분해로 PAH(다환방향족탄화수소, 3,4-벤조피렌류)와 더불어 생성된 발암성 물질이다.

04 안식향산이 식품첨가물로 광범위하게 사용되는 이유는?

① 물에 용해되기 쉽고 각종 금속과 반응하지 않기 때문이다.
② 값이 싸고 방부력이 뛰어나며 독성이 낮기 때문이다.
③ pH에 따라 항균효과가 달라지지 않아 산성식품뿐만 아니라 알칼리식품까지도 사용할 수 있기 때문이다.
④ 비이온성 물질이 많은 식품에서도 항균작용이 뛰어나고 비이온성 계면활성제와 함께 사용하면 상승효과가 나타나기 때문이다.

정답 01 ③ 02 ① 03 ③ 04 ②

해설

안식향산(Benzoic Acid)
- 값이 싸고 방부력이 뛰어나며 독성이 낮아 식품첨가물로 공범위하게 사용
- 사용기준 0.6g/kg 이하
- 과실·채소류음료, 탄산음료류(탄산수 제외), 기타음료, 인삼 및 홍삼음료, 간장 보존료
- 산형보존료로 pH 4.5 이하에서 효과적
- 세균, 효모, 곰팡이 등 모든 미생물에 대해 비선택적 항균작용

05 감미료와 거리가 먼 식품첨가물은?

① 스테비오사이드(Stevioside)
② 아스파탐(Aspartame)
③ 아디픽산(Adipic Acid)
④ D-소르비톨(Sorbitol)

해설

아디픽산은 산도조절제, 향기증진제로 쓰이는 식품첨가물이다.

06 부적당한 캔을 사용할 때 다음 통조림 식품 중 주석의 용출로 내용식품을 오염시킬 우려가 가장 큰 것은?

① 어육
② 식육
③ 산성 과즙
④ 연유

해설

과실통조림 식품은 산성이므로 통조림관의 납과 주석이 용출되어 내용식품을 오염시킬 우려가 가장 크다.

07 경구감염병의 특징과 거리가 먼 것은?

① 병원균의 독력이 강하다.
② 잠복기가 비교적 길다.
③ 2차 감염이 거의 발생하지 않는다.
④ 집단적으로 발생한다.

해설

경구감염병의 특징
- 물, 식품이 감염원으로 운반매체이다.
- 병원균의 독력이 강해서 식품에 소량의 균이 있어도 발병한다.
- 사람에서 사람으로 2차 감염된다.
- 잠복기가 길고 격리가 필요하다.
- 면역이 있는 경우가 많다.
- 지역적·집단적으로 발생한다.
- 환자 발생에 계절이 영향을 미친다.

08 곰팡이 대사산물로 온혈동물에 해독을 주는 물질군을 총칭한 것은?

① Antibiotics
② Inhibitor
③ Mycotoxicosis
④ Mycotoxin

해설

Mycotoxin(곰팡이독)
곰팡이가 2차 대사산물로 생산하여 인축에 해로운 작용을 하는 물질을 뜻한다.
- 간장독 : Aflatoxin
- 신장독 : Citrinin
- 신경독 : Patulin

09 실험동물에 대한 최소 치사량을 나타내는 용어는?

① MLD
② LC_{50}
③ ADI
④ MNEI

해설

- MLD : Minimum Lethal Dose, 최소 치사량
- LC50 : Lethal Concentration, 반수 치사 농도
- ADI : Acceptable Daily Intake, 1일 섭취 허용량
- MNEL : Maximum No Effect Level, 최대 무작용량

10 잔류성 및 축적성이 크게 문제가 되는 농약과 가장 거리가 먼 것은?

① 유기인제
② 유기납제
③ 유기염소제
④ 유기수은제

정답 05 ③ 06 ③ 07 ③ 08 ④ 09 ① 10 ①

해설

- **유기인제** : 잔류성 및 체내 축적성이 낮아 가장 널리 이용, 인체 독성, 작용방식은 콜린에스테라아제(Acetyl-choline Esterase) 효소 저해, 대표적인 것으로 파라티온, 말라티온, 나레드, 다이아지논, DDVP 등
- **유기염소제** : 살충효과가 크고 인체 독성이 낮으며 잔류성이 길어(2~5년) 세계적으로 많이 사용, 구조가 매우 안정하여 자연 상태에서 분해가 잘 되지 않아 생태계를 파괴하는 문제가 발생되어 1970년 초 세계적으로 사용 금지, 대표적으로 DDT, BHC, Aldrin, 엔드린, 헵타크로 등
- ※ 체내 축적성이 문제가 되는 것은 유기납제와 유기수은제이다.

11 식품공장에서 미생물 수의 감소 및 오염물질 제거 목적으로 사용하는 위생처리제가 아닌 것은?

① Hypochlorite ② Chlorine Dioxide
③ Ethanol ④ EDTA

해설
EDTA는 금속이온제거제나 혈액응고방지제 등으로 쓰인다.

12 수분함량이 적거나 당도가 높은 전분질 식품을 주로 변패시키는 미생물은?

① 효모 ② 곰팡이
③ 바이러스 ④ 세균

해설
식품의 Microflora(미생물군)
- 세균은 pH 중성이고 단백질이 많으며 A_w는 0.98~0.99로 수분이 많은 어패류나 수육과 같은 식품에서 잘 자란다.
- 곰팡이는 pH 4~6 정도이며 탄수화물이 많고 A_w는 0.60~0.64 정도의 곡물이나 과일 등에서 잘 자란다.

13 생성량이 비교적 많고 반감기가 길어 식품에 특히 문제가 되는 핵종만으로 된 것은?

① ^{131}I, ^{137}Cs ② ^{131}I, ^{32}P
③ ^{129}Te, ^{90}Sr ④ ^{137}Cs, ^{90}Sr

해설
방사능
- 방사능 반감기 : ^{90}Sr - 28.8년, ^{137}Cs - 30.17년, ^{131}I - 8일
- 핵분열 생성물의 일부가 직접 또는 간접적으로 농작물에 이행될 수 있다.
- 생성률이 비교적 크고, 반감기가 긴 ^{90}Sr과 ^{137}Cs이 식품에서 문제가 된다.
- 방사능 오염물질이 농작물에 축적되는 비율은 지역별 생육 토양의 성질에 영향을 받는다.
- ^{131}I는 반감기가 짧으나 비교적 양이 많아서 문제가 된다.

14 식품용 기구 및 요리·포장 공전에 의하여 유리제 중 가열조리용 기구의 사용용도 및 열 충격 강도(내열 온도차)에 대한 아래 표에서 ( ) 안에 알맞은 기준 온도를 순서대로 나열한 것은?

	사용온도	열 충격강도
오븐용	가열조리용 등의 목적으로 직접 화염에 닿지 않는 용도에 사용되는 것	( )℃ 이상
전자레인지용	가열조리용 등의 목적으로 사용되는 것으로 전자파로 가열되는 용도에 사용되는 것	( )℃ 이상

① 120, 120 ② 240, 120
③ 240, 240 ④ 150, 150

해설
유리제 중 가열 조리용 기구의 사용용도 및 열 충격강도에서 오븐용 및 전자레인지용 모두 120℃가 열 충격강도 기준이다.

15 베네루핀(Venerupin)에 대한 중독 증상 설명으로 틀린 것은?

① 모시조개, 바지락이 주요 원인식품이다.
② 대단히 급격하게 증상이 나타나 식후 30분이면 심한 복통이 나타난다.
③ 열에 안정하여 pH 5~8에서 100℃, 1분간 가열해도 파괴되지 않는다.
④ 주로 3~4월경에 발생한다.

정답 11 ④ 12 ② 13 ④ 14 ① 15 ②

> **해설**

베네루핀
- 굴, 모시조개, 바지락의 중장선에 존재하는 간장독으로 3~4월경에 발생
- 잠복기는 1~2일, 증상은 권태감·두통·구토·미열·복통·황달 등
- 열에 안정

16 건강기능식품의 기준 및 규격에서 제품의 형태에 관한 정의로 틀린 것은?

① 정제란 일정한 형상으로 압축된 것을 말한다.
② 환이란 구상으로 만든 것을 말한다.
③ 편상이란 얇고 편편한 조각상태의 것을 말한다.
④ 분말이란 입자의 크기가 과립제품보다 큰 것을 말한다.

> **해설**

분말이란 입자의 크기가 과립제품보다 작은 것을 말한다.

17 식품의 관능개선을 위한 식품첨가물과 거리가 먼 것은?

① 착향료 ② 산미료
③ 유화제 ④ 감미료

> **해설**

식품의 관능개선을 위한 식품첨가물은 색, 맛, 냄새, 질감 등에 관련하여 고려한다.
※ 유화제는 식품의 물성 구성을 개선한 것이다.

18 식품공장의 작업장 구조와 설비에 대한 설명으로 틀린 것은?

① 출입문은 완전히 밀착되어 구멍이 없어야 하고 밖으로 뚫린 구멍은 방충망을 설치한다.
② 천장은 응축수가 맺히지 않도록 재질과 구조에 유의한다.
③ 가공장 바로 옆에 나무를 많이 식재하여 직사광선으로부터 공장을 보호하여야 한다.
④ 바닥은 물이 고이지 않도록 경사를 둔다.

> **해설**

식품공장 건물의 위생조건
- 주변의 공기가 깨끗해야 한다.
- 배수·급수가 잘 되어야 한다.
- 교통이 편리하고 전력 공급이 잘 되어야 한다.
- 공업지역이나 먼지 등 식품에 나쁜 영향을 주는 장소는 피해야 한다.
- 건물은 콘크리트나 시멘트로 내구성이 있고 위생상 위해가 없어야 한다.
※ 나무를 심어 공장을 보호할 필요는 없다.

19 식품 내에 존재하는 미생물에 대한 설명으로 틀린 것은?

① 곰팡이는 일반적으로 세균보다 나중에 번식한다.
② 수분활성도가 높은 식품에는 세균이 잘 번식한다.
③ 수분활성도 0.8 이하의 식품에서의 거의 모든 미생물의 생육이 저지된다.
④ 당을 함유하는 산성 식품에는 유산균이 잘 번식한다.

> **해설**

식품의 Microflora(미생물군)
- 세균은 pH 중성이고 단백질이 많으며 A_w는 0.98~0.99로 수분이 많은 어패류나 수육과 같은 식품에서 잘 자란다.
- 곰팡이는 pH 4~6 정도이며 탄수화물이 많고 A_w는 0.60~0.64 정도의 곡물이나 과일 등에서 잘 자란다.
- 미생물 생육 최저 수분활성도 : 세균 0.91, 효모 0.88, 곰팡이 0.80, 내건성 곰팡이 0.65

20 파상열에 대한 설명으로 틀린 것은?

① 건조 시 저항력이 강하다.
② 특이한 발열이 주기적으로 반복된다.
③ *Brucella* 속이 원인균이다.
④ 원인균은 열에 대한 저항성이 강하다.

정답 16 ④ 17 ③ 18 ③ 19 ③ 20 ④

> [해설]

파상열(Brucellosis, 브루셀라병)
- 병원체 : *Brucella melitensis* – 양이나 염소에 감염, *Brucella abortus* – 소에 감염, *Brucella suis* – 돼지에 감염
- 감염된 소, 양 등의 유제품 또는 고기를 통해 감염, 잠복기는 보통 7~14일이며, 가축에게는 유산을 일으키며 사람에게는 열이 40℃까지 오르다 내리는 것이 반복되므로 파상열이라 한다.
- 원인균은 열에 약하지만 건조 시 저항력이 강하다.

2과목 식품화학

21 관능검사에서 차이식별검사(종합적 차이검사)에 해당하지 않는 것은?

① 삼점검사　　② 일-이점 검사
③ 단순차이검사　④ 기호도검사

> [해설]

식품의 관능검사
㉠ 차이식별검사
  - 종합적 차이검사 : 단순차이검사(두 시료의 차이 유무 판정)
  - 일-이점검사(기준시료와 동일한 것 선택)
  - 삼점검사(3개 중 다른 하나 선택)
  - 확장삼점검사
㉡ 소비자 기호도검사 : 가장 주관적 검사, 새로운 식품 개발이나 품질 개선에 이용, 많은 패널 필요, 이점기호검사, 기호 척도법, 순위 기호검사, 적합성 판정법

22 콜로이드(Colloid) 입자가 가지는 성질이 아닌 것은?

① 반투성　　　② 흡착
③ 브라운(Brown) 운동　④ 삼투압

> [해설]

콜로이드 성질
- 반투성(Dialysis) : 생체막과 같은 막이 이온이나 저분자 물질은 투과시키나 콜로이드 이상의 고분자 물질은 통과시키지 않는 성질
- 브라운 운동(Brownian Motion) : Sol 상태에서 불규칙적으로 운동하는 분산매에 따라 충돌하는 분산질도 불규칙운동을 하며 지속적으로 분산하는 것
- 응결(Coagulation) : 소수성 Sol에 전해질을 가해 침전되는 것[염석(Salting-out)이라 하고 두부 제조에 이용]
- 흡착(Adsorption) : 콜로이드 입자는 표면적이 넓어 흡착이 용이하며 조리과정 중 음식재료가 염류를 쉽게 흡착
- 유화(Emulsification) : 분산질과 분산매가 액체인 콜로이드 상태를 유탁액(Emulsion)이라 하며 이러한 작용을 유화라 함

23 환원성 당류로 단맛을 내는 저칼로리 감미료로 이용되는 물질은?

① 배당체(Glycoside)
② 전분
③ 당알코올(Sugar Alcohol)
④ 글리코겐(Glycogen)

> [해설]

당알코올
- 포도당이나 과당의 환원으로 소르비톨 생성
- 흡수가 늦어 열량이 낮으며 충치 예방에 이용되는 감미료
- 식품의 건조를 막고 상쾌한 청량감 부여

24 트랜스지방 및 트랜스지방 저감화 방법에 대한 설명 중 옳지 않은 것은?

① 트랜스지방은 수소첨가에 의해 불포화도를 낮추는 경화공정 중 발생 가능하다.
② 천연에서도 낙농유제품 등에서 트랜스지방은 소량 발생한다.
③ 중정지질의 위치를 변화시키는 Interesterification 공법에 의해 트랜스지방이 없는 유지 생산이 가능하다.
④ 효소적 Interesterification은 Lipase를 이용하여 주로 중성지질의 1, 2번 위치의 지방산을 변환시키는 공정이다.

정답　21 ④　22 ④　23 ③　24 ④

해설

트랜스지방산의 저감화 방법
- 유지의 경화, 트랜스지방산 표시 의무화, 에스테르 교환반응 등
- 유지의 분획, 육종 개발을 통한 유지자원 개발
※ 효소적 에스테르 교환반응은 중성지질의 1, 3번 위치에 특이성을 가진 Lipase를 이용하여 변환하는 반응이다.

25 어떤 식용유지의 산패속도의 온도계수(Temperature Coefficient) $Q_{10} = 2$일 때 30℃에 저장되었던 것을 -20℃에서 저장하면 그 산패속도는 얼마나 줄어들게 되는가?

① 1/12
② 1/32
③ 1/50
④ 1/64

해설

$Q_{10} = 2$, $30-(-20)=50$
$2^5=32$, $\frac{1}{32}$ 로 줄게 된다.

26 돼지고기 2g을 Kjeldahl법으로 분석하였더니 질소함량이 60mg이었다. 돼지고기의 조단백질 함량은 약 몇 %인가?

① 17.2
② 18.8
③ 20.0
④ 21.4

해설

단백질계수=6.25, 조단백질량=60×6.25=375mg
$(\frac{375}{2,000})\times 100=18.75$

27 점탄성을 나타내는 식품과 거리가 먼 것은?

① 마가린
② 육류
③ 펙틴 젤
④ 가소성 고체 지방질

해설

- 점성(Viscosity) 및 점조성(Consistency) : 유체의 흐름에 대한 저항성을 나타내며 점성은 균일한 형태와 크기를 가진 단일물질인 Newton 유체(물, 시럽 등)에 적용되며, 점조성은 다른 형태와 크기를 가진 혼합물질인 비 Newton 유체(토마토 케첩, 마요네즈 등)에 적용된다.
- 탄성(Elasticity) : 외부 힘에 의해 변형된 후 외부 힘을 제거 시 원상태로 되돌아가려는 성질이다(고무줄, 젤리).
- 점탄성(Viscoelasticity) : 외부 힘이 작용 시 점성유동과 탄성 변형이 동시에 발생하는 성질이다(Chewing Gum, 빵반죽).
- 소성(Plasticity) : 외부 힘에 의해 변형된 후 외부 힘을 제거해도 원상태로 되돌아가지 않는 성질이다(버터, 마가린, 생크림).

28 35%의 HCl를 희석하여 10% HCl 500mL를 제조하고자 할 때 필요한 증류수의 양은 약 얼마인가?

① 143mL
② 234mL
③ 187mL
④ 357mL

해설

농도 변경

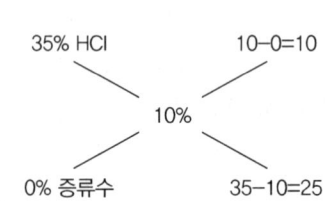

- 35% HCl = 10/(10+25)×500 = 143mL 첨가
- 0% 증류수 = 25/(10+25)×500 = 357mL 첨가

29 냄새성분과 함유식품의 연결이 틀린 것은?

① 메틸메르캅탄(Methyl Mercaptan) - 함황화합물류 - 파, 마늘
② 에틸아세테이트(Ethyl Acetate) - 케톤류 - 파인애플
③ 리날로올(Linalool) - 알코올류 - 복숭아
④ 헥센알(Hexenal) - 알데히드류 - 찻잎

해설
향기성분
- 에스테르류 : Ethyl Acetate(파인애플, 포도주), Methyl Cinnamate(송이버섯), Amyl Formate(사과, 복숭아), Iso-amyl Formate(배)
- 알코올류 : 2, 6-Nonadienal(오이), Linalool(복숭아)
- 황화합물 : Methylmercaptan(무, 겨자, 파, 마늘), Propyl-mercaptan(마늘), Dimethylmercaptan(단무지)
- 알데히드류(Aldehyde) : 생우유(Acetaldehyde), 찻잎(Hexanal)

30 단백질의 열변성에 대한 설명 중 틀린 것은?

① 단백질 중에서 알부민과 글로불린이 가장 열변성이 쉽게 일어난다.
② 단백질에 수분이 많으면 비교적 낮은 온도에서 일어난다.
③ 단백질은 일반적으로 등전점에서 가장 열변성이 일어나기 어렵다.
④ 단백질은 전해질이 있으면 변성온도가 낮아진다.

해설
단백질의 열변성
- 온도 : 60~70℃ 사이에서 주로 일어남
- 수분 : 수분이 많을수록 낮은 온도에서 변성이 일어남
- 염류 : 단백질에 염을 넣으면 변성온도는 낮아지고 속도는 빨라짐
- pH : 등전점에서 응고가 빠름

31 일정한 전단속도일 때 시간이 경과함에 따라 외관상 점도가 증가하는 유체는?

① Dilatant 유체
② Pseudoplastic 유체
③ Thixotropic 유체
④ Rheopectic 유체

해설
- 의사가소성(Pseudoplastic) 유체 : 전단속도 증가에 따라 전단력의 증가폭이 감소하는 유체
- Dilatant 유체 : 전단속도 증가에 따라 전단력의 증가폭이 증가하는 유체
- 시간에 따른 유동특성 변화에 따라 전단력이 작용할수록 점조도가 감소하는 Thixotropic 유체와 전단력이 작용할수록 점조도가 증가하는 Rheopectic 유체로 구분

32 결핵환자들의 경우 결핵균이 활동하지 못하도록 균을 석회화시키는데 이런 경우 유용하지 못할 것으로 예상되는 비타민은?

① 비타민 C
② 비타민 D
③ 비타민 E
④ 비타민 K

해설
비타민 D
- 프로비타민 D인 Ergosterol은 자외선 조사에 의해 비타민 D_2로 잘 전환된다.
- 뼈의 석회화를 도와주는 역할로 부족 시 골다공증이나 골연화증을 유발한다.
- 인(P)의 흡수 및 침착을 촉진한다.

33 효소적 갈변 반응과 거리가 먼 것은?

① 멜라노이딘(Melanoidin)을 형성한다.
② Polyphenol Oxidase, Tyrosinase 등이 관계한다.
③ 주로 과일이나 채소 등의 식품에 절단된 부위에서 일어난다.
④ 구리이온은 갈변효소 작용을 활성화한다.

해설
효소적 갈변
- 주로 과일(사과, 배)이나 채소(감자, 고구마) 등의 식품에 절단된 부위에서 일어남
- Catechin, Gallic Acid, Chlorogenic Acid, Tyrosine 등이 Polyphenol Oxidase, Tyrosinase 등 효소에 의해 갈색 물질인 Melanin을 생성
- 구리이온은 갈변효소 작용을 활성화
- 멜라노이딘은 비효소적 갈변인 마이야르 반응의 생성물

34 다음 당류 중 이눌린(Inulin)의 주요 구성단위는?

① 포도당(Glucose)
② 만노오스(Mannose)
③ 갈락토오스(Galactose)
④ 과당(Fructose)

해설
이눌린은 β-Fructofuranose로 이루어진 과당 다당류로 체내에서 소화되지 않으며 돼지감자나 달리아 뿌리에 존재한다.

정답 30 ③ 31 ④ 32 ② 33 ① 34 ④

35 다음 중 발효시켜서 얻은 제품이 아닌 것은?

① 케피르(Kefir)
② 쿠미스(Kumiss)
③ 요구르트
④ 전지분유

해설
- 케피르(Kefir) : 소젖이나 염소젖과 케피르 종균으로 만든 발효 음료
- 쿠미스는 주로 말의 젖을 원료로 하여 만든 술
※ 전지분유는 우유를 건조한 것이다.

36 감자칩이나 마요네즈와 같이 지방이 함유되거나 갈변화가 예상되는 식품에서 지방산패나 갈변화 반응을 억제할 목적으로 효소를 이용한다면 어떤 종류의 효소를 사용하는 것이 적합한가?

① Polyphenol Oxidase, Peroxidase
② Glucose Oxidase, Catalase
③ Naringinase, Tyrosinase
④ Papain, Lipoxygenase

해설
- Glucose Oxidase : 글루코스가 글루콘산으로 산화하는 효소, 과산화수소가 발생하여 살균작용 하며 산소 제거로 갈변방지, 통조림 산소제거 등에 이용
- Catalase : 과산화수소를 물과 산소로 분해하는 효소, 살균우유의 과산화수소의 제거, 반죽 제빵성 향상, 발효 Whey 향미 향상, 지방 산화 방지 효과가 있어 고기의 지방 산화 방지에 이용

37 pH 4.6에서 침전되는 우유 단백질은?

① 락토글로불린
② 혈청알부민
③ 면역글로불린
④ β-카제인

해설
카제인의 등전점은 pH 4.6이다.

38 물의 상태도 그래프에서 ㉠, ㉡, ㉢ 각각에 들어갈 물질을 순서대로 나열한 것은?

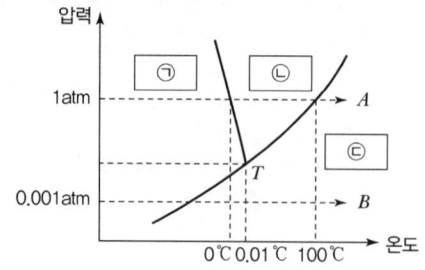

① 얼음, 물, 수증기
② 얼음, 물, 물
③ 수증기, 물, 물
④ 얼음, 수증기, 물

해설
물의 삼중곡선이며 압력과 온도에 따라 끓는점, 어는점 등이 변화한다.

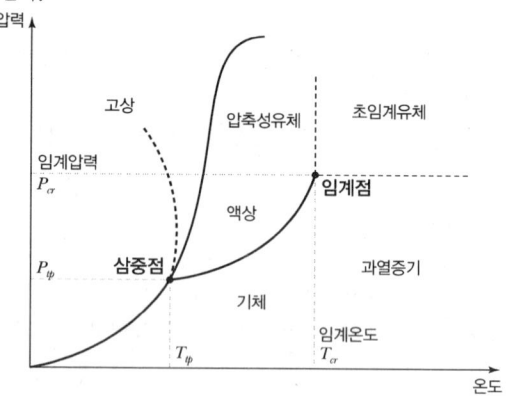

39 새우, 게의 갑각은 청록색이지만 조리할 때 삶거나 초절임을 하면 적색이 된다. 이 적색 색소는?

① Capsorubin
② Canthaxanthin
③ Astacin
④ Physalien

해설
카로티노이드 : 지용성 색소
- 카로틴류 : Lycopene(토마토, 수박의 적색), β-Carotene(당근의 황색)
- 크산토필류 : Capsanthin(고추의 적색), Astaxanthin(게, 새우의 적색)
- 가열 시 Astaxanthin이 Astacin으로 변화

40 다음 중 질소환산계수가 가장 큰 식품은?

① 쌀 ② 팥
③ 대두 ④ 밀

해설
대두에는 단백질 함량이 많으므로 질소환산계수가 크다.

3과목 식품가공학

41 20wt% 설탕 용액의 끓는점을 구하는 과정에 따라, ㉠과 ㉡에 들어갈 내용이 모두 옳은 것은?(단, 설탕의 분자식은 $C_{12}H_{22}O_{11}$, 용액의 끓는점오름 근사식은 $\Delta T_b = 0.51m$, m은 몰랄농도이다.)

몰랄농도(m)는 약 (㉠)이고 끓는점오름 근사식에 대입하여 구하면 $\Delta T_b = $ (㉡)℃이다.

① ㉠ 0.01 ㉡ 0.0051
② ㉠ 0.03 ㉡ 0.0053
③ ㉠ 0.73 ㉡ 0.3723
④ ㉠ 2.92 ㉡ 1.4892

해설
몰랄농도는 용액의 농도를 나타내는 단위로 용매 1kg에 녹아 있는 용질의 몰수로 나타낸 농도(mol/kg)
20wt%는 용질 20에 용매 80이므로 용매 1,000에 대해 설탕 용질은 250
설탕분자량은 342이므로 250/342 = 0.73 몰랄농도
∴ 0.73 × 0.51 = 0.3723

42 통조림에서 탁음이 나는 원인이 아닌 것은?

① 탈기 불충분 ② 관 내부 가스발생
③ 내용물의 연화 ④ 기온, 기압의 변화

해설
내용물의 연화는 높은 온도에서 저장 시 과일 통조림에서 발생하며 개관검사로 알 수 있다.

43 42%의 전분유 1L를 산분해시켜 DE 값이 42가 되는 물엿을 만들었을 때 생성된 환원당의 양은?

① 420.0g ② 176.4g
③ 100.8g ④ 84.0g

해설
당화율(DE : Dextrose Equivalent) : 전분 가수분해 정도 표시

- $DE = \dfrac{\text{포도당(환원당)}}{\text{고형분}} \times 100$
- 1L 고형분 $= \dfrac{42}{100} \times 1,000 = 420$
- $42 = \dfrac{\text{환원당}}{420} \times 100$

∴ 환원당 = 176.4

44 분지올리고당(Branched Oligosaccharide)의 특성으로 틀린 것은?

① 감미도가 설탕보다 높다.
② 흡습성이 매우 크므로 타 당류의 결정화를 방지하는 효과가 있다.
③ 식품가공 중에 미생물의 발육을 억제하는 효과가 크다.
④ 미생물에 의해 분해되기 어려워 글루칸이 형성되지 않으므로 충치발생을 억제한다.

해설
분지올리고당
- 올리고당에 포도당이 $\alpha-1,6$ 결합으로 되어 있는 이소말토오스(Isomaltose), 이소말토트리오스(Isomaltotriose) 등
- 정장작용이 있으며 충치발생을 억제하고 일반 올리고당에 비해 저렴
- 음료, 유제품, 스낵, 제빵 등에 이용
- 설탕에 비해 흡습성이 크며 감미도는 설탕의 50%

45 식품을 동결할 때 최대 빙결정생성대의 일반적인 온도 범위는?

① 0~5℃ ② -5~-1℃
③ -10~-6℃ ④ -15~-11℃

정답 40 ③ 41 ③ 42 ③ 43 ② 44 ① 45 ②

해설

최대 빙결정생성대
식품의 약 80% 수분이 빙결되는 범위로 약 −5∼−1℃를 거치게 되는데 이 온도대를 30분 이내에 통과하는 것을 급속동결이라 하며 60분가량에 통과하는 것을 완만동결이라 한다.

46 난백을 이용한 가공품 제조 시 1,000g의 난백이 필요하다면 껍질을 포함한 60g의 전란이 몇 개 필요한가?

① 약 16개
② 약 20개
③ 약 24개
④ 약 28개

해설
- 달걀의 구성 : 난각 10%, 난황 30%, 난백 60%
- 60g 달걀의 난백은 약 36g이므로 $\frac{1,000}{36} = 27.77 ≒ 28$개

47 용매추출법에 의한 착유 시 추출에 가장 많이 사용되는 용매는?

① 아세톤(Acetone)
② 헥산(Hexane)
③ 벤젠(Benzene)
④ 에테르(Ether)

해설
- 추출법(Extraction Process) : 식물성 원료를 유기용매로 녹여서 제조, 추출용매는 벤젠, 에틸알코올, 노말 헥산, 아세톤, CS_2 등을 사용하는데 헥산을 가장 많이 사용한다. (주로 대두유 추출에 이용)
- 추출용매는 가격이 저렴하고, 유지 이외의 물질은 추출하지 말아야 하며 기화열과 비열이 낮아 회수가 쉬워야 한다.

48 두부 응고제 중 황산칼슘($CaSO_4 \cdot 2H_2O$)과 관련된 제조적 특징이 아닌 것은?

① 반응이 완만하여 사용이 편리하다.
② 수율이 좋다.
③ 두부 표면이 매끄럽다.
④ 두부 색깔이 좋다.

해설

두부 응고제
- 간수 : 염화마그네슘($MgCl_2$), 황산마그네슘($MgSO_4$)
- 황산칼슘 응고제 : 가장 많이 사용하며 응고반응이 염화물에 비해 느려 보수성, 탄력성이 좋은 두부를 생산, 색이 좋고 수율이 좋으며 불용성
- 염화칼슘 응고제 : 칼슘 첨가로 영양 보강, 응고작용이 좋음
- Glucono−δ−lactone(gluconodeltalactone ; G.D.L) 응고제 : 연두부나 순두부 또는 보다 부드러운 두부를 만들 때 사용하며, 과거에 산미료로 사용하여 과량 사용 시 신맛이 난다.

49 과즙의 청징, 착즙의 수율 향상 및 과즙의 농축을 쉽게 하기 위하여 이용되는 효소는?

① Peptide Hydrolase
② Pectinase
③ Catalase
④ Peroxidase

해설

Pectinase
Aspergillus 속 배양물에서 얻을 수 있는 효소로, 식물세포막 구성 성분 사이의 결합을 분리 또는 약화시켜 식물조직을 연화시키는 작용을 하여 과즙의 청징, 착즙의 수율 향상 및 과즙의 농축을 쉽게 하기 위해 이용한다.

50 순분함량에 따른 치즈의 경도별 구분과 종류의 연결이 틀린 것은?

① 연질치즈−카망베르(Camembert)
② 반경질(반연질)치즈−블루(Blue)
③ 경질치즈−파르메산(Parmesan)
④ 고경질치즈−로마노(Romano)

해설

치즈의 분류
- 초경질 치즈 : 수분 함량 25% 이하, 세균 숙성(Romano, Parmesan, Sapsago)
- 경질 치즈 : 수분 함량 25∼36%, 세균 숙성(Cheddar, Gouda)
- 반경질 치즈 : 수분 함량 36∼40%, 세균 숙성(Brick, Munster, Limburger), 푸른곰팡이(블루치즈) 숙성(Roqueforti, Gorgonzola)
- 연질 치즈 : 수분 함량 40% 이상, 숙성(Bel Paese, Camembert, Brie), 비숙성(Cottage, Bakers, Mysost)

정답 46 ④ 47 ② 48 ③ 49 ② 50 ③

51 삼투압 원리가 적용된 것으로 보기 어려운 식품은?

① 자반고등어 ② 젓갈류
③ 오이피클 ④ 황태

[해설]
황태는 동결 건조 제품이다.

52 코지(Koji)를 만들면 주로 생성되는 전분과 단백질 분해효소는?

① 아밀라제(Amylase)와 카탈라아제(Catalase)
② 펙티나제(Pectinase)와 셀룰라아제(Cellulase)
③ 아밀라제(Amylase)와 프로테아제(Protease)
④ 프로테아제(Protease)와 펙티나제(Pectinase)

[해설]
코지 제조
- 코지균을 쌀 또는 보리 등의 배지에 접종시켜 발아 및 발육시키는 조작
- 코지 중 Amylase, Protease 등 효소가 전분 또는 단백질 분해
- *Aspergillus oryzae*, *Aspergillus sojae* 등을 이용하므로 시간이 지남에 따라 Protease의 역가가 높아진다.

53 불순물을 제거하여 식용에 적합한 제품을 제조하기 위한 유지정제 과정의 순서가 옳은 것은?

> ㉠ 휘발성 물질 제거(Deodorization)
> ㉡ 유리 지방산의 제거(Deacidification)
> ㉢ 가용성물질의 제거(Degumming)
> ㉣ 불용성물질의 제거(Desludge)
> ㉤ 색소류의 제거(Decolorization)

① ㉤ → ㉣ → ㉠ → ㉢ → ㉡
② ㉡ → ㉢ → ㉤ → ㉠ → ㉣
③ ㉢ → ㉣ → ㉠ → ㉤ → ㉡
④ ㉣ → ㉢ → ㉡ → ㉤ → ㉠

[해설]
유지의 정제
불순물을 먼저 물리·화학적 방법으로 제거(Desludge)
㉠ 탈검공정(Degumming Process)
- 인지질 등 제거
- 무수 상태에서 기름에 녹으므로 물이나 수증기를 넣어 수화시켜 분리

㉡ 탈산공정(Deaciding Process)
- 유리지방산 등 제거
- NaOH으로 유리지방산을 중화(비누화) 제거하는 알칼리 정제법 사용

㉢ 탈색공정(Decoloring Process)
- Carotenoid, 엽록소 등 제거
- 가열탈색법이나 활성백토를 이용하는 흡착탈색법 사용

㉣ 탈취공정(Deodoring Process)
- 알데히드, 케톤, 탄화수소 등 냄새 제거
- 활성탄 등 흡착제를 이용한 탈취

㉤ 탈납공정(Winterization)
- 샐러드유 제조 시 지방결정체 제거
- 냉각시켜 발생되는 고체 결정체를 제거하는 탈납(Dewaxing) 이용

54 식육의 화학적 조성에 대한 설명이 틀린 것은?

① 식육의 화학적 조성은 동물의 종류, 성별, 연령, 영양상태에 따라 차이가 크며, 동물의 부위에 따라서도 차이가 있다.
② 근형질 단백질은 증류수 또는 낮은 이온강도(0.03)의 염용액으로 추출되기 때문에 수용성 단백질이라고도 한다.
③ 근원섬유 단백질은 actin – myosin – ATP 복합체 형성에 직·간접적인 조절기능을 가지고 있다.
④ 식육에는 비타민 A, D 등의 지용성 비타민은 극히 소량이 들어 있고, 돼지고기에서는 수용성 비타민 중 비타민 C가 많이 함유되어 있다.

[해설]
식육에는 비타민 A, D, E, K 및 비타민 C가 소량 있으며, 돼지고기에는 다른 식육에 비해 월등히 높은 비타민 B_1을 함유하고 있다.

55 식품의 냉동 저장 중 일어나는 변화로서 냉동해(Freezer Burn)와 거리가 먼 것은?

① 산화 방지
② 미세한 구멍 생성
③ 풍미 저하
④ 단백질의 탈수변성

해설

냉동해(Freezer Burn)
냉동육이나 생선 등이 냉동 중 수분의 승화에 의해 표면이 다공질화되어 공기와 접촉면이 넓어지며 유지의 산화, 단백질 변성, 풍미 저하를 발생시키면서 마치 불에 탄 것과 같이 검게 착색되는 것을 말한다.

56 동결에 대한 설명 중 틀린 것은?

① 분무식 동결법은 급속동결에 해당한다.
② 송풍동결법은 −40~−30℃의 냉풍을 강제 순환시키는 급속동결이다.
③ −40~−25℃로 냉각시킨 금속판 사이에 식품을 넣고 양면을 밀착하여 동결시키는 것은 금속판 접촉 동결법이다.
④ 최대 빙결정 생성대를 통과하는 시간이 40분 이상이면 급속동결에 해당한다.

해설

최대 빙결정생성대
식품의 약 80% 수분이 빙결되는 범위로 약 −5~−1℃를 거치게 되는데 이 온도대를 30분 이내에 통과하는 것을 급속동결이라 하며 60분가량에 통과하는 것을 완만동결이라 한다.

57 버터 제조 시 필요한 공정이 아닌 것은?

① 75℃에서 살균하고 5~6시간 발효시킨다.
② 교반에서 지방의 알맹이를 응집시킨다.
③ 순도가 높은 소금 약 2.5%를 가하여 풍미를 향상시킨다.
④ 방사선으로 다시 오염균을 살균한다.

해설
가염 후 다시 살균하지 않으며 연압한 후 충전 및 포장한다.

58 달걀의 저장 중에 일어나는 현상이 아닌 것은?

① 알 껍질이 반들반들해진다.
② 흰자의 점성이 줄어든다.
③ 기실이 커진다.
④ 호흡작용으로 인해 산성으로 된다.

해설

달걀의 선도검사
㉠ 외부적인 검사
• 비중법 : 신선란 1.0784~1.0914, 11% 식염수에 가라앉는다(부패란은 뜬다).
• 진음법 : 신선란은 소리가 나지 않고 묵은 알은 소리가 난다.
• 설감법 : 신선란은 따뜻한 느낌, 묵은 알은 차가운 느낌
• 신선란은 껍질이 거칠지만 저장 중 반들반들해진다.
㉡ 내부적인 검사
• 투시검사 : 검란기 사용, 오래될수록 기실이 크다.
• 할란검사 : 신선란의 난백계수는 0.06 정도, 신선란의 난황계수는 0.3~0.4이나 저장 중 감소, 저장 중 pH 상승
㉢ 보통 HU(Haugh Unit) 값이 85 이상이다.

59 감의 떫은맛을 없애는 공정의 원리는?

① Shibuol을 용출 제거시킨다.
② Shibuol을 불용성 물질로 변화시킨다.
③ Shibuol을 당분으로 전환시킨다.
④ Shibuol을 지방산으로 전환시킨다.

해설

탈삽의 원리
감의 떫은맛을 없애는 방법으로 가용성 탄닌(Shibuol)이 불용성 탄닌으로 변화하는 것
• 열탕법 : 감을 35~40℃의 물속에 12~24시간 유지
• 알코올법 : 감을 알코올과 함께 밀폐용기에 넣어서 탈삽
• 탄산법 : 밀폐된 용기에 공기를 CO_2로 치환시켜 탈삽

60 두부를 제조할 때 두유의 단백질 농도가 낮을 경우 나타나는 현상과 거리가 먼 것은?

① 두부의 색이 어두워진다.
② 두부가 딱딱해진다.

정답 55 ① 56 ④ 57 ④ 58 ① 59 ② 60 ①

③ 가열 변성이 빠르다.
④ 응고제와의 반응이 빠르다.

해설

두부 제조 시 주의사항
- 원료콩에 10배 내외 물을 넣고 마쇄한다.
- 응고제를 첨가하여 70~80℃로 가열·응고하고 성형 후 탈수한다.
- 불린 콩을 마쇄하여 가용성분은 두유를 만들고 간수로 단백질을 응고시켜 두부를 제조한다.
- 너무 많이 갈면 두유를 많이 만들 수 있으나 두부수율이 낮아진다.
- 가수량을 적게 하여 5배 정도로 하면 추출률이 저하한다. 이것은 단백질의 일부가 열변성을 일으켜 두유의 농도가 저하하고 마쇄된 대두의 점도가 올라가 비지의 분리가 어렵게 되며, 농도가 짙은 두유가 비지 쪽에 남아 있게 되기 때문이다.
- 두유 농도가 낮으면 응고물이 미세하게 되기 때문에 생성되는 두부는 딱딱하고 수율도 저하한다. 응고제와의 반응이 빨라 가열 변성이 빠르게 된다.

4과목 식품미생물학

61 높은 식염농도에서도 생육하는 내염성 효모는?

① *Zygosaccharomyces rouxii*
② *Saccharomyces pasteurianus*
③ *Saccharomyces carlsbergensis*
④ *Candida utilis*

해설

발효에 이용하는 효모
- *Saccharomyces cerevisiae* : 맥주의 상면발효 효모
- *Zygosaccharomyces rouxii* : 된장의 주효모, 내염성, 내당성, 내삼투압성 효모로 염분 함량이 높은 간장이나 된장 등에서 생육하는 효모
- *Saccharomyces carlsbergensis* : 맥주의 하면발효 효모
- *Candida utilis* : 발효 액면에 피막을 형성하는 유해 산막효모

62 포자를 형성하지 않는 효모는?

① *Saccharomyces* 속 ② *Hansenula* 속
③ *Debaryomyces* 속 ④ *Candida* 속

해설

- 유포자 효모 : *Saccharomyces, Saccharomycodes, Schizosaccharomyces, Debaryomyces, Hansenula*
- 무포자 효모 : *Candida, Torulopsis, Cryptococcus*

63 청주, 장류 등의 양조에 쓰이며 황록색이나 황갈색의 균총을 형성하는 균은?

① *Mucor pusillus* ② *Aspergillus oryzae*
③ *Monascus anka* ④ *Rhizopus delemar*

해설

***Aspergillus oryzae*(황국균)**
- 전분 당화력(α-Amylase)
- 단백질 분해력이 강해 청주, 된장, 간장 제조에 이용
- 개량 메주 제조 시 인공 접종하여 이용

64 사람과 동물의 장에서 발견되며, 특히 모유로 자라는 유아의 주된 장내 미생물로 잘 알려져 있다. 편성 혐기성으로 당을 발효하여 젖산과 아세트산을 생산하는 균은?

① *Bifidobacterium* 속
② *Propionibacterium* 속
③ *Brovibacterium* 속
④ *Lactobacillus* 속

해설

젖산균
- 동형발효 젖산균 : 당을 발효하여 젖산만 생성 – *Streptococcus* 속, *Pediococcus* 속, *Lactobacillus* 속
- 이형발효 젖산균 : 당을 발효하여 젖산 이외에 초산, 에탄올, CO_2 등 생성 – *Leuconostoc* 속, *Bifidobacterium* 속, *Lactobacillus* 속
- *Bifidobacterium* 속 : 산소가 없어야 생육할 수 있는 편성 혐기성균으로 유아의 장내 주 미생물

정답 61 ① 62 ④ 63 ② 64 ①

65 미생물의 내열성을 높이는 요인들에 대한 설명으로 옳은 것은?

① 대수기의 세포가 정체기의 세포보다 열 저항성이 작다.
② 생육온도가 높을수록 열 저항성이 작다.
③ 최적 pH에서 열 저항성이 작다.
④ 건조로 수분활성도가 낮아지면 열 저항성이 낮아진다.

해설
대수기(Logarithmic Phase)
• 대수적으로 증식하는 시기
• RNA는 일정, DNA는 증가
• 세포질 합성속도와 세포수 증가 비례
• 세대시간, 세포의 크기 일정
• 생리적 활성이 크고 예민하여 정지기에 비해 열 저항성이 작음
• 증식속도는 영양, 온도, pH, 산소 등에 따라 변화

66 미생물 중 세포 내의 염색체 수가 한 개이고, 세포분열은 비유사분열법에 따르는 것은?

① 조류(Algae)   ② 곰팡이(Mold)
③ 효모(Yeast)   ④ 세균(Bacteria)

해설
원핵세포인 세균의 DNA는 하나의 원형으로 세포질에 존재하고 비유사분열을 하며 진핵세포의 DNA는 핵 안에 여러 개의 DNA가 선형으로 존재한다.

67 식품공장의 파지(Phage) 대책으로 적합하지 않은 것은?

① 공장주변을 청결히 한다.
② 식품공장의 공기 및 설비를 수시로 검사한다.
③ 생산효율이 가장 좋은 균주 1종을 꾸준히 사용한다.
④ 용기의 살균처리를 철저히 한다.

해설
Bacteriophage의 피해 및 대책
• 세균을 이용하는 발효공업(초산발효, Aceton-butanol 발효, Inocinic Acid 발효 등)에서 오염 시 생산력이 저하된다.
• 이에 대한 대책으로는 살균 철저, 내성균 이용, 균주를 2종 이상 사용하는 Rotation System 이용 등이 있다.

68 세균의 증식방법은?

① 영양세포의 출아법으로 증식한다.
② 포자낭 포자를 형성하여 증식한다.
③ 집하포자를 형성하면서 증식한다.
④ 분열법으로 증식하고 내생포자를 형성하는 경우도 있다.

해설
세균은 분열법으로 증식하고 내열성이 강한 내생포자를 형성하는 경우도 있다.

69 미생물의 수를 직접적으로 측정하는 데 이용되는 것은?

① Haematometer
② Test Tube
③ Dry Oven
④ Water Bath

해설
미생물 총균수 계수법
염기성 염색시약으로 단일 염색하고 혈구계수기(Haematometer)로 직접 계수하여 희석배수와 눈금칸을 곱하여 구한다.

70 부패된 통조림에서 균을 분리하여 시험을 실시하였더니 유당(Lactose)을 발효하였다. 어떤 균인가?

① *Proteus Morganii*
② *Salmonella Typhosa*
③ *Pseudomonas Fluorescens*
④ *Escherichia Coli*

해설
대장균(*E. coli*)
• 장내에 서식하며 그람음성, 운동성, 간균, 통성 혐기성균
• 유당을 분해하여 CO_2와 H_2 가스 생산
• 대부분이 매우 무해하나 변종 중에는 식중독균이 있다.
• 식품위생 지표 세균

정답 65 ① 66 ④ 67 ③ 68 ④ 69 ① 70 ④

71 노로바이러스에 대한 틀린 설명은?

① 구토, 복통을 유발한다.
② 식중독 증상이 심하고 발병 시 대부분은 치명적인 경우가 많다.
③ 오염된 지하수, 물로부터 감염될 수 있다.
④ 학교급식에서 식중독이 발생한 사례가 있다.

해설

노로바이러스
- 바이러스성 식중독 : 로타바이러스A군, 노로바이러스, 아스트로바이러스, 장관 아데노바이러스
- 겨울철 대표 식중독이며 생굴 및 환자의 구토물, 대변에 의해 오염된 물로부터 감염, 대형화 증가 추세
- 열에 약하므로 100℃에서 10분간 가열만으로 사멸됨
- 물리·화학적으로 안정된 구조를 가지며 무증상 감염도 있으나 대체로 급성 장염 증세로 구토, 설사, 복통, 치사율은 낮음

72 다음 미생물 중에서 비타민 생산균이 아닌 것은?

① *Eremothecium ashbyii*
② *Streptomyces griseus*
③ *Streptomyces olivaceus*
④ *Penicillium citrinum*

해설

황변미독
저장 중 쌀이 곰팡이에 의해서 황색 반점을 형성하며 섭취 시 중독현상을 일으킨다.
- 태국황변미 : *Penicillium citrinum*
- 아이슬란드 황변미 : *Penicillium islandicum*

73 다음 균주 중 분생포자(Conidia)를 만드는 것은?

① *Penicillium notatum*
② *Mucor mucedo*
③ *Toluraspora fermentati*
④ *Thamnidium elegans*

해설

Penicillium(푸른곰팡이)
- 분생자병 끝에 정낭이 없어 기저경자에 분생포자가 외생한다.
- Symmetrical(대칭형) 혹은 Asymmetrical(비대칭형)이 있다.

74 불완전균류에 속하는 것은?

① *Pichia* 속
② *Hanseniaspora* 속
③ *Rhodotorula* 속
④ *Debaryomyces* 속

해설

불완전균류
유성생식 시대가 명확하지 않아 무성생식으로만 번식
- 유성생식으로 유포자 : *Saccharomyces, Kluyveromyces, Pichia, Hansenula, Debaryomyces*
- 무포자 : *Candida, Torulopsis, Rhodotorula*

75 다음 중 감별배지에 해당되는 것은?

① Citric Acid 첨가 배지
② Metabisulphite 첨가 배지
③ Bile Salt 첨가 배지
④ Eosin Methylene Blue 첨가 배지

해설

감별배지(Differential Media)
- 순수 배양된 균의 특정 효소반응을 확인하여 균의 감별과 동정에 이용
- Mannitol Salt Agar(*Staphylococcus aureus*), Bismuth Sulfate Agar(대장균군), Triple Sugar Iron Agar(TSIA, 대장균군), Urea Agar(대장균군), Selenite Broth(*Salmonella*), EMB Agar(대장균)

76 다음 중 세균 세포에 가장 많이 들어 있는 성분은?

① 다당류 ② 단백질
③ 지질   ④ DNA

정답 71 ② 72 ④ 73 ① 74 ③ 75 ④ 76 ②

[해설]
세균은 미세하지만 인간과 마찬가지로 생명체로서 DNA로부터 체구성 단백질과 기능성을 가진 소기관, 효소와 같은 많은 단백질로 구성되어 있다.

77 일반세균수(표준평판법) 측정에 의해 1mL 중의 세균수(CFU/mL)를 구한 결과로 옳은 것은?

구분	희석배수	
집락수	1 : 10	1 : 100
	14	2
	10	1

① 120　　　② 100
③ 14　　　　④ 12

[해설]
희석에 의한 생균수 측정
- 페트리 디시에 집락이 15~300개이어야 유의성이 있으나 전 평판에 15개 미만의 집락만을 얻었을 경우에는 가장 희석배수가 낮은 것을 측정한다.
- 희석배수가 10배이므로 14×10=140, 10×10=100
- 두 값의 평균은 (140+100)/2=120

78 고압 증기 멸균(Autoclave)의 일반적인 조건은?

① 135℃, 2초간　　② 121℃, 15분간
③ 100℃, 60분간　　④ 63℃, 20분간

[해설]
고압 증기 멸균
- 습열에 의한 열 침투력이 건열보다 큰 원리를 이용
- 121℃, 15lb, 15~20분을 기본으로 이용되며 온도와 압력이 고온, 고압이므로 온도계, 압력계, 안전판 등이 필요하다.

79 하면발효 효모에 대한 설명 중 틀린 것은?

① 난형 또는 타원형이다.
② 발효작용이 상면발효 효모보다 빠르다.
③ 라피노오스(Raffinose)를 발효시킬 수 있다.
④ 발효 최적온도는 5~10℃ 정도이다.

[해설]
맥주 효모의 종류
- 상면발효 효모 : *Saccharomyces cerevisiae* -영국 맥주, 상면발효, 상온발효(Ale, Stout, Porter, Lambic)로 빠르게 발효되어 상면에 균막 형성, 최적 10~25℃
- 하면발효 효모 : *Saccharomyces carlsbergensis* -독일, 미국, 일본, 우리나라에서 주로 생산, 하면발효, *Saccharomyces uvarum*에 통합, 저온 장기발효(Lager, Munchen, Pilsen, Wien), 장기 저장 시 독특한 향미 부여, 최적 5~10℃, Raffinose, Melibiose 발효

80 꿀이나 잼, 당밀, 초콜릿 제품 등의 일반적인 변패요인에 해당되지 않는 미생물은?

① *Zygosaccharomyces* 속
② *Hnsenula* 속
③ *Salmonella* 속
④ *Aspergillius* 속

[해설]
식품의 Microflora(미생물군)
- 세균은 pH 중성이며 단백질이 많으며 A_w는 0.98~0.99로 수분이 많은 어패류나 수육과 같은 식품에서 잘 자란다.
- 곰팡이나 효모는 pH 4~6 정도이며 탄수화물이 많고 A_w는 0.60~0.64 정도의 곡물이나 과일 등에서 잘 자란다.
- 미생물 생육 최저 수분활성도 : 세균 0.91, 효모 0.88, 곰팡이 0.80, 내건성 곰팡이 0.65
※ 살모넬라는 세균이므로 수분활성도가 낮은 중간수분영역의 꿀, 잼 등에서 번식하기 어렵다.

5과목　식품제조공정

81 간에서 포도당이 글리코겐으로 변화하는 과정에 참여하는 물질은?

① Uridine Triphosphate
② Cytidine Triphosphate

정답　77 ①　78 ②　79 ②　80 ③　81 ①

③ Guanosine
④ Adenosine Monophosphate

해설

글리코겐 합성(Glycogenesis)
Glucose → (Hexokinase) → Glucose-6-phosphate → (Phosphoglucomutase) → Glucose-1-phosphate+UTP → (UTP-glucose-1-phosphate Uridyltransferase) → UDP-glucose(포도당의 활성형) → (Glycogen Synthase) → Glycogen
※ UDP-glucose : 글리코겐에 1포도당 전달체

82 글리신(Glycine) 수용액의 HCl와 NaOH 수용액으로 적정하게 얻은 적정곡선에서 $pK_1=2.4$, $pK_2=9.6$일 때 등전점은?

① pH 3.6
② pH 6.0
③ pH 7.2
④ pH 12.6

해설

등전점
- 단백질의 등전점은 어느 pH에서 그 단백질의 순전하량이 0인 점이다.
- 등전점 $=\dfrac{(pK_1+pK_2)}{2}=\dfrac{(2.4+9.6)}{2}=6$
- 이러한 성질을 이용하여 전기영동에 의해 단백질을 분리한다.

83 케톤체에 대한 설명으로 옳은 것은?

① 간은 케톤체 분해 기능이 강하다.
② 케톤체는 근육에서 생성되어 간에서 산화된다.
③ 과잉의 탄수화물은 케톤체로 전환되어 축적된다.
④ 케톤체는 간에서 생성되어 뇌와 심장, 뼈대근육, 콩팥 등의 말초조직에서 산화된다.

해설

케톤체
- 지속적인 당질의 섭취부족 상태(기아, 당뇨병, 단식, 다이어트 등)
- 케톤체 : Acetoacetate, Acetone, β-Hydroxybutyric Acid
- 간은 과량의 Acetyl-CoA를 Ketone체로 합성
- 뇌, 신장, 심근 및 골격근 등에서 분해하여 에너지를 생성, 뇌 조직은 포도당 부족 시 케톤체를 에너지로 이용

84 항산화작용을 하여 산소로부터 세포막을 보호하는 비타민은?

① 비타민 A
② 비타민 B
③ 비타민 D
④ 비타민 E

해설

비타민 E
- 지용성 산화방지제 : BHA, BHT, 몰식자산 프로필, 토코페롤(비타민 E) - 유지의 항산화
- 토코페롤 이성질체의 비타민 E 활성 순서는 $\alpha(100)>\beta(33)>\gamma(1)>\delta(1)$이다.
- 토코페롤의 일중항산소 소거기능은 $\alpha(1)>\beta(0.5)>\gamma(0.26)>\delta(0.1)$ 순이다.

85 내열성 A-amylase 생산에 이용되는 균은?

① *Aspergillus niger*
② *Bacillus licheniformis*
③ *Rhizopus oryzae*
④ *Trichoderma reesei*

해설

Bacillus licheniformis
Bacillus 속의 미생물은 주로 전분당화력이 강해서 전분식품에서 주로 서식한다. 이 중 *Bacillus licheniformis*는 밀에서 주로 검출되는 미생물로서 제빵 시 적절한 가온이 일어나지 않으면 포자상태로 존재하다 발아하여 빵에서 점질화를 일으킨다.

86 전자전달계에 대한 설명으로 틀린 것은?

① NADH Dehydrogenase에 의해 NADH로부터 2개의 전자를 수용하여 FMN에 전자를 전달함으로써 개시된다.
② Flavoprotein(FeS)은 전자를 수용하여 Fe^{3+}를 Fe^{2+}로 환원시킨다.

정답 82 ② 83 ④ 84 ④ 85 ② 86 ③

③ 전자전달의 결과 ADP와 P_i로부터 총 5개의 ATP가 합성된다.
④ 최종 전자수용체인 산소는 물로 환원된다.

해설

전자전달계(호흡사슬, ETC : Electron Transport Chain)
- 미토콘드리아 내막(Inner Membrane)에 존재
- 해당계와 TCA 회로 등에서 생성된 NADH와 $FADH_2$가 전자전달계로 들어가 수소이온을 기질에서 막간공간으로 이동시키고 산소(최종 전자수용체)를 환원하여 물 생성
- FMN → FeS(1복합체) → FAD → FeS(2복합체) → CoQ(조효소, Ubiquinone) → Cyt b → FeS → Cyt c_1 (3복합체) → Cyt c → Cyt aa_3 (4복합체, Cytochrome Oxydase, 금속이온 Fe와 Cu 구성) → O_2(최종전자수용체) → H_2O
- NADH → 2.5ATP, $FADH_2$ → 1.5ATP 생성

87 DNA 분자의 Purine과 Pyrimidine 염기쌍 사이를 연결하는 결합은?

① 공유결합　　② 수소결합
③ 이온결합　　④ 인산결합

해설

Watson과 Crick의 DNA 구조의 특징
- DNA는 3′, 5′ Phosphodiester 결합
- 두 가닥 사슬은 서로 역평행(Antiparallel), 5′→3′ 방향성
- 오른손 2중나선구조(Right Handed Double Helix)
- 두 가닥은 서로 상보적(Complementary)(5′-ATG-3′의 상보적 가닥은 5′-CAT-3′)
- 두 가닥은 Purine과 Pyrimidine 염기 사이 수소결합 Adenine=Thymine, Guanine≡Cytosine

88 식품 중의 병원성 인자 및 병원 미생물을 검출할 때 RNA를 이용해서 검출하는 방법은?

① ELISA Method　　② RT-PCR Method
③ Southern Blot　　④ Western Blot

해설

RT-PCR
역전사 중합효소 연쇄반응(RT-PCR : Reverse Transcription Polymerase Chain Reaction)은 PCR의 변형으로 RNA가 먼저 역전사 효소에 의해 역전사되어 cDNA를 만들고, 만들어진 cDNA가 기존의 중합효소연쇄반응이나 실시간 중합효소연쇄반응을 통해 증폭된다.
- ELISA : 효소표지 면역반응체와 면역흡착제를 이용한 효소 면역검사의 총칭
- Southern Blot : DNA 샘플에서 특정 DNA 서열을 검출하기 위해 분자생물학에서 사용되는 실험방법
- Western Blot : 샘플에서 특정 단백질을 검출하기 위해 사용하는 분자생물학 기술

89 단백질합성을 저해하는 항생물질을 대수증식기에 처리할 때 나타나는 현상으로 옳은 것은?

① RNA, DNA, 단백질 합성은 모두 정지된다.
② RNA, DNA, 단백질 합성은 모두 증진된다.
③ 단백질 합성은 계속되나 RNA와 DNA의 합성은 정지된다.
④ RNA와 DNA의 합성은 계속되나 단백질 합성은 정지된다.

해설

단백질합성을 저해하는 항생물질을 대수기에 처리하면 RNA, DNA의 합성은 계속되나 단백질 합성은 정지된다.

90 DNA의 재조합 과정을 위해 사용되는 제한효소(Restriction Enzyme)인 Endonuclease가 아닌 것은?

① EcoR I 　　② Hind II
③ Hind III　　④ SalP IV

해설

제한효소(Restriction Enzyme)
- DNA 재조합 과정을 위해 사용하며 DNA 이중 나선의 특정인식 부위를 절단하는 Endonuclease이다.
- BamH I, EcoR I, Hind II, Hind III 등이 주로 사용된다.

91 고등동물의 간에서 Glucose의 합성에 주로 이용되는 전구체가 아닌 것은?

① Pyruvate　　② Lactate
③ Citrate　　④ Glycerol

정답 87 ② 88 ② 89 ④ 90 ④ 91 ③

해설

당신생반응
- 간에서 발생, 해당의 역반응 1분자 포도당 생성 시 6분자 ATP 소모
- 당신생 기질 : 젖산(Lactate), 피루브산(Pyruvate), Alanine 같은 당원성 아미노산, 글리세롤, 해당 및 TCA 회로 중간산물, 프로피온산
- 지방산, 아세틸-CoA, 케톤원성 아미노산(리신, 루이신)은 당이 될 수 없다.

92 전분질 원료에서의 주정 제조과정은?

① 증자 → 당화 → 발효 → 증류
② 당화 → 증자 → 발효 → 증류
③ 당화 → 증자 → 증류 → 발효
④ 증자 → 당화 → 증류 → 발효

해설

주정 제조과정
전분질 증자 → 당화 → 발효 → 증류

93 조류는 퓨린을 어떻게 대사하여 배설하는가?

① 퓨린은 배설하지 않고 다른 화합물로 모두 전환하여 재이용한다.
② 소변으로 배설하지 않고 퓨린을 요산으로 분해하여 대변과 함께 배설한다.
③ 요소로 전환하여 아주 소량씩 소변으로 배설한다.
④ 퓨린 대사능력이 없어 그대로 대변으로 배설한다.

해설

Purine 염기 분해
- 간에서 Adenine, Guanine → 요산(Uric Acid)으로 신장에서 배설한다.
- 요산은 물에 난용성으로 대사 이상으로 과잉 축적되면 통풍(Gout), 요결석 원인이 된다.
- 요산을 생성할 수 있는 Nucleotide : IMP, AMP, GMP
※ 조류는 퓨린을 소변으로 배설하지 않고 요산으로 분해하여 대변과 함께 배설한다.

94 α-Glucoamylase의 특징이 아닌 것은?

① 거의 모든 생물에 존재하며 특히 효모에 풍부하게 존재한다.
② 말토오스, 아밀로오스, 올리고당을 분해한다.
③ 이소말토오스에 대해서 활성이 뛰어나다.
④ 말타아제라고도 한다.

해설

- Glucoamylase : 전분의 비환원성 말단으로부터 α-1,4 결합을 포도당 단위로 가수분해(말토오스, 아밀로오스, 올리고당), 효모에 풍부하며 말타아제라고도 한다.
- Debranching Amylase : 전분의 분지점 α-1,6 결합을 가수분해(이소말토오스)

95 간에서 프로트롬빈을 비롯한 여러 가지 혈액응고인자를 합성하고 정상수준으로 유지하기 위해 필요한 비타민은?

① 비타민 A
② 비타민 D
③ 비타민 E
④ 비타민 K

해설

비타민 K
- 지용성비타민으로 시금치, 케일 등의 녹색채소에 주로 존재한다.
- 혈액응고에 필수적 비타민으로 결핍 시 혈액응고 지연 등의 증상을 나타내나 정상성인에게서 결핍증은 거의 나타나지 않는다.

96 연속배양의 일반적인 장점이 아닌 것은?

① 장치 용량을 축소할 수 있다.
② 작업 시간을 단축할 수 있다.
③ 생산성이 증가한다.
④ 배양액 중 생산물의 농도가 훨씬 높다.

해설

연속배양의 장점
- 연속 배양 시 회분식 배양에 비해 수득률이 낮고 잡균의 오염가능성이 높아진다.
- 발효장치의 용량을 줄일 수 있으며 발효시간이 단축되어 생산비를 절약할 수 있다.

정답 92 ① 93 ② 94 ③ 95 ④ 96 ④

97 EDTA(Ethylene Diamine Tetra Acetic Acid) 처리가 효소의 활성화에 영향을 미치는 이유는?

① EDTA가 효소 peptide의 결합을 분해시키기 때문
② EDTA가 효소 단백질의 2차 구조를 변화시키기 때문
③ EDTA가 효소 단백질의 1차 구조를 변화시키기 때문
④ EDTA가 효소 활성부위의 금속이온과 결합하기 때문

해설
EDTA
- 금속이온제거제나 혈액응고방지제 등으로 쓰인다.
- 효소 활성부위의 금속이온과 킬레이트 결합으로 효소 활성에 영향을 끼친다.

98 A효소의 촉매작용에 필수적인 아미노산 잔기는 활성자리(Active Site)에 존재하는 글루탐산($pK_R = 5.0$)과 라이신($pK_R = 10.0$)이고 이 효소의 최적 활성을 나타내는 pH가 7.5였다면 이때 글루탐산과 라이신의 곁사슬(R)에 존재하는 카르복실기와 아미노기의 이온형이 바르게 짝지어진 것은?

① 글루탐산 : $-COOH$, 라이신 : $-NH_2$
② 글루탐산 : $-COO^-$, 라이신 : $-NH_3^+$
③ 글루탐산 : $-COOH$, 라이신 : $-NH_3^+$
④ 글루탐산 : $-COO^-$, 라이신 : $-NH_2$

해설
등전점
- 단백질의 등전점은 어느 pH에서 그 단백질의 순전하량이 0인 점이다.
- 등전점 $= \dfrac{(pK_1 + pK_2)}{2} = \dfrac{(5+10)}{2} = 7.5$
- pH 7.5에서 A효소의 등전점에 해당하므로 전하는 0이어야 하므로 글루탐산과 라이신은 모두 이온화되어야 한다.
- pK점(5.0) 위인 pH 7.5에서 글루탐산의 카르복실기 이온은 수산기로 제거되므로 순 전하는 (−)
- pK점(10.0) 아래인 pH 7.5에서 라이신의 아미노기 이온은 수소로 채워지므로 순 전하는 (+)

99 Sucrose가 가수분해 될 때 생성되는 단당류는?

① 포도당과 포도당
② 과당과 과당
③ 포도당과 과당
④ 포도당과 갈락토오스

해설
서당은 포도당과 과당이 $\alpha-1,2$ 글리코시드 결합된 이당류로 Sucrase나 Invertase에 의해 포도당과 과당의 1 : 1 등량 혼합물로 분해된다.

100 핵단백질의 가수분해 순서의 나열로 옳은 것은?

① 핵단백질−뉴클레오티드−핵산−뉴클레오시드−당
② 핵단백질−핵산−뉴클레오티드−뉴클레오시드−당
③ 핵단백질−당−뉴클레오시드−뉴클레오티드−핵산
④ 핵단백질−뉴클레오시드−핵산−뉴클레오티드−당

해설
핵단백질의 가수분해
핵단백질 > 핵산 + 단순단백질 > 모노뉴클레오티드 > 뉴클레오시드 + 단순단백질 > 당 + 염기

CHAPTER 28. 2021년 1회 식품기사

1과목 식품위생학

01 위해평가과정 중 '위험성 결정과정'에 해당하는 것은?

① 위해요소의 인체 내 독성을 확인
② 위해요소의 인체노출 허용량 산출
③ 위해요소가 인체에 노출된 양을 산출
④ 위해요소의 인체용적 계수 산출

해설
식품위생법령상 위해평가 과정
- 위해요소의 인체 내 독성을 확인하는 위험성 확인과정
- 위해요소의 인체노출 허용량 산출하는 위험성 결정과정
- 위해요소가 인체에 노출된 양을 산출하는 노출평가과정
- 위험성 확인과정, 위험성 결정과정, 노출평가과정의 결과를 종합하여 해당 식품 등이 건강에 미치는 영향을 판단하는 위해도 결정과정

02 식품에 첨가했을 때 착색효과와 영양강화 현상을 동시에 나타낼 수 있는 것은?

① 엽산(Folic Acid)
② 아스코르빈산(Ascorbic Acid)
③ 캐러멜(Caramel)
④ 베타카로틴(β-Carotene)

해설
β-Carotene은 당근의 황색이며 비타민 A의 전구체이다.

03 돼지를 중간숙주로 하며 인체유구낭충증을 유발하는 기생충은?

① 간디스토마
② 긴촌충
③ 민촌충
④ 갈고리촌충

해설
갈고리촌충은 돼지를 중간숙주로 하며 인체유구낭충증을 유발하는 기생충이다.

04 식중독 증상에서 Cyanosis 현상이 나타나는 어패류는?

① 섭조개, 대합
② 바지락
③ 복어
④ 독꼬치

해설
Tetrodotoxin
복어의 난소와 간장에 많이 존재하는 복어독으로 신경에 작용하여 Cyanosis를 일으키는 신경독소이다.

05 황색포도상구균 검사방법에 대한 설명으로 틀린 것은?

① 종균배양 : 35~37℃에서 18~24시간 종균배양
② 분리배양 : 35~37℃에서 18~24시간 배양(황색 불투명 집락 확인)
③ 확인시험 : 35~37℃에서 18~24시간 배양
④ 혈청형배양 : 35~37℃에서 18~24시간 배양

해설
황색포도상구균 정성시험법
- 증균배양 : TSB 배지를 35~37℃에서 18~24시간 배양
- 분리배양 : 만니톨 한천배지 또는 Baird-parker 한천배지를 35~37℃에서 18~24시간 배양, 황색 불투명 집락 또는 투명한 띠로 둘러싸인 광택 있는 검은색 집락(배지 중에 있는 단백질이 가수분해)
- 확인시험 : 보통 한천배지를 35~37℃에서 18~24시간 배양 후 그람염색, Coagulase 시험 실시

정답 01 ② 02 ④ 03 ④ 04 ③ 05 ④

06 소독제와 그 주요 작용의 조합이 틀린 것은?

① 크레졸 – 세포벽의 손상
② Ca(OCl)₂ – 산화작용
③ 에탄올 – 탈수, 삼투압으로 미생물 수축
④ 페놀 – 단백질 변성

해설
에탄올
탈수, 단백질 변성으로 미생물 수축

07 식품의 조리 및 가공 중이나 유기물질이 불완전연소되면서 생성되는 유해물질과 관계 깊은 것은?

① Polycyclic Aromatic Hydrocarbon
② Zearalenone
③ Cyclamate
④ Auramine

해설
식품 가공처리 중 유해인자
- 아크릴아마이드 : 아미노산과 당이 120℃ 열에 의해 결합하는 마이야르 반응을 통하여 생성되는 물질로 조리, 가공 중 자연적으로 생성하는 발암물질
- PAH(다환방향족탄화수소, 3,4-벤조피렌류) : 육류의 가열분해로 생성되며 강력한 발암성 물질
- 모노클로로프로판디올(MCPD : Monochloropropanediol) : 화학간장 제조 시 발생되는 발암성 물질

08 식품을 저장할 때 사용되는 식염의 작용 기작 중 미생물에 의한 부패를 방지하는 가장 큰 이유는?

① 나트륨 이온에 의한 살균작용
② 식품의 탈수작용
③ 식품용액 중 산소 용해도의 감소
④ 유해세균의 원형질 분리

해설
염장법
- 10%의 소금을 이용하여 저장하는 방법
- 탈수에 의한 미생물 사멸
- 삼투압에 의해 원형질 분리
- 염소 자체의 살균력
- 용존산소 감소 효과에 따른 화학반응 억제
- 단백질 변성에 의한 효소의 작용 억제 등의 효과
- 건염법은 10~15%, 염수법은 20~25%를 사용하여 채소류나 어류에 이용

09 방사성 핵종과 인체에 영향을 미치는 표적조직의 연결이 옳은 것은?

① ^{137}Cs : 갑상선
② ^{3}H : 전신
③ ^{131}I : 뼈
④ ^{80}Sr : 근육

해설
식품 중 안전관리기준이 설정되어 있는 핵종
^{90}Sr, ^{137}Cs, ^{17}Cs, ^{131}I, ^{106}RU, ^{3}H
- ^{90}Sr : 체내에서 Ca과 유사한 반응을 일으키며 뼈와 골수에 축적되어 백혈병을 유발한다.
- ^{137}Cs : 칼륨과의 화학적 성질이 비슷하여 식물체 표면에서 인체로 흡수 시 체내 수분평형의 문제를 일으킨다.
- ^{131}I : 반감기가 짧은 편이나 초기에 피폭 시 표적장기 축적 가능성이 크며 갑상선독성을 유발한다.
- ^{3}H : 전신

10 식중독균인 클로스트리디움 보툴리눔균의 일반 성상 중 잘못된 것은?

① Gram 양성의 아포 형성균이다.
② 편성 혐기성이다.
③ 열에 안정적이며 가열로 파괴하기 어렵다.
④ 독소는 매우 독성이 강하다.

해설
보툴리눔 식중독
- 원인균 : *Clostridium botulinum*
- 독소 : 단백질성 Neurotoxin(신경 독소)으로 사망률이 50%로 높으나 열에 약하여 100℃에서 10분, 80℃에서 30분이면 파괴된다.

- 그람 양성, 포자(곤봉 모양) 형성, 혐기성 간균, 토양·하천·호수·바다 흙·동물의 분변에 존재, A~G형 7종 중 A, B, E형이 사람에게 중독을 일으킨다. 잠복기는 보통 12~30시간이며 주 증상은 구토, 복통, 설사에 이어 신경증상을 보이며 호흡 마비 후 사망에 이른다.
- 원인식품은 육류 및 통조림, 어류 훈제 등

11 일반적으로 페놀이나 포름알데히드의 용출과 관련이 없는 포장 재료는?

① 페놀수지 ② 요소수지
③ 멜라민수지 ④ 염화비닐수지

[해설]
플라스틱류
- 열가소성 수지(열을 가하면 부드럽게 된다) : 폴리에틸렌, 폴리프로필렌(안정제 용출), 폴리스티렌(단량체 용출), 염화비닐수지(가소제, 단량체, 안정제 용출) 등
- 열경화성 수지(열을 가해도 부드러워지지 않는다) : 페놀수지, 요소수지, 멜라민수지 등으로 포르말린 용출

12 소독제와 소독 시 사용하는 농도의 연결이 틀린 것은?

① 석탄산 : 3~5% 수용액
② 승홍수 : 0.1% 수용액
③ 알코올 : 36% 수용액
④ 과산화수소 : 3% 수용액

[해설]
에틸 알코올 : 70% 수용액

13 식품 및 축산물 안전관리인증기준에서 중요관리점(CCP) 결정 원칙에 대한 설명으로 틀린 것은?

① 농·임·수산물의 판매 등을 위한 포장, 단순처리 단계 등은 선행요건이 아니다.
② 기타 식품판매업소 판매식품은 냉장·냉동 식품의 온도관리 단계를 CCP로 결정하여 중점적으로 관리함을 원칙으로 한다.
③ 판매식품의 확인된 위해요소 발생을 예방하거나 제거 또는 허용수준으로 감소시키기 위하여 의도적으로 행하는 단계가 아닐 경우는 CCP가 아니다.
④ 확인된 위해요소 발생을 예방하거나 제거 또는 허용수준으로 감소시킬 수 있는 방법이 이후 단계에도 존재할 경우는 CCP가 아니다.

[해설]
- 중요관리점 설정(CCP : Critical Control Point, 원칙 2) : 각 위해요소를 예방, 제거하거나 허용수준 이하로 감소시키는 절차
- 식품제조·가공업소 및 단체급식소(집단급식소, 식품접객업소 및 도시락, 농·임·수산물의 판매 등을 위한 포장, 단순처리 단계 등은 선행요건으로 관리한다.

14 식품에 사용할 수 있는 표백제가 아닌 물질은?

① 차아황산나트륨
② 안식향산나트륨
③ 무수아황산
④ 메타중아황산칼륨

[해설]
안식향산나트륨은 보존료이다.

15 바다생선회를 원인식으로 발생한 식중독 환자를 조사한 결과 기생충의 자충이 원인이라면 관련이 깊은 것은?

① 선모충 ② 동양모양선충
③ 간흡충 ④ 아니사키스충

[해설]
아니사키스(Anisakis)
- 고래, 돌고래 등 바다 포유류의 기생충
- 분변에 의한 충란 → 제1중간숙주[갑각류(크릴새우)] → 제2중간숙주(오징어, 갈치, 고등어) → 사람에 생식하여 감염(→ 고래)
- 주로 소화관에 궤양, 조양, 봉와직염

16 기생충 질환과 중간 숙주의 연결이 잘못된 것은?

① 유구조충 – 돼지   ② 무구조충 – 양서류
③ 회충 – 채소   ④ 간흡충 – 민물고기

해설
무구조충 – 소

17 합성수지제 식기를 60℃의 더운물로 처리해서 용출시험을 한 결과, 아세틸아세톤 시약에 의해 녹황색이 나타났을 때 추정할 수 있는 함유 물질은?

① Methanol   ② Formaldehyde
③ Ag   ④ Phenol

해설
포름알데히드 용출시험
합성수지제 식기를 60℃의 더운물로 처리해서 용출하여 아세틸아세톤 시약 처리 후 425nm로 흡광도 측정

18 식품위생 검사에서 대장균을 위생지표세균으로 쓰는 이유가 아닌 것은?

① 대장균은 비병원성이나 병원성 세균과 공존할 가능성이 많기 때문에
② 대장균의 많고 적음은 식품의 신선도 판정의 절대적 기준이 되기 때문에
③ 대장균의 존재는 분변 오염을 의미하기 때문에
④ 식품의 위생적인 취급 여부를 알 수 있기 때문에

해설
대장균을 위생지표세균으로 쓰는 이유
• 대장균은 비병원성이나 병원성 세균과 공존할 가능성이 많기 때문에
• 대장균의 존재는 분변 오염을 의미하기 때문에
• 식품의 위생적인 취급 여부를 알 수 있기 때문에
• 대장 이외의 자연상태에서 다른 대장균군에 비해 장기간 생존하기 때문
• 검출방법이 용이하기 때문에

19 식품의 점도를 증가시키고 교질상의 미각을 향상시키는 고분자의 천연 물질 또는 그 유도체인 식품첨가물이 아닌 것은?

① Methyl Cellulose
② Carboxymethyl Starch
③ Sodium Alginate
④ Glycerin Fatty Acid Ester

해설
①~③은 증점제(호료)이며 Glycerin Fatty Acid Ester는 유화제이다.

20 프탈레이트에 대한 설명으로 틀린 것은?

① 폴리염화비닐의 가소제로 사용된다.
② 환경에 잔류하지는 않아 공기, 지하수, 흙 등을 통한 노출은 없다.
③ 내분비계 교란(장애)물질이다.
④ 식품용 랩 등에 들어 있는 프탈레이트가 식품으로 이행될 수 있다.

해설
• 폴리염화비닐, 폴리에틸렌 테레프탈레이트(PET)의 가소제로 사용된다.
• 가소제인 프탈레이트 계열은 환경호르몬(내분비계 교란물질)이다.
• 식품용 랩 등에 들어 있는 프탈레이트가 식품으로 이행될 수 있다.

2과목 식품화학

21 탄수화물 급원식품이 120℃ 이상 고온에서 튀기거나 구워질 때 생성되며, 아래와 같은 구조를 가진 발암가능 물질은?

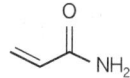

① 아크릴아마이드(Acrylamide)
② 니트로소 화합물(N-nitroso Compound)
③ 이환 방향족 아민(Heterocyclic Amine)
④ 에틸카바메이트(Ethylcarbamate)

해설

아크릴아마이드
- 아미노산과 당이 120℃ 열에 의해 결합하는 마이야르 반응을 통하여 생성되는 물질로 아미노산 중 아스파라긴산이 주원인 물질이다.
- 감자, 빵, 시리얼 등의 곡류 제품이 조리, 가공 중 자연적으로 생성되는 발암물질이다.
- 120℃ 이하에서 조리하거나 삶은 제품에서는 검출되지 않는다.

22 관능검사에 대한 설명 중 틀린 것은?

① 관능검사는 식품의 특성이 시각, 후각, 미각, 촉각, 및 청각으로 감지되는 반응을 측정, 분석, 해석한다.
② 관능검사 패널의 종류는 차이식별 패널, 특성묘사 패널, 기호조사 패널 등으로 나뉜다.
③ 특성묘사 패널은 재현성 있는 측정 결과를 발생시키도록 적절히 훈련되어야 한다.
④ 보통 특성묘사 패널의 수가 가장 많고 기호조사 패널의 수가 가장 적게 필요하다.

해설

식품의 관능검사
- 관능검사는 식품의 특성이 시각, 후각, 미각, 촉각, 및 청각으로 감지되는 반응을 측정, 분석, 해석한다.
- 차이식별검사, 묘사분석, 소비자 기호도검사가 있으며 관능검사 패널의 종류는 차이식별 패널, 특성묘사 패널, 기호조사 패널 등으로 나뉜다.
- 특성묘사 패널은 재현성 있는 측정 결과를 발생시키도록 적절히 훈련되어야 한다.
- 보통 특성묘사 패널의 수가 가장 적고 기호조사 패널의 수가 가장 많이 필요하다.

23 식품 내 수분의 증기압(P)과 같은 온도에서의 순수한 물의 최대 수증기압(P_0)으로부터 수분활성도를 구하는 식은?

① $P - P_0$
② $P \times P_0$
③ $P \div P_0$
④ $P_0 - P$

해설

수분활성도(A_w)
- 어떤 온도에서 식품이 나타내는 수증기압에 대한 순수한 물의 수증기압비로 정의된다.

$$A_w = \frac{P}{P_0}$$ 여기서, P : 식품의 수증기압, P_0 : 물의 수증기압

- 단, 식품의 수증기압은 식품 중 녹아 있는 용질의 종류와 양에 의해 영향을 받으므로 물의 몰수를 M_w, 용질의 몰수를 M_s라고 할 때 $A_w = \dfrac{M_w}{M_w + M_s}$ 가 된다.

24 케톤기를 가지는 탄수화물은?

① Mannose
② Galactose
③ Ribose
④ Fructose

해설

6탄당 중 주로 이용되는 케토스는 과당(Fructose)이다. 나머지는 알도스계열 6탄당(포도당, 만노오스, 갈락토오스), 5탄당(리보오스, 아라비노오스 등)이다.

25 아래의 질문지는 어떤 관능검사방법에 해당하는가?

- 이름 : ___ · 성별 : ___ · 나이 : ___

R로 표시된 기준시료와 함께 두 시료(시료352, 시료647)가 있습니다. 먼저 R시료를 맛본 후 나머지 두 시료를 평가하여 R과 같은 시료를 선택하여 그 시료에 (V)표 하여 주십시오.

시료352( )   시료647( )

① 단순차이검사
② 일-이점검사
③ 삼점검사
④ 이점비교검사

정답 22 ④ 23 ③ 24 ④ 25 ②

[해설]

식품의 관능검사 중 차이식별검사
- 종합적 차이검사 : 단순검사(두 시료의 차이 유무 판정), 일–이점검사(기준시료와 동일한 것 선택), 삼점검사(3개 중 다른 하나 선택), 확장삼점검사
- 특성 차이검사 : 이점비교검사(두 개의 차이), 순위법(강도비교순서), 평점법(0~9점), 다시료 비교검사(기준시료와 비교)

26 클로로필(Chlorophyll)을 알칼리로 처리하였더니 피톨(Phytol)이 유리되고 용액의 색깔이 청록색으로 변했다. 다음 중 어느 것이 형성된 것인가?

① Pheophytin ② Pheophorbide
③ Chlorophyllide ④ Chlorophylline

[해설]

Chlorophyll(엽록소)
- 녹색식물의 잎에 존재하며 Mg을 함유한 4개의 Pyrrol로 구성된 Porphyrin 구조로 Chlorophyll a(청록색)와 b(황록색)가 있으며 3 : 1로 구성
- Chlorophyll은 산성하에서 Porphyrin의 Mg^{2+}이 수소로 치환되어 갈색의 Pheophytin을 형성, 계속된 산 처리 시 Phytol기가 분해되어 갈색의 Pheophorbide 생성
- Chlorophyll은 알칼리성에서 Phytol기가 분해되어 녹색의 Chlorophyllide가 되며 이어서 Methyl기가 분해되면 짙은 녹색의 Chlorophylline 생성
- Chlorophyllase에 의해 Phytol기가 제거되면 녹색의 수용성인 Chlorophyllide 생성
- Chlorophyll을 Cu^{2+}, Fe^{2+} 등의 금속으로 가열 처리하면 Mg^{2+}이 치환되어 녹색의 Chlorophyll염 생성
- 채소를 끓이면 Chlorophyll은 Pheophytin이 되어 갈색 변색

27 어류가 변질되면서 생성되는 불쾌취를 유발하는 물질이 아닌 것은?

① 트리메틸아민(Trimethylamine)
② 카다베린(Cadaverine)
③ 피페리딘(Piperidine)
④ 옥사졸린(Oxazoline)

[해설]

옥사졸린은 살충제이다.

28 아래의 두 성질을 각각 무엇이라 하는가?

A : 잘 만들어진 청국장은 실타래처럼 실을 빼는 것과 같은 성질을 가지고 있다.
B : 국수반죽은 긴 끈 모양으로 늘어나는 성질을 가지고 있다.

① A : 예사성, B : 신전성
② A : 신전성, B : 소성
③ A : 예사성, B : 소성
④ A : 신전성, B : 탄성

[해설]

점탄성체의 성질
- Weissenberg 효과 : 연유 중에 막대 등을 세워 회전시키면 탄성에 의해 연유가 막대를 따라 올라오는 성질
- 예사성(Spinability) : 청국장, 달걀 흰자 등에 막대 등을 넣고 당겨 올리면 실처럼 가늘게 따라 올라오는 성질
- 경점성(Consistency) : 점탄성을 나타내는 식품의 경도(밀가루 반죽 경점성은 Farinograph로 측정)
- 신전성(Extensibility) : 반죽이 국수같이 길게 늘어나는 성질(밀가루 반죽의 신전성은 Extensograph로 측정)

29 유기산의 이름이 잘못 짝지어진 것은?

① 호박산 : Isoamylic Acid
② 사과산 : Malic Acid
③ 주석산 : Tataric Acid
④ 구연산 : Citric Acid

[해설]

호박산 : Succinic Acid

30 콩을 분쇄하는 동안 콩비린내를 생성하게 하는 효소는?

① 폴리페놀 옥시다아제(Polyphenol Oxidase)
② 리폭시게나아제(Lipoxygenase)
③ 헤미셀룰라아제(Hemicellulase)
④ 헤스페리디아나아제(Hesperidinase)

정답 26 ③ 27 ④ 28 ① 29 ① 30 ②

> [해설]
리폭시지나아제(Lipoxygenase)는 콩의 비린내 유발물질을 만들어 내는 원인 효소이다.

31 전분의 호정화에 대한 설명으로 옳은 것은?

① α-전분을 상온에 방치할 때 β-전분으로 되돌아가는 현상
② 전분에 묽은산을 넣고 가열하였을 때 가수분해 되는 현상
③ 160~170℃에서 건열로 가열하였을 때 전분이 분해되는 현상
④ 전분에 물을 넣고 가열하였을 때 점도가 큰 콜로이드 용액이 되는 현상

> [해설]
호정화
전분에 물을 가하지 않고 160℃ 이상으로 가열하면 분해되어 호정(Dextrin)으로 변하는 것을 호정화라고 한다. 호화전분보다 물에 녹기 쉽고 효소작용도 받기 쉬워 소화가 잘된다.

32 산화안정성이 가장 낮은 지방산은?

① Arachidonic Acid ② Linoleic Acid
③ Stearic Acid   ④ Palmitic Acid

> [해설]
- 불포화지방산 중 이중결합수가 많을수록 산화안정성이 낮다.
- Arachidonic Acid(4개), Linoleic Acid(2개)
※ Stearic Acid와 Palmitic Acid는 포화지방산이다.

33 난백의 가장 주된 단백질은?

① 라이소자임(Lysozyme)
② 콘알부민(Conalbumin)
③ 오브알부민(Ovalbumin)
④ 오보뮤코이드(Ovomucoid)

> [해설]
난백은 주로 오브알부민(Ovalbumin)으로 구성되어 있으며 Ca 부족, 비타민 C 결핍, 난백장애물질인 Avidin이 있다.

34 쌀을 도정함에 따라 비율이 높아지는 성분은?

① 오리제닌(Oryzenin) ② 전분
③ 티아민(Thiamin)   ④ 칼슘

> [해설]
0분 도정을 실시하면 현미를 확보할 수 있으나 밥맛에 영향을 주고, 10분(100%) 도정을 하면 하얀 백미(전분)를 확보할 수 있으나 영양 손실이 우려되어 7~9분 정도 도정을 실시하는 것이 좋다.

35 찻잎을 발효시키면 어떤 작용에 의해 Theaflavin이 생성되는가?

① Polyphenol Oxidase 효소 작용
② Glucose Oxidase 효소 작용
③ 마이야르(Maillard) 반응
④ 아스타잔틴(Astaxanthin) 생성 반응

> [해설]
효소적 갈변
- 주로 과일(사과, 배)이나 채소(감자, 고구마) 등의 식품에 절단된 부위에서 일어남
- Catechin, Gallic Acid, Chlorogenic Acid, Tyrosine 등이 Polyphenol Oxidase, Tyrosinase 등 효소에 의해 갈색 물질인 Melanin 생성

36 식품의 산성 및 알칼리성에 대한 설명 중 틀린 것은?

① 알칼리생성원소와 산생성원소 중 어느 쪽의 성질이 큰가에 따라 알칼리성식품과 산성식품으로 나뉜다.
② 식품이 체내에서 소화 및 흡수되어 Na, K, Ca, Mg 등의 원소가 P, S, Cl, I 등의 원소보다 많은 경우를 생리적 산성식품이라 한다.

정답 31 ③ 32 ① 33 ③ 34 ② 35 ① 36 ②

③ 산성식품을 너무 지나치게 섭취하면 혈액은 산성 쪽으로 기울어 버린다.
④ 대표적인 생리적 알칼리성 식품은 과실류, 해조류 및 감자류이다.

해설

식품의 액성
- 알칼리성 식품은 식품 중 알칼리 금속족에 속하는 원소(Na, K, Ca, Mg 등)가 물과 결합하여 강한 알칼리성(NaOH, KOH, Ca(OH)$_2$ 등)을 나타낸다.
- S, C, Cl, P 등의 원소는 황산, 인산, 염산을 형성하는 산성 생성원소이다.

37 다음 식품 중 가소성 유체가 아닌 것은?

① 토마토 케첩   ② 마요네즈
③ 마가린   ④ 액상 커피

해설

가소성(Plasticity)
외부 힘에 의해 변형된 후 외부 힘을 제거해도 원상태로 되돌아가지 않는 성질(버터, 마가린, 생크림, 마요네즈, 토마토 케첩)

38 식품가공에서 요구되는 단백질의 기능성과 가장 거리가 먼 것은?

① 호화   ② 유화
③ 젤화   ④ 기포생성

해설

호화는 탄수화물의 기능성에 속한다.

39 펙트산(Pectic Acid)의 단위 물질은?

① Galactose   ② Galacturonic Acid
③ Mannose   ④ Mannuronic Acid

해설

- 펙틴 : 갈락투론산 구성, 프로토펙틴, 펙틴, 펙틴산 분류
- 덜 익은 과실-프로토펙틴(불용), 숙성과실-펙틴(가용성), 완숙과일-펙틴산(불용성)

40 유화제는 한 분자 내에 친수성기와 소수성기를 같이 지니고 있다. 다음 중 상대적으로 소수성이 큰 것은?

① $-COOH$ ② $-NH_2$
③ $-CH_3$ ④ $-OH$

해설

전기음성도가 큰 산소 또는 질소를 가진 물질은 상대적으로 친수성이며 전기음성도가 비슷한 수소와 탄소를 함께 가지는 물질은 소수에 가깝다.

3과목 식품가공학

41 건제품과 그 특성의 연결이 틀린 것은?

① 동건품-물에 담가 얼음과 함께 얼린 것
② 자건품-원료 어패류를 삶아서 말린 것
③ 염건품-식염에 절인 후 건조시킨 것
④ 소건품-원료 수산물을 날것 그대로 말린 것

해설

동건품
수산물을 동결·융해하여 말린 것

42 우유의 초고온순간처리법(UHT)으로서 가장 알맞은 조건은?

① 121℃에서 0.5초~4초 가열
② 121℃에서 5~9초 가열
③ 130~150℃에서 0.5~5초 가열
④ 130~150℃에서 4~9분 가열

해설

우유 살균법
- 저온장시간살균(LTLT) : 63℃에서 30분 가열 후 급랭하며 우유, 술, 과즙 등에 이용
- 고온단시간살균(HTST) : 75℃에서 15초 가열 후 급랭하며 우유나 과즙 등에 이용
- 초고온순간살균(UHT) : 132℃에서 2~3초 가열하며 우유나 과즙 등에 이용

정답 37 ④ 38 ① 39 ② 40 ③ 41 ① 42 ③

43 가당 연유의 예열 목적이 아닌 것은?

① 미생물 살균 및 효소 파괴를 위해
② 첨가한 설탕을 완전히 용해시키기 위해
③ 농축 시 가열면의 우유가 눌어붙는 것을 방지하여 증발이 신속히 되도록 하기 위해
④ 단백질에 적당한 열변성을 주어서 제품의 농후화를 촉진시키기 위해

[해설]
가당 연유의 예열 목적
• 미생물 살균 및 효소 파괴를 위해
• 첨가한 설탕을 완전히 용해시키기 위해
• 농축 시 가열면의 우유가 눌어붙는 것을 방지하여 증발이 신속히 되도록 하기 위해

44 떫은 감의 탈삽 기작과 관계가 없는 것은?

① 가용성 탄닌(Tannin)의 불용화
② 감 세포의 분자 간 호흡
③ 탄닌(Tannin)물질의 제거
④ 아세트알데히드(Acetaldehyde), 아세톤(Acetone), 알코올(Alcohol) 생성

[해설]
떫은 감의 탈삽
• 감의 떫은맛을 없애는 방법으로 가용성 탄닌이 불용성 탄닌으로 변화하는 것
• 감 세포의 분자 간 호흡으로 아세트알데히드(Acetaldehyde), 아세톤(Acetone), 알코올(Alcohol) 생성
• 열탕법, 알코올법, 탄산법 등

45 통조림 내에서 가장 늦게 가열되는 부분으로, 가열살균 공정에서 오염미생물이 확실히 살균되었는가를 평가하는 데 이용되는 것은?

① 온점　　② 냉점
③ 열점　　④ 중앙점

[해설]
냉점
대류나 전도에 의한 열전달에서 가장 낮은 온도를 지칭하며 통조림 제조 시 통조림 내에서 가장 늦게 가열되는 부분으로, 가열살균 공정에서 오염미생물이 확실히 살균되었는가를 평가하는 데 이용

46 면류의 가공에 대한 설명으로 틀린 것은?

① 곡분 또는 전분 등을 주원료로 한다.
② 당면은 전분 80% 이상을 주원료로 제조하여야 한다.
③ 생면은 성형 후 바로 포장한 것이나 표면만 건조시킨 것이다.
④ 유탕면은 생면을 주정 처리 후 건조하여 건면으로 제조한 것이다.

[해설]
유탕면
생면을 130~150℃에서 2~3분간 팜유 등으로 튀겨 α화 고정시켜 건조한 제품

47 수확된 농산물의 저장 중 호흡작용에 대한 설명으로 틀린 것은?

① 일반적으로 농산물의 호흡열을 제거하여 온도상승을 억제하는 것이 저장에 유리하다.
② 수확되기 전보다는 약하지만 살아 있는 한 호흡작용을 계속한다.
③ 일반적으로 곡류가 채소류보다 호흡작용이 왕성하다.
④ 호흡작용에 의한 발열은 화학작용으로 당의 대사과정을 통해 방출된다.

[해설]
일반적으로 채소류가 곡류보다 호흡작용이 왕성하다.

정답　43 ④　44 ③　45 ②　46 ④　47 ③

48 정미기의 도정작용에 대한 설명으로 틀린 것은?

① 마찰식은 마찰과 찰리 작용에 의한다.
② 마찰식은 주로 정맥과 주조미 도정에 쓰인다.
③ 통풍식은 마찰식 정미기의 변형으로 백미도정에 널리 쓰인다.
④ 연삭식의 도정원리는 롤(Roll)의 연삭, 충격작용에 의한다.

해설
- 마찰식은 주로 정미와 주조미 도정에 쓰인다.
- 보리의 도정에는 혼수도정을 주로 한다.

49 Cream Separator로서 가장 적합한 원심분리기는?

① Tubular Bowl Centrifuge
② Solid Bowl Centrifuge
③ Nozzle Discharge Centrifuge
④ Disc Bowl Centrifuge

해설
우유의 크림 분리, 유지 정제 시 비누 물질 제거, 과일주스의 청징 및 효소의 분리 등에 널리 이용되는 원심분리기는 디스크형 원심분리기(Disc-bowl Centrifuge)이다.

50 유지의 구분 중 나머지 셋과 다른 하나는?

① 올리브유 ② 팜유
③ 동백유   ④ 낙화생유

해설
팜유는 저급지방산으로 이루어진 포화지방이며 나머지는 불포화지방이다.

51 전분입자를 분리하는 방법이 아닌 것은?

① 탱크 침전식   ② 테이블 침전식
③ 원심 분리식   ④ 진공 농축식

해설
전분유에서 전분이 용해되지 않고 가라앉으므로 전분입자의 분리는 침전이나 원심분리를 이용해 쉽게 분리한다.

52 48%의 소금(질량%)을 함유한 수용액에서 수분활성도(A_w)는?

① 0.75   ② 0.78
③ 0.82   ④ 0.90

해설
수분활성도(A_w)
- 어떤 온도에서 식품이 나타내는 수증기압에 대한 순수한 물의 수증기압비로 정의된다.
  $A_w = \dfrac{P}{P_0}$ 여기서, P : 식품의 수증기압, P_0 : 물의 수증기압
- 단, 식품의 수증기압은 식품 중 녹아 있는 용질의 종류와 양에 의해 영향을 받으므로 물의 몰수를 M_w, 용질의 몰수를 M_s라고 할 때 $A_w = \dfrac{M_w}{M_w + M_s}$ 가 된다.

$$\therefore A_w = \dfrac{M_w}{M_w + M_s} = \dfrac{\dfrac{52}{18}}{\dfrac{52}{18} + \dfrac{48}{58}} = 0.78$$

53 소시지 가공에 쓰이는 기계 장치는?

① 사일런트 커터(Silent Cutter)
② 해머밀(Hammer Mill)
③ 프리저(Freezer)
④ 볼밀(Ball Mill)

해설
- 사일런트 커터(Silent Cutter) : 소시지 가공에 이용
- 해머밀(Hammer Mill) : 회전축에 해머가 장착되어 분쇄, 막대, 칼날, T자형 해머 등(임팩트밀, 다목적밀, 설탕, 식염, 곡류, 마른 채소, 옥수수 전분 등에 사용)
- 볼밀(Ball Mill) : 회전 원통 속에 금속, 돌 등과 원료를 함께 회전하여 분쇄(곡류, 향신료 등 수분 3~4% 이하 재료에 적당)

정답 48 ② 49 ④ 50 ② 51 ④ 52 ② 53 ①

54 콩 가공과정에서 불활성화시켜야 하는 유해성분은?

① 글로불린(Globulin)
② 레시틴(Lecithin)
③ 트립신저해제(Trypsin Inhibitor)
④ 나이아신(Niacin)

해설
콩의 유해성분
트립신저해제(Trypsin Inhibitor), 혈구응집소

55 멸치젓 제조 시 소금으로 절여 발효할 때 나타나는 현상이 아닌 것은?

① 과산화물가(Peroxide Value)가 증가한다.
② 가용성 질소가 증가한다.
③ 맛이 좋아진다.
④ 생균수가 15~20일 사이에 급격히 감소하다가 점차 증가한다.

해설
멸치젓
- 신선한 멸치를 수세·탈수 후 소금(20~30%, 정제염)에 절임
- 밀봉 후 그늘에 2~3개월 숙성
- 가용성 질소가 증가하며 과산화물가(Peroxide Value)가 증가

56 유지의 정제방법이 아닌 것은?

① 탈산
② 탈염
③ 탈색
④ 탈취

해설
유지의 정제 : 불순물을 물리·화학적 방법으로 제거
㉠ 탈검공정(Degumming Process)
  • 인지질 등 제거
  • 무수 상태에서 기름에 녹으므로 물이나 수증기를 넣어 수화시켜 분리
㉡ 탈산공정(Deaciding Process)
  • 유리지방산 등 제거
  • NaOH으로 유리지방산을 중화(비누화) 제거하는 알칼리정제법 사용
㉢ 탈색공정(Decoloring Process)
  • Carotenoid, 엽록소 등 제거
  • 가열탈색법이나 활성백토를 이용하는 흡착탈색법 사용
㉣ 탈취공정(Deodoring Process)
  • 알데히드, 케톤, 탄화수소 등 냄새 제거
  • 활성탄 등 흡착제를 이용한 탈취
㉤ 탈납공정(Winterization)
  • 샐러드유 제조 시 지방결정체 제거
  • 냉각시켜 발생되는 고체 결정체를 제거하는 탈납(Dewaxing) 이용

57 25℃의 공기(밀도 1.149kg/m³)를 80℃로 가열하여 10m³/s의 속도로 건조기 내로 송입하고자 할 때 소요 열량은?(단, 공기의 비열은 25℃에서는 1.0048kJ/kg·K, 80℃에서는 1.0090kJ/kg·K이다.)

① 636kW
② 393kW
③ 318kW
④ 954kW

해설
열량 계산
$Q = cmT$ (여기서, c : 비열, m : 질량, T : 온도차)
- 1.149kg/m³ × 10m³/s = 11.49kg/s
- (1.0048+1.0090)/2 = 1.0069
- 1.0069 × 11.49 × (80−25) = 636kW

58 사후강직 전의 근육을 동결시킨 뒤 저장하였다가 짧은 시간에 해동시킬 때 많은 양의 Drip을 발생시키며 강하게 수축되는 현상은?

① 자기분해
② 해동강직
③ 숙성
④ 자동산화

해설
해동강직
사후강직 전의 근육을 동결시킨 뒤 저장하였다가 짧은 시간에 해동시킬 때 많은 양의 Drip을 발생시키며 강하게 수축되는 현상

정답 54 ③ 55 ④ 56 ② 57 ① 58 ②

59 분무건조법의 특징과 거리가 먼 것은?

① 열변성하기 쉬운 물질도 용이하게 건조 가능하다.
② 제품형상을 구형의 다공질 입자로 할 수 있다.
③ 연속으로 대량 처리가 가능하다.
④ 재료의 열을 빼앗아 승화시켜 건조한다.

해설

분무건조법
- 열에 약한 제품에 이용, 분유, 주스분말, 커피, 차 등
- 액상 식품을 분무장치로 열풍에 분무하여 빠르게 건조
- 대부분 건조가 항률건조로 연속처리가 가능
- 다공질 입자를 형성하므로 용해가 잘됨

60 콩단백질의 특성에 대한 설명으로 틀린 것은?

① 콩단백질은 묽은 염류용액에 용해된다.
② 콩을 수침하여 물과 함께 마쇄하면, 인산칼륨용액에 콩단백질이 용출된다.
③ 콩단백질은 90%가 염류용액에 추출되며, 이 중 80% 이상이 Glycinin이다.
④ 콩단백질의 주성분인 Glycinin은 양(+)전하를 띠고 있다.

해설

콩단백질의 주성분인 글리시닌 단백질은 중성단백질이다.

4과목 식품미생물학

61 청량음료에서 곰팡이 발생의 원인으로 옳지 않은 것은?

① 탄산가스 농도 과다 ② 보존 중 병의 불량
③ 타전 불량 ④ 핀 홀(Pin Hole) 형성

해설

탄산가스 농도가 높으면 pH가 감소하여 미생물 생육에 적합하지 않다.

62 종속영양균(Heterotrophic Microbe)의 탄소원과 질소원의 이용에 관한 설명 중 옳은 것은?

① 탄소원과 질소원 모두 무기물만을 이용한다.
② 탄소원으로 무기물을, 질소원으로 유기 또는 무기질소 화합물을 이용한다.
③ 탄소원으로 유기물을, 질소원으로 유기 또는 무기질소 화합물을 이용한다.
④ 탄소원과 질소원 모두 유기물만을 이용한다.

해설

종속영양균(Heterotrophic Microbe)은 탄소원으로 유기물을, 질소원으로 유기 또는 무기질소 화합물을 이용한다.

63 곰팡이 포자 중 유성포자는?

① 분생포자 ② 포자낭포자
③ 담자포자 ④ 후막포자

해설

- 무성포자 : 내생포자, 외생포자, 후막포자, 분열자
- 유성포자 : 접합포자, 난포자, 자낭포자, 담자포자

64 60분마다 분열하는 세균의 최초 세균수가 5개일 때 3시간 후의 세균수는?

① 40개 ② 90개
③ 120개 ④ 240개

해설

세대시간(Generation Time)
㉠ 하나의 세포가 분열하여 2개 세포로 증식하는 시간
㉡ 세균은 분열법으로 번식하며 일반적으로 15분~30분이다.
㉢ 세대시간 계산
- 총균수 = 초기균수 $\times 2^n$, n = 세대수
- n세대까지 소요시간을 t, 분열시간을 g라 하면,

세대수 $n = \dfrac{t}{g}$

∴ $n = \dfrac{180}{60} = 3$, 총균수 $= 5 \times 2^3 = 40$

65 식품으로부터 곰팡이를 분리하여 맥아즙 한천(Malt Agar) 배지에서 배양하면서 관찰하였다. 균총의 색은 배양시간이 경과함에 따라 백색에서 점차 청록색으로 변화하였으며, 현미경 시야에서 격벽이 있는 분생자병, 정낭, 구조가 없는 빗자루 모양의 분생자두, 구형의 분생자를 관찰할 수 있었다. 이상의 결과로부터 추정할 수 있는 이 곰팡이의 속명은?

① *Aspergillus* 속 ② *Mucor* 속
③ *Penicillium* 속 ④ *Trichoderma* 속

해설
Penicillium(푸른곰팡이)
분생자병 끝에 정낭이 없어 기저경자에 분생포자가 외생한다.

66 미생물의 증식에 관한 설명 중 틀린 것은?

① 영양원 배지에 처음 접종하였을 때 증식에 필요한 각종 효소단백질을 합성하며 세포수 증가는 거의 나타나지 않는다.
② 접종 후 일정 시간이 지나면 세포는 대수적으로 증가한다.
③ 생육정지 상태에서는 어느 정도 기간이 경과하면 다시 증식이 대수적으로 이루어진다.
④ 사멸기는 유해한 대사 산물의 축적, 배지의 pH 변화 등에 의해 나타난다.

해설
생육정지 상태에서는 어느 정도 기간이 경과하면 다시 유도기부터 시작한다.

67 바이로이드(Viroid)의 설명으로 틀린 것은?

① 바이로이드는 작은 구형의 한 가닥 RNA로서 알려진 감염체 중에 가장 작다.
② 외피 단백질이 없고 그 세포 외 형태는 순수한 RNA이다.
③ 바이로이드는 그 복제가 전적으로 숙주의 기능에 의존한다.
④ 단백질을 암호화하는 유전자를 가지고 있다.

해설
바이로이드(Viroid)
• 단백질 외피 없이 짧은 원형 단일가닥 RNA로 이루어진 관다발식물에 감염하는 병원성 물질이다.
• 바이로이드에는 단백질 껍질이 없으므로 단백질을 암호화할 물질도 없다.

68 내생포자의 특징이 아닌 것은?

① 대사반응을 수행하지 않음
② 고온, 소독제 등에서 생존이 가능
③ 1개의 세포에서 2개의 포자 형성
④ 일부 그람양성균이 형성하는 특별한 휴면세포

해설
1개의 세포에서 1개의 포자 형성

69 발효에 관여하는 미생물에 대한 설명 중 틀린 것은?

① 글루타민산 발효에 관여하는 미생물은 주로 세균이다.
② 당질을 원료로 한 구연산 발효에는 주로 곰팡이를 이용한다.
③ 항생물질 스트렙토마이신(Streptomycin)의 발효 생산은 주로 곰팡이를 이용한다.
④ 초산 발효에 관여하는 미생물은 주로 세균이다.

해설
항생물질 스트렙토마이신(Streptomycin)의 발효 생산은 주로 방선균을 이용한다.

70 다음 중 균사에 격막을 갖지 않는 균은?

① *Aspergillus niger* ② *Penicillium noatum*
③ *Mucor hiemalis* ④ *Aspergillus sojae*

정답 65 ③ 66 ③ 67 ④ 68 ③ 69 ③ 70 ③

해설

곰팡이(진균류)
㉠ 균사(Hyphae)로 영양섭취와 발육을 담당
㉡ 진균류는 조상균류와 순정균류로 분류
- 조상균류(격막 없음) : 접합균류, 난균류, 호상균류 – Mucor 속, Rhizopus 속
- 순정균류(격막 있음) : 자낭균류, 담자균류, 불완전균류 – Aspergillus 속, Penicillium 속

71 편모에 관한 설명 중 틀린 것은?

① 주로 구균이나 나선균에 존재하며 간균에는 거의 없다.
② 세균의 운동기관이다.
③ 위치에 따라 극모와 주모로 구분된다.
④ 그람염색법에 의해 염색되지 않는다.

해설

편모는 주로 간균이나 나선균에 존재하며 구균에는 거의 없다.

72 돌연변이에 대한 설명으로 틀린 것은?

① DNA 분자 내의 염기서열을 변화시킨다.
② DNA에 변화가 있더라도 표현형이 바뀌지 않는 잠재성 돌연변이(Silent Mutation)가 있다.
③ 모든 변이는 세포에 있어서 해로운 것이다.
④ 유전자 자체의 변화에 의해 자연적으로 발생하기도 한다.

해설

대부분 변이는 세포에 해로운 경우에는 도태되어 사라지게 되나 일부 이로운 것은 유전적으로 선택되어 진화된다.

73 산업적인 글루탐산 생성균으로 가장 적합한 것은?

① Corynebacterium glutamicum
② Lactobacillus plantarum
③ Mucor rouxii
④ Pediococcus halophilus

해설

글루탐산 발효
- 글루탐산을 생성, 축적하는 발효를 의미한다.
- 글루탐산 생성균(Corynebacterium glutamicum, Brevibacterium flavum)에는 모두 비오틴이 필요하지만 생산 시에는 비오틴을 생육적량 이하로 제한해야 글루탐산의 생성이 최대가 된다.

74 알코올 발효능이 강한 종류가 많아 주류제조에 이용되는 것은?

① 세균
② 효모
③ 곰팡이
④ 박테리오파지

해설

알코올 발효능이 강한 종류가 많아 주류 제조에 이용되는 것은 효모이다.

75 효모의 산업적인 이용에 적합하지 않은 것은?

① 식사료로 이용
② 리파아제 생산
③ 글리세롤 생산
④ 항생물질 생산

해설

항생물질 생산은 주로 Penicillium 속 곰팡이나 방선균에 의해 이루어진다.

76 그람(Gram) 염색한 결과 균체가 탈색되지 않고 (청)자색으로 염색된 상태로 있는 균속은?

① Escherichia 속
② Salmonella 속
③ Pseudomonas 속
④ Bacillus 속

해설

Gram 염색(Gram Stain)
- Crystal Violet(1분) 염색 – Lugol액 매염 – 95% 에틸알코올 탈색(30초) – SafraninO(1분) 대비염색
- 보라색 – Gram 양성(Bacillus 속, Clostridium 속), 붉은색 – Gram 음성(Escherichia 속, Salmonella 속, Pseudomonas 속, Proteus 속)

정답 71 ① 72 ③ 73 ① 74 ② 75 ④ 76 ④

77 분열에 의해서 증식하는 효모는?

① *Saccharomyces* 속
② *Candida* 속
③ *Torulaspora* 속
④ *Schizosaccharomyces* 속

해설

- *Saccharomyces* 속 : 유성생식 중 동태접합, 출아법
- *Sacchromycodes* 속 : 무성생식 중 출아분열법
- *Schizosaccharomyces* 속 : 무성생식 중 분열법

78 비타민 B_{12}를 생육인자로 요구하여 비타민 B_{12}의 미생물적인 정량법에 이용되는 균주는?

① *Staphylococcus aureus*
② *Bacillus cereus*
③ *Lactobacillus leichmanii*
④ *Escherichia coli*

해설

*Lactobacillus leichmanii, Lactobacillus lactis*는 비타민 B_{12}를 생육인자로 요구하는 영양요구성 미생물로 비타민 B_{12}의 미생물적인 정량법에 이용된다.

79 미생물의 성장곡선에서 세포분열이 급속하게 진행되어 최대의 성장속도를 보이는 시기는?

① 유도기　　② 대수기
③ 정체기　　④ 사멸기

해설

미생물의 생육곡선(Growth Curve)

㉠ 유도기(Lag Phase, Induction Period)
  - 미생물이 증식을 준비하는 시기
  - 효소, RNA는 증가, DNA는 일정
  - 초기 접종균수를 증가시키거나 대수 증식기균을 접종하면 기간이 단축

㉡ 대수기(Logarithmic Phase)
  - 대수적으로 증식하는 시기
  - RNA는 일정, DNA는 증가
  - 세포질 합성속도와 세포수 증가는 비례
  - 세대시간, 세포의 크기 일정
  - 생리적 활성이 크고 예민
  - 증식속도는 영양, 온도, pH, 산소 등에 따라 변화

㉢ 정지기(Stationary Phase)
  - 영양물질의 고갈로 증식수와 사멸수가 같다.
  - 세포수 최대
  - 포자 형성 시기

㉣ 사멸기(Death Phase)
  - 생균수보다 사멸균수가 증가
  - 자기소화(Autolysis)로 균체 분해

80 생육온도에 따른 미생물 분류 시 대부분의 곰팡이, 효모 및 병원균이 속하는 것은?

① 저온균　　② 중온균
③ 고온균　　④ 호열균

해설

인체의 온도에 해당하는 중온균에 대부분의 곰팡이, 효모 및 병원균이 속한다.

5과목　생화학 및 발효학

81 다음 중 균체 외 효소가 아닌 것은?

① Amylase　　② Protease
③ Glucose Oxidase　　④ Pectinase

해설

- 단백질, 전분, 섬유소 등 고분자 물질을 분해하는 효소는 대부분 세포 외 효소이다.
- Glucose Oxidase는 *Aspergillus niger*가 생산하는 균체 내 효소로 포도당을 산화시키는 작용으로 의약, 식품, 축산에 이용된다.

82 혐기적 조건의 근육조직에서 에너지 전달물질은?

① Phosphoenolpyruvate
② Creatine Phosphate

정답 77 ④　78 ③　79 ②　80 ②　81 ③　82 ②

③ 1,3-Bisphosphoglycerate
④ Oxaloacetate

[해설]
Creatine Phosphate는 포유동물의 근육에서 분해되어진 ATP를 재생시키는 근육저장형 고에너지 화합물이다.

83 요로회소(Urea Cycle)에 관여하지 않는 아미노산은?

① 오르니틴(Ornithine)
② 아르기닌(Arginine)
③ 글루타민산(Glutamic Acid)
④ 시트룰린(Citrulline)

[해설]
요소회로에는 오르니틴, 아르기닌, 아르기노숙신산, 시트룰린 및 아스파르트산이 관여한다.

84 한 개 유전자-한 개 폴리펩티드(One Gene-one Polypeptide) 이론에 대하여 옳게 설명한 것은?

① 한 가지 유전자는 특별한 폴리펩티드만을 생합성하는 유전정보를 주는 것이다.
② 각 효소의 합성은 특정 유전자에 의하여 촉매된다.
③ 각 폴리펩티드는 특별한 반을 촉매한다.
④ 각 유전자는 이 유전자에 해당하는 특별한 효소에 의해서 생합성된다.

[해설]
한 개 유전자-한 개 폴리펩티드(One Gene-one Polypeptide) 이론은 Central Dogma에서 한 가지 유전자(DNA)는 특별한 폴리펩티드(단백질)만을 생합성하는 유전정보를 주는 것을 말한다.

85 비탄수화물(Non Carbohydrate)원으로부터 포도당 혹은 글리코겐(Glycogen)이 생합성되는 과정은?

① Glycolysis
② Glycogenesis
③ Glycogenolysis
④ Gluconeogenesis

[해설]
Gluconeogenesis
비탄수화물(Non Carbohydrate)원으로부터 포도당을 합성하는 과정

86 효모배양 시 효모의 최고 수득량을 얻는 당의 공급방식은?

① 효모의 당 동화비율보다 낮은 비율로 공급한다.
② 효모의 당 동화비율보다 높은 비율로 공급한다.
③ 효모의 당 동화비율과 관계없이 배양초기에 많이 공급한다.
④ 효모의 당 동화비율과 같은 비율로 공급한다.

[해설]
효모배양 시 효모의 최고 수득량을 얻는 당의 공급방식은 효모의 당 동화비율과 같은 비율로 공급하는 것이다.

87 pH가 낮은 탄산음료에 들어 있는 아미노산들의 형태는?

① 대부분 양이온(+전하)를 띤 상태로 존재한다.
② 대부분 음이온(-전하)를 띤 상태로 존재한다.
③ 대부분 전하를 띠지 않은 중성 상태로 존재한다.
④ 대부분 음이온(-전하)과 양이온(+전하)을 모두 띤 양성전하(Zwitterion)상태로 존재한다.

[해설]
대부분 아미노산은 중성에서 음이온(-전하)과 양이온(+전하)을 모두 띤 양성전하(Zwitterion)상태로 존재하고 수소이온 농도가 높은 산성용액하에서는 카르복실기 음이온이 수소로 채워지므로 대부분 양이온(+전하)을 띤 상태로 존재한다.

88 세포막의 특성에 대한 설명으로 틀린 것은?

① 물질을 선택적으로 투과시킨다.
② 호르몬의 수용체(Receptor)가 있다.
③ 표면에 항원이 되는 물질이 있다.
④ 단백질을 합성한다.

정답 83 ③ 84 ① 85 ④ 86 ④ 87 ① 88 ④

> [해설]
> 세포막 – 인지질 이중층으로 구성되어 있으며 세포 안팎을 격리시키며 물질 투과 및 수송을 담당하고 수용체가 있다.

89 DNA로부터 단백질 합성까지의 과정에서 t-RNA의 역할에 대한 설명으로 옳은 것은?

① M-RNA 주형에 따라 아미노산을 순서대로 결합시키기 위해 아미노산을 운반하는 역할을 한다.
② 핵 안에 존재하는 DNA 정보를 읽어 세포질로 나오는 역할을 한다.
③ 아미노산을 연결하여 Protein을 직접 합성하는 장소를 제공한다.
④ 합성된 Protein을 수식하는 기능을 담당한다.

> [해설]
> t-RNA
> • 2차원 구조는 클로버 모양, 3차원 구조는 L자 모양이다.
> • 최소 20개 이상의 종류가 있으며 부분적으로 특이 핵산을 가지고 3'에 ACC 부분에 해당 아미노산이 결합하는 부위를 가진다.
> • m-RNA 주형에 있는 Codon에 따라 인식부위인 Anti-codon을 가진 해당 t-RNA가 아미노산을 순서대로 결합시키기 위해 아미노산을 운반하는 역할을 한다.

90 일차대사산물을 높은 효율로 얻기 위한 방법 중에서 그 기작이 다른 것은?

① 영양요구성 변이 이용
② Analogue 내성 변이 이용
③ Feedback 내성 변이 이용
④ 세포막 투과성의 개량 이용

> [해설]
> 일차대사산물을 높은 효율로 얻기 위한 방법
> • 영양요구성에 의한 생산
> • 변이주에 의한 생산 : Analogue 내성 변이 이용, Feedback 내성 변이 이용
> • 생합성 전구물질에 의한 생산
> • 세포막 투과성의 개량 이용은 세포 내 물질의 이동 유발, 다른 것은 세포 자체 생산성의 변화

91 t-RNA에 대한 설명으로 틀린 것은?

① 활성화된 아미노산과 특이적으로 결합한다.
② Anti-Codon을 가지고 있다.
③ Codon을 가지고 있어 r-RNA와 결합한다.
④ Codon의 정보에 따라 m-RNA와 결합한다.

> [해설]
> m-RNA 주형에 있는 Codon에 따라 인식부위인 Anti-codon을 가진 해당 t-RNA가 아미노산을 순서대로 결합시키기 위해 아미노산을 운반하는 역할을 한다.

92 Invertase에 대한 설명으로 틀린 것은?

① 활성 측정은 Sucrose에 결합되는 산화력을 정량한다.
② Sucrase 또는 Saccharase라고도 한다.
③ 가수분해와 Fructose의 전달반응을 촉매한다.
④ Sucrose를 다량 함유한 식품에 첨가하면 결정 석출을 막을 수 있다.

> [해설]
> 활성 측정은 Sucrose가 분해되어 생산되는 포도당과 과당의 양을 정량한다.

93 주정발효 시 술밑의 젖산균으로 사용하는 것은?

① *actobacillus casei*
② *Lactobacillus delbrueckii*
③ *Lactobacillus bulgaricus*
④ *Lactobacillus plantarum*

> [해설]
> 녹말질 주정제조
> • 병행 복발효주를 증류한 것으로 옥수수, 고구마 등 이용
> • 당화 균주 : *Asp. oryzae, Asp. usamii, Asp. awamori*
> • 술밑 젖산균 : *Lactobacillus delbrueckii*
> • 발효 : 30~36℃, 20~30시간

정답 89 ① 90 ④ 91 ③ 92 ① 93 ②

94 당밀 원료로 주정을 제조할 때의 발효법인 Hildebrandt-Erb법(Two-stage Method)의 특징이 아닌 것은?

① 효모증식에 소모되는 당의 양을 줄인다.
② 폐액의 BOD를 저하시킨다.
③ 효모의 회수비용이 절약된다.
④ 주정농도가 가장 높은 술덧을 얻을 수 있다.

해설
주정 농도가 높은 술덧을 얻을 수 있는 방법은 고농도 술덧 발효법이다.

95 TCA 회로(Tricarboxylic Acid Cycle)에서 생성되는 유기산이 아닌 것은?

① Citric Acid　　② Lactic Acid
③ Succinic Acid　④ Malic Acid

해설
젖산(Lactate)은 혐기적 해당의 산물이다.

96 조효소로 사용되면서 산화환원반응에 관여하는 비타민으로 짝지어진 것은?

① 엽산, 비타민 B_{12}
② 니코틴산, 엽산
③ 리보플라빈, 니코틴산
④ 리보플라빈, 티아민

해설
산화환원반응에 관여하는 조효소는 NADH, FADH 등이며 나이아신, 리보플라빈이 비타민 전구체이다.

97 지방간의 예방인자이며, 생체 내에서는 세린과 에탄올아민으로부터 합성되는 비타민 B 복합체는?

① Biotin　　　　② Choline
③ Pantothenic Acid　④ Tocopherol

해설
Choline
- 생체 주요 대사 물질로 지방간의 예방인자이며 생체 내에서는 세린과 에탄올아민으로부터 합성되는 비타민 B 복합체이다.
- 콜린은 밀의 맥아, 콩기름, 달걀 노른자, 신경조직에 많이 분포한다.
- 포스파티드산과 결합하여 세포막 성분인 레시틴이 된다.
- 아세틸콜린은 신경전달 물질이다.

98 1몰의 포도당으로 생성하는 알코올의 이론적인 수득량을 %로 나타낸다면?

① 약 51.1%　　② 약 56.0%
③ 약 62.4%　　④ 약 75.0%

해설
효모의 발효형식(Neuberg의 발효형식)
- 효모는 산소의 유무에 따라 발효형식이 다르다.
- 혐기적 발효(Alcohol 발효) : 주류 생산에 이용, 1포도당($C_6H_{12}O_6$, 180)이 2에탄올(C_2H_5OH, 46×2), 2이산화탄소(CO_2), 58cal 에너지, 2ATP 생성
- 호기적 발효(호흡작용, 산화작용) : 1포도당이 $6CO_2$, $6H_2O$, 686cal, 32ATP 생성
- $180 : 92 = 100 : x$, $x = 51.1\%$

99 미생물 발효의 배양형식 중 운전 조작방법에 따른 분류에 해당되지 않는 것은?

① 회분배양　　② 액체배양
③ 유가배양　　④ 연속배양

해설
액체배양법
- 정치배양, 진탕배양, 통기배양 등으로 기계화 가능
- 세균에 의한 오염 가능성이 있다.
- 공장에서 나오는 폐수가 많다.
- 시설비가 들지만 대규모 생산에 유리하다.
- 산소를 공급하는 데 동력이 필요하다.
- 생산물의 회수가 어렵다.

정답 94 ④　95 ②　96 ③　97 ②　98 ①　99 ②

100 주정발효의 원료로서 돼지감자에 많이 들어 있는 이눌린(Inulin)을 이용하고자 할 때 처리할 공정에 대한 설명으로 옳은 것은?

① 전분의 처리 시와 같게 처리해도 무방하다.
② 액화 시 이눌린 가수분해효소(Inulinase)를 처리해야 한다.
③ Saccharomyces 효모 대신 Torulopsis 효모로 당화시켜야 한다.
④ 액화효소로 Invertase를 과량 첨가해야 한다.

해설

이눌린(Inulin)
- 이눌린은 β-Fructofuranose로 이루어진 과당 다당류로 체내에서 소화되지 않으며 돼지감자나 달리아 뿌리에 존재한다.
- 액화 시 이눌린 가수분해효소(Inulinase)를 처리해야 한다.

정답 100 ②

2021년 2회 식품기사

1과목 식품위생학

01 곰팡이독증(Mycotoxicosis)의 특징에 대한 설명으로 옳은 것은?

① 단백질이 풍부한 축산물을 섭취하면 일어날 수 있다.
② 원인식품에서 곰팡이의 오염증거 또는 흔적이 인정된다.
③ 모든 곰팡이독증에는 항생물질이나 약제요법을 실시하면 치료의 효과가 있다.
④ 감염형이기 때문에 사람과 사람 사이에서 직접 감염된다.

해설
곰팡이독(Mycotoxin)의 특징
- 곡류 등 탄수화물이 풍부한 농산물을 원인식품으로 하는 경우가 많다.
- Aspergillus 속에 의한 사고는 여름(열대지역)에 많이 발생하며, Fusarium 속에 의한 사고는 한랭기(한대지역)에서 많이 발생한다.
- 곰팡이는 수확 전후에 오염되는 경우가 많으며 생육에 적합한 조건에 영향을 받는다.
- 전염성이 없으며 항생물질 등의 효과를 기대하기 어렵다.
- 저분자화합물로 열에 안정하여 가공 중 파괴되지 않는다.
- 만성독성이 많으며 발암성인 것이 많다.
- 곰팡이가 2차 대사산물로 생산하는 물질로 사람이나 온혈동물에게 해를 주는 물질로 Mycotoxi Cosis(곰팡이독 중독증)라고 한다.

02 유지 산화방지제의 일반적인 특성으로 옳은 것은?

① 카보닐화합물 생성 억제
② 아미노산 생성 억제
③ 지방산의 생성 억제
④ 유기산의 생성 억제

해설
산화방지제
- 항산화제는 미량으로 유지의 자동산화를 억제하는 물질로 초기반응에서 생성된 Free Radical을 환원시켜 연쇄반응을 중단시킨다.
- 유지의 자동산화는 초기반응(Free Radical 생성), 연쇄반응(과산화물 생성), 분해반응(과산화물 분해), 종결반응(중합반응)으로 이루어진다.
- 산화력이 강한 카보닐화합물(알데하이드류, 케톤류) 생성 억제
- Tocopherol류나 Flavonoid 등 항산화제는 Radical과 반응하여 연쇄반응을 중단한다.

03 감염병과 그 병원체의 연결이 틀린 것은?

① 유행성 출혈열 : 세균
② 돈단독 : 세균
③ 광견병 : 바이러스
④ 일본뇌염 : 바이러스

해설
유행성 출혈열은 한탄 바이러스가 병원체이다.

04 HACCP에 관한 설명으로 틀린 것은?

① 위해분석(Hazard Analysis)은 위해가능성이 있는 요소를 찾아 분석·평가하는 작업이다.
② 중요관리점(Critical Control Point) 설정이란 관리가 안 될 경우 안전하지 못한 식품이 제조될 가능성이 있는 공정의 결정을 의미한다.
③ 관리기준(Critical Limit)이란 위해분석 시 정확한 위해도 평가를 위한 지침을 말한다.
④ HACCP의 7개 원칙에 따르면 중요관리점이 관리기준 내에서 관리되고 있는지를 확인하기 위한 모니터링방법이 설정되어야 한다.

정답 01 ② 02 ① 03 ① 04 ③

[해설]

HACCP 실행단계(HACCP 7원칙)
- 위해요소 분석(HA ; Hazard Analysis, 원칙 1) : 식품 공정의 각 단계별로 잠재적인 생물학적, 화학적, 물리적 위해요소 분석
- 중요관리점 설정(CCP ; Critical Control Point, 원칙 2) : 각 위해요소를 예방, 제거하거나, 허용수준 이하로 감소시키는 절차
- 허용기준 설정(Critical Limit, 원칙 3) : 안전을 위한 절대적 기준치로 온도, 시간, 무게, 색 등 간단히 확인할 수 있는 기준 설정
- 모니터링방법 설정(원칙 4) : 모니터링의 절차는 허용 기준에 벗어난 것을 찾아내는 것으로 모니터링하는 자를 단체급식소 등에서는 조리원 중에서 선정
- 시정조치 설정(원칙 5) : 모니터링 결과 허용기준을 벗어났을 때 시정조치를 하는 것으로 허용기준을 벗어난 제품을 식별, 분리하는 즉시적 조치와 동일 사고 방지를 위해 정비, 교체, 교육 등을 하는 예방적 조치가 있음
- 검증방법 설정(원칙 6) : 효과적으로 시행되는지 검증하는 것으로 HACCP 계획검증, 중요관리점 검증, 제품검사, 감사 등으로 구성
- 기록보관 및 문서화방법 설정(원칙 7) : HACCP 시스템을 문서화하기 위한 효과적인 기록 유지 절차 설정

05 분변검사로 충란을 검출할 수 없는 기생충은?

① 유극악구충
② 간흡충
③ 민촌충
④ 구충

[해설]

유극악구충(Gnathostoma Spinigerm)
- 물속의 충란에서 부화된 유충 → 제1중간숙주(물벼룩) → 제2중간숙주(미꾸라지, 가물치, 뱀장어 등) → 생식으로 감염된다(최종 숙주인 개나 고양이 등에 기생).
- 사람은 종말숙주가 아니므로 결국에는 죽게 된다.

06 아래의 반응식에 의한 제조방법으로 만들어지는 식품첨가물명과 주요 용도를 옳게 나열한 것은?

$$CH_3CH_2COOH + NaOH \rightarrow CH_3CH_2COONa + H_2O$$

① 카복시메틸셀룰로오스나트륨 – 증점제
② 스테아릴젖산나트륨 – 유화제
③ 차아염소산나트륨 – 합성살균제
④ 프로피온산나트륨 – 보존료

[해설]

보존료
- 식품의 부패를 방지하여 선도를 유지
- 부패 미생물에 대한 정균작용으로 보존기간을 연장
- 식품의 유통단계에서 안전성을 확보하기 위하여 사용
- 안식향산(Benzoic Acid), 프로피온산, 소르빈산, 디히드로초산나트륨 등
- 탄소 3개의 흡수 지방산인 프로피온산에 수산화나트륨을 처리하여 프로피온산나트륨 제조

07 식품의 안전관리에 대한 사항으로 틀린 것은?

① 작업장 내에서 작업 중인 종업원 등은 위생복 · 위생모 · 위생화 등을 항시 착용하여야 하며, 개인용 장신구 등을 착용하여서는 아니 된다.
② 식품 취급 등의 작업은 바닥으로부터 60cm 이상의 높이에서 실시하여 바닥으로부터의 오염을 방지하여야 한다.
③ 칼과 도마 등의 조리 기구나 용기, 앞치마, 고무장갑 등은 원료나 조리과정에서의 교차오염을 방지하기 위하여 식재료 특성 또는 구역별로 구분하여 사용하여야 한다.
④ 해동된 식품은 즉시 사용하고 즉시 사용하지 못할 경우 조리 시까지 냉장 보관하여야 하며, 사용 후 남은 부분은 재동결하여 보관한다.

[해설]

해동된 식품은 사용 후 남은 부분을 재동결하지 않는다.

08 페놀프탈레인시액 규정은?

① 페놀프탈레인 1g을 에탄올 10mL에 녹인다.
② 페놀프탈레인 1g을 에탄올 100mL에 녹인다.
③ 페놀프탈레인 1g을 에탄올 1,000mL에 녹인다.
④ 페놀프탈레인 1g을 에탄올 10,000mL에 녹인다.

정답 05 ① 06 ④ 07 ④ 08 ②

> **해설**
> 지시약인 페놀프탈레인시액은 페놀프탈레인 1g을 에탄올 100mL에 녹여 제조한다.

09 부식되지 않고 열전도성이 좋지만, 습기나 이산화탄소가 많은 곳에서는 산가용성의 녹청(綠靑)이 형성되어 위생상의 위해를 초래할 수 있는 금속제 용기재료는?

① 납(Pb)   ② 구리(Cu)
③ 카드뮴(Cd)   ④ 알루미늄(Al)

> **해설**
> 금속용기 성분의 침출
> • 알루미늄 : 산, 알칼리에 부식
> • 아연, 주석 : 산성식품에서 용출
> • 구리 : 산가용성 녹청에 의한 용출

10 반감기는 짧으나 젖소가 방사능 강하물에 오염된 사료를 섭취할 경우 쉽게 흡수되어 우유에서 바로 검출되므로 우유를 마실 때 가장 문제가 될 수 있는 방사성 물질은?

① ^{89}Sr ② ^{90}Sr
③ ^{137}Cs ④ ^{131}I

> **해설**
> 식품 중 안전관리기준이 설정되어 있는 핵종
> ^{90}Sr, ^{137}Cs, ^{17}Cs, ^{131}I, ^{106}RU
> • ^{90}Sr : 체내에서 Ca과 유사한 반응을 일으키며 뼈와 골수에 축적되어 백혈병을 유발한다.
> • ^{137}Cs : 칼륨과의 화학적 성질이 비슷하여 식물체 표면에서 인체로 흡수 시 체내 수분평형의 문제를 일으킨다.
> • ^{131}I : 반감기가 짧은 편이나 초기에 피폭 시 표적장기 축적 가능성이 크며 갑상선독성을 유발한다.

11 3,4-Benzopyrene에 대한 설명 중 틀린 것은?

① 식품 중에는 직화로 구운 고기에만 존재한다.
② 다핵 방향족 탄화수소이다.
③ 발암성 물질이다.
④ 대기오염 물질 중의 하나이다.

> **해설**
> 벤조피렌은 식품 중 불로 구운 고기뿐 아니라 참기름이나 들기름에서도 검출된다.

12 식품의 방사선 살균에 대한 설명으로 틀린 것은?

① 침투력이 강하므로 포장용기 속에 식품이 밀봉된 상태로 살균할 수 있다.
② 조사 대상물의 온도 상승 없이 냉살균(Cold Sterilization)이 가능하다.
③ 방사선 조사한 식품의 살균 효과를 증가시키기 위해 재조사한다.
④ 식품에는 감마선을 사용한다.

> **해설**
> 방사선 조사
> • 방사선 조사는 주로 ^{60}Co의 감마선을 이용해 포장된 상태의 제품을 처리할 수 있으며 비열처리하므로 냉살균이라 한다.
> • 1kGy 이하의 저선량 방사선 조사를 통해 감자, 양파 등의 발아 억제, 기생충 사멸, 숙도 지연 등의 효과를 얻을 수 있다.
> • 바이러스의 사멸을 위해서는 발아 억제를 위한 조사보다 높은 선량이 필요하다.
> • 방사선 조사한 식품을 재조사하지는 않는다.
> • 10kGy 이하의 방사선 조사로는 모든 병원균을 완전히 사멸시키지는 못한다.
> • 식품에는 10kGy 이하의 에너지를 주로 사용한다.
> • 완제품의 경우 조사처리된 식품임을 나타내는 문구 및 조사도안을 표시하여야 한다.

13 식물성 식중독의 원인성분과 식품의 연결이 틀린 것은?

① 솔라닌(Solanine) - 감자
② 아미그달린(Amygdalin) - 청매
③ 무스카린(Muscarine) - 버섯
④ 셉신(Sepsin) - 고사리

> **해설**
> 셉신(Sepsin)은 부패한 감자의 독성분이다.

정답 09 ② 10 ④ 11 ① 12 ③ 13 ④

14 트리할로메탄(Trihalomethane)에 대한 설명으로 틀린 것은?

① 수도용 원수의 염소 처리 시에 생성되며 발암성 물질로 알려져 있다.
② 생성량은 물속에 있는 총유기성 탄소량에는 반비례하나 화학적 산소요구량과는 무관하다.
③ 메탄의 4개 수소 중 3개가 할로겐 원자로 치환된 것이다.
④ 전구물질을 제거하거나 생성된 것을 활성탄 등으로 처리하여 제거할 수 있다.

해설
THM은 원수의 유기물 양에 비례하여 생성되므로 COD(화학적 산소요구량)가 높을수록 많은 양이 생성된다.

15 다음 식중독 세균과 주요 원인식품의 연결이 부적합한 것은?

① 병원성 대장균 - 생과일주스
② 살모넬라균 - 달걀
③ 클로스트리디움 보툴리눔 - 통조림식품
④ 바실러스 세레우스 - 생선회

해설
바실러스 세레우스(Baillus Cereus)
- 그람양성의 포자형성을 하는 호기성균이다.
- 토양세균으로 원인균과 포자가 자연계에 널리 분포하여 식품에 오염기회가 많으며 주로 복합조미식품, 장류, 김치류, 젓갈류 등에 오염된다.

16 인수공통병원균으로 냉장온도에서도 생존하여 증식할 수 있으며, 소량의 균으로도 발병이 가능한 식중독균은?

① *Vibrio parahaemolyticus*
② *Staphylococcus aureus*
③ *Bacillus cereus*
④ *Listeria monocytogenes*

해설
Listeria monocytogenes
- 인수공통감염병, 그람양성, 무포자, 간균, 중온균으로 최적온도는 30~37℃이나 냉장고에서 활발히 생육하는 세균
- 감염형 식중독균으로 소량의 균으로 감염되어 위장증상, 수막염, 임산부의 자연유산 및 사산 유발
- 건조한 환경에 강해 분유 등 유제품 및 육류를 통해 감염

17 식품미생물의 성장에 영향을 미치는 내적인자와 거리가 먼 것은?

① 수분활성도
② pH
③ 산화환원전위(Redox)
④ 상대습도

해설
미생물의 생육에 영향을 미치는 인자
온도, pH, 수분활성도, 산소, 광선, 삼투압, 산화환원전위 등

18 일반적으로 식품의 초기부패 단계에서 나타나는 현상이 아닌 것은?

① 불쾌한 냄새가 발생하기 시작한다.
② 퇴색, 변색, 광택 소실을 볼 수 있다.
③ 액체인 경우 침전, 발포, 응고현상이 나타난다.
④ 단백질분해가 시작되지만 총균수는 감소한다.

해설
초기부패 관능변화
맛(쓴맛, 신맛 등), 냄새(아민, 암모니아, 알코올, 산패취, 인돌 등), 색(갈변, 퇴색, 변색, 광택 소실), 조직감(탄성 감소, 연질화, 점액화 등), 액상(침전, 발포, 응고)의 변화
- 생물학적 검사: 생균수 측정(신선도 판정 지표) - 1g당 10^5 이하면 신선, 단백질 분해가 시작 되면 총균수 증가
- 화학적 검사: 휘발성 염기질소 측정(30~40mg%), 트리메틸아민 측정(4mg%), pH 측정(pH 6.2), 히스타민 측정(400mg%), K값 측정(60~80%)

정답 14 ② 15 ④ 16 ④ 17 ④ 18 ④

19 HACCP의 일반적인 특성에 대한 설명으로 옳은 것은?

① 사고 발생 시 역추적이 불가능하여 사전적 예방의 효과만 있다.
② 식품의 HACCP 수행에 있어 가장 중요한 위험요인은 통상적으로 "물리적 > 화학적 > 생물학적" 요인 순이다.
③ 공조시설계통도나 용수 및 배관처리계통도상에서는 폐수 및 공기의 흐름 방향까지 표시되어야 한다.
④ 제품설명서에 최종제품의 기준·규격작성은 반드시 식품공전에 명시된 기준·규격과 동일하게 설정하여야 한다.

해설
사고 발생 시 역추적하여 원인을 파악하고 개선조치를 한다.

20 주요 용도가 산도조절제가 아닌 것은?

① Sorbic Acid
② Lactic Acid
③ Acetic Acid
④ Citric Acid

해설
소르빈산(Sorbic Acid)은 대표적인 합성보존료이고, 가공식품의 보존에 흔히 사용되며 각종 미생물의 생육 억제에 효과가 있다.

2과목 식품화학

21 Colloid 용액에 빛을 비추면 그 빛의 진로가 뚜렷하게 보이는 교질 용액의 성질은?

① 반투성
② 브라운 운동
③ Tyndall 현상
④ 흡착

해설
콜로이드의 성질
- 반투성(Dialysis) : 생체막과 같은 막이 이온이나 저분자 물질은 투과시키나 콜로이드 이상의 고분자 물질은 통과시키지 않는 성질
- 브라운 운동(Brownian Motion) : Sol 상태에서 불규칙적으로 운동하는 분산매에 따라 충돌하는 분산질도 불규칙운동을 하며 지속적으로 분산하는 것
- 응결(Coagulation) : 소수성 Sol에 전해질을 가해 침전되는 것[염석(Salting-out)이라 하고 두부 제조에 이용]
- 흡착(Adsorption) : 콜로이드 입자는 표면적이 넓어 흡착이 용이하며 조리과정 중 음식재료가 염류를 쉽게 흡착
- Tyndall 현상 : 강한 빛을 비추었을 때 Colloid 입자가 가시광선을 산란시켜 빛의 통로가 보이는 교질 용액의 성질

22 1g의 어떤 단당류 화합물을 20mL의 메탄올에 용해시킨 후 10cm 두께의 편광기에 넣고 광회전도를 측정하였더니 (+) 5.0°가 나왔다. 이 화합물의 고유 광회전도는?

① (−) 100°
② (−) 50°
③ (+) 50°
④ (+) 100°

해설
고유 광회전도
$$[\alpha]_D = \frac{측정\ 광회전도}{길이(l) \times 농도(c)}$$
$= +5°/(1dm \times 0.05g/mL) = +100°$

23 물과의 친화력이 가장 큰 반응 그룹은?

① 수산화기(−OH)
② 알데히드기(−CHO)
③ 메틸기($-CH_3$)
④ 페닐기($-C_6H_5$)

해설
- 단당류는 물분자와 수소결합을 하는 수산기가 많아 강한 친수성 성질 보유
- 탄소와 수소는 전기음성도가 비슷하여 소수성을 띰
- 알데히드기와 같은 카르보닐기는 친수성이나 강한 환원성을 띠므로 알코올기에 비해 친수성이 다소 약함

정답 19 ③ 20 ① 21 ③ 22 ④ 23 ①

24 과일을 저장하면서 호흡량의 Q_{10} 값과 해당 온도에서의 호흡량의 차이를 비교하였다. 똑같은 조건하에서 온도를 10℃ 올린다면 가장 많은 호흡량을 보이는 것은?

① Q_{10} = 2.2인 것
② Q_{10} = 1.8인 것
③ 12℃에서 100mL/kg/h이던 것이 22℃에서 150mL/kg/h인 것
④ 14℃에서 110mL/kg/h이던 것이 34℃에서 260mL/kg/h인 것

해설
Q_{10} 값은 온도가 10℃ 상승했을 때 화학반응의 상승폭을 의미하므로 2.2배가 가장 많은 폭의 호흡량 증가를 나타낸다.

25 고구마 절단 시 나오는 흰색 유액의 특수성분은?

① 사포닌(Saponin)
② 잘라핀(Jalapin)
③ 솔라닌(Solanine)
④ 이눌린(Inulin)

해설
잘라핀(Jalapin)
고구마 수지의 주성분으로, 생고구마 또는 그 줄기를 절단하면 그 절단면으로부터 나오는 백색 유상의 점액이다.

26 색소 성분의 변화에 대한 설명 중 틀린 것은?

① 클로로필은 가열이나 약산 처리 시 Mg이온이 수소로 치환되어 청록색의 Pheophorbide가 된다.
② Myoglobin은 햄, 소시지와 같은 염지육에서는 Nitrosomyoglobin으로 된다.
③ Myoglobin이 되고 익힌 육류의 색은 Metmyoglobin에 의해 유발된다.
④ Carotenoids는 광선에 매우 민감하나, 이 예민도는 산소의 존재 유무에 따라 달라진다.

해설
Chlorophyll(엽록소)
- 녹색식물의 잎에 존재하며 Mg을 함유한 4개의 Pyrrol로 구성된 Porphyrin 구조로 Chlorophyll a(청록색)와 b(황록색)가 3 : 1로 구성
- Chlorophyll은 산성하에서 Porphyrin의 Mg^{2+}이 수소로 치환되어 갈색의 Pheophytin을 형성한다. 계속된 산 처리 시 Phytol기가 분해되어 갈색의 Pheophorbide 생성
- Chlorophyll은 알칼리성에서 Phytol기가 분해되어 녹색의 Chlorophyllide가 되며 이어서 Methyl기가 분해되면 짙은 녹색의 Chlorophylline 생성
- Chlorophyllase에 의해 Phytol기가 제거되면 녹색의 수용성인 Chlorophyllide 생성
- Chlorophyll을 Cu^{2+}, Fe^{2+} 등의 금속으로 가열 처리하면 Mg^{2+}이 치환되어 녹색의 Chlorophyll염 생성
- 채소를 끓이면 Chlorophyll은 Pheophytin이 되어 갈색 변색

27 유지의 중성지질에 붙어 있는 지방산을 가스크로마토그래피(GC)를 활용하여 분석할 때 유지의 처리방법은?

① 중성지질을 아세톤 용매에 희석한 후 바로 주사기를 이용하여 GC에 주입한다.
② 중성지질을 비누화하여 유리지방산을 제거한 후 GC에 주입한다.
③ 중성지질에 직접 에틸기를 붙여 GC에 주입한다.
④ 중성지질을 지방산 메틸에스터로 유도체화시킨 후 GC에 주입한다.

해설
유지의 중성지질에 붙어 있는 지방산을 가스크로마토그래피(GC)를 활용하여 분석할 때 중성지질을 지방산 메틸에스터(FAME)로 유도체화시킨 후 GC에 주입한다.

28 두류식품의 제한아미노산으로 문제시되는 것은?

① 메티오닌(Methionine)
② 라이신(Lysine)

정답 24 ① 25 ② 26 ① 27 ④ 28 ①

③ 아르기닌(Arginine)
④ 트레오닌(Threonine)

해설

제한아미노산
- 필수아미노산 중 가장 적게 함유하여 전체적인 단백질 구성에 제한이 되는 아미노산
- 일반적으로 곡류는 라이신이 부족하며 두류는 메티오닌, 옥수수는 트립토판이 제한아미노산이 된다.

29 단백질 변성(Denaturation)에 대한 설명으로 틀린 것은?

① 단백질 변성이란 단백질 구조 중 1, 2, 3차 구조가 외부의 자극에 의해 변화되는 현상이다.
② 염류에 의한 단백질 변성의 예는 콩단백질로 두부를 제조하는 것이다.
③ 우유 단백질인 Casein이 치즈 제조에 활용되는 원리는 일종의 산(Acid)에 의한 단백질 변성이다.
④ 육류를 장시간 가열하면 결합조직인 Collagen이 변성되어 Gelatin이 된다.

해설

단백질 변성
강한 산이나 염기(pH)로 처리하거나 열, 이온성 세제, 유기용매 등의 변성제를 가하여 단백질의 3차 구조가 변화되어 생물학적 활성이 파괴되는 현상이다.

30 GC와 HPLC에 대한 설명으로 틀린 것은?

① GC는 주로 휘발성 물질의 분석에, HPLC는 비휘발성 물질의 분석에 활용된다.
② GC는 이동상이 기체이고, HPLC는 이동상이 액체이다.
③ HPLC는 GC보다 시료 회수가 어렵다.
④ 일반적으로 GC의 민감도가 HPLC보다 높다.

해설

HPLC는 비휘발성이므로 휘발성인 GC보다 시료 회수가 간편하다.

31 유지 산패의 측정방법이 아닌 것은?

① 과산화물값 측정
② TBA 값 측정
③ 비누화값 측정
④ 총 Carbonyl 화합물 함량 측정

해설

비누화값은 유지의 불포화도를 측정하는 값이다.

32 채소류는 데치기 공정(Blanching)을 하면 보통 색깔이 진해지지만 지나치게 가열하거나 산으로 처리하였을 경우에는 갈색으로 변한다. 이런 경우 다음 중 어느 것을 첨가하면 색이 변하는 것을 방지할 수 있는가?

① 탄산마그네슘
② 황산암모늄
③ 염화칼슘
④ 수산화나트륨

해설

Chlorophyll(엽록소)
- 녹색식물의 잎에 존재하며 Mg을 함유한 4개의 Pyrrol로 구성된 Porphyrin 구조로 Chlorophyll a(청록색)와 b(황록색)가 3 : 1로 구성
- Chlorophyll을 Cu^{2+}, Fe^{2+} 등의 금속으로 가열 처리하면 Mg^{2+}이 치환되어 녹색의 Chlorophyll염 생성
- 채소를 끓이면 Chlorophyll은 Pheophytin이 되어 갈색 변색하는데 탄산마그네슘을 첨가하여 가열처리하면 변색을 방지할 수 있다.

33 다음의 그림에서 항복점(Yield Point)은 어느 것인가?

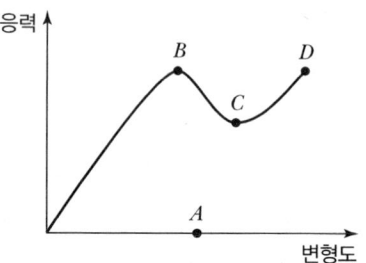

① A　　　　　　　② B
③ C　　　　　　　④ D

[해설]
- A : 탄성
- B : 항복점(Yield Point)
- C : Offset Yield Strength
- D : 인장응력

34 조직감(Texture)의 특성에 대한 설명으로 틀린 것은?

① 견고성(경도)은 일정 변형을 일으키는 데 필요한 힘의 크기다.
② 응집성은 물질이 부서지는 데 드는 힘이다.
③ 점성은 흐름에 대한 저항의 크기다.
④ 접착성은 식품의 표면과 다른 물체의 표면이 부착되어 있는 것을 떼어내는 데 필요한 힘이다.

[해설]
식품의 조직감
- 견고성(경도) : 일정 변형을 일으키는 데 필요한 힘의 크기
- 응집성 : 식품의 형태를 구성하는 내부적 결합에 필요한 힘
- 저작성 : 반고체식품을 삼킬 수 있는 정도까지 씹는 데 필요한 힘
- 점성 : 흐름에 대한 저항의 크기
- 접착성 : 식품 표면이 다른 물질의 표면에 부착되어 있는 것을 떼어내는 데 필요한 힘

35 검화될 수 없는 지방질(Unsaponifiable Lipids)에 속하는 성분은?

① 트리스테아린(Tristearin)
② 토코페롤(Tocopherol)
③ 세레브로사이드(Cerebroside)
④ 레시틴(Lecithin)

[해설]
검화는 알칼리성 물질로 글리세롤과 지방산의 에스터 결합을 절단하는 것으로 단순지질인 트리스테아린, 복합지질인 세레브로사이드, 레시틴이 가능하며 토코페롤과 같은 유도지질은 검화할 수 없다.

36 액체 상태의 유지를 고체 상태로 변환시켜 쇼트닝을 만들거나, 유지의 산화안정성을 높이기 위해 사용하는 가공방법은?

① 경화　　　　　　② 탈검
③ 탈색　　　　　　④ 여과

[해설]
유지의 경화
- 불포화지방산의 이중결합에 수소를 첨가하여 포화지방산으로 전환시킨다.
- 쇼트닝, 마가린 가공에 이용된다.
- 경화 시 융점과 점도는 높아지고 용해도는 감소한다.
- 액체기름이 고체지방으로 전환된다.

37 Anthocyanins와 관련된 과실의 색깔 변화표에서 ( ) 안에 알맞은 것은?

과실명	산성	중성	알칼리성
크랜베리	( )	엷은 자색 (Faint Purple)	담녹색 (Light Green)

① 빨간색(Red)
② 자색(Purple)
③ 녹색(Green)
④ 청색(Blue)

[해설]
안토시아닌계 색소
- pH에 따라 산성 - 적색, 알칼리성 - 청색
- 수용성이며 한 개 또는 두 개의 단당류와 결합되어 있는 배당체
- 금속이온에 의해 색이 변함

38 지방산화에 대한 설명 중 옳은 것은?

① 자동산화는 Free Radical Chain Reaction이라고 불리며 라디칼 형태로 된 포화지방이 삼중항산소와 결합하는 반응이다.
② 일중항산소는 삼중항산소로부터 생성될 수 있으며 비라디칼 형태이기에 불포화지방산과 쉽게 반응 가능하다.

③ 지방산화를 촉진하는 효소 중 하나인 리폭시게나아제(Lipoxygenase)는 주로 올레산(Oleic Acid)을 산화시킨다.
④ 변향(Reversion Flavor)은 콩기름과 같이 올레산이 많은 유지에서 풀냄새나 콩비린내가 나는 현상을 지칭한다.

> [해설]
> **지방산화**
> - 유지의 자동산화 초기에는 일정 기간 동안 산소흡수속도가 매우 낮다.
> - 일중항산소(Singlet Oxygen)에 의한 산화는 지방의 이중 결합과 유도단계 없이 바로 결합하기에 반응속도가 빠르다.
> - Lipoxygenase는 분자 내에 1 Z, 4 Z−pentadiene 구조를 가지는 리놀레산, 리놀렌산, 아라키돈산에 효소를 첨가하여 Hydroperoxide를 생성한다.
> - 유지의 자동산화는 초기반응(Free Radical 생성), 연쇄반응(과산화물 생성), 분해반응(과산화물 분해), 종결반응(중합반응)으로 이루어진다.
> - Tocopherol류나 Flavonoid 등 항산화제는 Radical과 반응하여 연쇄반응을 중단한다.
> - 변향은 Linolenic Acid의 산화에 의해 발생한다.

39 식품의 텍스처 특성과 일반적인 표현의 연결이 옳은 것은?

① 저작성(Chewiness) : 무르다, 단단하다
② 부착성(Adhesiveness) : 미끈미끈하다, 끈적끈적하다
③ 응집성(Cohesiveness) : 기름지다, 미끈미끈하다
④ 견고성(Hardness) : 부스러지다, 깨지다

> [해설]
> **기계적 특성**
> ㉠ 견고성 : 부드럽다, 단단하다, 딱딱하다 등
> ㉡ 응집성
>   • 파쇄성 : 부서지다, 깨지다 등
>   • 저작성 : 연하다, 질기다 등
>   • 점착성 : 바삭하다, 풀 같다 등
> ㉢ 점성 : 묽다, 되다 등
> ㉣ 탄성 : 판판하다, 물렁하다 등
> ㉤ 부착성 : 미끌하다, 끈적하다 등

40 단순단백질로 난백에 많고, 물에 잘 녹는 혈액의 중요한 단백질은?

① Prolamin
② Chromoprotein
③ Phosphoprotein
④ Albumin

> [해설]
> ① Prolamin : 식품저장단백질
> ② Chromoprotein : 염색단백질(헤모글로빈, 시토크롬)
> ③ Phosphoprotein : 인단백질

3과목 식품가공학

41 마요네즈에 대한 설명으로 틀린 것은?

① 마요네즈는 유백색이며, 기포가 없고, 내용물이 균질하여야 한다.
② 식용유의 입자가 큰 것일수록 점도가 높고 안정도도 크다.
③ 유탁의 조직 점도와 함께 조미료와 향신료의 배합에 의한 풍미는 마요네즈의 품질을 좌우한다.
④ 마요네즈는 Oil in Water(O/W)의 유탁액이다.

> [해설]
> **마요네즈(Mayonnaise)**
> • 식물유 75%, 식초 10%, 난황 10%, 조미료 3.5%, 향신료 1.5% 등을 혼합하여 수중 유적형으로 유화한 제품(난백은 사용하지 않음)
> • 식용유의 입자가 작은 것일수록 점도가 높고 안정도도 큼

42 쌀을 고압으로 가열 후 급히 분출시켜 팽창시켜 제조한 쌀 가공품은?

① 파보일드 쌀(Parboiled Rice)
② 팽화 쌀(Puffed Rice)
③ α−쌀(Alpha Rice)
④ 피복 쌀(Premixed Rice)

정답 39 ② 40 ④ 41 ② 42 ②

해설

팽화곡물
곡물을 고온·고압 가열 후 상온·상압으로 급격히 감압시켜 전분을 Dextrin으로 팽화시킴으로써 소화율을 높인 것으로 팽화미, 팽화보리, 팝콘 등이 있다.

43 콩단백의 기능적 특성과 콩을 재료로 하는 식품의 이용 관계에 대한 설명 중 틀린 것은?

① 콩단백의 점성으로 응고되는 성질을 이용하여 두부를 제조함
② 콩단백의 흡수성을 이용하여 식물성 소시지를 제조함
③ 콩단백의 유화성을 이용하여 빵을 제조함
④ 콩단백의 기포성을 이용하여 케이크를 제조함

해설

두부는 포화농도의 염에서 염석작용으로 침전된 콩단백으로 제조한다.

44 동물 근육의 사후경직 과정 중 최고의 경직을 나타내는 산성 상태일 때의 pH(Ultimate Acidity pH)는 약 얼마인가?

① 6.0 ② 5.4
③ 4.6 ④ 3.5

해설

사후경직
- 근육 글리코겐 분해에 따라 젖산 생성, ATP 생성, 근육 경직 발생(액토미오신 형성)
- 생선 1~4시간, 닭 6~12시간, 쇠고기 24~48시간, 돼지 70시간 후 최대 사후경직
- 경직 해제 후 자가소화 효소에 의한 숙성
- 쇠고기 숙성은 0℃에서 10일간, 8~10℃에서 4일간
- 육류(pH 7.0) – 사후강직(pH 5.4) – 자가소화(Autolysis, pH 6.2) – 부패(pH 12)
- 육류를 숙성시키면 신장성과 보수성이 증가한다.

45 유지에 수소를 첨가하는 주요 목적이 아닌 것은?

① 안정성을 높임
② 불포화지방산에 기인한 냄새를 제거함
③ 융점을 높임
④ 유리지방산을 제거함

해설

경화유
- 불포화지방산이 많은 액체유에 Ni 존재하에서 H를 첨가하여 고체지(포화지방산)로 제조하여 안정성을 높임
- 녹는점이 높아지고 안정성 증가, 산패가 적고 냄새 감소
- 어유, 콩기름, 면실유, 채종유 등에 이용
- 쇼트닝, 마가린 등이 대표적인 제품

46 압력 101.325kPa(1atm)에서 25℃의 물 2kg을 100℃의 수증기로 변화시키는 데 필요한 엔탈피 변화는?(단, 물의 평균비열은 4.2kJ/kg·K이고, 100℃에서 물의 증발잠열은 2,257kJ/kg이다.)

① 315kJ ② 630kJ
③ 2,572kJ ④ 5,144kJ

해설

열량 구하는 공식
$Q = cmT$ 여기서, c : 비열, m : 질량, T : 온도차
- 물의 평균비열 = 4.2kJ/kg·K, $4.2 \times 2 \times (100-25) = 630J$
- 물의 증발잠열 = 2,257kJ/kg, $2,257 \times 2 = 4.51$kJ
∴ 필요한 엔탈피 변화는 $630 + 4,510 = 5,140$kJ

47 고기의 연화제로 많이 쓰이는 효소는?

① 리파아제(Lipase)
② 아밀라아제(Amylase)
③ 인버타아제(Invertase)
④ 파파인(Papain)

해설

식육 연화제
- 단백질 분해효소로 육류를 분해하여 부드럽게 한다.
- 파파인(Papain) – 파파야, 피신(Ficin) – 무화과, 브로멜린(Bromelin) – 파인애플, 액티니딘(Actinidin) – 키위

48 식품 저장 시 방사선 조사에 의한 효과가 아닌 것은?

① 곡류식품의 살충
② 과실, 채소, 육류식품의 살균
③ 감자, 양파 등의 발아 촉진
④ 과실, 채소 등의 숙도 조정

해설

방사선 조사 식품
- 방사선 조사는 주로 ^{60}Co의 감마선을 이용해 포장된 상태의 제품을 처리할 수 있으며 비열처리하므로 냉살균이라 한다.
- 1kGy 이하의 저선량 방사선 조사를 통해 감자, 양파 등의 발아 억제, 기생충 사멸, 숙도 지연, 살균, 살충 등의 효과를 얻을 수 있다.

49 과실을 주스로 가공할 때 주의점 및 특성에 대한 설명으로 틀린 것은?

① 색깔이 가공 중에 변하지 않게 한다.
② 살균은 고온살균이 적합하다.
③ 비타민의 손실이 적도록 한다.
④ 과일 중의 유기산은 금속화합물을 잘 만들므로 용기의 금속재료에 주의한다.

해설

과실을 주스로 가공할 때 변색이나 비타민 등 영양가 손실 방지를 위해 저온살균한다.

50 알루미늄박(Al – foil)에 폴리에틸렌 필름을 입혀서 사용하는 가장 큰 목적은?

① 산소나 가스의 차단
② 내유성 향상
③ 빛의 차단
④ 열접착성 향상

해설

산소나 가스의 차단성, 내유성, 빛 차단성을 지닌 알루미늄박(Al – foil)에 폴리에틸렌 필름을 입히면 열접착성, 인쇄성, 투명성이 향상된다.

51 제면 제조에서 소금을 사용하는 목적이 아닌 것은?

① 미생물에 의한 발효를 촉진하기 위해서
② 밀가루의 점탄성을 높이기 위해서
③ 수분이 내부로 확산하는 것을 촉진하기 위해서
④ 제품의 품질을 안정시키기 위해서

해설

제면 시 소금의 용도
- 밀가루의 점탄성을 높이기 위해서
- 수분이 내부로 확산하는 것을 촉진하기 위해서
- 제품의 품질을 안정시키기 위해서
- 미생물의 살균을 위해서

52 가열살균할 때 냉점이 통의 중심부에 가장 근접하여 위치하는 것은?

① 사과주스 통조림
② 쇠고기스프 통조림
③ 복숭아 통조림
④ 딸기잼 통조림

해설

냉점
- 통조림 내에서 가장 늦게 가열되는 부분으로 가열살균공정에서 오염미생물이 확실히 살균되었는가를 평가하는 데 이용된다.
- 고체식품의 냉점은 전도에 의해 중심부이며, 액체식품의 냉점은 대류에 의한 열전달로 중앙 하부 3분의 1 지점이다.

※ 복숭아통조림의 경우 복숭아는 고체이나 액체 시럽에 의해 대류로 열전달이 이루어지고, 딸기잼은 반고형물로 전도에 의한 열전달이 이루어진다.

정답 48 ③ 49 ② 50 ④ 51 ① 52 ④

53 간장이나 된장 등의 장류 제조 시 코지(Koji)를 사용하는 주된 이유는?

① 단백질이나 전분질을 분해시킬 수 있는 효소 활성을 크게 하기 위하여
② 식중독균의 발육을 억제하기 위하여
③ 색깔을 향상시키기 위하여
④ 보존성을 향상시키기 위하여

해설
코지(Koji)
쌀, 보리, 대두 혹은 밀기울을 원료로 코지균(Aspergillus 속)을 배양한 것으로 재래식·양조식 간장 제조에 사용된다.

54 전분에서 Fructose를 제조할 때 사용되는 효소는?

① Pectinase
② Cellulase
③ α-Amylase
④ Protease

해설
전분 분해효소에는 α-Amylase, β-Amylase, Glucoamylase가 있다.

55 감의 탈삽법으로 과실의 손상이 적고 저장성이 좋으며 대량처리가 쉬운 방법은?

① 탄산가스법   ② 알코올법
③ 온탕법   ④ 동결법

해설
탈삽
감의 떫은맛을 없애는 방법으로 가용성 탄닌이 불용성 탄닌으로 변화하는 것
• 열탕법 : 감을 35~40℃의 물속에 12~24시간 유지
• 알코올법 : 감을 알코올과 함께 밀폐용기에 넣어서 탈삽
• 탄산법 : 밀폐된 용기에 공기를 CO_2로 치환시켜 탈삽

56 요구르트 제조 시 한천이나 젤라틴을 사용하는 주된 이유는?

① 우유 단백질인 Casein의 열 안전성 증대를 위하여
② 유청(Whey)이 분리되는 것을 방지하고, 커드(Curd)를 굳히기 위하여
③ 감미와 풍미 향상을 위하여
④ 유산균 발효 시 영양성분 공급을 위하여

해설
요구르트 제조 시 한천이나 젤라틴을 사용하면 유청(Whey)이 분리되는 것을 방지하고, 커드(Curd)를 굳히기 용이하다.

57 다음 중 갈조류가 아닌 것은?

① 김   ② 톳
③ 미역   ④ 다시마

해설
파래, 클로렐라는 녹조류, 김은 홍조류이다.

58 식용유지의 제조과정에서 탈색에 대한 설명으로 틀린 것은?

① 원유 중에 카로티노이드, 엽록소 및 기타 색소류를 제거한다.
② 주로 화학적 방법으로 색소류를 열분해하여 제거한다.
③ 활성백토, 활성탄소를 사용하여 흡착제거한다.
④ 탈산과정을 거친 후에 탈색하는 것이 일반적이다.

해설
유지의 정제
불순물을 물리적·화학적 방법으로 제거
㉠ 탈검공정(Degumming Process)
  • 인지질 등 제거
  • 무수 상태에서 기름에 녹으므로 물이나 수증기를 넣어 수화시켜 분리
㉡ 탈산공정(Deaciding Process)
  • 유리지방산 등 제거
  • NaOH으로 유리지방산을 중화(비누화) 제거하는 알칼리 정제법 사용

정답 53 ① 54 ③ 55 ① 56 ② 57 ① 58 ②

ⓒ 탈색공정(Decoloring Process)
- Carotenoid, 엽록소 등 제거
- 가열탈색법이나 활성백토를 이용하는 흡착탈색법 사용

ⓓ 탈취공정(Deodoring Process)
- 알데히드, 케톤, 탄화수소 등 냄새 제거
- 활성탄 등 흡착제를 이용한 탈취

ⓔ 탈납공정(Winterization)
- 샐러드유 제조 시 지방결정체 제거
- 냉각시켜 발생되는 고체결정체를 제거하는 탈납(Dewaxing) 이용

59 습윤공기의 압력이 100kPa이고, 절대습도가 0.03(kg 수분/kg 건조공기)일 때, 수증기의 분압을 구하면 약 얼마인가?(단, 공기와 물의 분자량은 각각 29kg/mol과 18kg/mol이다.)

① 2.8kPa ② 3.8kPa
③ 4.6kPa ④ 5.6kPa

해설

수증기 분압
절대습도=0.03(kg수분/kg 건조공기), 즉 수분 3/100 건조공기
각각에 분자량을 대입하면
수분 몰수=3/18=0.166mol
공기 몰수=100/29=3.448mol
전체 몰수=0.166+3.448=3.614mol
수증기의 몰분율=0.166/3.614=0.0459
A의 분압=A의 몰분율×전체 압력이므로
∴ 수증기의 분압=0.0459×100=4.59kPa

60 다음 중 우유의 단백질은?

① Ovalbumin ② Lactalbumin
③ Glutenin   ④ Oryzenin

해설

우유의 단백질은 Casein, Lactalbumin, Lactglobulin이다.

4과목 식품미생물학

61 식품을 통해 사람에게 전염되는 세균성 이질의 원인균은?

① *Enterobacter*
② *Salmonealla*
③ *Shigella*
④ *Klebsiella*

해설

세균성 이질(*Shigellosis*)
- *Shigella dysenteriae*
- 환자와 보균자의 분변이 식품이나 음료수를 통해 경구감염된다.
- 잠복기는 2~7일이며 발열(38~39℃), 오심, 복통, 설사는 점액과 혈변을 배설한다.

62 빛에너지와 CO_2를 이용하는 미생물의 종류는?

① 광독립영양균(Photoautotrophs)
② 화학독립영양균(Chemoautotrophs)
③ 광종속영양균(Photoheterotrophs)
④ 화학종속영양균(Chemoheterotrophs)

해설

에너지 요구성에 따른 생물 분류
㉠ 독립영양생물(Autotroph)
- 에너지를 무기질로부터 얻는 1차 생산자
- 광독립영양생물(Photoautotroph) : 주로 엽록소를 함유하여 광합성을 통해 무기물인 CO_2로부터 복잡한 유기물 합성(식물, 남세균 등)
- 화학독립영양생물(Chemoautotroph) : 단순한 무기물을 통해 에너지를 얻는 생물(황산화균, 질산화균 등 고세균)

㉡ 종속영양생물(Heteroautotroph)
- 스스로 유기물을 합성할 수 없어 외부로부터 유기물을 섭취하는 소비자
- 대부분의 동물, 진균류(버섯, 곰팡이), 세균 등
- 생장 영향 인자 : pH, 산소, 접종균량 등

63 세포융합(Cell Fusion)의 유도절차가 순서대로 바르게 된 것은?

A. 재조합체 선택 및 분리
B. 융합체의 재생
C. Protoplast의 융합
D. 세포의 Protoplast화

① A → B → C → D
② D → C → B → A
③ C → D → B → A
④ B → C → A → D

해설

세포융합(Cell Fusion)
두 종류의 세포를 융합시켜 양쪽의 성질을 모두 갖는 새로운 세포 생성

세포융합 순서
- Protoplast화 : 세포벽을 효소 등을 이용하여 제거
- 융합 : 두 세포의 결합
- 세포 재생
- 배양, 선발 : 적당한 유전자 표시로 주 세포에서 융합세포 선발(영양 요구성, 항생물질 내성, 당 분해성, 색소 등)

64 식품공장의 파지(Phage) 대책으로 부적합한 것은?

① 살균을 철저히 하여 예방한다.
② 온도, ph 등의 환경조건을 바꾸어 파지(Phage) 증식을 억제한다.
③ 숙주를 바꾸는 Rotation System을 실시한다.
④ 항생물질의 저농도에 견디고 정상발효를 하는 내성균을 사용한다.

해설

파지(Phage) 오염 예방법
- 공정 내외부의 살균을 철저하게 진행한다.
- 파지 내성균주를 이용한다.
- 균주특이성이 존재하므로 균주 Rotation System을 이용한다.

65 접합균류(Zygomycetes)가 아닌 것은?

① *Mucor* 속
② *Rhizopus* 속
③ *Phycomyces* 속
④ *Aspergillus* 속

해설

곰팡이(진균류)
- ㉠ 균사(Hyphae)로 영양 섭취와 발육 담당
- ㉡ 진균류는 조상균류와 순정균류로 분류
  - 조상균류(격막 없음) : 접합균류, 난균류, 호상균류
  - 순정균류(격막 있음) : 자낭균류, 담자균류, 불완전균류
- ㉢ 무성포자 : 내생포자, 외생포자, 후막포자, 분열자
- ㉣ 유성포자 : 접합포자(*Mucor* 속, *Rhizopus* 속, *Phycomyces* 속), 난포자, 자낭포자(*Aspergillus* 속, *Penicillium* 속), 담자포자

66 *Mucor* 속 중 Cymomucor형에 해당하는 것은?

① *Mucor rouxii*
② *Mucor mucedo*
③ *Mucor hiemalis*
④ *Mucor racemosus*

해설

***Mucor* 속**
- Monomucor : 포자낭병이 균사로부터 직접 뻗어나간 것, *Mocor mucedo* (과일, 채소, 마분곰팡이), *Mucor himalis*
- Racemomucor : 가지를 치는 것, *Mucor racemosus, Mucor pusillus* (응유효소인 Rennet 생산)
- Cymomucor : 줄기를 치는 것, *Mucor rouxii*

※ *Mucor rouxii* : 전분 당화력이 강하고 알코올 발효력이 큰 곰팡이로 알코올 제조에 이용되며 포자낭병의 형태는 Cymomucor형에 속한다.

67 아미노산으로부터 아민(Amine)을 생성하는 데 관여하는 효소는?

① Amino Acid Decarboxylase
② Amino Acid Oxidase
③ Aminotransferase
④ Aldolase

해설

탈탄산반응
- 아미노산에서 CO_2를 방출시켜 아민 생성, Decarboxylase 관여
- 히스타민, 티라민, 푸트리신, 카다베린 등을 생성

정답 63 ② 64 ④ 65 ④ 66 ① 67 ①

68 대장균은 포도당을 어떤 수송기작(Transport System)에 의해 세포막을 통과시켜 세포 내로 섭취하는가?

① 수동적 수송(Passive Transport)
② 촉진확산(Facilitated Diffusion)
③ 능동수송(Active Transport)
④ 인산기 전달수송(Group Translocation)

[해설]
PEP 집단전위(PEP Group Translocation)
포스포트랜스퍼레이즈 시스템(PTS : Phosphotransferase System)이라고도 불리며 대장균과 같은 박테리아가 당분을 획득하기 위한 방법이다. PEP 집단전위도 능동 수송으로서 에너지원이 필요한데, 에너지원으로 ATP 대신에 포스포에놀피루브산(PEP : Phosphoenolpyruvate)을 활용한다.

69 아래의 설명에 해당하는 효모는?

- 배양액 표면에 피막을 만든다.
- 질산염을 자화할 수 있다.
- 자낭포자는 모자형 또는 토성형이다.

① *Schizosaccharomyces* 속
② *Hansenula* 속
③ *Debaryomyces* 속
④ *Saccharomyces* 속

[해설]
Hansenula 속
- 배양액의 겉면에 피막을 형성하는 산막효모이다.
- 알코올 발효능이 강해 알코올로부터 Ester를 생성한다.
- 질산염을 자화할 수 있다.
- 자낭포자는 모자형이다.

70 다음 중 그람염색 특성이 나머지 세 가지 세균과 다른 하나는?

① *Lactobacillus* 속   ② *Staphylococcus* 속
③ *Escherichia* 속   ④ *Bacillus* 속

[해설]
대장균(*E. coli*)
- 장내에 서식하며 그람음성, 운동성, 간균, 통성혐기성균
- 유당을 분해하여 CO_2와 H_2 가스 생산

71 박테리오파지(Bacteriophage)를 매개체로 하여 DNA를 옮기는 유전자 재조합 기술은?

① 형질전환(Transformation)
② 형질도입(Transduction)
③ 접합(Conjugation)
④ 플라스미드(Plasmid)

[해설]
유전자 재조합
- 형질전환(Transformation) : 공여세포의 유전자를 제한효소를 이용하여 벡터로 사용할 플라스미드에 유전자를 삽입하여 수용세포에 넣어서 유전자를 재조합
- 형질도입(Transduction) : 벡터로서 플라스미드 대신 용원성 박테리오파지를 이용하여 수용세포에 넣어 재조합
- 접합(Conjugation) : 원핵세포에 있어서 일시적인 접촉에 의해 두 개의 개체 간 DNA가 이동하는 방법으로 성공률이 낮음
- 세포융합(Cell Fusion) : 두 종류의 세포를 융합시켜 양쪽의 성질을 모두 갖는 새로운 세포를 생성

72 흑색 균총을 형성하는 흑국균으로, 여러 가지 효소와 구연산 생산능을 가지고 있는 곰팡이는?

① *Aspergillus flavus*
② *Aspergillus niger*
③ *Aspergillus oryzae*
④ *Aspergillus ochraceus*

[해설]
Aspergillus niger (흑국균)
집락은 흑색, 전분 당화력(β-Amylase)이 강하고 당액을 발효하여 구연산 등 유기산 발효공업에 이용한다.

정답 68 ④ 69 ② 70 ③ 71 ② 72 ②

73 세균포자의 설명 중 가장 적합한 것은?

① 영양세포보다 저항성이 강하다.
② 단순한 층으로 싸여 있다.
③ 영양세포의 대사활동이 매우 활발할 때 형성된다.
④ 그람(Gram) 음성균에서만 형성된다.

해설

포자(Endospore)
- 세균 중에서 약품이나 강한 빛, 열 등에 대한 저항력이 아주 강한 내열성의 포자를 형성하는 균으로 *Bacillus* 속, *Clostridium* 속이 있음
- 포자구조의 안정화에는 디피콜린산(Dipicolinic Acid) 성분이 있어서 칼슘이온(Ca^{++})과 복합체를 형성하여 안정화되어 내열성이 매우 강함
- 포자가 영양세포보다 내열성이 크다.(세균포자 > 곰팡이, 효모포자 > 영양세포)
- 그람양성균에서 형성하며 주변환경이 열악할 때 생성한다.

74 그람 양성균의 세포벽 성분은?

① Peptidoglycan, Teichoic Acid
② Lipopolysaccharide, Protein
③ Polyphosphate, Calcium Dipicolinate
④ Lipoprotein, Phospholipid

해설

세균세포벽
세균세포벽을 구성하는 Peptidoglycan 차이에 의해 그람양성균과 그람음성균으로 분류
- 그람양성균(G+) : 20여 개 층 Peptidoglycan과 Teichoic Acid이 Crystal Violet에 의해 보라색으로 염색
- 그람음성균(G-) : 2~3개 층 Peptidoglycan과 Lipopoly-saccharide로 구성된 세포벽이 알코올 탈색 후 SafraninO에 의해 붉은색으로 염색

75 *Bacillus subtilis*(1개)가 30분마다 분열한다면 5시간 후에는 몇 개가 되는가?

① 10
② 512
③ 1,024
④ 2,048

해설

세대시간 = 분열에 소요되는 총시간/분열의 세대
= 300(분)/30 = 10
총균수 = 초기 균수 × 2세대 시간 = 1×2^{10} = 1,024

76 미생물과 그 이용에 대한 설명의 연결이 잘못된 것은?

① *Bacillus subtilis* – 단백분해력이 강하여 메주에서 번식한다.
② *Aspergillus oryzae* – *amylase*와 *Protease* 활성이 강하여 코지(Koji)균으로 사용된다.
③ *Propionibacterium shermanii* – 치즈눈을 형성시키고, 독특한 풍미를 내기 위하여 스위스 치즈에 사용된다.
④ *Kluyveromyces lactis* – 내염성이 강한 효모로 간장의 후숙에 중요하다.

해설

Kluyveromyces lactis
우유나 치즈에서 분리된 유당발효 효모

77 맥주 발효 시 ㉠ 상면발효 효모와 ㉡ 하면발효 효모를 모두 옳게 나열한 것은?

① ㉠ *Saccharomyces carlsbergensis*
  ㉡ *Saccharomyces cerevisiae*
② ㉠ *Saccharomyces cerevisiae*
  ㉡ *Saccharomyces carlsbergensis*
③ ㉠ *Saccharomyces rouxii*
  ㉡ *Saccharomyces cerevisiae*
④ ㉠ *Saccharomyces ellipsoideus*
  ㉡ *Saccharomyces cerevisiae*

해설

맥주의 종류
- 상면발효맥주 : *Saccharomyces cerevisiae* – 영국 맥주, 상면발효, 상온발효(Ale, Stout, Porter, Lambic)
- 하면발효맥주 : *Saccharomyces carlsbergensis* – 독일, 미국, 일본, 우리나라에서 주로 생산, 하면발효, *Saccharomyces uvarm*에 통합, 저온발효(Lager, Munchen, Pilsen, Wien), 장기 저장 시 독특한 향미 부여

정답 73 ① 74 ① 75 ③ 76 ④ 77 ②

78 미생물의 명명법에 관한 설명 중 틀린 것은?

① 종명은 라틴어의 실명사로 쓰고 대문자로 시작한다.
② 학명은 속명과 종명을 조합한 2명법을 사용한다.
③ 세균과 방선균은 국제세균명명규약에 따른다.
④ 속명 및 종명은 이탤릭체로 표기한다.

해설
속명은 라틴어의 실명사로 쓰고 대문자로 시작한다.

79 유당(Lactose)을 발효하여 알코올을 생성하는 효모는?

① *Saccharomyces* 속
② *Kluyveromyces* 속
③ *Candida* 속
④ *Pichia* 속

해설
Kluyveromyces 속
다른 효모와 달리 이당류인 젖당(Lactose)을 발효할 수 있는 효모

80 *Aspergillus Niger*가 생산하는 효소가 아닌 것은?

① 응유효소(Rennet)
② 아밀라아제(α-Amylase)
③ 단백분해효소(Protease)
④ 포도당산화효소(Glucose Oxidase)

해설
치즈 제조 시 Casein을 응고시키는 응유효소인 Rennet은 주로 *Mucor pusillus*, *Mocor miehei*에 의해서 생성된다.

5과목 생화학 및 발효학

81 산화에 의한 생체막의 손상을 억제하며, 대표적인 항산화제로 이용되는 비타민은?

① 비타민 A
② 비타민 B
③ 비타민 D
④ 비타민 E

해설
비타민 E는 대표적인 항산화제로 불포화지방산이 많은 적혈구 생체막의 산화를 억제한다.

82 연속식 배양법에 대한 설명으로 틀린 것은?

① 전체 공정의 관리가 용이하여 대부분의 발효공업에서 적용되고 있다.
② 중간 및 최종제품의 품질이 일정하다.
③ 배양 중 잡균에 의한 오염이나 변이의 가능성이 있다.
④ 수율 및 생산물 농도는 일반적으로 회분식에 비해 낮다.

해설
• 연속 배양 시 회분식 배양에 비해 수득률이 낮고 잡균의 오염 가능성이 높아진다.
• 발효장치의 용량을 줄일 수 있고 발효시간이 단축된다.
• 생산비를 절약할 수 있다.

83 TCA 회로에 관여하는 조절효소(Regulatory Enzyme)가 아닌 것은?

① Citrate Synthase
② Isocitrate Dehydrogenase
③ α-Ketoglutarate Dehydrogenase
④ Phosphoglucomutase

해설
Phosphoglucomutase는 글리코겐 합성 시 필요한 효소이다.

84 해당과정 중 ATP를 생산하는 단계는 어떤 반응인가?

① Glucose → Glucose-6-phosphate
② 2-Phosphoenol Pyruvic Acid → Enolpyruvic Acid → Enolpyruvic Acid
③ Fructose-6-phosphate → Fructose-1,6-diphosphate
④ Glucose-6-phosphate → Fructose-6-phosphate

정답 78 ① 79 ② 80 ① 81 ④ 82 ① 83 ④ 84 ②

해설

2-Phosphoenol Pyruvic Acid → Enolpyruvic Acid → Enolpyruvic Acid는 해당과정의 10번 반응으로 기질수준인산화 과정으로 ATP를 생산한다.

85 균체 내 효소를 추출하는 방법으로 부적합한 것은?

① 초음파 파쇄법
② 기계적 마쇄법
③ 염석법
④ 동결 융해법

해설

효소의 추출
- 기계적 마쇄법 : Mortar, Ball Mill 등
- 초음파 파쇄법 : 10~60kHz 초음파 이용
- 자가소화법 : Ethyl Acetate 등 첨가, 20~30℃ 자가소화
- Lysozyme 처리법 : 세포벽 용해
- 동결 융해법 : Dry Ice 동결 융해 후 원심 분리

※ 염석은 단백질 분리법이다.

86 포도주 제조 시 Malo Alcoholic Fermentation이란?

① Succinic Acid를 첨가하여 Malic Acid를 생산시키는 것이다.
② Malic Acid에서 Alcohol과 탄산가스를 생성시키는 것이다.
③ Malic Acid를 분해하여 젖산과 탄산가스로 분해되는 현상이다.
④ Succinic Acid로 부터 Alcohol과 탄산가스를 생성시키는 것이다.

해설

Malo Alcoholic Fermentation
Malic Acid에서 Alcohol과 탄산가스를 생성시키는 것

87 Peptide 생합성 반응과 단백질인자에 대한 설명이 옳은 것은?

① 개시반응 : tRNA와 Ribosome의 결합이 일어나며 EF 단백인자가 관여
② 신장반응 : ATP가 소모되며 IF 단백인자가 관여
③ 종지반응 : 아미노산 종지 codon은 AUG, GUG 및 UUU
④ 종지반응 : GTP가 필요하며 RF 단백인자가 관여

해설

단백질 생합성
- 활성화 단계(Activation) : Amino Acyl-tRNA 형성, tRNA의 5탄당 Ribose 3'OH에 유리 아미노산 결합, 2ATP 소모
- 개시 단계(Initiation) : 30S 개시복합체(mRNA, 30S, fMET-tRNA, GTP, 개시인자) 형성 후 50S를 결합하여 70S 개시복합체 형성
- 연장 단계(Elongation) : P위치에서 A위치로 이동, Amino Acyl-tRNA, 2GTP 소모
- 종결 단계(Termination) : UAA, UAG, UGA 종결암호
- 변형 단계(Modification) : 접힘 등 안정된 3차 구조 완성, 샤프론의 도움
- 단백질 합성 시 필요한 인자 : ① mRNA(주형) ② 리보솜(장소, rRNA) ③ tRNA(아미노산 운반) ④ ATP(활성화 단계), GTP(개시, 연장, 종결 시)
- DNA에는 H_3PO_4, D-deoxyribose가 있으며 RNA에는 H_3PO_4, D-ribose가 있다.

88 DNA 분자의 특징에 대한 설명으로 틀린 것은?

① DNA 분자는 두 개의 Polynucleotide 사슬이 서로 마주보면서 나선구조로 꼬여 있다.
② DNA 분자의 이중나선 구조에 존재하는 염기쌍의 종류는 A : T와 G : C로 나타난다.
③ DNA 분자의 생합성은 3'-말단 → 5'-말단 방향으로 진행된다.
④ DNA 분자 내 이중나선 구조가 1회전하는 거리를 1피치(Pitch)라고 한다.

해설

DNA 분자의 생합성은 5'-말단 → 3'-말단 방향으로 진행된다.

정답   85 ③   86 ②   87 ④   88 ③

89 술덧의 전분 함량 16%에서 얻을 수 있는 탁주의 알코올 도수는?

① 약 8도
② 약 20도
③ 약 30도
④ 약 40도

해설
- $C_6H_{12}O_6 \rightarrow 2C_2H_5OH + 2CO_2$
- 발효과정에서 효모의 생육 등으로 알코올이 소비되어 실제 수득률은 95%이다.
- 혐기적 발효(Alcohol 발효) : 주류 생산에 이용, 1포도당($C_6H_{12}O_6$, 180)이 2에탄올(C_2H_5OH, 46×2), 2이산화탄소(CO_2, 58cal 에너지, 2ATP 생성
- $\therefore 180 : 92 = 16 : x$, $x = 8.17$
  95%이므로 $8.17 \times 0.95 = 7.76\%$

90 당분해(Glycolysis)에 관여하는 효소 중에는 보조인자(Cofactor)로서 화학성분(금속이온 등)을 필요로 하는 효소도 있다. 이와 같은 효소의 단백질 부분을 무엇이라 하는가?

① 아포효소(Apoenzyme)
② 보조효소(Coenzyme)
③ 완전효소(Holoenzyme)
④ 보결분자단(Prosthetic Group)

해설
완전효소(Holoenzyme)
- 비활성인 단백질 부분인 아포효소와 활성촉진자 역할을 하는 보조인자가 결합한 것을 의미하며 효소의 활성이 나타난다.
- 활성을 가지려면 아포효소와 보조인자가 결합해야 한다.

91 아래의 유전암호(Genetic Code)에 대한 설명에서 ( ) 안에 알맞은 것은?

유전암호는 단백질의 아미노산 서열에 대한 정보를 ( )상의 3개 염기단위의 연속된 염기서열로 표기한다.

① DNA
② mRNA
③ tRNA
④ rRNA

해설
mRNA는 DNA를 주형으로 전사되므로 DNA의 염기 배열순에 따라 단백질의 아미노산 배열순위가 결정된다.
※ 암호단위(Codon) : 3개의 염기배열(Triplet), A, G, C, U 로부터 암호단위 64개가 가능함

92 안티코돈(Anticodon)을 가지고 있는 핵산은?

① m-RNA
② t-RNA
③ r-RNA
④ c-DNA

해설
tRNA의 구조
- 클로버잎 모양의 평면구조(2차 구조)
- 1가닥의 구조로 아미노산 결합부위는 3′ 말단 C-C-A
- mRNA와 결합하는 역암호단위(Anticodon)를 갖고 있다.
- 보통 RNA에 없는 특수한 염기 있다.
- L-형을 엎어 놓은 입체구조(3차 구조)
- 최소한 20개의 서로 다른 tRNA 존재

93 설탕용액에서 생장할 때 Dextran을 생산하는 균주는?

① *Leuconostoc mesenteroides*
② *Aspergillus oryzae*
③ *Lactobacillus delbrueckii*
④ *Rhizopus oryzae*

해설
Dextran 제조에 이용되는 균
- *Leuconostoc mesentroides* 는 설탕에서 덱스트란 생성
- 제당공장에서 파이프를 막히게 하는 균

94 Glutamic Acid 발효에서 Penicillin을 첨가하는 주된 목적 및 이유는?

① 세포벽의 안정화 및 잡균의 오염 방지
② 원료당의 흡수 증가

정답 89 ① 90 ① 91 ② 92 ② 93 ① 94 ④

③ 당으로부터 Glutamic Acid 생합성 경로에 있는 효소반응 촉진
④ 균체 내에 생합성된 Glutamic Acid의 균체 밖으로의 이동을 위한 막투과성 증가

해설

Glutamic Acid 발효
- 생산균 : *Corynebacterium glutamicum*, *Brevibacterium flavum*
- 비오틴 필요(2~5γ/L)
- 포도당, pH : 7.0~8.0, 통기교반, 30~35℃
- 비오틴 과잉 시 Penicillin을 첨가하면 발효가 정상 회복된다.
- Penicillin은 세균세포벽 합성을 저해하여 균체 내에 생합성된 Glutanic Acid의 균체 밖으로의 이동을 위한 막투과성을 증가시킴

95 진핵세포 내에서 전자전달 연쇄반응에 의한 생물학적 산화과정이 일어나는 곳은?

① 리보솜　　　② 미토콘드리아
③ 세포막　　　④ 세포질

해설

전자전달계(호흡사슬, ETC : Electron Transport Chain)
- 미토콘드리아 내막(Inner Membrane)에 존재
- 해당계와 TCA 회로 등에서 생성된 NADH와 $FADH_2$가 전자전달계로 들어가 수소이온을 기질에서 막간공간으로 이동시키고 산소(최종 전자수용체)를 환원하여 물 생성

96 인간의 장내 미생물에 의해 합성이 진행되므로 일반적으로 결핍 증세를 나타내지는 않지만, 달걀 흰자를 날것으로 함께 섭취 시 결핍증이 우려되는 비타민은?

① Biotin
② Pathothenic acid
③ Folic acid
④ Niacin

해설

비오틴(Biotin)
- 황을 함유한 지용성 비타민이다.

- 식품에서 비오틴은 유리형태와 조효소형태(비오시틴)로 존재한다.
- 급원식품은 동물성 식품인 육류, 생선류, 가금류, 난류, 우유 및 유제품 등과 식품성 식품인 토마토 등이 있다.
- 장내 세균에 의해서 합성되므로 비오틴 결핍증은 잘 나타나지 않지만 달걀 난백을 날것으로 섭취 시 아비딘과 결합하여 결핍될 수 있다.

97 탁·약주의 발효방식으로 적합한 것은?

① 단발효　　　② 단행복발효
③ 병행복발효　④ 비당화발효

해설

발효주(효모 이용 알코올 발효)
㉠ 단발효주 : 당질에서 발효(포도주, 과실주)
㉡ 복발효주 : 전분을 효소 당화시킨 후 알코올 발효
　- 단행 복발효주 : 당화공정과 발효공정을 분리 진행(맥주)
　- 병행 복발효주 : 당화와 동시에 발효 진행(청주, 탁주)

98 알코올 증류에서 공비점(K점)에 대한 설명으로 틀린 것은?

① 알코올 농도는 97.2%이다.
② 99% 알코올을 비등 냉각하면 알코올 농도는 더욱 높아진다.
③ 97.2%의 알코올 용액을 비등 냉각해도 알코올 농도는 불변이다.
④ 공비점의 혼합물을 공비혼합물이라 한다.

해설

알코올의 공비점(78.15℃)
- 일정 압력하에서 알코올과 물 혼합물의 비점(b.p)과 융점(m.p)이 같아지는 온도
- 알코올의 농도가 97.2%로 가열하여도 농도는 더 이상 오르지 않는 온도
- 99% 알코올 제조는 탈수법 이용
- 99% 알코올 가열 시 농도는 낮아짐
- 공비 혼합물을 만드는 용액에서는 분류에 의해서 성분을 완전히 분리할 수 없음

정답　95 ②　96 ①　97 ③　98 ②

99 빵효모의 균체 생산 배양관리 인자가 아닌 것은?

① 온도
② pH
③ 당 농도
④ 혐기조건 유지

[해설]

빵효모 생산
- 생산균 : *Saccharomyces cerevisiae*
- 사탕수수 당밀, 황산암모늄, 암모니아수, 요소 첨가
- 충분한 산소 공급, 지수적 증식
- 배양액 효모농도 10%, 원심분리 농축
- 5℃ 냉각, Filter Press 압착, 압착효모 수분 65~70%

100 산화적 인산화반응(Oxidative Phosphorylation)에서 ATP가 합성되는 과정과 가장 거리가 먼 것은?

① MADH Dehydrogenase/Flavoprotein 복합체
② Cytochrome a/a_3 복합체
③ Fatty-acid Synthetase 복합체
④ Cytochrome Oxidase 복합체

[해설]

전자전달계(호흡사슬, ETC : Electron Transport Chain)
- 미토콘드리아 내막(Inner Membrane)에 존재
- 해당계와 TCA 회로 등에서 생성된 NADH와 $FADH_2$가 전자전달계로 들어가 수소이온을 기질에서 막간공간으로 이동시키고 산소(최종 전자수용체)를 환원하여 물 생성
- FMN → FeS(1복합체, NADH Dehydrogenase/Flavoprotein 복합체) → FAD → FeS(2복합체) → CoQ(조효소, Ubiquinone) → Cyt b → FeS → Cyt c_1(3복합체) → Cyt c → Cyt aa_3(4복합체, Cytochrome Oxydase, 금속이온 Fe와 Cu 구성) → O_2(최종전자수용체) → H_2O

PROFILE

윤 장 호

현) 연성대 식품영양과 교수
동국대, 순천향대, 한양여대, 숭의여대, 배화여대, 을지대 식품 관련 강의경력

식품기사산업기사 필기

발행일 | 2020. 3. 10 초판발행
2021. 7. 20 개정1판1쇄

저 자 | 윤장호 · 정진경 · 차윤환
발행인 | 정용수
발행처 | 예문사

주 소 | 경기도 파주시 직지길 460(출판도시) 도서출판 예문사
T E L | 031) 955-0550
F A X | 031) 955-0660
등록번호 | 11-76호

- 이 책의 어느 부분도 저작권자나 발행인의 승인 없이 무단 복제하여 이용할 수 없습니다.
- 파본 및 낙장은 구입하신 서점에서 교환하여 드립니다.
- 예문사 홈페이지 http://www.yeamoonsa.com

정가 : 37,000원
ISBN 978-89-274-4016-1 13570